ISOTOPENPRAXIS

19. JAHRGANG

1983

AKADEMIE-VERLAG

An unsere Autoren

Die Zeitschrift veröffentlicht Beiträge zu folgenden Themen: Kontrolle und Analyse radioaktiver und stabiler Isotope, Anwendung radioaktiver und stabiler Isotope in allen Gebieten der Forschung und Technik, der Industrie, Landwirtschaft und Medizin, Herstellung radioaktiver und stabiler Isotope sowie von markierten Verbindungen, kernelektronische Geräte für die Isotopenanwendung (Dickenmesser, Dichtemesser u. ä.) Detektoren für isotopentechnische Arbeiten und den Strahlenschutz in Isotopenlaboratorien, Meßtechnik und Strahlenschutz, Dosimetrie in Isotopenlaboratorien, kerntechnische Geräte für die Isotopenanwendung (Betron, Bestrahlungsanlagen u. ä.), Strahlenchemie, Radiochemie, ökonomische und perspektivische Fragen, Fragen der Weiterbildung.

1. Aufnahme von Manuskripten

Zur Veröffentlichung angenommen werden nur druckreife, noch nicht anderweitig publizierte Beiträge in deutscher, englischer oder russischer Sprache zum Themenbereich der Zeitschrift und zwar

Originalarbeiten
Kurze Originalmitteilungen
Aus der Praxis
Zusammenfassende Berichte
Tagungsberichte
Informationen.

Sind der Beitrag oder Teile daraus bereits veröffentlicht oder ist eine anderweitige Veröffentlichung vorgesehen, so muß dies der Redaktion mit genauer Angabe der Zweitveröffentlichung mitgeteilt werden. Mit der Annahme des Manuskriptes behält sich der Verlag das Recht der Vervielfältigung, Verbreitung und Übersetzung innerhalb der gesetzlichen Schutzfrist vor. Auszugsweiser Nachdruck oder photomechanische u. a. Wiedergabe sind an eine schriftliche Genehmigung des Verlages gebunden. Manuskripte, Zeichnungen und Photos von veröffentlichten Arbeiten werden nur auf den besonderen und bis zum Zeitpunkt der Veröffentlichung mitgeteilten Wunsch des Autors zurückgesandt.
Bei der unverlangten Einreichung von Manuskripten wird empfohlen, eine Befürwortung eines der Herausgeber oder Redaktionsausschußmitglieder beizufügen.
Manuskripte sind einzureichen bei der Redaktion, DDR-1080 Berlin, Leipziger Str. 3–4.

2. Form der Manuskripte

Die Autoren werden gebeten:
2 Manuskripte, eines davon in Original-Maschinenschrift, einseitig und mit 2zeiligem Abstand einzureichen; gut leserliche Photokopien sind zulässig; auf dem 1. Blatt (unter Weglassung der Bezeichnung)
den Titel der Arbeit
Vorname-Initialen und Namen sämtlicher Autoren
gegebenenfalls die Institution, in der sie tätig sind
eine kurze Zusammenfassung der Arbeit von höchstens 15 Zeilen
Keywords in alphabetischer Reihenfolge und
als Fußnote die Anschrift der Institution anzugeben;
wenn möglich auf gesonderten Blättern Namen, Titel der Arbeit und Zusammenfassung in den beiden anderen obengenannten Sprachen 2fach beizufügen; Literaturhinweise (fortlaufend numeriert), Fußnoten, Tabellen, Abbildungen (in 2–3facher Veröffentlichungsgröße), Abbildungsunterschriften (getrennt von den Abbildungen, mit Zeichenerklärungen, Quellenangaben, falls erforderlich, und gegebenenfalls mit einem Vermerk für besondere Wünsche bezüglich der Abbildungsgröße), private und Dienstanschrift der Verfasser mit akademischen Titeln und ausgeschriebenen Vornamen auf besonderen Blättern ans Ende des Manuskriptes zu stellen;
Wünsche für den Kolumnentitel (Seitenüberschrift) bekanntzugeben;
Absätze durch Einzüge von mindestens 3 Anschlägen kenntlich zu machen;
die Maßeinheiten des SI-Systems ("Systéme International") zu verwenden;
Korrekturen im Manuskript unmittelbar an der zu korrigierenden Stelle anzubringen;
Formeln deutlich lesbar und möglichst groß einzutragen;
Farbabbildungen und nachträgliche Änderungen oder Ergänzungen in Abbildungen zu vermeiden;
hervorzuhebende Textstellen zu unterstreichen, und zwar halbfetten Satz mit einer geraden schwarzen Linie, kursiven Satz (Schrägschrift) mit einer blauen Wellenlinie (alle Eigennamen). Sperrungen gestrichelt;
besondere Buchstaben durch farbige Unterstreichung zu kennzeichnen, und zwar Formelzeichen in

Griechisch-Kursiv ($\alpha, \beta, \ldots$) rot,
Kursiv ($A, B, \ldots$) blau
halbfetter Kursiv ($\boldsymbol{A}, \boldsymbol{B}, \ldots$) 2 Linien blau (Vektoren),
halbfetter Grotesk ($\mathbf{A}, \mathbf{B}, \ldots$) 2 Linien violett (Tensoren);

bei Literaturangaben auf Vollständigkeit zu achten. In nachstehender Reihenfolge müssen angegeben sein:

a) bei *Zeitschriften*: Vorname-Initialen und Namen sämtlicher Autoren Titel der Zeitschrift (nach „Periodica Chimica" oder möglichst wenig gekürzt), Bandnummer (unterstrichen), Jahreszahl (in Klammern), Heftnummer (nur bei Zeitschriften, die jedes Heft mit S. 1 beginnen) sowie die Seitenzahl, auf der die zitierte Arbeit beginnt.

b) bei *Büchern*: Initialen der Vornamen und Name des Autors (Herausgeber werden durch den Zusatz „ed." gekennzeichnet), voll ausgeschriebener Titel des Buches in der Originalsprache, evtl. Bandnummer, voll ausgeschriebener Name des Verlages, Nummer der Auflage (außer der ersten), Erscheinungsort(e), Erscheinungsjahr (hier nicht in Klammern setzen!) und evtl. Kapitelnummer, Seitenzahl u. ä.

c) bei *Sammelbänden, Tagungsberichten*: Es soll zusätzlich der Titel des zitierten Beitrags angegeben werden. Die Seitenzahl muß unbedingt angegeben werden. Aus dem Zitat muß hervorgehen, ob es sich um einen Tagungssammelband oder um einen noch nicht veröffentlichten Vortrag handelt. Zwischen Tagungsort und Erscheinungsort des entsprechenden Tagungsberichts ist zu unterscheiden.

3. Korrekturen

Der Autor erhält zwei Umbruchabzüge, von denen einer möglichst schnell korrigiert an die Redaktion zurückgereicht werden soll. Auf Wunsch des Autors kann die Korrektur auch von der Redaktion gelesen werden.
Durch nachträgliche Manuskriptänderungen verursachte Korrekturkosten gehen, sofern sie 10% der Satzkosten übersteigen zu Lasten des Autors.
Der Autor erhält 50 Sonderdrucke kostenlos. Weitere Sonderdrucke können bis zur Rückgabe der Korrekturabzüge auf Kosten des Autors bei der Redaktion bestellt werden.

Bezugsmöglichkeiten

Bestellungen sind zu richten

- **in der DDR** an den Postzeitungsvertrieb; an eine Buchhandlung oder an den AKADEMIE-VERLAG, DDR-1086 Berlin, Leipziger Straße 3–4;
- **im sozialistischen Ausland** an eine Buchhandlung für fremdsprachige Literatur oder an den zuständigen Postzeitungsvertrieb;
- **in der BRD und Berlin(West)** an eine Buchhandlung oder an die Auslieferungsstelle KUNST UND WISSEN, Erich Bieber, Wilhelmstraße 4–6, D-7000 Stuttgart 1;
- **in den übrigen westeuropäischen Ländern** an eine Buchhandlung oder an die Auslieferungsstelle KUNST UND WISSEN, Erich Bieber GmbH, Dufourstraße 51, CH-8008 Zürich;
- **im übrigen Ausland** an den Internationalen Buch- und Zeitschriftenhandel; den Buchexport, Volkseigener Außenhandelsbetrieb der Deutschen Demokratischen Republik, DDR-7010 Leipzig, Postfach 160, oder an den AKADEMIE-VERLAG, DDR-1086 Berlin, Leipziger Straße 3–4.

Zeitschrift „Isotopenpraxis"

Herausgeber: Im Auftrag des Akademie-Verlages herausgegeben von Prof. Dr. Justus Mühlenpfordt
Verlag: Akademie-Verlag, DDR-1086 Berlin, Leipziger Straße 3–4; Fernruf 2236221 oder 2236229; Telex-Nr. 114420;
Bank: Staatsbank der DDR, Berlin, Kto.-Nr.: 6836-26-20712
Verantwortlich für den Inhalt des Bandes: Prof. Dr. H. Hübner, Leipzig
Anschrift der Redaktion (Fernruf: Frau H. Schier: 6351177) der Zeitschrift Isotopenpraxis: Akademie-Verlag, DDR-1086 Berlin, Leipziger Str. 3–4, PF-Nr. 1233
Veröffentlicht unter der Lizenznummer 1527 des Presseamtes beim Vorsitzenden des Ministerrates der Deutschen Demokratischen Republik
Gesamtherstellung: VEB Druckerei „Thomas Müntzer", DDR-5820 Bad Langensalza
Erscheinungsweise: Die Zeitschrift „Isotopenpraxis" erscheint monatlich. Die 12 Hefte eines Jahrganges bilden einen Band. Bezugspreis je Band 180,– M zuzüglich Versandspesen (Preis für die DDR 108,– M), Preis je Heft 15,– (Preis für die DDR 9,– M)
Bestellnummer dieses Bandes: 1079/19.

AN (EDV) 12831

Autoren- und Inhaltsverzeichnis

* = zusammenfassender Bericht bzw. Fortschrittsbericht

Sachverzeichnis

(nach Keywords)

P

Q

R

U

Band 19 · Januar/Februar 1983 **1-2**

6. Kolloquium
„Technische Anwendung radioaktiver Isotope
im Berg- und Hüttenwesen"
am 24. und 25. 11. 1981 in Freiberg

isotopenpraxis

AKADEMIE-VERLAG

ISSN 0021-1915 Isotopenpraxis, Berlin 19 (1983) 1/2, 1-60

EVP 18,- M

An unsere Autoren

Die Zeitschrift veröffentlicht Beiträge zu folgenden Themen: Kontrolle und Analyse radioaktiver und stabiler Isotope, Anwendung radioaktiver und stabiler Isotope in allen Gebieten der Forschung und Technik, der Industrie, Landwirtschaft und Medizin, Herstellung radioaktiver und stabiler Isotope sowie von markierten Verbindungen, kernelektronische Geräte für die Isotopenanwendung (Dickenmesser, Dichtemesser u. ä.) Detektoren für isotopentechnische Arbeiten und den Strahlenschutz in Isotopenlaboratorien, Meßtechnik und Strahlenschutz, Dosimetrie in Isotopenlaboratorien, kerntechnische Geräte für die Isotopenanwendung (Beton, Bestrahlungsanlagen u. ä.), Strahlenchemie, Radiochemie, ökonomische und perspektivische Fragen, Fragen der Weiterbildung.

1. Aufnahme von Manuskripten

Zur Veröffentlichung angenommen werden nur druckreife, noch nicht anderweitig publizierte Beiträge in deutscher, englischer oder russischer Sprache zum Themenbereich der Zeitschrift und zwar

Originalarbeiten
Kurze Mitteilungen
Aus der Praxis
Zusammenfassende Berichte
Tagungsberichte
Informationen.

Sind der Beitrag oder Teile daraus bereits veröffentlicht oder ist eine anderweitige Veröffentlichung vorgesehen, so muß dies der Redaktion mit genauer Angabe der Zweitveröffentlichung mitgeteilt werden. Mit der Annahme des Manuskriptes behält sich der Verlag das Recht der Vervielfältigung, Verbreitung und Übersetzung innerhalb der gesetzlichen Schutzfrist vor. Auszugsweiser Nachdruck oder photomechanische u. a. Wiedergabe sind an eine schriftliche Genehmigung des Verlages gebunden. Manuskripte, Zeichnungen und Photos von veröffentlichten Arbeiten werden nur auf den besonderen und bis zum Zeitpunkt der Veröffentlichung mitgeteilten Wunsch des Autors zurückgesandt.
Bei der unverlangten Einreichung von Manuskripten wird empfohlen, eine Befürwortung eines der Herausgeber oder Redaktionsausschußmitglieder beizufügen.
Manuskripte sind einzureichen bei der Redaktion, 1080 Berlin, Leipziger Str. 3–4

2. Form der Manuskripte

Die Autoren werden gebeten:
2 Manuskripte, eines davon in Original-Maschinenschrift, einseitig und mit 2zeiligem Abstand einzureichen; gut leserliche Photokopien sind zulässig; auf dem 1. Blatt (unter Weglassung der Bezeichnung)

den Titel der Arbeit
Vorname-Initialen und Namen sämtlicher Autoren
gegebenenfalls die Institution, in der sie tätig sind
eine kurze Zusammenfassung der Arbeit von höchstens 15 Zeilen
Keywords in alphabetischer Reihenfolge und
als Fußnote die Anschrift der Institution anzugeben;

wenn möglich, auf gesonderten Blättern Namen, Titel der Arbeit und Zusammenfassung in den beiden anderen obengenannten Sprachen 2fach beizufügen;
Literaturhinweise (fortlaufend numeriert), Fußnoten, Tabellen, Abbildungen (in 2–3facher Veröffentlichungsgröße), Abbildungsunterschriften (getrennt von den Abbildungen mit Zeichenerklärungen, Quellenangaben, falls erforderlich, und gegebenenfalls mit einem Vermerk für besondere Wünsche bezüglich der Abbildungsgröße), private und Dienstanschrift der Verfasser mit akademischen Titeln und ausgeschriebenen Vornamen auf besonderen Blättern ans Ende des Manuskriptes zu stellen;
Wünsche für den Kolumnentitel (Seitenüberschrift) bekanntzugeben;
Absätze durch Einzüge von mindestens 3 Anschlägen kenntlich zu machen;
die Maßeinheiten des SI-Systems ("Systeme International") zu verwenden;
Korrekturen im Manuskript unmittelbar an der zu korrigierenden Stelle anzubringen;
Formeln deutlich lesbar und möglichst groß einzutragen;
Farbabbildungen und nachträgliche Änderungen oder Ergänzungen in Abbildungen zu vermeiden;
hervorzuhebende Textstellen zu unterstreichen, und zwar halbfetten Satz mit einer geraden schwarzen Linie, kursiven Satz (Schrägschrift) mit einer blauen Wellenlinie (alle Eigennamen). Sperrungen gestrichelt;
besondere Buchstaben durch farbige Unterstreichung zu kennzeichnen, und zwar Formelzeichen in

Griechisch-Kursiv (α, β, ...) rot,
Kursiv (A, B, ...) blau
halbfetter Kursiv ($\boldsymbol{A}$, $\boldsymbol{B}$, ...) 2 Linien blau (Vektoren),
halbfetter Grotesk ($\mathbf{A}$, $\mathbf{B}$, ...) 2 Linien violett (Tensoren);

bei Literaturangaben auf Vollständigkeit zu achten. In nachstehender Reihenfolge müssen angegeben sein:

a) bei *Zeitschriften*: Vorname-Initialen und Namen sämtlicher Autoren, Titel der Zeitschrift (nach „Periodica Chimica" oder möglichst wenig gekürzt), Bandnummer (unterstrichen), Jahreszahl (in Klammern), Heftnummer (nur bei Zeitschriften, die jedes Heft mit S. 1 beginnen) sowie die Seitenzahl, auf der die zitierte Arbeit beginnt.

b) Bei *Büchern*: Initialen der Vornamen und Name des Autors (Herausgeber werden durch den Zusatz „ed." gekennzeichnet), voll ausgeschriebener Titel des Buches in der Originalsprache, evtl. Bandnummer, voll ausgeschriebener Name des Verlages, Nummer der Auflage (außer der ersten), Erscheinungsort(e), Erscheinungsjahr (hier nicht in Klammern setzen!) und evtl. Kapitelnummer, Seitenzahl u. ä.

c) bei *Sammelbänden*, *Tagungsberichten*: Es soll zusätzlich der Titel des zitierten Beitrags angegeben werden. Die Seitenzahl muß unbedingt angegeben werden. Aus dem Zitat muß hervorgehen, ob es sich um einen Tagungssammelband oder um einen noch nicht veröffentlichten Vortrag handelt. Zwischen Tagungsort und Erscheinungsort des entsprechenden Tagungsberichts ist zu unterscheiden.

3. Korrekturen

Der Autor erhält zwei Umbruchabzüge, von denen einer möglichst schnell korrigiert an die Redaktion zurückgereicht werden soll. Auf Wunsch des Autors kann die Korrektur auch von der Redaktion gelesen werden.

Durch nachträgliche Manuskriptänderungen verursachte Korrekturkosten gehen, sofern sie 10% der Satzkosten übersteigen, zu Lasten des Autors.

Der Autor erhält 50 Sonderdrucke kostenlos. Weitere Sonderdrucke können bis zur Rückgabe der Korrekturabzüge auf Kosten des Autors bei der Redaktion bestellt werden.

Bezugsmöglichkeiten

Bestellungen sind zu richten

- in der DDR an den Postzeitungsvertrieb unter Angabe der Kundennummer des Bestellenden oder an den AKADEMIE-VERLAG, DDR-1086 Berlin, Leipziger Straße 3–4, PF-Nr. 1233
- im sozialistischen Ausland an eine Buchhandlung für fremdsprachige Literatur oder an den zuständigen Postzeitungsvertrieb
- in der BRD und Berlin(West) an eine Buchhandlung oder an die Auslieferungsstelle KUNST UND WISSEN, Erich Bieber OHG, D-7000 Stuttgart 1, Wilhelmstraße 4–6
- in den übrigen westeuropäischen Ländern an eine Buchhandlung oder an die Auslieferungsstelle KUNST UND WISSEN, Erich Bieber GmbH, CH-8008 Zürich, Dufourstraße 51
- im übrigen Ausland an den Internationalen Buch- und Zeitschriftenhandel; den Buchexport, Volkseigener Außenhandelsbetrieb der Deutschen Demokratischen Republik, DDR-7010 Leipzig, Postfach 160; oder an den AKADEMIE-VERLAG, DDR-1086 Berlin, Leipziger Straße 3–4

Zeitschrift „Isotopenpraxis"
Herausgeber: Im Auftrag des Akademie-Verlages herausgegeben von Prof. Dr. Justus Mühlenpfordt
Verlag: Akademie-Verlag, DDR-1086 Berlin, Leipziger Straße 3–4, PF-Nr. 1233; Fernruf: 2236229; Telex-Nr.: 114420;
Bank: Staatsbank der DDR, Berlin, Kto.-Nr.: 6836-26-20712
Verantwortlich für den Inhalt des Heftes: Prof. Dr. H. Hübner, Leipzig
Anschrift der Redaktion (Fernruf Frau H. Schier: 6351177) der Zeitschrift Isotopenpraxis: Akademie-Verlag, DDR-1086 Berlin, Leipziger Str. 3–4, PF-Nr. 1233
Veröffentlicht unter der Lizenznummer 1527 des Presseamtes beim Vorsitzenden des Ministerrates der Deutschen Demokratischen Republik
Gesamtherstellung: VEB Druckerei „Thomas Müntzer", DDR-5820 Bad Langensalza
Erscheinungsweise: Die Zeitschrift „Isotopenpraxis" erscheint monatlich. Die 12 Hefte eines Jahrganges bilden einen Band. Bezugspreis je Band 180,– M zuzüglich Versandspesen Preis für die DDR 108,– M) Preis je Heft 15,– (Preis für die DDR 9,– M)
Bestellnummer dieses Heftes: 1079/19/1–2

AN (EDV) 12831

ISOTOPENPRAXIS

Band 19 (1983) Heft 1/2, S. 1—60

Redaktion und Verlag: Akademie-Verlag, Redaktion Isotopenpraxis, DDR-1086 Berlin, Leipziger Straße 3—4

Inhaltsverzeichnis

Die Anwendung von Radionukliden hat im tschechoslowakischen Hüttenwesen eine langjährige Tradition. Geräte zur radiometrischen Dickenmessung, Feuchtigkeitsbestimmung und Niveaukontrolle werden produziert und in großer Zahl in der Industrie eingesetzt. Seit 1970 werden keine eigenen radiometrischen Betriebsmeßgeräte mehr produziert. Der Bedarf wird aus Importen, vorwiegend aus der Sowjetunion, gedeckt. Mit offenen Radionukliden werden u. a. in großem Umfang Untersuchungen über die Herkunft nichtmetallischer Verunreinigungen im Stahl durchgeführt. Auf diesem Gebiet sind zur Zeit Untersuchungen über die Entstehung exo- und endogener Einschlüsse durch radioaktive und inaktive Markierung im Gange.

Unter Prozeßanalyse an Industrieanlagen wird die weitgehend umfassende Bestimmung von Prozeßvariablen wie Durchsatz, Stoffzusammensetzung, Verweilzeit, Mischverhalten, Phasengeschwindigkeiten in allen Prozeßstufen verstanden. Nach allgemein gültigen Hinweisen zur Durchführung von industriellen Tracerexperimenten werden als Beispiele Radionuklidprozeßanalysen der Brikettierung sowie der Caprolactamherstellung diskutiert. In beiden Fällen führten die Ergebnisse zu einer Erhöhung der Effektivität der Anlagen und zu einem bedeutenden volkswirtschaftlichen Nutzen. Die Qualität der Endprodukte wurde wesentlich verbessert.

Im VEB Walzwerk Hettstedt werden mit einem Isotopenmeßgerät die Dicken von Stahlgrobblechen bis 100 mm gemessen. Damit besteht die Möglichkeit, die Meßmethode mit der Mikrometerschraube abzulösen. Die Grundbauelemente des Meßgerätes entsprechen der Ausrüstung des FMM 24004 vom VEB Robotron Meßelektronik „Otto Schön" Dresden. Beschrieben werden die Vorteile der neuen Meßmethode, das Verfahren, die Ausrüstung der Anlage und die Sicherheitsmaßnahmen zum Schutz gegen Strahlung. Durch hohe Temperaturen auftretende Probleme und Maßnahmen zur Stabilisierung sowie die Einführung eines Temperaturkorrekturfaktors werden dargelegt. Abschließend werden die aus einer umfangreichen Meßreihe gezogenen Schlußfolgerungen sowie die erreichten Betriebsergebnisse beschrieben.

Contents

Radionuclides have been utilized for many years in metallurgical processes in Czechoslovakia. Devices for radiometric measurement of thickness, determination of humidity and level control are produced and used in industry in great quantities. Since 1970 no radiometric measuring devices have been produced in this country. The demand is met by import, for the most part from Soviet Union. To a great extent studies on the origin of non-metallic impurities in steel are performed by the use of open radionuclides. At present, studies on the formation of exo- and endogenous occlusions with radioactive and inactive labelling are under way.

The so-called process analysis in industrial plants includes the very full determination of the process and operating parameters as throughput, material composition, residence time, mixing behaviour flow rates etc. in all the steps of a process. In the paper general instructions of the carrying-out of industrial tracerexperiments are presented and radionuclide investigations on the briquetting and on the largescale production of caprolactam are discussed as examples. In both cases the results of the tracer experiments indicated the way towards greater operational efficiency and high economic benefits, they positively influenced both the output and the quality of the final products.

In the VEB Walzwerk Hettstedt the thickness of steel plate up to 100 mm is measured by the use of an isotope measuring device. This has rendered possible to substitute the method of measuring with micrometer screw. The basic components of the measuring device correspond to those of the device type FMM 24 004 by the VEB Robotron Meßelektronik „Otto Schön" Dresden. The new measuring method and its advantages, the equipment and the precautions against radiation are described. The problems arising in thickness measurement because of the high temperatures, the stabilizing measures and the temperature correction factor introduced are represented. Finally the conclusions drawn from a large series of measurements and the operating results achieved are reported.

Radiometrische Flächenmassemeßanlagen haben heute einen festen Platz bei der Steuerung und Überwachung von Herstellungsprozessen flächenhafter Halbzeuge. Eine neue Generation von Anlagen dieser Art ist durch den Einsatz des Mikrorechners K 1520 entstanden. Es wurde möglich, für jede Meßgut/Strahlerkombination den Meßbereich so zu kalibrieren, daß die Anzeige in digitaler Form direkt in Flächenmasse- bzw. Dickeneinheiten erfolgen kann. Die Erprobung erfolgte im Walzwerkeinsatz. Es wurde je eine Anlage zur Sortierung von Stahlblechen an einer Querteilanlage und zur Dickenregelung eines Walzgerüstes eingesetzt. Probleme im Zusammenhang mit der „Vor-Ort"-Kalibrierung, der Anpassung an die jeweilige Meßaufgabe sowie die Bedienbarkeit werden dargestellt. Den Abschluß bilden Erfahrungen im Betriebsverhalten und Fragen der Zuverlässigkeit.

Nowadays radiometric devices for measuring mass per unit area are widely used to control the production processes of areal semiproducts. A new generation of such equipment has been provided by utilization of the microcomputer K 1520. It has been rendered possible to calibrate the measuring range for each combination of material under test and emitter in such a way that digital readings can directly be obtained in units of mass per area or of thickness. The system was tested in a rolling mill, one equipment having been used to sort steel sheet in a cut-to-length-line and one to control gauge in a rolling stand. The problems of calibration in situ, the adjustment to the respective applications and the service are represented. Finally the experience in performance and questions of reliability are discussed.

G. Ruder

Die Füllstandsmeßeinrichtung 24016

Isotopenpraxis 19 (1983) H. 1/2, S. 14 bis 16
2 Abb., — Tab., 2 Lit.

Seit nahezu 10 Jahren werden vom VEB Robotron Meßelektronik „Otto Schön" Dresden kontinuierliche Füllstandseinrichtungen hergestellt. Sie arbeiten nach dem Prinzip der Strahlenstreuung im Füllgut. Quelle und Strahlungsdetektor befinden sich — durch einen Absorber getrennt — in einer gemeinsamen Sonde. Die Sonde wird durch einen Motorantrieb dem jeweiligen Füllstand nachgeführt. Diese Messung wird bei Behälterhöhen bis maximal 40 m eingesetzt. In den Behälter ist der Einbau eines Schutzrohres für die Sonde erforderlich. Da Strahlungsquelle und Detektor in einer gemeinsamen Sonde untergebracht sind, wird keine große Quellenaktivität benötigt. Die beschriebene neue Entwicklung ersetzt ab 2. Halbjahr 1982 den mit einigen Nachteilen behafteten Vorläufer dieser Füllstandsmeßanlage. Durch die vorgenommenen Verbesserungen werden per Inbetriebnahme- und der Wartungsaufwand verringert und die Zuverlässigkeit erhöht.

G. Ruder

Level-Measuring Unit Type 24016

Isotopenpraxis 19 (1983) No. 1/2, p. 14 to 16
2 Fig., — Tab., 2 Ref.

For nearly ten years the VEB Robotron Meßelektronik „Otto Schön" Dresden has produced continuous level-measuring units operating on the principle of radiation scattering in the charge. Radiation source and detector are located in a common probe, being separated from each other by an absorber. The probe is adjusted according to the fill height by a motor drive. This method is applied to bins as high as 40 m. A protective tube for the probe has to be inserted into the bin. Since the radiation source and detector are located in a common probe, a high activity of radiation source is not needed. In the second half-year 1982 this new device will be substituted for the older one exhibiting some disadvantages. The improvements result in a decrease of starting and maintainance requirements and in an increase of reliability.

H.-J. Steinfeld, W. Lehrich

Niveaumessungen an NE-Metallschmelzen

Isotopenpraxis 19 (1983) H. 1/2, S. 16 bis 20
6 Abb., — Tab., — Lit.

In vielen Betrieben der Metallurgie stellen Niveaumessungen von Schmelzen bisher häufig ungelöste Probleme dar. Im VEB Mansfeld-Kombinat „Wilhelm Pieck" wurden in den letzten Jahren die unterschiedlichsten Verfahren auf ihre Anwendbarkeit überprüft, in deren Ergebnis den radiometrischen Meßverfahren der Vorzug für zu lösende Aufgaben gegeben worden ist. An zwei ausgewählten Beispielen (Badspiegelmessung) an einem Aluminiumgießtiegel und Badspiegelmessung an einem Kupferaufnahmebad) werden Lösungswege auf der Basis des Einsatzes handelsüblicher Geräte dargestellt, Einsatzprobleme und Betriebserfahrungen diskutiert.

H.-J. Steinfeld, W. Lehrich

Level Measurement for Non-Ferrous Metal Melts

Isotopenpraxis 19 (1983) No. 1/2, p. 16 to 20
6 Fig., — Tab., — Ref.

In many metallurgical enterprises level measurements for melts are often an unsolved problem. At the VEB Mansfeldkombinat "W. Pieck" the applicability of many different methods has been tested for the last years. As a result of this perference was given to the radiometric method. By way of 2 examples (level measurement in a crucible for casting aluminium and level measurement in a reciever for casting copper into ingot moulds) is shown how this problem can be solved by the use of commercial devices. Besides this application problems and operating experience is discussed.

J. Stamenov, St. Pironkov

Kontinuierliche radiometrische Staubmengenmessungen in strömenden metallurgischen Abgasen

Isotopenpraxis 19 (1983) H. 1/2, S. 20 bis 22
2 Abb., — Tab., — Lit.

Beschrieben wird ein Verfahren zur kontinuierlichen automatischen Bestimmung des Staubgehalts metallurgischer Abgase. Auf Grund dieses Verfahrens wurde eine geeignete Einrichtung für das Bergbau- und Hüttenkombinat „G. Dimitroff" Elissejna konstruiert. Es werden die erhaltenen Ergebnisse aus der Prüfung des Gerätes unter industriellen Bedingungen angeführt.

J. Stamenov, St. Pironkov

Continuous Radiometric Measurement of Dust Content in Flowing Metallurgical Waste Gases

Isotopenpraxis 19 (1983) No. 1/2, p. 20 to 22
2 Fig., — Tab., — Ref.

A method of continuous automatic measurement of dust content in metallurgical waste gases is described. On the bsais of this method an appropriate device has been constructed for the Mining and Metallurgical Works "G. Dimitroff" Elissejna. The results achieved in testing the device under industrial conditions are reported.

D. Steuer

Radiometrische Bandwaage „RBW"

Isotopenpraxis 19 (1983) H. 1/2, S. 22 bis 23
1 Abb., 1 Tab., 1 Lit.

Es wird der Einsatz einer radiometrischen Bandwaage beschrieben, die auf der Grundlage der bereits beschriebenen „radiometrischen Bandwaage mit Rechnerschaltkreis zur Signalaufbereitung" [1] weiterentwickelt wurde. U. a. konnten mit dieser Waage in der Braunkohlen- und Kaliindustrie die Fehler auf ≦ ±1,5 % gesenkt werden. Die technische Konzeption erlaubt die Anwendung für alle Gurtbandbreiten in Stufen von 12 m.

D. Steuer

Radiometric Conveyor-Type Weigher "RBW"

Isotopenpraxis 19 (1983) No. 1/2, p. 22 to 23
1 Fig., 1 Tab., 1 Ref.

The application of a radiometric conveyor-type weigher is described. The weigher is an advanced version of the radiometric conveyor-type weigher with computer circuit for signal processing. With this weigher it has been possible to reduce weighing errors to ≦ ±1,5 % in lignite and potash industries. To engineering concept enables the weighing system to be applied to belts having widths varying in 12 cm steps.

6. Kolloquium „Technische Anwendung radioaktiver Isotope im Berg- und Hüttenwesen" am 24. und 25. 11. 1981 in Freiberg

Am 24. und 25. November 1981 fand in Freiberg das 6. Kolloquium „Technische Anwendung radioaktiver Isotope im Berg- und Hüttenwesen" statt. Veranstalter waren das Forschungsinstitut für NE-Metalle Freiberg, der VEB Bergbau- und Hüttenkombinat „Albert Funk" Freiberg und die Sektion Metallurgie und Werkstofftechnik der Bergakademie Freiberg. Hauptanliegen dieser Veranstaltung war — wie das der vorangegangenen — die Information der Praktiker des Industriezweiges über neuere und effektive isotopentechnische Verfahren und Methoden.

Obgleich die Metallurgie und auch der Bergbau zu jenen Wirtschaftsbereichen gehören, in denen die Isotopenanwendung schon sehr zeitig Fuß faßte und dank der speziellen Vorteile der kerntechnischen Wirkprinzipien für die verschiedensten Meßzwecke auch schnell weite Verbreitung fand und demzufolge auch viel Erfahrung auf diesem Gebiet vorliegt, werden die Möglichkeiten der kerntechnischen Methoden und Verfahren noch bei weitem nicht voll genutzt. Es gibt dafür zahlreiche Gründe. Zwei von ihnen sind, daß zum einen die umfangreichen Erfahrungen im Industriezweig nur in bestimmten Produktionsabschnitten und darüber hinaus nur bei einem jeweils relativ kleinen Personenkreis vorliegen und zum zweiten, daß der Fluß an Nutzinformationen über die Möglichkeiten der Isotopenanwendung trotz verschiedenster Bemühungen nur sporadisch die entscheidenden Leitungsebenen erreicht. Nicht wenige Gelegenheiten, durch den zielgerichteten Einsatz von Radioisotopen die Ökonomie unserer Betriebe zu steigern, werden dadurch unnötig verzögert und unter Umständen auch gar nicht genutzt.

Diese Folge von Kolloquien als eine der Informationsquellen soll — wie bereits erwähnt — dazu dienen, die Fachleute der Berg- und Hüttenpraxis, also in erster Linie die Technologen, die Meß- und Regeltechniker, die Ingenieure der betrieblichen Forschungs- und Entwicklungsstellen, aber auch die Projektanten und nicht zuletzt die Leitungskräfte über ökonomische und bewährte industrielle Anwendungen zu informieren und anzuregen und gleichzeitig die Gelegenheit bieten, in Diskussionen und Gesprächen, wofür bewußt viel Raum gegeben wird, den erhaltenen Hinweisen nachzugehen, ergänzende Fakten einzuholen und gegenseitige Erfahrungen auszutauschen. Es wird aus diesem Grunde auch, von speziellen Ausnahmen abgesehen, davon Abstand genommen, Vorträge mit Grundlagencharakter aufzunehmen, wofür andere Fachtagungen prädestiniert sind. Bereichert werden die Freiberger Veranstaltungen durch die Teilnahme von Fachleuten mit Vorträgen aus Partnerinstitutionen mehrerer sozialistischer Länder. Es ist u. a. auch Tradition, daß die Kolloquien jeweils mit einem Übersichtsbeitrag über den Stand der Isotopenanwendung im Berg- und Hüttenwesen eines der teilnehmenden Länder eröffnet wird, der jedem Teilnehmer eine grobe vergleichende Einschätzung der Nutzung der Isotopentechnik im eigenen Land ermöglicht und Hinweise gibt, in welche Richtung weitere Arbeiten gegebenenfalls zu lenken sind. Ein Vortragskomplex über kerntechnische Geräte für die Betriebsmeßtechnik stellt neben Neuentwicklungen verbesserte oder speziellen Meßbedingungen angepaßte Meßeinrichtungen vor, die in zunehmendem Maße als Impulsgeber für die automatische Steuerung der verschiedensten Produktions- und Hilfsaggregate dienen. In einem weiteren Abschnitt wird über die Klärung von Prozeßabläufen mit Hilfe der Radiotracertechnik berichtet. Speziell aus derartigen Untersuchungen lassen sich nicht selten entscheidende Maßnahmen zur Optimierung von Prozessen in Form von Durchsatzsteigerungen, der Senkung von Verlusten, Qualitätsverbesserungen usw. ableiten. Schließlich wird in fast jedem Kolloquium in einem Vortrag auf Fragen der Strahlenbelastung, Strahlengefährdung und des Strahlenschutzes bei der technischen Anwendung radioaktiver Isotope in den Betrieben des Berg- und Hüttenwesens eingegangen.

Da nach den ersten Kolloquien von der Industrie und auch von verschiedenen Instituten relativ häufig Vortragsmanuskripte und weiterführende Informationen angefordert wurden, sind erstmals nach dem 5. Kolloquium alle dort gehaltenen Vorträge in einem Heft dieser Zeitschrift abgedruckt worden. Infolge des großen Anklangs dieser Verfahrensweise werden auch die Vorträge des 6. Kolloquiums, ausgenommen der von *H.-J. Große*: „Radiometrische on-line-Analyse von Gasgemischen", dessen Inhalt im wesentlichen bereits im Heft 1 des Jg. **17** (1981) S. 21—27 dieser Zeitschrift wiedergegeben ist, nachfolgend komplett veröffentlicht.

Die Veranstalter möchten die Gelegenheit wahrnehmen und sich an dieser Stelle nochmals bei allen Vortragenden der bisherigen Kolloquien, die mit ihren Beiträgen wesentlich an deren Gelingen Anteil hatten, bedanken und der Hoffnung Ausdruck verleihen, daß auch die folgenden Kolloquien derartige Unterstützung finden, auf das bisher gezeigte Interesse stoßen und ihr Ziel erreichen: zur Effektivitätssteigerung des Industriezweiges spürbar beizutragen.

J. Holzhey

Ergebnisse und Erfahrungen bei der Anwendung von Radioisotopen in der Metallurgie der ČSSR

J. Hons

(Forschungsinstitut für Eisenhüttenwesen Dobrá)[1])

Die Anwendung von Radionukliden hat im tschechoslowakischen Hüttenwesen eine langjährige Tradition. Geräte zur radiometrischen Dickenmessung, Feuchtigkeitsbestimmung und Niveaukontrolle werden produziert und in großer Zahl in der Industrie eingesetzt. Seit 1970 werden keine eigenen radiometrischen Betriebsmeßgeräte mehr produziert. Der Bedarf wird aus Importen, vorwiegend aus der Sowjetunion, gedeckt.

Mit offenen Radionukliden werden u. a. in großem Umfang Untersuchungen über die Herkunft nichtmetallischer Verunreinigungen in Stahl durchgeführt. Auf diesem Gebiet sind zur Zeit Untersuchungen über die Entstehung exo- und endogener Einschlüsse durch radioaktive und inaktive Markierung im Gange.

Keywords

cerium 141; densimeters; gold 198; mining; moisture gages; radiometric analysis; radiometric gages; sulfur 35; thickness gages; tracer techniques

Die Anwendung von Radionukliden hat im tschechoslowakischen Hüttenwesen eine langjährige Tradition. Sie begann mit der Entwicklung und dem Einsatz von Methoden, die mit umschlossenen Strahlern arbeiten. Es wurden eine Reihe verschiedener Geräte und Anlagen für die Qualitätskontrolle und die Prozeßregelung sowie Elemente für die Automatisierung der Hüttenproduktion entwickelt.

Zum Beispiel wurde für Blockwalzwerke die Möglichkeit der Automatisierung des Schopfens studiert. Als Strahlenquellen fanden ^{60}Co mit einer Aktivität von etwa 500 Ci ($1{,}85 \cdot 10^{13}$ Bq) und ein Betatron mit einer Strahlungsenergie von 14 MeV Berücksichtigung. Die Kantenlänge der Blöcke betrug 200 bis 250 mm. Die erzielten Resultate waren aussichtsreich, führten aber durch Probleme mit dem Strahlenschutz, der Instandhaltung und der Produktionsökonomie nicht zu einem industriellen Einsatz.

Für eine 1150er-Blockstraße wurde eine radiometrische Methode ausgearbeitet, die es ermöglicht, unter Betriebsbedingungen das Metallfließen beim Walzen zu studieren. Als Indikator wurde ^{60}Co benutzt. Die Größe der Oberflächenmarken des Rohblockes mit Kantenlängen von 210 bis 240 mm betrug 2 mm × 3 mm, die Aktivität des Strahlers in jedem vorgebohrten Loch lag zwischen 1 und 10 μCi ($0{,}37-3{,}7 \cdot 10^{4}$ Bq). Nach dem Walzen wurde die Lage der radioaktiven Marken mit einer Genauigkeit von $\pm 1{,}5$ cm gefunden.

Für die Dickenmessung von Stahlwalzgut wurden zwei Gerätetypen entwickelt, der erste für den Dickenbereich von 0,1 bis 1 mm unter Verwendung einer ^{90}Sr-Bremsstrahlungsquelle und der zweite für den Dickenbereich von 10 bis 100 mm unter Verwendung von ^{60}Co.

Zur Feuchtigkeitsbestimmung in Agglomeratmischungen wurde eine Neutroneneinrichtung mit einer AmBe-Quelle angewendet. Ähnliche Geräte kamen auch zur Feuchtigkeitsbestimmung in Kohle, Koks und Sand zum Einsatz. Der Wassergehalt im Sand und in Formmischungen in Gießereien wurde durch Volumengewichtsbestimmung mit Hilfe von ^{137}Cs geprüft. Das gleiche Radionuklid fand schließlich in einem Gerät zur Volumengewichtskontrolle des Kohleeinsatzes in einer Hüttenkokerei Anwendung.

Vom Jahr 1970 an sind in der ČSSR keine neuen Einrichtungen und Geräte, die mit umschlossenen radioaktiven Isotopen arbeiten und im Hüttenwesen eingesetzt werden sollen, mehr entwickelt und produziert worden. Sie wurden vorwiegend aus der Sowjetunion importiert. Dabei handelte es sich zum Beispiel um Einrichtungen zur Gichttiefenmessung in Hochöfen, zur Bunkerfüllstandskontrolle, um Geräte zur Feuchtigkeits- und Dickenmessung u. a.

Auf dem Gebiet der Anwendung offener Radioisotope zur Untersuchung jener metallurgischen Prozesse, deren Beobachtung früher unmöglich war, wurden in der ČSSR viele Arbeiten durchgeführt. Mit fortschreitender Entwicklung der Verhüttungsprozesse und Modernisierung der Produktionsanlagen treten neue Probleme auf, die zu lösen sind. Das Tracerverfahren ist dafür eine der Hauptmethoden.

In den 50er- und 60er Jahren ist zum Studium der exogenen Einschlüsse, besonders in der UdSSR, fast ausschließlich das Radionuklid ^{45}Ca angewendet worden. Später ging man sogar zur inaktiven Markierung in Verbindung mit der Neutronenaktivierungsanalyse über. Obgleich diese Arbeitsmethode zahlreiche Probleme aufwirft, die sich vor allem aus den Schwankungen der Untergrundstrahlung aus den untersuchten Massen und aus der beschränkten Auswahl von Tracerelementen ergeben, handelt es sich hinsichtlich des Strahlenschutzes um eine höchst attraktive Methode.

Im Einklang mit der Entwicklung in anderen Ländern sind auch in der ČSSR bei Untersuchungen dieser Art beide Tracerverfahren benutzt worden, wobei die Auswahl weniger toxischer und leichter erhältlicher Markierungsmaterialien im Vordergrund stand. Für das Studium der Quellen der oxidischen Einschlüsse im Stahl haben sich die seltenen Erdmetalle, namentlich La_2O_3, Sm_2O_3 und CeO_2, bewährt. Letzteres wurde in Form von ^{141}Ce als radioaktiver Indikator angewendet. Die anderen Elemente werden mit Hilfe der Neutronenaktivierungsanalyse nach Bestrahlung der Proben im Kernreaktor verfolgt. Die Anwendung der radioaktiven und inaktiven Markierung mittels der genannten Elemente schafft gute Bedingungen für die Anpaßbarkeit an momentane Betriebssituationen sowie die Reduzierung der Strahlenrisiken. Bei der Vorbereitung der Materialproben aus den Betriebsversuchen im Labor zum Zweck der radiometrischen Auswertung ermöglicht dieses Markierungs-

[1]) Anschrift: 73951 Dobrá, Bez. Frýdek-Místek (ČSSR)

verfahren denselben Arbeitsgang wie für die chemische Isolation der Indikatoren.

Beide Tracerverfahren haben bei der Erforschung der Einschlußbildung im Siemens-Martin- und Elektrostahlprozeß sowie bei der Realisierung von technologischen Maßnahmen zur Erhöhung der Qualität von Hüttenerzeugnissen und zur Verminderung der Betriebskosten sehr breite Anwendung gefunden. Es wurde zum Beispiel festgestellt, daß der stärkste Verschleiß des Ofenmauerwerks am Anfang der Produktionsperiode liegt und nach 30 Chargen auf etwa ein Fünftel sinkt. Die überwiegende Menge an Flickmasse, die bei Zwischenreparaturen in den Ofen eingebracht wird, geht schon bei der folgenden Charge wieder in die Schlacke über und hat keinen Einfluß auf die Verlängerung der Ofenlebensdauer.

Im Rahmen der komplexen Untersuchung über die verschiedenen oxidischen Einschlußquellen bei der Herstellung von Seildrahtstahl wurden die feuerfesten Materialien der Abstichrinne, der Gießpfannen, der Steingarnituren für den steigenden Guß und der Auskleidung der Vakuumeinrichtungen sowie das Kokillenpulver und die Ofenschlacke nach beiden Methoden markiert. Es wurde festgestellt, daß der Gießpfahl und die Kanalsteine zu 1 bis 3% an der Verunreinigung des Stahls durch nichtmetallische Einschlüsse beteiligt sind. Somit ist die teure Entwicklung und Herstellung von Schamotteerzeugnissen mit erhöhtem Anteil an Al_2O_3 technisch nicht gerechtfertigt.

Die erhaltenen Resultate haben keinen positiven Einfluß der Anwendung exothermer Kokillenpulver auf die Knüppelqualität bestätigt.

Aus der Gruppe der untersuchten Einschlußquellen hat sich als höchst bedeutend die Ofenschlacke gezeigt. Es ist notwendig, das Einfließen von Schlacke in die Gießpfanne zu verhindern. Der Anteil der Schlacke am Gehalt der oxidischen Einschlüsse wurde zu 38 bis 45% bestimmt.

Die guten Erfahrungen, die bei der Bestimmung der exogenen Einschlußquellen gesammelt wurden, sind auch beim Studium der Ursachen von Oberflächen- und Innenfehlern bei Rohrstahlknüppeln und der Doppelung bei Grobblechen genutzt worden. Obgleich die Entstehung dieser Fehler auf den Einfluß vieler technologischer Faktoren zurückzuführen ist, gelang es, einige von diesen zu ermitteln und ihre Wirkung einzuschränken. Eine der erfolgreichen Maßnahmen war z.B. die Einführung des kurzfristigen Gießens bei offenem Stahlspiegel in der Kokille.

Methodisch sehr anspruchsvoll war die Erforschung der Stahlverunreinigung durch Koksasche beim Aufkohlen in der Pfanne. Unter Laborbedingungen wurde dieser Vorgang mit Hilfe von Kernreaktor bestrahltem Koks und von synthetischem Koks, der mit radioaktiven und mit inaktiven Indikatoren markiert war, untersucht. Die Resultate haben gezeigt, daß der Übergang von Aschepartikeln in den Stahl verhältnismäßig gering ist und nicht mehr als 1,5% beträgt. Für die Versuchsschmelzen unter Betriebsbedingungen war es nötig, eine große Koksmasse von 200 kg zu markieren. Dieses Problem wurde durch Anwendung einer Lösung des Radionuklids ^{141}Ce bewältigt, die durch dessen Auflösung in Salpeter- und Schwefelsäure bei Siedetemperatur gewonnen wurde. Durch direkte Chlorierung isolierte oxidische Einschlüsse aus den Knüppeln haben wiederum bestätigt, daß der Ascheanteil in diesen nicht höher als 2,0% ist.

Während man bei der Klärung der Herkunft nichtmetallischer Einschlüsse in Stahl das Gebiet der exogenen Einschlüsse methodisch beherrscht und auf die verschiedenen Betriebsapplikationen vorbereitet ist, sind die Tracerverfahren für die endogenen Quellen bis jetzt noch am Anfang der Entwicklung. Im Unterschied zu den exogenen Quellen besteht hier die Markierung nicht nur in einer passiven Zugabe des Tracers mit der Forderung, daß sich seine physikalischen und chemischen Eigenschaften unter den gegebenen technologischen Bedingungen nicht ändern, sondern er ist eine aktive Komponente, die in die chemischen Reaktionen gleichermaßen wie die markierte Quelle eingreift und sich wie diese verhalten muß, auch noch in Form des Reaktionsproduktes. Ideale Indikatoren für dieses Gebiet wären Radioisotope der zu untersuchenden Elemente. Leider haben weder Silizium noch Aluminium als die Hauptvertreter der Desoxydationsmittel solche Isotope, die mit ihren kerntechnischen Eigenschaften, namentlich der Halbwertszeit und der Strahlungsenergie, für Betriebsapplikationen günstig sind. Die Zeit für die Vorbereitung und Durchführung von Versuchschargen ist hier relativ lang. Die Gesamtzeit vom Tracereinsatz bis zur Messung der isolierten Einschlüsse aus den fertigen Walzerzeugnissen ist noch nicht einmal unter idealen Bedingungen kürzer als ein Monat. Es war nötig, für diese beiden Elemente solche Vertreterelemente herauszufinden, die für Betriebsuntersuchungen geeignete kerntechnische Eigenschaften haben und dabei den untersuchten Elementen physikalisch und chemisch möglichst ähnlich sind. Für Aluminium wurde als thermodynamisch ähnlich Cer und später Scandium ermittelt. Es wurde bewiesen, daß sich diese beiden Elemente bei einer Massekonzentration bis 5% im Stahlbad gegenüber Sauerstoff praktisch wie Aluminium verhalten und daß sie den Gewichtsanteil in der ursprünglichen Legierung auch in den Produkten der Desoxydationsreaktionen sowohl in der Schlacke als auch im Stahl bewahren. Diese Laborergebnisse wurden unter Betriebsbedingungen im Siemens-Martin-Ofen überprüft. Der Anteil an endogenen Aluminiumoxideinschlüssen am gesamten Einschlußgehalt des Stahls wurde auf diese Weise in einer Höhe von 11 bis 28% bestimmt.

Während mit Sc-markiertem Aluminium schon eine Reihe von Betriebsuntersuchungen durchgeführt wurden, u. a. auch zum Studium der Abdeckelung von un- und halbberuhigten Stählen beim Kokillenguß, gelang es noch nicht, für Silizium ein zuverlässiges Vertreterelement zu finden. Das untersuchte Yttrium und Hafnium haben sich im Vergleich mit Silizium in Laborschmelzen quantitativ verschieden verhalten, womit sie nicht die an sie als Vertreterelemente für Si gestellten Forderungen erfüllen. In der derzeitigen Forschungsetappe wird das Verhalten weiterer Elemente, wie Tantal, Zirkon u. a., studiert.

Ein sehr breites Arbeitsprogramm war der Bestimmung von Diffusionskoeffizienten gewidmet. Eine Reihe von Methoden sowie Arbeits- und Auswertungsvorgängen wurden erarbeitet und die Verteilungs- und Diffusionskoeffizienten für Co, W, Cr und Mo in Eisen im Temperaturbereich von 1250 bis 1750 °C bestimmt. Die gleiche Aufgabe wurde in den binären Systemen Ag—Al und Ag—Sn gelöst.

In einem 240-t-Siemens-Martin-Ofen wurde die Möglichkeit der Heizung mit Erdöl, das einen Schwefelgehalt von 0,7 bis 2,0% hat, untersucht. Das Heizöl für die Versuchschargen wurde mit dem Radionuklid ^{35}S markiert, das man in Piperidin und 200 l warmes Öl mischte. Bestimmt wurde die Verteilung des Schwefels zwischen Stahlbad, Schlacke und Ofenatmosphäre. Als Resultat der Untersuchung ist die Technologie durch differenzierte Heizung und Einblasen von Sauerstoff in der Schmelzperiode verbessert worden. In anderen Versuchschargen wurde der Übergang des Schwefels aus dem Roheisen in das Metallbad, die Schlacke und den Flugstaub sowie in das Walzgut studiert.

Für die Bestimmung der Auflösungsgeschwindigkeit des stückigen Ferrochroms im flüssigen Stahl wurde eine Markierung gewählt, bei der sich der Radiotracer im Zentrum speziell abgegossener Würfel befand. Die Untersuchung fand an Stücken mit einer Kantenlänge von 50 bis 150 mm statt. Als Tracer wurde das Radionuklid ^{198}Au verwendet. Bestimmt wurde die Zeit bis zur Auflösung der verschieden großen Stücke im Ofen und in der Pfanne und die chemische Homogenität während des Abgießens der Blöcke.

Die Tracerverfahren mit offenen Radioisotopen und inaktiven Indikatoren in Verbindung mit der Neutronenaktivierungsanalyse nach Reaktoraktivierung stellen für die Lösung einer ganzen Reihe metallurgischer Probleme ein nicht ersetzbares Hilfsmittel zur objektiven Erfassung metallurgischer Prozesse dar. Die Ergebnisse ihrer Anwendung liefern einen bedeutsamen Beitrag zum technologischen Fortschritt in der Metallurgie.

Eingegangen am 9. 6. 1982

Radionuklide zur Prozeßanalyse in der Industrie

J. W. Leonhardt, R. Otto

(Zentralinstitut für Isotopen- und Strahlenforschung der Akademie der Wissenschaften der DDR)[1]

Unter Prozeßanalyse an Industrieanlagen wird die weitgehend umfassende Bestimmung von Prozeßvariablen wie Durchsatz, Stoffzusammensetzung, Verweilzeit, Mischverhalten, Phasengeschwindigkeiten in allen Prozeßstufen verstanden. Nach allgemein gültigen Hinweisen zur Durchführung von industriellen Tracerexperimenten werden als Beispiele Radionuklidprozeßanalysen der Brikettierung sowie der Caprolactamherstellung diskutiert. In beiden Fällen führten die Ergebnisse zu einer Erhöhung der Effektivität der Anlagen und zu einem bedeutenden volkswirtschaftlichen Nutzen. Die Qualität der Endprodukte wurde wesentlich verbessert.

Keywords

coal; economics; industrial plants; lactams; mixing; optimization; radionuclides; tracer techniques

1. Einführung

Die Anwendung der Radionuklidtechnik zur Analyse industrieller Großanlagen, komplizierter Prozeßabläufe und deren Regelung mittels radiometrischer Meßfühler gehört in den Industrieländern zum Stand der Technik. Heute zeichnen sich im Rahmen der vier wesentlichen, erkennbaren Anwendungslinien von Radionukliden und Gamma- bzw. Partikelstrahlung folgende Hinweise auf qualitative Veränderungen ab:

1) Radiometrie

Die Zahl der heute pro 1000 Beschäftigte in der Industrie eingesetzten radiometrischen Geräte zur Prozeßregelung und -kontrolle ist ein wichtiges Maß für die Arbeitsproduktivität geworden. Sie liegt mit rund 2 in der DDR im Mittelfeld.

Heute erschließen Mikroprozessoren neue Möglichkeiten, nichtlineare Charakterisitka von Strahlungsdetektoren bei der Messung zu berücksichtigen und durch verbesserte Datenverarbeitung nicht nur höhere Betriebssicherheit, sondern auch eine Erhöhung der Menge verwertbarer Informationen zu erlangen. Unverkennbar sind Bemühungen in vielen Ländern die chemische Zusammensetzung eines Stoffsystems als Regelgröße zu erschließen. Als Beispiel kann die Anwendung hochenergetischer γ-Quanten aus dem Bremsstrahlungsspektrum eines Elektronenbeschleunigers zur analytischen Bestimmung von Goldgehalten in Erzen in verschiedenen Verarbeitungsstufen auf Goldfeldern [1] nach der Kernreaktion $^{197}Au(\gamma, \gamma')^{197}Au$ genannt werden. Aber auch die Lösung meßtechnischer Probleme unter extremen Bedingungen, wie hohen Drücken und Temperaturen, ist Bestandteil neuer Entwicklungen. Als ein Beispiel kann die in der DDR entwickelte Methode der Bestimmung des Elektrodenabbrandes im Karbidprozeß [2] genannt werden.

2) Isotopenverhältnisse

Das Verhältnis zweier Isotope eines oder auch unterschiedlicher Kerne enthält Informationen über die physikalischen, chemischen oder auch geologischen Prozesse, durch die das gemessene Isotopenverhältnis entstand. Natürlich setzt die Entschlüsselung solcher Informationen eine entwickelte Prozeßmodellierung in Theorie und Experiment voraus. Erfolgreichster Anwendungsfall dieses Verfahrens ist die Nutzung der Korrelation des Kohlenstoffisotopenverhältnisses $^{13}C/^{12}C$ in Kohlenwasserstoffen des Bodens mit dessen Erdgashöffigkeit. Die Beschreibung französischer Weinsorten mittels der $^{12}C/^{13}C$, $^{12}C/^{14}C$, H/D, H/T, $^{16}O/^{18}O$, $^{16}O/^{17}O$, $^{32}S/^{34}S$-Verhältnisse ermöglicht eine zuverlässige Qualitätskontrolle, da jede Weinsorte durch einen definierten Punkt in einem 7-dimensionalen Raum charakterisiert werden kann. Abweichungen zeigen Verfälschungen an. Untersuchungen dieser Art lassen neue diagnostische Verfahren in der Medizin zu, wenn z. B. das $^{15}N/^{14}N$-Verhältnis im Stoffwechsel des Menschen definiert gemessen wird.

3) Strahlentechnik

Die Weltproduktion strahlenvernetzter Polyäthylenprodukte und die Herstellung von strahlensterilisierten Artikeln hat 1980 die Milliardengrenze überschritten [3]. Kabel- bzw. Drahtisolierungen, Folien, Autoreifen, Lacküberzüge an Fahrzeugfelgen u. a. m. gehören zu Standardprodukten. Neuartige Anwendungsgebiete erschließt sich

[1]) 7050 Leipzig, Permoserstr. 15

die Strahlentechnik im Bioengineering, insbesondere für die Erzielung hoher Organverträglichkeiten von Transplantaten, im Einsatz niederenergetischer Elektronen zur Erzielung von Oberflächeneffekten auf Holz, Papier oder Kunststoff. Die Nahrungsmittelbestrahlung ist bis zu Dosen von 10 kGy in allen Ländern möglich geworden; die Hygienisierung von Abwässern und die Abgasreinigung treten auf die Tagesordnung.

4) Radiotracertechnik

Die Radiotracertechnik hat in vielen Industriezweigen die Lösung spezieller Probleme ermöglicht, die die Kenntnis des technischen Zustandes von Anlagen oder Anlagenteilen erfordert. Dazu gehört die meßtechnische Erfassung des Verschleißzustandes von Bohrkronen bei Tiefenbohrungen [4] ebenso wie die Prüfung der Verankerung von Bohrinseln im Atlantik [5]. Interessante Aspekte ergeben sich aus der Anwendung gasförmiger Tracer zur Bestimmung von Strömungsverteilungen in Klimaanlagen zwecks Energierationalisierung.

Ein weiterer wichtiger Aspekt, eine neue Qualität in der Tracertechnik zeichnet sich in der zunehmenden Beherrschung von komplexen Prozeßanalysen ab. Dieser Aspekt soll nachfolgend erläutert werden.

II. Radionuklidprozeßanalyse

Bekanntlich kann das Verhalten von Stoffströmen auch in von außen unzugänglichen, geschlossenen technischen Systemen durch Markierung mittels geeigneter Radionuklide untersucht werden, ohne daß der normale Fahrbetrieb einer Industrieanlage gestört oder unterbrochen werden muß. Man injiziert dem zu untersuchenden System nach einer bestimmten Zeitfunktion (meist Stoß- oder Sprungfunktion) einen Radiotracer und registriert die Aktivitätskonzentration als Funktion des Ortes und/oder der Zeit $c = c(x, t)$. Die z. B. dickwandige Anlagenteile durchdringende γ-Strahlung ermöglicht eine kontinuierliche und trägheitsfreie Aufzeichnung des Antwortsignals, aus dem man Aussagen über Strömungsgeschwindigkeit, Strömungsverteilung, Strömungsparameter (mittlere Verweilzeit, Rückvermischung, Diffusion), Mischeffektivitäten, Leckraten u. a. m. erhält, die mit anderen Methoden nur an Modellen, in Laborexperimenten oder bei weitgehenden Eingriffen in die Fahrweise der Großanlagen gewinnbar wären. Gemessene Verweilzeitspektren geben z. B. das Strömungsverhalten eines chemischen Reaktors wieder und lassen Rückschlüsse auf ein mögliches Fehlverhalten zu. Aus dem zeitlichen Verlauf der aus der Verweilzeitverteilung berechneten Intensitätsfunktion, die ein Maß für die Austrittswahrscheinlichkeit eines Teilchens ist, das sich eine Zeit t im Reaktor aufhält, kann man weiterhin erkennen, ob in einem Strömungssystem ein Durchbruch oder ein Totvolumen vorliegt.

Eine Radionuklidtraceruntersuchung an einer industriellen Anlage im Rahmen einer Prozeßanalyse gliedert sich in die Vorbereitungs-, die Versuchs- und die Auswertephase.

In der Vorbereitungsphase ergeben sich nach Erarbeitung eines Versuchsprogramms, in das über eine exakte Problemanalyse und Aufgabenstellung die vorhandenen theoretischen und die durch Befahren der Anlage gewonnenen technischen Kenntnisse eingehen, aufwendige Vorarbeiten, die gemeinsam von Mitarbeitern eines Isotopenlabors und des Anlagenbetreibers zu erledigen sind (s. dazu Abb. 1). Wesentlich sind dabei auch organisatorische Auf-

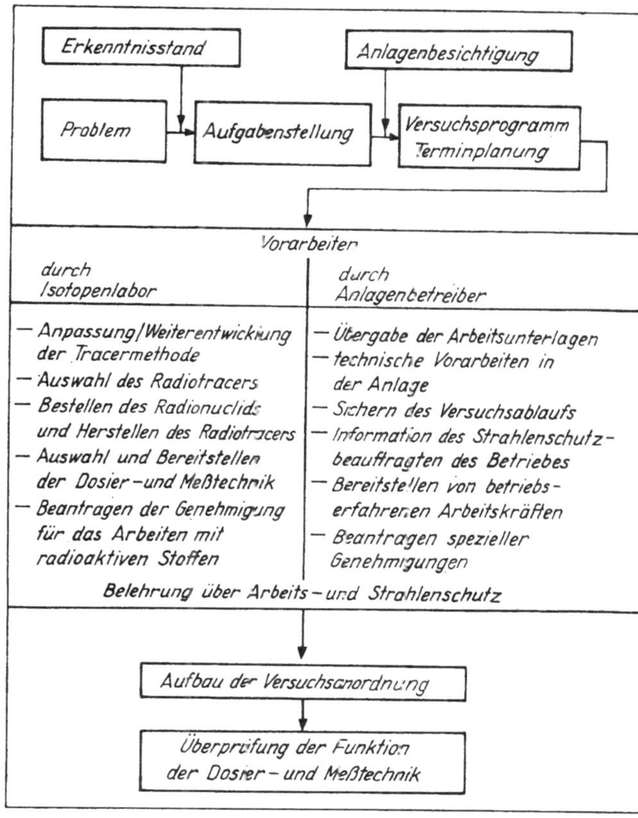

Abb. 1. Vorbereitung von Traceruntersuchungen in technischen Anlagen

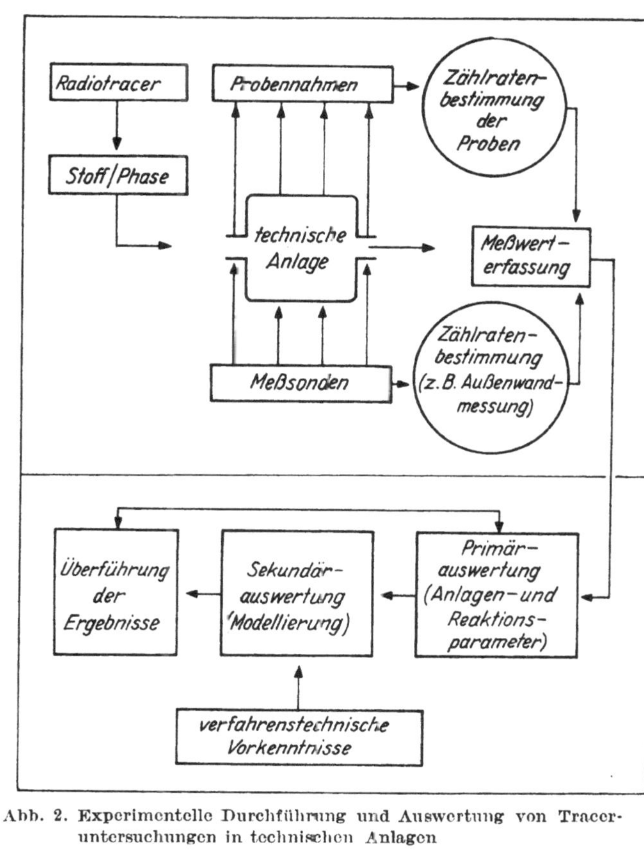

Abb. 2. Experimentelle Durchführung und Auswertung von Traceruntersuchungen in technischen Anlagen

gaben, wie das Beantragen der Genehmigung für das Arbeiten mit Radionukliden beim Staatlichen Amt für Atomsicherheit und Strahlenschutz oder spezieller Genehmigungen bei den Wasserwirtschaftsdirektionen.

Die Markierung der Stoffe oder Phasen zu Beginn des Versuchs und die Meßwerterfassung während des Versuchsablaufs kennzeichnen die Versuchsphase (Abb. 2). Entscheidend beeinflußt wird der Erfolg eines Tracerexperimentes u. a. von der Auswahl des Radiotracers und den zur Verfügung stehenden Meßmethoden. Bei der Auswahl des Tracers ist darauf zu achten, daß sich der Tracer während des Experimentes so verhält wie der zu untersuchende Stoff oder die zu verfolgende Phase. Wie bereits erwähnt, kann die Bestimmung der Antwortfunktion mittels Zählratenmessung direkt durch die Behälter- oder Rohrwand hindurch (Außenwandmessung) oder an entnommenen Proben (Probenmessung) erfolgen. Außenwandmessungen ermöglichen eine Verfolgung des Prozesses mit hohem Automatisierungsgrad. Untersuchungen an großtechnischen industriellen Anlagen setzen den Einsatz geeigneter meßtechnischer Mittel in Form von mobilen Meßlabors mit möglichst vielen synchronisierten Strahlungsdetektoren, einer Steuereinheit, einem Vielkanalanalysator sowie einem Kleinsteuerrechner voraus.

Die abschließende Phase eines Tracerexperiments, die Auswertephase, gliedert sich in 3 Etappen: Die Primärauswertung, die Sekundärauswertung und die Überführung der Ergebnisse. In der Primärauswertung werden Anlagen- und Reaktionsparameter ermittelt, in der Sekundärauswertung erfolgt dann eine mathematische Modellierung des Prozesses. Die Modellauswahl und die Modellanpassung an eine experimentelle Verweilzeitverteilung erfolgt nach den in der Verfahrenstechnik üblichen Methoden. Man erhält damit einen wesentlichen Beitrag für die Aufstellung eines mathematischen Modells, in das für einen stoffumwandelnden Prozeß auch die kinetischen Gleichungen für den chemischen Umsatz und die Beziehungen für den Stoff- und Wärmetransport eingehen. Auf der Grundlage eines solchen Modells lassen sich nun die optimalen Werte der Steuervariablen für die gewählten Zielfunktionen bestimmen.

In der abschließenden Überführungsetappe müssen beide Partner eng zusammenarbeiten, um möglichst kurze Überführungsfristen zu erreichen.

Die Spezifik solcher komplexen Aufgabenstellungen erfordert ein erfahrenes, interdisziplinäres Kollektiv, bestehend aus Diplomingenieuren, Chemikern, Verfahrenstechnikern, Physikern, Regelungstechnikern und Mathematikern. Die wissenschaftlichen Grundlagen für industrielle Prozeßanalysen mittels Radionuklidtechnik wurden bzw. werden gegenwärtig in der DDR, in der ČSSR und in der VR Polen geschaffen.

III. Beispiel 1: Prozeßanalyse der Brikettierung [6]

Das Schema einer Prozeßanalyse ist in Abb. 3 gegeben. Verschiedene Rohkohlesorten K_1, K_2, K_3, K_4 werden unterschiedlich mit ^{140}La, ^{198}Au, ^{72}Br, ^{24}Na-Lösungen markiert und in den Eingangsbunker gefahren. Von dort gelangt die Kohle in einen Brecher, durchläuft das Zwischenlager, wird getrocknet, gemahlen und schließlich zu Briketts verpreßt. An den Punkten $M_1 \dots M_6$ wurden synchronisierte Sonden installiert, die die Verweilzeitspektren erfassen. In M_6 wurden die Radionuklide spektrometrisch mittels eines geeigneten Absorbersystems [7] erfaßt.

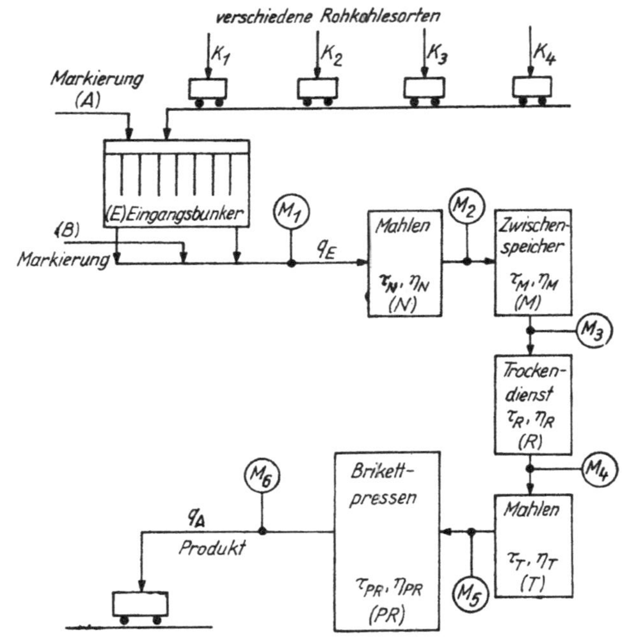

Abb. 3. Schema einer Prozeßanalyse der Brikettierung (M_1, M_2 ... M_6 sind Meßstellen)

Ziel war neben einer Optimalitätsbetrachtung einzelner technologischer Sektionen der Brikettierungstechnologie die meßtechnische Erfassung der Korrelation zwischen den Qualitätskenngrößen Druckfestigkeit, Heizwert, Asche- und Salzgehalt der produzierten Briketts und den schwankenden Qualitäten der aus verschiedenen Tagebauen und Flözen anfallenden Rohkohlesorten einschließlich Salzkohle. Im Ergebnis von zwei Großexperimenten wurden konkrete Vorschläge zur Bunkerbeschickung der BF abgeleitet und das Dispatcherregime geändert. Infolgedessen konnten Qualitätseinbrüche beseitigt werden. Der jährliche Gewinnzuwachs infolge qualitätsgerechter Produktion der BF, bezogen auf den Gesamtaufwand, erbrachte einen Effekt von mehr als 20 Mark pro 1 M Aufwand.

Als besonders produktiv erwies sich der Gedanke, das Eigenmischverhalten der Anlage zu nutzen, um während des normalen Betriebes im Verlaufe weniger Stunden alle denkbaren Konzentrationsvarianten zweier Komponenten zu ermitteln.

IV. Beispiel 2: Prozeßanalyse der Caprolactamproduktion

Im Zuge der Rationalisierung der Produktion von Caprolactam im VEB Leuna-Werke „Walter Ulbricht" wurde eine weitgehende Prozeßanalyse in 5 Verfahrensstufen mittels Radionukliden durchgeführt (Abb. 4). So konnte die Effektivität der Cumenoxydation durch die Analyse der Verweilzeiten mit Hilfe des markierten ^{82}Br-1-Bromnaphtalin als Radiotracer für jeden Boden des Oxydators bestimmt werden. Daraus ergaben sich Ableitungen für konstruktive Veränderungen der Oxydatorböden, die eine Ausbeutesteigerung in dieser Verfahrensstufe um 1862 t/a ermöglichten.

Die Messung von Mitreißeffekten in der Phenolteerspaltung und der Phenolhydrierung [9] führte zu wesentlichen Durchsatzerhöhungen in den Anlagen, zur Senkung des Material- und Energieverbrauchs und zur Sicherung der

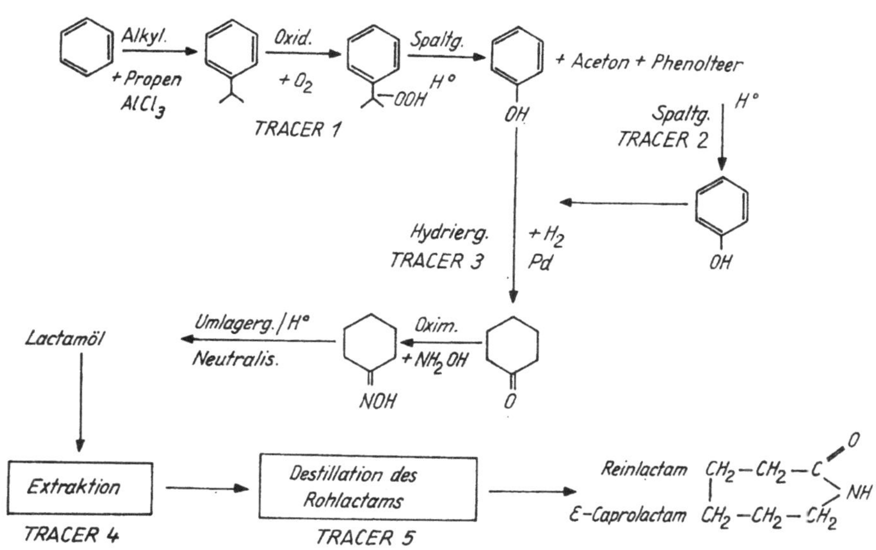

Abb. 4. Tracerexperimente in der Caprolactamproduktionsanlage

Qualität des Zwischenproduktes Phenol. Das Einsatzprodukt (Phenolteer bzw. Phenol) wurde jeweils mit ^{24}NaCl als nichtverdampfendem, aber löslichem Tracer markiert. Ein in Anlagenteilen auftretendes Flüssigprodukt kann nur dann Aktivität enthalten, wenn Einsatzprodukt bei Destillationsprozessen in Tröpfchenform mitgerissen wird. Verweilzeitmessungen in der Extraktionsstufe (Reextraktion des Rohlactams aus Trichloräthen mit Wasser) führten zu einer Teiloptimierung der Anlage. Sie zeigten aber auch, daß nur dann die geplanten Extraktionskennziffern zu erreichen sind, wenn konstruktive Änderungen am Extraktor durchgeführt werden. Bei diesen Tracerexperimenten wurde die organische Phase mit Br-Brombenzen und die wäßrige mit ^{24}NaCl markiert. In der Verfahrensstufe Caprolactamdestillation brachten Verweilzeitmessungen am Sumpfprodukt eine erhebliche Verbesserung der Qualität des Endproduktes ε-Caprolactam.

Die Versuchsergebnisse ermöglichen nun ein rechtzeitiges Eingreifen in den Prozeß, wenn qualitätsverändertes Rohlactam aus betriebstechnischen Gründen anfällt.

Im vorliegenden Fall erfolgte die Markierung des Sumpfproduktes mit ^{99m}Tc, das aus einem Radionuklidgenerator als Pertechnetat eluiert wurde.

Der kalkulierte ökonomische Gesamtnutzen der Traceruntersuchungen in der Caprolactamproduktionsanlage beträgt 1,221 Mio M pro Jahr. Das Aufwand-Nutzen-Verhältnis liegt insgesamt bei 1:12. In der Verfahrensstufe Cumenoxydation, den Untersuchungen mit dem höchsten ökonomischen Nutzen von 0,645 Mio M, wurde sogar ein Verhältnis von 1:31 erzielt. Abgesehen von diesem hohen ökonomischen Nutzen haben die Arbeiten wesentlich zur methodischen Weiterentwicklung der Radiotracertechnik (Markierungs-, Meß- und Auswertetechnik) beigetragen.

V. Ausblick

Die Prozeßanalysen, deren Effekt durch Anspruch an zwei Beispielen demonstriert wurde, werden für Standardtechnologien verallgemeinert. Neben den genannten gibt es gegenwärtig Aktivitäten im Bauwesen, in der Wasserwirtschaft, der Aufbereitungsindustrie sowie in der Energiewirtschaft. Die allgemeinen Aussagen lassen sich wie folgt zusammenfassen:

(1) Beschreibung der Optimalität von Technologien und Anlagen sowie einzelner Abschnitte
(2) Charakteristik des technischen Zustandes der Anlagen
(3) Ableitungen für Projektunterlagen für regeltechnische Lösungen
(4) Beiträge zur Reduzierung von Energie- und Materialaufwand.

Eingegangen am 14. 4. 1982

Literatur

[1] *I. N. Ivanov, J. N. Burmistenko, J. V. Feoktistov,* IV. Konferenz zur Anwendung kernphysikalischer Methoden zur Lösung wissenschaftlich-technischer und volkswirtschaftlicher Aufgaben, Dubna, 20. bis 23. 10. 1981

[2] *W. Leipnitz, R. Otto, H. Ulrich, H. G. Könnecke, P. Hecht, W. Thiel* WP H 05B/207 148 Nr. 138 402 vom 5. 10. 78

[3] *A. Charlesby,* Int. Conf. on Industrial Applic. of Radioisotopes and Radiation Technology, Grenoble 1981, IAEA-CN 40/120

[4] *B. A. Fries,* Int. Conf. on Industrial Applic. of Radiosiotopes and Radiation Technology, Grenoble 1981, IAEA-CN 40/75P

[5] *G. V. Evans, T. V. Parsons,* Int. Conf. on Industrial Applic. of Radioisotopes and Radiation Technology, Grenoble 1981, IAEA-CN 40/73P

[6] *J. W. Leonhardt, H. G. Koennecke, R. Otto, P. Hecht, H. Ulrich,* Int. Conf. on Industrial Applic. of Radioisotopes and Radiation Technology, Grenoble 1981, IAEA-CN 40/27P

[7] *J. W. Leonhardt, R. Otto, P. Hecht, H. Ulrich,* Isotopenpraxis **17** (1981) 31

[8] *Naumann, H. J.* Mitteilungsblatt der chem. Ges. der DDR **26** (1979) 215 und 234

[9] *R. Otto, P. Hecht,* Isotopenpraxis **16** (1980) 224

Dickenmessung bei Stahlgrobblechen mit einem Isotopendickenmeßgerät

K. Hofmann

(VEB Mansfeld-Kombinat „Wilhelm Pieck", Walzwerk Hettstedt)[1])

Im VEB Walzwerk Hettstedt werden mit einem Isotopenmeßgerät die Dicken von Stahlgrobblechen bis 100 mm gemessen. Damit besteht die Möglichkeit, die Meßmethode mit der Mikrometerschraube abzulösen. Die Grundbauelemente des Meßgrätes entsprechen der Ausrüstung des FMM 24004 vom VEB Robotron Meßelektronik „Otto Schön" Dresden. Beschrieben werden die Vorteile der neuen Meßmethode, das Verfahren, die Ausrüstung der Anlage und die Sicherheitsmaßnahmen zum Schutz gegen Strahlung. Durch hohe Temperaturen auftretende Probleme und Maßnahmen zur Stabilisierung sowie die Einführung eines Temperaturkorrekturfaktors werden dargelegt. Abschließend werden die aus einer umfangreichen Meßreihe gezogenen Schlußfolgerungen sowie die erreichten Betriebsergebnisse beschrieben.

Keywords

cesium 137; radiometric gages; rolling; temperature dependence; thickness gages

Das Walzwerk Hettstedt verfügt über ein Duo-Reversierwalzgerüst, das mit seiner Ballenlänge von 4200 mm zu den größten in der DDR zählt. Obwohl dieses Gerät schon 1909 in Betrieb genommen wurde, ist es immer noch gefragt, da es die Möglichkeit bietet, Bleche mit einer Breite von 3200 mm zu walzen.

Abb. 1 zeigt das Gerüst von der Auslaufseite her. Zum Betreiben der 2 Walzen mit einem Durchmesser von 1100 mm wurde ein Gleichstrommotor mit 1,2 MW Leistung installiert, der von einem *Ilgner*umformer versorgt wird.

Abb. 1. Duo-Reversierwalzgerüst

Mit dieser, wie die Hettstedter sagen, „Breiten Umkehre" werden 2000 kg bis 3000 kg schwere Eisenbrammen mit einer Anfangsdicke von 420 mm bis auf 14 mm abgewalzt. 14 mm ist die kleinste Enddicke. Kundenwünsche fordern ein TGL-gerechtes (TGL 8446) Sortiment, das hinsichtlich der zulässigen Dickenabweichung im wesentlichen ca. 20 Abmessungen beinhaltet. Dabei betragen die Toleranzen bei Dicken bis 50 mm je nach Blechbreite $\pm 0{,}8 \ldots \pm 1{,}2$ mm, das heißt ca. 2 ... ca. 8% vom Endmaß. Über 50 mm sind Toleranzen zugelassen, die im Bereich von 1,5 ... 2,5% liegen.

Das Sortiment, das in das NSW geliefert wird, muß nach DIN gewalzt werden. Die DIN 1543 fordert ein zulässiges unteres Abmaß von ca. 2%.

[1]) Anschrift: 4270 Hettstedt

Zur Vervollständigung und besseren Einschätzung nachfolgender Ausführungen über die Dicken- und Toleranzmessungen soll noch erwähnt werden, daß die Eisengrobbleche mit einer Walzgeschwindigkeit von ca. 1,3 m/s gewalzt werden. Die Walzleistung liegt bei ca. 36,0 t/h.

Bis zum Jahre 1977 wurden die Dicken der Eisengrobbleche nach dem von Anlagenfahrer vermeintlichen letzten Stich mit einer Mikrometerschraube gemessen. In Abb. 2 ist dieser Vorgang noch einmal festgehalten. Dem Anlagenfahrer dient zur Groborientierung eine über ein Getriebe mechanisch verstellbare Zeigereinstellung, an der er den Stand des Walzspaltes ablesen kann.

Abb. 2. Manueller Meßvorgang mittels Mikrometerschraube

Entsprach das mit dem Mikrometer gemessene Blech dem geforderten Endmaß, wurde es in Richtung Kühlbett weitertransportiert. Stellte der Ofenmann mit dem Mikrometer eine unzulässig hohe Abweichung nach Plus fest, wurde das Blech vom Anlagenfahrer noch einmal zwischen die Walzen gefahren. In der Annahme, das richtige Endmaß gewalzt zu haben, ließ der Ofenmann das Blech, ohne es noch einmal mit dem Mikrometer zu kontrollieren, zum Kühlbett passieren.

Diese Methode der Dickenmessung hatte folgende wesentliche Nachteile:

1. Es wurde für ein gewalztes Blech nur eine Messung vorgenommen. Daraus resultierte eine Ungenauigkeit über die gesamte ca. 8000 mm betragende Blechlänge.
2. Da der Mikrometerbügel nur ca. 200 mm Tiefe hat und der Ofenmann aus Zeitgründen nur an einer Seite messen kann, ist die Messung bezogen auf die gesamte Tafelfläche mit Fehlern behaftet.
3. Das Blech hat beim Meßvorgang noch eine Temperatur von ca. 800 °C. Obwohl zur Dickenmessung eine Schutzeinrichtung konstruiert wurde, ist der Einfluß der Wärmestrahlung doch so erheblich, daß der Ofenmann die Messung möglichst schnell zu beenden versucht. Daraus resultiert eine subjektive Beeinflussung des Meßvorganges und damit der Dickenermittlung.

Die Gegenüberstellung der auf dem Kühlbett von der TKO rundum gemessenen Bleche ergab dann auch eine Ausschußproduktion bezogen auf die Dickentoleranzen von ca. 5%

Im Rahmen der Forderung nach einer umfassenden Mechanisierung und Automatisierung, Qualitätsverbesserung und Arbeitserleichterung war die Aufgabe gestellt, ein geeigneteres Meßverfahren zu entwickeln und zu installieren. In die Überlegung wurden Dickenmeßgeräte nach dem berührungslosen pneumatischen und berührungsbehafteten induktiven Prinzip des VEB Maßindustrie Werdau bzw. der Fa. Vollmer aus der BRD einbezogen.

Diese Meßverfahren kommen nicht zum Einsatz, weil

- die Meßköpfe und die vorhandene Elektronik der hohen Wärmestrahlung nicht standhalten,
- die beim pneumatischen Verfahren aus der Düse austretende Preßluft auf Grund des Aufheizens nicht wirksam wird,
- die Oberfläche des zu walzenden Bleches für die berührungsbehaftete induktive Methode zu porig ist.

Nach eingehenden Diskussionen, Untersuchungen und Beratungen mit Fachleuten und Spezialisten vom VEB Robotron Meßelektronik „Otto Schön" wurde dem radioaktiven berührungslosen Meßprinzip der Vorrang gegeben. In Verbindung mit dem genannten Betrieb ist eine Anlage gebaut und installiert worden, die als Grundelemente Bestandteile des FMM 24004 zum Inhalt hat und durch Umkonstruierung den betrieblichen Bedingungen angepaßt wurde.

Der Meßkopf der Flächengewichtsmeßanlage 24004 kommt ohne wesentlichen Umbau zum Einsatz. Als Strahlkopf wird ein Bleicontainer aus der Sowjetunion eingesetzt, der einen Gammastrahler ^{137}Cs mit einer Aktivität von $2{,}07 \cdot 10^{12}$ Bq (56 Ci) aufnimmt. Die Masse beträgt ca. 250 kg, die Abschirmung ungefähr 140 mm Pb.

Das Aus- und Einfahren der Strahlenquelle aus und in die Strahlenaustrittsöffnung im Container geschieht durch eine elliptische Schubstange, die durch einen Elektrohubmagneten betätigt wird. Bei Spannungsunterbrechung befindet sich die Quelle im abgeschirmten Bereich.

Die hohe Aktivität des Gammastrahlers ist notwendig, um sowohl bei der geforderten Blechdicke bis zu 100 mm als auch bei der großen Meßbügelspaltweite von 2500 mm und der hohen Temperatur noch exakte Meßergebnisse zu erhalten.

Die Minimierung der Strahlenbelastung wird dadurch erreicht, daß ein Gammastrahler eingesetzt wurde und der Strahlenaustrittswinkel bei punktförmig angenommener Strahlenquelle nur 7,5° beträgt, so daß bei exakt ausgerichteter Flucht von Strahlenaustittsöffnung und Meßkopf nur geringe Streustrahlung auftritt.

Durchgeführte Strahlenschutzmessungen mit dem Strahlenschutzmeßgerät VA-J-15 A hatten zum Ergebnis, daß die Grenze des Kontrollbereiches mit einer Dosisleistung von $I = 2{,}5\ \mu$ Sr/h (0,25 mrem/h) in horizontaler Ebene um den Strahler

bei geöffnetem Strahler mit 2 m
bei geschlossenem Strahler mit 0,5 m

festgelegt werden konnte.

In vertikaler Richtung wurde auf dem Hallendach und damit in einem Abstand von ca. 15 m eine Dosisleistung von nur 0,1 μ Sr/h (0,01 mrem/h) gemessen. Der Kontrollbereich auf dem Dach wurde mit einer Absperrkette und Beschilderung gekennzeichnet.

Zur weiteren Erhöhung der Sicherheit wurden Zusatzabsorber in Form von Bleiplatten auf dem fahrbaren Meßbügel im Bereich des Meßkopfes angeordnet.

Der C-förmige Meßbügel hat eine Länge von 4000 mm, eine Höhe von 3700 mm und einen quadratischen Querschnitt von 420 mm × 420 mm. Der Meßspalt wurde mit ca. 2500 mm, die Meßbügeltiefe mit 3000 mm bemessen. Dabei beträgt die lichte Höhe über dem Blech bis zum Meßkopf 1900 mm. Der Meßbügel beinhaltet im oberen Ausleger den Meßkopf, im unteren den Strahlkopf und einen 4 kW Drehstromgetriebemotor mit Spindel als Fahrantrieb. Der Meßbügel ist wegen der notwendigen Wasserkühlung doppelwandig ausgeführt.

Die Wasserkühlung wird durch 3 Kreisläufe gewährleistet, wobei der 1. und der 3. Kreislauf gekoppelt sind.

1. Kreislauf 20 ... 30 l/min für die Kühlung des gesamten Meßbügels
2. Kreislauf 2 l/min für die Kühlung des Meßkopfes
3. Kreislauf 5 l/min für die Kühlung des Strahlkopfes

Durch einen Druckwächter wird eine Signallampe zum Leuchten gebracht, wenn die Wasserzuführung unterbrochen ist. Dieser Zustand ist elektrisch in die Schützensteuerung mit eingebunden, so daß automatisch der Meßbügel aus dem Meß- und damit aus dem Temperaturbereich herausgefahren wird. Im Meßbügel schützt ein doppelwandiges Rohr die Meßkabel vor Feuchtigkeit.

Zum Schutz des Meßbügels einschließlich der Elektronik im unbenutzten und zurückgefahrenen Zustand sowie zu besseren Wartung und Fehlersuche ist eine vollständige Einhausung aus Mauerwerk neben dem Rollgang errichtet worden. Abb. 3 zeigt die Außenansicht dieser Einhausung mit dem oberen Ausleger des Meßbügels im ausgefahrenen Zustand.

In der Einhausung sind sowohl die Zentrale als auch die Ablgeichvorrichtung installiert. In Abb. 4 sind die Zentrale,

Abb. 3. Einhausung des Meßbügels

Abb. 4. Innenansicht der Einhausung

der Steuerschrank, der hintere Meßbügel, Eichetalons und ein Analog-Digital-Umsetzer erkennbar. Die Zentrale der Flächengewichtsmeßanlage 24004 vom VEB Robotron Meßelektronik „Otto Schön" Dresden wurde durch den Einbau eines logarithmischen Verstärkers ergänzt und so den Forderungen, die durch das Meßverfahren vorliegen, angepaßt. An die Meßanlage war eine Großsichtanzeige vom Typ S-3296 500 des Systems ESDM B 1 vom VEB Funkwerk Erfurt zur optischen Darstellung des gemessenen Istwertes in mm Blechdicke angeschlossen. Vom BMSR-Kollektiv des VEB Walzwerk Hettstedt wurde anschließend eine Großsichtanzeige im Eigenbau installiert. Die Ziffernhöhe beträgt 50 mm. Die Dezimalpunktdarstellung wird durch Lichtteiler vorgenommen. Die Ableseentfernung beträgt bis zu 25 m. Die Informationssignale erfolgen in BCD-Code.

Für die Umsetzung der vom Meßgerät erfaßten und als Ausgang anliegenden analogen Signale in die Digitaltechnik wird ein AD-Wandler in Form des Digitalvoltmeters 52004 eingesetzt.

Als Meßeffekt wird die Absorption ausgenutzt, die die Strahlung des Nuklids ^{137}Cs als Folge einer Wechselwirkung mit den Atomen des Meßgutes erfährt. Für die Absorption ist nur die Flächenmasse des Meßobjektes maßgebend. Die Flächenmasse stellt das Produkt aus der Dicke d und der Dichte ϱ des Meßgutes dar.

Es wird damit die unterschiedliche Schwächung der ionisierenden Strahlung des Nuklids durch das dicker oder dünner werdende Meßgut genutzt, um in einer Ionisationskammer einen proportionalen Ionisationsstrom zu erzeugen. Die Dicke des Bleches bestimmt den jeweiligen Ionisationsstrom, der angezeigt wird.

Entsprechend der Notwendigkeit ist eine digitale absolute Istwertanzeige der gemessenen Blechdicke realisiert worden.

Eine Sollwertvorgabe entfällt. Der Meßpunkt ist Mitte Rollgang. Es ist notwendig, das Blech vom Anlagenfahrer so zu fahren, daß Mitte Blech gemessen werden kann. Durch Betätigen von Aus- und Eintastern der Fahrantriebssteuerung besteht die Möglichkeit, von Mitte Blech bis Außenkante Blech in Meßbügelfahrrichtung punktförmig zu messen. Die Meßzeit ist von 0,5 ... 2 s für eine Messung einstellbar. Bei einer Zeitenfolge von 1,5 s pro Meßwertanzeige und einer Rollganggeschwinsigkeit von 1,3 m/s ergeben sich bei 8,5 m langen Blechen ca. 4 Meßwerte in Längsrichtung.

Der Meßbereich des Blechdickenmeßgerätes beträgt 0 ... 100 mm. Die Häufigkeit der Messungen liegt im Bereich von 15 ... 40 mm. Der absolute Fehler beträgt im Meßbereich von 0 ... 75 mm 1%, so daß unter Berücksichtigung der ±-Abweichung mit einem Fehlerbereich von ±0,5% vom gemessenen Wert gerechnet werden kann.

Grundsätzlich kann festgestellt werden, daß die Messungen mit den Etalons innerhalb der Grenzen der TGL- und DIN-Werte liegen. Beim 2. Abgleichvorgang ist der Nullpunkt durch Änderung des logarithmischen Verstärkers auf −0,4 gesetzt worden, um bei der kleinen Blechdicke von 14 mm den Nullpunkt zu gewährleisten. Über 75 mm Blechdicke muß mit einem Fehler größer 1% gerechnet werden. Im Häufigkeitsbereich der Messungen muß täglich mehrmals mittels Etalons abgeglichen werden.

Unter Berücksichtigung der zulässigen Dickenabweichungen der TGL wird eine Auflösung des Meßwertes von 10^{-1} als ausreichend angesehen.

Zur Durchführung des Ablgeichvorganges ist der Meßbügel in die Einhausung bis zur Endstellung zurückzufahren. Die erreichte Position wird durch Endschalter signalisiert. Erst danach erfolgt der Nullabgleich. Zeitabhängig wird anschließend seitlich ein Etalonhalter, der das Etalon, eine Stahlblechronde von 200 mm Durchmesser und 40 mm Dicke, trägt, eingefahren.

Mit dem Einfahren wird ein zweiter Endschalter betätigt, der den Abgleichvorgang auslöst. Nach dem Abgleichvorgang wird das Ausfahren eingeleitet und der Strahler geschlossen. Erst danach ist die Inbetriebnahme des Meßbügels wieder möglich.

Die Zentrale ist mit einem Taster bzw. Schalter ausgerüstet, der auch den Handabgleich ermöglicht.

Die Strahler-Ein-Aus-Signalisierung erfolgt durch eine Leuchte, die im Strompfad der Magnetspule eingefügt ist. Bei Spannungsunterbrechung, d. h., der Strahler befindet sich im abgeschirmten Bereich, erlischt die Leuchte. Ein Schalter für das Ein- und Ausfahren und für das Signal „Halt" ist sowohl auf der Steuerbühne als auch an der Zentrale in der Einhausung angebracht.

Bei der Vorbereitung des Einsatzes der Isotopendickenmeßanlage wurden die Probleme der Beeinflussung der Meßergebnisse durch die hohen Temperaturen erörtert. Dabei standen 2 Gesichtspunkte zur Diskussion:

1. die Temperaturbeeinflussung durch Aufheizung des Meßbügels
2. die Temperaturbeeinflussung durch die im Meßspalt stehende und erwärmte Luft.

Während der erstgenannte Einfluß durch die ausreichend dimensionierten Kühlwasserkreisläufe nicht wirksam wurde, gab es zum zweiten Problem folgende Überlegung:

Das Verhältnis der Strahlenintensität vor bzw. nach dem Durchgang durch die Materie ist durch eine e-Funktion mit dem Massenabsorptionskoeffizient μ/ϱ und der Fläche m als Exponent bestimmt. Das Gerät wird bei Raumtemperatur geeicht. Demzufolge ist die Flächenmasse m das Produkt aus dem spezifischen Gewicht ϱ und der Dichte d bei diesem Temperaturzustand. Bei einer Temperaturerhöhung von t °C müssen der lineare Ausdehnungskoeffizient und die Temperaturdifferenz zwischen Raum und Meßtemperatur ins Verhältnis gesetzt werden. Das bedeutet, daß die spezifische Flächenmasse bei Erwärmung z.B. auf 800 °C um das Verhältnis

$$\frac{\text{Flächenmasse bei 800 °C}}{\text{Flächenmasse bei Raumtemperatur}}$$

verringert wird. Bei dem im VEB Walzwerk Hettstedt zu walzenden Sortiment von St 38 bis St 42 ergibt sich ein Faktor von 0,98. Das bedeutet, daß die bei 800°C gemessene Dicke mit dem Faktor 1,02 multipliziert werden muß, um die Dicke des Bleches bei Raumtemperatur zu erhalten. Der Faktor wurde als Konstante ermittelt und durch eine festeingebaute Widerstandskombination im logarithmischen Verstärker des Meßkopfes berücksichtigt.

Umfangreiche Untersuchungen — 270 Messungen mit dem Mikrometer des Anlagenfahrers und der TKO wurden mit den Werten des Meßwertrechners, der am Isotopenmeßgerät angeschlossen war, verglichen — sind durchgeführt worden, um eine exakte Aussage treffen zu können. Die Auswertung ergab folgende grundsätzliche Feststellungen:

1. Die Messungen der dicken Bleche > 50 mm sind sowohl bei den Messungen von Hand als auch mit dem Meßgerät ungenauer. Die Häufigkeit der Abweichungen beträgt bis zu ca. 10%.
2. Die Meßwerte des Meßgerätes liegen im Vergleich zu den Handmessungen im Minusbereich. Das Meßgerät mißt demnach dünner bzw. das Mikrometer wird nicht entsprechend fest eingestellt.
3. Die Meßwerte des Meßgerätes liegen alle im TGL-Bereich und zu 95% im DIN-Bereich. Bei Handmessungen liegen ca. 10% der Meßwerte außerhalb der zulässigen Toleranzen.

Daraus kann die Schlußfolgerung gezogen werden, daß mit der Einführung des Isotopendickenmeßgerätes die Schwankungen und Differenzen zwischen den Messungen der Walzmannschaft und der TKO wesentlich reduziert worden sind.

Die Kundenreklamation sind um 2% zurückgegangen.

Insgesamt können folgende Vorteile durch den Einsatz des Isotopendickenmeßgerätes erkannt wrden:

1. Verringerung der Ausschußquote und damit eine Verbesserung der Qualitätsarbeit.
2. Leistung eines Beitrags zur Einsparung von Arbeitskräften durch die Komplexautomatisierung an diesem Walzgerüst.
3. Verbesserung der Arbeitsbedingungen und Arbeitserleichterungen.
4. Einsparung von NSW-Importmitteln für die Anschaffung eines derartigen Meßgerätes.

Eingegangen am 9. 6. 1982

Erprobung des Flächenmassemeßsystems 24024 in der Industrie

W. Dietzsch, K.-H. Reinhardt

VEB Robotron-Meßelektronik „Otto Schön" Dresden[1])

Radiometrische Flächenmasse-Meßanlagen haben heute einen festen Platz bei der Steuerung und Überwachung von Herstellungsprozessen flächenhafter Halbzeuge. Eine neue Generation von Anlagen dieser Art ist durch den Einsatz des Mikrorechners K 1520 entstanden. Es wurde möglich, für jede Meßgut/Strahlerkombination den Meßbereich so zu kalibrieren, daß die Anzeige in digitaler Form direkt in Flächenmasse- bzw. Dickeneinheiten erfolgen kann. Die Erprobung erfolgte im Walzwerkeinsatz. Es wurde je eine Anlage zur Sortierung von Stahlblechen an einer Querteilanlage und zur Dickenregelung eines Walzgerüstes eingesetzt. Probleme im Zusammenhang mit der „Vor-Ort"-Kalibrierung, der Anpassung an die jeweilige Meßaufgabe sowie die Bedienbarkeit werden dargestellt. Den Abschluß bilden Erfahrungen im Betriebsverhalten und Fragen der Zuverlässigkeit.

Keywords

densimeters; industrial plants; measuring instruments; plates; quality control; radiometric gages; thickness gages

1. Allgemeine Beschreibung der Anlage

Radiometrische Flächenmasse-Meßanlagen haben heute einen festen Platz bei der Steuerung und Überwachung von Herstellungsprozessen flächenhafter Halbzeuge. Bei der berührungslosen Bestimmung der Masse pro Flächeneinheit band- oder tafelförmiger Materialien wird als Meßeffekt die Absorption genutzt, die die Strahlung eines Radionuklids als Folge einer Wechselwirkung mit den Atomen des Meßgutes erfährt.

Das Flächenmassemeßsystem 24024 ist ein Erzeugnis des VEB Robotron-Meßelektronik „Otto Schön" Dresden. Es gehört zu einer neuen Generation von Meßanlagen. Durch den Einsatz des Robotron-Mikrorechners K 1520 wurde es möglich, für jede Meßgut-Strahler-Kombination den Meßbereich so zu kalibrieren, daß die Anzeige in digitaler Form direkt in Flächenmasse- bzw. Dickeneinheiten erfolgen kann.

Es wird über Erfahrungen berichtet, die bei dem Erprobungseinsatz von solchen direkt kalibrierten Mustergeräten in der Industrie gesammelt werden konnten.

Zunächst jedoch eine kurze Beschreibung des Aufbaus des FMM 24024. Ausführliche Informationen, auch zur Funktionsweise, sind [1] zu entnehmen.

2. Aufbau des FMM 24024

Abb. 1 zeigt den Schrank 75187 sowie das Bediengerät 23188. Neben einer Vielfalt unterschiedlicher Anlagenvarianten besteht die Grundausführung des FMM 24024 aus 3 Komplexen:

[1]) Anschrift: 8012 Dresden, PSF 211

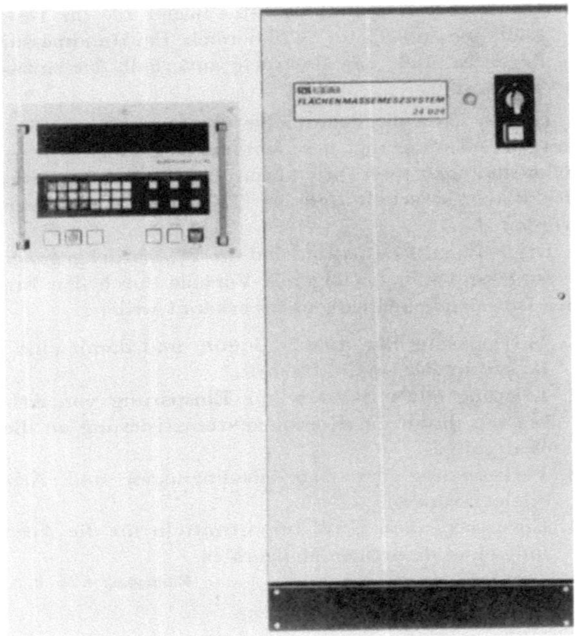

Abb. 1. Schrank 75187 und Bediengerät 23188

2.1. *Der Schrank 75187* enthält die Meßwertverarbeitung 23186 mit Mikrorechner K 1520 und die Stromversorgung 23187. Die Tür ist für die Montage eines Schreibers vorbereitet. Der Schrank wird im allgemeinen in einer Meßwarte untergebracht werden.

2.2. *Das Bediengerät 23188* entspricht erhöhten Umweltbedingungen und kann bis zu 100 m vom Schrank entfernt unmittelbar am Arbeitsplatz des Maschinenführers aufgestellt werden. Es enthält eine zentrale Recheneinheit des Systems K 1520 zur Steuerung aller Bedien- und Anzeigefunktionen.
Das Bediengerät ist in 3 Sektionen gegliedert:

- Die Tastatur enthält 30 Tasten, die in 4 Gruppen unterteilt sind. Mittels der Tastatur werden die Funktion des Flächenmassemeßsystems gesteuert, die gewünschten Geräteparameter und die Daten des zu messenden Produktes eingegeben sowie die gewählte Anzeige aufgerufen.

- Das Anzeigetableau ermöglicht die 4stellige digitale Anzeige der Meßwerte einschließlich der Angabe des Vorzeichens und der Dimension. Außerdem werden Grenzwertüberschreitungen und Fehlfunktionen signalisiert. Die Darstellung der Meßgröße erfolgt mittels 12 mm hoher LED-Anzeigen.

- Schließlich sind noch Tasten für Start, Nothalt und zum Ausfahren der Meßsonde unter Umgehung des Rechners sowie eine mit einem Schlüsselschalter zu betätigende Bediensperre für wählbare Tasten vorhanden.

Die Bedienung erfolgt ausschließlich über das Bediengerät oder bei Bedarf über einen Leitrechner.

2.3. *Bügel mit Strahler und Meßkopf* sowie Ausfahreinrichtung werden zunächst unverändert vom System FMM 24004 übernommen.

3. Erprobung unter Industriebedingungen

Für häufig vorkommende Strahler-Meßgut-Meßspalt-Kombinationen sind in dem Gerät eine Anzahl von Standardkalibrierungen fest eingespeichert. Beispielsweise für die Strahler ^{85}Kr, ^{90}Sr + ^{90}Y, ^{85}Kr-Bremsstrahlung, ^{241}Am; die Meßgüter Aluminium und Tiefziehstahl und die Meßspaltweiten 40, 60, 150 mm.

Auf Grund fertigungsbedingter Toleranzen der Meßsonden und Streuungen des Energiespektrums der Strahlungsquellen (insbesondere bei ^{85}Kr-Bremsstrahlung) ist bei Verwendung der Standardkalibrierungen mit Meßfehlern über 1% zu rechnen.

Sollen die Meßfehler im gesamten Meßbereich, z.B. von 0,2 bis 7 mm Stahl, kleiner als 0,5% sein, muß am Einsatzort eine Nachkalibrierung durchgeführt werden. Dazu werden nacheinander 4 über den Meßbereich verteilte Kalibrierabsorber des Meßgutes in definierter Lage in den Strahlengang eingelegt. Das Gerät korrigiert entsprechend der so ermittelten Meßwerte automatisch die eingespeicherten Kalibrierkurven.

Weichen Meßgeometrie oder Materialzusammensetzung des Meßgutes grundsätzlich von der Standardkalibrierung ab, oder sind Einbauten im Strahlengang an der Meßstelle erforderlich, wie z.B. Abweiser oder Strahlenschutzvorrichtungen, ist das Gerät über den gesamten Meßbereich neu zu kalibrieren. Zu diesem Zweck wird unter Einsatzbedingungen mit Hilfe von mindestens 10 Meßpunkten, die innerhalb des Meßbereiches etwa nach einer geometrischen Reihe zu stufen sind, eine Erstkalibrierung vorgenommen. Bei der Bestimmung der Flächenmasse der zur Kalibrierung dienenden Bleche oder Folien sind Fehler kleiner 0,3% anzustreben. Weiterhin müssen die Kalibrierabsorber die gleiche Materialzusammensetzung wie das Meßgut haben. Auch in diesem Fall errechnet das Gerät die Kalibrierkurve automatisch und speichert sie in die RAM-Speicher ein.

3.1. *Blechsortierung an einer Querteilanlage*

Ein erstes Erprobungsmuster des FMM 24024 wurde an Stelle einer Röntgenanlage älterer Bauart im VEB Bandstahlkombinat „Hermann Matern" Eisenhüttenstadt installiert. Abb. 2 zeigt das Bediengerät am Bedienstand der Querteilanlage.

Abb. 3 zeigt den Strahler, der sich oberhalb des Meßgutes befindet.

Kaltgewalztes Stahlband mit einer Dicke von 0,8 bis 3 mm, Breite etwa 1,2 m, durchläuft die Meßstelle, bevor

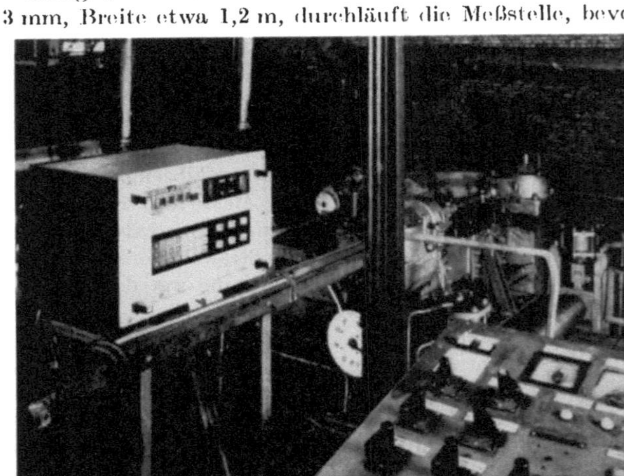

Abb. 2. Bediengerät 23 188 am Bedienstand einer Querteilanlage

Abb. 3. Strahleranordnung oberhalb des Meßgutes (Bediengerät 23188 im Hintergrund)

es in Tafeln von 1 bis 3 m Länge geteilt wird. Der Dicken-Toleranzbereich beträgt je nach Abmessung ±6 ... 8%. Tafeln, die den Toleranzbereich über- oder unterschreiten sind auszusortieren. Auf Grund der bereits eingerichteten Meßstelle konnte keine Standard-Meßgeometrie benutzt werden.

Strahler und Meßkopf wurden mit einem speziellen Meßbügel über eine vorhandene Bandführung aus 10 mm dickem Stahlblech mit einem Meßfenster von 150 mm Durchmesser geschoben. Der daraus resultierende Meßspalt betrug 200 mm.

Auf der Grundlage einer Erstkalibierung des gesamten Meßbereiches blieben die Meßfehler während eines 550-stündigen vollen Produktionseinsatzes mit Sicherheit unter 1%.

Die Steuerung der Sortieranlage erfolgte mit den Grenzwertkontakten des FMM 24024.

3.2. Steuerung der Dickenregelung eines Walzgerüstes

Eine weitere Erprobung begann Anfang des Jahres 1981 an einem Walzgerüst für Stahlbänder mit einer Breite von 600 mm und einer End-Dicke von 0,5 bis 2 mm im VEB Walzwerk Hettstedt.

Das FMM 24024 beeinflußt bei dieser Erprobung über den Analog-Ausgang die Walzenanstellung und dient zur Dickenregelung. Für das Prinzip der Approximation der Absorptionskurve wird eine *Tschebyschew*-Approximation angewendet, mit der in jedem Fall Approximationsfehler kleiner 0,2% erreicht werden.

Im Einsatzfall konnte mit einem Meßspalt von 60 mm gearbeitet werden. Die Standard-Kalibrierung ^{241}Am/Stahl brachte die geforderte Meßgenauigkeit, so daß keine Erst- bzw. Nachkalibrierung erforderlich war.

Die Bedienung der Meßanlage und die Eingabe von Sollwerten bereiteten dem Walzpersonal nach kurzer Einarbeitungszeit keine Schwierigkeiten. Sehr vorteilhaft wurde die dimensionsrichtige Eingabe des Sollwertes und die digitale Anzeige des Dickenwertes beurteilt. Bei den bisherigen Anlagen fehlten diese Möglichkeiten.

Das Mustergerät des FMM 24024 war über 12 Wochen im Dreischicht-Betrieb ständig im Einsatz. Pro Schicht wurden 25 Bunde Stahlblech gewalzt. Die Anlage war ständig mit einem feinen Ölnebel der Emulsion WE 23 S mit 8% Fettanteilen umgeben. Die Umgebungstemperaturen bewegten sich zwischen etwa 15 und 30 °C. Während des Einsatzes des FMM 24024 gab es keine Kundenreklamationen.

3.3. Betriebszuverlässigkeit

Das FMM 24024 ist mit einer Reihe von Überwachungs- und Testprogrammen ausgestattet, die teilweise in das normale Betriebsprogramm integriert sind.

Es wird z.B. im Anlaufprogramm und während der Meßpausen ein Prüfsummentest der PROM-Speicherinhalte vorgenommen. Fehler erscheinen an einer internen LED-Anzeige oder in Verbindung mit einem blinkenden Ausrufezeichen als Code-Zahl am Bediengerät. Dadurch sind evtl. auftretende Fehler leicht einzugrenzen und sehr schnell zu beheben.

Die letzten Tests der so aufgebauten Geräte bestätigten die erforderliche Zuverlässigkeit (mittlere Arbeitsdauer zwischen 2 Ausfällen 1500 Std.), so daß die Entwicklung des FMM 24024 abgeschlossen werden konnte. Bereits im Jahr 1981 wurde die ersten Geräte an die Kunden ausgeliefert.

Eingegangen am 9. 6. 1982

Literatur

[1] *W. Dietzsch*, Isotopenpraxis **17** (1981) 349

Die Füllstandsmeßeinrichtung 24016

G. Ruder

(VEB Robotron Meßelektronik „Otto Schön", Dresden)[1]

Seit nahezu 10 Jahren werden vom VEB Robotron Meßelektronik „Otto Schön" Dresden kontinuierliche Füllstandsmeßeinrichtungen hergestellt. Sie arbeiten nach dem Prinzip der Strahlenstreuung im Füllgut. Quelle und Strahlungsdetektor befinden sich — durch einen Absorber getrennt — in einer gemeinsamen Sonde. Die Sonde wird durch einen Motorantrieb dem jeweiligen Füllstand nachgeführt. Diese Messung wird bei Behälterhöhen bis maximal 40 m eingesetzt. In den Behälter ist der Einbau eines Schutzrohres für die Sonde erforderlich. Da Strahlungsquelle und Detektor in einer gemeinsamen Sonde untergebracht sind, wird keine große Quellenaktivität benötigt. Die beschriebene neue Entwicklung ersetzt ab 2. Halbjahr 1982 den mit einigen Nachteilen behafteten Vorläufer dieser Füllstandsmeßanlage. Durch die vorgenommenen Verbesserungen werden der Inbetriebnahme- und der Wartungsaufwand verringert und die Zuverlässigkeit erhöht.

Keywords

cesium 137; level indicators; measuring instruments; radiometric gages

Seit nahezu 10 Jahren werden vom VEB Robotron Meßelektronik „Otto Schön" Dresden Einrichtungen für die kontinuierliche Füllstandsmessung an Großbehältern produziert. Die gestiegenen Anforderungen an Zuverlässigkeit, Wartungsfreiheit und Servicefreundlichkeit infolge des immer häufiger notwendigen unmittelbaren Anschlusses derartiger Geräte an die Prozeßsteuerung machten die Neuentwicklung einer Füllstandsmeßeinrichtung (Typ-Nr. 24016) erforderlich. Dabei waren insbesondere auch die Einsatzerfahrungen der Vorläufertypen (VA-T-69) bzw. 24015) [1, 2] zu berücksichtigen sowie dort noch teilweise auf mechanischer Basis realisierte Baugruppen (Grenzwerte, Anzeige) durch elektronische Lösungen unter Einsatz moderner Bauelemente zu ersetzen.

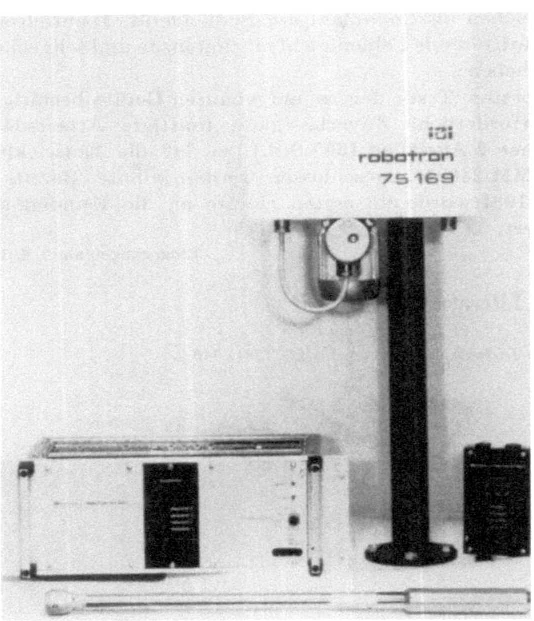

Abb. 1. Füllstandsmeßeinrichtung 24016
vorn: Gamma-Rohrsonde 72100 (mit Zusatzgewicht); dahinter von l. n. r.): Zentrale 23201, Nachlaufeinrichtung 23201 und Fernanzeige 53007

[1]) Anschrift: 8012 Dresden, Lingnerallee 3, Postschließfach 211

Die Füllstandsmeßeinrichtung (Abb. 1 und 2) besteht aus der Gamma-Rohrsonde (Typ-Nr. 72100), der Nachlaufrichtung (Typ-Nr. 75169) und der Zentrale (Typ-Nr. 23201).

Die Gamma-Rohrsonde ist beweglich in einem Schutzrohr untergebracht, das sich innerhalb des Behälters befinden muß. Das Schutzrohr gehört nicht zum Lieferumfang, sondern muß entsprechend den örtlichen Gegebenheiten festgelegt und eingebaut werden. Dabei sind auch, ausgehend von der möglichen mechanischen Belastung durch das Füllgut, die notwendigen Halterungen sowie die Einbaulage, z.B. in Behältermitte oder zur Behälterwand hin, zu berücksichtigen.

Die Gamma-Rohrsonde enthält eine Strahlungsquelle (im Normalfall das Nuklid ^{137}Cs mit einer Aktivität von max. 150 MBq), den Strahlungsdetektor (ein Zählrohr Typ VA-Z-118.9) sowie einen Absorber zwischen Quelle und Detektor zur Verhinderung der direkten Bestrahlung des Detektors. Ferner enthält die Sonde noch eine elektronische Schaltung zur Signalübertragung zur Zentrale.

Die von der Strahlungsquelle ausgehende Strahlung wird vom Füllgut gestreut. Befindet sich die Sonde oberhalb des Füllgutes, gelangt nur wenig Streustrahlung auf das Zählrohr, ist sie voll in das Füllgut eingetaucht, hat die Streustrahlung und damit die von der Sonde abgegebene Impulsdichte den höchsten Wert.

Über ein zweiadriges Flachkabel, das der Speisespannungszuführung und der Signalübertragung dient, ist die Sonde mit der Nachlaufeinrichtung verbunden, von der sie auch dem Füllstand nachgeführt wird, und zwar so lange, bis die auf das Zählrohr gelangende Streustrahlung und demzufolge auch die von der Sonde abgegebene Impulsdichte einen mittleren Wert erreichen.

Die Nachlaufeinrichtung enthält dazu einen Motor mit Getriebe und Kabeltrommel, der entsprechend den von der relativen Stellung der Sonde in bezug auf den Füllstand abgeleiteten Steuersignalen die Sonde dem Füllstand nachführt, indem das Flachkabel auf die Trommel auf- oder abgewickelt wird.

Das Flachkabel ist sowohl Trageorgan für die Sonde als auch die elektrische Verbindung zur Nachlaufeinrichtung.

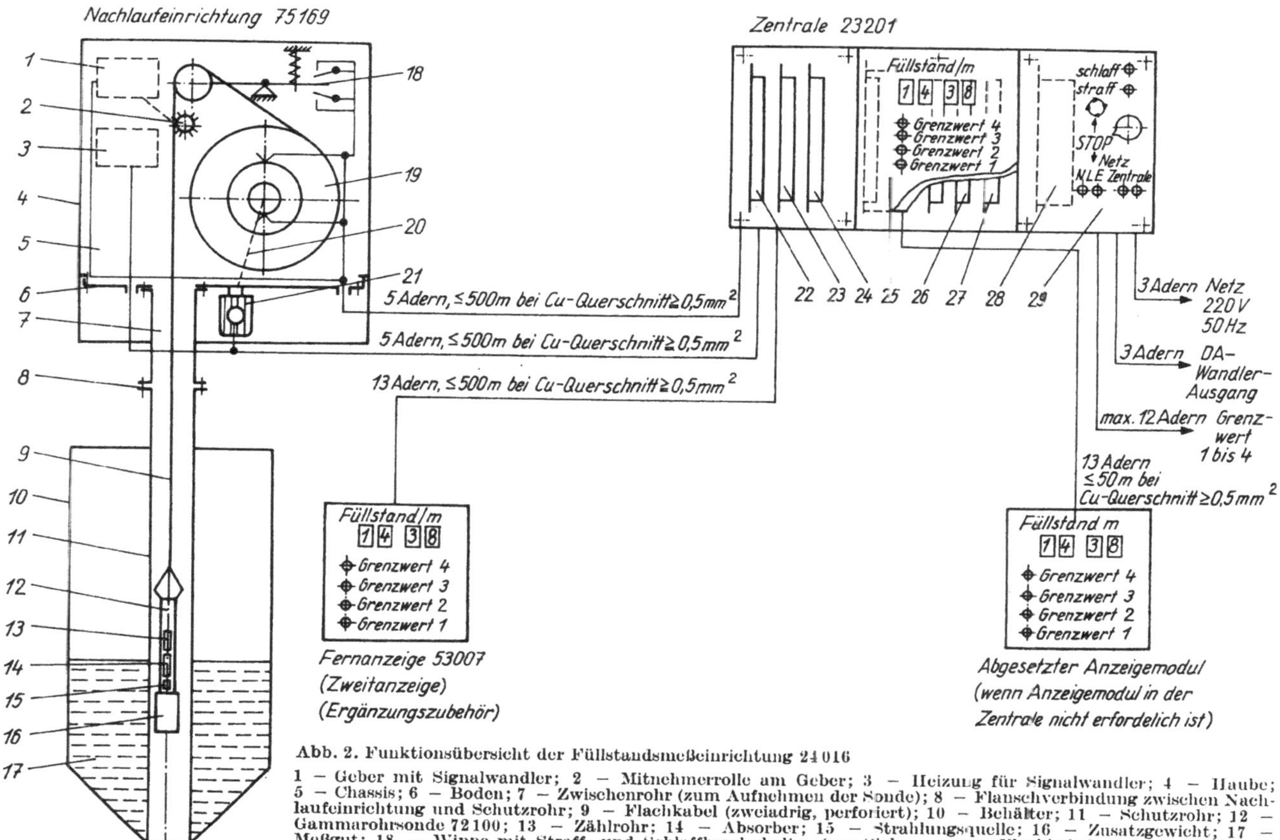

Abb. 2. Funktionsübersicht der Füllstandsmeßeinrichtung 24016

1 – Geber mit Signalwandler; 2 – Mitnehmerrolle am Geber; 3 – Heizung für Signalwandler; 4 – Haube; 5 – Chassis; 6 – Boden; 7 – Zwischenrohr (zum Aufnehmen der Sonde); 8 – Flanschverbindung zwischen Nachlaufeinrichtung und Schutzrohr; 9 – Flachkabel (zweiadrig, perforiert); 10 – Behälter; 11 – Schutzrohr; 12 – Gammarohrsonde 72100; 13 – Zählrohr; 14 – Absorber; 15 – Strahlungsquelle; 16 – Zusatzgewicht; 17 – Meßgut; 18 – Wippe mit Straff- und Schlaffbandschalter (zur Sicherung von Flachkabel, Geber und Motor); 19 – Trommel für Flachkabel mit Schleifkontaktringen; 20 – Getriebe; 21 – Motor; 22 – Digital-Analog-Wandler; 23 – Impulsdichtemesser (steuert die Nachlaufeinrichtung); 24 – Treiber für Fernanzeige 53007; 25 – Anzeigemodul (wahlweise auch als abgesetzter Anzeigemodul in zentralen Überwachungseinrichtungen verwendbar); 26 – Leiterplatte für Grenzwert 1 und 4; 27 – Leiterplatte für Grenzwert 2 und 3; 28 – Netzteil; 29 – Bedienungselemente: Schalter für Automatik – aufwärts – Stop – abwärts, Anzeige „schlaff" und „straff", Netzsicherungen

Es ist ein Spezialkabel aus Polyesterfolie mit eingelegten Metallbändern. Eine Perforation, in die die Zähne einer Meßrolle eingreifen, verhindert einen Schlupf und sichert damit eine starre Verbindung zu einem Signalwandler, von dem die abgewickelte Länge des Flachkabels in elektrische Signale im Binärcode umgesetzt wird. Der Binärwert wird seriell, d. h. die einzelnen Bits zeitlich nacheinander, zur Zentrale übertragen. Die Übertragung erfolgt mindestens zehnmal je Sekunde, wodurch Störimpulse auf das in der Zentrale angezeigte Ergebnis nicht eingehen.

Die Nachlaufeinrichtung enthält ferner die Schutzschaltung, um ein Reißen des Flachkabels bei einem evtl. Verklemmen der Sonde im Schutzrohr zu verhindern. Dazu wird das Flachkabel über eine als Waage ausgebildete Wippe geführt, die auf Nennbelastung entsprechend dem Gewicht von Sonde und Flachkabel eingestellt ist. Bei Über- oder Unterlast wird durch die Wippe je ein Schalter betätigt und damit der Antrieb richtungsabhängig abgeschaltet. Die Sondenbewegung wird also nur für die Bewegungsrichtung unterbrochen, für die der Störzustand eingetreten ist (z.B. beim Straffwerden des Flachkabels nur für die Aufwärtsbewegung). Dadurch ist ein evtl. Freiwerden der Sonde ohne äußeren Eingriff (Reparatur) möglich.

Die Zentrale enthält die Anzeige in Form von 4 Lichtemitteranzeigen, die das Ablesen des Meßwertes aus 2 m Entfernung auch bei unterschiedlichen Lichtverhältnissen sichert.

Zusätzlich zur Anzeige kann in verschiedenen Fällen die Signalisierung von Grenzwerten vorteilhaft sein. In der Zentrale können bis zu 4 Grenzwerte elektronisch programmiert werden, die beliebig über den Meßbereich verteilt sein können. Das Ansprechen eines Grenzwertes wird durch eine Leuchtdiode unterhalb der Anzeige signalisiert. Ferner steht je Grenzwert ein Relais-Umschaltkontakt für den Anschluß externer Signalmittel zur Verfügung.

Eine weitere Aufgabe der Zentrale besteht in der Bereitstellung der Steuersignale für die Nachlaufeinrichtung, die aus der von der Gamma-Rohrsonde erzeugten Impulsdichte abgeleitet werden. Dabei werden auch die Signale der Schutzschaltung für das Bandkabel aus der Nachlaufeinrichtung berücksichtigt. Eine Abschaltung des Antriebs beim Auftreten der bereits genannten Störungen (Straff- oder Schlaffwerden des Bandes) wird angezeigt, und zwar einmal durch Leuchtdioden (je eine für die Blockierung bei Aufwärts- und Abwärtsbewegung der Sonde), zum anderen durch ein Blinken (ca. 1 Hz) der Ziffern der Anzeige, was besonders augenfällig ist.

Die Zentrale enthält eine Automatik-Hand-Umschaltung, die es ermöglicht, vom automatischen Nachlauf auf eine Bewegung der Sonde von Hand (aufwärts oder abwärts) überzugehen oder sie anzuhalten. Die Handsteuerung ermöglicht eine einfache Funktionskontrolle bei Einstell-, Wartungs- und Reparaturarbeiten, insbesondere eine Kontrolle des Meßfehlers. (Wird die Sonde von Hand nach oben oder unten vom Füllstand weg bewegt, so muß sie nach Umschalten auf Automatik wieder zurücklaufen und innerhalb des durch den Meßfehler bedingten Bereiches zur Ruhe kommen. Die Handsteuerung ist auch für Wartungs-, Einstell- und Reparaturarbeiten von der Nachlaufeinrichtung aus möglich.)

Beim Einbau der Zentrale in Meßwarten ist es meistens notwendig, die Füllstandsanzeige in das auf der Anzeigetafel dargestellte technologische Schema einzuordnen. Das Unterbringen der gesamten Zentrale in der Anzeigetafel ist aus Platzgründen nicht möglich. Für diese Fälle kann die eigentliche Anzeigeeinheit (Abmessungen $80 \times 160\ mm^2$) aus der Zentrale entnommen und direkt in die Anzeigetafel eingebaut werden, wobei die Verbindung zur Zentrale über ein max. 50 m langes Adapterkabel erfolgt und die Zentrale in einem elektrischen Betriebsraum untergebracht werden kann.

An die Zentrale kann eine Fernanzeige (Ergänzungszubehör) angeschlossen werden, wenn eine weitere Anzeige außerhalb der Meßwarte erforderlich ist. Die Länge der Verbindungsleitung zwischen beiden darf max. 500 m betragen.

Als Ergänzungszubehör ist ferner ein Digital-Analog-Wandler lieferbar, der den Digitalwert des Füllstandes in einen Analogwert umsetzt und eine eingeprägte Spannung 0 ... 10 V an $\leqq 2\ k\Omega$ oder einen eingeprägten Strom 0 ... 5 mA (bei $\leqq 2\ k\Omega$); 0 ... 20 mA oder (4 ... 20) mA (bei $\leqq 1{,}2\ k\Omega$) ausgibt, wodurch der Anschluß der Meßeinrichtung an die Prozeßsteuerung möglich wird.

Die wichtigsten technischen Daten sind:

— Meßbereich	in Normalausführung 20 m, als Sonderausführung bis 50 m
— Meßfehler	max. ± 10 cm
— Nachlaufgeschwindigkeit	ca. 0,6 min/m
— Schutzrohr für Sonde	∅ 50 mm × 4 mm
— Aktivität der Strahlenquelle	max. 150 MBq (ca. 5 mCi) ^{137}Cs
— Arbeitstemperaturbereich	
Sonde	(−40 ... +90) °C
Nachlaufeinrichtung/Fernanzeige	(−25 ... +55) °C
Zentrale	(+ 0 ... +40) °C

Weitere Angaben können der Funktionsübersicht (Abb. 2) entnommen werden.

Einsatzgebiete, auf denen derartige Geräte wegen der berührungslosen Messung seit Jahren ihre Funktionstüchtigkeit unter Beweis gestellt haben, sind Füllstandsmessungen

- in der Bindemittel- und Baustoffindustrie
- an Formsandbehältern in Gießereien
- an Kunststoffgranulatsilos in der Plastindustrie
- an Holzhackspäne-Silos.

Eingegangen am 9. 6. 1982

Literatur

[1] *G. Ruder*, msr **13** (1970) 136
[2] *G. Ruder*, Isotopenpraxis 8 (1972) 219

Niveaumessungen an NE-Metallschmelzen

H.-J. Steinfeld, W. Lehrich

(VEB Mansfeld-Kombinat „Wilhelm Pieck", Fo-Bereich Automatisierung und Energietechnik, Lutherstadt Eisleben)[1]

In vielen Betrieben der Metallurgie stellen Niveaumessungen von Schmelzen bisher häufig ungelöste Probleme dar. Im VEB Mansfeld-Kombinat „Wilhelm Pieck" wurden in den letzten Jahren die unterschiedlichsten Verfahren auf ihre Anwendbarkeit überprüft, in deren Ergebnis den radiometrischen Meßverfahren der Vorzug für zu lösende Aufgaben gegeben worden ist.
An zwei ausgewählten Beispielen (Badspiegelmessung an einem Aluminiumgießtiegel und Badspiegelmessung an einem Kupferaufnahmebad) werden Lösungswege auf der Basis des Einsatzes handelsüblicher Geräte dargestellt, Einsatzprobleme und Betrieberfahrungen diskutiert.

Keywords

aluminium alloys; cesium 137; copper alloys; level indicators; melting; metallurgical flux

In vielen Betrieben der NE-Metallurgie stellen Niveaumessungen von Schmelzen bisher häufig ungelöste Probleme dar. Im VEB Mansfeld-Kombinat „Wilhelm Pieck" wurden in den letzten Jahren die unterschiedlichsten Verfahren auf ihre Anwendbarkeit überprüft, wie zum Beispiel

- metallostatische Messung nach dem Tauchglockenprinzip
- kraftkompensierte Meßverfahren unter Ausnutzung der Oberflächenspannung der Schmelze
- kontaktelektrische intermittierende Meßverfahren durch einen nachlaufenden Meßfühler
- induktive Meßverfahren mittels hochfrequenter Wechselströme
- frequenzabhängige Meßverfahren auf UHF-Basis
- radiometrische Meßverfahren

Die Entscheidungsfindung wurde letztlich durch die hohe Betriebssicherheit der Strahlenrelais des VEB Meßelektronik „Otto Schön" Dresden zugunsten der radiometrischen Meßverfahren beeinflußt.

Im nachfolgenden soll auf zwei Anwendungsbeispiele näher eingegangen werden:

- eine Badspiegelmessung an einem Aluminiumgießtiegel und
- eine Badspiegelmessung an einem Kupferaufnahmebad.

[1]) Anschrift: 4250 Lutherstadt Eisleben, Otto-Brosowski-Schacht

2. Badspiegelmessung an einem Al-Gießtiegel

2.1. *Beschreibung der Anordnung*

Die Qualität der von einer Band-Gieß-Walz-Anlage hergestellten Aluminiumbänder ist wesentlich von der Niveauhöhe des Aluminiums im Gießtrichter bzw. vom metallostatischen Druck des Aluminiums in der Gießdüse abhängig. Niveauänderungen um wenige Millimeter ergeben Druck- und Durchflußänderungen in der Gießdüse und beeinflussen die Erstarrungsbedingungen und die Gefügeausbildung im Gießspalt. Ausgangspunkt für eine Regelung des Schmelzgutzuflusses zur Erreichung eines konstanten Niveaus im Gießtrichter und damit zur Vermeidung von Qualitätsveränderungen des Gießbandes durch Niveauschwankungen der Alu-Schmelze im Gießtiegel ist ein exaktes Meßverfahren zur Ermittlung der Niveauhöhe.

Auf Grund der vorliegenden Abmessungen des Gießtrichters (lichte Weite 260 mm, Außendurchmesser ca. 430 mm, Höhe ca. 560 mm) und der geringen Dichte der Tiegelauskleidung ergaben sich sehr günstige Strahlungsabsorptionsverhältnisse, die den Einsatz einer Strahlungsquelle von $25{,}2 \cdot 10^7$ Bq ^{137}Cs ermöglichte.

Als Gerätekombination wurde verwendet:

- universelles Strahlenrealais 24012
- Strahler VA-H-412
- Szintillationssonde 72041

Wegen der Abmessungen des Szintillationskristalls von 40 mm ∅ war der vom Anwender geforderte Meßbereich von 50 mm nicht realisierbar, zumal ein für die Verbesserung der Linearität vorzuschaltender Kollimator (15 mm ∅; 100 mm Länge) den linearen Meßbereich auf ca. 15 mm einschränkt. Tatsächlich reicht jedoch ein Meßbereich von 15 bis 20 mm aus, um die auftretenden Niveauschwankungen zu erfassen. Der übrige Teil des geforderten Meßbereichs von 50 mm sollte eine Messung auch bei beliebigen metallostatischen Drücken auf der Grundlage der verschiedensten Gießbedingungen ermöglichen.

Zur vollen Ausnutzung der Empfindlichkeit der Szintillationssonde und des linearen Bereichs der Meßeinrichtung waren konstruktive Maßnahmen zu ergreifen, die das Einstellen der Meßbereichsmitte auf den jeweiligen metallostatischen Druck gestattete. Bezugspunkt für die Einstellung des metallostatischen Druckes bildete die Walzenachsebene bzw. der jeweilige Abstand der Gießdüse von der Walzenachsebene.

Weiterhin sollten konstruktive Maßnahmen die Armierung der gesammten Meßeinrichtung in einer Form gestatten, die den Betriebsablauf und die Arbeit der Gießer nicht behindern sowie günstige strahlenschutztechnische Verhältnisse schaffen.

Zur Lösung der Aufgabe mußte ein unveränderlicher Anbauort für die Armierung der Meßeinrichtung ausgewählt werden, der in seiner Höhe in etwa den Bezugspunkt Walzenachsebene widerspiegelte. Dieser Anbringungsort konnte nur der stationäre Teil des Ständers der DGW-Anlage sein. Die Einstellmöglichkeit der Meßbereichsmitte auf den jeweiligen metallostatischen Druck konnte durch einen Spindelantrieb gelöst werden.

Seine Genauigkeit von 10^{-3} mm erfüllte die Forderung, durch den mechanischen Antrieb keinen zusätzlichen Meßfehler zuzulassen. Eine aufgebrachte Meßtrommel mit Zehnteilteilung erlaubt ein exaktes Einstellen der Höhe der Meßeinrichtung.

Der Anbringungsort der Armierung für die Meßeinrichtung am Ständer der BWG-Anlage war auch hinsichtlich der Lösung der zweiten konstruktiven Aufgabe bedeutungsvoll. Erste Betriebsversuche zeigten, daß ein direktes Anbringen der Meßeinrichtung am Tiegel bei jedem Tiegelwechsel einen unvertretbaren Montage- und Justageaufwand bedeutet hätte und außerdem erhebliche Fehlerquellen mit sich brachte. Gleiches galt für eine Anbringung am Gießtisch. Außerdem ergaben sich für den Abbau- und Anbauzustand ungünstige strahlenschutztechnische Bedingungen.

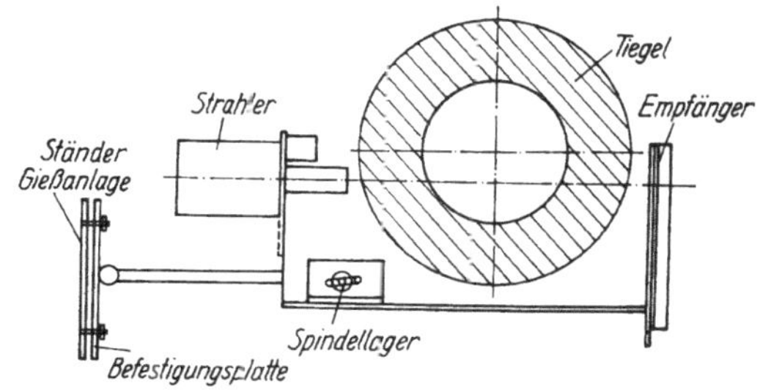

Abb. 1. Niveau-Meßvorrichtung

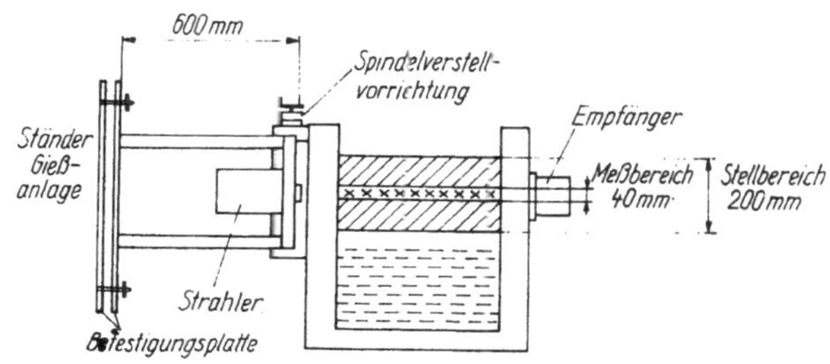

Abb. 2. Konstruktive Gestaltung der Meßeinrichtung

In den Abb. 1 und 2 ist der auf der Grundlage oben genannter Überlegungen endgültig ausgewählte konstruktive Lösungsweg für die Armierung dargestellt. Er ist besonders gekennzeichnet durch

- Drehbarkeit an zwei Stellen der Armierungskonstruktion zum problemlosen Abklappen der Meßeinrichtung beim Tiegelwechsel
- strahlenschutztechnisch günstige Einstellung der Meßgabel während und außerhalb des Betriebes und optimales Anpassen der Meßeinrichtung an den Gießtiegel
- teleskopartige Ausführung der Armierung zur beliebigen Einstellung des seitlichen Abstandes der Meßgabel vom Ständer der BGW-Anlage
- Einstellen des Meßbereiches auf den jeweiligen fahrenden metallostatischen Druck durch eine Vertikalverstellung der Meßgabel.

Die somit realisierte Bewegungsmöglichkeit der Meßeinrichtung in 3 Ebenen gestattet ihre vollständige Anpassung an die jeweilige Stellung des Gießtiegels und ermöglicht durch den festen Bezugspunkt am Ständer der Gießanlage ein einwandfreies und leichtes Justieren der Meßeinrichtung.

2.2. *Erprobungsergebnisse*

Da für das Meßverfahren eine Auflösung unter 0,5 mm gefordert war, wurden in Laborversuchen, die weitestgehend an die realen Betriebsbedingungen angepaßt waren, entsprechende Untersuchungen durch Heraus- bzw. Hineinfahren eines Aluminiumabsorbers in dem Strahlengang in-

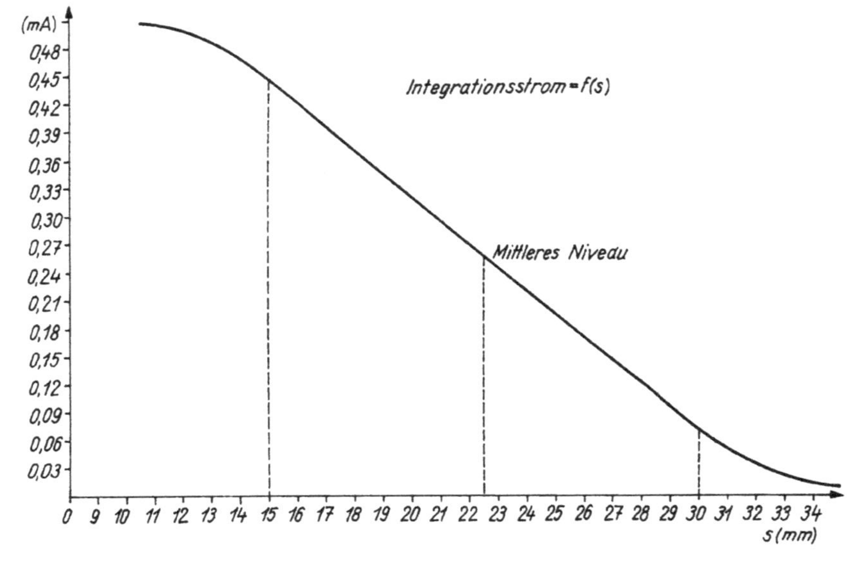

Abb. 3. Integrationsstrom = f(s)

nerhalb des Gießtiegels durchgeführt. In der Abb 3 ist die Kurve $I = f(s)$ dargestellt. Im Bereich S 1 – S 2 zeigt die Kurve ein lineares Verhalten. Dieser Bereich war auch bei möglichen Toleranzen der Tiegel hinsichtlich Abmessungen und Auskleidung nicht kleiner als 15 mm.

Innerhalb des linearen Meßbereichs ergab sich in den Laborerprobungen eine maximale Auflösung von 0,1 mm. Die Betriebserprobung ermöglichte diese hohe Auflösung nicht.

Wellenbildung an der Oberfläche der Aluminiumschmelze sowie die Ausbildung einer Oxidhaut auf der Oberfläche sind als Ursache dafür zu nennen, daß letztendlich nur die geforderte Auflösung von 0,5 mm erreicht werden konnte.

Die durchgeführten Strahlenschutzvermessungen ergaben keine Probleme für den in unmittelbarer Nähe befindlichen Arbeitsplatz des Gießers. Die gewählte konstruktive Lösung erlaubt sowohl den Wechsel des Gießtiegels und des Gießtisches als auch Reparaturarbeiten an den Walzen ohne die Entfernung der Quelle am Strahler.

3. Badspiegelmessung an einem Kupferaufnahmebad der Gießmaschine einer Draht-Gieß-Walzanlage

3.1. Beschreibung der Anordnung

Ähnlich wie bei der Herstellung von Aluminium-Gießband ist auch beim Gießen eines Kupferstranges einer Draht-Gieß-Walzanlage ein annähernd konstantes Metallniveau im Aufnahmebad der Gießmaschine erforderlich, da starke Schwankungen des Kupferniveaus den metallostatischen Druck des Kupfers in der Gießdüse beeinflussen, wodurch sich die Durchfluß- und Erstarrungsbedingungen beim Gießen verändern, was sich negativ auf die Qualität des Kupferstranges auswirkt.

Im folgenden wird eine automatische Füllstandsmeß- und Regeleinrichtung für eine automatische Konstanthaltung und Kontrolle des vorgegebenen Niveaus an flüssigem Kupfer im Aufnahmebad einer Gießmaschien erläutert. In Abb. 4 ist das Blockschaltbild für die radiometrische Meß- und Regeleinrichtung dargestellt. Die Strahlungsabsorptionsverhältnisse erforderten für die Nutzung des industriellen Strahlenrelais des VEB Meßelektronik Dresden eine Strahlungsquelle von $2{,}6 \cdot 10^{10}$ Bq ^{137}Cs.

Im einzelnen wurde folgende Gerätekonfiguration ausgewählt:

- Strahler: Strahler Typ 74017 (elektrische Ausführung)
- Empfänger: wassergekühlte Zählrohrsonde des Typs 72036
- Auswerteelektronik: Impulsdichtemesser Typ 23153 induktiver Sofortregler zur Anzeige des Füllstandes und Signalisation der Füllstandsgrenzwerte
- Regler: Impulsregler Typ RI 1 — 1/G
- Stellantrieb: Elektrischer Hebelstellantrieb Modact-Variant 52370 in umgebauter Form

Das im Strahlungsempfänger ankommende Meßsignal dient einerseits zur Füllstandsanzeige bzw. Grenzwertsignalisation über Leuchtbandtableau bzw. Rundumleuchte und andererseits als Eingangssignal für den Regler. Der Sollwert wird vom Bedienpersonal am Bedienpult eingestellt. Der am Gießofen montierte Stellantrieb betätigt über ein Gestänge den Gießofenstopfen, wodurch die Umlauföffnung zum Aufnahmebad der Gießmaschine in Abhängigkeit vom Stellsignal verändert wird.

In Abb. 5 ist die Füllstandsmeß- und Regeleinrichtung schematisch dargestellt. Der sinnvolle Einsatz der ausgewählten Gerätekombination war an die konstruktive Lösung einiger durch die Anlagenspezifik gegebene Probleme geknüpft.

Insbesondere waren das:

1. Einstellung einer wählbaren Füllstandshöhe innerhalb des festgelegten Meßbereichs
2. Schnelle Justierbarkeit des Empfängers beim Wechseln des Aufnahmebades
3. Schaffung günstiger strahlenschutztechnischer Verhältnisse für die während des technologischen Prozesses sowie in den Stillstandszeiten in unmittelbarer Nähe der Meßeinrichtung auszuführenden Arbeiten
4. Schnelles Entfernen der Strahlungsquelle ohne Betreten der Havariezone.

Daraus ergab sich, daß als Anbringungsort nur der Tisch als Träger des Aufnahmebades in Frage kam. Dadurch er-

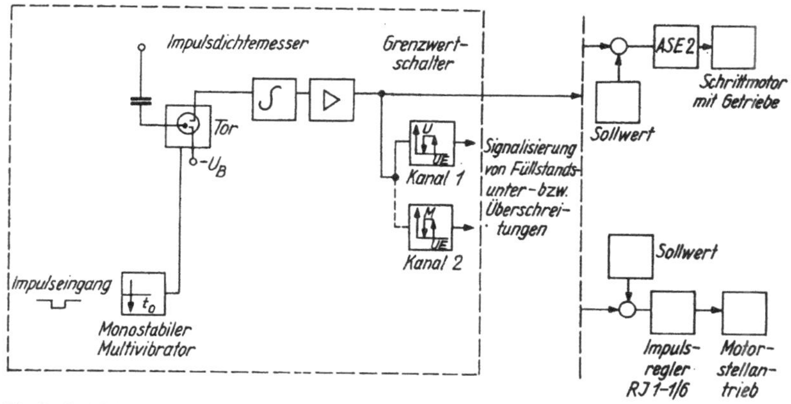

Abb. 4. Blockschaltbild Strahlenrelais und Stelleinrichtung

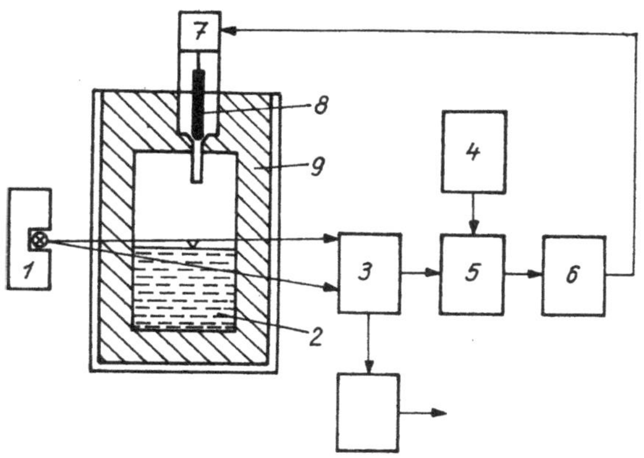

Abb. 5. Schema für die automatische Kontrolle und Konstanthaltung des Metallniveaus im Aufnahmebau der Gießmaschine

1 – Strahlkopf mit Strahlenquelle; 2 – Aufnahmebad der Gießmaschine mit flüssigem Metall; 3 – Sonde m. Impulsdichtenmesser; 4 – Niveau-Geber; 5 – Soll-Istwert-Vergleich; 6 – ASE für Schrittmotor; 7 – Schrittmotor mit Getriebe; 8 – Grafitstopfen; 9 – Grenzwertschalter für Grenzwertniveaus

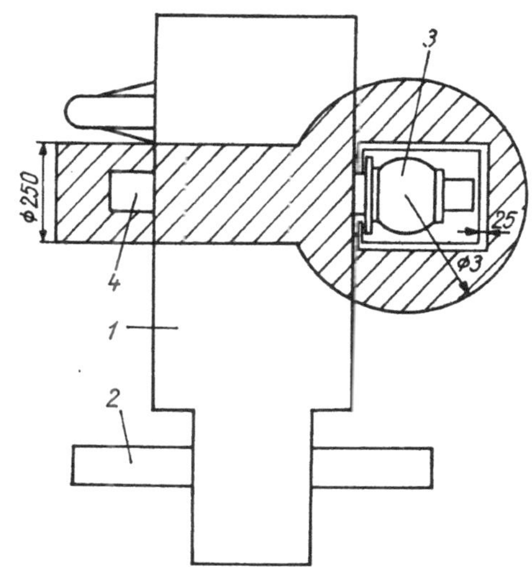

Abb. 6. Darstellung der Grenze des Kontrollbereichs

1 – Aufnahmebad; 2 – Gießbad; 3 – Strahler mit Strahlenquelle; 4 – Empfänger außerhalb des schraffierten Kontrollbereiches beträgt die Strahlenbelastung $\leq$ 0,25 mR/h

übrigte sich eine drehbare Halterung für den Strahler, da dieser Tisch selbst in bestimmten Grenzen schwenkbar ist. Die Halterung des Strahlers wurde steckbar konstruiert, wodurch mittels eines Kranes der gesamte Strahler mit Halterung in die Tischrückwand bei entsprechender Arretierung eingelassen und im Havariefall gegebenenfalls entfernt werden konnte. Die Anbringung der Sonde erfolgte an der Gegenseite des Tisches, so daß die Halterung mit der Sonde während des Wechsels des Aufnahmebades abgeklappt war, um eine mechanische Zerstörung bzw. Beschädigung zu vermeiden.

Eine Arretierung für den Betriebszustand ist vorhanden, wodurch sich die Justierung nach dem Wechseln des Aufnahmebades erübrigt.

Zur Schaffung günstiger strahlenschutztechnischer Verhältnisse wurde der Strahler zusätzlich durch einen 20 mm starken ringförmigen Stahlmantel sowie einen zusätzlich in den Strahlengang einschiebbaren Absorber gleicher Stärke abgeschirmt.

Damit konnte der Kontrollbereich nach drei Seiten so verkleinert werden, daß sowohl der Arbeitsplatz des Gießers ungefährdet war und auch bei Entfernen der Gießwanne keine unzulässige Strahlenbelastung des Reparaturkollektivs auftreten konnte. In Abb. 6 ist der Kontrollbereich dargestellt.

Probleme bereitete die Anbringung des Stellantriebs. Am Vorherd des Gießofens herrschen Temperaturen über 100 °C, die eine direkte Ankopplung des Stellantriebs an den Stopfen nicht gestatten.

Aus praktischen Versuchen wurde ermittelt, daß auf Grund des 3gängigen Trapezgewindes zur Bewegung des Stopfens ein Stellwinkel von ca. 240° ausreicht, um die gesamte Kennlinie der Regelcharakteristik zu durchfahren. Aus diesem Grund wurde ein Hebelmechanismus konstruiert und zur Anwendung gebracht, der diesen Stellwinkel von 240° ermöglicht und es gestattet, den Stellantrieb in ausreichender Entfernung zum Vorherd des Gießofens anzubringen.

3.2. *Erprobungsergebnisse*

Die Füllstandsmeß- und Regeleinrichtung mit der oben genannten Gerätekonfiguration und den erwähnten Anpassungen hat sich bewährt. Die Einrichtung läuft seit Oktober 1979 im dreischichtigen Dauerbetrieb. Bisher gab es keinerlei Ausfälle der gerätetechnischen Baugruppen. In verschiedenen Havariesituationen der Draht-Gieß-Walzanlagen selbst traten durch überlaufende Kupferschmelze Beschädigungen der elektrischen Verbindungsleitungen zwischen Sonde und Zentraleinheit auf. Eine Wasserkühlung der Verbindungsleitung ist aus Sicherheitsgründen nicht zulässig. Die Havarieausfälle eingerechnet ergibt sich über die bisherige Betriebszeit von $2^1/_2$ Jahren eine Verfügbarkeit der Einrichtung von annähernd 100%.

Im praktischen Betrieb erfolgte bei der vorliegenden Welligkeit der Badoberfläche, den auftretenden abrupten Veränderungen des Durchlaufs durch die Gießdüse, der gewählten Integrationszeit der Meßeinrichtung sowie den gewählten Einstellgrößen des Reglers ein Ansprechen des Stellgliedes bei einer Niveauschwankung von $\leqq \pm 2$ mm.

Hinsichtlich der Dynamik mußte die Meßeinrichtung gründlich getestet werden, um ein ausreichend schnelles Eingreifen der Regelung bei Störungen im Gießbetrieb zu garantieren. Das radiometrische Meßverfahren als integrierendes Meßverfahren verlangt immer den Kompromiß zwischen Meßzeit und relativem Fehler. Bei dem eingesetzten Integrationskondensator von 50 µF betrug die Zeitkonstante $T = 10$ s. Ein Verkleinern der Zeitkonstante auf etwa die Hälfte ist durch Änderung des Integrationskondensators möglich und auch getestet worden.

Jedoch bringt die kleinere Zeitkonstante Vorteile nur während der Anfahrphase, wo die Meßeinrichtung dem Anwachsen des Metallniveaus schneller folgt.

Nachdem die Gießwanne gefüllt ist und sich ein ruhiger Gießbetrieb eingestellt hat, läuft die Regelung bei größerer Zeitkonstante ruhiger, da kurzzeitige technologische Störungen, hervorgerufen durch ein ruckartiges Öffnen bzw. Schließen der Gießdüse durch den Gießer, sich nicht so stark auswirken.

Die Regelung wurde als „Regler mit Kurzzeitrückführung" mit folgenden Einstellgrößen betrieben:

$$Ts/s = 25; \qquad Kr = 2; \qquad x = 2$$

Bei einem Sollwert von 3 V ... 4 V lief die Regelung am stabilsten, d. h. die Schwankungsbreite des Metallniveaus war hier am kleinsten.

Die durchgeführten Strahlenschutzvermessungen ergaben einen Kontrollbereich von ca. 30 cm um den Strahler sowie der Bereich bis zum Strahlungsempfänger mit einem Radius von 25 cm ausgehend von der Achse der Strahlungsrichtung. Dies bedeutet gleichzeitig keine Einschränkungen für das Anlagenpersonal.

Ein Überschreiten der Einsatztemperaturen von max. 70 °C im Dauerbetrieb konnte durch eine Asbestummantelung verhindert werden.

Eingegangen am 9. 6. 1982

Kontinuierliche radiometrische Staubmengenmessungen in strömenden metallurgischen Abgasen

J. Stamenov, St. Pironkov

(Institut für Buntmetallurgie (ICM), Plovdiv 9)[1]

Beschrieben wird ein Verfahren zur kontinuierlichen automatischen Bestimmung des Staubgehalts metallurgischer Abgase. Auf Grund dieses Verfahrens wurde eine geeignete Einrichtung für das Bergbau- und Hüttenkombinat „G. Dimitroff" Elissejna konstruiert. Es werden die erhaltenen Ergebnisse aus der Prüfung des Gerätes unter industriellen Bedingungen angeführt.

Keywords

beta sources; copper ores; dust collectors; dusts; industrial radiography; nondestructive testing

Hauptquelle der atmosphärischen Verunreinigungen im Weltmaßstab sind jene Industriebetriebe, aus denen große Staubmengen in die Luft emittiert werden. Die Einhaltung der höchstzulässigen Konzentrationen dieser Verunreinigungen erfordert eine exakte und systematische Kontrolle des tatsächlichen Staubgehaltes der industriellen Abgase sowie der Atmosphäre. Darüber hinaus wird bei vielen Produktionsanlagen der in den Entstaubungseinrichtungen aufgefangene Staub einer geeigneten Prozeßstufe zurückgeführt, wodurch höhere Anforderungen an die Kontrolle des Wirkungsgrades der entsprechenden Entstaubungseinrichtungen gestellt werden.

Die Messung der Staubkonzentration ist eine schwierige metrologische Aufgabe, was darauf zurückzuführen ist, daß der Staub selbst ein kompliziertes System darstellt, das sich im Gasmedium durch nur ein oder zwei Kennwerte nicht bestimmen läßt. Meistens ist der Staub polydispers, wobei die Teilchengröße von 10^{-2} bis 10^2 µm variiert; der Konzentrationsbereich ist im allgemeinen noch breiter (10^{-5} bis 10^5 mg/Nm³). Außerdem können die Form und die physikalisch-chemischen Eigenschaften der Staubteilchen noch verschiedenartiger sein. Es ist auch die zeitweilige Änderung der Staubeigenschaften zu berücksichtigen, die bei den verschiedenen Herstellungsverfahren überhaupt nicht definiert sind. Schließlich sind auch die physikalisch-chemischen Eigenschaften des Gases als ein Bestandteil des Gas-Staub-Stromes nicht zu vernachlässigen. Diese Überlegungen schließen die Möglichkeit der Entwicklung eines universellen Verfahrens zur Messung von Staubkonzentrationen aus. Die zur Zeit bekannten manuellen und instrumentellen Verfahren sind ausschließlich zur Kontrolle des Staubgehaltes jeweils in einem nur engen Konzentrationsbereich anwendbar. Dabei hängt die Meßgenauigkeit von den physikalisch-chemischen Eigenschaften des Staubes und des Gases ab. Bei der Messung des Staubgehaltes in den Abgasleitungen treten zusätzliche Schwierigkeiten dadurch auf, daß der Einfluß der natürlichen Turbulenz des Gas-Staub-Stromes zu berücksichtigen ist, als deren Folge die Staubkonzentration an der Meßstelle unterschiedlich ist.

Die Verfahren zur Messung der Staubkonzentration können in zwei Hauptgruppen unterteilt werden: Verfahren zur Abscheidung der festen Bestandteile aus dem Gas-

[1]) Anschrift: Plovdiv 9, Assenovgrader Chaussee (VRB)

Staub-Strom und Verfahren, bei denen der Staub nicht abgeschieden wird.

Die von den Autoren entwickelte Methode zählt zur zweiten Verfahrensgruppe, da die Messung der Konzentration des Staubes bzw. seiner absoluten Menge pro Zeiteinheit ohne dessen Abscheidung aus dem Gas-Staub-Strom erfolgt. Das Verfahren ist eine Modifikation der bekannten Radioisotopenverfahren.

Diametral der Gasleitung, außerhalb der Wände, in denen entsprechende Öffnungen ausgeschnitten sind, sind die β-Strahlungsquelle und eine Batterie aus *Geiger-Müller*-Zählrohren angeordnet. Bei Durchstrahlung der Gasleitung wird von den Staubteilchen eine Bremsstrahlung angeregt, die von der Zählrohrbatterie registriert wird. Die Energie der angeregten Bremsstrahlung ist kleiner oder gleich der Anregungsquelle, und ihre Intensität ist in erster Annäherung proportional der mittleren Ordnungszahl des Staubes. Im Meßkopf ist vor den Zählrohren ein geeigneter Absorber eingebaut, der zur Abschirmung der primären β-Strahlung bestimmt ist. Diese Ausführung des Verfahrens gestattet es, eine Reihe von Nachteilen der bestehenden Staubmengenmeßverfahren zu vermeiden. Die Messung erfolgt kontinuierlich ohne direkten Kontakt mit dem zu messenden Medium.

Die Angabe der Staubkonzentration bzw. -menge pro Zeiteinheit bezieht sich auf den gesamten Querschnitt der Gasleitung. Die Meßergebnisse werden durch die physikalisch-chemischen Eigenschaften des Gases, durch deren Änderung und durch die Änderung der dynamischen Strömungskennwerte nicht beeinflußt. Die Form und die Abmessungen der Staubteilchen üben ebenfalls keinen Einfluß auf die Meßergebnisse aus. Da dieses Verfahren relativ ist, d. h. in jedem einzelnen Falle eine vorherige Eichungmittels eines in der Praxis verwendbaren Verfahrens durchgeführt werden muß, erhebt es Anspruch auf eine bestimmte Universalität. Es ist anwendbar für Staub mit einer mittleren Ordnungszahl größer als 20, d. h. für Stäube unterschiedlicher chemischer Zusammensetzung, wobei bei einer höheren mittleren Ordnungszahl die Empfindlichkeit größer ist.

Das Verfahren wurde an einer Gasleitung mit 1500 mm Durchmesser hinter dem Kupferschachtofen des Bergbau- und Hüttenkombinates „G. Dimitroff“ Elissejna vor und hinter dem Gewebefilter für Konzentrationsbereiche von 0,03 bis 0,25 g/Nm³ (Abb. 1) und 0,5 bis 12 g/Nm³ (Abb. 2) erprobt. Der Meßfehler im niedrigen Konzentrationsbereich ist nicht größer als 0,002 g/Nm³ (Abb. 1). Hinsichtlich der Empfindlichkeit und Genauigkeit sind die Möglichkeiten des Verfahrens wesentlich größer.

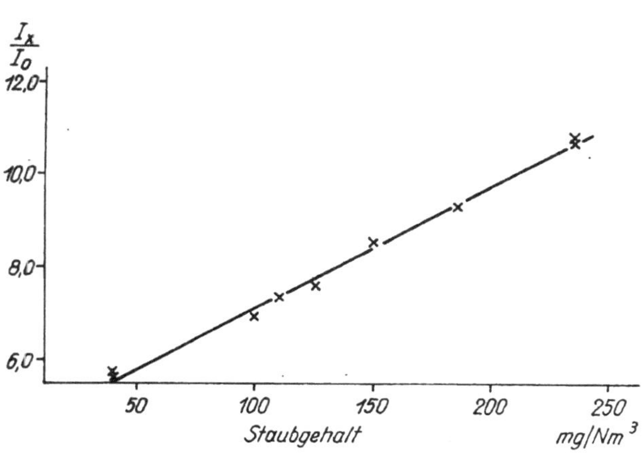

Abb. 1. Staubgehalt

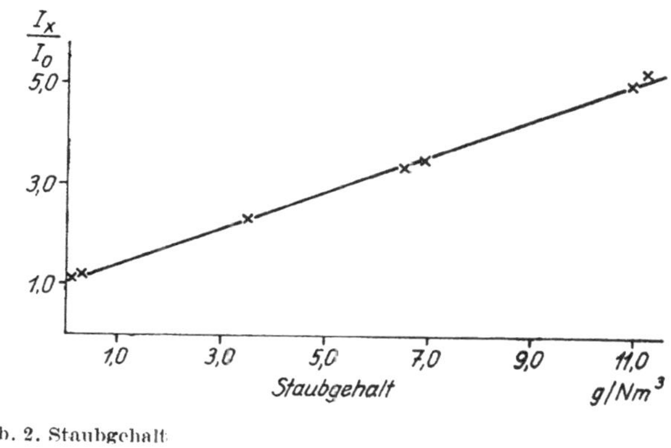

Abb. 2. Staubgehalt

Auf der Basis dieses Verfahrens wurde ein Gerät zur kontinuierlichen Messung und Kontrolle des Staubgehaltes konstruiert, gebaut und im Betrieb eingeführt. Das Gerät wurde hinter dem Gewebefilter des o.g. Kupferschachtofens installiert. Es bietet folgende Möglichkeiten:

- kontinuierliche, vollautomatische Messung
- Zuverlässigkeit und Reproduzierbarkeit der Angaben
- Aufzeichnung der Meßergebnisse mit einem Schreiber
- Möglichkeit für periodische manuelle Nullpunkt-Einstellung und Überprüfung eines Punktes im Arbeitsbereich
- Unempfindlichkeit gegenüber den Parametern der Umgebung (Temperatur, Feuchtigkeit, Farbe und Geschwindigkeit des Gas-Staub-Stromes) sowie anderen Parametern des Eingangssignals (Stromversorgung, Schwingungen u. a.)
- einfache Konstruktion, Tragbarkeit, hohe Betriebssicherheit und niedrige Selbstkosten
- Fernübertragung der Meßwerte (> 200 m)
- Linearität der Eichkurve im Arbeitsbereich
- geringe Trägheit
- Vorhandensein einer Integrationseinheit mit unterschiedlicher Integrationsdauer zur Erhaltung von Durchschnittswerten für den Staubgehalt
- Möglichkeit zum Einbau eines Warnsignals im Falle eines Filterausfalls.

Der Einbau des Gerätes führt zu keinen Änderungen der Konzentration des Staubes.

Die erhaltene Anzeige des Staubgehaltes im Abgas dient zur operativen Steuerung des Filterbetriebes. Der direkte wirtschaftliche Effekt resultiert aus den größeren abgeschiedenen und der Verarbeitung in einer entsprechenden Produktionsstufe wieder zugeführten Staubmengen. Der indirekte wirtschaftliche Effekt besteht in der noch wirksameren und operativen Kontrolle des Umweltschutzes. Darüber hinaus kann die erhaltene Information in Zukunft zur Realisierung von automatisierten Systemen zur Steuerung der Gasreinigungsprozesse verwendet werden.

Der verfahrenstechnische ökonomische Effekt für 1980 beträgt im Vergleich zum Jahre 1979 20.300 Lewa (bezogen auf den Betrieb nur eines Filters in der o. g. Kupferhütte) und der ökonomische Effekt aus dem nicht getätigten Import einer ähnlichen Apparatur 32.000 Lewa.

Zusammenfassend kann man sagen, daß ein neues Verfahren zur kontinuierlichen automatischen Bestimmung des Staubgehaltes in Abgasen geschaffen wurde, das sich bei der ersten Erprobung im Betrieb bewährt hat. Es wurde in einer Kupferhütte eingeführt. Seine Anwendbarkeit in der Zink- und Bleiproduktion wurde bewiesen.

Das Verfahren hat den Urheberschein Nr. 27985 in der VR Bulgarien und wurde als know-how in der BRD, in Österreich, Schweden, USA, Kanada und Japapn registriert.

Eingegangen am 9. 6. 1982

Radiometrische Randwaage „RBW“

D. Steuer

(VEB Gaskombinat Schwarze Pumpe, Brennstoffinstitut Freiberg)[1]

Es wird der Einsatz einer radiometrischen Bandwaage beschrieben, die auf der Grundlage der bereits beschriebenen „radiometrischen Bandwaage mit Rechnerschaltkreis zur Signalaufbereitung“ [1] weiterentwickelt wurde. U. a. konnten mit dieser Waage in der Braunkohlen- und Kaliindustrie die Fehler auf ≦ ±1,5% gesenkt werden. Die technische Konzeption erlaubt die Anwendung für alle Gurtbandbreiten in Stufen von 12 cm.

Keywords

cesium 137; industry; radiation absorption analysis; radiometric gages; radiometric sorting; weight

1. Einführung

In [1] wurde die radiometrische Bandwaage „RBW 01“ zur Koksaustragsmengenmessung in BHT-Kokereien beschrieben. Ausgehend von dem in diesem speziellen Einsatzfall erreichten relativ kleinen Wägefehler erhoben verschiedene Industriezweige die Forderung nach dem Einsatz ähnlicher Waagen.

Die rauhen Einsatzbedingungen, wie z.B. auftretende hohe Staubbelastung, häufige Bandspannungsänderungen, Schwingungen der Gurtbänder, eine nicht ständig beherrschbare Gurtbandführung, gaben den Ausschlag für den Einsatz von Waagen der oben genannten Baureihe besonders zum Zweck der Analyse der innerbetrieblichen Massenbilanz.

Auf die Entscheidungsfindung zwischen herkömmlichen Wägeverfahren und dem radiometrischen Meßprinzip wirkte sich nicht unerheblich aus, daß ein unkomplizierter nachträglicher Einbau aller Typen der „RBW“-Baureihe in bestehende Bandanlagen realisiert werden kann.

2. Zur Ausrüstung der „RBW„ und zu den Betriebserfahrungen

Für die bei den vorgesehenen Einsatzfällen aus der Gurtbandbelegung resultierende vorherrschende Flächenmasse von 25 bis 50 g/cm², wurde gegenüber der in [1] beschriebenen Ausführung in diesem als gammaaktives Nuklid ^{137}Cs der Strahler vom Typ LAA 185 MBq eingesetzt. Das wirkte sich vorteilhaft auf ein in weiten Grenzen materialunabhängiges Wägeergebnis aus.

Aufbauend auf den Erfahrungen in den derzeit unterschiedlichsten Anwendungsbereichen in der Braunkohlen-, Steinkohlen- und Kaliindustrie, hat es sich als vorteilhaft erwiesen, den durch den Betreiber einstellbaren Ziffernauswahlschalter für den Materialfaktor beizubehalten. Von den Herstellern radiometrischer Bandwaagen wird oft darauf verzeichtet, vordergründig darauf hinzuweisen, daß eine Materialabhängigkeit besteht. Trotz der eingesetzten ^{137}Cs-Strahler und einem z.B. für eine gute durchschnittliche Braunkohlenqualität gewählten Materialfaktor können beachtenswerte Wägefehler, die diesem radiometrischen Meßprinzip eigen sind, auftreten.

In einem speziellen Anwendungsfall für Braunkohlenwägungen ließ sich aus den verschiedenen Qualitäten der Kesselkohle vorab folgender Wägefehler rechnerisch abschätzen:

Ursache	Fehler
1. Normale Schwankungen der Aschezusammensetzung in der Braunkohle	0,15%
2. Schwankungen des Wassergehaltes, des Aschegehaltes und der brennbaren Bestandteile in der Braunkohle	1,3%
3. Extreme Qualitätseinbrüche, z.B. Sand, starker Anteil an Oberflächenwasser	5%

Diese Fehler gelten jedoch nur im Moment der Wägung gerade dieses Massenanteiles und wirken sich deshalb meist nur äußerst gering auf die gewogene Gesamtmasse aus. Behält man die Einstellung des Materialfaktors bei, so wird die in o. g. Einsatzfall verwendete Braunkohle mit hohem Ascheanteil mit einem geringeren Gewicht bewertet als höhere Qualitäten. Langzeitig auftretende Änderungen der Zusammensetzung des Wägegutes und deren Auswirkung auf das Wägeergebnis lassen sich somit durch den wählbaren Materialfaktor kompensieren.

Im praktischen Einsatz, der dem Zweck diente, dieses Meßverfahren für o. g. Kesselkohle zu erproben, wurden u. a. vom Betreiber der Waage drei voneinander unabhängige Vergleichswägungen durchgeführt. Als Vergleichswaage diente eine im rechtsgeschäftlichen Verkehr zugelassene Gleiswaage. Eine Masse von jeweils etwa 300 t zu unterschiedlichen Zeitpunkten geförderter Kohle wurde mit der Gleiswaage bestimmt. Die Wägeergebnisse der „RBW“ wichen, bezogen auf die jeweils von der Gleiswaage ermittelten Gesamtmasse, im ersten Fall um 0,12% und im 2. und 3. Fall um 1,3% bzw. 0,06% ab. Aus technischen Gründen wurde für den 1. Fall ein anderer Materialfaktor

[1]) Anschrift: 9200 Freiberg, Halsbrücker Str. 34

als für den 2. und 3. Fall errechnet, was jedoch keinen Einfluß auf die Aussage der Eignung des Meßverfahrens und des zu erwartenden Fehlers hat.

Im praktischen Einsatz zur Wägung von Kalisalz bestätigte sich bis heute ebenfalls ein maximal zu erwartender Fehler von 1,5%.

Die „RBW" reiht sich entsprechend den erzielten Ergebnissen in die Aufstellung der Wägefehler radiometrischer Massestromsonden (nach *Gläser*) ein, wobei die Angaben mit der + gekennzeichneten Typen jeweils den Prospekten entnommen wurden (Tab. 1). Die Radiometrische Bandwaage „RBW" wurde in dieser Ausführung mit einer Notstromversorgung ausgerüstet.

Tab. 1. Wägefehler radiometrischer Massestromsonden [Gläser, 1981]

Typ der Massestromsonde	Wägefehler %
+ NEWEIGHER (Nuclear Enterprises)	1 bis 2 (moment. Massestrom) 0,5 bis 1 (Fördermasse)
+ LB 378 (*Berthold/Schenck*)	±0,5 bis ±2
LIN 800 (Electron)	±2
+ KAY-RAY-MODEL 600	±1
+ nach *Krüger*	±1
+ Typ 311 (Polon)	±3
+ Ohmart-Waage	±1
+ Wit-2 (Polon)	±3
+ Typ 110	±3
+ Typ 210	±3
RSS-5 (FZM)	±3
RBW-01 (BI u. FZM)	±2,8
RBW (BI u. FZM)	±1,5
+ Güterwagenwaage	±1

Dadurch wird das bis zum Netzausfall ermittelte kumulative Ergebnis automatisch gespeichert und der Wägevorgang bei Wiederkehr der Netzspannung fortgesetzt. Die Gesamtkonzeption wurde dem technischen Fortschritt angeglichen. Für die verschiedenen Einsatzfälle ergab sich notwendigerweise eine Änderung der Bauform (Abb. 1), wobei jedoch das bewährte interne Baugruppenprinzip beibehalten wurde. Damit bleibt die „RBW" an jede beliebige Gurtbandbreite in Stufen von ca. 12 cm anpaßbar.

Abb. 1. Radiometrische Bandwaage „RBW" (Brennstoffinstitut Freiberg, Werkfoto 1981)

3. Abschlußbetrachtung

Für die Zukunft bleibt noch offen, ob sich dieses Meßverfahren zur Bestimmung der auf Gurtbandförderern transportierten Massen für ausgewählte jedoch in vielen Fällen notwendige Probleme in der Praxis weiter durchsetzen wird.

Mit dem Einsatz moderner Mikrorechner als Geräterechner in der „RBW" kann allen Anwenderwünschen in der Serienfertigung Rechnung getragen werden. Zu beachten ist jedoch bei der Vorbereitung des Einsatzes, daß für das radiometrische Wägeprinzip noch keine Vorschrift des ASMW der DDR — ähnlich der VM 166 für gravimetrische Bandwaagen — vorliegt und deshalb zur Zeit auch keine Anwendung im rechtsgeschäftlichen Verkehr möglich wäre. Die Ermittlung der innerbetrieblichen Massenbilanz bietet der „RBW" jedoch zahlreiche Einsatzmöglichkeiten.

Eingegangen am 7. 7. 1982

Literatur

[1] *Gläser* u. a., Isotopenpraxis 17 (1981) 306

Betriebserfahrungen bei der Anwendung eines Röntgenfluoreszenzverfahrens mit Isotopenanregung zur kontinuierlichen Zinnbestimmung bei der Zinnerzflotation

G. Krüger, J. Schwarzlose

(VEB Mansfeld-Kombinat „Wilhelm Pieck", Forschungsinstitut für NE-Metalle Freiberg)[1]

Das Verfahren der Röntgenfluoreszenzanalyse mit Radioisotopenanregung ist zur kontinuierlichen Bestimmung geringer Sn-Gehalte im Trübestrom von Flotationsanlagen geeignet. Es wird über die Entwicklung dieses Verfahrens und über Erfahrungen beim Einsatz einer relativ einfachen radiometrischen Meßtechnik berichtet.

Keywords

flotation; nondestructive analysis; tin; X-ray fluorescence analysis; X-ray fluorescence analyzers

1. Einleitung

Der Bedarf an geeigneten Meßfühlern zur Ermittlung und Kontrolle von Parametern, die für bestimmte Produktionsprozesse oder -abschnitte von Bedeutung sind, ist unvermindert groß. Informationen über die stoffliche Zusammensetzung bilden dabei einen Schwerpunkt.

Im Bereich der Grundstoffindustrie ist die Einführung derartiger Meßfühler auf Grund der oft sehr rauhen Bedingungen äußerst kompliziert, aber besonders wichtig, wenn man z.B. an eine optimale Ausnutzung von Lagerstätten und Rohstoffen denkt.

Einen Aufschwung in dieser Richtung haben in letzter Zeit radiometrische Meßverfahren bewirkt. Das Röntgenfluoreszenzverfahren unter Verwendung radioaktiver Nuklide als Anregungsstrahler ist dabei an erster Stelle zu nennen, da es unter bestimmten Bedingungen mit realtiv geringem Aufwand die schnelle Kontrolle des Gehaltes einzelner Elemente in Proben oder sogar am Massestrom erlaubt. Ein spezieller Anwendungsfall soll näher vorgestellt werden.

2. Aufgabenstellung

Ziel der Untersuchungen war die Entwicklung einer Meßanordnung zur kontinuierlichen Bestimmung des Zinngehalts in Erztrüben einer Flotationsanlage. Die Messungen sollten direkt am Hauptstrom der Trübe sowohl für die Aufgabe als auch die Abgänge erfolgen. Der Anteil an Feststoff beträgt ca. 800 g/l. Der Meßbereich sollte zwischen 0 und 0,5% Sn liegen und die Genauigkeit etwa 15 ... 20% (rel.) betragen.

3. Lösungsweg

Erste Untersuchungen auf diesem Gebiet [1] hatten gezeigt, daß der Einsatz des Röntgenfluoreszenzverfahrens mit Radionuklidanregung zur Lösung der gestellten Aufgabe erfolgversprechend ist.

Die mit diesem Verfahren erreichbaren Ergebnisse werden wesentlich durch die Wahl eines geeigneten Strahlers und einer geeigneten Methode der Strahlenselektion beeinflußt.

Zur Anregung wird eine Sekundärtargetquelle mit ^{241}Am als Primärstrahlenquelle und einem Bariumsalz als Target verwendet. Die Ba-K_α-Strahlung besitzt eine Energie von ca. 32,2 keV, so daß relativ günstige Bedingungen zur Anregung der Fluoreszenzstrahlung des Sn (ca. 25,3 keV) vorliegen. Als Detektor kam ein Szintillationsmeßkopf mit NaJ(Tl)-Kristall zum Einsatz, vor dem geeignete Filter zur Strahlenselektion angeordnet wurden.

4. Durchführung der Arbeiten

4.1. *Laboruntersuchungen*

Die ersten Messungen erfolgten nach dem einfachen Filterverfahren. In Abb. 1 ist die Impulsrate in Abhängigkeit vom Feststoffgehalt der Erztrübe bei Verwendung von Feststoff (Erz bzw. Konzentrat) mit unterschiedlichem Sn-Gehalt dargestellt (Filter: Ag). Die Ergebnisse zeigen, daß bei Sn-Gehalten < 2% der Anteil der vom Wasser herrührenden Streustrahlung an der Zählrate dominiert. Das

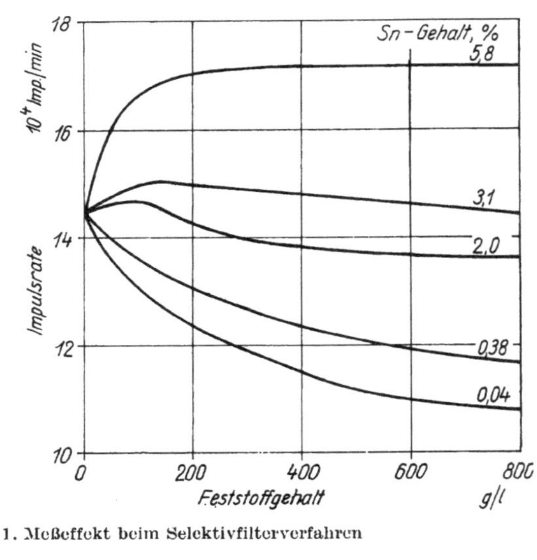

Abb. 1. Meßeffekt beim Selektivfilterverfahren

bewirkt eine Meßwertabnahme mit steigendem Feststoffgehalt, d. h. bei ansteigendem Sn-Inhalt. Dagegen überwiegt bei höheren Sn-Gehalten der Anteil der vom Zinn

[1]) Anschrift: 9200 Freiberg, Lessingstraße 41

herrührenden Fluoreszenzstrahlung. Dies bewirkt einen Anstieg des Meßwertes mit ansteigendem Feststoffgehalt.

Diese Untersuchungen verdeutlichen, daß das einfache Filterverfahren nur dann sinnvoll anwendbar ist, wenn die Dichte der Trübe konstant bleibt. Schon geringe Änderungen der Trübedichte ergeben erhebliche Fehler.

Es wurden weitere Untersuchungen im Labor durchgeführt, wobei dem einfachen Filterverfahren das Filterdifferenzverfahren gegenübergestellt wurde.

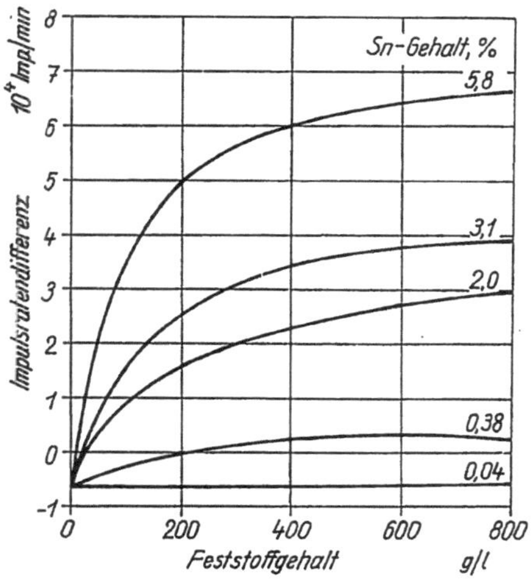

Abb. 2. Meßeffekt beim Differenzfilterverfahren

Die in Abb. 2 dargestellten Ergebnisse wurden mit diesem Verfahren ermittelt. Dazu wurden Messungen mit einem Ag- und einem Pd-Filter durchgeführt und die Differenz der jeweils ermittelten Impulsraten gebildet. Die erreichte Meßempfindlichkeit ist wesentlich größer als bei Anwendung des einfachen Filterverfahrens. Außerdem wird der den Meßwert beeinflussende, vom Wasser herrührende Streustrahlungsanteil durch die Differenzbildung eliminiert, so daß mit steigendem Feststoffanteil ein Anstieg des Meßwertes erhalten wird.

Die Ergebnisse der Laboruntersuchungen zeigen eindeutig Vorteile für den Einsatz des Filterdifferenzverfahrens.

4.2. *Untersuchungen im Betrieb*

Im folgenden wurde näher untersucht, welche für den praktischen Einsatz akzeptable Variante unter Einbeziehung der entsprechenden industriell gefertigten Gerätetechnik vorgeschlagen werden kann.

Zunächst war an den Einsatz des Prozeßanalysators PR 2772 vom VEB Robotron Meßelektronik „Otto Schön" Dresden mit einer Filterwechselautomatik und Meßwertspeicherung gedacht. Der erhebliche Aufwand und die relativ ungünstigen meßgeometrischen Bedingungen infolge der großen Meßköpfe ließen diese Variante nach praktischen Untersuchungen allerdings als wenig erfolgversprechend erscheinen. Dann wurden Versuche mit einer von demselben Gerätehersteller speziell für relativ einfache Anwendungsfälle wie Füllstandskontrolle und Dichtemessung einsetzbaren Gerätetechnik durchgeführt. Es handelt sich dabei um die Szintillationssonde vom Typ 72041 und den Impulsdichtemesser vom Typ 23153.

Durch Austausch der Szintillatoren, Änderung der fest eingestellten Verstärkung an der Sonde, Erweiterung des Kompensationsumfanges am Impulsdichtemesser und Verwendung von Präzisionspotentiometern mit Feinantrieb für die Kompensations- und Empfindlichkeitseinstellung wurde erreicht, daß diese Gerätekombination für die vorliegende Meßaufgabe Verwendung finden konnte.

Der Einsatz dieser Gerätetechnik gestattet es, einen Meßkopf aufzubauen, der neben einer Strahlenquelle die zwei Szintillationssonden mit den entsprechenden Ag- bzw. Pd-Filtern und die Nachfolgeelektronik enthält. In Abb. 3 sind die Ergebnisse, die mit einer derartigen Meßanordnung im Labor erzielt wurden, dargestellt.

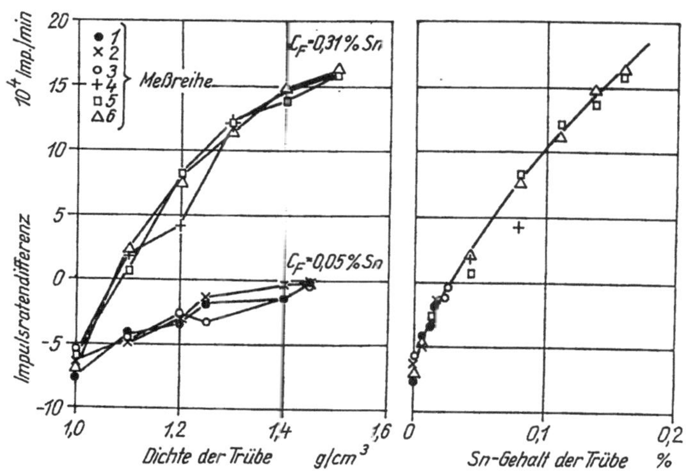

Abb. 3. Labormeßergebnisse mit dem KORA-Meßkopf

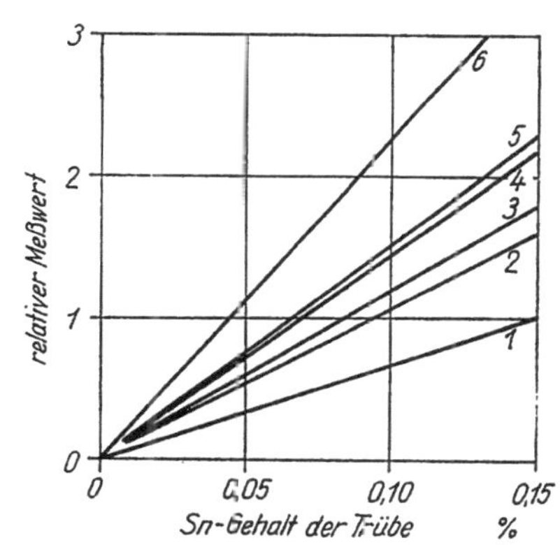

Abb. 4. Variantenvergleich

Nr.	Anzahl der Sonden		Charakteristik	
	S-10	72047		
1	1	–	L	S
2	1		B	S
3	2	–	L	F
4	1	–	L	F
5	–	2	B	F
6	–	2	L	F

L – Laborversuche; B – Betriebsversuche; S – Selektivfilterverfahren; F – Filterdifferenzverfahren

Der aus Abb. 4 zu entnehmende Variantenvergleich macht die Vorteile des Einsatzes von zwei Sonden des Typs 72041 im Filterdifferenzverfahren deutlich.

Der für den technischen Einsatz speziell entwickelte Meßkopf mit der Bezeichnung KORA besitzt ein stabiles Stahlgehäuse mit einem Meßfenster aus Polyäthylen. Ein ähnliches Meßfenster befindet sich am aufsteigenden Teil eines U-Rohres, durch das der Trübestrom geleitet und an dem der Meßkopf befestigt wird. Abb. 5 und 6 zeigen Einzelheiten der installierten Meßtechnik.

Abb. 5. Meßstelle mit KORA-Meßkopf

Abb. 6. Meßwarte – elektronische Einheiten

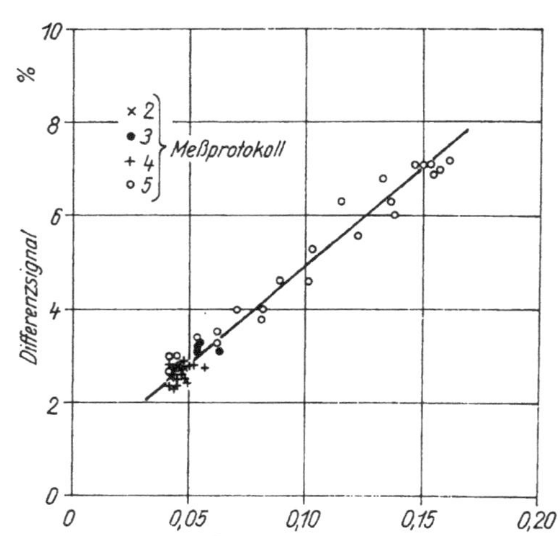

Abb. 7. Eichkurve – Abgänge

Die Impulsdichtemesser befinden sich ebenso wie die Anzeigegeräte, an denen das Differenzsignal beider Meßsysteme zur Anzeige gebracht wird, in einer Meßwarte.

Zunächst wurde je eine Meßstelle für Aufgabe und Abgänge mit einem KORA-Meßkopf ausgerüstet. Es folgten Eichmessungen, wobei Impulsraten und Ausgangsspannungswerte für beide Systeme sowie Sn-Gehalte und die Dichte der Trübe an Proben bestimmt wurden. Abb. 7 zeigt das Ergebnis dieser Eichmessungen für die Meßstelle der Abgänge.

5. Ergebnisse

Wie die Auswertungen der Messungen im Betrieb zeigten, kann innerhalb der im normalen Produktionsprozeß auftretenden Schwankungen der Trübedichte auf eine parallele Messung der Trübedichte und Korrektur der Sn-Gehalte verzichtet werden. Der angezeigte Meßwert ist direkt dem Sn-Gehalt im Feststoff, also dem eigentlich interessierenden Parameter, zuzuordnen. Abb. 8 und 9, in denen die Änderung des Meßwertes bei veränderlichem Sn-Gehalt und konstanter Trübedichte bzw. konstantem Sn-Gehalt und veränderlicher Trübedichte dargestellt sind, verdeutlichen dies.

Der Einsatz von zwei parallel arbeitenden Meßkanälen erwies sich als sehr vorteilhaft. Die Meßwerte beider Kanäle werden kontinuierlich miteinander verknüpft. Es gibt keine bewegten Teile, die bei einer Filterwechseleinrichtung erforderlich wären. Eine Meßwertspeicherung ist nicht notwendig. Neben der Ausschaltung des Einflusses der Trübedichte werden Meßwertschwankungen, die sich durch Änderungen der Matrixzusammensetzung, der Korngröße oder durch Lufteinschlüsse in der Trübe ergeben können, ausgeglichen. Letztere sind an den Meßstellen für die Abgänge infolge der zugesetzten Flotationsreagenzien auch durch die vorgesehenen Entlüftungsmöglichkeiten nicht vollkommen auszuschließen.

Ebenfalls wichtig erscheint nach unseren Erfahrungen der durch die gewählte Differenzschaltung erreichte Grad der Eliminierung der Temperaturempfindlichkeit der Einzelgeräte.

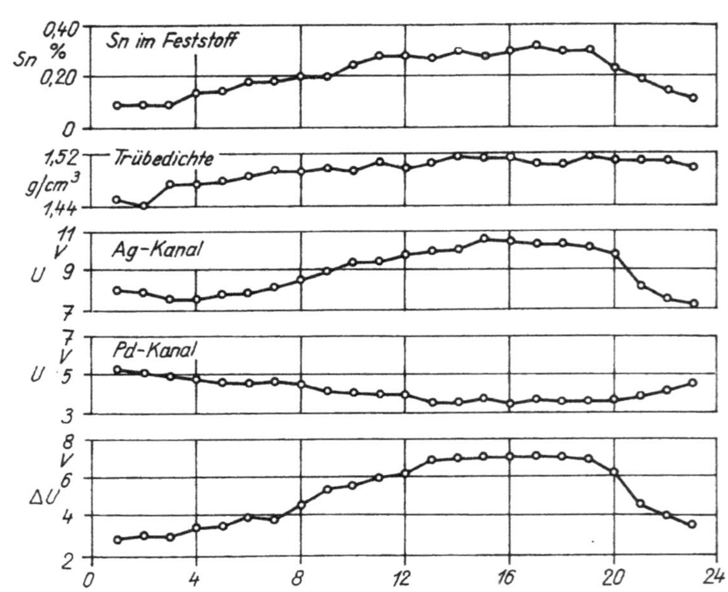

Abb. 8. Einfluß von Sn-Gehaltsänderungen (ϱ_{Tr} = const.)

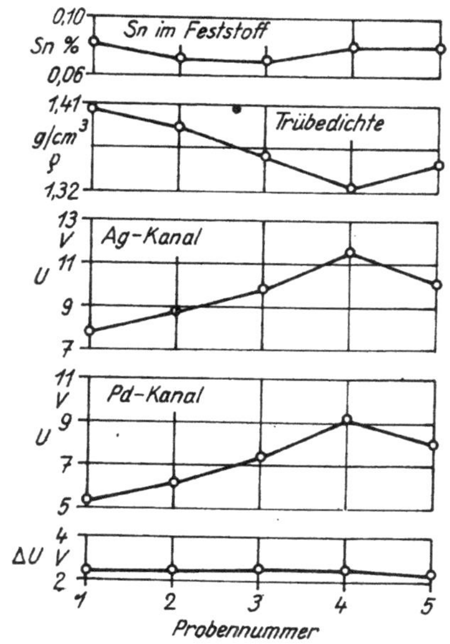

Abb. 9. Einfluß von Trübedichteänderungen ($c_{Sn\text{-}Feststoff}$ = const.)

Aus je ca. 50 Einzelmeßwerten wurde für beide Meßstellen (Aufgabe und Abgänge) eine relative Standardabweichung zwischen 10 und 15% ermittelt.

Die bisher im Betrieb installierten acht KORA-Meßköpfe gewährleisten die objektive, kontinuierliche Kontrolle des Zinngehaltes der Aufgabe und der Abgänge. Die Inbetriebnahme weiterer KORA-Meßanlagen ist vorgesehen.

Zwei Ausschnitte aus Registrierstreifen sollen die Vorteile, die sich aus der Anwendung dieser Meßtechnik ergeben, unterstreichen.

Abb. 10a und 10b zeigen den Verlauf typischer Störungen, die durch den Ausfall der Flotationsmittelzugabe (Abb. 10a) bzw. durch Änderung der Konzentration des Flotationsmittels nach Umstellung auf einen anderen Vorratsbehälter (Abb. 10b) verursacht wurden. Der damit in Zusammenhang stehende Anstieg des Sn-Gehaltes in den Abgängen wird dem Anlagenfahrer im ersten Fall als kontinuierlicher Anstieg des Meßwertes auf einen Maximalwert und im zweiten Fall als plötzliches Einstellen eines anderen (im Beispiel: höheren) Meßwertniveaus angezeigt.

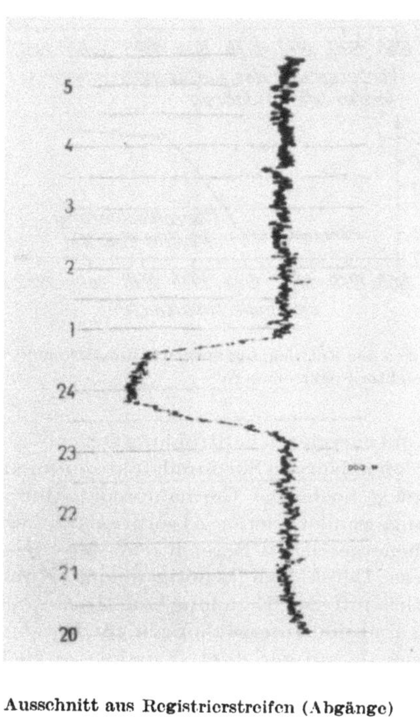

Abb. 10a. Ausschnitt aus Registrierstreifen (Abgänge)

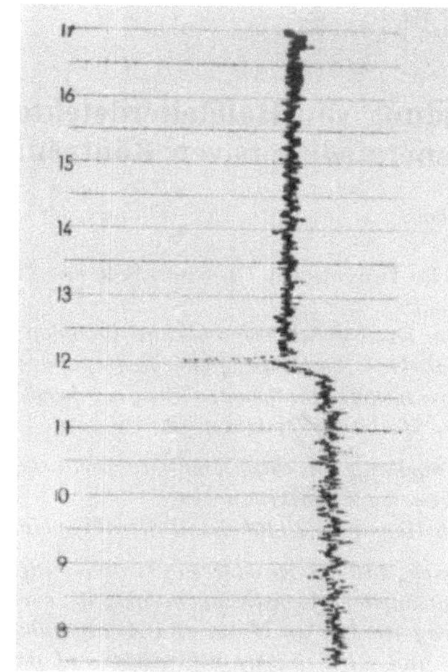

Abb. 10b. Ausschnitt aus Registrierstreifen (Abgänge)

6. Schlußfolgerungen

Die KORA-Meßköpfe erwiesen sich als empfindliche, robuste und — trotz einiger Ausfälle — zuverlässige Betriebsmeßeinrichtungen, die es gestatten, am Haupttrübestrom einer Flotationsanlage die Zinngehalte von Aufgaben und Abgängen in ausreichender Genauigkeit kontinuierlich zu bestimmen.

Anlagenfahrer und Technologen erhalten unmittelbare Informationen über den Sn-Gehalt des vorlaufenden Erzes und was wichtiger ist — über einen durch Fehler im technologischen Ablauf (Flotationsmitteldosierung u. a.) unbeabsichtigten Anstieg des Sn-Gehaltes in den Abgängen. Dadurch ist ein sofortiges Einwirken auf den Prozeß möglich. Die Verluste an Zinn können weiter gesenkt werden. Der volkswirtschaftliche Nutzen dieser Meßtechnik ist erheblich.

Besondere Bedeutung kommt diesem Meßverfahren in Zusammenhang mit der besseren Ausnutzung der vorhandenen Rohstoffe zu.

Die Meßvorrichtung wurde zum Patent angemeldet [2].

Eingegangen am 9. 6. 1982

Literatur

[1] *G. Brunner, E. Dahn, G. Krüger*, Isotopenpraxis 8 (1972) 300
[2] Patentschrift 137533, Wirtschaftspatent „Vorrichtung zur Bestimmung des Metallinhaltes in Suspensionen"

Anwendung von Halbleiterdetektoren in der energiedispersiven Röntgenanalytik

M. Schiekel

(Technische Universität Dresden, Sektion Physik, WB Angewandte Kernphysik)[1])

Die rasche Entwicklung von hochauflösenden Halbleiterdetektoren für Photonenstrahlung hat im letzten Jahrzehnt zu einer verstärkten Anwendung energiedispersiver Spektrometer in der Technik geführt. Besonderen Aufschwung hat dabei die Analyse mittels Röntgenstrahlung erfahren. Gegenwärtig zeichnen sich in der Röntgenanalytik drei Hauptanwendungsgebiete für Halbleiterdetektoren ab:

- *Untersuchung von ausgedehnten Oberflächenbereichen (Röntgenmakroanalyse)*
- *Elektronenstrahlmikroanalyse*
- *energiedispersive Polykristalldiffraktometrie.*

Es zeigt sich, daß der Einsatz von Halbleiterdetektoren nicht nur eine quantitative Verbesserung des Spektrometersystems in konventionellen Anordnungen darstellt, sondern auch qualitativ neue Meßmöglichkeiten erschließt.
Im Vortrag werden an Hand von Analysenbeispielen die Kenngrößen der Spektrometer (wie z.B. Energieauflösungsvermögen und Effektivität) diskutiert und daraus verallgemeinerte Aussagen über mögliche Anwendungen derartiger Spektrometer abgeleitet sowie die den Analytiker interessierenden Kenngrößen abgeschätzt.

Keywords

Li-drifted detectors Si; microanalysis; nondestructive analysis; Si semiconductor detectors; trace amounts; X-ray diffraction; X-ray fluorescence analysis

1. Einleitung

Die Entwicklung von Festkörperphysik und -elektronik hat in den letzten zehn Jahren zu Resultaten geführt, die in allen Bereichen von Forschung und Technik beträchtliche Veränderungen mit sich gebracht haben. Dieser allgemeine Trend zeigt sich verstärkt auch auf dem Gebiet der angewandten Kernphysik, besonders bei der Betrachtung radiometrischer Verfahren zur Analyse von Stoffsystemen.

Ein Resultat dieser Entwicklung ist der Halbleiterdetektor, der Ende der sechziger Jahre in die radiometrische Analytik eingeführt wurde und bis Mitte der siebziger Jahre eine rasche Entwicklung seiner technischen Parameter erfuhr. Als Beispiel dafür sei das energetische Auflösungsvermögen von Si(Li)-Halbleiterdetektoren bezüglich einer Energie von 5,9 keV in Abb. 1 gezeigt. Während anfangs eine rasche Verbesserung der Ergebnisse und beträchtliche Unterschiede zwischen den im Labor erreichten Resultaten und den garantierten Herstellerwerten zu beobachten sind, ist ab 1974 keine nennenswerte Verbesserung mehr zu erkennen. Offensichtlich ist mit dem gegenwärtigen Stand eine physikalisch nicht zu unterschreitende Grenze erreicht worden, die auch technologisch beherrscht wird. Deshalb sind in den letzten Jahren die Anstrengungen stärker darauf gerichtet, die Applikationsleistung derartiger Systeme zu erweitern. So erhöhte sich die verarbeitbare Impulsdichte durch Anwendung neuer elektronischer Wirkprinzipien beträchtlich, und die moderne Mikroelektronik ermöglichte die Integration von Rechner- und Auswertesystemen in die Analysengeräte.

Der gebräuchlichste Halbleiterdetektor ist der gekühlte Si(Li)-Detektor. Er weist ein exzellentes energetisches Auflösungsvermögen auf und seine Herstellung wird heute sicher beherrscht [1]. Sein größter Nachteil besteht darin, daß Silizium mit der Ordnungszahl 14 ein sehr leichtes

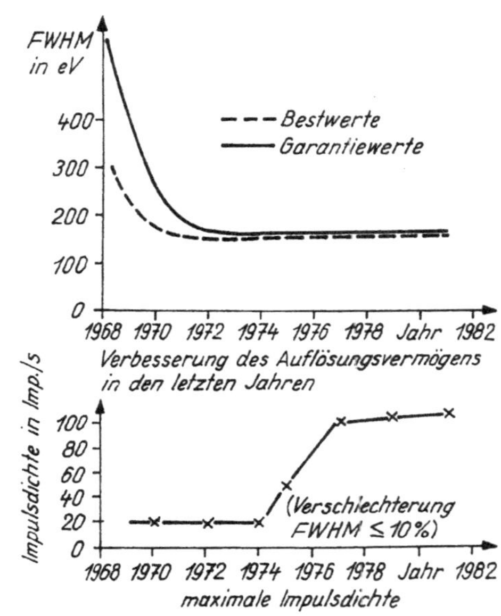

Abb. 1. Tendenzen der Entwicklung ausgewählter Parameter von Halbleiterdetektor-Spektrometern

Element ist und energiereiche Strahlung schlecht absorbiert. Deshalb werden neben den Siliziumdetektoren auch lithiumgedriftete sowie hochreine Germaniumdetektoren gleichberechtigt angewendet, deren Absorptionswahrscheinlichkeit im hochenergetischen Bereich noch ausreichend groß ist. Alle diese Detektoren benötigen eine Kühlung mit flüssigem Stickstoff zur Erzielung von Spitzenresultaten. Gegenwärtig sind die Untersuchungen zur Detektorproblematik weltweit darauf gerichtet, Kristalle zu züchten, die auch bei Raumtemperatur ein hohes Energieauflösungsvermögen besitzen und darüber hinaus den energetischen Be-

[1]) Anschrift: 8301 Pirna-Copitz, Pratzschwitzer Str. 15

reich zu noch höheren Werten hin auszudehnen gestatten [2].

Als günstigste Variante hat sich die Verbindung HgJ_2 erwiesen. Sie besitzt nicht nur eine mittlere Ordnungszahl von ca. 60, sondern es konnten auch bereits Energieauflösungswerte von 310 eV [3] für die Mn-K-Strahlung erreicht werden. Eine breite Anwendung in der Technik wird momentan noch durch die unzureichende Reproduzierbarkeit der Ergebnisse und durch das geringe Volumen der herstellbaren Kristalle, das bei wenigen mm^3 liegt, verhindert.

Eine Spektrometrie von Photonenstrahlung mit hoher Energie ist im wesentlichen in der Aktivierungsanalyse und der Messung natürlicher Radionuklide erforderlich. Dabei werden Spektren beobachtet, die aus einer Vielzahl von Linien bestehen. Deshalb führt die Verwendung von Halbleiterdetektoren mit extrem hohem Auflösungsvermögen zu einem wesentlichen Informationsgewinn, ohne daß dafür qualitativ neue spektrometrische Anordnungen erforderlich sind. So besitzen Ge(Li)-Detektoren ein ca. 40fach besseres Auflösungsvermögen als NaJ(Tl)-Szintillationssonden. Trotz ihrer geringeren Nachweiseffektivität ermöglichen sie es, kleinere Spurenmengen noch signifikant nachzuweisen.

In verstärktem Maße haben Halbleiterdetektoren in die Röntgenanalytik Eingang gefunden. Ihr Einsatz ermöglichte es, eine Anzahl neuartiger Anwendungen zu erschließen. Hauptsächlich drei Einsatzgebiete zeichnen sich heute ab:

- Röntgenmakroanalyse
- Röntgenmikroanalyse und
- energiedispersive Polykristalldiffraktometrie.

In Abb. 2 sind die wichtigsten Anwendungsgebiete aufgeführt. Die Reihenfolge stellt keine Wichtung dar.

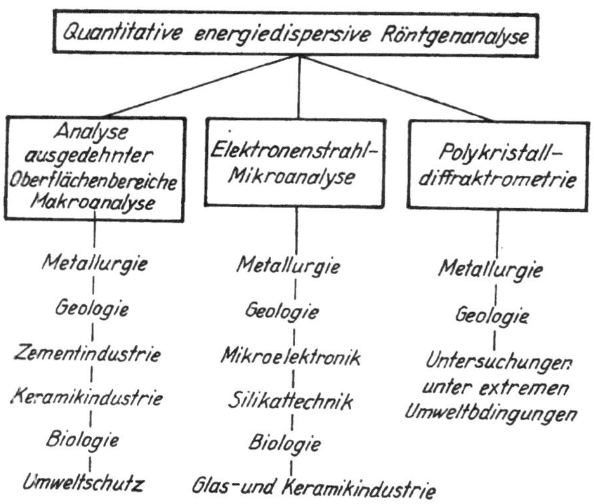

Abb. 2. Einsatzgebiete energiedispersiver Röntgenspektrometer

2. Eigenschaften von Si(Li)-Detektoren

Zur Registrierung von Röntgenstrahlung wird vorrangig der lithiumgedriftete Siliziumdetektor verwendet. Das energetische Auflösungsvermögen derartiger Spektrometer beträgt ca. 150 bis 160 eV für die Mn-K-Linie (5,9 keV) bei einem elektronischen Anteil von ca. 80 eV. Damit können noch die K_α-Linien leichter benachbarter Elemente voneinander getrennt werden. Abb. 3 zeigt dieses Verhalten für Elemente mit Ordnungszahlen unter 30, wobei als Kriterium für eine Trennung die doppelte Linienhalbwertsbreite betrachtet wird. Eine Trennung der K_α-Strahlung eines Elementes von der K_β-Strahlung des vorangehenden Elementes ist jedoch in diesem Ordnungszahlbereich nicht möglich und bedarf mathematischer Korrektionen. Die Abbildung zeigt, daß auch bei einer Systemauflösung von 180 eV (das entspricht einem elektronischen Rauschen von 120 eV) für Elemente mit Ordnungszahlen größer als 15 eine ausreichende Trennung verwirklicht ist.

Bedeutung besitzt das energetische Auflösungsvermögen auch für den Fehler des Meßergebnisses. An Hand von experimentellen Ergebnissen aus der Elektronenstrahl-Mikroanalyse ist die Änderung des Meßfehlers in Abhängigkeit vom Energieauflösungsvermögen für zwei Elemente einer Glasprobe berechnet worden. Die Resultate zeigt Abb. 4 [4]. Besonders bei kleinen Konzentrationen bestimmt das energetische Auflösungsvermögen die Analysengenauigkeit entscheidend mit.

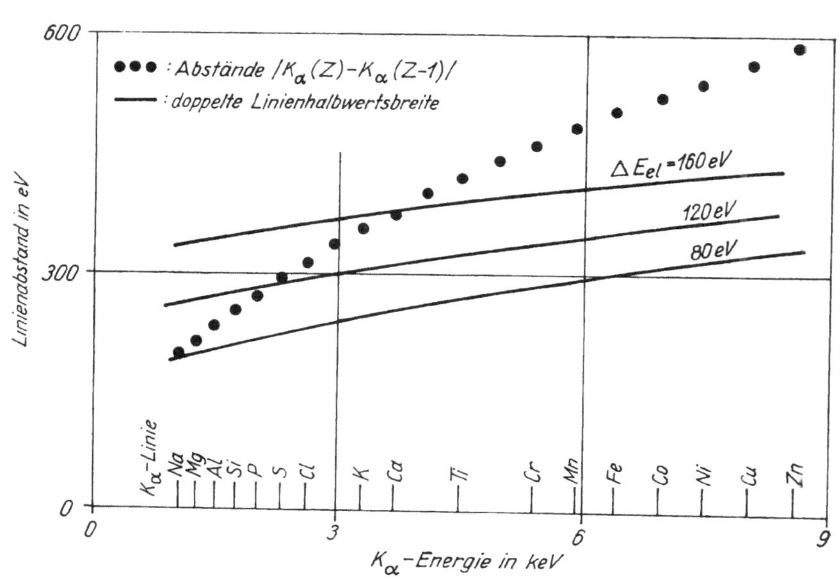

Abb. 3. Vergleich von Linienabständen mit dem Energieauflösungsvermögen eines Spektrometers (Parameter ist das elektronische Rauschen)

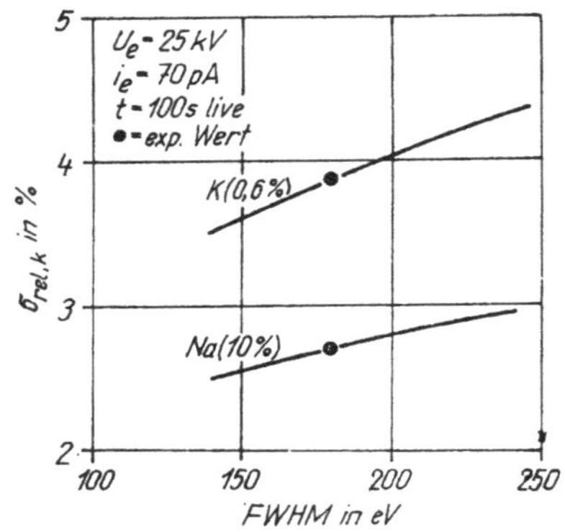

Abb. 4. Analysenfehler als Funktion des energetischen Auflösungsvermögens

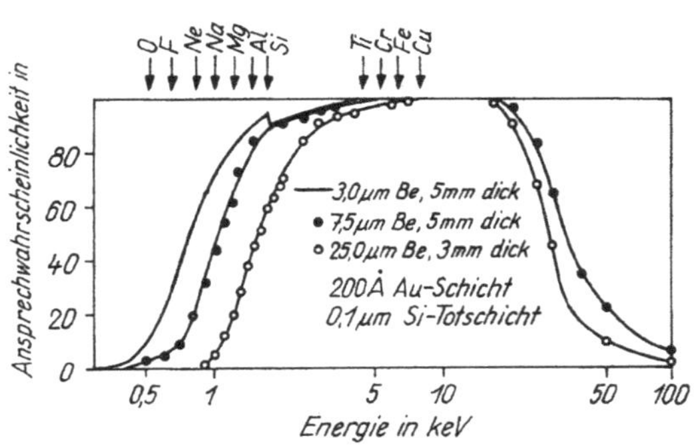

Abb. 5. Berechnete Ansprechwahrscheinlichkeit von Si(Li)-Halbleiterdetektoren mit typischen Parametern

Ein weiteres wichtiges Kriterium für die Leistungsfähigkeit eines Spektrometers ist die Nachweiseffektivität. Bei Si(Li)-Halbleiterdetektorspektrometern hängt sie von der Totschicht im Kristall, der aufgedampften Kontaktschicht und der Dicke des Strahleneintrittsfensters ab. Dominierend ist dabei der Beitrag des üblicherweise aus einer dünnen Berylliumfolie bestehenden Strahleneintrittsfensters. Die aus der Berechnung resultierende Effektivität für verschieden dicke Fenster zeigt Abb. 5, wobei für den Detektor typische Werte angenommen worden sind. Danach lassen sich mit einem 7 µm dicken Berylliumfenster Strahlungen aller Elemente mit Ordnungszahlen größer 10 nachweisen. Selbstverständlich erfordert das einen Nachweis im Vakuum. In der Literatur sind noch sogenannte fensterlose Spektrometer beschrieben worden [5], die jedoch auf Grund ihrer komplizierten Bedienung und einer größeren Störanfälligkeit keine Verbreitung gefunden haben. Der Nachweis kleiner Substanzmengen wird wesentlich durch die Untergrundstrahlung beeinflußt. Neben dem aus den Wechselwirkungen von Primär- und Fluoreszenzstrahlung mit der Probe stammenden Anteil entsteht auch ein Beitrag im Detektor selbst. Der Detektoranteil ist eine Folge der Strahlungswechselwirkung mit der Totschicht. Bei kleinen Totschichtdicken ist sein Einfluß gering. Als Maß dafür kann das Verhältnis von Impulszahl in der Analysenlinie zur Untergrundimpulszahl verwendet werden.

Abb. 6 zeigt das von sonstigen Wechselwirkungen freie Spektrum der Mn-K-Strahlung einer ^{55}Fe-Nuklidquelle. Aus diesem Spektrum folgt ein Linie/Untergrund-Verhältnis von 2000 : 1. Bei Verhältnissen über 1000 : 1 wird der Hauptteil des Untergrundes durch die außerhalb des Detektors stattfindenden Prozesse verursacht, so daß die Analyse von Elementen mit niedriger Konzentration vorrangig von den Anregungsbedingungen abhängt.

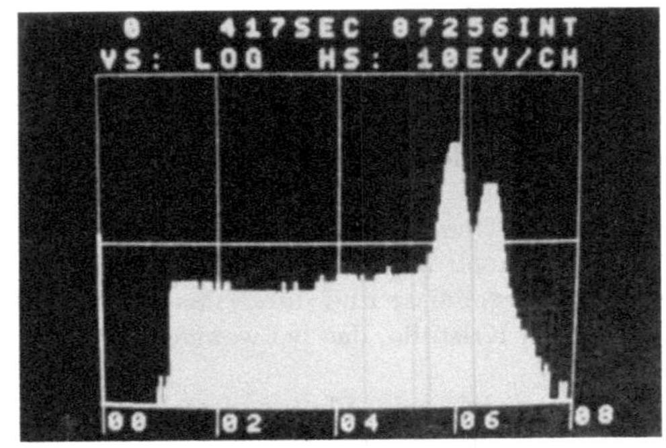

Abb. 6. Logarithmische Darstellung des Spektrums einer ^{55}Fe-Nuklidquelle

3. Anwendungsbeispiele

3.1. *Röntgenmakroanalyse*

Im folgenden Abschnitt seien einige Beispiele etwas ausführlicher betrachtet. Zur Analyse von makroskopischen Bereichen verwendet man für die Anregung sowohl Radionuklidquellen als auch Röntgenröhren verschiedener Ausführung. Für beide Analysenvarianten existieren bereits kommerziell gefertigte Geräte [6], deren Haupteinsatzgebiete in der Metallurgie, in der Geologie und der Zementindustrie liegen. Sie gestatten es, bei Meßzeiten unter 10 min Konzentrationen ab 10 ppm sicher nachzuweisen. Abb. 7 zeigt die für dicke geologische Proben erreichbaren Konzentrationsgrenzen [7]. Es ist zu erkennen, daß die Wahl der Anregungsbedingungen sehr sorgfältig vorgenommen

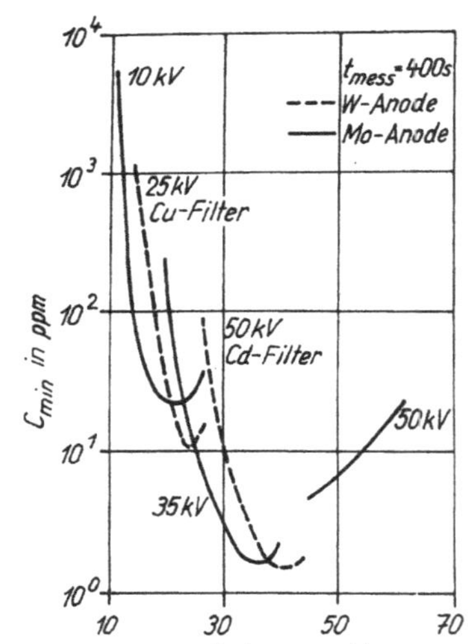

Abb. 7. Minimal nachweisbare Konzentrationen bei geologischen Proben (nach [7])

werden muß, damit optimale und den wellenlängendispersiven Spektrometern angenäherte Ergebnisse erreicht werden können. Bei der Untersuchung von Pulverproben ist ein zusätzlicher Effekt zu beachten. Die Intensität der Fluoreszenzstrahlung leichter Elemente hängt stark von der Körnigkeit der Probe ab. Es hat sich deshalb als günstig erwiesen, die Probe vor der Messung zu mahlen. In Abb. 8 sind die gemessenen Intensitäten [7] dargestellt, die zu verschiedenen Zeiten des Mahlzyklus gewonnen worden sind. Obwohl bei manchen Elementen die Tendenzen gegen-

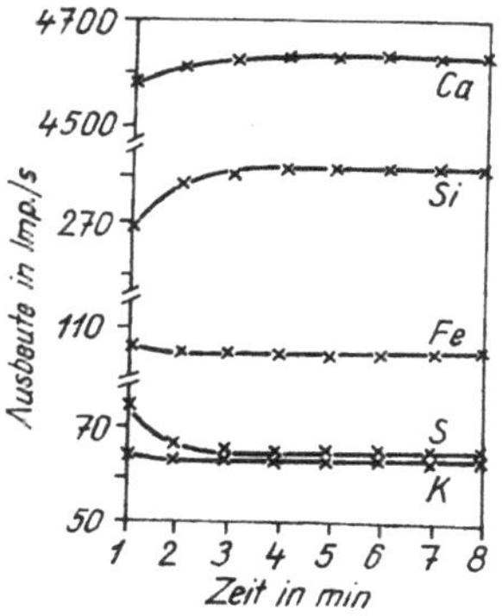

Abb. 8. Abhängigkeit der Röntgenausbeute von der Mahlzeit bei körnigem Meßgut (nach [7])

läufig sind (wie z.B. bei Si und S), stellt sich doch nach ca. fünfminütiger Mahlzeit ein konstanter Endzustand ein. Folglich läßt sich der Körnigkeitsfehler mancher Proben durch entsprechende Vorbehandlung weitgehend eliminieren.

Eine notwendige Korrektion bei allen dicken Proben (als dick gilt eine Probe, deren Abmessungen größer als die kleinste mittlere Reichweite einer der interessierenden Strahlungen sind) ist auf die gegenseitige Beeinflussung der Elemente im Meßgut zurückzuführen. Dazu sind verschiedene Modelle entwickelt worden, die entweder eine Anzahl von Vergleichsproben oder die genaue Kenntnis der benötigten Atomkonstanten erfordern. Meist gibt man den halbempirischen Verfahren mit Bezug auf Standardprobensätze den Vorzug, wobei lineare Korrektionsmodelle dominieren und zu befriedigenden Resultaten führen.

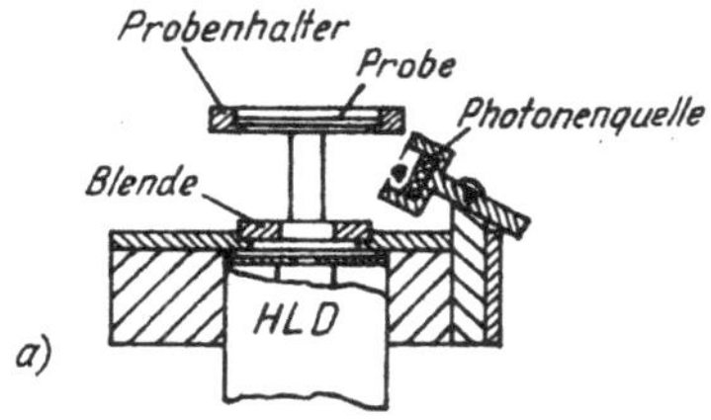

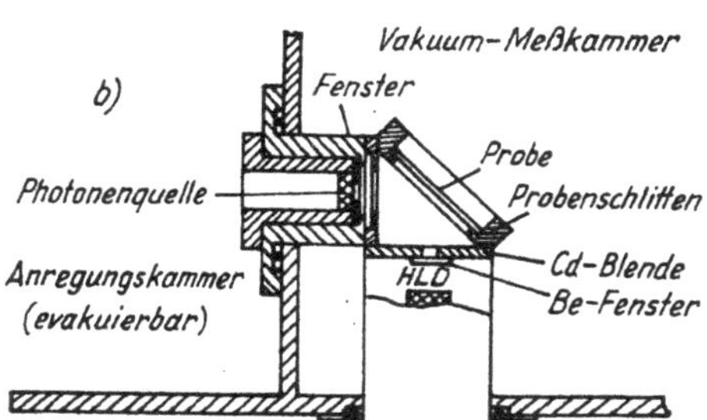

Abb. 9. Schematischer Aufbau von Meßanordnungen zur Analyse dünner Proben (nach [8])
a) nicht evakuierbar; b) mit Vakuummeßkammer

Bei dünnen Proben ist die gegenseitige Beeinflussung in der Probe vernachlässigbar klein. Deshalb sind nur geringe Korrektionen erforderlich. Die Anregung bei dünnen Proben erfolgt häufig mit Nuklidquellen. In Abb. 9 sind zwei derartige Anordnungen zur Analyse von Filterproben dargestellt [8]. Neben der Anwendung in der Umweltüberwachung werden hauptsächlich biologische Objekte in Form dünner Proben untersucht. Die Verwendung eines gekühlten Halbleiterdetektors ist gegenwärtig noch auf einen festen Standort begrenzt, da zumeist mit flüssigem Stickstoff gekühlt wird und deshalb eine kontinuierliche Nachfüllung gewährleistet sein muß. Neuere Entwicklungen zielen auf eine Ablösung dieses Kühlmittels. Als aussichtsreich erweist sich dabei die thermoelektrische Kühlung. Es ist bereits gelungen, bei Kühlung mit einer dreistufigen Kaskade und einem Schutzringdetektor ein energetisches Auflösungsvermögen von 260 eV [9] für die Mn-K_α-Strahlung zu erreichen. Normale Si(Li)-Detektoren ohne Schutzring lassen unter diesen Bedingungen Halbwertsbreiten von ca. 500 eV zu. Damit können bereits einfache analytische Aufgaben gelöst werden, und es ist zu erwarten, daß auf dieser Grundlage künftig auch echte tragbare Feldgeräte zum Einsatz kommen.

3.2. *Röntgenmikroanalyse*

In der Elektronenstrahlmikroanalyse hat sich der Einsatz von energiedispersiven Spektrometern geradezu revolutionierend ausgewirkt. Auf Grund ihrer großen Lichtstärke und der Möglichkeit, mit dem Detektor in unmittelbarer Probennähe zu messen, konnten erstmalig auch Elementanalysen im Rasterbetrieb ausgeführt werden. Die dafür eingesetzten Spektrometer besitzen als Besonderheit lange und dünne Meßfinger, die eine Verschiebbarkeit in Richtung der Fingerlängsachse ermöglichen. Die spektrometrischen Daten unterscheiden sich im wesentlichen nicht von denjenigen, die Spektrometer für die Makroanalyse besitzen. Auch die Konzentrationsgrenzen liegen in der gleichen Größenordnung, leicht modifiziert zu schlechteren Werten hin auf Grund des entstehenden Bremsstrahlungsuntergrundes. So kann für dicke Proben mit einer Konzentrationsgrenze von ca. 100 ppm gerechnet werden. Andererseits lassen sich extrem dünne Proben in Mikrobereichen untersuchen, so daß die störenden Wechselwirkungen stark reduziert werden. Dabei sind dann kleinste Mengen bis 10^{-19} g Substanz nachweisbar [10], insbesondere bei biologischen Objekten. Neben die traditionelle Anwendung in der Metallurgie und Silikattechnik ist in den letzten Jahren verstärkt der Einsatz in der Mikroelektronik getreten. Die Elektronenstrahlmikroanalyse gestattet es dabei, die Elementzusammensetzung der einzelnen Strukturen zu untersuchen und insbesondere störende Verunreinigungen [11] zu erfassen.

Für den Einsatz mit dem Rasterelektronenmikroskop BS 300 der Firma TESLA ist in der DDR ein Spektrometermeßkopf [12] entwickelt worden, der in Abb. 10 zu sehen ist. Er ist als Grundgerät auch für Entwicklungen zur Makroanalyse vorgesehen und weist folgende Parameter auf:

- effektive Detektorfläche 20 mm²
- Drifttiefe des Detektors 3 mm
- Energieauflösungsvermögen 170 eV bei einer 5,9 keV-Linie
- minimal nachweisbare Energie 800 eV
- Linie/Untergrundverhältnis 1000:1
- Impulsbelastbarkeit bis $2 \cdot 10^3$ Imp/s ohne Verschlechterung der Parameter

Abb. 10. Ansicht des in der DDR entwickelten Spektrometermeßkopfes für die Elektronenstrahl-Mikroanalyse

Die Weiterentwicklung dieses Systems erfolgt hauptsächlich im Hinblick auf eine Verbesserung der Impulsbelastbarkeit und eines Einsatzes auch in anderen Gebieten der Röntgenanalytik.

3.3. *Polykristalldiffraktometrie*

Während es für die bisher betrachteten Anwendungsfälle kommerziell erhältliche Gerätesysteme gibt, existieren für die Anwendung als energiedispersives Röntgendiffraktometer nur vereinzelte Laboranordnungen. Darin kommt zum Ausdruck, daß die energiedispersive Diffraktometrie erst in jüngster Zeit mehr in das Interesse der Forschung geraten ist. Bei diesem Verfahren wird durch die Gitterebenen eines Kristalls aus einem kontinuierlichen Spektrum diejenige Energie ausgewählt, die bei vorgegebener Geometrie, d. h. bei konstantem Beugungswinkel, die *Bragg*sche Reflexionsbedingung erfüllt. Strahlung dieser Energie wird bevorzugt reflektiert. Für verschiedene Kristallebenen sind das unterschiedliche Energien, so daß energiedispersiv ein Spektrum mit Linien mehrerer, z.T. überlagerter Reflexe erfaßt werden kann. Abb. 11 zeigt ein solches Spektrum. Die Trennung der Reflexlinien hängt neben dem energetischen Auflösungsvermögen des Spektrometers in erheblichem Maße von der Kollimierung sowohl primär- als auch sekundärseitig ab. Üblicherweise verwendet man dazu *Soller*-Kollimatoren. Obwohl deshalb eine beträchtliche Reduzierung der Ausbeute eintritt, sind auf Grund der simultanen Erfassung des gesamten interessierenden Reflexspektrums die Meßzeiten vergleichsweise zur winkeldispersiven Methode um den Faktor 2 kürzer. Der Hauptvorteil des Verfahrens besteht jedoch in der Möglichkeit, ausgedehnte Proben mit großer Masse und Proben unter extremen Umweltbedingungen zu untersuchen [15, 13]. Auch für diffraktometrische Messungen bei schnell ablaufenden Prozessen [14] ist dieses Meßverfahren vorteilhaft einzusetzen.

Abb. 12. Ansicht der Meßanordnung zur Restaustenitbestimmung

Als Beispiel sei die Restaustenitbestimmung an Oberflächen gehärteter Kaltwalzen betrachtet. Bekanntlich hängt die Qualität einer derartigen Walze auch vom Restaustenitgehalt ab. Es gibt keine andere Möglichkeit als die energiedispersive Diffraktometrie, diese Parameter am fertigen Meßgut zerstörungsfrei zu bestimmen. Die dafür ver-

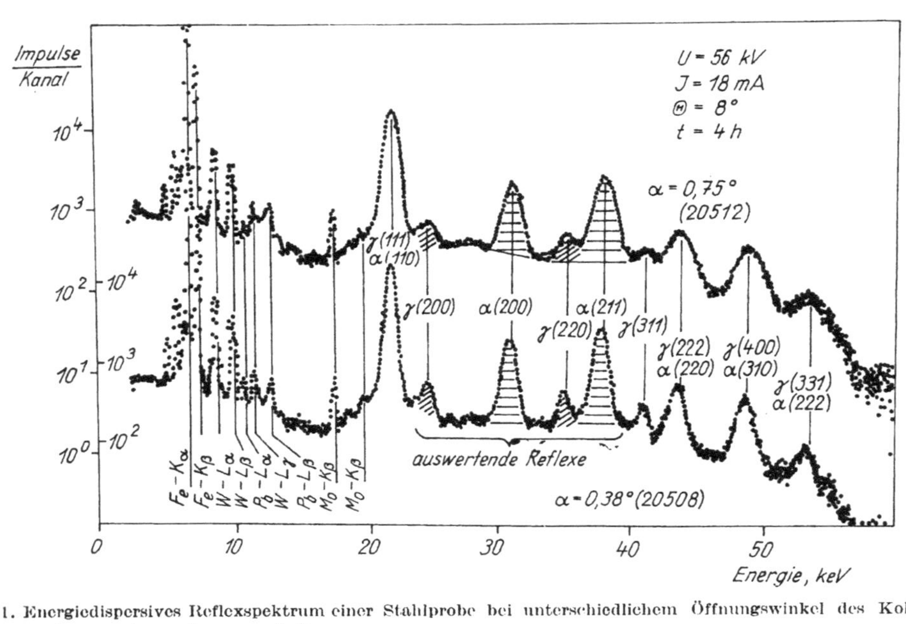

Abb. 11. Energiedispersives Reflexspektrum einer Stahlprobe bei unterschiedlichem Öffnungswinkel des Kollimators (die markierten Reflexe werden zur Auswertung genutzt)

wendete Meßapparatur ist in Abb. 12 gezeigt. Es ist zu erkennen, daß in diesem Fall das Spektrometer auf dem gleichen Basismodell wie bei der Mikroanalyse aufbaut. Da das geforderte Energieauflösungsvermögen jedoch nicht unter 250 eV liegen muß, konnte auch ein großflächiger Detektor Verwendung finden.

Die Ergebnisse der Untersuchungen an einer Walze sind in Abb. 13 dargestellt. Dazu wurden vier deutlich voneinander getrennte Reflexe ausgewertet, die signifikant für die einzelnen Phasenanteile im Meßgut sind. Sie sind in Abb. 11 markiert. Der in Abb. 13 eingetragene Fehler verdeutlicht die Größe des Analysenfehlers in dem dargestellen Bereich. Es können Austenitgehalte im Bereich über 3 Vol.-% mit einem absoluten Fehler von ± 1 Vol.-% nachgewiesen werden. Eine Anwendung in der Geologie scheitert vorerst noch an der Vielfalt der dabei auftretenden Reflexlinien, die energiedispersiv nicht in ausreichendem Maße zu trennen sind.

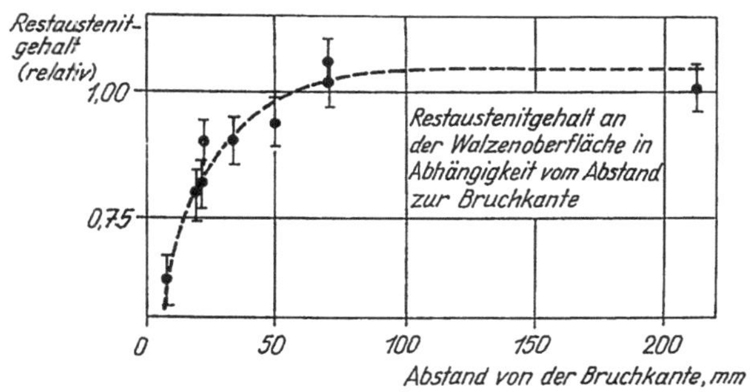

Abb. 13. Abhängigkeit des Restaustenitgehaltes vom Abstand zur Walzenkante

4. Zusammenfassung

Im Vortrag wurde kurz auf die wesentlichen Einsatzgebiete von Halbleiterdetektoren eingegangen. Die breite Anwendungsvielfalt und die zum Teil universellen Meßmöglichkeiten garantieren auch eine künftige rasche Weiterentwicklung dieses Meßmittels besonders im Hinblick auf die Erschließung neuer Applikationsmöglichkeiten.

Der Dank des Autors gilt den Mitarbeitern des Wissenschaftsbereiches Angewandte Kernphysik der Technischen Universität Dresden, die ihn bei der Erarbeitung dieses Vortrages unterstützt haben. Insbesondere wird Dr. *P. Jugelt* gedankt, der aus einem noch unveröffentlichten Manuskript die Ergebnisse zur energiedispersiven Diffraktometrie an Kaltwalzen zur Verfügung stellte.

Eingegangen am 9. 6. 1982

Literatur

[1] *R. C. Trammel*, IEEE Trans. Nucl. Sci. NS-25 (1978) 910
[2] *C. Scharager, P. Siefert, A. Holtzer, M. Schlieber*, IEEE Trans. Nucl. Sci. NS-27 (1980) Nr. 1, 276
[3] *M. Slapa, G. Hahn, J. Chwaszczewska, A. J. Dabrowski, J. S. Iwanczyk, G. C. Huth*, Nucl. Instr. & Meth. 176 (1980) 567
[4] *M. Schiekel, B. Ullrich, P. Jugelt, J. Heckel*, Proc. 5. Tagung MIKROSONDE, Leipzig: 1981, S. 79
[5] *R. G. Musket*, Proc. Workshop on Energy Dispersive X-Ray Spectrometry, Gaithersburg 1979, NBS Special Publication 1981, 97
[6] EG & ORTEC, "Instruments for Research and Applied Sciences", Catalog 1980/1981
[7] ORTEC INC., X-Ray Fluorescence Analysis applied to Geological Materials, Workshop, Oak Ridge 1976
[8] *M. Schiekel, A. Steinbrecher, S. Winkel*, Freiberger Forschungsheft C360 (1980) 195
[9] *N. W. Madden, J. M. Jaklevic, J. T. Walton*, Nucl. Instr. & Meth. 159 (1979) 337
[10] *L. Albert*, BEDO 6 (1973) 19
[11] *W. Härtel, H.-D. Schmiedl, G. Jacobi*, Postervortrag auf der IV. Tagung MIKROSONDE, Dresden 1978
[12] *I. Dietze, H. Kopernik, U. Lorenz, M. Schiekel*, Isotopenpraxis 15 (1979) 397
[13] *F. A. Mauer, C. R. Robbins*, Adv. X-Ray Anal. 22 (1978) 19
[14] *E. Thorwarth, M. Dietrich*, Rev. Scient. Instr. 50 (1979) 768
[15] *D. Schiferl, R. B. Roof*, Adv. X-Ray Anal. 22 (1978) 31

Neuere Ergebnisse in der metallurgischen Analyse durch Aktivierung mit ^{14}-MeV-Neutronen

B. Vorsatz, L. Bakos

(Technische Universität für Schwerindustrie Miskolc; Zentralforschungsinstitut für Physik, Budapest)[1]

Der Vortrag informiert über neuere Untersuchungen zur Bestimmung des Sauerstoffgehalts verschiedener Metalle, insbesondere des Aluminiums und dessen Legierungen sowie über die Anwendung programmierbarer Kleinrechner für derartige Analysen durch Aktivierung mit 14-MeV-Neutronen. Als ebenfalls vorteilhaft erwies sich diese Analysentechnik für die Bestimmung von Cer, das als Mikrolegierungselement für verschiedene Metalle Anwendung findet. Es wird über die Möglichkeiten der Cer-Bestimmung in Metallen mit unterschiedlichen Cer-Gehalten und im Cer-Mischmetall berichtet.

Keywords

activation analysis; aluminium alloys; CAMAC system; microprocessors; neutron activation analysis; nondestructive analysis; nuclear reaction analysis

Die technische Entwicklung erfordert die ständige Überprüfung unserer wissenschaftlichen Kenntnisse. Was hat diese Entwicklung heutzutage für einen Forscher oder Techniker gebracht, der auf dem Gebiet der Qualitätskontrolle im Laboratorium oder im Betrieb tätig ist? Die allgemeine Antwort auf diese Frage ist ziemlich schwer; so beschränken wir uns auf unser engeres Fachgebiet, auf die Aktivierungsanalyse durch schnelle Neutronen, und zwar auf solche, die mit einem Neutronengenerator hergestellt werden.

Überblickt man die Anwendung der Neutronengeneratoren im Betrieb, so scheinen die Neutronengeneratoren Analysenmittel der nichtmetallischen Elemente, besonders des Sauerstoffs, zu sein.

Nicht nur aus Betriebserfahrungen, sondern auch aus der Literatur ist bekannt, daß diese Meinung richtig ist. Auch heute können wir sagen, daß das wichtigste Anwendungsgebiet der Neutronengeneratoren die Sauerstoffbestimmung ist. Dementsprechend versuchen wir, die neueren Möglichkeiten in Verbindung mit der Bestimmung des Sauerstoffs darzulegen. Sauerstoffbestimmungsmethoden — abgesehen von einigen technologischen Verfahren und der radiometrischen Analyse — erfordern die Abtrennung des Sauerstoffs vom Metall bzw. von den Matrixelementen.

Die angewandten Methoden sind folgende:

a) Dissoziation des Oxids und Extraktion des Sauerstoffs (in Form von CO) aus der Probe (Heißextraktion)
b) Abtrennung des Metalls vom Oxid durch selektive Lösung oder Reaktion (Brom-Methanol-Methode, Chlorwasserstoffgas-Behandlung usw.)
c) Kernreaktion mit einem Sauerstoffisotop (Aktivierungsanalyse)
d) Messung der EMK einer speziellen Galvanzelle (ZrO_2)
e) Technologische Methoden (Vergleich von Schliff-Flächen, Auslaufmethode, Bruchprobe, z.B. *Dobatkin-Zinovjev*-Probe, Vakuumerstarrung) [1]
f) Übrige Methoden (Röntgendefektoskopie, Anwendung fluoreszierender Stoffe usw.).

Die Methoden der Gruppe a) können für das bei der Temperatur der Heißextraktion stark flüchtige Aluminium und dessen Legierungen nicht verwendet werden. Bei der Gruppe b) hängt das Ergebnis sowohl von der Vollkommenheit der Abtrennung wie von einer eventuellen Oxydation des Metalls während der Ablösung bzw. des Glühens im Gasstrom ab. Außerdem sind sowohl nach Literaturberichten als auch nach eigenen Erfahrungen die Ergebnisse ziemlich unsicher. Auch die Probenform (Bohrspäne, Sägespäne, kompakte Stücke) [2] beeinflußt die Resultate. Die Bestimmungen nach e) und f) haben den Nachteil, daß im allgemeinen keine zahlenmäßigen Werte erhalten werden, wodurch die Bestimmung oft subjektiv ist oder, wenn bereits numerische Ergebnisse vorliegen, deren Auswertung nur statistisch bei einer großen Anzahl von Proben möglich ist.

Eine der Methoden der Gruppe c) ist auch die in der Praxis wirtschaftlich durchführbare Aktivierungsanalyse mittels Neutronengenerator. Dieses Verfahren zeigt zahlreiche Vorteile. Seine Anwendung ist aber wegen der verhältnismäßig kostspieligen und komplizierten Vorrichtung nur dort zweckmäßig, wo eine entsprechende Nutzung gesichert ist. Im Vergleich zu den anderen Methoden weist die Neutronenaktivierungsanalyse folgende Vorteile auf:

- Bestimmung des tatsächlichen Oxid- bzw. Sauerstoffgehalts,
- große Anzahl der Proben, die analysiert werden können, wodurch die Bestimmung zuverlässiger ist,
- reproduzierbare zahlenmäßige Ergebnisse im Konzentrationsbereich von 0,001 bis 0,1% Sauerstoff,
- Unabhängigkeit der Ergebnisse von der Konzentration der Legierungselemente,
- schnelle Bearbeitung einer großen Anzahl von Proben,
- zerstörungsfreie Analyse,
- Korrekturmöglichkeit für den oberflächlichen Sauerstoffgehalt.

Für die neutronenaktivierungsanalytische Bestimmung des Sauerstoffs kann — wie bekannt — die mit sogenannten schnellen Neutronen ausgelöste Kernreaktion

$$^{16}O(n, p)^{16}N$$

verwendet werden. Die Gammastrahlung der ^{16}N-Aktivität ist gut meßbar [3].

[1]) Anschriften: H-3515 Miskolc-Egyetemváros, Ungarische VR; Budapest 114, Postfach 49, Ungarische VR

Im Zentralforschungsinstitut für Physik wurden die ersten auch für industrielle Zwecke brauchbaren Neutronengeneratoren mit der Typenbezeichnung NA-1 im Jahr 1966 hergestellt.

Die zur Zeit produzierten Generatoren des Typs NA-4 weisen keine großen Veränderungen auf. Lediglich ihre Bedienung wurde vereinfacht, indem die Diffusionspumpe des Vakuumsystems durch eine Ionengetter- bzw. Orbitron-Vakuumpumpe ersetzt wurde und der Ionenstrom höher geworden ist. Die wichtigsten Parameter der beiden Typen sind folgende:

Hochspannung:	120 kV	bei NA-1 und NA-4
Ionenstrom:	1 mA	bei NA-1
	2,5 mA	bei NA-4
Innendruck:	$1{,}33 \cdot 10^{-4}$ Pa	bei NA-1 und NA-4

Der Neutronengenerator des Typs NA-4 erzeugt etwa 10^{10} Neutronen pro Sekunde. Der Durchmesser des Ionenstrahls am Target beträgt 18 bis 20 mm (Abb. 1).

Abb. 1. Neutronengenerator, Typ NA-4

Die größte Entwicklung erfuhren die elektronischen Meß- und Steuersysteme. Bei den älteren Generatortypen wurden die Meß- und Steuersysteme des Typs NK 214 angewandt [4]. Diese transistorisierten Systeme haben sich gut bewährt, aber die rasche Entwicklung der Elektronik hat neue Möglichkeiten eröffnet, die auch für die Aktivierungsanalyse weitere Verbesserungen gestatten. Dementsprechend sind in unserem Laboratorium einige Neuerungen eingeführt worden. Es wurde ein neues Meßsystem zusammengestellt, dessen Aufgabe nicht nur das Zählen der von den Proben emittierten Teilchen bzw. Quanten, sondern auch die Steuerung des Meßprozesses ist. Für diesen Zweck stehen uns jene elektronischen Einheiten zur Verfügung, die als zielorientierte Module für das Neutronengenerator-Laboratorium im KFKI entwickelt worden sind. In unserem Laboratorium besteht das Meßsystem aus zwei Teilen (Abb. 2). Der eine Teil enthält die Analogeinheiten der Typen NV-261 und NK-226, von denen die bei den nuklearspektroskopischen Messungen anfallenden üblichen Aufgaben erfüllt werden. Diese Einheiten sind nicht vom Dataway steuerbar, aber dafür bietet die mechanische Kompatibilität mit dem CAMAC-System große Vorteile. Im anderen Teil befinden sich die CAMAC-Zähl- und Steuereinheiten NZ 642, NC 254, NC 252, NZ 656 und NZ 641, also die Digitaleinheiten. Mit diesem System können folgende Arbeitsphasen bei einem Neutronengenerator verwirklicht werden:

1. Eingabe der Proben in die Rohrpost
2. Beförderung der Proben zum Bestrahlungsort
3. Bestrahlung mit kontinuierlicher Registrierung des Neutronenstroms entweder mit einem Drucker oder einem X-Y-Recorder
4. Beförderung der Proben zum Meßort
5. erste Wartezeit, wenn die Kühlung (Abklingen) der radioaktiven Proben nötig ist

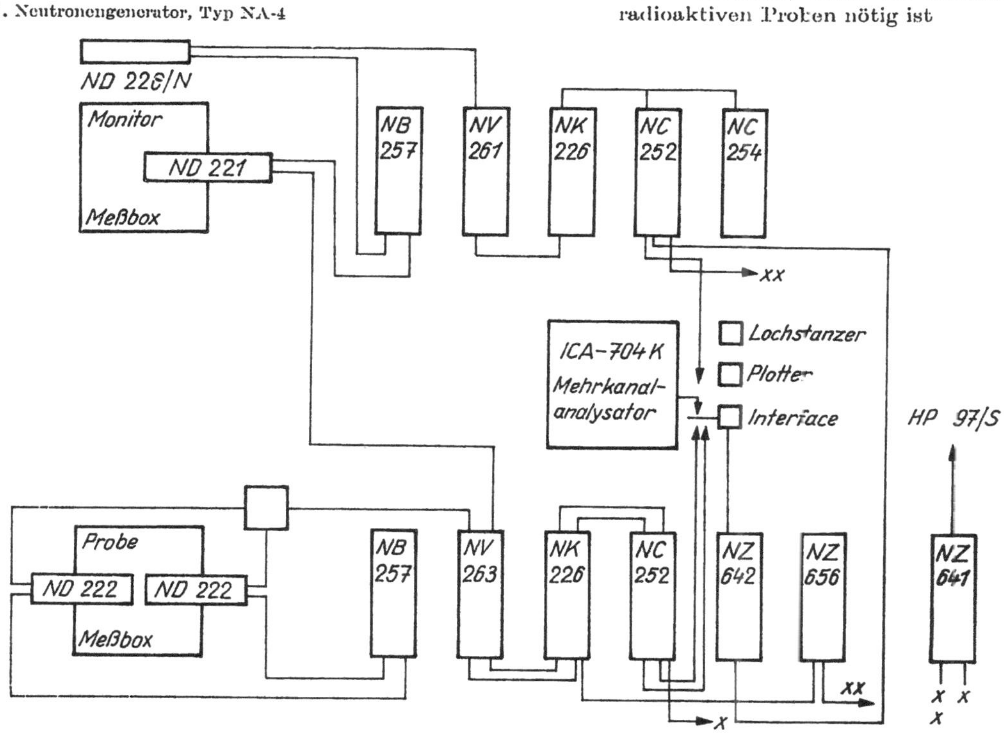

Abb. 2. Schema des Meßsystems

ND 220/N — Meßkopf für schnelle Neutronen; NB 257 — Hochsp. Speiseeinheit; NV 261 — Verstärker; NK 226 — Diff. Diskriminator; NC 252 — Zähler; NC 254 — Digit. Ratemeter; NV 263 — Schneller Verstärker; NZ 642 — Steuerungssysteme; NZ 656 — Rohrpost Steuerung; NZ 641 — Steuerung der Periferien; ND 221 — Scintillations-Meßkopf; ND 222 — Scintillations-Meßkopf

6. Messung der Aktivität der Proben und gleichzeitig der Neutronenflußmeßkörper (Monitor)
7. zweite Wartezeit
8. zweite Messung
9. Probenausgabe.

Mit einer umgebauten Einheit NZ 641 können die Impulszahlen des Zählers in einen programmierbaren Kleinrechner eingegeben werden. Wir haben für diese Aufgabe einen Rechner des Typs HP 97-S gewählt und arbeiten mit den folgenden drei Teilprogrammen:

Programm I:	Einwägen	(Abb. 3)
Programm II:	Datenerfassung	(Abb. 4)
Programm III:	Auswertung	(Abb. 5)

Diese Zusammenstellung hat nicht nur den Vorteil, daß die oben erwähnten Arbeitsphasen automatisch geschaltet werden, sondern auch den, daß die mit allen nötigen Korrekturen berücksichtigten Endergebnisse — z.B. der Sauerstoffgehalt der Proben — ausgedruckt zur Verfügung stehen. Daneben werden gleichzeitig die Streuungswerte und die gemessenen Neutronenflußwerte gedruckt (Abb. 6).

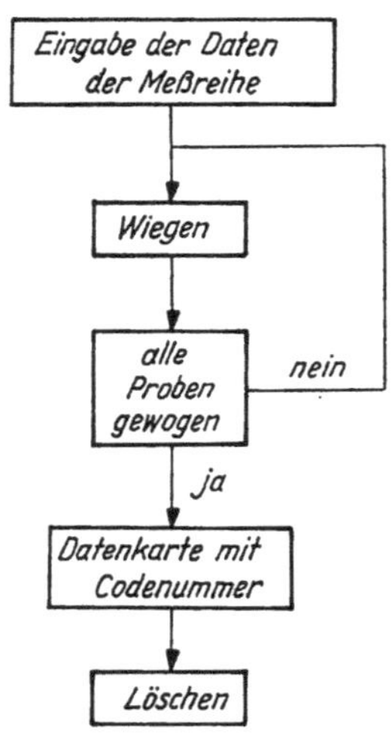

Abb. 3. Programm I: Einwägen der Proben

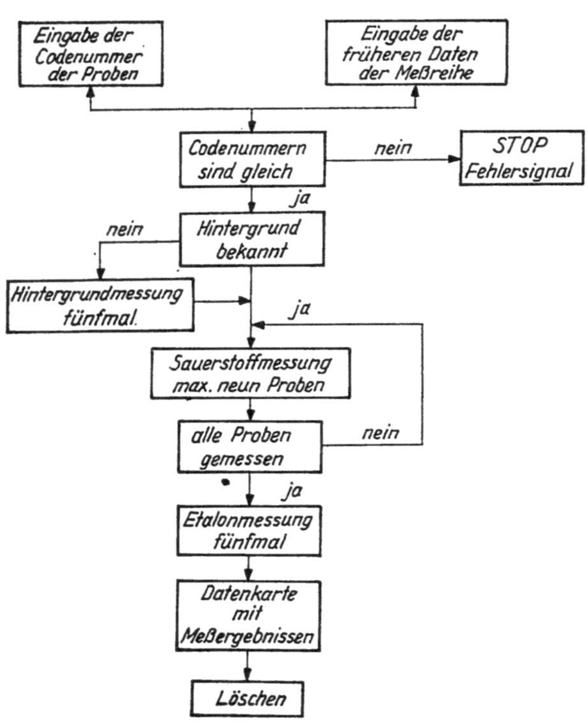

Abb. 4. Programm II: Datenerfassung

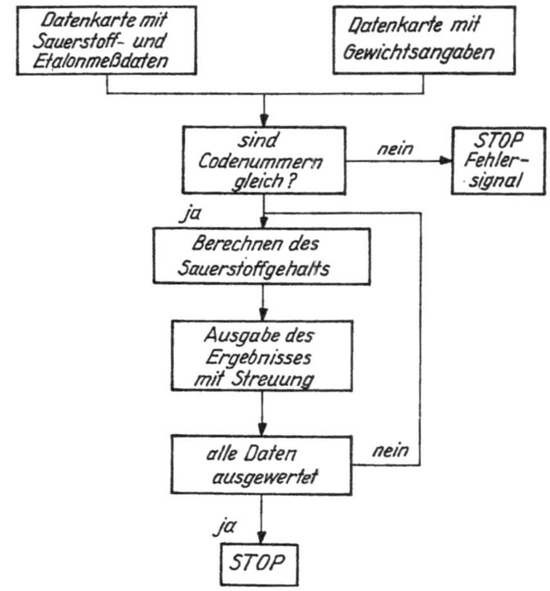

Abb. 5. Programm III: Auswertung der Ergebnisse

Abb. 6. Meßsystem des Laboratoriums

Die oben beschriebene Gerätekombination erweist sich nicht nur bei Serienanalysen, sondern auch bei der Ausarbeitung von Analysenmethoden und bei Forschungsarbeiten als günstig.

Eine andere Anwendungsmöglichkeit der 14-MeV-Neutronenaktivierungsanalyse, die aber noch nicht benutzt wird und worüber man auch in der Fachliteratur nur einige Hinweise findet, ist die Bestimmung verschiedener Seltener Erden.

Die außerordentlich stark desoxydierende Wirkung der Seltenen Erden wird heute schon im Stahlwerk genutzt. Das wirksamste Desoxydationsmittel, das den Stahlerzeugern zur Verfügung steht, ist das etwa 50% Ce enthaltende Mischmetall. Außer seiner Anwendung als Desoxydationsmittel wird es auch als Entschwefelungs- und keimbildendes Mittel bei der Herstellung mehrerer Stahlsorten geschätzt. Wegen seines hohen Importpreises kann es aber nur bei der Herstellung von Sonderstählen angewandt werden.

Tab. 1. Nucleare Eigenschaften des ^{140}Ce

Kernreaktion	natürliche Häufigkeit im Target-Kern %	Einfangsquerschnitt mb	Halbwertszeit min	Energie der Gammastrahlung MeV
$^{140}Ce(n,\alpha)^{137m}Ba$	88,48	12,1	2,55	0,66
$^{140}Ce(n,2n)^{139m}Ce$	88,48	1200	0,92	0,75

Tab. 2. Störreaktionen bei den Seltenen Erden

Kernreaktion	natürliche Häufigkeit im Target-Kern %	Einfangsquerschnitt mb	Halbwertszeit min	Energie der Gammastrahlung MeV
$^{142}Nd(n,\alpha)^{139m}Ce$	27,13	10	0,92	0,75
$^{142}Nd(n,2n)^{141m}Nd$	27,13	545	1,02	0,75
$^{144}Sm(n,\alpha)^{141m}Nd$	3,16	400	1,02	0,75
$^{144}Sm(n,2n)^{143m}Sm$	3,16	400	1,02	0,75

Zur Bestimmung der zuzusetzenden Ce-Mengen müssen zuverlässige Ce-Bestimmungsmethoden zur Verfügung stehen, mit deren Hilfe der Ce-Gehalt in den Vorlegierungen und auch im Stahl ermittelt werden kann. Aus diesem Grund und infolge der Tatsache, daß die nuklearen Eigenschaften des Cers für die 14-MeV-Neutronenaktivierungsanalyse sehr günstig sind, wurden entsprechende Bestimmungsversuche durchgeführt.

Tab. 1 enthält die nuklearen Eigenschaften des ^{140}Ce [5], dessen natürliche Häufigkeit im Element größer als 88% ist. Die Störreaktionen sind in Tab. 2 zusammengestellt. Der Photo-Peak des ^{140}Ce bei 750 keV liegt neben dem Photo-Peak des aus dem ^{56}Fe entstandenen ^{56}Mn, was eine einfache Bestimmung des Cers in Stahl erschwert. Da aber die Halbwertszeiten von ^{140}Ce (55 s) und ^{56}Mn (300 s) unterschiedlich sind, können durch Optimierung der Bestrahlungs- und Meßzeiten die Ce-Gehalte der Vorlegierungen und die Ce-Gehalte der Stahlproben ohne Schwierigkeit bestimmt werden.

Bei der Optimierung wurden drei Legierungsgruppen in Betracht gezogen:

1. Legierungen mit mehr als 10% Cer (Vorlegierungen)
2. Legierungen mit 0,5 bis 2% Cer
3. Legierungen mit 0,1 bis 0,001% Cer

Im Fall 1 kommt man mit einer kurzen Bestrahlung und mit üblichen Hintergrundkorrekturen zum Ziel. Bei den Legierungen der Gruppe 2 muß die Störwirkung des ^{56}Mn-Photo-Peaks berücksichtigt werden, was im Programm des Kleinrechners erfolgt. Dazu muß aber nach dem Abklingen des ^{140}Ce-Photo-Peaks die Aktivität des 845-keV-Photo-Peaks des ^{56}Mn nochmals gemessen werden. Im Fall 3 schließlich ist die Messung noch komplizierter, weil der Photo-Peak des ^{140}Ce im Verhältnis zu dem des ^{56}Mn sehr niedrig ist.

Bei allen diesen Arbeitsphasen zeigt sich die Kombination Neutronengenerator — Kleinrechner sehr vorteilhaft. Man kann damit alle Korrekturen und auch alle Schaltvorgänge in entsprechenden Programmen berücksichtigen und ausführen.

Eingegangen am 9. 6. 1982

Literatur

[1] *V. I. Dobatkin*, Zavodszkaja Laboratoria 4 (1966) 449
[2] *L. Fischer, W. Kästner, H. Aschenhong*, Gießerei 58 (1971) 680
[3] *I. Hoste, D. De Soete, A. Speecke*, EUR. Report No. 3565 e (1967)
[4] *L. Varhalmi, B. Benke, M. Gardos, B. Vorsatz, L. Narya, L. Temesi*, SEV Report No. 051-1056 (1978) 199
[5] *S. Nargolwalla, E. P. Przybylowicz*, Activation Analysis with Neutron Generator. J. Wiley Sons. New York 1973, 323

Anwendung der Radiotracermethode zur Optimierung von Verfahren und Anlagen der Kupfermetallurgie

Z. Bazaniak, J. Michalik

(Insitut für Kernforschung, Warszawa)[1])

Die durchgeführten Untersuchungen mit Hilfe radioaktiver Isotope erlaubten die Bestimmung von Kenngrößen, die einen unmittelbaren Einfluß auf den Kupfergehalt in der Abgangsschlacke haben. Die Zusammenhänge zwischen der Kupferkonzentration in der Schlacke und dem Schachtofendurchsatz sowie der mittleren Verweilzeit der Schlacke im Absetzbecken wurden mathematisch erfaßt. Die Parameter der hydrodynamischen Schlackenströmung im Absetzbecken wurden ermittelt und zur Veränderung der Anlage genutzt. Die chemischen Analysen ergaben eine Reduzierung des Kupfergehalts in der Abgangsschlacke um 20%.

Keywords

copper ores; metallurgical flux; optimization; slags; sodium 24; tracer techniques; zirconium 95; zirconium 97

Seit mehreren Jahren beschäftigen sich Wissenschaftler und Technologen mit Problemen der Minimierung von Kupferverlusten bei der Kupfersteinherstellung, insbesondere durch Reduzierung des Kupfergehaltes in der Abgangsschlacke von Kupferschachtöfen.

Die gesamten Kupferverluste in der Schachtofenschlacke lassen sich allgemein in zwei Gruppen einteilen:

- chemische Verluste von gebundenem Kupfer in Form von in der Schlacke löslichen Oxiden und Sulfiden
- mechanische Verluste in Form von Kupfersteineinschlüssen und in der flüssigen Schlacke dispergierten Kupferteilchen.

Bei Versuchen, den Kupfergehalt in der Schachtofenschlacke durch verbessertes Absetzen zu reduzieren, kann nur die letztgenannte Gruppe berücksichtigt werden.

Folgende Faktoren beeinflussen u. a. die mechanischen Verluste:

- Dispersitätsgrad der Einschlüsse
- Viskosität der Schlacke
- Absetzzeit der Schlacke.

Die Absetzzeit ist unmittelbar von den Ausmaßen des Absetzbeckens (Vorherd) und der hydrodynamischen Charakteristik der Schlackenströmung im Absetzbecken abhängig.

Die Ermittlung der Abhängigkeit der mit der Schachtofenschlacke ausgetragenen Kupferverluste von den Ausmaßen des Absetzbeckens, der Verweilzeit der Schlacke im Absetzbecken und den dynamischen Kenngrößen war das Ziel einer Reihe von Untersuchungen, in denen Radiotracer eingesetzt wurden. An Hand der gewonnenen Erkenntnisse konnte die untersuchte Anlage modernisiert werden.

Versuchsdurchführung

Die Verweilzeit der Schlacke im Absetzbecken zählt zu jenen Kenngrößen, die den Absetzvorgang des Kupfersteins wesentlich beeinflussen.

Die Durchgangsgeschwindigkeit der Schlacke kann mit Hilfe der Tracermethode ermittelt werden, wobei entsprechend den ausgewählten Tracern verschiedene Meßtechniken angewendet werden. Nach der verbreitetsten Methode wird am Einlaß des untersuchten Systems eine bestimmte Menge einer chemischen Verbindung oder eines Elements in den Materialstrom eingeführt und dessen Konzentration in an der Mündung entnommenen Proben analytisch bestimmt. Diese Methode ist jedoch mit gewissen Nachteilen behaftet, die in vielen Fällen die Anwendung begrenzen. Die wichtigsten davon sind:

- Die Messung am Materialstrom können nicht kontinuierlich durchgeführt werden;
- Die Untersuchungen erfordern die Entnahme von vielen Proben und sind somit arbeitsaufwendig;
- Die benötigte Tracermenge ist relativ groß.

Bei hohem Materialdurchsatz kann die Zugabe bedeutender Tracermengen lokale Veränderungen der physikalisch-chemischen Eigenschaften der fließenden Schlacke, wie Viskosität und Dichte, hervorrufen. Dies kann wiederum die Strömungscharakteristik der Schlacke verändern, ein Anhaften der Tracersubstanz an den Wänden des Absetzbeckens verursachen usw.

Frei von den erwähnten Nachteilen ist die Isotopenmethode, die außerdem auch durch schnellen Informationsfluß sowie durch hohe Empfindlichkeit gegenüber Strömungsänderungen und -störungen gekennzeichnet ist.

Der verwendete radioaktive Tracer darf in den untersuchten Systemen nicht adsorbiert werden, keinen chemischen Reaktionen unterliegen usw. Der geeignetste Tracer wäre eine Schlackenkomponente mit für radiometrische Bestimmungen günstigen Kerneigenschaften.

Zur selektiven Markierung der Schlackenphase wurden $^{24}Na_2O$ und $^{95+97}ZrO_2$ verwendet. Die Affinität des Zirkoniums zum Sauerstoff entspricht annähernd den Werten für Aluminium und eliminiert somit die Möglichkeit einer auch nur teilweisen Reduktion des Zirkoniumoxids und dessen Übergang in den Kupferstein. Die Aktivität der verwendeten Tracer betrug, je nach der Größe der untersuchten Aggregate, $1{,}85 \cdot 10^3$ bis $1{,}85 \cdot 10^4$ MBq.

Das in einer Aluminiumkapsel enthaltene Radioisotop wurde am Einlaß des Absetzbeckens in den Schlacken- und Kupfersteinstrom gegeben. Die Messungen wurden mit Hilfe einer Szintillationssonde und eines 800-Kanal-Analysators „Didac" im Multiscalersystem durchgeführt. Der

[1]) Anschrift: 03-195 Warszawa, ul. Dorodna 16, VR Polen

Detektor wurde an der Ablaufrinne der Absetzbeckenmündung installiert.

Zur Beseitigung der Streustrahlung und der von der im Absetzbecken befindlichen Schlacke emittierten Strahlung wurde die Szintillationssonde in einem Kollimator untergebracht. Diese Anordnung ermöglichte es, nur die Strahlung der in der Ablaufrinne fließenden Schlacke zu messen und verringerte außerdem den durch Schwankungen der Schlackenstrombreite bedingten Meßfehler.

Unabhängig von den radiometrischen Messungen wurden parallel Schlackenproben zur weiteren Analyse entnommen und auch die Schachtofenparameter registriert.

Meßergebnisse

Die Grundlagen für die Versuchsauswertung bildeten die Ergebnisse der chemischen Analysen, technologische Daten und die an der Absetzmündung erhaltenen Meßwerte. An Hand der gesamten Meßwerte jeder Versuchsreihe wurde nach der Methode der kleinsten Quadrate die lineare Korrelation zwischen dem Kupfergehalt in der Schlacke und dem Schachtofendurchsatz errechnet. Für diese Beziehung gilt:

$$C_{\mathrm{Cu[S]}} = 2{,}6 \cdot 10^{-1} + 2{,}1 \cdot 10^{-4}\, p \tag{1}$$

mit

p = Schachtofendurchsatz [t/24 h]

Abb. 1 zeigt die Abhängigkeit des Kupfergehalts in der Schlacke vom Schachtofendurchsatz pro Tag.

Der größte Einfluß auf die Kupferkonzentration der Schlacke ist von deren Verweilzeit im Absetzbecken zu erwarten. Um eventuelle Zusammenhänge zu erfassen, wurde nach der vorliegenden Methode eine Reihe von Messungen durchgeführt. In Abb. 2 ist beispielsweise eine der registrierten Verteilungskurven der Verweilzeit dargestellt, an Hand derer die mittlere Verweilzeit aus der Beziehung (2) errechnet wurde:

$$\bar{t} = \frac{\int_0^\infty t \cdot c(t)\, dt}{\int_0^\infty c(t)\, dt} \tag{2}$$

Die in Abb. 2 gezeigte Kurve ist charakteristisch für Versuche bei hohem Schachtofendurchsatz. Diese Kurve weist zwei Maxima auf, was auf eine Zweiteilung des Materialstroms — wahrscheinlich gerade vor der Absetzbeckenmündung — hindeutet. Die Maxima erscheinen an der Absetzbeckenmündung mit einer Zeitdifferenz von 9 bis 13 min.

Dieser Effekt wurde nur im Falle kurzer Verweilzeiten (bis zu 70 min) beobachtet. Bei längeren Verweilzeiten weisen die Kurven nur ein Maximum auf.

An Hand der erhaltenen Meßwerte wurde die lineare Regression nach der Methode der kleinsten Quadrate ermittelt.

Die Abhängigkeit der Konzentration von der mittleren Verweilzeit ist gegeben durch:

$$C_{\mathrm{Cu[S]}} = 4{,}7 \cdot 10^{-1} - 1{,}2 \cdot 10^{-3}\, \bar{t} \tag{3}$$

Die Funktion (3) ist graphisch in Abb. 3 dargestellt. Über die Korrelationen (1) und (3) wurde die Abhängigkeit der Verweilzeit der Schlacke im Absetzbecken vom Schachtofendurchsatz pro Tag bestimmt. Die Gleichung lautet:

$$\bar{t} = 175 - 1{,}75 \cdot 10^{-2}\, p \tag{4}$$

mit

$\bar{t}$ = Verweilzeit der Schlacke im Absetzbecken [min]

p = Schachtofendurchsatz [t/24 h]

Diese Funktion ist graphischin Abb. 4 dargestellt.

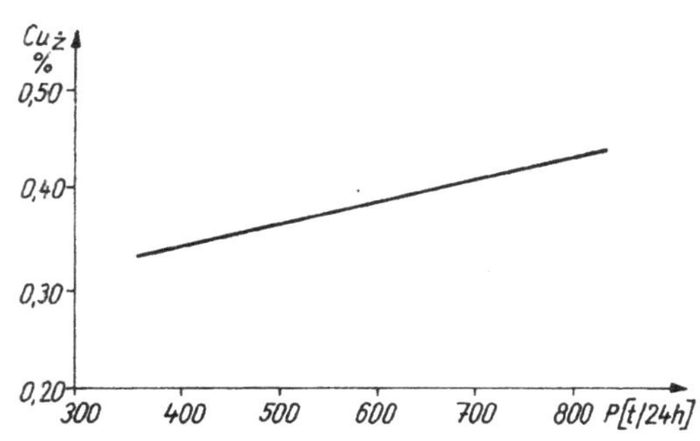

Abb. 1. Kupferkonzentration in der Abgangsschlacke als Funktion des Schachtofendurchsatzes

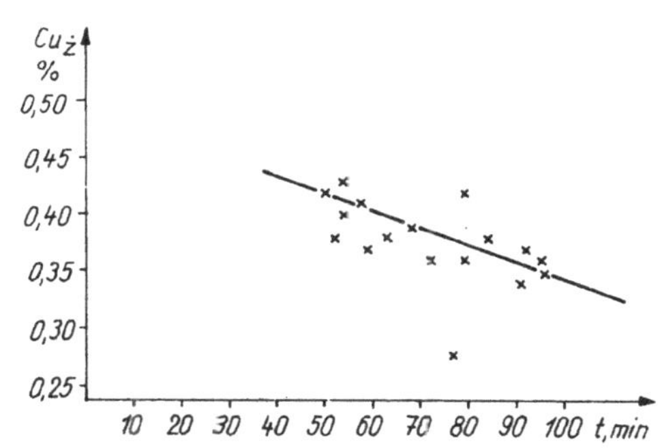

Abb. 3. Änderungen der Kupferkonzentration als Funktion der Verweilzeit

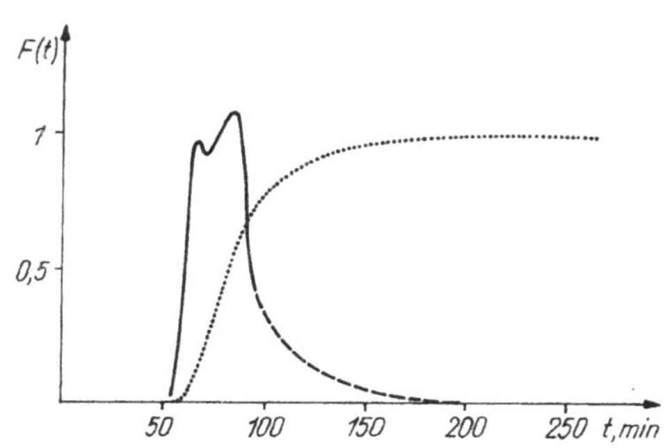

Abb. 2. Strahlenintensität an der Absetzbeckenmündung als Funktion der Meßzeit

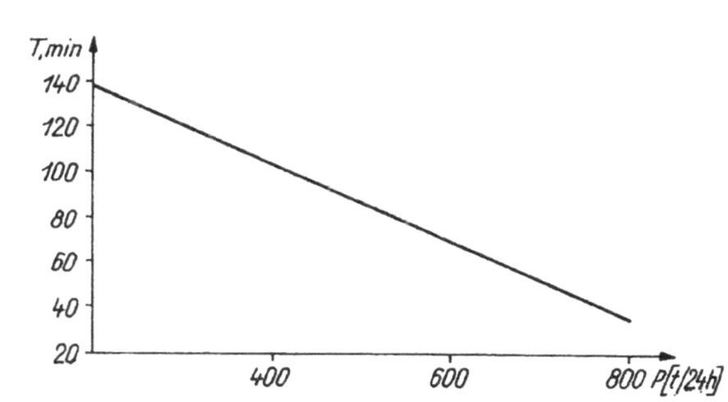

Abb. 4. Abhängigkeit der Verweilzeit der Schlacke im Absetzbecken vom Schachtofendurchsatz

Nach entsprechender Umformung der vorliegenden Korrelationen konnte die Abhängigkeit des Absetzbeckenvolumens vom Schachtofendurchsatz bestimmt werden. Diese Beziehung ist in Abb. 5 veranschaulicht. Unter Absetzbeckenvolumen wird dabei das aktive Volumen, also der Teil des geometrischen Volumens, der die fließende Schlacke beinhaltet, verstanden.

Die beschriebenen Versuche wurden an einem Absetzbecken mit einem projektierten Volumen von 16,5 m³ durchgeführt.

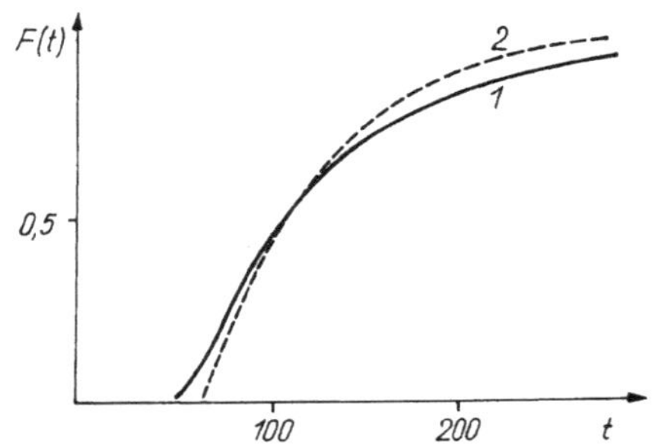

Abb. 5. Verlauf der experimentellen und errechneten Funktion $F(t)$
1 – experimentelle Kurve; 2 – errechnete Kurve

Die erhaltenen Ergebnisse bildeten die Grundlage für weitere Untersuchungen über den Einfluß hydrodynamischer Kenngrößen auf den Wirkungsgrad des Absetzprozesses. Diese Untersuchungen wurden an einem Absetzbecken mit einem aktiven Volumen von 5,5 m³ vorgenommen.

Entscheidend für die Wahl des Absetzbeckens und des Schachtofens war die Möglichkeit einer relativ leichten Veränderung der Versuchsanlage.

Zur Analyse des Absetzprozesses wurde die an der Absetzbeckenmündung registrierte Verteilungskurve herangezogen.

Die Funktion $\mathrm{F}(t)$, die aus der normalisierten und geglätteten Kurvenschar $C(t)$ – Abb. 2 – erhalten wurde, kann im Falle einer Impulsdosierung wie folgt definiert werden:

$$E(t) = \frac{C(t)}{\int_0^\infty c(t)\,\mathrm{d}t} \tag{5}$$

Gemäß dieser Funktion wurde die Integralkurve bestimmt:

$$\mathrm{F}(t) = \int_0^t E(t)\,\mathrm{d}t \tag{6}$$

Eine weitere Interpretation der Ergebnisse wurde nach dem *Wolf-Resnick*-Strömungsmodell vorgenommen (3). Die Parameter dieses Modells sind mit der Funktion $\mathrm{F}(t)$ über folgende Beziehung verbunden:

$$\mathrm{F}(t) = 1 - \exp\left(-\eta\,\frac{t-\varepsilon}{\Theta}\right) \tag{7}$$

mit

η, ε = Modellparameter
t = Zeit
Θ = theoretische Verweilzeit, definiert durch:

$$\Theta = \frac{M}{q} \tag{8}$$

hierbei ist:

M = Schlackenmenge im Absetzbecken
q = Durchflußmenge

Die Modellparameter wurden numerisch ermittelt durch Minimierung der Quadratsummen der Abweichungen zwischen den experimentellen und errechneten Kurven. Der Verlauf der Funktion ist beispielsweise in Abb. 5 dargestellt.

Es wird angenommen, daß beim Absetzvorgang von Kupferstein der Anteil der Kolbenströmung und der Idealvermischung einen bedeutenden Einfluß auf die Kupferkonzentration in der Abgangsschlacke hat. Die Funktion erhält dann den Ausdruck:

$$\mathrm{F}(t) = 1 - \exp\left\{-\frac{1}{ar(1-d)\,\Theta}\,[t - p\,(1-d)\,r\Theta]\right\} \tag{9}$$

mit

a = Anteil der Idealvermischung im aktiven Volumen des Absetzbeckens
p = Anteil der Kolbenströmung im aktiven Volumen des Absetzbeckens
d = Anteil der toten Zone
r = Korrekturfaktor für die Determinante

Die erhaltenen Ergebnisse zeigten einen überwiegenden Anteil der Idealvermischung im Vergleich zur Kolbenströmung. Dies gab den Anlaß zu konstruktiven Änderungen am Absetzbecken.

Dabei wurde vorausgesetzt, daß die günstigsten Absetzbedingungen, welche die Kupferverluste in der Abgangsschlacke maximal begrenzen, dann gegeben sind, wenn im Absetzbecken der Anteil der Kolbenströmung hoch ist und die Idealvermischung gering gehalten wird.

Im Zusammenhang damit wurde im aktiven Volumen des Absetzbeckens eine mit einem Spalt versehene Trennwand mit geringem hydrodynamischen Widerstand eingebaut und somit die Mischzone räumlich vermindert. In Abb. 6 ist das Absetzbecken vor und nach der Veränderung schematisch dargestellt.

Die mit Radioisotopen durchgeführten Messungen ergaben gemäß den Erwartungen eine bedeutende Verbesserung der Strömungsdynamik.

In Tab. 1 sind die Meßergebnisse der Schlackenströmung im Absetzbecken vor und nach dessen Veränderung angeführt. Sie zeigen, daß sich nach Veränderung des Absetzbeckens die hydrodynamischen Kenngrößen dem angestrebten Absetzmodell nähern, da der Anteil der Kolbenströmung bedeutend höher liegt. Damit wurden auch die Bedingungen zur Intensivierung des Absetzprozesses und zur Reduzierung des Kupfergehalts in der Abgangsschlacke geschaffen.

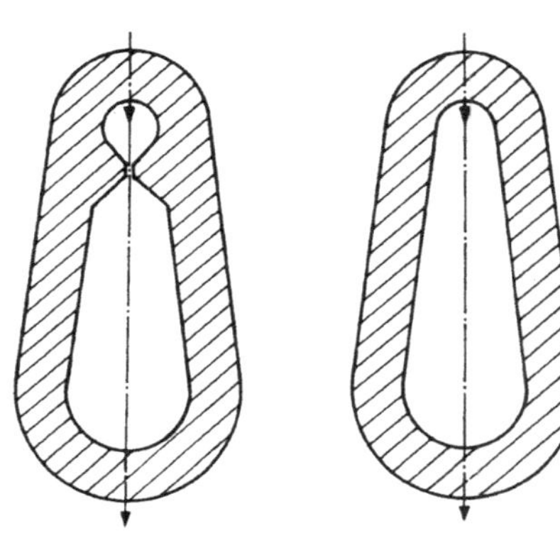

Abb. 6. Schema des Absetzbeckens vor und nach der Modernisierung

Tab. 1. Meßwerte am Absetzbecken vor und nach der Veränderung

Absetzbecken	t min	σ^2 min²	p %	a %	$r(1-d)$
vor der Modernisierung	160	8122	37	63	0,97
nach der Modernisierung	145	605	75	25	1,30

Während der 40tägigen Versuchsdauer wurden aus dem Schlackenstrom laufend Stichproben entnommen. Die Analysenwerte des Kupfergehalts in den entnommenen Proben vor der Veränderung des Absetzbeckens sind graphisch in Abb. 7 als empirische Verteilung dargestellt. Den Kupfergehalt der Proben nach dem Absetzbeckenumbau illustriert Abb. 8.

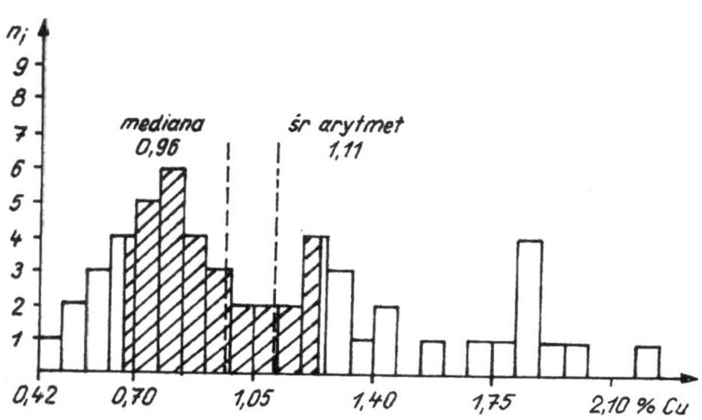

Abb. 7. Empirische Kupferverteilung in den Schlackenproben vor der Absetzbeckenmodernisierung

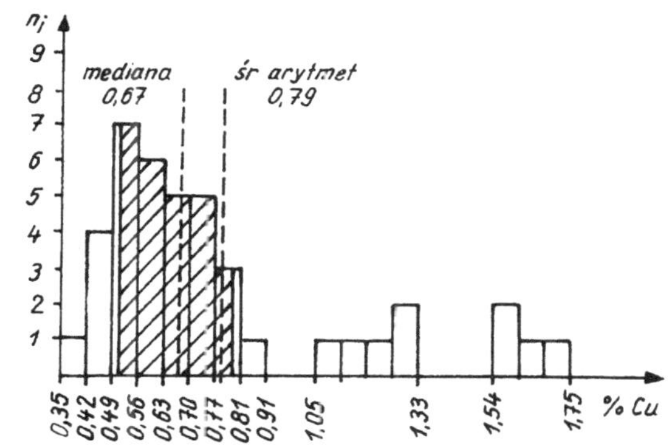

Abb. 8. Empirische Kupferverteilung in den Schlackenproben nach dem Absetzbeckenumbau

Tab. 2. Kupfergehalt in der Abgangsschlacke vor und nach der Veränderung des Absetzbeckens

Absetzbecken	mittlere Cu-Konzentration $\bar{c}$ %	Standardabweichung %	Variationskoeffizient $yc \cdot 100\%$
mit Trennwand	0,59	0,216	36,73
ohne Trennwand	0,76	0,183	24,10

In Tab. 2 sind die mittleren Kupferkonzentrationen in der Abgangsschlacke vor und nach dem Abseztbeckenumbau angegeben. Gemäß diesen Ergebnissen, welche die Grundlage zur Beurteilung des Wirkungsgrades des Absetzbeckens vor und nach der Veränderung bilden, verringerte sich der durchschnittliche Kupfergehalt in der Abgangsschlacke um über 20%.

Eingegangen am 9. 6. 1982

Radiometrische Untersuchung des Strömungs- und Verteilungsverhaltens in Mahl- und Flotationsanlagen

H. Stechemesser, D. Eckstein, K. Weber

(Mitteilung U. 722 des Forschungsinstituts für Aufbereitung der Akademie der Wissenschaften der DDR, Freiberg)[1]

Die Optimierung von Apparaten und Anlagen erfordert neben der technologischen eine strömungstechnische Beschreibung des Prozeßablaufs, der aus der Verweilzeitverteilung von Stoffströmen in Mahl- und Flotationsanlagen bestimmbar ist. Das Materialtransportverhalten bei der Zementklinkermahlung wurde in halb- und großtechnischen Anlagen (Durchlauf- und Umlaufmahlung) mittels Radiotracern (^{24}Na, ^{82}Br, ^{198}Au) im kontinuierlichen Meßverfahren untersucht und an Hand der Kenngrößen des Diffusionsmodells bewertet. Nach dem für Flotationsapparate gut anwendbaren Zellenmodell wurden mittlere Verweilzeit und äquivalente Rührstufenzahl berechnet und der Zusammenhang mit technologischen Parametern (Apparategestaltung, Material, Korngröße) diskutiert.

Keywords

bromine 82; carnallite; cement; flotation; flow rate; gold 198; grinding; industrial plants; mass transfer; mill; residence time; sodium 24; tracer techniques

1. Einleitung

Die komplexe Aufgabenstellung der Intensivierung technologischer Prozesse bei der Nutzung einheimischer Rohstoffe erfordert u. a. die verstärkte Untersuchung der technologischen Vorgänge bei der Zerkleinerung und Sortierung. Dazu gehört auch die Untersuchung des Transportverhaltens von Massenströmen in Zerkleinerungsanlagen der Zementindustrie und in Flotationsanlagen.

Außer von den Zerkleinerungsbedingungen hängt die Feinheit des Mahlgutes und die optimale Energieausnut-

[1]) Anschrift: 9200 Freiberg, Straße des Friedens 40

zung von der Verweilzeit des Materials in der Mühle ab. Sie selbst wird von den Einstellgrößen, wie z. B. Durchsatz, Mahlkörpermasse und -gattierung, Mahlhilfsmittel u. a. bestimmt. Das Wissen um diese Zusammenhänge erlaubt eine Verfahrensoptimierung. Dazu ist die Kenntnis des momentanen Betriebszustandes einer Mühle notwendig, wozu auch die der Verweilzeitverteilung des Mahlgutes an diskreten Stellen der Mahlbahn und am Mühlenausgang gehört. Durch geeignete Radioisotopmarkierung des Mahlgutes und Strahlungsnachweis an diesen ausgezeichneten Meßstellen ist die Verweilzeitbestimmung möglich.

Bisher sind weit weniger Untersuchungen über Stofftransportvorgänge in Flotationsapparaten bekannt. Gerade aber für die Analyse des Durchströmungsverhaltens in solchen Apparaten ist die Radiotracertechnik vielfältig einsetzbar, da unterschiedliche Phasen am Prozeß beteiligt sind, die auch radioisotop markierbar sind:

- die Flüssigkeit als homogene Phase
- die feste und die gasförmige Phase im grobdispersen Zustand

Der Stofftransport ist also auch hier durch Verweilzeitmessungen charakterisierbar.

Damit ist die Radiotracertechnik anwendbar auf:

- die allgemeine Prozeßanalyse von Flotationsanlagen
- die Ermittlung der Durchmischungsverhältnisse in Apparatefolgen, als eine notwendige Kenngröße zur Auslegung von Flotationsapparaten
- die Untersuchungen zur Verbesserung von Flotationsausrüstungen (Einzelapparat oder Apparatefolge) sowie
- die Optimierung der Fahrweise bestehender Anlagen.

Am Forschungsinstitut für Aufbereitung wurde mit der Analyse des Transportverhaltens von Stoffströmen in den genannten Apparaten der Aufbereitungstechnik begonnen.

2. Material und Methoden

2.1. *Markierung von Zementklinker*

Es werden die Radionuklide ^{24}Na, ^{82}Br und ^{198}Au als wäßrige Lösungen der entsprechenden Salze (NaCl, NaBr, $AuHCl_3$) eingesetzt. Die Markierung erfolgt durch Besprühen der Zementklinkerproben mit der radioaktiven Lösung und anschließender Trocknung mit Infrarotstrahler.

Abhängig vom Durchsatz der Anlage werden Stoßproben von (200 bis 1000) g Klinker der Korngrößen (0,5 bis 10) mm mit einer Aktivität zwischen 40 MBq und 20 GBq eingesetzt.

2.2. *Markierung von Proben für Flotationsversuche*

Für die Markierung von Feststoffen, für die keine Aktivierung möglich ist, ist eine abriebfeste Oberflächenmarkierung erforderlich, da das Material in der Flotationsmaschine einer abrasiven Beanspruchung unterliegt.

Für das Versuchsmaterial (Quarz, Feldspat) hat sich die Oberflächenmarkierung mit ^{198}Au als ausreichend erwiesen. $AuHCl_3$ wird auf das Material aufgesprüht und das Gold bei 600 °C über 12 h in der Oberfläche eingebrannt.

Die fluide Phase (Trübewasser in der Erzflotation, Lauge in der Kalisalzflotation) ist mit $^{24}NaCl$ markiert. Als feste Phase kommt bei der Kalisalzflotation aktiviertes Steinsalz zur Anwendung. Die Aktivität beträgt (1,1 bis 1,5) GBq pro 50 g Steinsalz bei einem Trübedurchsatz der Flotationsmaschine von maximal 200 m³/h.

2.3. *Meßwerterfassung*

Zum Strahlungsnachweis stehen, wie aus Abb. 1 ersichtlich, zwei Meßspuren zur Verfügung. Sie Strahlungsmeßgeräte 20026 (VEB Meßelektronik Dresden) sind zur datenverarbeitungsgerechten Meßwerterfassung an ein Serialisierungssystem S 3297.500 (VEB Funkwerk Erfurt) agneschlossen.

In Zeitintervallen von (3 bis 12) s werden die von den Strahlungsmeßgeräten digital angezeigten und aufsummierten Impulse ausgedruckt bzw. auf Lochband registriert.

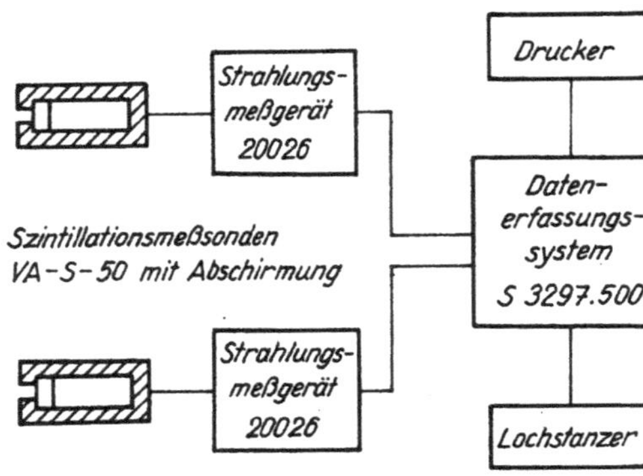

Abb. 1. Prinzipschaltung der Meßelektronik

2.4. *Meßwertauswertung*

Die nach der beschriebenen Meßmethode erhaltenen Konzentrationsverteilungen des markierten Materials liefern Kennwerte, die Aussagen über das Transport- und Mischungsverhalten des Mahlgutes in der Mühle bzw. der Trübe oder des Feststoffs im Flotationsapparat ermöglichen.

Kennzeichnung von Mahlanlagen. Wie in [1] zusammengefaßt, sind die folgenden Kennwerte definiert:

- die Transportgeschwindigkeit v (cm min⁻¹) für den gerichteten konvektiven Transport der Teilchen längs der Mahlbahn
- der Diffusionskoeffizient D (cm² min⁻¹) für die Intensität des ungerichteten diffusiven Transports
- die Bodensteinzahl Bo als das auf die Länge L des Transportweges bezogene Verhältnis zwischen Konvektion und diffusivem Transport

$$Bo = \frac{v \cdot L}{D}$$

Oft trat der Fall auf, daß die Dichtefunktion $\varphi(t)$ nicht bis zum vollständigen Abklingen aufgenommen oder nur der Anfangsabschnitt der Meßwertkurve zur Auswertung herangezogen werden konnte. In Übereinstimmung mit *Merz* [2] nehmen *Lippek* und *Espig* [3] die Antwortkurve $\varphi(t)$ als Dichtefunktion einer log-Normalverteilung an und bestimmen die Parameter μ oder σ dieser Verteilung so, daß eine möglichst gute Anpassung erzielt wird. Aus diesen Parametern werden der Mittelwert τ und s^2 berechnet nach

$$\tau = \mu \cdot \exp\left(\frac{\sigma^2}{2}\right) \tag{1}$$

$$s^2 = \mu^2 \cdot \exp(\sigma^2) \cdot [\exp(\sigma^2) - 1] \tag{2}$$

Aus den Gleichungen (1) und (2) lassen sich v aus

$$v = \frac{L}{\tau} \tag{3}$$

und aus

$$s^2 = \frac{2D}{v^3}\left\{L - \frac{D}{v}\left[1 - \exp\left(-\frac{vL}{D}\right)\right]\right\} \qquad (4)$$

D iterativ berechnen.

Kennzeichnung von Flotationsanlagen. Zur Kennzeichnung des Strömungs- und Durchmischungsverhaltens von Flotationsanlagen hat sich als Modell eine Folge von Rührwerksapparaten, das sog. Zellenmodell, als günstig erwiesen. Die mathematische Beschreibung der Verweilzeitverteilung erfolgt durch die Dichtefunktion $\varphi(t)$ in der Form (siehe z.B. [4, 5]).

$$\varrho(t) = \frac{n_i^{n_i}}{(n_i - 1)!} \cdot \left(\frac{t}{\tau}\right)^{(n_i - 1)} \cdot \exp\left(-\frac{n_i \cdot t}{\tau}\right) \qquad (5)$$

n_i ist die Zellenzahl (Zahl der installierten Rührstufeneinheiten), die in realen Apparaten durch die äquivalente Zellenzahl $n_{äq}$ ersetzt werden muß. t ist die aktuelle Zeit und τ die mittlere experimentelle Verweilzeit.

Außer den kennzeichnenden Größen $n_{äq}$ und τ führt *Koch* [6] Kennwerte ein, die eine weitere Bewertung der Hydrodynamik des Prozeßraumes ermöglichen.

Es wird der Effektivitätskoeffizient K_E eingeführt, der den wirksamen Arbeitsvolumenanteil kennzeichnet:

$$K_E = \frac{\text{mittlere experimentelle Verweilzeit}}{\text{mittlere technologische Verweilzeit}} = \frac{\tau}{t_{techn}}$$

Die mittlere technolgogische Verweilzeit berechnet sich aus dem Verhältnis von Gesamtvolumen der Anlage zum Volumenstrom. Beim Auftreten strömungstechnisch bedingter Toträume wird K_E wesentlich kleiner 1.

Der Durchmischungsgrad K_D ist definiert als das Verhältnis von t_{max} (Modalwert)' zu τ für die Einzelzelle. Ist $K_D \leqq 0{,}1$, wird der Unterschied zwischen Ideal- und Realverhalten vernachlässigbar klein.

Für eine gut arbeitende Flotationsapparatur wird ein Verhältnis von $n_{äq}/n_i$ nahe 1 gefordert, d. h. geringe Rückvermischung. Für die genannten Kennwerte werden Schwankungsbereiche für großtechnische Flotationsapparate angegeben, aus denen Verbesserungen der Fahrweise der Anlage durch Änderung von Konstruktion und Betriebsgrößen abzuleiten sind [6].

3. Beispiele für Verweilzeitmessungen an technischen Anlagen

Es wurden in verschiedenen Zement- und Flotationsanlagen der DDR Verweilzeitmessungen zur Beschreibung des technologischen Betriebszustandes durchgeführt. Es sollen hier nur einige Beispiele dargestellt werden.

3.1. Verweilzeituntersuchungen an einer kleintechnischen Mahlanlage [1]

Die Untersuchungen an dieser Anlage, deren Mühle in den geometrischen Abmessungen mit 0,8 · 2,5 m so gewählt wurde, daß sie dem Feinmahlraum einer Zementdurchlaufmühle von 3,2 · 15 m proportional ist, dienen der Lösung von Optimierungs- und Modellierungsproblemen. Spezielles Ziel war, den Einfluß des Durchsatzes auf die Transportparameter v und D durch Verweilzeitmessung mit ^{82}Br als Tracer zu untersuchen. Aufgabematerial war Lepol-Klinker (< 5 mm) des Zementwerkes IV Rüdersdorf. Der Durchsatz wurde zwischen 100 kg/h und 900 kg/h variiert. In Abb. 2 ist eine typische Verweilzeitverteilungskurve dargestellt, die sich hinreichend genau durch eine log-Normalverteilung [3] beschreiben läßt.

Die Abhängigkeit von v und D vom Durchsatz (Abb. 3) weist eine stetige Zunahme von v mit dem Durchsatz aus, während D zunächst abnimmt, aber im technologisch wichtigen Durchsatzbereich zwischen 200 kg/h und 700 kg/h durchsatzunabhängig ist. Aus den längs der Mahlbahn aufgenommenen Abnahmekurven folgt, daß bei einem Durchsatz von 100 kg/t Agglomeration auftritt, die mit steigendem Durchsatz sinkt.

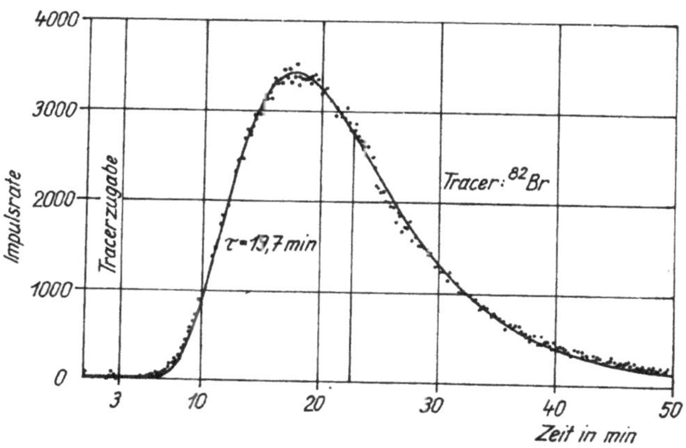

Abb. 2. Verweilzeitverteilung am Mahlbahnende einer kleintechnischen Mühle 0,8 · 2,5 m [1]
Durchsatz: 500 kg Lepol-Klinker/h

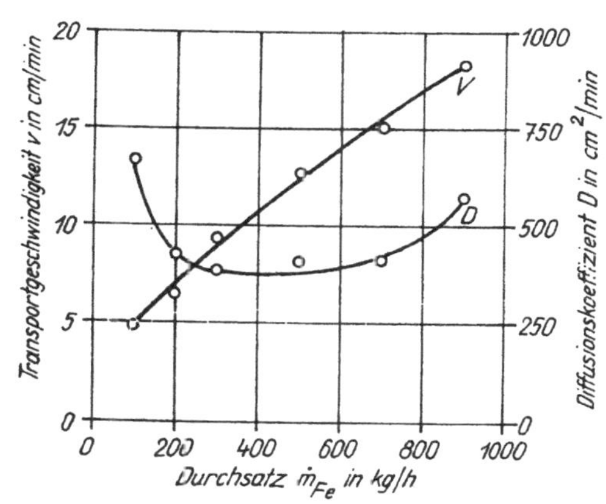

Abb. 3. Transportkoeffizienten (v, D) als Funktion des Durchsatzes einer kleintechnischen Mühle 0,8 · 2,5 m [1]

3.2. Verweilzeituntersuchungen an großtechnischen Mahlanlagen

Ziel der Verbesserung der Prozeßführung in Rohrkugelmühlen ist es, den spezifischen Elektroenergiebedarf der Feinmahlung auf weltstandsbestimmende Werte zu senken. Die technisch-ökonomischen Ergebnisse installierter Mühlen zu beeinflussen ist nur begrenzt möglich, da das Länge-Durchmesser-Verhältnis, die Drehzahl und die Antriebsleistung festgelegt sind. Durch Umrüstung einer Dreikammer-Zementdurchlaufmühle (Zementwerk 4 Rüdersdorf, Durchmesser 3,2 m, Länge 15 m) als Zweikammermühle, Einbringen einer konischen Klassierpanzerung mit Hubleisten in der zweiten Mahlkammer und Einsatz von hochverschleißfesten Mahlkörpern gelang es, bei gleichbleibendem Anlagendurchsatz, den spezifischen Elektroenergiebedarf bei der Mahlung von Portlandzement PZ 4/450 um ca. 9 kWh/t zu senken [7]. Die Kennzeichnung der Anlage vor und nach der Umrüstung durch Verweilzeitmessung trug wesentlich zur Erfüllung der Zielstellung bei.

An einer Mahlanlage (Zweikammer-Umlaufmühle mit Endaustrag 4,4 × 15 m) im VEB EZW Deuna wurde mit ^{199}Au als Tracer der technologische Zustand der Mühle bei 85% Nennfüllung an Mahlkörpern untersucht [1]. Das Grießgut gelangt sehr schnell in die Mühle zurück, und eine Abschätzung der Rücklaufzeit war notwendig. Der Abb. 4 ist eine zeitliche Verschiebung von 1,5 min zu entnehmen. Ab diesem Zeitpunkt beginnt die Verfälschung der Konzentrationsmessung am Mühlenaustrag. Unter der Annahme, daß eine log-Normalverteilung vorliegt und die Verfälschung bis zum Erreichen des Maximums vernachlässigbar ist, wurde die ausgezeichnete Kurve als Verweilzeitverteilungsdichte am Mühlenaustrag berechnet. Die so ermittelten Kennwerte können technologischen Zustandsgrößen zugeordnet werden [2, 8].

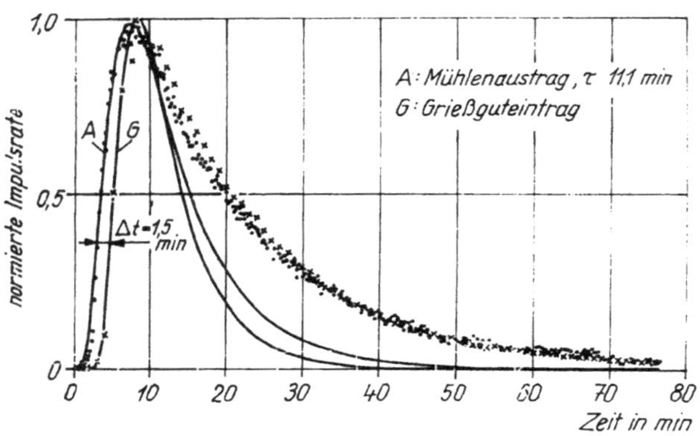

Abb. 4. Verweilzeitverteilung in einer Zweikammer-Umlaufmühle des EZW Deuna 4,4 · 15 m [1]

3.3. *Verweilzeituntersuchungen an Flotationsapparaten*

Ziel solcher Untersuchungen ist [9]

- das Ermitteln des Verhältnisses $n_{äq}/n_i$
- die Suche nach konstruktiven Maßnahmen und den günstigen Einstellungen der Betriebsgrößen zur Minimierung der Rückvermischung in Trogapparaten und
- der Vergleich des Verweilzeitverhaltens von Flüssigkeit und Feststoff der Trübe.

Die Frage nach dem Vergleich des Verweilzeitverhaltens von Flüssigkeit und Feststoff der Trübe ist schon aus ökonomischer Sicht wichtig. Bestehen keine Unterschiede, dann kann das gesamte Verweilzeitverhalten eines Apparates bei Änderungen technologischer Parameter über die Markierung einer Komponente, im einfachsten Fall der fluiden Phase, verfolgt werden.

Wie aus Tab. 1 zu entnehmen, sind signifikante Unterschiede für die angeführten Apparate und die eingesetzten Materialarten nur bei extrem grober Korngröße zu erwarten. Als Ergebnis dieser Untersuchungen werden an den so geprüften Apparaturen Verweilzeitmessungen nur noch mit Flüssigtracer ausgeführt.

Der Tab. 1 ist weiterhin zu entnehmen, daß in Trogapparaturen offenbar mehrere Einflußgrößen auf das Verhältnis $n_{äq}/n_i$ einwirken. Das sind vor allem die Ausbildung und Größe der Durchtrittsöffnung von Zelle zu Zelle sowie die Rührerstellung. Für die in Tab. 2 ausgewiesenen Trogapparaturen treffen solche konstruktiven Unterschiede zu.

Als kennzeichnende Größe gilt der Durchtrittsflächenanteil f_0, der sich aus dem Verhältnis von Gesamtquerschnittsfläche zu Durchtrittsöffnungsfläche zwischen den Zellen berechnet. In Tab. 2 sind einige Ergebnisse zusam-

Tab. 1. Korngrößenabhängigkeit des Verweilzeitverhaltens für verschiedene Apparate und unterschiedliches Material

Apparat	n_i	Volumen pro Zelle m³	Material	Feststoffgehalt g/l	Fahrweise	markierte Korngröße mm	$n_{äq}$	$n_{äq}/n_i$	τ min
Zellenapparatur	8	0,05	Quarz (^{198}Au aufgeglüht), Schwerspat, (1 : 1)	400	begaste Trübe, ohne Sammler	--0,04	8,7	1,09	16,7
						0,063 – 0,071	8,6	1,08	16,6
						0,16 -- 0,2	8,3	1,04	15,8
Trogapparatur	12	3	Altenberger Zinnerz-Trübe, aktivierter Feldspat	750	mit Schaumabzug	0,04	5,3	0,44	48,9
						0,07	5,7	0,48	50,6
						0,14	5,1	0,43	54,4
						0,28	5,1	0,43	45,2
						Trübeflüssigkeit	5,1	0,43	45,1
Trogapparatur	12	3	Kalisalz, aktiviertes Steinsalz	460	mit Schaumabzug	1 – 1,5	9,2	0,77	12,0
						0,40 – 0,63	10,3	0,86	9,9
						Lauge	10,1	0,84	9,3
					begaste Trübe ohne Schaumabzug	1 – 1,5	10,3	0,86	9,1
						Lauge	13,0	1,08	7,5

Tab. 2. Abhängigkeit des Verweilzeitverhaltens vom Durchtrittsflächenanteil für verschiedene Apparate und unterschiedliches Material

Apparat	n_i	Volumen pro Zelle m^3	Material	Feststoffgehalt g/l	f_0	$n_{äq}$	$n_{äq}/n_i$	τ min
Trogapparatur	6	0,1	Quarz (^{198}Au aufgeglüht), Schwerspat (1:1)	400	0,3	2,1	0,35	19,3
					0,2	2,4	0,40	19,9
Trogapparatur	4	0,1	Altenberger Zinnerz-Trübe, aktivierter Feldspat	750	0,28	1,2	0,31	13,4
					0,14	1,5	0,38	12,4
Trogapparatur	12	3	Kalisalz, aktiviertes Steinsalz	500	0,37	9,6	0,80	16,7
					0,15	12,2	1,02	10,6

mengefaßt, die erkennen lassen, daß mit kleiner werdendem f_0 sich das Verhältnis $n_{äq}/n_i$ dem Idealwert 1 nähert.

Der auffallende Unterschied zwischen den mittleren experimentellen Verweilzeiten in der 12zelligen Trogapparatur ist offenbar auch auf den Einfluß der Rührerstellung zur Durchtrittsöffnung zurückzuführen. Bei $f_0 = 0{,}15$ lag die Durchtrittsöffnung direkt unter der Schaumschicht, bei $f_0 = 0{,}37$ betrug der Abstand von der Schaumschichtuntergrenze ca. 100 mm.

Die Verweilzeituntersuchungen an Flotationsanlagen im groß- und kleintechnischen Maßstab werden fortgesetzt, um die allgemeine Zielstellung zu erfüllen, nämlich die Prozeßintensivierung, das Erhöhen des Ausbringens und/oder der Erzeugnisqualität je Volumen-, Energie- und Zeiteinheit [9]. Dazu ist aber eine umfassende technologische Interpretation der Ergebnisse von Verweilzeitmessungen und Prozeßkinetikuntersuchungen notwendig, eine Aufgabe, die es zukünftig zu lösen gilt.

Eingegangen am 9. 6. 1982

Literatur

[1] *B. Hoffmann, H. Dombrowe, D. Eckstein, D. Espig, S. Haubold, E. Lippek*, Wissenschaftliche Berichte 1980 des Instituts für Zement, DDR-4500 Dessau, 58

[2] *A. Merz, P. Molerus*, III. Europäisches Symposium „Zerkleinern", Cannes 1971, Preprints, 607

[3] *E. Lippek, D. Espig*, Freiberger Forschungshefte A 553 (1977) 177 VEB Deutscher Verlag für Grundstoffindustrie

[4] *J. Kardos*, Chem. Technik **21** (1969), 216; **23** (1971) 211

[5] *W. I. Maljuschenko, P. Koch, H. Lange, B. Schäfer*, Wissenschaftlich-technische Informationen **22** (1977) 11, 17

[6] *P. Koch, M. Schreiter, H. Lange*, Neue Bergbautechnik **9** (1979) 189

[7] *P. Clemens, S. Haubold, R. Eibisch*, Silikattechnik (im Druck)

[8] *E. Lippek, D. Espig*, Simulation der Mahlung unter dem Gesichtspunkt der Durchsatzabhängigkeit von Verweilzeit und Mahlgutmasse in Rohrkugelmühlen.
Vortrag zur 16. Diskussionstagung „Zerkleinern und Klassieren" 17. und 18. Oktober 1979 in Freiberg

[9] *P. Koch*, Neue Bergbautechnik **11** (1981) 483

Autoradiographische und gammaspektrometrische Untersuchungen an AlSi 1-Mikrodraht

W. Dehnke, W. Ludwig

(VEB Mansfeld-Kombinat „Wilhelm Pieck", Forschungsinstitut für NE-Metalle Freiberg)[1]

Die Untersuchungen dienten der Homogenitätsprüfung von 25 μm dicken Drähten. Aufgespulte Drahtproben wurden 90 h bei einem Neutronenfluß von 4 · 10¹³ n/cm² · s aktiviert. Zur Exposition auf ORWO-Makroautoradiographiefilm AF 3 wurden Drahtabschnitte auf Probenträger aufgeklebt. Die Identifizierung der aktivierten Verunreinigungen erfolgte gammaspektrometrisch und durch autoradiographische Exposition nach unterschiedlichen Abklingzeiten. Die Untersuchungen dienen der Qualitätserhöhung, insbesondere der Verbesserung der Ziehfähigekit von AlSi 1-Draht für die Verwendung als Bonddraht in der Mikroelektronik.

Keywords

aluminium alloys; autoradiography; gamma spectra; impurities; Li-drifted Ge detectors; microelectronics; neutron activation analysis; wires

In der Halbleiterfertigung werden zur elektrischen Verbindung der äußeren Zuführungen mit den aktiven Bauelementen Mikrodrähte bis herab zu 25 μm Durchmesser und zum Teil sogar weniger verarbeitet. Diese Mikrodrähte bestehen aus hochreinem Gold oder aus der Aluminiumlegierung AlSi 1. Letztere wird zur Gewährleistung der Funktion des Halbleiterbauelementes aus Aluminium und Silizium sehr hoher Reinheit hergestellt.

Trotz Verwendung dieser reinen Ausgangsmaterialien und sorgfältiger Schmelz- und Verarbeitungstechnologie treten bisweilen Schwierigkeiten bei der Endverarbeitung des Mikrodrahtes in der Halbleiterindustrie auf.

Durch Bonden werden die Mikrodrähte mit dem Halbleiterbauelement verbunden. Das erfolgt gegenwärtig noch durch das Ultraschall-Bondverfahren, wobei unter gleichzeitiger Einwirkung von Druck und Ultraschall eine metallische Preßschweißverbindung entsteht. Der Draht erfährt dabei eine Abplattung, die bei den einzelnen Bondstellen gleichmäßig sein muß. Das kann nur bei äußerst gleichbleibenden Festigkeitswerten über die Drahtlänge erreicht werden, die wiederum maßgeblich von der Verteilung der Verunreinigungselemente über die Drahtlänge bestimmt werden.

Als Verarbeitungsmängel treten zeitweise ungleichmäßige Bondbarkeit und Drahtrisse auf.

Durch Autoradiographie wurde versucht, Aufschlüsse über die Verteilung der Verunreinigungen zu erlangen. Zur Untersuchung standen 25 μm dicke Drähte aus AlSi 1 zur Verfügung. Die Drähte sollten in der angelieferten Form mit Film in Kontakt gebracht werden, nachdem sie im Kernreaktor aktiviert wurden.

Von vier Drahtproben unterschiedlicher Herstellungsbedingungen und Verarbeitbarkeit wurde je etwa 1 m auf dazu hergestellte Quarzspulenkörper gewickelt. Zur Vermeidung eines Kontaktes zwischen Quarz und Draht wurde der Spulenkörper mit reiner Al-Folie ausgekleidet. Die Spulen wurden unter Vakuum in Quarzampullen eingeschmolzen, die gleichzeitig noch vier Proben zur gammaspektrometrischen Untersuchung enthielten.

Die Aktivierung erfolgte 90 h bei einem Neutronenfluß von $4 \cdot 10^{13}$ n/cm² · s. Aus der Matrix werden die in Tab. 1 genannten Radionuklide gebildet.

Tab. 1.

Radionuklid	Halbwertszeit	spezif. Aktivität Bq/g	mCi/g
^{28}Al	2,3 min	$1{,}88 \cdot 10^{11}$	5080
^{27}Mg	9,5 min	$3{,}07 \cdot 10^{9}$	82,8
^{24}Na	15,0 h	$5{,}18 \cdot 10^{8}$	14
^{31}Si	2,62 h	$2{,}96 \cdot 10^{7}$	0,8

Zu Beginn der ersten Exposition, die 5 d nach der Reaktorentnahme erfolgte, ist das ^{24}Na auf 0,4% seiner Anfangsaktivität abgeklungen; die übrigen drei aus der Matrix gebildeten Radionuklide sind vollständig zerfallen. Autoradiographisch nachweisbar sind demzufolge nur die aktivierbaren Verunreinigungen, die eine Halbwertszeit von größer als 1 d haben.

Vor der Exposition wurden die Proben in ca. 16 cm lange Abschnitte geteilt und diese an beiden Enden mit Klebeband auf Probenträgern befestigt. Zur Exposition wurden die Probenträger mit ORWO-Makroautoradiographie-Film AF 3 in Kontakt gebracht. Eine Blindprobe mit inaktiven Drähten zeigte keine durch Flächenpressung entstandene Schwärzung.

Die Expositionszeiten lagen je nach Verunreinigungsgrad der vier Proben und der bis Expositionsbeginn vergangenen Abklingdauer bei 10 bis 500 h.

Abb. 1 zeigt das Autoradiogramm (Negativkopie) von Drahtabschnitten guter Bondbarkeit. Ohne optische Hilfsmittel ist nur eine Stelle mit verstärkter Schwärzung deutlich wahrnehmbar. Die Drähte erzeugen eine linienförmige Grundschwärzung, die durch die im AlSi-Mischkristall nahezu gleichmäßig verteilten aktivierten Verunreinigungen hervorgerufen wird. Sogenannte „Schwärzungsknoten"

Abb. 1. Autoradiogramm von AlSi 1-Mikrodraht guter Bondbarkeit (V = 1:2,5)

[1]) Anschrift: 9200 Freiberg, Lessingstraße 41

werden dagegen nur durch ausgeschiedene intermetallische Verbindungen hervorgerufen.

Abb. 2 zeigt ein Autoradiogramm von Drahtabschnitten schlechter Verarbeitbarkeit. Die zahlreichen mit bloßem Auge erkennbaren Schwärzungsknoten lassen auf einen hohen Verunreinigungsgrad schließen.

Abb. 3 und 4 (gut bzw. schlecht bondbar) belegen, daß besonders bei dem schlecht verarbeitbaren Draht außer den mit bloßem Auge deutlich erkennbaren Schwärzungsknoten noch zahlreiche kleinere vorhanden sind.

Abb. 5 zeigt bei 30facher Vergrößerung eine Reihe von Schwärzungsknoten unterschiedlicher Größe.

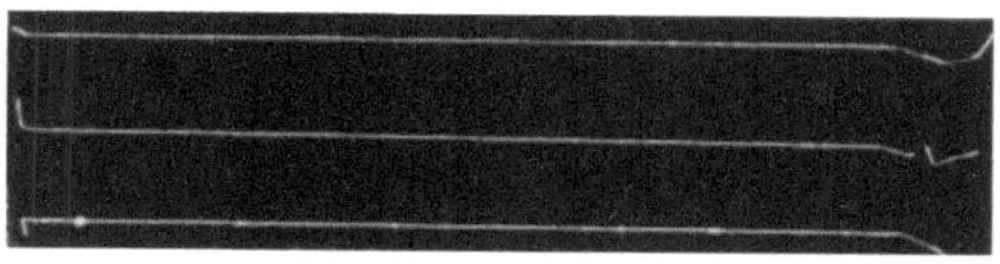

Abb. 2. Autoradiogramm von AlSi 1-Mikrodraht schlechter Bondbarkeit (V = 1:2,5)

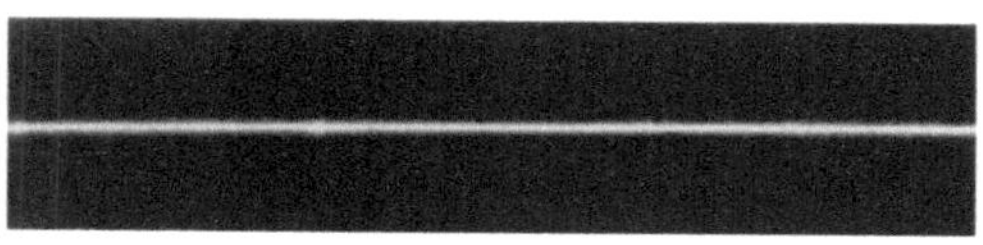

Abb. 3. wie Abb. 1, jedoch V = 4:1

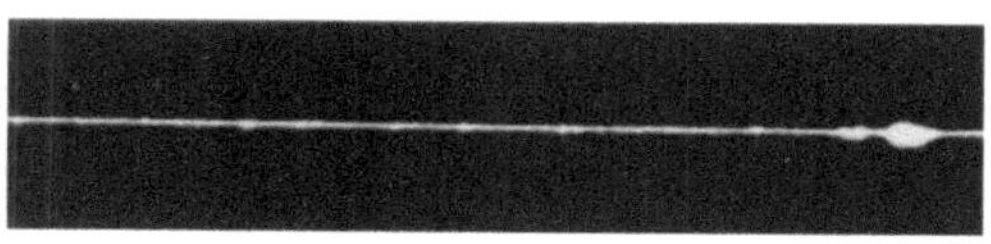

Abb. 4. wie Abb. 2, jedoch V = 4:1

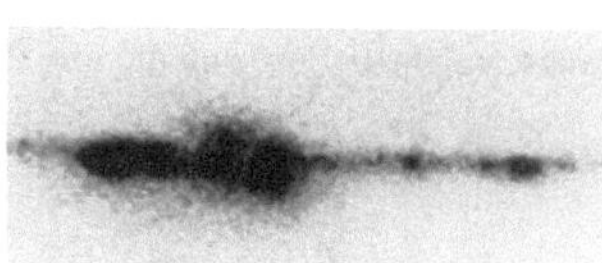

Abb. 5. wie Abb. 2, jedoch V = 30:1

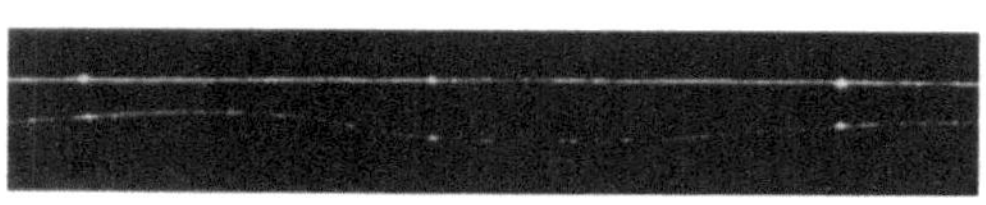

Abb. 6. Autoradiogramme der gleichen Probe, V = 2,5:1
oben: Ausgangszustand; unten: nachgezogen

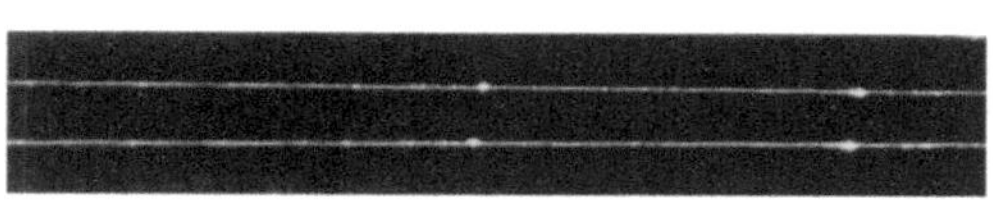

Abb. 7. Autoradiogramme der gleichen Probe, V = 2,5:1
oben: Ausgangszustand; unten: nachgeätzt

Da die Möglichkeit besteht, daß die Schwärzungsknoten durch Verunreinigungen auf der Drahtoberfläche entstehen, wurden Drahtproben durch eine 25 μm Ziehdüse gezogen, andere mit Ätzmitteln behandelt. Auf den Abb. 6 und 7 sind die Autoradiogramme der so gereinigten Drähte mit dem Zustand vor der Reinigung gegenübergestellt. Das jeweils obere Autoradiogramm zeigt den Verunreinigungsgrad vor dem Reinigen durch Ziehen oder Ätzen, das darunter die Verteilung der Verunreinigungen danach. Beide Autoradiogramme zeigen eindeutig, daß sich durch das Reinigen die Verteilung der Verunreinigungen nicht ändert. Damit ist der Nachweis erbracht, daß die Verunreinigungen im Drahtinnern auftreten.

Eine halbquantitative Aussage über den Verunreinigungsgrad kann man durch Photometrieren des autoradiographierten Mikrodrahtes machen. Dazu werden die Proben unter gleichen Bedingungen aktiviert, exponiert und photometriert. Bei letzterem wird die Drahtschwärzung rechtwinklig zur Photometerspalthöhe am Spalt vorbei bewegt und der Schwärzungsverlauf über die Drahtlänge registriert. Dabei muß die Spalthöhe etwa die doppelte Größe der projizierten Schwärzungsknoten haben. Die Spaltbreite ist möglichst gering zu wählen.

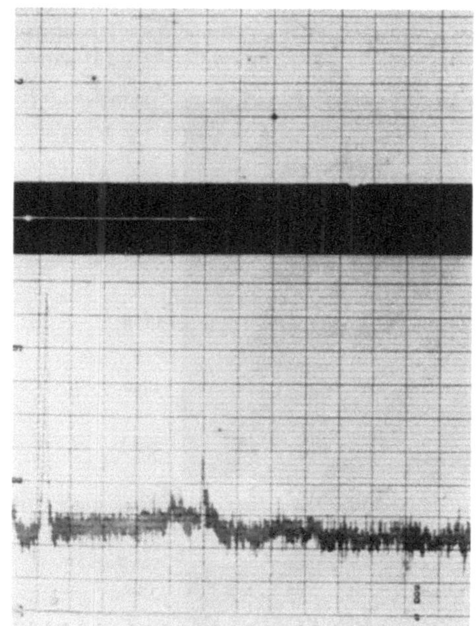

Abb. 8. Schwärzungskurve mit gegenübergestelltem Autoradiogramm einer Probe guter Bondbarkeit

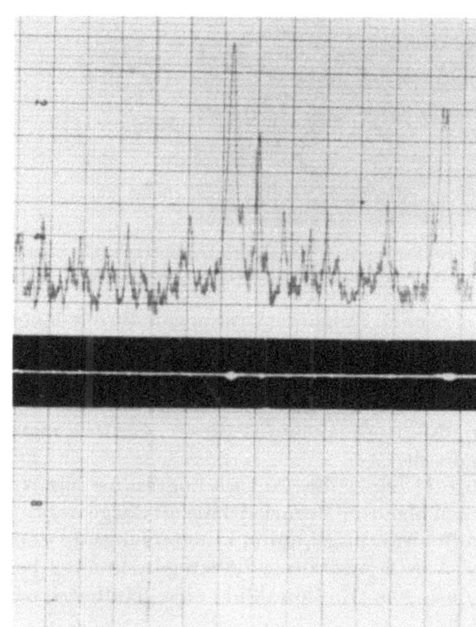

Abb. 9. Schwärzungskurve mit gegenübergestelltem Autoradiogramm einer Probe schlechter Bondbarkeit

Die nächsten beiden Abbildungen zeigen die Photometerkurven von nach dieser Methode ausgewerteten Drahtproben. Der Draht in Abb. 8 zeigt gute, in Abb. 9 schlechte Verarbeitungseigenschaften. Durch Bestimmung der Fläche unter der Schwärzungskurve erhält man einen zahlenmäßigen Wert für den Verunreinigungsgrad.

Im zweiten Teil dieser Arbeit wird versucht, Aussagen über die Art der auftretenden Verunreinigungen durch isotopentechnische Methoden zu machen.

Zunächst wurde das Abklingverhalten der aktivierten Verunreinigungen, die die Schwärzungsknoten verursachen, untersucht. Nach verschiedenen Abklingzeiten zwischen 130 und ca. 6000 h — bezogen auf das Ende der Aktivierung wurden die gleichen Drahtabschnitte autoradiographiert. Abb. 10 zeigt die Autoradiogramme eines Drahtabschnittes guter Bondbarkeit. Die abnehmende Aktivität wurde bei den

Abb. 10. Autoradiogramme eines Drahtabschnittes guter Bondbarkeit nach unterschiedlichen Abklingzeiten

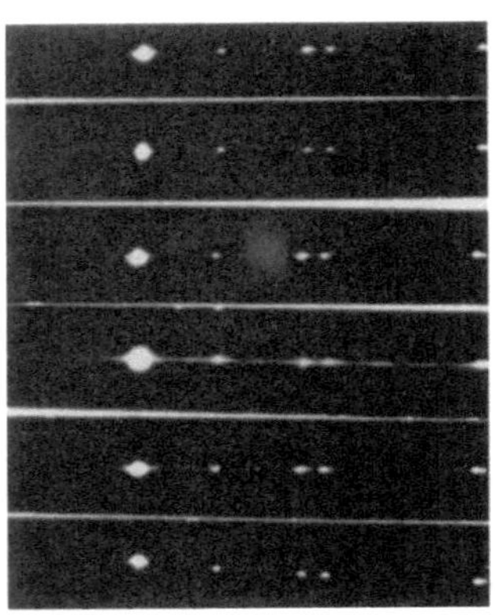

Abb. 11. Autoradiogramme eines Drahtabschnittes schlechter Bondbarkeit nach unterschiedlichen Abklingzeiten

Expositionen nach längerer Abklingzeit durch längere Expositionsdauer kompensiert. Es ist deutlich zu erkennen, daß der am rechten Bildrand erkennbare Schwärzungsknoten nach über 1000 h Abklingzeit nicht mehr nachgewiesen werden kann, die Radioaktivität dieser Verunreinigung also abgeklungen ist.

Auf Abb. 11 sind die Autoradiogramme eines Drahtabschnittes schlechter Verarbeitbarkeit dargestellt. Die hier sichtbaren Schwärzungsknoten klingen langsam und gleichmäßig ab. Aus Schwärzungsmessungen konnte berechnet werden, daß das Radionuklid eine Halbwertszeit von etwa 70 d hat.

Außerdem wurden gammaspektrometrische Untersuchungen zur Identifizierung der Verunreinigungen durchgeführt. Die Proben wurden als kleine Drahtknäulchen von etwa 10 mg Masse zusammen mit den für die Autoradiographie bestimmten Proben aktiviert.

Nach 5 d, 11 d, 33 d, 108 d und 185 d Abklingdauer wurden die Proben mit einem Ge(Li)-Halbleiterdetektor in Verbindung mit entsprechenden Verstärkern und einem 256-Kanal-Analysator, Bauart ZfK Rossendorf, gammaspektrometriert und registriert.

Die in Tab. 2 angeführten Radionuklide wurden gefunden.

Da keine absoluten Gehaltsangaben gemacht werden können, wurde eine Abschätzung des relativen Gehaltes vorgenommen. Das erfolgte durch die Impulsvolumina in den Energiepeaks. Der höchste Gehalt der vier Proben wurde jeweils gleich 1,0 gesetzt. Die Mengen der verschiedenen Radionuklide sind untereinander nicht vergleichbar.

Tab. 2.

Radionuklid	Ausgangselement	Abschätzung des relativen Gehaltes bei			
		Pr. 6	Pr. 7	Pr. 8	Pr. 9
^{24}Na	Na, Al	1	1	1	1
^{51}Cr	Cr	0	1	0	0
^{65}Zn	Zn	1	1	1	1
^{198}Au	Au	0,4	0,1	0,8	1
^{199}Au	Pt	0,1	0,03	0,3	1
^{182}Ta	Ta	0	0	0,2	1
^{75}Se	Se	0	1	0	0
^{192}Ir	Ir	0	0	0	1
^{110m}Ag	Ag	0,02	0,02	1	0,04

Anmerkung: Platin als Ausgangselement ist unsicher, da aus ^{198}Au auch ^{199}Au entsteht

Probe 6, die sich einwandfrei bonden läßt und bei der auch die autoradiographische Untersuchung den geringsten Verunreinigungsgrad zeigte, hat auch die geringsten gammaspektrometrisch nachweisbaren Verunreinigungen, während bei Probe 9 die Ergebnisse gerade umgekehrt ausfielen.

Es muß darauf hingewiesen werden, daß autoradiographisch hauptsächlich die Betastrahlen registriert werden, die bei der Gammaspektrometrie nicht erfaßt werden. Es gibt jedoch nur wenig Radionuklide, die ausschließlich Betastrahlen aussenden. In Zusammenhang mit in Aluminium auftretenden Verunreinigungen würde dies die Radionuklide ^{63}Ni, ^{14}C, ^{35}S, ^{45}Ca, ^{32}P und ^{36}Cl als reine Betastrahler betreffen. Einige von diesen, z. B. ^{63}Ni und ^{14}C, sind so schwer neutronenaktivierbar, daß sie nicht als Strahler in den Proben auftreten. Der weitaus größte Teil der aktivierten Verunreinigungen sind kombinierte Beta-Gamma-Strahler, so daß die Verunreinigungen durch Autoradiographie und Gammaspektrometrie vergleichend bestimmt werden können.

Diese Untersuchungen bedürfen noch der Ergänzung von Meßwerten, die mit anderen modernen Analysenverfahren, wie z.B. die energiedispersive Untersuchung an der Elektronenstrahlmikrosonde oder die massenspektrometrische Anaylse, bestimmt werden. Diese Teilergebnisse zeigen jedoch, daß sich besonders die Autoradiographie gut zur Charakterisierung des Verteilungsgrades von Verunreinigungen auch in extrem dünnen Drähten einsetzen läßt.

Eingegangen am 9. 6. 1982

Informationen

IAEA/DDR. Ein „Interregional Training Course on Radiochemistry" wurde vom 17. Mai bis 25. Juni 1982 im Zentralinstitut für Isotopen- und Strahlenforschung der AdW der DDR in Leipzig durchgeführt. Teilnehmern aus 17 Ländern Afrikas, Asiens, Europas und Mittelamerikas wurde in Vorträgen und Laborexperimenten Grundwissen wie auch Methodisches aus Teilgebieten der Kern- und Radiochemie vermittelt. Das 36 ein- bis dreistündige Vorträge umfassende Programm bestritten Gastlektoren aus England (*A. Maddock*, *H. J. M. Bowen*), Frankreich (*J. P. Adloff*), Österreich (*T. Schönfeld*) sowie von der IAEA Wien, dem Zentralinstitut für Kernforschung Rossendorf, der Bergakademie Freiberg, der Technischen Hochschule Leipzig und 12 Lektoren des veranstaltenden Instituts. Ausgehend von kernphysikalischen und kernchemischen Grundlagen (Kernaufbau, Wechselwirkung der Kernstrahlung mit Materie, Messung und Detektoren) behandelten die Vortragenden u. a. Themen wie Neutronenaktivierungsanalyse, Röntgenfluoreszenzanalyse, Isotopenverdünnungsmethode, *Mössbauer*-Spektrometrie, Reaktionen des Positroniums, Photoelektronenspektroskopie und hot-atom chemistry. Schließlich waren einige Vorlesungen der Traceranwendung in Biologie und Medizin, in chemischer Technologie und Forschung sowie der Anwendung großer Strahlenquellen gewidmet.

Ein Teil des so vermittelten Stoffes konnte durch Experimente — in kleinen Gruppen durchgeführt — vertieft werden.

Einblick in Probleme und Techniken der Isotopenproduktion bekamen die Kursanten durch Besichtigungen von Laboratorien und Einrichtungen im Zentralinstitut für Kernforschung Rossendorf und im Zentralinstitut für Isotopen- und Strahlenforschung, Bereich Strahlenquellen und Nuklearpharmaka, Berlin-Buch. Die Besichtigungen verschiedener Bereiche des ZfI in Leipzig sowie eines Traceversuchs in der Industrie rundeten das Programm ab.

Die Organisation erfolgte in Zusammenarbeit mit der IAEA Wien und dem Staatlichen Amt für Atomsicherheit und Strahlenschutz der DDR. *G. Vormum*

Sowjetunion. Der Vorsitzende des staatlichen Komitees für die Nutzung der Kernenergie der UdSSR, *A. M. Petrosjanz*, führte in einem Bericht aus, daß die weitere Steigerung der Kernkraftwerkskapazität, die Anfang 1982 insgesamt über 16000 MWe betrug, bis 1985 vor allem durch Inbetriebnahme von 1000-MWe-Blöcken mit Leichtwasser-Graphit-Druckröhrenreaktor RBMK-1000 und Druckwasserreaktor WWER-1000 erfolgen wird, die auf mehr als 20 Bauplätzen im europäischen Teil der Sowjetunion errichtet werden. Ab 1985 sollen die ersten 1500-MWe-Blöcke mit Reaktoren des Typs RBMK-1500 zunächst im Kernkraftwerk Ignalin und später in Kostroma und Smolensk folgen.

Einen wesentlichen Schwerpunkt bildet die Entnahme von Heizdampf für Fernheizung für Industrie und Haushalte aus Kernkraftwerken, die bereits bei den Anlagen in Bjelojarsk, Kursk, Tschernobyl, Nowo-Woronesch, Kola und Oktemberjan erfolgt. Eine besonders hohe Dampfentnahme ist für die geplanten bzw. seit kurzem in Bau befindlichen 1000-MWe-Werke bei Rostow und Odessa vorgesehen. Die ersten kleinen Kernenergieanlagen, die nur für Wärmeversorgung bestimmt sind, sollen bis 1985 in Gorki und Woronesch den Betrieb aufnehmen.

(Atomwirtschaft 5/82)

USA. Bei dem 640-MWe-Kernkraftwerk Nine Mile Point-1 mit Siedewasserreaktor von General Electric wurden bei Funktionsprüfungen am 23. 3. 82 Leckagen an Pumpen festgestellt, die auf Korrosion der bei der Herstellung dieses seit 1969 in Betrieb befindlichen Kernkraftwerks verwendeten Stahlsorte zurückgeführt werden.

Der Betreiber hatte bereits 1979 Ersatzdüsen gekauft, sie jedoch nicht eingebaut, da die Prüfungen bisher keine Notwendigkeit ergaben. Für die Auswechselung ist eine Abschaltung von ca. 9 Monaten erforderlich.

(Atomwirtschaft 5/82)

DDR. Das III. Internationale Symposium der RGW-Mitgliedsländer über Nuklearpharmaka und Radioimmunoassays findet in der Zeit vom 20. bis 23. September 1983 in Leipzig statt. Es werden folgende 3 Themenkomplexe behandelt:

1. Synthese, Analyse und Anwendung von Nuklearpharmaka zur In-vivo-Diagnose (Schwerpunkte: Technetium-89*m*- und Zyklotron-Präparate);
2. Synthese, Qualitätskontrolle und Anwendung von Radioimmunoassays (In-vitro-Diagnose);
3. Synthese, Analyse und Anwendung von Nuklearpharmaka für therapeutische Zwecke.

Interessenten aus der DDR und den anderen RGW-Mitgliedsländern können sich mit Teilnahmewünschen und gegebenenfalls mit Vortragsanmeldungen bis zum 31. März 1983 wenden an:
Zentralinstitut für Isotopen- und Strahlenforschung der AdW, Herrn Prof. Dr. *G. Vormum*, DDR-7050 Leipzig, Permoserstr. 15.

USA. Das Atomic Industrial Forum (AIF) hat seine Statistik über Kosten und Verfügbarkeit von insgesamt 113 Kraftwerken in den USA für 1980 veröffentlicht.

Dabei handelt es sich um Anlagen, die zwischen 1970 und 1979 in Betrieb genommen wurden, davon 56 Kernkraftwerke, 36 Kohlekraftwerke und 21 Ölkraftwerke. Die Gesamtkapazität der ausgewerteten Kernkraftwerke betrug 44213 MWe, der Kohlekraftwerke 23727 MWe und der Ölkraftwerke 10905 MWe. Das AIF beschränkte seine Statistik auf diejenigen EVU, die mindestens 10% Anteil an einem oder mehreren Kernkraftwerken haben.

An der gesamten Stromerzeugung waren Kohlekraftwerke mit 51%, Kernkraftweke und Ölkraftwerke mit je 11% beteiligt (die anderen Energiearten wurden in der Statistik nicht aufgeführt.) Elektrizität aus Kernkraftwerken kostete 1980 2,3 c/kWh, aus Kohlekraftwerken 2,5 c/kWh uud aus Ölkraftwerken 5,4 c/kWh. Die Stromkosten betrugen 1979 in gleicher Reihenfolge 1,9, 2,3 und 4,3 c/kWh. Der Capacity Factor, das Verhältnis von erzeugten Kilowattstunden zur maximalen Erzeugungsrate bei ununterbrochenem Dauerbetrieb, lag für Kernkraftwerke bei 59,3%, Kohlekraftwerke bei 58,2% und Ölkraftwerke bei 39,5%. Die Zeitverfügbarkeit lag bei 67,4% für Kernkraftwerke, 75,1% für Kohlekraftwerke und 77,1% für Ölkraftwerke. Bei nicht beabsichtigten Abschaltungen lagen die Kernkraftwerke bei 10,8%, Kohlekraftwerke bei 13,9% und Ölkraftwerke bei 6,2%. Alle Angaben stammen von den befragten EVU. Etwa zwei Drittel der angegebenen Atomstromkosten enthalten Rückstellungsanteile für Stillegung und Entsorgung. (Atomwirtschaft 5/82)

USA. Die Battelle Pacific Northwest Laboratories haben im Auftrag des Electric Power Research Institute (EPRI) eine zweijährige Studie über Umgebungsradioaktivität der Kernkraftwerke Browns Ferry, Rancho Seco, Zion und Quad Cities durchgeführt.

Nach den Ergebnissen dieser Studie stammten Radioaktivitätsspuren fast ausschließlich von Kernwaffenversuchen, und die gemessenen Werte lagen weit unter den zulässigen Grenzwerten. Wegen der unterschiedlichen Verhältnisse der Plutonium- und Cäsiumisotope kann zwischen Radioaktivität von Waffenversuchen und aus Kernkraftwerken unterschieden werden. Von 220–250 Proben, die in der Umgebung jedes Kernkraftwerks entnommen wurden, schien nur eine Bodenprobe Spuren von Pu und Cs mit Reaktorursprung zu enthalten. Die Spuren konnten jedoch nur nachgewiesen werden, weil an dem betreffenden Standort die Untergrundstrahlung geringer als üblich war. Die Spurenmessung ergab Werte, die 9000fach niedriger als die von der Environmental Protection Agency (EPA) empfohlenen Grenzwerte lagen. (Atomwirtschaft 5/82)

USA. Gemäß einer Mitteilung der General Public Utilities vom 3. März 1982 wurde jetzt eine weitere Phase bei den Aufräumungsarbeiten im havarierten amerikanischen Reaktorblock Three Mile Island-2 abgeschlossen. Von den ursprünglich rund 2300 m³ stark radioaktiven Wassers, das seit dem Störfall vom 28. März 1979 mit einem Pegel von fast zweieinhalb Metern im Containment lag, wurde der Großteil, nämlich rund 95% aus dem Sicherheitsgebäude herausgepumpt und mit dem Reinigungssystem SDS (Submerged Demineralizer System) von radioaktiven Stoffen befreit. Das restliche Wasser hat noch eine Tiefe von etwa einem Dutzend Zentimetern und kann mit der bisher eingesetzten schwimmenden Pumpe nicht entfernt werden, da ihr Ansaugteil bei dieser geringen Tiefe nicht mehr vollständig ins Wasser eintaucht. Vor dessen Entfernung zwischen Mitte Mai und Ende 1982 sollen die rund 400 m³ Reaktorkühlwasser gereinigt und ein Dekontaminations-Großversuch durchgeführt werden. Die für diesen Versuch verwendeten 250 m³ Wasser werden dem noch am Containmentboden liegenden Wasser beigefügt, zusammen mit diesem im SDS gereinigt und — wie alle bisher gereinigten Wasserschübe — im System EPICOR-2 nachbehandelt. Man schätzt, daß mit dem SDS-System bisher 230 000 Ci und mit EPICOR-2 50 Ci Radioaktivität aus dem Wasser entnommen wurden, in dem nur noch etwa 0,02 Ci ^{134}Cs und ^{137}Cs, ^{90}Sr, ^{144}Ce und ^{60}Co sowie 1800 Ci Tritium zurückgeblieben sind. Dabei wurden ausgewählte Bereiche mit Wasser abgesprüht und abgewaschen. Die Strahlenbelastung des Reinigungspersonals blieb dabei mit ca. 25 Mann-rem um ca. 30% unter den erwarteten Werten.

Am 24. 3. 82 trat eine Leckage von ca. 800 l radioaktiven Wassers in ein Hilfssystem auf, jedoch trat keine Radioaktivität nach außen aus. Das Wasser wurde in einem Lagertank gesammelt.

Der dritte Jahrestag des TMI-2-Ströfalls vom 28. 3. 79 brachte im Gegensatz zu den beiden Vorjahren nur noch geringe öffentliche Demonstrationen, darunter einen Schweigemarsch am Standort von weniger als 100 Personen. Die jetzigen Proteste richten sich vor allem gegen die langsamen Fortschritte bei der Dekontaminierung, von denen eine Erhöhung der möglichen Gefährdung der Einwohner in der Umgebung befürchtet wird.

(SVA-Bulletin 1982, Atomwirtschaft 5/82)

Indien. Die vier (unverändert) in Betrieb befindlichen Kernkraftwerksblöcke erzeugten der atw-Schnellstatistik zufolge 1981 insgesamt 3056421 MWh brutto und damit um 6,2% mehr als im Vorjahr (1980: 2877773 MWh). Die kumulierte Bruttoerzeugung bis 31. 12. 81 betrug 29646 GWh.

Es lieferten (in GWh): Tarapur-2 935 (Lastfaktor 0,51), Tarapur-1 794 (0,43), RAPP-2 793 (0,41), RAPP-1 535 (0,28).

Der Vorsitzende der indischen Atomenergie-Kommission, Dr. *H. N. Sethna*, befaßte sich in einem Vortrag mit den Problemen der Realisierung des indischen Kernenergieprogramms, das die Errichtung von Kernkraftwerken mit einer Gesamtleistung von 10000 MWe bis zum Jahr 2000 (bei einem erwarteten Bedarf an gesamter Kraftwerksleistung von 120000 MWe) vorsieht.

Bei einer gesamten Kraftwerksleistung in Indien, die von nur 2000 MWe Ende der vierziger Jahre auf heute über 31000 MWe stieg, sind z. Z. Kernkraftwerke mit rd. 600 MWe in Betrieb und nur 1350 MWe in Bau.

Da die Bauzeiten der Kernkraftwerke sich von 5 Jahren beim ersten Tarapur auf 10 Jahre für RAPP-2 verlängerten, erscheint das Programm auf den ersten Blick unrealistisch. Der Zeitbedarf geht jedoch wesentlich auf die aus NV-Gründen erforderlich gewordene Umstellung von ausländischen Lieferungen auf den Aufbau völliger Eigenfertigung zurück. Er kann nach *Sethna* nunmehr durch eine schnellere Errichtung standardisierter 235-MWe-Blöcke des für das Werk Narora entwickelten CANDU-Reaktors wieder wesentlich verringert werden. Dazu soll auch der Beschluß beitragen, jeweils 4 Blöcke an einem Standort zu errichten. Z. Z. sind 10 neue Blöcke geplant. Außerdem wird an 500-MWe-Blöcken gearbeitet, die aus dem Narora-Typ weiterentwickelt werden. 12 solcher Blöcke sollen bis zum Jahr 2000 errichtet werden. (Atomwirtschaft 5/82)

Pakistan. Das einzige in Betrieb befindliche Kernkraftwerk, Kanupp, erzeugte 1981 der atw-Schnellstatistik zufolge 230020 MWh brutto bei einem Lastfaktor von 0,19 (1980: 83876 MWh). Seine kumulierte Bruttoerzeugung bis 21. 12. 81 betrug 3227 GWh. (Atomwirtschaft 5/82)

Korea (Süd). Das einzige bisher in Südkorea in Betrieb befindliche Kernkraftwerk, Ko-Ri-1, erzeugte der atw-Schnellstatistik zufolge im Jahr 1981 bei einem Lastfaktor von 0,56 Strom in Höhe von 2897205 MWh brutto und damit um 16,6% weniger als im Vorjahr (1980: 3477154 MWh). Seine kumulierte Bruttoerzeugung bis 31. 12. 81 betrug 11922 GWh. (Atomwirtschaft 5/82)

IAEA. Ein internationales Symposion über Radioimmunoanalyse und ähnliche Verfahren in der Medizin veranstaltete die Internationale Atomenergie-Organisation (IAEO) vom 21. bis 25. Juni 1982 an ihrem Amtssitz in Wien. Es war die vierte in einer Reihe einschlägiger Tagungen; die früheren fanden 1969 in Wien, 1973 in Istanbul und 1977 in Berlin (West) statt.

Die Radioimmunoanalyse ist ein Verfahren, mit dem man durch Markierung mit radioaktiven Isotopen die Konzentration biologischer Substanzen, z.B. von Hormonen im Blut, messen kann. Es zeichnet sich durch hohe Empfindlichkeit aus und ermöglicht eine scharfe Unterscheidung der einzelnen Substanzen. So können damit geringste Konzentrationen (bedeutend weniger als ein Millionstel Gramm in einem Blutstropfen) bestimmt werden, selbst wenn die untersuchte Substanu mit Tausenden anderer gemischt ist. Die Verfahren sind so verfeinert, daß damit weitverbreitete schwere Erkrankungen, wie Malaria und Schistosomiasis, diagnostiziert werden können, auch wenn keine Krankheitssymptome zu erkennen sind.

Die Radioimmunoanalyse und ähnliche Verfahren haben sich, seit sie vor etwas über 20 Jahren für Insulin und Schilddrüsenhormone eingeführt wurden, ganz außerordentlich weiterentwickelt, und im Jahre 1977 wurde dafür der Nobelpreis für Medizin und Physiologie verliehen. Die Methoden, die zunächst an einem oder zwei Laboratorien auf ein bis zwei Hormone angewandt wurden, finden heute in Tausenden Laboratorien für Hunderte Substanzen Verwendung; jedes Jahr werden viele Millionen Proben analysiert. Heute kann man damit zahlreiche Hormone, Vitamine, Drogen und Substanzen messen, die von den Pathogenen ansteckender Krankheiten erzeugt werden oder in Verbindung mit Tumoren auftreten. Die Verfahren sind von unmittelbarer Bedeutung für die Erkennung von Krankheiten, Fragen des Gesundheitswesens und die Erforschung der normalen und anomalen Physiologie.

Die analytischen Verfahren der Radioimmunoanalyse sind verhältnismäßig billig, erfordern nur geringe Mengen radioaktiver Stoffe und erlauben es, auf eine Radioaktivitätszufuhr beim Patienten zu verzichten. Deshalb gehören sie wohl zu den ersten medizinischen Radioisotopenverfahren, die in Entwicklungsländern eingeführt werden können. Trotzdem ist ihre erfolgreiche Anwendung keineswegs einfach.

Im Hinblick auf die rasche Entwicklung der Methoden, die zahlreichen Fehlerquellen bei den Analysen, die Vielfalt der untersuchten Substanzen und den sehr unterschiedlichen Entwicklungsstand der Laboratorien in verschiedenen Ländern ist eine Ausbildung von Fachkräften und eine sorgfältige Qualitätsüberwachung nötig.

So führte die IAEO beispielsweise 1981 ein koordiniertes Forschungsprogramm durch, um zu begutachten, welcher Grad an Zuverlässigkeit bei der Radioimmunoanalyse von Schilddrüsenhormonen zu erreichen ist. Auch Programme zur Auswertung der analytischen Daten mit billigen Handrechnern wurden abgeschlossen, und rund 40 Laboratorien, unter anderem in Argentinien, Bangladesch, Chile, Indien, Indonesien, Kolumbien, Malaysia, Mexiko, Pakistan, den Philippinen und der Türkei, erhielten solche Rechner.

(IAEA-Presseinformation)

IAEA. Wie in den letzten Jahren wird die IAEA auch 1982/83 wieder eine Eichaktion für die quantitative Analyse von Radioisotopen durchführen. Das Ziel dieser Aktion ist es, den Laboratorien, die Radioanalysen durchführen oder Radioisotope und Tracer einsetzen, die nötigen Grundlagen zur Kontrolle der Dosierqualität zu geben. Analytische Ergebnisse sind ja nur dann brauchbar, wenn man sowohl ihre Reproduzierbarkeit als auch ihre absolute Genauigkeit durch Eichung feststellen kann. Die Mehrzahl der Laboratorien verfügt zwar über Möglichkeiten, die Reproduzierbarkeit ihrer Analysen festzustellen, nicht jedoch die absolute Richtigkeit, da hierfür mehrere unabhängige Meßverfahren und Interlaborvergleiche nötig sind. Hier bietet nun die IAEA einen Qualitätskontrolldienst an, der in der Periode 1982/83 den Versand folgender Kategorien von Eichproben umfaßt:

- zertifizierte Eichproben und Referenzproben für die Nukleartechnik und die Isotopenhydrologie einschließlich Eichproben für die Massenspektrometrie
- Eichproben bekannter Zusammensetzung (Uran, Transurane und Spaltprodukte) für die Umgebungsüberwachung und Sicherheitskontrolle
- Eichproben für die Anwendung stabiler Isotope in Umweltforschung oder Biomedizin beispielsweise für die Eichung von Neutronenaktivierungs-Analysenanlagen.

Bestellformulare für die zu Selbstkostenpreisen abgegebenen Proben und weitere Auskünfte sind erhältlich beim Qualitätskontrolldienst, Laboratorium Seibersdorf, Internationale Atomenergie-Organisation, Postfach 100, A-1400 Wien. (Presseinformation IAEA)

IAEA. Der sechste Bericht der Internationalen Atomenergie-Organisation (IAEO) über die Durchführung der Sicherheitskontrolle, der ihre Überwachungstätigkeit im Jahre 1981 zum Gegenstand hat, wurde dem Gouverneursrat der Organisation auf seiner Junitagung 1982 unterbreitet.

Das Überwachungssystem der IAEO ist dazu gedacht, zu kontrollieren, daß keine Abzweigung von überwachtem Kernmaterial stattfindet und daß überwachte Kernanlagen nicht für militärische Zwecke verwendet werden. Es ist ein wesentlicher Bestandteil der umfangreicheren internationalen Bestrebungen, die Weiterverarbeitung von Kernwaffen zu verhindern. Es ist zu beachten, daß das System auf die Überprüfung der kontrollierten Kernanlagen einzelner Staaten beschränkt ist und auf Abkommen beruht, die mit ihnen abgeschlossen werden.

Viele Staaten besitzen bereits die technischen Voraussetzungen für die Erzeugung von Kernmaterial, das für Kernwaffen geeignet wäre, und ihre Zahl wird voraussichtlich weiter ansteigen. Bis jetzt sind 114 kernwaffenlose Staaten dem Atomsperrvertrag beigetreten und haben sich somit vertraglich verpflichtet, auf keinerlei Weise Kernwaffen oder andere Kernsprengsätze zu erwerben. In 37 von diesen Staaten laufen umfangreiche Kernprogramme, 36 von ihnen haben mit der IAEO die vorgesehenen Kontrollabkommen abgeschlossen, und ein weiteres Abkommen ist in Vorbereitung. Ferner haben 22 lateinamerikanische Staaten den Vertrag über das Verbot von Kernwaffen in Lateinamerika ratifiziert, der damit in Kraft getreten ist, und mit zwei Ausnahmen sind alle diese Staaten auch Parteien des Atomsperrvertrages.

Außerdem gibt es 12 kernwaffenlose Staaten, die Kernanlagen betreiben, aber dem Atomsperrvertrag nicht beigetreten sind. In acht davon unterliegen alle der IAEO (aus Veröffentlichungen) bekannten größeren Anlagen der Sicherheitskontrolle auf Grund bestehender Abkommen mit der IAEO, während in vier Staaten nicht überwachte Kernanlagen arbeiten oder im Bau sind, die für Waffen geeignetes Material erzeugen können. Trotzdem unterliegen derzeit rund 98% der kerntechnischen Anlagen in allen kernwaffenlosen Staaten, ob sie nun dem Atomsperrvertrag beigetreten sind oder nicht, der Sicherheitskontrolle. Zum ersten Mal geht die IAEO in ihrem Bericht auch auf ihre Erfahrungen bei der Durchführung der Sicherheitskontrolle an einigen für friedliche Zwecke eingesetzten Kernanlagen in Kernwaffenstaaten ein.

Der Bericht über Durchführung der Sicherheitskontrolle im Jahre 1981 gelangt zu dem Schluß, das daß Sekretariat keine Anomalie entdeckt hat, die darauf hinweisen würde, daß eine größere Menge überwachten Kernmaterials abgezweigt oder daß Anlagen oder Geräte, die auf Grund von Abkommen der Kontrolle unterliegen, für die Herstellung von Kernwaffen, die Erzeugung anderer Kernsprengsätze oder sonstige militärische Zwecke mißbraucht worden wären. An zwei Kernkraftwerken in kernwaffenlosen Staaten war die IAEO jedoch nicht in der Lage, ausreichende Überprüfungen vorzunehmen, solange bestimmte technische Maßnahmen nicht durchgeführt sind. In einem dieser Fälle nehmen die Verhandlungen über die erforderlichen Maßnahmen einen zufriedenstellenden Verlauf. Obwohl die IAEO in diesen beiden Fällen vorläufig zu keiner Entscheidung gelangt ist, glaubte das Sekretariat mit diesem Vorbehalt vernünftigerweise folgern zu können, daß das von der Organisation überwachte Kernmaterial während des Jahres 1981 für friedliche Zwecke verwendet wurde oder auf andere Weise buchmäßig erfaßt war.

Der Bericht über Durchführung der Sicherheitskontrolle bringt Statistiken und Angaben über die Kontrolltätigkeit der IAEO während des Jahres 1981. Er gibt an, auf welchen Gebieten Fortschritte erzielt wurden und so weitere Verbesserungen nötig sind. Damit bietet er die Möglichkeit zu einer systematischen kritischen Prüfung der Überwachungstätigkeit.

Ende 1981 unterlagen 844 Anlagen in kernwaffenlosen Staaten der Sicherheitskontrolle. Das kontrollierte Kernmaterial umfaßte 5 Tonnen abgetrenntes Plutonium, 10 Tonnen hochangereichertes Uran, 71 Tonnen Plutonium in bestrahltem Brennstoff und 37.642 Tonnen niedrigangereichertes Uran und Ausgangsmaterial.

Nahezu 20 Millionen US $ wendete die IAEO 1981 für die Sicherheitskontrolle auf. An rund 500 größeren Kernanlagen in 50 Staaten wurden mehr als 1400 Inspektionen im Ausmaß von über 5.000 Manntagen durchgeführt. Von rund 160 Überwachungssystemen wurden rund acht Millionen Kontrollaufnahmen gemacht und ausgewertet. Mehr als 4.000 Plomben wurden angebracht und anschließend kontrolliert. Das Analytische Laboratorium für Sicherheitskontrolle analysierte nahezu 900 Proben Kernmaterial, die an den Anlagen entnommen wurden. Materialbuchungsberichte über rund 700 Anlagen langten bei der IAEO ein, und weitere 345.000 Daten wurden von ihrem Computer ausgewertet und gespeichert.

Das Sekretariat konnte über wesentliche Fortschritte berichten. Der Umfang der Inspektionen hat stark zugenommen, ebenso wie die Verwirklichung der gesteckten Ziele.

Der Bericht über Durchführung der Sicherheitskontrolle weist auch auf einige Bereiche hin, wo weitere Verbesserungen nötig sind. Das ist nicht überraschend, da die Sicherheitskontrolle eine in voller Entwicklung befindliche Technik ist und immer mehr und immer komplexere Kernanlagen der Überwachung unterstellt werden. Die wichtigsten Probleme sind der beschränkte Mitarbeiterstab des Inspektorats, die Beschaffung geeigneter Geräte und die Zurückhaltung, die manche Staaten bei der Erteilung des Agréments für Inspektoren der IAEO an den Tag legen.

Während des Jahres 1981 stieg die Zahl der ordentlichen Inspektoren, das heißt der für bestimmte Staaten bestellten erfahrenen Inspektoren, um 25% an. Dadurch konnte das Sekretariat die Inspektionstätigkeit an Anlagen stark erweitern. Es müssen allerdings noch Anstrengungen unternommen werden, weitere Inspektoren einzustellen und auszubilden, um die Kluft zwischen dem nötigen Inspektionsausmaß und dem vorhandenen Personal zu schließen.

Ein weiteres Problem sind die Überwachungsgeräte. Für die Sicherheitskontrolle mußten Spezialgeräte entwickelt werden: automatische Überwachungskameras und Fernsehanlagen, sichere Plomben, Geräte für Messungen ohne Probenbeschädigung, usw. Mehrere Mitgliedstaaten haben als Ergänzung zu den Arbeiten der IAEO umfangreiche Hilfsprogramme in Angriff genommen. Verschiedene im Zuge dieser Programme entwickelte Geräte wurden 1981 erprobt und einige werden bereits regelmäßig eingesetzt.

Auf Grund ihrer beiden Überwachungssysteme ist die IAEO verpflichtet, für den Schutz aller vertraulichen, kommerziellen und industriellen Informationen zu sorgen, die sie bei der Sicherheitskontrolle erlangt. Es bestehen auch strenge Vorschriften bezüglich der Veröffentlichung solcher Informationen. Dies entspringt dem Wunsch der Mitgliedstaaten, zu gewährleisten, daß ihre nationalen und kommerziellen Interessen nicht dadurch geschädigt werden, daß durch Patente geschützte oder andere wertvolle Informationen über ihre Kernindustrie, die sich gegenüber der Konkurrenz behaupten muß, an die Öffentlichkeit dringen. Die IAEO ist sich selbstverständlich bewußt, daß die Öffentlichkeit zunehmend an der Wirksamkeit der Sicherheitskontrolle interessiert ist, und nach einer ersten Diskussion beschloß der Gouverneursrat, diese Frage auf seiner Tagung im Februar 1983 eingehend zu erörtern.

(IAEA-Presseinformation)

IAEA. Der Gouverneursrat der IAEO erhielt am 14. Juni 1982 den ersten ordentlichen Jahresbericht über die Betriebssicherheit von Kernkraftwerken und anderen Anlagen des nuklearen Brennstoffkreislaufs in den 110 Mitgliedstaaten der Organisation. Dieser Bericht soll von nun an alljährlich herauskommen und den Mitgliedstaaten, den Nachrichtenmedien und der interessierten Öffentlichkeit einen kurzen Überblick über die wichtigsten Tendenzen und Neuerungen auf diesem Gebiet geben. Der Gouverneursrat der IAEO wird den Bericht auf seiner Tagung im September 1982 eingehender erörtern.

Die Kerntechnik ist im Vergleich zu anderen komplexen technischen Sparten, wie chemische Industrie oder Flugzeugbau, eine junge Technik, aber sie hat die Sicherheit — den Schutz der Arbeitenden, der Öffentlichkeit und der Umwelt — stets vorrangig behandelt. Die Betriebssicherheit von Kraftwerken wird ständig verbessert durch Forschung und Untersuchung und durch das sorgfältige Studium früher eingetretener Zwischenfälle. Im Strahlenschutz wird das Ziel, die Strahlenbelastung so gering wie vernünftigerweise möglich zu halten, auf neuen Wegen verfolgt, so daß die Individualdosen auf ein Mindestmaß gesenkt werden können.

Ende 1981 waren in 23 Ländern mehr als 250 Kernkraftwerke in Betrieb, mit denen Betriebserfahrungen im Ausmaß von über 2500 Reaktorjahren gesammelt wurden. Diese Erfahrungen stellen einen reichhaltigen Grundstock wertvoller Erkenntnisse dar.

1980 und 1981 waren wichtige Jahre für die Geschichte der Kernindustrie, denn nach dem Schock des Unfalls von Three Mile Island hat man hinsichtlich der Grundlagen der nuklearen Sicherheit neue Wege eingeschlagen. Wichtige Fortschritte waren zu verzeichnen a) in der Technik, b) in der Erstellung von Alarmplänen und c) im Strahlenschutz.

a) *Technik.* Auf Grund der aus den Betriebserfahrungen gezogenen Lehren wurden verschiedene Verbesserungen bei der Anlageplanung ausgearbeitet, die an einigen Anlagen bereits verwirklicht wurden.

Bis in die jüngste Zeit konzentrierte man sich im Zusammenhang mit der nuklearen Sicherheit vor allem auf Details der Anlageplanung. Heute hat die Rolle des Reaktorfahrers einen neuen Stellenwert erhalten. Man ist sich bewußt, daß er in kritischen Situationen die wichtigsten Daten auf der Stelle zur Verfügung haben muß; daß diese so verarbeitet sein müssen, daß er sie versteht; und daß er Zeit haben muß, die Daten zu analysieren, damit er sobald wie möglich die Kontrolle der Maschine übernehmen kann. Dieses Konzept wurde durch Verbesserungen im Schaltraum berücksichtigt.

b) *Alarmpläne.* Wirkungsvolle Alarmpläne und Notfallmaßnahmen sind ein notwendiger Bestandteil des Hilfsapparates jeder Kernanlage. Fundierte Anleitungen und Schulungsprogramme für die technische Notfallsplanung wurden, vor allem in den letzten zwei Jahren, sowohl in einzelnen Staaten als auch international ausgearbeitet. Darüber hinaus werden in vielen Ländern die Alarmpläne sowohl innerhalb als auch außerhalb der Anlagen immer häufiger praktisch erprobt. Es bleibt aber noch viel zu tun, wenn der Standard der Alarmpläne und Notfallsmaßnahmen an Kernanlagen einen Stand erreichen soll, der als angemessen zu betrachten ist.

c) *Strahlenschutz.* Die wichtigsten Empfehlungen in diesem Bereich lauten:

- kein Verfahren, das eine Belastung durch Strahlen oder Radioaktivität mit sich bringt, darf eingeführt werden, wenn es nicht eindeutig einen positiven Vorteil mit sich bringt.
- Alle Strahlenbelastungen sind unter Berücksichtigung wirtschaftlicher und sozialer Faktoren so gering wie vernünftigerweise möglich zu halten.
- Es sind Höchstdosen festzulegen, die bei keiner individuellen Strahlenbelastung überschritten werden dürfen.

Das Grundkonzept der „so gering wie vernünftigerweise möglich“ zu haltenden Dosis ist natürlich nichts Neues, aber es war schwierig, daraus praktische Richtlinien abzuleiten. Schon 1950 verlangte die ICRP[1]), daß „jede Anstrengung unternommen werden muß, die Belastung durch alle Arbeiten ionisierender Strahlen auf ein möglichst geringes Niveau zu reduzieren“. Dieses Prinzip hat die IAEO in ihre 1962 veröffentlichten und 1967 revidierten Grundnormen für den Strahlenschutz aufgenommen.

Neu ist dagegen, daß heute anstelle qualitativer Methoden quantifizierbare — wie die Kosten-Nutzen-Berechnung — verwendet werden, was zu einer Senkung der Strahlendosen für die Arbeitenden und die Bevölkerung führen wird.

Früher bestand die Annahme, daß Sicherheit vor allem durch die Intelligenz und Findigkeit der Anlageplaner zu erreichen sei, die voraussehen würden, welche Ereignisabläufe zu Unfällen führen könnten, und Sicherheitsvorrichtungen einplanen würden, um diese Ereignisse zu verhindern oder ihre Folgen zu mildern. Heute lernt man aus Störfällen, die sich an Kraftwerken tatsächlich ereignet haben, daß bestimmte Details der Pläne oder des Baues oder bestimmter Betriebsmethoden zu ändern sind und daß die Fähigkeit des Reaktorfahrers, prompt auf Störfälle zu reagieren, neu zu bewerten ist.

Die nukleare Sicherheit war ein Schwerpunktgebiet der Tätigkeit der IAEO in den 25 Jahren ihres Bestehens. Auf Grund ihrer Satzung ist die Organisation ermächtigt, Sicherheitsnormen für den Schutz der Gesundheit zu erstellen oder anzunehmen.

In den Sechzigerjahren, als die Mitgliedstaaten begannen, Strahlen und Radioisotope in der Medizin, der Landwirtschaft und der Industrie zu verwenden, stand der Strahlenschutz der Arbeitenden im Mittelpunkt des Interesses. Es war deshalb wichtig, den mit Strahlen Arbeitenden praktische Richtlinien für den gefahrlosen Umgang mit diesen Substanzen an die Hand zu gehen. Ein entsprechendes Dokument wurde 1958 fertiggestellt und als erste Publikation in der Schriftenreihe Strahlenschutz von der IAEO veröffentlicht. Die Tätigkeit der IAEO erstreckt sich auf:

a) Grundnormen für den Strahlenschutz

Die Grundnormen für den Strahlenschutz (Schriftenreihe Strahlenschutz Nr. 9) wurden 1963 erstmals veröffentlicht. Sie beruhen auf den Empfehlungen der Internationalen Strahlenschutz-Kommission (ICRP) und wurden von der IAEO gemeinsam mit der Weltgesundheitsorganisation, der Internationalen Arbeitsorganisation und der Kernenergieagentur der OECD ausgearbeitet, um den Mitgliedstaaten als Richtlinien zu dienen. Die neueste revidierte Ausgabe, die der Gouverneursrat der IAEO im September 1981 gebilligt hat, stützt sich auf die jüngsten Empfehlungen der ICRP. Die Normen dienen als Grundlage für die Ausarbeitung von Strahlenschutzvorschriften, für die beruflich Exponierten und die Öffentlichkeit, und erleichtern es den Mitgliedstaaten, ihre Strahlenschutzbestimmungen zu vereinheitlichen und auf den neuesten Stand zu bringen.

Ein wichtiger Grundsatz der revidierten Grundnormen ist die Forderung, jede Strahlenbelastung „so gering wie vernünftigerweise möglich“ zu halten. Es ist das erste Mal, daß ein Sicherheitssystem, obwohl es bereits ausreichenden Schutz für jeden einzelnen gewährleistet, darüber hinaus eine Verminderung des noch vorhandenen potentiellen Risikos verlangt. Ein weiteres wichtiges Konzept ist die Anwendung einer konsequenteren Methode zur Einschränkung des gesundheitlichen Risikos durch gleichmäßige oder ungleichmäßige Bestrahlung des Körpers.

b) Sicherheitsnormen für Leistungsreaktoren

Im Jahre 1974 wurde das NUSS-Programm (Nuclear Safety Standards) in Angriff genommen, um international vereinbarte Sicherheitsnormen für stationäre Kernkraftwerke mit thermischen Reaktoren zu erstellen. In fünf Grundsatzpublikationen werden Ziele und Mindesterfordernisse festgelegt, die eine ausreichende Sicherheit für Kernkraftwerke gewährleisten sollen, und zwar auf fünf Gebieten:

- Regierungsorgane
- Standortewahl
- Planung
- Betrieb
- Qualitätsvereinheitlichung

Zusätzlich zu den Grundsatzpublikationen veröffentlicht die IAEO ungefähr 60 Sammlungen von Anleitungen. Sie geben Richtlinien und beschreiben einige Methoden zur

[1]) Die ICRP (Internationale Strahlenschutz-Kommission), eine unabhängige nichtstaatliche Expertengruppe, wurde 1928 gegründet, um Empfehlungen darüber auszuarbeiten, welchen maximalen Strahlendosen Menschen ohne Gefahr ausgesetzt werden können. Ihre Mitglieder werden auf Grund ihrer Qualifikation in Röntgenologie, Strahlenschutzphysik, Genetik und verwandten Gebieten ausgewählt, wobei mehr auf die gleichmäßige Vertretung der verschiedenen Fachgruppen als auf die Staatsangehörigkeit geachtet wird. Die Empfehlungen der ICRP werden seit 50 Jahren von den für den Strahlenschutz verantwortlichen innerstaatlichen und internationalen Organen allgemein akzeptiert.

Durchführung bestimmter Teile der Grundsatzpublikationen.

Diese Dokumente sind das Ergebnis einer gewaltigen Arbeitsleistung, an der Fachleute aus vielen Mitgliedstaaten der IAEO beteiligt sind. Die Ausarbeitung der 2.200 Textseiten, die das Ergebnis des Programms sein sollen, wird rund 250 einwöchige Tagungen von Fachausschüssen mit jeweils rund 10 Mitgliedern erfordern. Jedes Dokument wird zunächst von Experten aus mehreren Mitgliedstaaten entworfen, dann von einem Fachausschuß, der auf das entsprechende Gebiet spezialisiert ist, geprüft und revidiert. Anschließend wird das Dokument einer Beratergruppe vorgelegt, deren Mitglieder zumeist Fachleute von Aufsichtsbehörden der Mitgliedstaaten und internationalen Organisationen sind. Und schließlich hat noch jeder Mitgliedstaat Gelegenheit, Kommentare abzugeben und Verbesserungen vorzuschlagen.

c) *Sicherheitsnormen für Forschungsreaktoren*

Mehr als 300 Forschungsreaktoren und kritische Anordnungen sind auf der Welt in Betrieb. Obwohl die in diesen Anlagen vorhandene Menge von Spaltprodukten und damit auch das Risiko um mehrere Größenordnungen geringer ist als bei Leistungsreaktoren, werden Sicherheitsnormen auch für sie auf den neuesten Stand gebracht.

d) *Strahlenschutznormen für den Abbau und die Verarbeitung von Uran*

Der Abbau und die Verarbeitung von Uran sind die einzige Sparte der Kernindustrie, wo die Strahlenbelastung der Arbeitenden vielfach die festgelegten Höchstdosen überschritten hat. Die IAEO hat sich mit diesem Problem intensiv auseinandergesetzt. Die Richtlinien für den Strahlenschutz beim Abbau und bei der Verarbeitung radioaktiver Erze, die sie 1968 gemeinsam mit der Internationalen Arbeitsorganisation (ILO) veröffentlichte, wurden in Zusammenarbeit mit der ILO und der Weltgesundheitsorganisation revidiert und sollen im September 1982 dem Gouverneursrat der IAEO und im November 1982 dem Leitungsorgan der ILO zur Genehmigung vorgelegt werden.

e) *Sicherheitsvorschriften für die Beförderung radioaktiver Stoffe*

Durch die Annahme und weltweite Anwendung der von der IAEO erarbeiteten Sicherheitsvorschriften für die Beförderung radioaktiver Stoffe wurde beim internationalen Transport radioaktiver und spaltbarer Materialien ein hoher Stand der Sicherheit erreicht. Die Vorschriften wurden in die Bestimmungen der meisten Mitgliedstaaten und fast aller internationalen Transportorganisationen aufgenommen, unter anderem des Weltpostvereines, der Zwischenstaatlichen Beratenden Schiffahrtsorganisation, der Internationalen Lufttransportvereinigung und der Euroäpischen Organisationen für Eisenbahn- und Straßentransporte und Binnenschiffahrt. Seit 35 Jahren hält sich die Sicherheit bei der Beförderung radioaktiver Substanzen auf einem beispielhaft hohen Stand, denn jedes Jahr werden rund 8 Millionen solcher Sendungen befördert, ohne daß jemals ein Unfall mit ernsten Folgen für die Bevölkerung eingetreten wäre.

f) *Technische Anleitungen für die Erstellung von Alarmplänen*

Da der Erstellung von Alarmplänen und Notfallsprogrammen im Umkreis von Kernanlagen immer größere Bedeutung beigemessen wird, hat die IAEO ihre Tätigkeit in diesem Bereich verstärkt. Auf diese Weise will sie ihren Mitgliedstaaten dabei behilflich sein, eigene Alarmpläne und Notstandsmaßnahmen auszuarbeiten und die bei ihnen vorhandenen Voraussetzungen zu begutachten.

Die IAEO ist ein Forum für den Austausch wissenschaftlich-technischer Informationen unter den Kernwissenschaftlern in aller Welt, und die Sicherheit spielt in diesem Programm eine bedeutende Rolle.

Im Oktober 1980 veranstaltete die IAEO in Stockholm eine Internationale Konferenz über aktuelle Fragen der Betriebssicherheit von Kernkraftwerken, an der rund 700 Experten und Behördenvertreter aus Industrie- und Entwicklungsländern, sowie Vertreter von mehreren internationalen Organisationen teilnahmen.

Die Konferenz hatte große Bedeutung für die Zukunft der nuklearen Sicherheit, da sie Gelegenheit bot, die Rolle der Kernenergie nach dem Unfall von Three Mile Island neu zu begutachten. Die Tagungsteilnehmer waren einhellig der Meinung, daß an den Sicherheitserfordernissen und Sicherheitsanlagen von Kernkraftwerken keine wesentlichen Änderungen erforderlich seien, empfahlen aber einige Schwerpunktverlagerungen.

Bezüglich der Betriebserfahrungen gelangten sie unter anderem zu folgenden Schlüssen: a) an der Begutachtung und am Austausch von Informationen über Betriebserfahrungen sollten die Kernwissenschaftler aller Welt teilnehmen, wobei der IAEO eine wesentliche Rolle zukäme; b) da signifikante Unfälle nur sehr selten auftreten, muß aus allen vorhandenen Erfahrungen größtmöglicher Nutzen gezogen werden; c) Informationen müssen unter Mithilfe des Anlagebetreibers erlangt, nach ihrer Bedeutung eingestuft und so aufgezeichnet werden, daß sie ohne Schwierigkeit auszuwerten sind; d) Daten über Unfälle und Störfälle müssen von besonders erfahrenen Fachleuten analysiert werden; e) es ist wichtig, den „Informationskreis" zu schließen, das heißt, dafür zu sorgen, daß die Informationen zu jenen gelangen, die sie benötigen.

Die Bedeutung der internationalen Zusammenarbeit wurde betont; die Konferenz bewies, daß die Kernwissenschaftler in aller Welt bereit sind, an einem Informationsaustausch über Sicherheit teilzunehmen. Es wurde auch hervorgehoben, daß die Einstellung der Öffentlichkeit zur Kernenergie von den Erfahrungen mit der Betriebssicherheit abhängen wird. Außerdem muß die Öffentlichkeit erkennen, daß die Kernenergie geringe Risiken und große Vorteile mit sich bringt. Durch die Verbreitung von Informationen und durch die Ausarbeitung international anerkannter Sicherheitsnormen kann die IAEO hierbei entscheidend mitwirken.

(IAEA-Presseinformation)

FAO/IAEA. Schädlingsbekämpfungsmittel spielen eine wesentliche Rolle, wenn man für die Bevölkerung der Welt genügend Nahrung produzieren will. Sie dienen zur Bekämpfung von Schädlingen wie Insekten, Unkraut und Pflanzenkrankheiten und tragen direkt zur Erhöhung des Ertrages an Nutzpflanzen bei. Sie schützen aber auch vor Krankheiten, z.B. Trypanosomiose bei Nutztieren und vor Malaria und Filariasis beim Menschen.

Schätzungen zufolge hat Mitte der Sechzigerjahre jeder für Schädlingsbekämpfungsmittel ausgegebene Dollar einen

Mehrertrag von rund vier Dollar erbracht. Die seit 1945 in den Vereinigten Staaten erzielte Steigerung des landwirtschaftlichen Ertrages ist zu 20% diesen Chemikalien zu danken, und Studien in Großbritannien haben gezeigt, daß ohne ihre Verwendung bei Getreide im ersten Jahr Verluste von 24% eintreten und bis zum dritten Jahr auf 45% ansteigen würden.

Gleichzeitig mit der zunehmenden Verwendung agrochemischer Produkte ist man sich aber auch der potentiellen Gefahren bewußt geworden, die ihre Rückstände in der Umwelt darstellen können. Derzeit dürften auf der Welt mehr als zwei Millionen Tonnen Schädlingsbekämpfungsmittel jährlich verwendet werden.

Die Messung winziger Mengen einer Chemikalie ist eine wesentliche Voraussetzung für Forschungen über den Stoffwechsel, das Schicksal und die Rückstände eines Schädlingsbekämpfungsmittels in einem landwirtschaftlichen Produkt oder in der Umwelt. Mit Radioisotopen markierte Chemikalien spielen dabei oft eine wichtige Rolle. Während der Entwicklung eines neuen Produktes und vor seiner kommerziellen Verwertung werden sie bei Untersuchungen über dessen Stoffwechsel und Toxizität verwendet.

IAEA und die FAO haben durch ihre Gemeinsame Abteilung für Verwendung der Atomenergie (Isotope und Strahlen) zur Weiterentwicklung von Ernährungswesen und Landwirtschaft in den letzten Jahren intensiv daran gearbeitet, die Methoden auf diesem Gebiet zu verbessern. Die neuen Verfahren wurden in Entwicklungsländern, unter anderem Indien, Malaysia, den Philippinen, dem Sudan und Thailand, angewandt. Nun veranstalten die IAEA und FAO ein Symposium, das vom 7. bis 11. Juni 1982 am Amtssitz der FAO in Rom stattfindet und bei dem die italienische Regierung als Gastgeberin fungiert. Auf dem Programm steht unter anderem die Anwendung nuklearer Verfahren bei der Beobachtung von Schädlingsbekämpfungsmitteln in Pflanzen, Nahrungsmitteln, Nutztieren sowie im Boden und in Gewässern.

Rund 100 Fachleute aus Europa, Asien, Afrika, Nord- und Südamerika nehmen an dem Symposion teil.

(IAEA-Presseinformation)

Großbritannien. Die Elektrizitätsbehörde Central Electricity Generating Board (CEGB) veröffentlichte in ihrem Jahresbericht 1979/80 die in der Tabelle aufgeführten Betriebsergebnisse ihrer 8 Kernkraftwerke mit gasgekühlten Magnox-Reaktoren, die zwischen 1962 und 1971 in Betrieb gingen, für das Jahrzehnt 1970—1980.

Diese Kernkraftwerke und das eine bisher in Betrieb gegangene Werk mit AGR-Reaktoren erzeugten zusammen 11,4% des im Berichtsjahr von allen CEGB-Kraftwerken produzierten Stroms. Insgesamt haben die Magnox-Werke seit ihrer Betriebnahme für den CEGB eine Einsparung an nicht regenerierbaren Brennstoffen erbracht, die 70 Mio. t Öl oder 130 Mio. t Steinkohle entspricht, ohne daß Umweltschäden auftraten. Gegenüber Kohlekraftwerken, die an ihre Stelle hätten treten müssen,

Betrieb der Magnox-Kernkraftwerke 1970—80

Finanzjahr	Mittlerer Netto-Lastfaktor %	Stromerzeugung TWh	Anteil an ges. CEGB-Erzeugung %
1970—71	66—97	16—8	9—0
1971—72	78—10	19—5	10—2
1972—73	70—49	20—1	9—8
1973—74	64—09	19—3	9—6
1974—75	76—62	23—1	11—0
1975—76	69—38	21—1	10—3
1976—77	80—62	24—4	11—7
1977—78	79—34	24—0	11—3
1978—79	71—24	21—4	9—6
1979—80	68—44	20—6	9—3

haben sie bei den Stromerzeugungskosten eine Ersparnis von ca. 100 Mio. Ł erbracht.

Im Finanzjahr 1979/80 betrugen beim CEGB die Stromerzeugungskosten für Magnox-Kernkraftwerke 1,30 p/kWh, für Kohlekraftwerke 1,56 p/kWh und für Ölkraftwerke 1,93 p/kWh, wobei für alle Kraftwerke die Kosten ihrer Beseitigung, für die Kernkraftwerke außerdem Rückstellungen für die Kosten der Wiederaufarbeitung des Kernbrennstoffs und der Verglasung der Abfälle enthalten sind.

(Atomwirtschaft 5/82)

Jugoslawien. Das erste Kernkraftwerk in Jugoslawien, Krsko (664 MWe brutto), das am 2. 10. 81 erstmals Strom ins Netz lieferte, erzeugte von der Inbetriebnahme bis zum Jahresende 277503 MWh brutto. (Atomwirtschaft 5/82)

Buchbesprechungen

Medical Radionuclide Imaging 1980

Proceeding Series, Vol. I und II, STI/PUB/564, Vienna: IAEA 1981, 1333 S., div. Abb. und Tab.; kartoniert ÖS 2060.—

In der vorliegenden zweibändigen Publikation sind die vollen Texte der 125 Beiträge zum 6. Internationalen Symposium über Nuklearmedizin vom 1.—5. September 1980 (Heidelberg, BRD), das gemeinsam von der IAEA und der WHO veranstaltet wurde, zusammengefaßt. Das außerordentlich umfangreiche Material zeigt die rasche Entwicklung des Arbeitsgebietes in den letzten vier Jahren hinsichtlich der Gerätetechnik, neuer Wirkprinzipien, insbesondere bei der Informationsverarbeitung sowie die verstärkte Herausbildung der diagnostischen Nuklearmedizin.

In Band I werden Grundlagen und Entwicklungstendenzen nuklearmedizinischer Abbildungsverfahren, entsprechender Geräte und Arbeitstechniken auch zur Informationsverarbeitung und zur Darstellung der Ergebnisse sowie neue Radiopharmaka behandelt. Neben Verbesserungen an herkömmlichen Gammaszintillationskameras steht die Entwicklung und Anwendung von Positronenkameras sowohl für dynamische Studien als auch für die Emissionstomographie im Vordergrund. Dazu kommen neue Verfahren wie die Röntgenfluoreszenztomographie und die Bilderzeugung mittels NMR. Hingewiesen sei auch auf die verstärkte Nutzung informationstheoretischer Ansätze bei der Daten- und Informationsverarbeitung in den Scannern (Filtertechniken, Entfaltungsoperationen) und bei der rechnerischen Bildrekonstruktion und -verbesserung an Tomographen. Viele Beiträge sind neuen Radiopharmaka z. B. für Myocard-, Blut- und Knochendarstellungen gewidmet.

Die optimale Nutzung von nuklearmedizinischen Abbildungssystemen erfordert Kenntnisse und Kontrollmethoden der Abbildungsqualität. Dazu gehören der Einsatz von Phantomen und die Entwicklung von Testvorschriften und -programmen. Band II enthält entsprechende Beiträge einschließlich der Ergebnisse eines Rundtischgespräches über die Qualitätsbewertung von Radionuklidtechniken in der Nuklearmedizin. In annähernd 50 Beiträgen werden Anwendungen zur Untersuchung von Herz, Gehirn, Nieren, Drüsen, Blutgefäßen, Lungen, Tumoren und Knochen beschrieben.

Das vorliegende Buch gibt in sehr komprimierter Form dem Fachmann einen umfassenden, aktuellen Überblick zum Stand der nuklearmedizinischen Abbildungstechniken. Übersichtsartikel am Beginn der einzelnen Abschnitte ermöglichen dem Spezialisten die Einschätzung von Entwicklungstrends. Die Schrift ist eine wertvolle Informationsquelle und sollte in den zuständigen medizinischen und wissenschaftlichen Einrichtungen zur Verfügung stehen.

K. Freyer

Kohlevergasung
Grundlagen und technische Anwendung

H. Jüntgen, K. H. van Heek. München: Verlag Karl Thiemig 1981, 192 S., div. Abb. u. Tab. (Thiemig Taschenbücher Nr. 94); kartoniert

Die Autoren geben im Vorwort an, daß dieses Buch für Studierende der Fachrichtung Verfahrenstechnik oder Naturwissenschaften sowie für Fachkollegen aus Forschung und Betrieben geschrieben ist, um sich mit dem derzeitigen Stand und den Problemen vertraut zu machen. Dazu dienen auch die Angaben der weiterführenden Literatur, in denen auch die grundlegenden Arbeiten von *E. Wicke* über die Primärprozesse von Kohlevergasungsreaktionen angeführt werden.

Das vorliegende Buch ist didaktisch hervorragend und logisch gegliedert und führt den Leser über die thermodynamischen und kinetischen Grundlagen der autothermen und allothermen Vergasungsreaktionen zu einem besseren Verständnis der verfahrenstechnischen Grundlagen und Entwicklungen von Gasgeneratoren (Kap. 4) mit der verständlichen Darstellung des Zusammenhanges der Kohleeigenschaften und der Vergasungsverfahren.

Der Stand der industriellen Kohlevergasung wird entsprechend der historischen Entwicklung, beginnend mit dem *Winkler*-Generator, beschrieben und dabei auf solche kritischen Probleme für die Verfahrensführung wie das Ascheschmelzverhalten eingegangen. Eine vergleichende Übersicht der industriell angewendeten Verfahren nach *Winkler*, *Lurgi* und *Koppers-Totzek* ermöglicht einen Vergleich der Vor- und Nachteile der beschriebenen Verfahren.

Der derzeitige Stand der Neuentwicklung von Vergasungsverfahren wird in tabellarischer Übersicht für Indien, Großbritannien, USA und die BRD vorgestellt und die Möglichkeit einer Kopplung Hochtemperaturkernreaktor/Wasserdampfkohlevergasung am Beispiel der Pilotanlage der Fa. Bergbau-Forschung GmbH. beschrieben.

Die Probleme der Untertagevergasung von Kohle werden entsprechend ihrer z. Z. geringen technischen Bedeutung nur angedeutet, dabei in einer Tabelle der Kenndaten der betriebenen Untertage-Gasgeneratoren (Stand 1978) eine Übersicht gegeben, aus der die technologischen Schwierigkeiten zu entnehmen sind.

Das Buch ist gut geeignet, dem im Vorwort angesprochenen Leserkreis einen Überblick über den Stand und daraus ableitbar über Entwicklungstendenzen der Kohlevergasung zu vermitteln.

H.-G. Könnecke

Current Nuclear Power Plant Safety Issues
Conference Proceedings, Stockholm 20–24 October 1980

Vienna: IAEA 1981 Vol. I: 518 S., kart. ÖS 800,–; Vol. II: 682 S., kart. ÖS 1040,–; Vol. III: 597 S., kart. ÖS 930,–

An der Konferenz nahmen mehr als 600 Wissenschaftler aus insgesamt 44 Ländern teil; sie wurde außerdem von Vertretern aus 11 internationalen Organisationen besucht.

Auf der von der IAEA einberufenen Konferenz wurden in 108 Vorträgen der internationale Stand und die Entwicklungstendenzen von Sicherheitskonzepten beim Betrieb von Kernkraftwerken dargestellt und durch einen intensiven Informationsaustausch die in den einzelnen Ländern gemachten Erfahrungen diskutiert.

Die Problematik wurde sowohl in Plenarsitzungen als auch in technischen Sektionen vorgetragen.

Der thematische Schwerpunkt der in 10 Plenarsitzungen gegebenen Beiträge beinhaltete die folgenden Fragen:

- Die nukleare Sicherheit: Hier konnte trotz der bekannten Havarie von Three Mile Island festgestellt werden, daß durch den Betrieb von Kernreaktoren (> 2000 Reaktorjahre) keine signifikante Beeinträchtigung der Bevölkerung bzw. der Umwelt verursacht wurde.
- Es wurde eine Auswertung der Erfahrungen von Betreibern vorgenommen, wobei insbesondere Fragen der Meldepflicht von außergewöhnlichen Ereignissen an die staatlichen Behörden in den einzelnen Ländern dargestellt wurden.
- Zur Betriebssicherheit von Leistungsreaktoren wurden die Empfehlungen der RGW-Länder und von OECD-Staaten hinsichtlich der Ausbildung von Sicherheitspersonal und für eine Antihavarieausbildung dargelegt.
- Die Fixierung von Kriterien für eine Standortbestimmung von Kernanlagen, vornehmlich in dichtbesiedelten Gebieten und Möglichkeiten der Abschätzung von Risikowahrscheinlichkeiten waren Gegenstand der 5. Plenarsitzung.
- Bestehende Sicherheitskonzepte von Kernkraftwerken, z. B. in der UdSSR, wurden vorgestellt und neue Trends beschrieben und diskutiert.
- Einen relativ breiten Rahmen nahm auch die Planung von Verhaltensweisen im Havariefall ein und, damit verbunden, die Möglichkeiten einer internationalen Kooperation in Sicherheitsfragen.

Die Plenarsitzungen wurden durch 11 PANEL Diskussionen zu Fragen der Sicherheit von Kernkraftwerken ergänzt.

Das Programm in den technischen Sektionen umfaßte ebenfalls eine Reihe interessanter Fragen.

Auf dem Gebiet des Strahlenschutzes wurden Möglichkeiten der Reduzierung der Strahlendosis für strahlenexponierte Personen und die Bevölkerung diskutiert und technische und administrative Maßnahmen vorgeschlagen. U. a. stand auch der Einsatz von Robotern für Arbeiten im hohen Strahlenfeld zur Diskussion.

Zur Problematik der Erteilung von Betriebsgenehmigungen für Kernkraftwerke berichteten 8 Mitgliedstaaten, die IAEA und andere Organisationen. Besonderes Interesse wurde dabei dem Betrieb von Kernkraftwerken in grenznahen Gebieten und den damit verbundenen Sicherheitsproblemen gewidmet.

Eine relativ große Anzahl von Vortragenden setzten sich mit der Weiterentwicklung von Sicherheitssystemen (Containment, Kühlsystem) und damit verbunden mit weiteren Schutzmaßnahmen gegen Havarien auseinander. Diese wurde durch Zuverlässigkeitsbetrachtungen von Kernreaktoren ergänzt. Insgesamt konnte festgestellt werden, daß die derzeit vorhandenen Sicherheitskonzepte eine gute Grundlage für einen sicheren Betrieb von Kernkraftwerken darstellen.

Schließlich wurden Fragen der Diagnose des Zustandes kerntechnischer Anlagen erörtert. Dabei konnten eine Reihe von Geräten und Varianten vorgestellt werden, die eine Früherkennung von Schadensfällen ermöglichen.

Einige Autoren befaßten sich mit der Wechselbeziehung zwischen Mensch und Maschine, insbesondere, um es dem Betreiber einer Anlage zu ermöglichen, die erhaltenen Informationen zu analysieren.

Die Proceedings beinhalten umfassend die Probleme der Sicherheit von Kernkraftwerken.

Den auf dem Gebiet der Reaktortechnik, des Strahlenschutzes und der Kerntechnik tätigen Wissenschaftlern und Ingenieuren ist die Lektüre der Berichte zu empfehlen.

M. Rösseler

Kontrastmittel in der Röntgendiagnostik
Untersuchungen, Komplikationen, Behandlung

M. Elke, unter Mitarb. von H.-E. Schmitt u. K. Brune. 2. neubearb. Aufl.; Stuttgart — New York: Georg Thieme 1982, VIII, 133 S., 21 Abb., 10 Tab.; kart. DM 48,—

Die verschiedenen klinischen Aspekte der Kontrastmittel-(KM)-Anwendung in der Röntgendiagnostik stellen das zentrale Thema dieses Bändchens dar. Dem Anliegen des Autors nach einer praxisbezogenen Darstellung der KM-Reaktion, insbesondere ihrer Nebenwirkungen und deren Therapie entsprechend, erscheint ein treffenderer Titel, etwa ähnlich dem der vorausgegangenen 1. Auflage, wünschenswert. Eingangs werden sowohl physikalische und chemische Eigenschaften als auch die Kinetik nephrotroper und hepatotroper Kontrastmittel kurz gestreift. Wesentlich breitere Besprechung finden in den folgenden Kapiteln Pharmakodynamik sowie Erscheinungsformen und Therapie möglicher KM-Nebenwirkungen. Ausführlichere Erörterung erfahren dabei KM-Reaktionen und -Zwischenfälle bei den in Betracht kommenden röntgendiagnostischen Untersuchungen.

Systematisch werden für die intravenöse Uro- und Cholegraphie, orale Ösophago-Magen-Darm-Passage, Kolonkontrastdarstellung, Bronchographie, Arterio- und Phlebographie, Angiokardiographie, Lymphographie, zerebrale Arterio- und Myelographie die verschiedenen mit dem KM-Einsatz in Verbindung stehenden Gesichtspunkte dargestellt. Sie umfassen neben allgemeinen und untersuchungsmethodischen Aspekten vor allem Indikationen, Risikofaktoren und Kontraindikationen, KM-Arten und -dosen sowie klinische Nebenwirkungen und Komplikationen.

Dem Autor gelingt es, in straff gefaßter und übersichtlicher Form die vielen mit Akribie gesammelten, bisher bekannten Einzelbefunde des Problems zu einem, wegen der vielfach noch ungelösten Fragen naturgemäß unvollständigen Mosaik zusammenzufügen. Dabei werden die einzelnen Befunde durch zahlreiche Quellen des neueren und neuesten Schrifttums belegt.

Das letzte Kapitel ist der Behandlung von KM-Rektionen gewidmet. Darin fehlen weder die gültigen Therapieprinzipien und Behandlungsmöglichkeiten der einzelnen Schweregrade noch Hinweise zur Wiederherstellung der Vitalfunktion und den dazu erforderlichen Arzneimitteln und Instrumentarien.

Abschließend ist die umfangreiche, aktuelle Literatursammlung hervorzuheben, die neben Übersichtsdarstellungen auch weiterführende Publikationen berücksichtigt. Das Büchlein wird Lernenden sowie allen mit der KM-Applikation in der Röntgendiagnostik Konfrontierten eine willkommene Orientierung sein.

F. Deckert

Eichtheorien der starken und elektroschwachen Wechselwirkung

P. Becher, M. Böhm, H. Joos. Stuttgart: B. G. Teubner 1981 (Teubner Studienbücher Physik) 395 S., zahlr. Abb. u. Tab.; kart. DM 34,—

Dieser Band gibt erstmalig in deutscher Sprache eine Darstellung der modernen Eichfeldtheorien, die zu den beträchtlichen Fortschritten der Physik der Elementarteilchen im letzten Jahrzehnt geführt haben.

In einem ersten relativ knapp gehaltenen Abschnitt werden die experimentellen und phänomenologischen Grundlagen für die Eichfeldtheorien dargelegt, insbesondere das Quarkmodell der Hadronen, das Quark-Parton-Modell der harten Streuprozesse sowie die Grundlagen der Phänomenologie der elektromagnetischen und schwachen Wechselwirkung.

Im zweiten Abschnitt, der sich nicht nur vom Umfang her als der Hauptteil des Buches herausstellt, wird die Quantenchromodynamik (QCD) eingeführt. Es beginnt mit einer Darstellung der Quantenelektrodynamik als *Abel*scher Eichfeldtheorie, die Eichinvarianz wird auf nichtabelsche SU(N) Gruppen ausgedehnt. An Hand der Funktionalintegraldarstellung wird die Quantisierung der nichtabelschen Eichfeldtheorien besprochen. Es wird die Renormierbarkeit dieser Theorien gezeigt. An Hand der Renormierungsgruppengleichung wird eine der wichtigsten Eigenschaften der QCD, die asymptotische Freiheit, gezeigt. Durch diese Eigenschaft erst wird es möglich, an Hand der QCD das phänomenologisch gefundene Quark-Parton-Modell zu verstehen. Es folgt eine Diskussion der zweiten, noch nicht sicher bewiesenen Eigenschaft der QCD, der des Quarkeinschlusses oder Farbeinschlusses. Diese Eigenschaft der QCD ist prinzipiell nicht von der Störungstheorie her zu verstehen. Von den nichtstörungstheoretischen Ansätzen wird insbesondere auf die in jüngster Zeit sehr intensiv untersuchte Gittereichfeldtheorie eingegangen, von deren Untersuchung die stärksten Hinweise für die Eigenschaft des Quarkeinschlusses kommen. Schließlich werden die wichtigsten Anwendungen der QCD-Störungstheorie dargestellt. Auf diesem Gebiet liegen die Erfolge bei der qualitativen Beschreibung des

Experiments, die die stärksten Stützen für die Überzeugung von der Richtigkeit der QCD darstellen.

Der dritte, wieder knapp gehaltene Abschnitt bringt die Anwendung der Eichfeldtheorien auf die einheitliche Theorie der elektromagnetischen und schwachen Wechselwirkung. Es wird hier insbesondere der Mechanismus der spontanen Symmetriebrechung dargestellt und es werden die Vorhersagen der *Glashow-Salam-Weinberg*-Theorie dargelegt.

Der Schwerpunkt des Buches liegt eindeutig auf der Theorie der Eichfelder mit dem Blick auf die QCD. Alles andere steht am Rande. Neben den relativ gesicherten Bestandteilen der Theorie über die Quantisierung der Eichfelder, ihrer Renormierung, der Renormierungsgruppengleichung und der QCD-Störungstheorie werden auch aktuelle Probleme der derzeitigen Forschung dargestellt, wie z. B. die Gitterquantisierung der QCD, wo noch keine abgeschlossenen Ergebnisse vorliegen. Der Stil der Darstellung schwankt zwischen dem Stil von Sommerschulvorträgen, die keine in sich geschlossene Darstellung des Materials vermitteln, das gilt insbesondere für Teil 1, und dem Stil eines Lehrbuches — wie in großen Teilen des Abschnitts 2. Insgesamt ist es außerordentlich zu begrüßen, daß dieser Band geschrieben und verlegt wurde. Nach der stürmischen Entwicklung in den 70er Jahren auf diesem Gebiet mußten derartige Bücher geschrieben werden, die jetzt die Einarbeitung in die QCD wesentlich erleichtern und auch als Nachschlagewerke geeignet sind. Es wäre zu hoffen, daß eine künftige Auflage dieses Buches es zu einem in sich geschlossenen Lehrbuch werden läßt; aber schon jetzt sollte kein deutschsprachiger Physiker, der sich in dieses Gebiet einarbeiten will, an diesem Buch vorbeigehen.

J. Ranft

Kontrollierte Kernfusion
Grundlagen ihrer Nutzung zur Energieversorgung

J. Raeder, K. Borraß, R. Bünde, W. Dänner, L. Lengyel, F. Leuterer, M. Söll, R. Klingelhöfer. Stuttgart: B. G. Teubner 1981 (Teubner Studienbücher Physik). 408 S., 165 Abb., 19 Tab.; kart. DM 34,—

Mit dem vorliegenden Buch wird in ein Gebiet vorgestoßen, das aus heutiger Sicht viele offene Probleme in sich birgt. Gegenwärtig werden weltweit große Anstrengungen unternommen, um die „physikalische Machbarkeit" der gesteuerten Kernfusion zu demonstrieren. Der dabei betriebene Aufwand wird dadurch gerechtfertigt, daß die Kernfusion als eine künftige Quelle für die langfristige Energieversorgung angesehen wird. Jedoch wirft die technische Realisierung eines Fusionskraftwerkes eine Reihe weiterer Fragen auf, die in den letzten Jahren zunehmend an Bedeutung gewonnen haben.

„Es ist die Absicht der Autoren, neben den physikalischen auch technologische, ökologische und wirtschaftliche Grundlagen der Energieversorgung durch die Nutzung der kontrollierten Kernfusion so konkret wie derzeit möglich abzuhandeln."

In der Einführung wird der Leser mit den Fusionsreaktionen und den alternativen Konzepten der magnetischen und der Trägheitshalterung des Fusionsplasmas bekannt gemacht. Als hoffnungsvollste Variante eines Fusionsreaktors wird gegenwärtig der Tokamak angesehen. Deshalb werden im nachfolgenden Kapitel die wichtigsten Komponenten eines zukünftigen Tokamakreaktors behandelt. Detailliert dargestellt werden die Probleme der Plasmaheizung, der Brennstoffzufuhr durch Pelletinjektion, der Brennstoffkreislauf und der Aufbau der Magnetsysteme. Dagegen werden die Wechselwirkung des Plasmas mit der Gefäßwand und die damit verbundenen Materialprobleme leider vernachlässigt.

In weiteren Kapiteln werden ökonomische und energetische Probleme, sowie die Frage der Brennstoffvorräte diskutiert, die für die spezifischen Kosten und die Rentabilität eines Fusionskraftwerkes entscheidend sind.

Ein Kapitel beschäftigt sich mit Sicherheitsfragen und Umweltbelastungen.

Abschließend wird ein kurzer Ausblick auf globale Entwicklungsprogramme der nächsten Jahrzehnte gegeben.

Bemerkt werden muß, daß die Variante des Fusions-Spaltungs-Hybridreaktors (bei dem die durch Fusion erzeugten Neutronen zur schnellen Gewinnung von spaltbarem Material genutzt werden sollen) im Buch nur erwähnt und nicht weiter diskutiert wird.

Insgesamt aber ist es den Autoren gelungen, den heutigen Stand der Kernfusionstechnologie in zusammenfassender und übersichtlicher Darstellung gut wiederzugeben.

Das Buch ist allen Naturwissenschaftlern und Technikern zu empfehlen, die sich einen raschen Überblick über dieses Gebiet verschaffen wollen.

D. Hildebrandt

Uranium Exploration Case Histories
Proc. of an Advisory Group Meeting, Vienna, 26—29 November 1979

Vienna: IAEA 1981 (STI/PUB/584). 407 S., Abb. u. Tab.; kart. Austr. Shillings 630,—

Die ungeheure Vielzahl der Veröffentlichungen über das Vorkommen von Uraniumerzen in der Natur, über die Methoden ihrer Suche, Erkundung, Gewinnung und Verarbeitung erfordern eine vergleichende und kritisch wertende Synopsis, damit gesicherte Erkenntnisse von Vermutungen, Einzelfälle von Gesetzmäßigkeiten, Zufälliges von Wesentlichem geschieden und neue Denkanstöße erprobt werden können. Eine wichtige Rolle spielen dabei die „Case histories", in denen an ausgewählten Beispielen der Werdegang der geologischen Erkenntnis in seinen einzelnen Schritten und mit seinen Irrwegen und Erfolgen anschaulich und damit überzeugend dargestellt wird. Diese Fallgeschichten der Entdeckung von Lagerstätten sind für den Vertreter der geologischen Wissenschaften ebenso wertvoll wie die Krankengeschichten für den Mediziner. Sie lassen insbesondere deutlich werden, daß die vielen geophysikalischen, geochemischen, geologischen oder technischen Verfahren der Suche und Erkundung, die heute verfügbar sind, nicht sämtlich in jedem Einzelfall anwendbar sind und daß eine kluge Auswahl der Verfahren entsprechend dem Einzelfall am sichersten und am billigsten zum Erfolg führt.

Während es an Beschreibungen einzelner Verfahren bisher keineswegs mangelte, gab es nur wenige Veröffentlichungen von Fallgeschichten über Uraniumlagerstätten. Jetzt liegt mit den „Uranium Exploration Case Histories" eine schöne Sammlung vor, die wohl alle wichtigen Lagerstättentypen umfaßt. Die Beispiele stammen aus den unterschiedlichsten geologischen, geographischen und klimatischen Bereichen. Es werden Fallgeschichten aus folgenden Ländern angeboten: Argentinien, Australien (2 F.), Brasilien (2 F.), ČSSR, Frankreich, Grönland, Kanada (4 F.), Schweden, Südafrika (2 F.), USA (3 F.),

Zambia. Zu jedem Beitrag gibt es — wie üblich — eine Diskussion.

Die Beiträge lassen den großen Zuwachs an Erkenntnissen sichtbar werden, der in den letzten drei Jahrzehnten auf diesem Gebiet geschaffen worden ist. Die Zeit, in der man sagte: „Erz ist dort, wo man es findet", ist offensichtlich Vergangenheit. Jetzt beginnt die Suche von Lagerstätten mit einer gründlichen Inventur der allgemeinen geologischen Kenntnis über ein Gebiet und einer Analyse seiner regionalen Stellung. Vor knapp 30 Jahren sagte *A. Watznauer*: „Ich habe die Lagerstätten am Schreibtisch gesucht und in der Natur gefunden". Wie treffend dieser Ausspruch ist, mag man daran ablesen, daß einer der Fallgeschichten die Überschrift „From armchair geology to a deposit in a new uranium province" gegeben wurde.

Fachleute der Suche und Erkundung von Lagerstätten der radioaktiven und seltenen Metalle werden die Beiträge mit großer Aufmerksamkeit lesen und der IAEA für die Veröffentlichung Dank wissen.

K. H. Köhle

Impacts of Radionuclide Releases into the Marine Environment

Proc. Ser. STI/PUB/565, Vienna: IAEA 1981; 748 S., 166 Abb., 187 Tab.; kart. ÖS 1150.—

Vom 6.—10. Oktober 1980 fand in Wien eine internationale Tagung über die Auswirkungen der Radionuklid-Abgaben an das Meer und seine Umwelt statt. An der Tagung nahmen 112 Wissenschaftler teil und vertraten 27 Länder und 3 internationale Organisationen (IAEA, CEC, OECD/NEA). Die Tagung selbst wurde gemeinsam von der IAEA und der Nuclear Energy Agency (NEA) der OECD-Länder veranstaltet. Insgesamt wurden 40 Vorträge gehalten, die hier als Fortschrittsbericht in der bekannten Proceedings Serie der IAEA vorliegen.

Dieser weitangelegte Themenkreis ist naturgemäß in eine Reihe überschaubarer Untergebiete aufgegliedert worden, wobei insbesondere zu nennen wären: Eintrag von Radionukliden aus dem Kernbrennstoff-Kreislauf, Physikalisch-chemische Formen der Radionuklide und ihre Wechselwirkungen mit Schwebstoffen und biologischem Material, Fragen der Dispersion von Radionukliden im Ozean, biogeochemisches Verhalten der Radionuklide mit Schwebstoffen und biologischem Material und ihre Umwandlungen in verschiedenen kritischen Wegen, Kontrolle der radioaktiven Abwasserverkippung in die marine Umwelt und Aspekte der nachfolgenden Beobachtung solcher Verkippungsorte und schließlich Fragen der Reduzierung von Belastungen der marinen Umwelt durch Standortwahl, Verbesserung der Kontainer u. a. m.

Von den untersuchten Radionukliden werden besonders häufig ^{137}Cs, ^{238}Pu, $^{239/240}$Pu und ^{241}Am genannt, neben ^{144}Cs, ^{106}Ru, ^{125}Sb und ^{131}J. Eine sorgfältige Untersuchung einzelner Standorte setzt eine Reihe von notwendigen Kenntnissen voraus, die erkennen lassen, wie komplex solche Stoffwandlungen im marinen Milieu ablaufen können: Aktivitätsniveau im Meerwasser, Salinität, Temperatur, Sedimentalinesraten (auch mit der ^{210}Pb-Methode untersucht), *p*H-Wert, Form der Radionuklid-Verbindung im Meerwasser usw. könnte man zu den abiologischen Faktoren zählen, dazu kämen die biologischen Besonderheiten wie Organismenart, Organ, Gewebe, Morphologie, Geschlecht, Wachstumszustand, Nahrungsgewohnheiten usw.

So wie wir längst gelernt haben, die Stoffmengen und Stoffströme durch entsprechende Isotopenbilanzgleichungen zu ergänzen, die entweder aus den natürlichen Kreisläufen stammen (D, ^{18}O, ^{13}C) oder aus den anthropogen beeinflußten Kreisläufen (T, ^{14}C, ^{137}Cs, ^{90}Sr), so lernen wir durch diese Erweiterung der anthropogenen Veränderungen weitere Einzelheiten kennen. In einigen Beiträgen werden ozeanische Kompartments ausgegliedert und Radionuklidbilanzgleichungen aufgestellt. Dieser Proceedings-Band ist ein Teilkapitel eines umfangreichen Gebietes das man vielleicht marin-organische Chemie oder organisch-chemische Ozeanographie nennen könnte und in dem nur die Elemente betrachtet werden, die ein Kernchemiker als Radionuklide des Brennstoffkreislaufes im engeren Sinne bezeichnet. Eine umfangreiche, aktuelle und auch für Ozeanologen der klassischen Schulen sehr wertvolle Sammlung an Fakten ist hier zusammengestellt; sie bildet ein Kapitel einer modernen Meereskunde.

H. Hübner

The Handbook of Environmental Chemistry
Vol. 1, Part A: The Natural Environment and the Biogeochemical Cycles

O. Hutzinger (ed.). Berlin — Heidelberg — New York: Springer 1980. 258 S., 54 Abb., 59 Tab.; Leinen DM 98,— US-$ 57.70

Der erschienene 1. Band ist ein Teil einer insgesamt 3bändigen Ausgabe eines Handbuches der Umweltchemie, wobei jeder Einzelband in 2 Teilen erscheinen wird. Die Themenkomplexe des 2. Bandes werden die Reaktionen und Prozesse sein, die in der Umweltchemie von Bedeutung sind, und die des 3. Bandes betreffen die anthropogenen Verbindungen in der Umwelt.

Im vorliegenden 1. Band, Teil A, haben 12 namhafte Wissenschaftler in 9 Beiträgen über den Themenkreis der natürlichen Umwelt und die in ihr ablaufenden biogeochemischen Kreisläufe zusammenfassend berichtet. Neben solchen „sphärischen" Beschreibungen wie über die Atmosphäre (*M. Schidlowski*) und über die Hydrosphäre (*J. Westall* u. *W. Stumm*) sind vor allem einzelne Elementkreisläufe näher betrachtet und beschrieben worden: der Sauerstoffkreislauf (*J. C. G. Walter*), der Schwefelkreislauf (*A. J. Zehnder* u. *S. H. Zinder*), der Phosphorkreislauf (*J. Emsley*) und Kreisläufe von Metallen, die einer biologischen Methylierung unterliegen (*P. J. Craig*).

Bei der Aufzählung der Elemente, die in ihren natürlichen Kreisläufen betrachtet werden, fällt auf, daß die Elemente Kohlenstoff und Stickstoff keine gesonderten Kapitel haben; dies scheint ungerechtfertigt, gehören doch auch diese beiden Elemente so integrierend zum Gesamtgeschehen der bio-(geo-)chemischen Kreisläufe.

Man erwartet auch einige Hinweise auf die Betrachtungsweise von gekoppelten Transformationen der Elemente, wie sie gerade in jüngster Zeit in der Literatur zu finden sind. Globale Kreisläufe bedürfen ferner auch einer Zusammenstellung von Stoffgrößen in den einzelnen Pools und der Stofftransportgrößen, die sie miteinander verbinden. Allein solche Angaben wie Primärproduktion oder kontinentaler Abfluß in die Ozeane beispielsweise können schon zu lebhaften Auseinandersetzungen führen, wenn sie nicht kritisch zusammengefaßt werden, was einem Handbuch auf diesem Gebiet sehr anstehen dürfte.

Einige offensichtliche Druckfehler sind in künftigen Neuauflagen leicht zu beheben: °K, S. 6; μg^{-8} m^{-3}, S. 108; alkly . . . und prohbably, S. 110; S^2, S. 112; containe,

S. 131 und containg, S. 132. Das geotite auf S. 136 ist wohl eindeutig das Nadeleisenerz Goethit. Auf den S. 49 und 104 fehlen zu den Literaturzitaten die Jahreszahlen bzw. ist verdruckt [73] . . . J. Geophysic. Res. **82**, 1787.

Insgesamt kann die zitierte Literatur als sehr aktuell eingeschätzt werden: Von den insgesamt 965 aufgeführten Zitaten sind 34,8% nach 1975 und 72% nach 1970 erschienen. Das älteste Zitat ist aus dem Jahre 1901.

Man kann gespannt sein, welche Beiträge und Ausführungen in den folgenden Bänden bzw. Teilen enthalten sind. Das Handbuch ist für Geochemiker, Hydrologen/Ozeanologen, aber auch für Sedimentologen und Umweltforscher sehr geeignet und schließt eine bereits merkbare Lücke auf diesem so aktuellen Gebiet moderner Forschung und Denkweisen.

H. Hübner

Radioaktivität im Menschen und ihre Bestimmung durch physikalische Analysenverfahren

K.-F. Poulheim. Jena; VEB Gustav Fischer Verlag 1981, 176 S., 51 Abb., 18 Tab., brosch. M 23,— (Ausland M 30,—)

Die ständige Zunahme künstlich erzeugter Radionuklide erfordert erhöhte Aufmerksamkeit für die Schutztechnik gegenüber den schädigenden Wirkungen ionisierender Strahlung. Zu den Grundaufgaben des Strahlenschutzes gehört auch die meßtechnische Erfassung der vom menschlichen Körper aufgenommenen Radionuklide und die Bestimmung der daraus resultierenden Strahlenbelastung.

Die vorliegende im Rahmen der Reihe Umweltforschung herausgegebene kleine Monographie macht es sich zur Aufgabe, eine wissenschaftliche Darstellung und Wertung der inneren Strahlenbelastung in einer einem weiten Leserkreis zugänglichen Form zu geben. Das Schwergewicht liegt dabei auf der Bestimmung der Körperradioaktivität mit Hilfe von Direktmeßverfahren, während der ausscheidungsanalytischen Inkorporationsmessung geringerer Raum gewidmet ist.

Einer kurzen Einführung über Quellen ionisierender Strahlung, Dosisgrößen und -einheiten — hier hätte allerdings das Konzept der effektiven Äquivalentdosis einbezogen werden können — sowie über zulässige Grenzwerte der individuellen Strahlenbelastung folgt ein Abschnitt über die natürliche Radioaktivität und die dadurch verursachte innere Strahlenbelastung. Anschließend wird auf die innere Strahlenbelastung durch künstlich erzeugte Radionuklide eingegangen. Den Schluß dieses Abschnittes bilden einige Angaben zum Risiko geringer Strahlenbelastungen.

Das umfangreichste Kapitel des Buches beschäftigt sich mit dem Aufbau und der Anwendung von Ganzkörperzählern. Es enthält neben einem kurzen Abschnitt über zählstatistische Grundlagen Angaben über Abschirmkonfigurationen, Auswahl geeigneter Abschirmmaterialien und Detektoren sowie über zugehörige elektronische Einrichtungen. Speziell wird auf Probleme der Messung niederenergetischer Photonen (LEP) sowie die Messung von Wundkontaminationen eingegangen. Eine Reihe dieser Aussagen bezieht sich speziell auf die im Staatlichen Amt für Atomsicherheit und Strahlenschutz der DDR durchgeführten Arbeiten und die dort befindlichen meßtechnischen Einrichtungen.

Die berufsbedingte innere Strahlenbelastung in der DDR ist der Inhalt eines weiteren Kapitels. Der Erläuterung des landesweiten Überwachungssystems folgen Untersuchungsergebnisse für bestimmte Berufsgruppen sowie Fallanalysen aus der eigenen Überwachungspraxis und der Fachliteratur.

Den Abschluß des Bändchens bilden eine auszugsweise Zusammenstellung der wichtigsten gesetzlichen Bestimmungen der DDR zum Schutz vor den Wirkungen ionisierender Strahlung und eine kurze Erklärung der wichtigsten benutzten Fachwörter.

Auf Grund seines Übersichtscharakters und seiner zahlreichen Einzelinformationen ist das Buch Physikern, Biologen, Medizinern und Studierenden einschlägiger Fachrichtungen und darüber hinaus interessierten Wissenschaftlern anderer Fachgebiete zu empfehlen.

J. Fietz

Das Perpetuum Mobile — gestern und heute

VDI-Verlag GmbH., Düsseldorf — SNTL -Verlag technischer Literatur, Prag. 2. Auflage 1981. 180 S., 111 Abb., geb. DM 45,—

Warum wird mit einem relativ umfangreichen Buch ein schon längst gelöstes Problem, das in der zurückliegenden Zeit Gegenstand vieler wissenschaftlicher Auseinandersetzungen und stürmischer Diskussionen war und eigentlich der Vergangenheit angehören sollte, erneut aufgegriffen? — Der Autor stellt berechtigt die Frage, ob das Perpetuum mobile bzw. das Ringen um diese sich selbst bewegende Maschine wirklich als ad acta gelegt betrachtet werden kann. Die Statistiken und Kartotheken der Patentämter beweisen das Gegenteil. Es finden sich ständig neue Ansätze und Versuche, die Maschine aller Maschinen doch noch zu erfinden. Von der Lösung bescheidenster Aufgaben aus dem täglichen Leben wie der Ausführung von Küchenarbeiten, der Hausbeleuchtung, der Bewässerung des Gartens u. ä. bis zum Gedanken der Ausnutzung des Perpetuum mobile für hochleistungsfähige Antriebe einschließlich solcher, die das Vordringen in das Weltall energielos ermöglichen sollen, verharren unermüdliche Erfinder Jahrzehnte, ja ihr ganzes Leben unbekehrt in ihrer Vorstellung, die Gültigkeit der Naturgesetze an „ihrer" Maschine widerlegen zu können. Dieses Buch ist u. a. besonders für diesen wider Erwarten durchaus nicht kleinen Personenkreis gedacht. Es führt in sechs Abschnitten vom Perpetuum mobile in der Technik des Altertums über das sogenannte Goldene Zeitalter des Perpetuum mobile im 17. und 18. Jahrhundert bis zum Perpetuum mobile der Neuzeit.

Das Buch macht den Leser mit den verschiedensten Maschinen sowie unverhofften und wertvollen Ergebnissen bekannt, die bei der Suche nach dem Perpetuum mobile erhalten wurden. Es vermittelt aber auch die unterschiedlichen Auffassungen über diesen Problemkreis. Ein ausführliches spezielles Schrifttumsverzeichnis und zahlreiche weiterführende Anmerkungen gestatten dem Interessenten ein leichtes tieferes Vordringen in den einschlägigen Stoff. Eine unkomplizierte Schreibweise sowie anschauliche Abbildungen und zeitgenössische Zeichnungen machen die Beschäftigung mit diesem Buch zur Freude. Es ist außer dem bereits genannten Kreis besonders jedem Naturwissenschaftler und Ingenieur, der an der Geschichte der Wissenschaft und Technik allgemein interessiert ist, sehr zu empfehlen.

J. Holzhey

G. Krüger, J. Schwarzlose

Betriebserfahrungen bei der Anwendung eines Röntgenfluoreszenzverfahrens mit Isotopenanregung zur kontinuierlichen Zinnbestimmung bei der Zinnerzflotation

Isotopenpraxis 19 (1983) H. 1/2, S. 24 bis 27
10 Abb., – Tab., 2 Lit.

Das Verfahren der Röntgenfluoreszenzanalyse mit Radioisotopenanregung ist zur kontinuierlichen Bestimmung geringer Sn-Gehalte im Trübestrom von Flotationsanlagen geeignet. Es wird über die Entwicklung dieses Verfahrens und über Erfahrungen beim Einsatz einer relativ einfachen radiometrischen Meßtechnik berichtet.

G. Krueger, J. Schwarzlose

Continuous Determination of Tin by Isotope Excited X-Ray Fluorescence Analysis during Tin Ore Flotation

Isotopenpraxis 19 (1983) No. 1/2, p. 24 to 27
10 Fig., – Tab., 2 Ref.

The method of isotope-excited X-ray fluorescence analysis can be applied to continuous determination of low tin contents in the pulp stream of flotation plants. The development of this method and the experience acquired by the use of a relatively simple radiometric measuring technique are reported.

M. Schiekel

Anwendung von Halbleiterdetektoren in der energiedispersiven Röntgenanalytik

Isotopenpraxis 19 (1983) H. 1/2, S. 28 bis 33
13 Abb., – Tab., 15 Lit.

Die rasche Entwicklung von hochauflösenden Halbleiterdetektoren für Photonenstrahlung hat im letzten Jahrzehnt zu einer verstärkten Anwendung energiedispersiver Spektrometer in der Technik geführt. Besonderen Aufschwung hat dabei die Analyse mittels Röntgenstrahlung erfahren. Gegenwärtig zeichnen sich in der Röntgenanalytik drei Hauptanwendungsgebiete für Halbleiterdetektoren ab:

- Untersuchung von ausgedehnten Oberflächenbereichen (Röntgenmakroanalyse)
- Elektronenstrahlmikroanalyse
- energiedispersive Polykristalldiffraktometrie.

Es zeigt sich, daß der Einsatz von Halbleiterdetektoren nicht nur eine quantitative Verbesserung des Spektrometersystems in konventionellen Anordnungen darstellt, sondern auch qualitativ neue Meßmöglichkeiten erschließt.
Im Vortrag wurden an Hand von Analysenbeispielen die Kenngrößen der Spektrometer (wie z.B. Energieauflösungsvermögen und Effektivität) diskutiert und daraus verallgemeinerte Aussagen über mögliche Anwendungen derartiger Spektrometer abgeleitet sowie die den Analytiker interessierenden Kenngrößen abgeschätzt.

M. Schiekel

The Use of Semiconductor Detectors in Energy-Dispersive X-Ray Analysis

Isotopenpraxis 19 (1983) No. 1/2, p. 28 to 33
13 Fig., – Tab., 15 Ref.

In the last decade the quick development of semiconductor detectors with high resolution for photon radiation resulted in a wide use of energy-dispersive spectrometers, the X-ray analysis having developed with particular impetus. At present three main applications of semiconductors in X-ray analysis can be observed:

- investigation of large surface regions (X-ray macroanalysis)
- electron-beam microanalysis
- energy-dispersive diffraction analysis of polycrystals.

It is evident that the use of semiconductor detectors does not only result in a quantitative improvement of spectrometer systems in conventional equipment, but also opens new applications. In this paper the characteristics of the spectrometers, such as energy resolution and efficiency, are discussed. Generalizing statements on potential applications of these spectrometers are made and estimation of the characteristics that are of interest for the analysts are given.

B. Vorsatz, L. Bakos

Neuere Ergebnisse in der metallurgischen Analyse durch Aktivierung mit 14-MeV-Neutronen

Isotopenpraxis 19 (1983) H. 1/2, S. 34 bis 37
6 Abb., 2 Tab., 5 Lit.

Der Vortrag informiert über neuere Untersuchungen zur Bestimmung des Sauerstoffgehalts verschiedener Metalle, insbesondere des Aluminiums und dessen Legierungen sowie über die Anwendung programmierbarer Kleinrechner für derartige Analysen durch Aktivierung mit 14-MeV-Neutronen. Als ebenfalls vorteilhaft erwies sich diese Analysentechnik für die Bestimmung von Cer, das als Mikrolegierungselement für verschiedene Metalle Anwendung findet. Es wird über die Möglichkeiten der Cer-Bestimmung in Metallen mit unterschiedlichen Cer-Gehalten und im Cer-Mischmetall berichtet.

B. Vorsatz, L. Bakos

New Results of Metallurgical Analysis by Activation with 14 MeV Neutrons

Isotopenpraxis 19 (1983) No. 1/2, p. 34 to 37
6 Fig., 2 Tab., 5 Ref.

In this paper recent investigations into the determination of oxygen content in various metals, in particular aluminium and its alloys, and into the use of a programmable small computer for this analysis by activation with 14-MeV neutrons are reported. This analytical technique has also proved to be expedient in the determination of cerium that is used as microalloying element in various metals. The possibilities of determining cerium in metals with different cerium content and in cerium mischmetal are discussed.

Z. Bazaniak, J. Michalik

Anwendung der Radiotracermethode zur Optimierung von Verfahren und Anlagen der Kupfermetallurgie

Isotopenpraxis 19 (1983) H. 1/2, S. 38 bis 41
8 Abb., 2 Tab., – Lit.

Die durchgeführten Untersuchungen mit Hilfe radioaktiver Isotope erlaubten die Bestimmung von Kenngrößen, die einen unmittelbaren Einfluß auf den Kupfergehalt in der Abgangsschlacke haben. Die Zusammenhänge zwischen der Kupferkonzentration in der Schlacke und dem Schachtofendurchsatz sowie der mittleren Verweilzeit der Schlacke im Absetzbecken wurden mathematisch erfaßt. Die Parameter der hydrodynamischen Schlackenströmung im Absetzbecken wurden ermittelt und zur Veränderung der Anlage genutzt. Die chemischen Analysen ergaben eine Reduzierung des Kupfergehalts in der Abgangsschlacke um 20 %.

Z. Bazaniak, J. Michalik

Use of Radioactive Tracers for the Optimization of Processes and Equipment in Copper Metallurgy

Isotopenpraxis 19 (1983) No. 1/2, p. 38 to 41
8 Fig., 2 Tab., – Ref.

The studies carried out by use of radioactive tracers permitted us to determine the characteristics that have a direct effect on copper content in the waste slag. The mathematical relationships between copper concentration in the slag, throughput of blast furnace and mean retention time of slag in the settler have been represented. The parameters of hydrodynamic flow of slag in the settler have been determined and utilized for the improvement of equipment. The results achieved show that the change in operating volume of the settler has positively influenced the efficiency of equipment: chemical analyses have indicated a reduction of copper content in waste slag by 20 %.

H. Stechemesser, D. Eckstein, K. Weber

Radiometrische Untersuchung des Strömungs- und Verteilungsverhaltens in Mahl- und Flotationsanlagen

Isotopenpraxis 19 (1983) H. 1/2, S. 41 bis 45
4 Abb., 2 Tab., 9 Lit.

H. Stechemesser, D. Eckstein, K. Weber

Radiometric Study of the Flow and Distribution Behaviour in Grinding and Flotation Plants

Isotopenpraxis 19 (1983) No. 1/2, p. 41 to 45
4 Fig., 2 Tab., 9 Ref.

Die Optimierung von Apparaten und Anlagen erfordert neben der technologischen eine strömungstechnische Beschreibung des Prozeßablaufs, der aus der Verweilzeitverteilung von Stoffströmen in Mahl- und Flotationsanlagen bestimmbar ist. Das Materialtransportverhalten bei der Zementklinkermahlung wurde in halb- und großtechnischen Anlagen (Durchlauf- und Umlaufmahlung) mittels Radiotracern (^{24}Na, ^{82}Br, ^{198}Au) im kontinuierlichen Meßverfahren untersucht und anhand der Kenngrößen des Diffusionsmodells bewertet. Nach dem für Flotationsapparate gut anwendbaren Zellenmodell wurden mittlere Verweilzeit und äquivalente Rührstufenzahl berechnet und der Zusammenhang mit technologischen Parametern (Apparategestaltung, Material, Korngröße) diskutiert.

W. Dehnke, W. Ludwig

Autoradiographische und gammaspektrometrische Untersuchungen an AlSi-1-Mikrodraht

Isotopenpraxis 19 (1983) H. 1/2, S. 46 bis 48
11 Abb., 2 Tab., — Lit.

Die Untersuchungen dienten der Homogenitätsprüfung von 25 µm dicken Drähten. Aufgespulte Drahtproben wurden 90 h bei einem Neutronenfluß von $4 \cdot 10^{13}$ n/cm$^2 \cdot$ s aktiviert. Zur Exposition auf ORWO-Makroautoradiographiefilm AF 3 wurden Drahtabschnitte auf Probenträger aufgeklebt. Die Identifizierung der aktivierten Verunreinigungen erfolgte gammaspektrometrisch und durch autoradiographische Exposition nach unterschiedlichen Abklingzeiten. Die Untersuchungen dienen der Qualitätserhöhung, insbesondere der Verbesserung der Ziehfähigkeit von AlSi-1-Draht für die Verwendung als Bonddraht in der Mikroelektronik.

Informationen

Isotopenpraxis 19 (1983) H. 1/2, S. 49 bis 55

Buchbesprechungen

Isotopenpraxis 19 (1983) H. 1/2, S. 55 bis 60

The optimization of apparatuses and plants requires in addition to the technological description of the process course a flow-technical one which can be determined from the residence time distribution of mass flows in grinding and flotation plants. The transport behaviour of the material in cement clinker grinding was studied in plants of semi-technical and full-technical scale (open and closed circuit). It was investigated by means of radiotracers (^{24}Na, ^{82}Br, ^{198}Au) with continuous measuring methods and was evaluated with the aid of characteristic data of the diffusion model. From the cell model — which is well suited for flotation plants — the mean residence time and the equivalent number of agitation stages were calculated and the relation to technological parameters (apparatus design, material, grain size) was discussed.

W. Dehnke, W. Ludwig

Autoradiographic and Gamma-Spectrometric Examination of Microwire from AlSi 1

Isotopenpraxis 19 (1983) No. 1/2, p. 46 to 48
11 Fig., 2 Tab., — Ref.

These studies were carried out to examine the homogeneity of wire 25 µm in diameter. Reeled-up wire specimens were activated for 90 h at a neutron flux of 4×10^{13} n cm^{-2} s^{-1}. Wire sections were pasted on paper for the exposition on macroautoradiographic film ORWO AF 3. The activated impurities were identified by gamma-spectrometric determination and by autoradiographic exposition after various cooling periods. The studies were performed with a view to improvement of quality, in particular, of drawability of AlSi1 wire for bonding in microelectronics.

Information

Isotopenpraxis 19 (1983) No. 1/2, p. 45 to 55

New Books

Isotopenpraxis 19 (1983) No. 1/2, p. 55 to 60

Contents of this Issue

Indexed in Current Contents

Scientific Citation Index and INIS Atomindex

Bei Fragen zur Produktsicherheit wenden Sie sich bitte an:
If you have any questions regarding product safety,
please contact:

Walter de Gruyter GmbH
Genthiner Straße 13
10785 Berlin
productsafety@degruyterbrill.com

Konstruktionsleitfaden Fertigungstechnik

Heinrich Krahn · Michael Storz

Konstruktionsleitfaden Fertigungstechnik

Anwendungsbeispiele aus der Praxis

2., überarbeitete und erweiterte Auflage

Springer Vieweg

Heinrich Krahn
Baunatal, Deutschland

Michael Storz
Donaueschingen, Deutschland

ISBN 978-3-658-20106-7
ISBN 978-3-658-20107-4 (eBook)
https://doi.org/10.1007/978-3-658-20107-4

Die Deutsche Nationalbibliothek verzeichnet diese Publikation in der Deutschen Nationalbibliografie; detaillierte bibliografische Daten sind im Internet über http://dnb.d-nb.de abrufbar.

Springer Vieweg

Lektorat: Thomas Zipsner

Gedruckt auf säurefreiem und chlorfrei gebleichtem Papier

Springer Vieweg ist Teil von Springer Nature
Die eingetragene Gesellschaft ist Springer Fachmedien Wiesbaden GmbH
Die Anschrift der Gesellschaft ist: Abraham-Lincoln-Str. 46, 65189 Wiesbaden, Germany

Vorwort

Dieses Fachbuch zeigt in CAD-Schnittdarstellungen viele konstruktive Lösungen aus dem Bereich der Fertigungstechnik und des Vorrichtungsbaus und hilft zuverlässig bei der Suche nach neuen praxiserprobten Konstruktionslösungen oder passender Varianten. Nach wie vor besetzt die Fertigungstechnik unverändert einen wichtigen Platz im gesamten Bereich des Maschinenbaus. Dieses Fachbuch wendet sich an alle Techniker, Industriemeister, Ingenieure, Konstrukteure, Schüler und Studenten, die sich im Selbststudium die technische Vielfalt der beiden Fachgebiete aneignen wollen. Neben einigen Aktualisierungen und Korrekturen wurde nochmals die Anzahl hochwertiger Konstruktionen im 3D-Format erhöht.

Alle 2D- und 3D-Konstruktionen sind bis auf ganz wenige Ausnahmen mit einem QR-Code versehen, der Sie direkt auf die entsprechende Internetseite führt. Da dieses Fachbuch von vielen Mitarbeitern weltweit generiert wurde, kann die Aktualisierung der Internetpräsenz nicht zu 100 % gewährleistet werden. Jede Konstruktion ist in einem 3D-Volumenmodell in verschiedenen Formaten beispielsweise als STEP, IGES, Inventor, Solid Works hinterlegt.

An dieser Stelle möchte ich den Lesern mitteilen, dass mein sehr verehrter und geschätzter Kollege und Mitautor Herr Heinrich Krahn im Alter von 79 Jahren leider verstoben ist. Die Zusammenarbeit mit Herrn Krahn war mir immer eine Freude und große Bereicherung.

Frau Imke Zander und Herrn Thomas Zipsner vom Springer Vieweg Verlag, Lektorat Maschinenbau danke ich für die professionelle Betreuung.

Der Autor wünscht den Lesern und Anwendern viel Erfolg und nimmt gerne konstruktive Kritik und Anregungen entgegen.

Donaueschingen, August 2017

Michael Storz

Inhaltsverzeichnis

Einleitung und Definition 1

Fertigungsgerechte Konstruktion

Beschreibung

Unter fertigungsgerechter Konstruktion versteht man Produktgestaltungsmaßnahmen, die eine möglichst einfache Fertigung und damit die Minimierung von Fertigungskosten und -zeiten sowie die Einhaltung fertigungsabhängiger Qualitätsmerkmale ermöglichen:

- Vereinfachung des Fertigungsprozesses bzw. Einsatz eines einfacheren Fertigungsverfahrens
- Erhöhung der Prozesssicherheit zur Reduzierung der Fehleranfälligkeit
- Erhöhung des Automatisierungsgrades

Der Oberbegriff fertigungsgerechte Konstruktion lässt sich aufgrund der Vielzahl von Fertigungsverfahren in verfahrensspezifische Restriktionen, wie beispielsweise gieß- oder schweißgerecht, untergliedern. Ein durchgängiger Aspekt ist dabei die Berücksichtigung einer NC-Bearbeitung sowie allgemein einer automatisierungsgerechten Konstruktion.

Einsatzgebiet

- Fertigungsgerechtes Konstruieren kommt vor allem in der Entwurfsphase des Konstruktionsprozesses zum Einsatz, da hier die wesentlichen fertigungsbezogenen Aspekte des Produkts festgelegt werden. Jedoch müssen auch in der Konzept- und Ausarbeitungsphase Fertigungsaspekte berücksichtigt werden.
- Die fertigungsgerechte Konstruktion sollte parallel zur Optimierung von Transport- und Handhabungsvorgängen sowie zur werkstoff- und recyclinggerechten Gestaltung erfolgen.

Verbreitung

Fertigungsgerechtheit wird in der Literatur neben Montage- und Recyclinggerechtheit als konstruktive Restriktion am häufigsten behandelt. Die Berücksichtigung fertigungsbezogener Restriktionen bereits während der Konstruktionsphase ist eine unabdingbare Voraussetzung für die Erreichung von Zeit-, Qualitäts- und Kostenzielen. Bei der Neukonstruktion von Großserien ist die fertigungsgerechte Konstruktion schon weit verbreitet, bei Einzelfertigungen und Kleinserien und vor allem bei Anpassungskonstruktionen werden Fertigungsaspekte noch nicht in ausreichendem Maße bei der Konstruktion berücksichtigt.

Voraussetzungen

Grundvoraussetzung für eine fertigungsgerechte Konstruktion ist die genaue Kenntnis der einsetzbaren Fertigungsverfahren. Dabei sollte nicht nur der verfügbare Maschinenpark berücksichtigt werden, sondern auch die Möglichkeit des Outsourcing oder der Beschaffung zusätzlicher Fertigungsmittel. Neben der Erfahrung aus Vorgängerprodukten stehen dem Konstrukteur als Hilfsmittel eine Reihe von Richtlinien mit Gut-/Schlecht-Beispielen zu verschiedenen Fertigungsverfahren zur Verfügung. Fertigungsgerechtes Konstruieren wird erleichtert, wenn von einer möglichst frühen Konstruktionsphase an die Entscheidungen des Konstrukteurs durch Mitarbeit und Informationsbereitstellung der Normenstelle, der Arbeitsvorbereitung, des Controlling, des Einkaufs und der jeweiligen Fertigungsstelle unterstützt werden.

Durchführung

Es gibt fünf Zielsetzungen, die der Konstrukteur bei der Durchführung einer fertigungsgerechten Konstruktion anstreben sollte:

- *Fertigungsgerechte Baustruktur*, die durch Gliederung des Erzeugnisses nach Baugruppen und Einzelteilen, in Form eigengefertigter Werkstücke oder fremdgefertigter Zukaufteile als Neu-, Wiederhol- oder Normteile, den Fertigungsablauf bestimmt.
- *Fertigungsgerechte Werkstückgestaltung*, die das Fertigungsverfahren, die Fertigungsmittel und die Qualität des Einzelteils festlegt.
- *Fertigungsgerechte Werkstoffwahl*, die ihrerseits Fertigungsverfahren und -mittel, Materialwirtschaft und Qualitätskontrolle bestimmt.
- *Einsatz von Standard- und Fremdteilen*, mit dem Kapazität, Lagerhaltung und Wirtschaftlichkeit beeinflusst werden.
- *Fertigungsgerechte Fertigungsunterlagen*, die auf die Art der Fertigung, auf den Arbeitsablauf und auf die Qualitätskontrolle Rücksicht nehmen müssen.

Fertigungsgerechte Konstruktion bedeutet die Beachtung von generellen Konstruktionsregeln wie „Einfach" und „Eindeutig", die mit Hilfe von Richtlinien verdeutlicht werden.

Dazu gehört auch, dass Fertigungstoleranzen so grob wie möglich zu wählen sind. Dadurch werden einfachere Verfahren möglich, ganze Nacharbeitsschritte können entfallen, die Ausschussquoten sind geringer und aufwendige Prüfverfahren lassen sich durch einfachere ersetzen.

Außerdem sollte die Anzahl von Fertigungsverfahren pro Bauteil minimiert werden, um dadurch einen Teil der aufwendigen Maschinenwechsel zu vermeiden. Auch sollten möglichst viele Bearbeitungsschritte in einer Aufspannung durchgeführt werden. Das Ziel dabei ist es, durch Verfahrensintegration möglichst alle Fertigungsschritte auf einer Maschine durchzuführen. Dadurch entfallen Liege- und Wartezeiten, die Genauigkeit wird verbessert und unproduktive Tätigkeiten werden vermieden. Gleichzeitig wird dadurch die Auftragssteuerung entlastet. Daneben wird durch eine Standardisierung der Elemente eines Bauteils eine Reduzierung der erforderlichen Werkzeugwechsel angestrebt.

Ein weiterer wichtiger Aspekt ist die Verringerung der Variantenanzahl, die sich durch die höheren Stückzahlen der Standardteile positiv auf die Fertigung auswirkt. Den gleichen Effekt bringt die Anwendung über- und innerbetrieblicher Normen.

Vorteile

- einfach und schnell durchführbar
- universell einsetzbar

Nachteile

- keine Vorgehenssystematik vorhanden, nur Richtlinien mit Gut-/Schlecht-Beispielen
- nur einseitige Optimierung, kein systematischer Ansatz zur Integration konkurrierender Restriktionen zu einer optimalen Lösung
- keine Bewertung alternativer Konstruktionen möglich

Stanzwerkzeuge

2

3D-Zeichnungen und 29 Anwendungsbeispiele
2D-Zeichnungen und 18 Anwendungsbeispiele

3D-Konstruktionen im Überblick (Seiten 6–20)

2D-Konstruktionen im Überblick (Seiten 21–29)

Stanzwerkzeuge

Beim Stanzen werden Werkstücke aus verschiedenen Werkstoffen (Bleche, Pappe, Textilien usw.) mit einer Presse und einem Schneidwerkzeug gefertigt.

Das Werkzeugoberteil, der Stempel, hat die Innenform, dessen Unterteil (Matrize) eine entsprechende Öffnung (Beispiel Locher). Die Unterlage kann auch eben sein, dann besteht das Werkstückoberteil aus einem entsprechend geformten, geschlossenen Stanzmesser (z. B. an einer Lochzange).

Aneinandergereihtes periodisches Stanzen zum Ausschneiden komplexer Blechteile wird als Nibbeln bezeichnet.

Beim Hochleistungsstanzen sind Prozesse, wie Schweißen, Bördeln, Nieten und Verformen, in spezielle Folgeverbundwerkzeuge integriert. Diese teilweise hochkomplizierten Werkzeuge gilt es effektiv einzusetzen und wirkungsvoll zu schützen. Eine häufige Behinderung des Stanzprozesses ist das Hochkommen und Mitwandern von Stanzbutzen. Diese können sowohl das Werkzeug als auch das Produkt beschädigen, außerdem führen sie zu Verzögerungen im Fertigungsprozess. Gefederte Abdruckstifte im Schneidstempel und ein spezieller Anschliff der Stempelstirnfläche sowie Kraft- oder Ultraschallsensoren im Werkzeug sind geeignet, diese Probleme zu vermeiden oder zu vermindern.

Eine etwas spätere – teilweise parallele – Entwicklung ist der Bandstahlschnitt. Hier werden Kohlenstoffstahl-Bänder (Schneidlinien) gebogen, um dann in Schlitze in Sperrholzplatten eingesetzt zu werden, die durch Dekupiersägen oder durch Laserschneiden eingearbeitet sind. Die Räume zwischen den Schneidlinien sind z. B. mit Gummi gefüllt, um das Auswerfen zu ermöglichen. Ein Beispiel hierfür ist auch die Fertigung von Bierdeckeln.

Stanzen (Werkzeuge)

Stanzen ist ein Fertigungsverfahren, bei dem das Werkstück durch Schneid- und Biegevorgänge mithilfe eines zweiteiligen formgebenden Werkzeugs in einem Hub hergestellt wird. Das Werkzeug besteht aus einem Ober- und Unterteil (Stempel und Gegenstempel) mit dem Rohteil dazwischen. Beim Stanzvorgang wird der Stempel durch eine schnelle, kraftvolle Maschinenbewegung nach unten gedrückt. Stempel und Gegenstempel passen in der Endstellung des Hubes so ineinander, wie es in die Form des Fertigteils verlangt.

Begriffsbestimmung: Stanzen

Mit Hilfe der Stanztechnik fertigt man vorwiegend Werkstücke aus Blechteilen, Metallbändern, Platten oder Bahnen aus Kunststoff, Papier, Leder, Textilien und aus Dichtungswerkstoffen. Die zweiteiligen formgebundenen Werkzeuge werden meist in Pressen eingebaut und besitzen ein Ober- und ein Unterteil.

Hochleistungsstanzen

Hochleistungs-Stanzteile werden direkt vom Coil (aufgewickeltes Blechband) ausgestanzt, die durch Präzisionspressen mit einer Nennkraft zwischen 250 und 40000 kN bis 1400 Hüben pro Minute geführt werden.

Bei der Produktion spielt das eingesetzte Stanzwerkzeug (Stanz-, Biege oder Folgeverbundwerkzeug) eine entscheidende Rolle, da es mit sehr hohen Hubzahlen im Stanzautomat enormen Belastungen ausgesetzt ist. Immer häufiger spielt die Weiterverarbeitung der Stanzteile in die Fertigung von Baugruppen eine Rolle, insbesondere die Kunststoffumspritzung.

Schneidspalt

Als Schneidspalt (auch Scherspalt) wird der rechtwinklig zur Schneidebene gemessene Abstand zwischen Ober- und Untermesser beim Scherschneiden bezeichnet, also der seitliche Abstand zwischen den sich aneinander vorbei bewegenden Schneidkanten.

Beim Schneiden von Blechen hängt die Größe des optimalen Schneidspaltes von der Blechdicke und der Werkstofffestigkeit ab. Er beträgt in der Regel 2 bis 5 % der Blechdicke. Der untere Wert gilt für geringeren Kanteneinzug und somit eine bessere Qualität der Schnittflächen. Ein großer Schneidspalt, wie er durch Werkzeugabnutzung entstehen kann, bewirkt eine verstärkte Gratbildung an den Schnittkanten der Werkstücke. In der Regel wird der Spalt so ausgelegt, dass die Risse ausgehend von der Ober- und Untermesserkante aufeinander zulaufen und nicht aneinander vorbeilaufen. Die erreichbare Oberflächengüte ist hier zwar eher schlecht, doch die Maßhaltigkeit ist ausreichend und die Wirtschaftlichkeit am höchsten.

Die Größe und Lage des Schneidspaltes beeinflusst deshalb die Standzeit bzw. die Anzahl der möglichen Schnitte bis zum Verschleiß des Werkzeuges. Beim Scherschneiden spricht man hier auch von der Standmenge des Schneidwerkzeuges. Ein zu großer Schneidspalt verhindert das Schneiden und bewirkt ein Abquetschen des Werkstückes mit starker Gratbildung.

Zusammengefasst hat die Größe des Schneidspaltes Einfluss auf:

- die Grathöhe am Werkstück, Einzug und Konizität der Schnittflächen
- die Oberflächengüte der Schnittflächen
- die Maßgenauigkeit des Werkstückes
- die erforderliche Schneidkraft
- den Verschleiß des Schneidwerkzeuges und die mögliche Standmenge

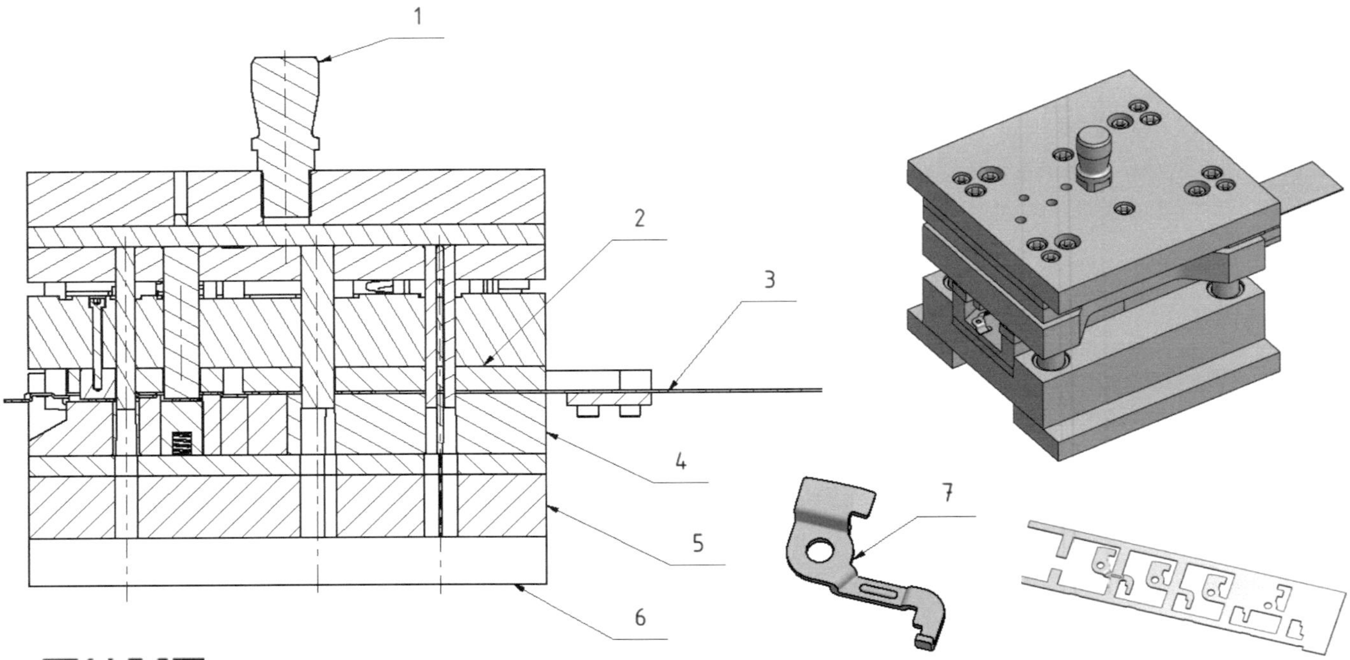

Bild 2-1 Ausstanz-Biegewerkzeug für Schnellspanner
1 Befestigungszapfen; 2 Führungsplatte; 3 Stanzmaterial endlos; 4 Schneidplatte; 5 Führungsplatte; 6 Befestigungsplatte

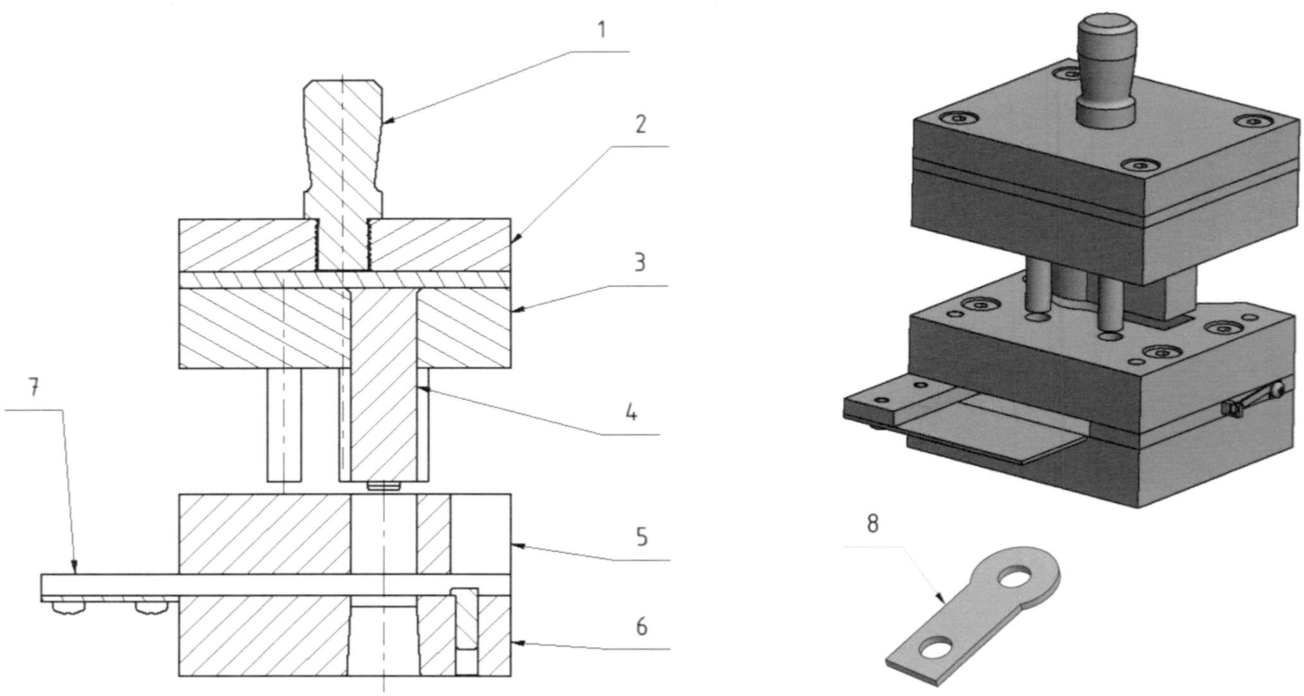

Bild 2-2 Folgeschneidwerkzeug für Platte mit zwei Bohrungen
1 Einspannzapfen; 2 Kopfplatte; 3 Stempelaufnahmeplatte; 4 Ausschneidestempel; 5 Führungsplatte; 6 Grundplatte; 7 Führungsleiste; 8 Werkstück

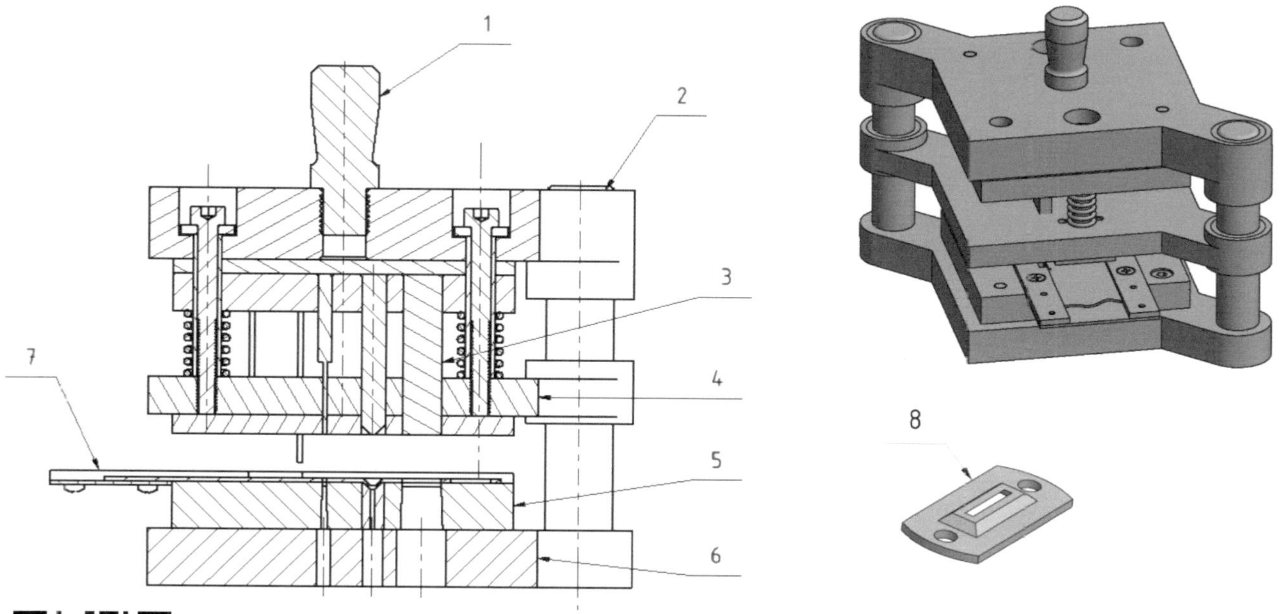

Bild 2-3 Folgeverbund-Werkzeug für eine Abdeckplatte
1 Einspannzapfen; 2 Kopfplatte; 3 Ausschneidestempel; 4 Führungsplatte; 5 Schnittplatte; 6 Grundplatte; 7 Stempelhalteplatte; 8 Werkstück

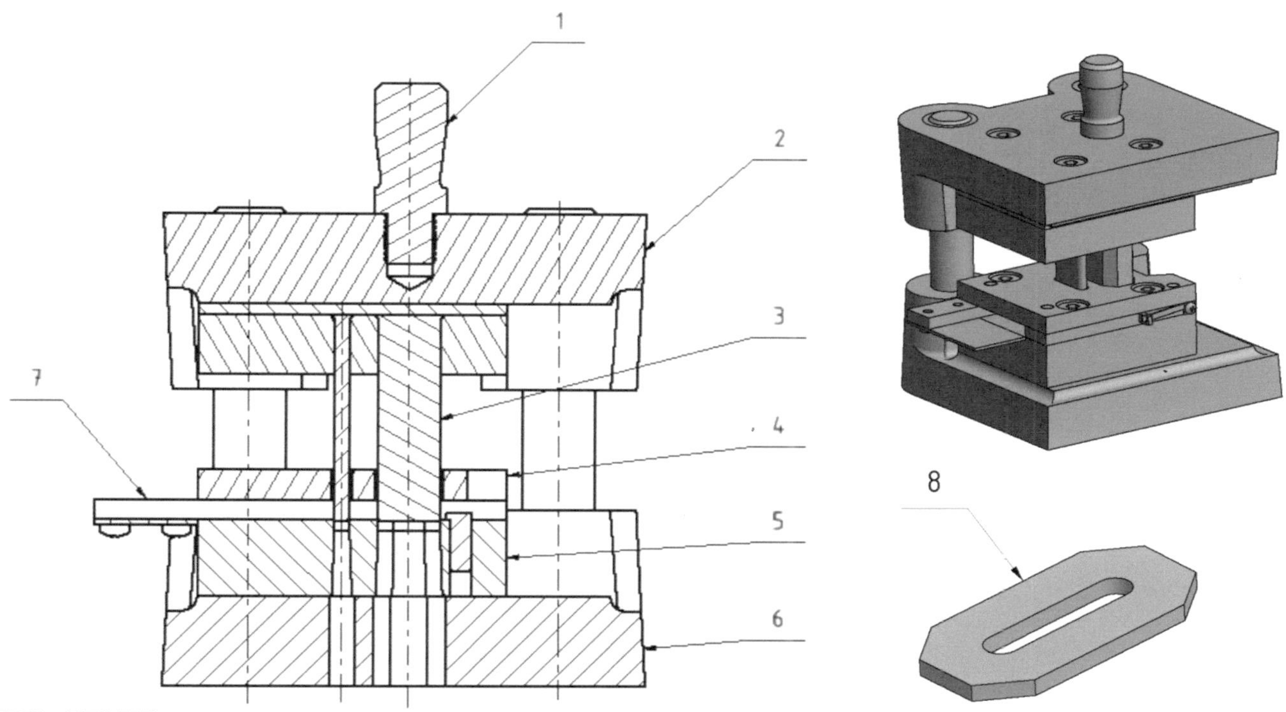

Bild 2-4 Säulenführungsgestell – Folgeschnitt für Platte und Formloch
1 Einspannzapfen; 2 Kopfplatte; 3 Ausschneidestempel; 4 Führungsplatte; 5 Schnittplatte; 6 Grundplatte; 7 Stempelhalteplatte; 8 Werkstück

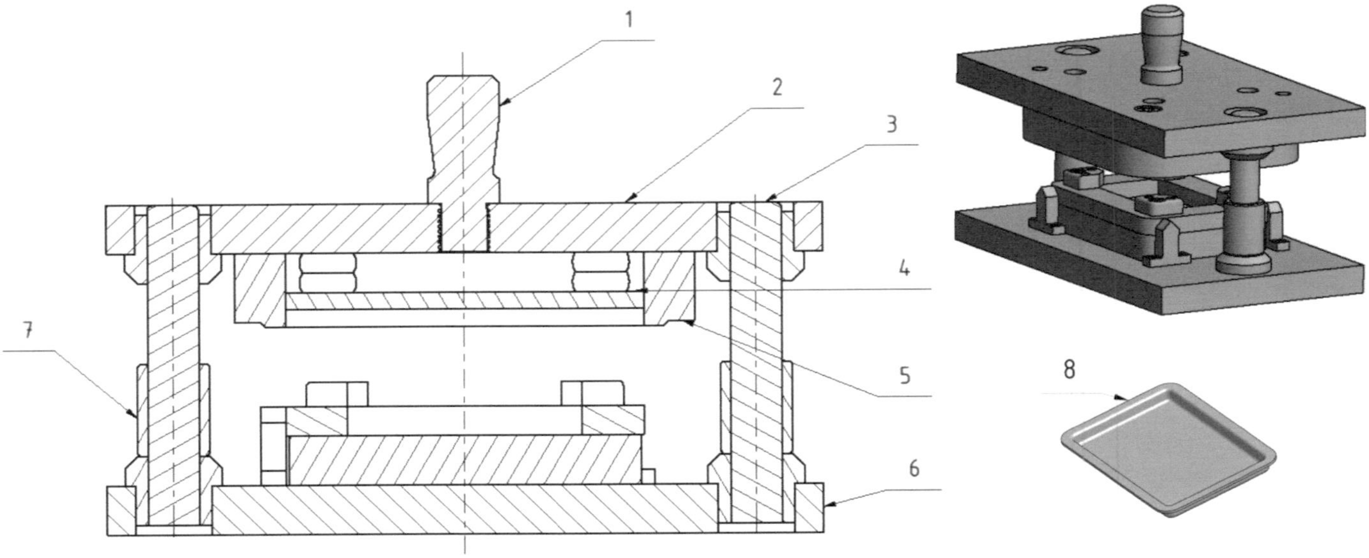

Bild 2-5 Beschneidewerkzeug für Tiefziehform
1 Einspannzapfen; 2 Kopfplatte; 3 Führungssäule; 4 Auswerfer oben; 5 Messer oben; 6 Grundplatte; 7 Abstandshülse; 8 Werkstück

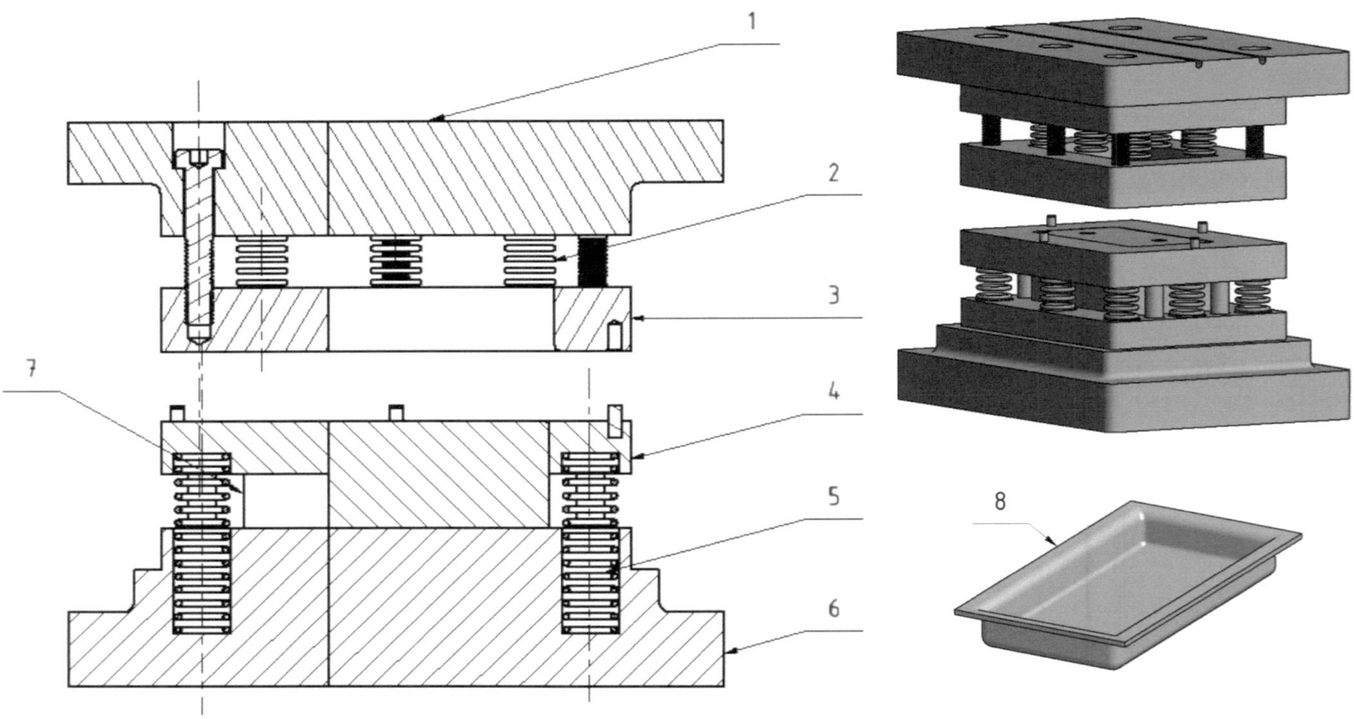

Bild 2-6 Ziehwerkzeug für Wanne
1 Kopfplatte; 2 Druckfeder; 3 Ziehring oben; 4 Auswerfer Blechhalter; 5 Druckfeder unten; 6 Grundplatte; 7 Ziehstempel unten; 8 Werkstück

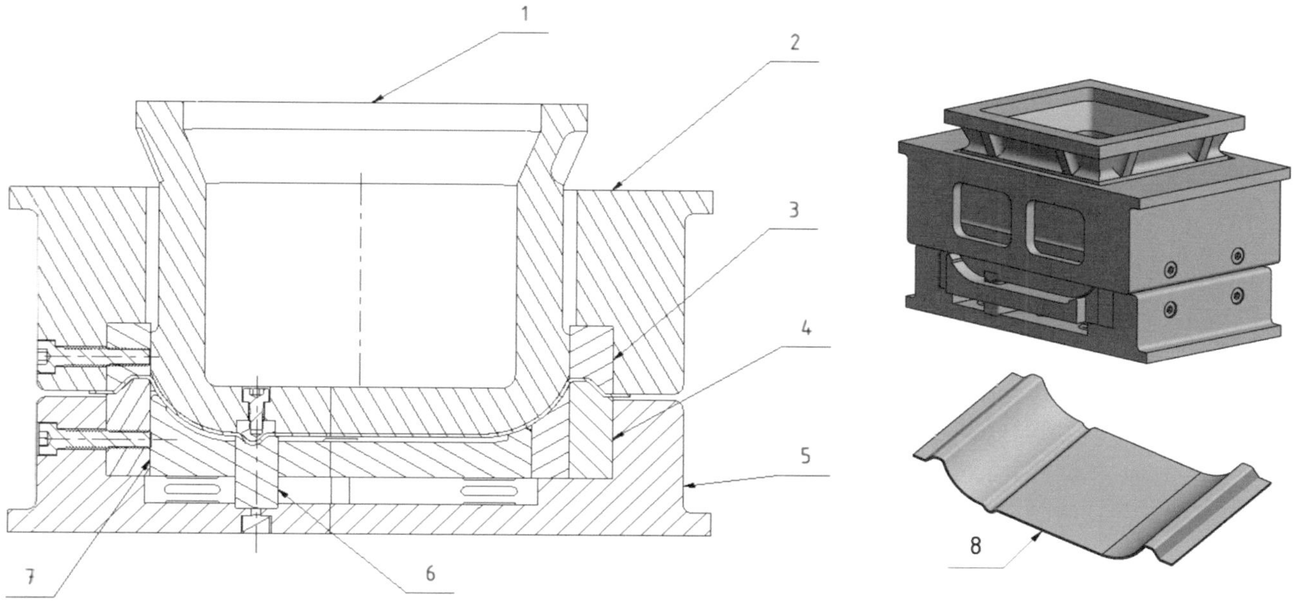

Bild 2-7 Ziehwerkzeug mit Bremswulst
1 Ziehstempel; 2 Blechhalter; 3 Ziehleiste oben; 4 Ziehleiste unten; 5 Grundplatte; 6 Bremswulst; 7 Auswerfer unten; 8 Werkstück

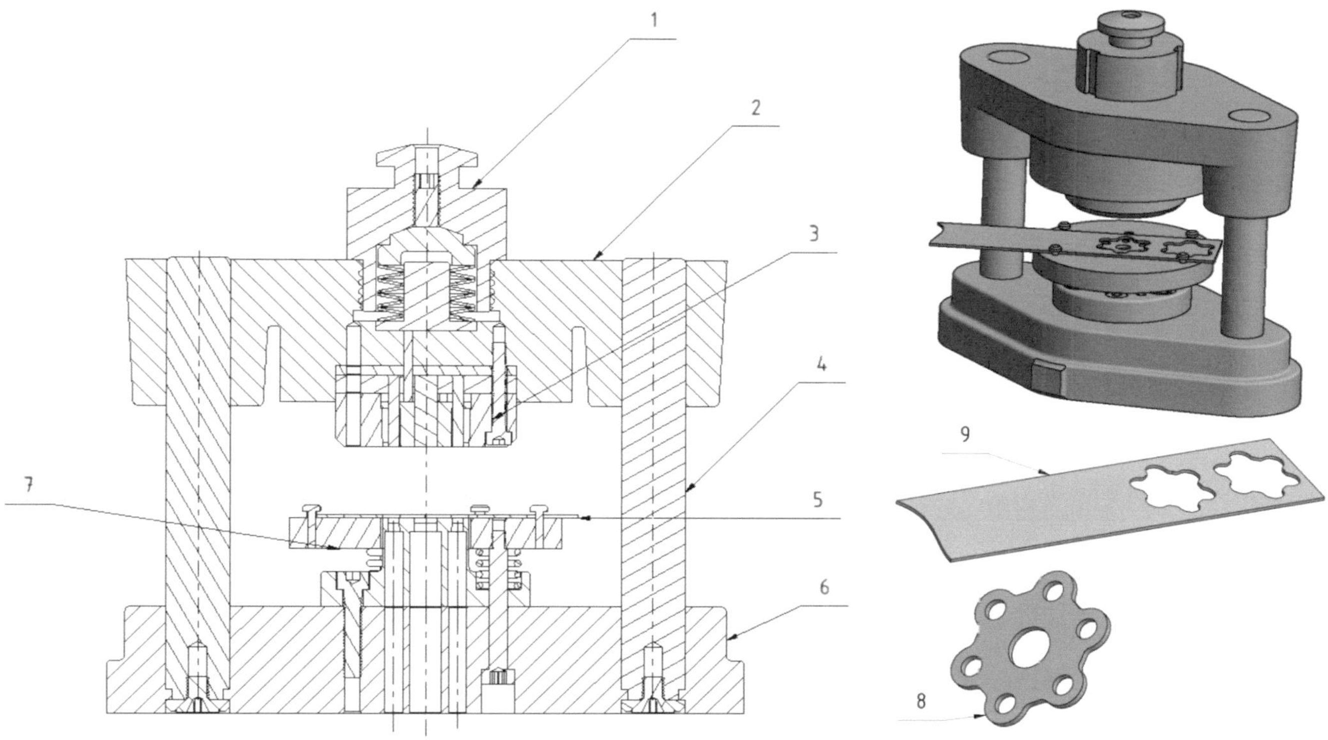

Bild 2-8 Komplett-Schnittwerkzeug Profilplatte
1 Einspannzapfen; 2 Gestell oben Kopfplatte; 3 Auswerfer oben; 4 Führungssäule; 5 Werkstoffstreifen; 6 Grundplatte; 7 Auswerfer für Seitenführung; 8 Werkstück; 9 Endlosband

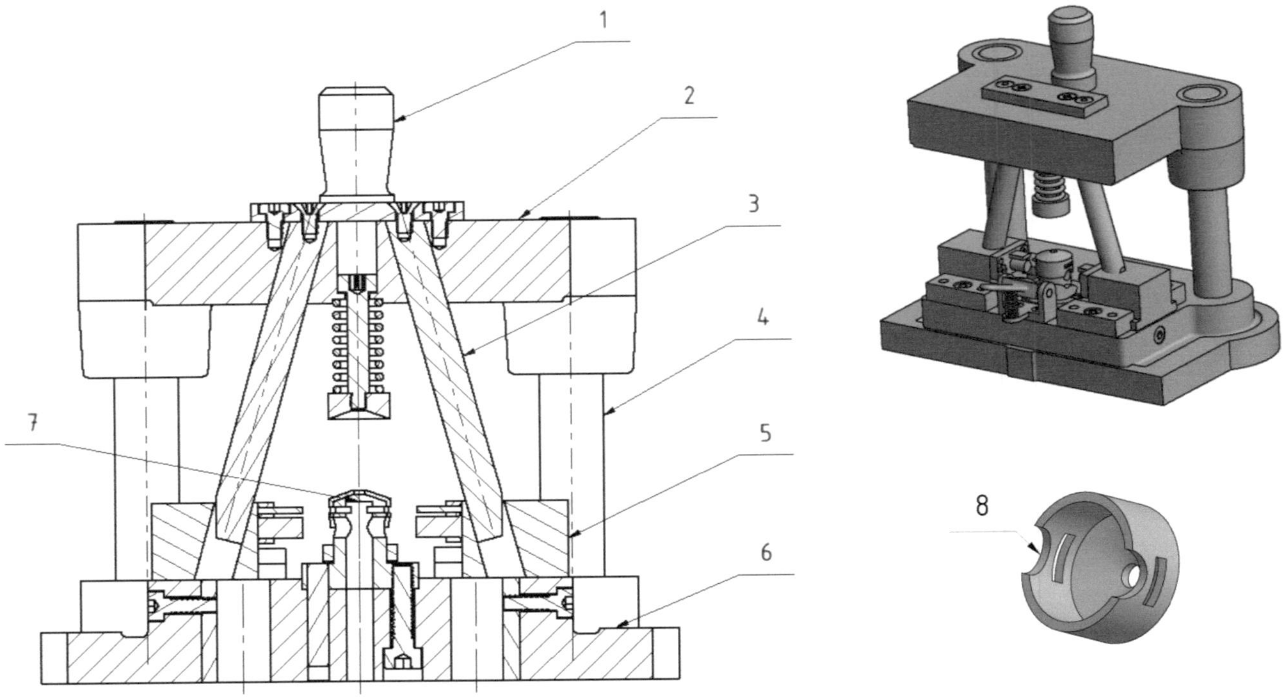

Bild 2-9 Lochwerkzeug mit Keiltrieb
1 Einspannzapfen; 2 Gestell oben Kopfplatte; 3 Schrägsäule; 4 Säule;
5 Zusammenbau Schieber; 6 Grundplatte; 7 Werkstückaufnahme; 8 Werkstück

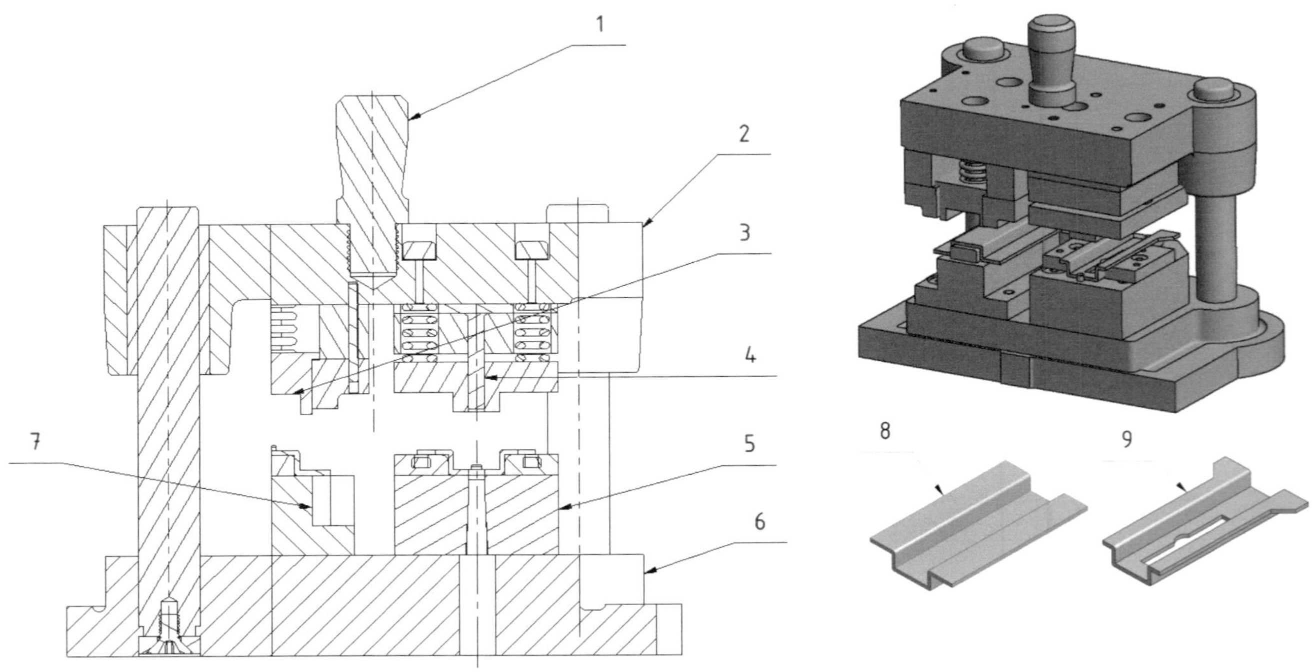

Bild 2-10 Doppelwerkzeug Beschneiden und Formlochen
1 Einspannzapfen; 2 Gestell oben Kopfplatte; 3 Auswerfer oben;
4 Formschneidstempel; 5 Schnittplatte für Formloch; 6 Grundplatte;
7 Schneidstempel; 8 Werkstück Beschneiden; 9 Werkstück Formlochen

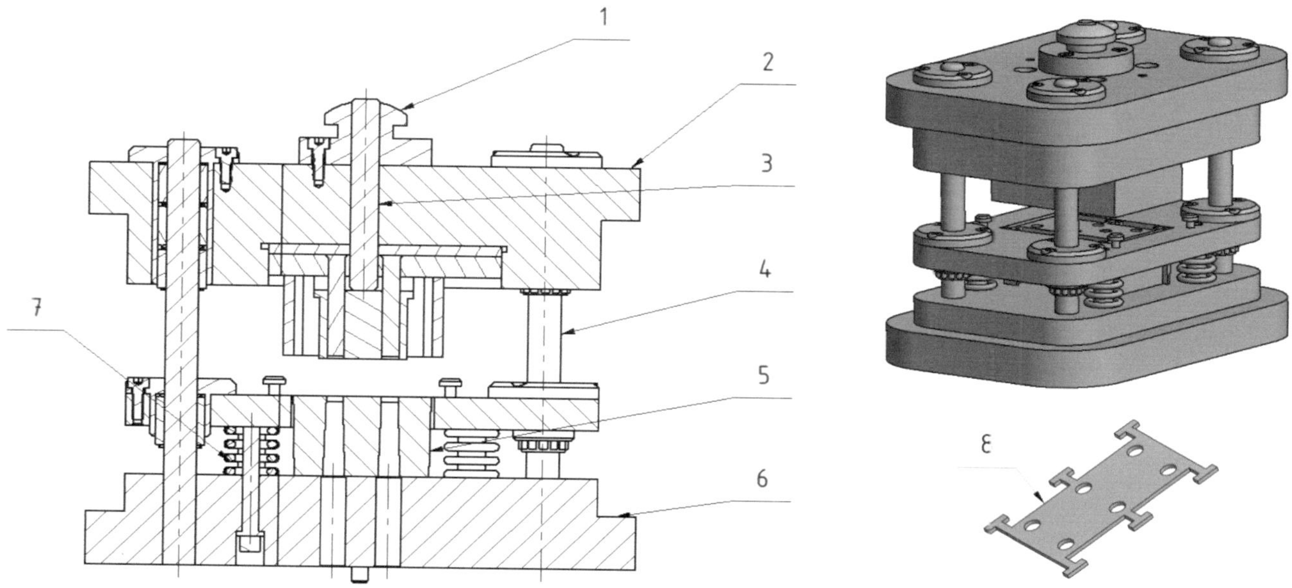

Bild 2-11 Ausstanzwerkzeug Komplettschnitt für Formplatte
1 Einspannzapfen; 2 Gestell oben Kopfplatte; 3 Auswerferbolzen oben; 4 Führungssäule; 5 Schnittplatte; 6 Grundplatte; 7 Druckfeder Streifenführung; 8 Werkstück

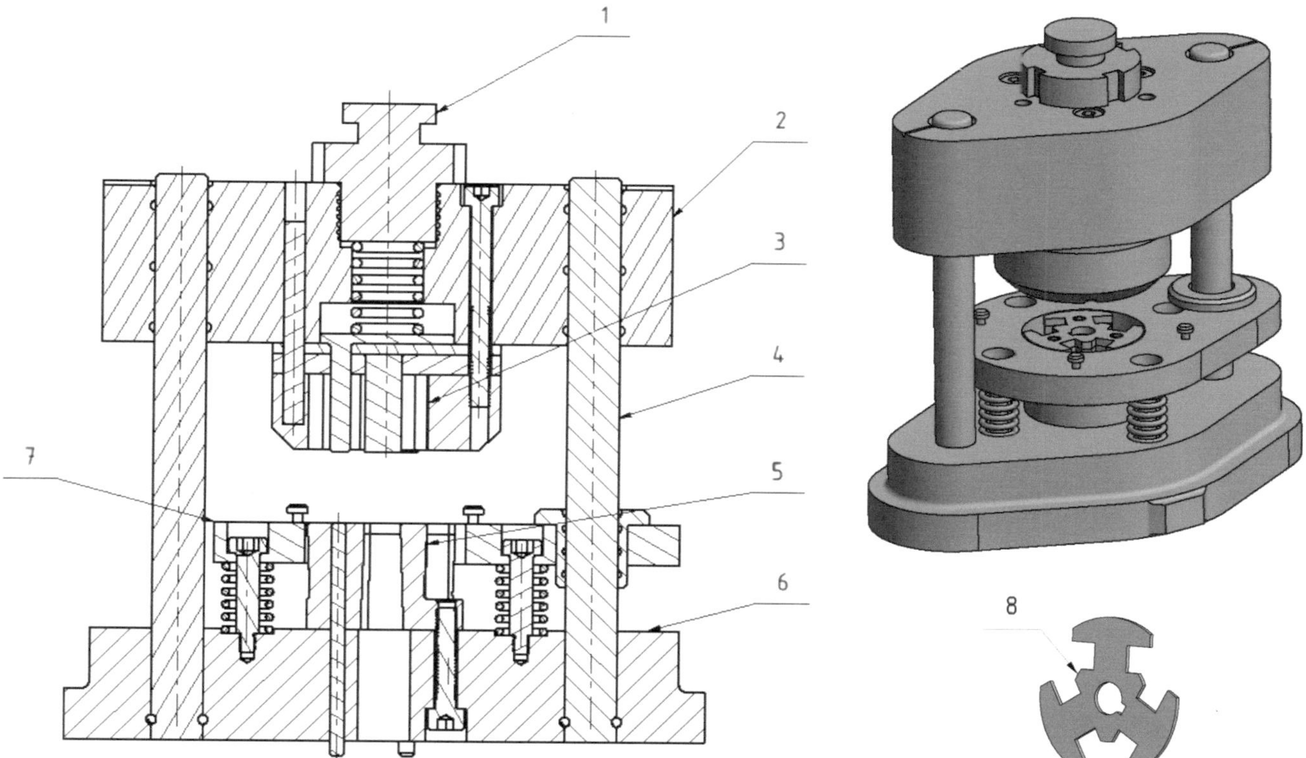

Bild 2-12 Ausstanzwerkzeug Komplettschnitt für Stern
1 Einspannzapfen; 2 Gestell oben Kopfplatte; 3 Schneidstempel; 4 Führungssäule; 5 Schneidplatte; 6 Grundplatte; 7 Streifenauflage; 8 Werkstück

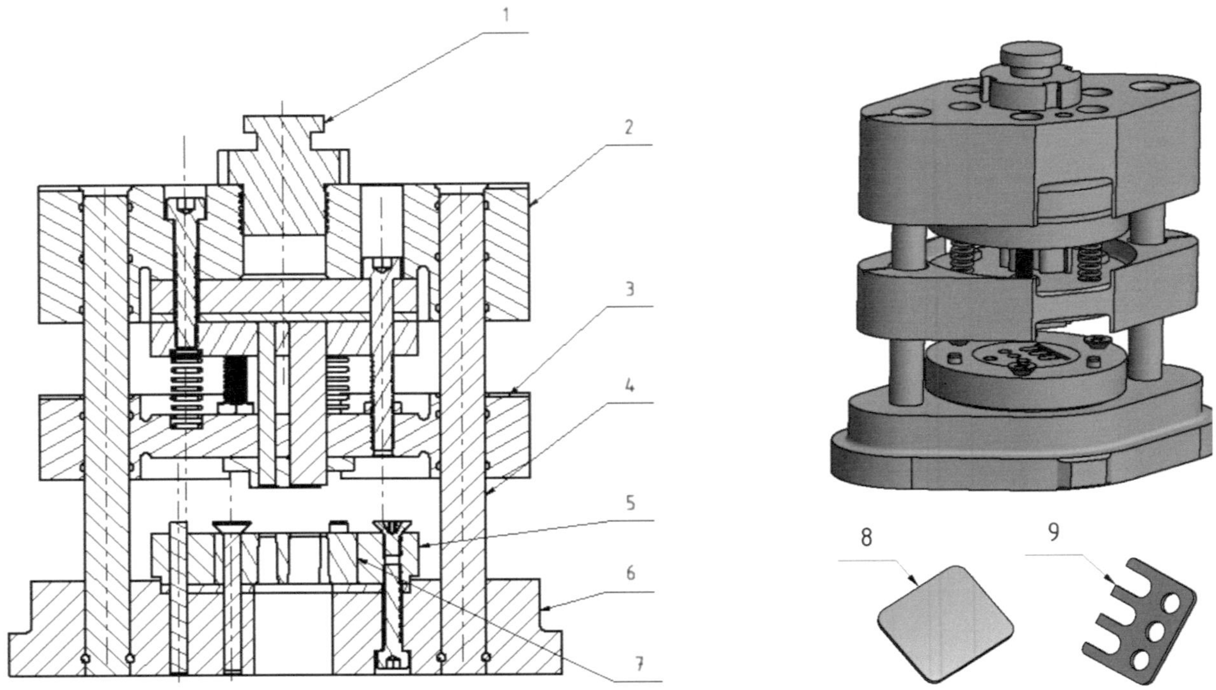

Bild 2-13 Ausstanzwerkzeug mit Lochschnitt
1 Einspannzapfen; 2 Gestell oben; 3 Auswerferplatte; 4 Führungssäule; 5 Aufnahmeplatte; 6 Grundplatte; 7 Schneideinsatz; 8 Werkstück vor dem Bearbeiten; 9 Profilplatte

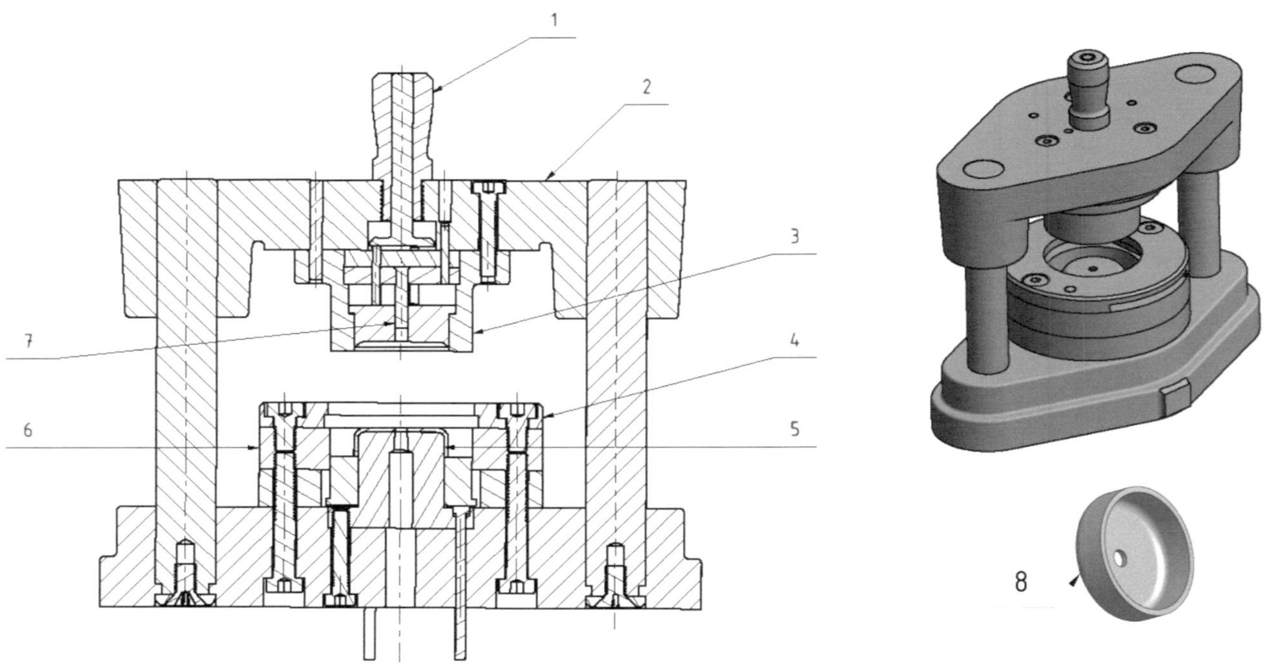

Bild 2-14 Schneid- und Ziehwerkzeug für Kappe mit Bohrung
1 Einspannzapfen; 2 Gestell oben; 3 Schneid- und Ziehstempel oben; 4 Abstreiferplatte; 5 Ziehstempel und Schneidstempel unten; 6 Schneidring; 7 Auswerfer oben; 8 Werkstück

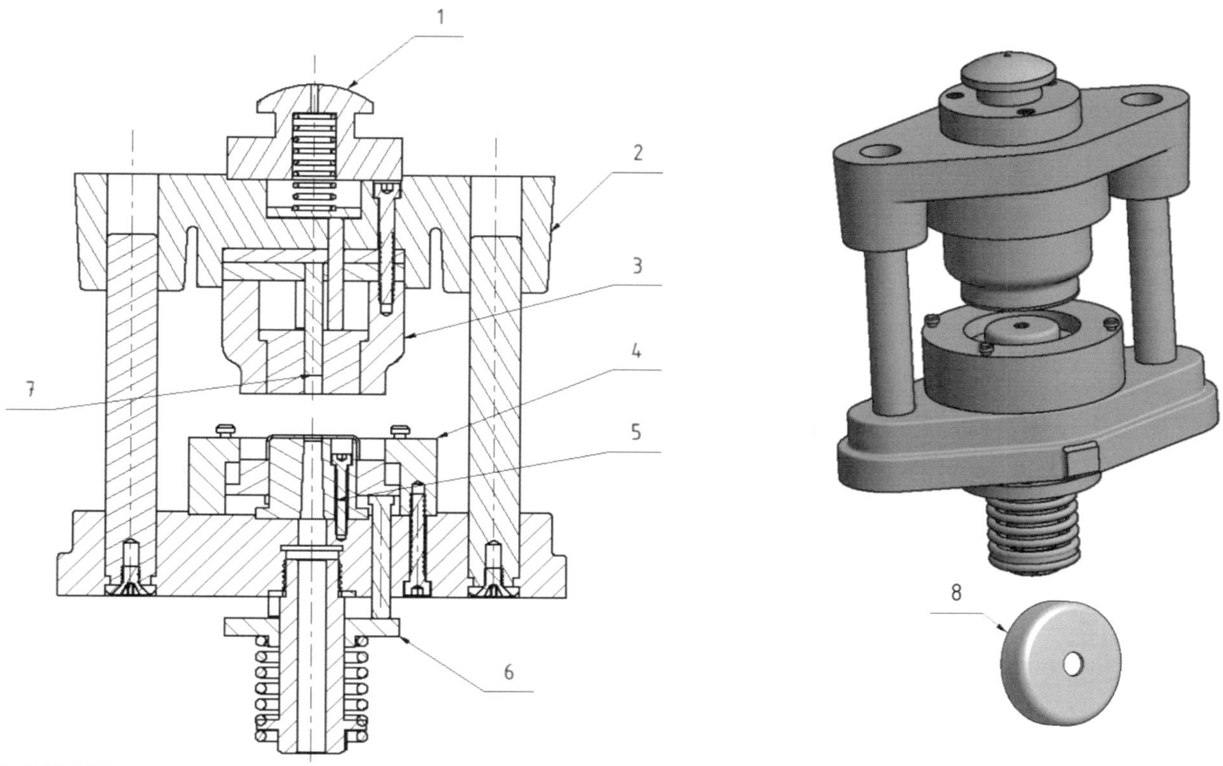

Bild 2-15 Schnittzugschnitt für Napf
1 Einspannzapfen; 2 Kopfplatte; 3 Schneid- und Ziehstempel oben; 4 Halte- und Schneidplatte; 5 Ziehstempel unten; 6 Druckplatte; 7 Lochstempel

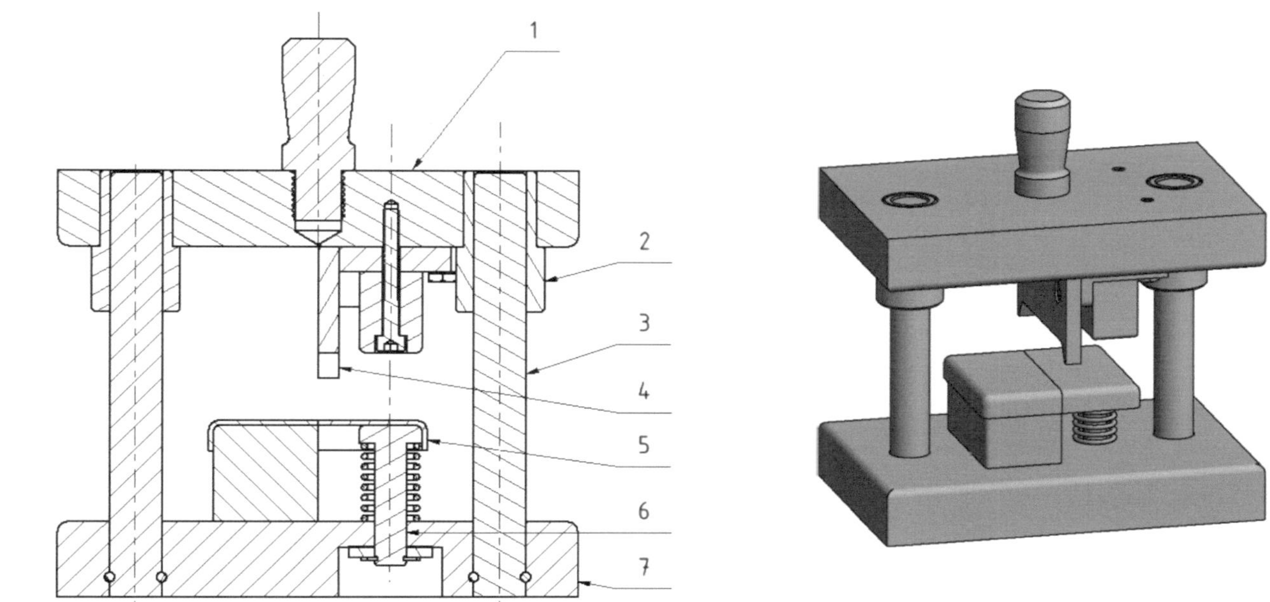

Bild 2-16 Abtrennwerkzeug für Wanne
1 Kopfplatte; 2 Führungsbuchse; 3 Führungssäule; 4 Trennmesser; 5 Werkstück Wanne; 6 Auflagebolzen; 7 Grundplatte

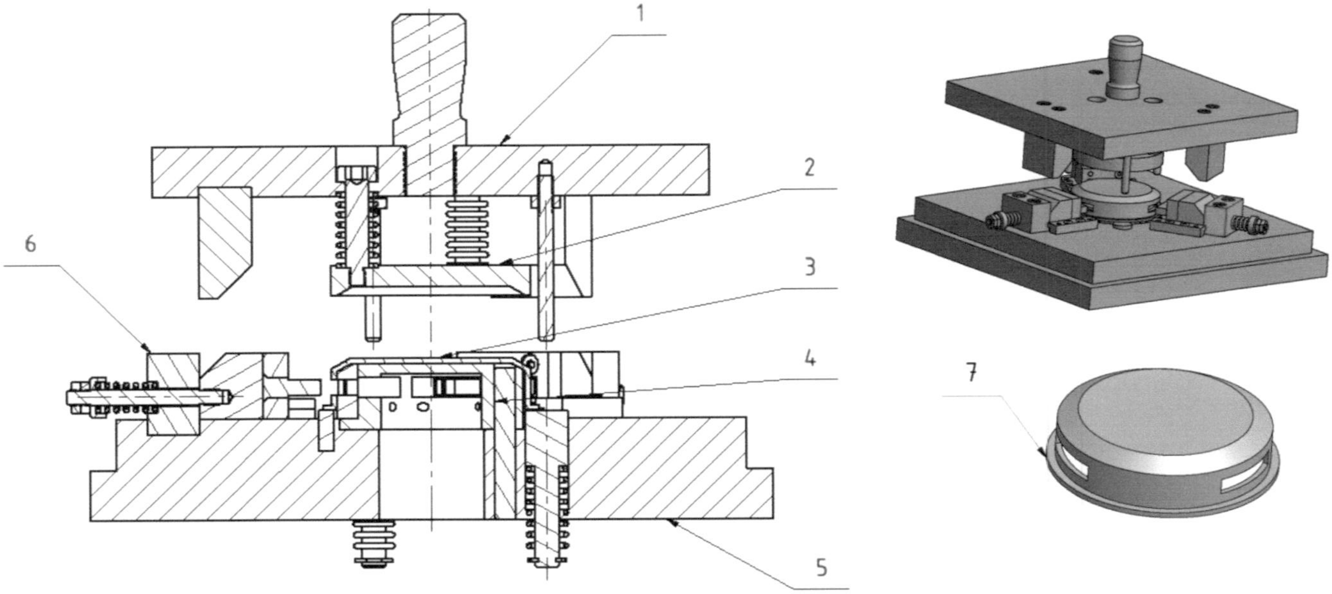

Bild 2-17 Lochwerkzeug mit Keilschieber für Deckel
1 Kopfplatte; 2 Niederhalter; 3 Werkstück; 4 Werkstückaufnahme; 5 Grundplatte; 6 Gegenhalter; 7 Werkstück

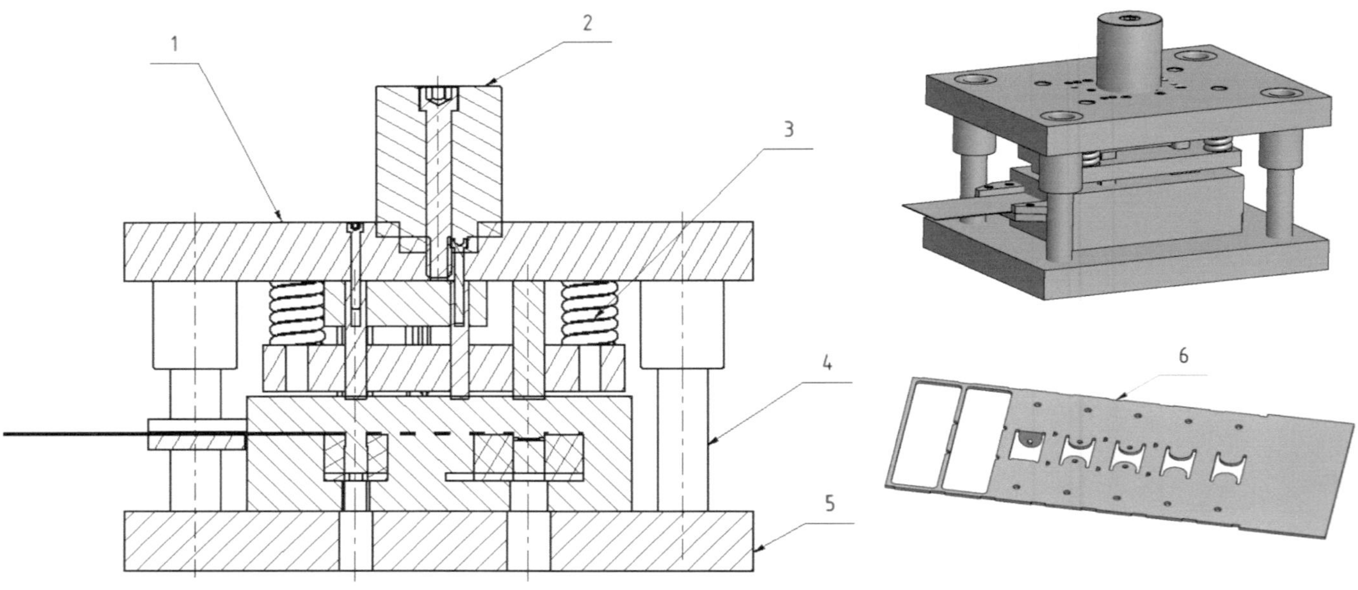

Bild 2-18 Folgeverbund-Stanzwerkzeug
1 Kopfplatte; 2 Aufnahmedorn; 3 Druckfeder; 4 Führungssäule; 5 Grundplatte; 6 Stanzstreifen

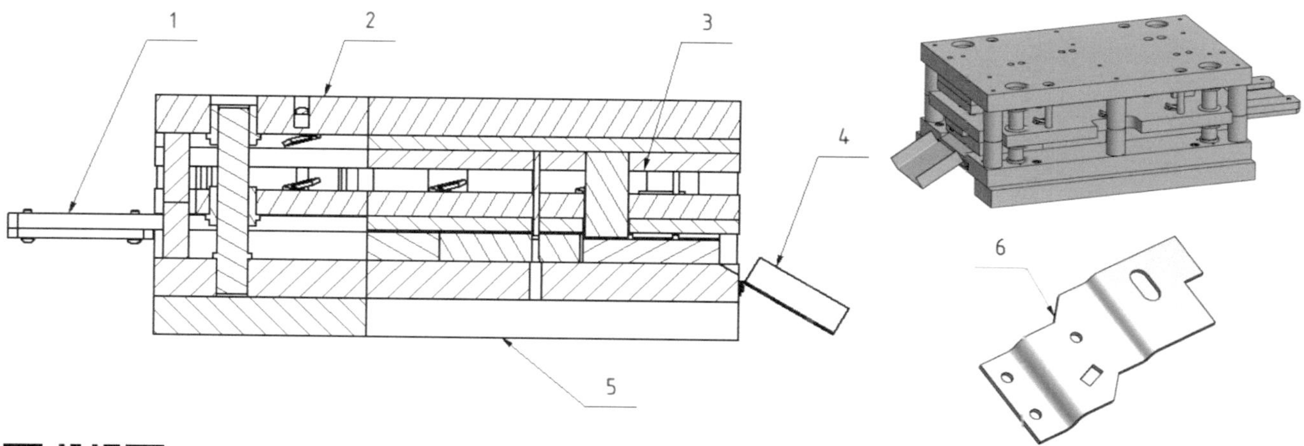

Bild 2-19 Stanzbiege-Werkzeug
1 Stanzstreifen Zuführung; 2 Obere Führungsplatte; 3 Schneidplatte; 4 Material Ablaufschräge; 5 Grundplatte; 6 Werkstück

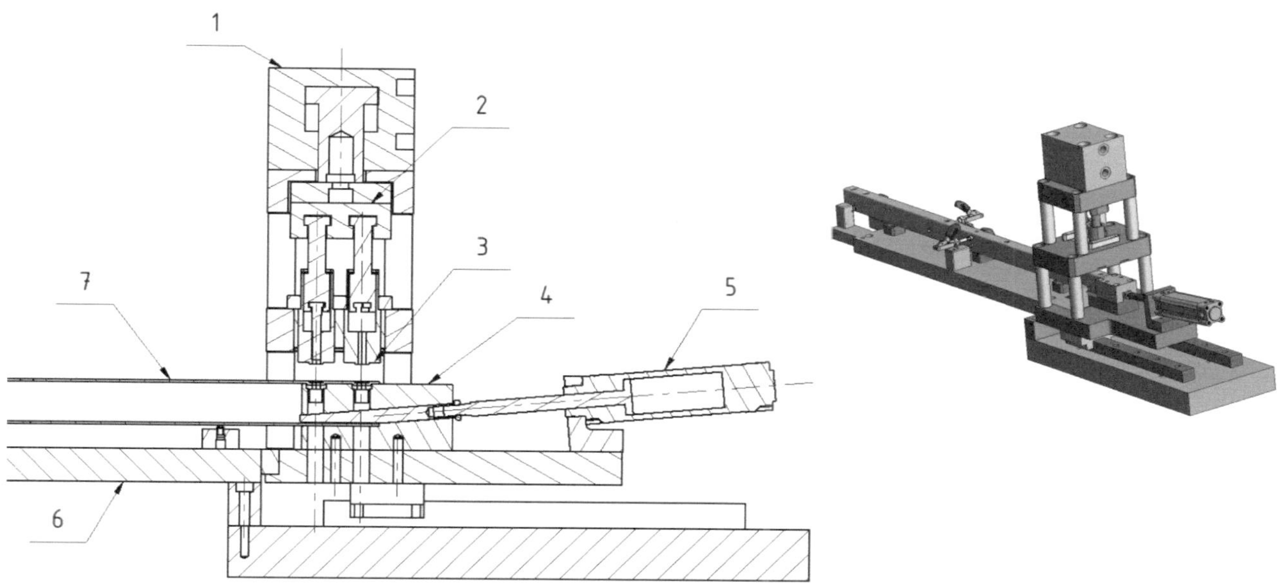

Bild 2-20 Loch-Stanzwerkzeug
1 Pneumatikzylinder; 2 Stempelaufnahme; 3 Lochstempel; 4 Werkstück Vierkantprofil; 5 Zylinder für das Gegenlager; 6 Auflageplatte

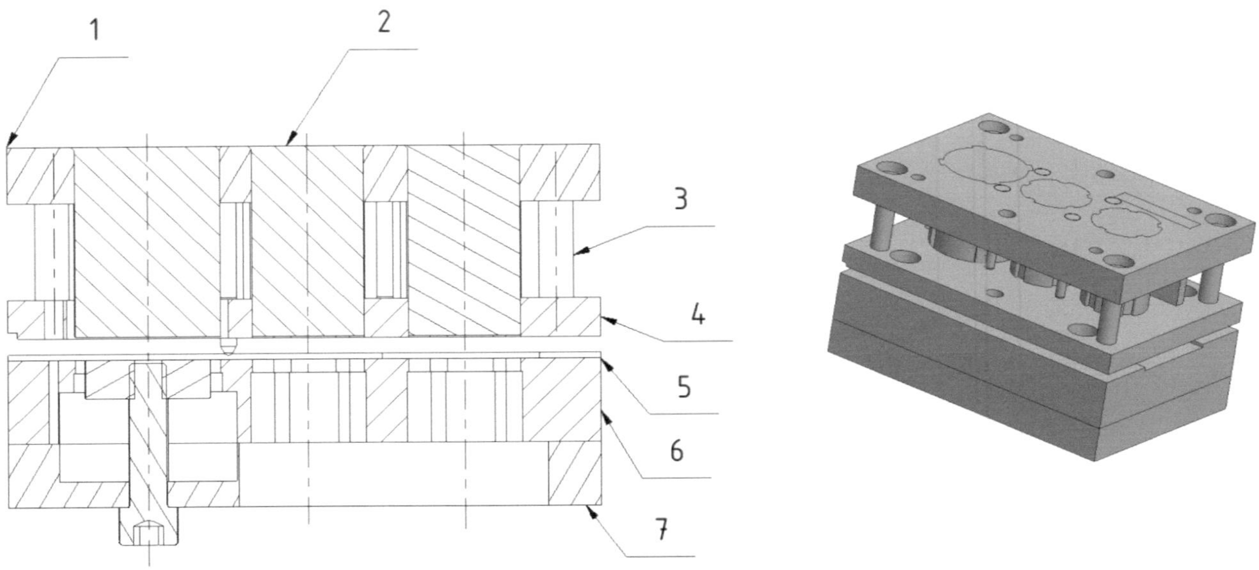

Bild 2-21 Aufbau von einem Stanzwerkzeug
1 Kopfplatte; 2 Stempelaufnahme; 3 Führungssäule; 4 Zwischenplatte; 5 Stanzstreifenführung; 6 Matrize; 7 Grundplatte

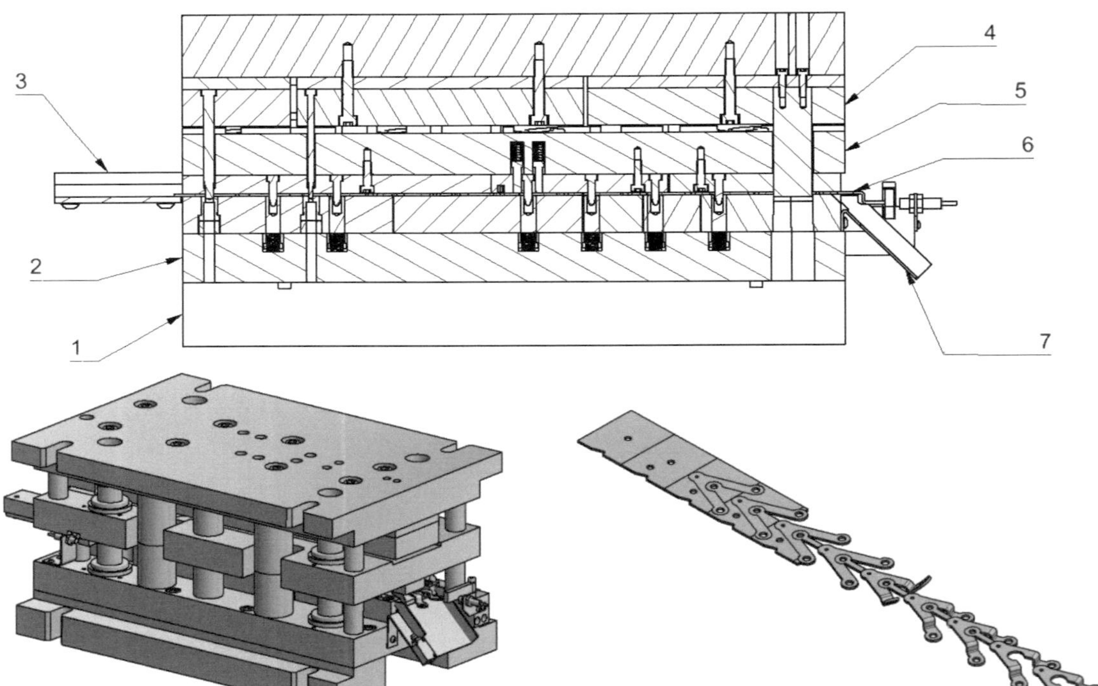

Bild 2-22 Stanz-Biegewerkzeug
1 Grundplatte; 2 Stempelaufnahme; 3 Stanzstreifen Zuführung; 4 Zwischenplatte; 5 Stanzstreifenführung; 6 Werkstück; 7 Material Ablaufschräge

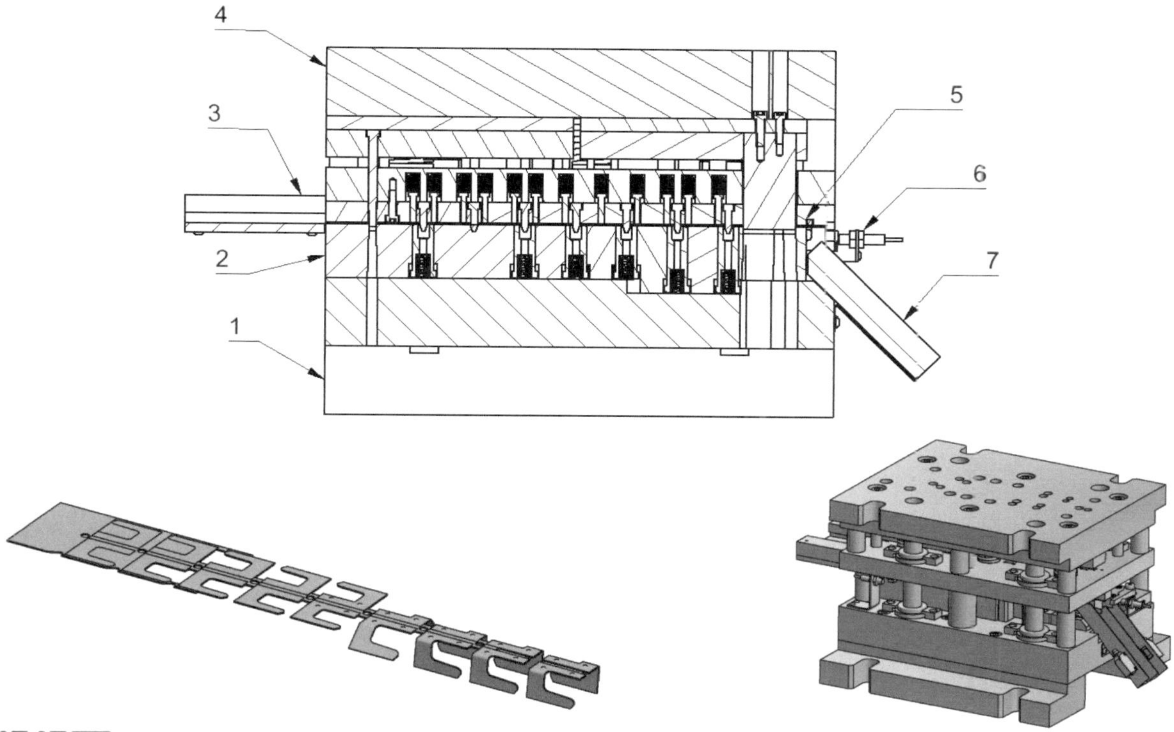

Bild 2-23 Stanz-Biegewerkzeug
1 Grundplatte; 2 Stanzmatrize; 3 Stanzstreifen Zuführung; 4 Kopfplatte;
5 Stanzstreifenführung; 6 Sensor; 7 Material Ablaufschräge

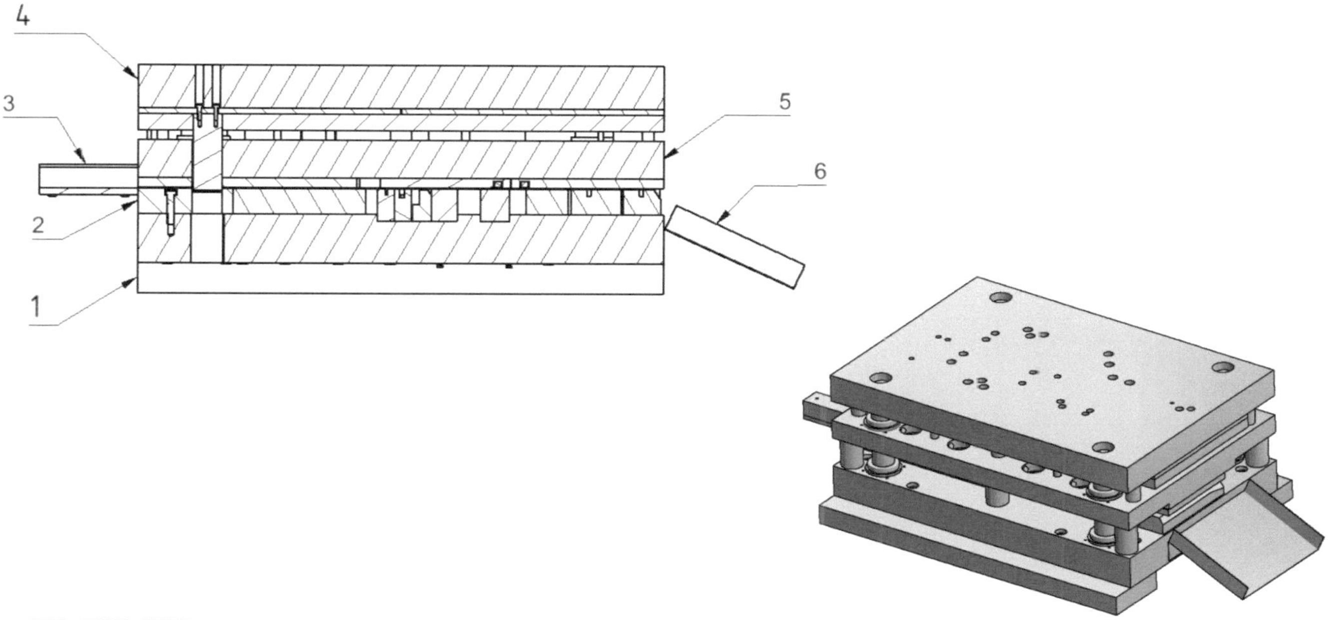

Bild 2-24 Stanz-Biegewerkzeug
1 Grundplatte; 2 Matrize; 3 Stanzstreifen Zuführung; 4 Kopfplatte;
5 Zwischenplatte; 6 Material Ablaufschräge

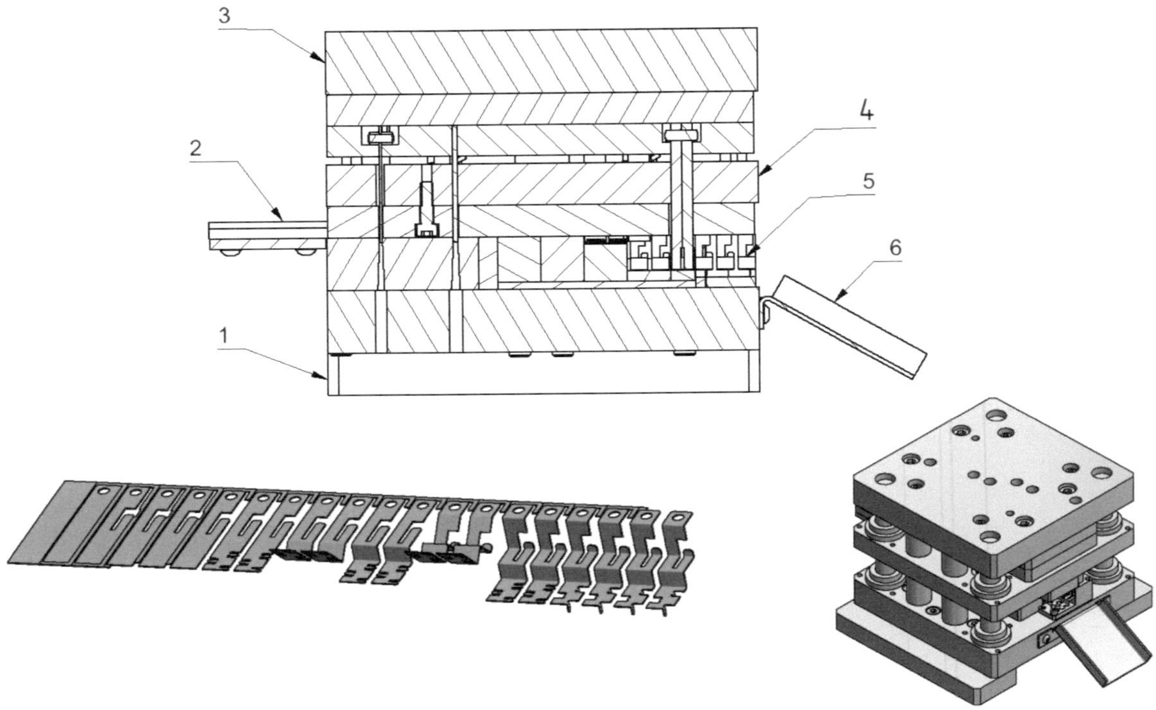

Bild 2-25 Stanz-Biegewerkzeug
1 Grundplatte; 2 Stanzstreifen Zuführung; 3 Kopfplatte; 4 Zwischenplatte; 5 Stanzstreifenführung; 6 Material Ablaufschräge

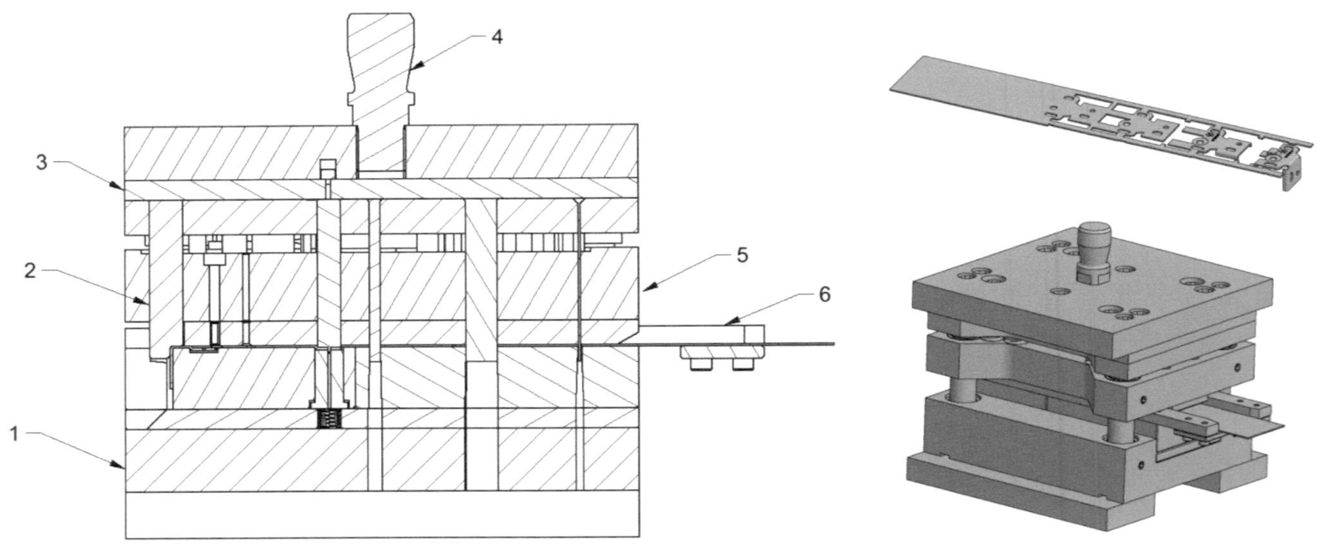

Bild 2-26 Stanz-Biegewerkzeug
1 Grundplatte; 2 Führungssäule; 3 Zwischenplatte; 4 Aufnahmedorn; 5 Stanzstreifenführung; 6 Werkstück Auslauf

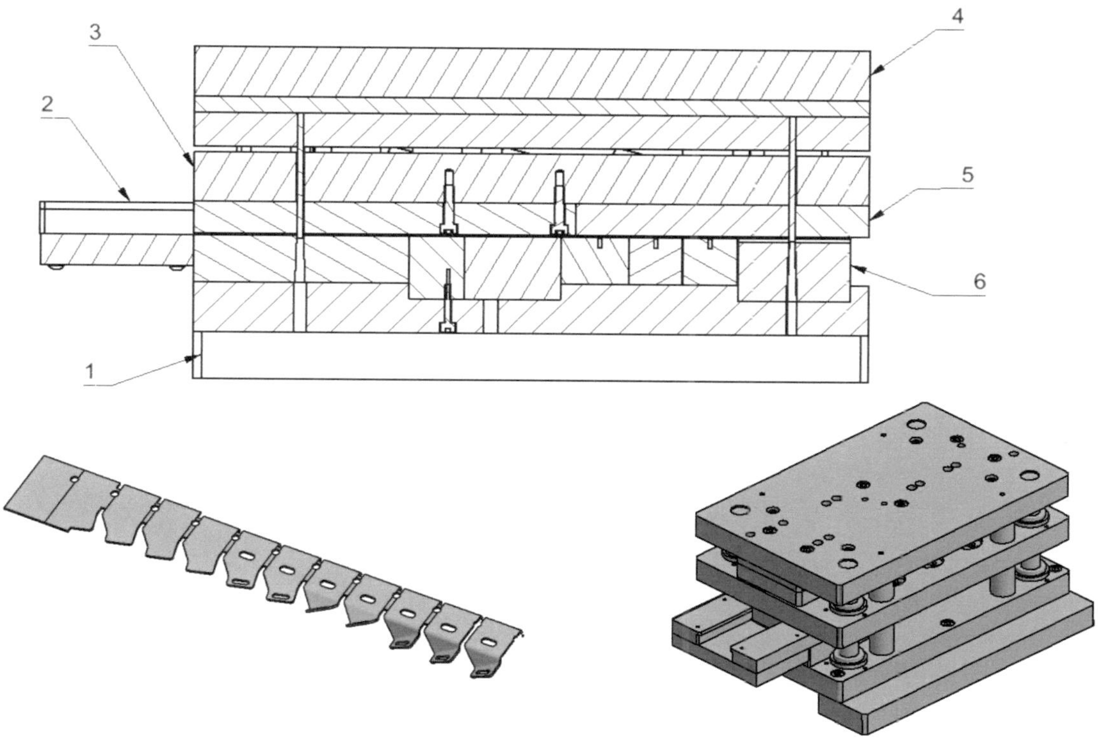

Bild 2-27 Folgeverbund Stanz-Biegewerkzeug
1 Grundplatte; 2 Stanzstreifenzuführung; 3 Führungsplatte; 4 Kopfplatte; 5 Zwischenplatte; 6 Matrize

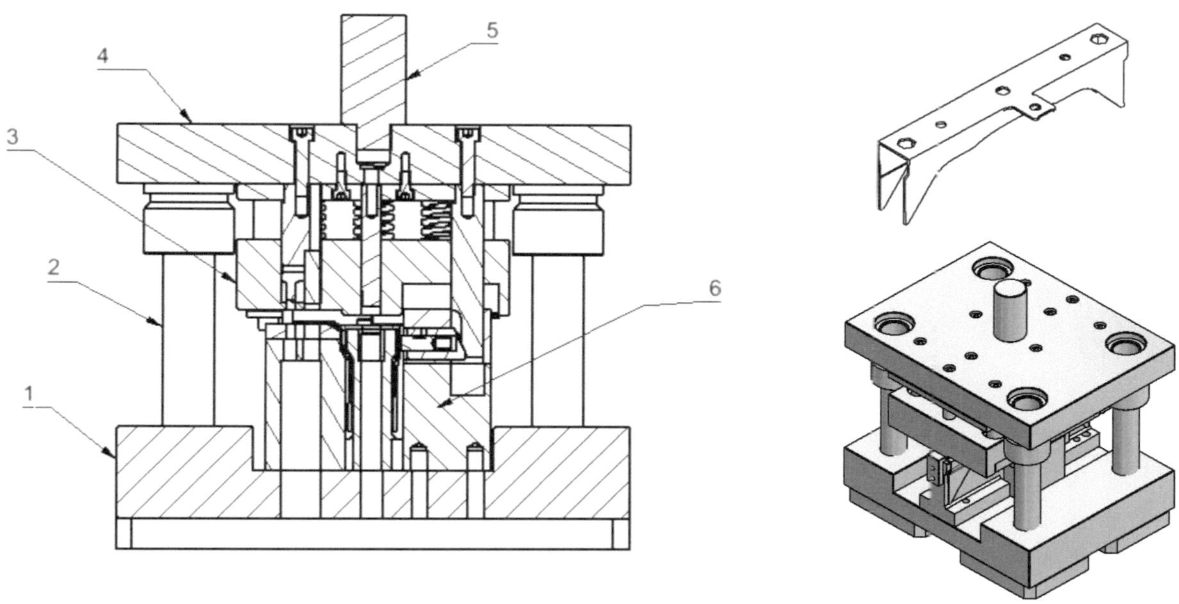

Bild 2-28 Vier-Säulen-Stanzwerkzeug
1 Grundplatte; 2 Führungssäule; 3 Druckplatte; 4 Kopfplatte; 5 Aufnahmedorn; 6 Werkzeugaufnahme

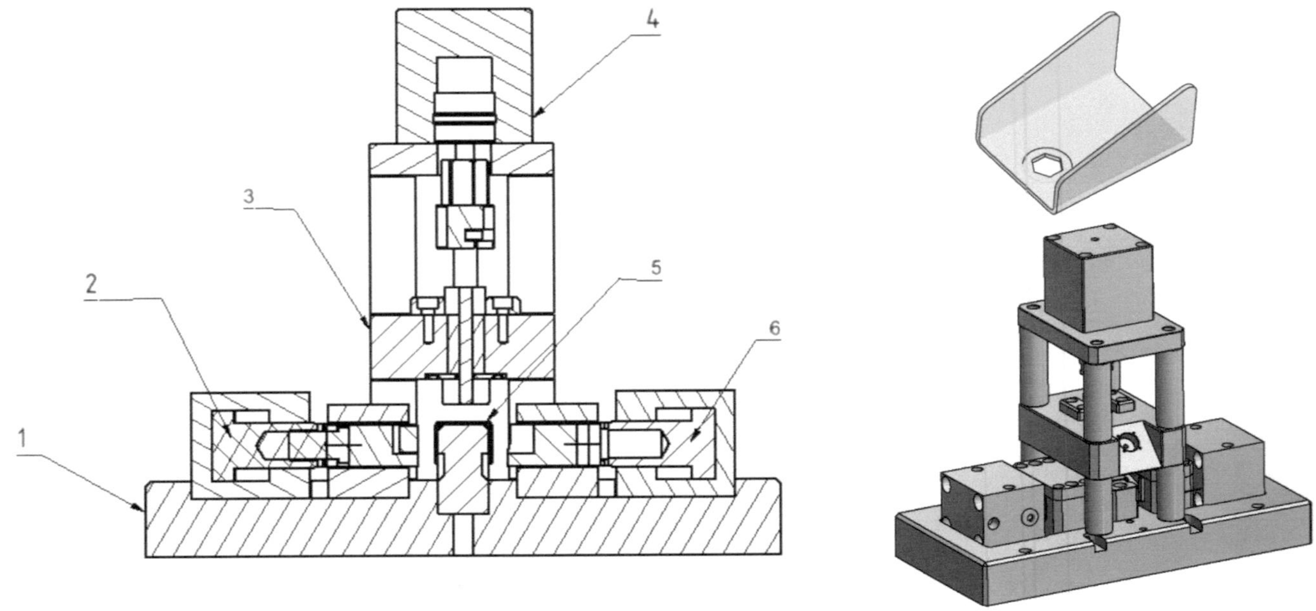

Bild 2-29 Sechskant-Einstanzwerkzeug
1 Grundplatte; 2 Feststellzylinder links; 3 Zwischenplatte; 4 Hubzylinder; 5 Werkstück; 6 Feststellzylinder rechts

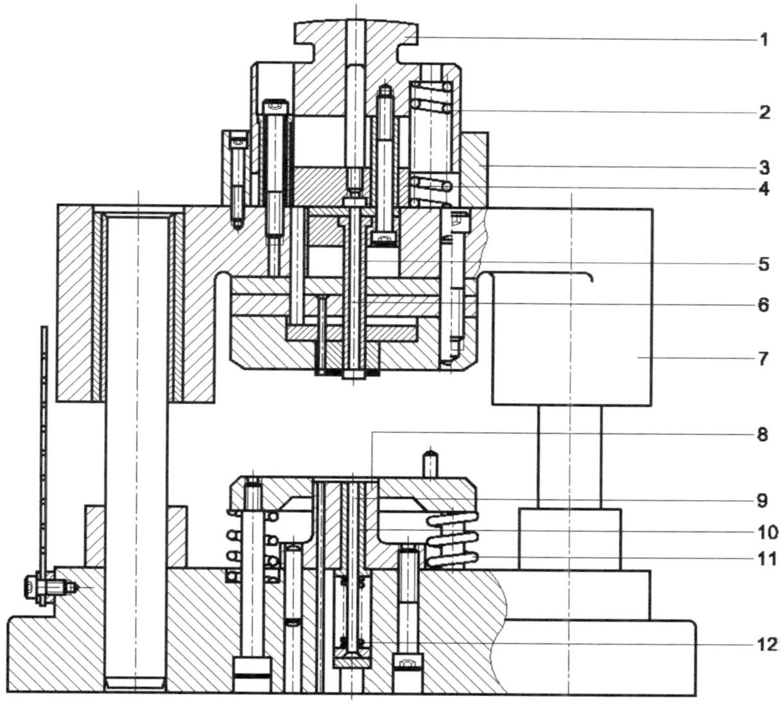

Bild 2-50 Stanzwerkzeug zum Entgraten
1 Einspannzapfen; 2 Druckfeder; 3 Zentrierring; 4 Kopfplatte; 5 Führungshülse; 6 Entgratstempel; 7 Säulenführungsgestell; 8 Stempelaufnahme; 9 Entgratstempel; 10 Führungshülse; 11 Druckfeder; 12 Druckfeder

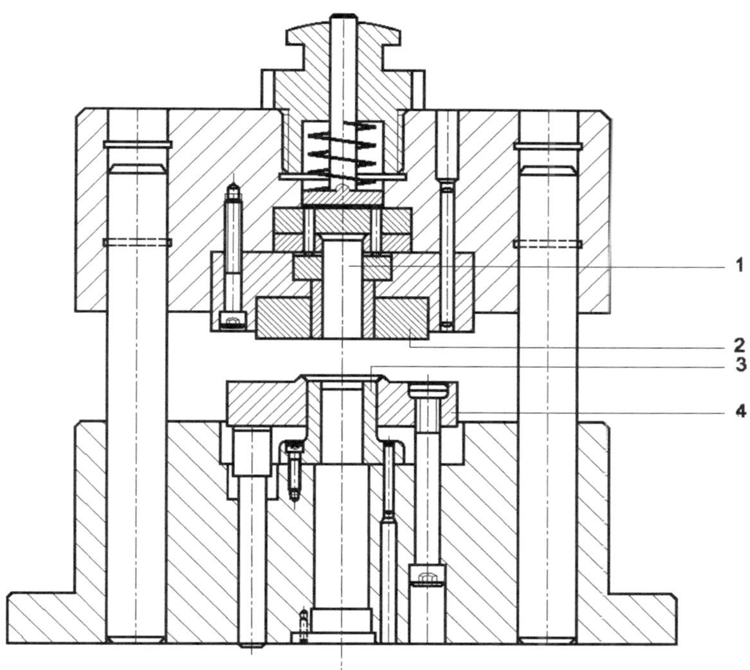

Bild 2-51 Feinstanzwerkzeug Ringzacke
1 Formlochstempel; 2 Schneidplatte; 3 Schneidstempel; 4 Ringzackenplatte

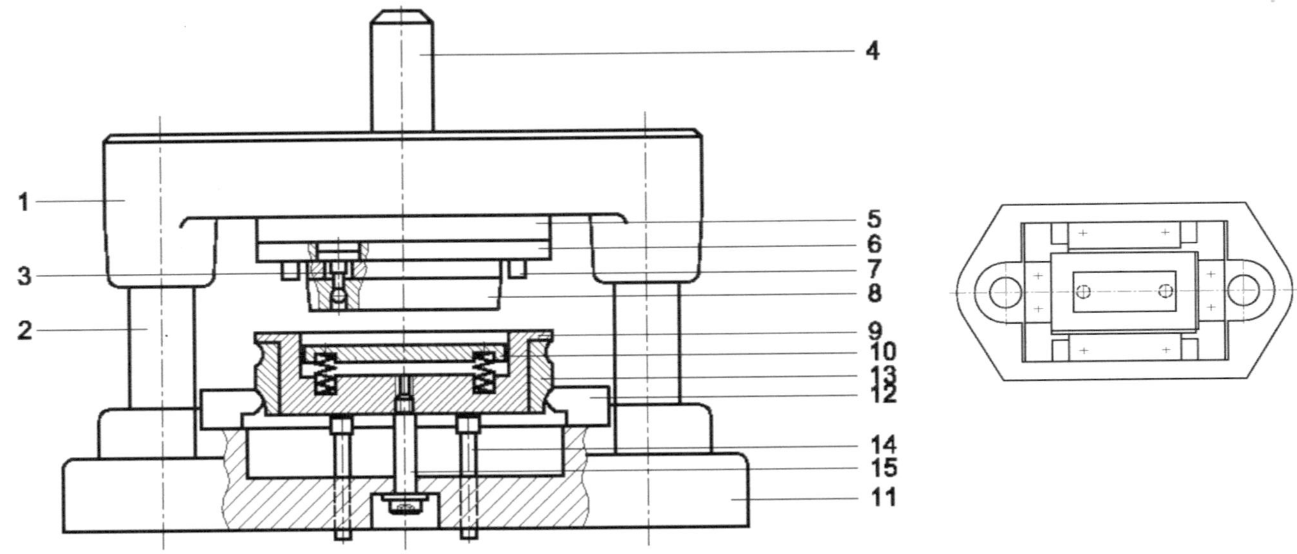

Bild 2-52 Schüttelbeschneidwerkzeug
1 Oberteil; 2 Führungssäule; 3 Sicherungsbolzen; 4 Einspannzapfen; 5 Zwischenplatte; 6 Schneidplatte; 7 Distanzbolzen; 8 Distanzplatte; 9 Schneidkörper; 10 Auswerfer; 11 Unterteil; 12 Keilleiste; 13 Kurvenleiste; 14 Druckbolzen; 15 Halteschraube

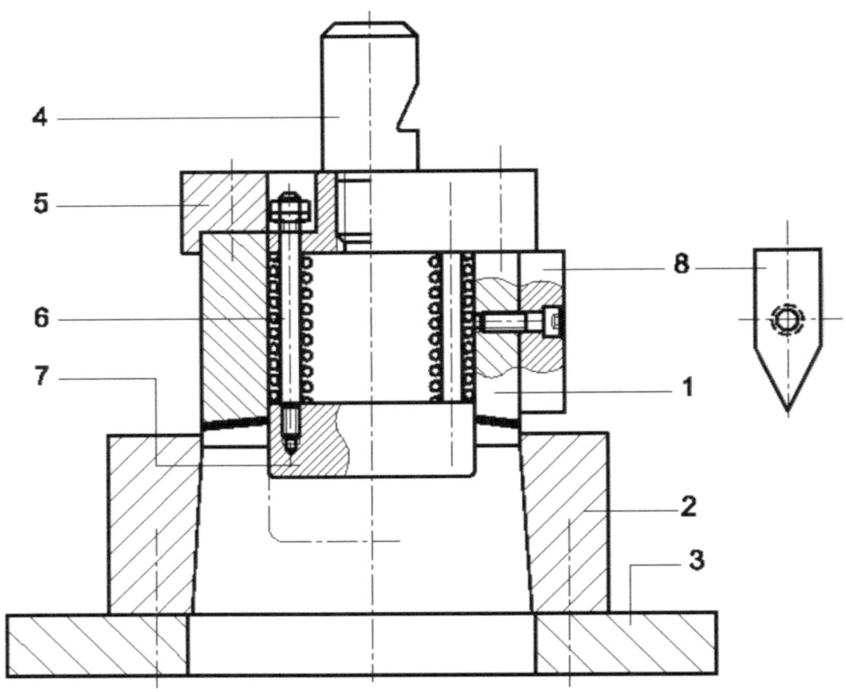

Bild 2-53 Beschneidwerkzeug – Abfalltrenner
1 Ringstempel; 2 Schnittplatte; 3 Grundplatte; 4 Einspannzapfen; 5 Stempelkopf; 6 Federdruckbolzen; 7 Zentrierstempel; 8 Abfalltrenner

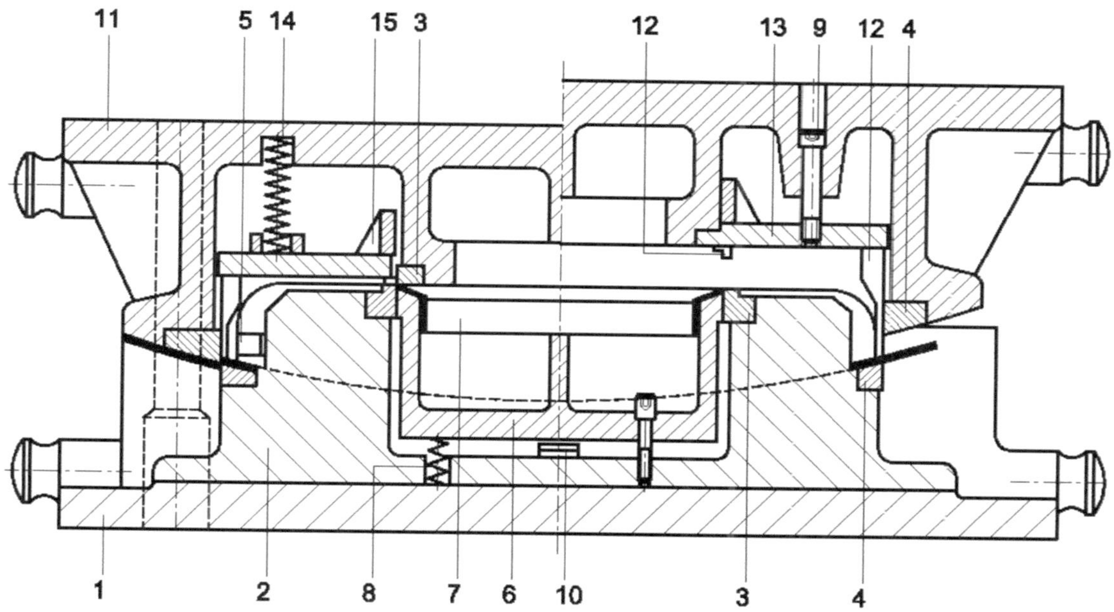

Bild 2-54 Beschneidwerkzeug – Großwerkzeug
1 Grundplatte; 2 Auflage; 3 Innere Schneidleiste; 4 Äußere Schneidleiste; 5 Anlageleiste; 6 Auswerfer; 7 Deckplatte; 8 Auswerferfeder; 9 Schraube; 10 Anschlagplatte; 11 Stempelkopf; 12 Niederhalteleiste; 13 Niederhalteplatte; 14 Druckfeder; 15 Winkel

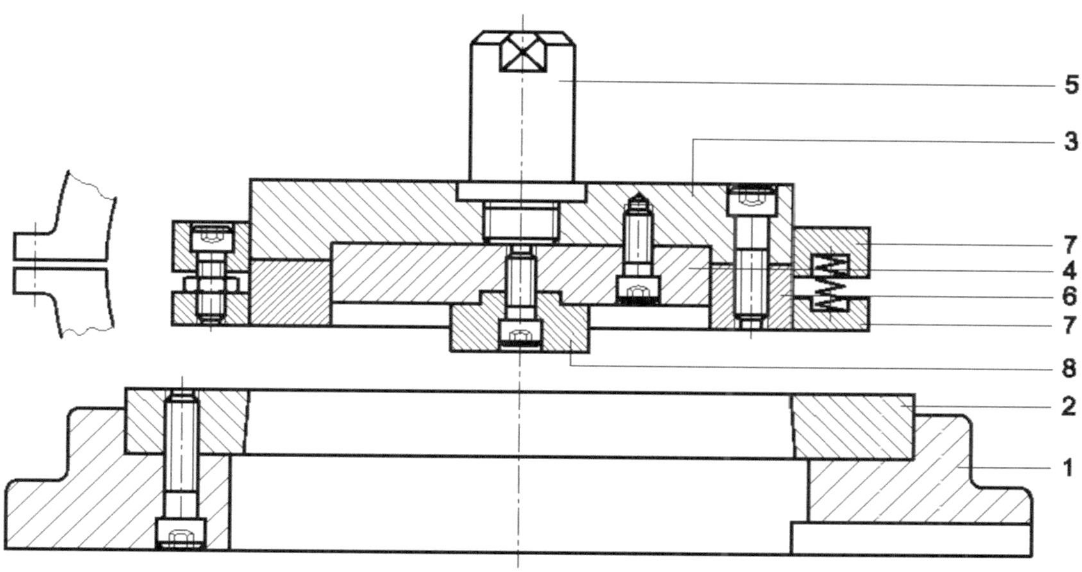

Bild 2-55 Freischnitt-Federabstreifer
1 Gestell; 2 Geteilter Schneidring; 3 Stempelaufnahmeplatte; 4 Zentrierscheibe; 5 Einspannzapfen; 6 Schneidring; 7 Abstreifer; 8 Fangscheibe

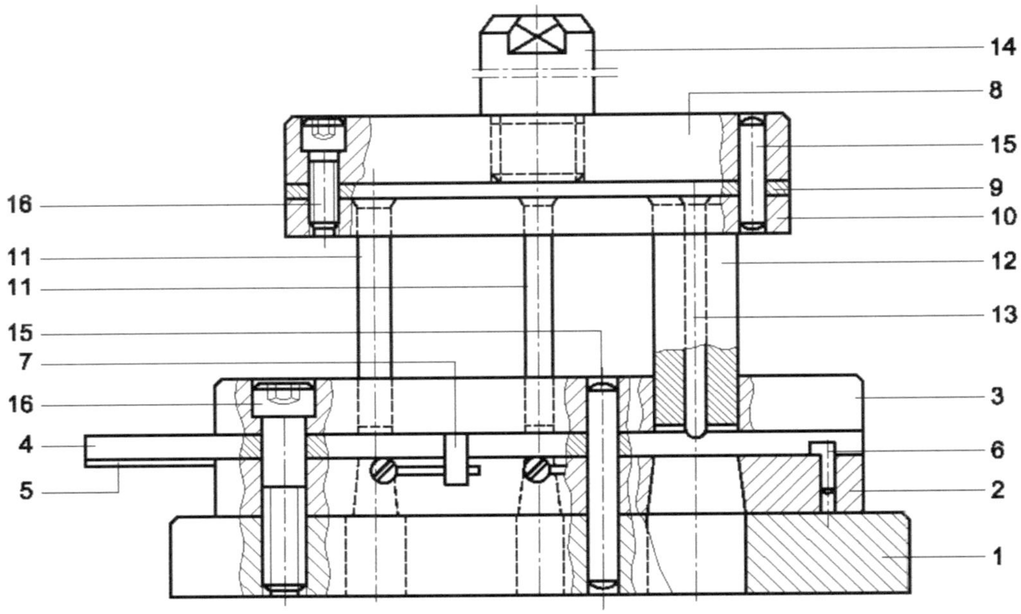

Bild 2-56 Folgeschnitt – Einhängestift
1 Grundplatte; 2 Schneideplatte; 3 Führungsplatte; 4 Führungsleiste; 5 Auflageblech; 6 Einhängestift; 7 Anschlag; 8 Kopfplatte; 9 Druckplatte; 10 Halteplatte; 11 Vorlochstempel; 12 Schneidstempel; 13 Suchstift; 14 Zapfen; 15 Zylinderstift; 16 Zylinderkopfschraube

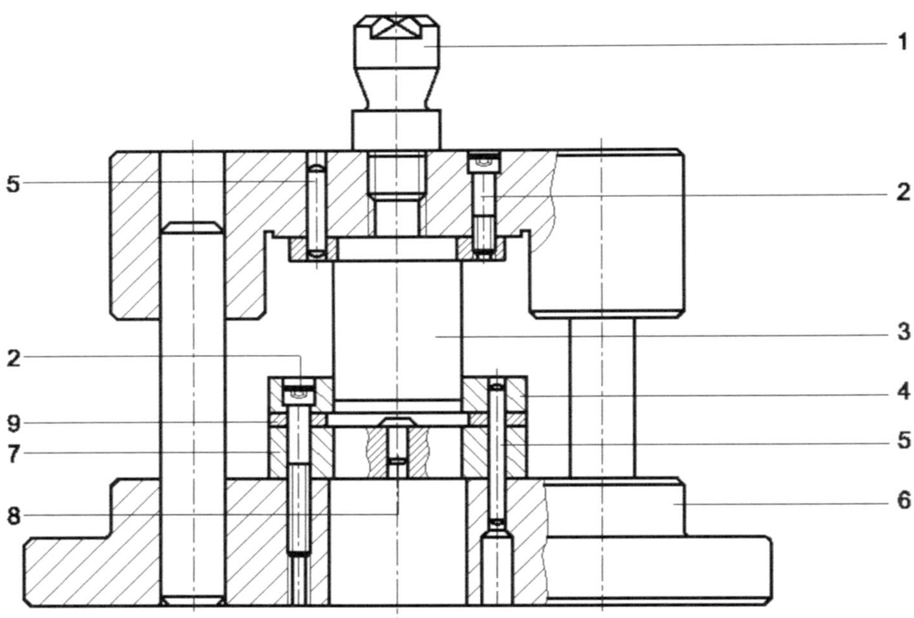

Bild 2-57 Ausschneidewerkzeug – Säulenführung
1 Einspannzapfen; 2 Schraube; 3 Schneidstempel; 4 Führungsplatte; 5 Zylinderstift; 6 Säulenführungsgestell; 7 Schneidplatte; 8 Einhängestift; 9 Zwischenlage

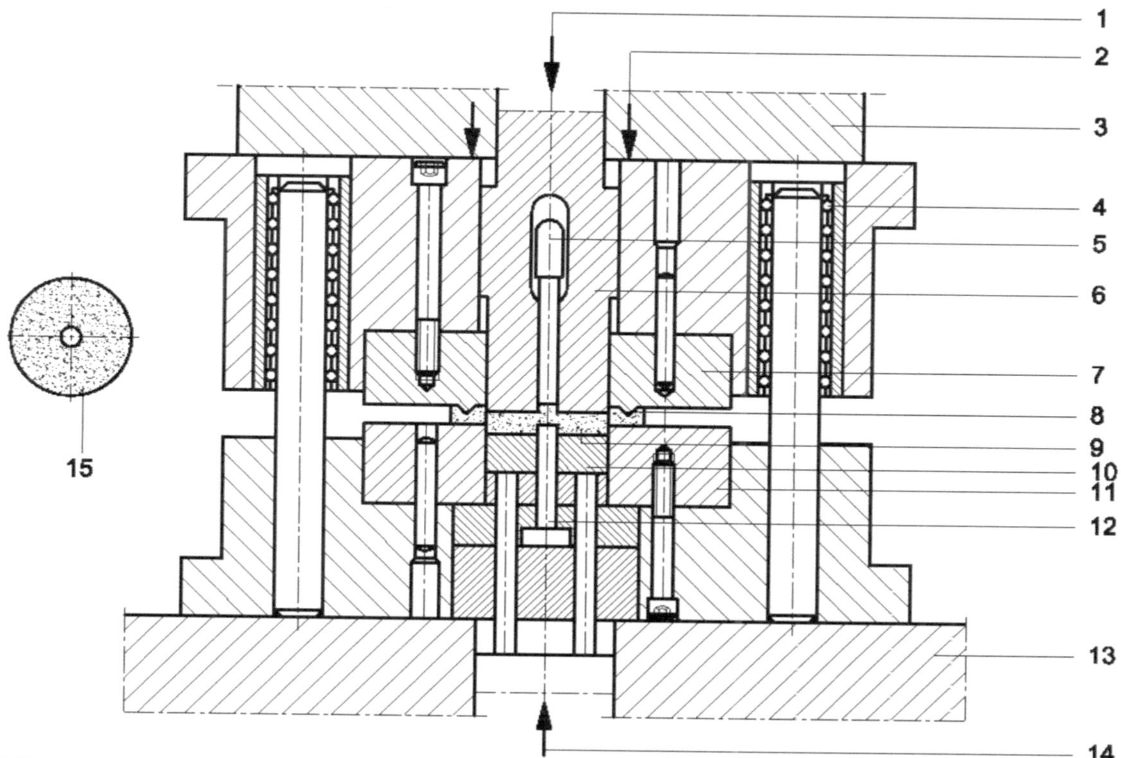

Bild 2-58 Feinschneidewerkzeug
1 Schnittkraft; 2 Presskraft; 3 Pressenstössel; 4 Kugelführung; 5 Ausstoßleiste; 6 Schneidstempel; 7 Pressplatte; 8 Ringzacke; 9 Werkstück; 10 Gegenhalter; 11 Schneidplatte; 12 Lochstempel; 13 Grundplatte; 14 Gegenhaltekraft; 15 Schnittteil

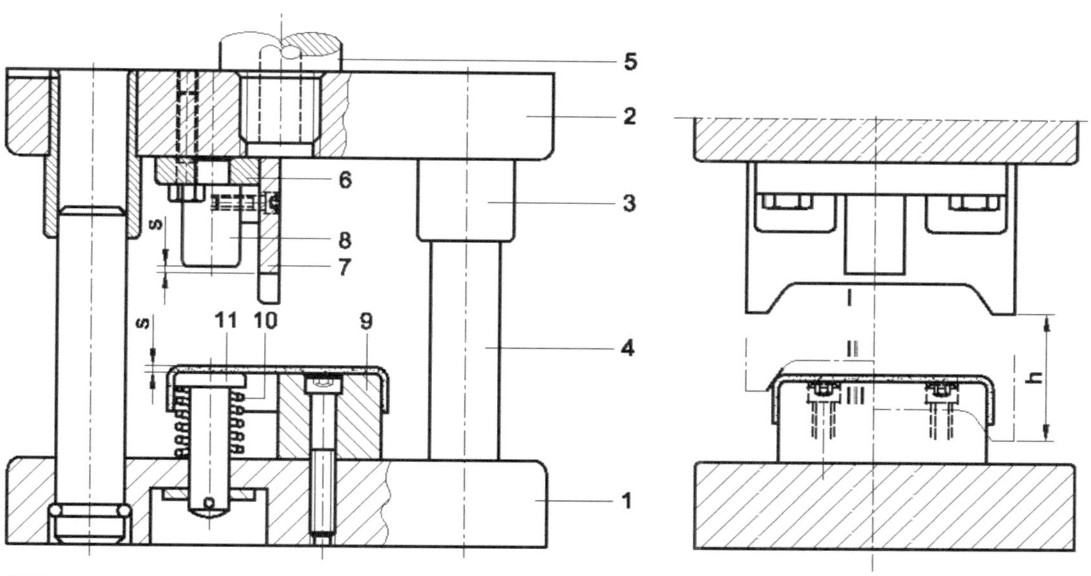

Bild 2-59 Abtrennwerkzeug – Säulenführung
1 Grundplatte; 2 Kopfplatte; 3 Führungsbuchse; 4 Führungssäule; 5 Zapfen; 6 Haltewinkel; 7 Trennmesser; 8 Bolzen; 9 Schneidplatte; 10 Druckfeder; 11 Auflagebolzen; h = Hub; s = Blechdicke

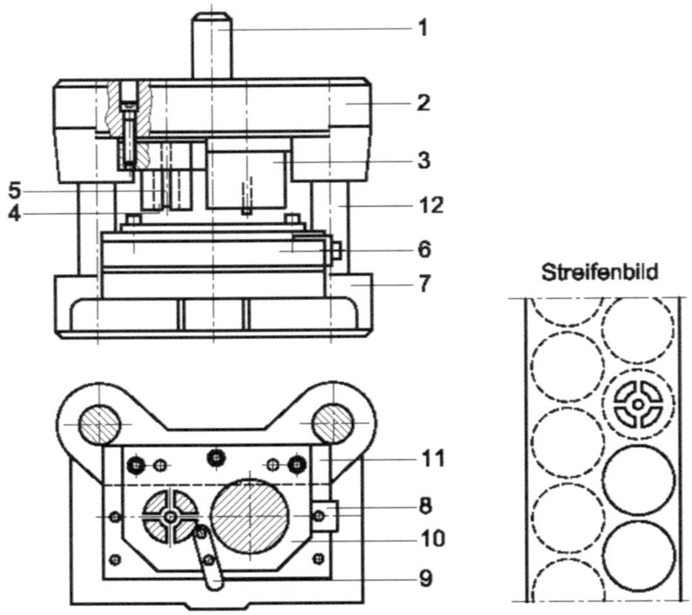

Bild 2-60 Wendeschnitt – Säulenführung
1 Einspannzapfen; 2 Oberteil; 3 Stempel; 4 Äußere Formlochstempel; 5 Innere Formlochstempel; 6 Schneidplatte; 7 Grundplatte; 8 Anschlag; 9 Anschneidanschlag; 10 Abstreiferplatte; 11 Anlageleiste; 12 Säule

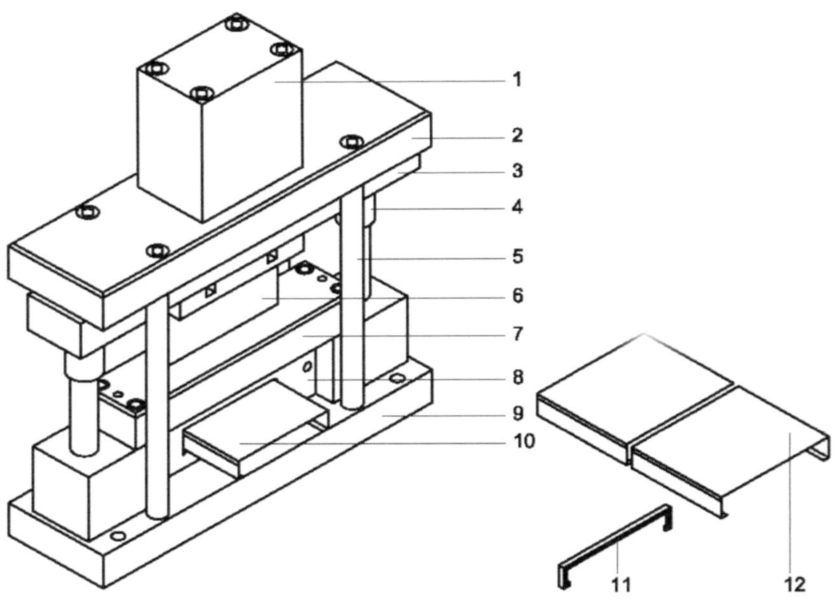

Bild 2-61 Trennstanzeinheit
1 Hydraulikzylinder; 2 Kopfplatte; 3 Druckplatte; 4 Führungssäule; 5 Stützsäule; 6 Trennstempel; 7 Führungsplatte; 8 Schnittplatte; 9 Grundplatte; 10 Werkstückführung; 11 Abfall; 12 Werkstück

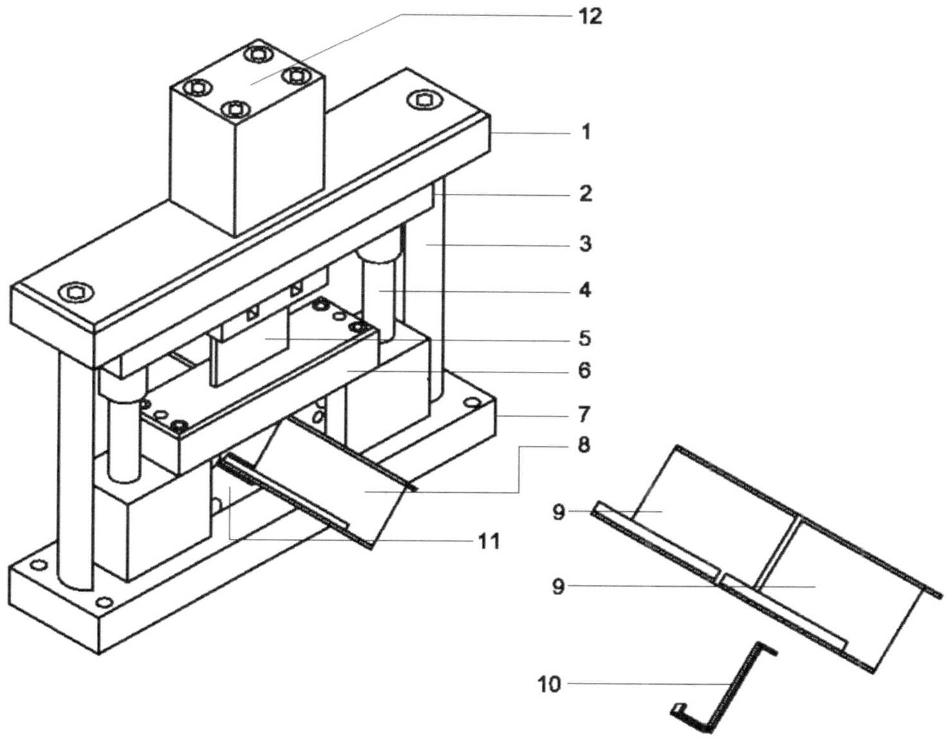

Bild 2-62 Trennstanzeinheit
1 Kopfplatte; 2 Druckplatte; 3 Stützsäule; 4 Führungssäule; 5 Stempel; 6 Führungsplatte; 7 Grundplatte; 8 Werkstückführung; 9 Werkstück; 10 Abfall; 11 Schnittplatte; 12 Hydraulikzylinder

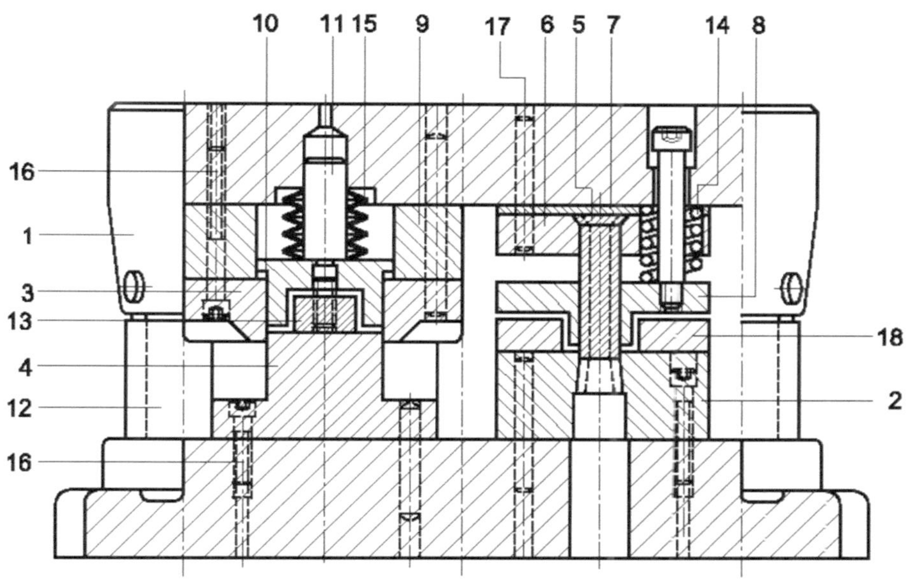

Bild 2-63 Säulenführung Doppelwerkzeug
1 Säulengestell; 2 Schneidplatte; 3 Schneidmesser; 4 Schneidstempel; 5 Formstempel; 6 Halteplatte; 7 Druckplatte; 8 Abstreifer; 9 Zwischenleiste; 10 Auswerfer; 11 Federbolzen; 12 Distanzhülse; 13 Zentrierstück; 14 Feder; 15 Tellerfeder; 16 Schraube; 17 Zylinderstift; 18 Auflage

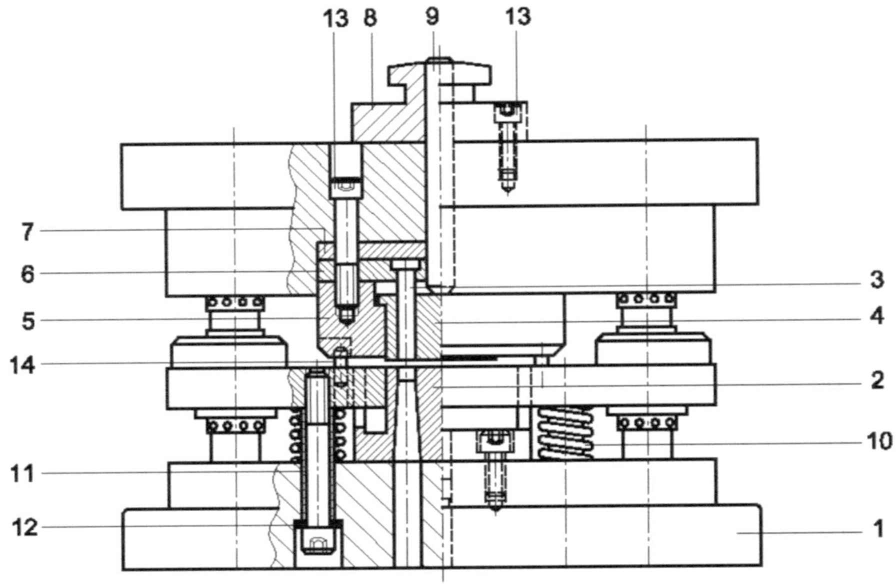

Bild 2-64 Gesamtschnitt – Kugelführung
1 Werkstückunterteil; 2 Schneidbuchse; 3 Lochstempel; 4 Auswerfer; 5 Schneidplatte; 6 Halteplatte; 7 Druckplatte; 8 Kupplungszapfen; 9 Bolzen; 10 Feder; 11 Abstandshülse; 12 Scheibe; 13 Schraube; 14 Zylinderstift

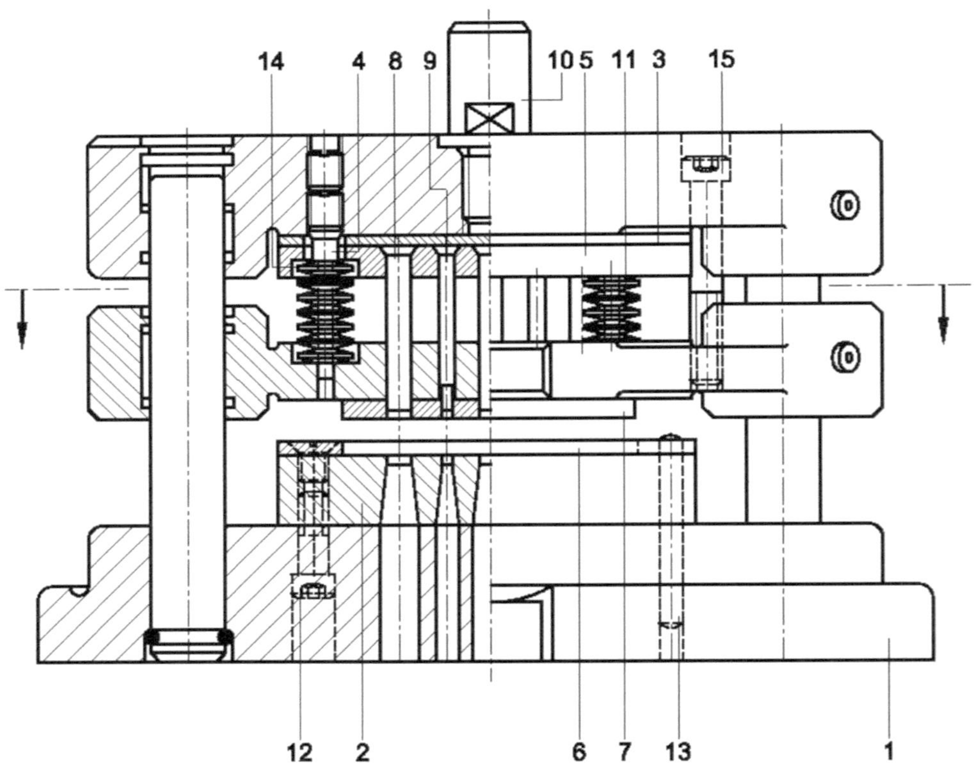

Bild 2-65 Säulenführungsschnitt mit Mehrfachloch
1 Gestell; 2 Schneideplatte; 3 Druckplatte; 4 Federbolzen; 5 Halteplatte; 6 Anschlag; 7 Führungsplatte; 8 Lochstempel; 9 Lochstempel; 10 Zapfen; 11 Tellerfeder; 12 Schraube; 13 Stift; 14 Tellerfedern; 15 Halteschraube

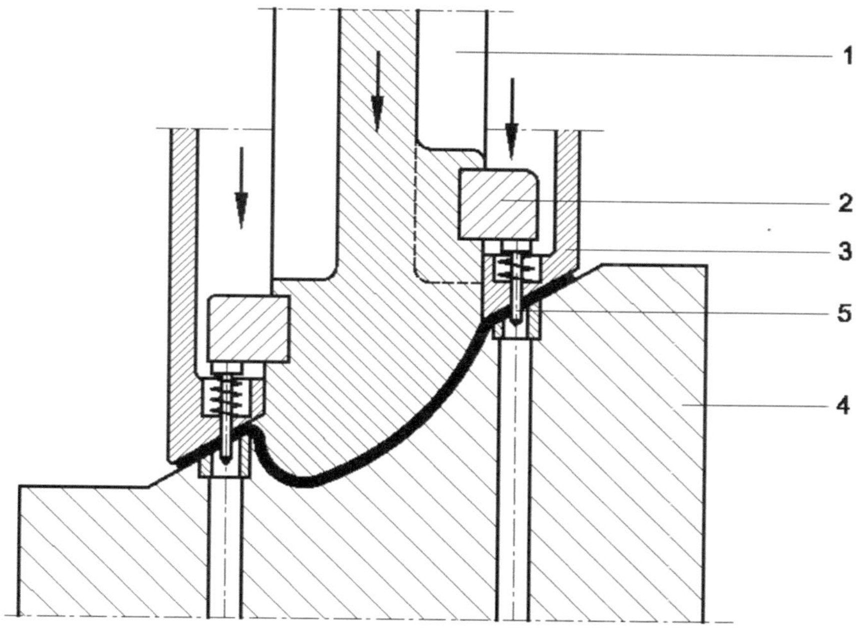

Bild 2-66 Stechwerkzeug – Formteilherstellung
1 Ziehstempel; 2 Druckplatte; 3 Blechhalter; 4 Ziehmatrize; 5 Gefedertes Stechwerkzeug zur Erzeugung eines Loches mit Kragen

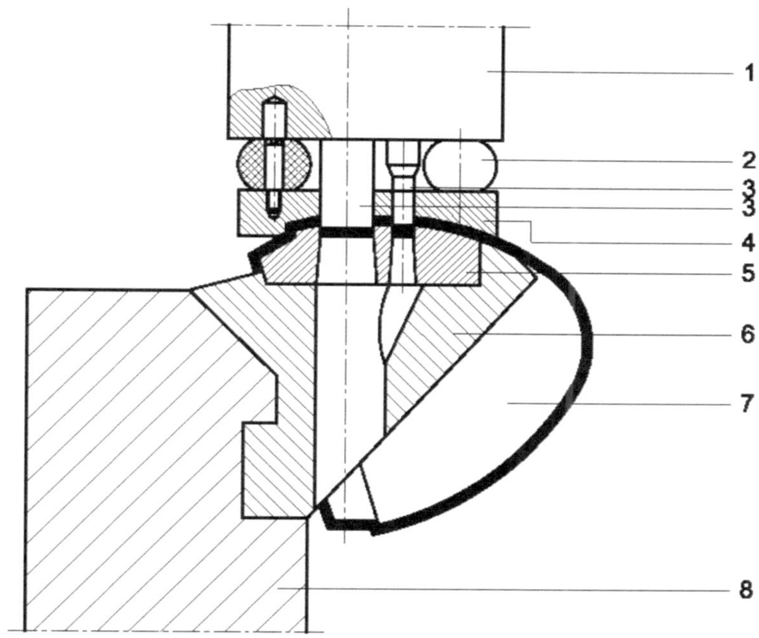

Bild 2-67 Lochwerkzeug – Formteillochung
1 Werkzeugoberteil; 2 Gummifeder; 3 Schneid- bzw. Lochstempel; 4 Niederhalter; 5 Schneidplatte; 6 Werkstückaufnahme; 7 Formteil; 8 Werkzeugunterteil

Biegewerkzeuge und Biegevorrichtungen 3

3D-Zeichnungen und 12 Anwendungsbeispiele
2D-Zeichnungen und 22 Anwendungsbeispiele

3D-Konstruktionen im Überblick (Seiten 34–39)

2D-Konstruktionen im Überblick (Seiten 40–51)

Biegewerkzeuge und Biegevorrichtungen

Das Biegen von Blechen und Bändern erfolgt um gerade Kanten. Zur Herstellung von Kantprofilen wird das Blech oder der Bandstreifen in die Matrize eingelegt, dann senkt sich der Stempel in die Matrize und verformt das Blech zu dem gewünschten Profil.

Biegeumformen ist das Umformen eines festen Körpers, wobei der plastische Zustand durch eine äußere Beanspruchung infolge von Biegemomenten herbeigeführt wird. Es wird angewandt, um Bleche, Profile und Rohre umzuformen. Die Biegung erfolgt lediglich in der Biegezone. Beim kaltplastischen Biegeumformen darf ein bestimmter Mindestbiegeradius nicht unterschritten werden, weil sonst infolge verminderter Plastizität in den äußeren Randfasern (Zugzone) Risse auftreten.

Beim Rohrbiegen besteht neben der Rissegefahr in der Zugzone noch zusätzlich die Gefahr des Ausknickens in der Druckzone.

Das Biegeumformen mit geradliniger Werkzeugbewegung ist ein Biegen, bei dem die Werkzeugbewegung der formgebundenen Werkzeugteile geradlinig verläuft.

Freies Biegen bedeutet, dass die Werkstückform ohne formschlüssige Führung des Biegequerschnittes im Werkzeug frei ausgebildet wird.

Bei Schwenkbiegemaschinen wird das Blech eingespannt und der herausragende Streifen von der schwenkbaren Biegewanne umgebogen. So lassen sich auch dickere Bleche mit höherer

Zugfestigkeit bei kürzeren Biegelängen und größeren Innenradien abkanten.

Mit Hilfe des Biegeautomaten werden präzise Massenteile aus Band oder Drahtwerkstoff automatisch gefertigt.

Das Biegen nach DIN 8586 ist das Umformen von festen Körpern, mit dem aus Blechen oder Bändern abgewickelte oder ringförmige Werkstücke erzeugt werden.

Als Blechumformverfahren wird das Biegen auch eingesetzt, um abgewickelte Teile, Profile und Rohre, z. B. für den Schiffsbau, Automobilbau und Apparatebau herzustellen.

Wichtige Biegeverfahren

Beim Gesenkbiegen drückt der Biegestempel das Werkzeug in das Biegegesenk. Die Umformung endet mit einem Prägedruck im Gesenk. Dabei unterscheidet man zwischen V-Biegen und U-Biegen.

V-Biegen

Biegestempel und Biegegesenk sind V-förmig ausgebildet. In der Anfangsphase liegt zunächst freies Biegen vor. Dabei nimmt das Werkstück immer neue Radien an. Erst in der Endstellung erhält es durch einen Prägedruck die gewünschte Endform.

U-Biegen

Auch beim U-Biegen erhält das Werkstück die Endform durch den Prägedruck. Er drückt schon während des Biegevorganges gegen den Werkstückboden. U-förmig gebogene Teile können in einem Biegewerkzeug mit einem Stempel in das Gesenk gedrückt werden, so dass gleichzeitig alle Biegekanten erzeugt werden.

Biegen Z-förmiger Teile

Z-förmig gebogene Teile können in einfachen Werkzeugen in zwei Arbeitsgängen oder bei größerer Stückzahl in einem Arbeitsgang gebogen werden. Der Stempel muss bei der Herstellung von Doppelwinkeln allerdings gleichzeitig an zwei Stellen auf dem Teil aufsetzen und es in das Gesenk hineindrücken.

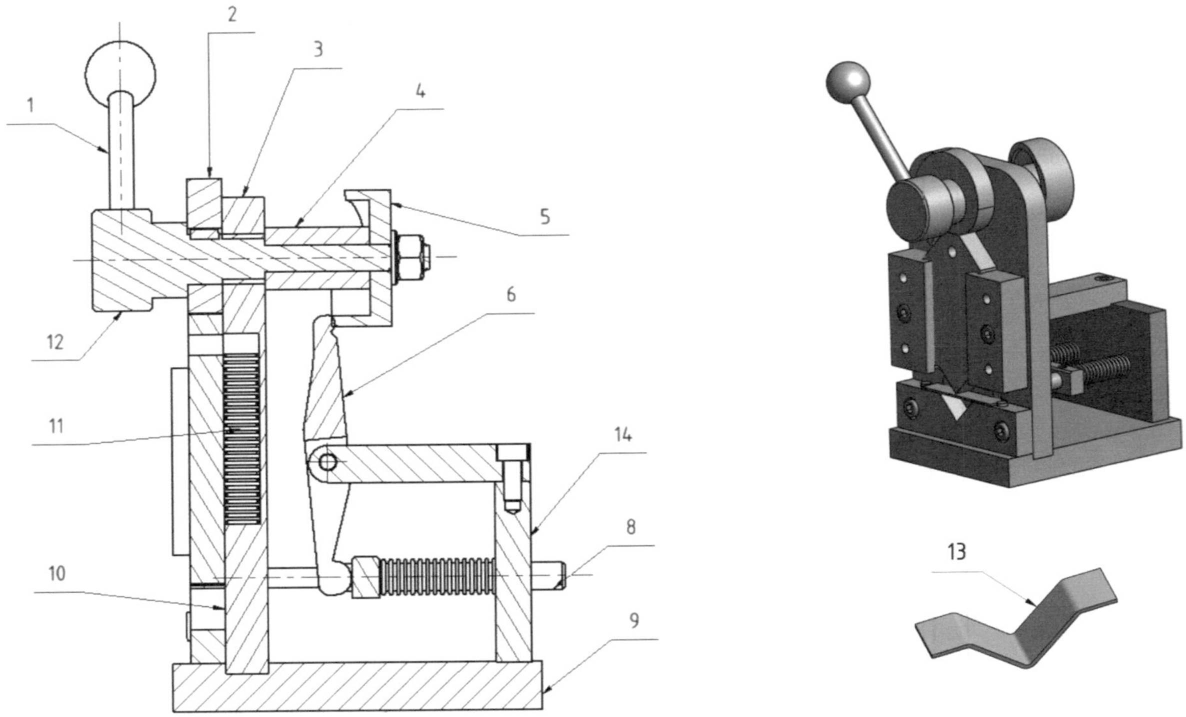

Bild 3-1 Biegewerkzeug mit Auswerfer für Kleinserien
1 Betätigungsstange; 2 Exzenter; 3 Stützplatte; 4 Distanzhülse; 5 Kurvenscheibe; 6 Gabel für Auswerfer; 7 Stützplatte; 8 Auswerferbolzen; 9 Grundplatte; 10 Stützplatte; 11 Feder für Biegestempel; 12 Welle für Exzenter; 13 Werkstück

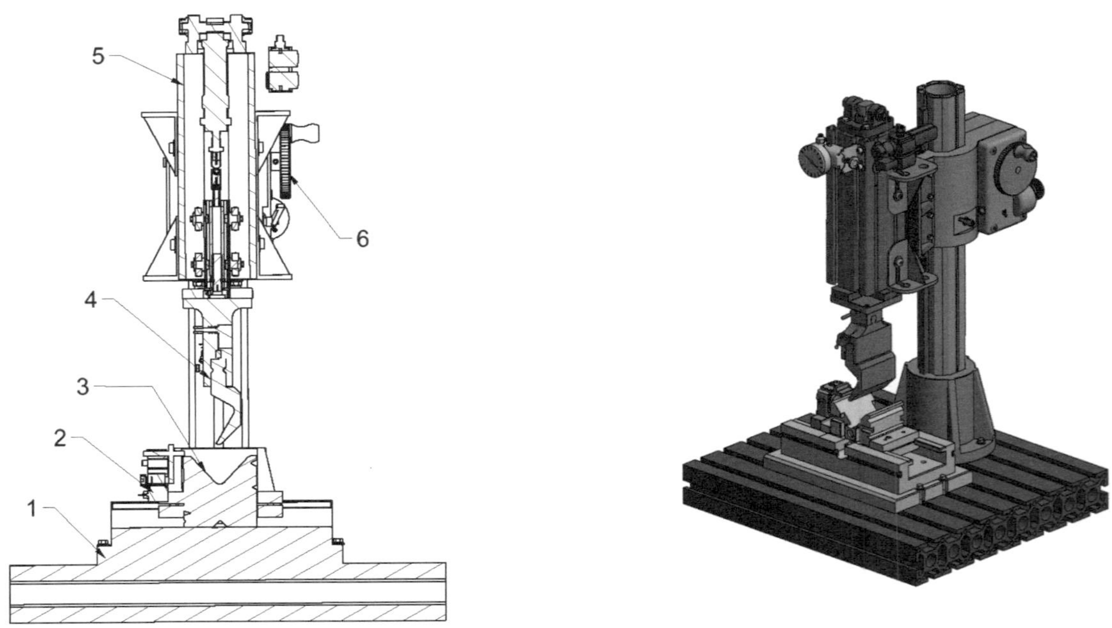

Bild 3-2 Biegewerkzeug
1 Aufnahmeplatte; 2 Schraubstock; 3 Biegegesenk; 4 Biegewerkzeug; 5 Hubzylinder; 6 Höhenverstellung

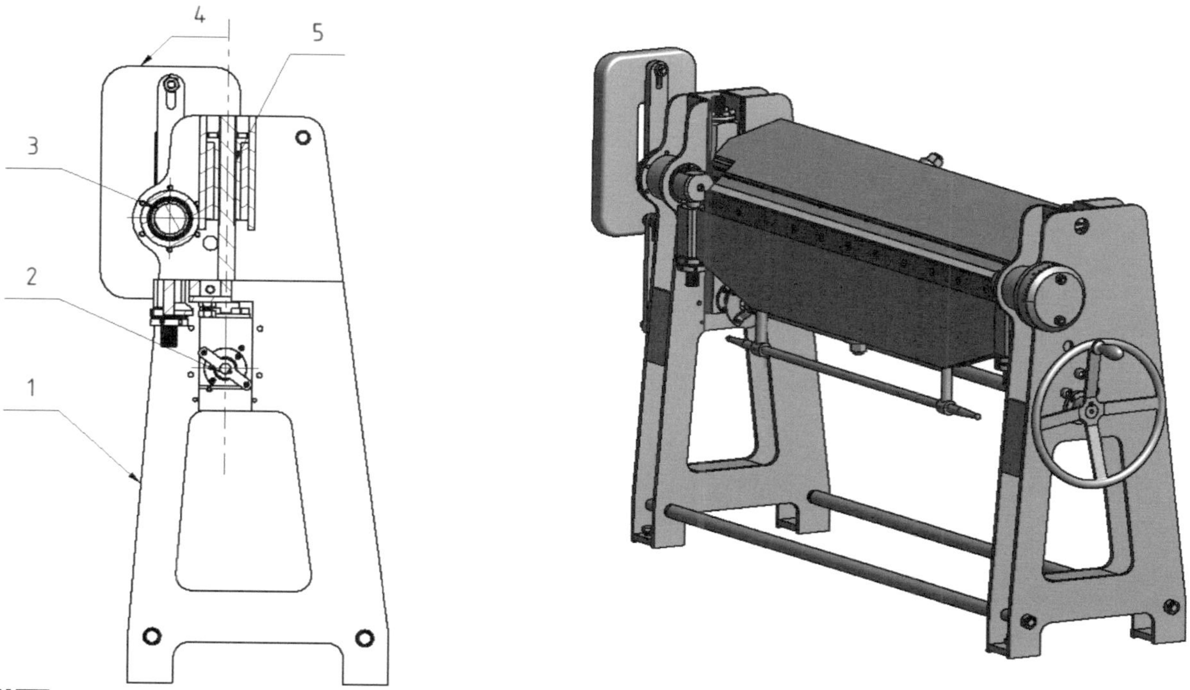

Bild 3-3 Blech-Rundbiegemaschine
1 Maschinengestell; 2 Lagerung Antriebsspindel; 3 Biegerollenlagerung; 4 Gehäuse; 5 Biegeradius – Einstellung

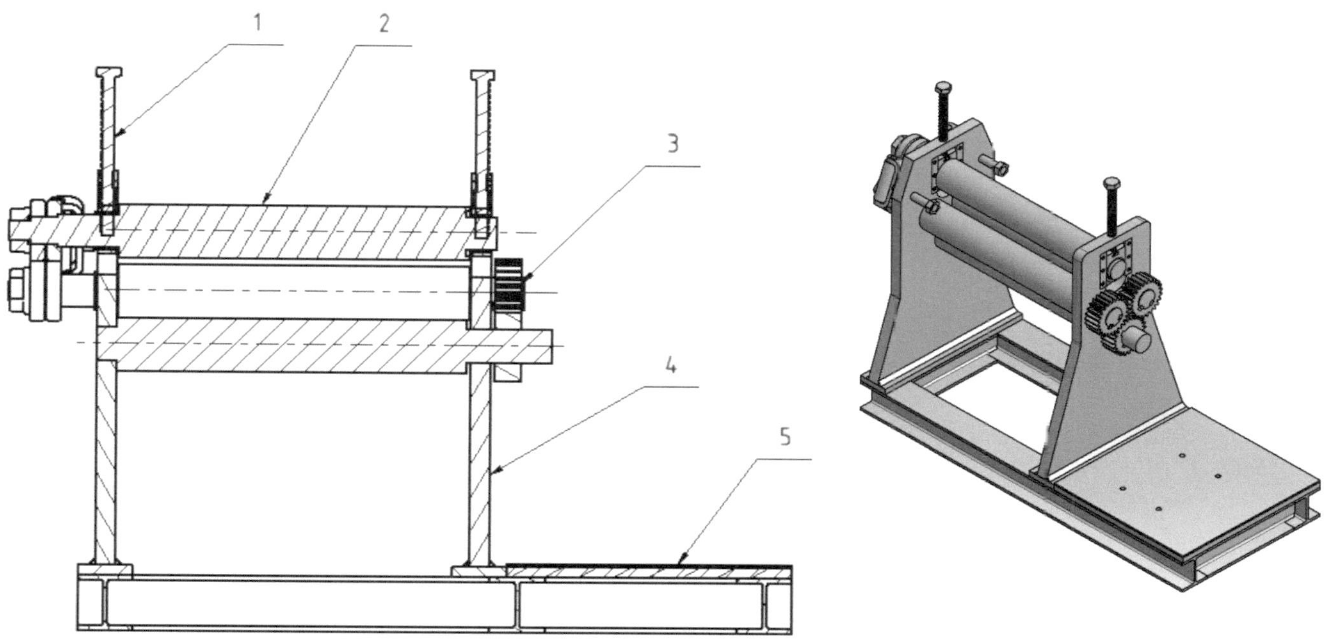

Bild 3-4 Drei-Walzen-Rundbiegemaschine
1 Seitenwand links; 2 Obere Biegewelle; 3 Getriebelagerung; 4 Seitenwand rechts; 5 Grundgestell

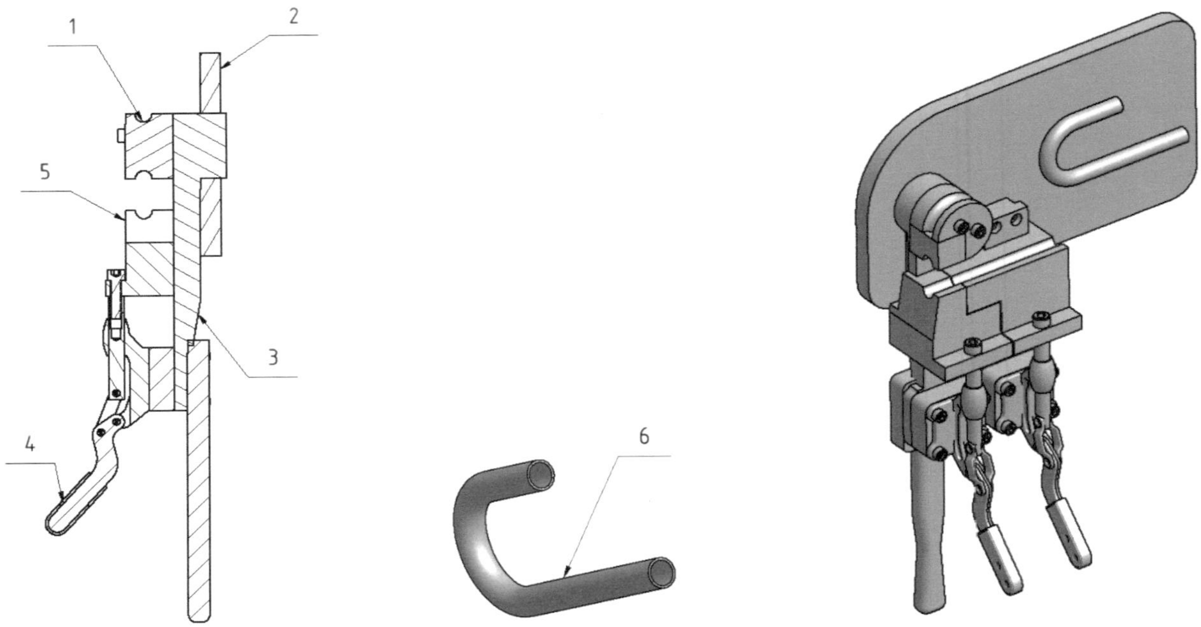

Bild 3-5 Rundrohr-Biegevorrichtung
1 Grundplatte; 2 Biegebacke; 3 Verstellbare Biegebacke; 4 Verstellhebel; 5 Handgriff; 6 Werkstück gebogen

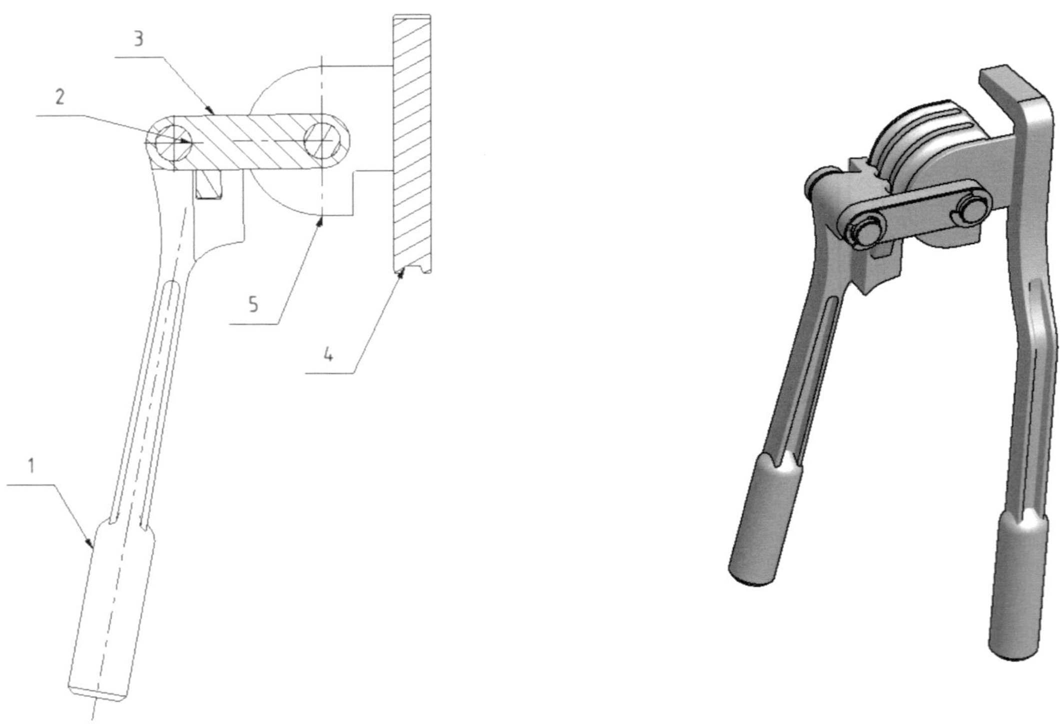

Bild 3-6 Rundrohr-Biegevorrichtung
1 Hebel; 2 Lagerung; 3 Umlenkhebel; 4 Biegeform; 5 Gegenhalter

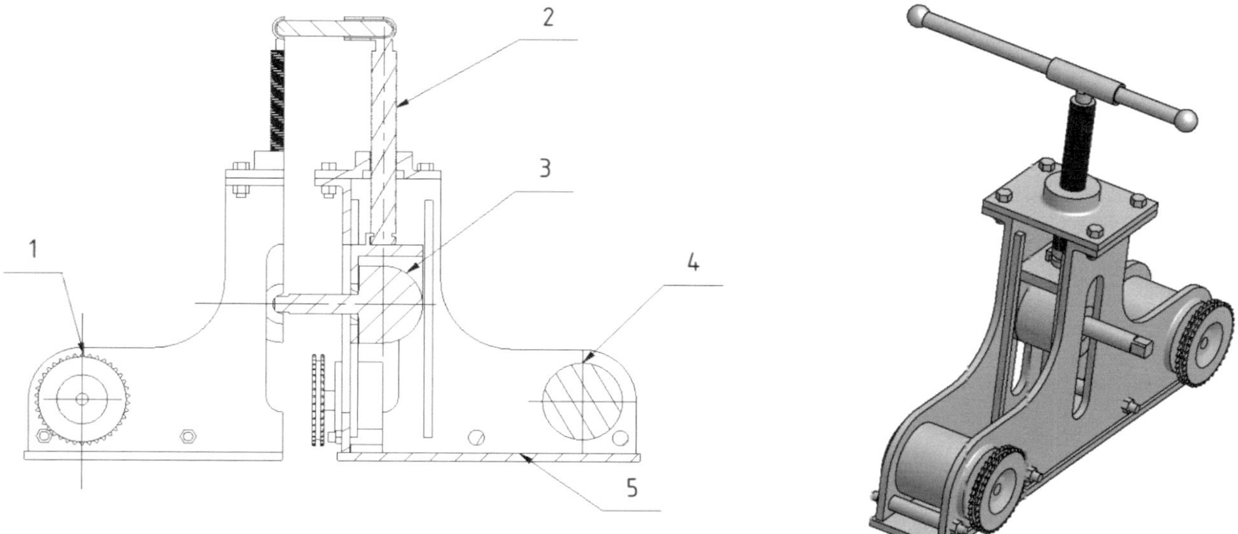

Bild 3-7 Biegevorrichtung mit drei Walzen
1 Auflage – Biegerolle links; 2 Biegespindel; 3 Biegerolle; 4 Auflage – Biegerolle rechts; 5 Grundplatte

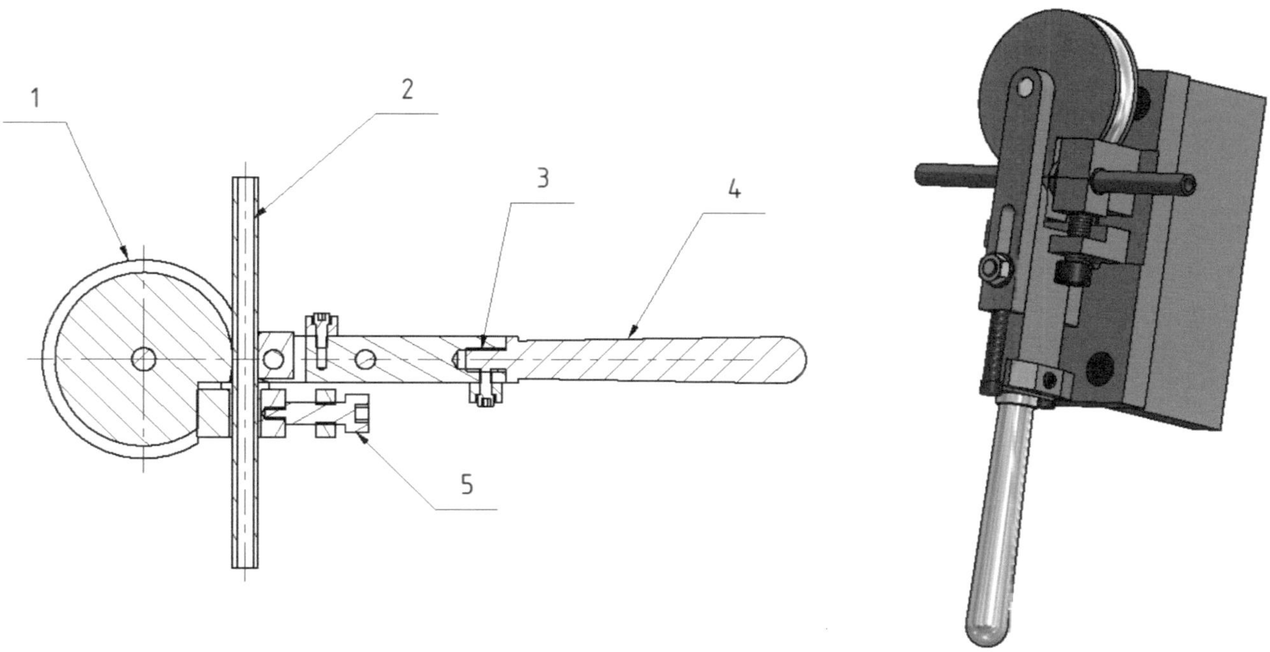

Bild 3-8 Verstellbare Biegevorrichtung für Rohre
1 Biegerolle; 2 Werkstück; 3 Anschlag; 4 Handgriff; 5 Verstelleinheit

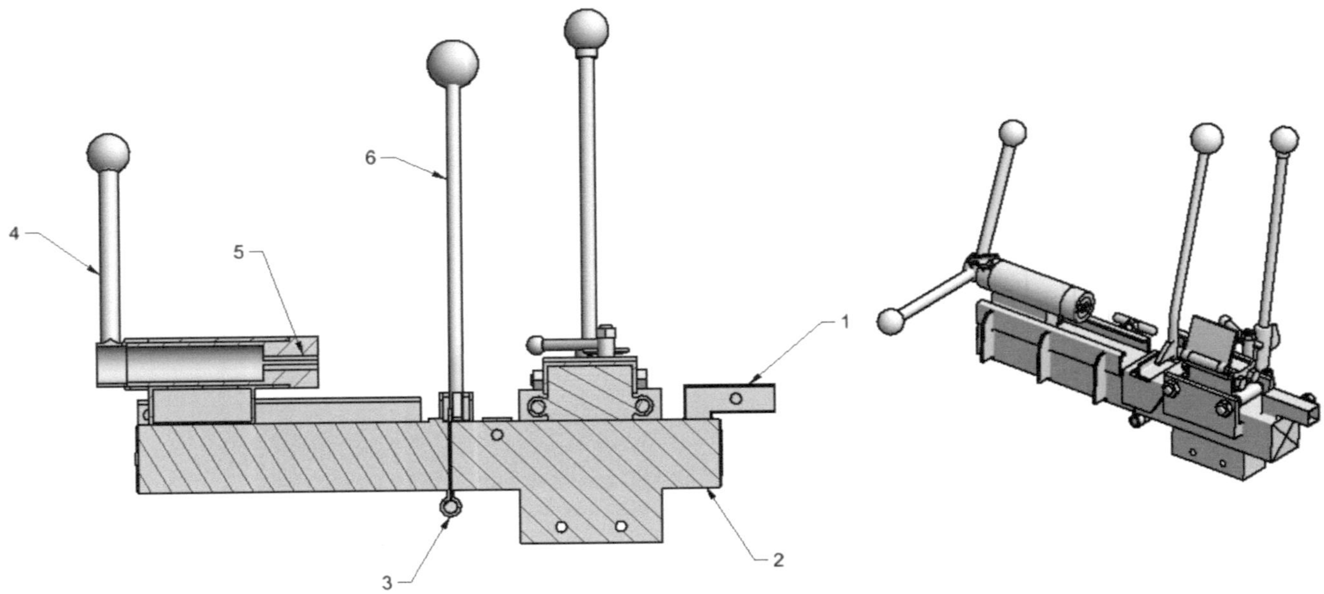

Bild 3-9 Biegevorrichtung für Schmiedeeisen
1 Werkstückaufnahme; 2 Grundgestell; 3 Scharnier; 4 Umlenkhebel;
5 Spannzange; 6 Feststellhebel

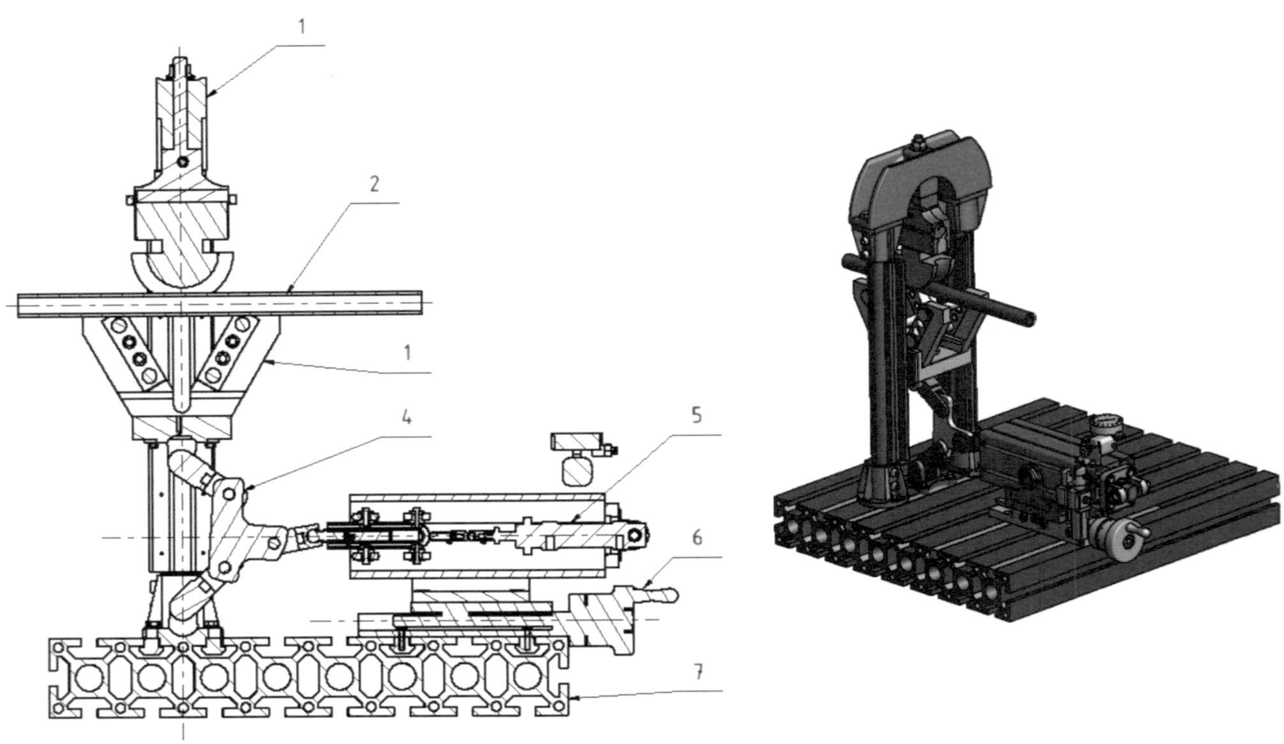

Bild 3-10 Pneumatisch gesteuerte Rohrbiegevorrichtung
1 Biegebrücke; 2 Rohr (Werkstück); 3 Werkstückaufnahme; 4 Umlenkhebel;
5 Hydraulikzylinder; 6 Einstellrad; 7 Grundplatte

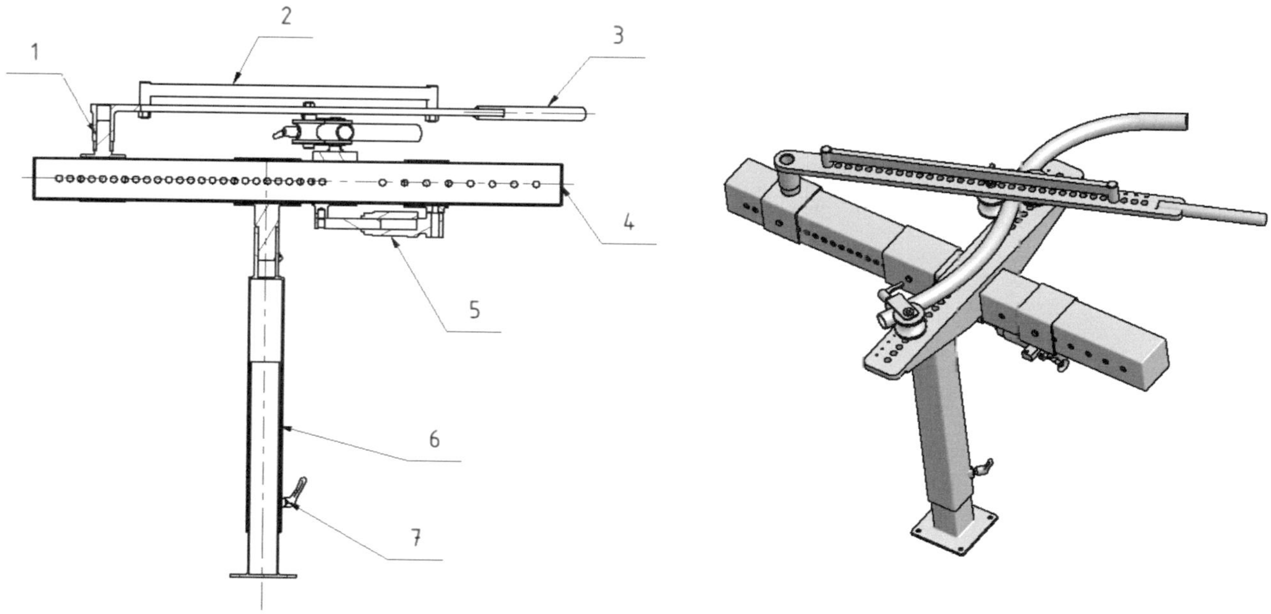

Bild 3-11 Rohrbiegevorrichtung
1 Hebellagerung; 2 Einstellskala; 3 Biegehebel; 4 Rahmen; 5 Einstellung für Biegeradius; 6 Stellfuß; 7 Feststellschraube

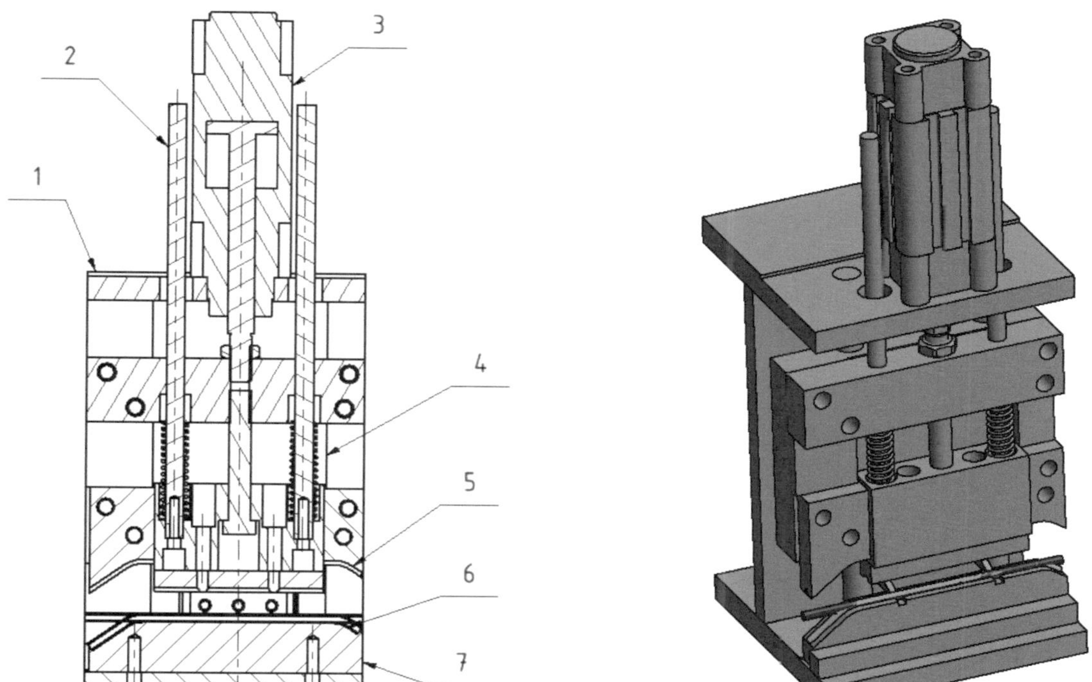

Bild 3-12 Rohrbiegewerkzeug
1 Gehäusewand; 2 Führungssäulen; 3 Pneumatikzylinder; 4 Druckfeder; 5 Biegebacken für Werkstück; 6 Werkstück (Rohr); 7 Biegematrize

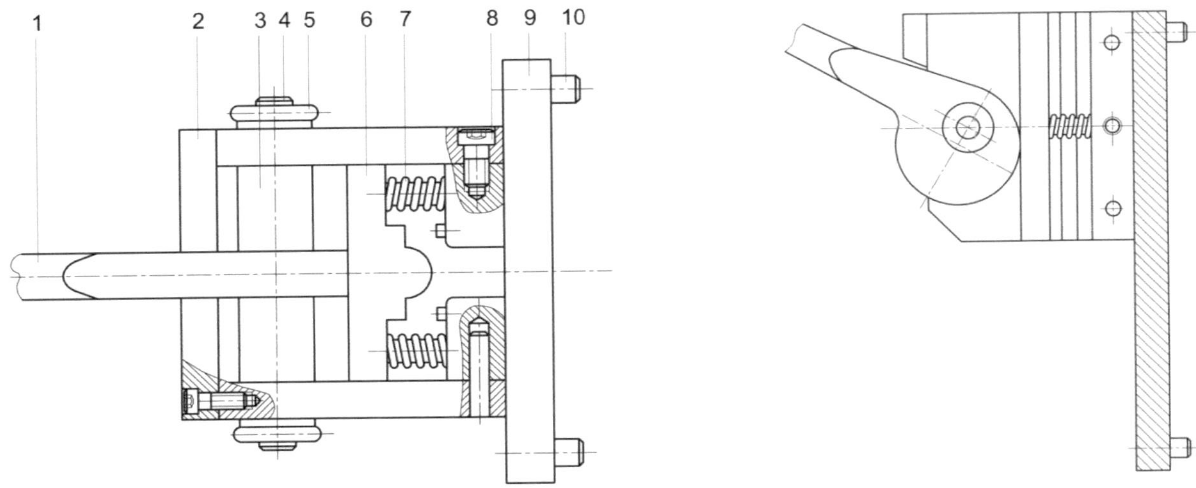

Bild 3-50 Biegevorrichtung
1 Exzenterhebel; 2 Anschlag; 3 Buchse; 4 Achse; 5 Splint; 6 Stempel; 7 Druckfeder; 8 Sechskantschraube; 9 Grundplatte; 10 Auflagebolzen

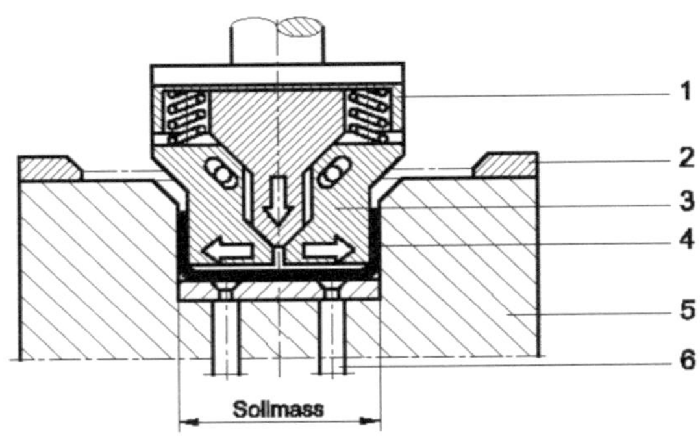

Bild 3-51 Biegewerkzeug für genaue Teile
1 Stempel; 2 Aufnahme; 3 Bewegliche Backe; 4 Werkstück; 5 Gesenk; 6 Auswerfer

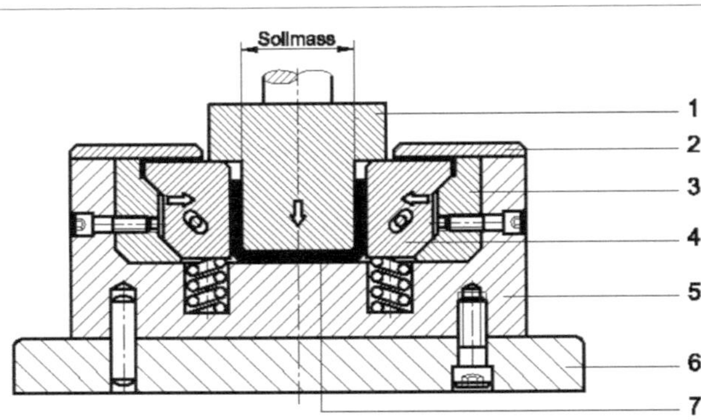

Bild 3-52 Biegewerkzeug mit beweglichen Backen
1 Oberstempel; 2 Aufnahme; 3 Führungsschräge; 4 Bewegliche Backen; 5 Unterstempel; 6 Grundplatte; 7 Werkstück

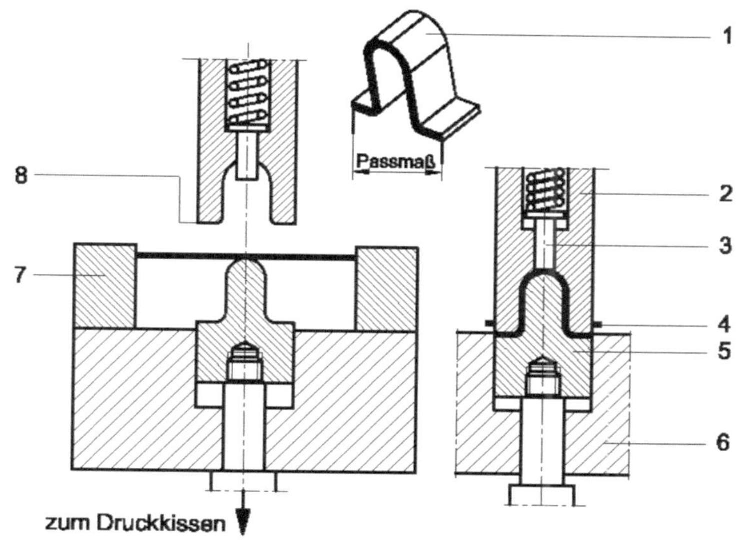

Bild 3-53 Biegeverbundwerkzeug
1 Werkstück; 2 Biegestempel; 3 Ausdrückstift; 4 Abfall entfernen durch Druckluft; 5 Formstempel; 6 Abschneidematrize; 7 Aufnahme; 8 Schneidkante

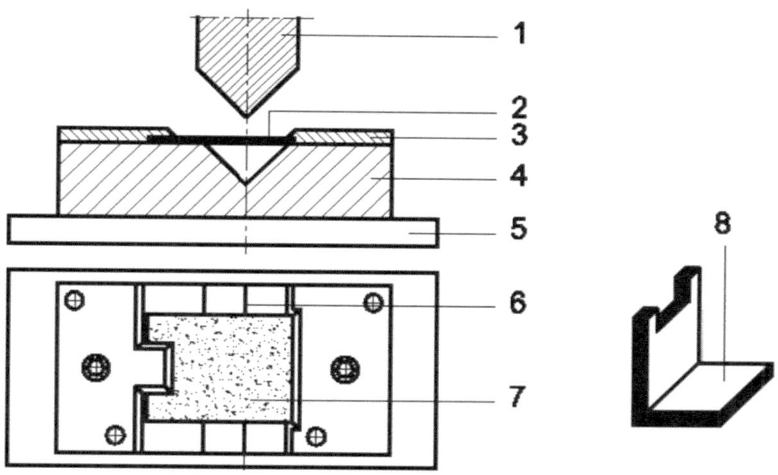

Bild 3-54 Biegewerkzeug für L-förmige Teile
1 Stempel; 2 Zuschnitt; 3 Aufnahme; 4 Gesenk; 5 Grundplatte; 6 Biegelinie; 7 Eingelegter Zuschnitt; 8 Fertiges Werkstück

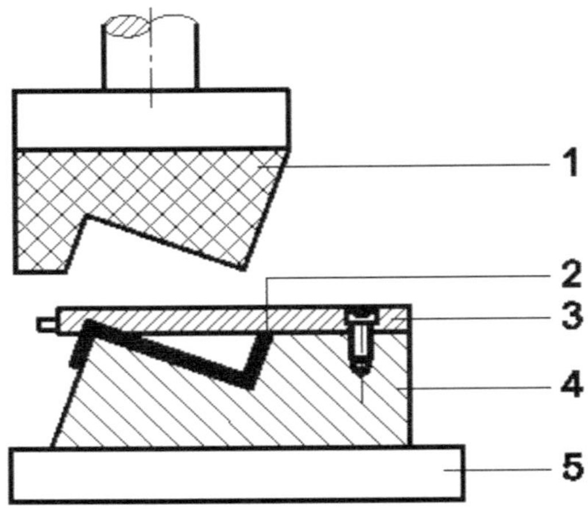

Bild 3-55 Biegewerkzeug für Z-förmige Teile
1 Stempel; 2 Werkstück; 3 Feste Aufnahme; 4 Biegegesenk; 5 Grundplatte

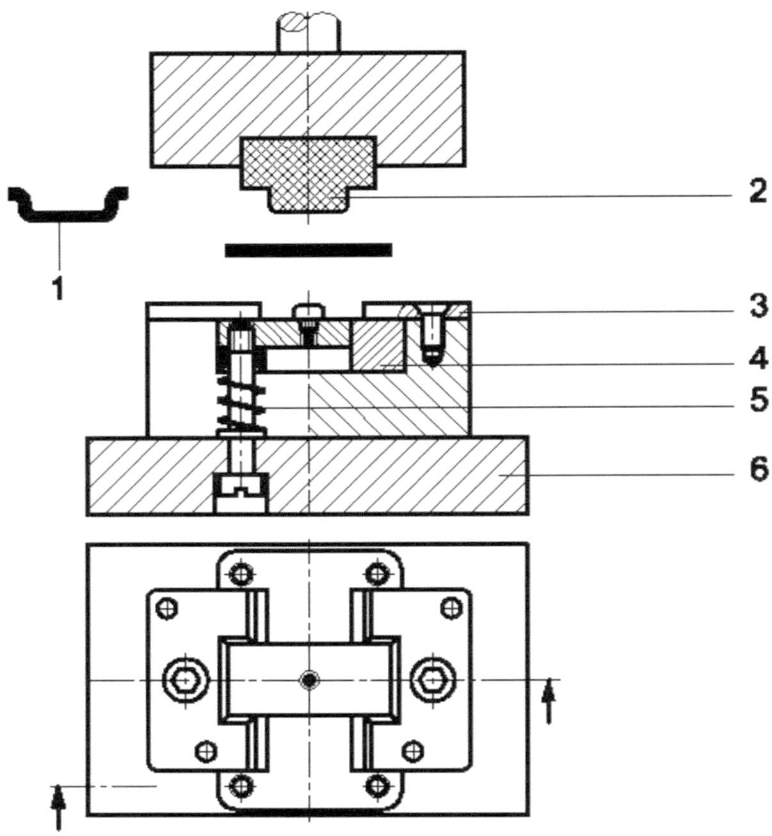

Bild 3-56 Biegewerkzeug für U-förmige Teile
1 Werkstück; 2 Biegestempel; 3 Aufnahme; 4 Biegebacken;
5 Vier Federbolzen; 6 Grundplatte

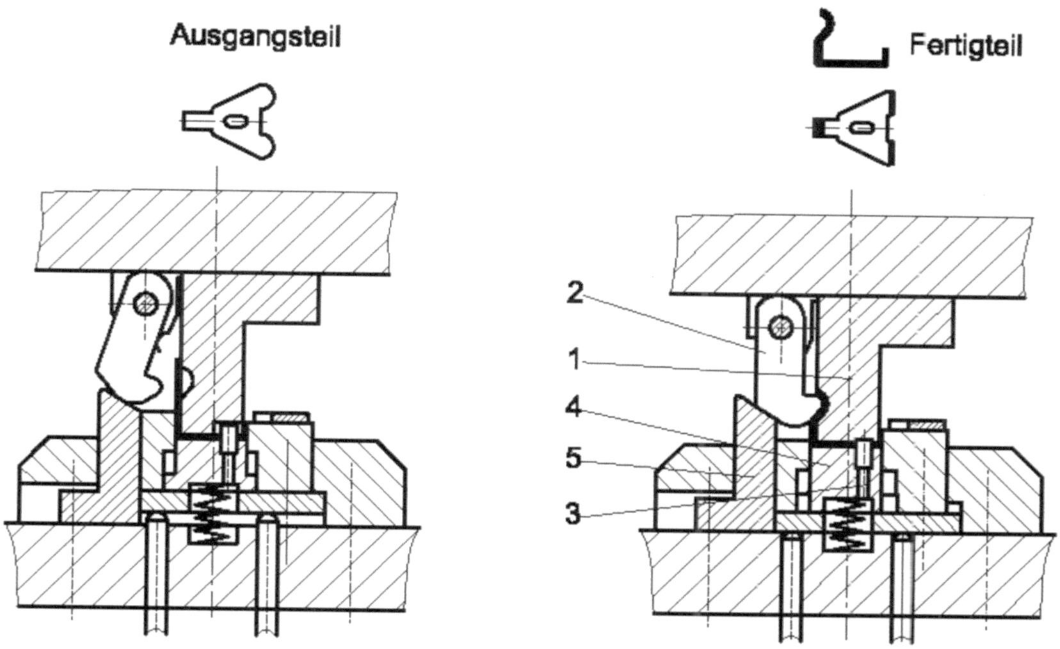

Bild 3-57 Formbiegung – Keilschieber
1 Biegestempel; 2 Formbiegestempel; 3 Aufnahmestift; 4 Auswerfer; 5 Keilstempel

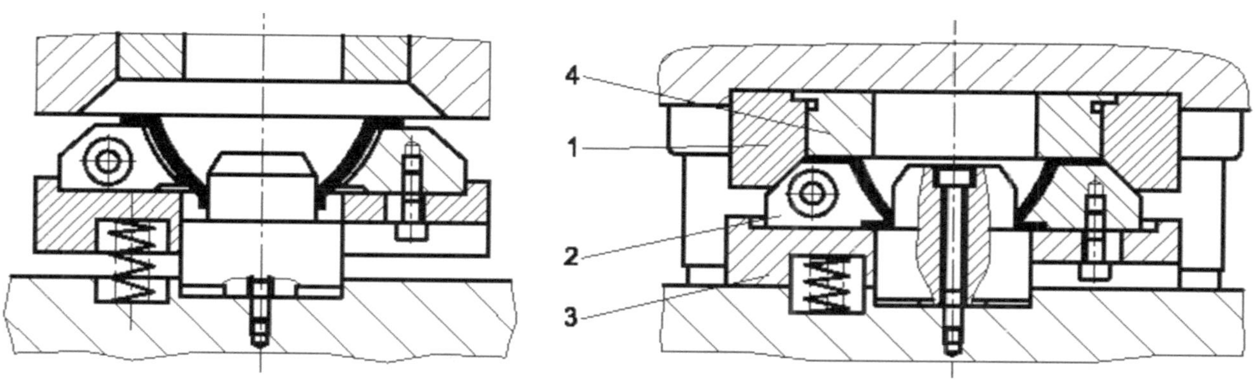

Bild 3-58 Randbördelung – Keilschieber
1 Keilstempel; 2 Keilschieber mit Biegekante; 3 Aufnahme- und Auswerferplatte; 4 Niederhalter

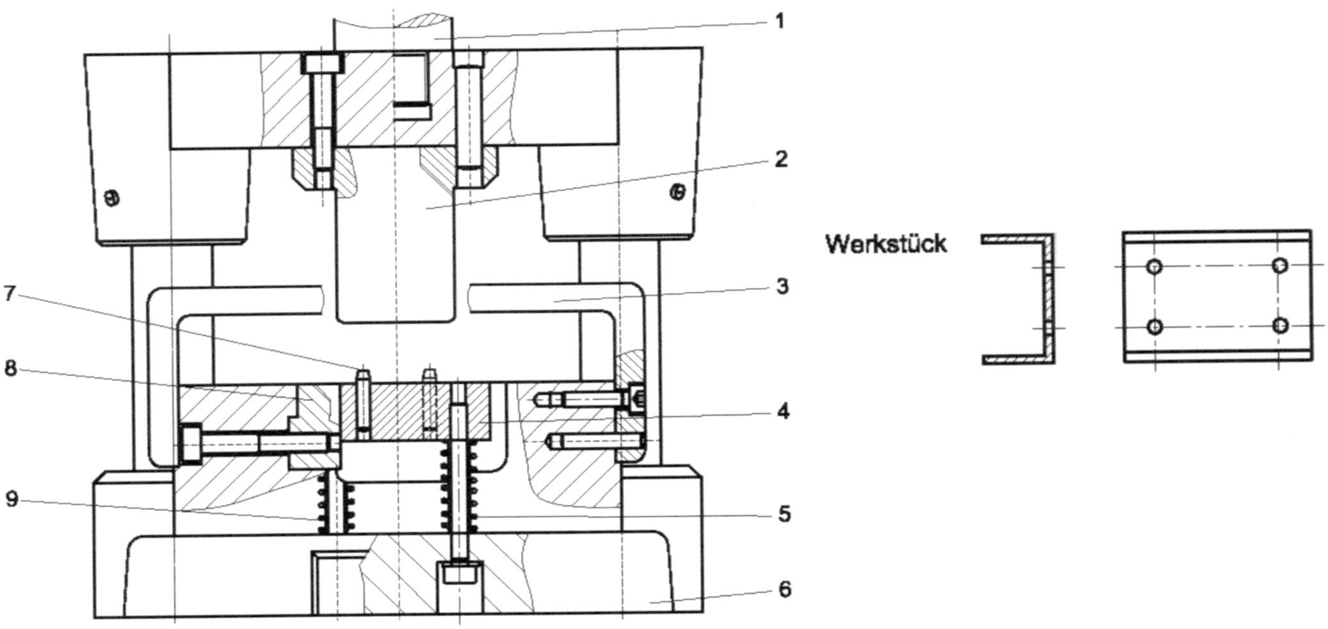

Bild 3-59 U-Biegung-Biegebacken
1 Einspannzapfen; 2 Biegestempel; 3 Abstreifer; 4 Auswerfer; 5 Distanzhülse; 6 Säulenführungsgestell; 7 Zentrierstift; 8 Biegebacken; 9 Schraubenfeder

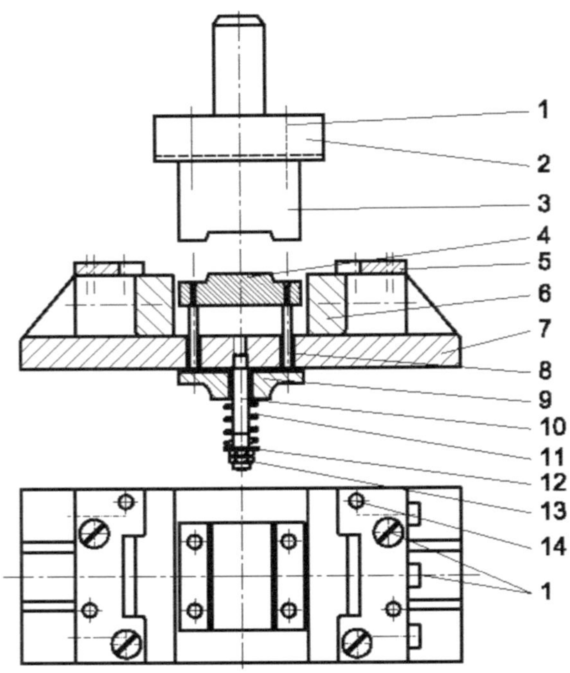

Bild 3-60 Auswerfer Federboden
1 Zylinderschraube; 2 Stempelkopf; 3 Stempel; 4 Auswerfer; 5 Einlage; 6 Biegebacken; 7 Grundplatte; 8 Auswerferbolzen; 9 Federteller; 10 Gewindebolzen; 11 Druckfeder; 12 Scheibe; 13 Sechskantmutter; 14 Zylinderstift

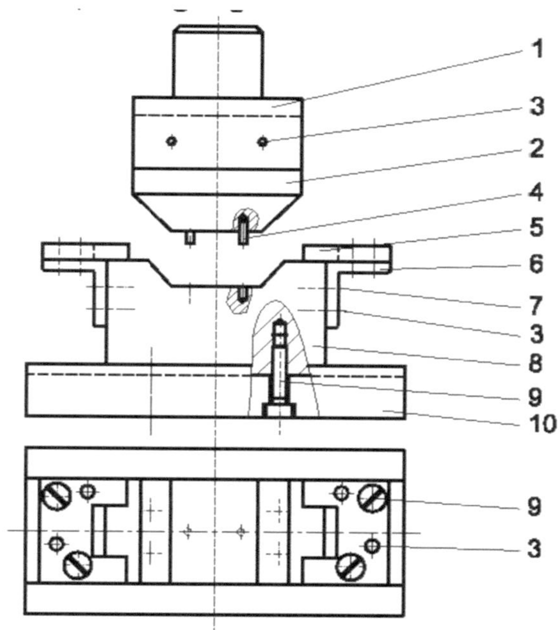

Bild 3-61 Biegegesenk – V-Biegung
1 Stempelkopf; 2 Biegestempel; 3 Zylinderstift; 4 Fangstift; 5 Einlage; 6 Winkel; 7 Senkschraube; 8 Biegeunterteil; 9 Schraube; 10 Grundplatte

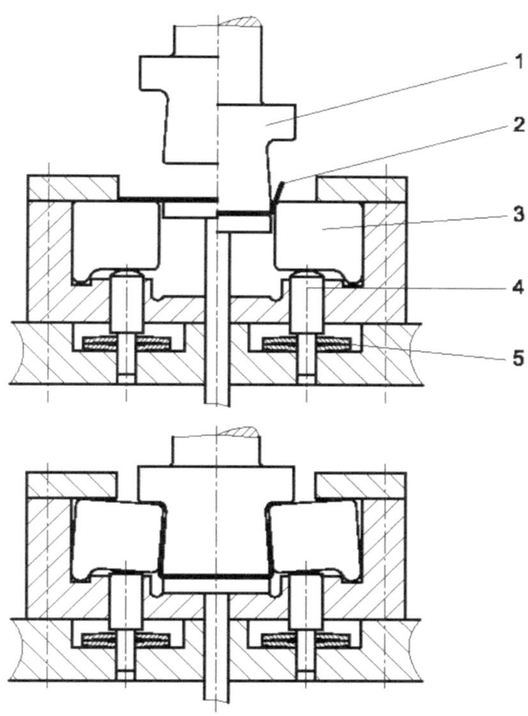

Bild 3-62 Gegenhalter – U-Biegung
1 Biegestempel; 2 Zuschnitt; 3 Einkippender Biegebacken; 4 Stößel; 5 Tellerfeder; 6 Gegenhalter

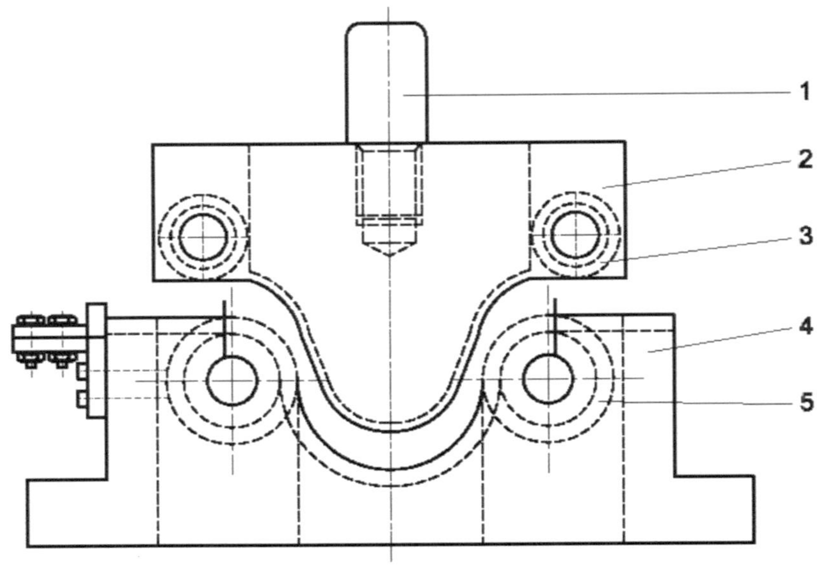

Bild 3-63 Rohrbiegewerkzeug – Streifenbiegewerkzeug
1 Einspannzapfen; 2 Biegestempel; 3 Stützrolle; 4 Werkzeugunterteil; 5 Biegerolle

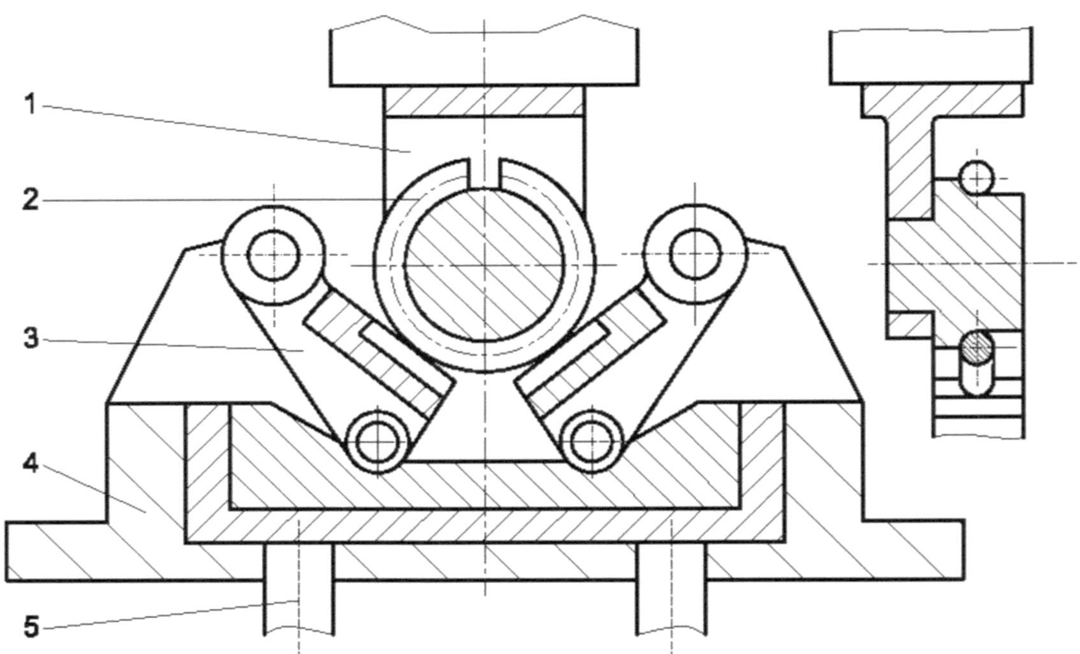

Bild 3-64 Rohrbiegewerkzeug – Streifenbiegewerkzeug
1 Werkzeugoberteil; 2 Werkstück; 3 Biegebacken schwenkbar; 4 Grundplatte; 5 Auswerfer

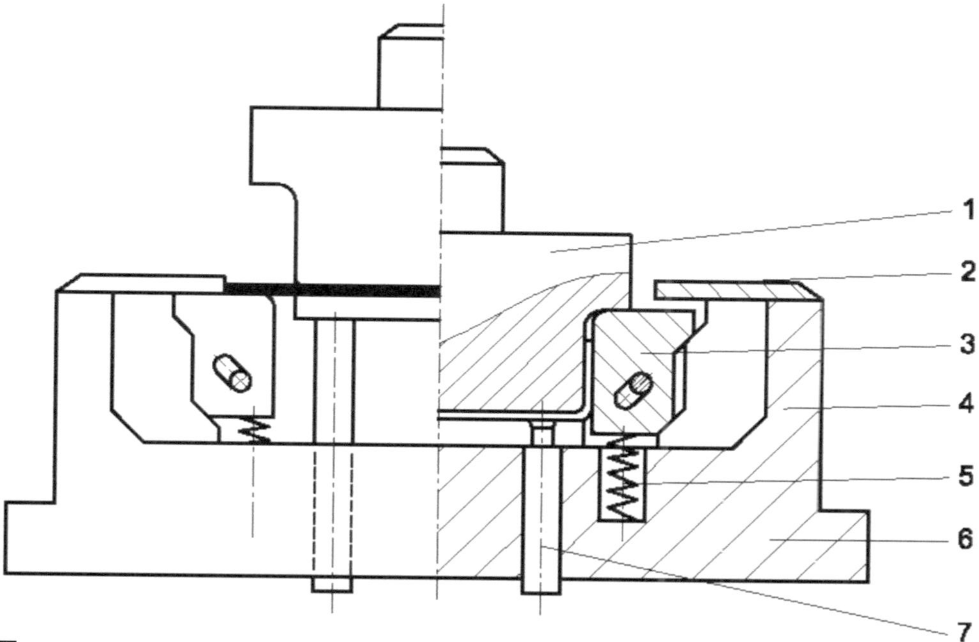

Bild 3-65 U-Biegewerkzeug – Prägedruck
1 Biegestempel; 2 Auflagebegrenzung; 3 Keilschieber; 4 Keilleiste; 5 Druckfeder; 6 Werkzeugunterteil; 7 Auswerferstößel

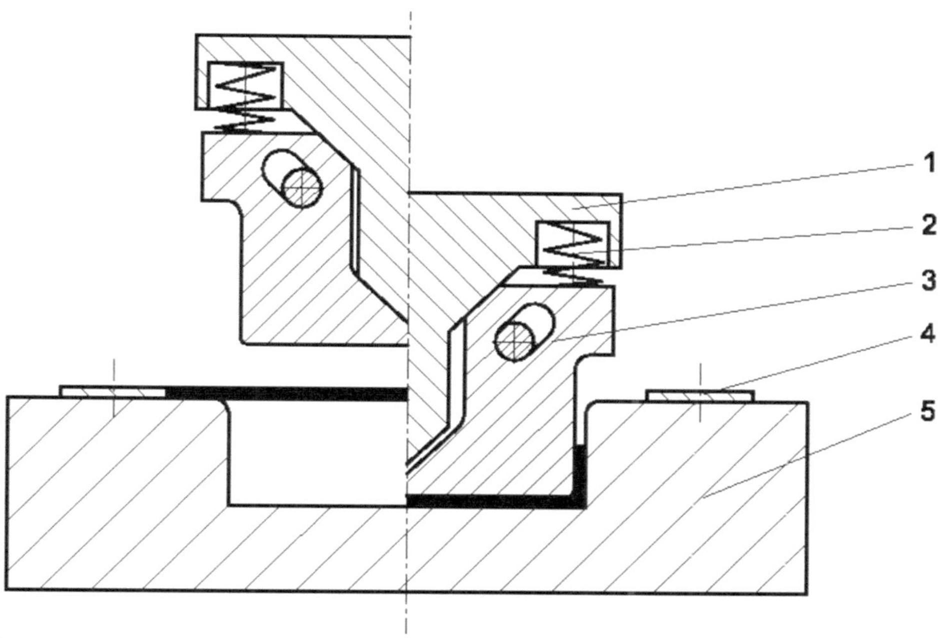

Bild 3-66 U-Biegewerkzeug – Keilschieber
1 Werkzeugoberteil (Keilstempel); 2 Druckfeder; 3 Biegestempel; 4 Auflagebegrenzung; 5 Biegegesenk

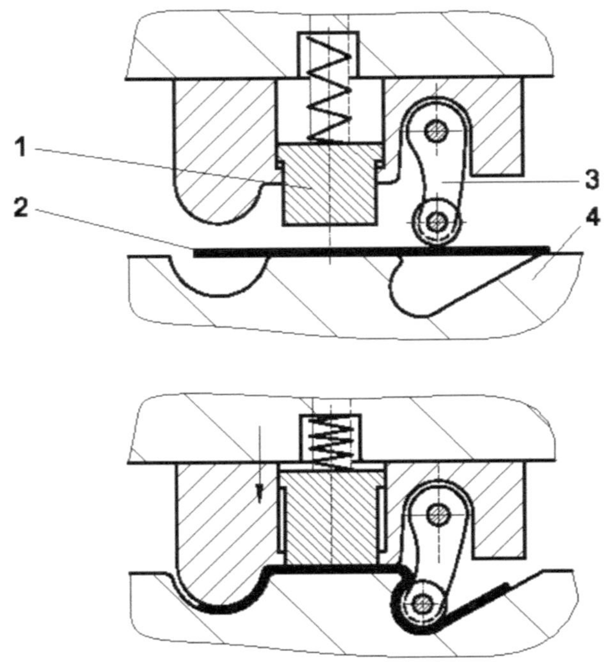

Bild 3-67 Biegerolle – Mehrfachbiegung
1 Werkstück, Zuschnitt; 2 Niederhalter gefedert; 3 Rollenheber; 4 Biegegesenk

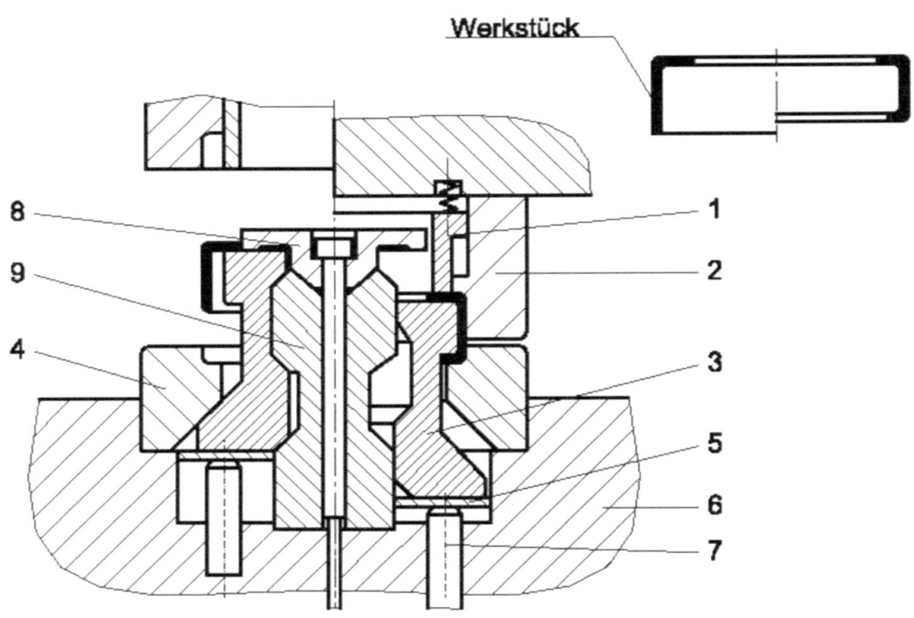

Bild 3-68 Ringbördelung – Keilschieber
1 Niederhalter; 2 Formring; 3 Keilstempelsegment; 4 Matrize; 5 Druckplatte; 6 Werkzeugunterteil; 7 Auswerferbolzen; 8 Zentrieraufnahme; 9 Keilbolzen

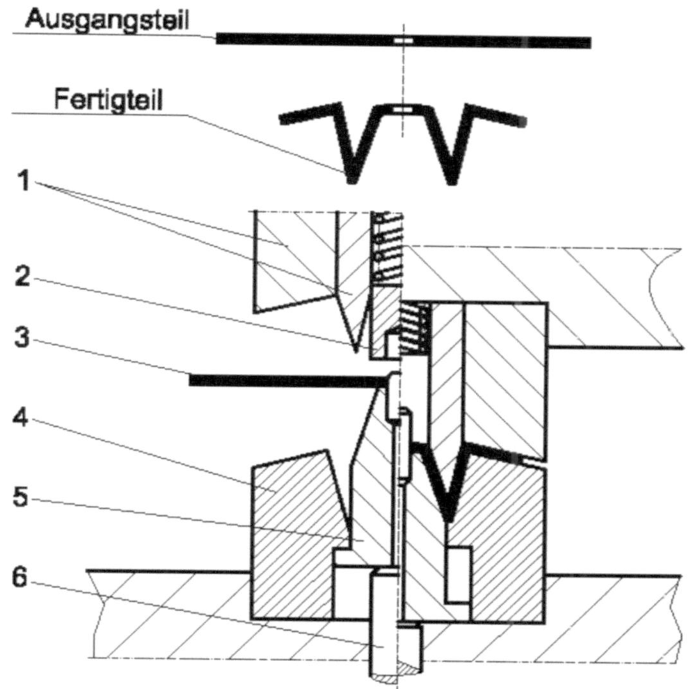

Bild 3-69 Mehrfachbiegung – Werkzeugaufbau
1 Biegegesenk; 2 Gefederter Blechhalter; 3 Zuschnitt; 4 Biegegesenk; 5 Biegestempel; 6 Ausheberbolzen

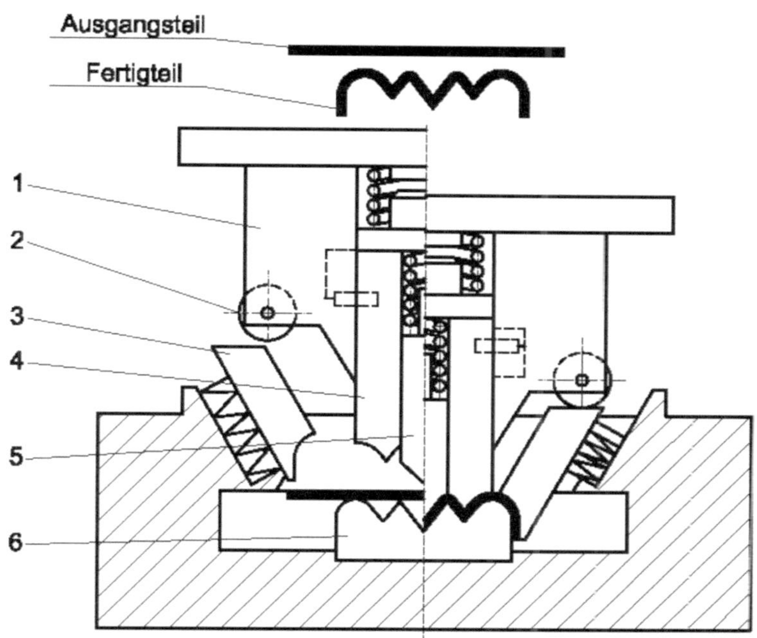

Bild 3-70 Mehrfachbiegung – Biegestempelgestaltung
1 Werkzeugoberteil mit Biegestempelführung; 2 Druckrolle; 3 Biegestempel; 4 Außenbiegestempel; 5 Mittlerer Biegestempel; 6 Biegegesenk

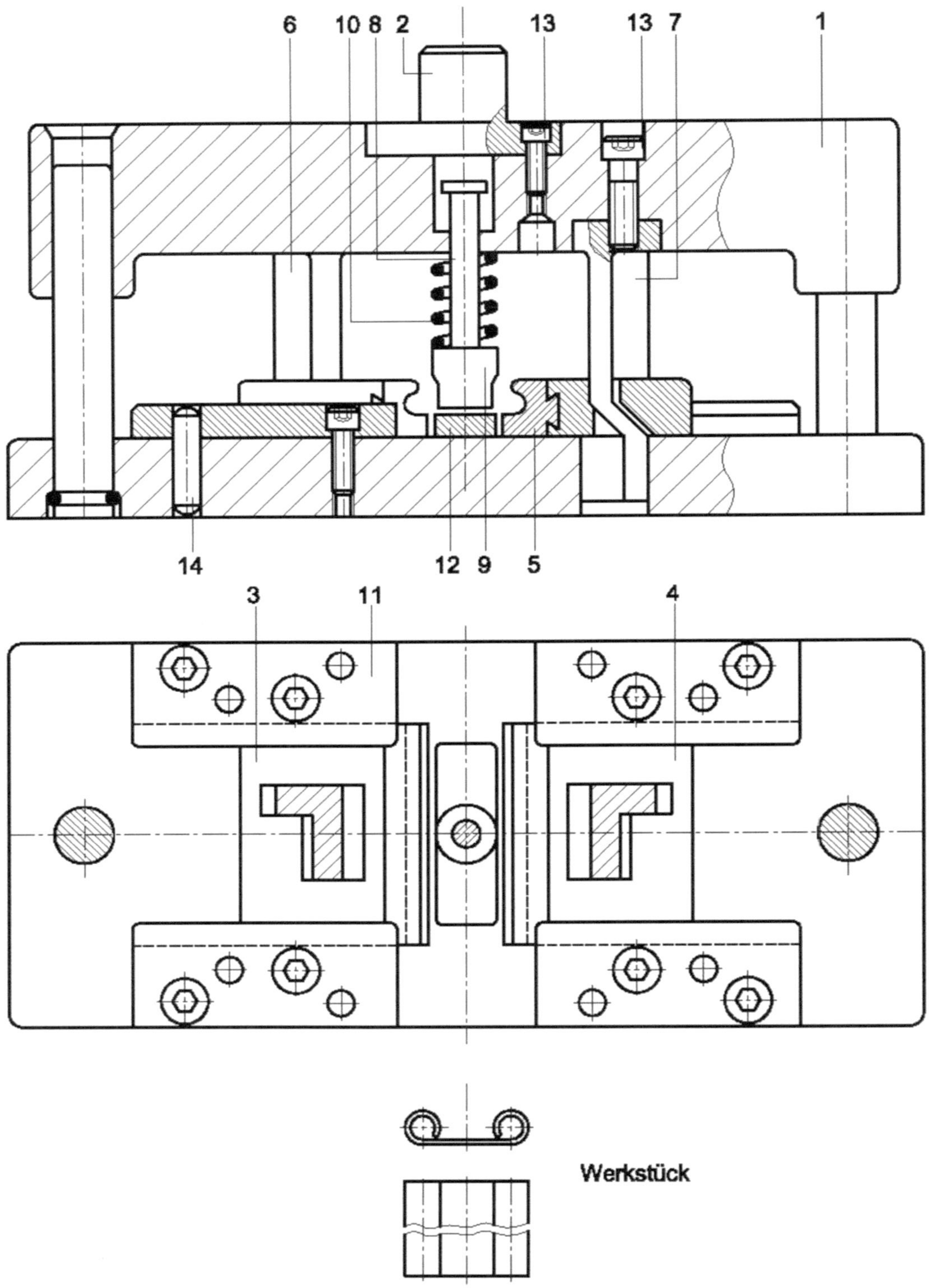

Bild 3-71 Rollstanze – Keilschieber
1 Säulenführungsgestell; 2 Einspannzapfen; 3 und 4 Rollschieber rechts und links; 5 Rollbacke; 6 und 7 Keil rechts und links; 8 Niederhalterbolzen; 9 Niederhalter; 10 Druckfeder; 11 Führungsleiste; 12 Auflage; 13 Innensechskantschraube; 14 Zylinderstift

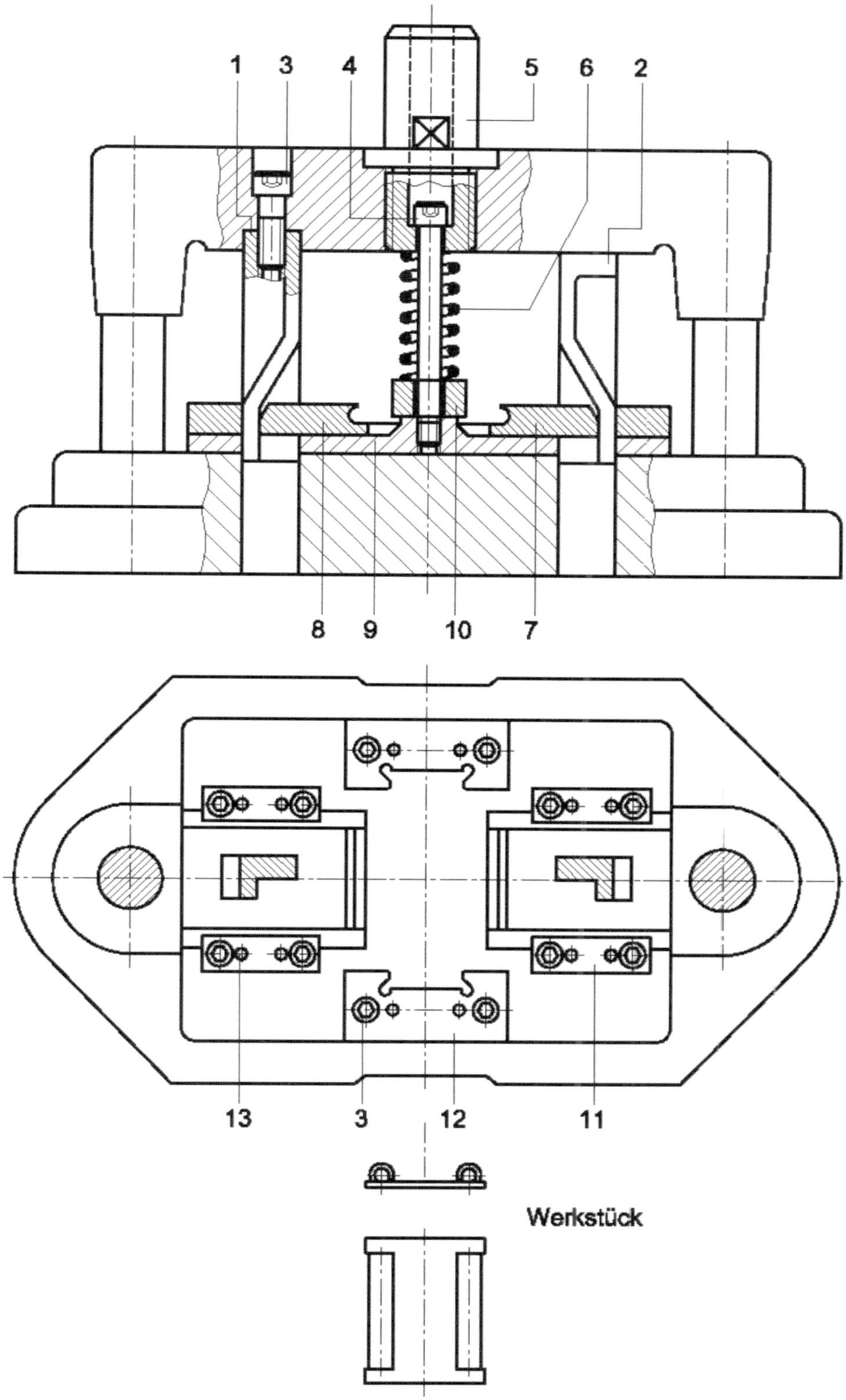

Bild 3-72 Rollstanze – Keilschieber
1 und 2 Keilschieber rechts und links; 3 Innensechskantschraube; 4 Ansatzschraube; 5 Einspannzapfen; 6 Druckfeder; 7 und 8 Rollenschieber rechts, links; 9 Aufnahmeplatte; 10 Federnder Niederhalter; 11 Schieberführung; 12 Einlage; 13 Zylinderstift

Messvorrichtungen 4

3D-Zeichnungen und 11 Anwendungsbeispiele
2D-Zeichnungen und 4 Anwendungsbeispiele

3D-Konstruktionen im Überblick (Seiten 55–60)

2D-Konstruktionen im Überblick (Seiten 61–63)

Messvorrichtungen

Messen bedeutet das Vergleichen von Messgrößen der Vorrichtung mit den vom Konstrukteur angegebenen Zeichnungsmaßen.

Folgende Details sind hier zu beachten:

- Prüfung der Vorrichtung durch Werkstückmuster
- Funktionskontrolle der Vorrichtung
- Einflussfaktor seitens des Werkstückes
- Einflussfaktor seitens der Vorrichtung
- Einflussfaktor seitens des Bedienungspersonals

Messverfahren

Bei den direkten Messverfahren wird der gesuchte Wert der Messgröße durch einen unmittelbaren Vergleich des Messgegenstandes mit einer Maßverköperung (z. B. Skala eines Messschiebers) ermittelt.

Bei den indirekten Messverfahren wird der gesuchte Wert der Messgröße durch Messen einer anderen physikalischen Größe (z. B. Zählen der durch Überlagerung der Lichtwellen entstandenen Interferenzstreifen einer Planglasplatte) ermittelt.

Bei analogen Messverfahren ergibt eine fortlaufende Messwertveränderung eine stetige Änderung der Anzeige (z. B. Messuhr)

Bei digitalen Messverfahren ergibt eine fortlaufende Messwertänderung eine sprunghafte Anzeigeänderung (z. B. foto-elektrischer Taster)

Bei analogen Messverfahren erfolgt die Anzeige meist durch Skalenanzeige, bei digitalen durch Ziffernanzeige.

Messeinrichtungen für die Serienfertigung bestehen aus einem oder mehreren anzeigenden Messgeräten, z. B. Messuhren sowie Hilfselementen, die den Messgegenstand lagerichtig aufnehmen und festhalten.

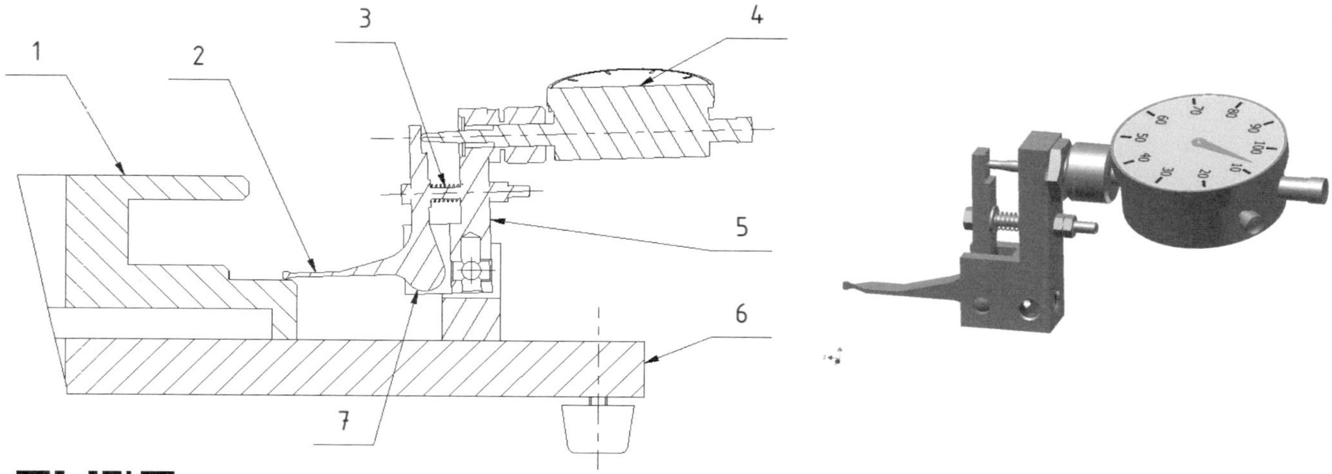

Bild 4-1 Vorrichtung für Höhenmessung
1 Werkstück; 2 Messfühler; 3 Druckfeder; 4 Messuhr; 5 Umlenkung Messuhrenhalter; 6 Grundplatte; 7 Lagerung Umlenkung Messuhrenhalter

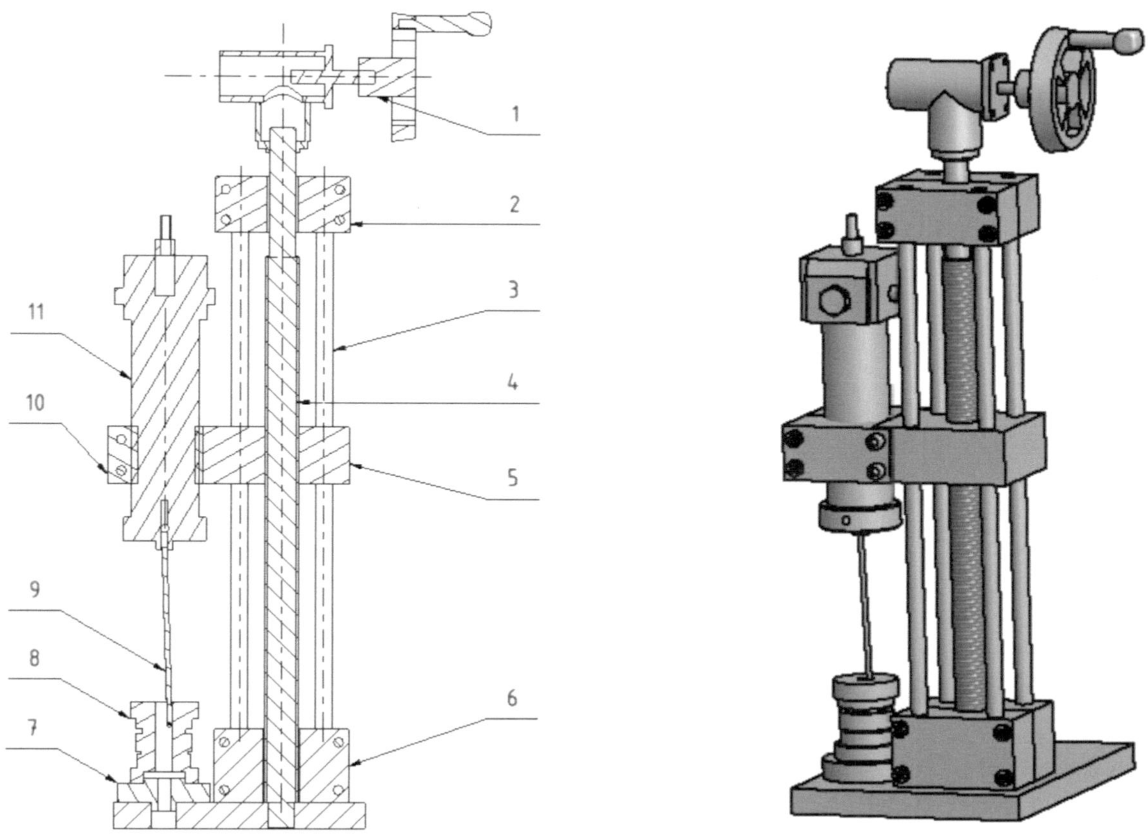

Bild 4-2 Messvorrichtung für Tiefenlochmessung
1 Handrad Höhenverstellung; 2 Kopfklemmstück; 3 Führungssäule; 4 Hubspindel; 5 Schlitten; 6 Fußklemmstück; 7 Aufnahmeflansch; 8 Prüfwerkstück; 9 Tastkopf; 10 Befestigungsplatte; 11 Tiefenlochmessgerät

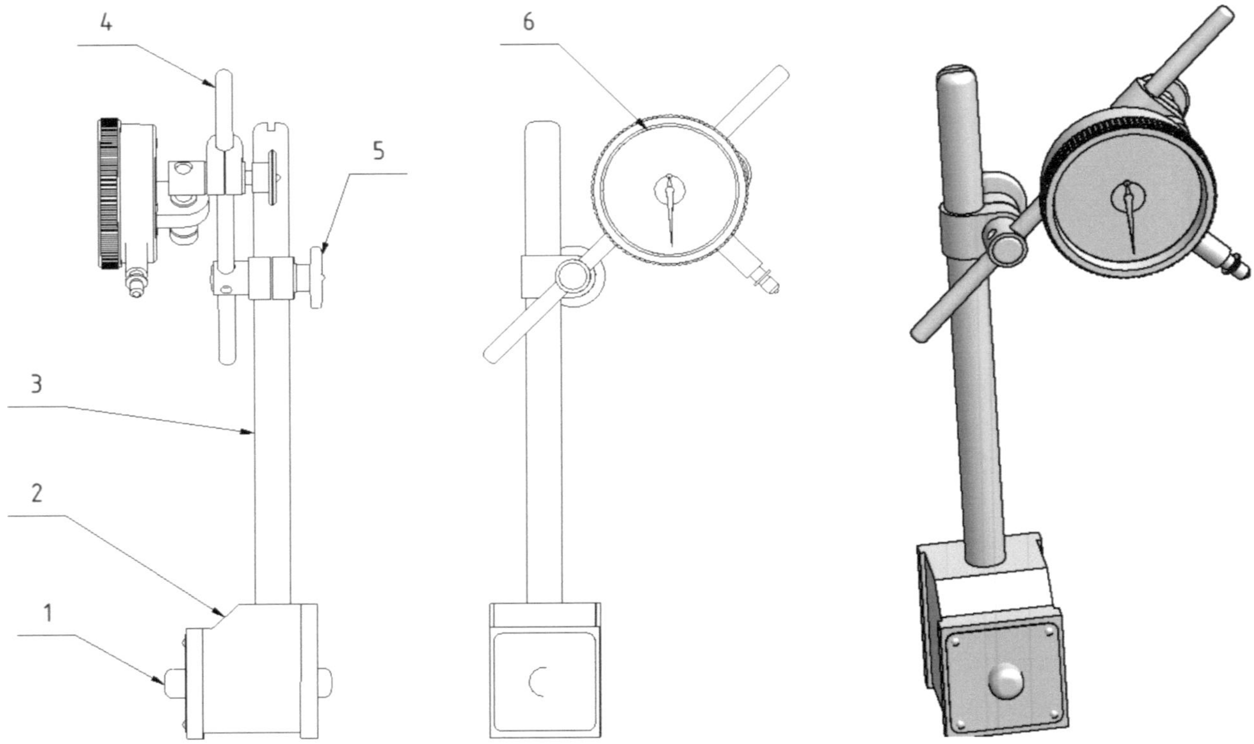

Bild 4-3 **Messuhrenhalter**
1 Hebel für Magnetisierung; 2 Magnetstativ; 3 Trägerwelle;
4 Befestigungsschraube; 5 Welle; 6 Messuhr

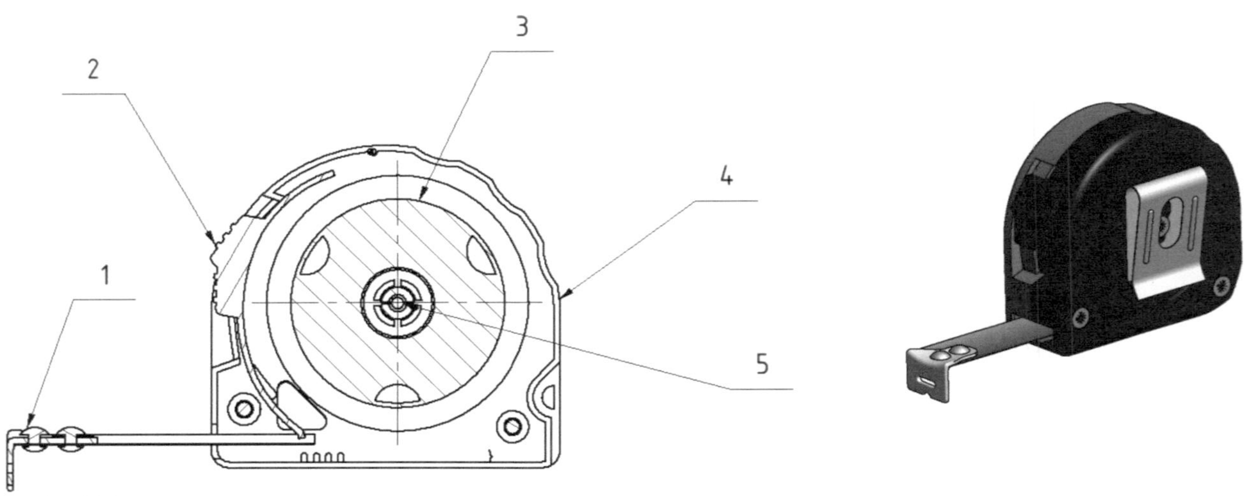

Bild 4-4 Messband
1 Haken für Fixierung; 2 Bandarretierung; 3 Messbandrolle; 4 Gehäuseschale;
5 Lagerung Messbandrolle

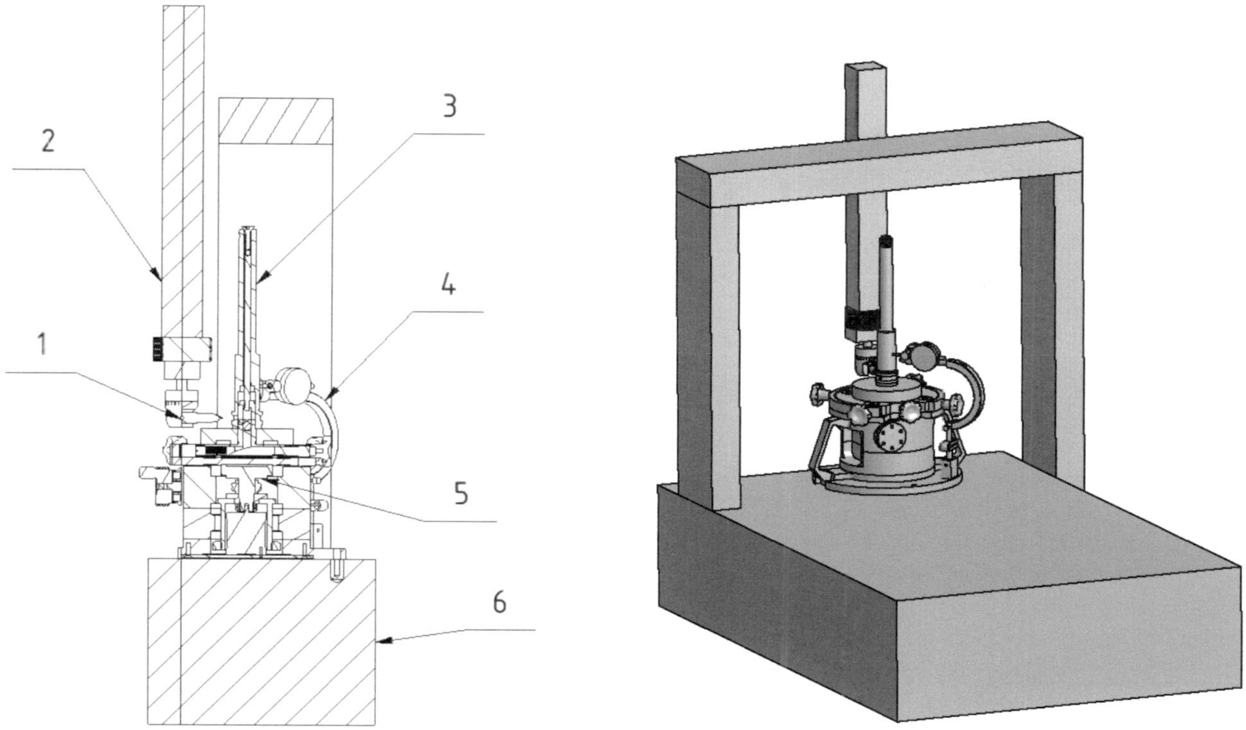

Bild 4-5 Rundlaufeinstell-Vorrichtung
1 Messfühler; 2 Messfühleraufhängung; 3 Werkstück; 4 Messuhr für Rundlaufprüfung; 5 Justieraufnahme für Werkstück; 6 Grundgestell

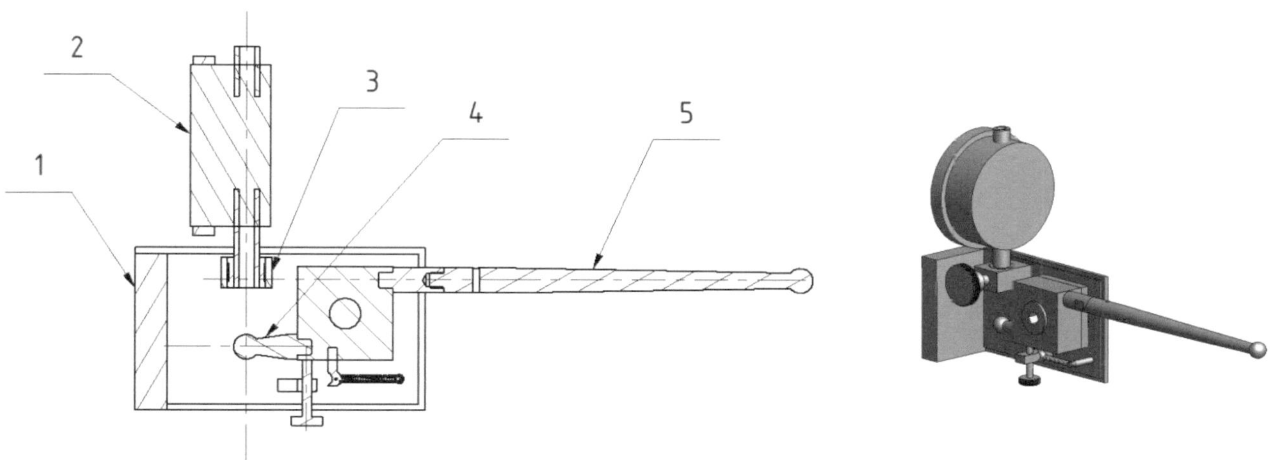

Bild 4-6 Umlenkung für Messuhrfühler
1 Haltewinkel; 2 Messuhr; 3 Feststellschraube; 4 Messuhr Umlenkpunkt; 5 Messfühler

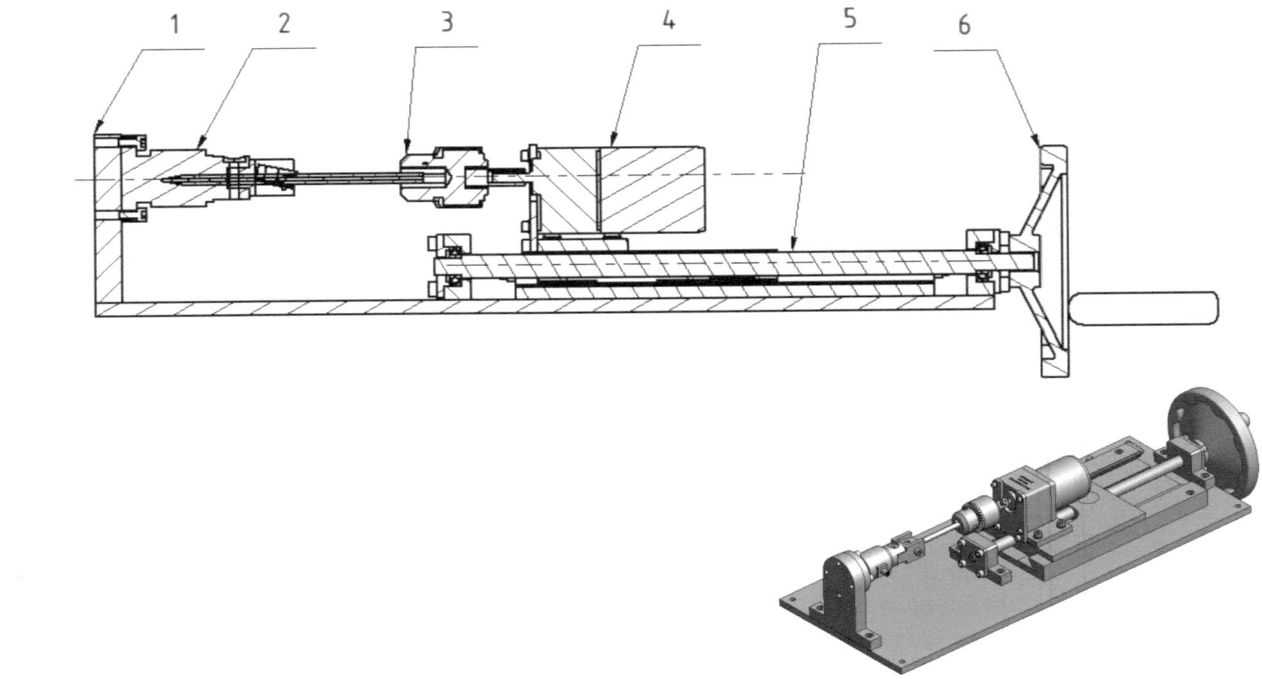

Bild 4-7 Rundlauf-Prüfvorrichtung
1 Rückwand; 2 Zentrieraufnahme; 3 Spannfutter; 4 Antriebseinheit; 5 Verstellspindel; 6 Handrad

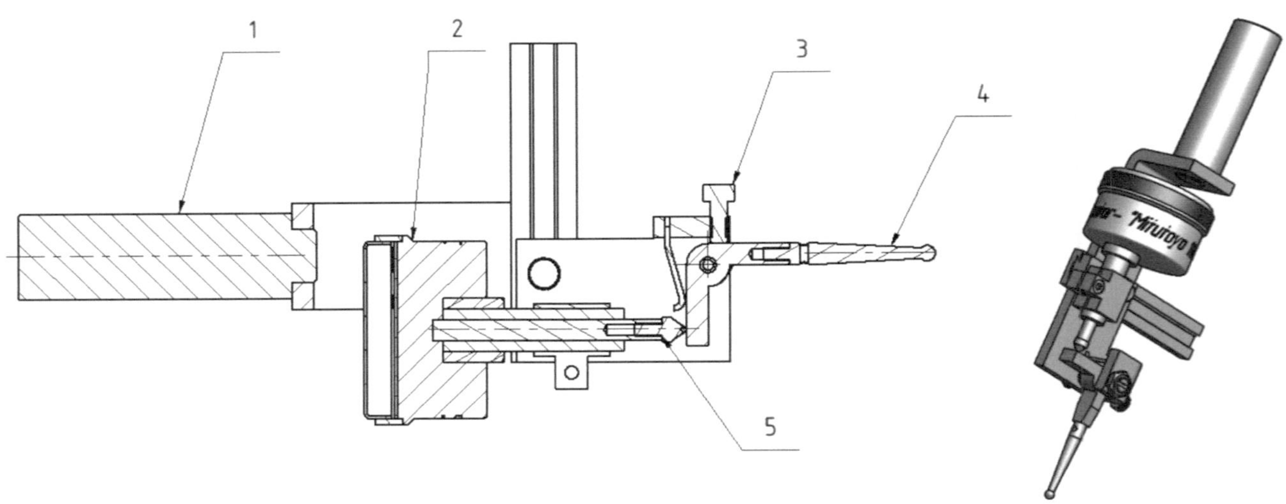

Bild 4-8 Umlenkung für Messuhrfühler
1 Haltewelle; 2 Messuhr; 3 Feststellschraube; 4 Messuhrfühler; 5 Messuhr Umlenkpunkt

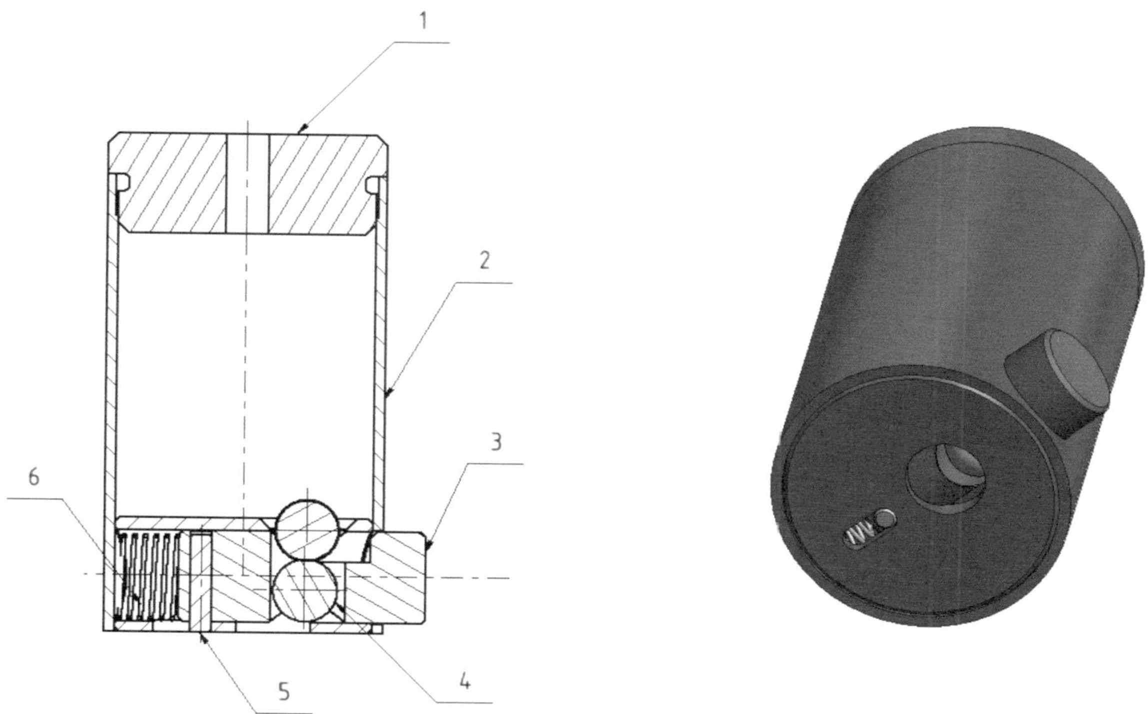

Bild 4-9 Dosiereinheit für einzelne Globulikugeln
1 Deckel; 2 Globulibehälter; 3 Betätigungsstift; 4 Globulikugel; 5 Sperrstift;
6 Druckfeder

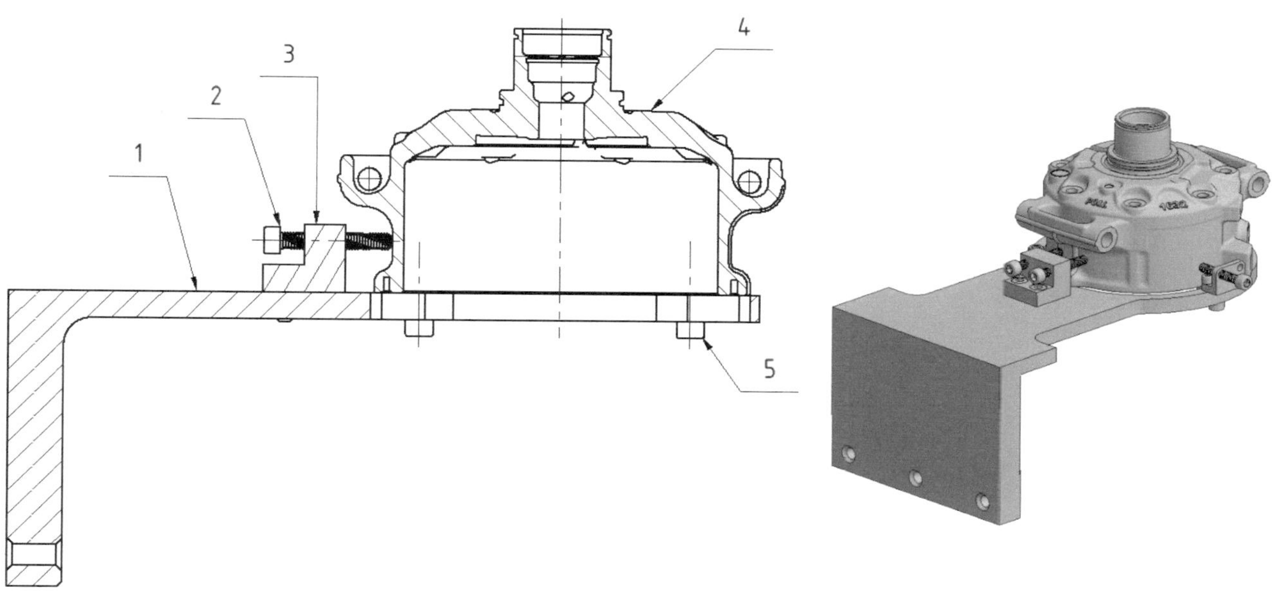

Bild 4-10 Messaufbau für Gussgehäuse
1 Winkel – Grundplatte; 2 Klemm- und Einstellschraube;
3 Lagerung für Klemmschraube; 4 Werkstück – Gussgehäuse;
5 Zentrierstift

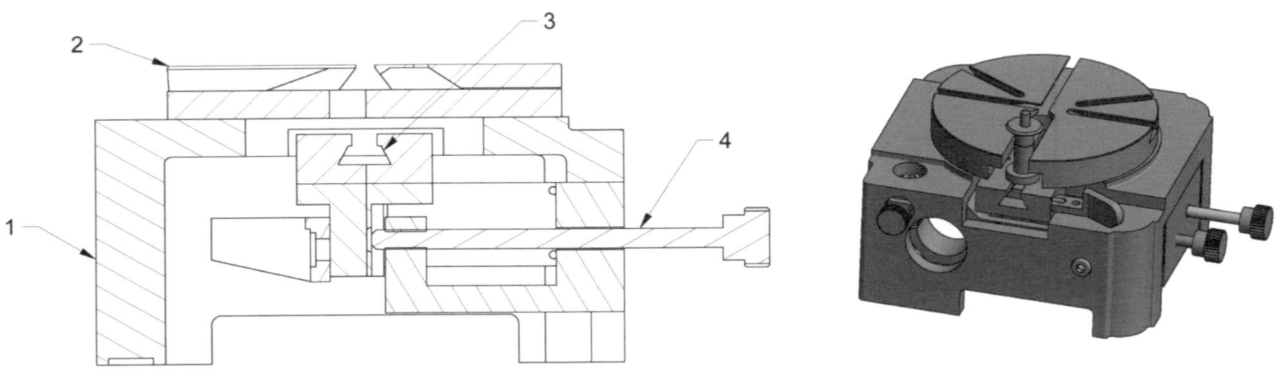

Bild 4-11 Rundtisch Messaufbau
1 Grundgestell; 2 Aufspannplatte; 3 Nut für Gleitstein; 4 Verstelleinheit

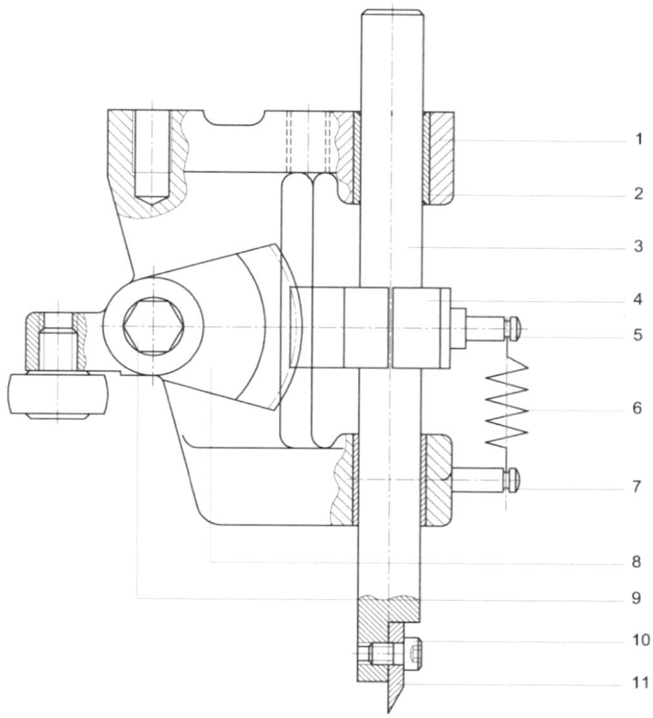

Bild 4-50 Seitenmesser
1 Grundaufnahme; 2 Führungsbuchse; 3 Messerbetätigung; 4 Mitnehmer; 5 Federbolzen; 6 Zugfeder; 7 Federbolzen; 8 Zahnrad; 9 Passschraube; 10 Innensechskantschraube; 11 Messer

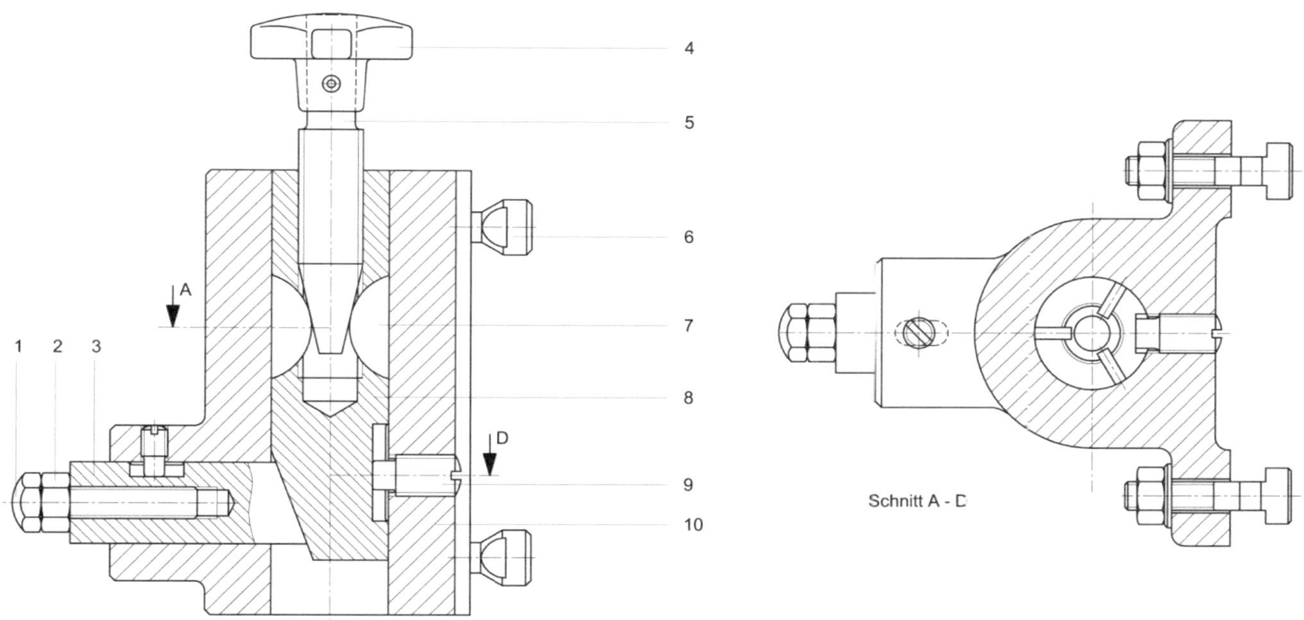

Bild 4-51 Justiervorrichtung
1 Justierschraube; 2 Schieber; 3 Knopf; 4 Nutenstein; 5 Keil; 6 Gehäuse; 7 Klemmstück; 8 Spindel

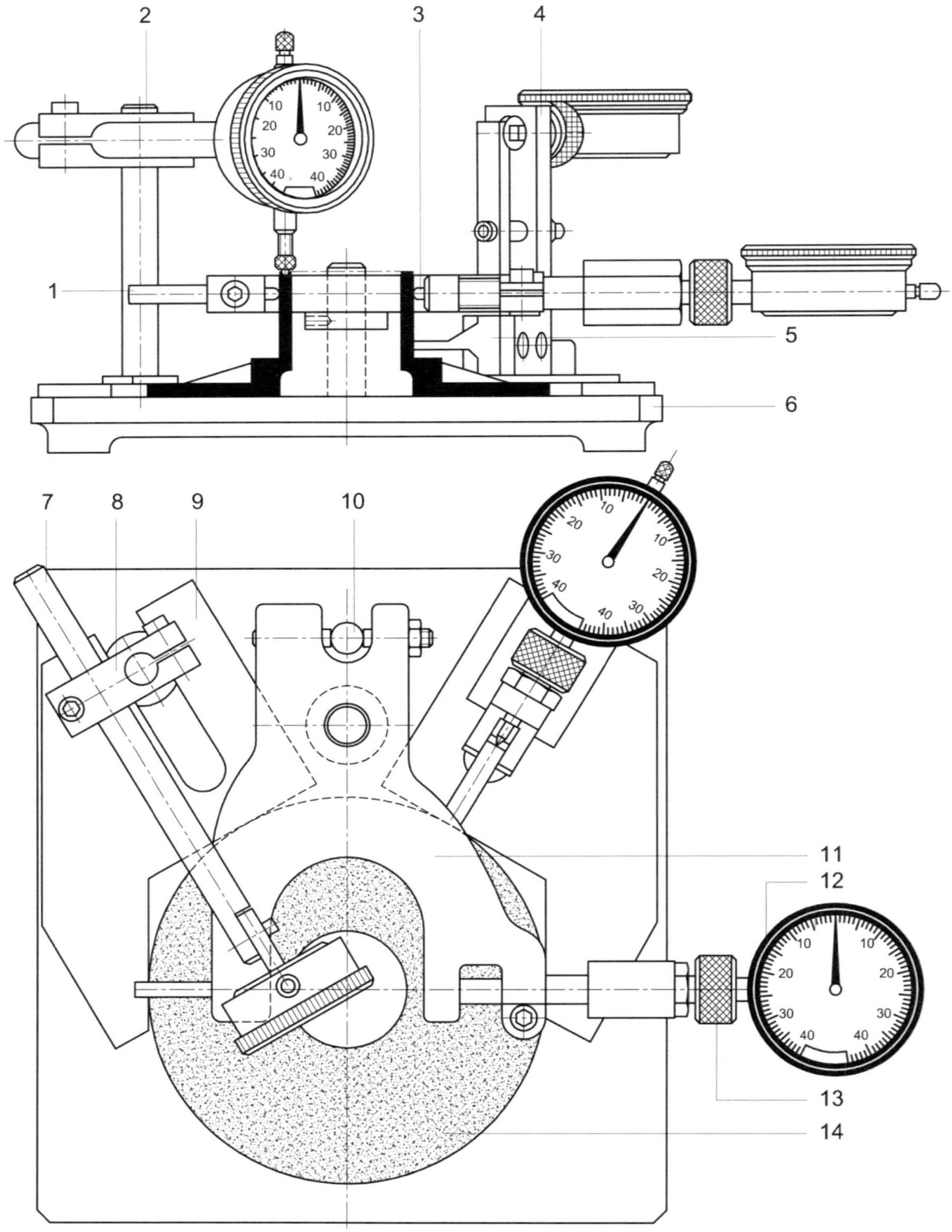

Bild 4-52 Messvorrichtung
1 Tastbolzen; 2 Säule; 3 Messuhrenverlängerung; 4 Umlenkmessuhrenhalter; 5 Winkelfühlhebel; 6 Grundplatte; 7 Messarm; 8 Gelenkstück; 9 Prismenanschlag; 10 Anschlagbolzen; 11 Pendelmessgabel; 12 Messuhr; 13 Messuhrenhalter; 14 Werkstück

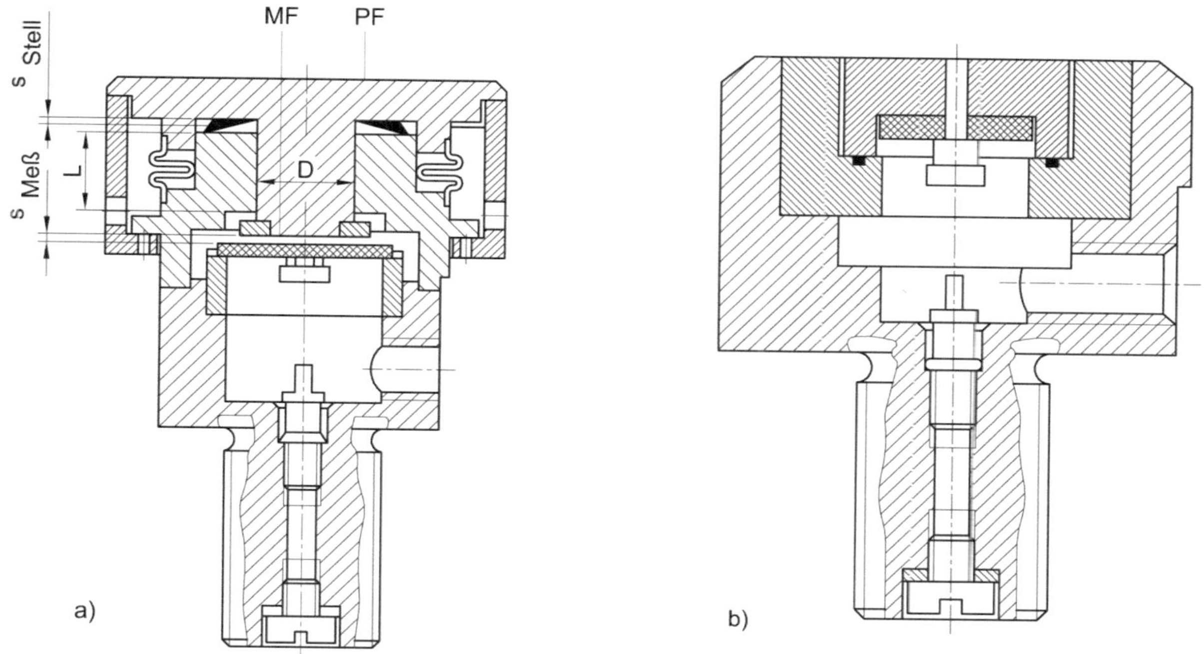

Bild 4-53 Kapazitiver Messwertaufnehmer taktil-kapazitiv
MF Messfläche für Gegenelektrode; PF Positionierfläche; D Durchmesser für Führungselement; L Führungslänge; s_{Mess} Messspalt; s_{Stell} Stellweg

Schweißvorrichtungen

5

3D-Zeichnungen und 21 Anwendungsbeispiele

3D-Konstruktionen im Überblick (Seiten 66–76)

Schweißvorrichtungen

Schweißvorrichtungen haben meistens mehrere Aufgaben gleichzeitig zu erfüllen. In einer Schweißvorrichtung können mehrere Einzelteile zu einem Werkstück geheftet oder zusammengeschweißt werden. Vor dem Heften bzw. Schweißen können die zu schweißenden Teile gerichtet oder gezogen werden, um ein maßgerechtes Werkstück zu erhalten. Ferner kann das Bewegen des Werkstücks in die günstigste Schweißposition mit Hilfe einer entsprechenden Vorrichtung vorgenommen werden. Dieses ist besonders wichtig, da das Schweißen in Zwangslage hohe Anforderungen an den Schweißer stellt und hohe Kosten verursacht. Man wird immer bestrebt sein in der Wannenlage zu schweißen. Dadurch werden nicht nur die Kosten gesenkt, sondern auch die Qualität der Schweißnaht verbessert. Oft soll die Schweißvorrichtung Formveränderungen, wie Verziehen oder Schrumpfen der Baugruppen oder des Werkstücks, verhindern bzw. vermindern. Die Schweißvorrichtungen sind, im Gegensatz zu Vorrichtungen für mechanische Bearbeitung, einerseits örtlich hohen Temperaturen während des Heftens bzw. Schweißens ausgesetzt, andererseits großen Kräften infolge der Formänderungen der Werkstücke bzw. Teile, die durch die Temperatureinflüsse nicht immer kontrollierbar sind. Eine nicht unwesentliche Rolle spielt bei diesen Vorrichtungen der Größenumfang, da diese Vorrichtungen sowohl für kleine Werkstücke als auch für sehr große komplexe Teile z. B. Autobuskarosserien eingesetzt werden.

Sonderschweißvorrichtungen

- Schweißvorrichtungen zum Heften oder/ und Schweißen eines Teils, z. B. Längsschweißen eines Behälterschusses
- Schweißvorrichtungen zum Spannen mehrere Einzelteile, aus denen ein Werkstück zusammengeschweißt wird, z. B. ein Druckluftbehälter mit Böden, Füßen, Anschlussflanschen, Gewindeaugen usw.
- Vorrichtungen zum Richten, Zusammenziehen usw. und gleichzeitig zum Heften und/oder Schweißen, z. B. zum Zusammenziehen von Kesselschüssen, zum Ausrichten der Kesselschussräder usw.
- Universalvorrichtungen für Schweißarbeiten
- Drehvorrichtungen zum Drehen des Werkstücks um eine Achse

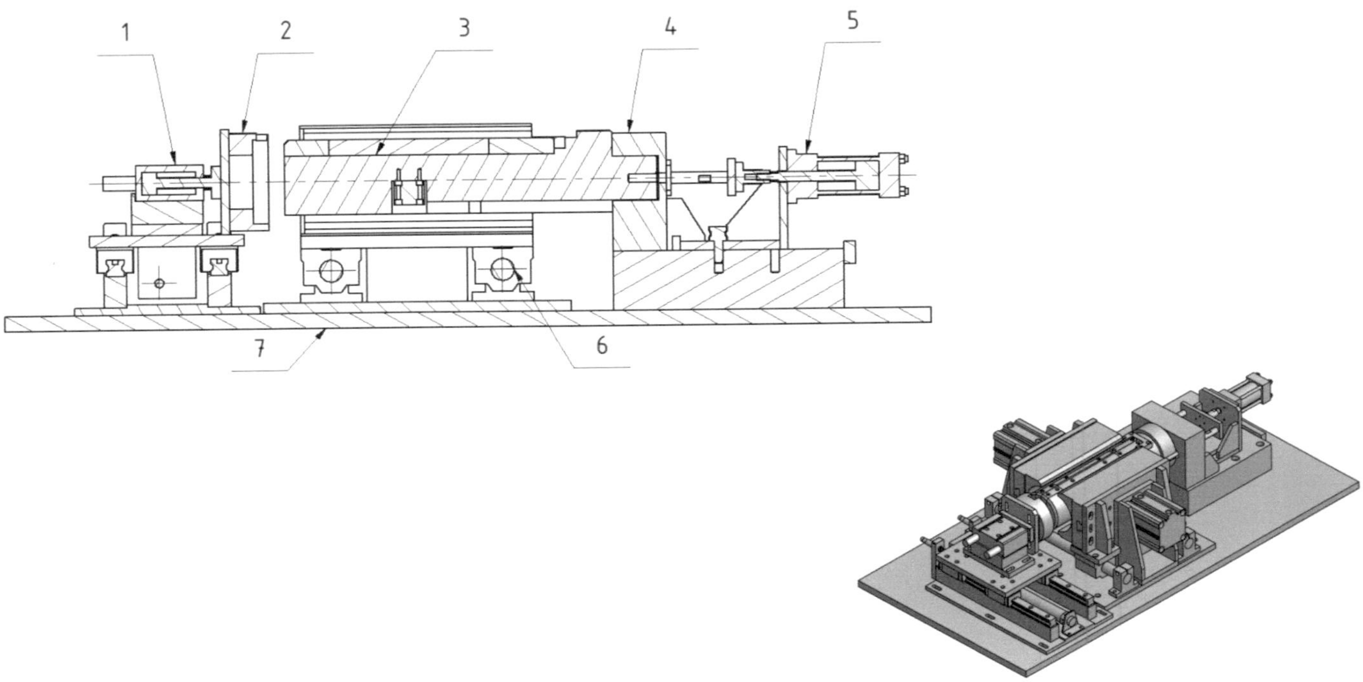

Bild 5-1 Schweißvorrichtung für einen Rohzylinder
1 Befestigungsbock; 2 Flansch für Zylinderaufnahme; 3 Werkstück Zylinder; 4 Gegenflansch; 5 Hydraulikzylinder; 6 Welle für Linearführung; 7 Grundplatte

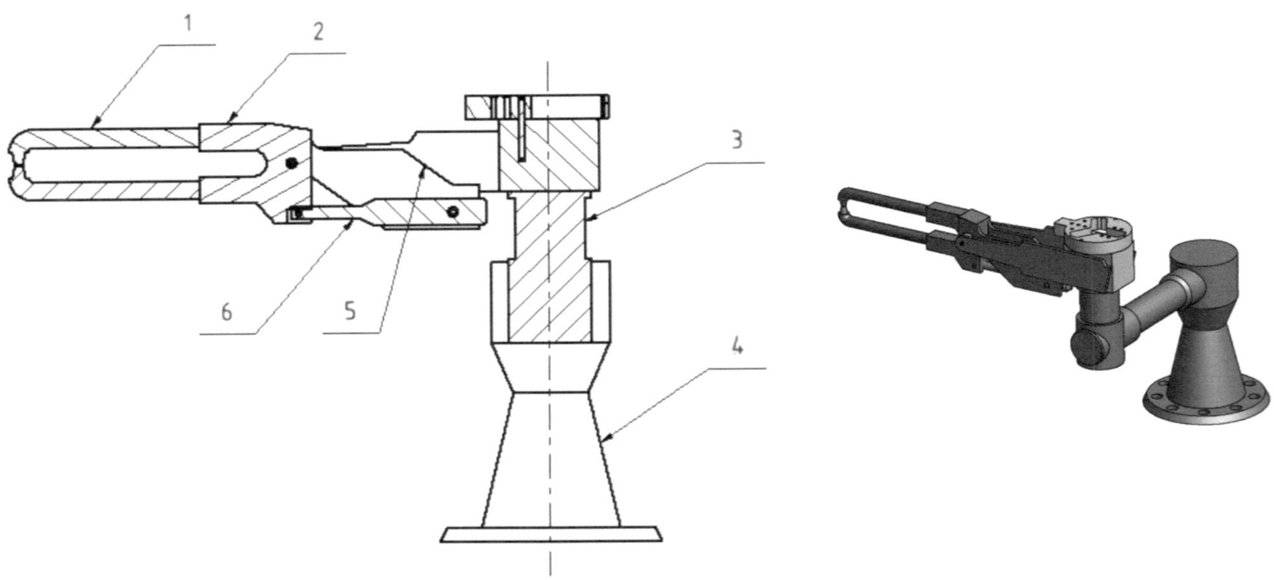

Bild 5-2 Widerstandschweißgerät
1 Schweißelektrode; 2 Elektrodenaufnahme; 3 Schwenkarm; 4 Befestigungsfuß; 5 Druckzylinder; 6 Führungselement

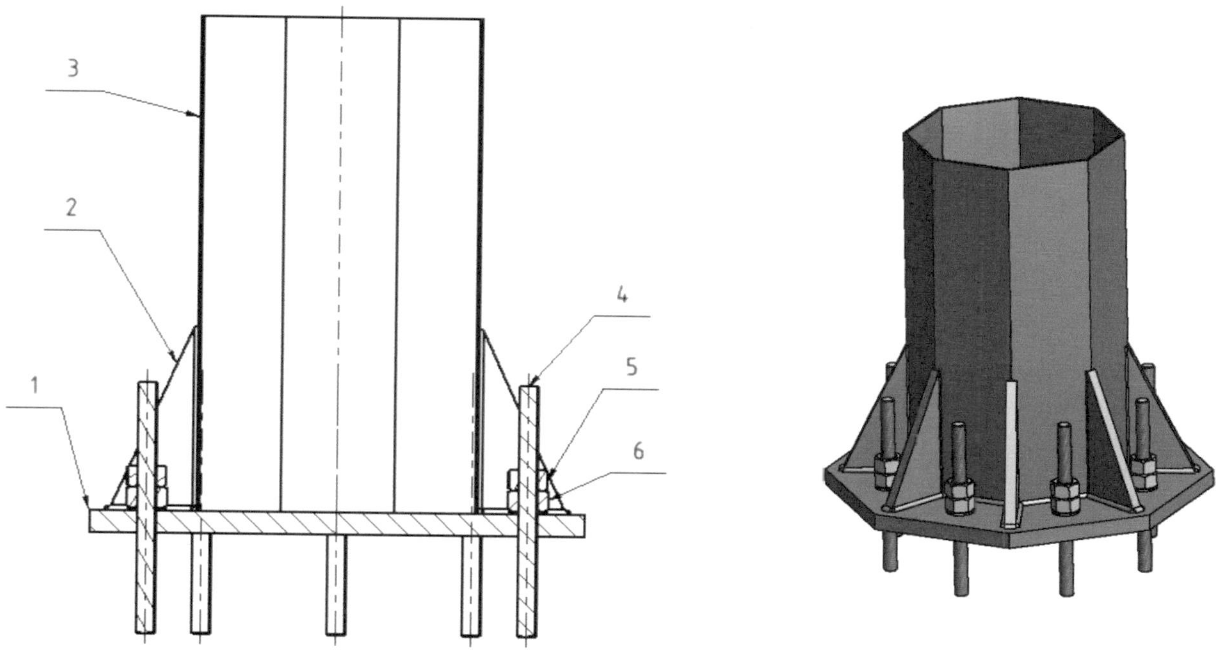

Bild 5-3 Befestigungsfuß für Laternenpfosten
1 Grundplatte; 2 Abstützwinkel geschweißt; 3 Tubus für Pfosten; 4 Gewindestange; 5 Feststellmutter; 6 Kontermutter

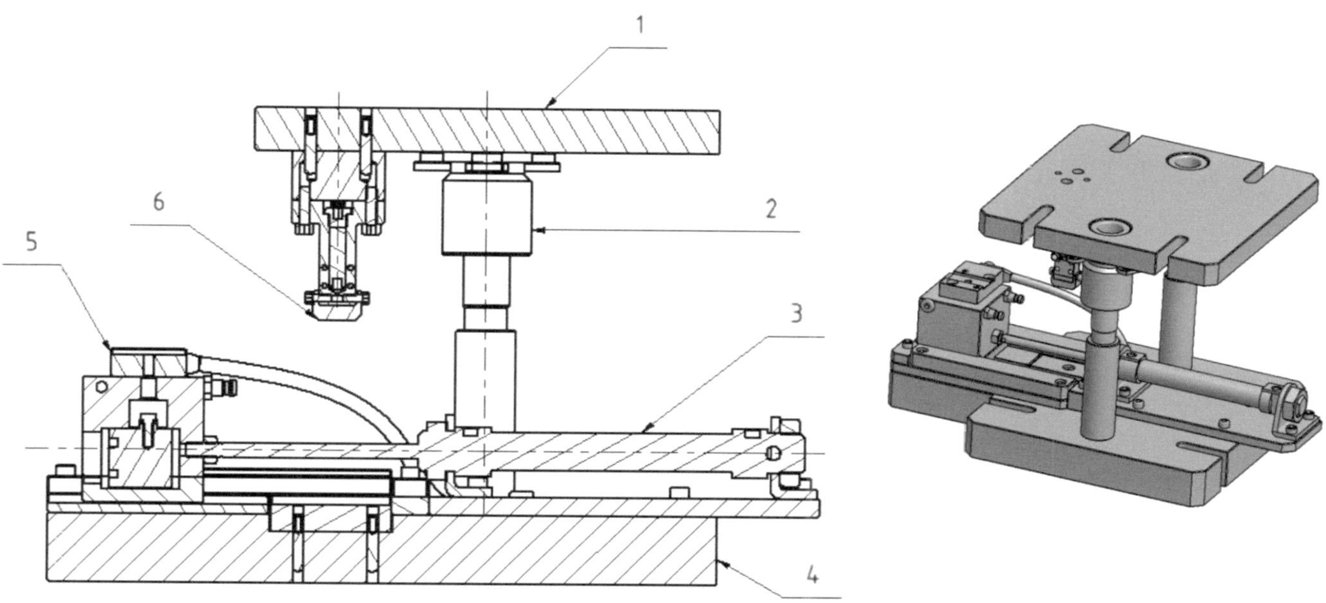

Bild 5-4 Werkzeug für Punktschweißen
1 Befestigungsplatte; 2 Führungssäule; 3 Pneumatikzylinder; 4 Grundplatte; 5 Werkstückaufnahme; 6 Elektrode

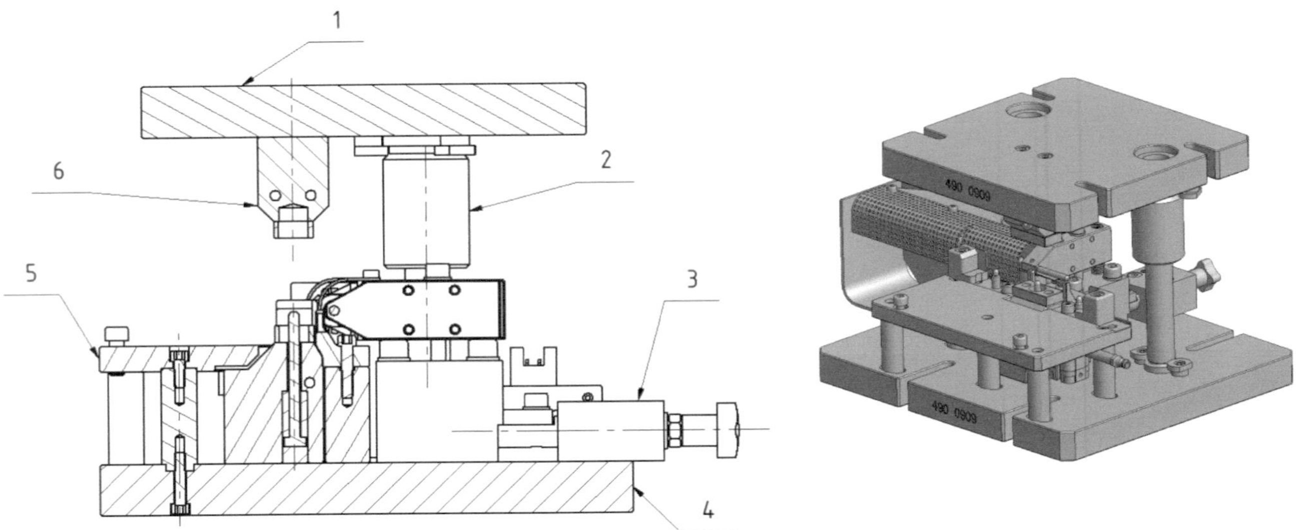

Bild 5-5 Werkzeug für Punktschweißen
1 Befestigungsplatte; 2 Führungssäule; 3 Verstelleinheit; 4 Grundplatte; 5 Werkstück Befestigungsplatte; 6 Aufnahme

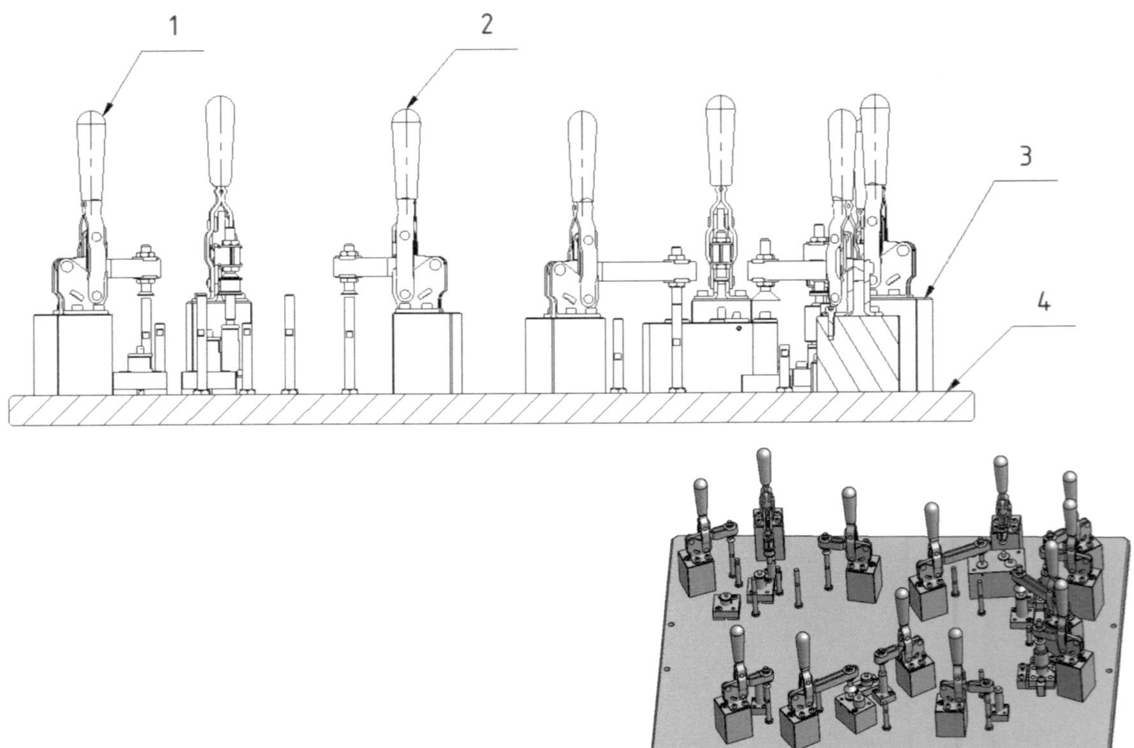

Bild 5-6 Fixiervorrichtung zum Schweißen
1 Schnellspannhebel; 2 Schnellspannhebel; 3 Befestigungsblock; 4 Grundplatte

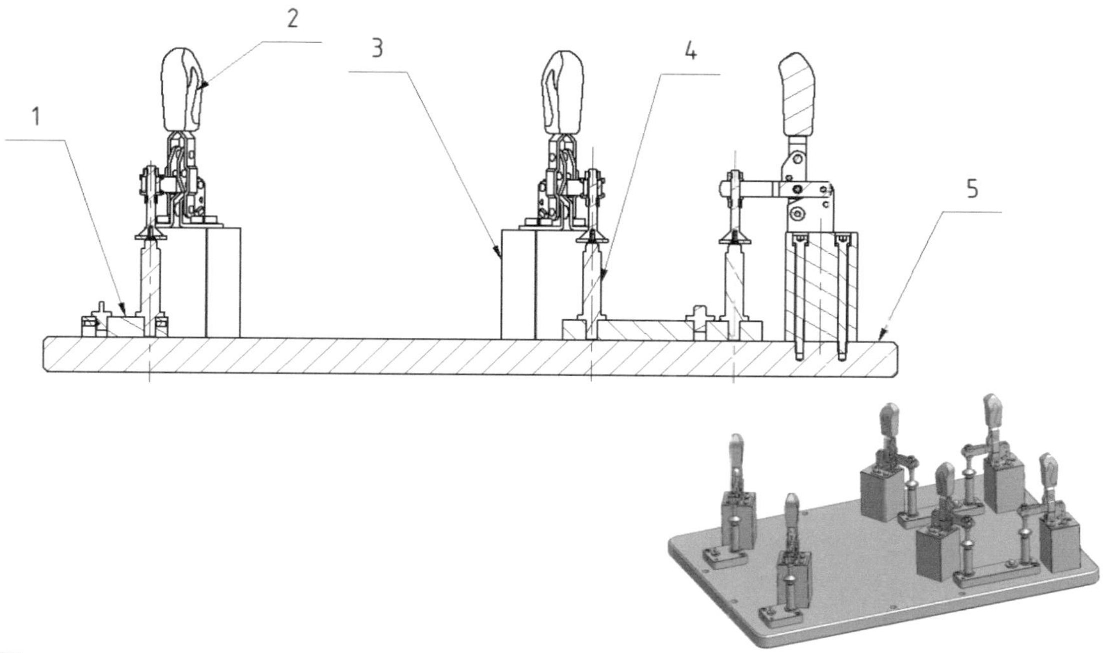

Bild 5-7 Fixiervorrichtung zum Schweißen
1 Fixierung für Werkstück; 2 Schnellspannhebel; 3 Befestigungsblock;
4 Fixierung für Werkstück; 5 Grundplatte

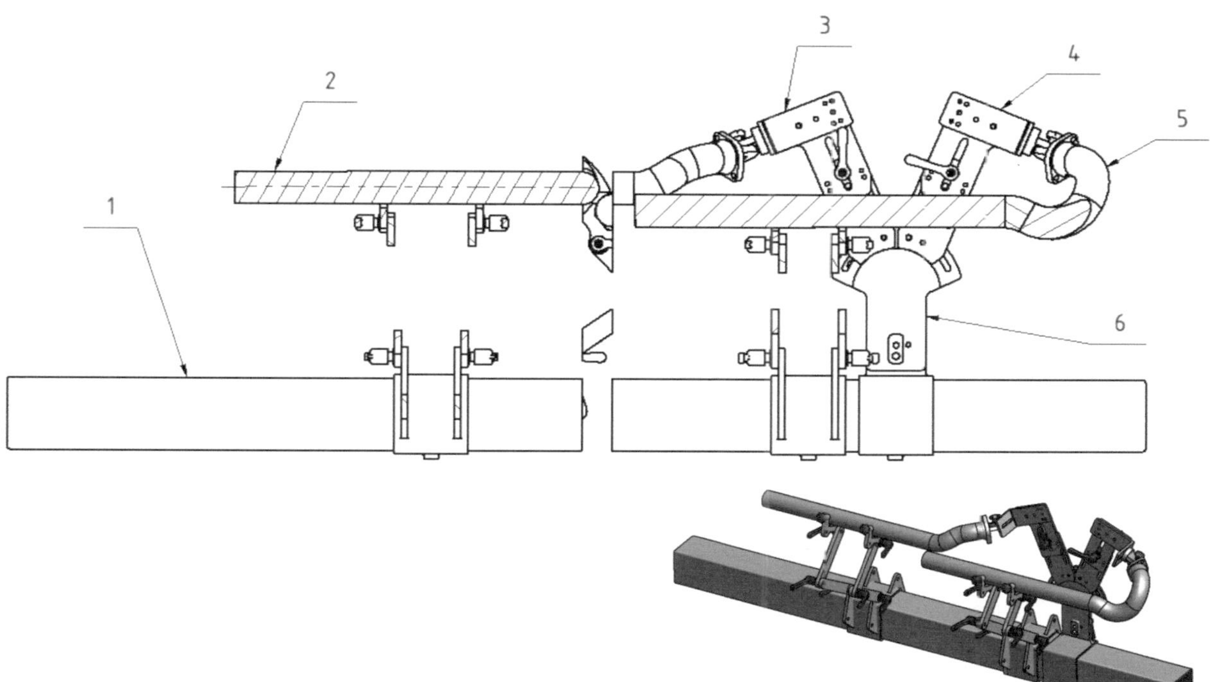

Bild 5-8 Schweißhalterung für Abgasrohr
1 Grundplatte; 2 Werkstück Abgasrohr; 3 Fixierung für Abgasrohr;
4 Fixierung für Abgasrohr; 5 Abgasrohr; 6 Befestigungswinkel für Fixierung

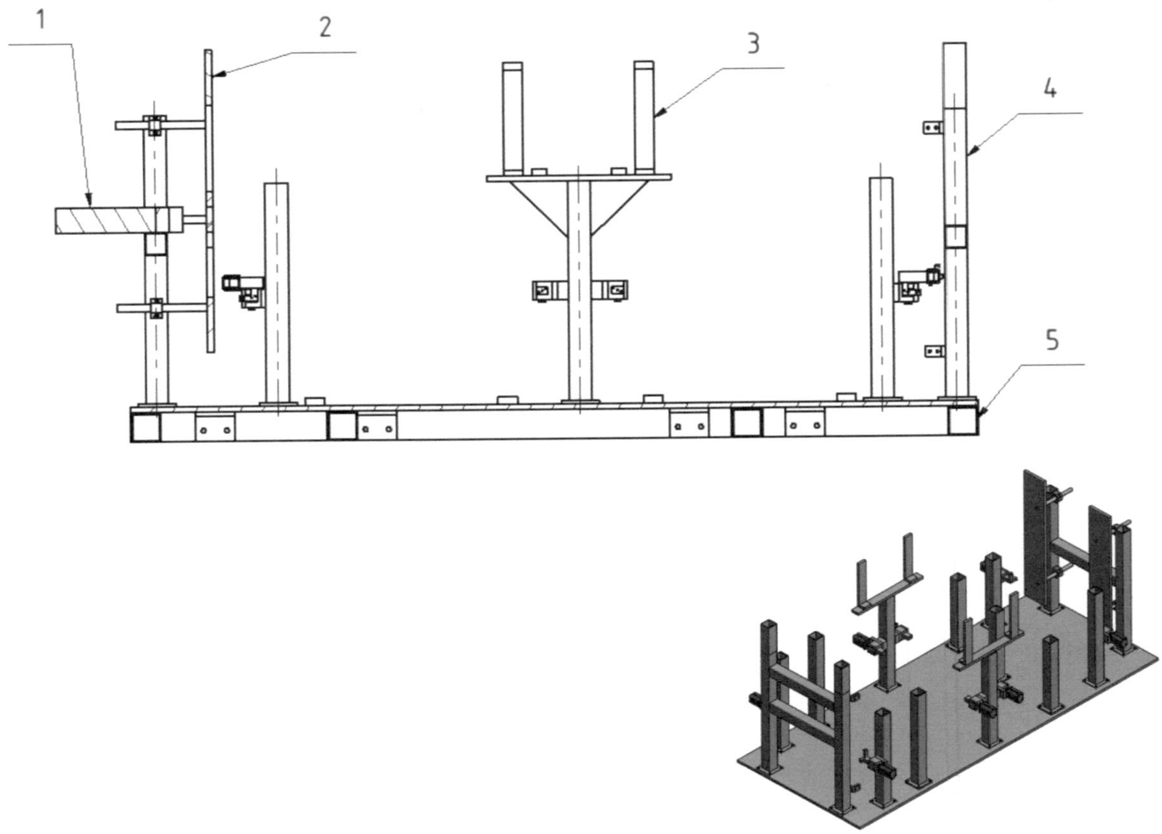

Bild 5-9 Vorrichtung zum Schweißen von einem Schaltschrank
1 Anschlag; 2 Fixierplatte; 3 Befestigungswinkel; 4 Rahmengestell; 5 Grundplatte

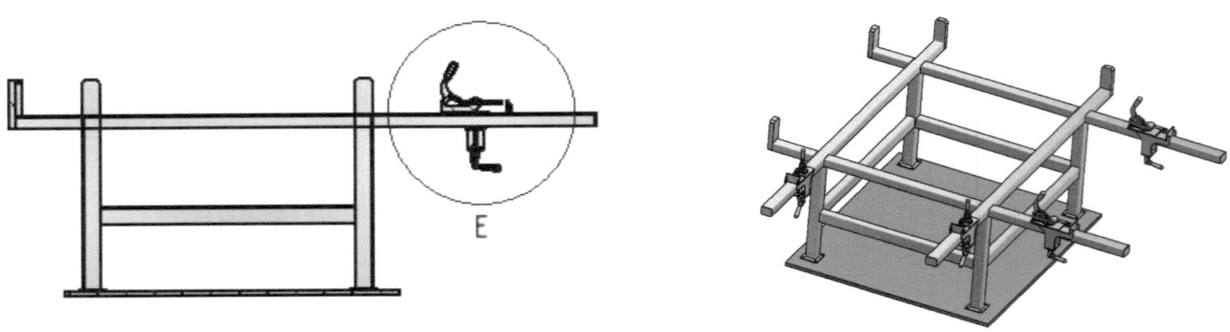

Bild 5-10 Vorrichtung für Gerätemontage und Schweißarbeiten
1 Grundgestell; 2 Schnellspanner; 3 Schnellspanner mit Anschlag;
4 Verbindungsträger

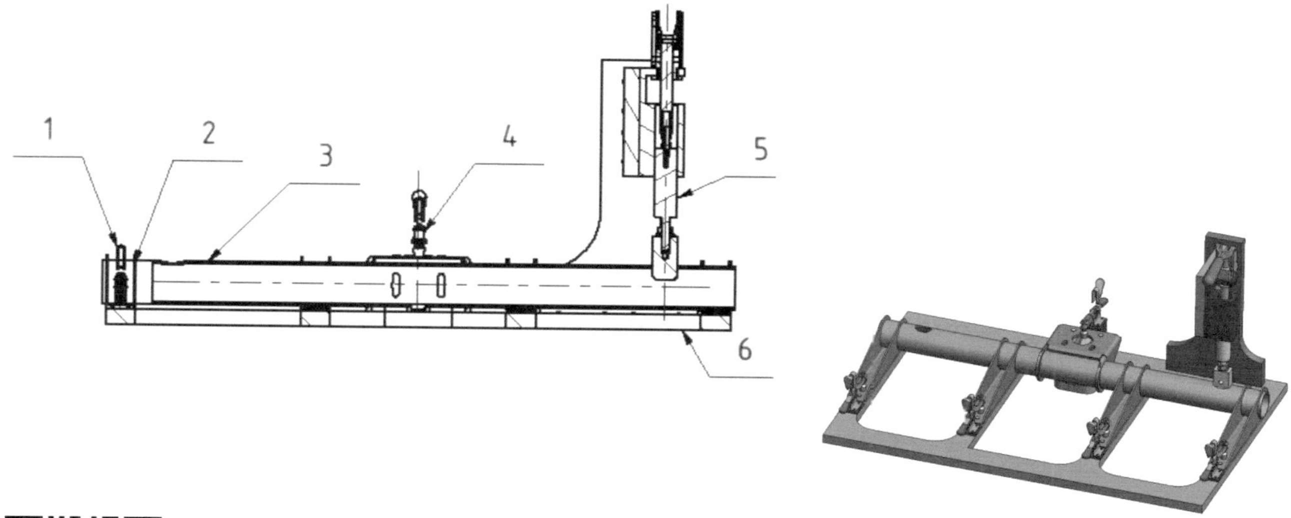

Bild 5-11 Schweißvorrichtung für einen Befestigungsflansch am Rohr
1 Schnellspanner; 2 Befestigungswinkel; 3 Werkstück Rohr; 4 Schnellspanner; 5 Fixierung Masseanschluss; 6 Grundplatte

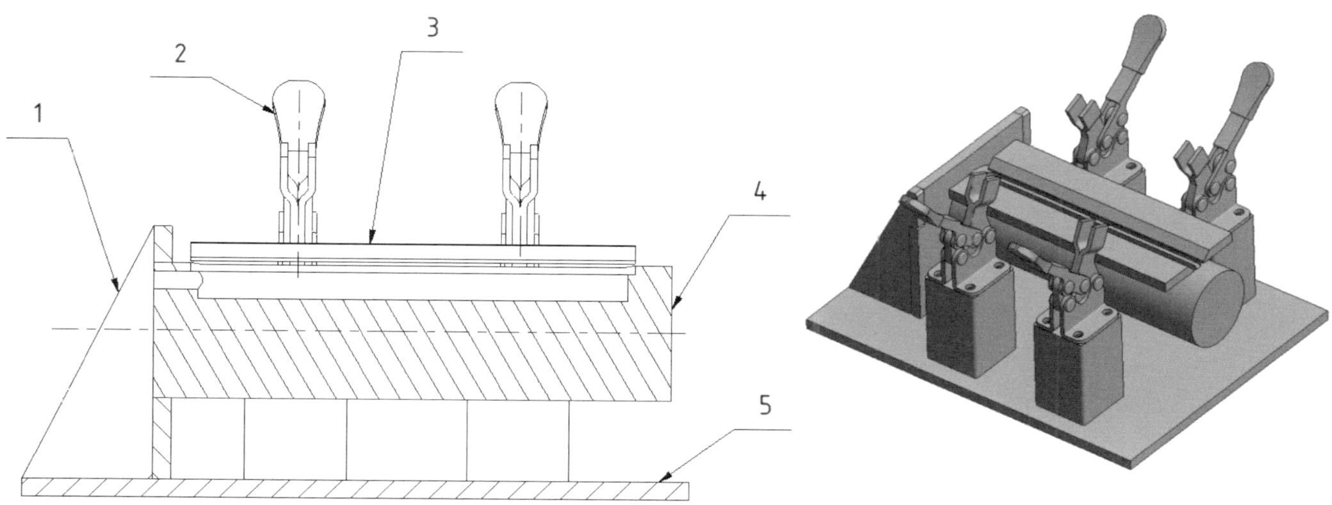

Bild 5-12 Vorrichtung für automatische WIG-Schweißer
1 Befestigungswinkel; 2 Schnellspanner; 3 Werkstück Leiste; 4 Werkstück Rundmaterial; 5 Grundplatte

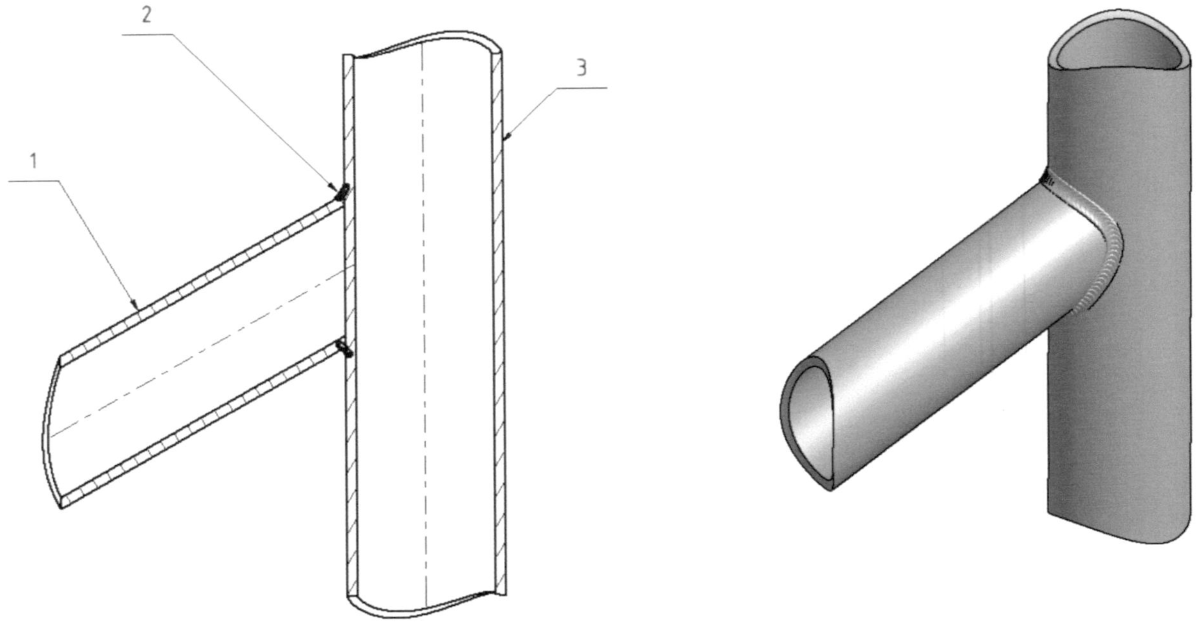

Bild 5-13 Simulierter Pfad von einem WIG-Schweißen
1 Seitenrohr; 2 Schweißnaht; 3 Hauptrohr

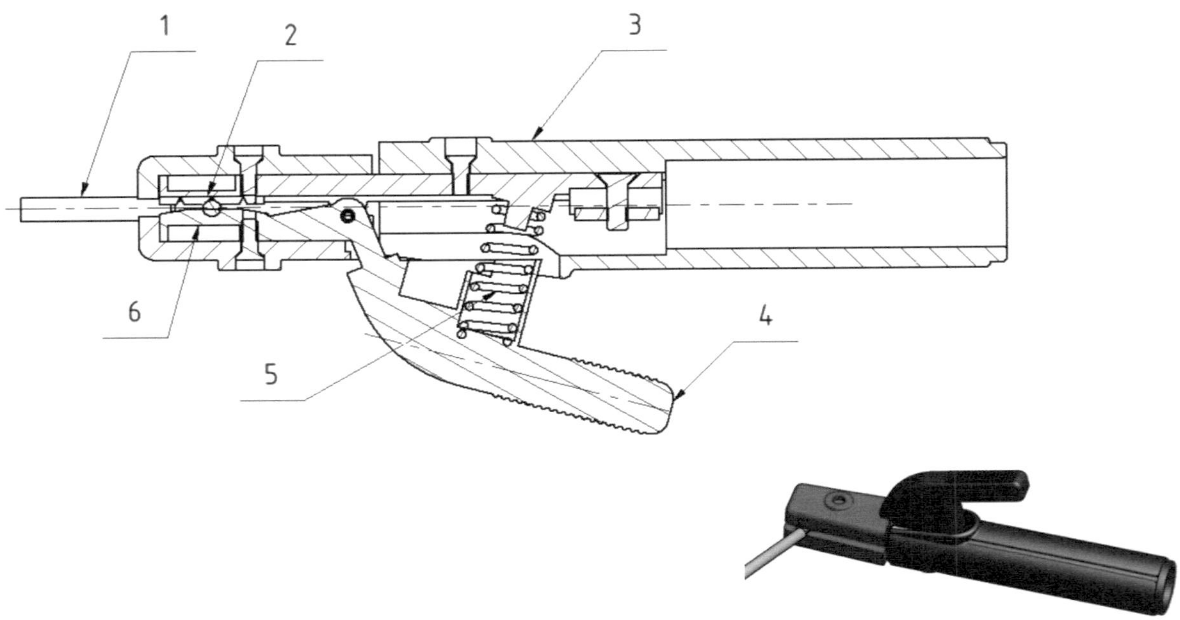

Bild 5-14 Elektroden-Haltegriff
1 Elektrode; 2 Stehender Klemmbacken; 3 Haltegriff; 4 Spannhebel; 5 Druckfeder;
6 Beweglicher Klemmbacken

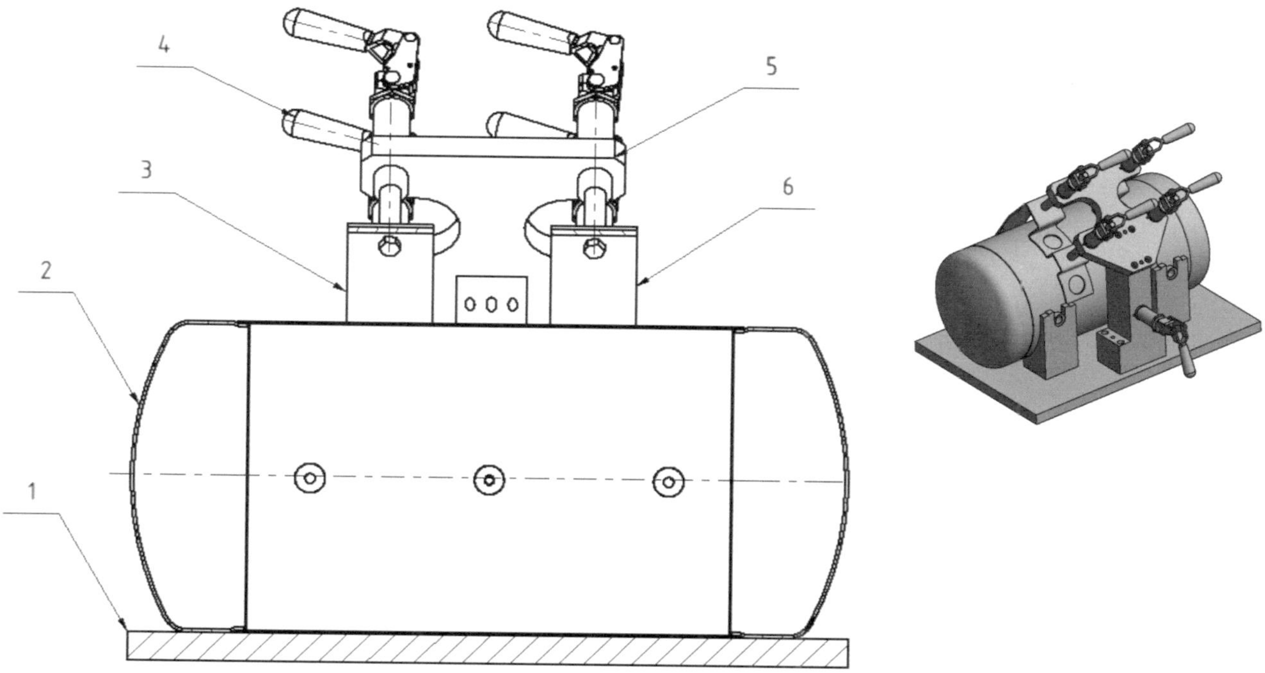

Bild 5-15 Schweißvorrichtung für Rundbehälter
1 Grundplatte; 2 Werkstück Rundbehälter; 3 Schnellspanner; 4 Schnellspanner; 5 Befestigungsplatte; 6 Werkstück Bandmaterial

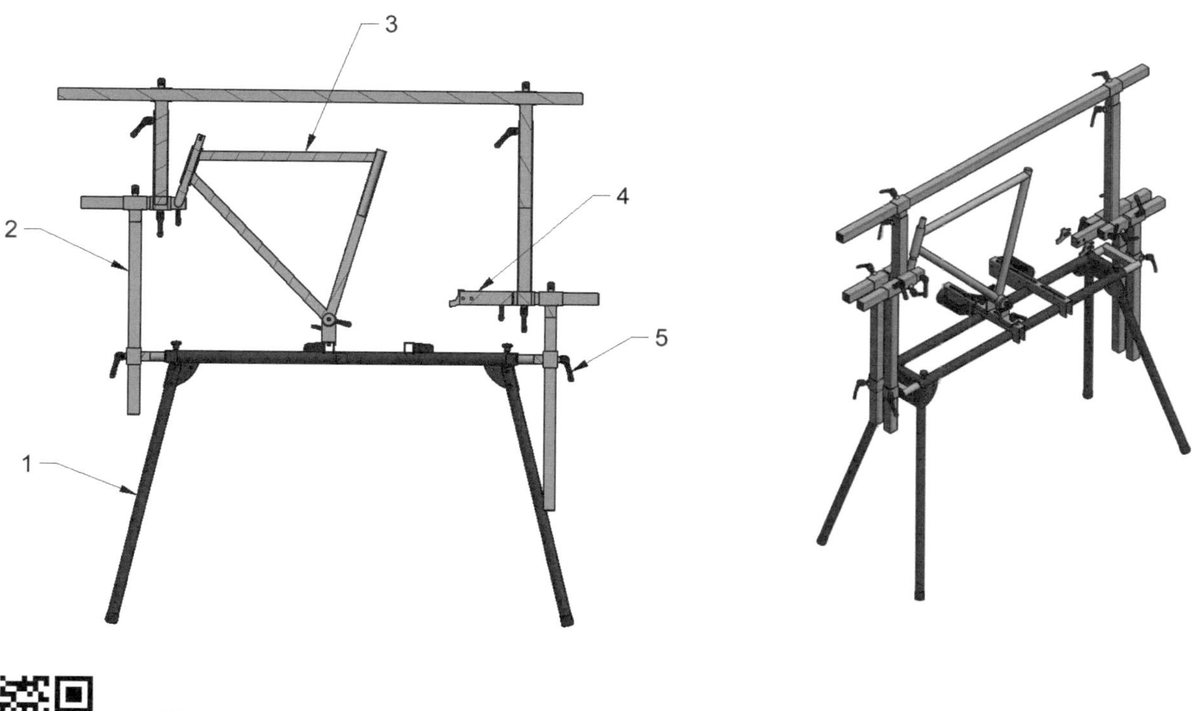

Bild 5-16 Schweißvorrichtung für Fahrradrahmen
1 Gestellrahmen; 2 Höhenverstellung; 3 Fahrradrahmen; 4 Fixierung Hinterachse; 5 Schnellspanner

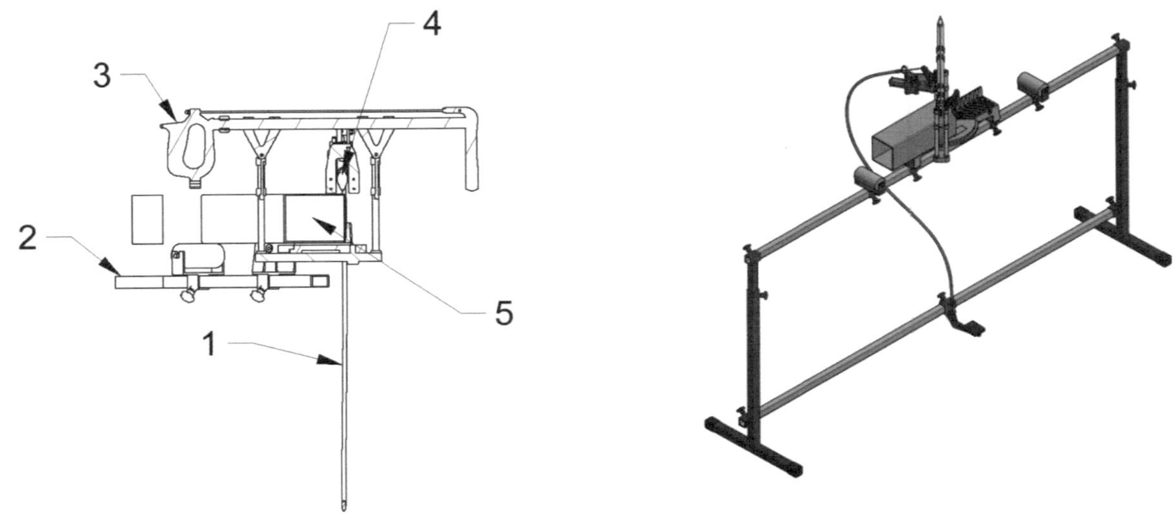

Bild 5-17 Vorrichtung für Plasmaschneiden
1 Gaszuführung; 2 Aufnahme für das Werkstück; 3 Führung Plasmaschneider; 4 Aufnahme Plasmaschneider

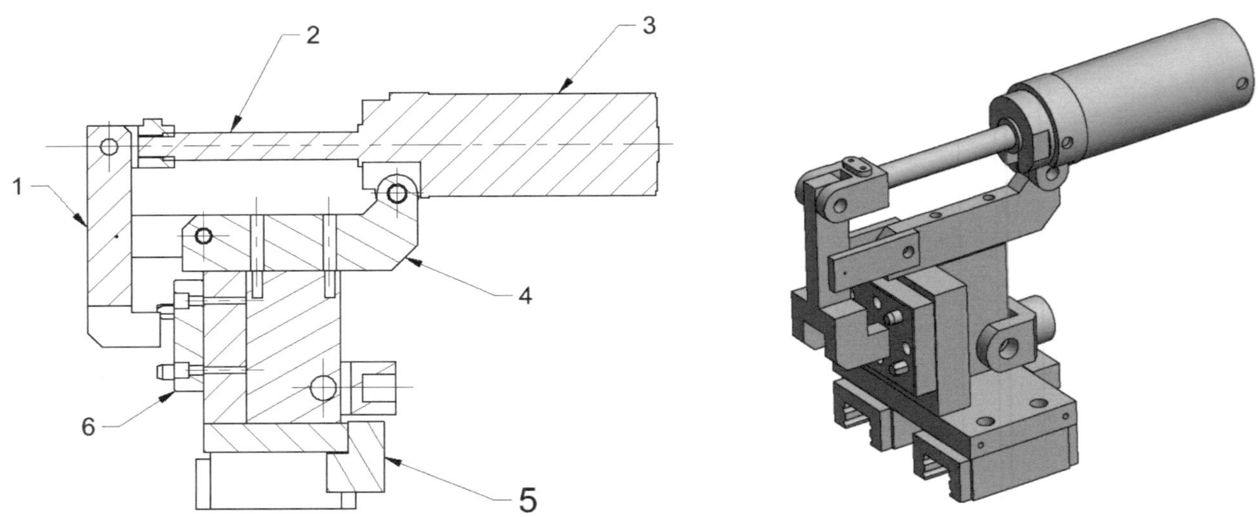

Bild 5-18 Spannvorrichtung für Punktschweißen
1 Klemmhebel; 2 Zylinderstange; 3 Pneumatikzylinder; 4 Befestigungshebel; 5 Grundgehäuse; 6 Klemmstück

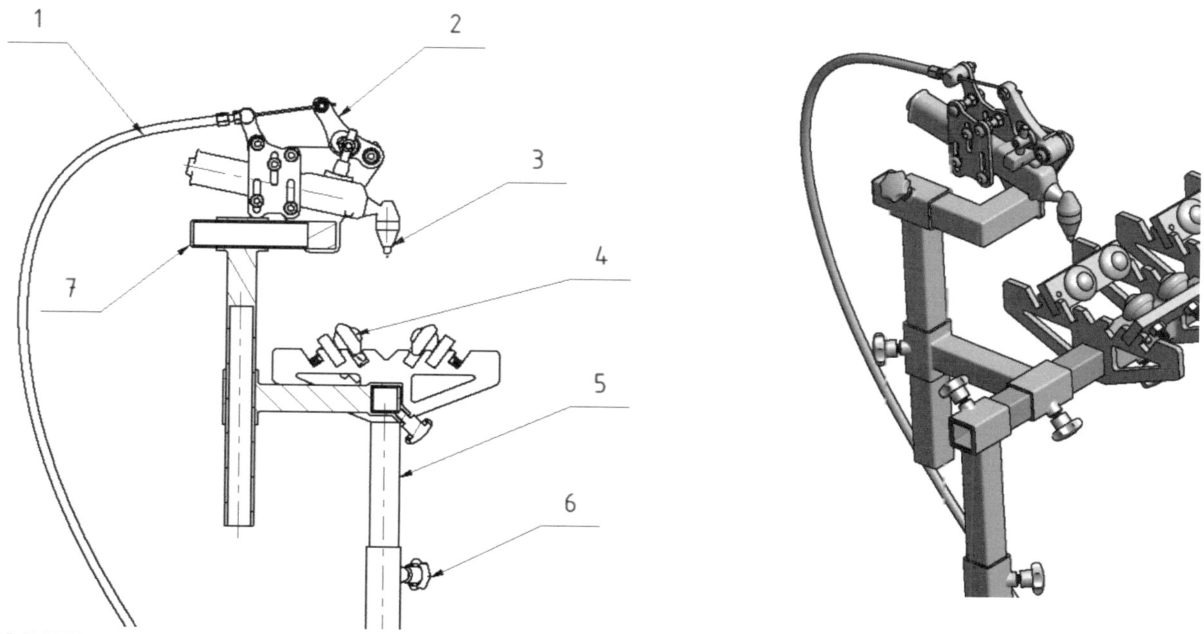

Bild 5-19 Plasma-Schweißvorrichtung
1 Seilzug für das Fußpedal; 2 Umlenkhebel; 3 Plasma-Schweißdüse; 4 Werkstückaufnahme; 5 Grundrahmen; 6 Feststellschraube; 7 Rahmenteil

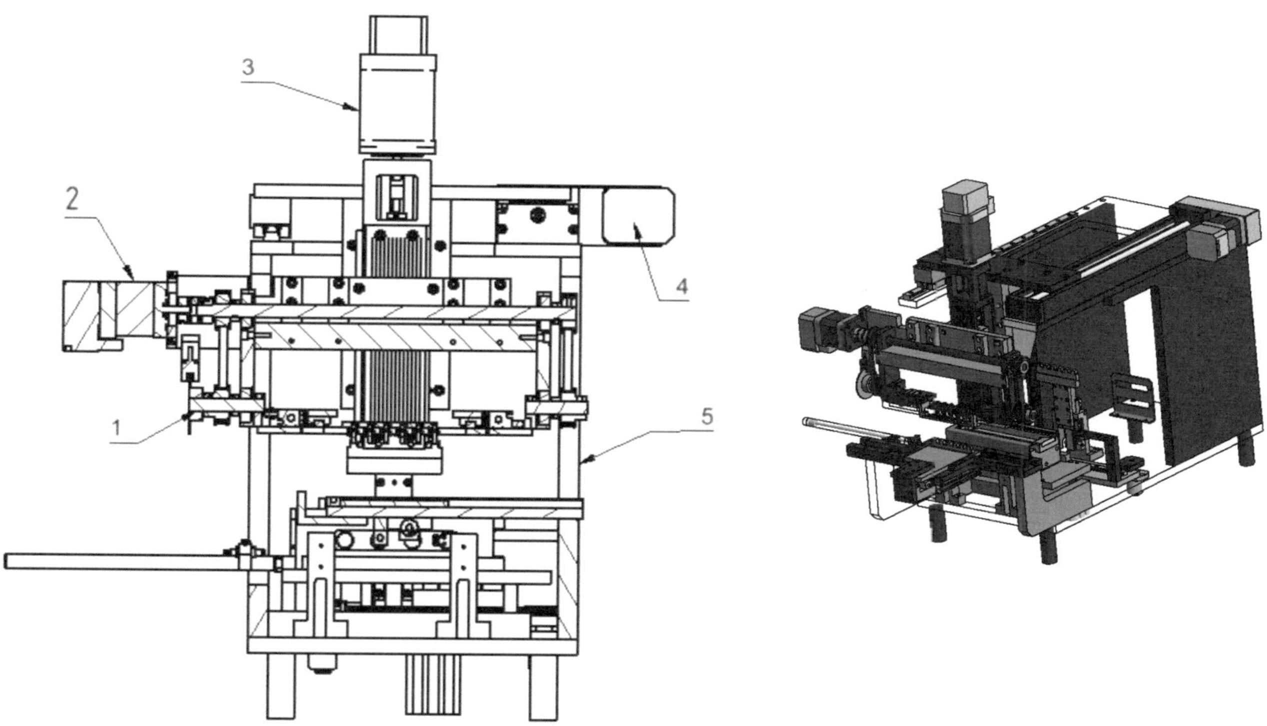

Bild 5-20 Plasma-Schweißvorrichtung
1 Seilzug für das Fußpedal; 2 Umlenkhebel; 3 Plasma-Schweißdüse; 4 Werkstückaufnahme; 5 Grundrahmen; 6 Feststellschraube; 7 Rahmenteil

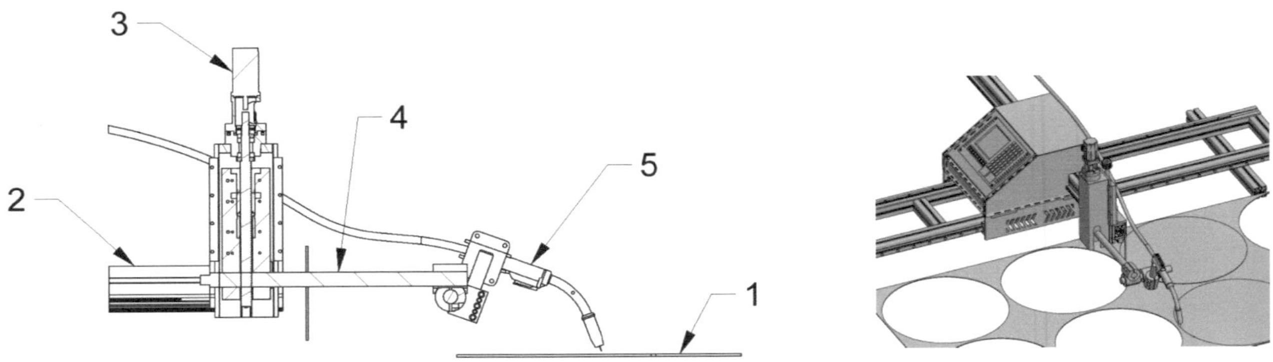

Bild 5-21 Plasma-Schweißvorrichtung
1 Blech-Werkstück; 2 Verfahreinheit; 3 Positionierung Z-Achse; 4 Fixierung Plasmaschneider; 5 Plasmaschneider

Fräsvorrichtungen

6

3D-Zeichnungen und 19 Anwendungsbeispiele
2D-Zeichnungen und 20 Anwendungsbeispiele

3D-Konstruktionen in Übersicht (Seiten 79–88)

2D-Konstruktionen in Übersicht (Seiten 89–98)

Fräsvorrichtungen

Bevor die Entscheidung über die Art der Fräsvorrichtung gefällt wird, sollen folgende Möglichkeiten untersucht und ihre Wirtschaftlichkeit überprüft werden.

Es gibt verschiedene Arten von Fräsvorrichtung:

- Einfache Einwerkstück-Fräsvorrichtungen
- Reihen-Fräsvorrichtungen
- Schwenk-Fräsvorrichtungen
- Pendel-Fräsvorrichtungen

Der Einsatz von Rundtischen mit einer Teileinrichtung erlaubt die Bearbeitung der Werkstücke von mehreren Seiten.

Die Gestaltung von Fräsvorrichtungen:

- In der Regel werden Fräsvorrichtungen auf dem Werkzeugmaschinentisch gespannt.
- Die Vorrichtungen sind so zu gestalten, dass Fräsdorne und Frässchafte kurz und somit steif gehalten werden können.
- Die Wirtschaftlichkeit des Einsatzes des kraftbetätigtem Spannens muss überprüft werden und nach Möglichkeit einsetzbar sein.
- Die Möglichkeit des Mehrstückspannens sollte untersucht werden.

Auch ist die Möglichkeit der Mehrmaschinenbedienung mit einzubeziehen.

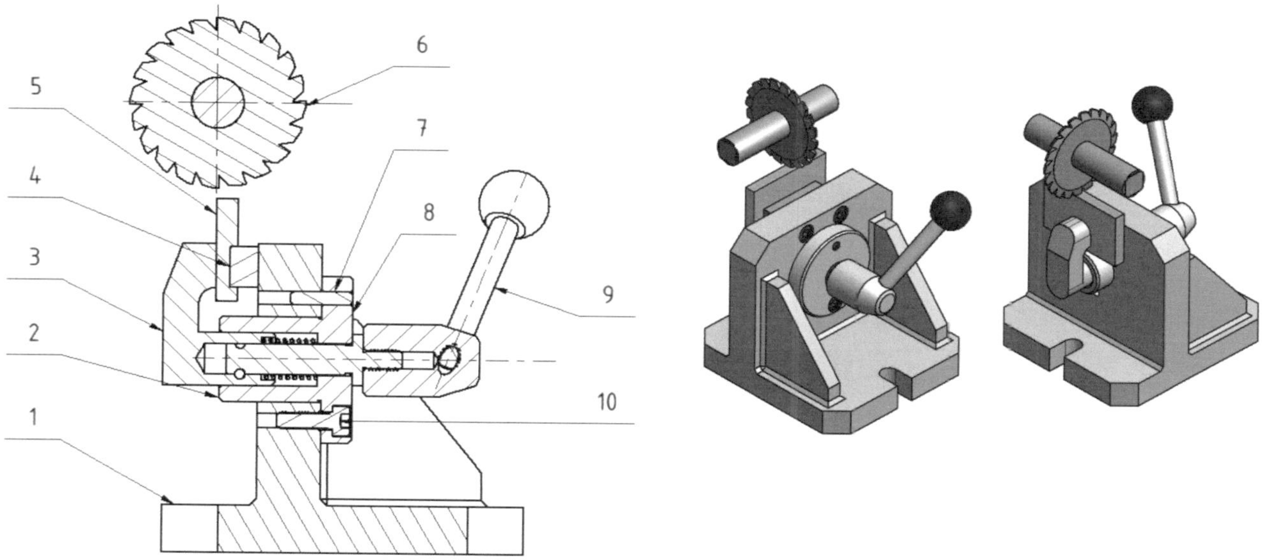

Bild 6-1 Fräsvorrichtung für kleine Werkstücke
1 Grundkörper; 2 Buchse; 3 Spannhaken; 4 Auflagestück; 5 Werkstück; 6 Scheibenfräser; 7 Zylinderstift; 8 Druckfederhülse; 9 Spannhebel M10; 10 Zylinderschraube

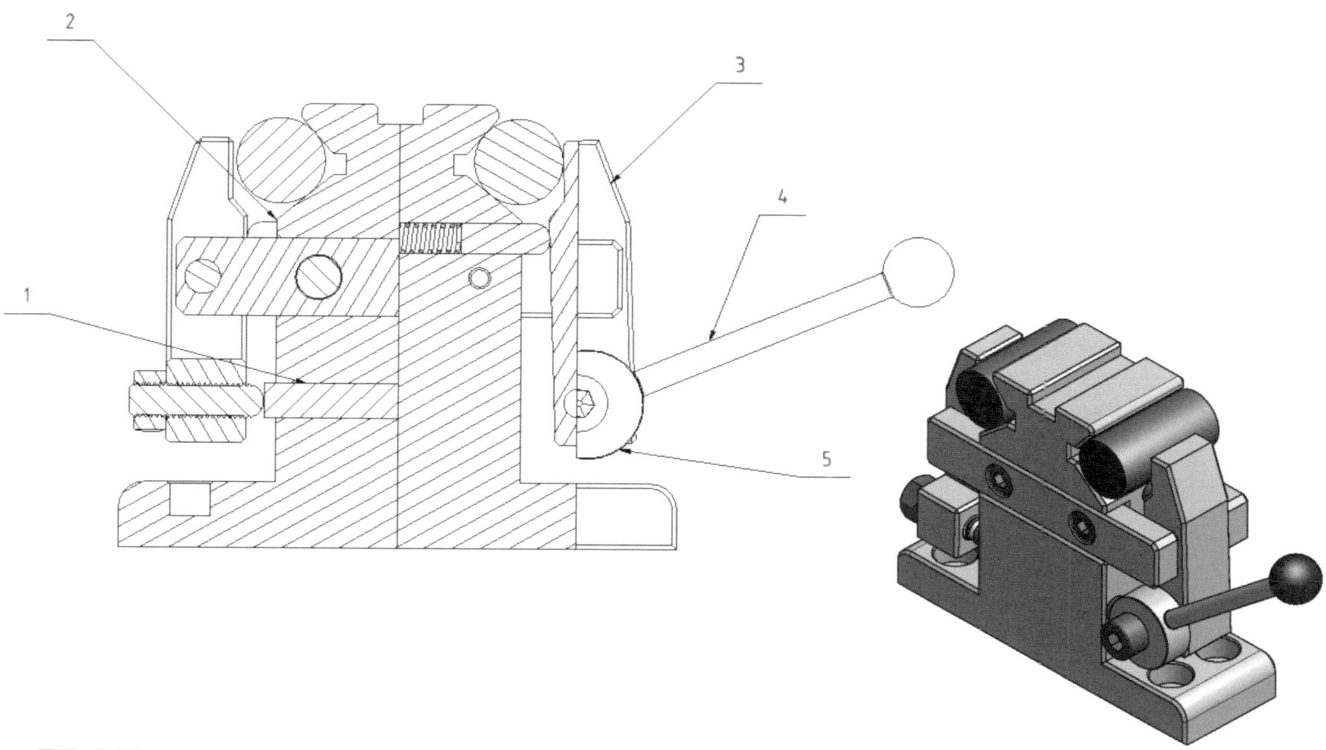

Bild 6-2 Fräsvorrichtung für zwei Wellen mit Exzenterspannung
1 Übertragungselement; 2 Prismenkörper; 3 Spannelement; 4 Spannhebel; 5 Spannexzenter

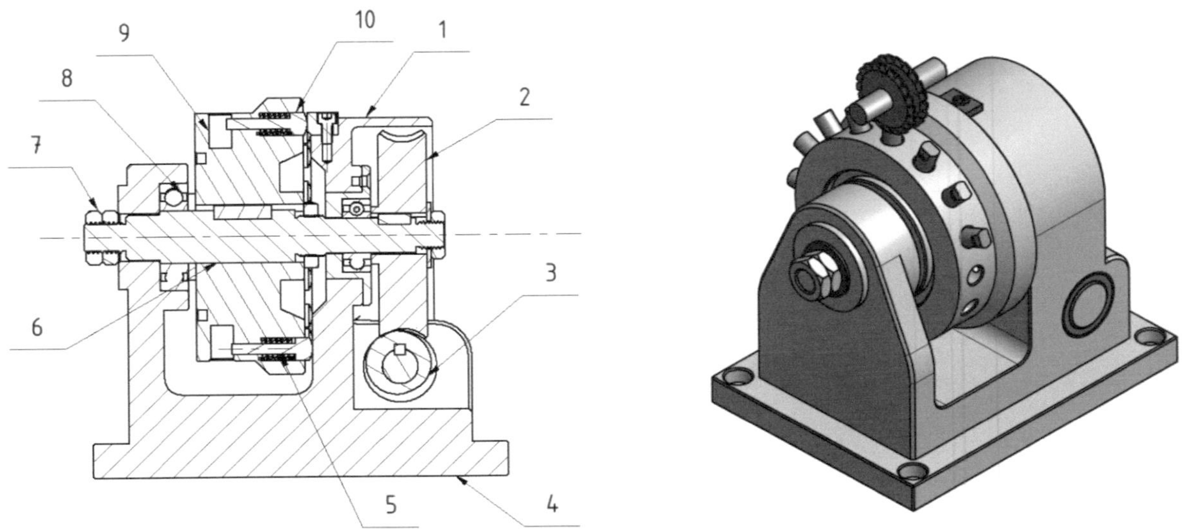

Bild 6-3 Rundspannvorrichtung zum Fräsen von Kleinteilen
1 Verkleidungsblech; 2 Schneckenrad; 3 Schnecke; 4 Maschinentisch; 5 Druckfeder; 6 Drehtischwelle; 7 Kontermutter; 8 Kugellager; 9 Aufnahme für Werkstück; 10 Werkstückspannelement

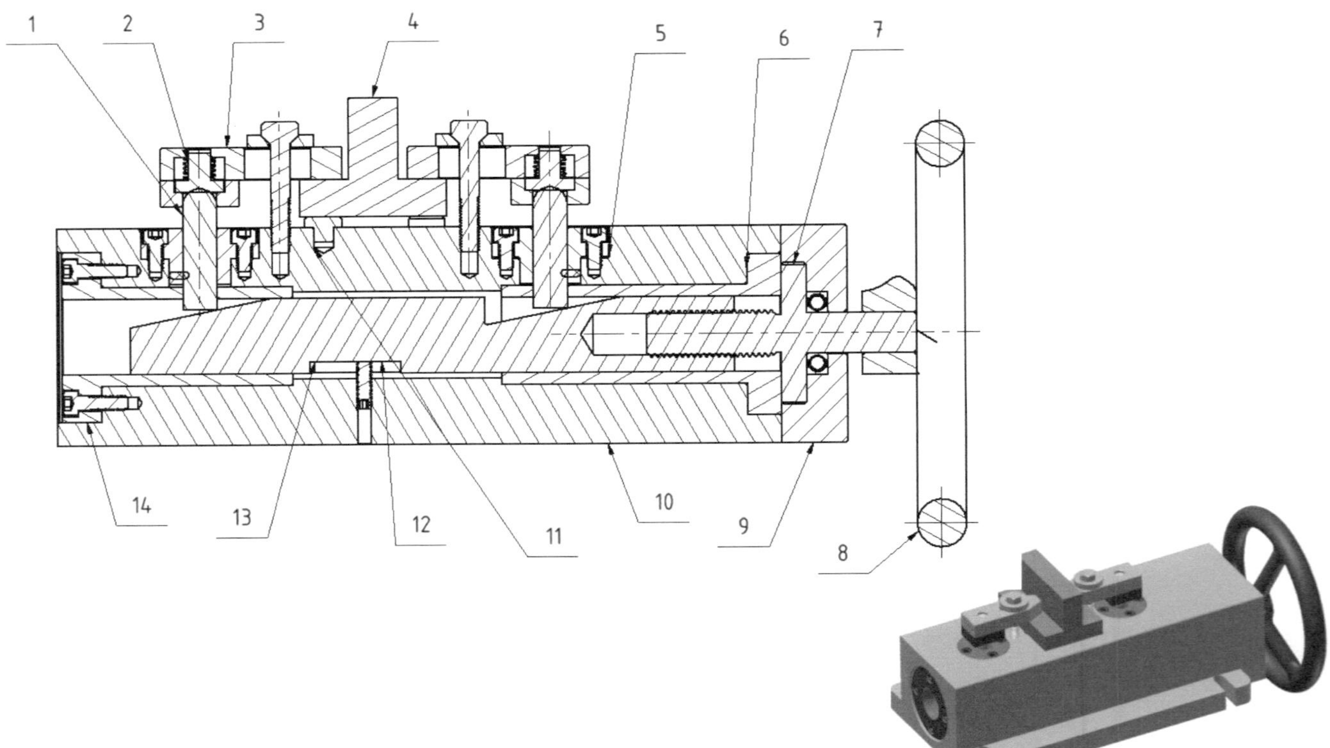

Bild 6-4 Sonderfräsvorrichtung mit zwei Spannkeilen
1 Druckbolzen; 2 Federstück; 3 Spanneisen; 4 Werkstück; 5 Lagerbuchse; 6 Lagerdeckel; 7 Spindel; 8 Handrad; 9 Deckel; 10 Grundkörper; 11 Auflagebolzen; 12 Doppelkeil; 13 Führung; 14 Lagerdeckel

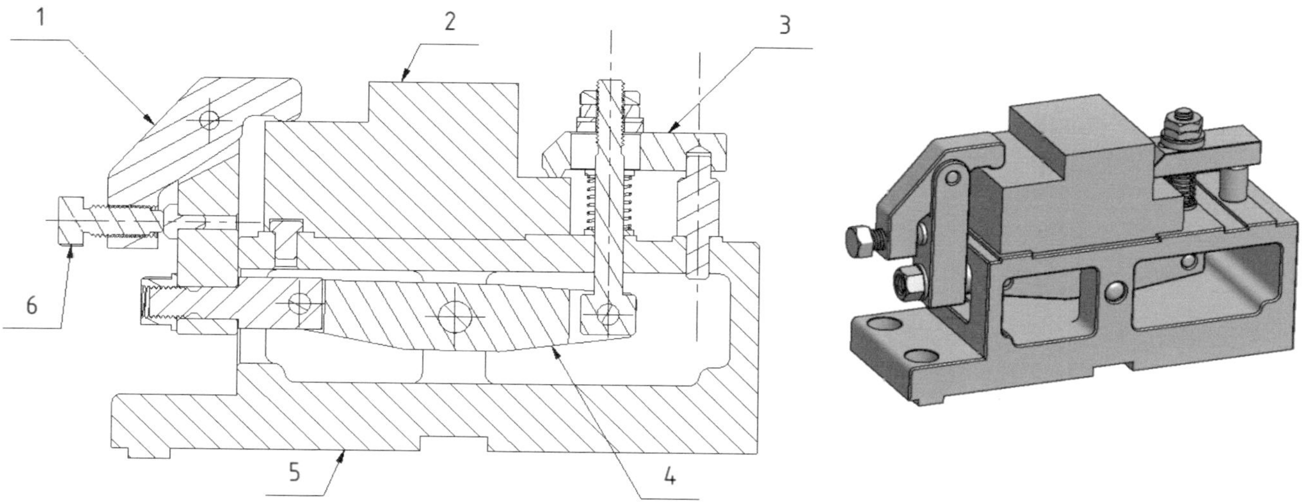

Bild 6-5 Sonderfräsvorrichtung mit Pendelschwinge
1 Spannpratze; 2 Werkstück; 3 Spannpratze; 4 Pendelschwinge; 5 Maschinentisch; 6 Spannschraube

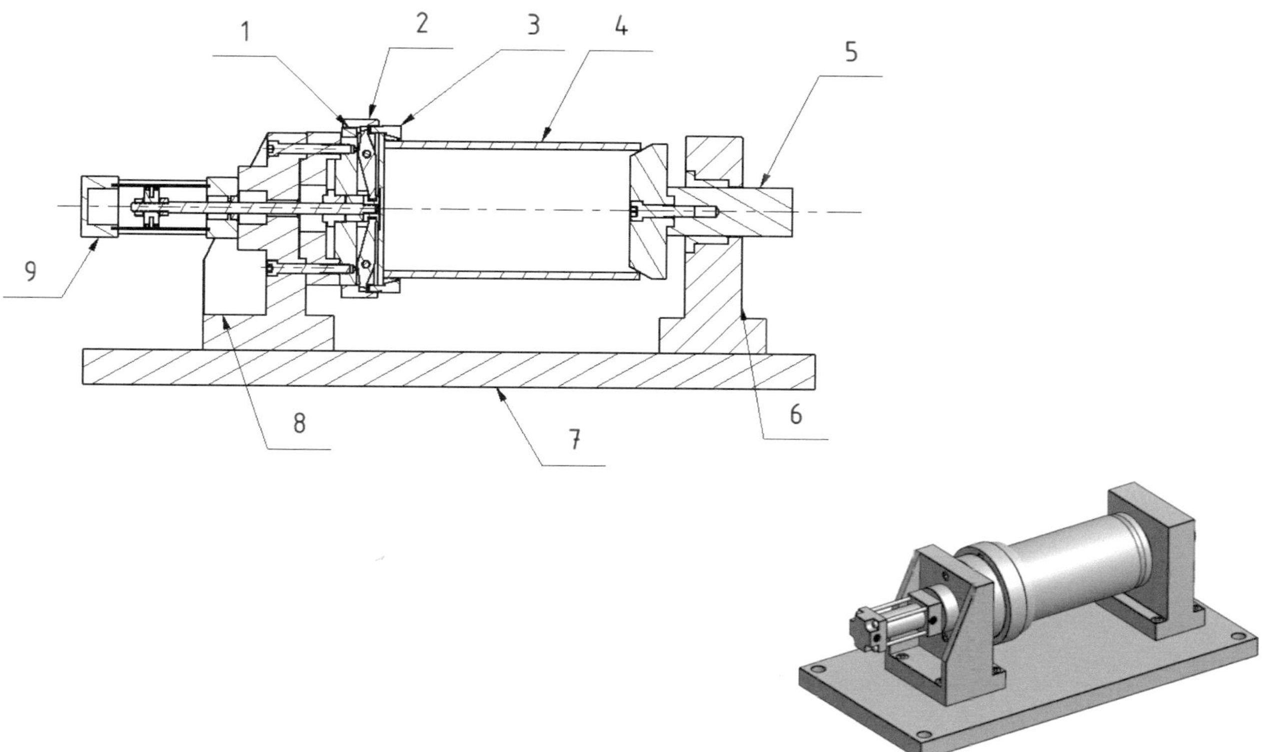

Bild 6-6 Sonderfräsvorrichtung zum Fräsen von Rohren
1 Verdrehsicherung; 2 Spannzangenaufnahme; 3 Spannzange; 4 Werkstück; 5 Spannpinole; 6 Stützlagerbock; 7 Grundplatte; 8 Lagerbock; 9 Arbeitszylinder

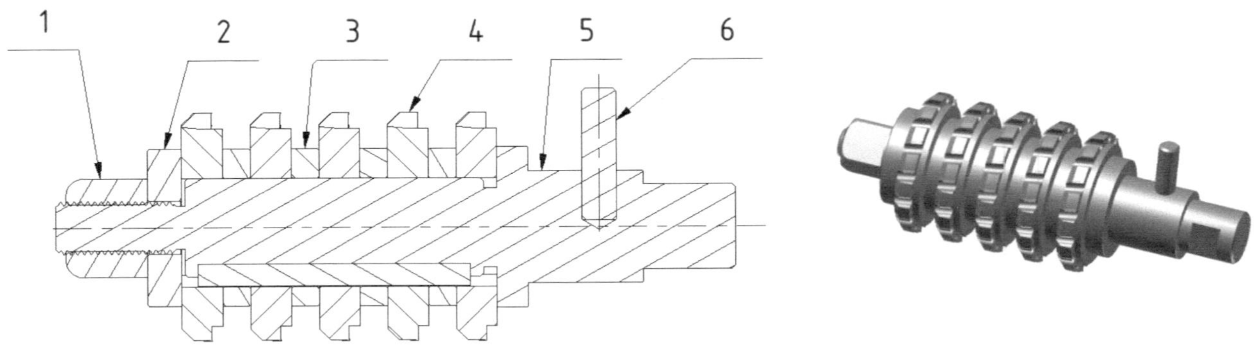

Bild 6-7 Mehrfräsdorn
1 Spannmutter; 2 Vorsteckscheibe; 3 Zwischenscheibe; 4 Formfräser; 5 Aufnahmespanndorn; 6 Mitnehmer

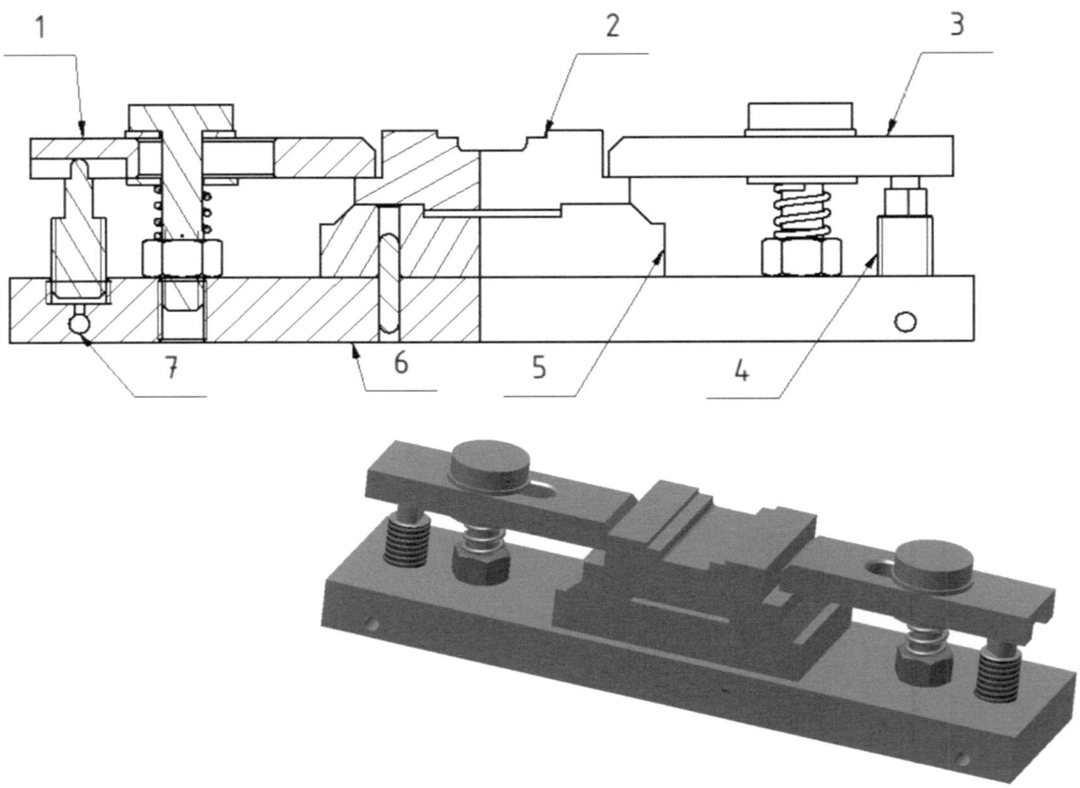

Bild 6-8 Werkstückspanner zum Fräsen
1 Spanneisen; 2 Werkstück; 3 Spannzylinder; 4 Aufnahme; 5 Aufnahmeplatte; 6 Grundplatte; 7 Drucköl

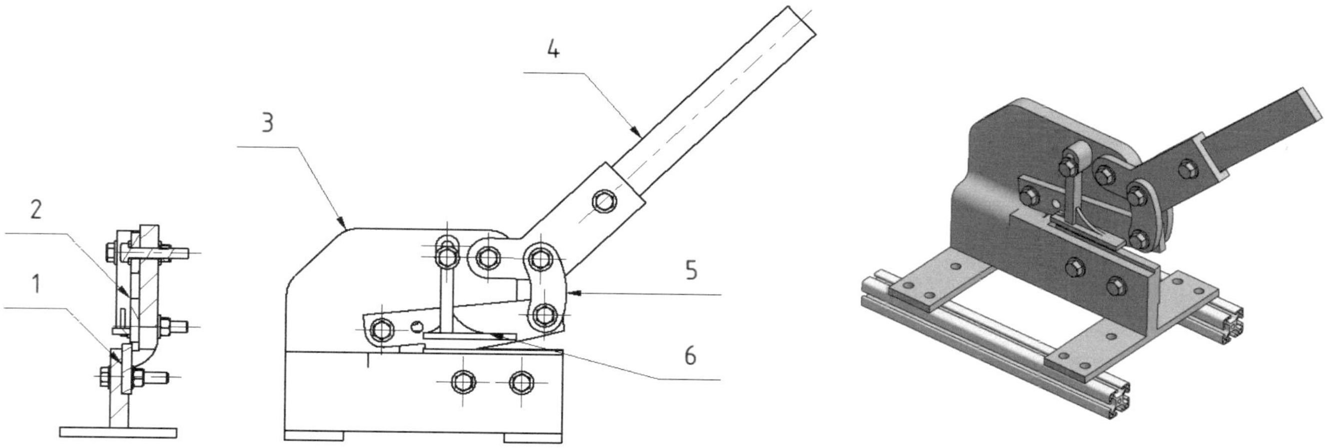

Bild 6-9 Abkantmesser
1 Matrizenmesser; 2 Schneidmesser; 3 Gestell; 4 Betätigungshebel verkürzt gezeichnet; 5 Umlenkhebel; 6 Niederhalter

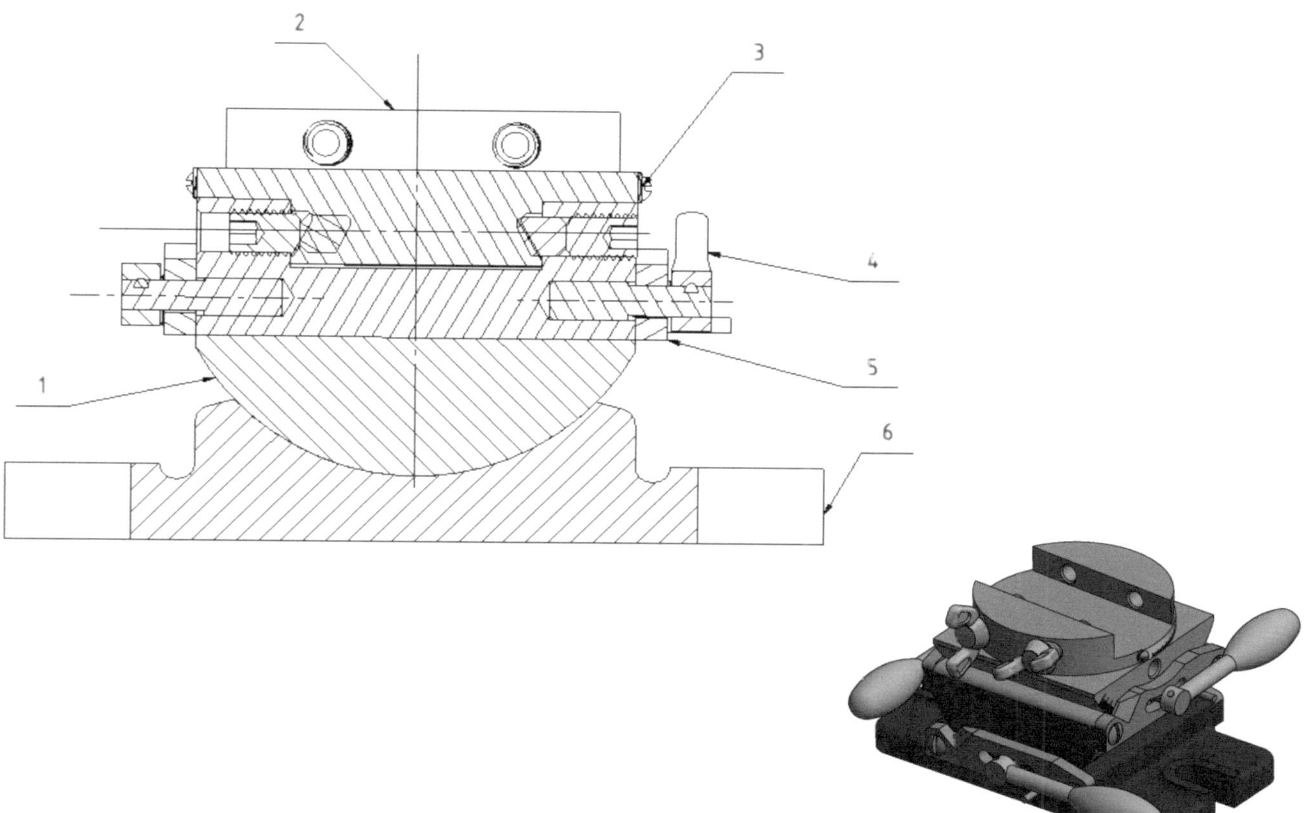

Bild 6-10 Zwei-Achsen-Schenkrundtisch für Fräsmaschine
1 Schwenkplatte Ebene-1; 2 Rundteller; 3 Schwenkplatte Ebene-2; 4 Feststellhebel verkürzt gezeichnet; 5 Feststellplatte Ebene-2; 6 Grundgestell

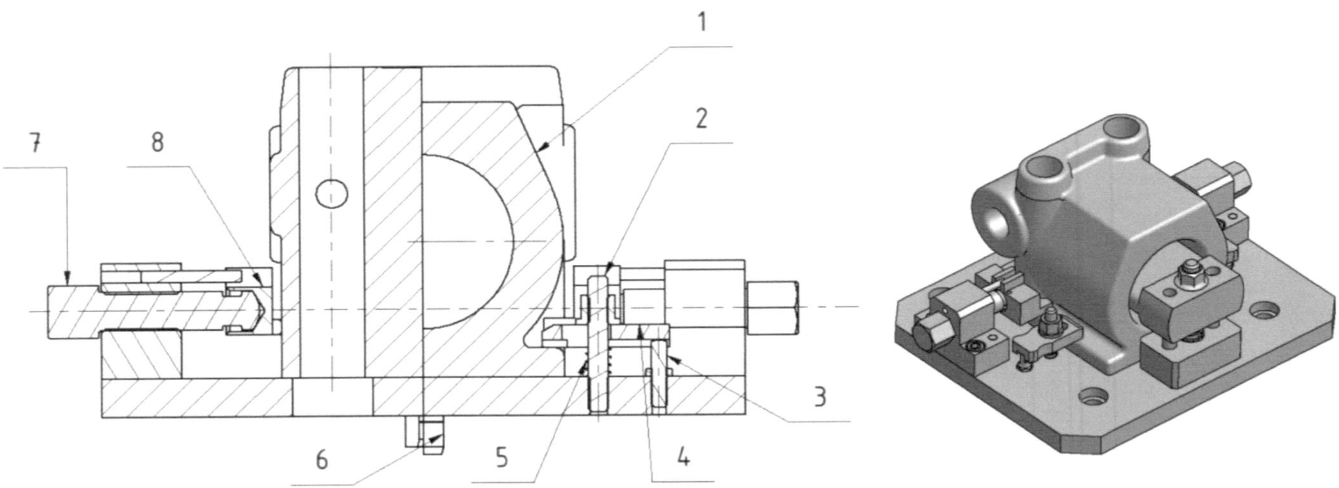

Bild 6-11 Fräsvorrichtung für Gussteile
1 Werkstück; 2 Spannschraube; 3 Abstützelement; 4 Spanneisen;
5 Druckfeder; 6 Zentrierbolzen; 7 Fixierschraube; 8 Fixierplatte

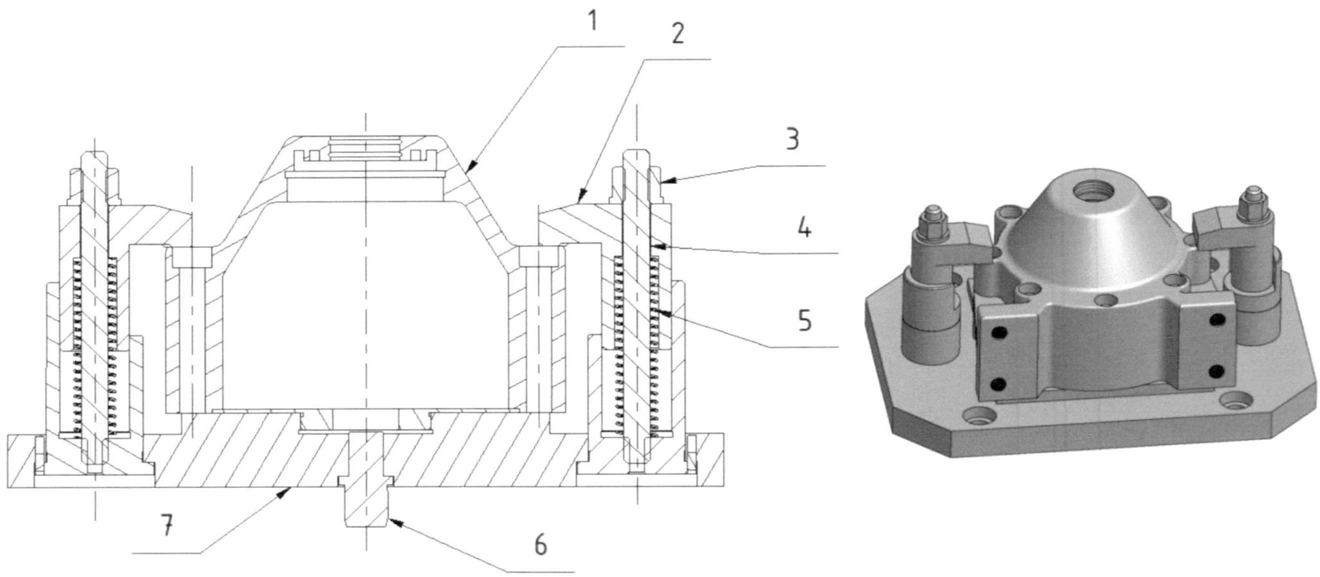

Bild 6-12 Fräsvorrichtung für Gussteile
1 Werkstück Gussform; 2 Spannelement; 3 Feststellschraube; 4 Schraube;
5 Druckfeder; 6 Zentrierstift; 7 Grundplatte

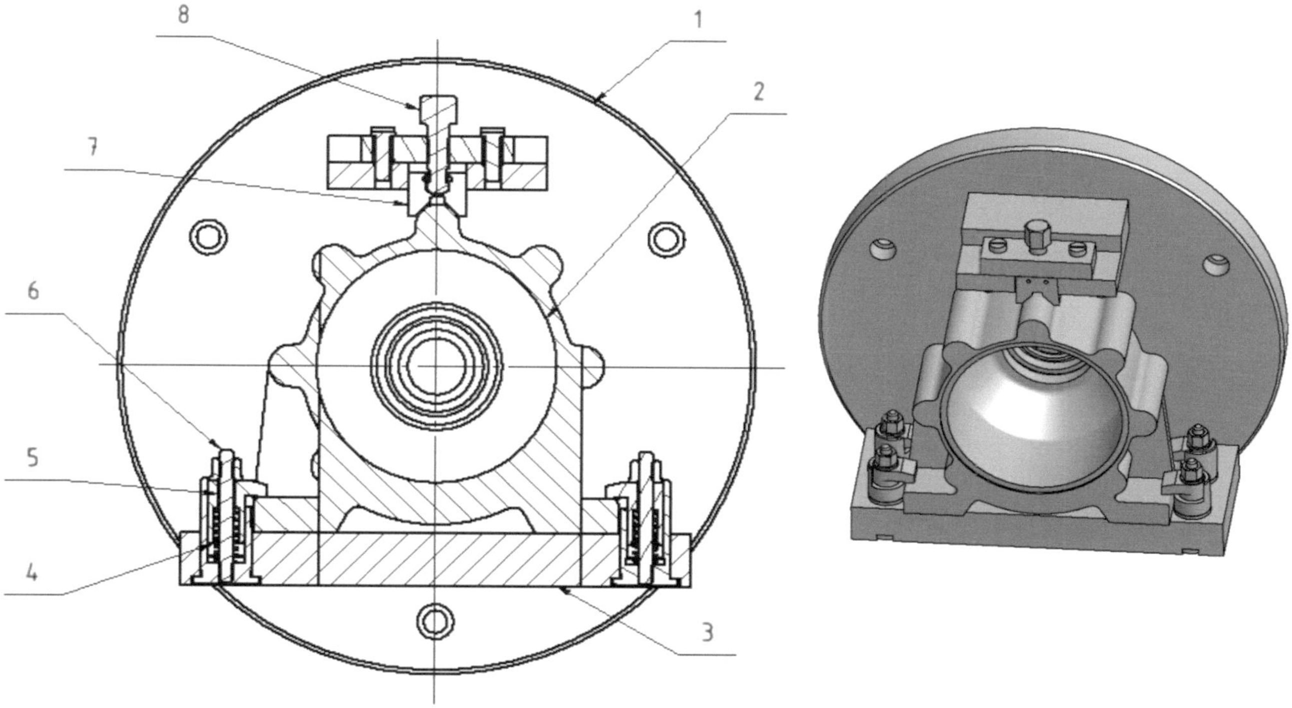

Bild 6-13 Fräsvorrichtung für Gussteile
1 Spannplatte; 2 Werkstück Gussform; 3 Grundplatte; 4 Druckfeder; 5 Spannschraube; 6 Feststellschraube; 7 Zentrierstücke; 8 Spannschraube

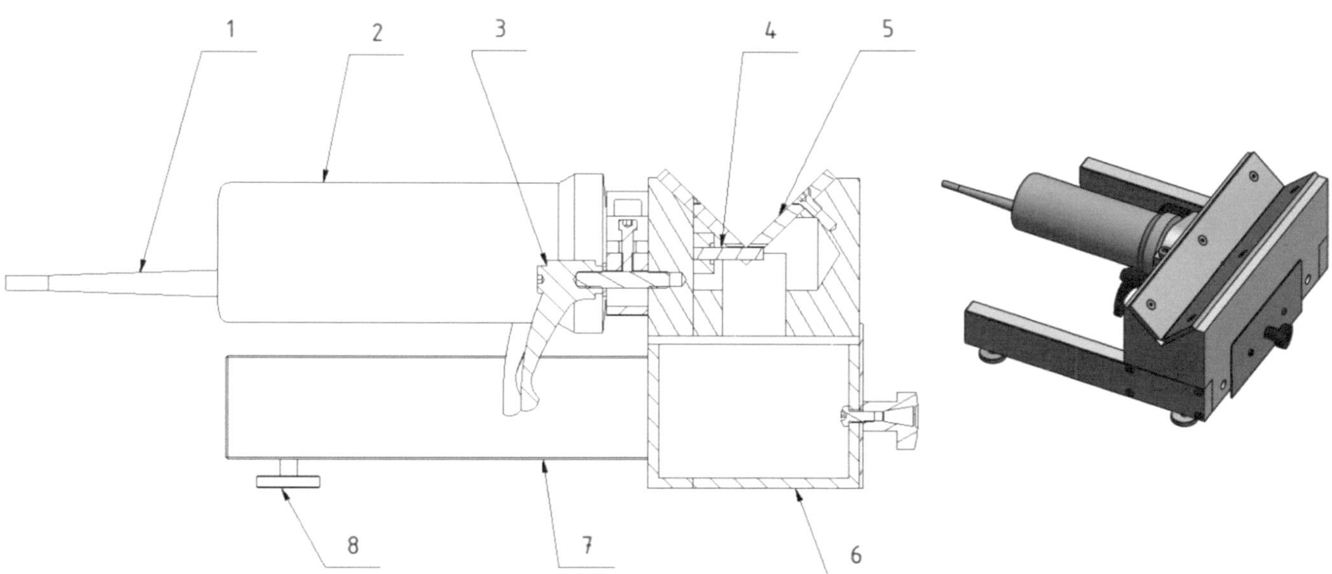

Bild 6-14 Spannprisma für Fräsvorrichtung
1 Kabel für Stromversorgung; 2 Antriebsmotor; 3 Befestigung Antriebsmotor; 4 Fräser; 5 Prisma für Werkstückführung; 6 Späne-Auffangbehälter; 7 Befestigungsplatte; 8 Stellfuß

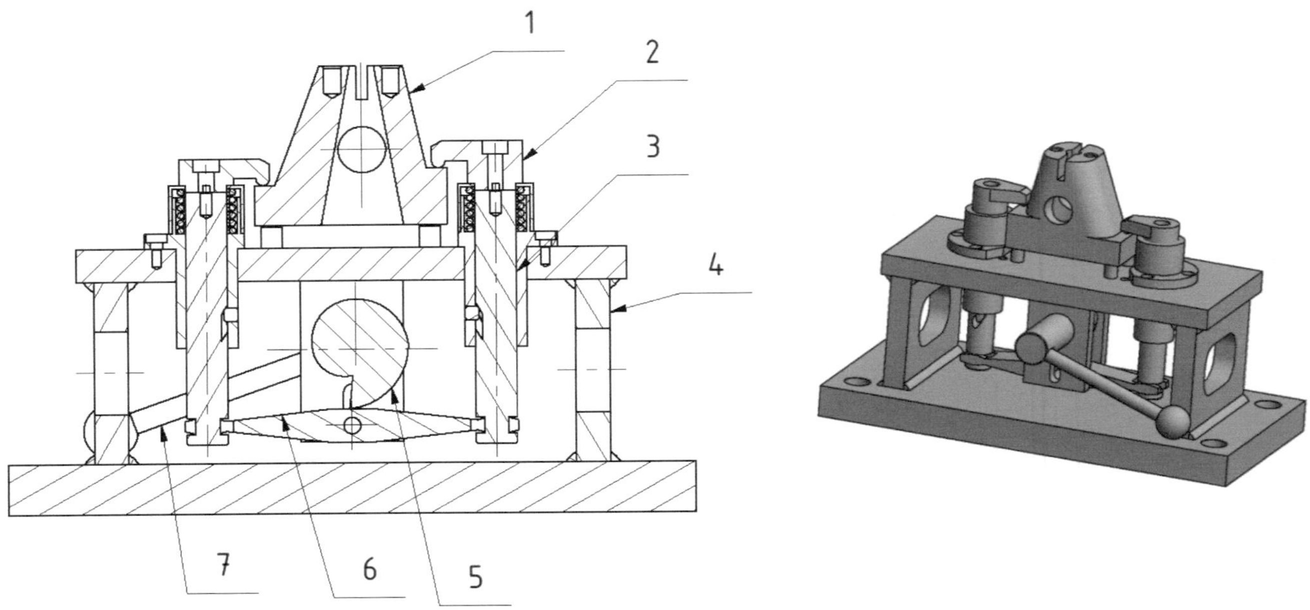

Bild 6-15 Fräsvorrichtung mit Exzenterspannung
1 Werkstück; 2 Spannpratze; 3 Führungssäule; 4 Seitenplatte vom Gestell; 5 Spannexzenter; 6 Pendelschwinge; 7 Betätigungshebel

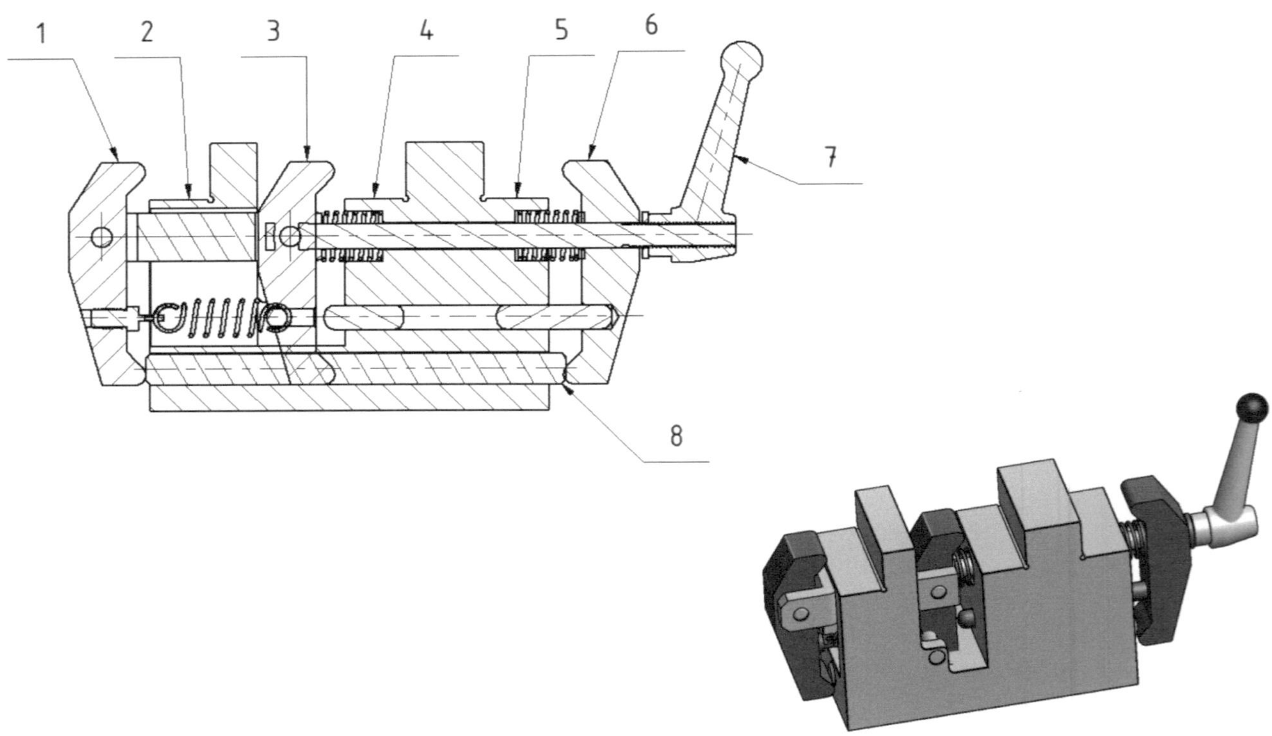

Bild 6-16 Fräsvorrichtung für drei Werkstücke
1 Werkstückspanner (1); 2 Werkstückaufnahme (1); 3 Werkstückspanner (2); 4 Werkstückaufnahme (2); 5 Werkstückaufnahme (3); 6 Werkstückspanner (3); 7 Betätigungshebel; 8 Übertragungswelle

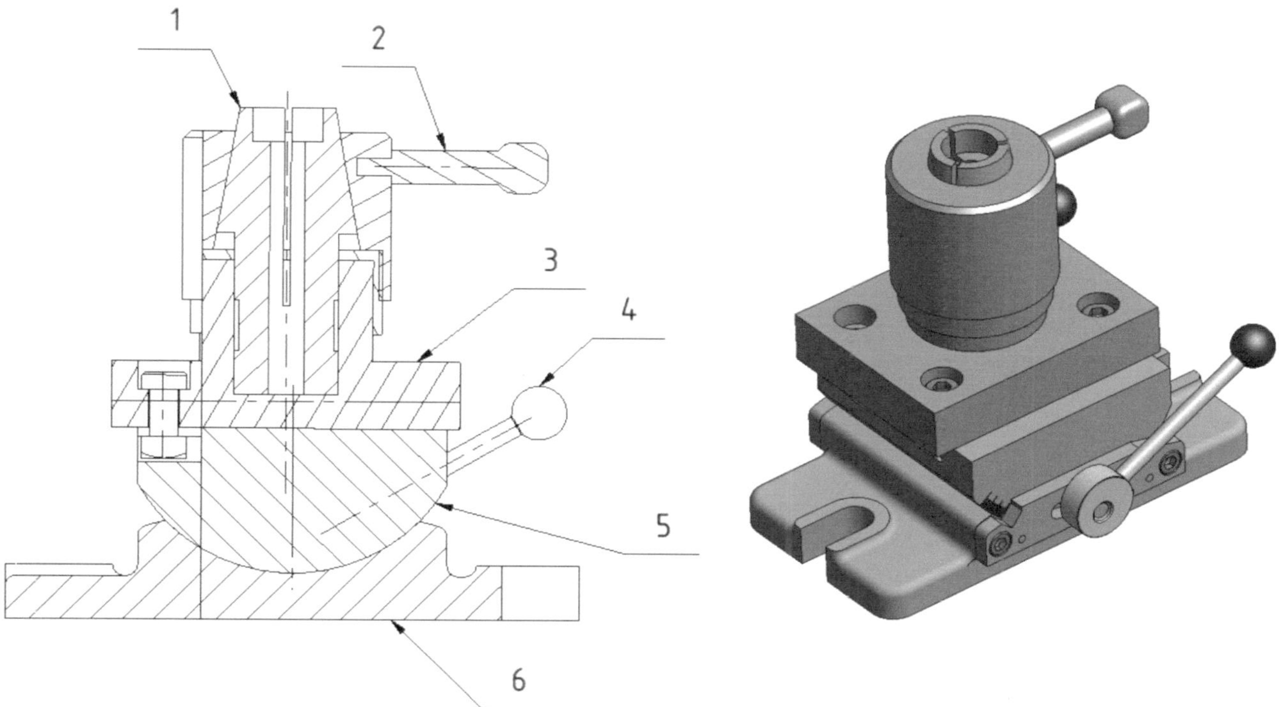

Bild 6-17 Handspannfutter mit einachsigem Schwenktisch
1 Spannzange; 2 Spannhebel; 3 Grundplatte Handspannfutter; 4 Feststellhebel (2x); 5 Schwenkachse; 6 Grundplatte Schwenkeinheit

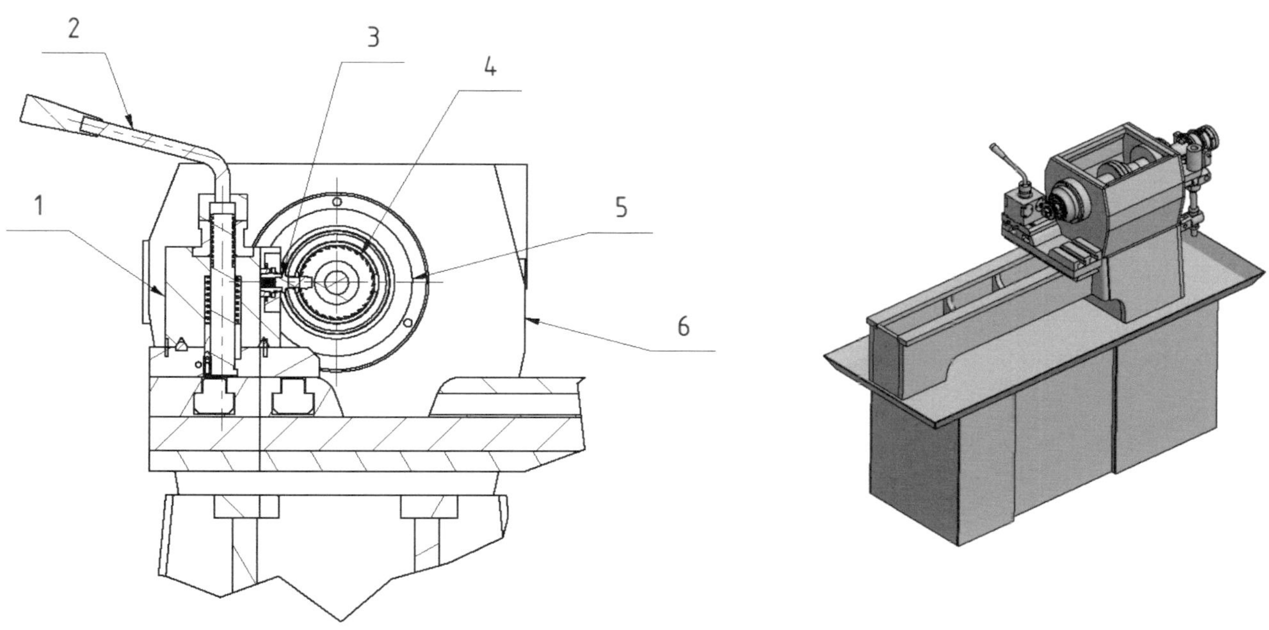

Bild 6-18 Fräsvorrichtung auf Drehbank
1 Stahlhalter; 2 Spannhebel; 3 Werkstück; 4 Fräsersatz (2x); 5 Backenfutter; 6 Maschinen-Getriebekasten

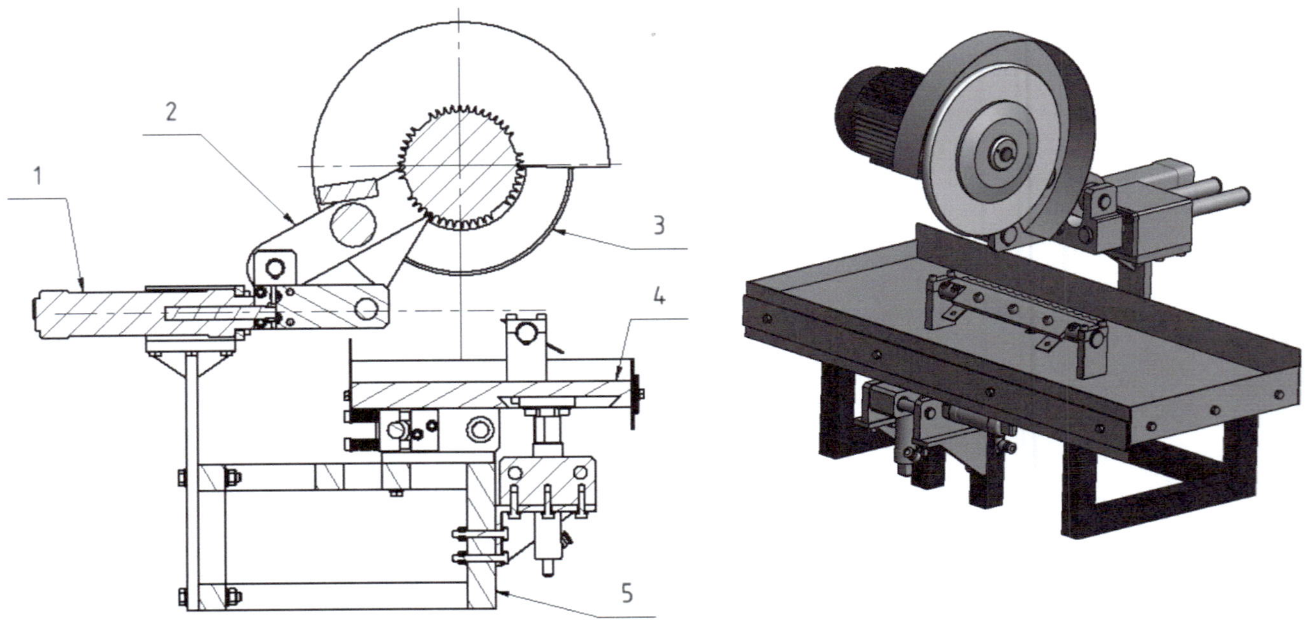

Bild 6-19 Pneumatisch gesteuerte Schneid-Fräsmaschine
1 Pneumatikzylinder; 2 Schneidplatten-Aufhängung; 3 Schneid-Fräsplatte; 4 Auffangwanne; 5 Grundgestell

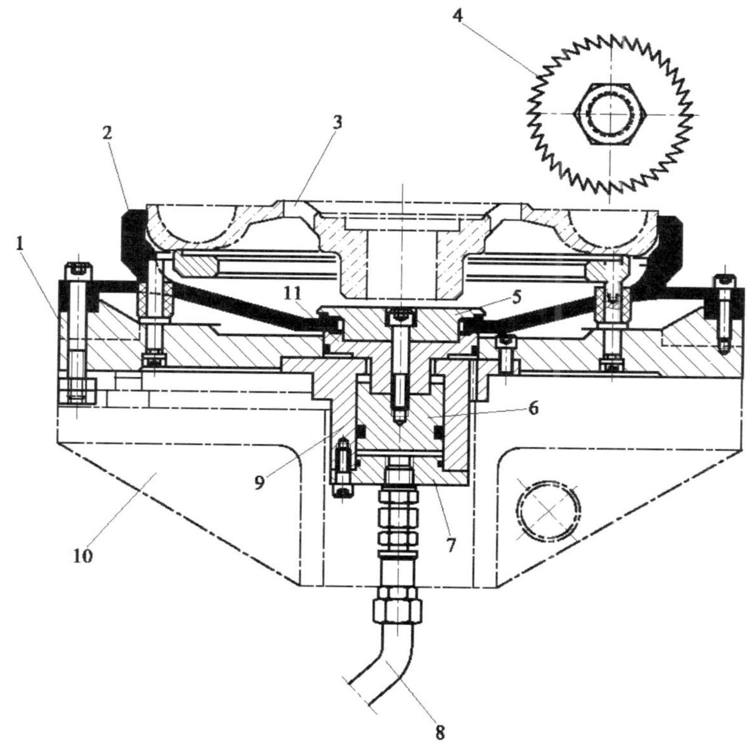

Bild 6-50 Fräsvorrichtung für hartgelötetes Blechteil
1 Grundkörper; 2 Spannelement; Werkstück; 4 Sägeblatt; 5 Zugdeckel; 6 Hubzylinder; Zylinderdeckel; 8 Druckluftanschluss; 9 Zylinderrohr; 10 Aufspannbock; 11 Oberer Zylinderdeckel

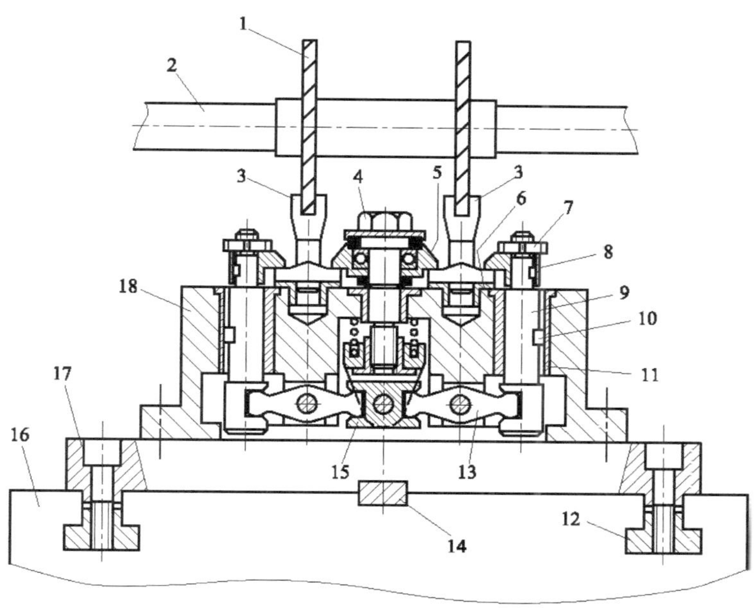

Bild 6-51 Doppelspannvorrichtung zum Fräsen von zwei Werkstücken
1 Scheibenfräser; 2 Fräserwelle; 3 Werkstück; 4 Schraube; 5 Spannscheibe; 6 Zentrierung; 7 Nutenmutter; 8 Haken; 9 Zuganker; 10 Passfeder; 11 Buchse; 12 Nutenstein; 13 Kipphebel; 14 Leiste; 15 Pendelstück; 16 Maschinentisch; 17 Grundplatte; 18 Vorrichtungskörper

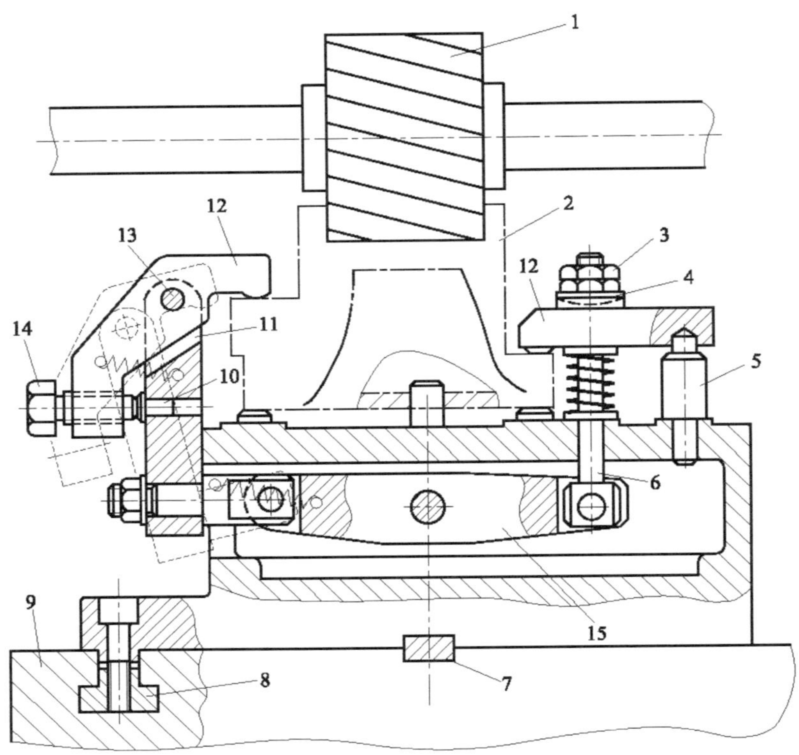

Bild 6-52 Fräsvorrichtung für Gussgehäuse
1 Walzenfräser; 2 Werkstück; 3 Gegenmutter; 4 Pendelscheibe; 5 Stützbolzen; 6 Zuganker; 7 Leiste; 8 Nutenstein; 9 Maschinentisch; 10 Druckzapfen; 11 Schwenkarm; 12 Spannpratze; 13 Bolzen; 14 Spannschraube; 15 Pendelschwinge

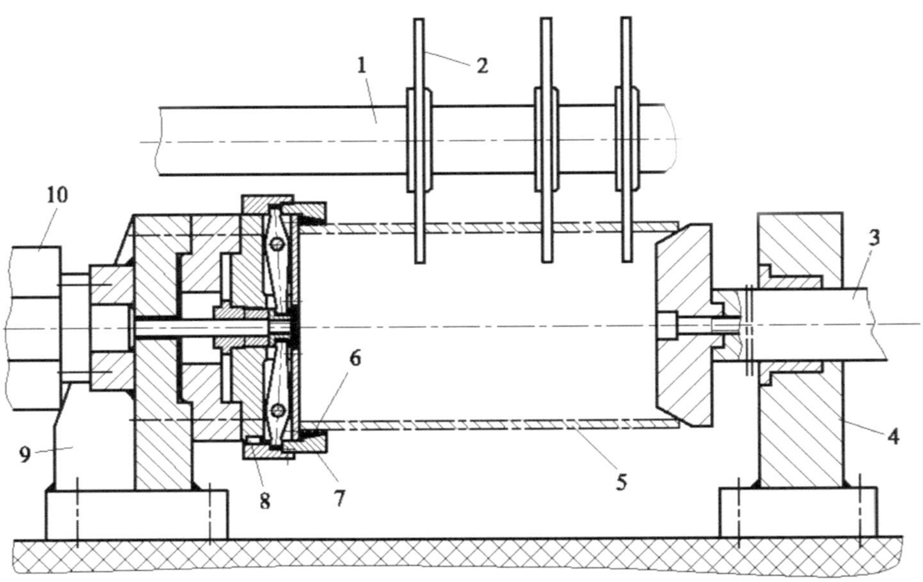

Bild 6-53 Spannvorrichtung zum Fräsen von Rohren
1 Fräserwelle; 2 Scheibenfräser; 3 Spannpinole; 4 Stützlagerbock; 5 Werkstück, Rohr; 6 Spannzange; 7 Spannzangenaufnahme; 8 Verdrehsicherung; 9 Lagerbock; 10 Arbeitszylinder

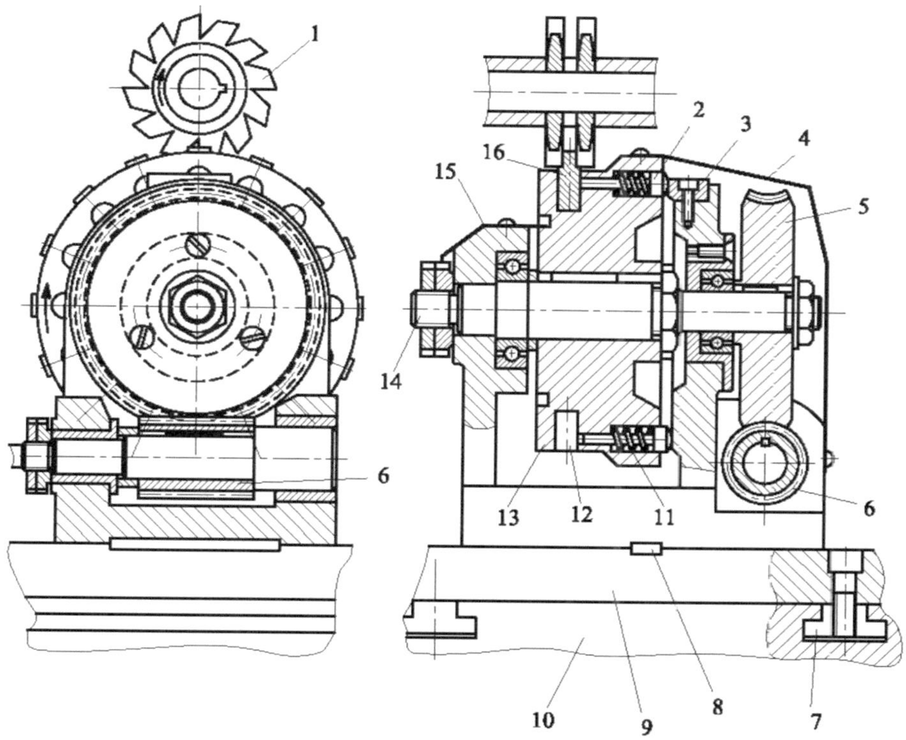

Bild 6-54 Vorrichtung zum Fräsen von Kleinteilen
1 Satzfräser; 2 Werkstückspannelement; 3 Spannkurvenstück; 4 Blech; 5 Schneckenrad; 6 Schnecke; 7 Nutenstein; 8 Leiste; 9 Grundplatte; 10 Maschinentisch; 11 Feder; 12 Werkstückaufnahme; 13 Drehtisch; 14 Drehtischwelle; 15 Abdeckblech; 16 Werkstück

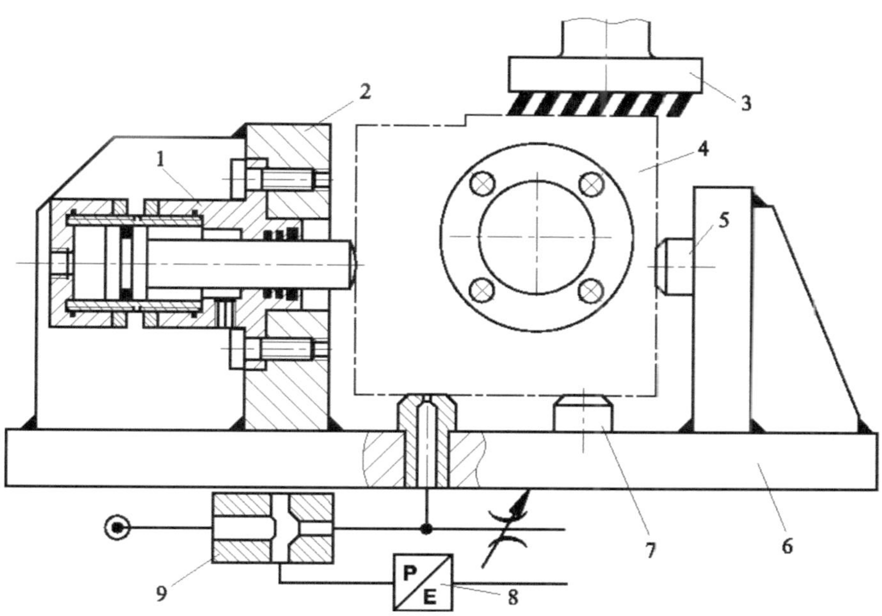

Bild 6-55 Vorrichtung zum Fräsen von Blockteilen
1 Spannzylinder; 2 Körper; 3 Fräskopf; 4 Werkstück; 5 Anlagebolzen; 6 Grundplatte; 7 Auflagebolzen; 8 Drucksensor; 9 Venturi-Düse

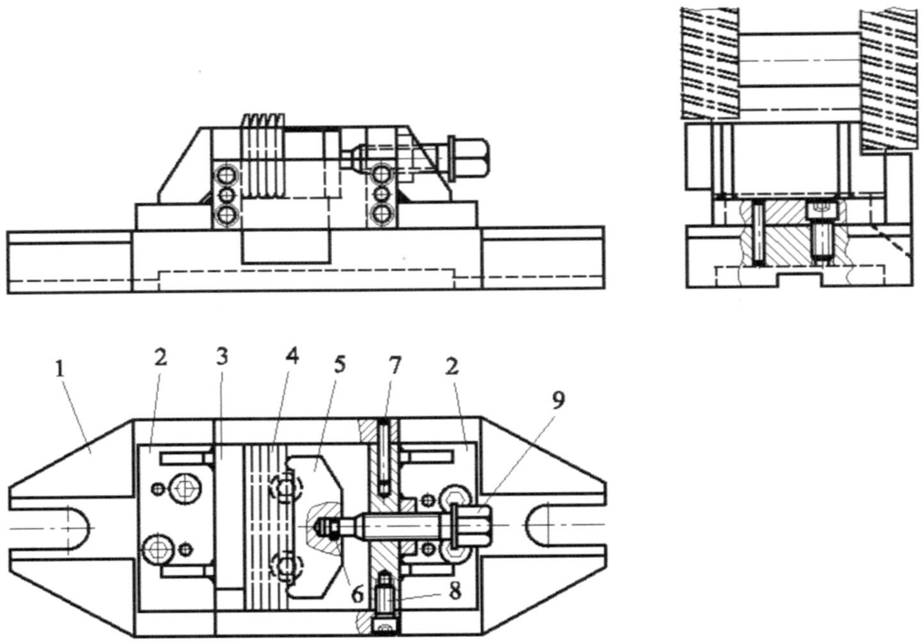

Bild 6-56 Fräsvorrichtung für Konturplatten
1 Grundplatte; 2 Winkel; 3 Leiste; 4 Auflageplatte; 5 Spanneisen; 6 Zylinderstift; 7 Zylinderstift; 8 Zylinderschraube; 9 Spannschraube

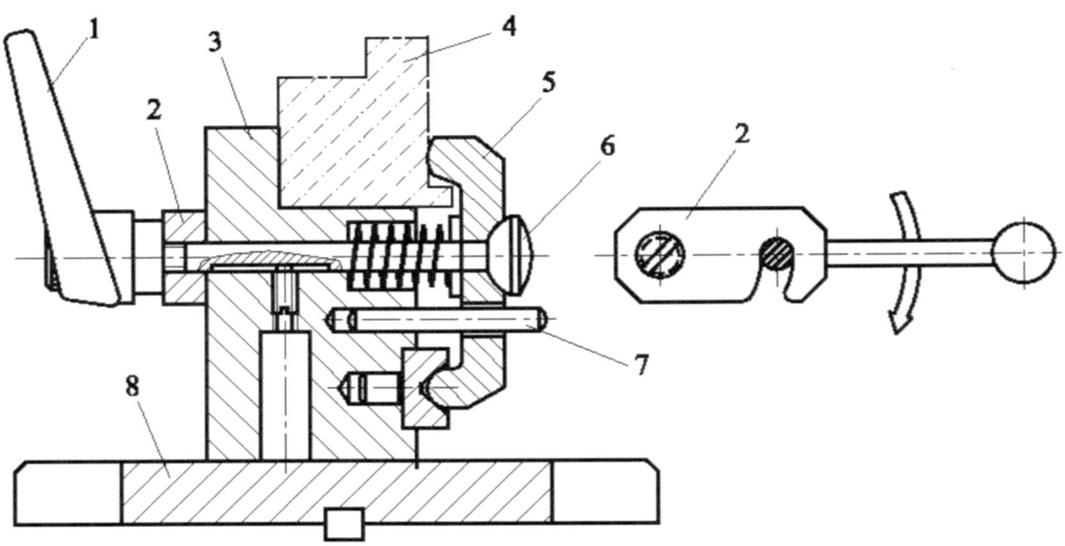

Bild 6-57 Fräsvorrichtung mit Schwenkscheibe als Spannelement
1 Spanngriff; 2 Schwenkleiste; 3 Vorrichtungskörper; 4 Werkstück; 5 Spanneisen; 6 Zugstange; 7 Zylinderstift als Führung des Spanneisen; 8 Grundplatte

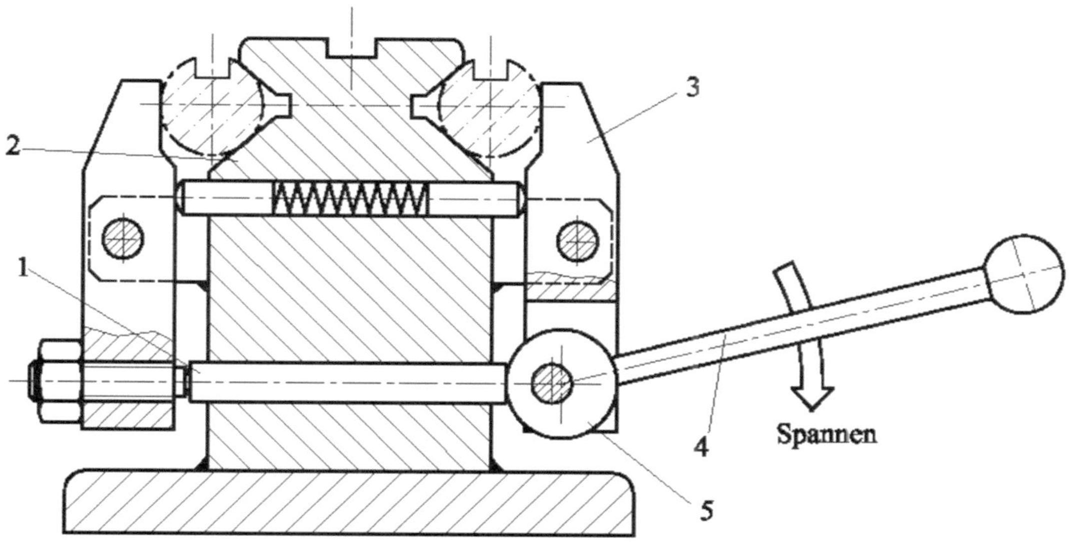

Bild 6-58 Fräsvorrichtung für zwei Wellen
1 Übertragungselement; 2 Prismenkörper; 3 Spannelement; 4 Spannhebel; 5 Spannexzenter

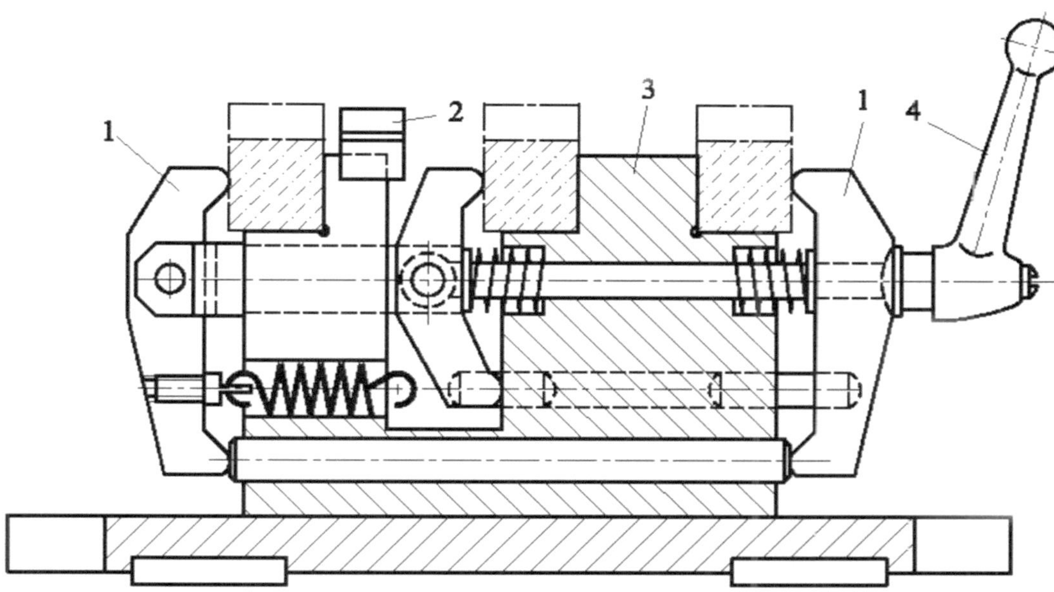

Bild 6-59 Fräsvorrichtung für drei Werkstücke
1 Spannelement; 2 Werkzeugeinstelllehrenaufnahme; 3 Vorrichtungskörper; 4 Spannhebel

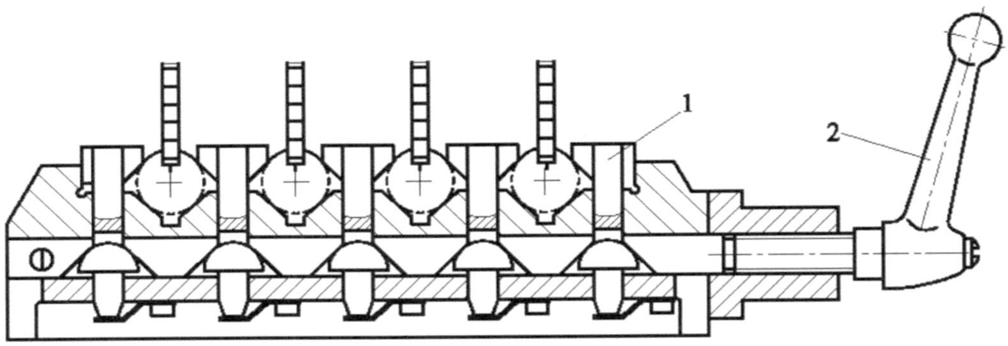

Bild 6-60 Reihenspann-Fräsvorrichtung
1 Spannelement; 2 Spannhebel

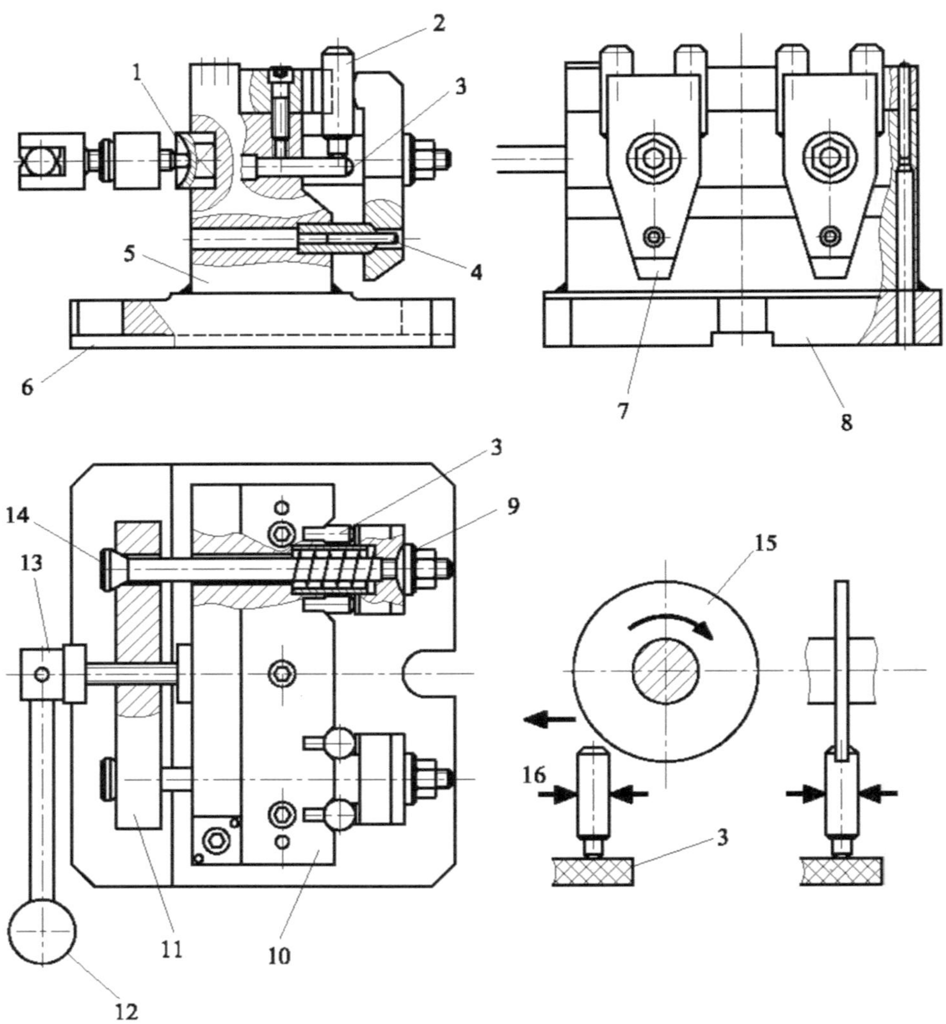

Bild 6-61 Fräsvorrichtung zum Bolzenschlitzen
1 Druckstück; 2 Werkstück; 3 Werkstückauflage; 4 Zylinderstift; 5 Grundkörper; 6 Nut für losen Nutenstein; 7 Spanneisen; 8 Grundplatte; 9 Kugelscheibe; 10 Bestimmungsprisma; 11 Spannbrücke; 12 Handhebel; 13 Schwenkgabel; 14 Spannschraube; 15 Scheibenfräser; 16 Spannkraft

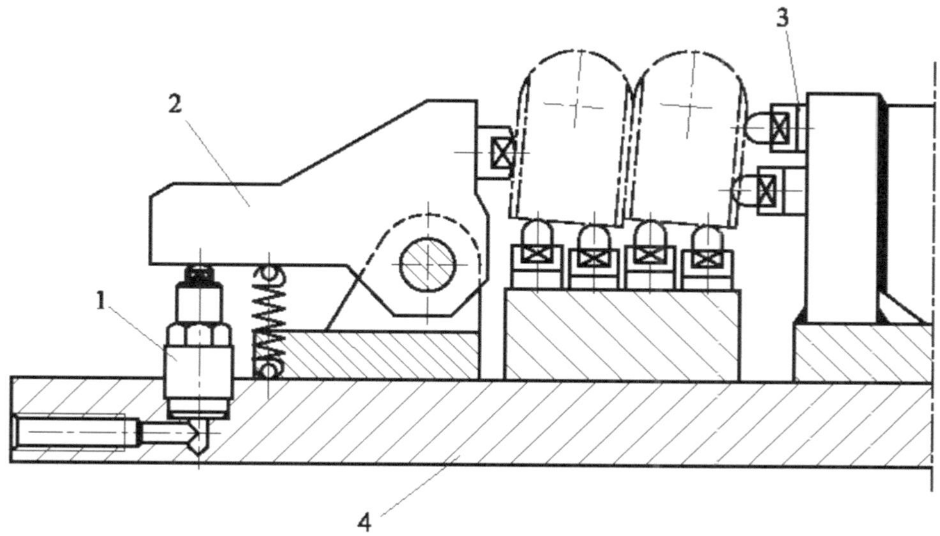

Bild 6-62 Mehrspann-Fräsvorrichtung
1 Einschraubzylinder; 2 Spannpratze; 3 Einschraubbare und verstellbare Anschläge; 4 Grundplatte

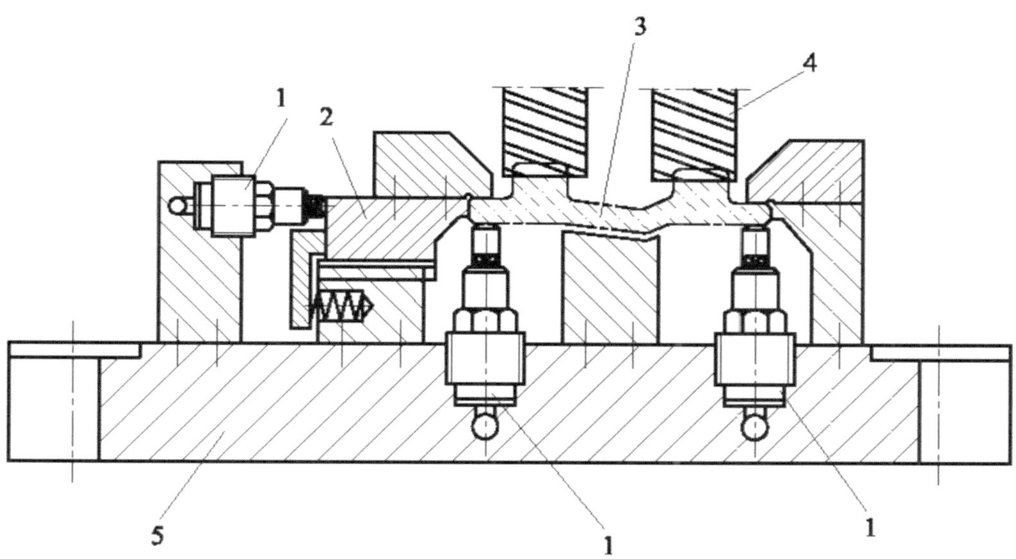

Bild 6-63 Fräsvorrichtung hydraulisch betätigt
1 Einschraubzylinder; 2 Schlitten; 3 Werkstück; 4 Wälzfräser; 5 Grundplatte

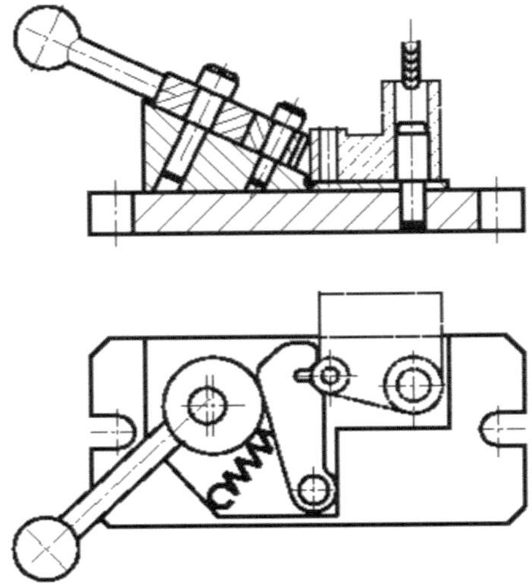

Bild 6-64 Fräsvorrichtung mit einer Exzenterspannung

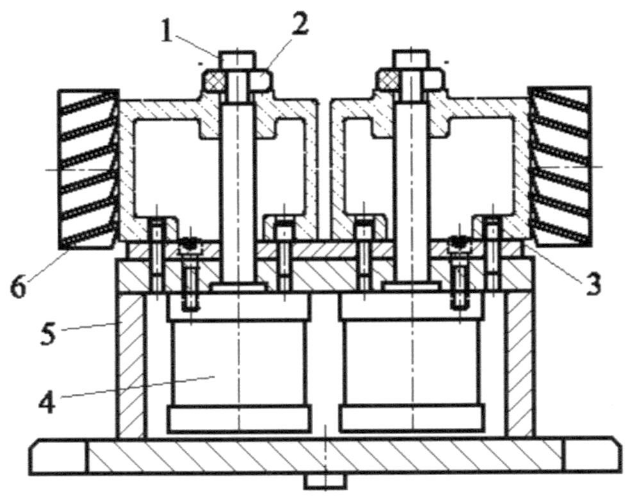

Bild 6-65 Fräsvorrichtung pneumatisch betätigt
1 Kolbenstange; 2 Vorsteckscheibe; 3 abgeflachter Aufnahmebolzen; 4 Pneumatikzylinder; 5 Vorrichtungskörper; 6 Fräswerkzeug

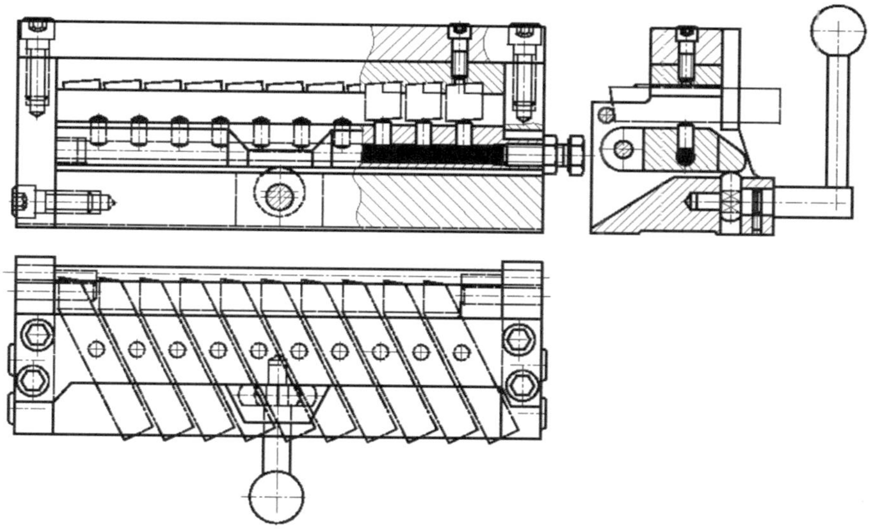

Bild 6-66 Reihenspann-Fräsvorrichtung

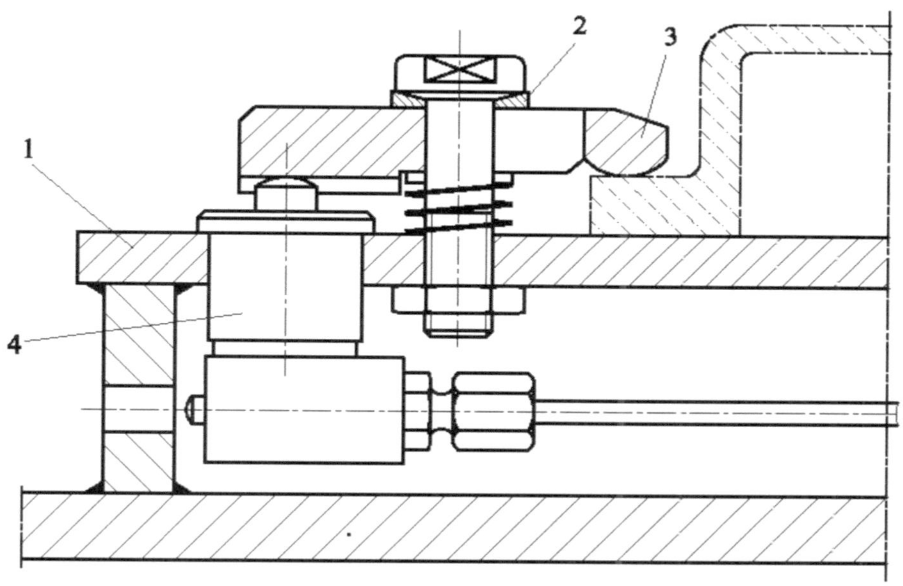

Bild 6-67 Fräsvorrichtung
1 Grundkörper; 2 Kegelpfanne; 3 Spanneisen von Hand verstellbar; 4 Einschraubzylinder

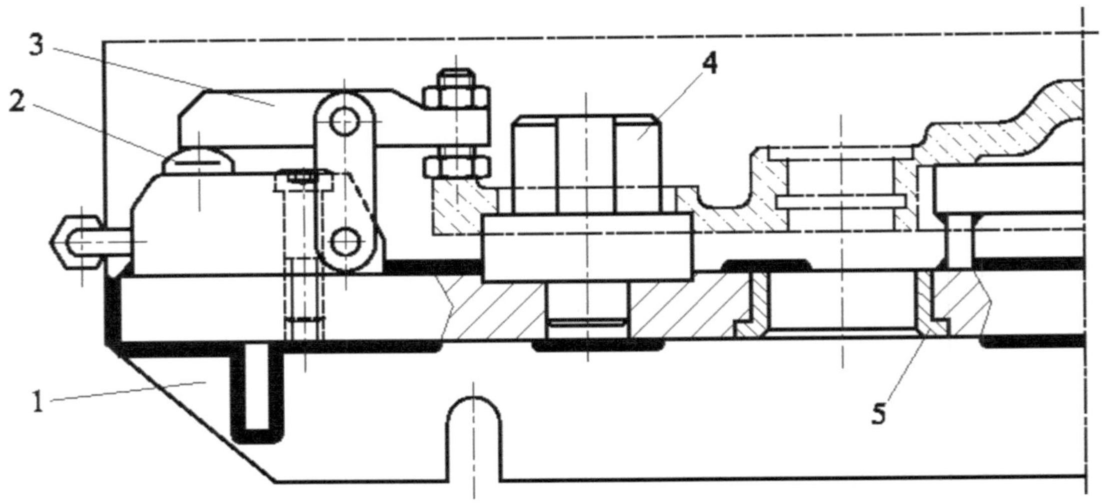

Bild 6-68 Ausdrehvorrichtung hydraulisch betätigt
1 Grundkörper; 2 Einschraubzylinder; 3 Spannpratze; 4 Zentrierstück; 5 Führungsbuchse

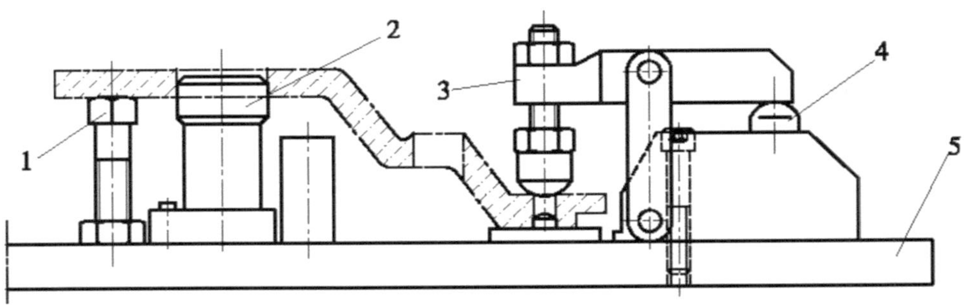

Bild 6-69 Fräsvorrichtung
1 Vierkantschraube; 2 Zentrierstück; 3 Spannpratze; 4 Einschraubzylinder; 5 Grundkörper

Spannvorrichtungen

7

3D-Zeichnungen und 53 Anwendungsbeispiele
2D-Zeichnungen und 26 Anwendungsbeispiele

3D-Konstruktionen im Überblick (Seiten 103–129)

2D-Konstruktionen im Überblick (Seiten 130–142)

- Druckspannzange Bild 7-81
- Spannzange – Grundform Bild 7-82
- Spannzangen Bild 7-83
- Spannfutter Bild 7-84
- Handspannfutter mit Spannzange Bild 7-85

Spannvorrichtungen

Für jede Spezialaufgabe werden entsprechende Spannvorrichtungen benötigt, die individuell für einen bestimmten Anwendungsfall konstruiert und anschließend gefertigt werden müssen.

Spanntechnik

Unter der Spanntechnik versteht man die Fixierung eines Werkstücks oder eines Werkzeugs für die Bearbeitung des Werkstücks.

Für Bearbeitungszentren wird je nach Werkstückform ein Spannfutter oder eine Spannvorrichtung auf die Palette fixiert.

Für genauestes Spannen auf Passungen wird das Werkstück eingefüttert oder auf einen Dorn gespannt. Dazu wird ein Werkstück in das Futter eingespannt oder aufgeschraubt und dann eine Passung angedreht, auf der dann das zu bearbeitende Werkstück mittels Mittelschraube oder Anschrauben fixiert wird.

Allgemeine Spannvorrichtungen

Diese sind teils als Zubehör von Werkzeugmaschinen handelsüblich wie Spannfutter, Spandorne, Maschinen, Schraubstöcke, Rundtische, Teilapparate, auch Einheitsvorrichtungen, die nach den jeweils vorliegenden Erfordernissen mit zusätzlichen dem Werkstück angepassten Organen (Spannbacken), Bohrbuchsenhaltern, Zentrierungen usw. versehen werden.
Sie finden besonders in der spanabhebenden Fertigung entsprechende Verwendung. Ein beträchtlicher Teil von Vorrichtungen dient zum Festhalten von Werkstücken und wird deshalb als Spannvorrichtung bezeichnet und dem Spannmittel zugeordnet. Kommen noch periphere Geräte hinzu, wie z. B. ein Hydraulikaggregat oder eine Bedienungskonsole, dann wird das als Spannsystem bezeichnet.

Zweck

Vorrichtungen zu fertigen lohnt sich zumeist für die Serienfertigung oder bei Kleinserien, es kann aber auch schon für ein einziges Werkstück lohnend sein. Eine Vorrichtung kann aber auch unverzichtbares Hilfsmittel sein, um eine Arbeit durchzuführen, deren Qualität andres nicht gewährleistet werden kann. Spannvorrichtungen zur eindeutigen Lagebestimmung eines Werkstücks oder mehrerer Werkstücke sind oftmals nur zu diesem Zweck gefertigt. Wenn sich etwa bei der Fahrradproduktion der Rahmen ändert (größer/kleiner), dann wird die Vorrichtung für die geänderte Produktion ausgetauscht oder umgebaut. In der Fertigungstechnik versteht man unter Vorrichtung ein Hilfsmittel, das die Aufgabe hat, bestimmte Arbeitsgänge an Werkstücken zu ermöglichen, wobei das Werkstück mit der Vorrichtung meist durch Festspannen so in Verbindung gebracht wird, dass diese zwangsläufig in der dem Arbeitsgang entsprechenden Lage gehalten wird.

Ziele

Es ist die Hauptaufgabe des Vorrichtungsbaues durch Vereinfachung und Verbesserung des Fertigungsvorganges die Herstellkosten zu verringern und die Austauschbarkeit der Werkstücke zu erreichen. Allgemein haben Vorrichtungen den Zweck, die entsprechenden Arbeits- und Transportoperationen wirtschaftlich zu gestalten und zu erleichtern. Vorrichtungen können auf eine bestimmte Fertigungsaufgabe zugeschnitten sein, z. B Bohr-, Fräs- oder Schweißvorrichtung oder im Sinne von Zubehör zur Arbeitsbereichserweiterung einer Maschine dienen.

Einteilung der Spannvorrichtungen:

- Für Rundbearbeitung: Spitzenvorrichtungen, fliegende Vorrichtungen
- Für Einzellangbearbeitung: feststehende Vorrichtungen, Schwenkvorrichtungen, schwenkbare Mehrspannvorrichtungen
- Für Reihenlangbearbeitung: mit Blockspannung und unabhängiger Spannung.

Spannen

Spannen ist eine Hauptaufgabe aller Arten von Spannvorrichtungen und bedeutet, durch Hand- oder Maschinenkraft und geeignete Mittel das Werkstück mit Vorrichtung oder Maschine fest und starr zu verbinden. Da das aus wirtschaftlichen Gründen äußert schnell erfolgen muss, kommt es darauf an, die Spannmittel in jedem Einzelfall richtig auszuwählen und anzuordnen.

Hilfsspannelemente

Bei vielen Vorrichtungen wirken die Spannelemente nicht direkt, sondern über Hilfsspannelemente auf das Werkstück. Diese haben die Aufgabe, die Spannkraft zu verteilen, sie umzulenken oder ihre Größe zu ändern.

Spanneisen

Zu den am meisten verwendeten Hilfsspannelementen gehören die Spanneisen. Mit ihnen erreicht man eine Umlenkung und Übersetzung der Spannkraft. Um eine möglichst große Spannkraft zu erhalten, sollten Spanneisen so gestaltet sein, dass die Abstützseite nicht kleiner als die Spannseite ist. Je nachdem ob das Spannelement in der Mitte oder am Ende des Spanneisens angeordnet ist, ergeben sich andere Übersetzungsverhältnisse für die Spannkraft und andere Bedienzeiten.

Spannhaken

Spannhaken leiten die Spannkraft nur nach einer Seite weiter. Sie beanspruchen nur wenig Platz und können seitlich weggeschwenkt werden, was das Einlegen der Werkstücke erleichtert. Die Spannkraft kann durch Schrauben, Exzenter oder hydraulisch erzeugt werden. Zur Aufnahme der Gegenkraft sollten Spannhaken abgestützt werden.

Druckscheiben, Druckstücke

Druckscheiben und Druckstücke sollen die Spannkraft so auf das Werkstück verteilen, dass keine unzulässig hohe Flächenpressung und damit keine Beschädigungen auftreten. Damit bei unebenen Werkstückflächen keine einseitige Belastung erfolgt, sollen die Elemente pendeln können. Bolzengelagerte Druckstücke werden bei größeren Werkstücken und bei mehreren Spannstellen verwendet.

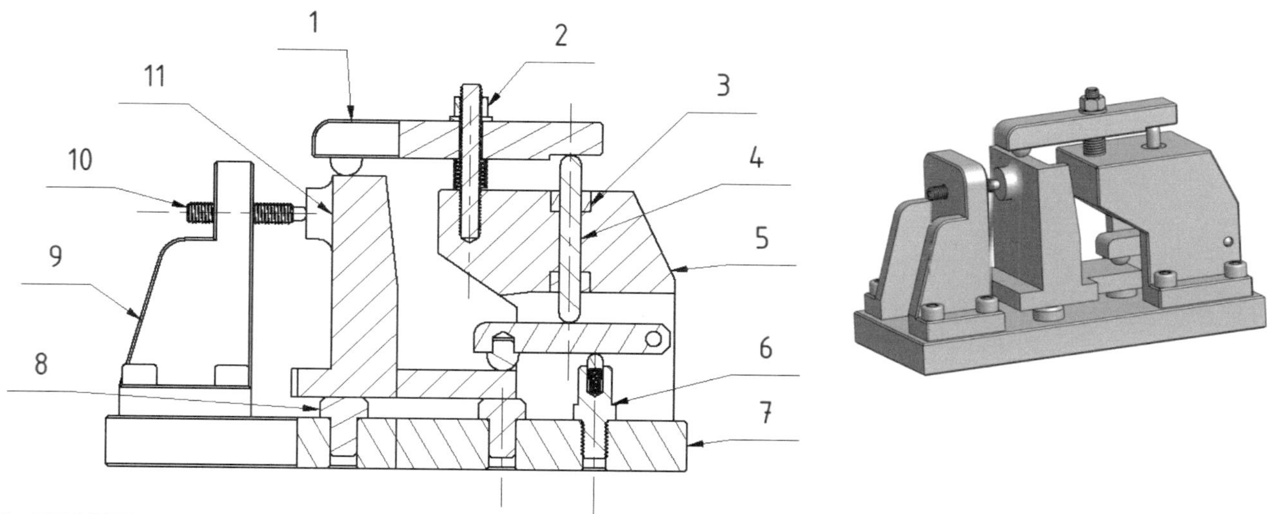

Bild 7-1 Doppelspanner
1 Spanneisen; 2 Sechskantmutter; 3 Gleitlagerbuchse; 4 Druckstange; 5 Aufnahmebock; 6 Federbolzen; 7 Grundplatte; 8 Bestimmbolzen; 9 Winkel; 10 Anschlagschraube; 11 Werkstück

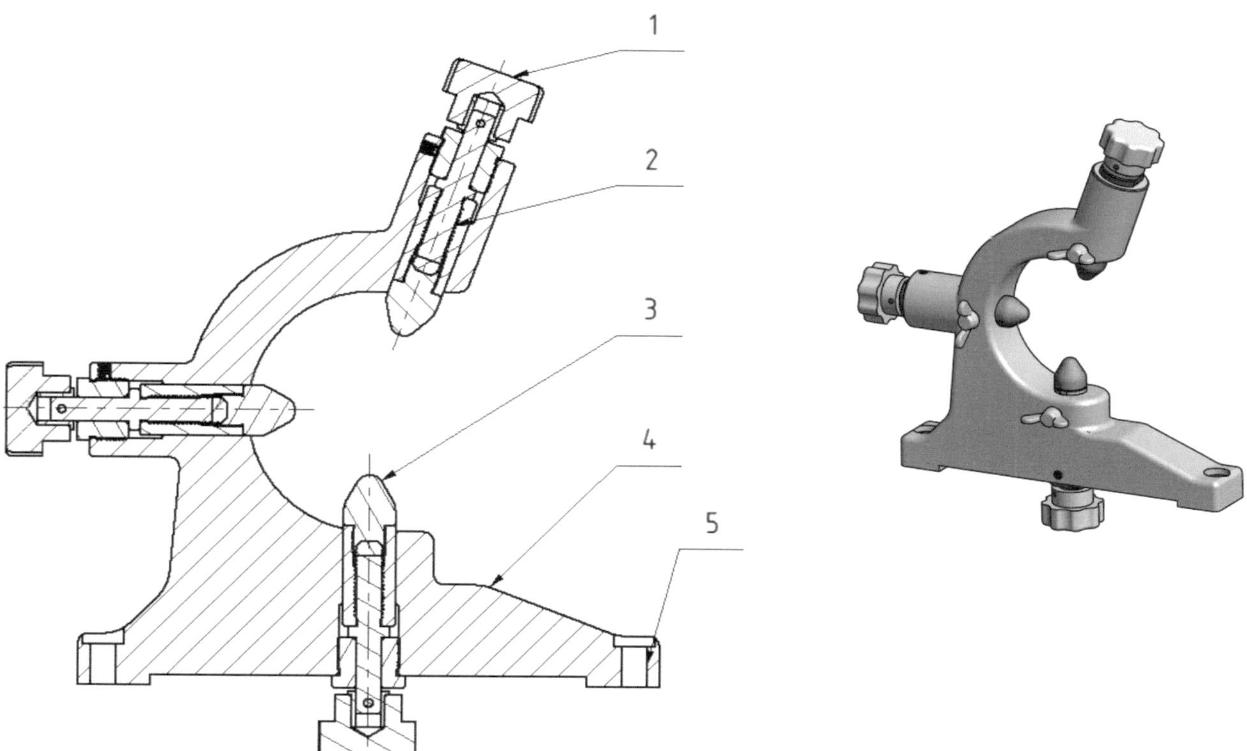

Bild 7-2 Mitlaufende Lünette (Setzstock)
1 Stellrad; 2 Pinole; 3 Fixierbacken Rollenbacken; 4 Grundkörper; 5 Lünettenbefestigung

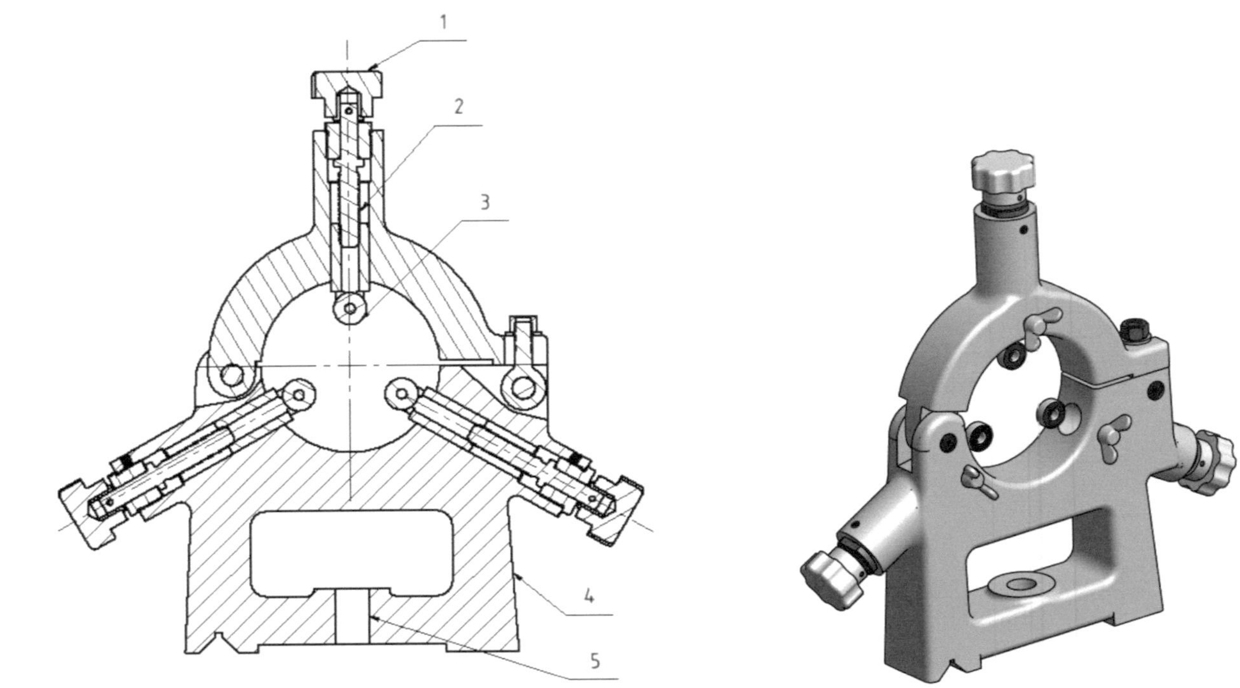

Bild 7-3 Feststehende Lünette (Setzstock)
1 Stellrad; 2 Pinole; 3 Fixierbacken Rollenbacken; 4 Grundkörper; 5 Lünettenbefestigung

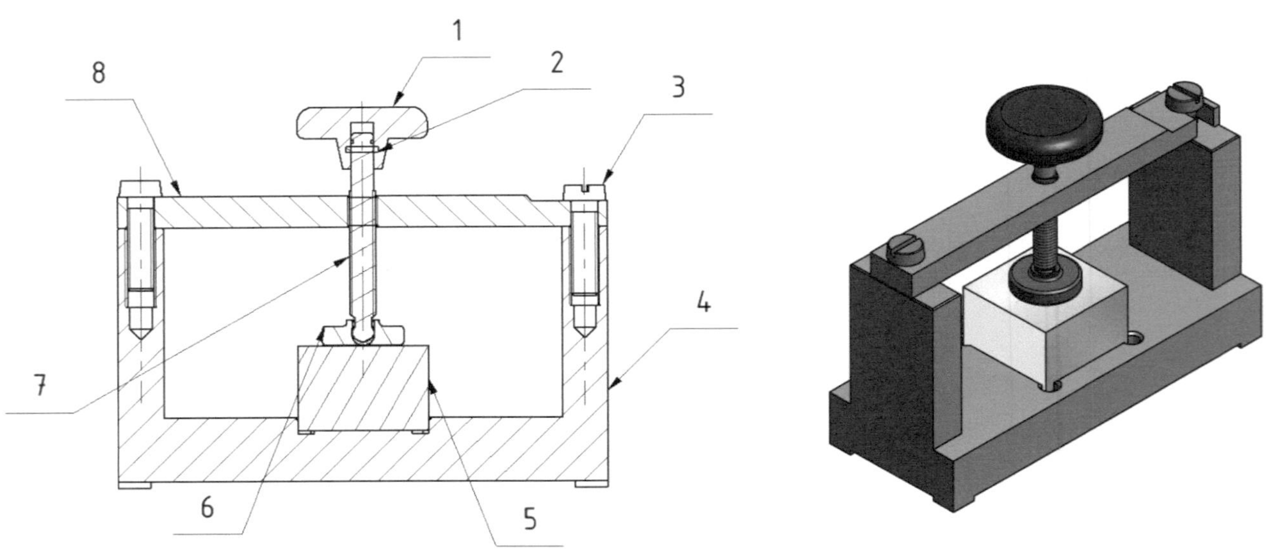

Bild 7-4 Anwendung der Spannschraube
1 Kreuzgriff; 2 Stift; 3 Schraube; 4 Gestell; 5 Werkstück; 6 Druckstück; 7 Spannschraube; 8 Klemmstück

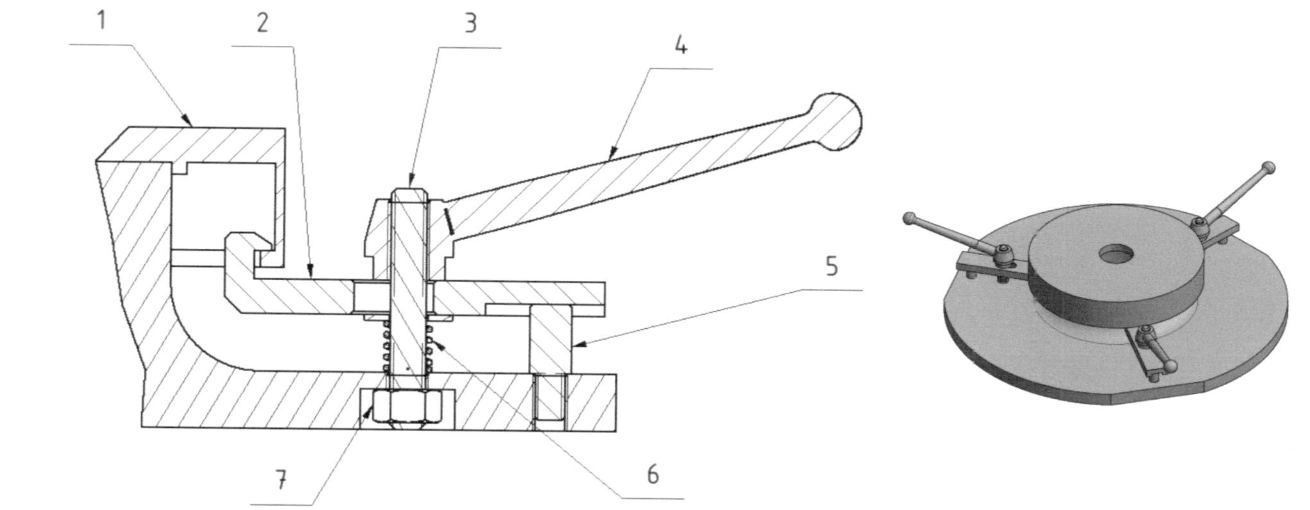

Bild 7-5 Werkstück zum Spannen von innen
1 Werkstück; 2 Spanneisen innen; 3 Spannschraube; 4 Spannhebel; 5 Abstützelement; 6 Druckfeder; 7 Sechskantmutter

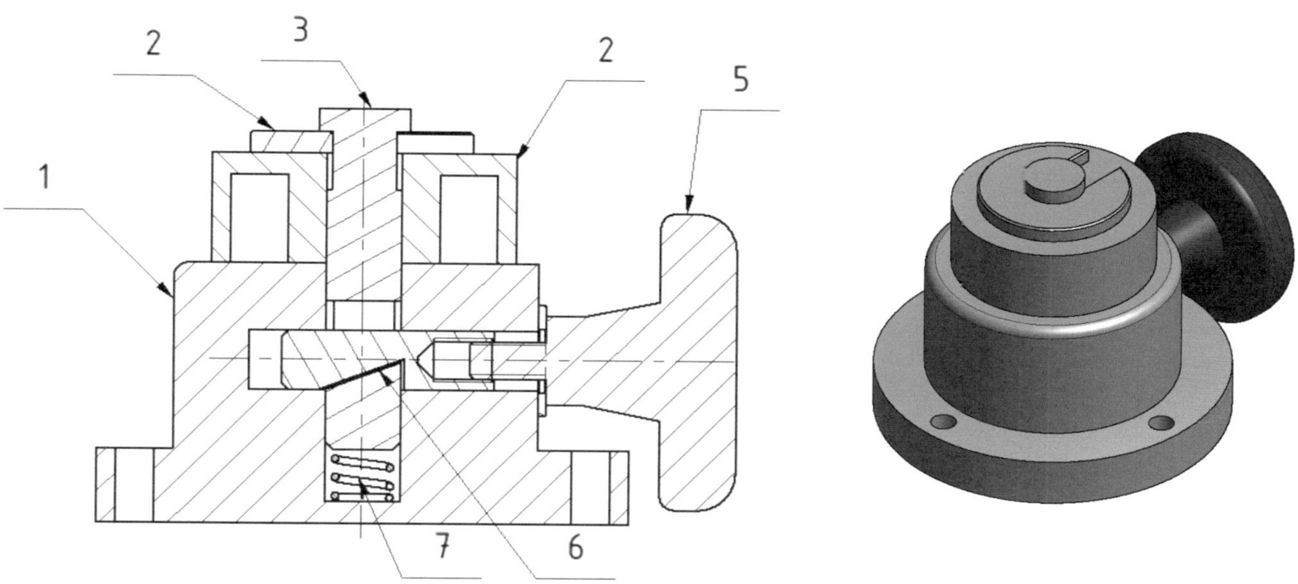

Bild 7-6 Werkstückspannen mit einem Umlenkkeil
1 Grundkörper; 2 Vorsteckscheibe; 3 Zugbolzen; 2 Werkstück; 5 Spanngriff; 6 Umlenkkeil; 7 Druckfeder

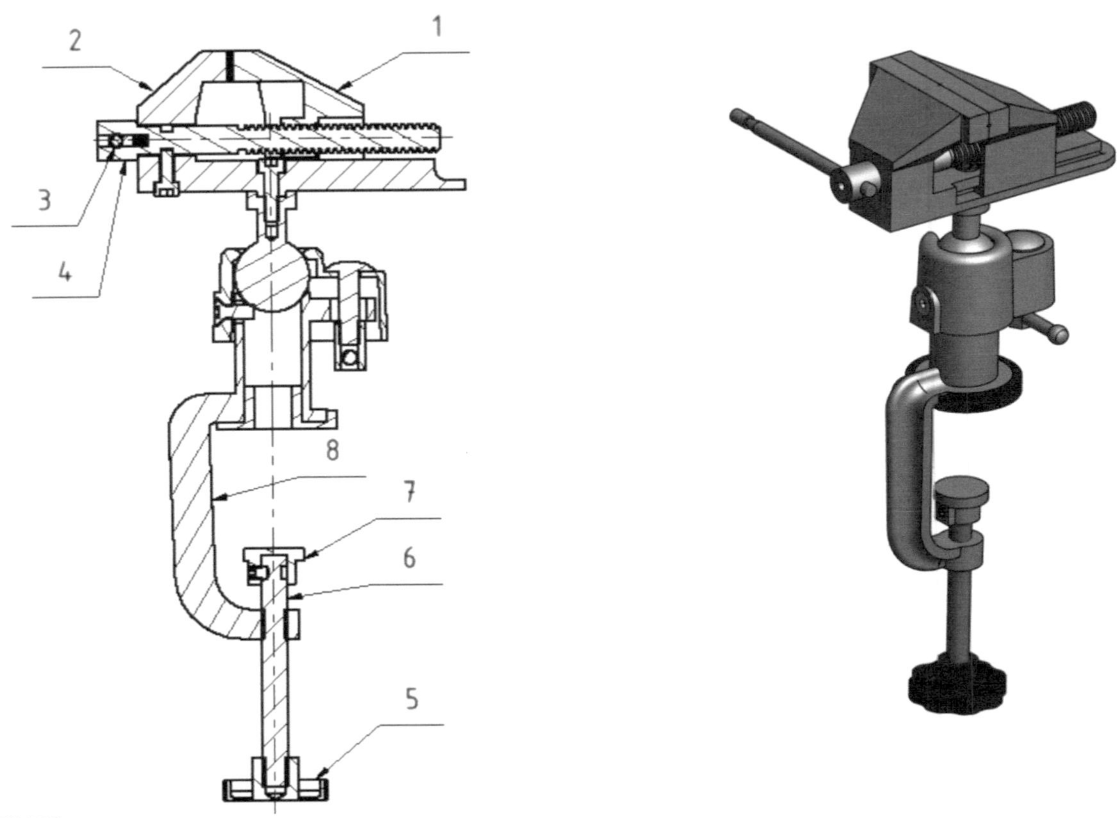

Bild 7-7 Klemmschraubstock
1 Beweglicher Backen; 2 Fester Backen; 3 Knebel lang: 4 Spindel; 5 Knebel kurz; 6 Klemmschraube; 7 Druckscheibe; 8 Tischklemme

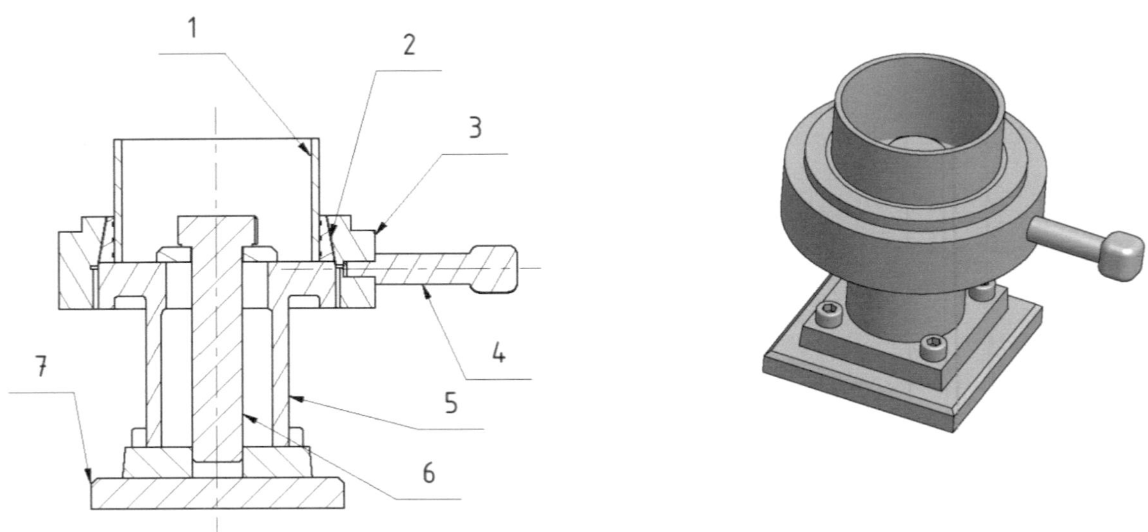

Bild 7-8 Handspannfutter für Rundteile
1 Werkstück; 2 Spreiz-Spann-Ring; 3 Spannring; 4 Kugelgriff; 5 Auswechselbarer Futterkörper; 6 Aufnahmezapfen für Futterkörper; 7 Grundplatte

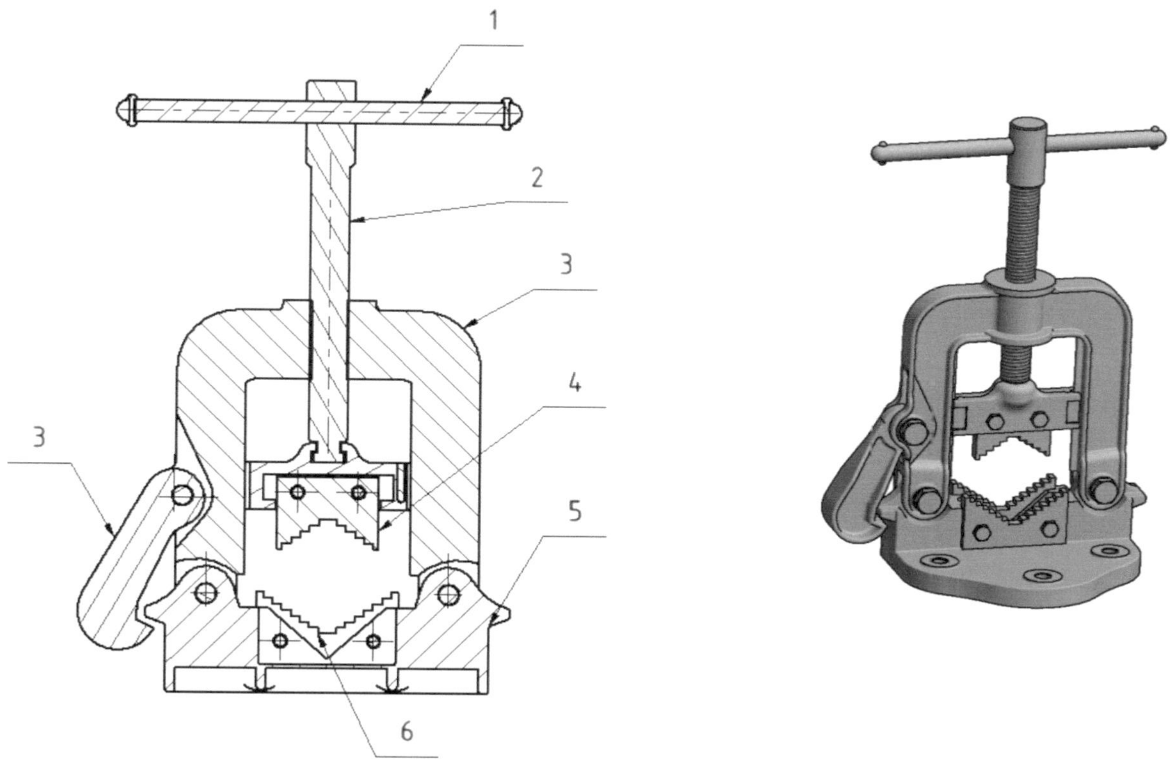

Bild 7-9 Rohrklemmvorrichtung
1 Spannhebel; 2 Spindelschraube; 3 Gestellbügel;
4 Obere Feststellbacke; 5 Grundplatte; 6 Untere Feststellbacke; 3 Rasthaken

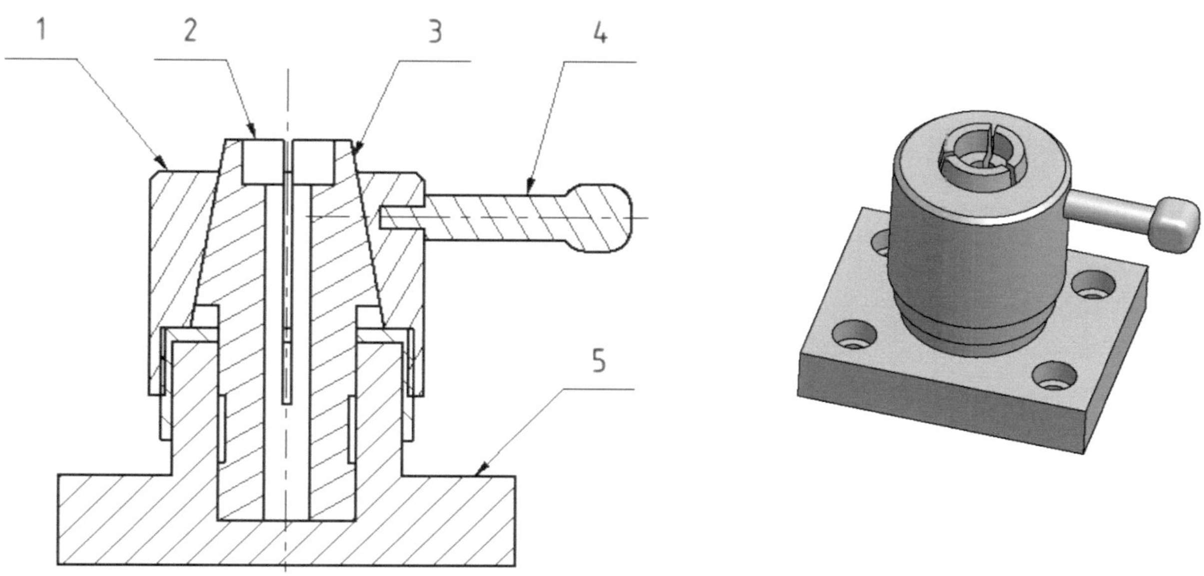

Bild 7-10 Handspannfutter für Rundteile
1 Spannring; 2 Aufnahme für das Werkstück; 3 Spannzange; 4 Kugelgriff;
5 Grundplatte

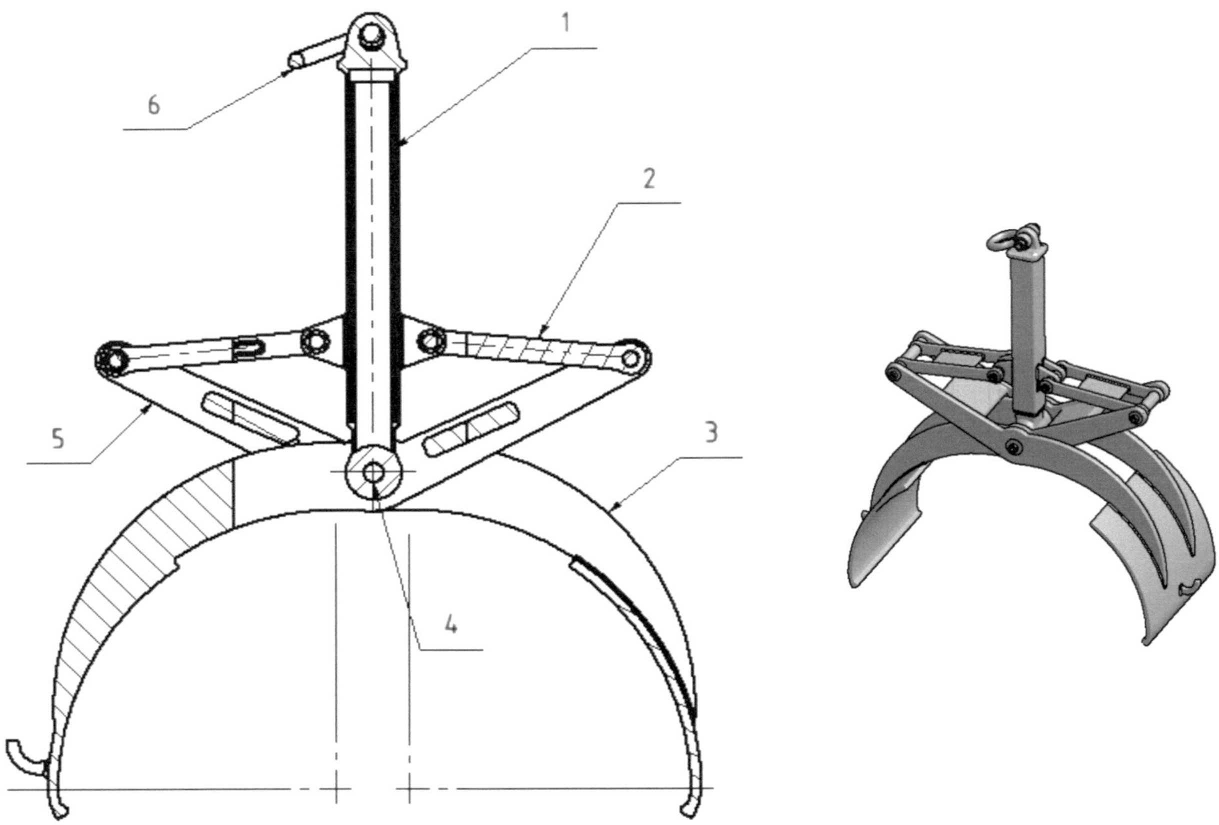

Bild 7-11 Greifer für Rundmaterial
1 Führungsrahmen; 2 Obere Gelenkführung; 3 Schaufel; 4 Lagerpunkt; 5 Untere Gelenkführung; 6 Befestigungshaken

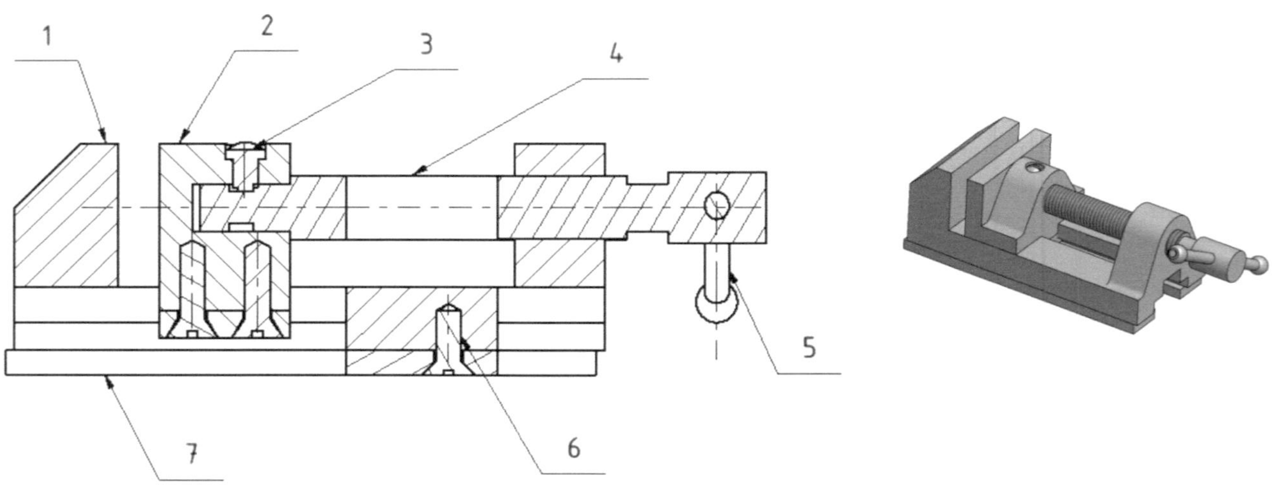

Bild 7-12 Schraubstock
1 Feststehender Backen; 2 Spannbacken; 3 Sicherungsschraube; 4 Spindel; 5 Spanngriff; 6 Befestigungsschraube; 7 Grundplatte

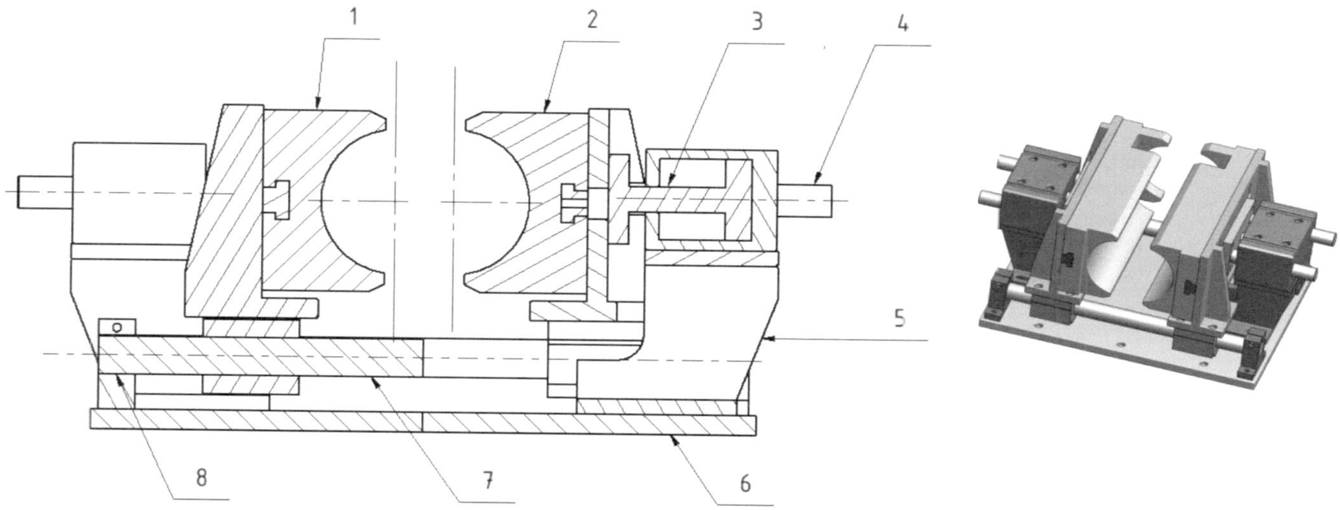

Bild 7-13 Hydraulischer Schraubstock
1 Spannbacke links; 2 Spannbacke rechts; 3 Hydraulikzylinder; 4 Führungswelle; 5 Befestigungsplatte; 6 Grundplatte; 7 Führungswelle; 8 Fixierstift Führungswelle

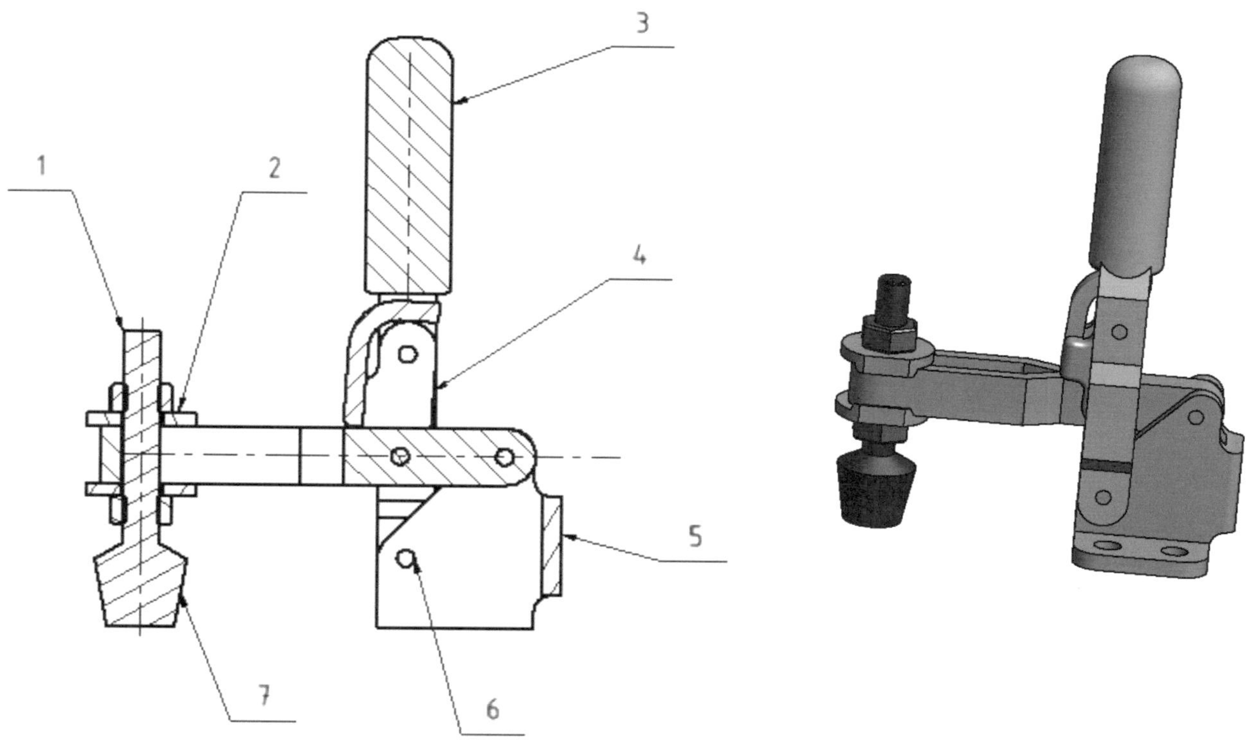

Bild 7-14 Schnellspannelement
1 Andruckschraube; 2 Feststellschraube; 3 Betätigungshebel; 4 Umlenkhebel; 5 Befestigungsflansch; 6 Lager-Umlenkhebel; 7 Andruckelement

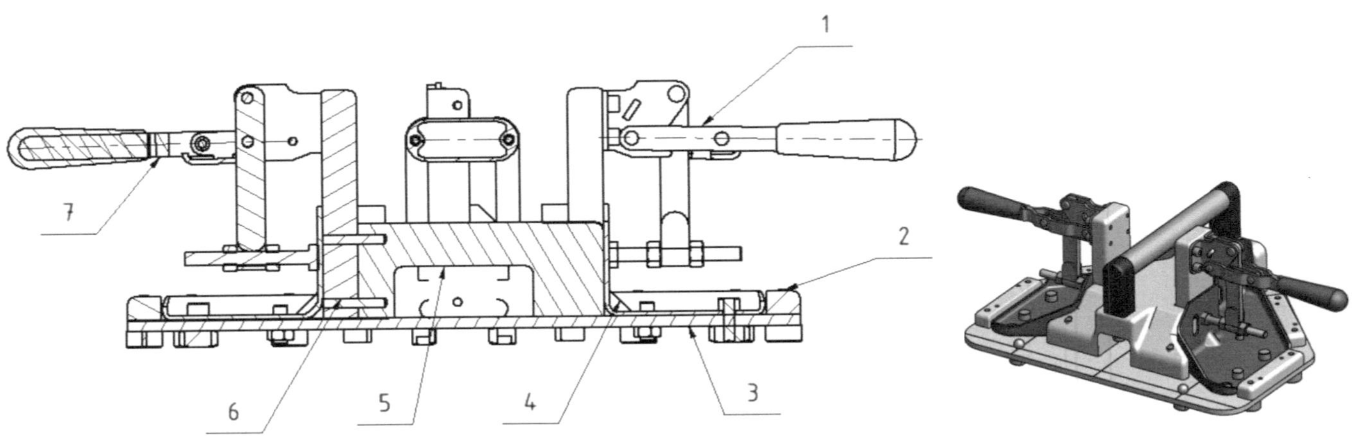

Bild 7-15 Spannvorrichtung für Blechteile
1 Spannelement; 2 Anschlag für Werkstück; 3 Grundplatte; 4 Werkstück, Blechbiegeteil; 5 Anschlag und Haltegriff; 6 Befestigung für Spannelement; 7 Spannelement

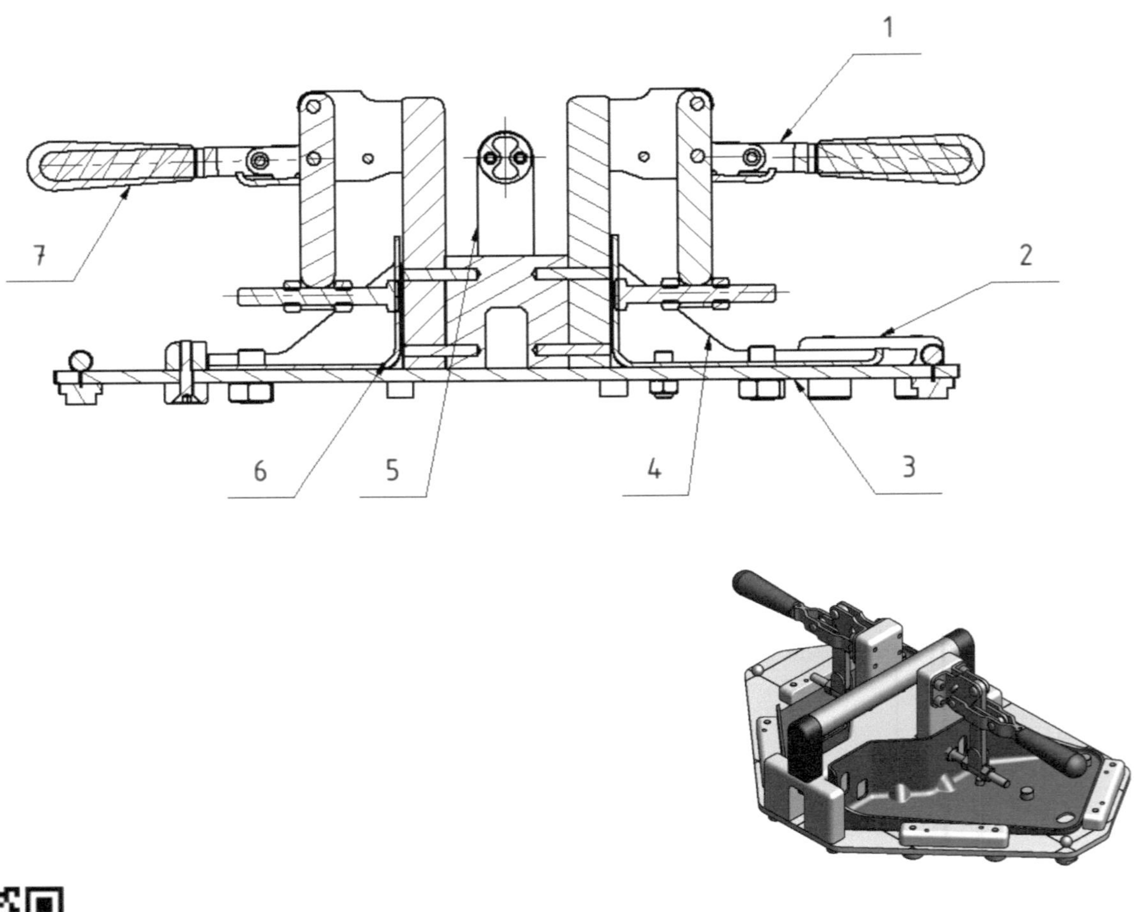

Bild 7-16 Spannvorrichtung für Blechteile
1 Spannelement; 2 Anschlag für Werkstück; 3 Grundplatte; 4 Werkstück, Blechbiegeteil; 5 Haltegriff; 6 Befestigung für Spannelement; 7 Spannelement

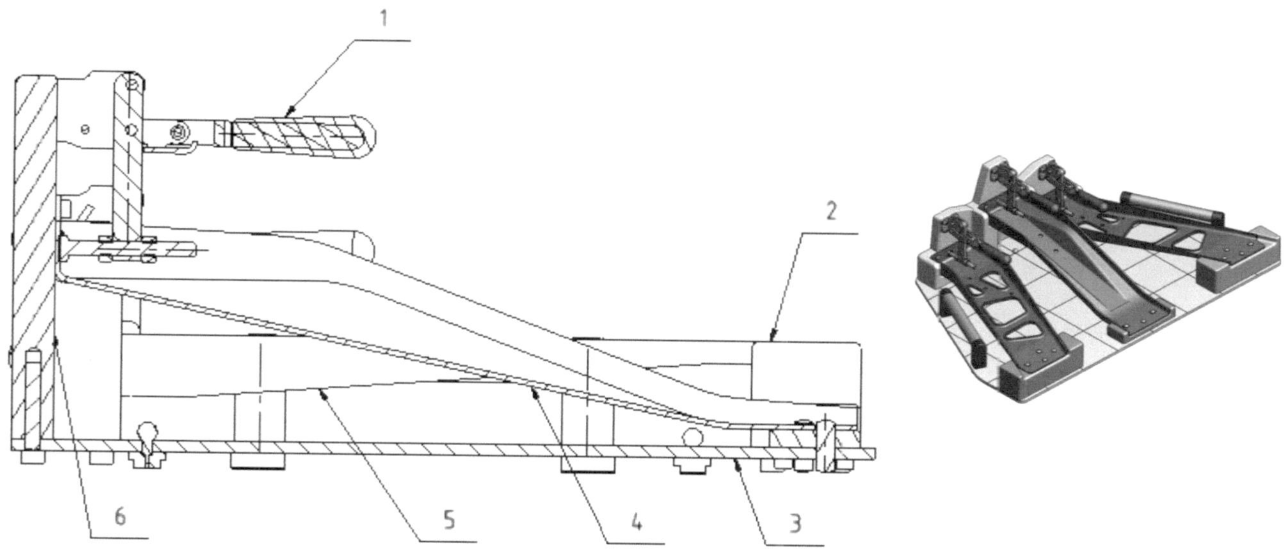

Bild 7-17 Spannvorrichtung für Blechteile
1 Spannelement; 2 Aufnahme für Werkstück; 3 Grundplatte; 4 Werkstück, Blechbiegeteil; 5 Haltegriff; 6 Befestigung für Spannelement

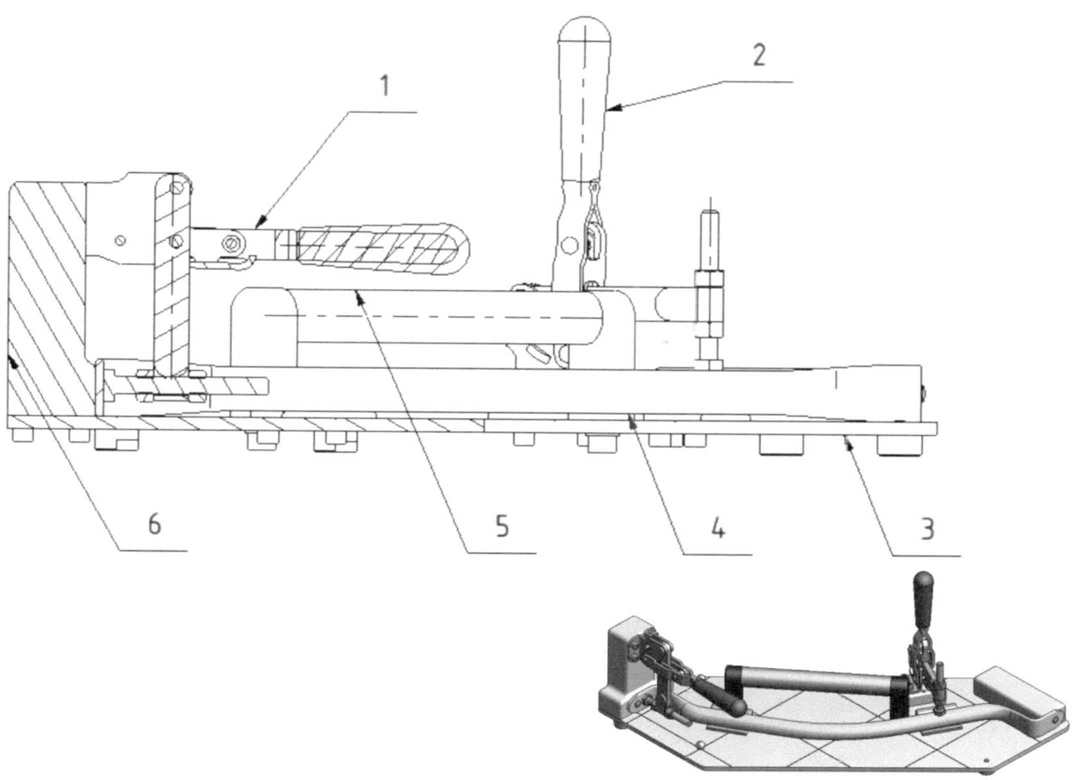

Bild 7-18 Spannvorrichtung für Blechteile
1 Spannelement; 2 Spannelement; 3 Grundplatte; 4 Werkstück, Blechbiegeteil; 5 Haltegriff; 6 Befestigung für Spannelement

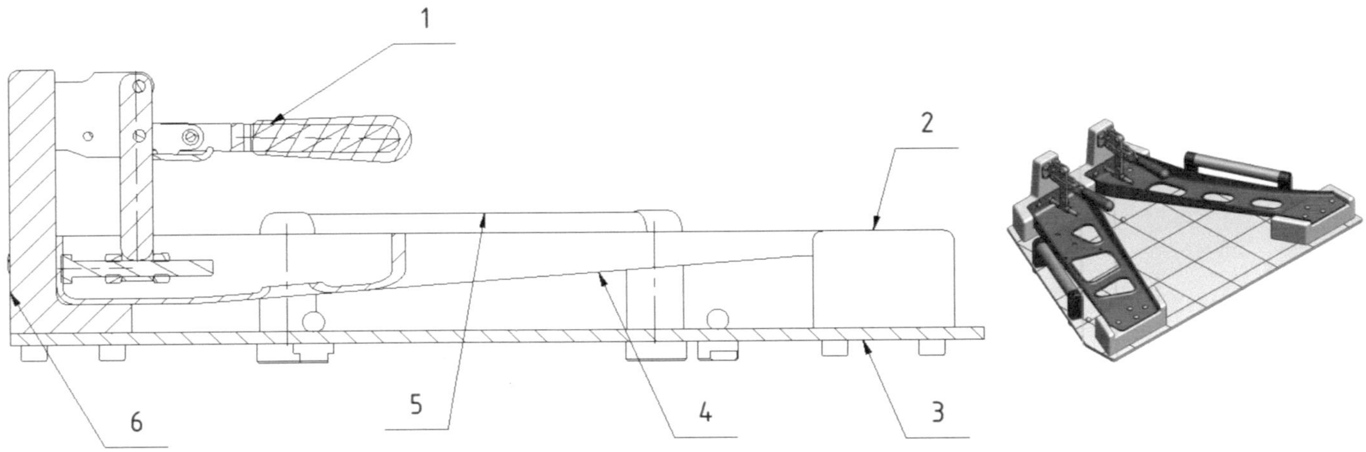

Bild 7-19 Spannvorrichtung für Blechteile
1 Spannelement; 2 Aufnahme für das Werkstück; 3 Grundplatte; 4 Werkstück, Blechbiegeteil; 5 Haltegriff; 6 Befestigung für Spannelement

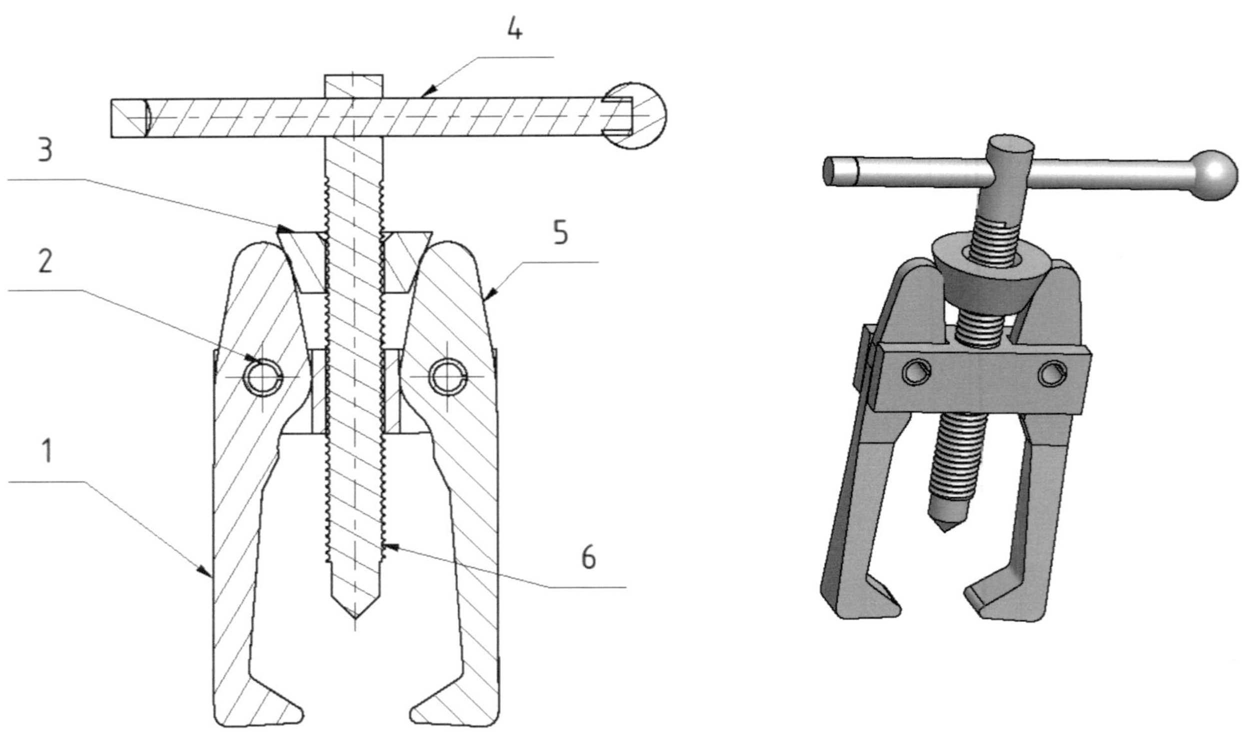

Bild 7-20 Kugellager-Abzieher
1 Linke Klemmbacke; 2 Lagerung Klemmbacke; 3 Klemmstück; 4 Handhebel; 5 Rechte Klemmbacke; 6 Spindel

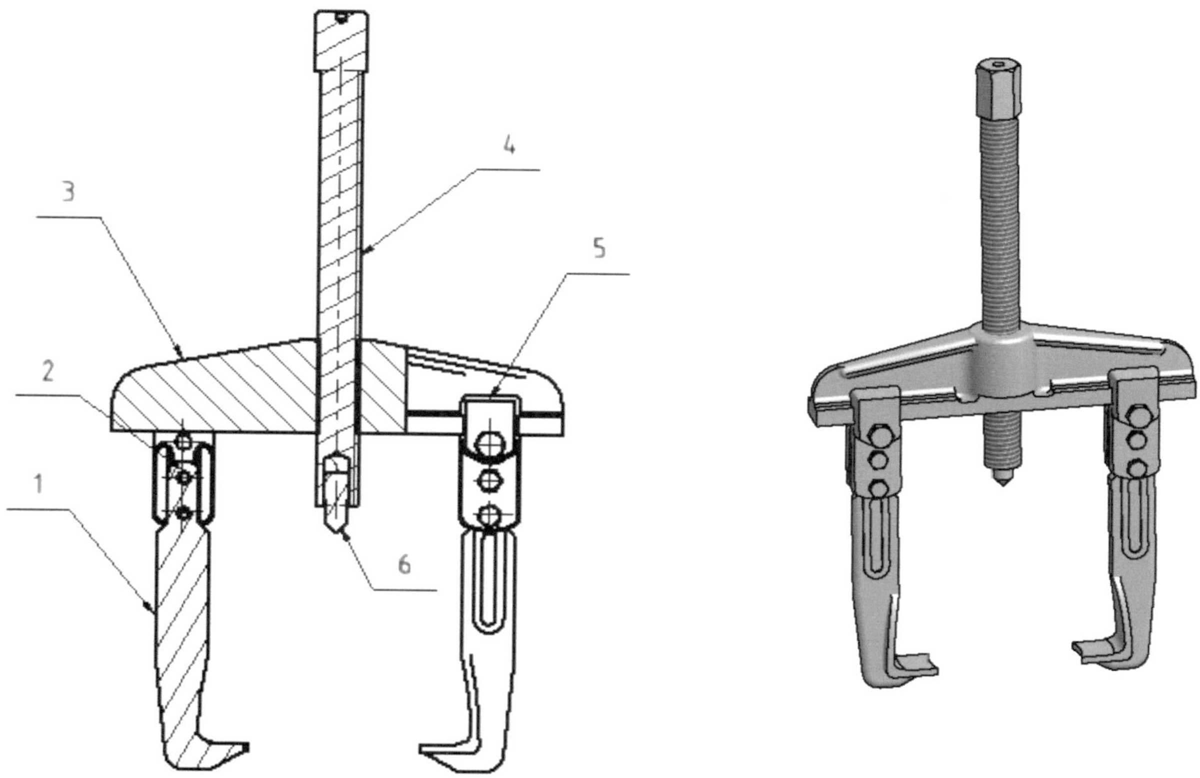

Bild 7-21 Verstellbarer Kugellager-Abzieher
1 Linke Klemmbacke; 2 Lagerung Klemmbacke; 3 Führungsschiene; 4 Spindel; 5 Verstelleinheit für Klemmbacke; 6 Zentrierstift

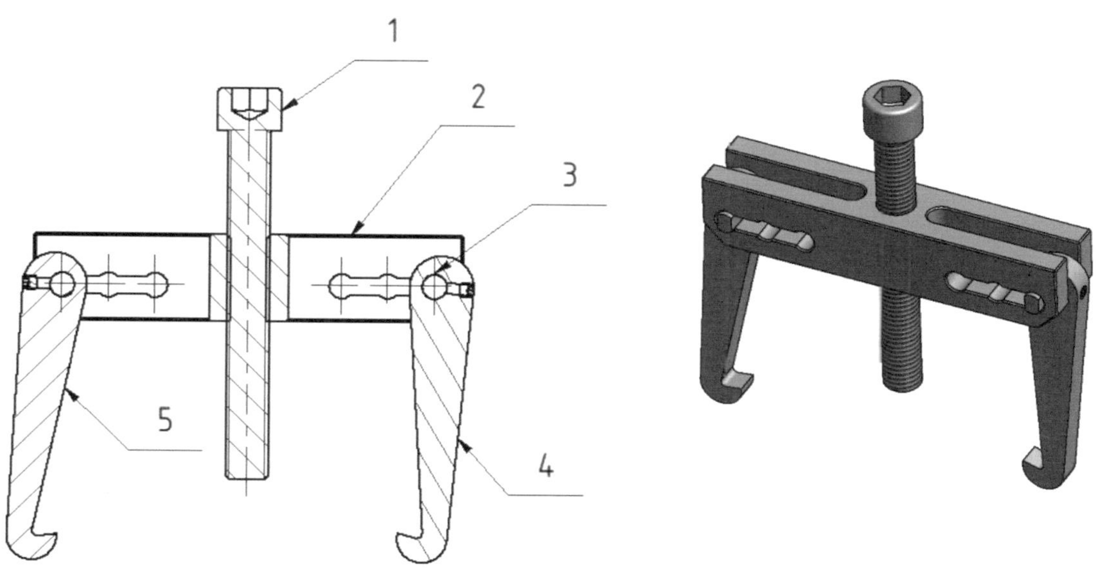

Bild 7-22 Verstellbarer Kugellager-Abzieher
1 Spannschraube; 2 Brücke; 3 Lagerstift; 4 Backe rechts; 5 Backe links

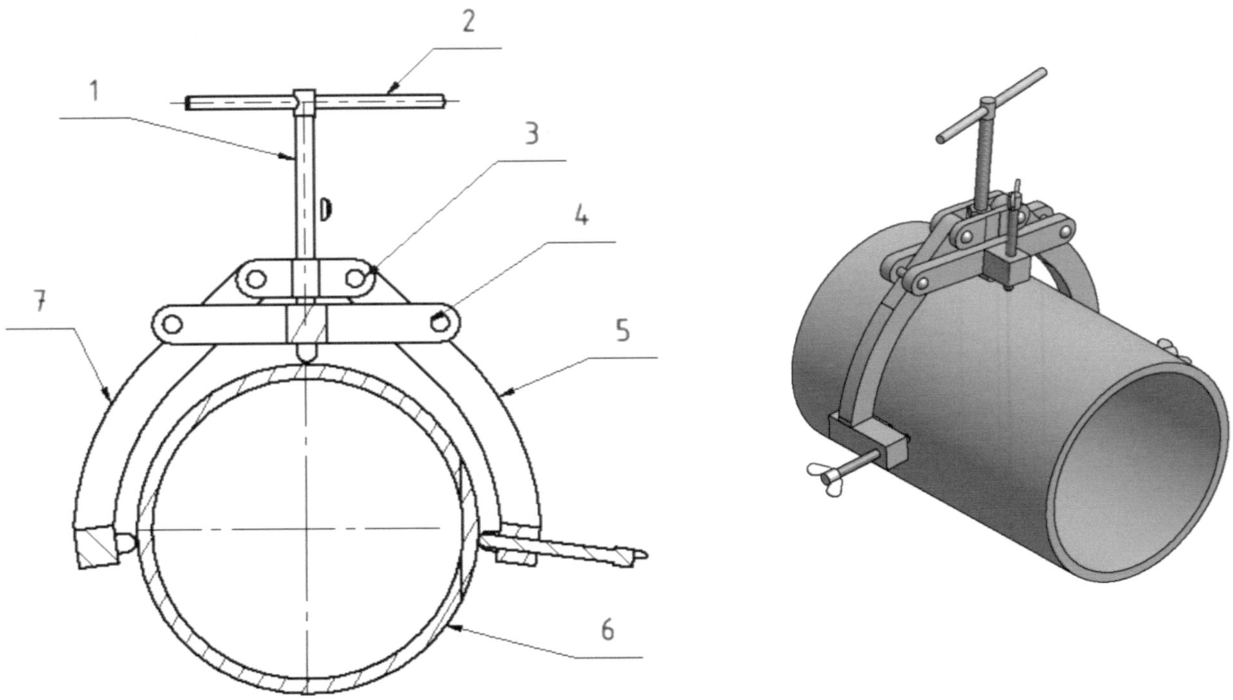

Bild 7-23 Greifarm für Rohre
1 Anzugspindel; 2 Handhebel; 3 Umlenkhebel; 4 Umlenkhebel; 5 Greifarm rechts; 6 Rundrohr; 7 Greifarm links

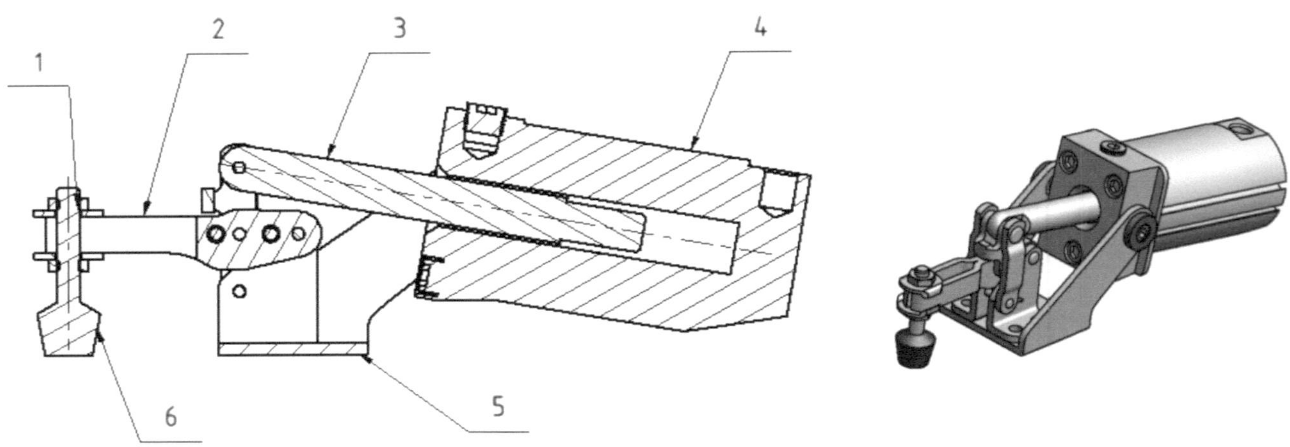

Bild 7-24 Druckluftspanner
1 Befestigungsschraube; 2 Druckhebel; 3 Zylinderwelle; 4 Druckluftzylinder; 5 Befestigungsfuß; 6 Druckelement

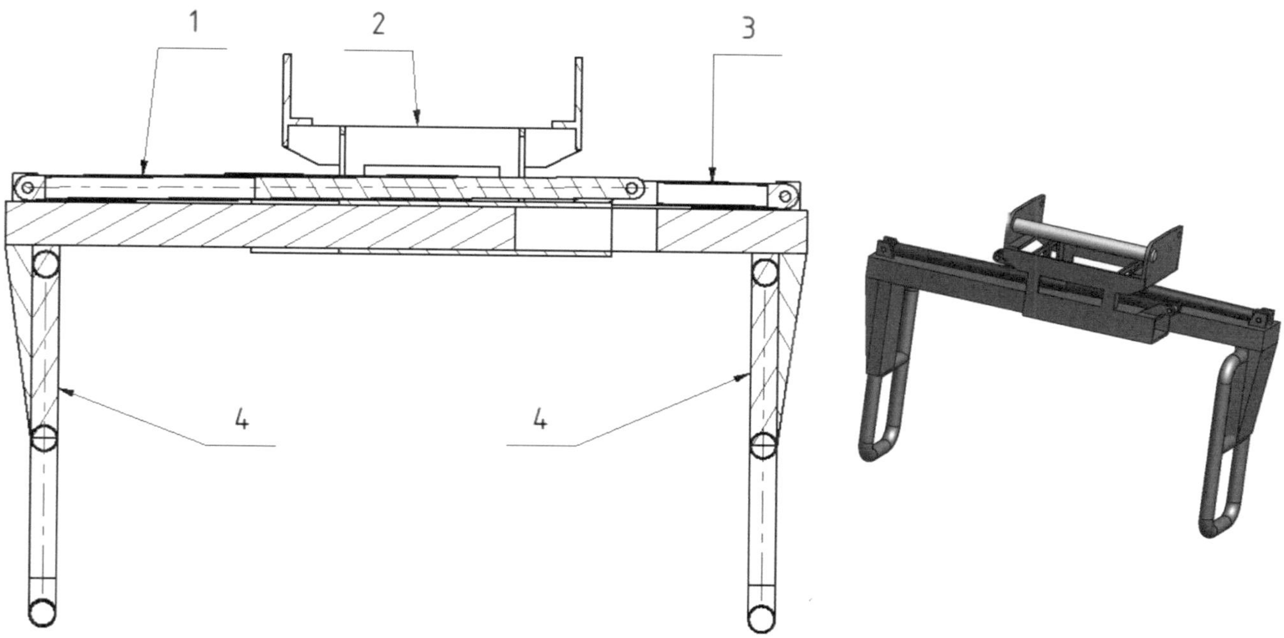

Bild 7-25 Heuballengreifer
1 Hydraulikzylinder; 2 Befestigungsaufnahme; 3 Hydraulikzylinder; 4 Rechter Greifarm; 5 Linker Greifarm

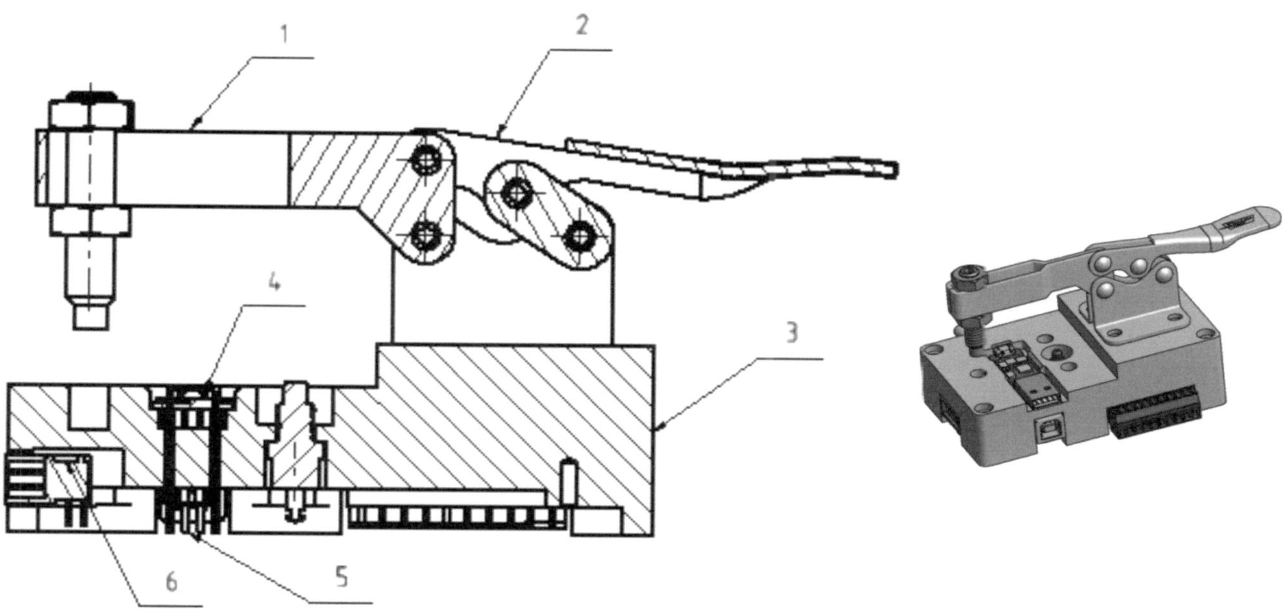

Bild 7-26 Spannsystem für Leiterplattenmontage
1 Niederhalter; 2 Schnellspannelement; 3 Aufnahmeplatte; 4 Prüfling USB-Stick; 5 Prüfspitzen; 6 Ausgangsstecker

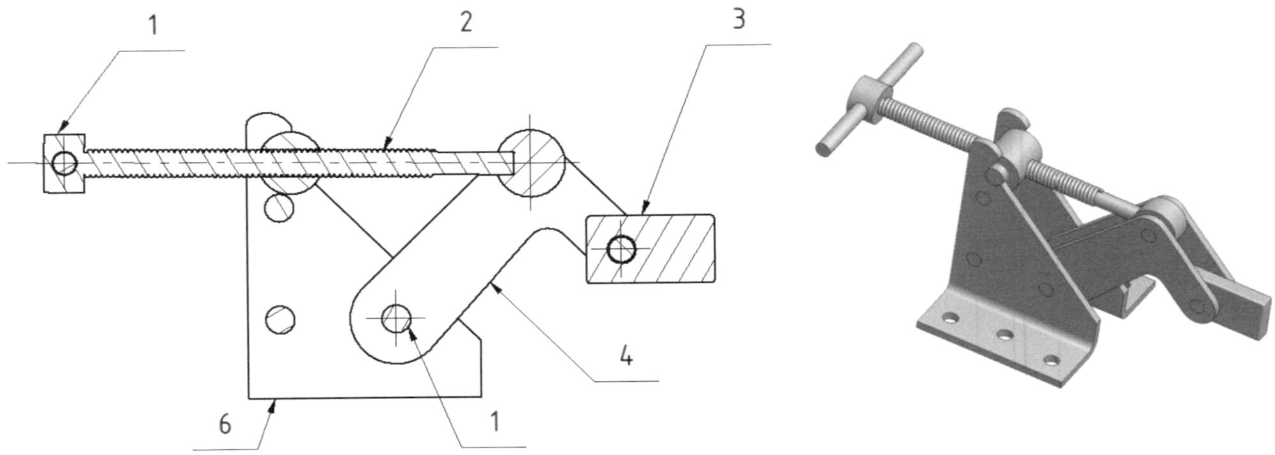

Bild 7-27 Schnellspanner
1 Handhebel; 2 Spindelschraube; 3 Andruckplatte; 4 Umlenkhebel; 5 Lager; 6 Seitenwände

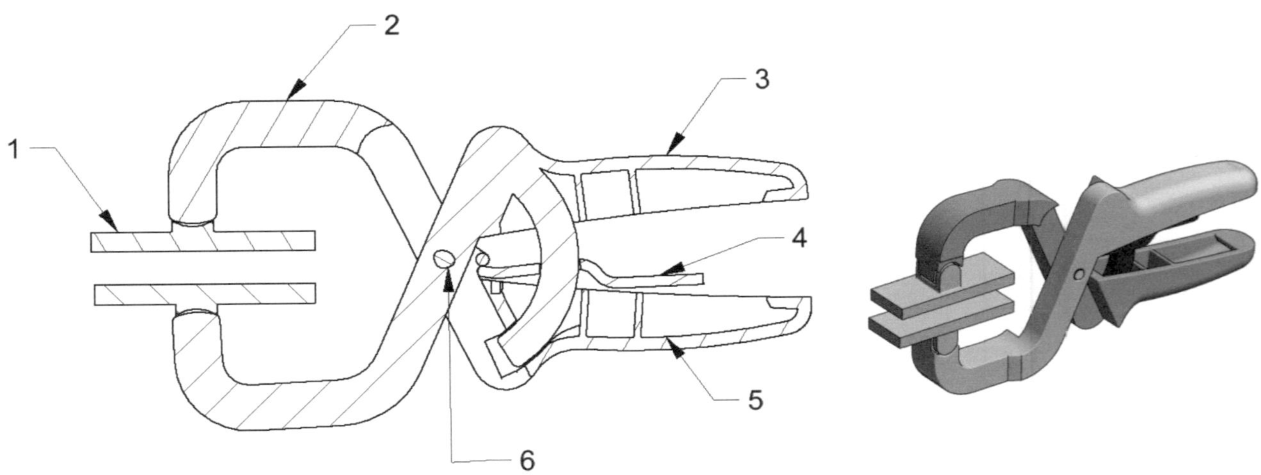

Bild 7-28 Schnellspannzange
1 Klemmbacken; 2 Obere Klemmgabel; 3 Oberer Klemmgriff; 4 Raste; 5 Unterer Klemmgriff; 6 Lager

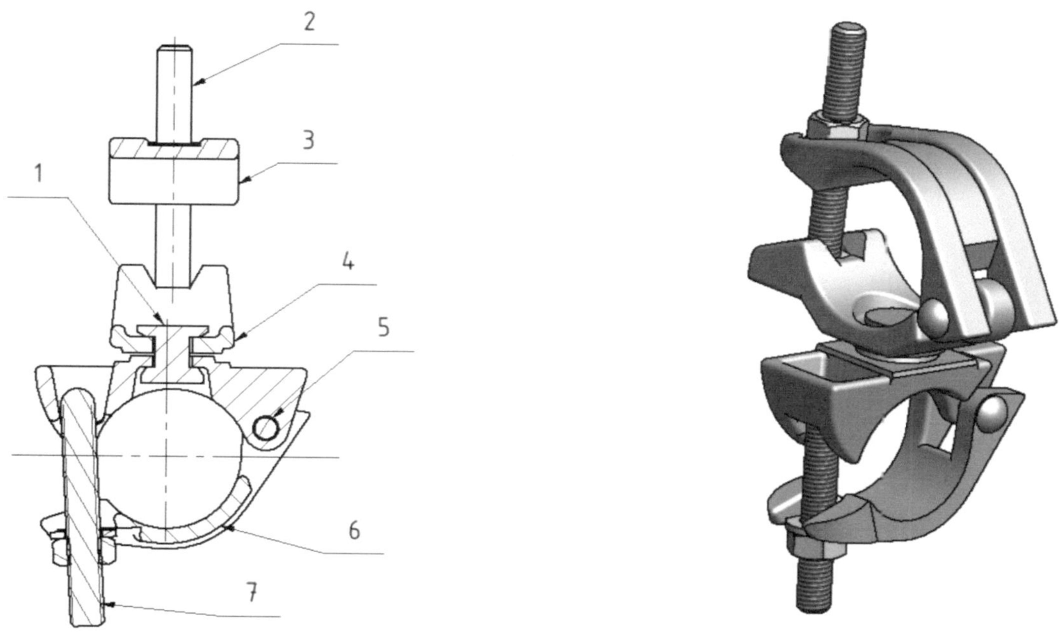

Bild 7-29 Rohrspannsystem
1 Rohrschellen-Verbindung; 2 Spindelschraube; 3 Obere Halbschale; 4 Untere Halbschale; 5 Lagerbolzen; 6 Untere Halbschale; 7 Spindelschraube

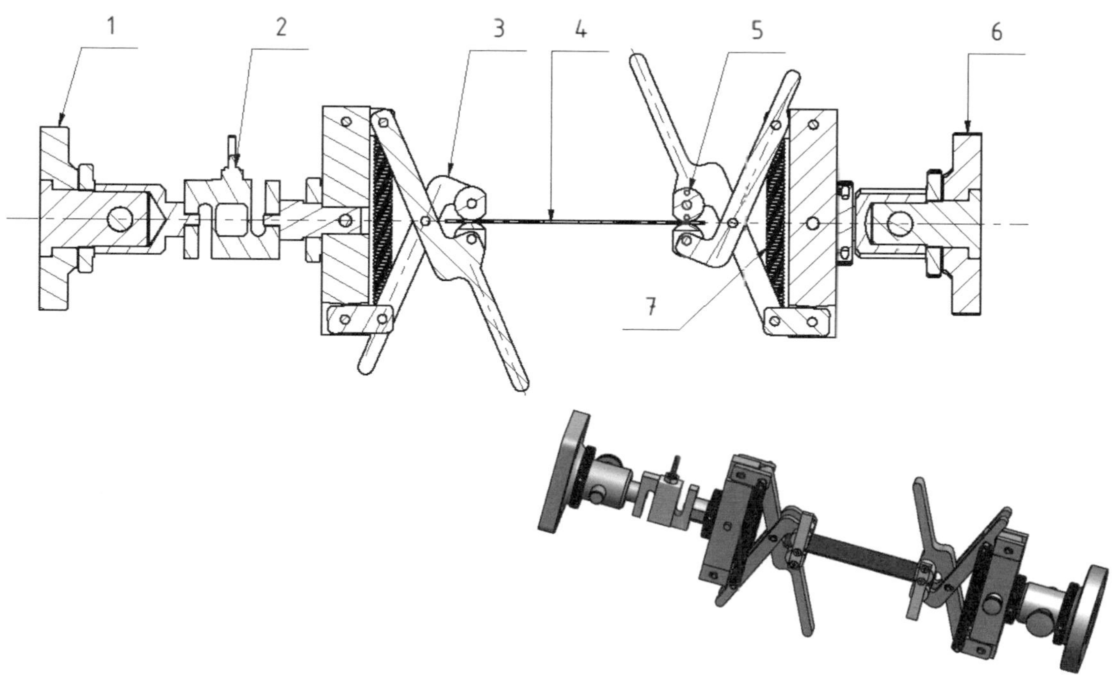

Bild 7-30 Spannsystem für Prüf-Zugmaschine
1 Befestigungsflansch; 2 Kraftmesssensor; 3 Linke Spanneinheit; 4 Prüfling; 5 Rechte Spanneinheit; 6 Befestigungsflansch; 7 Zugfeder

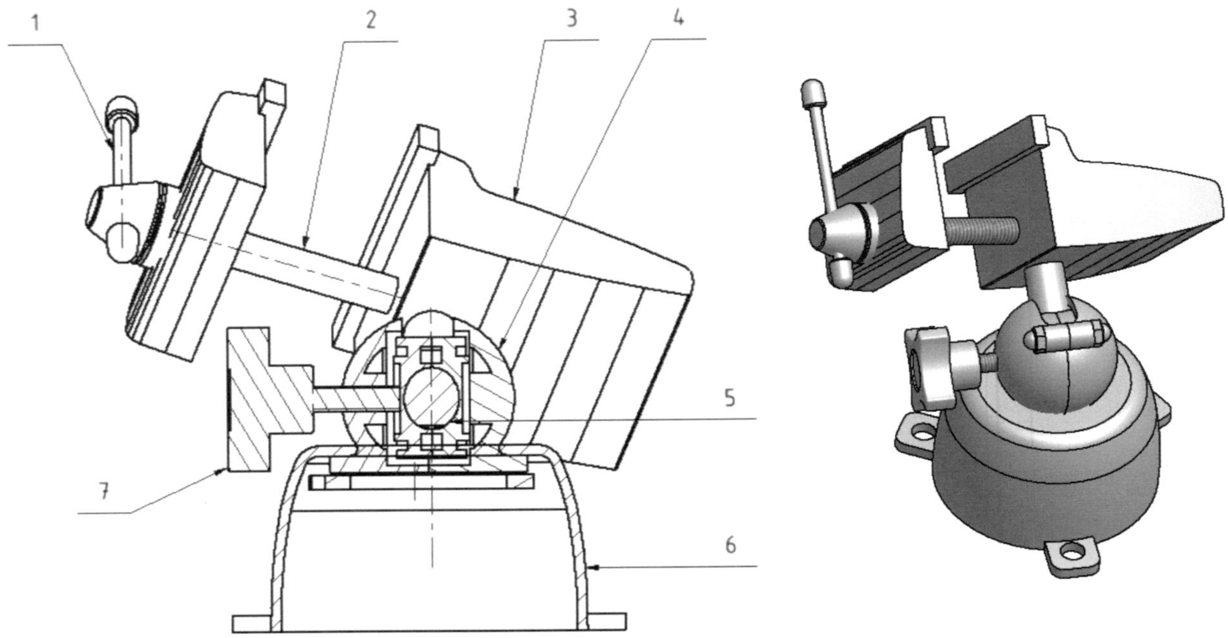

Bild 7-31 Kugelklemmschraubstock
1 Lager; 2 Spindel; 3 Feststehender Spannbacken; 4 Äußere Klemmkugel; 5 Innere Klemmbacken; 6 Befestigungsgehäuse; 7 Feststellmutter

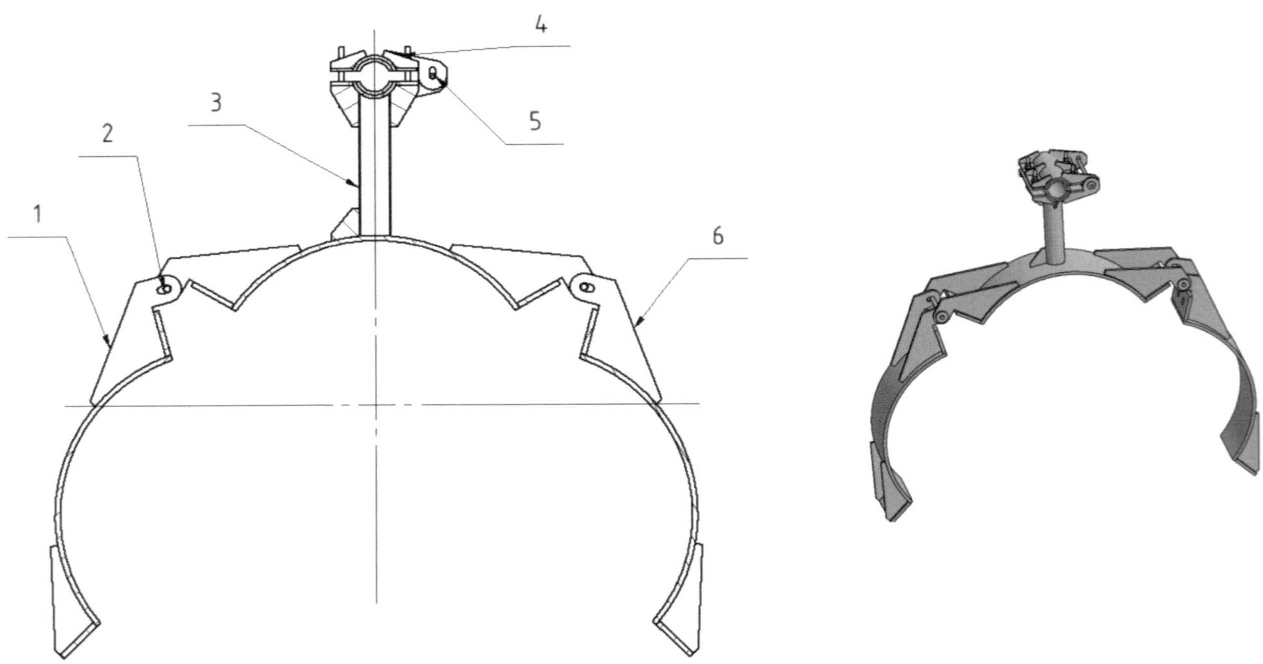

Bild 7-32 Greifarm
1 Greifarm links; 2 Lagerung Greifarm; 3 Trägerstück; 4 Wellenbefestigung; 5 Lager Wellenbefestigung; 6 Greifarm rechts

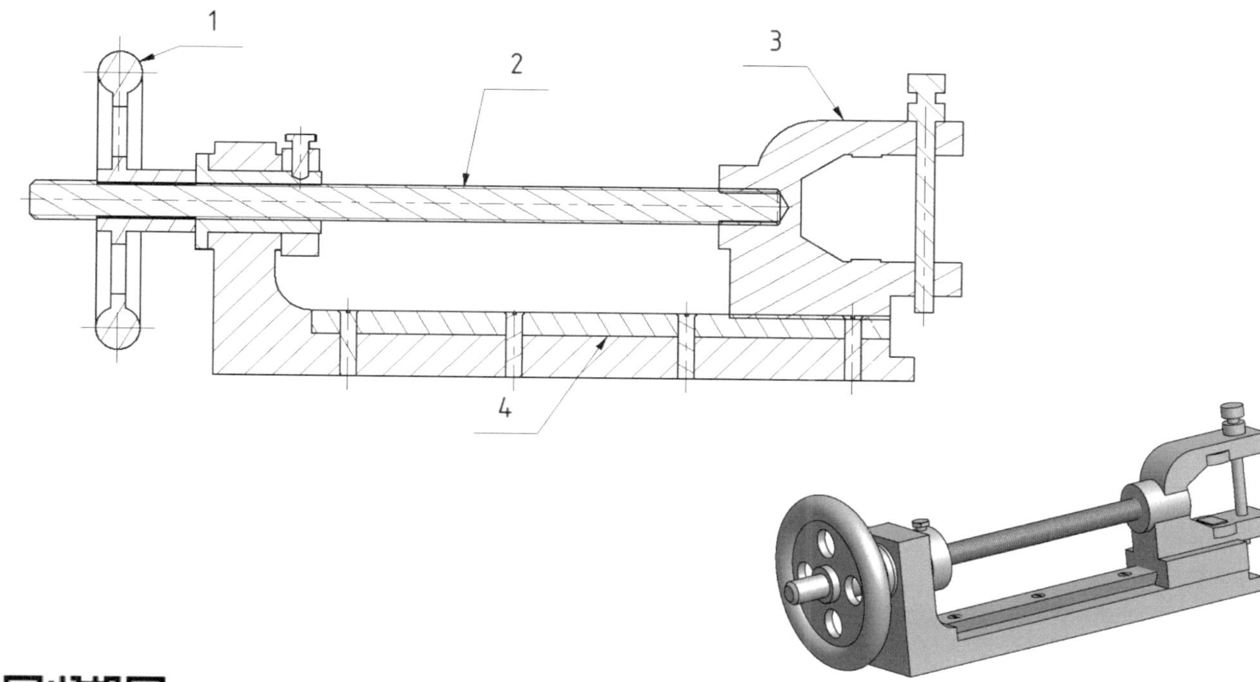

Bild 7-33 Transportschlitten mit Klemmeinheit
1 Handrad; 2 Spindel; 3 Transportschlitten mit Klemmbacken; 4 Prismaführung

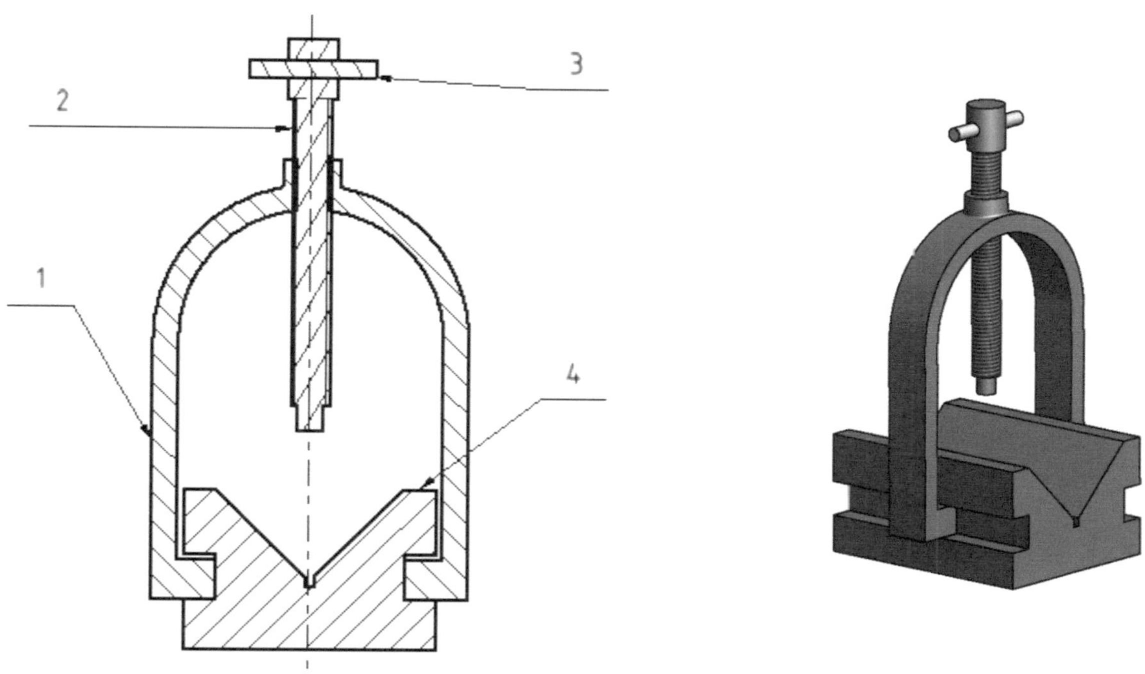

Bild 7-34 Prisma mit Feststellschraube
1 Klemmbügel; 2 Feststellschraube; 3 Handrad; 4 Prisma

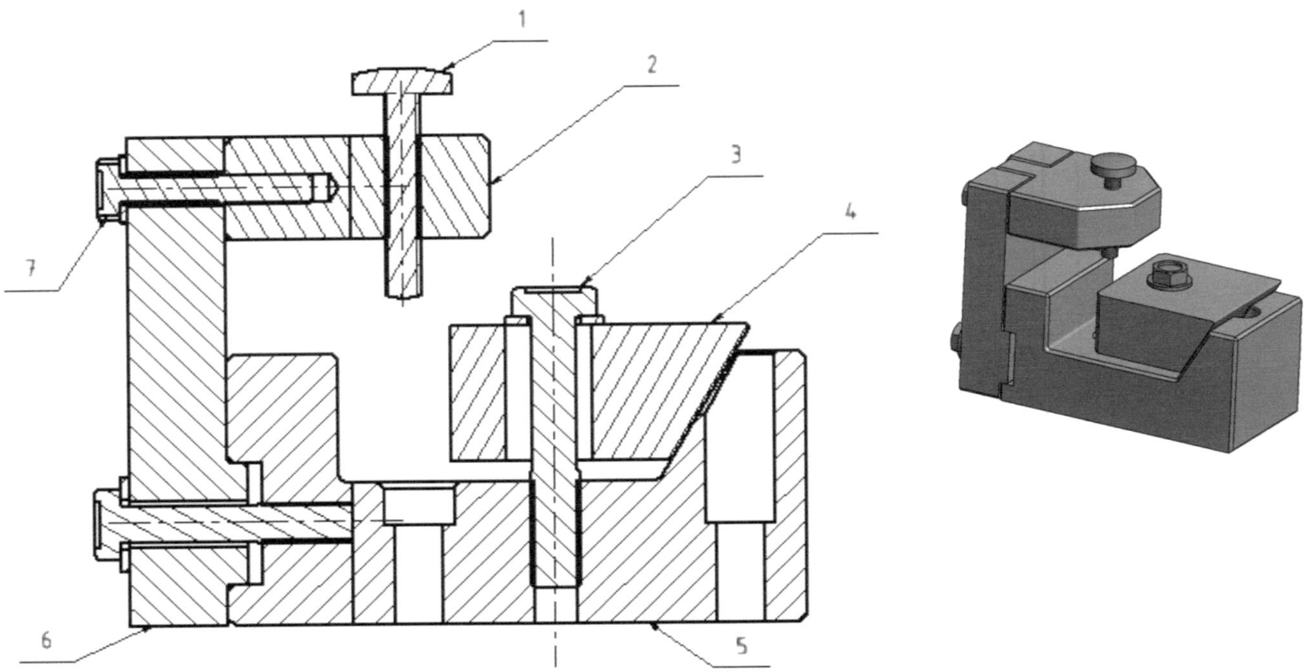

Bild 7-35 Werkstückspannsystem
1 Feststellschraube; 2 Gegenhalter; Spannschraube; 4 Feststellbacken; 5 Grundgestell; 6 Befestigung Gegenhalter; 7 Befestigungsschraube

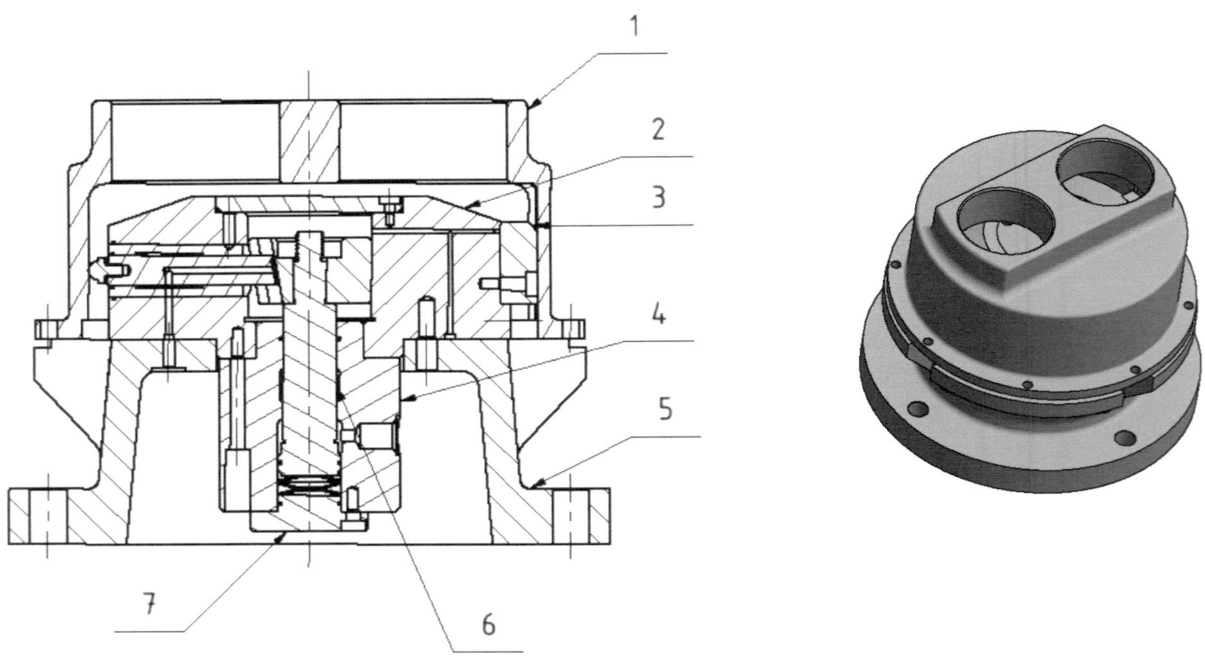

Bild 7-36 Spannvorrichtung für Gehäusemontage
1 Werkstück; 2 Vorrichtungskörper; 3 Zentrierstück; 4 Kolbengehäuse; 5 Vorrichtungsköper unten; 6 Kolben; 7 Deckel für Kolbengehäuse

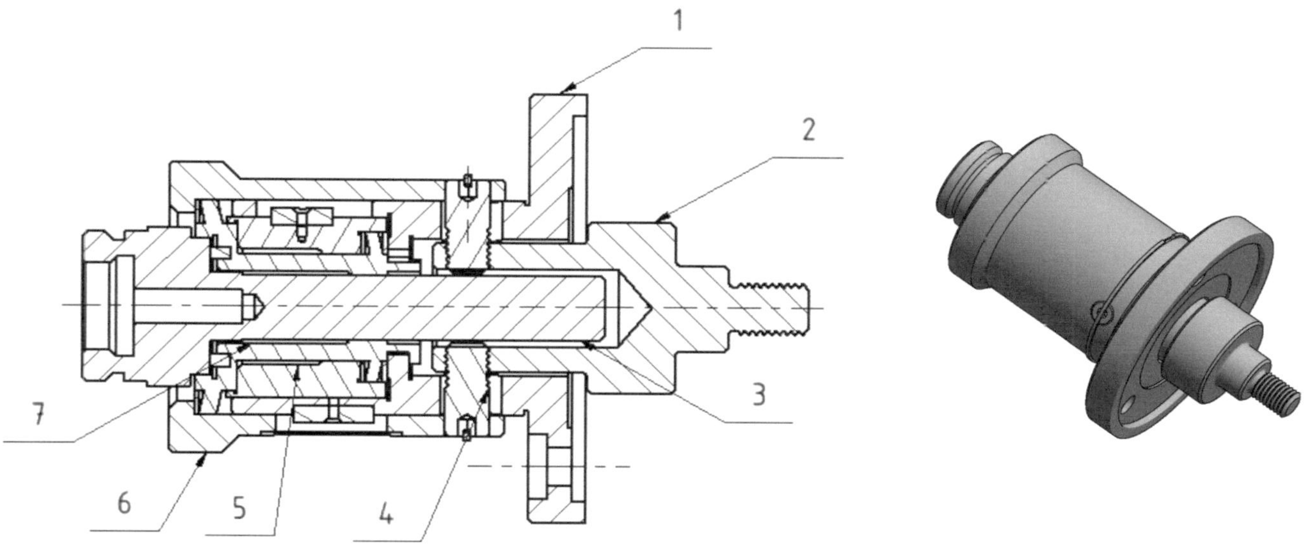

Bild 7-37 Spannvorrichtung zum Spannen von zwei Durchmessern
1 Außenflansch; 2 Zugstange; 3 Werkstück; 4 Spannbolzen; 5 Innenteil; 6 Außenteil; 7 Spannzange

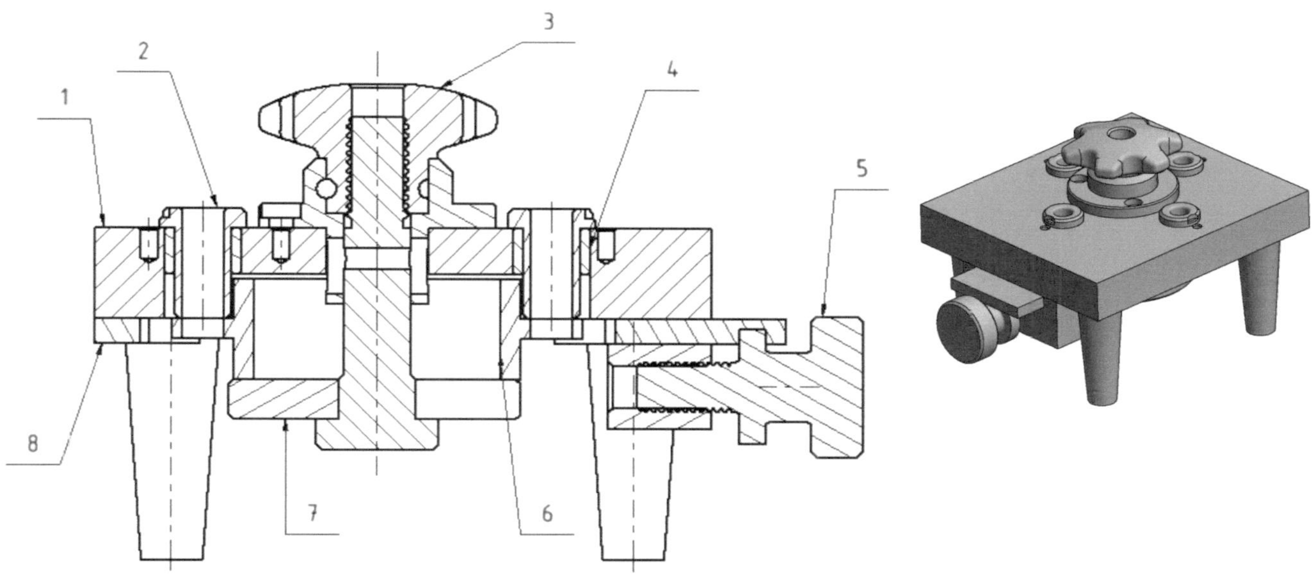

Bild 7-38 Spannvorrichtung
1 Grundplatte; 2 Bohrbuchse; 3 Feststellhebel; 4 Bohrbuchse; 5 Arretierung; 6 Werkstück; 7 Spannscheibe; 8 Prisma

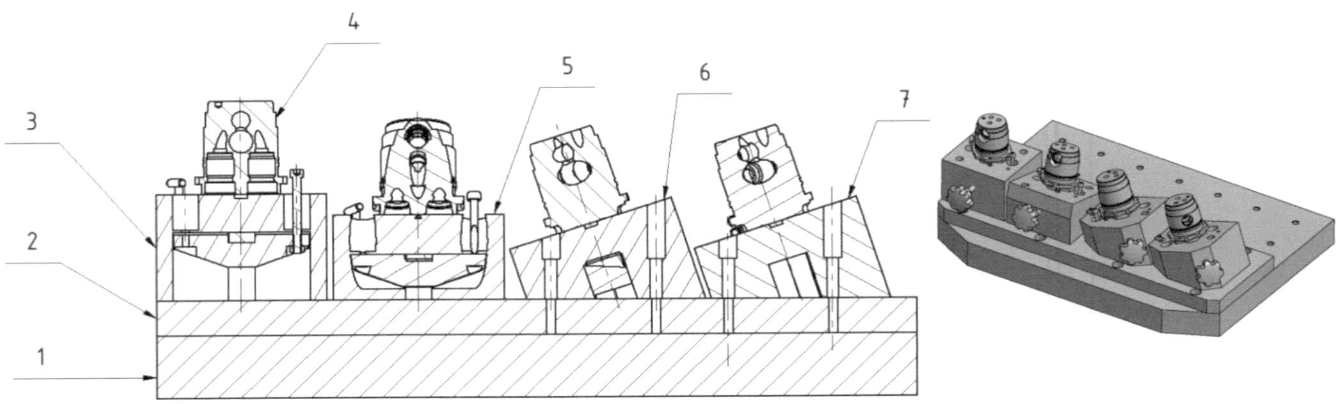

Bild 7-39 Spannvorrichtung für vier verschiedene Arbeitsfolgen
1 Grundplatte; 2 Aufspannplatte; 3 Spannbock – Arbeitsgang 1; 4 Werkstück;
5 Spannbock – Arbeitsgang 2; 6 Spannbock – Arbeitsgang 3; 7 Spannbock – Arbeitsgang 4

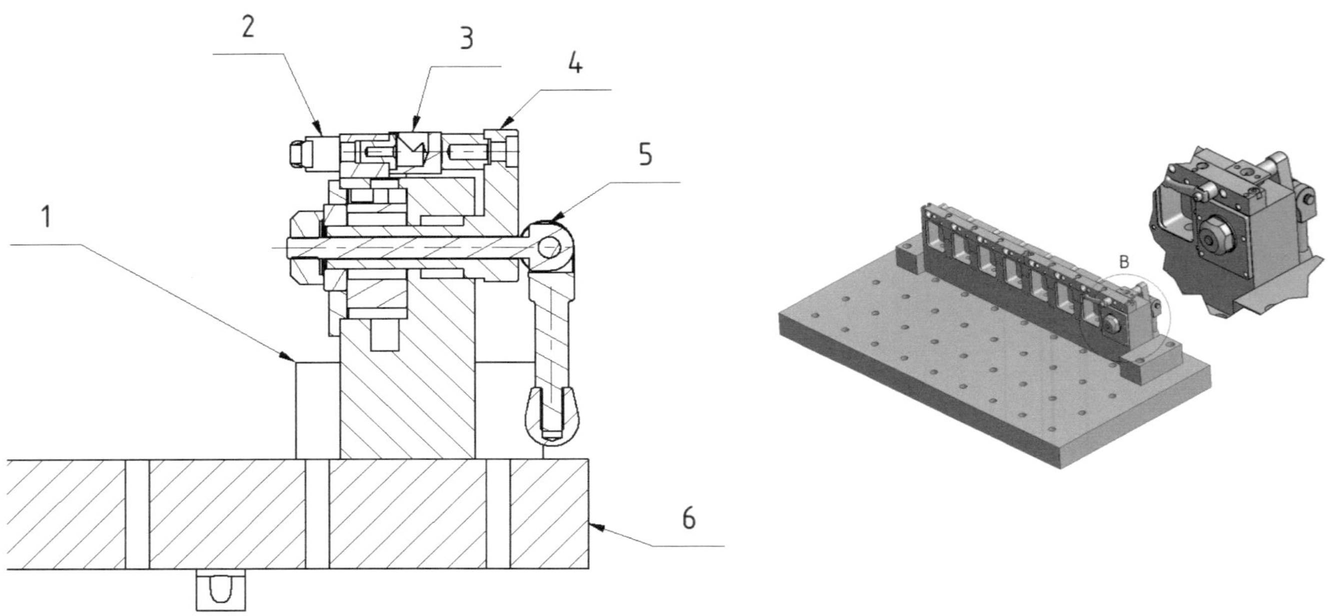

Bild 7-40 Exzenter-Spannvorrichtung achtfach
1 Spannaufnahme; 2 Gegenhalter; 3 Werkstück; 4 Spannpratze; 5 Exzenterspanner;
6 Grundplatte

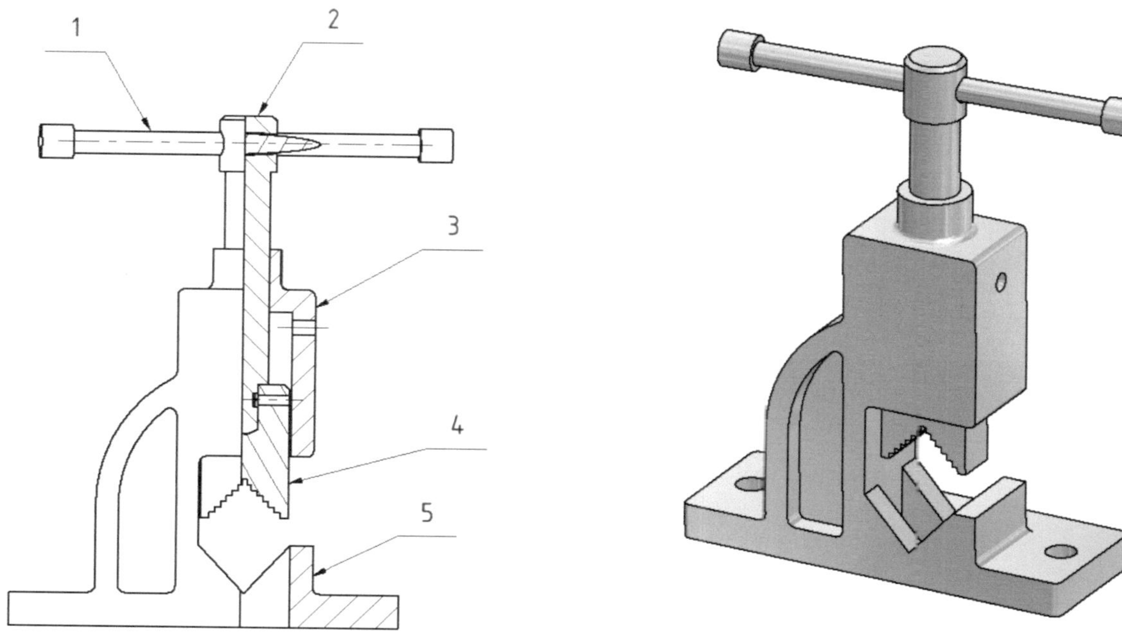

Bild 7-41 Rohrschneide-Vorrichtung
1 Spannhebel; 2 Spindel; 3 Führung für Klemmbacke; 4 Klemmbacke;
5 Gehäuserahmen

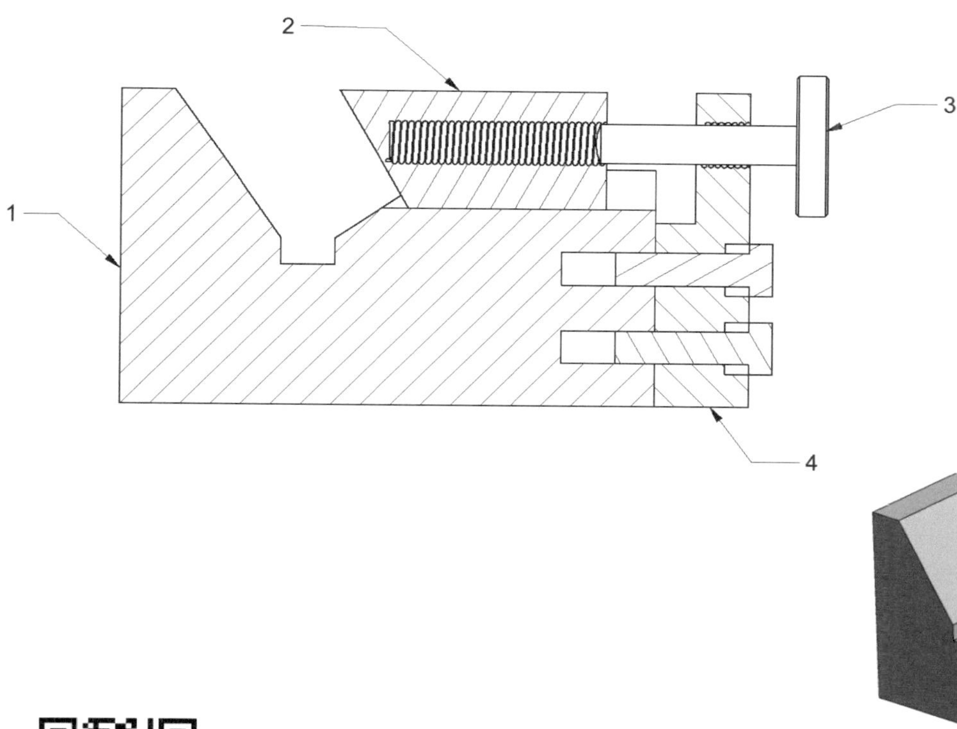

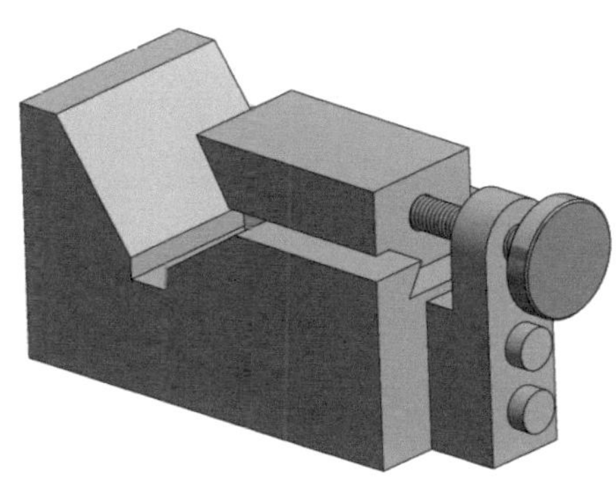

Bild 7-42 Spannvorrichtung
1 Grundkörper; 2 Spannelement; 3 Feststellschraube;
4 Haltebock für Feststellschraube

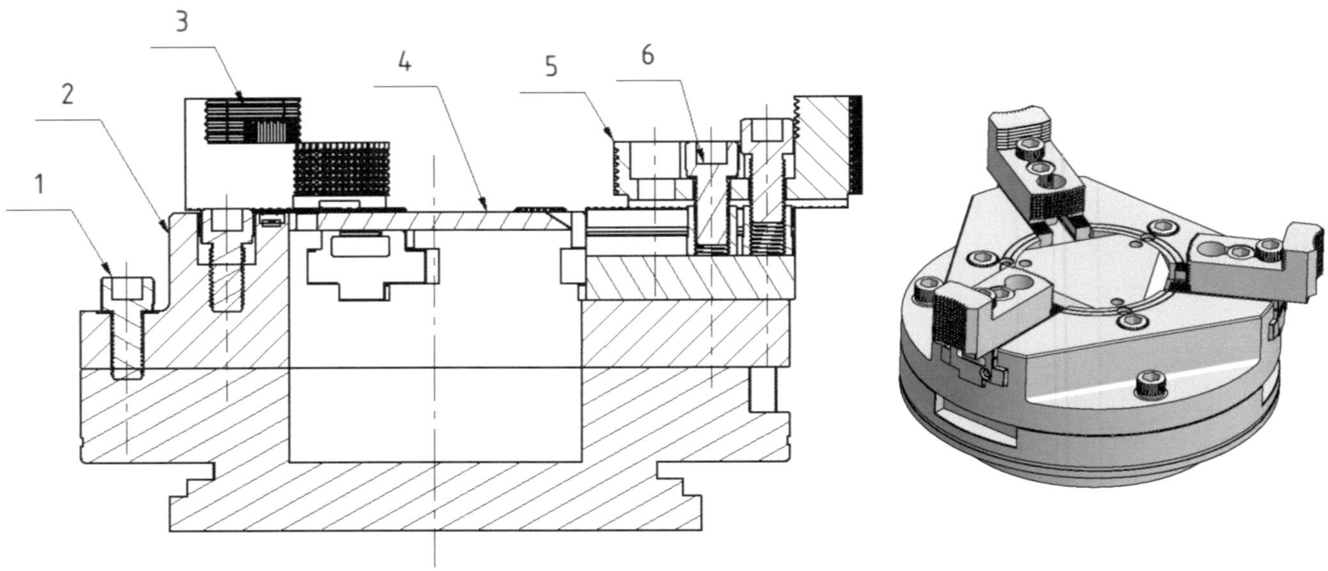

Bild 7-43 Hydraulisches Drei-Spann-Backenfutter
1 Befestigungsschrauben; 2 Backen-Zentrierplatte; 3 Spannbacken; 4 Abdeckplatte; 5 Spannbacken; 6 Befestigungsschrauben

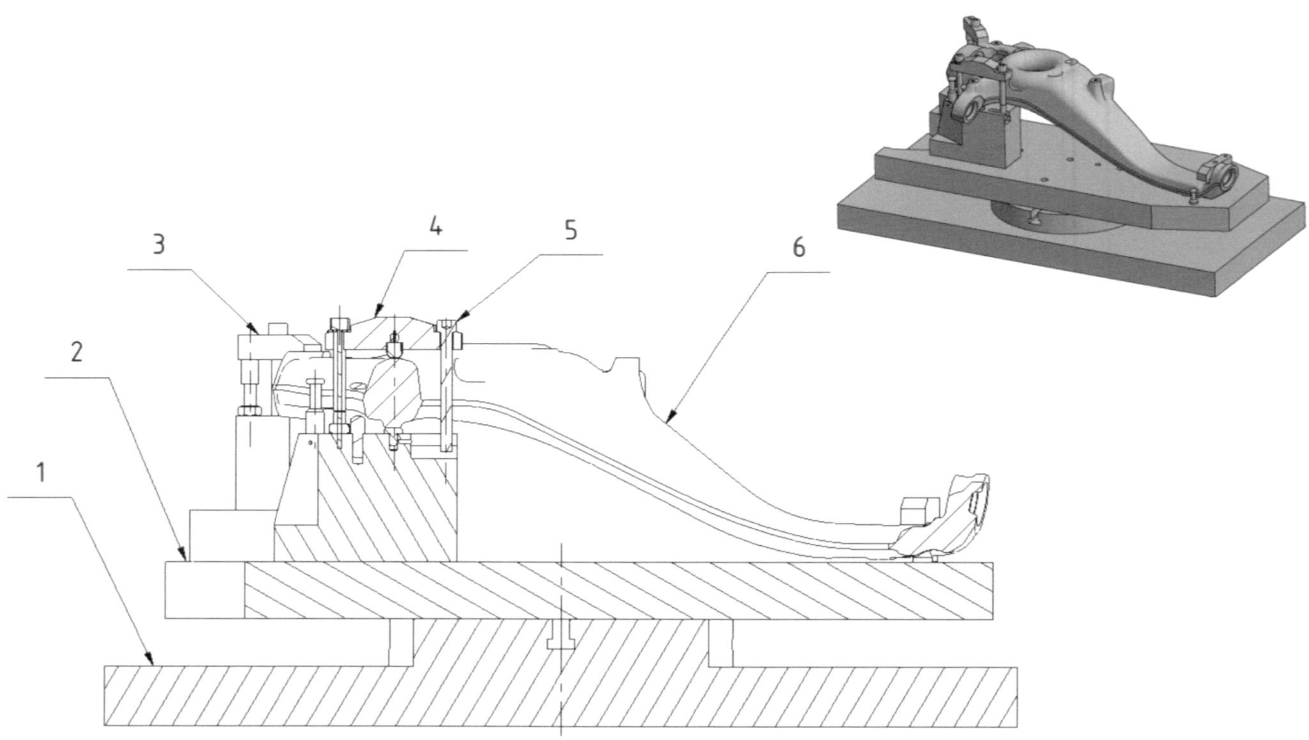

Bild 7-44 Mechanische Spannvorrichtung für Querlenker
1 Befestigungsplatte; 2 Aufspannplatteplatte; 3 Spanneisen; 4 Spanneisen; 5 Feststellschraube; 6 Werkstück

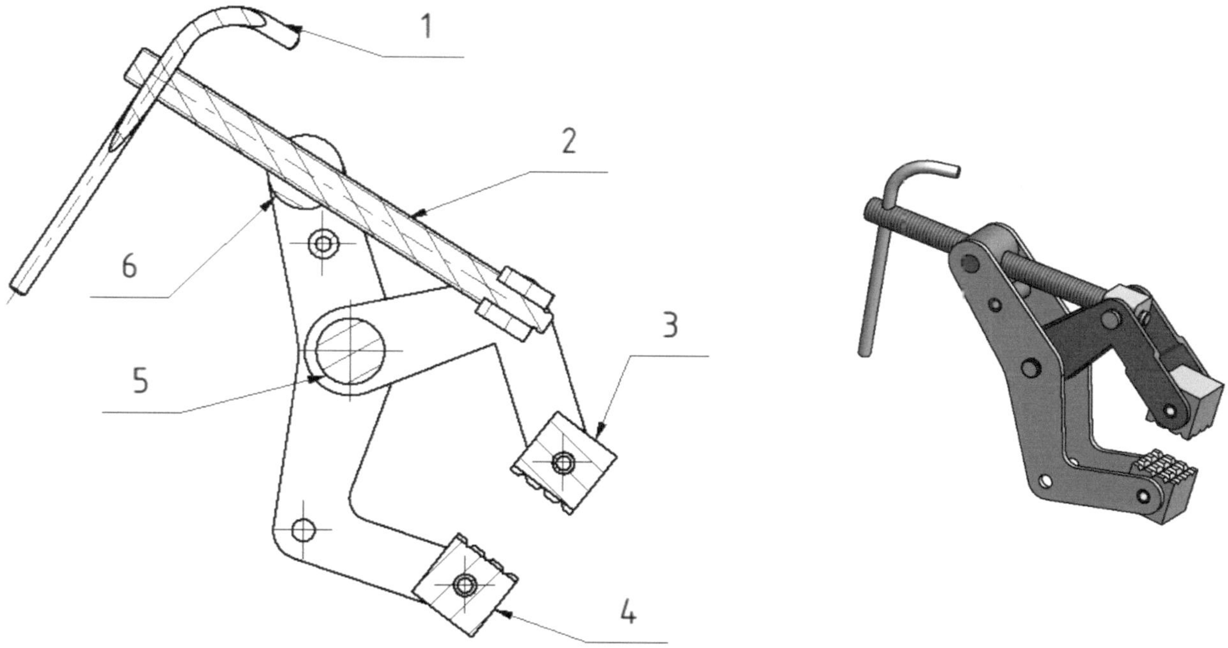

Bild 7-45 Schraubzwinge
1 Handgriff; 2 Spindelschraube; 3 Obere Klemmbacke; 4 Untere Klemmbacke; 5 Lagerung; 6 Spannmutter

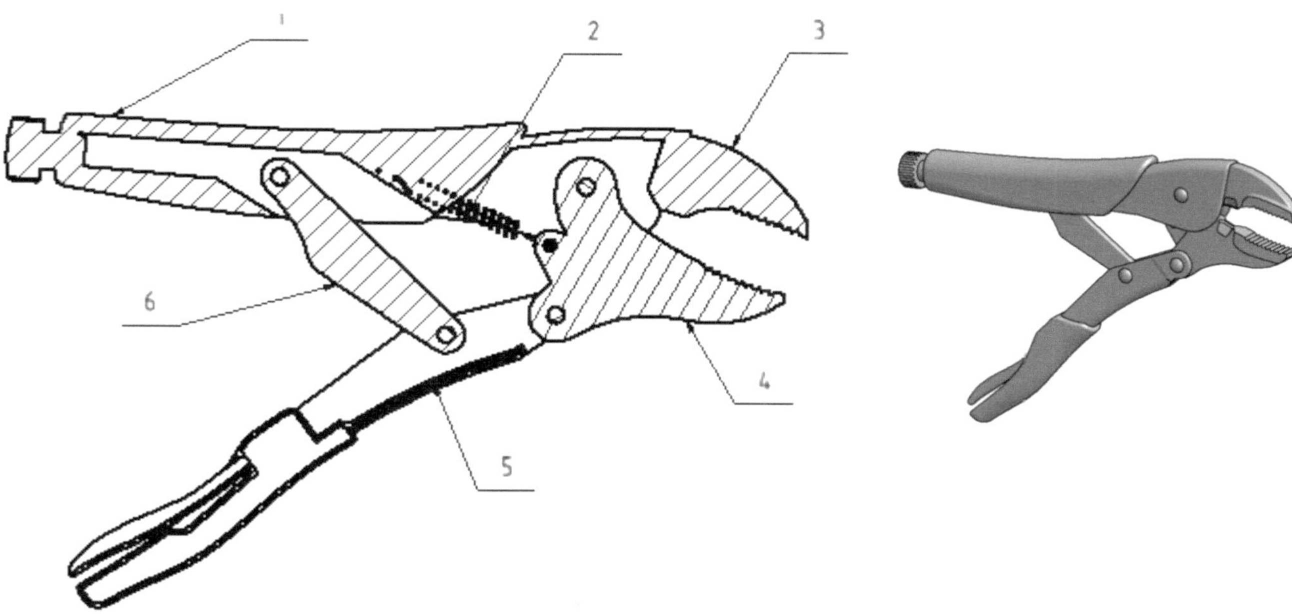

Bild 7-46 Gripzange
1 Oberer Handgriff; 2 Zugfeder; 3 Obere Klemmbacke; 4 Untere Klemmbacke; 5 Unterer Handgriff; 6 Umlenkhebel

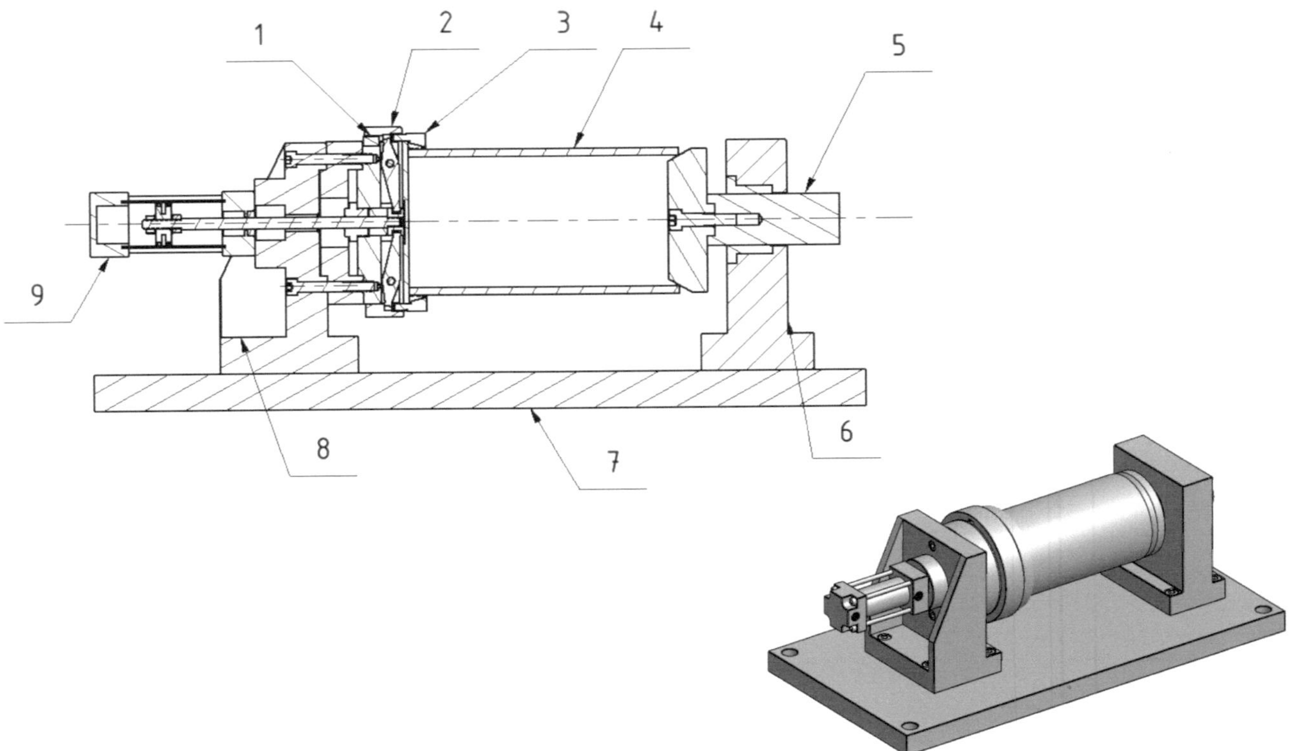

Bild 7-47 Spannvorrichtung zum Fräsen von Rohren
1 Verdrehsicherung; 2 Spannzangenaufnahme; 3 Spannzange; 4 Werkstück; 5 Spannpinole; 6 Lagerbock; 7 Grundplatte; 8 Lagerbock; 9 Arbeitszylinder

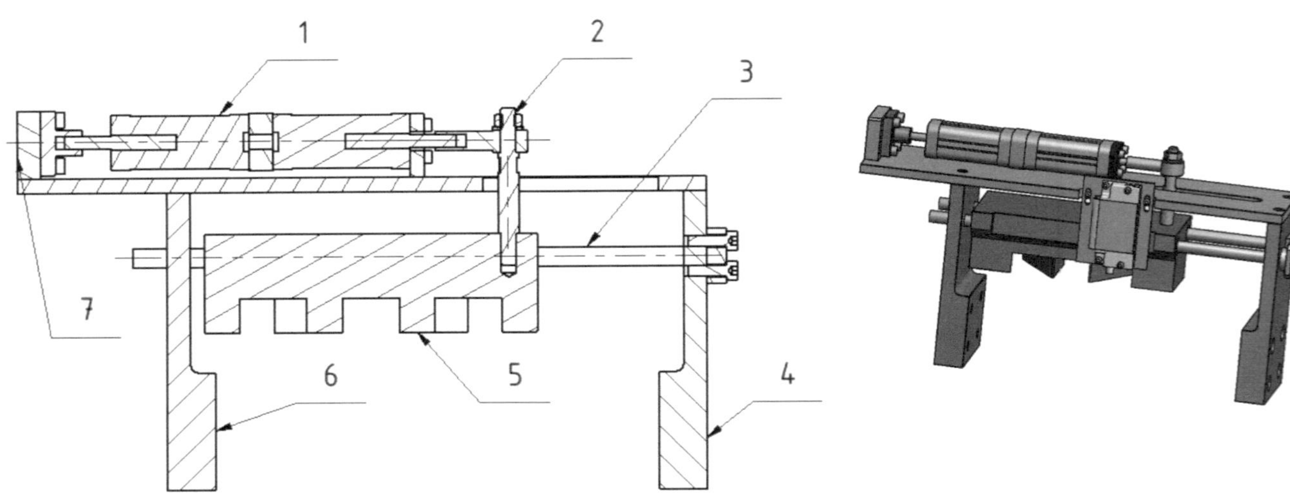

Bild 7-48 Pneumatischer Dreiwegteiler für das Förderband
1 Arbeitszylinder; 2 Führungsstift; 3 Führungswellen; 4 Aufnahme rechts; 5 Teilewähler; 6 Aufnahme links; 7 Anschlag für Arbeitszylinder

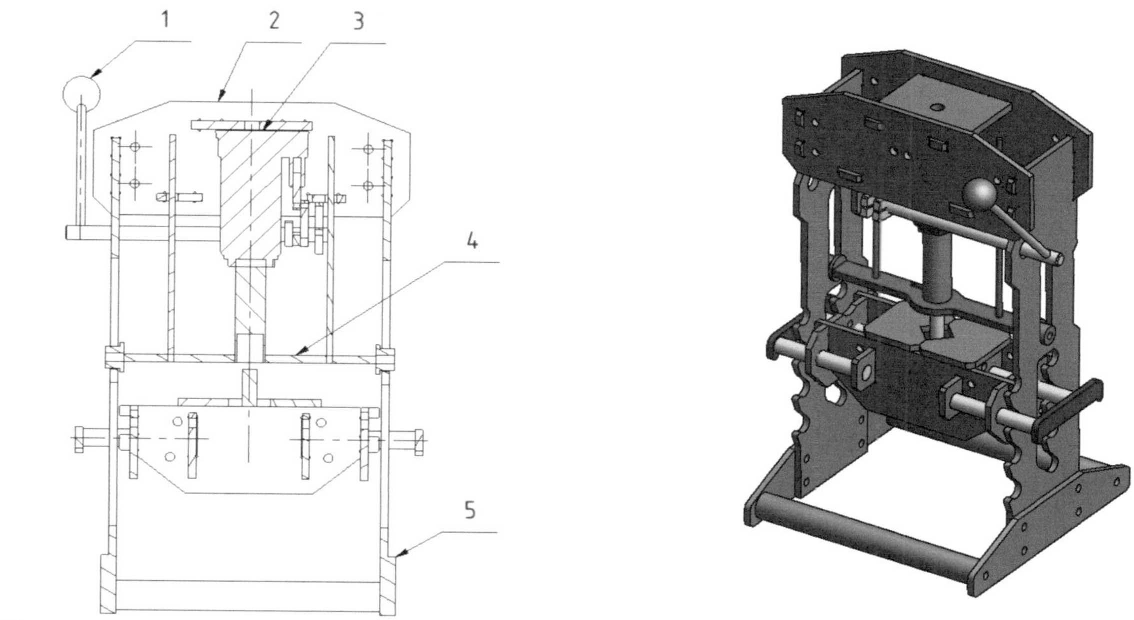

Bild 7-49 Spannpresse für kleine Werkstücke
1 Handhebel; 2 Gehäuseplatte; 3 Hydraulikzylinder; 4 Verstellplatte; 5 Grundgestell

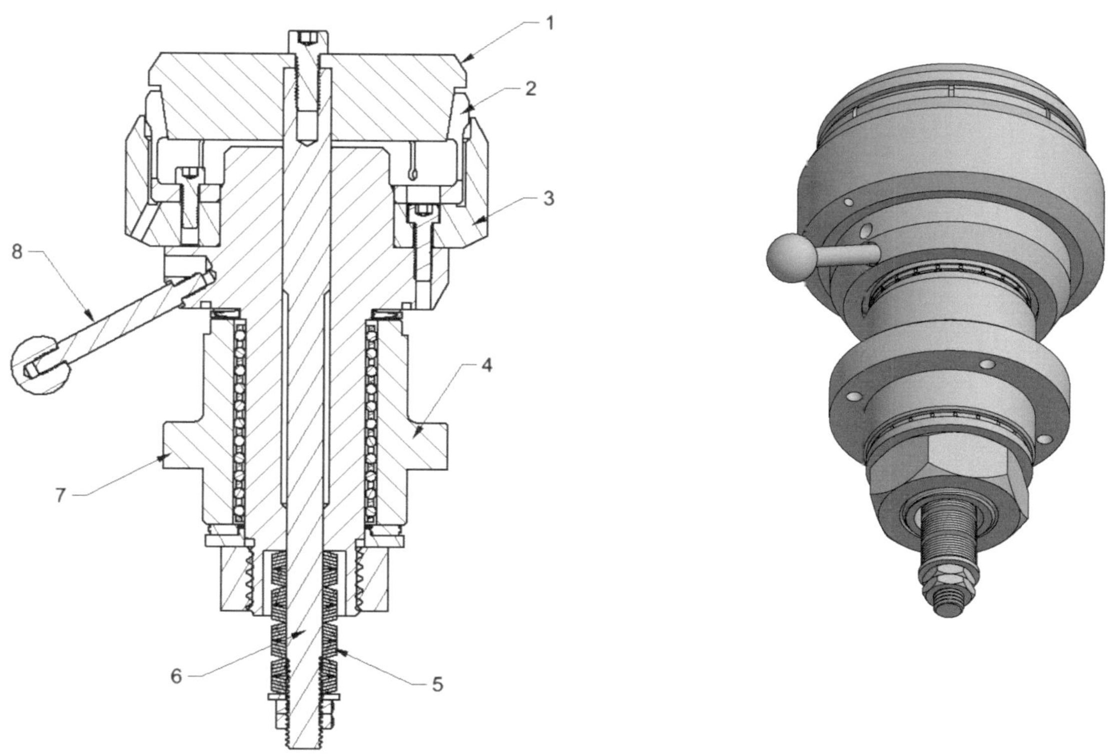

Bild 7-50 Drehbare Spanneinheit
1 Spannkegel; 2 Spannzange; 3 Spannzangenaufnahme; 4 Hülse; 5 Teller-Federpacket; 6 Hubstange; 7 Grundplatte; 8 Spannhebel

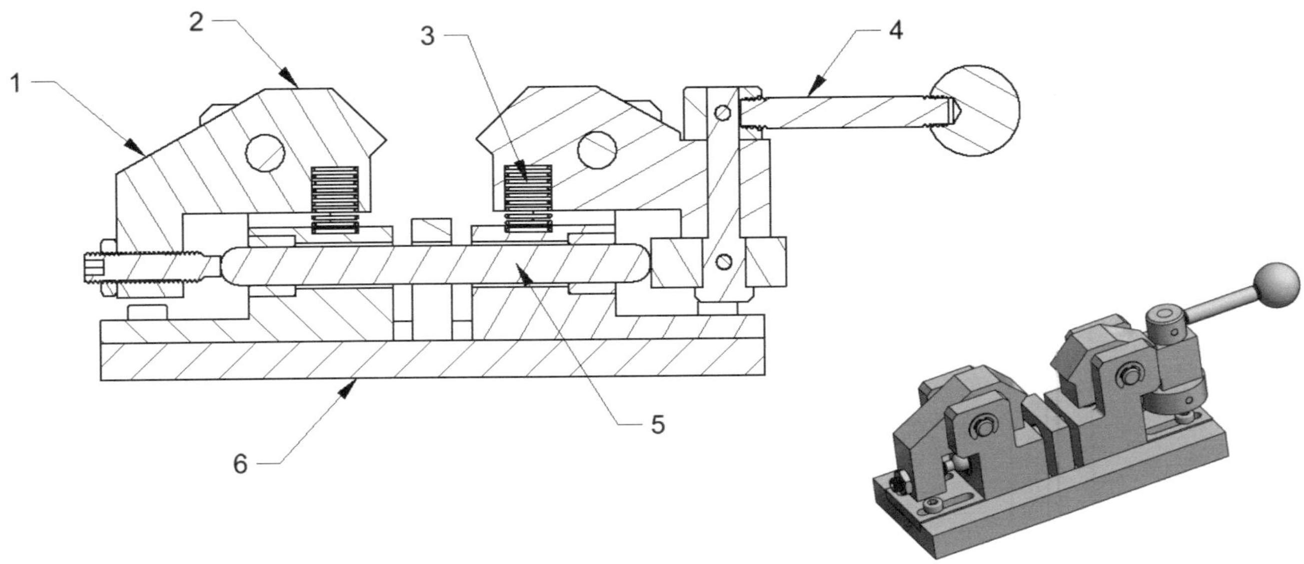

Bild 7-51 Spannvorrichtung
1 Spannbacke; 2 Lagerung Spannbacke; 3 Druckfeder; 4 Spannhebel; 5 Übertragungsstift; 6 Grundplatte

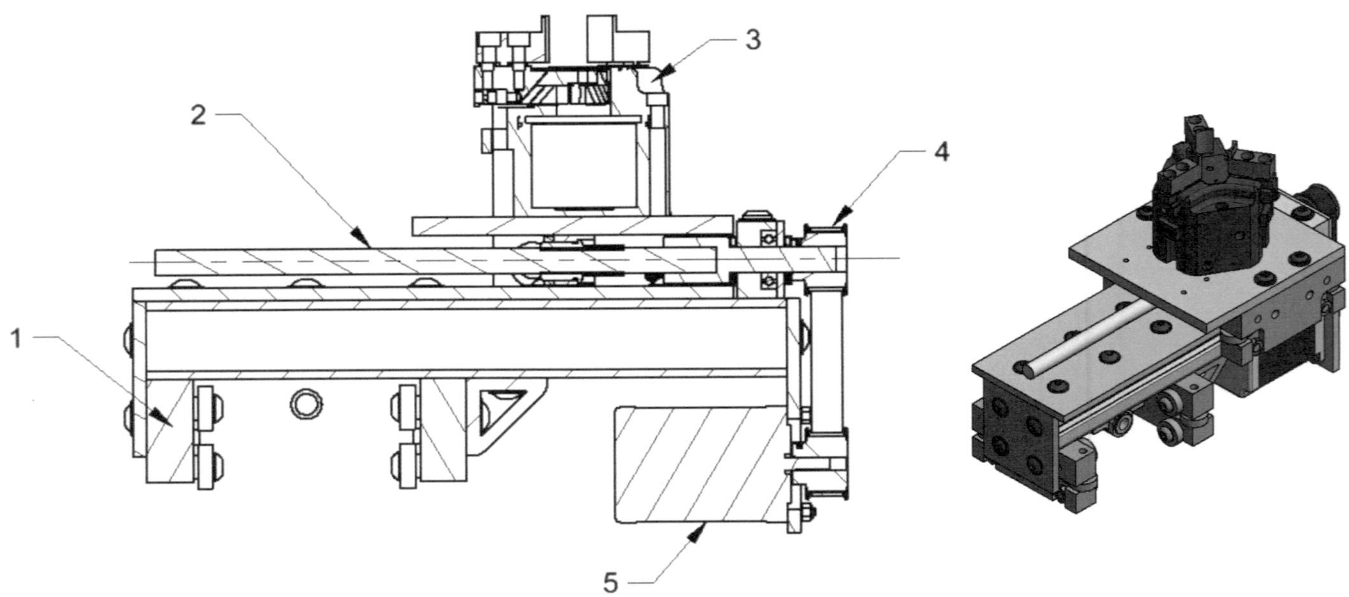

Bild 7-52 Führungsschiene Spannvorrichtung
1 Schlittenführung X-Achse; 2 Führungswelle Y-Achse; 3 Backen-Greifer; 4 Zahnriemenantrieb; 5 Antriebsmotor

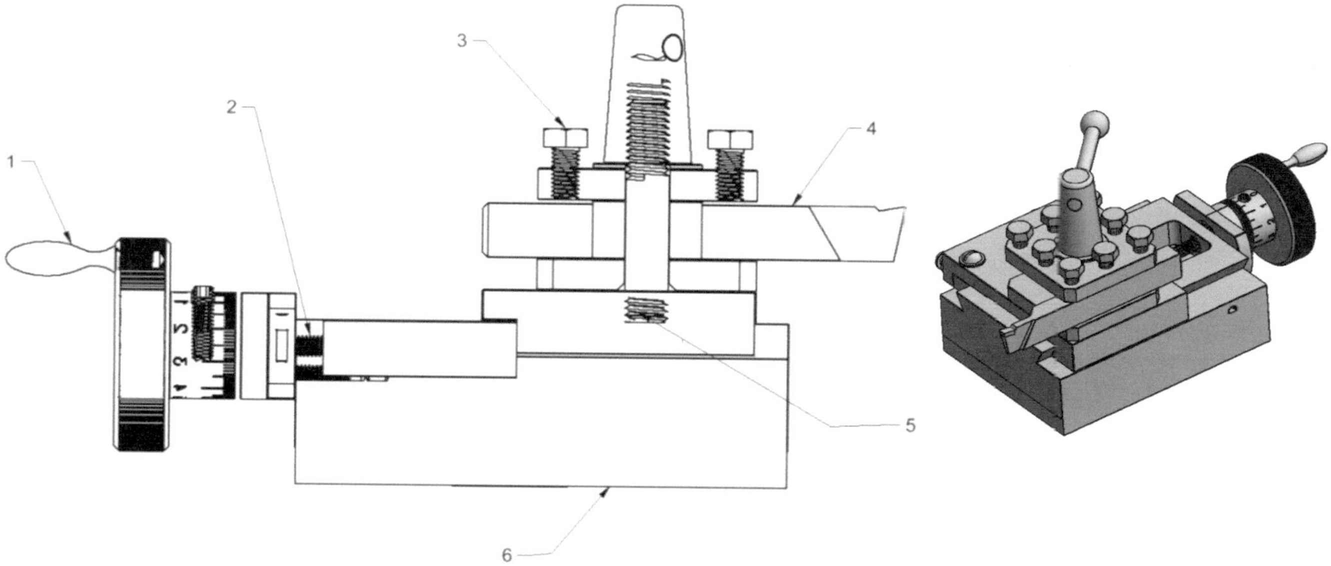

Bild 7-53 Support Stahlhalter
1 Handrad; 2 Spindelantrieb; 3 Feststellschraube; 4 Abstechstahl; 5 Feststellschraube; 6 Führungsschlitten

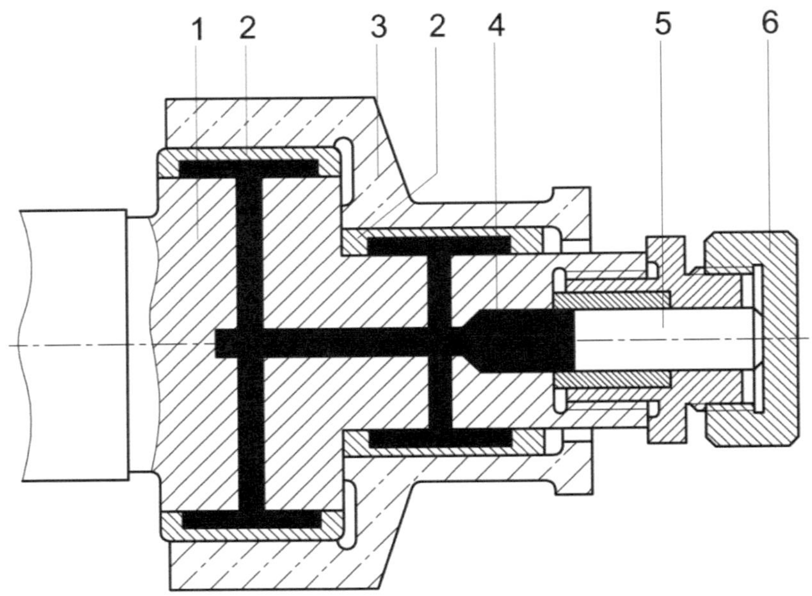

Bild 7-60 Dehndorn Hoferdorn
1 Dornkörper; 2 Spannbuchsen; 3 Werkstück; 4 Plastische Masse; 5 Kolben; 6 Spannmutter

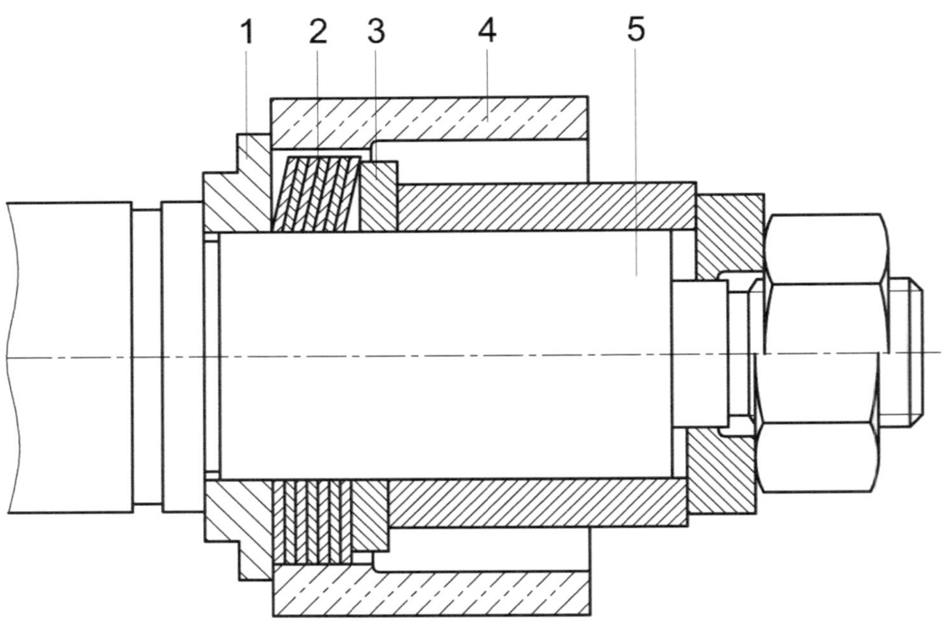

Bild 7-61 Ringspanndorn
1 Schulterring; 2 Ringspannscheibe; 3 Druckring; 4 Werkstück; 5 Grunddorn

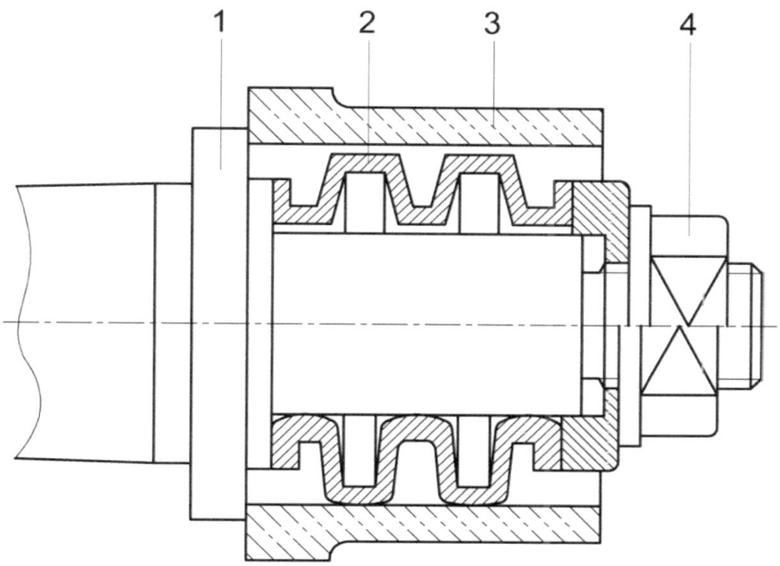

Bild 7-62 Spiethdorn
1 Grundkörper; 2 Spannhülse; 3 Werkstück; 4 Spannmutter

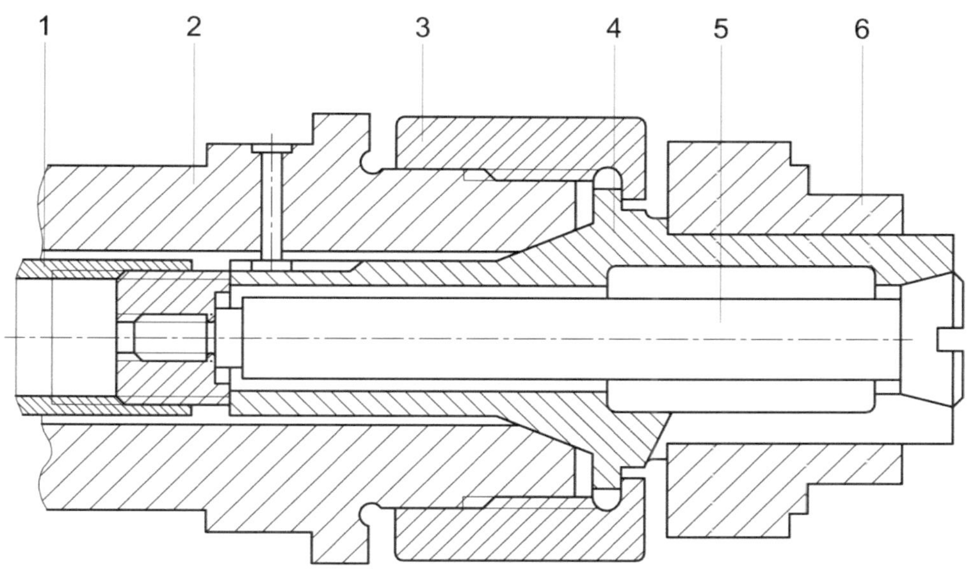

Bild 7-63 Spanndorn mit Spannbolzen
1 Spannzange; 2 Spindelkopf; 3 Überwurfmutter; 4 Dornkörper; 5 Spannbolzen; 6 Werkstück

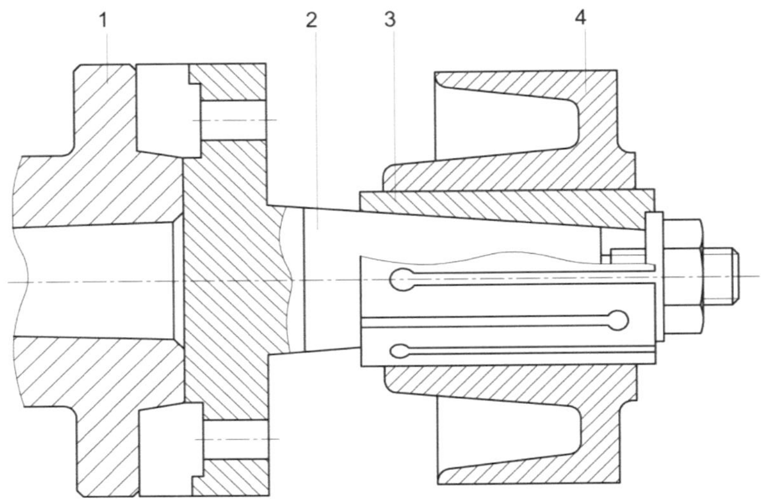

Bild 7-64 Spanndorn mit Spreizhülse
1 Spindelkopf; 2 Kegeldorn; 3 Spreizhülse; 4 Werkstück

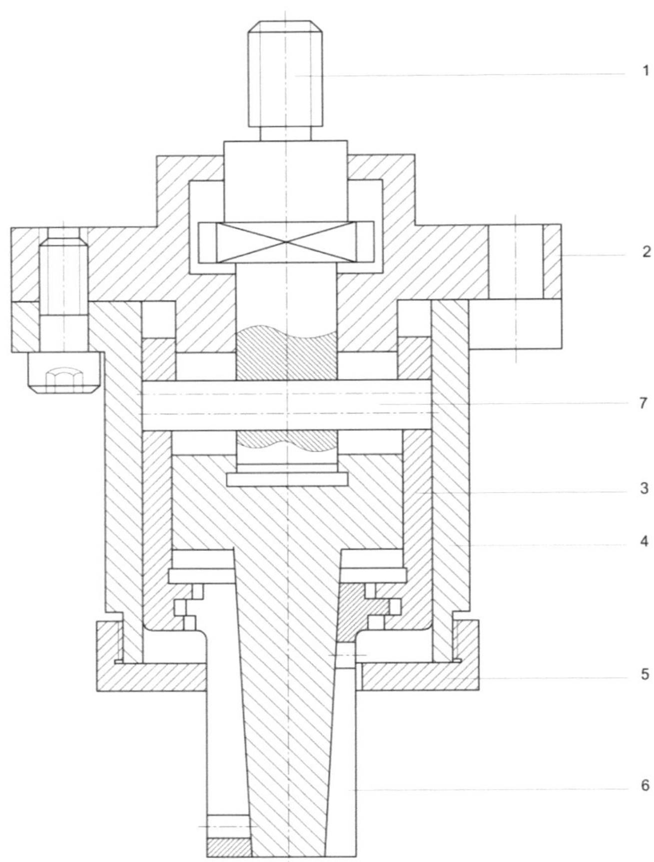

Bild 7-65 Hülsenspanndorn
1 Zugbolzen; 2 Grunddorn; 3 Führungshülse; 4 Anschlaghülse; 5 Anschlag; 6 Spannhülse; 7 Zugkeil

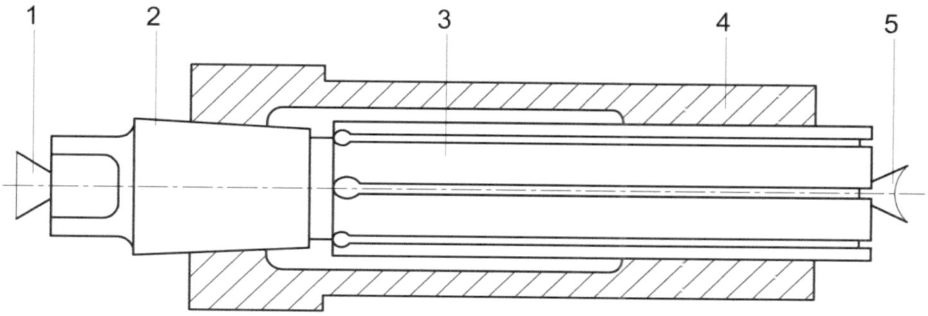

Bild 7-66 Spitzen-Spreizdorn
1 Spitze; 2 Kegeliges Werkstückaufnahme; 3 Geschlitzte zylindrische Werkstückaufnahme; 4 Werkstück; 5 Spitze

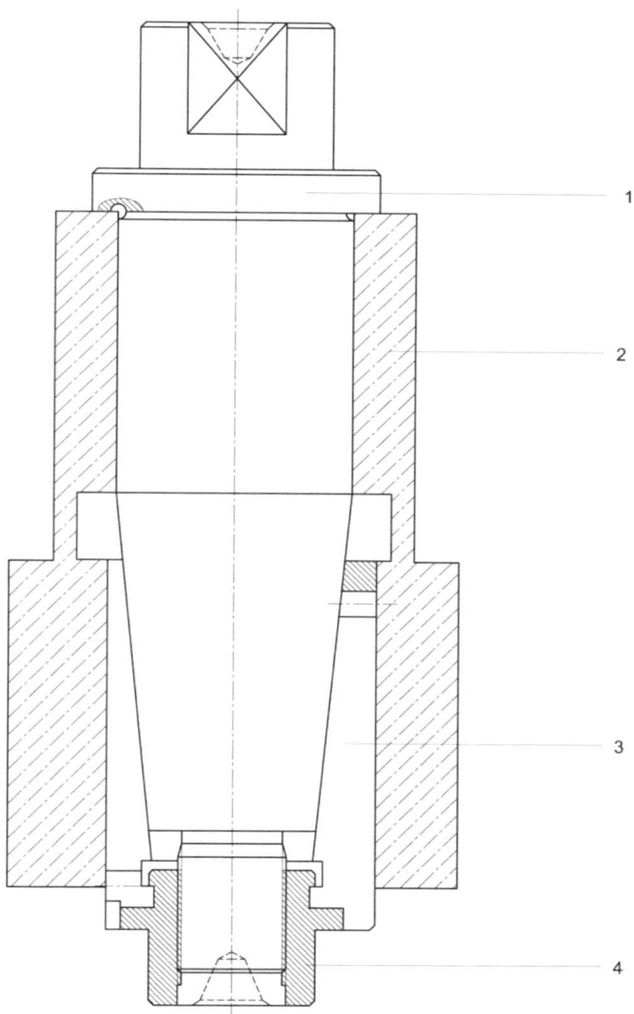

Bild 7-67 Hülsenspanndorn mit Anlagebund
1 Grunddorn; 2 Werkstück; 3 Spannhülse; 4 Spannmutter

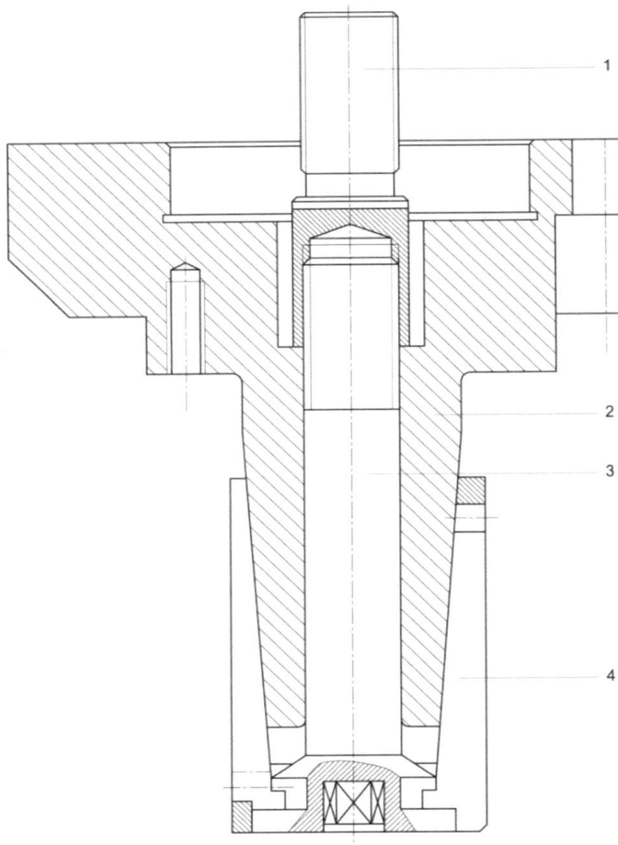

Bild 7-68
Hülsenspanndorn mit Axialanzug
1 Zwischenstück; 2 Grunddorn;
3 Spannschraube; 4 Spannhülse

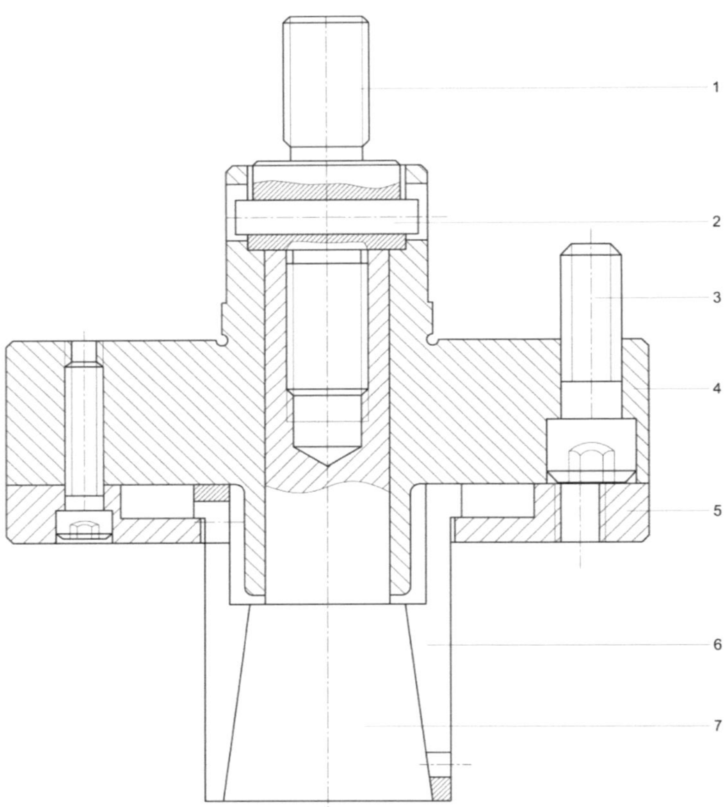

Bild 7-69
Hülsenspanndorn mit Axialkomponente
1 Zwischenstück; 2 Mitnahmestift;
3 Innensechskantschraube; 4 Grunddorn;
5 Hochplatte; 6 Spannhülse; 7 Spannkegel

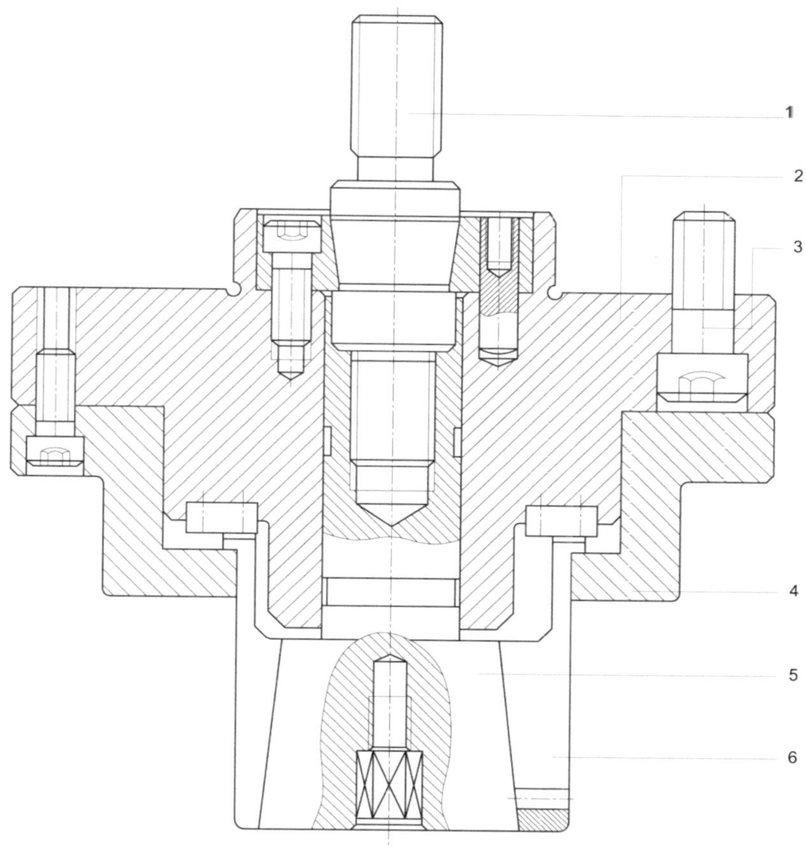

Bild 7-70 Hülsenspanndorn kraftbetätigt
1 Zwischenstück; 2 Grunddorn; 3 Innensechskantschraube; 4 Werkstückanschlag; 5 Spannkegel; 6 Spannhülse

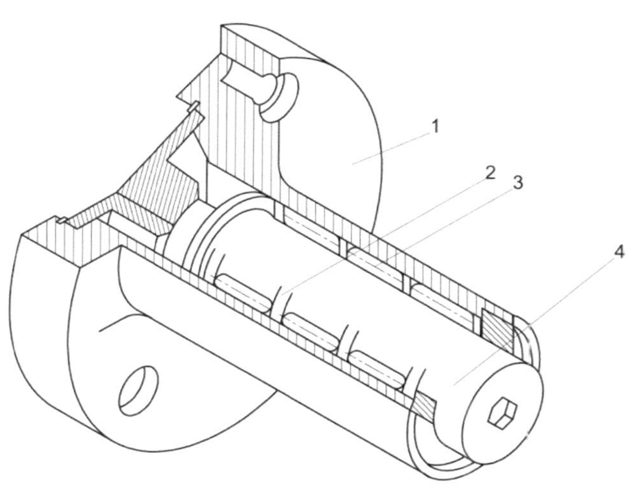

Bild 7-71 Stieber-Dorn
1 Dornkörper; 2 Käfig; 3 Stahlrollen; 4 Spannkegel

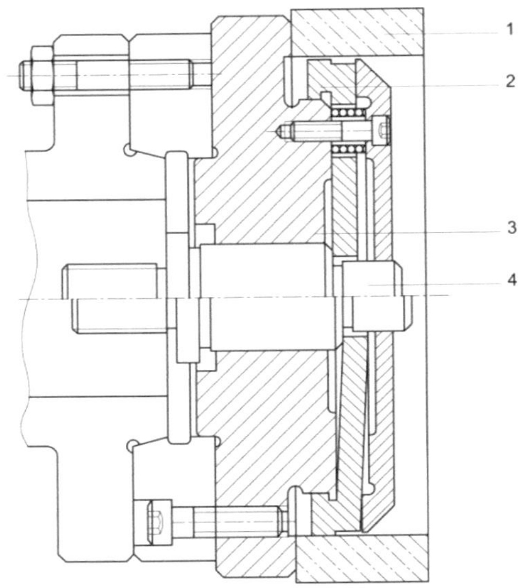

Bild 7-72 Ringspann-Flachdorn
1 Werkstück; 2 Spannkörper; 3 Aufnahme für Spannkörper; 4 Druckstück

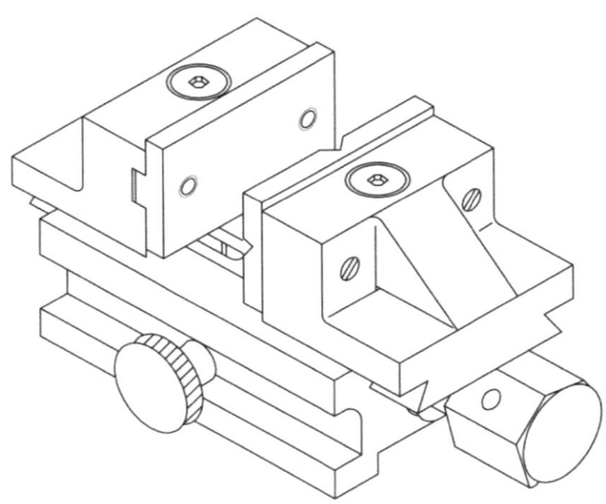

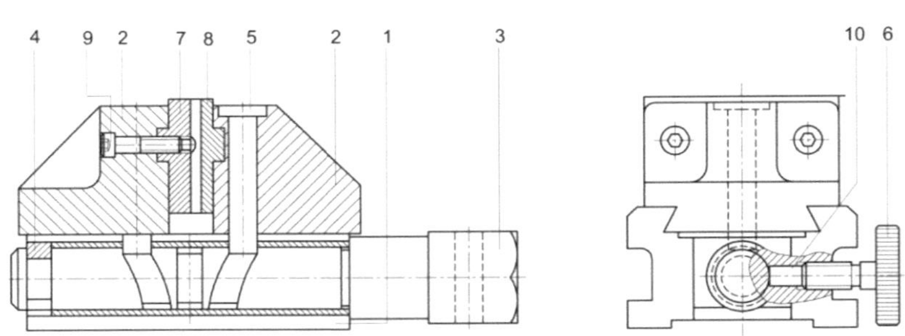

Bild 7-73 Schraubstock
1 Grundkörper; 2 Bewegliche Spannbacke; 3 Spindel; 4 Führungsplatte;
5 Führungsbolzen; 6 Rändelschraube; 7 Spannbacke; 8 Prismenspannbacke;
9 Zylinderschraube; 10 Druckstück

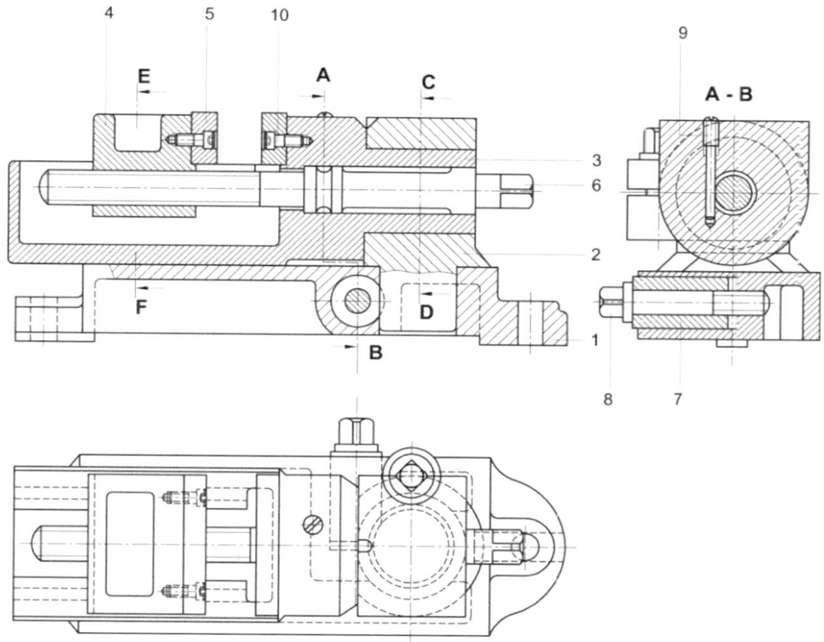

Bild 7-74 Maschinen-Schraubstock schwenkbar
1 Fußplatte; 2 Lager; 3 Backenführung; 4 Backenträger; 5 Spannbacke; 6 Spindel; 7 Klemmbüchse; 8 Vierkantschraube; 9 Schaftschrube; 10 Innensechskantschraube

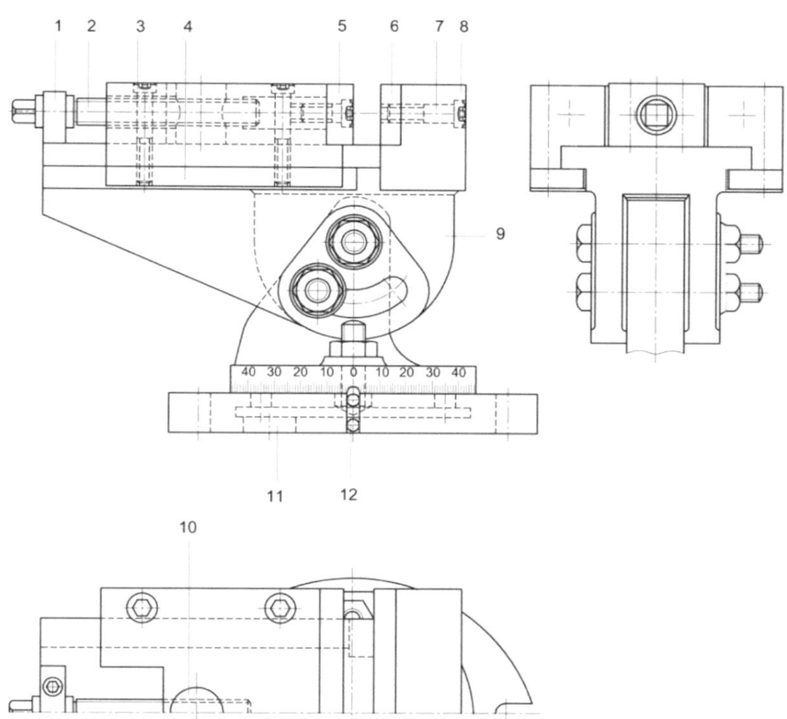

Bild 7-75 Maschinen-Schraubstock dreh- und schwenkbar
1 Lagerbock; 2 Trapezspindel; 3 Sechskantschraube; 4 Führungsleiste; 5 Spannbacke; 6 Spannbacke; 7 Sechskantschraube; 8 Oberteil; 9 Unterteil; 10 Einsatzmutter; 11 Führungsschiene; 12 Zeiger komplett

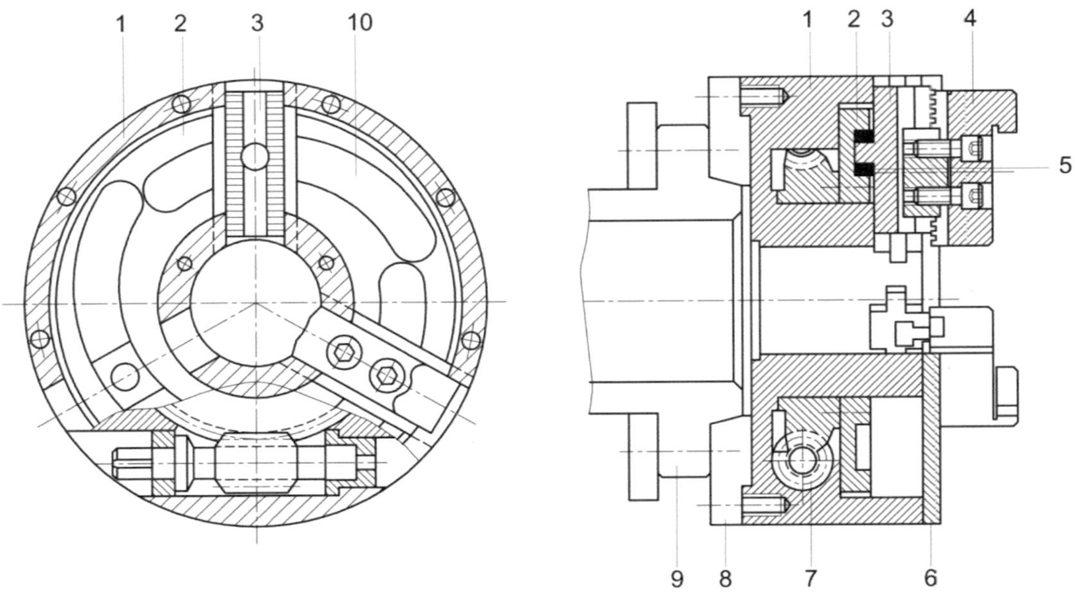

Bild 7-76 Plankurvenfutter
1 Futterkörper; 2 Spannring; 3 Grundbacke; 4 Aufsatzbacke; 5 Gleitstein; 6 Abdeckplatte; 7 Schnecke; 8 Futterflansch; 9 Spindelkopf; 10 Spannkurve

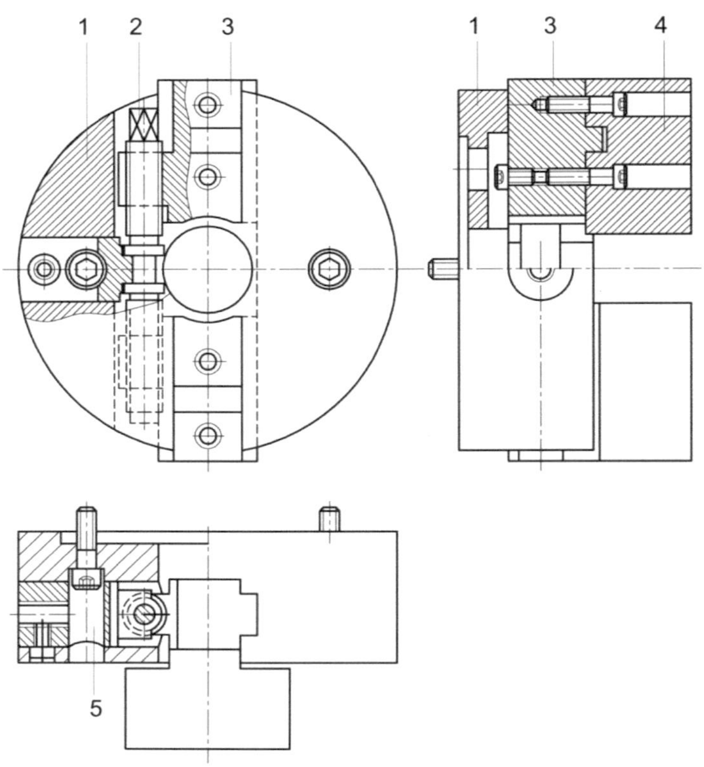

Bild 7-77 Zweibackenfutter
1 Futterkörper; 2 Backen-Antriebsspindel; 3 Grundbacken; 4 Aufsatzbacken; 5 Spindelhalter

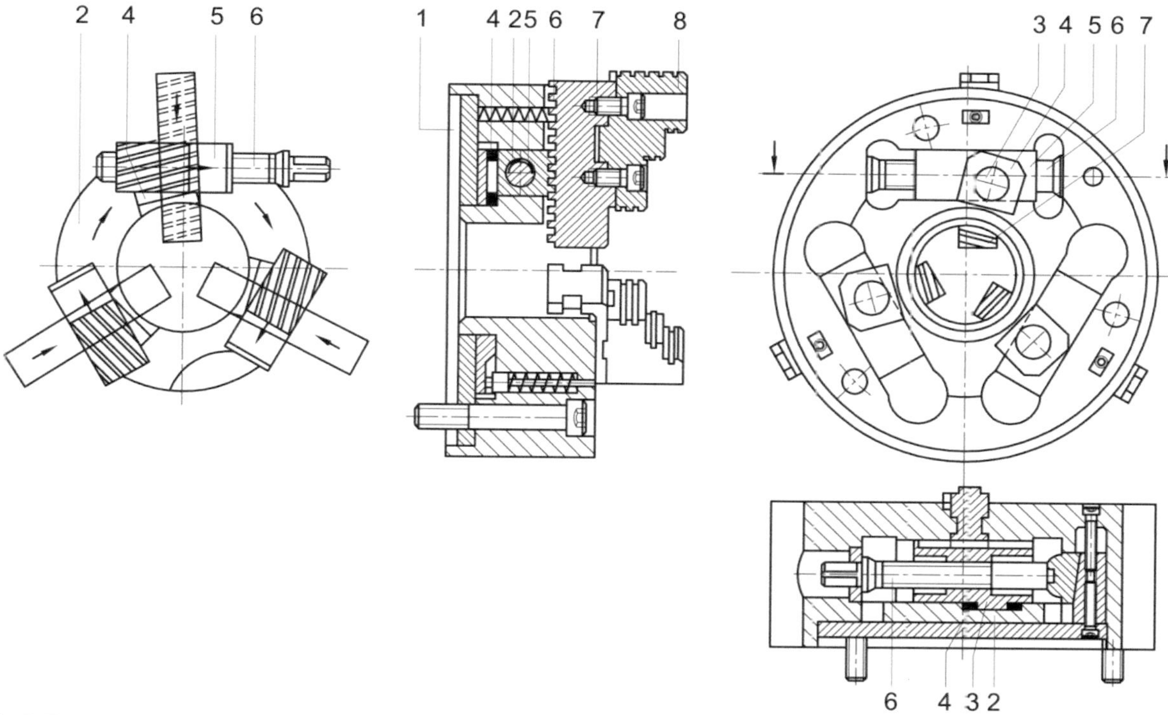

Bild 7-78 Plankurvenfutter
1 Futterkörper; 2 Triebling; 3 Zapfen an der Keilstangen-Rückseite; 4 Gleitstein; 5 Keilstange; 6 Gewindespindel; 7 Grundbacke; 8 Aufsatzbacke

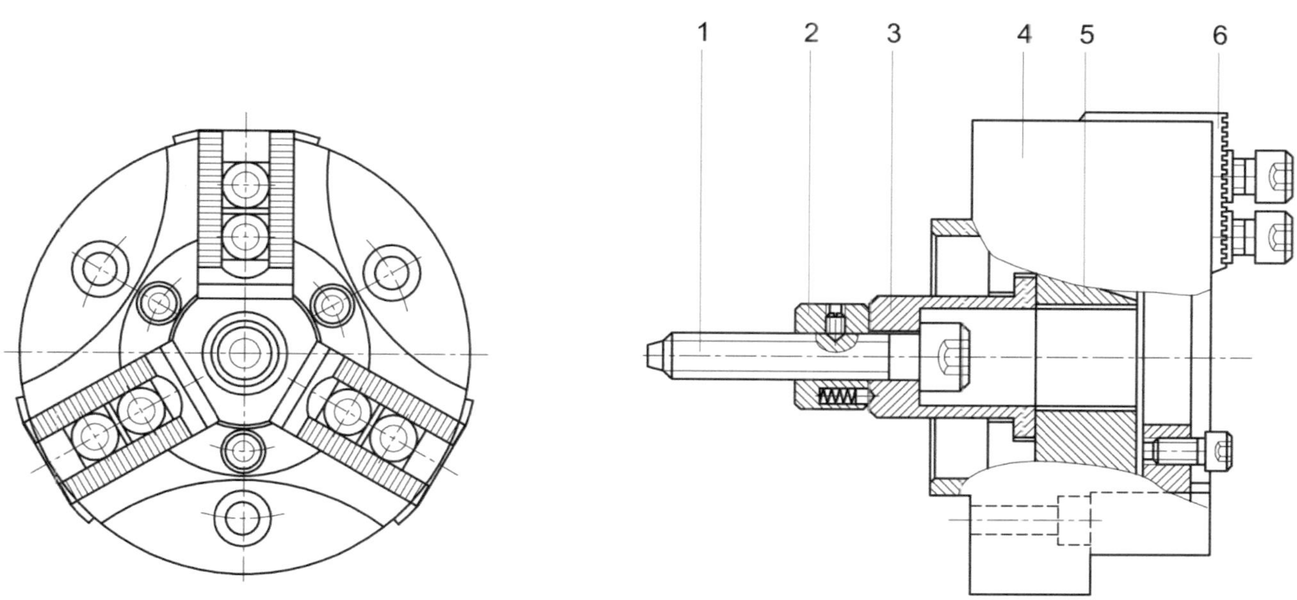

Bild 7-79 Kraftspann-Ausgleichfutter
1 Spannschraube; 2 Distanzbuchse; 3 Ziehbuchse; 4 Futterkörper; 5 Ausgleichbuchse; 6 Grundbacke

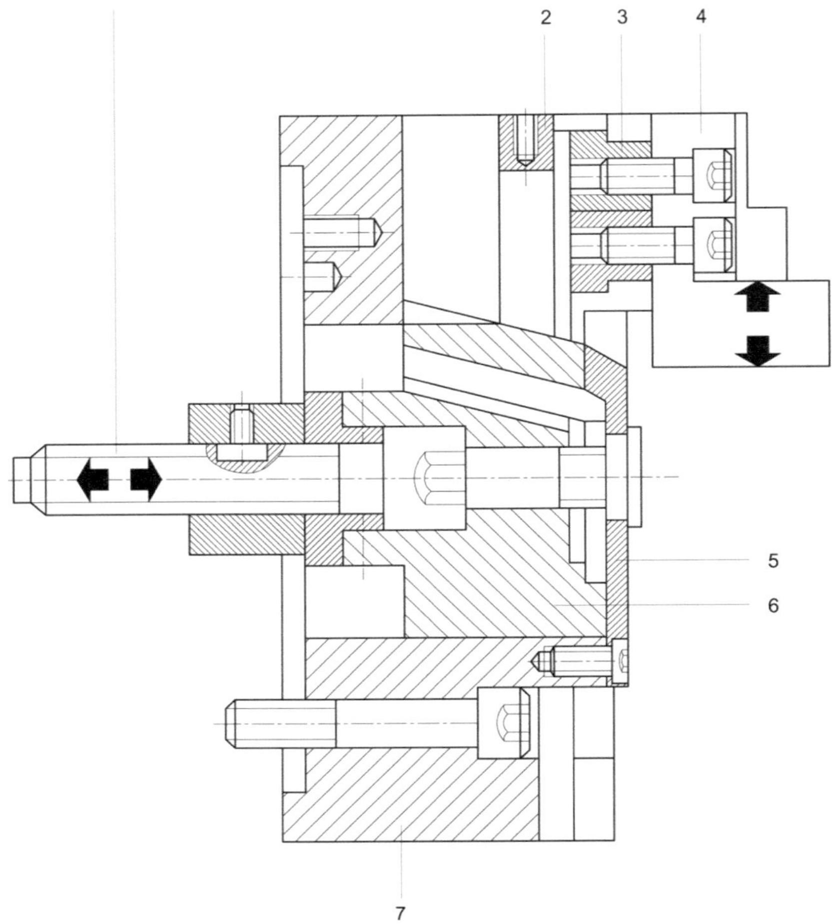

Bild 7-80 Kraftspannfutterfutter
1 Zugschraube; 2 Grundbacke; 3 Nutenstein; 4 Aufsatzbacke; 5 Abdeckplatte; 6 Kolben; 7 Futterkörper

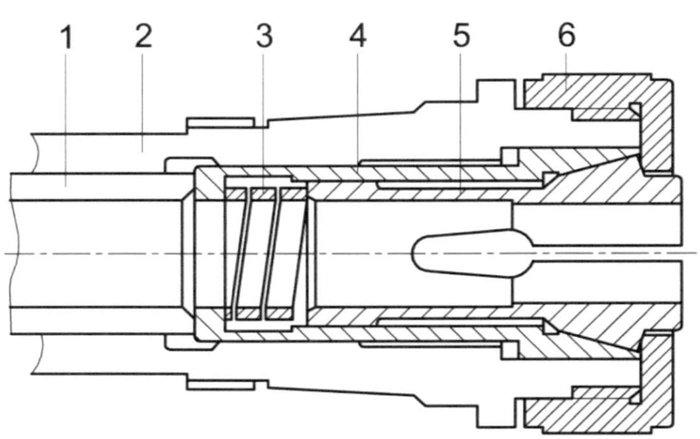

Bild 7-81 Druckspannzange
1 Druckstange; 2 Spindelkopf; 3 Druckfeder; 4 Druckhülse; 5 Spannzange; 6 Mutter

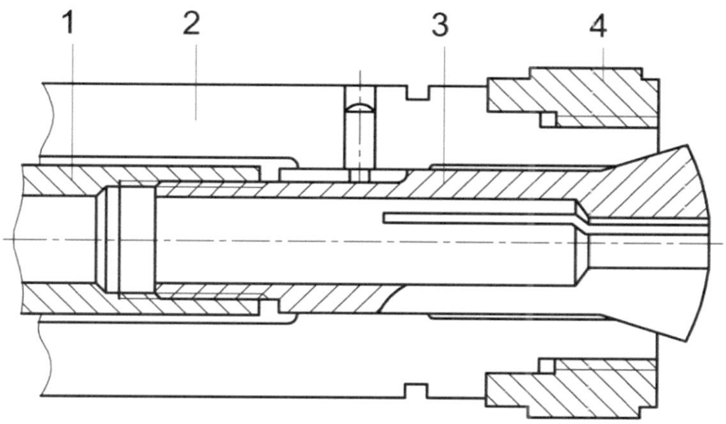

Bild 7-82 Spannzange – Grundform
1 Zugstange; 2 Spindelkopf; 3 Spannzange; 4 Überwurfmutter

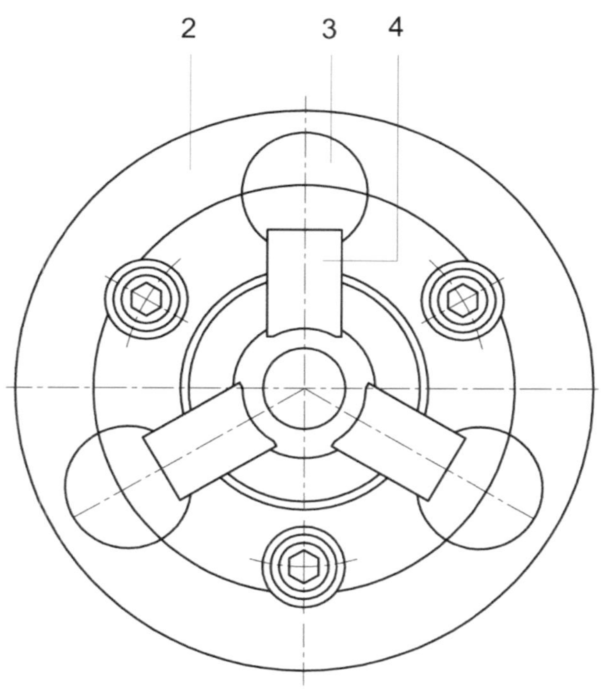

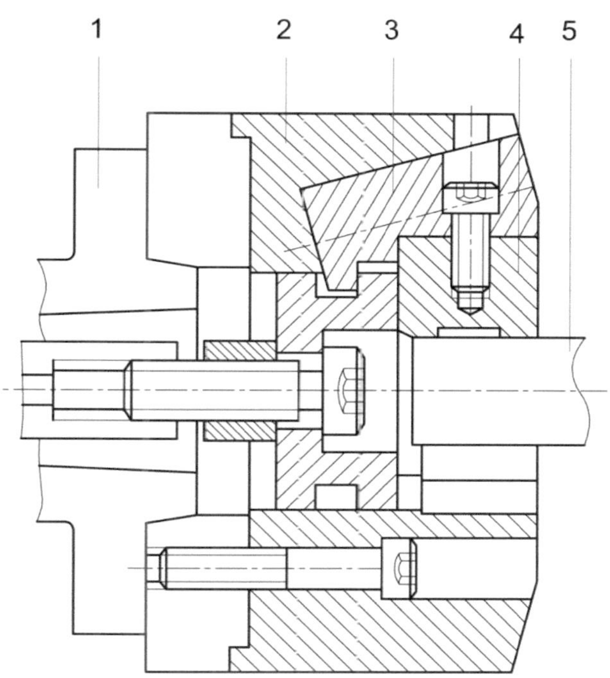

Bild 7-83 Spannzangen
1 Spindelkopf; 2 Spannzangenkörper; 3 Spannbacken;
4 Auswechselbarer Spanneinsatz; 5 Werkstück

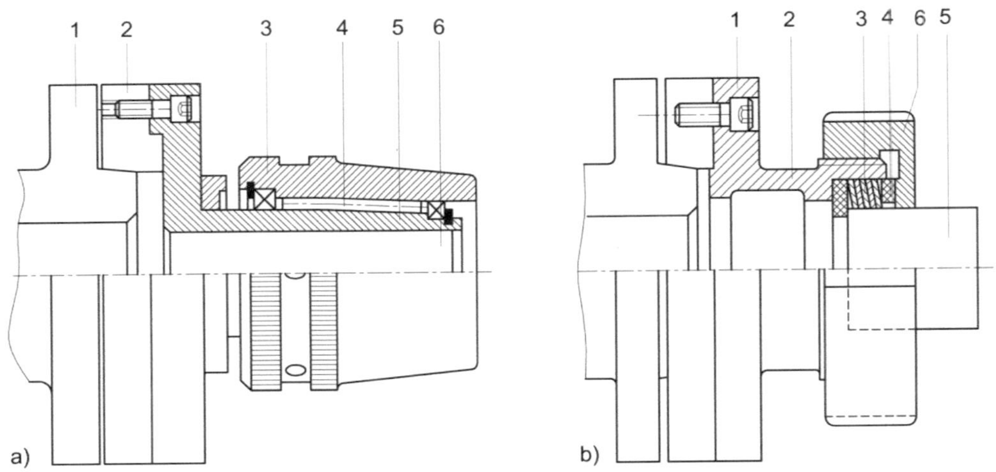

Bild 7-84 Spannfutter
a) Stieber-Spannfutter 1 Spindelflansch; 2 Futterflansch; 3 Spannring; 4 Spannrolle; 5 Spannkörper; 6 Werkstückaufnahme
b) Ring-Spannfutter 1 Spindelflansch; 2 Futterflansch; 3 Spannkörper; 4 Spannkörper; 5 Werkstück; 6 Spannring

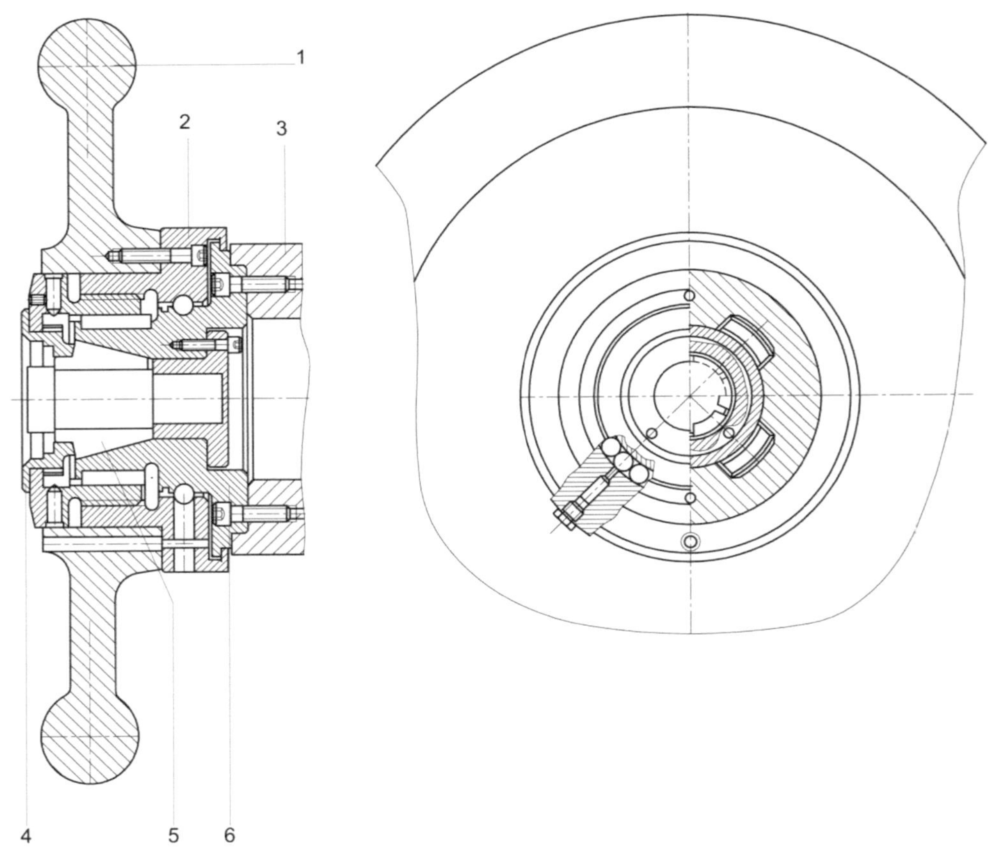

Bild 7-85 Handspannfutter mit Spannzange
1 Handrad zum Spannen und Entspannen; 2 Spannmutter; 3 Spindel; 4 Deckel; 5 Spannzange; 6 Spannkegel

Hydraulik und Pneumatiktechnik 8

3D-Zeichnungen und 42 Anwendungsbeispiele
2D-Zeichnungen und 3 Anwendungsbeispiele

3D-Konstruktionen im Überblick (Seiten 146–166)

2D-Konstruktionen in Überblick (Seiten 167–169)

Hydraulik und Pneumatik

Einleitung

Maschinen, Anlagen und Werkzeuge und ebenso die Komponenten zu ihrer Automatisierung werden zunehmend komplexer. Für die eingesetzten Hydraulikzylinder bedeutet dies, dass sie kompakt und leistungsfähig sein müssen und dass ein breites Spektrum an Varianten zur Verfügung stehen muss. Schon mehrere Jahrzehnte lang erfüllen Blockzylinder die beiden erstgenannten Anforderungen ideal für kurzhubige Anwendungen. Zahlreiche Weiterentwicklungen haben an der Grundform nichts geändert, jedoch wurden die Dichtungen und Führungssysteme sowie die Produktionsmethoden immer weiter perfektioniert. Mittlerweile sind die die Variationsmöglichkeiten des Blockzylinders sehr vielfältig.

Auf der einen Seite ermöglicht dies, für jeden Einzelfall den passenden Blockzylinder zu finden, auf der anderen Seite ist es für den Anwender schwieriger geworden, die Angebotspalette zu überblicken.

Eigenschaften von Hydraulikzylindern

Hydraulikzylinder können sehr hohe Kräfte auf engsten Raum erzeugen. Die dazu benötigte Energie muss über einen externen Druckerzeuger bereitgestellt und dem Hydraulikzylinder über Druckleitungen zugeführt werden. Die erforderlichen Aggregate, Steuergeräte und Zuleitungen beanspruchen ihrerseits Raum. Der Bauraumvorteil des Hydraulikzylinders gegenüber anderen Lösungen beschränkt sich somit auf das Kraft erzeugende Bauteil.

Der Verfahrweg eines Hydraulikzylinders ist konstruktionsbedingt linear und nach oben hin begrenzt. Die Hübe für Hydraulikzylinder im Standardbereich liegen zwischen 1 mm und 2000 mm. Für Sonderanwendungen stehen allerdings auch Hydraulikzylinder mit wesentlich längerem Hub zur Verfügung. Meist sind es diese Einschränkungen des Verfahrwegs, die gegen einen grundsätzlich möglichen Einsatz von Hydraulikzylindern sprechen. Nach einer gewissen Einsatzdauer kann an einem Hydraulikzylinder Leckage auftreten. Selbst wenn ein Zylinder augenscheinlich dicht ist, muss immer mit einem Schmierfilm am Austritt der Kolbenstange gerechnet werden. Austretendes Öl kann beispielweise in der Lebensmittelherstellung oder auch bei der Kunststoffverarbeitung mit hoch empfindlichen Spritzgussformen sehr schwerwiegende Folgen haben. Lecköl-Auffangssysteme lösen zwar das Problem, wirken sich jedoch in erhöhtem Platzbedarf und Kostenaufwand aus. Dies muss beim Einsatz von Hydraulikzylinder beachtet werden.

Pneumatikzylinder

Ein Pneumatikzylinder ist ein mittels Druckluft bis maximal 12 bar (je nach Zylindertyp) betriebener Arbeitszylinder. Pneumatikzylinder werden in vielen pneumatischen Anwendungen verwendet, so z. B. in Spritzgießwerkzeugen, in der Förder-, Antriebs- oder Handhabungstechnik.

Man unterscheidet grundsätzlich zwischen einseitig und beidseitig Druckluft beaufschlagbaren Zylindern, auch einfachwirkende bzw. doppelwirkende Zylinder genannt.

Die Schaltsymbole für Pneumatikzylinder sind nach ISO normiert.

Da Druckluft kompressibel ist, kann es in Zusammenhang mit dem Stick-Slip-Effekt zu ruckartigem Anfahren der Zylinder kommen. Als Alternative für bestimmte Einsatzgebiete stehen Elektro- und Hydraulikzylinder zur Verfügung.

Einfachwirkender Zylinder

Von einfachwirkenden Zylindern spricht man, wenn die vom Öldruck erzeugte Kraft zum Ausfahren der Kolbenstange nur an der Kolbenfläche wirksam wird. Der Rückhub (Einfahren der Kolbenstange) erfolgt durch drückende Belastung an der Kolbenstange.

Doppelwirkender Zylinder

Doppelwirkende Zylinder besitzen auf beiden Seiten des Kolbens je einen Anschluss für die Druckluft. Dadurch kann Arbeit sowohl beim Ausfahren als auch beim Einfahren der Kolbenstange verrichtet werden.

Differentialzylinder

Ein Differentialzylinder besitzt nur auf einer Seite der Kolbenfläche eine Kolbenstange. Dadurch besitzt er zwei verschieden große Wirkflächen, zum einen die Fläche auf der Kolbenseite, die komplett wirkt, und zum anderen die stangenseitige Fläche, bei der nur die Ringfläche wirkt. Dadurch fährt der Differentialzylinder im Normalfall mit zwei verschieden Geschwindigkeiten.

Plungerzylinder

Ein Plungerzylinder (oder auch Tauchkolbenzylinder) besitzt keinen eigentlichen Kolben.

Stanzzylinder

Beim Stanzen treten dynamische Belastungen auf: Genannt seien Entspannungsschläge beim Durchbruch sowie Schwingungen und Druckspitze, die besondere Anforderungen an den Aufbau des Antriebs stellen. Da der Standardblockzylinder als Spannzylinder ausgelegt ist, wurde speziell für diese Anwendung der Stanzzylinder entwickelt. Er zeichnet sich durch größere Durchlässe in den Anschlüssen, eine robustere Ausführung der Komponenten und die besondere Anordnung der Dichtungen und Führungen aus.

Tandemzylinder

Bei einem Tandemzylinder werden zwei Zylinder so miteinander verbunden, dass die Kolbenstange des ersten Zylinders durch den Boden des zweiten Zylinders hindurch auf dessen Kolbenstange wirkt. Dadurch erreicht man trotz geringer Baugröße aufgrund der Vergrößerung der wirkenden Kolbenflächen eine größere Kraft.

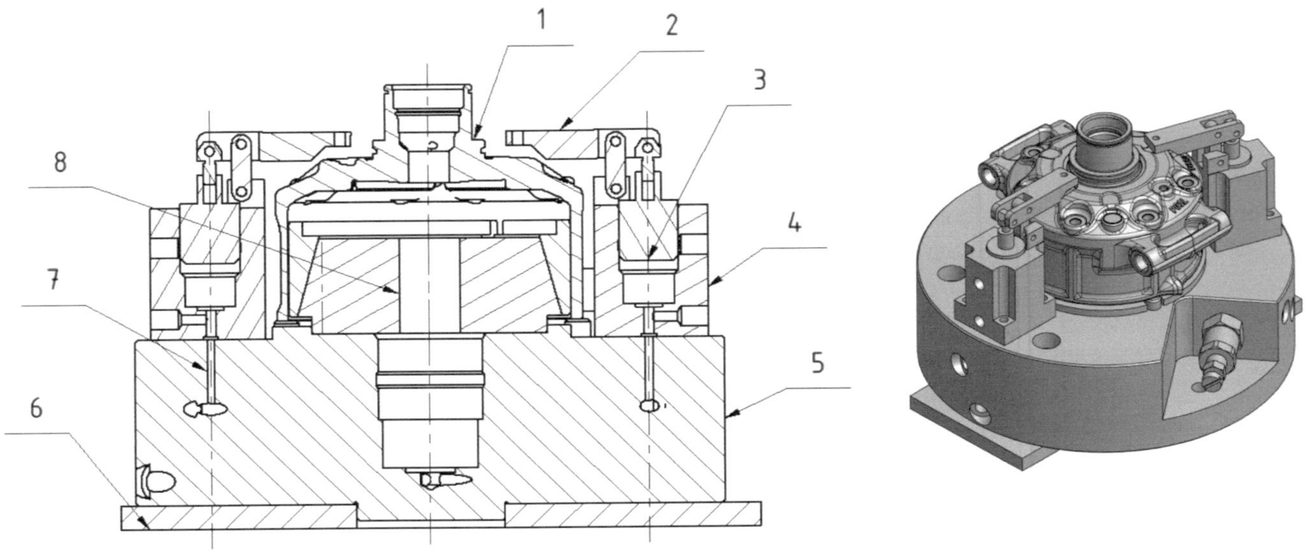

Bild 8-1 Hydraulisches Spannsystem
1 Werkstück; 2 Spannelement; 3 Zylinder; 4 Hydraulik-Element; 5 Grundaufnahme; 6 Fixierplatte; 7 Druckölkanal; 8 Werkstückaufnahme

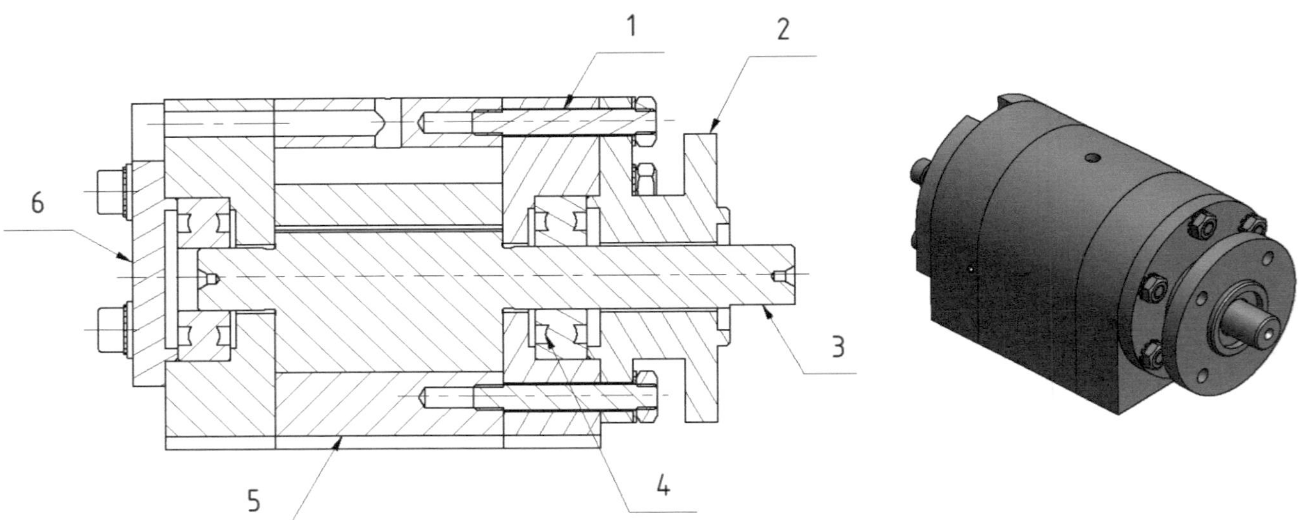

Bild 8-2 Pneumatischer Zylindermotor
1 Befestigungsschraube; 2 Zentrierflansch; 3 Antriebswelle; 4 Kugellager; 5 Gehäuse; 6 Deckel

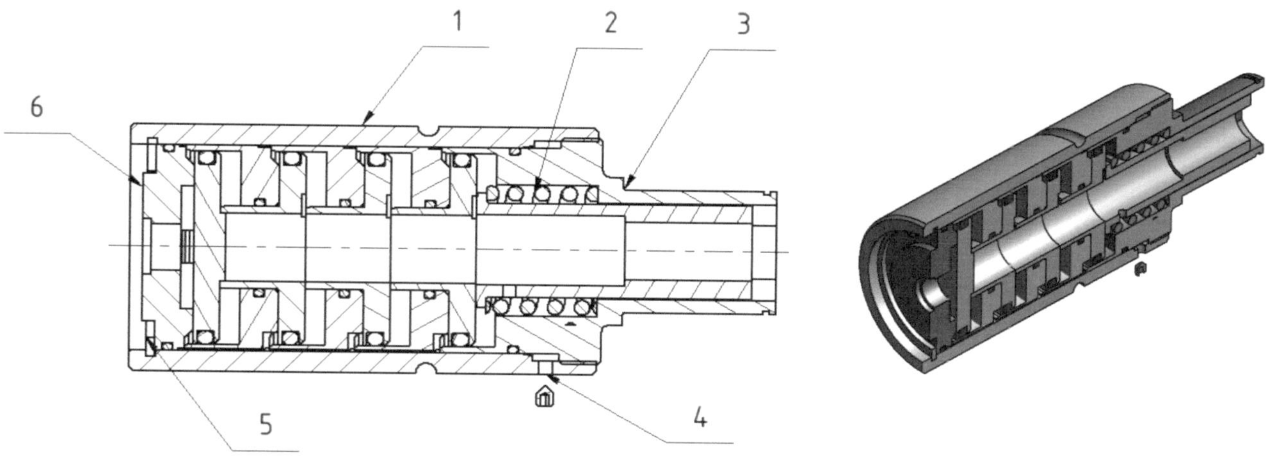

Bild 8-3 Pneumatischer Tandemzylinder
1 Gehäuse; 2 Druckfeder; 3 Werkstückaufnahme; 4 Sicherungsschraube;
5 Sicherungsring; 6 Abdeckscheibe mit Dichtung

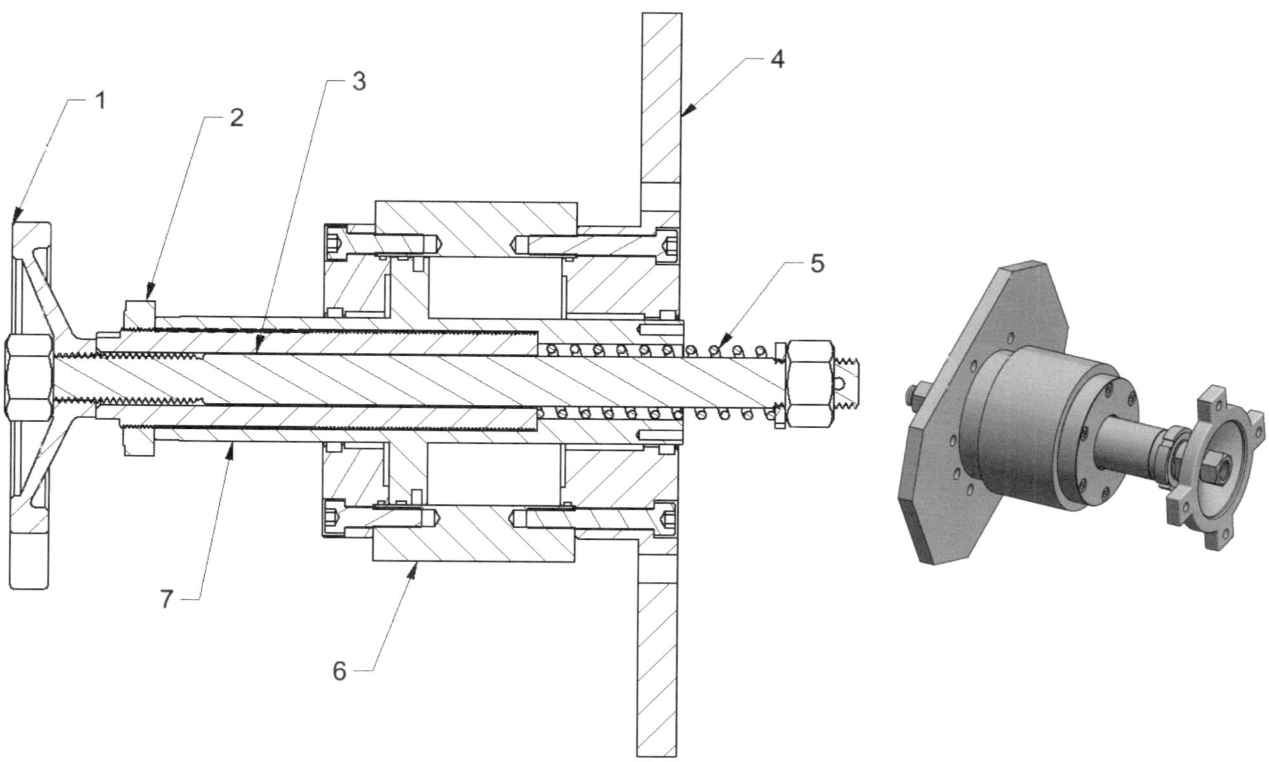

Bild 8-4 Pneumatikzylinder
1 Handrad; 2 Feststellmutter; 3 Spindel; 4 Befestigungsflansch; 5 Druckfeder;
6 Zwischenstück; 7 Hülse

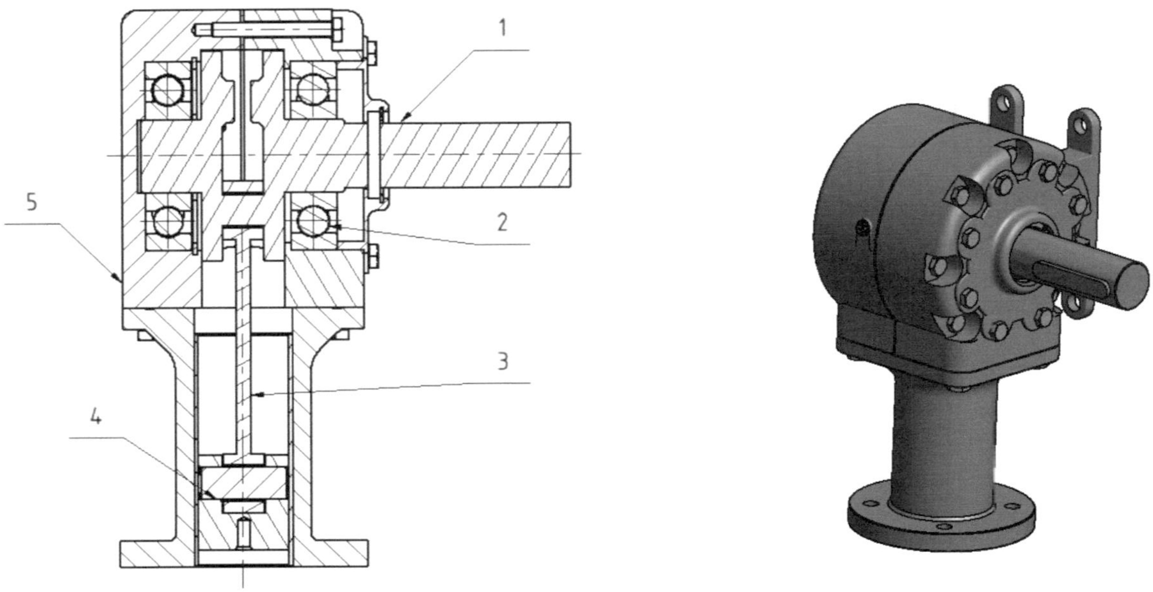

Bild 8-5 Kolbenpumpe
1 Kurbelwelle; 2 Kugellager; 3 Stößel; 4 Zylinderkolben; 5 Getriebegehäuse

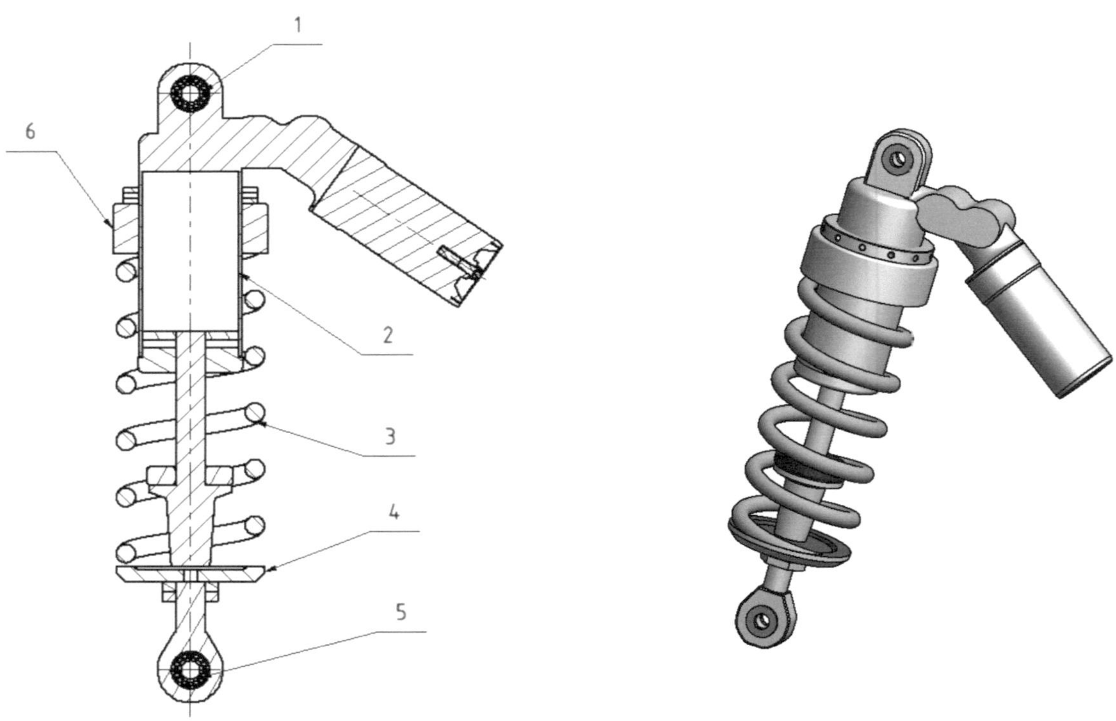

Bild 8-6 Federbeinzylinder
1 Lagerbuchse für Befestigung; 2 Druckzylinder; 3 Druckfeder; 4 Druckfeder Aufnahme; 5 Spannmutter; 6 Anschlagflansch

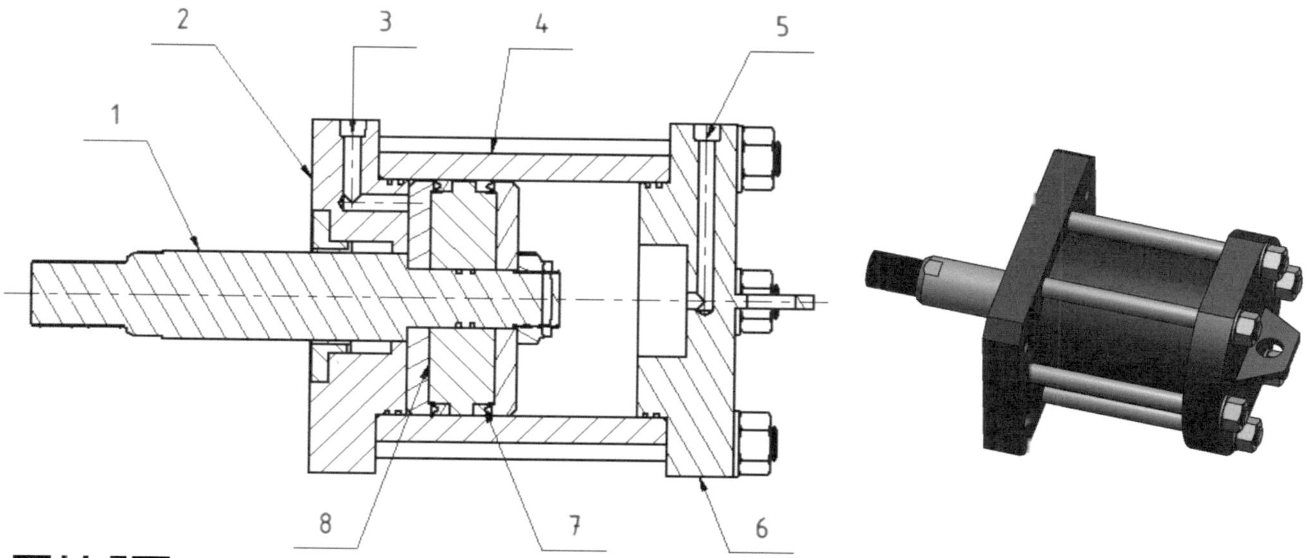

Bild 8-7 Hydraulikzylinder
1 Zylinderwelle; 2 Deckel links; 3 Einlasskanal; 4 Zylinder;
5 Auslasskanal; 6 Deckel rechts; 7 Dichtung; 8 Kolben

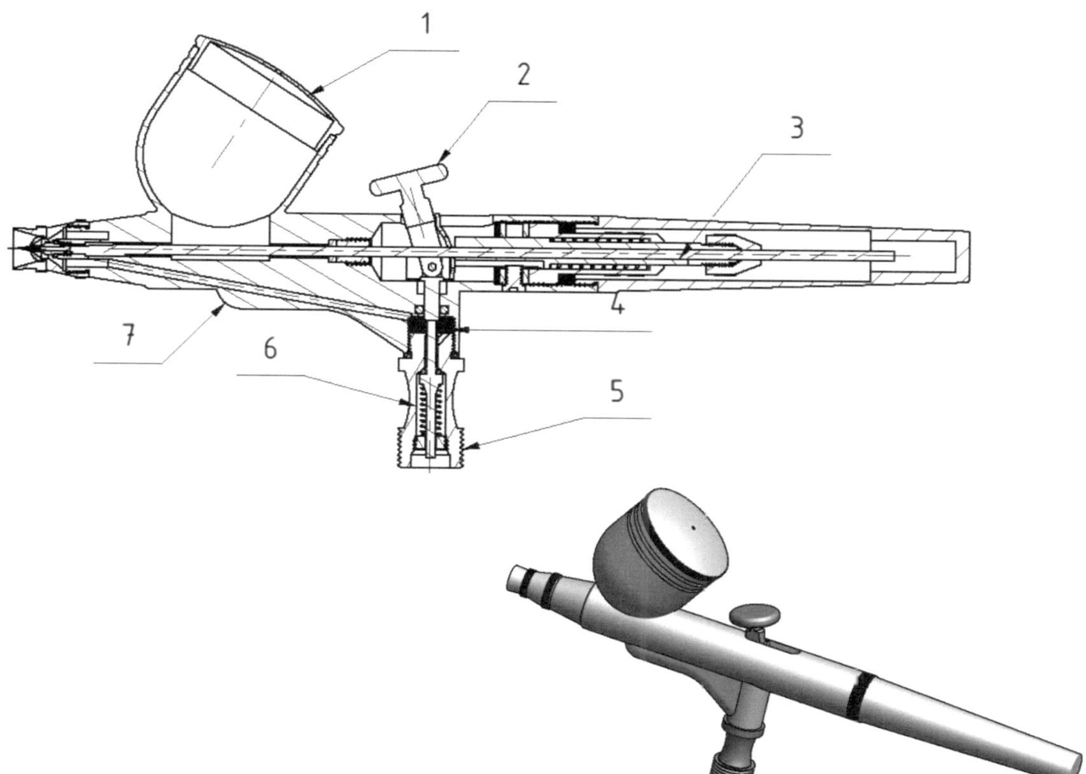

Bild 8-8 Mini Air-Brush-Pistole
1 Farbbehälter; 2 Auslösehebel; 3 Wellenführung; 4 Ventildichtung;
5 Druckluftanschluss; 6 Druckfeder; 7 Gehäuse

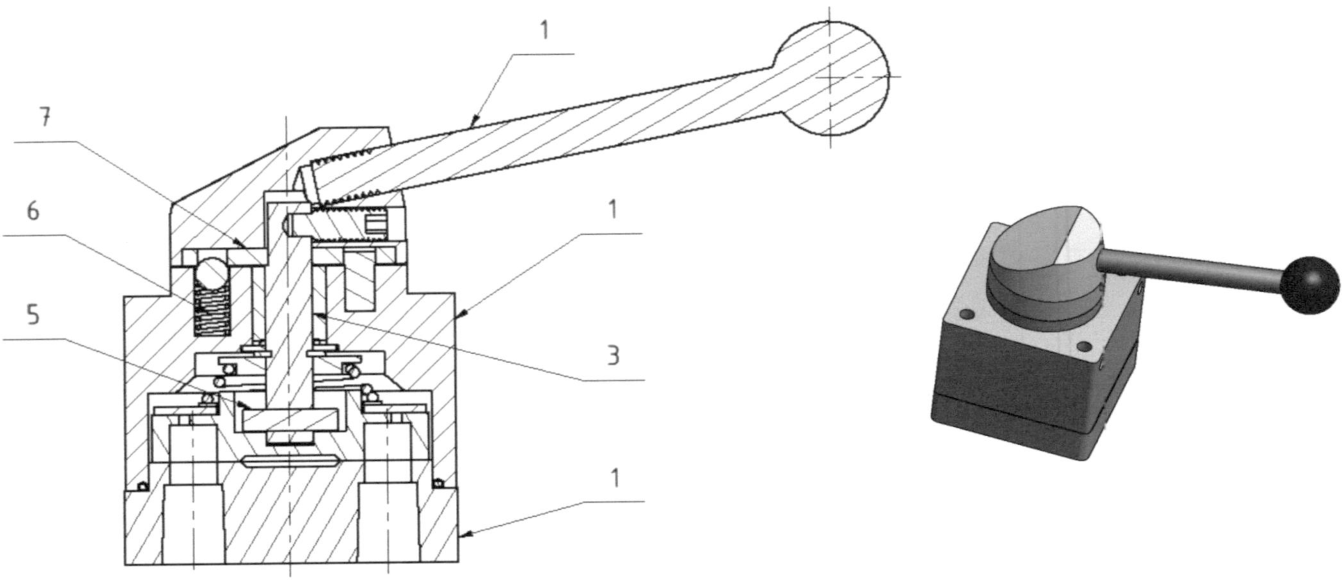

Bild 8-9 Pneumatisches Handventil
1 Handhebel; 2 Ventilgehäuse; 3 Welle; 4 Grundplatte; 5 Mitnehmerstift; 6 Druckfeder; 7 Lochscheibe

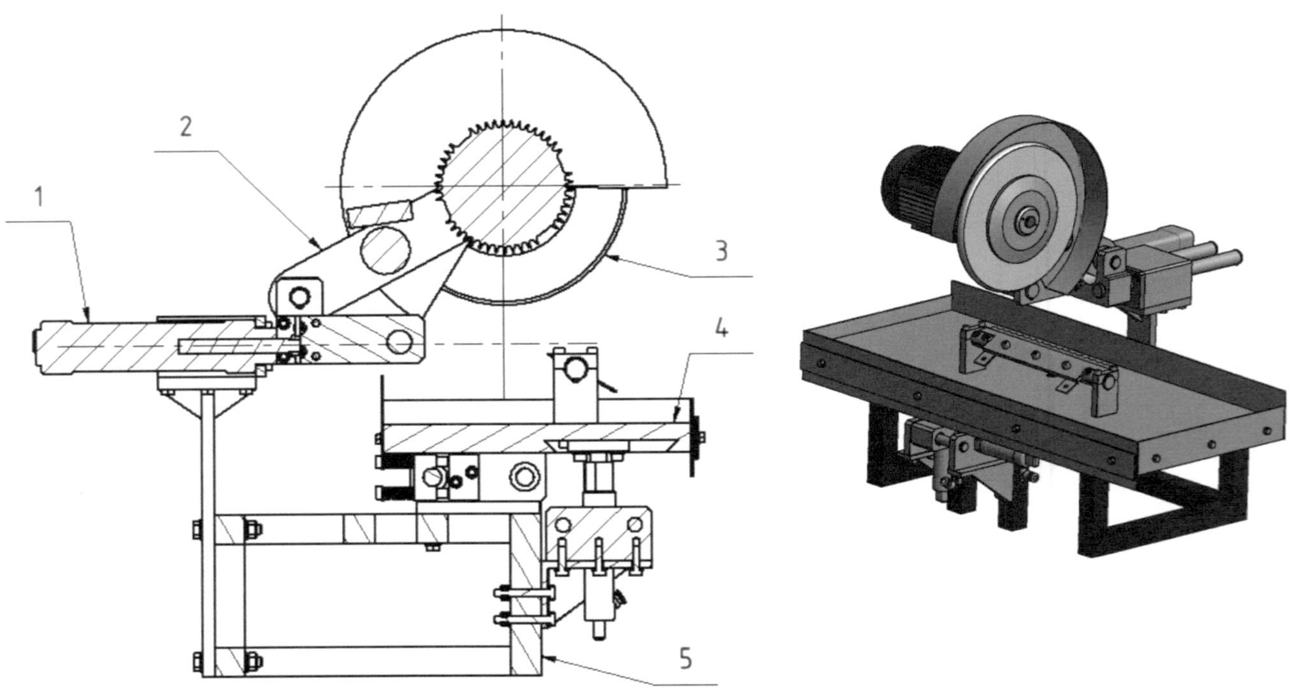

Bild 8-10 Pneumatische Schneidmaschine
1 Pneumatikzylinder; 2 Befestigungshebel; 3 Schneidmesser; 4 Schlittenplatte; 5 Gestell

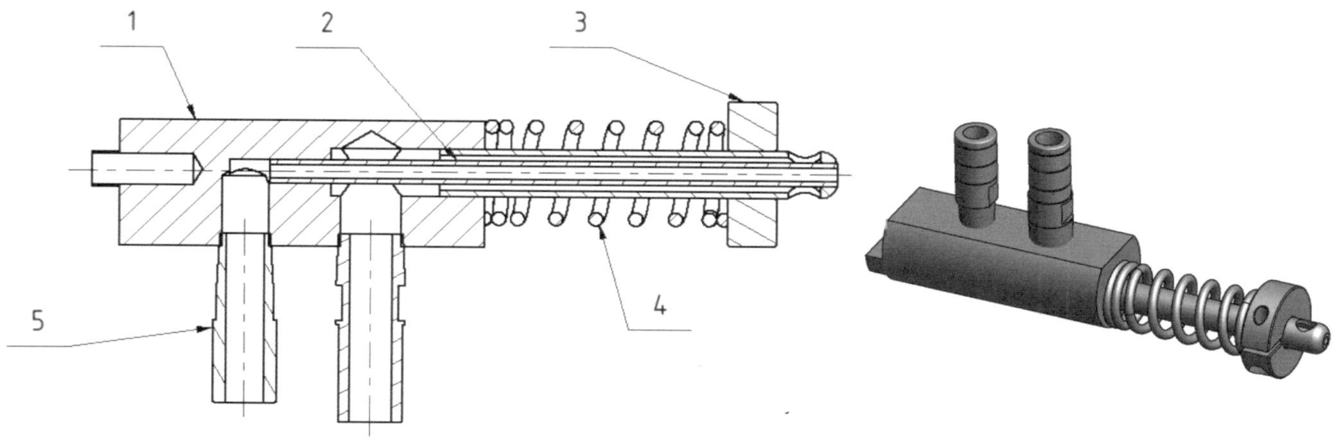

Bild 8-11 Vakuum-Düse
1 Einlaufdüse; 2 Grundkörper; 3 Stellrohr; 4 Feststellscheibe; 5 Druckfeder

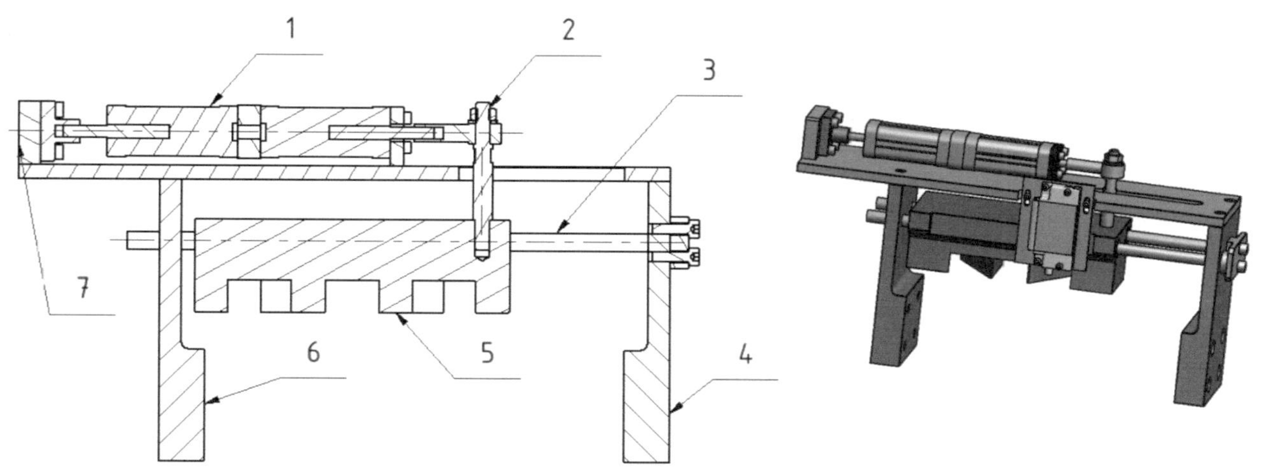

Bild 8-12 Pneumatisch gesteuerte Weiche am Fließband
1 Pneumatikzylinder; 2 Auslenkhebel; 3 Welllagerung Weiche; 4 Grundgestell; 5 Weiche; 6 Grundgestell; 7 Befestigung Pneumatikzylinder

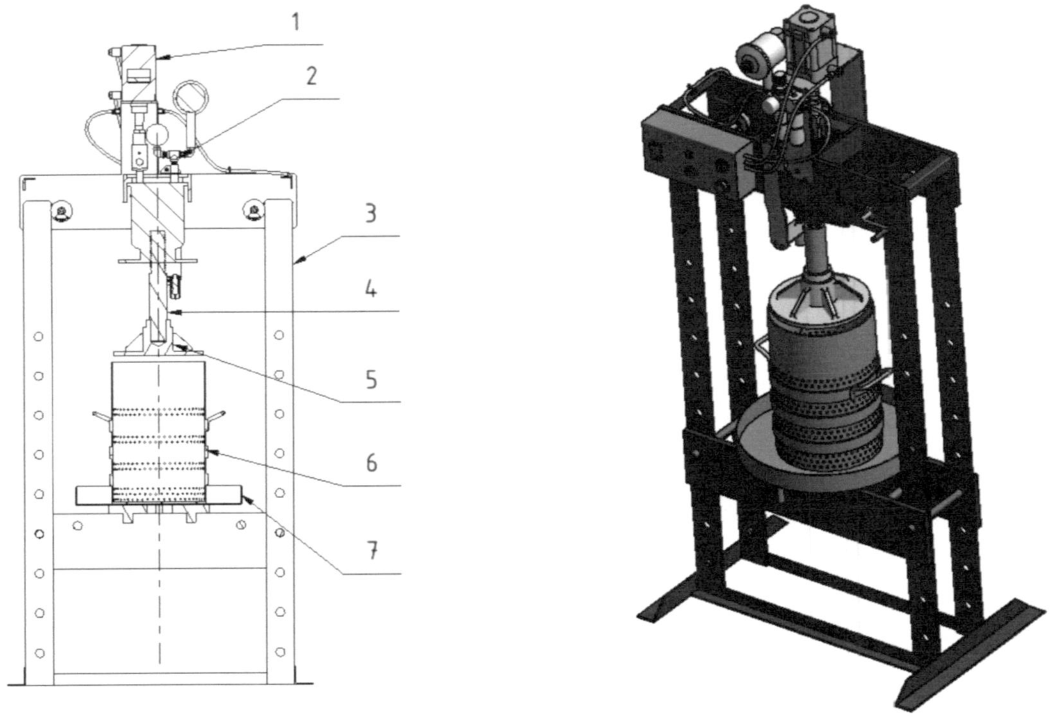

Bild 8-13 Hydraulische Presse zur Trennung von Flüssigkeiten
1 Druckluftzylinder; 2 Steuerung; 3 Gestell; 4 Achse; 5 Druckscheibe; 6 Zylinder; 7 Auffangwanne

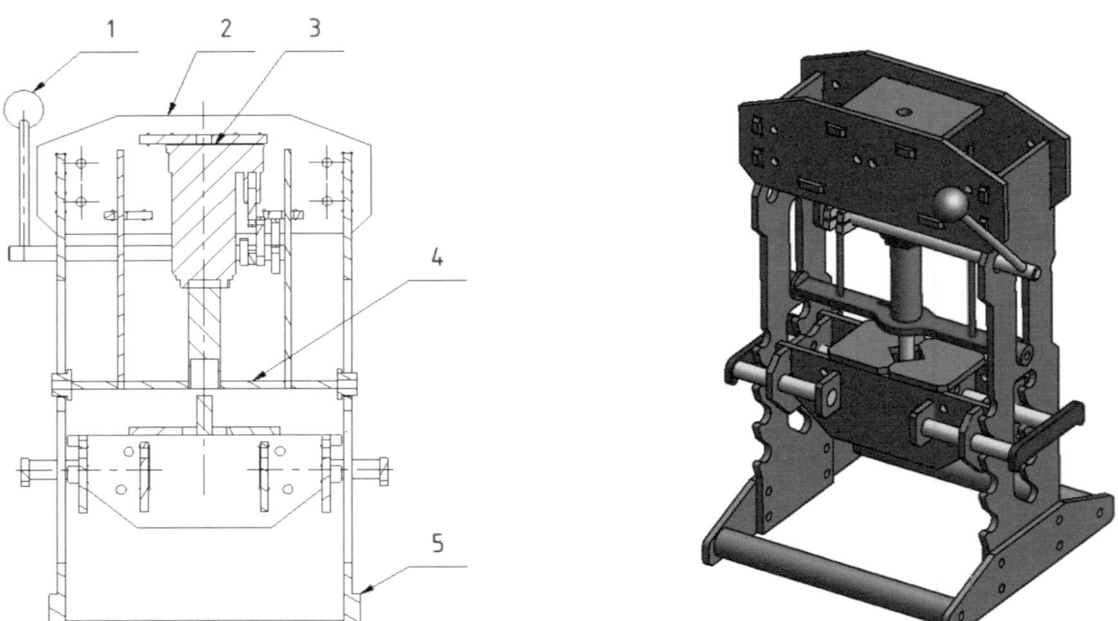

Bild 8-14 Hydraulische Presse
1 Handhebel; 2 Gehäuseplatte; 3 Hydraulikzylinder; 4 Verstellplatte; 5 Grundgestell

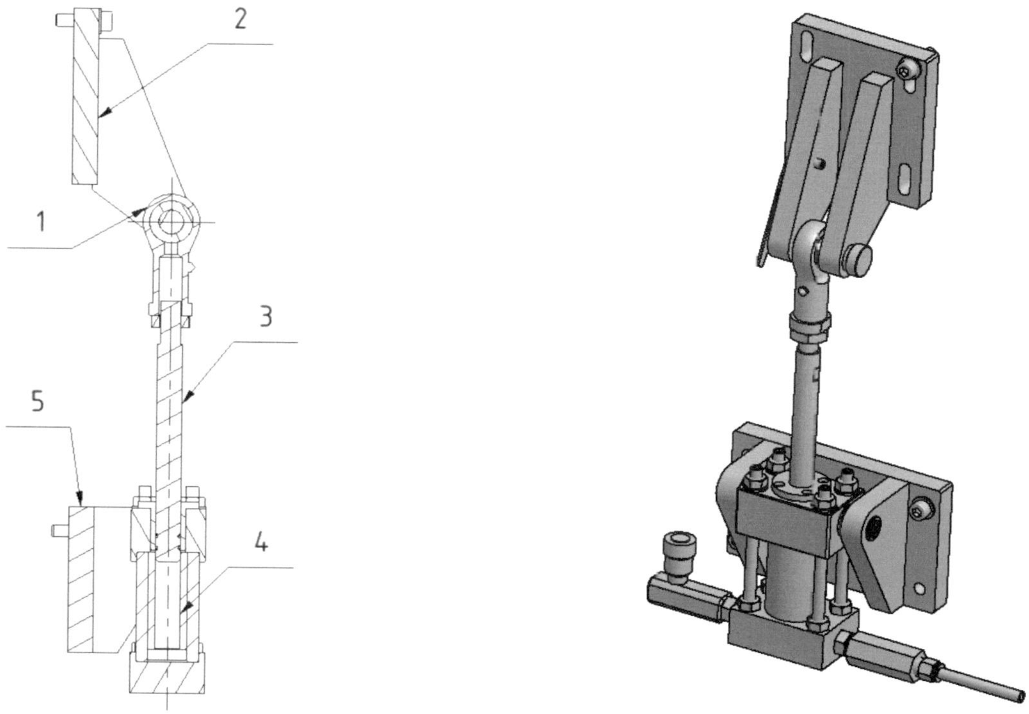

Bild 8-15 Hydraulikpumpe für eine Presse
1 Kugelgelenk; 2 Befestigungsplatte; 3 Zylinderwelle; 4 Zylinder; 5 Befestigungsplatte

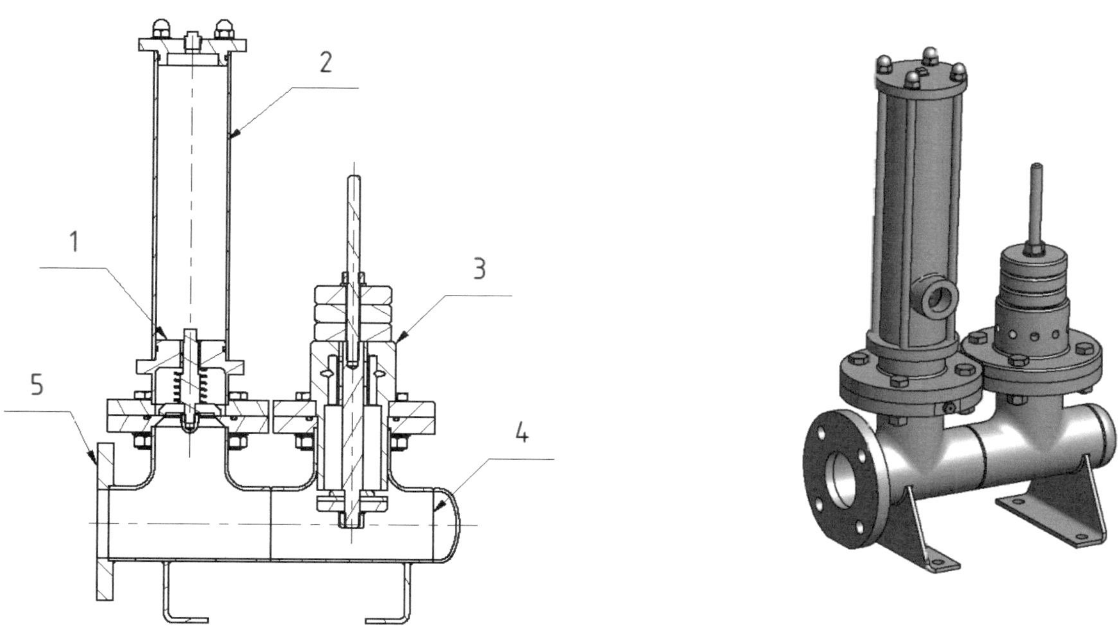

Bild 8-16 Anlaufpumpe
1 Ventilbaugruppe; 2 Tank; 3 Ventil; 4 Rohrkörper; 5 Anschlussflansch

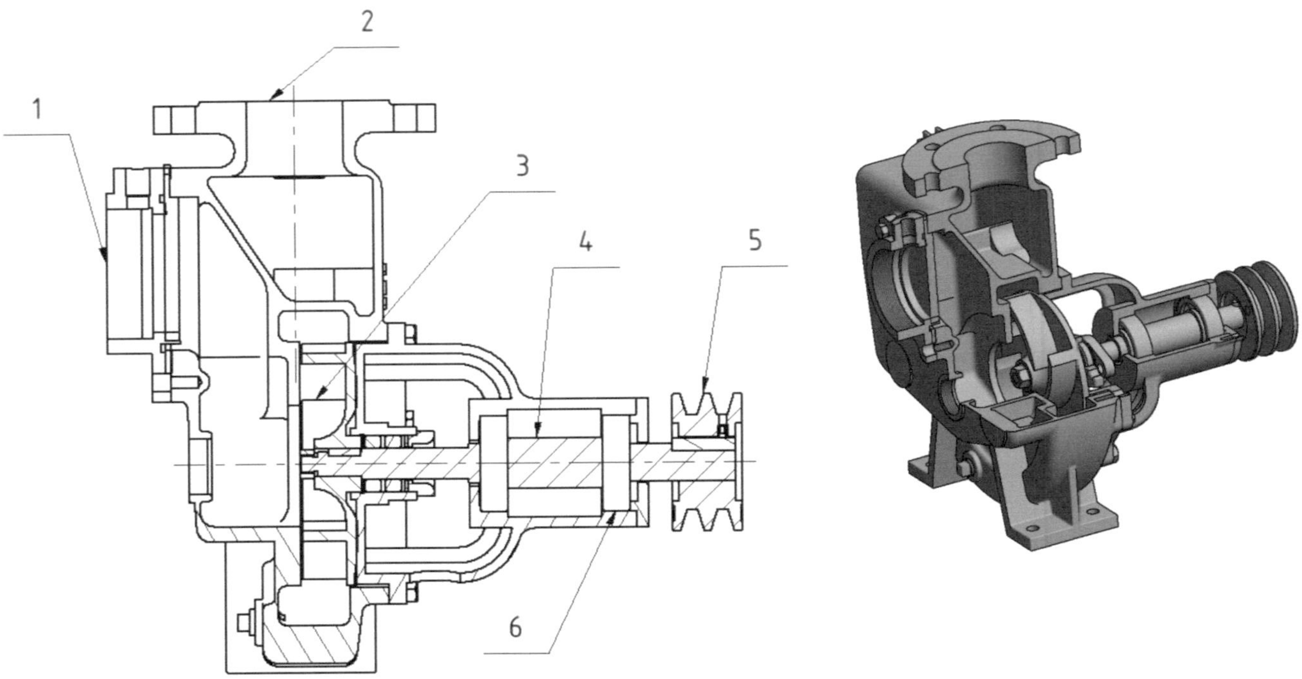

Bild 8-17 Zentrifugalpumpe
1 Linke Gehäusehälfte; 2 Ansaugstutzen; 3 Flügelblatt; 4 Wellengehäuse; 5 Riemenscheibe; 6 Kugellager

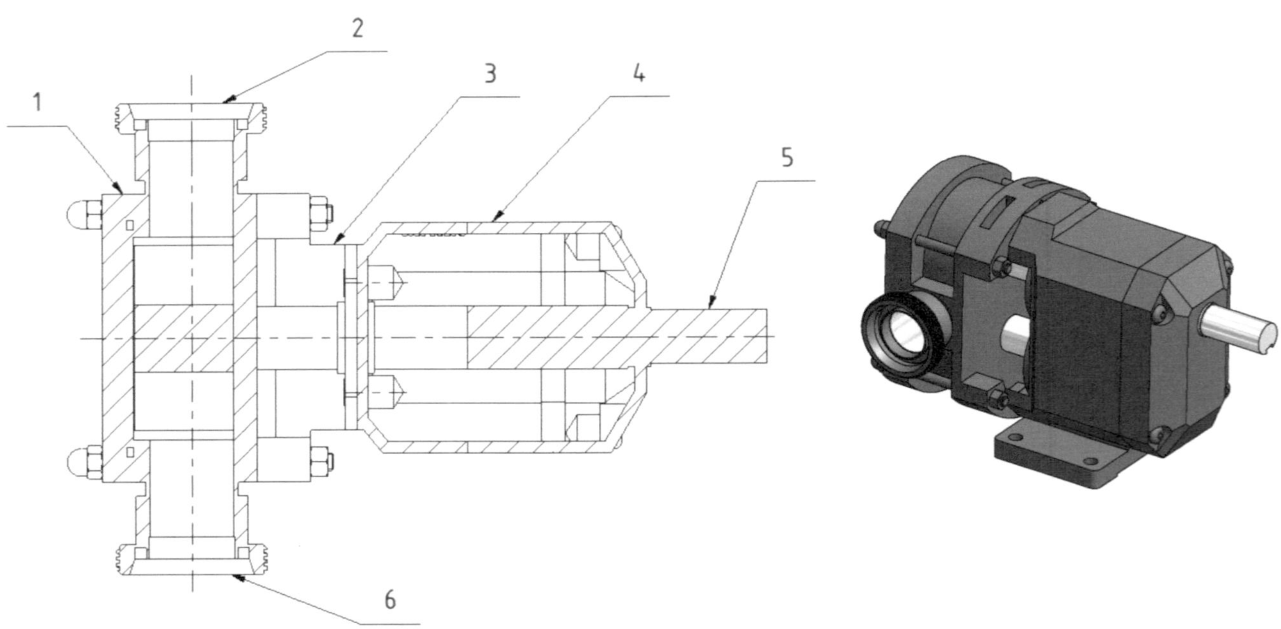

Bild 8-18 Drehkolbenpumpe
1 Linke Gehäusehälfte; 2 Ansaugstutzen; 3 Wellenlagerung; 4 Wellengehäuse; 5 Welle; 6 Ausgangstutzen

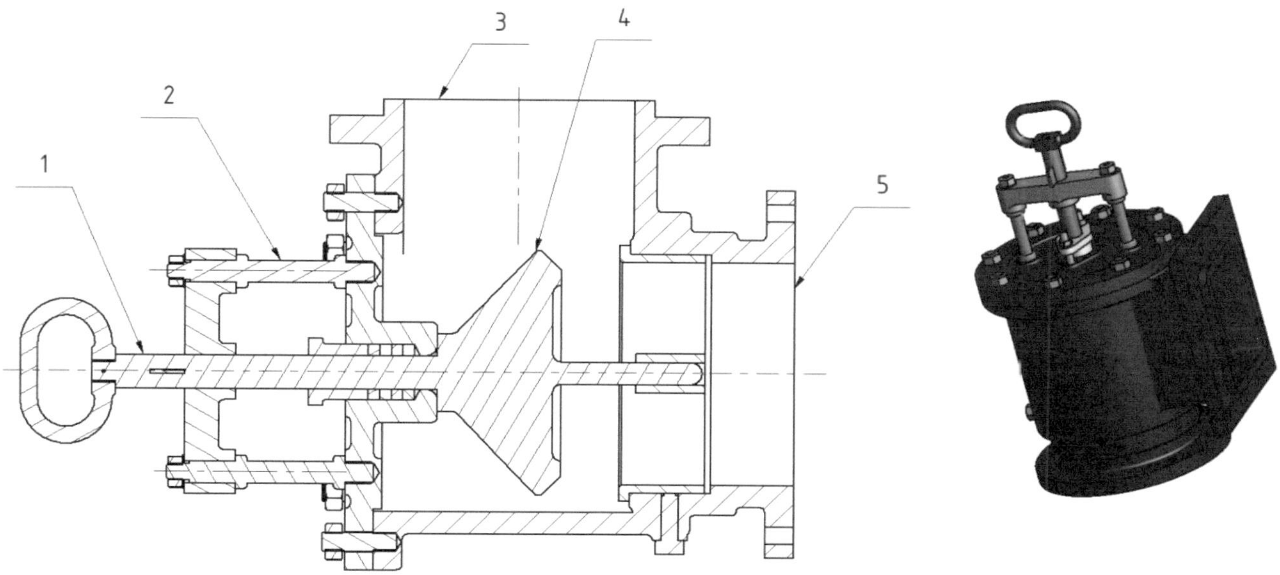

Bild 8-19 Absperrventil
1 Betätigerhebel; 2 Führung; 3 Zuführstutzen; 4 Dichtung; 5 Flansch

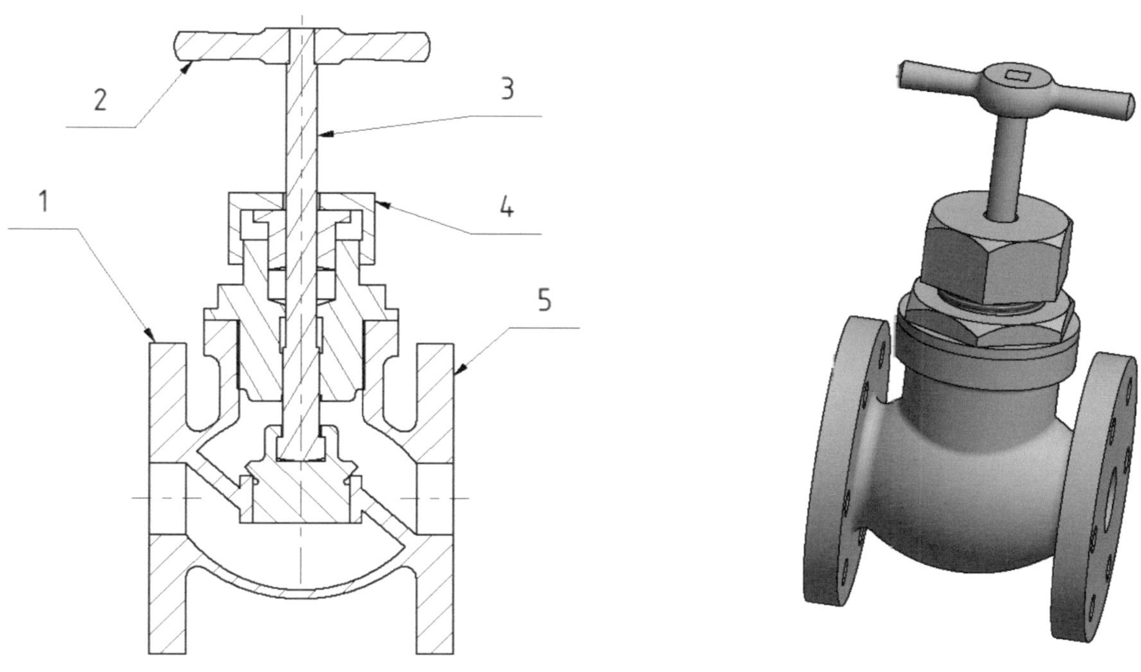

Bild 8-20 Pneumatisches Handventil
1 Gehäuseflansch; 2 Handrad; 3 Spindel; 4 Abschlussmutter; 5 Dichtungskolben

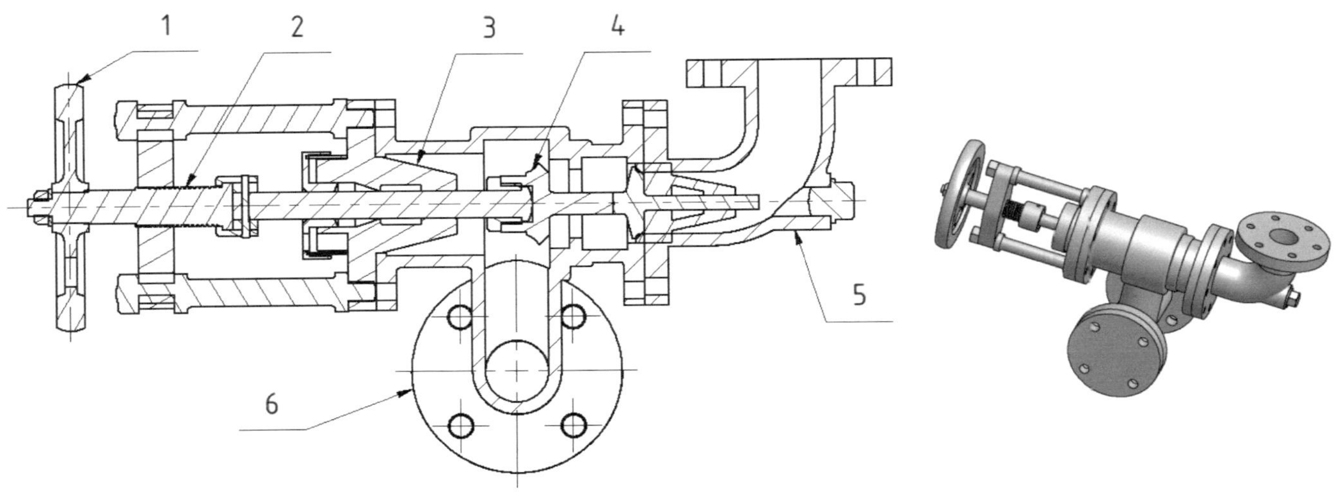

Bild 8-21 Absperrventil
1 Handgriff; 2 Spindelschraube; 3 Wellenführung; 4 Abdichtung; 5 90-Grad-Krümmer; 6 T-Flansch

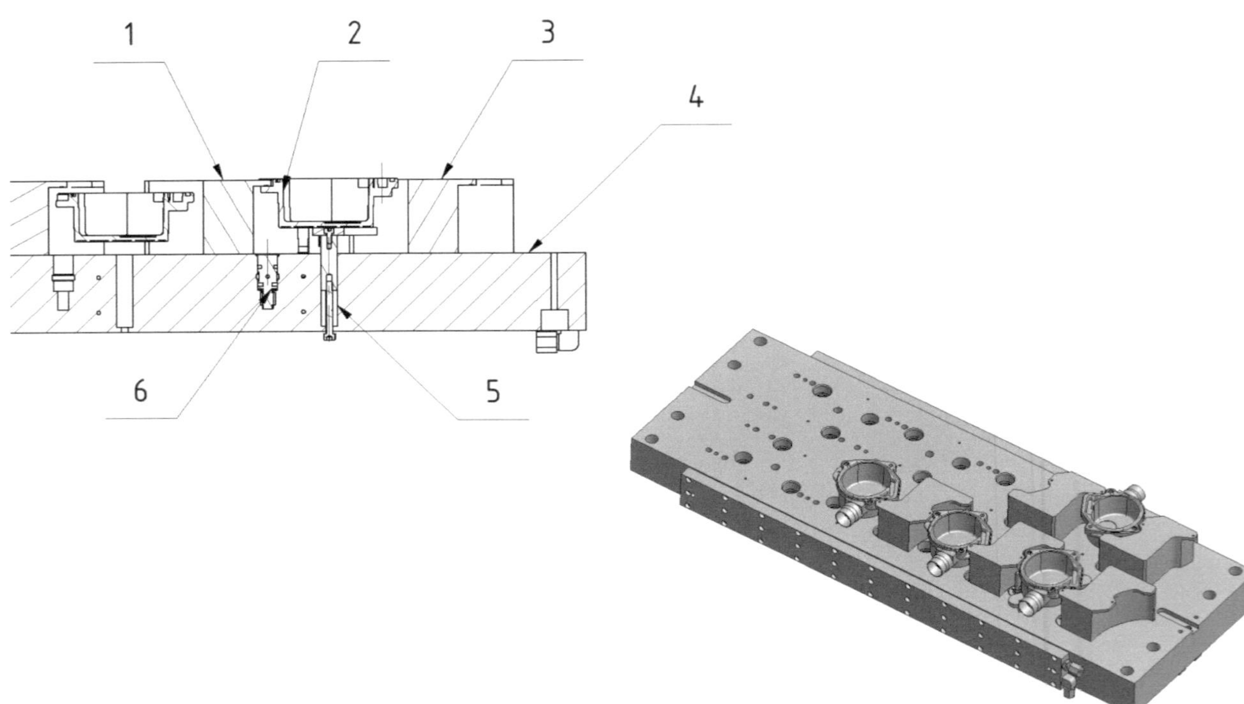

Bild 8-22 Hydraulische Spannvorrichtung auf CNC-Zentrum
1 Fixierung Werkstück; 2 Werkstück; 3 Fixierung Werkstück; 4 Grundplatte; 5 Auflage Werkstück; 6 Hydraulik-Spannsystem

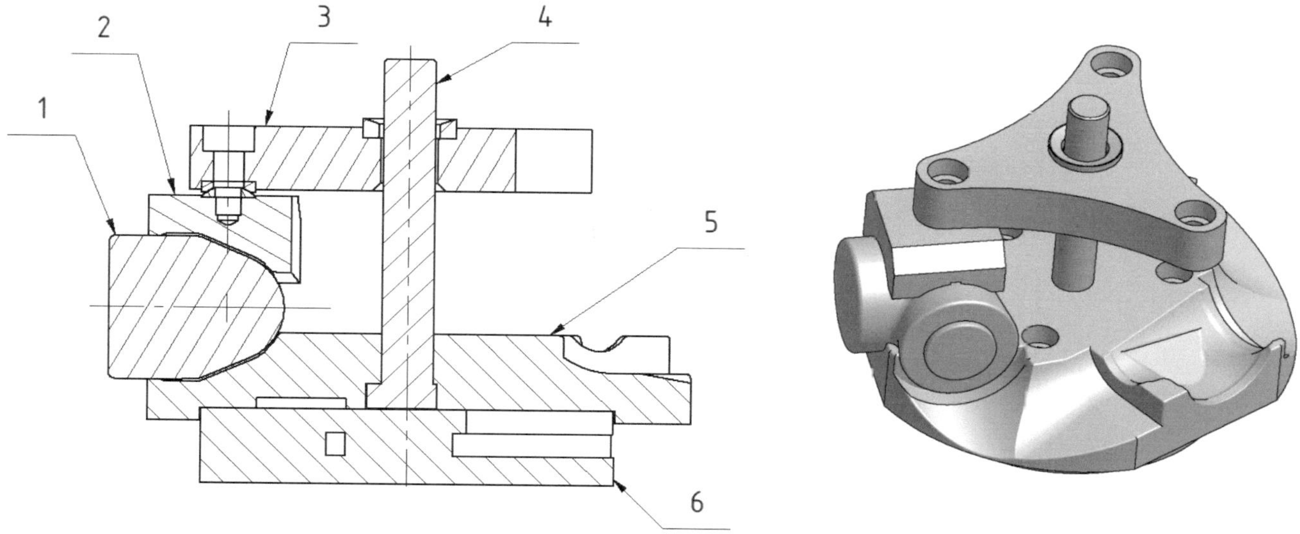

Bild 8-23 Hydraulische Spannvorrichtung – Stern
1 Werkstück; 2 Spannbacken für das Werkstück; 3 Niederhalteplatte; 4 Hydraulik -Spannwelle; 5 Auflage Platte Werkstück; 6 Grundplatte

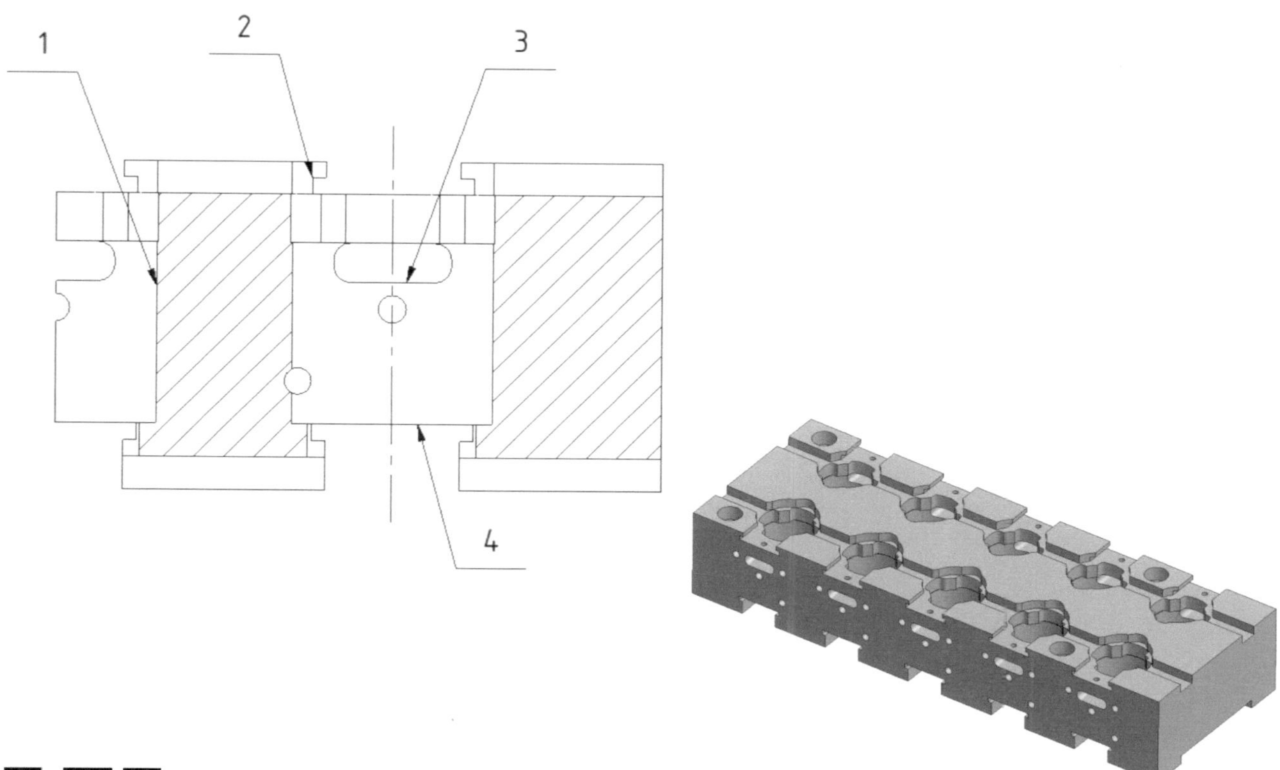

Bild 8-24 Hydraulische Spannvorrichtung – Block
1 Blockplatte; 2 Fixierung für das Werkstück; 3 Verdrehschutz für das Werkstück; 4 Anschlag für das Werkstück

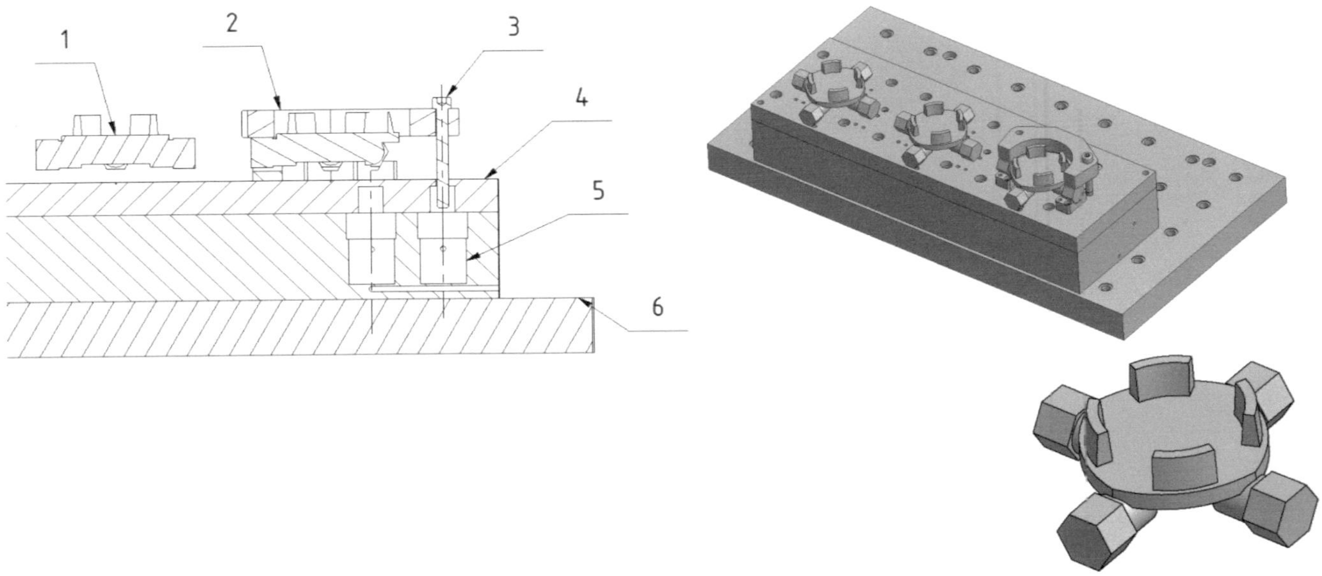

Bild 8-25 Hydraulische Spannvorrichtung – Palette
1 Werkstück; 2 Spannplatte für das Werkstück; 3 Spannschraube; 4 Zwischenplatte; 5 Hydraulisches Spannsystem; 6 Grundplatte

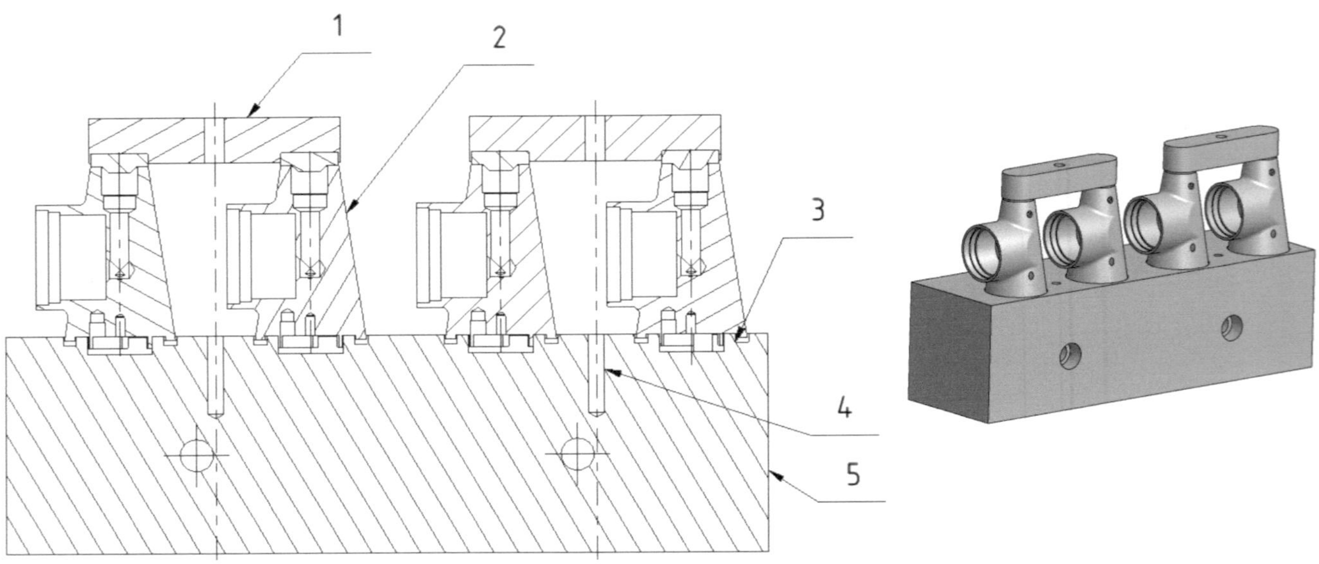

Bild 8-26 Mechanische Spannvorrichtung für Bearbeitungszentrum
1 Spannplatte; 2 Werkstück; 3 Fixierung für das Werkstück; 4 Befestigungsbohrung für das Werkstück; 5 Grundplatte

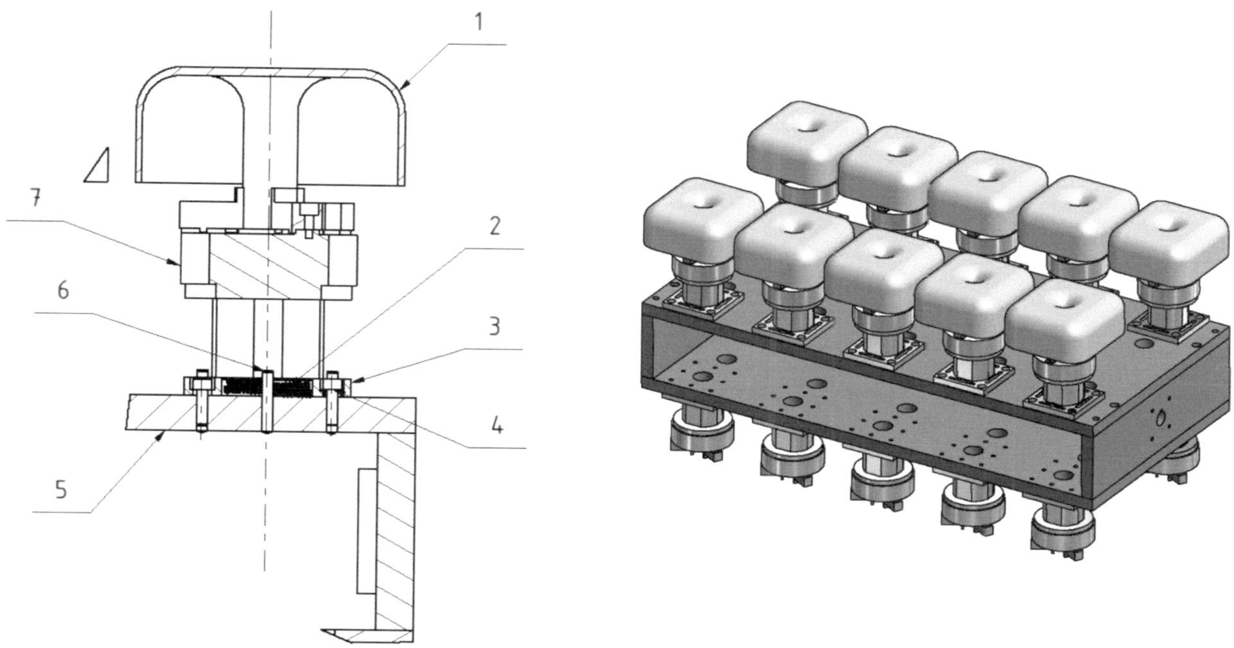

Bild 8-27 Pneumatisches Backenfutter für CNC-Bestückung
1 Werkstück; 2 Druckfeder für Toleranzausgleich; 3 Ausgleichsplatte; 4 Schraube; 5 Aufnahmeplatte; 6 Fixierstift; 7 Drei-Backen-Futter

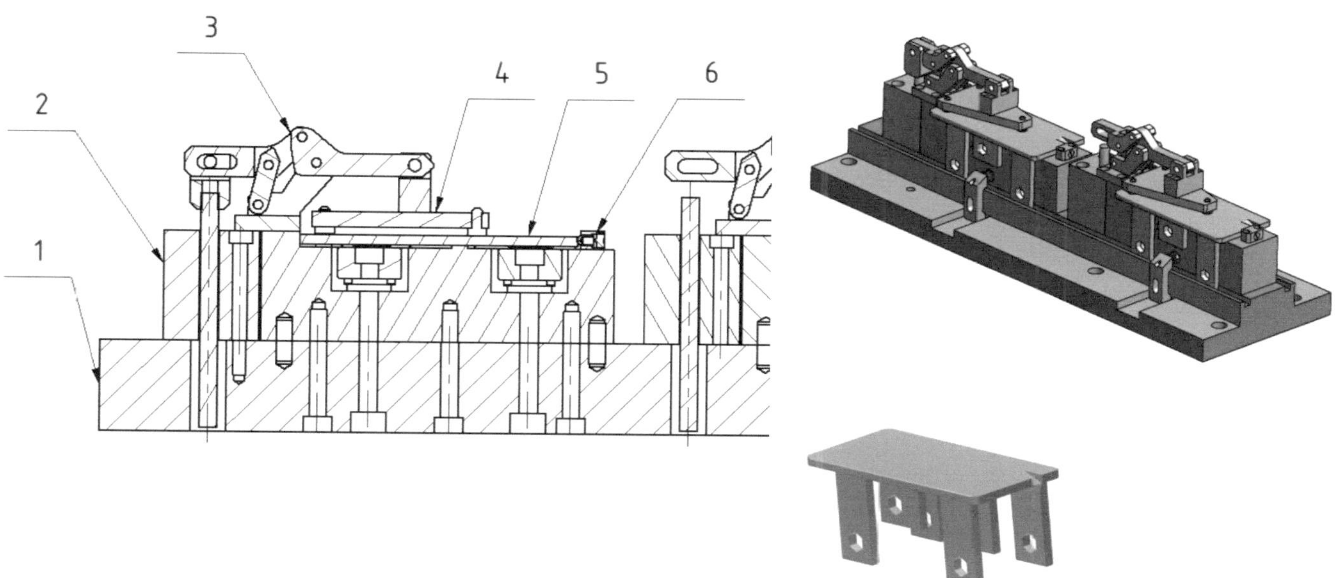

Bild 8-28 Pneumatische Spannvorrichtung für CNC-Bestückung
1 Grundplatte; 2 Aufnahmeplatte für Werkstück; 3 Schnellspanner; 4 Festhalteplatte; 5 Werkstück; 6 Anschlag für das Werkstück

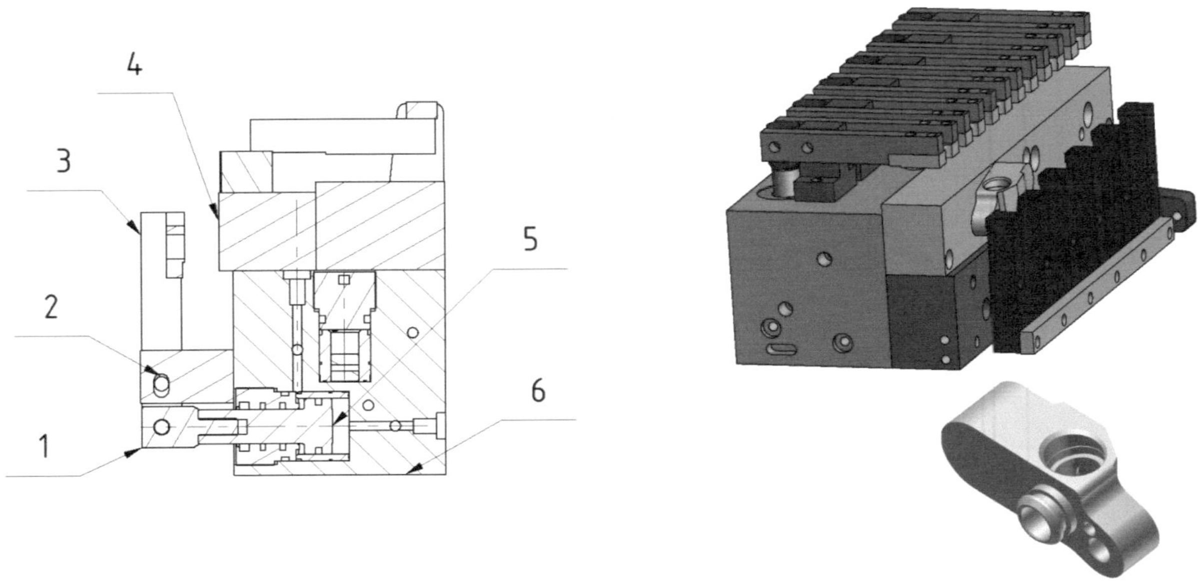

Bild 8-29 Pneumatische Spannvorrichtung für CNC-Bestückung
1 Spannzylinder; 2 Lagerung Spannhebel; 3 Spannhebel; 4 Festhalteplatte; 5 Pneumatikzylinder; 6 Grundkörper

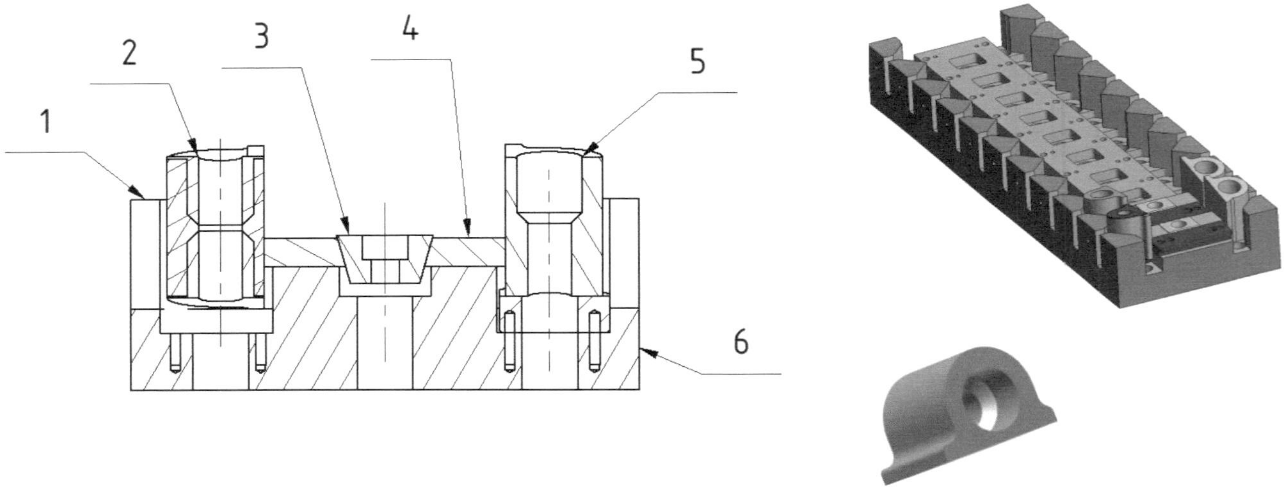

Bild 8-30 Pneumatische Spannvorrichtung für CNC-Bestückung
1 Grundkörper; 2 Werkstück; 3 Spannprisma; 4 Andruckplatte; 5 Werkstück; 6 Grundkörper

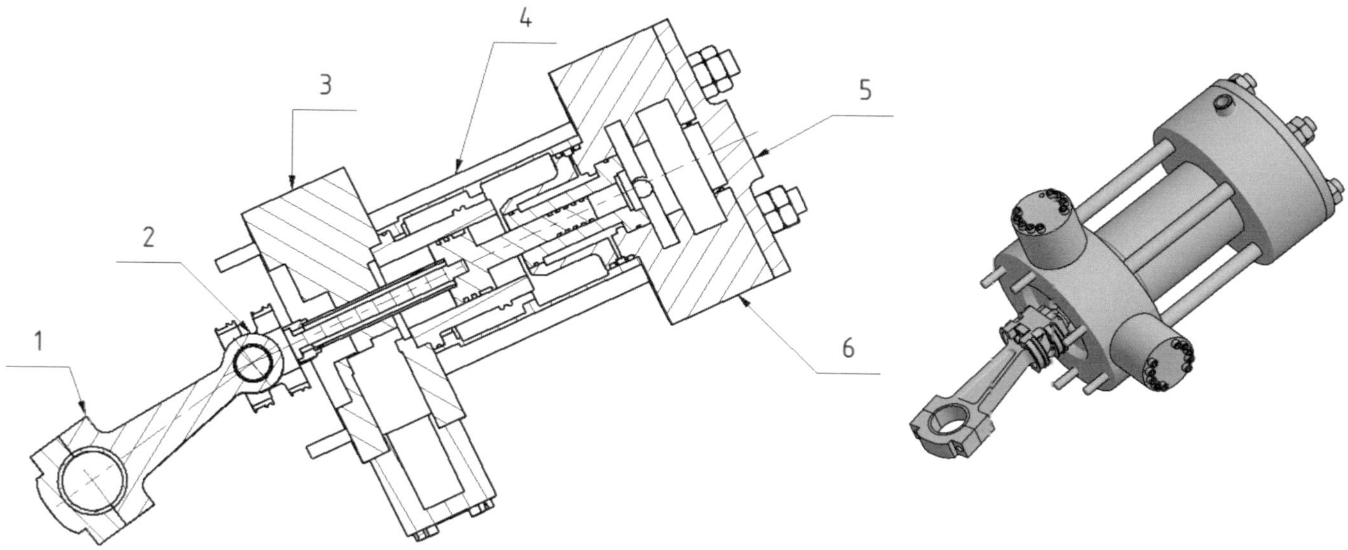

Bild 8-31 Hydraulischer CNG-Zylinder
1 Pleuelstange; 2 Lager; 3 Gehäuse; 4 Zylindermantel; 5 Deckel; 6 Grundkörper

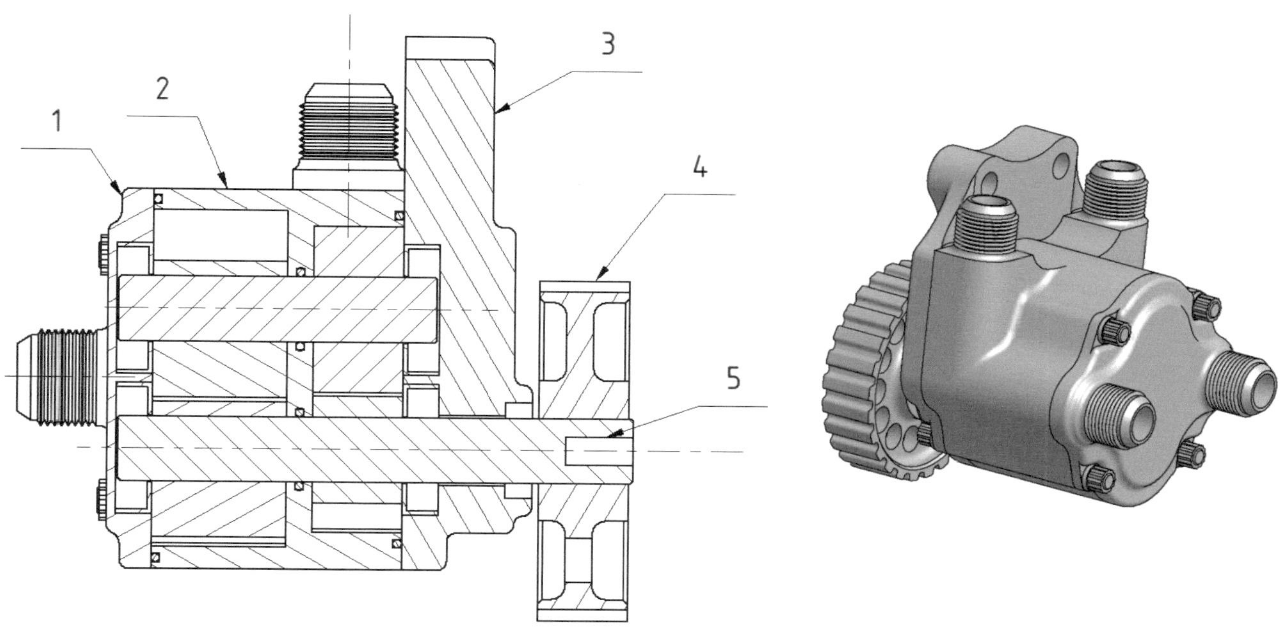

Bild 8-32 Ölpumpe
1 Abschlussdeckel; 2 Gehäuse; 3 Befestigungsflansch; 4 Zahnrad; 5 Abtriebswelle

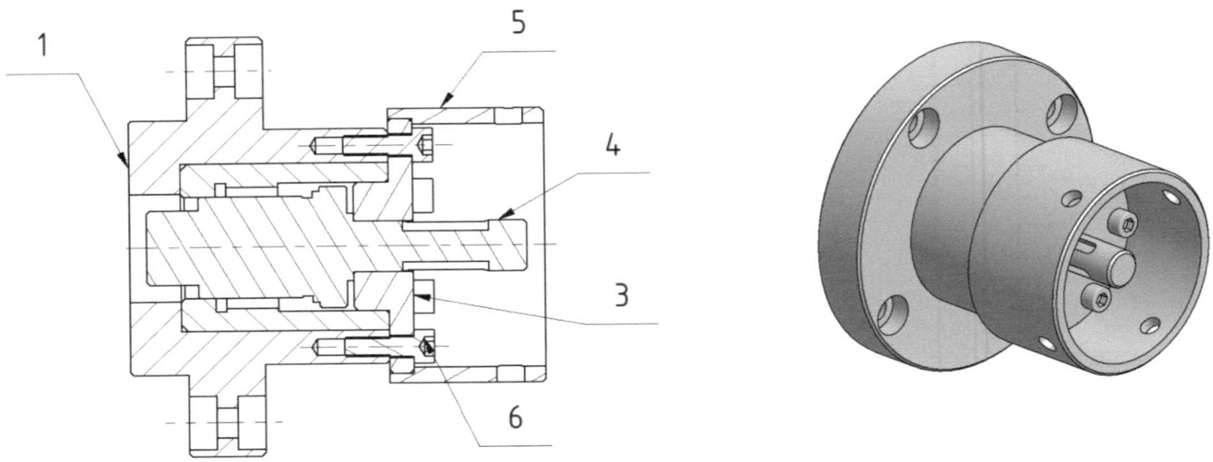

Bild 8-33 Pneumatischer Kolbenvibrator
1 Abschlussdeckel; 2 Gehäuse; 3 Befestigungsflansch; 4 Zahnrad; 5 Abtriebswelle

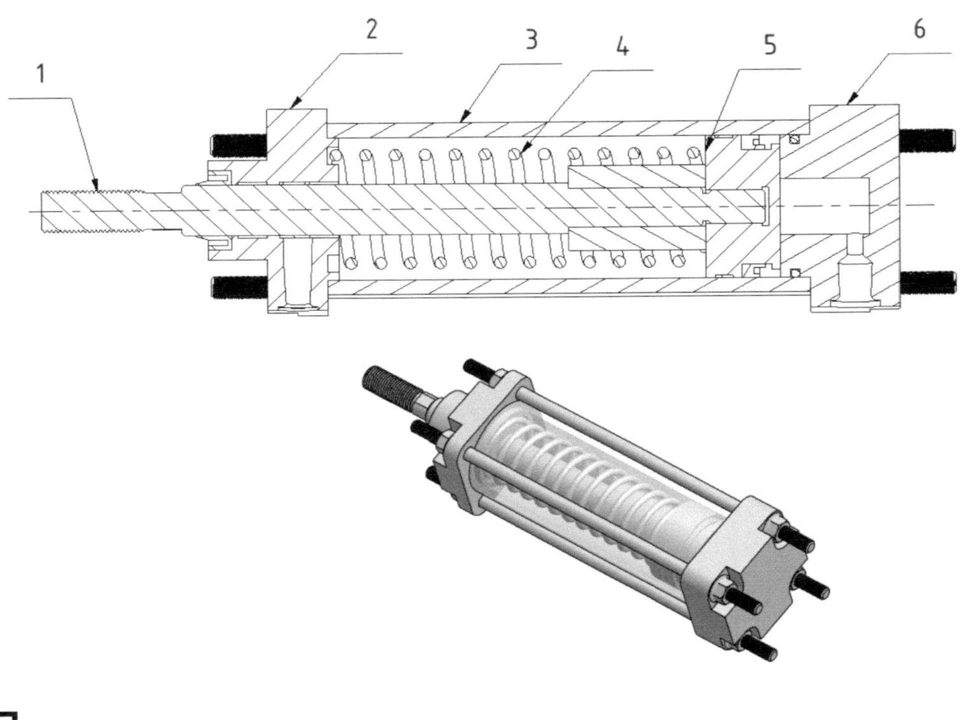

Bild 8-34 Pneumatikzylinder
1 Kolbenwelle; 2 Gehäusedeckel; 3 Arbeitszylinder; 4 Druckfeder; 5 Kolben; 6 Zylinderdeckel

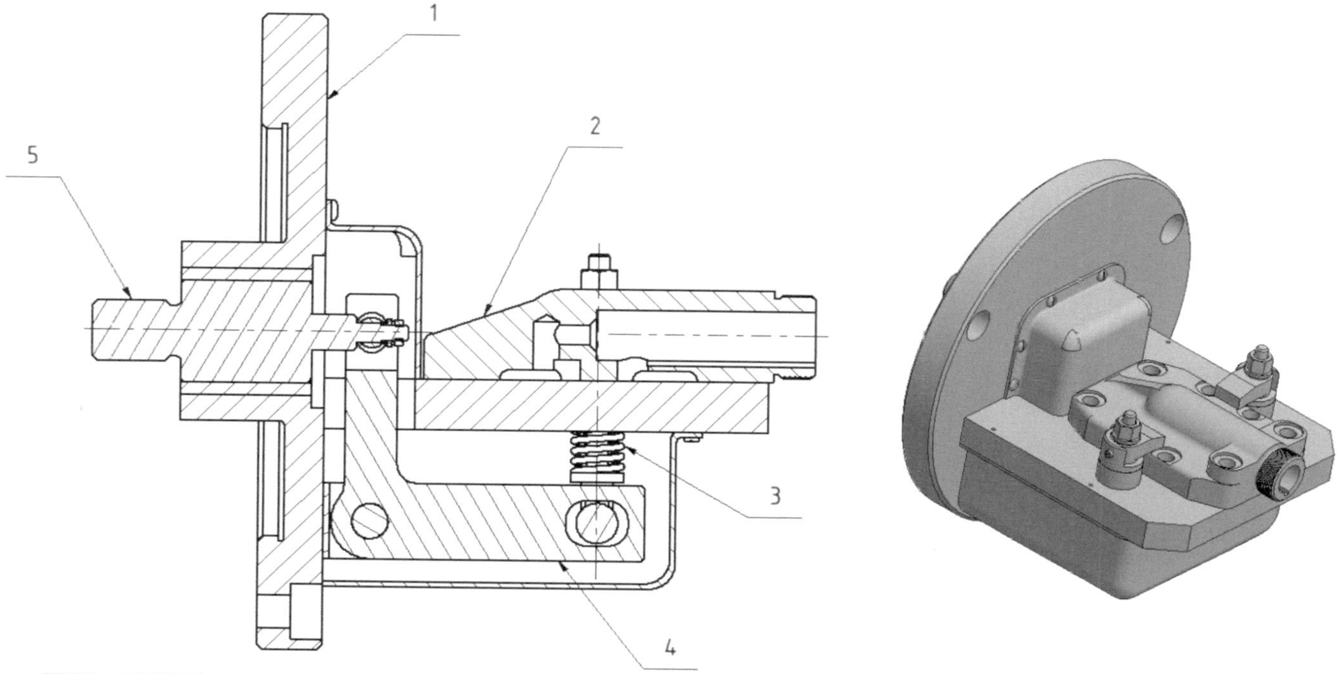

Bild 8-35 Hydraulische Spannvorrichtung
1 Befestigungsdeckel; 2 Werkstück; 3 Druckfeder; 4 Umlenkhebel; 5 Kolbenwelle

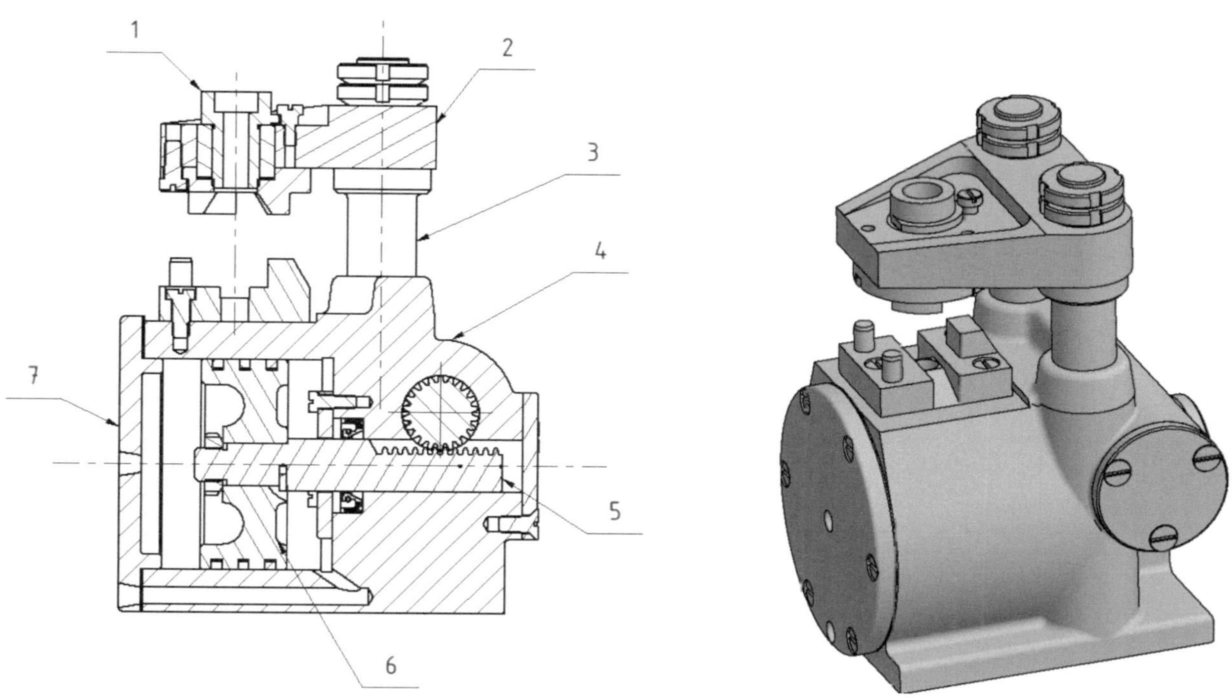

Bild 8-36 Pneumatische Spannvorrichtung
1 Bohrbuchse; 2 Bohr- und Klemmbacke; 3 Führungswelle; 4 Gehäusegestell; 5 Zahnstange; 6 Kolben; 7 Abschlussdeckel

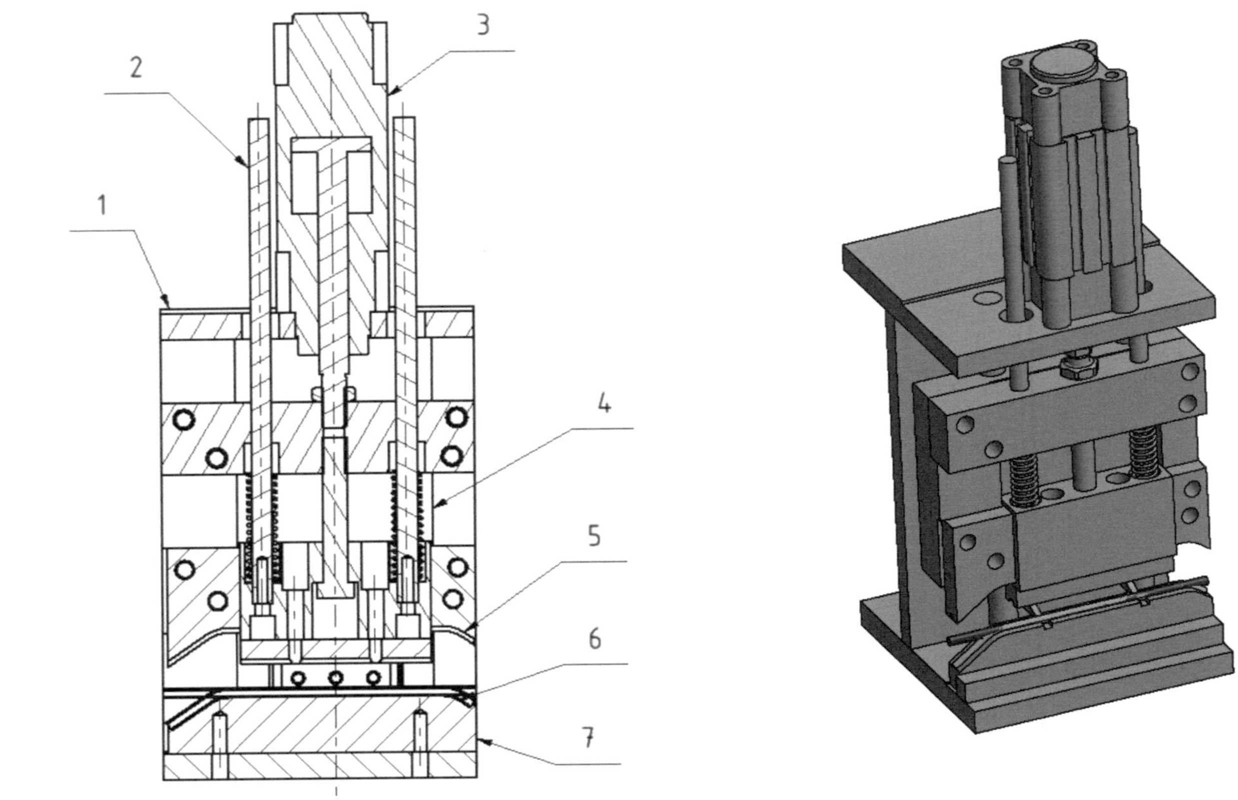

Bild 8-37 Pneumatisches Biegewerkzeug
1 Gehäusewand; 2 Führungssäulen; 3 Pneumatikzylinder; 4 Druckfeder; 5 Biegebacken für Werkstück; 6 Werkstück; 7 Biegematrize

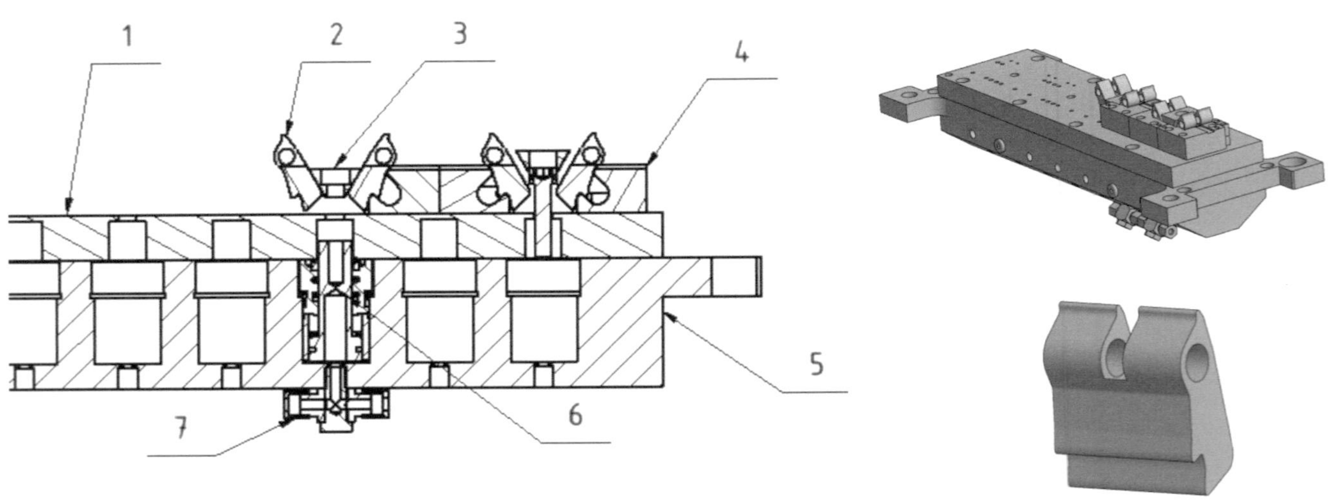

Bild 8-38 Pneumatische Spannvorrichtung für CNC-Zentrum
1 Gehäuseplatte; 2 Werkstück 3 Spannkeil; 4 Spannbacken; 5 Grundplatte; 6 Spannzylinder; 7 Verteilerventil

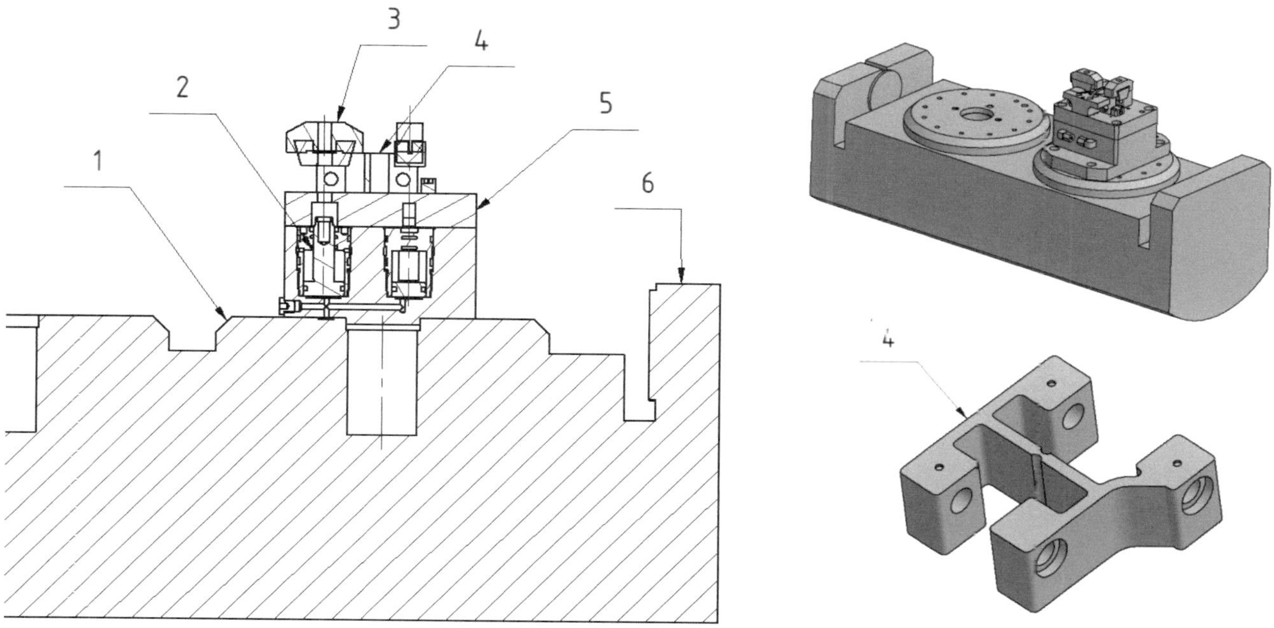

Bild 8-39 Pneumatische Spannvorrichtung für CNC-Zentrum
1 Rundtischauflage; 2 Hydraulikzylinder; 3 Spanneisen; 4 Werkstück;
5 Grundplatte; 6 Schwenktisch von CNC-Maschine

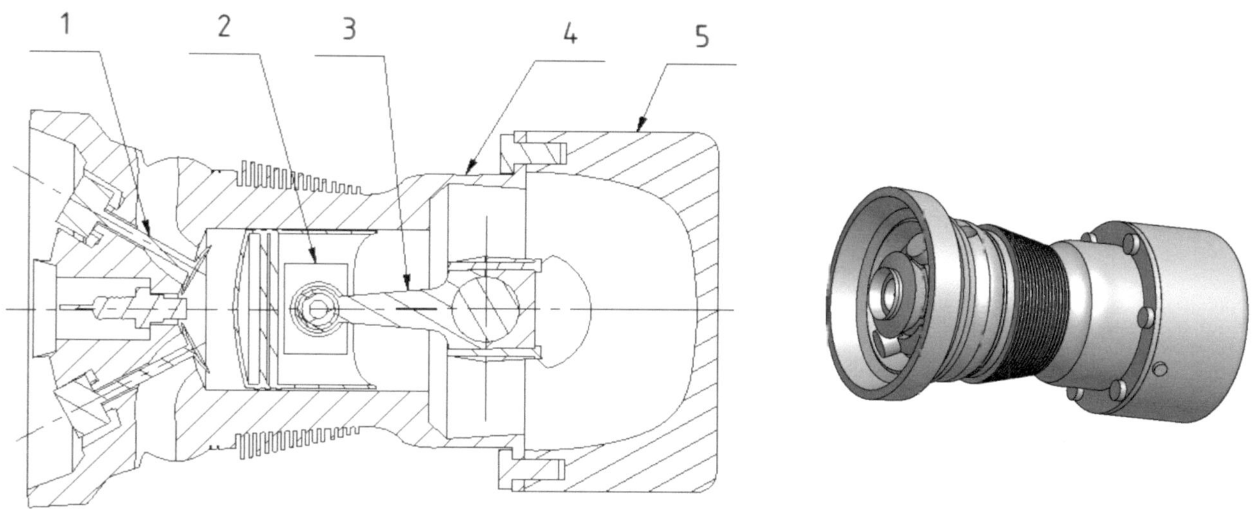

Bild 8-40 Vier-Takt-Einzelzylinder
1 Ventil; 2 Kolbenlagerung; 3 Kolbenstange; 4 Kolbenzylinder;
5 Zylinderabdeckung

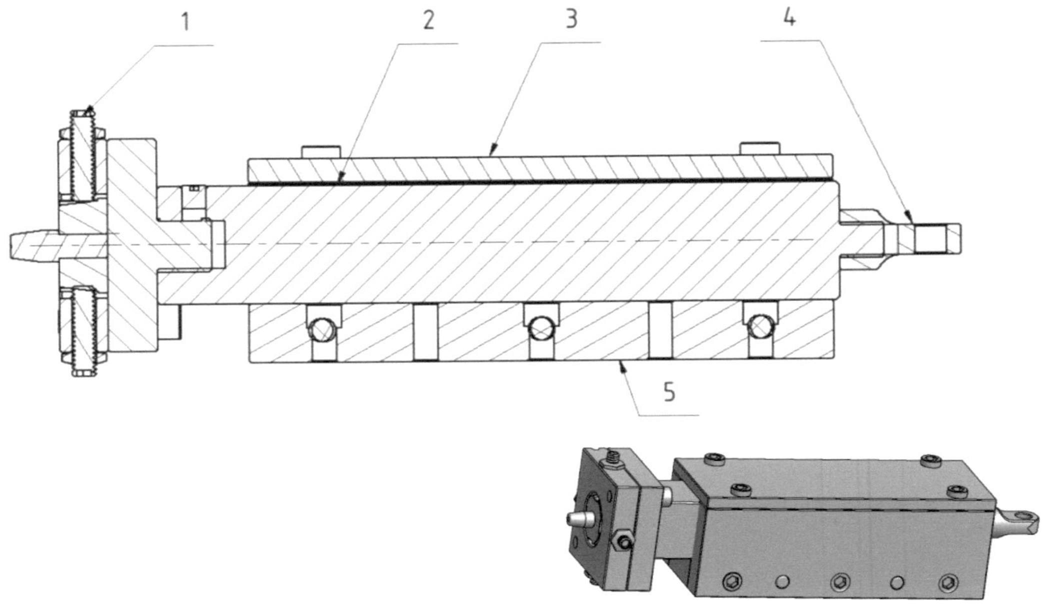

Bild 8-41 Hydraulikzylinder
1 Klemmschraube; 2 Kolbenlagerung; 3 Abdeckplatte; 4 Kolbenzylinder; 5 Grundabdeckung

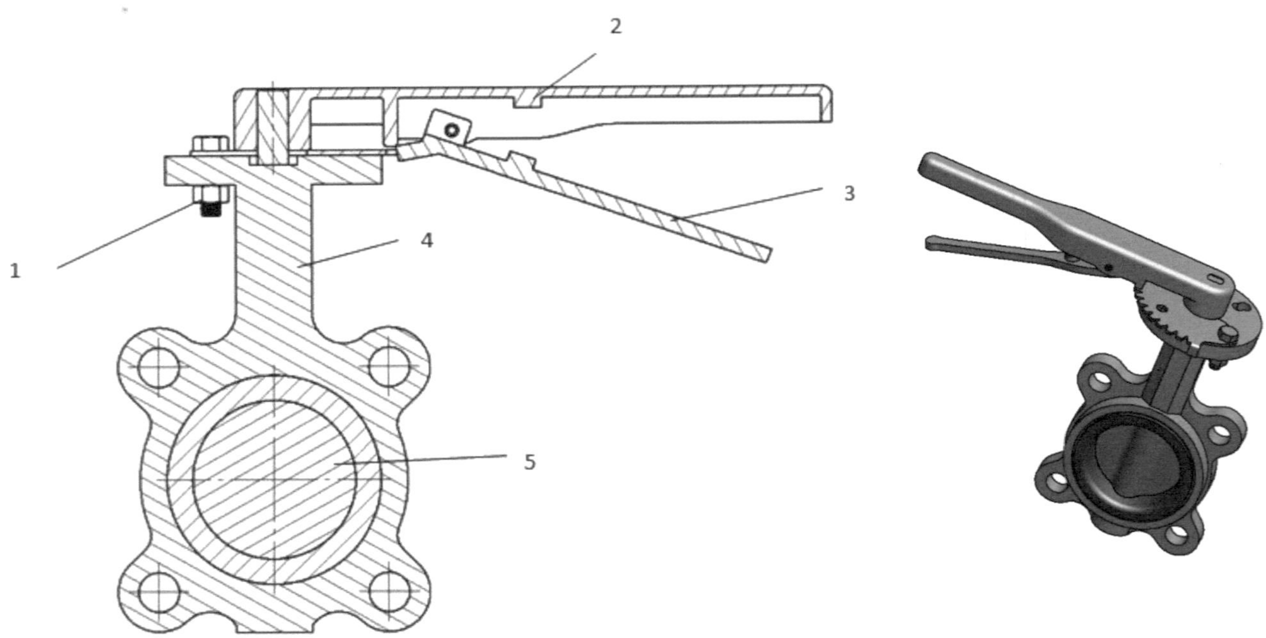

Bild 8-42 Absperrventil
1 Klemmschraube; 2 Betätigerhebel; 3 Sperrklinke; 4 Gehäuseflansch; 5 Absperrdeckel

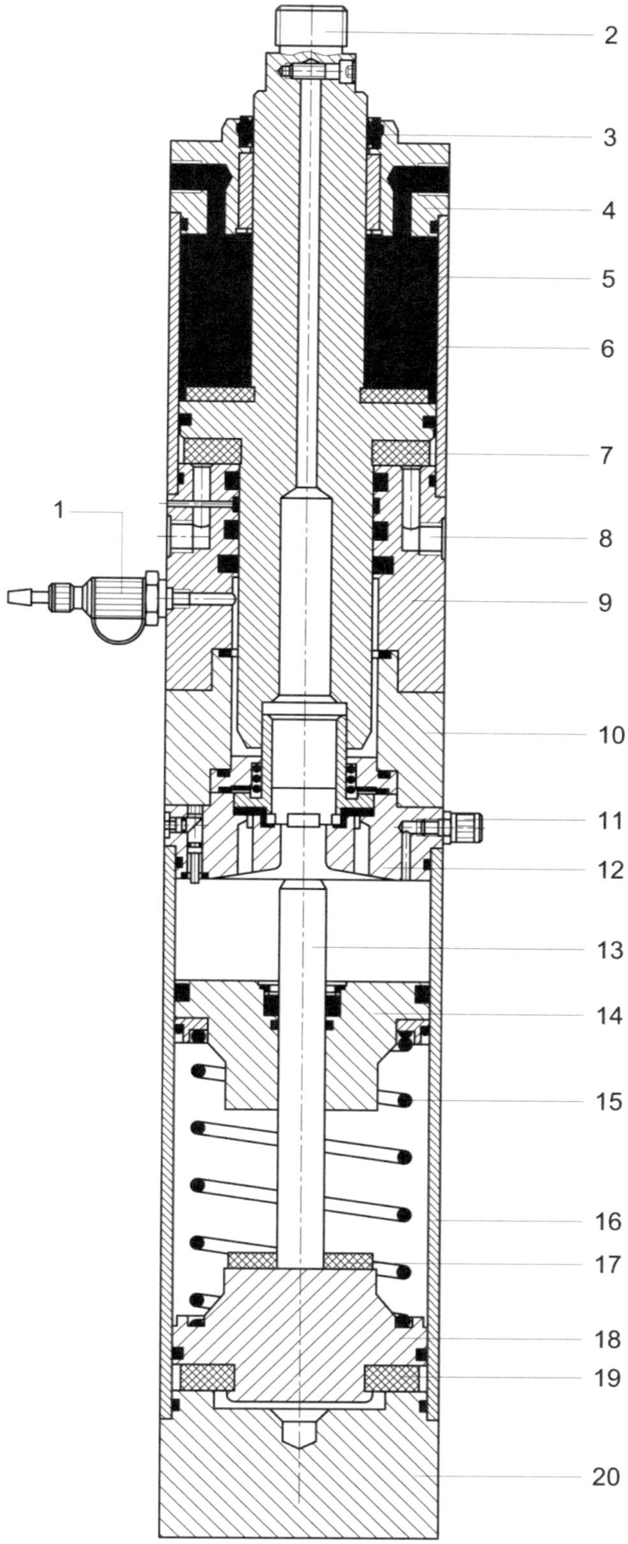

Bild 8-50 Pneumatikzylinder
1 Anschluss für Druckschrauber; 2 Kolben mit Stange; 3 Dichtung; 4 Deckel; 5 Luft; 6 Rohr; 7 Scheibe; 8 Luftzufuhr; 9 Zwischenflansch; 10 Anschlussstück; 11 Entlüftung; 12 Kolbenboden; 13 Stange; 14 Kolben; 15 Feder; 16 Rohr; 17 Scheibe; 18 Kolben; 19 Scheibe; 20 Endstück

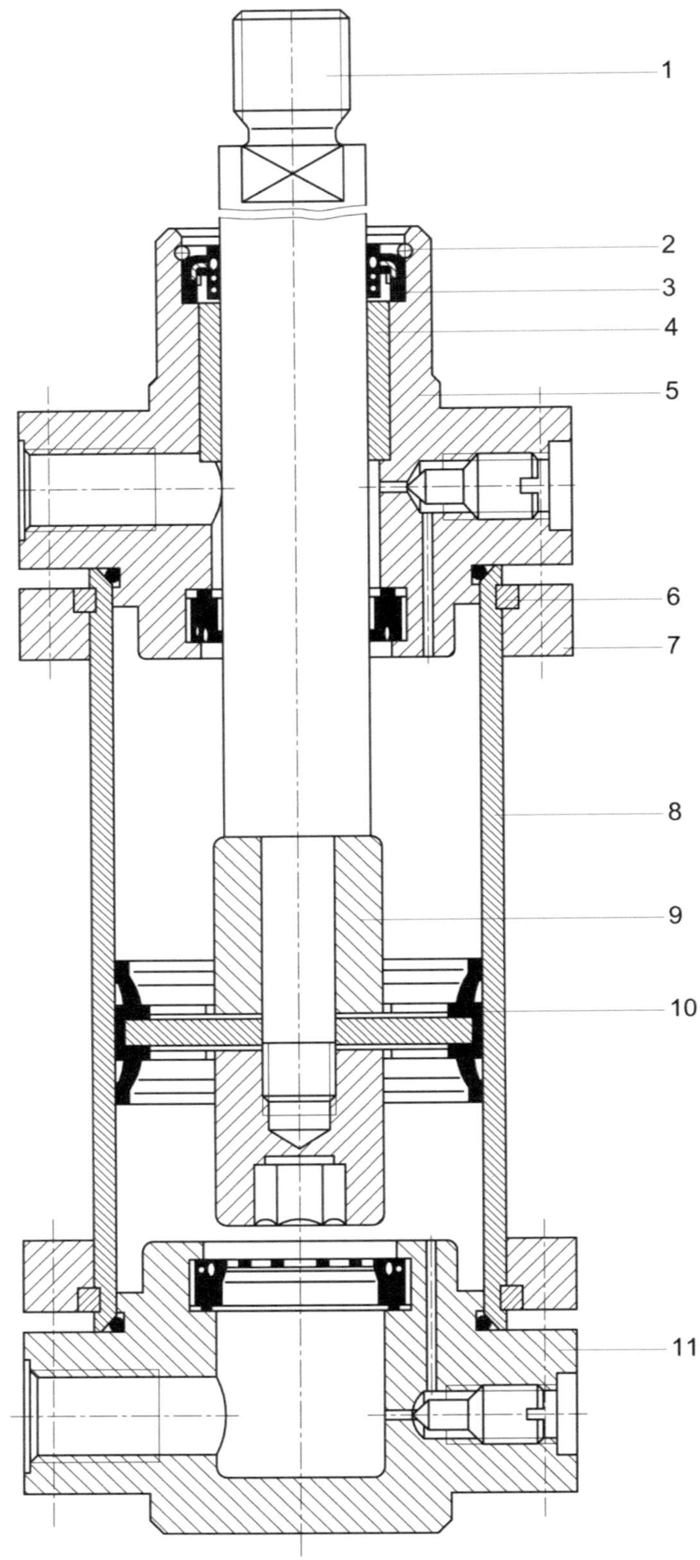

Bild 8-51 Druckluftzylinder
1 Kolbenstange; 2 Sprengring; 3 Runddichtung; 4 Führungsring; 5 Vorderdeckel; 6 Befestigungsring; 7 Spannring; 8 Rohr; 9 Dämpfungskolben; 10 Kolben; 11 Bodendeckel

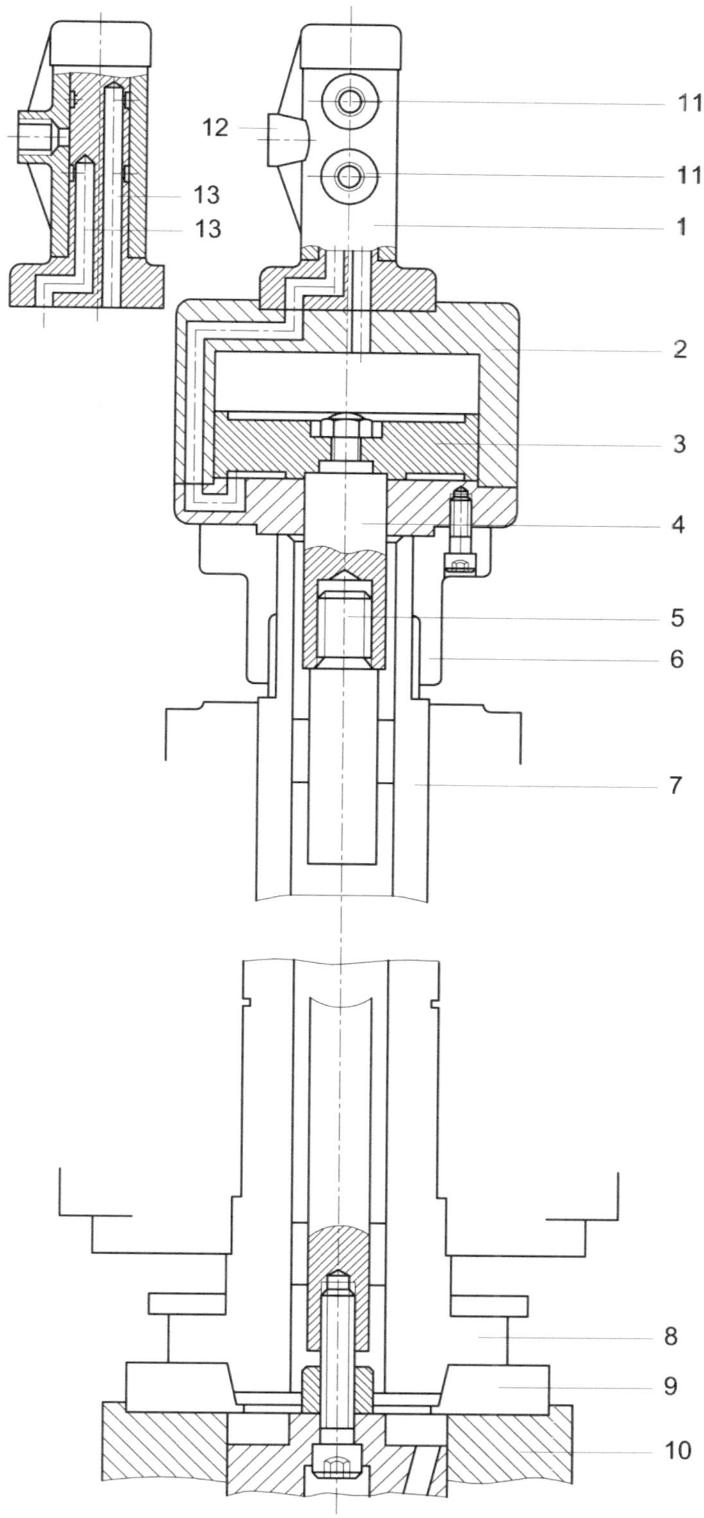

Bild 8-52 Druckölzylinder
1 Ölzuführung (Gehäuse läuft nicht mit); 2 Zylinder; 3 Kolben; 4 Kolbenstange; 5 Zugstange zum Spannfutter; 6 Flansch; 7 Arbeitsspindel; 8 Spindelkopf; 9 Futterflansch; 10 Kraftspannfutter; 11 Öleintritt; 12 Leckölaustritt; 13 Ringkanäle für Ölzufuhr

Bohrspannvorrichtungen 9

3D-Zeichnungen und 25 Anwendungsbeispiele
2D-Zeichnungen und 23 Anwendungsbeispiele

3D-Konstruktionen im Überblick (Seiten 174–186)

2D-Konstruktionen im Überblick (Seiten 187–198)

Die Bohrspannvorrichtungen sind hauptsächlich auch Spannvorrichtungen, jedoch mit einer Zusatzaufgabe, der zwangsläufigen Führung der Bohrwerkzeuge. Da sie meistens auf der Bohrmaschine und auf dem Bohrwerk verwendet werden und ihr eigentlicher Hauptzweck darin liegt, den Bohrvorgang zu erleichtern, zu beschleunigen und genauer durchzuführen, werden sie in der Regel kurz Bohrvorrichtungen genannt.

Unterteilung der Bohrspannvorrichtungen

Die Bohrspannvorrichtungen werden in der Regel sehr verschiedenartig benannt, wie: Bohrlehren, Bohrschablonen oder Bohrkästen.

- Bohrschablonen: Formschablonen, Ring- oder Zentrierschablonen
- Bohrschablonen nennt man die einfachsten Bohrvorrichtungen, die meistens kein eigenes Spannelement besitzen und entweder am Werkstück oder mit diesem zusammen auf den Maschinentisch befestigt sind.
- Standardbohrvorrichtungen: mit fester Bohrplatte, mit beweglicher Bohrplatte
- Standardbohrvorrichtungen werden, wie schon aus der Bezeichnung hervorgeht, in der Regel fest auf dem Maschinentisch aufgespannt und bleiben somit als ein Teil der Maschine unveränderlich während des Betriebes befestigt.

- Schwenkbohrvorrichtungen: mit einer Schwenkachse, mit zwei sich kreuzenden Schwenkachsen
- Kippbohrvorrichtungen: werden im Gegensatz zu den vorgenannten nicht auf der Maschine befestigt, denn sie müssen, damit man von verschiedenen Seiten bohren kann, schnell auf dem Maschinentisch gekippt werden und auch darauf gleiten können. Wegen ihrer kennzeichnenden Kastenform werden sie auch Bohrkästen genannt.
- Vielzweck-Bohrvorrichtungen: auch Mehrzweck-Bohrvorrichtungen genannt, sind in der Regel als Standardbohrvorrichtungen ausgebildet. Sie unterscheiden sich von den gewöhnlichen Bohrvorrichtungen aller Art grundsätzlich dadurch, dass die eigentliche Bohrplatte und die Elemente für die Werkstückaufnahme schnell und leicht auswechselbar sind, so dass dieselbe Bohrvorrichtung mit einem Satz verschiedener Bohrplatten und Werkstückaufnahmen für eine ganze Anzahl verschiedener Werkstücke verwendet werden kann. Ihre vielseitige Verwendbarkeit macht sie für Betriebe mit wechselnder Fertigung besonders geeignet.

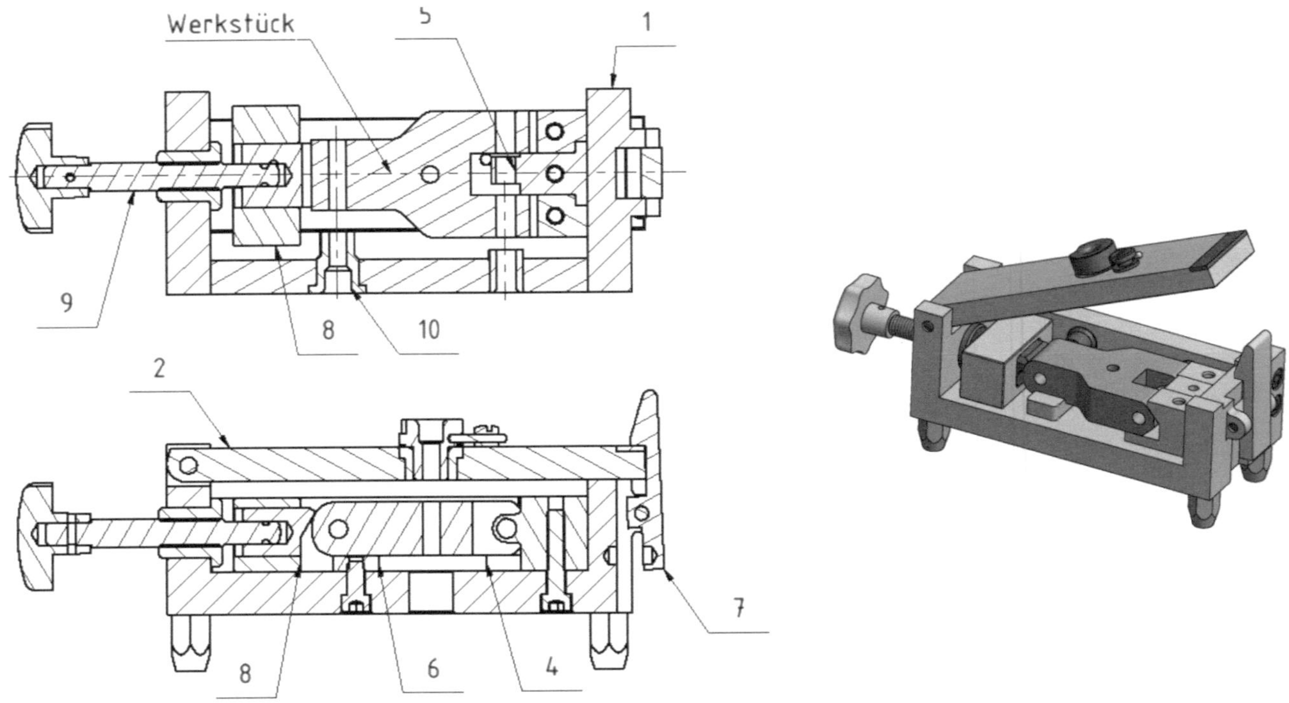

Bild 9-1 Bohrvorrichtung für Gussteil
1 Aufnahmestück; 2 Spannplatte; 4 Werkstück; 5 Zentrierung für Werkstück; 6 Auflager; 7 Schnappelement; 8 Aufnahme für Spannelement; 9 Spanner

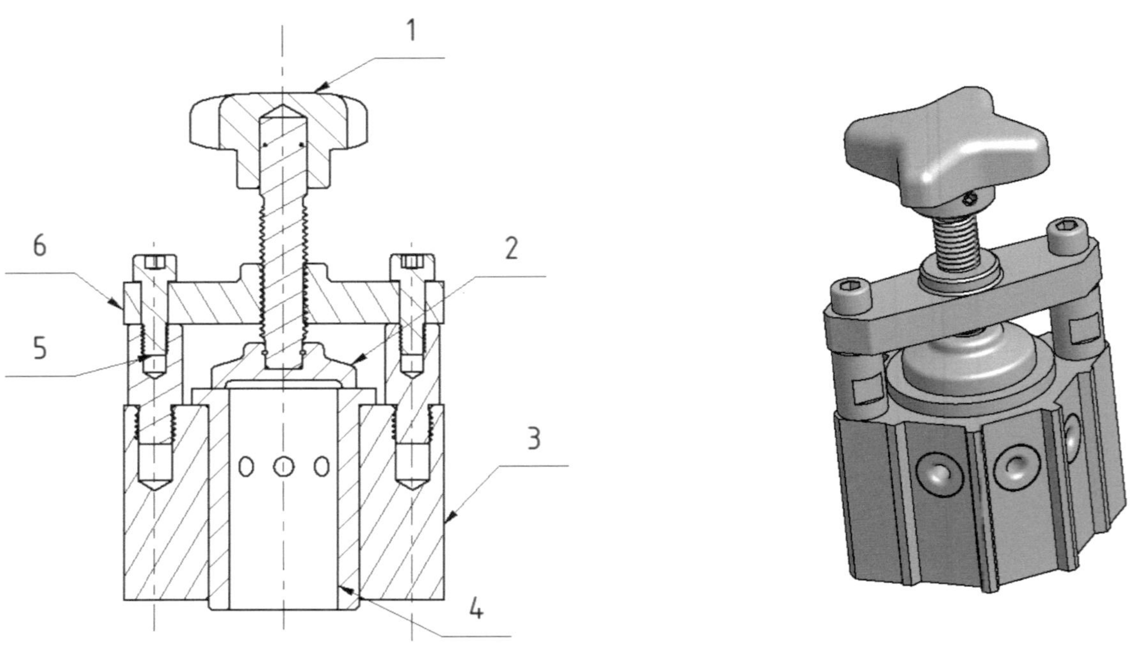

Bild 9-2 Bohrvorrichtung aus dem Vollen
1 Kreuzgriff; 2 Spannpratze; 3 Grundkörper; 4 Werkstück; 5 Imbusschraube; 6 Stützplatte

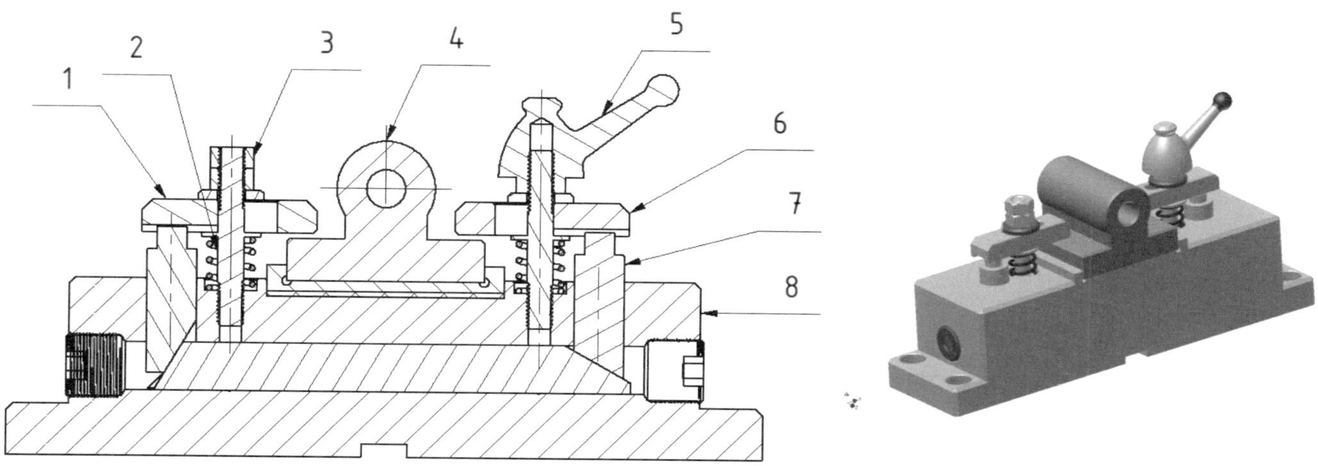

Bild 9-3 Bohrvorrichtung mit Kraftumlenkung
1 Spannhebel; 2 Spanneisen; 3 Stiftschraube; 4 Übertragungselement; 5 Einstellmutter; 6 Feststellmutter; 7 Vorrichtungskörper; 8 Werkstück

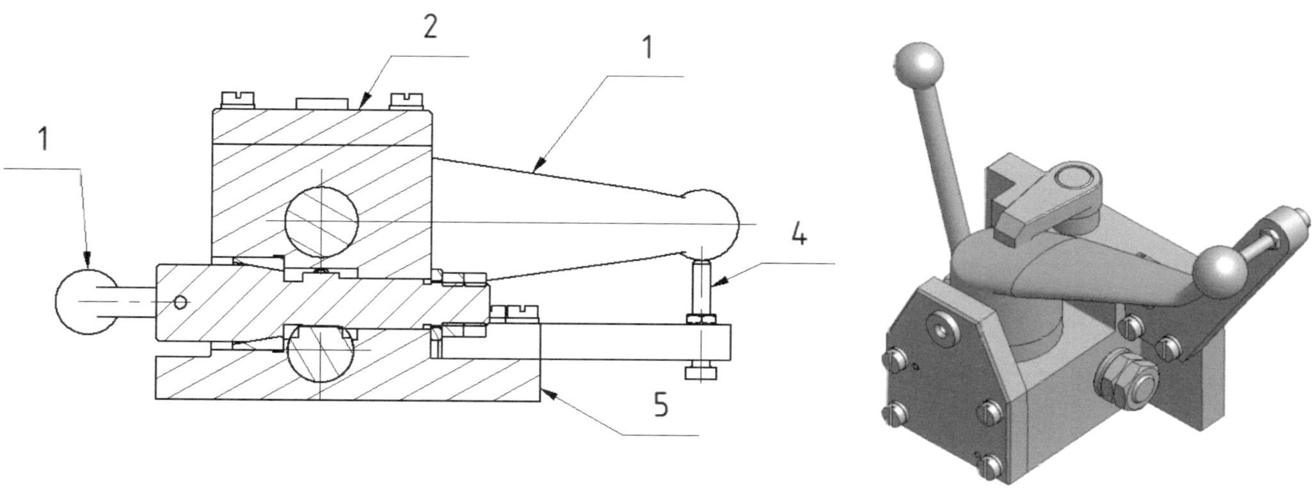

Bild 9-4 Bohrvorrichtung für Gussteil
1 Spannhebel; 2 Bohrplatte;
1 Werkstück; 4 Positionierschraube; 5 Grundplatte

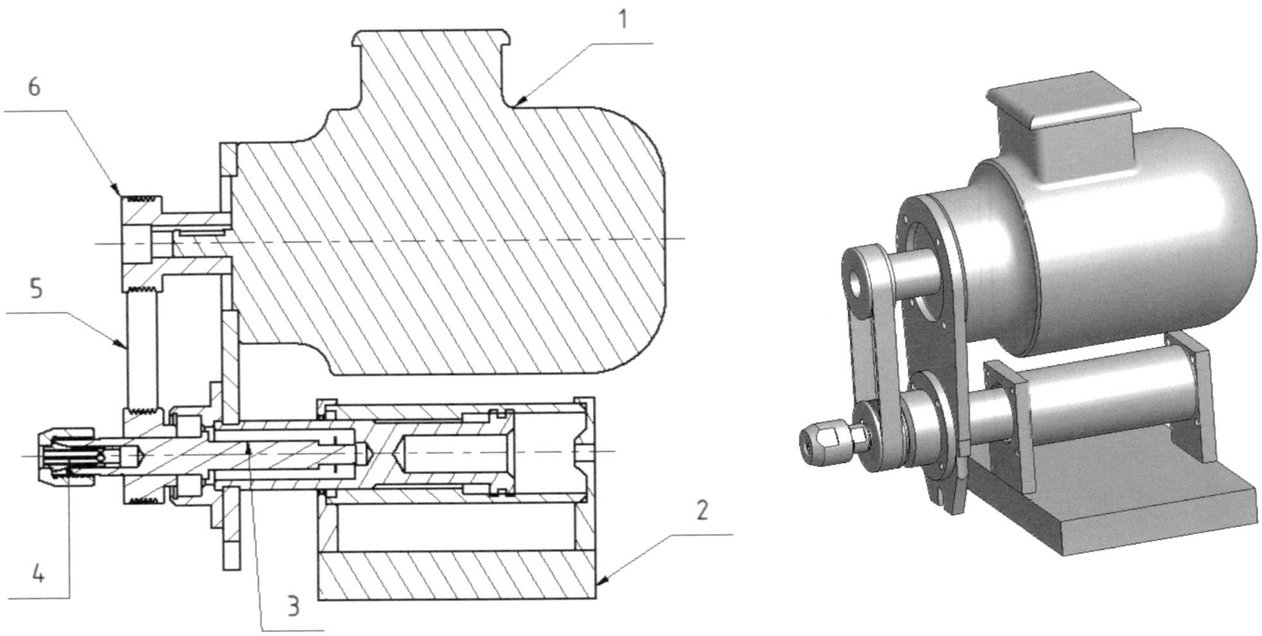

Bild 9-5 Bohrspindel angetrieben über einen Zahnriemen
1 Motor; 2 Aufnahme für Bohrvorrichtung; 3 Spindel; 4 Spannzangen; 5 Keilriemen; 6 Keilriemenscheibe

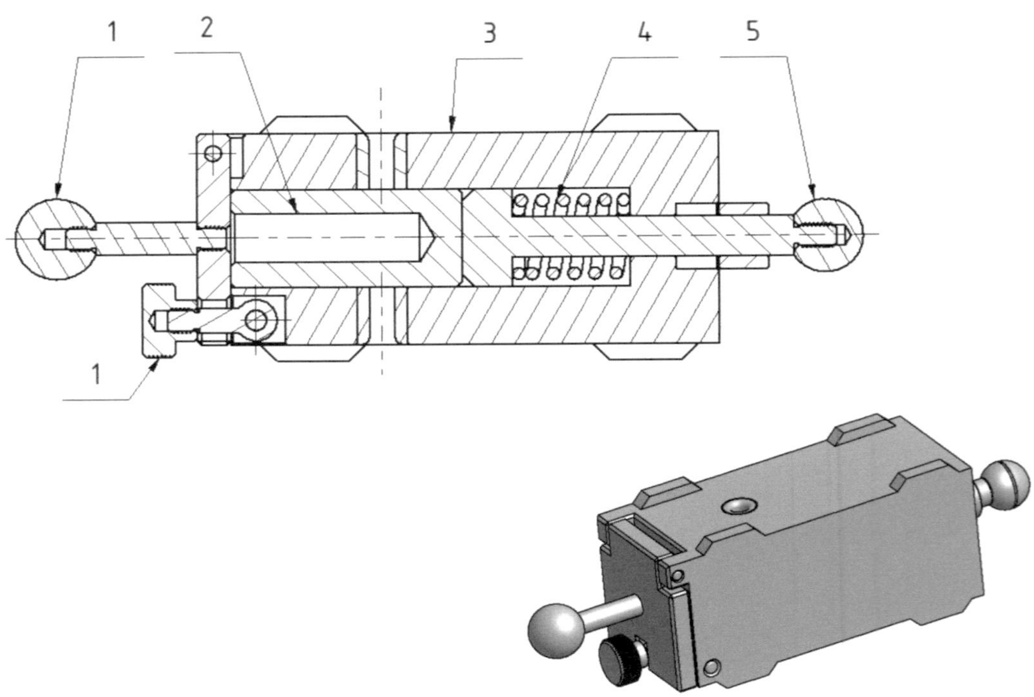

Bild 9-6 Bohrvorrichtung mit federndem Auswerfer
1 Halte-, Wende- und Beweggriff; 2 Werkstück; 3 Grundkörper; 4 Druckfeder; 5 Federnder Anschlag und Auswerfer; 1 Rändelmutter zum Verschließen der Klappe

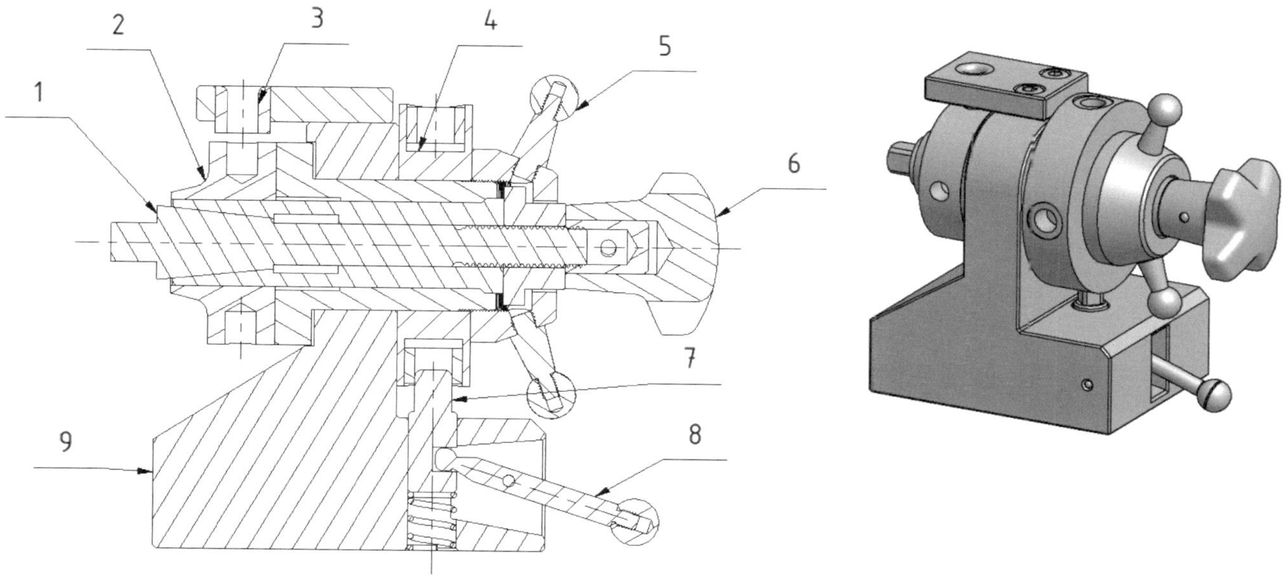

Bild 9-7 Bohrvorrichtung für Rundteile
1 Werkstückaufnahme; 2 Werkstück; 3 Bundbohrbuchse; 4 Teilscheibe;
5 Hebel für Lochteilung; 6 Handrad; 7 Indexbolzen; 8 Hebel für Verriegelung; 9 Aufnahme

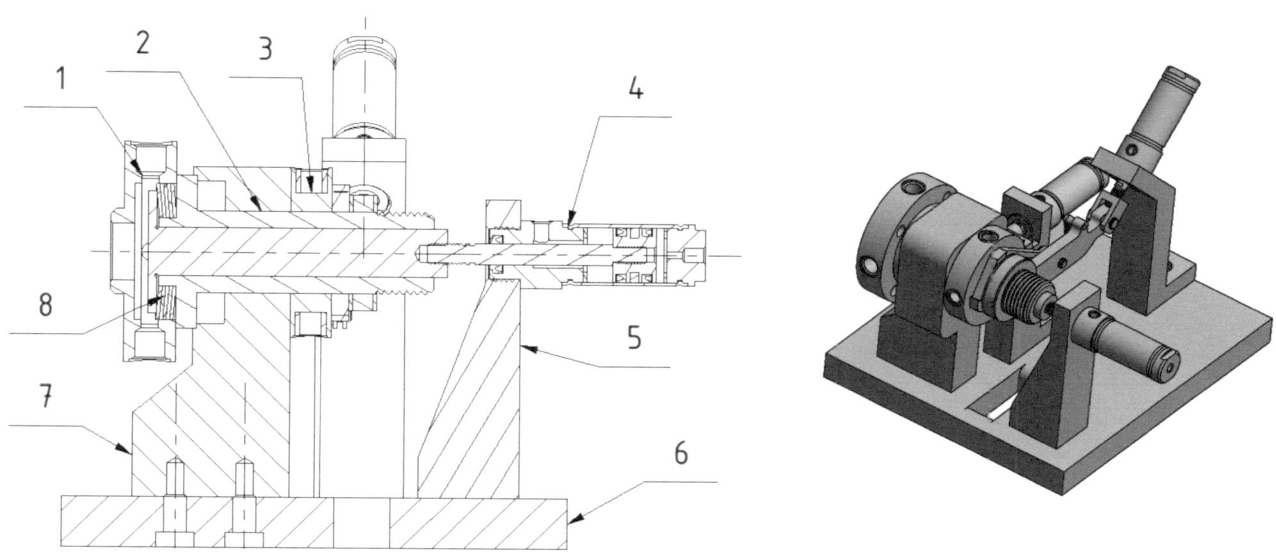

Bild 9-8 Bohrvorrichtung für Rundteile
1 Werkstück; 2 Taktachse; 3 Bohrbuchse; 4 Festo-Zylinder;
5 Befestigungswinkel für Festo; 6 Grundplatte; 7 Lagerbock; 8 Ringspannscheibe

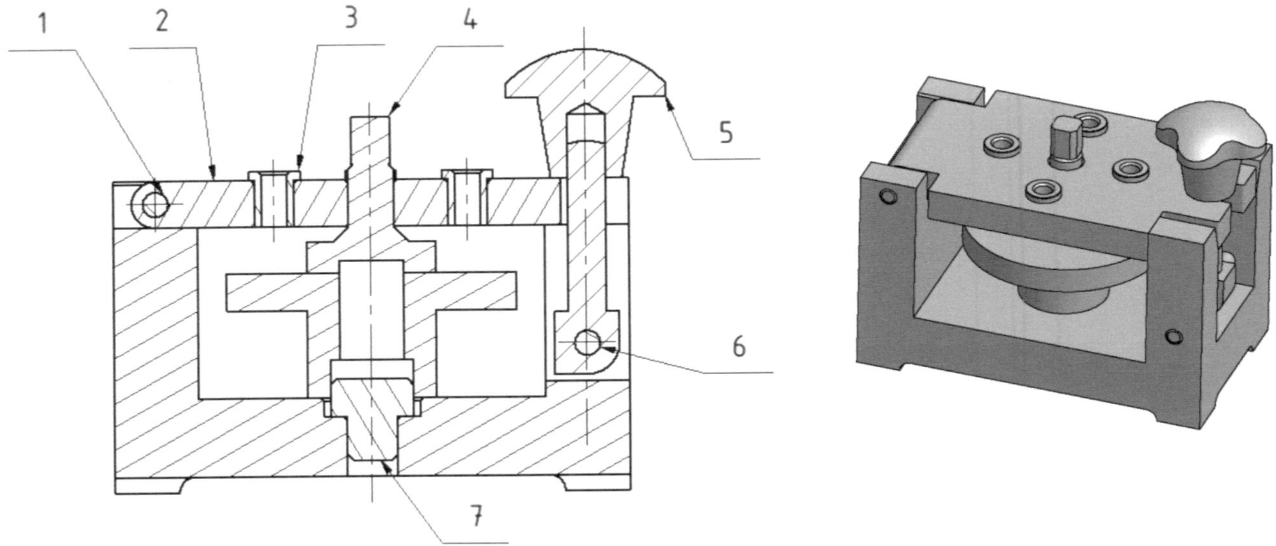

Bild 9-9 Bohrvorrichtung mit Klappe
1 Lagerung Bohrplatte; 2 Bohrplatte; 3 Bohrbuchse; 4 Werkstück;
5 Befestigungshebel; 6 Lagerung Befestigungshebel; 7 Zentrierung für Werkstück

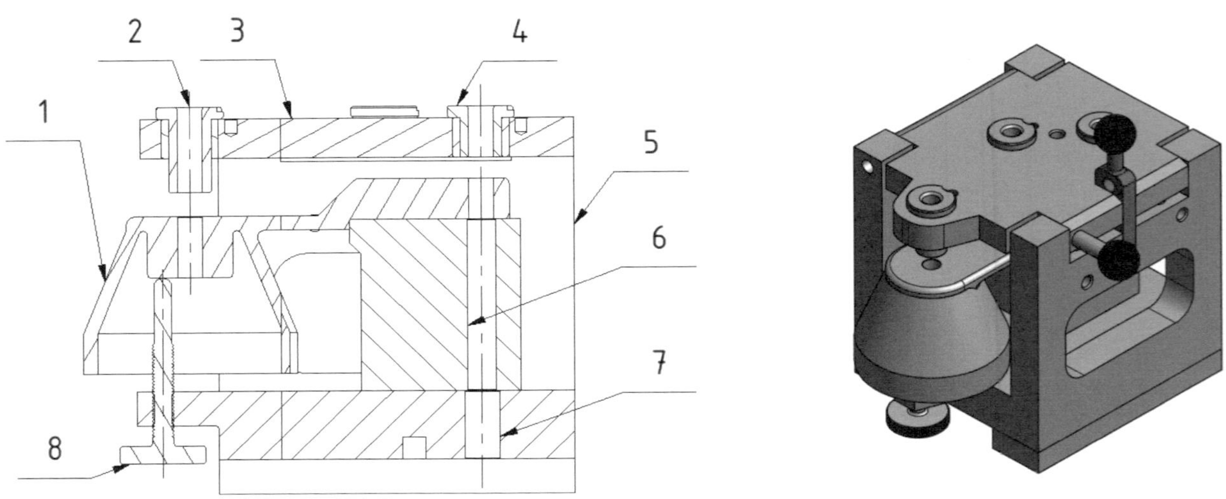

Bild 9-10 Bohrvorrichtung mit Klappe
Werkstück; 2 Bundbohrbuchse; 3 Klappe; 4 Bundbohrbuchse; 5 Grundkörper;
6 Distanzauflage; 7 Auflage; 8 Rändelschraube

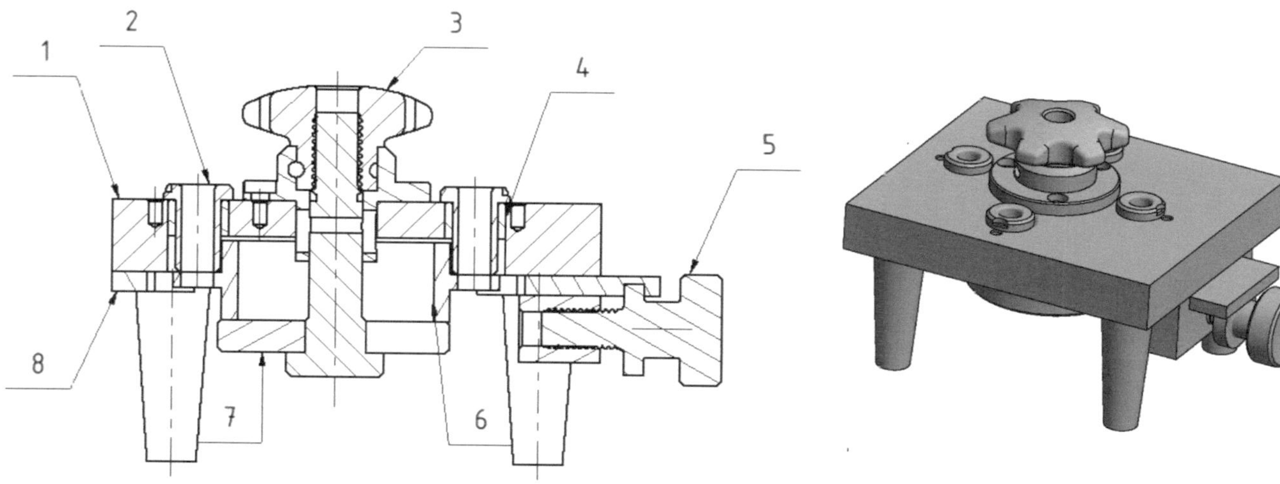

Bild 9-11 Spannvorrichtung zum Bohren
1 Grundplatte; 2 Bundhohrbuchse; 3 Drehgriff; 4 Grundbohrung;
5 Spannschraube; 6 Werkstück; 7 Spannscheibe; 8 Prisma

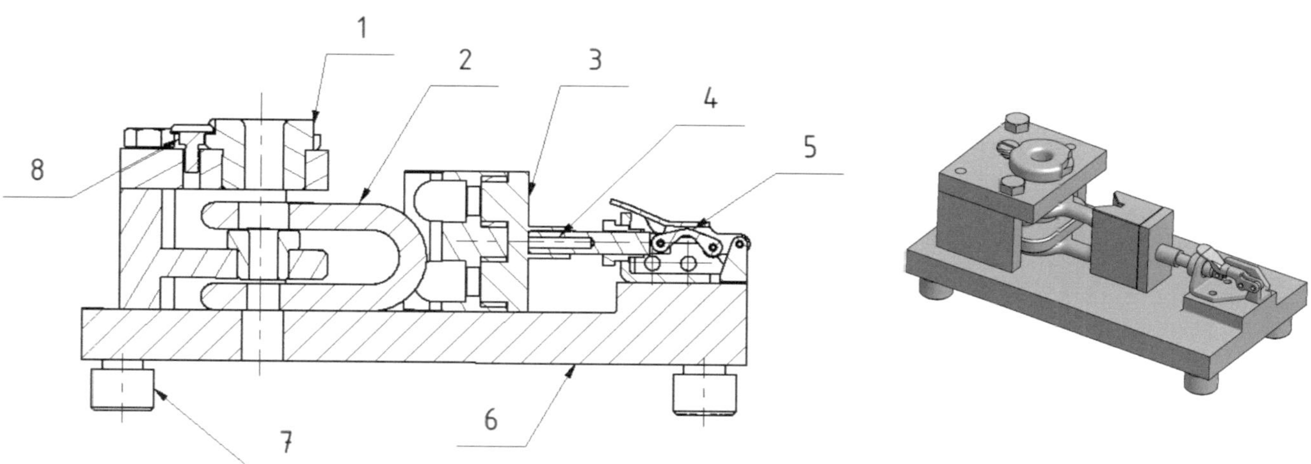

Bild 9-12 Bohrvorrichtung mit doppelter Bohrbuchse
1 Bohrbuchse; 2 Werkstück; 3 Zentrierprisma; 4 Spannstift
5 Spannelement; 6 Grundplatte; 7 Stellfuß; 8 Fixierstift für Bohrbuchse

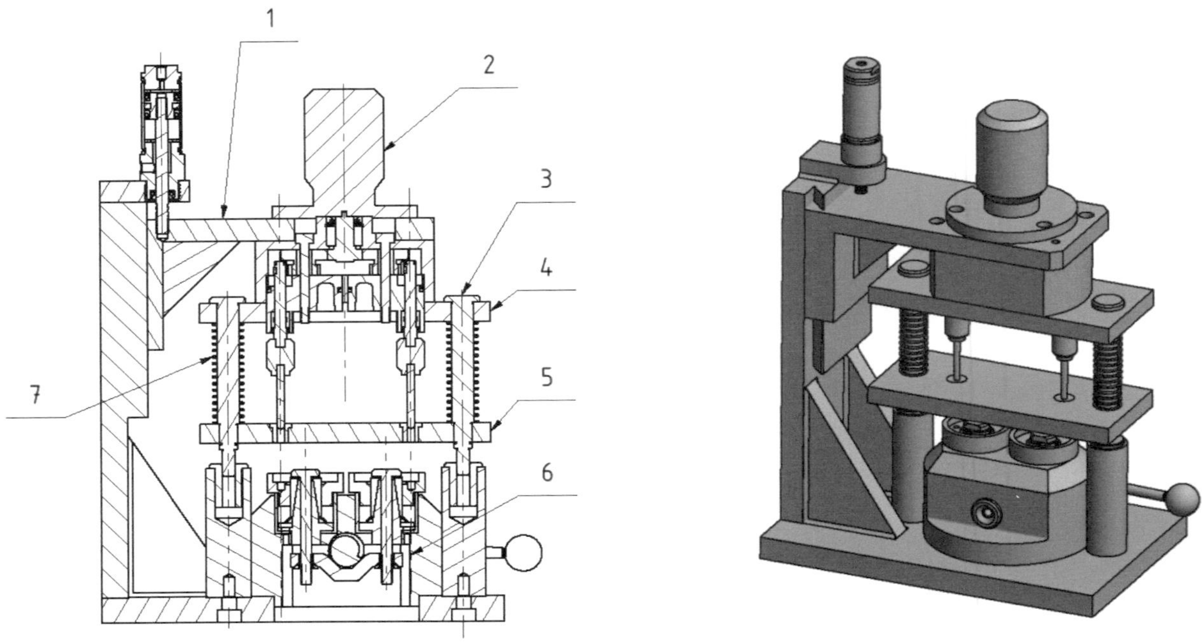

Bild 9-13 Bohrvorrichtung mit zwei Spindelantrieben
1 Grundgestell; 2 Bohrkopfeinheit; 3 Führungssäule; 4 Bohrplatte oben; 5 Bohrplatte unten; 6 Spannvorrichtung; 7 Druckfeder

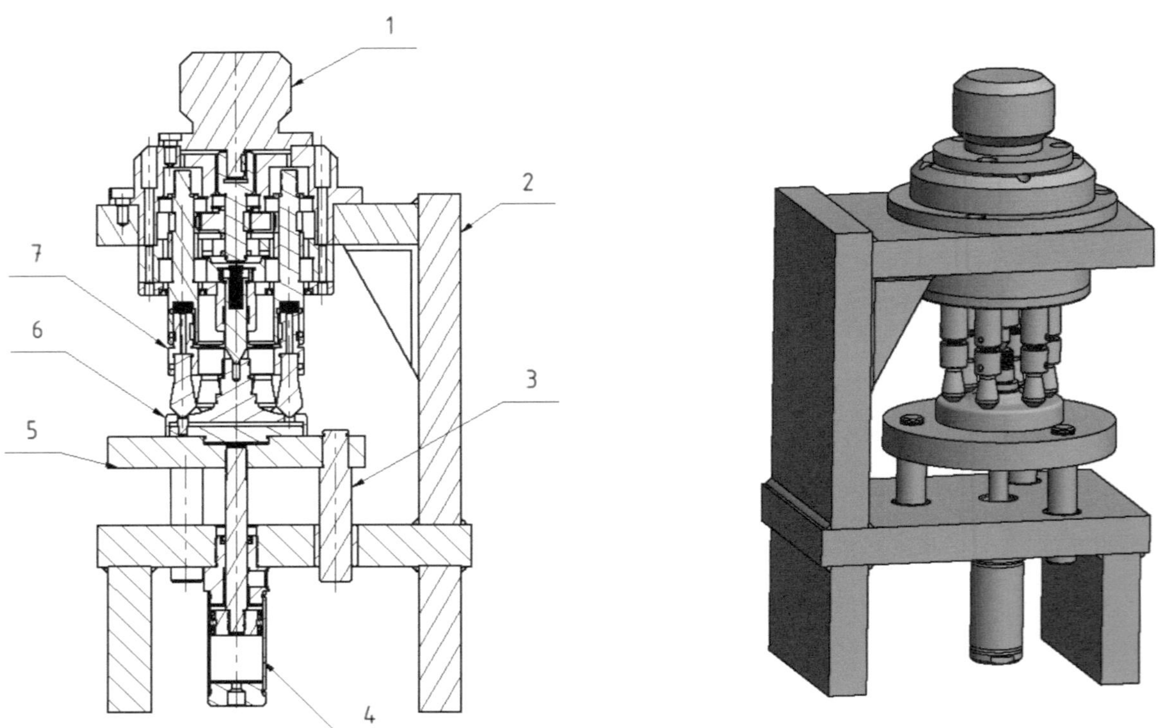

Bild 9-14 Bohrvorrichtung zum Ansenken mehrerer Bohrungen
1 Motor; 2 Gesamtgestell; 3 Führungsbolzen; 4 Festo-Zylinder; 5 Aufnahmeplatte; 6 Werkstück; 7 Werkzeugaufnahme

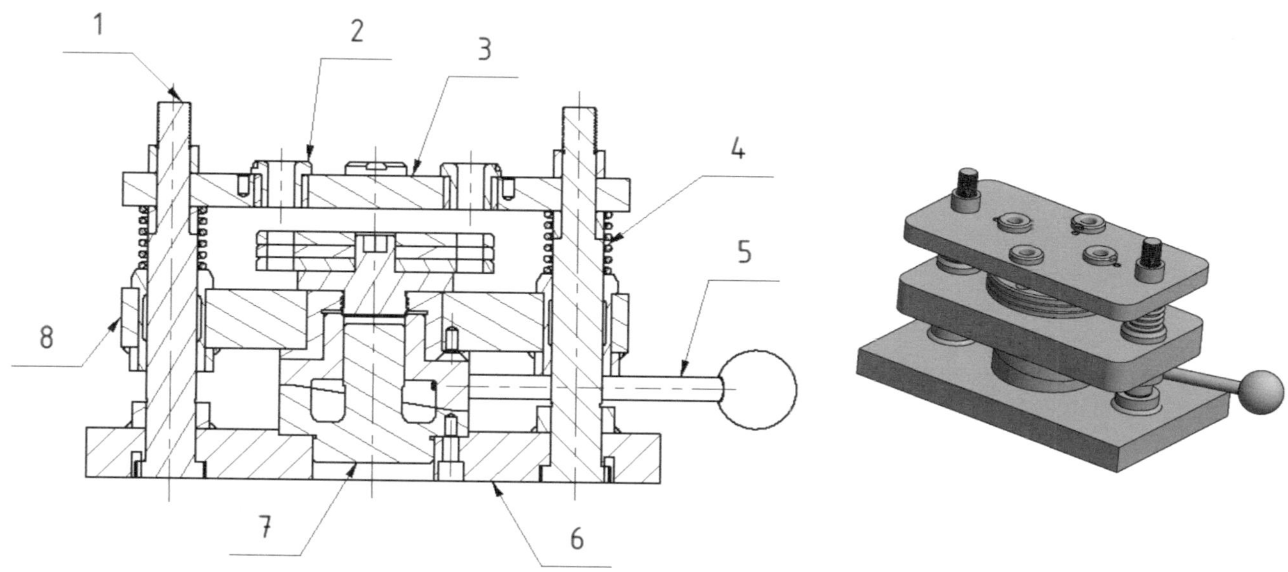

Bild 9-15 Schnellspann-Bohrvorrichtung
1 Führungssäule; 2 Bundbohrbuchse; 3 Bohrplatte; 4 Druckfeder; 5 Spannhebel; 6 Grundplatte; 7 Basiskurve; 8 Hubplatte

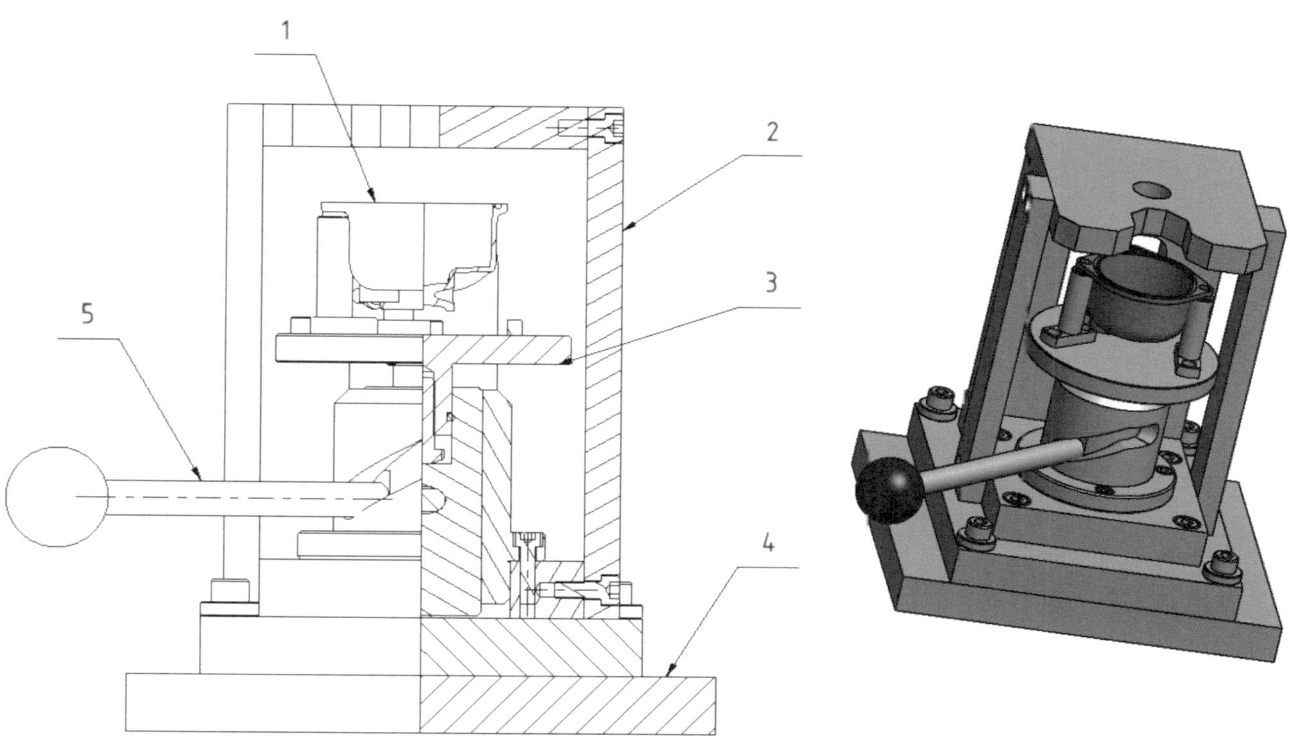

Bild 9-16 Schnellspann-Bohrvorrichtung
1 Werkstück; 2 Rahmen; 3 Werkstückaufnahme; 4 Grundplatte; 5 Spannhebel

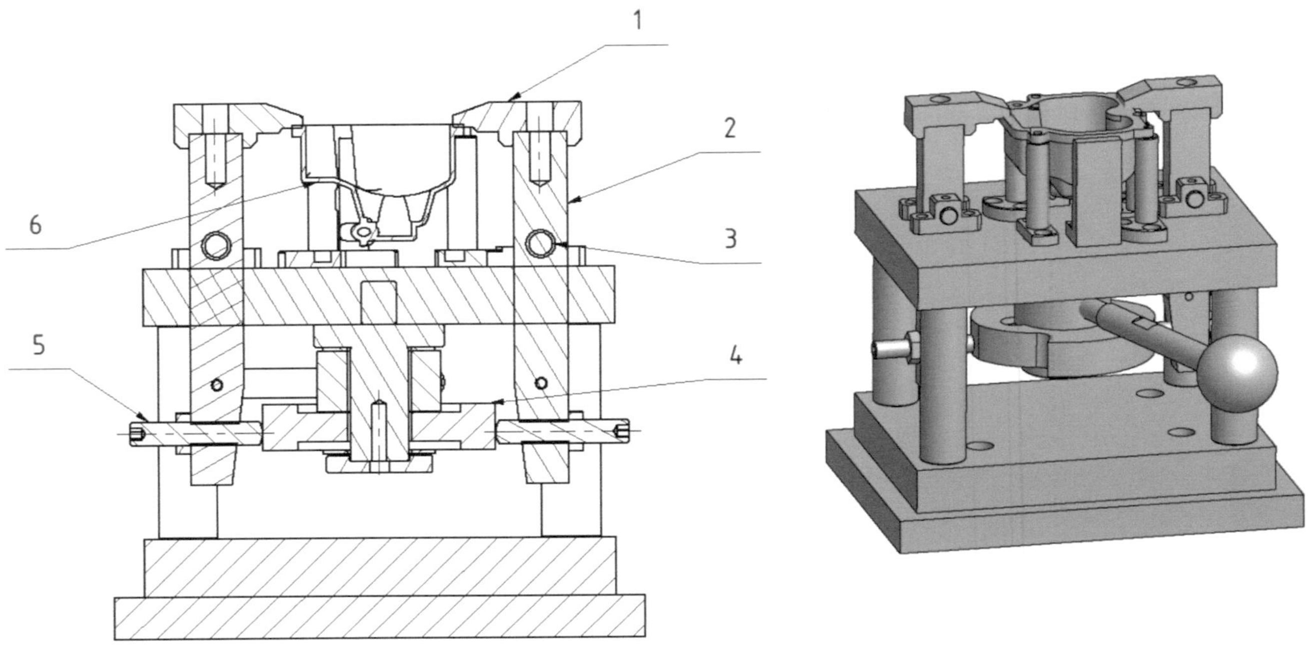

Bild 9-17 Bohrvorrichtung mit Exzenterspannung
1 Spanneisen; 2 Umlenkhebel 3 Lagerung vom Umlenkhebel; 4 Exzenterscheibe; 5 Einstellstift; 6 Werkstück

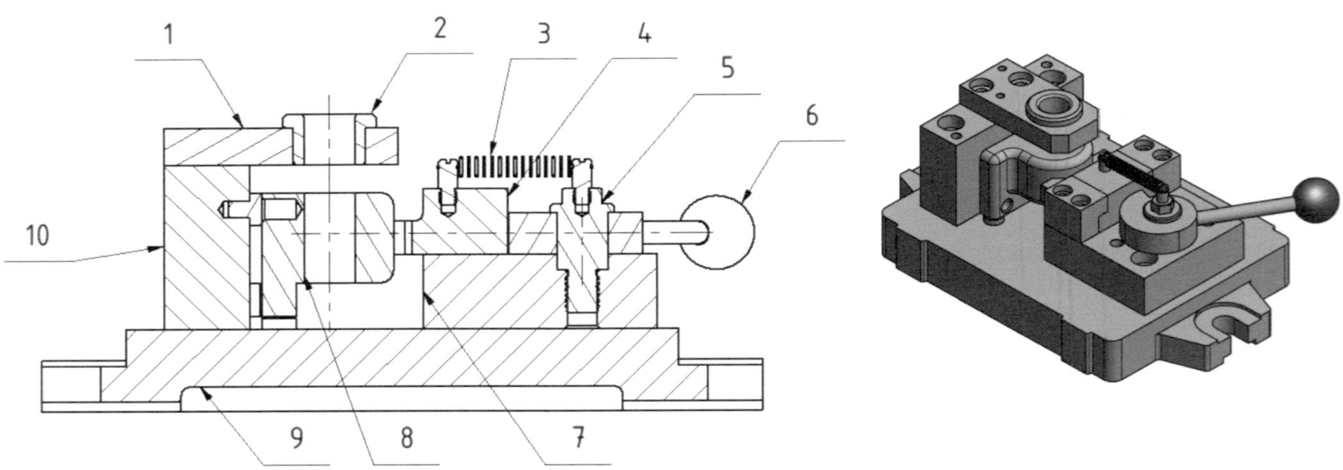

Bild 9-18 Bohrvorrichtung mit Spannexzenter
1 Halter für Bohrbuchse; 2 Bundbohrbuchse; 3 Zugfeder; 4 Spannprisma; 5 Spannexzenter; 6 Spannhebel; 7 Aufbaublock; 8 Werkstück; 9 Grundplatte; 10 Aufbau

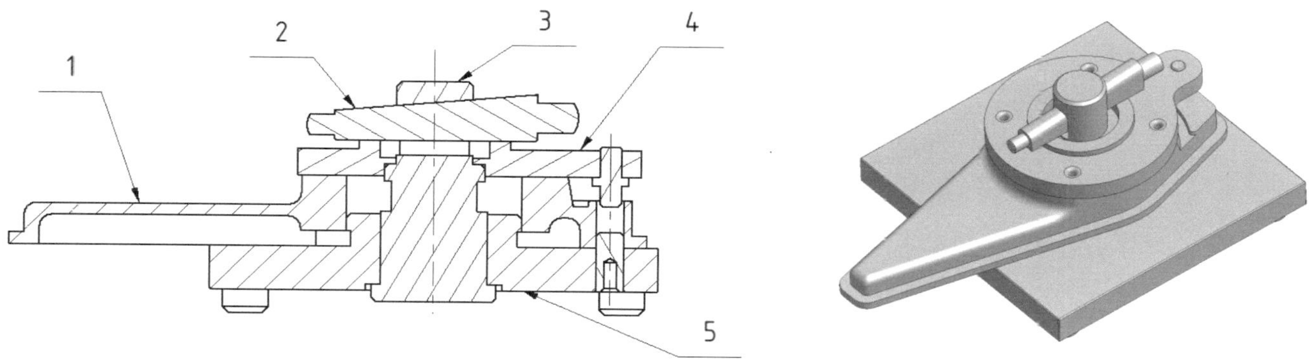

Bild 9-19 Bohrvorrichtung mit Spannkeil
1 Werkstück; 2 Spannkeil; 3 Spannbolzen; 4 Bohrplatte; 5 Grundplatte

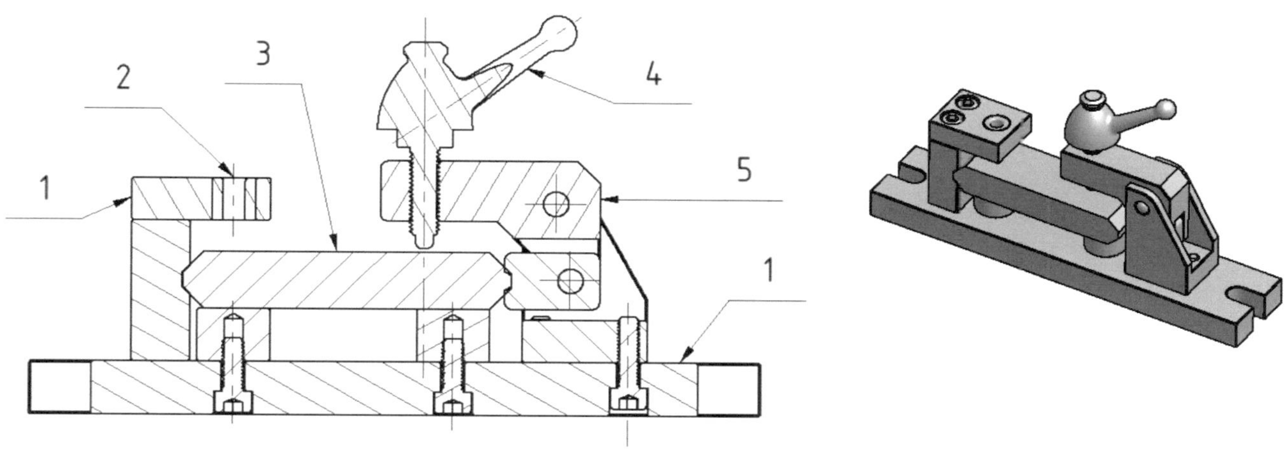

Bild 9-20 Bohrvorrichtung mit Umlenkhebel
1 Bohrplatte; 2 Bohrbuchse; 3 Werkstück; 4 Spannkraft-Übertrag- und Umlenkelement; 5 Spannhebelaufnahme; 1 Grundplatte

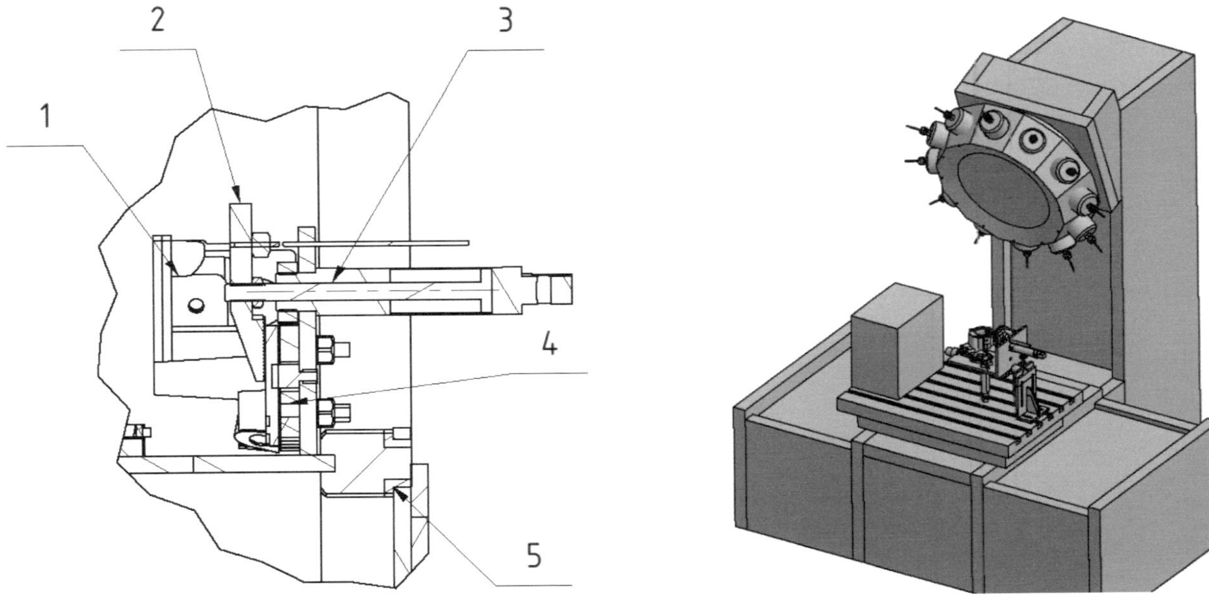

Bild 9-21 Bohrvorrichtung mit Werkstückwechsler
1 Werkstück; 2 Spanneisen; 3 Pneumatik-Spannzylinder; 4 Werkstück Zentrierung; 5 Befestigungsplatte

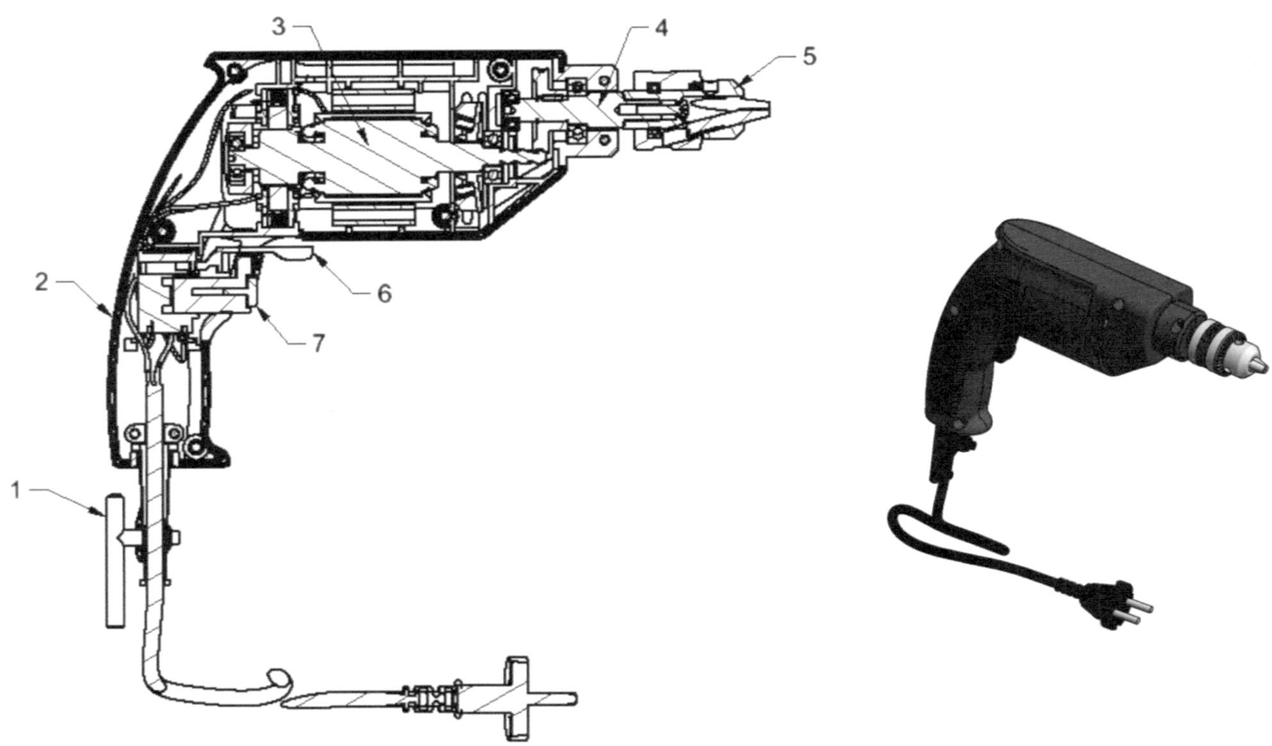

Bild 9-22 Handbohrmaschine
1 Kabelanschluss; 2 Gehäuse; 3 Elektromotor; 4 Bohrspindel; 5 Backenfutter; 6 Richtungswechsler; 7 Einschaltknopf

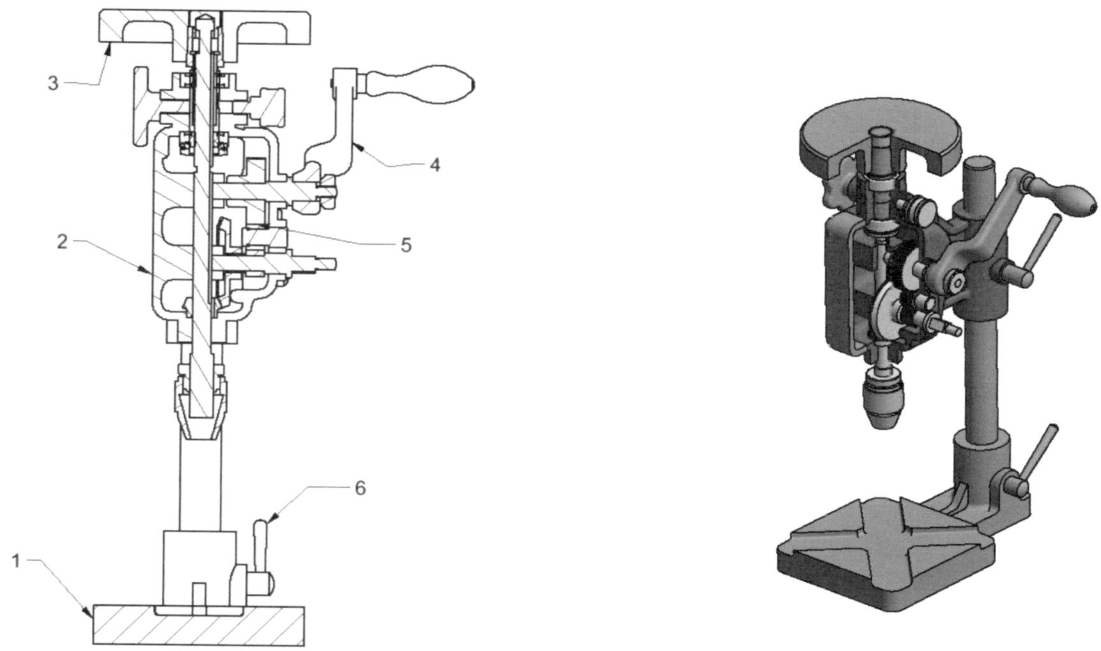

Bild 9-23 Ständer Bohrmaschine
1 Grundplatte; 2 Gehäuse; 3 Verstelleinheit; 4 Handkurbel; 5 Getriebe; 6 Feststellhebel

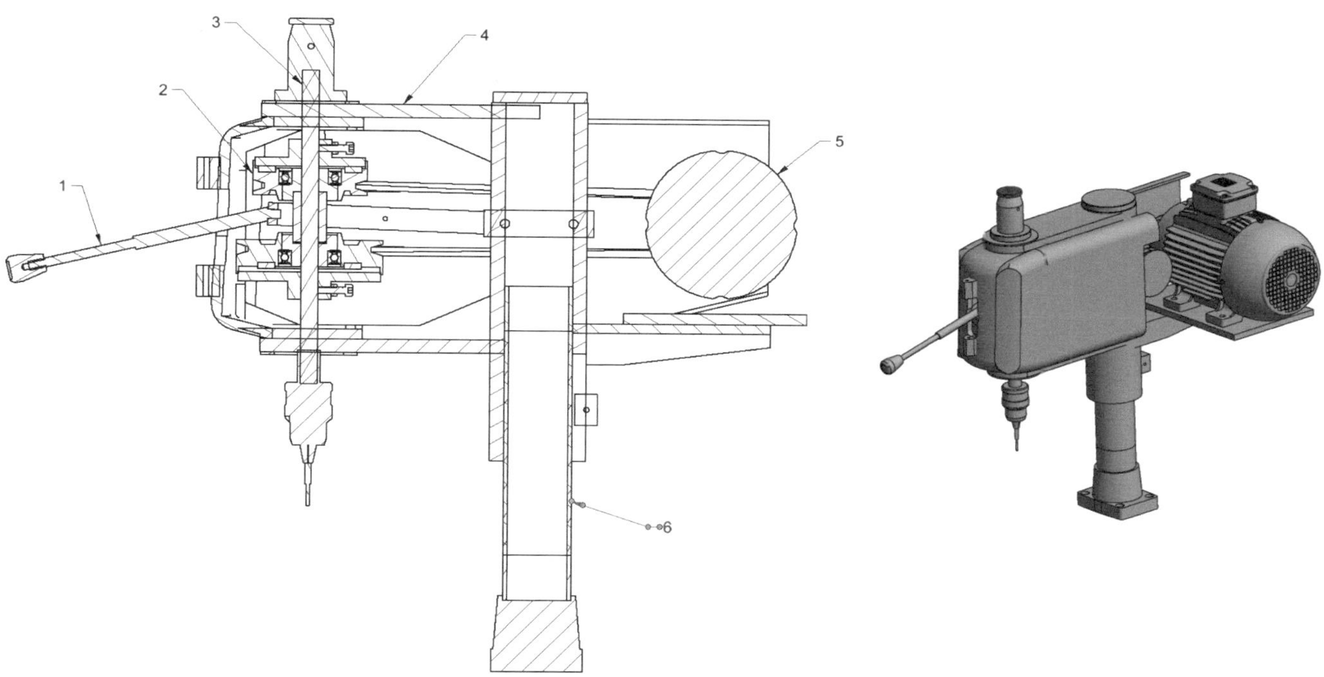

Bild 9-24 Ständer Bohrmaschine
1 Betätigerhebel; 2 Keilriemenscheibe; 3 Bohrspindel; 4 Gehäuse; 5 Antriebsmotor; 6 Bohrständer

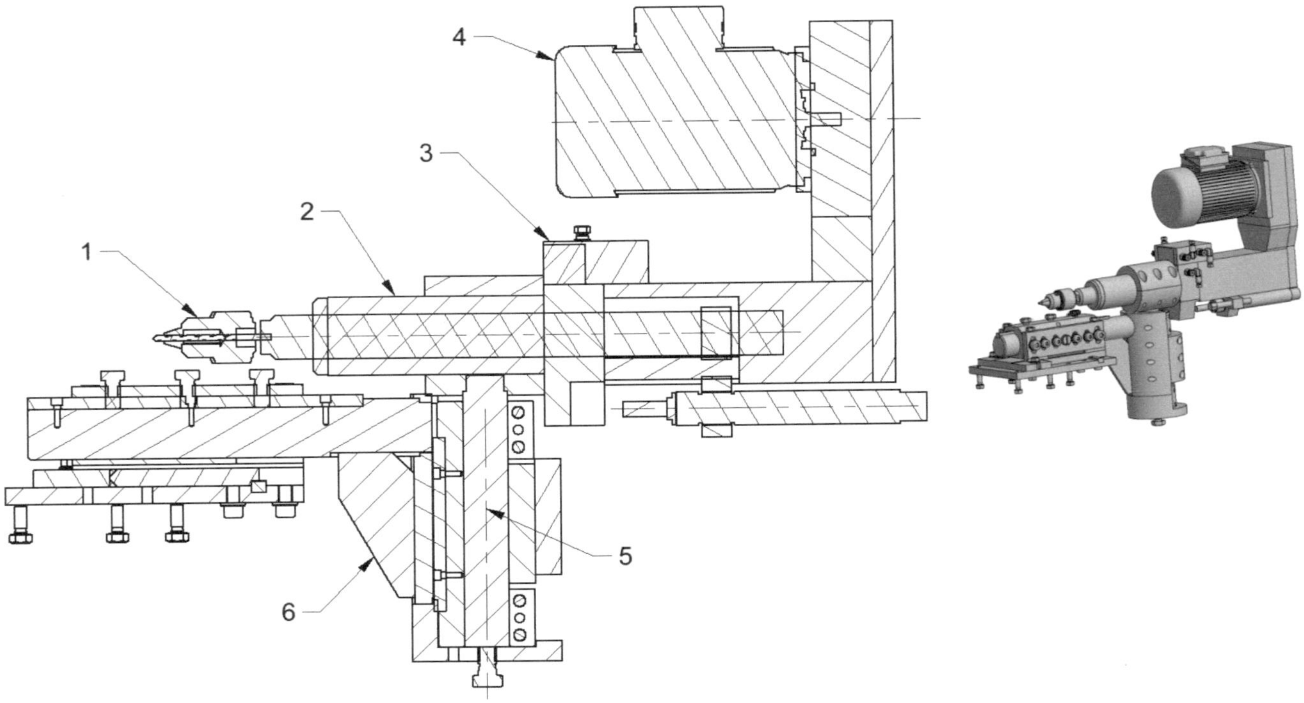

Bild 9-25 Verstellbare Bohrvorrichtung
1 Spannfutter; 2 Bohrspindel; 3 Bohrspindelaufnahme; 4 Antriebsmotor; 5 Verstelleinheit; 6 Versteifungsrippe

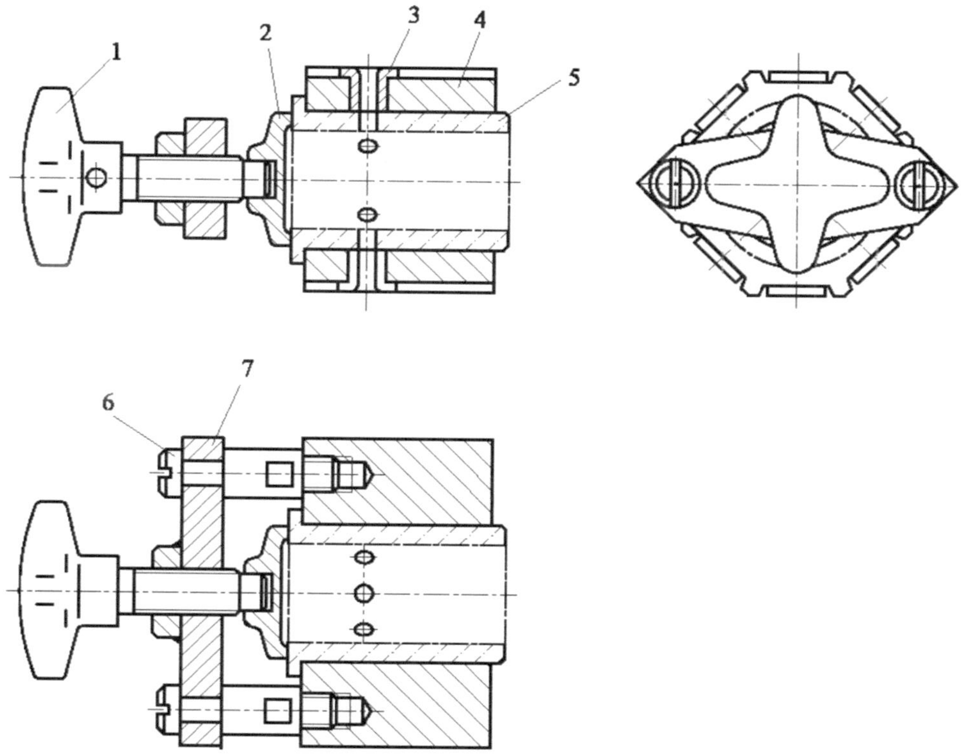

Bild 9-50 Bohrvorrichtung für diverse Bauteile
1 Kreuzgriff; 2 Spannpratze; 3 Bohrbuchse; 4 Grundkörper; 5 Werkstück; 6 Schraube; 7 Stützplatte

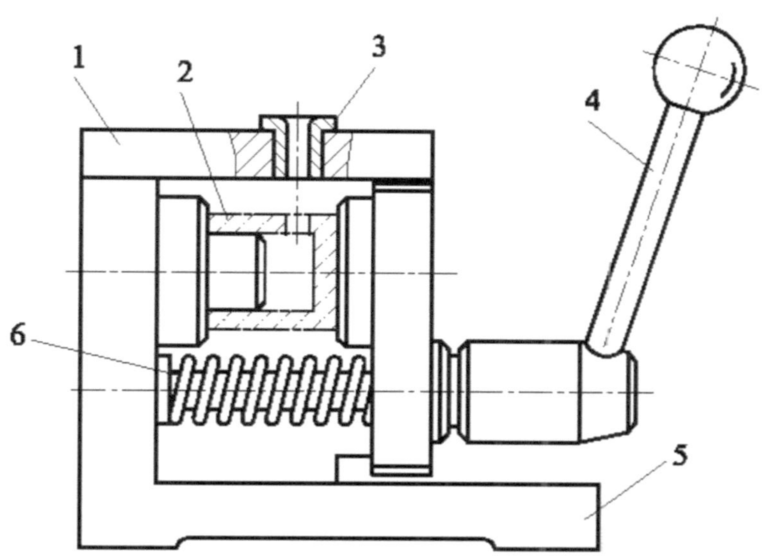

Bild 9-51 Bohrvorrichtung in C-Form
1 Bohrbuchsenplatte; 2 Werkstück; 3 Bohrbuchse; 4 Spannhebel; 5 Grundkörper; 6 Druckfeder

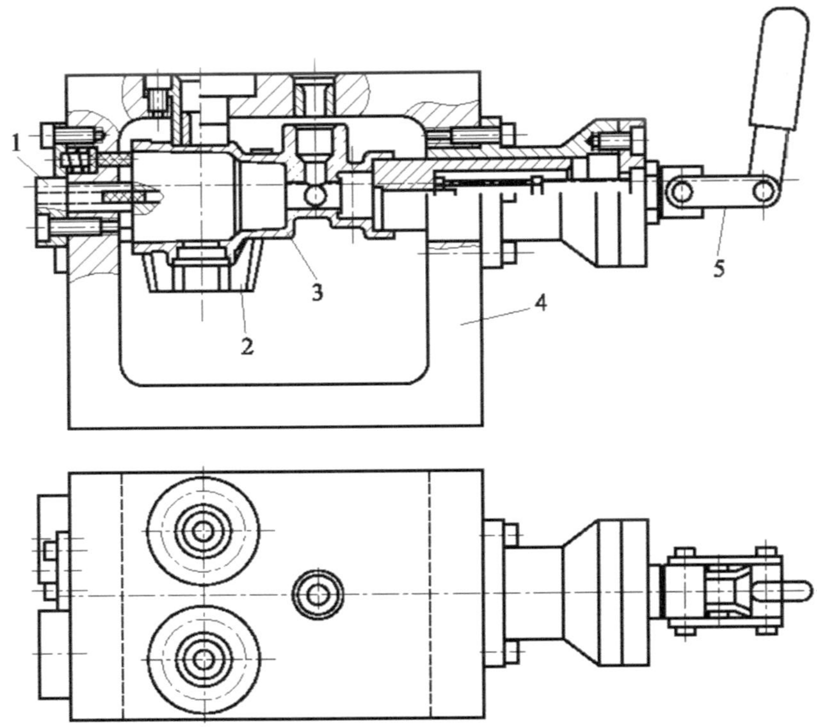

Bild 9-52 Bohrvorrichtung für ein gegossenes Gehäuse
1 Zentrierung; 2 Auflage; 3 Werkstück; 4 Grundkörper; 5 Spanner

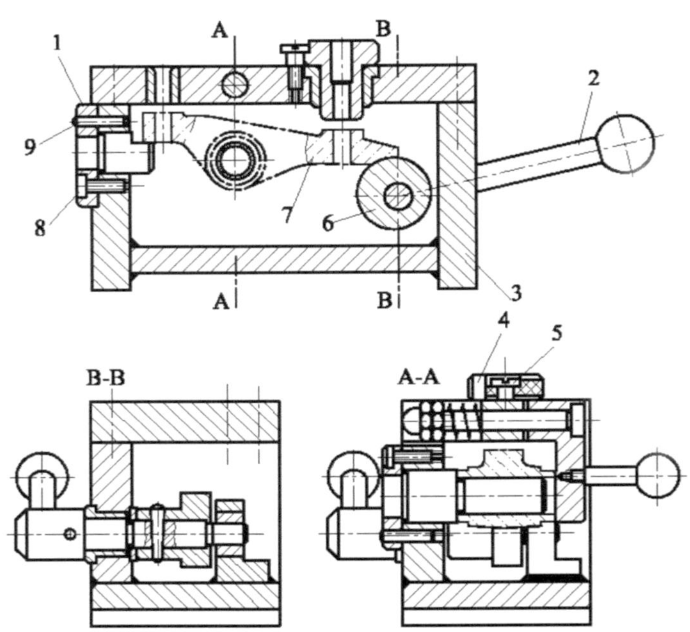

Bild 9-53 Bohrvorrichtung für einen geschmiedeten Hebel
1 Flansch; 2 Handhebel; 3 Grundkörper; 4 Bohrbuchse; 5 Schraube; 6 Kreisexzenter; 7 Werkstück; 8 Inbusschraube; 9 Zylinderstift

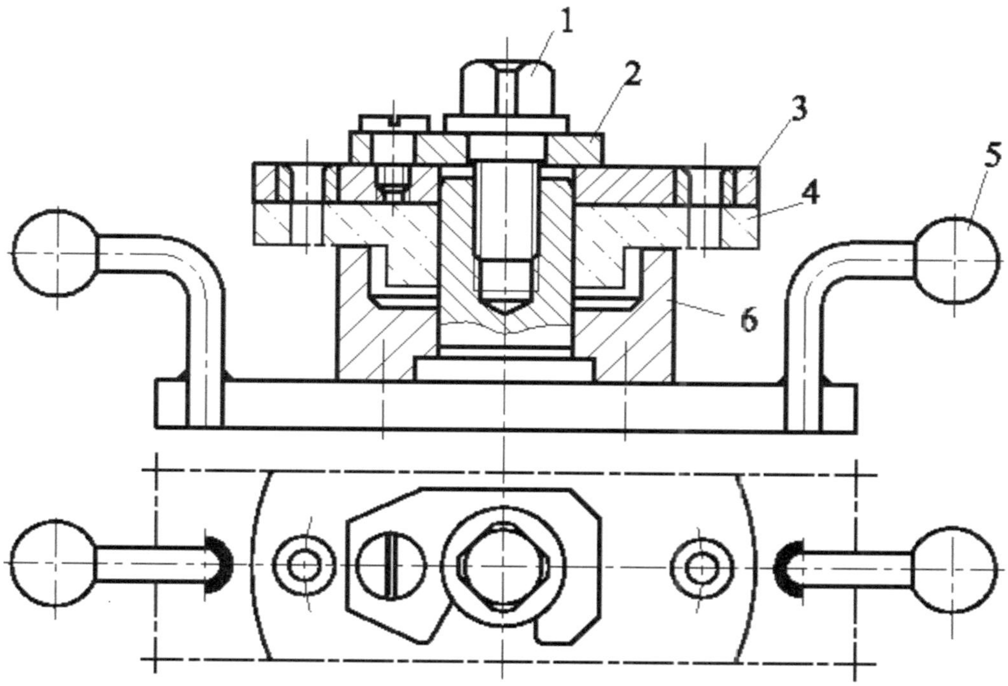

Bild 9-54 Bohrvorrichtung für diverse Bauteile
1 Spannschraube; 2 Vorsteckscheibe; 3 Bohrschablone; 4 Werkstück; 5 Halte- und Bewegungsgriff; 6 Vorrichtungskörper

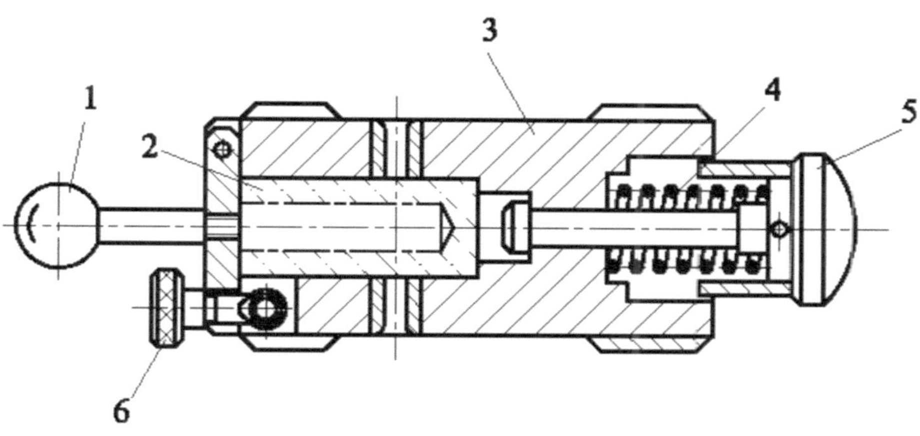

Bild 9-55 Bohrvorrichtung mit Auswerfer für Werkstück
1 Halte-, Wende- und Bewegstück; 2 Werkstück; 3 Grundkörper; 4 Druckfeder; 5 Auswerferkopf; 6 Rändelmutter

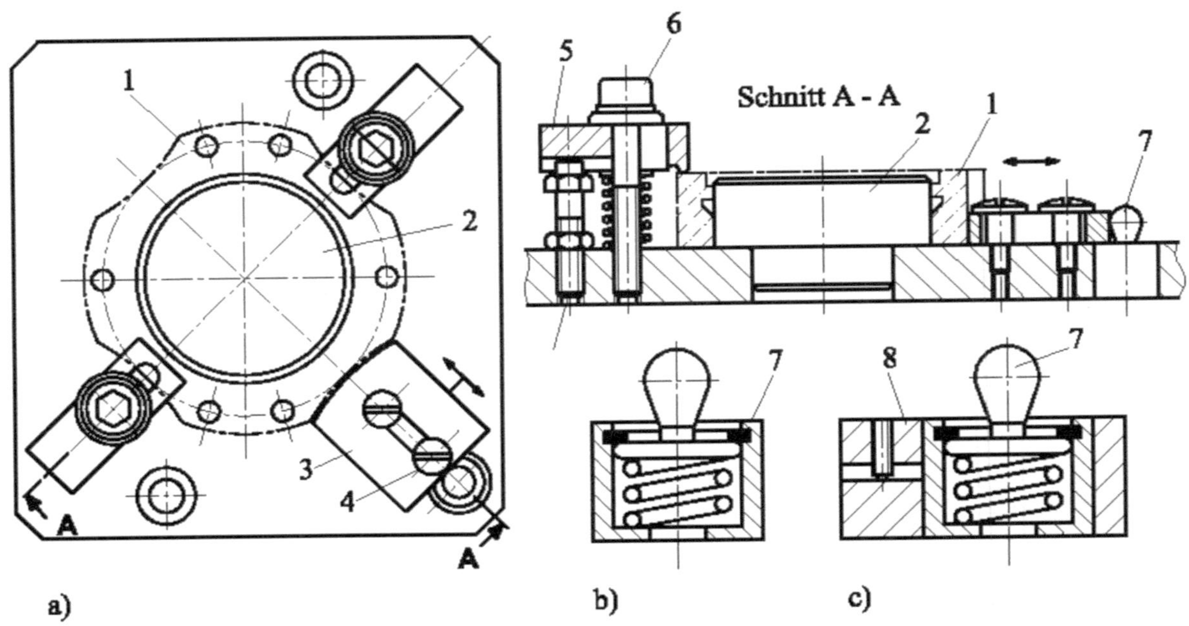

Bild 9-56 Bohrvorrichtung für Ringe mit Außenform
1 Werkstück; 2 Mittenaufnahme; 3 Formstück zur Lagebestimmung; 4 Bundschraube; 5 Spanneisen; 6 Spannschraube; 7 Seitendruckstück; 8 Exzenterbuchse feststellbar

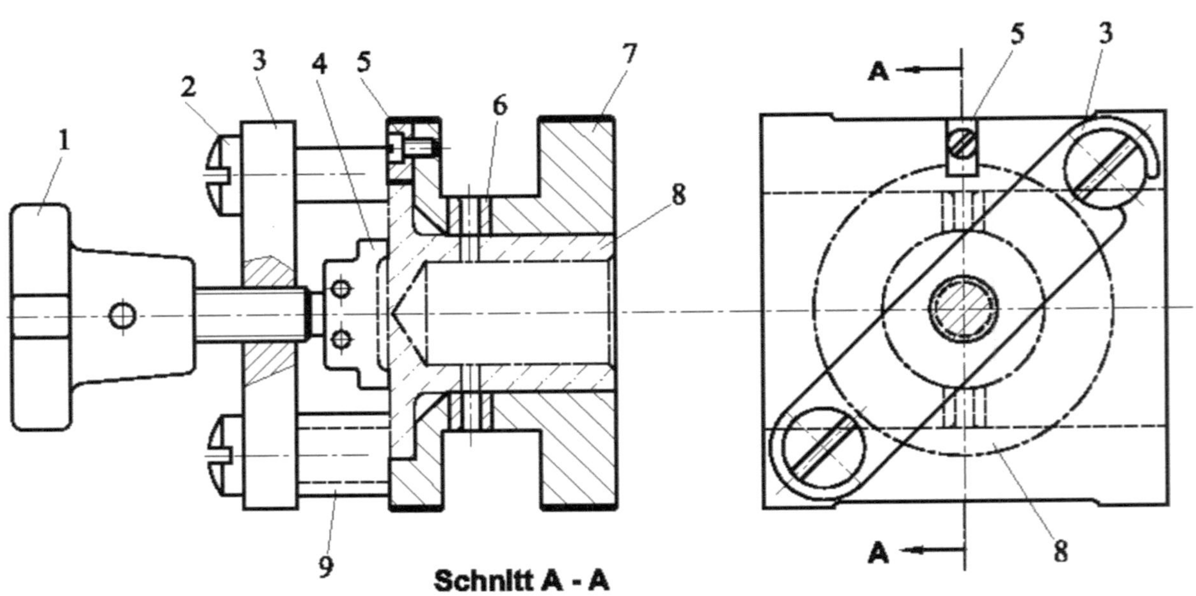

Bild 9-57 Bohrvorrichtung in Kastenform
1 Kreuzgriffschraube; 2 Bundschraube; 3 Schwenkriegel; 4 Druckteller; 5 Formstück; 6 Bohrbuchse; 7 Kasten-Grundkörper; 8 Werkstück; 9 Distanzbuchse

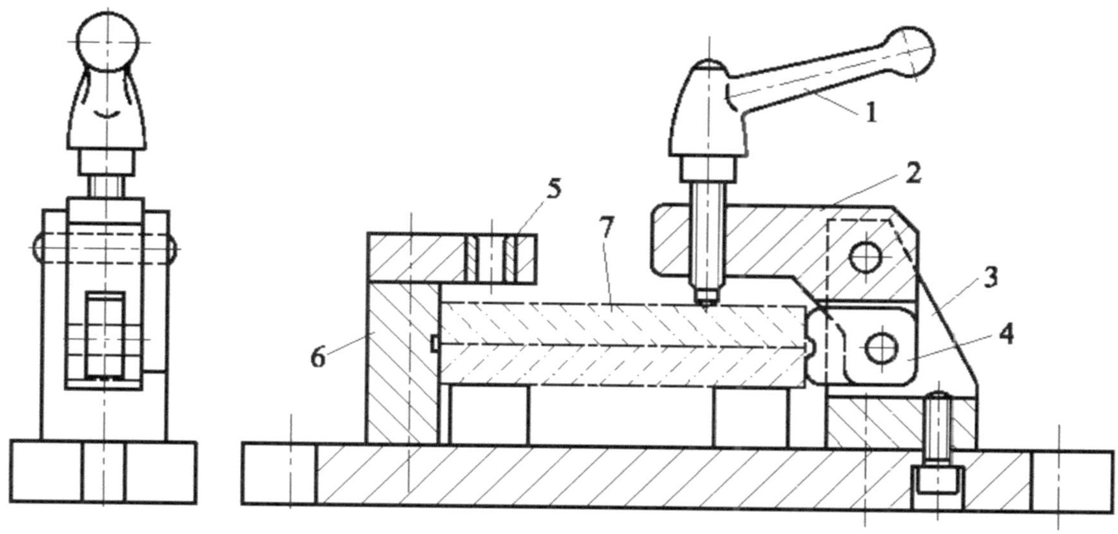

Bild 9-58 Bohrvorrichtung für Platten
1 Spanngriff; 2 Spannkraft – Übertrag- und Umlenkhebel; 3 Gabelelement; 4 Zweipunktwippe; 5 Bohrbuchse; 6 Vorrichtungskörper; 7 Werkstück

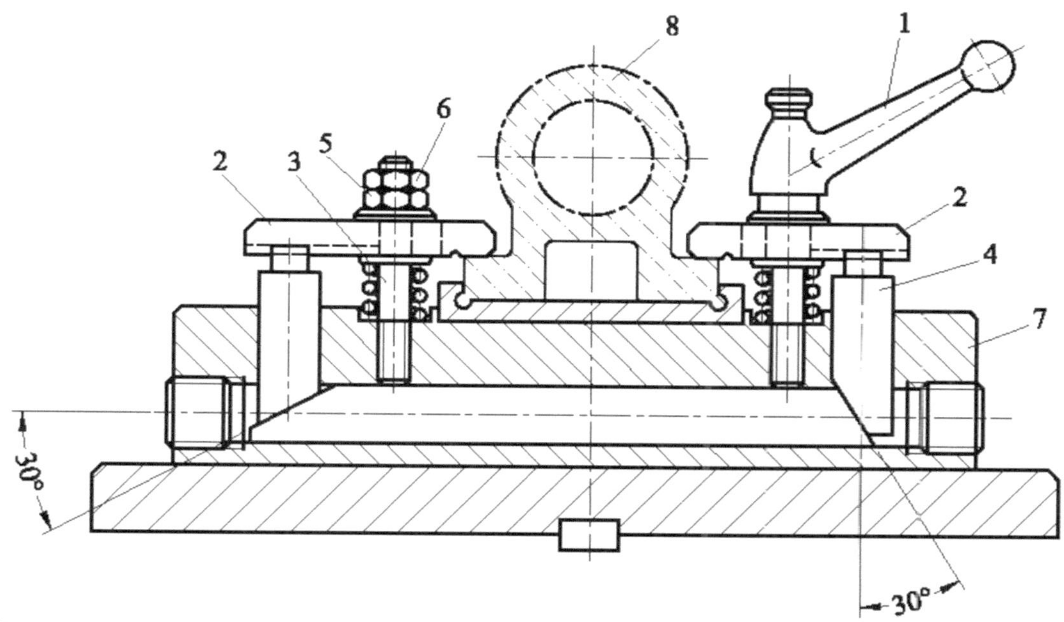

Bild 9-59 Bohrvorrichtung für Gehäuse
1 Spannhebel; 2 Spanneisen; 3 Stiftschraube; 4 Übertragungselement; 5 Einstellmutter; 6 Feststellmutter; 7 Vorrichtungskörper; 8 Werkstück

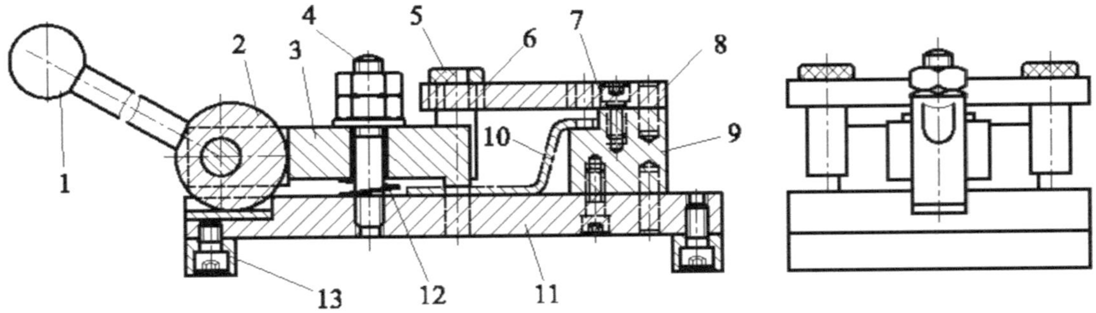

Bild 9-60 Bohrvorrichtung für Halteblech
1 Kugel; 2 Exzenter; 3 Spannpratze; 4 Stiftschraube; 5 Steckbohrbuchse; 6 Grundbuchse; 7 Bohrbuchse; 8 Bohrplatte; 9 Anschlagstück; 10 Halteblech; 11 Grundplatte; 12 Druckfeder; 13 Auflageleiste

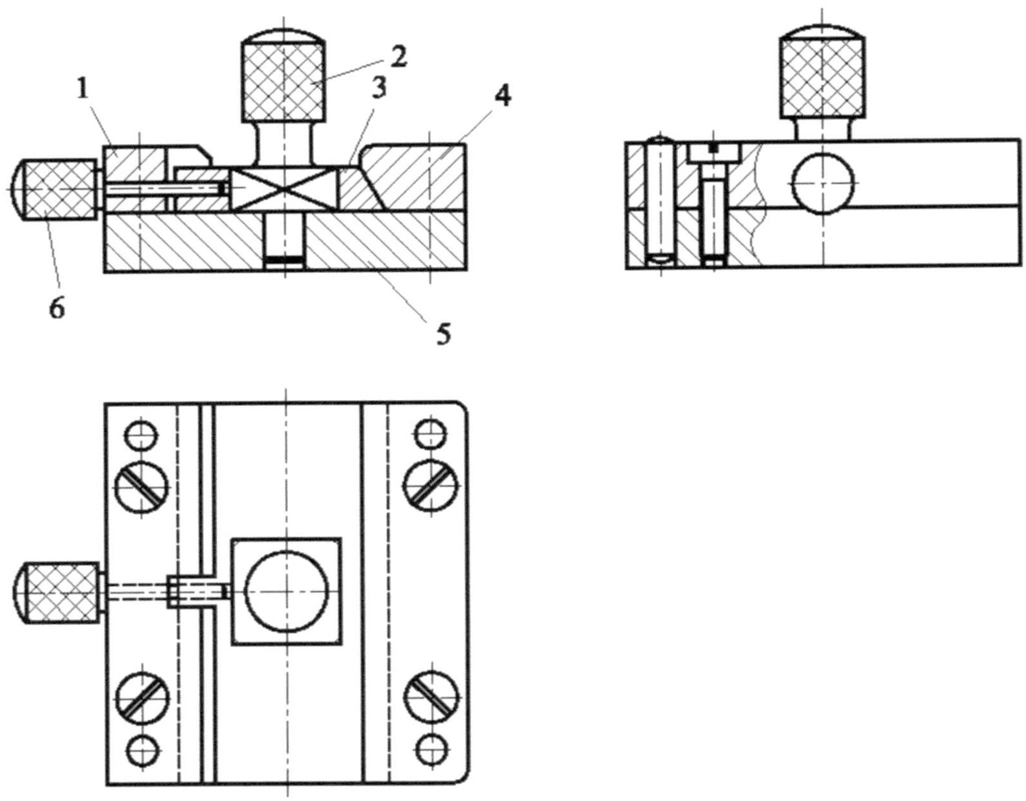

Bild 9-61 Bohrvorrichtung Kontrollvorrichtung
1 Führungsleiste; 2 Steckbolzen; 3 Schieber; 4 Führungsleiste; 5 Grundplatte; 6 Kontrollstift

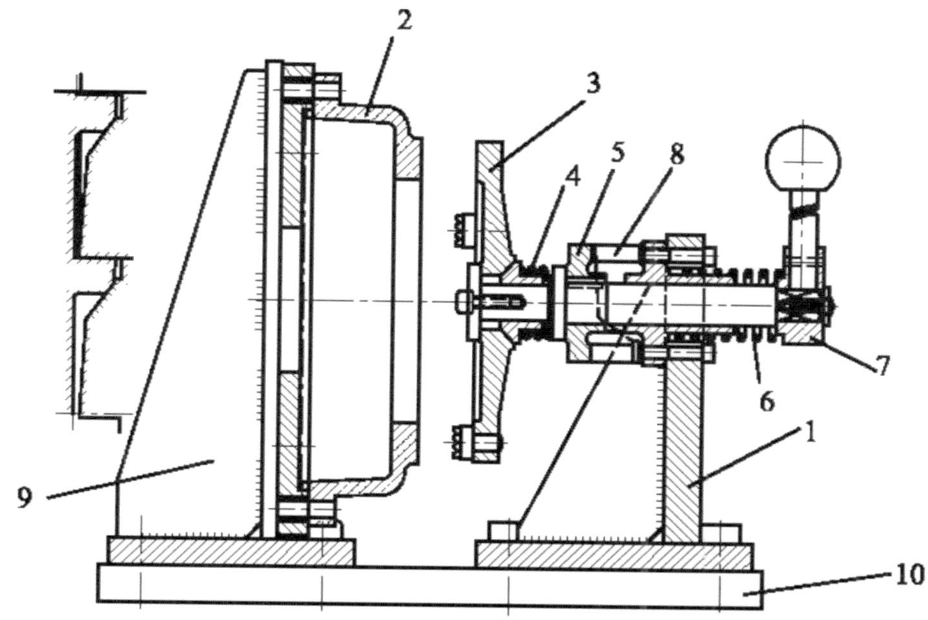

Bild 9-62 Bohrvorrichtung für diverse Bauteile
1 Bock; 2 Werkstück; 3 Spannteller; 4 Druckfeder; 5 Buchse; 6 Druckfeder; 7 Handhebel; 8 Spannkurve; 9 Bock; 10 Platte

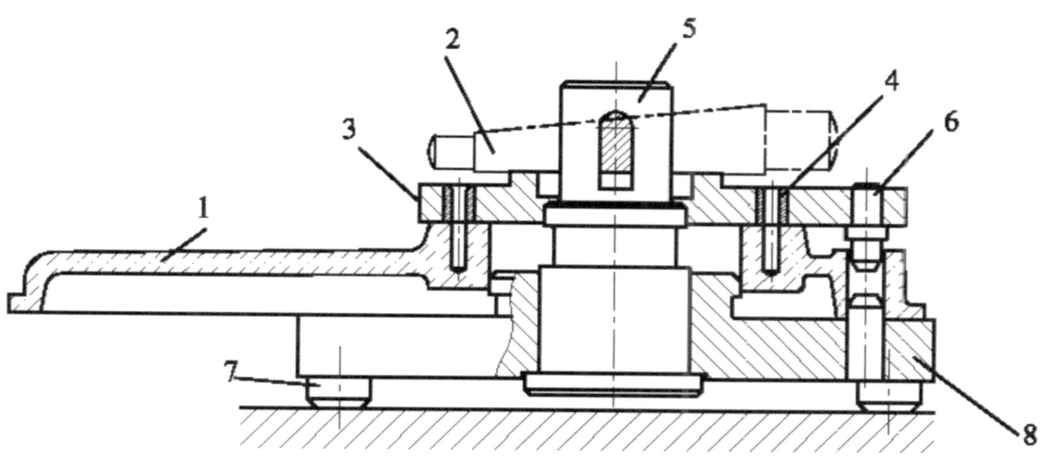

Bild 9-63 Bohrvorrichtung mit Spannkeil
1 Werkstück; 2 Keil; 3 Bohrplatte; 4 Bohrbuchse; 5 Zapfen; 6 Zentrierzapfen; 7 Bolzen; 8 Platte

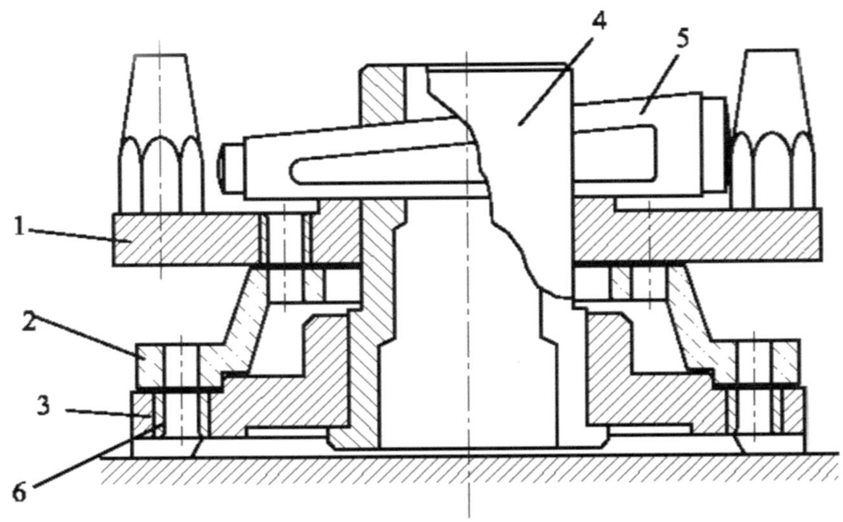

Bild 9-64 Bohrvorrichtung mit Spannkeil
1 Bohrplatte; 2 Werkstück; 3 Bohrplatte; 4 Buchse; 5 Keil; 6 Buchse; 7 Prisma; 8 Buchse; 9 Schraube; 10 Sicherungsring

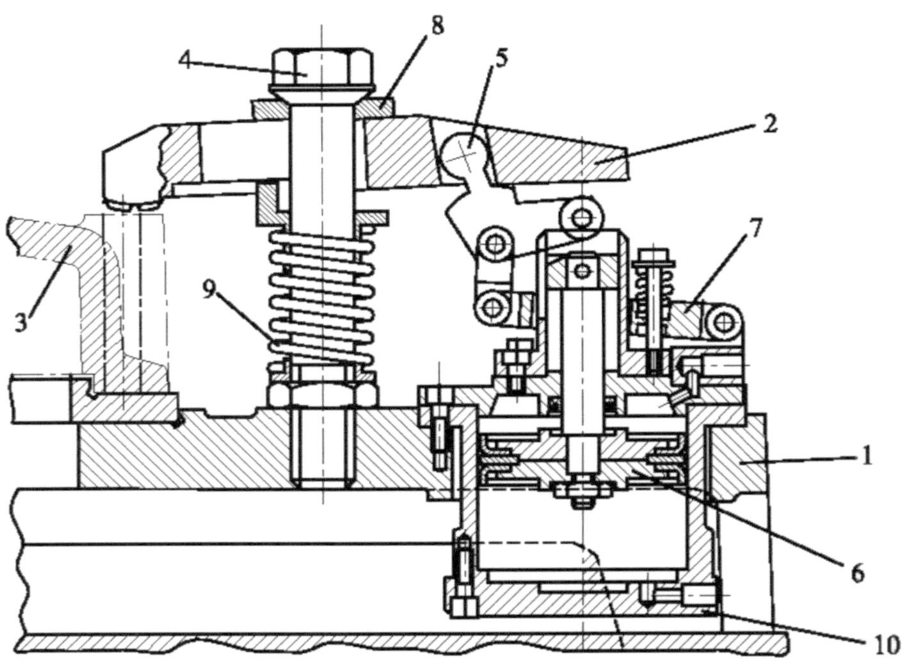

Bild 9-65 Bohrvorrichtung mit bewegtem Flachspanneisen
1 Vorrichtung; 2 Spannhebel; 3 Werkstück; 4 Schraube; 5 Umlenkhebel; 6 Kolben; 7 Ausgleichshebel; 8 Scheibe; 9 Druckfeder; 10 Zylinder

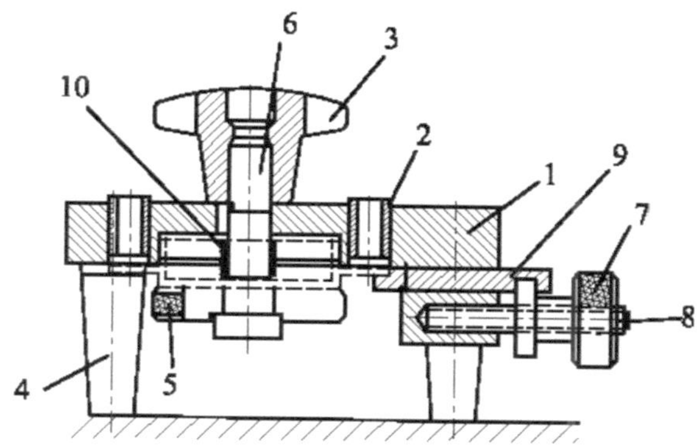

Bild 9-66 Bohrvorrichtung mit Ausrichtschieber
1 Vorrichtung; 2 Bohrbuchse; 3 Kreuzgriff; 4 Füße; 5 Rändelmutter; 6 Zuganker; 7 Rändelmutter; 8 Schraube; 9 Platte – Schieber; 10 Feder

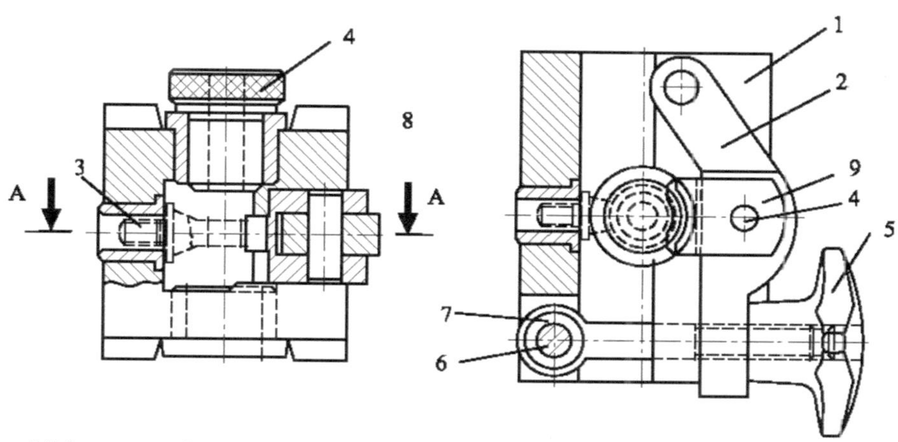

Bild 9-67 Bohrvorrichtung für Augenschrauben
1 Vorrichtung; 2 Bohrbuchse; 3 Buchse; 4 Werkstück; 5 Spanneisen; 6 Kreuzgriff; 7 Buchse; 8 Stift; 9 Schraube; 10 Stift; 11 Schwenkeisen

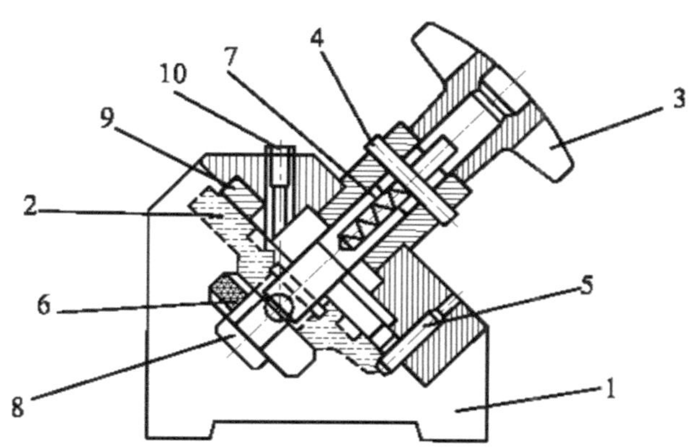

Bild 9-68 Bohrvorrichtung für schräges Ölloch mit Spannbolzen
1 Vorrichtung; 2 Werkstück; 3 Kreuzgriff; 4 Stift; 5 Zentrierstift; 6 Rändelmutter; 7 Feder; 8 Zugbolzen; 9 Anlagebuchse; 10 Bohrbuchse

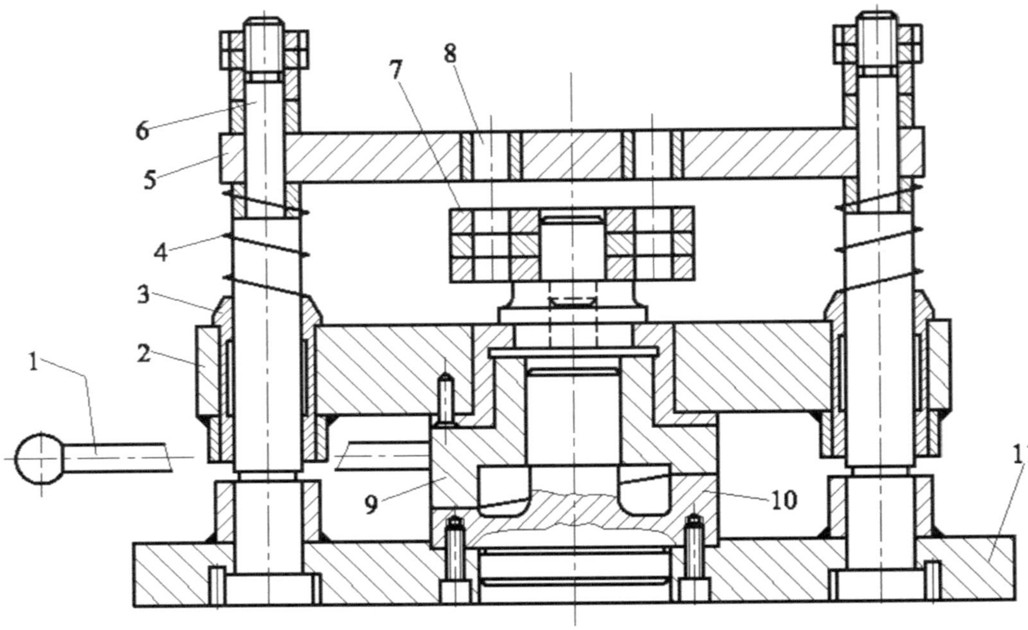

Bild 9-69 Schnellspann-Bohrvorrichtung
1 Spannhebel; 2 Hubplatte; 3 Führungsbuchse; 4 Druckfeder; 5 Bohrplatte; 6 Spann- und Führungssäule; 7 Werkstücke; 8 Bohrbuchse; 9 Spannkurve; 10 Basiskurve; 11 Grundplatte; 12 Druckspindel; 13 Gewindebuchse; 14 Nutbolzen

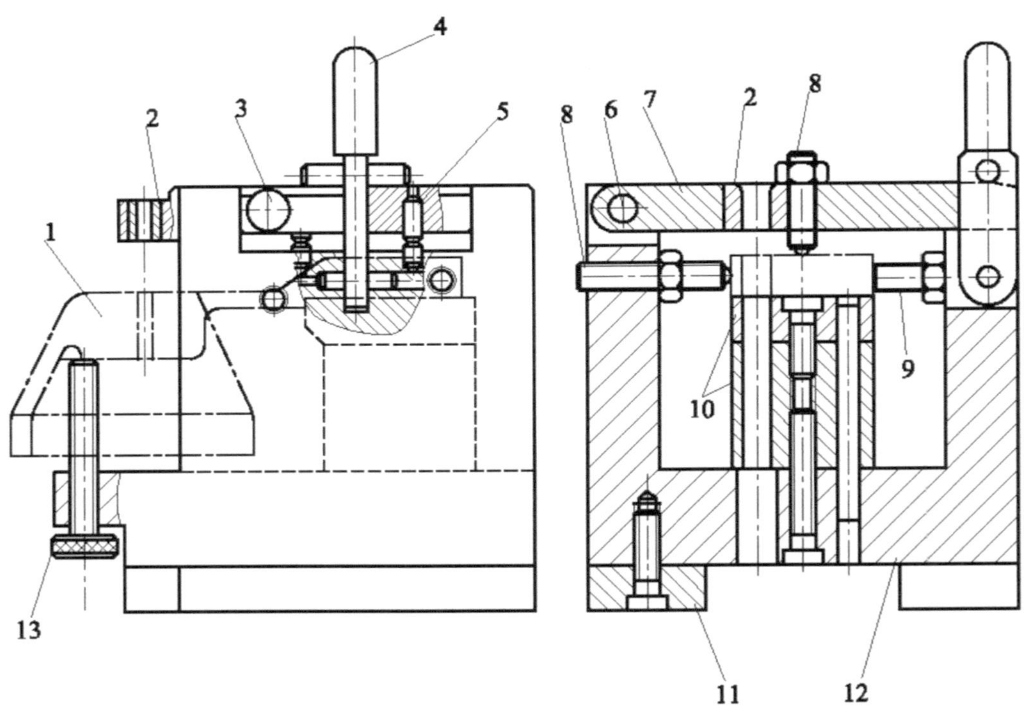

Bild 9-70 Bohrvorrichtung für gegossenes Gehäuse
1 Werkstück; 2 Bohrbuchse; 3 Griff für Schwenkklappe; 4 Verschlussknebel; 5 Anschlag; 6 Stift; 7 Klappe; 8 Federdruckstück; 9 Gewindestift mit Anschlag; 10 Auflage für Werkstück; 11 Auflageleiste; 12 Körper; 13 Verstellbare Auflage

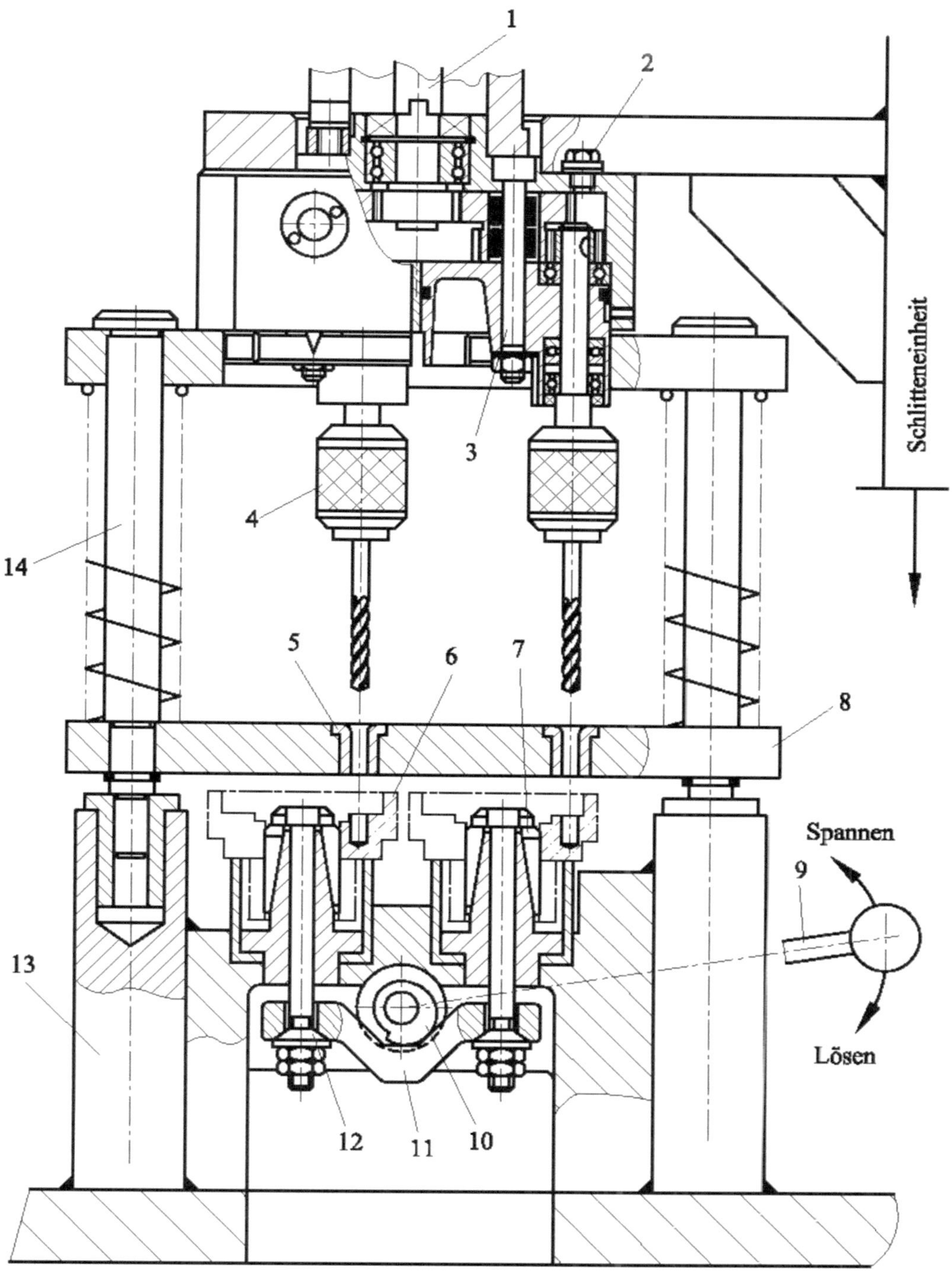

Bild 9-71 Bohrvorrichtung für diverse Bauteile
1 Bohrspindelantrieb; 2 Ölbefüllung; 3 Schwenkachse für Einrichtzwecke; 4 Bohrspindel; 5 Bohrbuchse; 6 Werkstück; 7 Spreizhülse; 8 Bohrplatte; 9 Spannhebel; 10 Spannexzenter; 11 Spann- und Ausgleichswippe; 12 Pendelscheibe; 13 Gestell; 14 Führungssäule

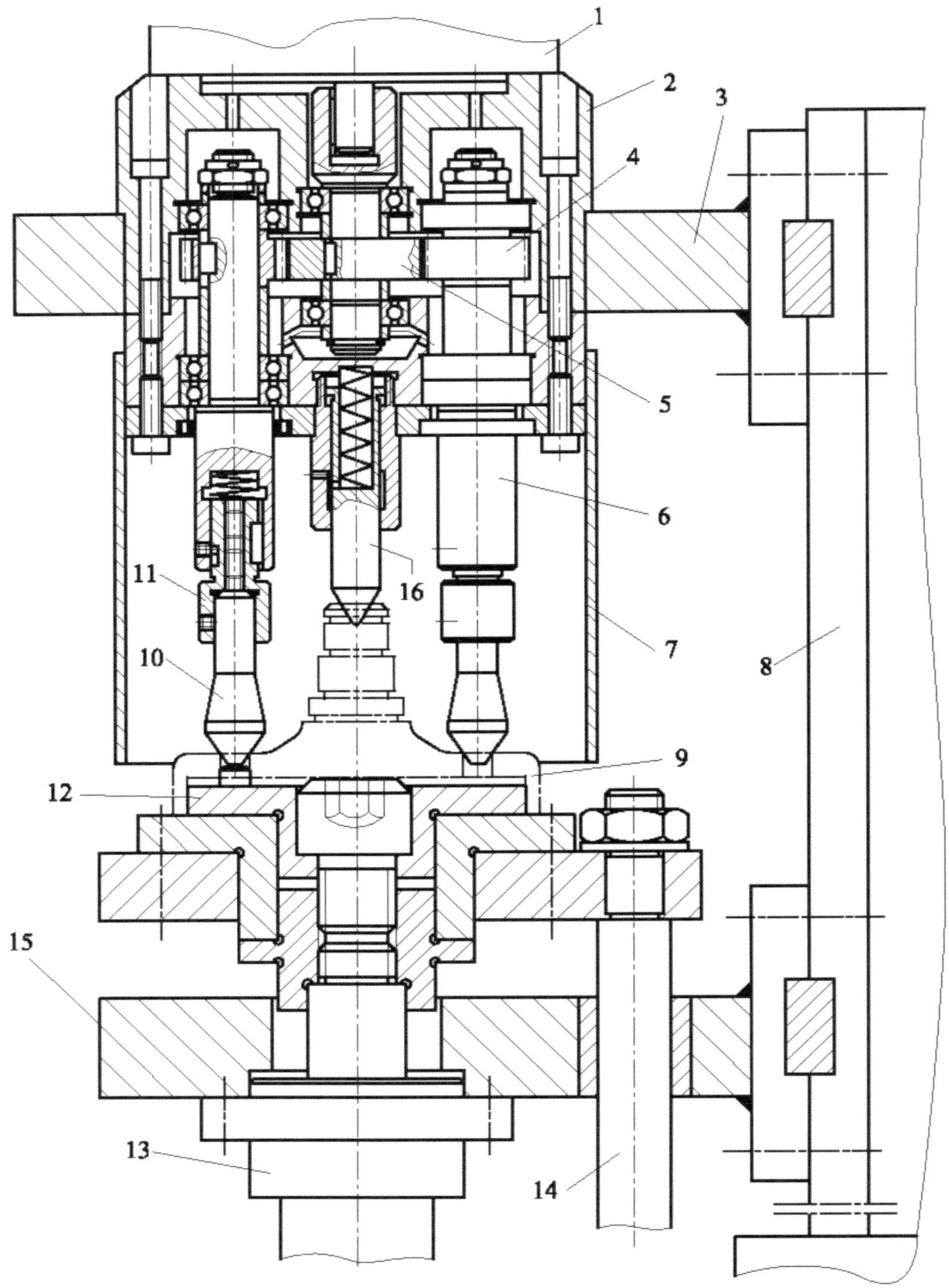

Bild 9-72 Bohrvorrichtung zum Absenken mehrerer Bohrungen
1 Antriebsmotor; 2 Mehrspindelbohrkopf; 3 Aufnahme für Spindelkopf; 4 Antriebsrad für Bohrspindel; 5 Zentralantriebsrad; 6 Bohrspindel; 7 Späneschutz; 8 Ständer; 9 Werkstück; 10 Senker; 11 Aufnahme für Senker; 12 Werkstückaufnahme; 13 Arbeitszylinder; 14 Führung der Werkstückaufnahme; 15 Grundplatte; 16 Federnder Gegenhalter für Werkstück

Montage- und Demontagevorrichtungen 10

3D-Zeichnungen und 22 Anwendungsbeispiele
2D-Zeichnungen und 18 Anwendungsbeispiele

3D-Konstruktionen im Überblick (Seiten 202–212)

2 D-Konstruktionen im Überblick (Seiten 213–226)

■ Greifzange für Montage	Bild 10-54
■ Positioniereinrichtung für Montage	Bild 10-55
■ Vorschub und Fixierung von Kettentransportbändern	Bild 10-56
■ Automatische Montage von Bolzen	Bild 10-57
■ Montagevorrichtung für 0-Ring	Bild 10-58
■ Montage für zwei Außenlagerringe	Bild 10-59
■ Montagevorrichtung mit hydraulischer Unterstützung	Bild 10-60
■ Montagevorrichtung für Lagerbauteile	Bild 10-61
■ Montagevorrichtung für Dichtring und Stopfen	Bild 10-62
■ Schraubenanzieheinrichtung	Bild 10-63
■ Schraubenanzieheinrichtung	Bild 10-64
■ Mehrfachschraubvorrichtung	Bild 10-65
■ Beschriftungsvorrichtung	Bild 10-66
■ Spanndorn zur Aufnahme von zwei Montageteilen	Bild 10-67

Montagetechnik

Die Montage im Maschinenbau umfasst alle Tätigkeiten, die notwendig sind, um aus fertig bearbeiteten Einzelheiten der eigenen Fertigung und Kaufteilen ein funktionsfähiges Erzeugnis herzustellen.

Montageplanung

Die Montageplanung beginnt schon beim Konstruieren. Der Konstrukteur sollte die Einzelteile so gestalten, dass sie einfach und schnell zusammengebaut und bei Bedarf wieder demontiert werden können. So kann z. B. das Wälzlager bei abgesetzter Welle schneller montiert werden. Die Qualitätssicherung muss gewährleisten, dass die zu montierenden Einzelteile ihre Funktion erfüllen und gereinigt und entgratet sind.

Montageplan

Der Montageplan enthält außer den zur Montage erforderlichen Zeichnungen alle Anweisungen zur Durchführung des Montageablaufs.
Bestandteile:

- Reihenfolge des Zusammenbaus
- erforderliche Vorrichtungen,Werkzeuge und Hilfsmittel
- Mess- und Prüfmittel
- Vorgabezeiten für die Montage

Zur Montageplanung gehört auch, dass alles, was zur Montage benötigt wird, zur vorgegebenen Zeit am Montageplatz zur Verfügung steht.

Montageschritte

Bei der Baugruppenmontage: In vielen Fällen ist es zweckmäßig, die Einzelteile zunächst zu Baugruppen zu montieren. Um die Genauigkeit und damit die Brauchbarkeit einer Maschine zu gewährleisten, wird schon bei der Baugruppenmontage die gegenseitige Lage der Einzelteile kontrolliert. Festgestellte Abweichungen werden durch Nachstellen oder Nacharbeit beseitigt.

Tätigkeitsgruppen beim Montieren:
Technisch kann man in der Montage zwischen folgenden Niveaustufen unterscheiden:

- Manuelle Montage am Einzelmontageplatz
- manuelle Montage an einer Montagelinie
- Montageautomat als Rund- oder Linientaktmaschine
- automatische synchrone oder asynchrone Montagelinie
- flexibles halbautomatisches Montagesystem als Zelle oder hybride Montagelinie (Menschen und Roboter arbeiten zusammen) sowie flexible vollautomatische Montage als Zelle oder Linie.

Endmontage

In der Endmontage werden die einzelnen Baugruppen zur fertigen Maschine oder zum fertigen Gerät montiert. Zur Überprüfung oder zur Reparatur, bei großen Maschinen auch wegen der besseren Transportmöglichkeiten, werden fertig montierte Erzeugnisse demontiert. Ebenso wie die Montage muss auch die Demontage sorgfältig geplant werden.

Montagegerechte Konstruktion

Beschreibung:
Unter montagerechter Konstruktion versteht man den Entwurf einer hinsichtlich manueller oder automatisierter Montage optimierten Produktgestalt einschließlich des Produktaufbaus.
Hauptziele sind:

- Verringerung der Teilanzahl z. B. durch ein Integralbauteil, um Arbeitsgänge zu vermeiden
- Reduzierung der erforderlichen Anzahl von Fügerichtungen
- Vermeidung von biegeschlaffen Bauteilen (z. B. Kabeln)
- Bildung von Auftrags und kundenabhängigen Vormontagebaugruppen
- Begrenzung der Auswirkungen von Produktvarianten auf wenige Baugruppen
- Ergänzung von Positionier- und Justierhilfen (z. B. Fasen)
- Vermeidung von Anpassaufgaben.

Einsatzgebiet

Montagegerechtes Konstruieren kommt vor allen in der Entwurfsphase des Konstruktionsprozesses zum Einsatz, da hier die wesentlichen montagebezogenen Aspekte des Produktes festgelegt werden. Jedoch müssen auch schon in der Phase der Aufgabenklärung und der Konzeption sowie später in der Ausarbeitungsphase Montageaspekte berücksichtigt werden. Die Montagegerechte Konstruktion sollte parallel zur Optimierung von Transport und Handhabungsvorgängen erfolgen.

Demontagetechnik

Demontage: Auseinandernehmen; ein Fertigungsverfahren nach DIN 8591 – Zerlegen.

Demontagetechnik ist somit die Umkehrung der Montagetechnik mit dem Ziel der Zerlegung eines komplexen Systems in Subsysteme wie Baugruppen oder einzelne Bauteile.

Die Demontage steht meist vor einer Montage. Überall dort, wo aus etwas Altem Neues entstehen soll, wird mit der Demontage der Platz, Raum oder die Voraussetzung geschaffen. Das Wort Demontage ist ein Überbegriff, es steht für verschiedene Arbeitsabläufe.

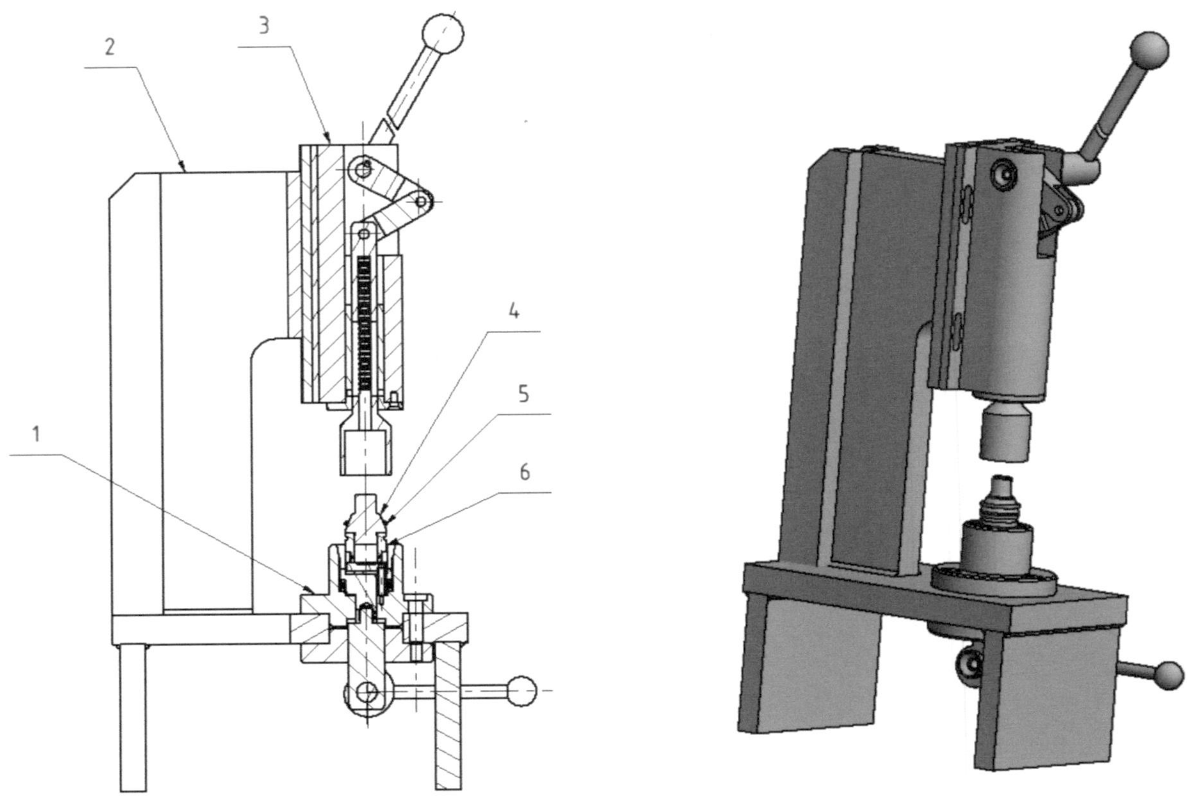

Bild 10-1 Montagevorrichtung für O-Ring
1 Zusammenbau Spannaufnahme; 2 Gestell; 3 Einstoßer; 4 Werkstück; 5 Aufnahmekegel; 6 O-Ring

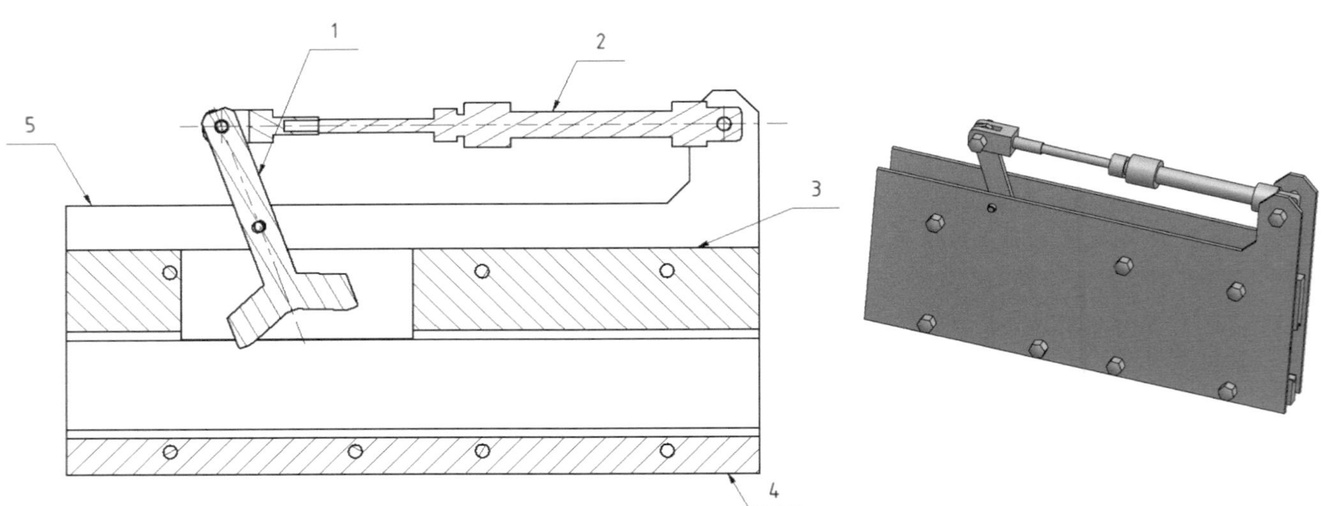

Bild 10-2 Schwenkzuteiler für Rundteile
1 Zuteiler; 2 Druckluftzylinder; 3 Obere Rollbahn aus Federbandschienen; 4 Untere Rollbahn aus Federbandschienen; 5 Grundplatte

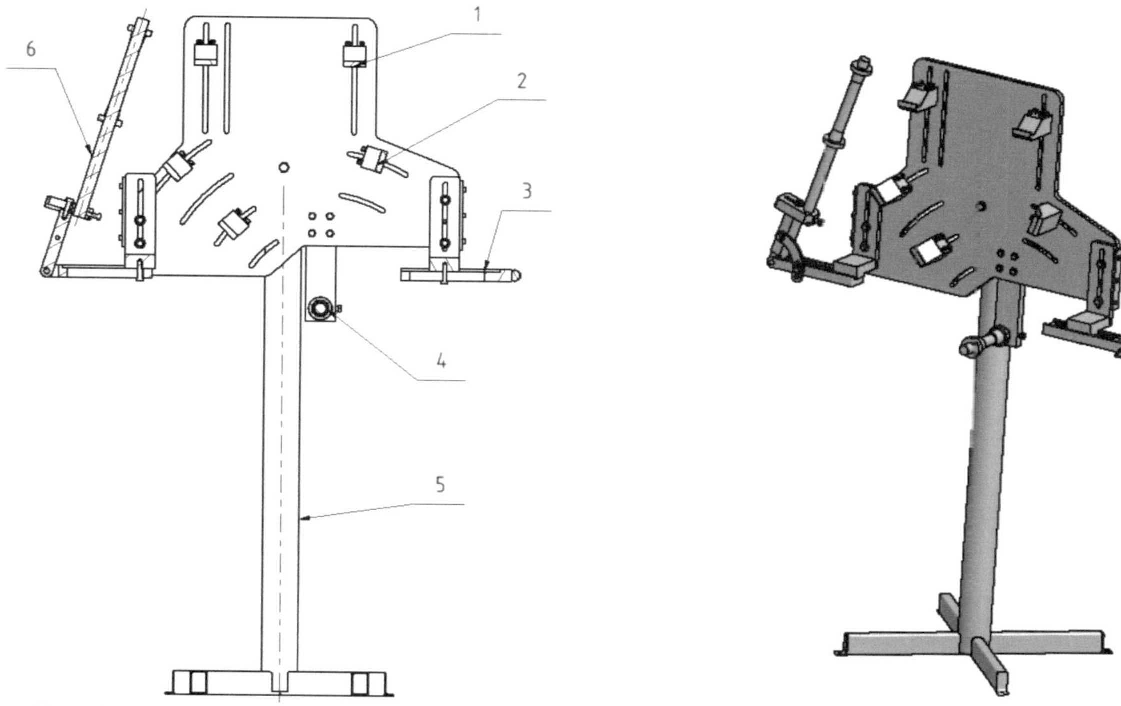

Bild 10-3 Montagegestell für Fahrradrahmen
1 Aufnahme für Querstange; 2 Aufnahme; 3 Aufnahme hintere Radachse; 4 Aufnahme für Achse Pedale; 5 Gestell; 6 Aufnahme für Lenkspindel

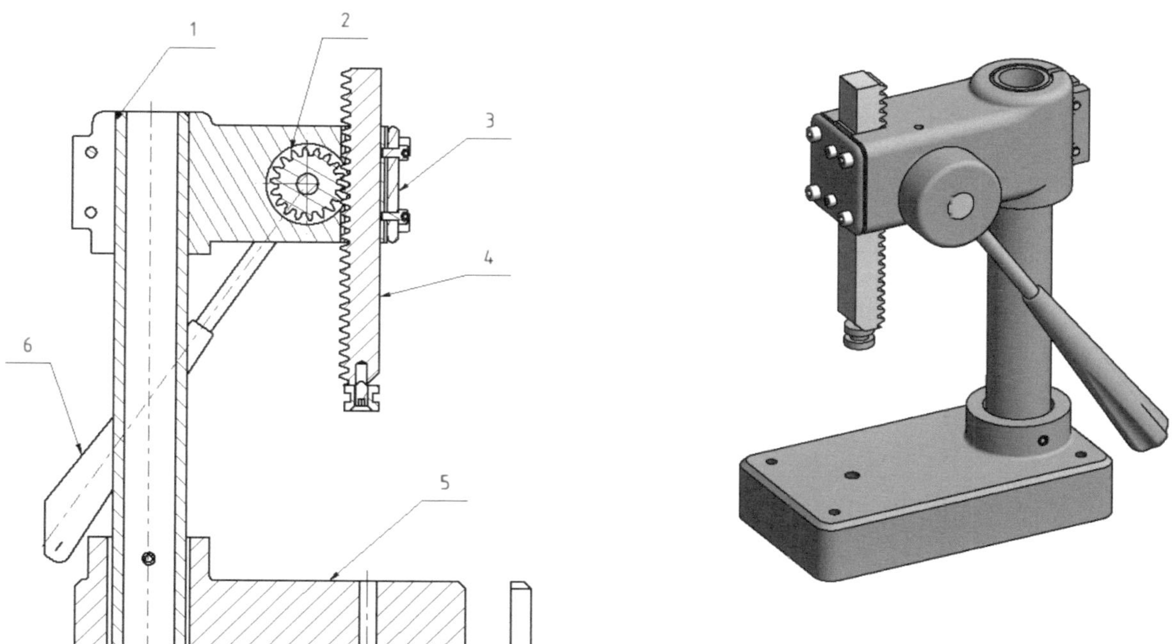

Bild 10-4 Zahnstangen-Handpresse
1 Führungssäule; 2 Zahnrad; 3 Abschlussdeckel; Zahnstangenführung; 4 Zahnstange; 5 Grundgestell; 6 Handhebel

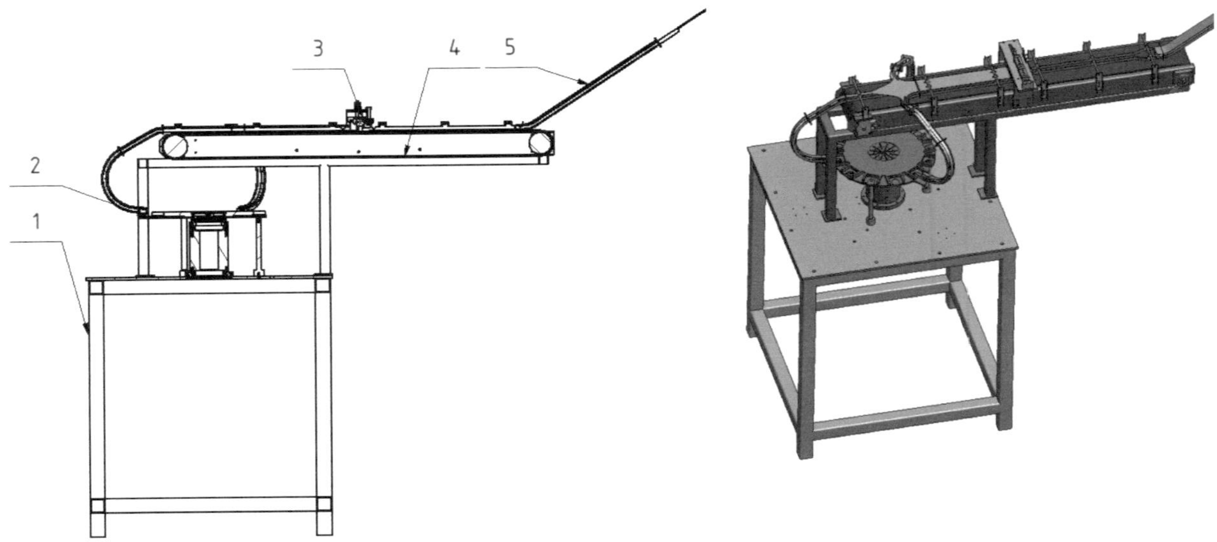

Bild 10-5 Automatische Zuführung mit Weiche für diverse Bauteile
1 Tischgestell; 2 Positionierteller; 3 Sortierweiche; 4 Transportband; 5 Zuführung

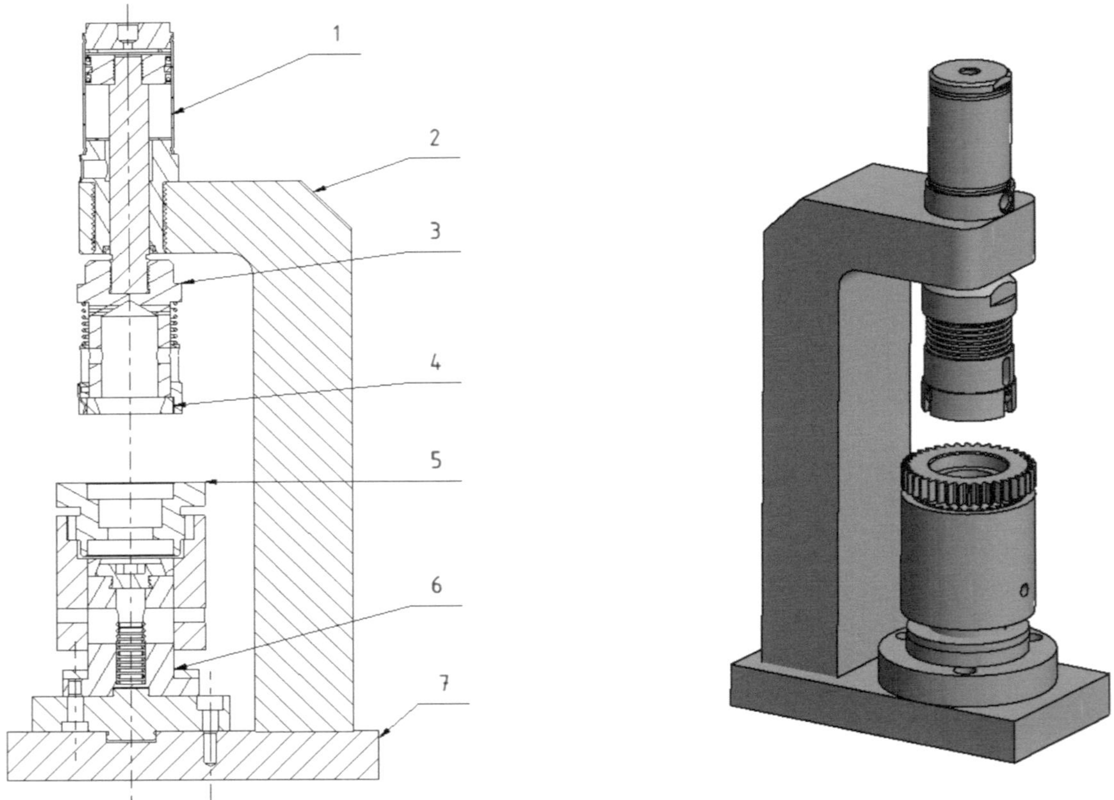

Bild 10-6 Montagevorrichtung für zwei Außenlagerringe
1 Festo-Zylinder; 2 Gestell; 3 Einstoßer für Innenring; 4 Innenring; 5 Werkstück; 6 Zentrierung; 7 Grundplatte

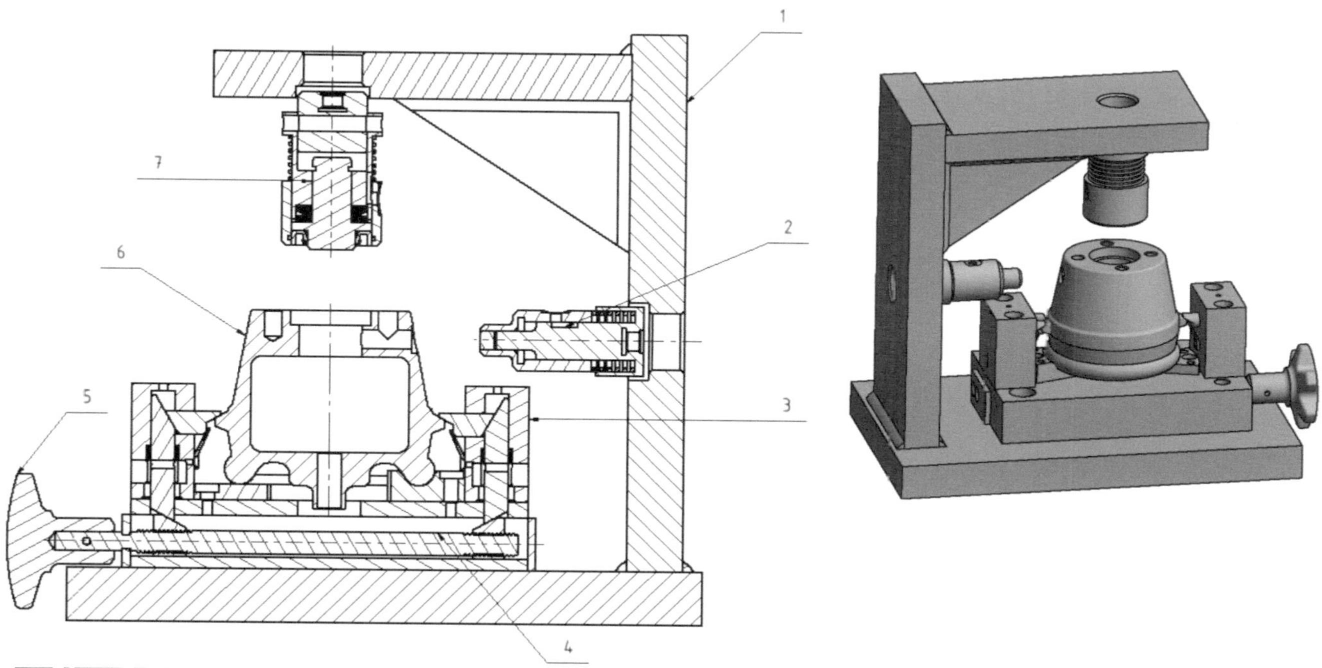

Bild 10-7 Montagevorrichtung für Dichtring mit Stopfen
1 Gestell; 2 Festo-Zylinder; 3 Aufnahme; 4 Spindel; 5 Feststellrad; 6 Werkstück; 7 Einstoßer Dichtring

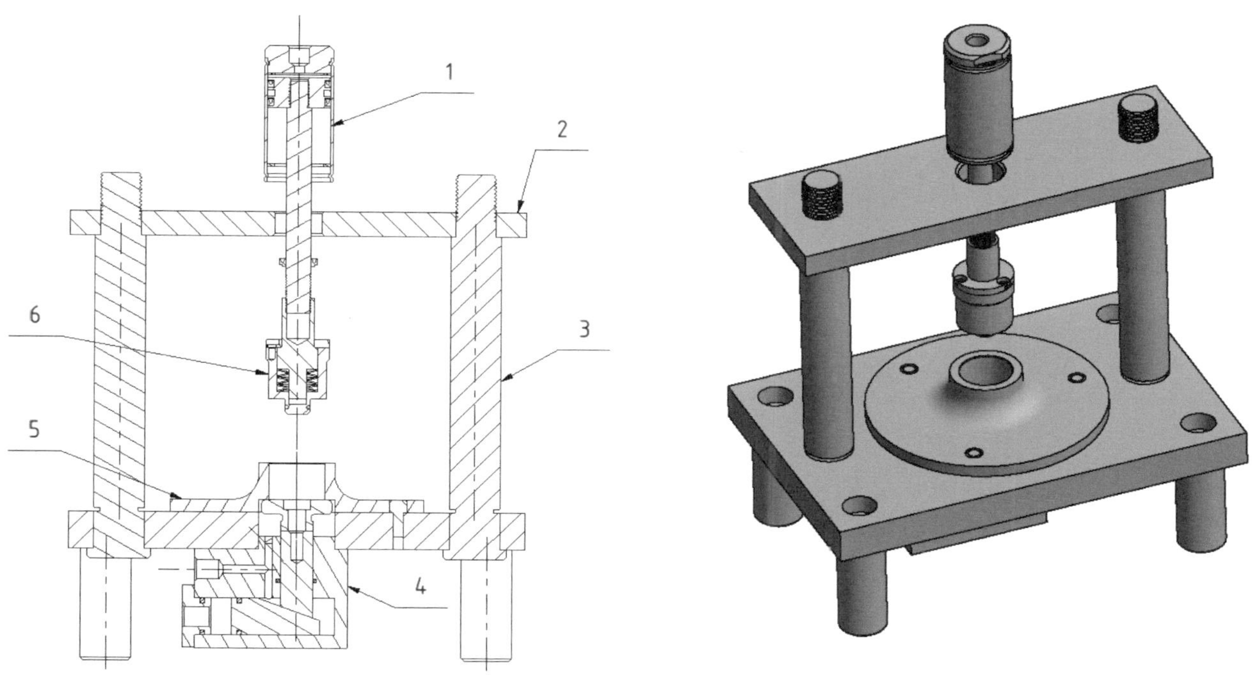

Bild 10-8 Einpressvorrichtung für Kugellager
1 Festo-Zylinder; 2 Gestell; 3 Distanzsäule; 4 Gegenhalter; 5 Werkstück; 6 Einstoßer

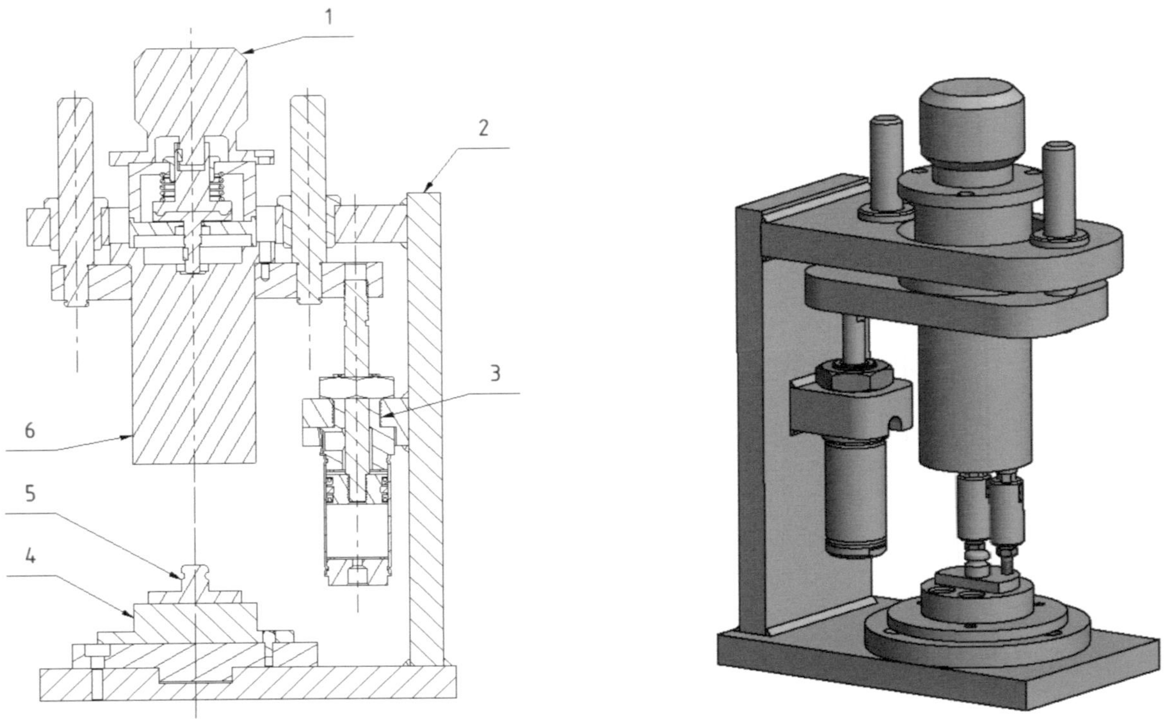

Bild 10-9 Schraubenzieheinrichtung
1 Motor; 2 Gestellstütze; 3 Halter für Festo-Zylinder; 4 Werkstück 1; 5 Werkstück 2; 6 Zusammenbau Getriebe

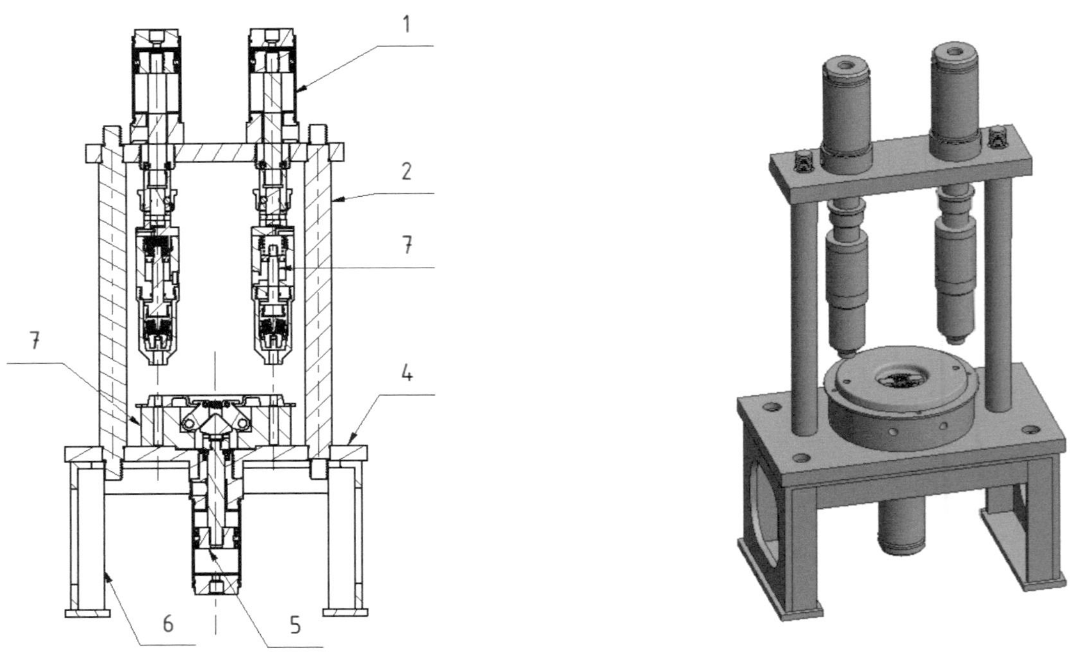

Bild 10-10 Stiftausziehvorrichtung
1 Festo-Zylinder; 2 Gestellstütze; 3 Zusammenbau Auszieher; 4 Gestellgrundplatte; 5 Festo-Zylinder; 6 Gestellrahmen; 7 Spannvorrichtung

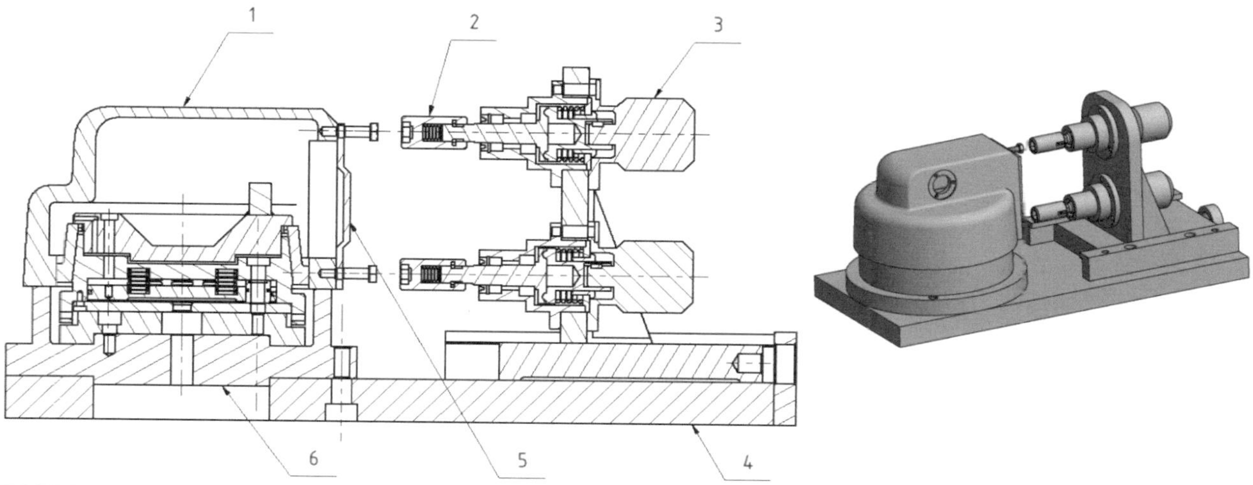

Bild 10-11 Schraubvorrichtung
1 Werkstück 1; 2 Schraubernuss; 3 Antrieb; 4 Gestellplatte; 5 Werkstück 2; 6 Spannvorrichtung

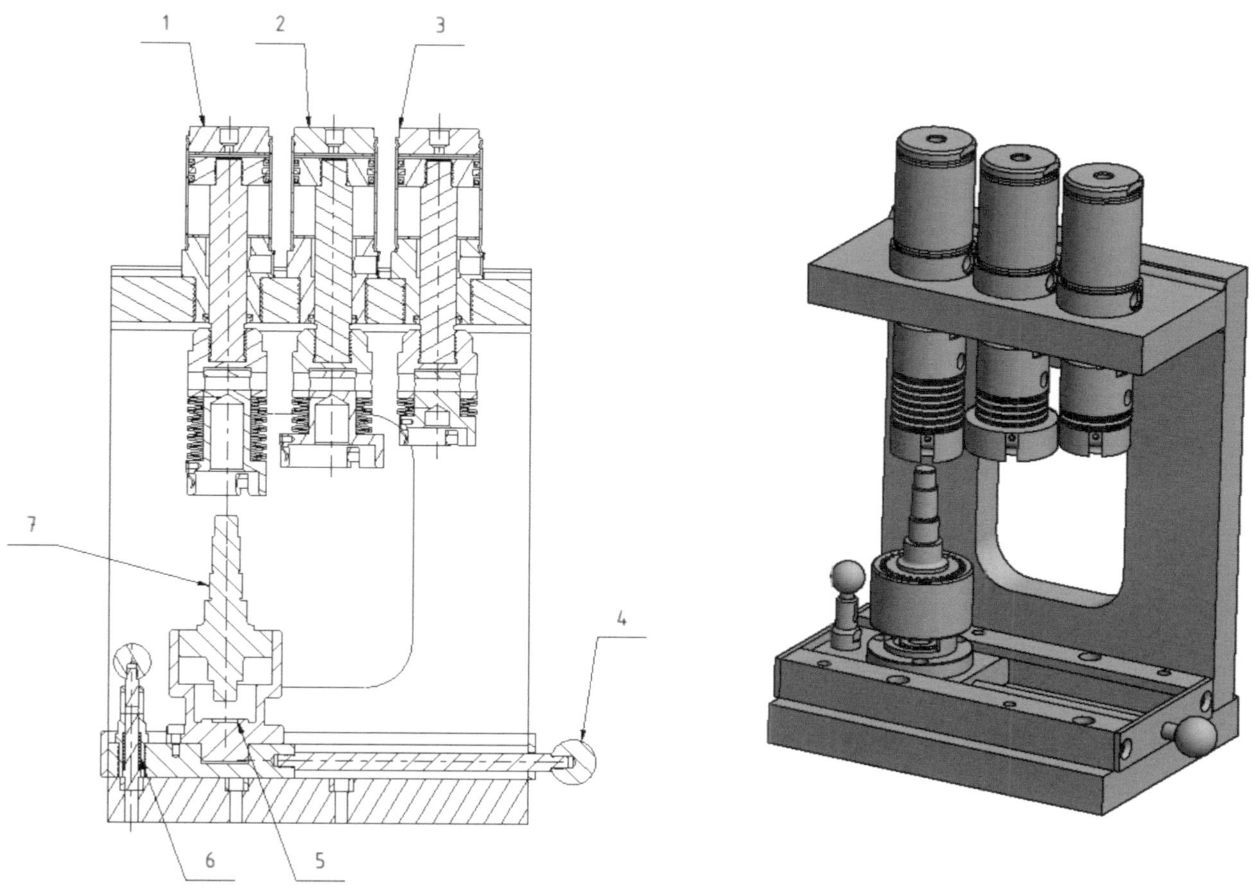

Bild 10-12 Einpressvorrichtung für Zahnräder und Kugellager
1 Einstoßer Zahnrad 1; 2 Einstoßer Zahnrad 2; 3 Einstoßer Kugellager; 4 Griff für Schiebeinheit; 5 Werkstückaufnahme; 6 Positionierstift; 7 Werkstück

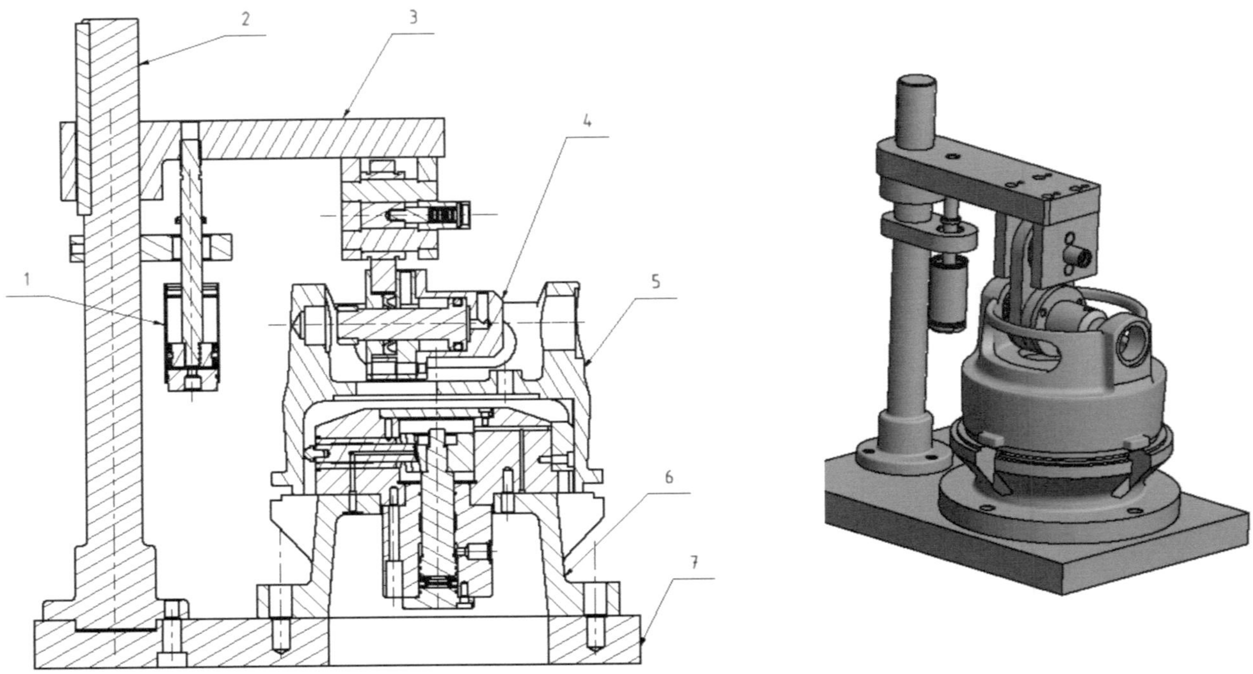

Bild 10-13 Einpressvorrichtung Gleitlager
1 Festo-Zylinder 1; 2 Gestellsäule; 3 Kopfplatte; 4 Schwimmende Querlagerung; 5 Gehäuse; 6 Spannvorrichtung; 7 Grundplatte

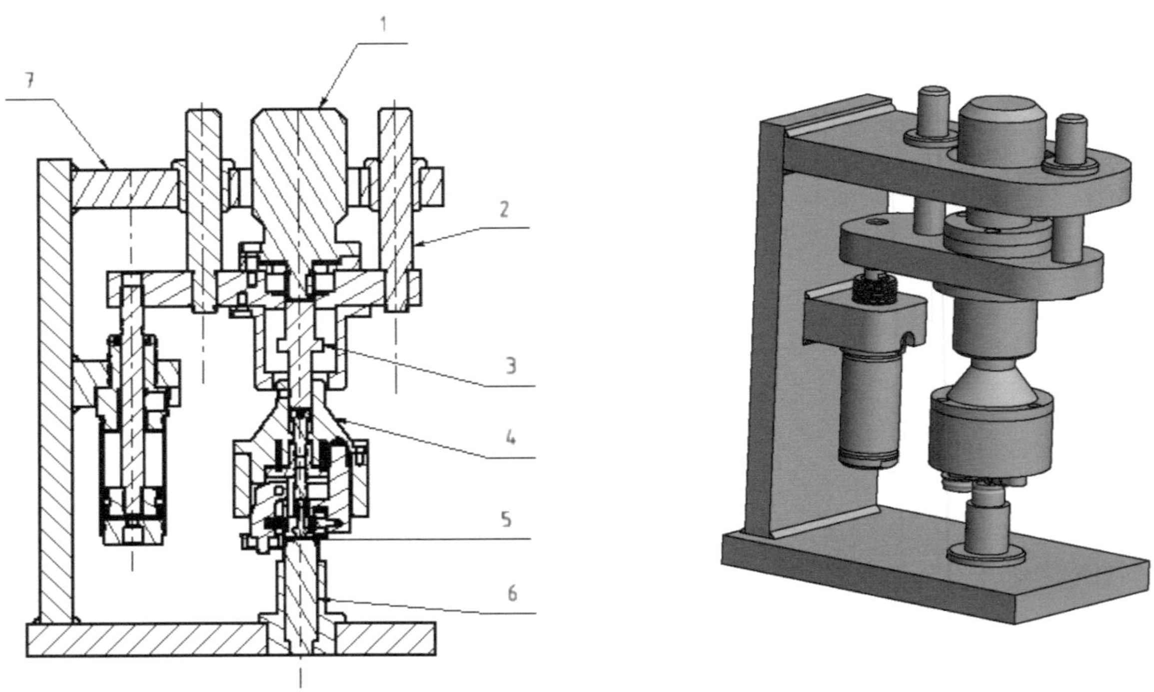

Bild 10-14 Bördelvorrichtung
1 Motor; 2 Gestellsäule; 3 Antriebswelle; 4 Formteil außen; 5 Formrolle; 6 Werkstück; 7 Gestell

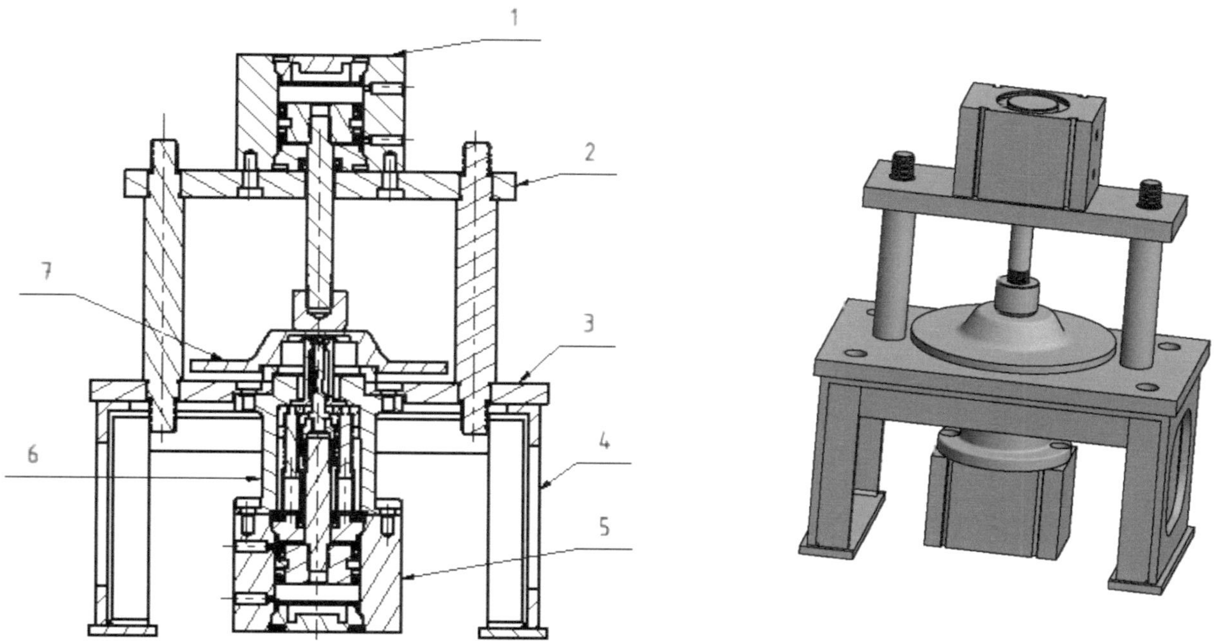

Bild 10-15 Demontagevorrichtung für zwei Werkstücke
1 Festo-Hubzylinder; 2 Kopfplatte; 3 Grundplatte; 4 Untergestell;
5 Festo-Hubzylinder; 6 Abzieher; 7 Werkstück

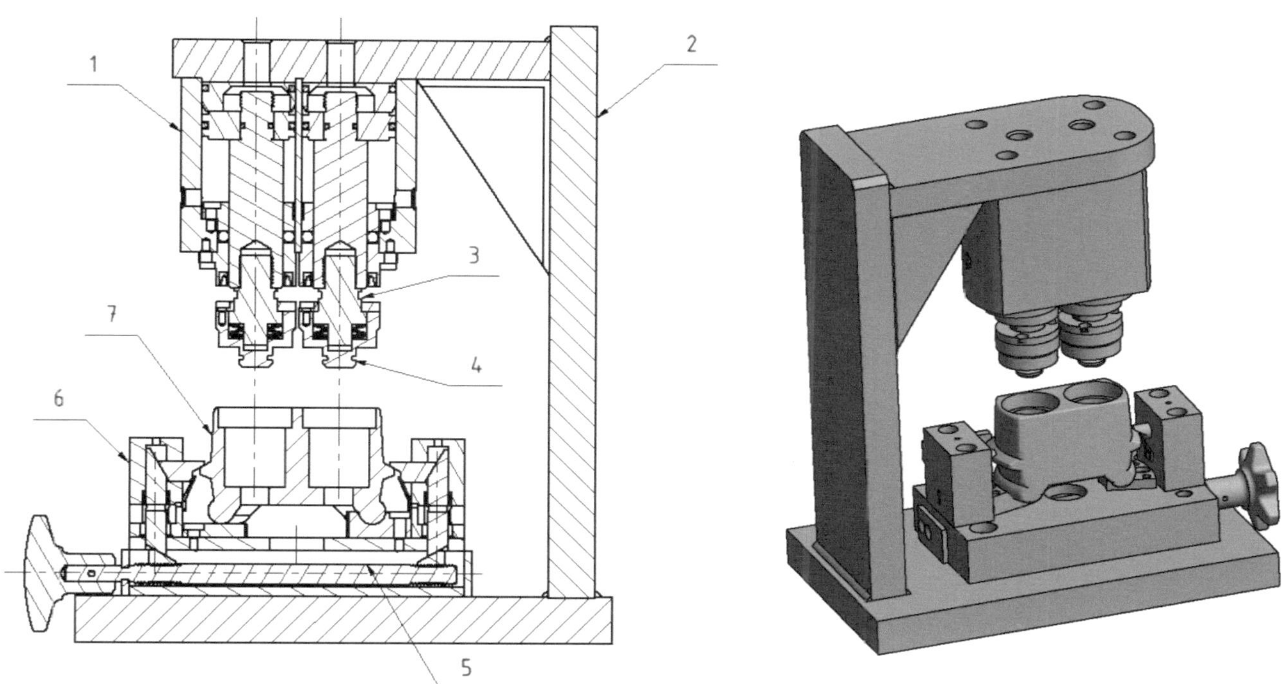

Bild 10-16 Einpressvorrichtung für kleine Achsenabstände
1 Doppelzylinder; 2 Gestell; 3 Einstoßer; 4 Aufnahme Kugellager;
5 Spannschraube; 6 Spannvorrichtung; 7 Werkstück

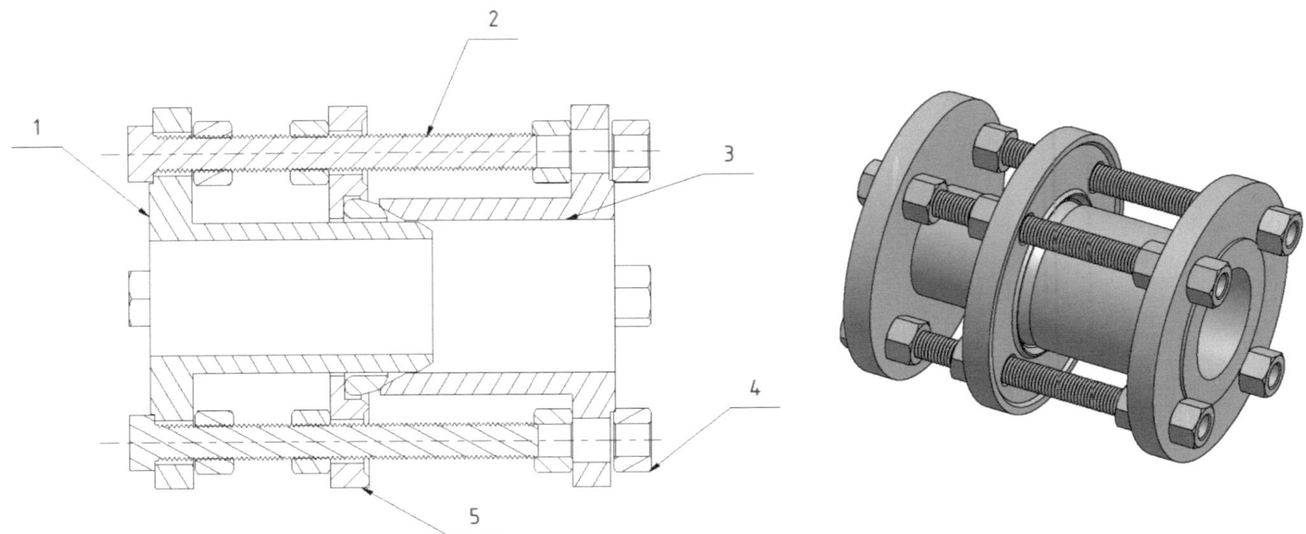

Bild 10-17 Demontagevorrichtung
1 Flansch; 2 Schraubenspindel; 3 Flansch; 4 Sechskantmutter; 5 Zwischenplatte

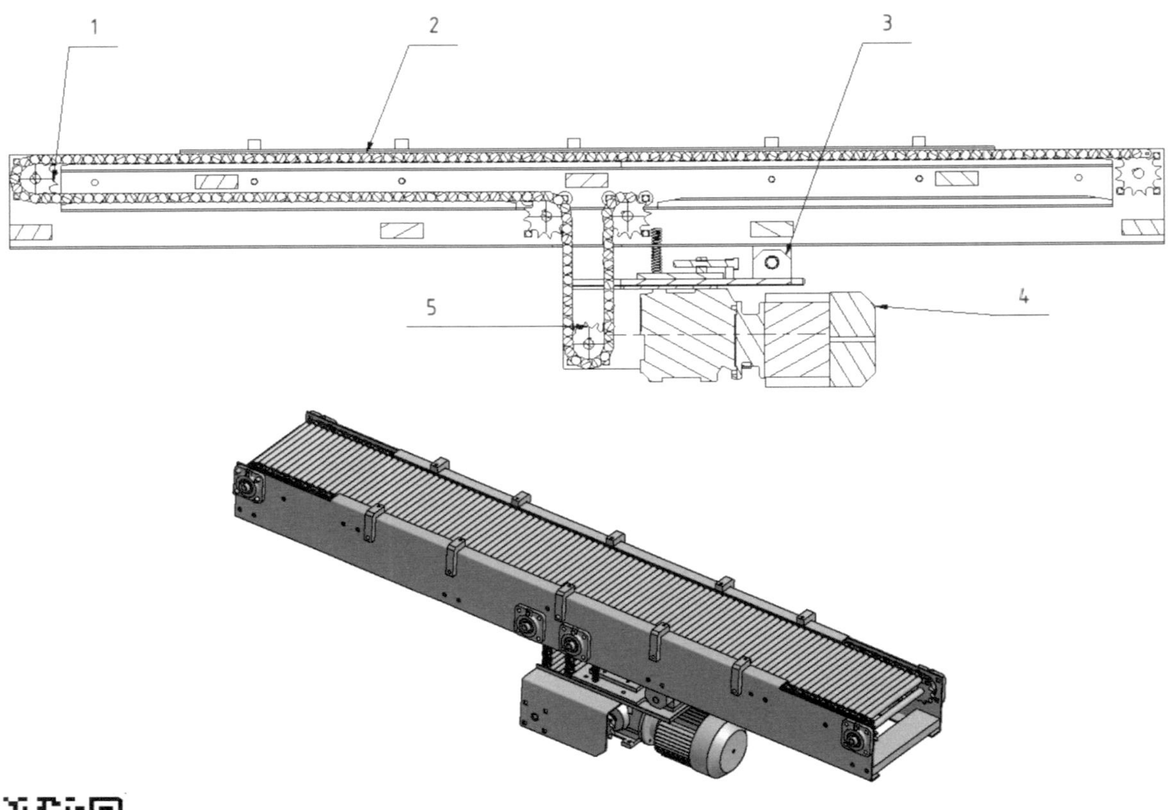

Bild 10-18 Bandrollentransport
1 Kettenumlenkrolle; 2 Transportrollen; 3 Motorbefestigung; 4 Antriebsmotor; 5 Umlenkrolle

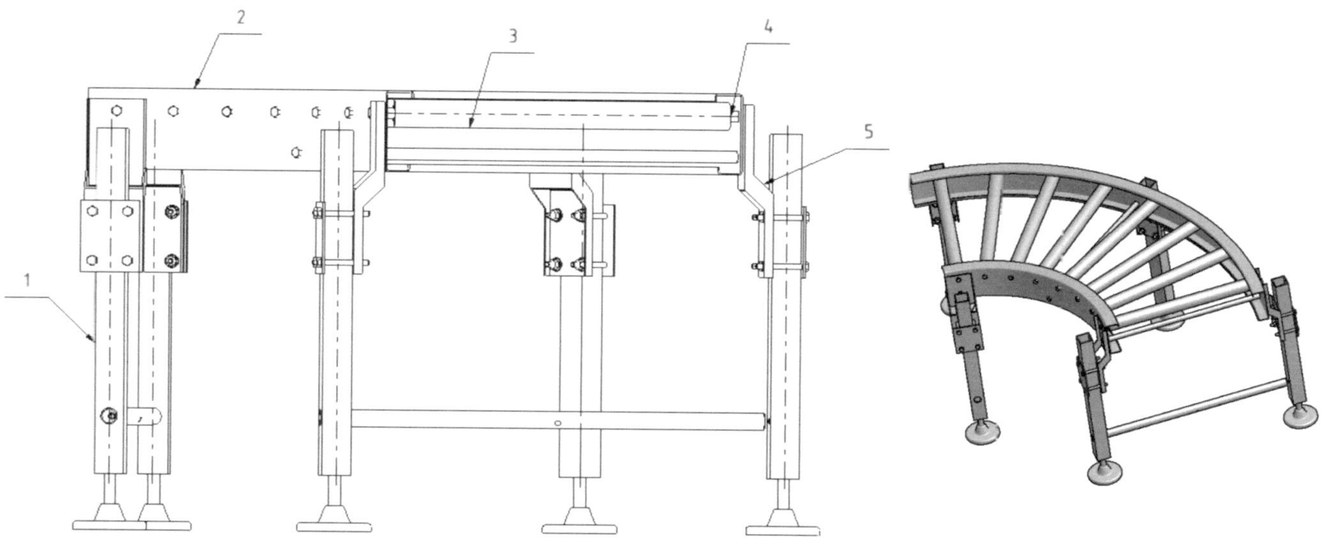

Bild 10-19 Transportrollen-Einheit
1 Stellfuß; 2 Innere Rollenlagerung; 3 Transportrolle; 4 Lagerung Transportrolle; 5 Äußere Rollenlagerung

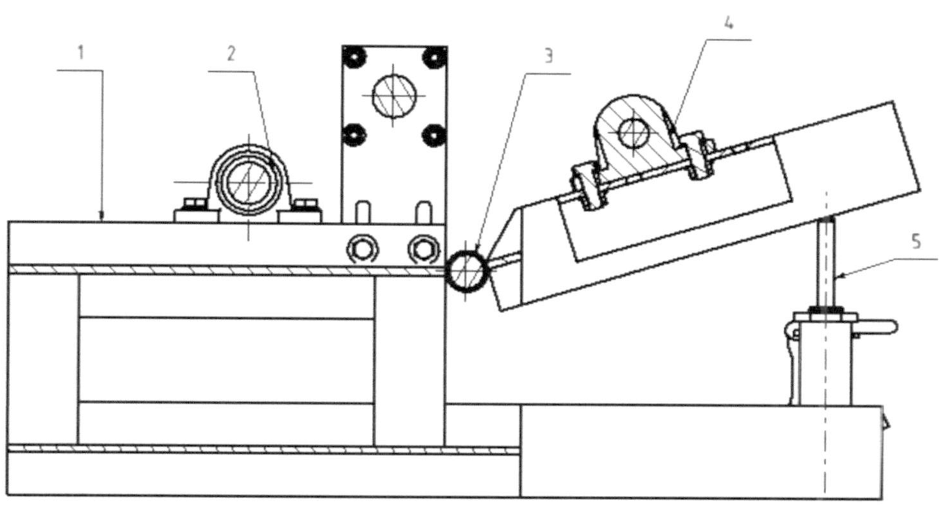

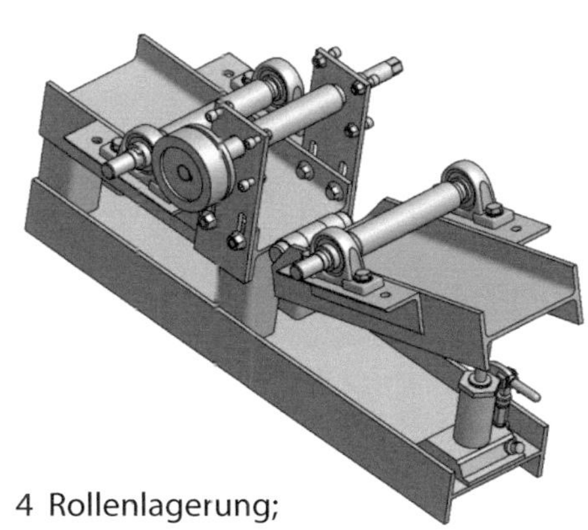

Bild 10-20 Einstellbare Zuführeinheit
1 Linke Werkstückführung; 2 Rollenlagerung; 3 Lager; 4 Rollenlagerung; 5 Einstellzylinder

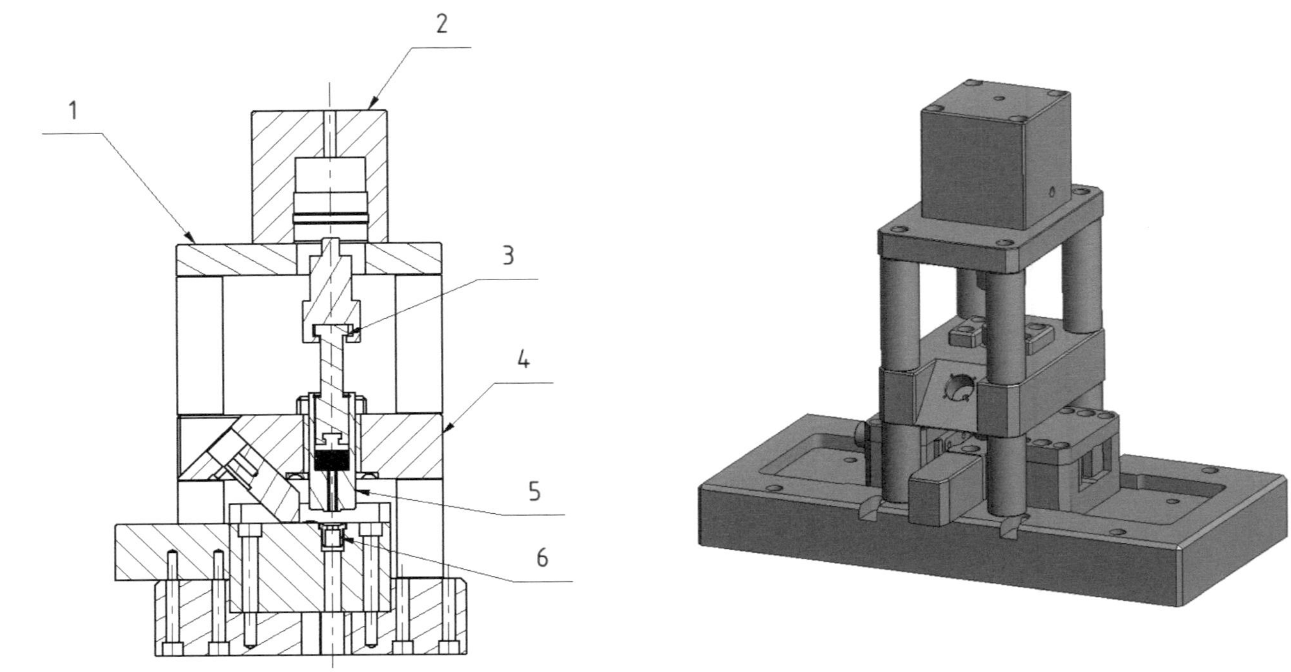

Bild 10-21 Einpress-Verstemm-Vorrichtung
1 Kopfplatte; 2 Pneumatikzylinder; 3 Stempel; 4 Zwischenplatte; 5 Werkstückaufnahme; 6 Einpressteil

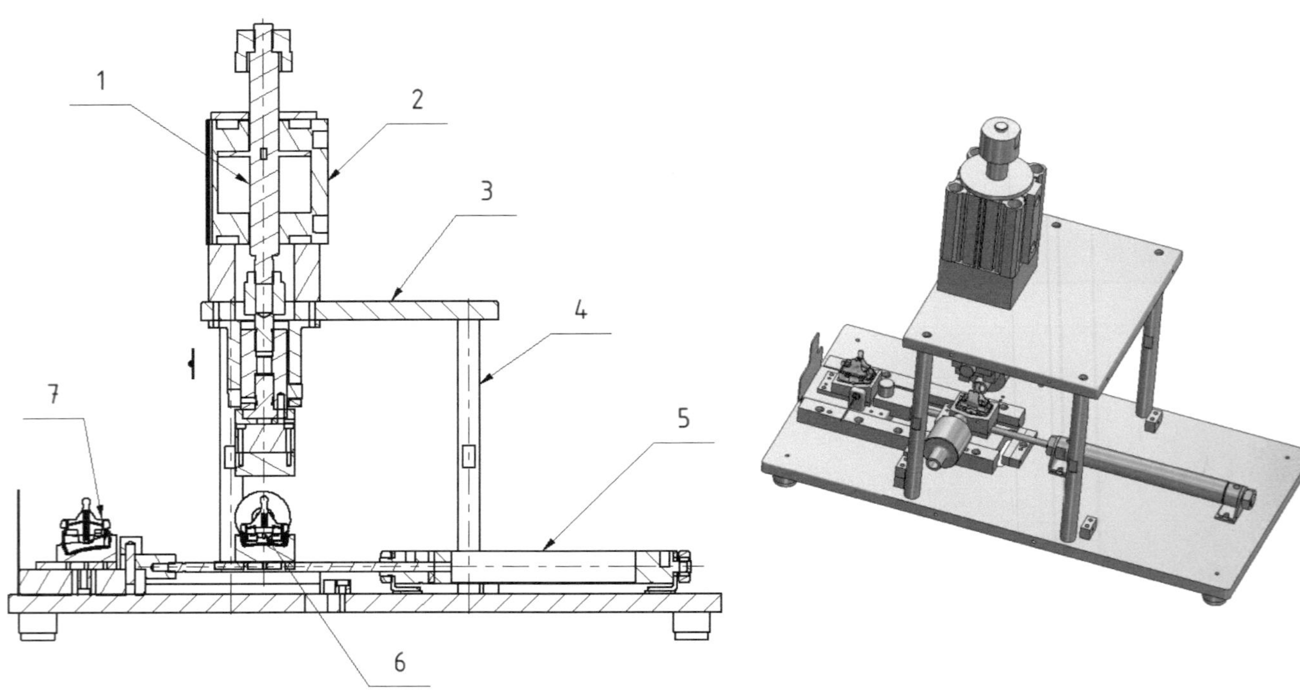

Bild 10-22 Einpress-Verstemm-Vorrichtung
1 Zylinderwelle; 2 Pneumatikzylinder; 3 Befestigungsplatte; 4 Distanzwellen; 5 Pneumatikzylinder; 6 Werkstück unbearbeitet; 7 Werkstück bearbeitet

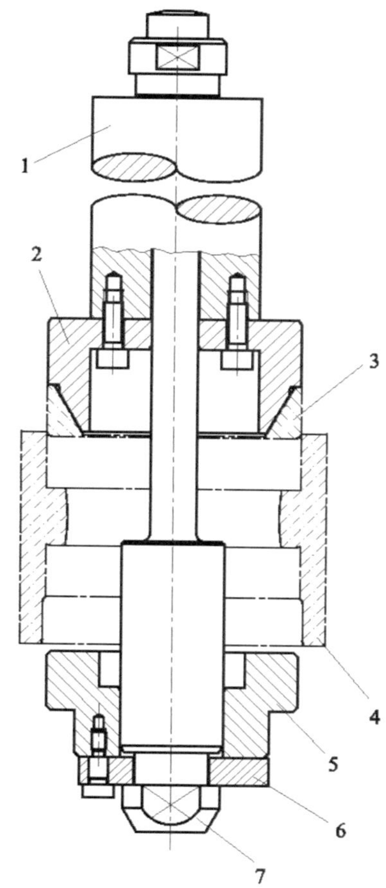

Bild 10-50 Handbetätigte Montagevorrichtung
1 Hydraulischer Einpresszylinder; 2 Aufnahmering; 3 Kegelrollenlager Außenring; 4 Montageteil; 5 Gegenhalter; 6 Schwenkscheibe; 7 Hubstange

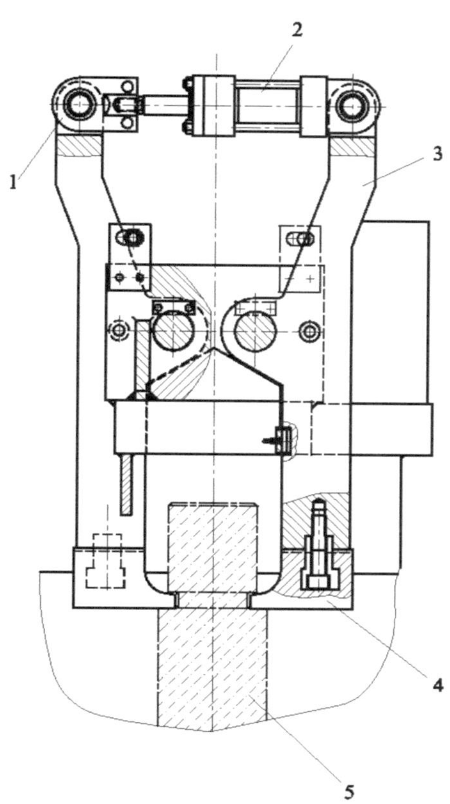

Bild 10-51 Hydraulische Greifeinheit
1 Gelenkflansch; 2 Hydraulikzylinder; 3 Schwenkhebel; 4 Greiferbacke; 5 Montageteil

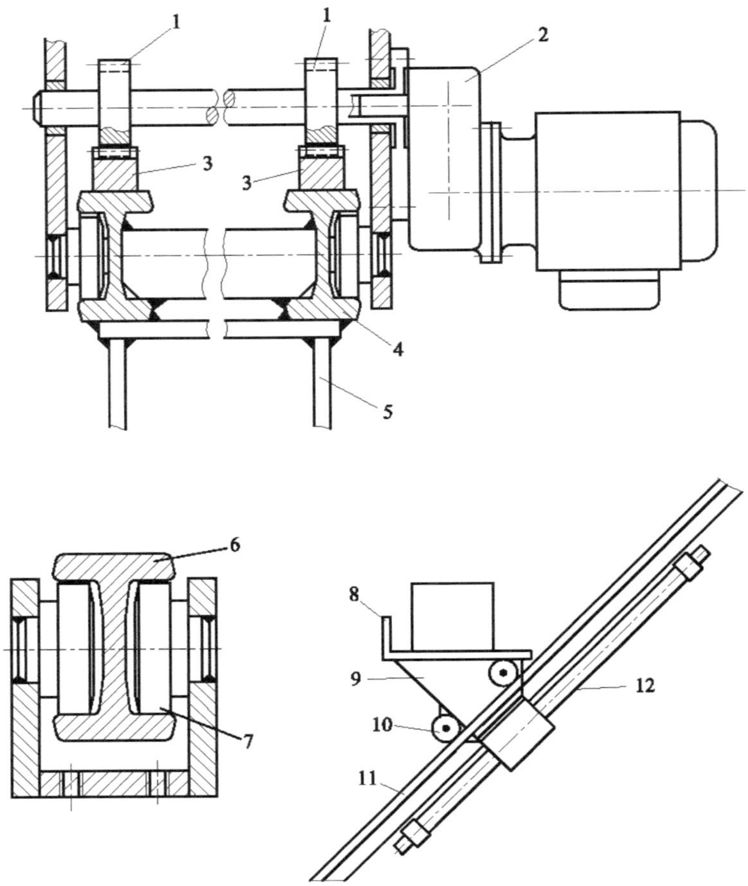

Bild 10-52 Schrägaufzug
1 Zahnrad; 2 Getriebemotor; 3 Zahnstange; 4 Laufschiene für Zahnstange; 5 Gestell; 6 Laufschiene; 7 Führung der Laufschiene; 8 Ladeplattform; 9 Laufwagen, 10 Laufrolle; 11 Führung; 12 Arbeitszylinder

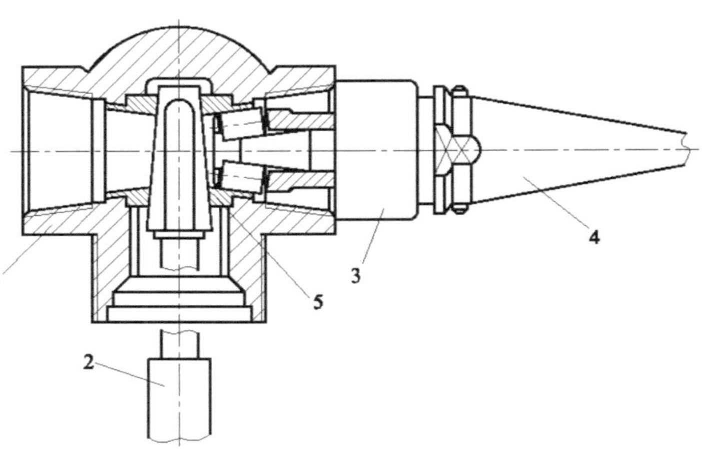

Bild 10-53 Montagevorbereitung Glattwalzwerkzeug
1 Werkstück; 2 Aufnahmedorn; 3 Glattwalzwerkzeug; 4 Einspannkegel; 5 Lagerring

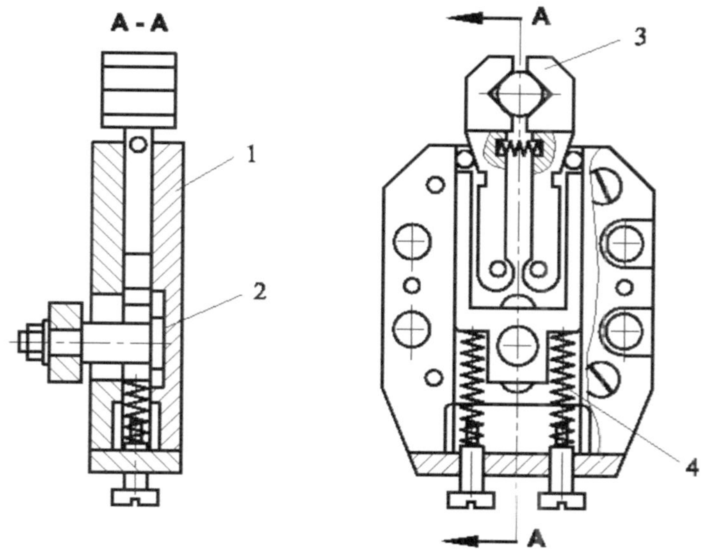

Bild 10-54 Greifzange für Montage
1 Zangengehäuse; 2 Bolzen; 3 Spannbacke; 4 Druckfeder

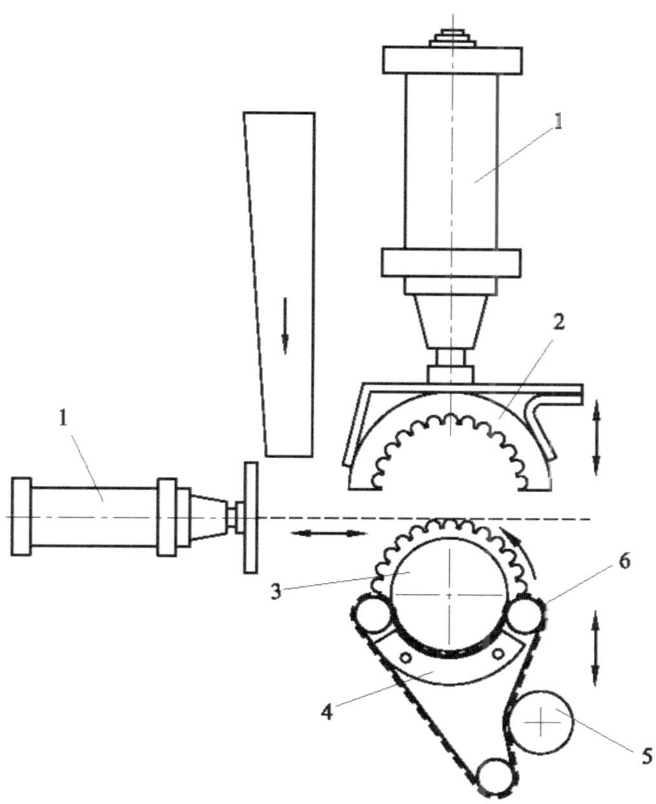

Bild 10-55 Positioniereinrichtung für Montage
1 Arbeitszylinder; 2 Basisteil; 3 Fügeteil; 4 Dreheinrichtung; 5 Zahnriemen

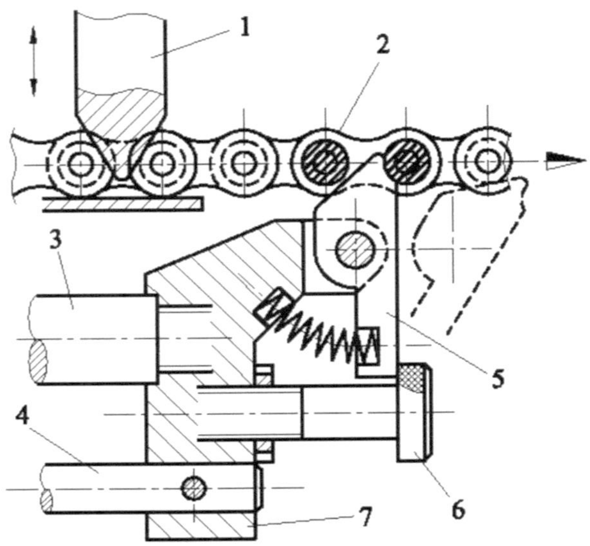

Bild 10-56 Vorschub und Fixierung von Kettentransportbändern
1 Fixierbolzen; 2 Kettentransportband; 3 Führung der Vorschubeinheit; 4 Vorschubstange; 5 Klinke; 6 Einstellung der Klinke; 7 Vorschubkopf

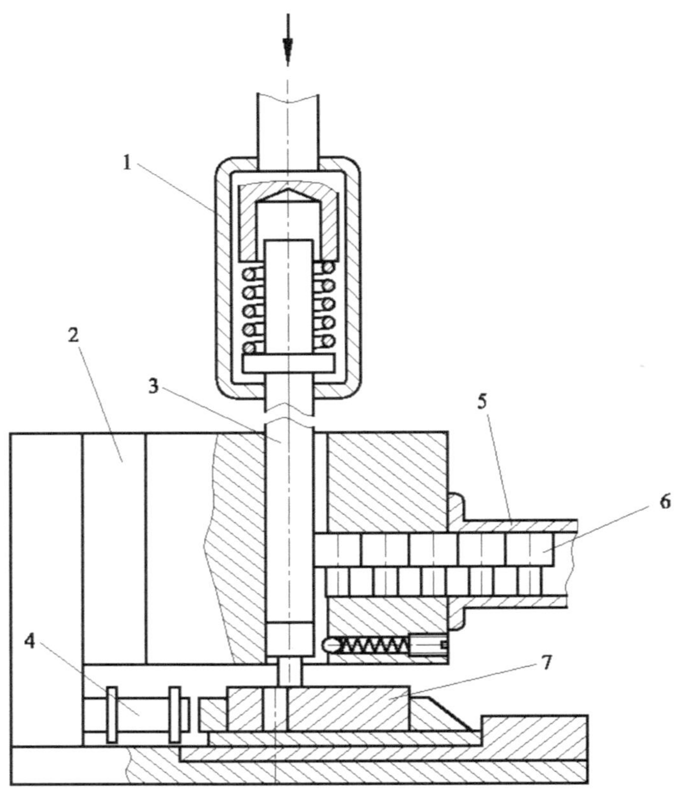

Bild 10-57 Automatische Montage von Bolzen
1 Einpressstempelhalter; 2 Einpressstempelführung; 3 Einpressstempel; 4 Arbeitszylinder; 5 Magazin für Fügeteil; 6 Fügeteil; 7 Basisteil

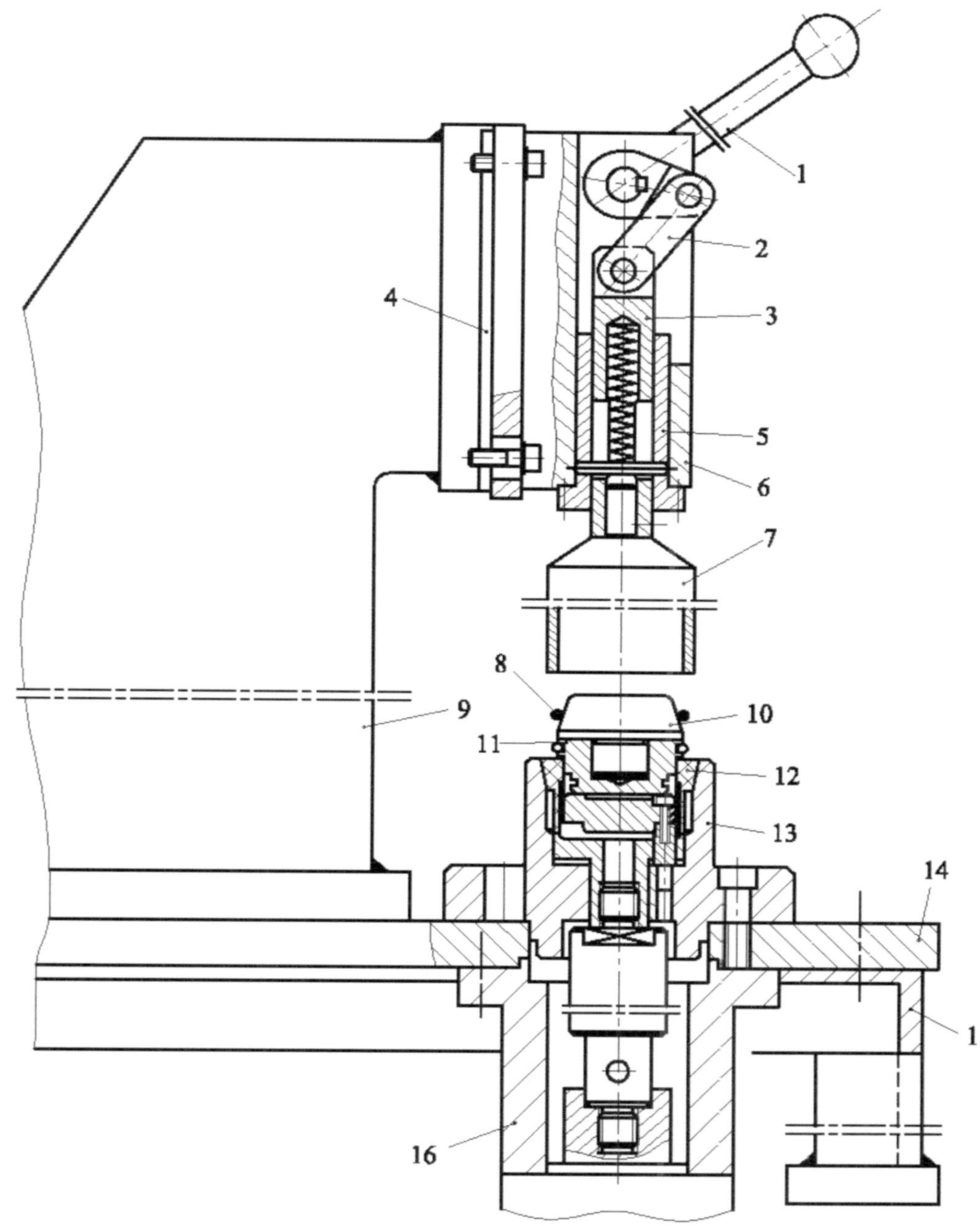

Bild 10-58 Montagevorrichtung für O-Ring
1 Handhebel; 2 Kniehebelmechanik; 3 Werkzeugaufnahme; 4 Passfeder; 5 Führungsbuchse; 6 Stößelführung; 7 Montagehülse; 8 O-Ring; 9 C-Gestell, Ständer; 10 Aufnahmekegel; 11 Werkstück; 12 Spannzange; 13 Spannzangenaufnahme; 14 Tischplatte; 15 Unterbau; 16 Pneumatikzylinder

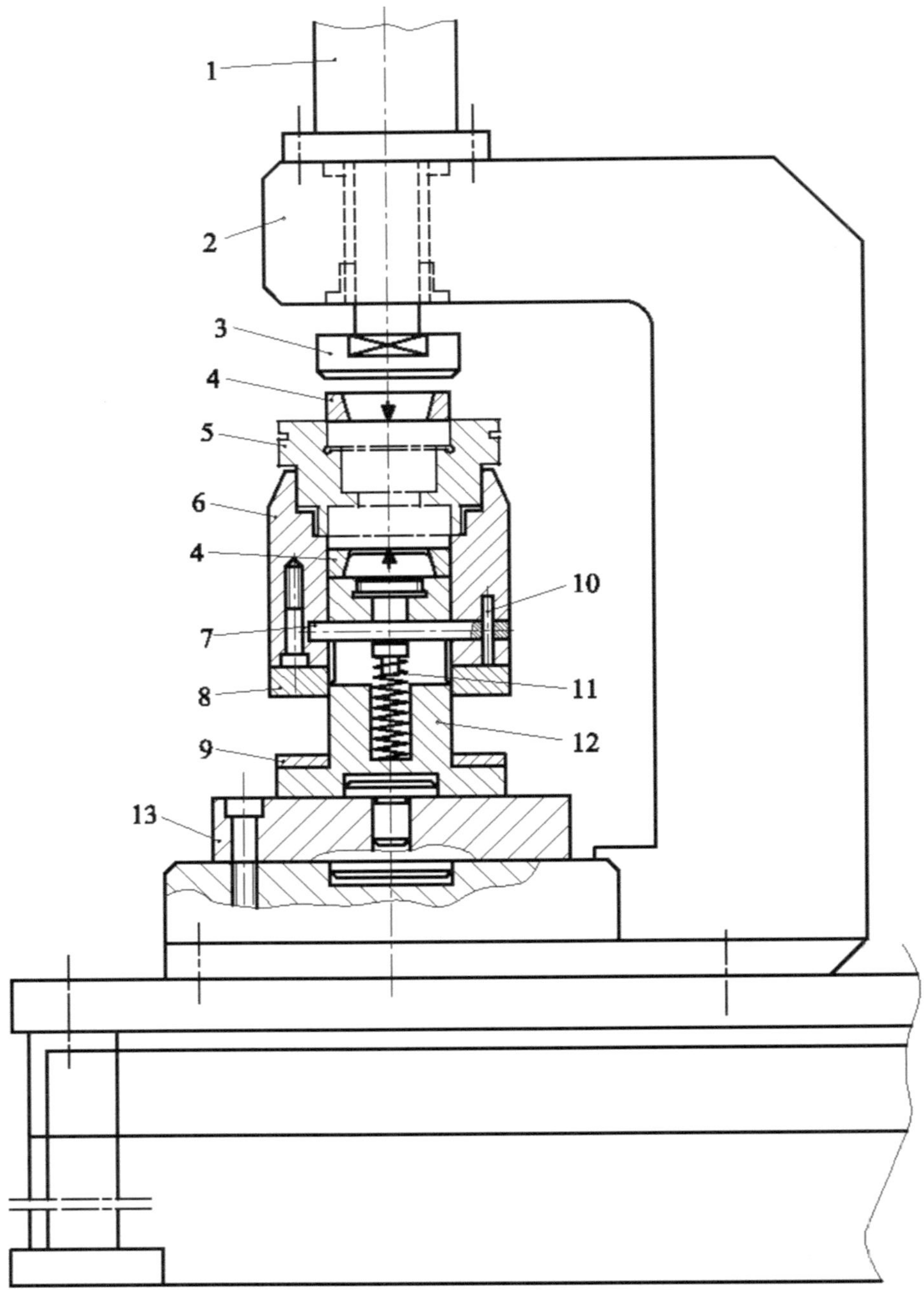

Bild 10-59 Montage für zwei Außenlagerringe
1 Arbeitszylinder; 2 Gestellständer; 3 Einpressflansch; 4 Außenlagerring; 5 Werkstück; 6 Werkstückaufnahme; 7 Stift-Gegenhalter; 8 Flansch; 9 Anschlag; 10 Fixierstift; 11 Feder; 12 Zentrierung der Werkstückaufnahme; 13 Grundteller

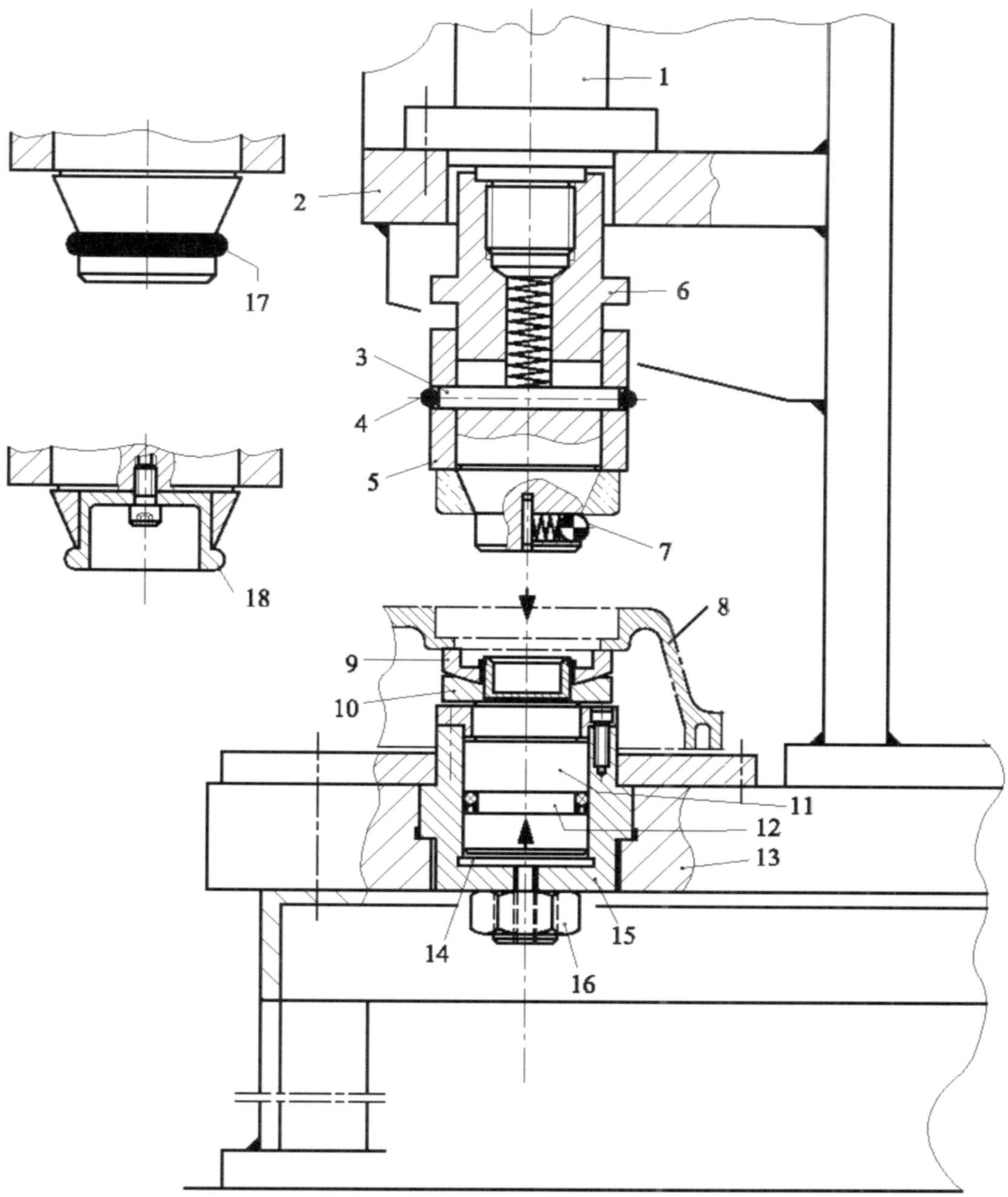

Bild 10-60 Montagevorrichtung mit hydraulischer Unterstützung
1 Arbeitszylinder; 2 Gestellständer; 3 Stift; 4 Sicherung für Stift; 5 Einpressstempel; 6 Stempelhalter; 7 Sperrkugel; 8 Werkstück; 9 Pendelausgleich; 10 Kalottenscheibe; 11 Kolben für Ausgleich; 12 Dichtring; 13 Zylinderaufnahme; 14 Ölraum; 15 Zylinder; 16 Ölanschluss; 17 O-Ring; 18 Spreizhülse

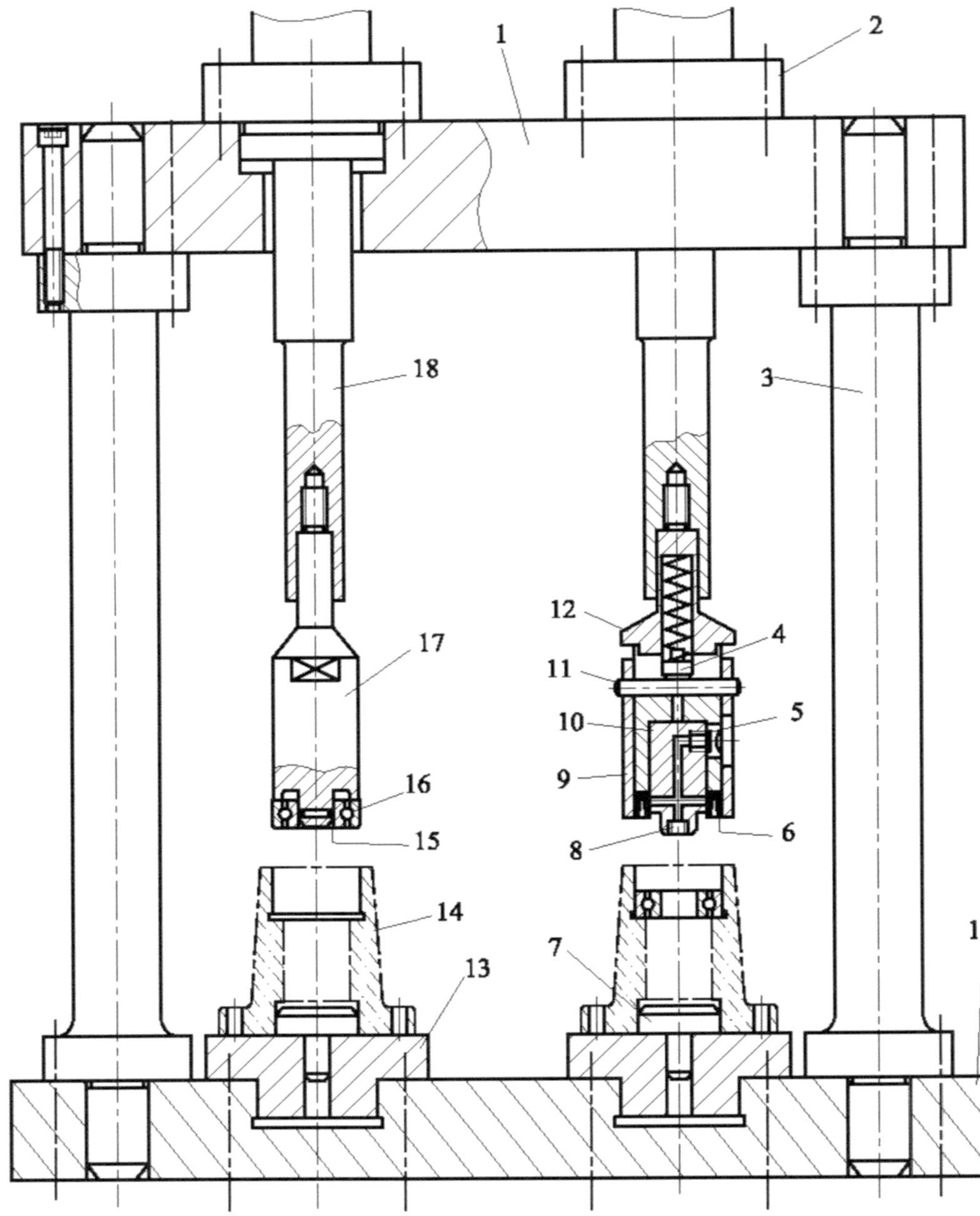

Bild 10-61 Montagevorrichtung für Lagerbauteile
1 Jochplatte; 2 Hydraulikzylinder; 3 Säule; 4 Druckzapfen; 5 Anschluss für Druckluft zum Festhalten des Fügeteils; 6 Fügeteil; 7 Bestimmungszapfen; 8 Verschlussschraube; 9 Hülse; 10 Inneres Zentrierstück; 11 Zylinderstift; 12 Druckzapfen; 13 Werkstückauflage; 14 Montageteil; 15 O-Ring; 16 Fügeteil; 17 Fügeteilaufnahme; 18 Pressstößel; 19 Grundplatte

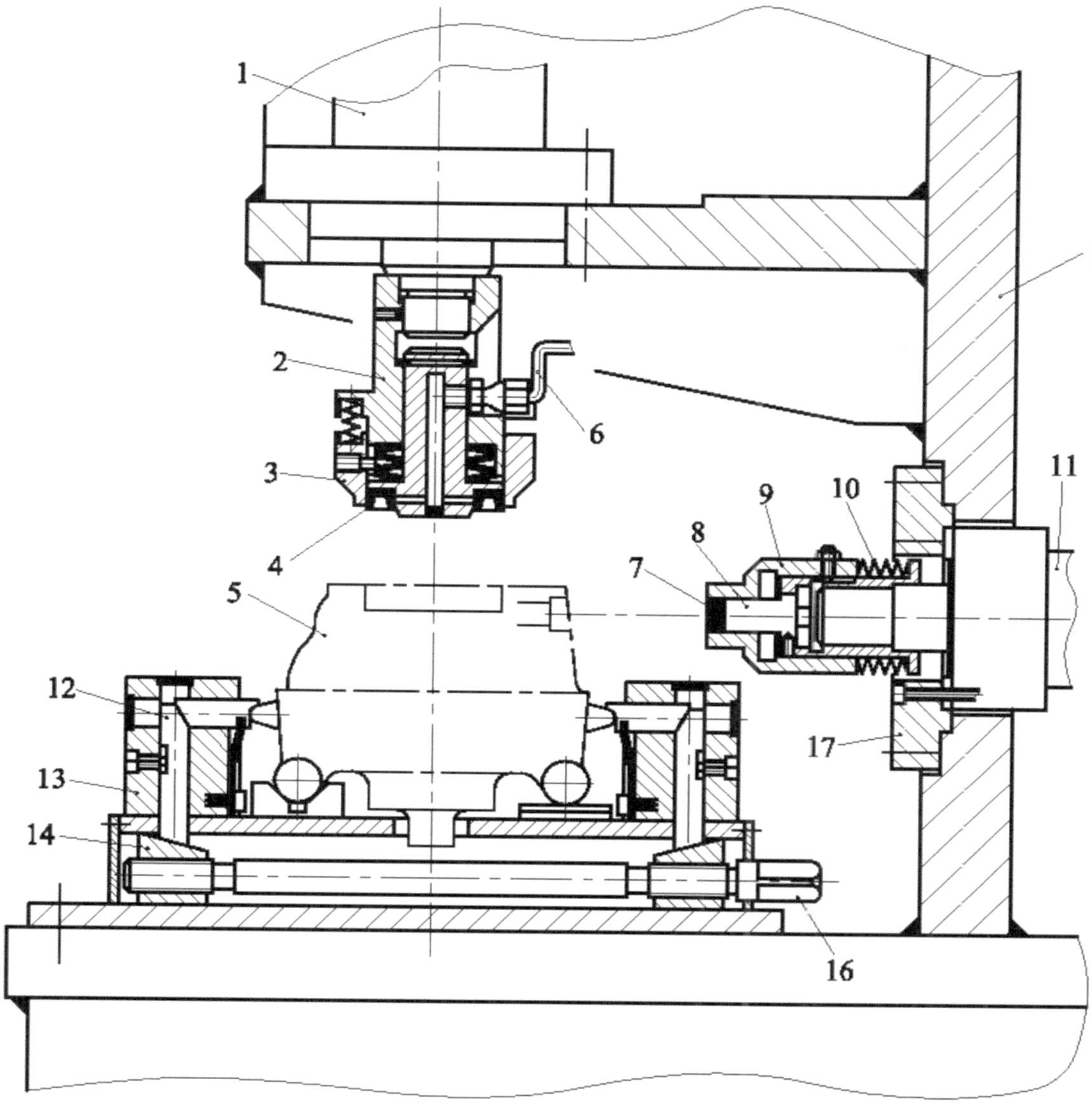

Bild 10-62 Montagevorrichtung für Dichtring und Stopfen
1 Arbeitszylinder; 2 Fügekopf; 3 Aufnahmering; 4 Wellendichtring; 5 Werkstück; 6 Luftanschluss; 7 Fügeteil; 8 Presstempel; 9 Führungsbuchse; 10 Tellerfedersatz; 11 Arbeitszylinder; 12 Keilschieber; 13 Schieberführung; 14 Keilmutter; 15 Gestell; 16 Spannspindel; 17 Befestigungsflansch

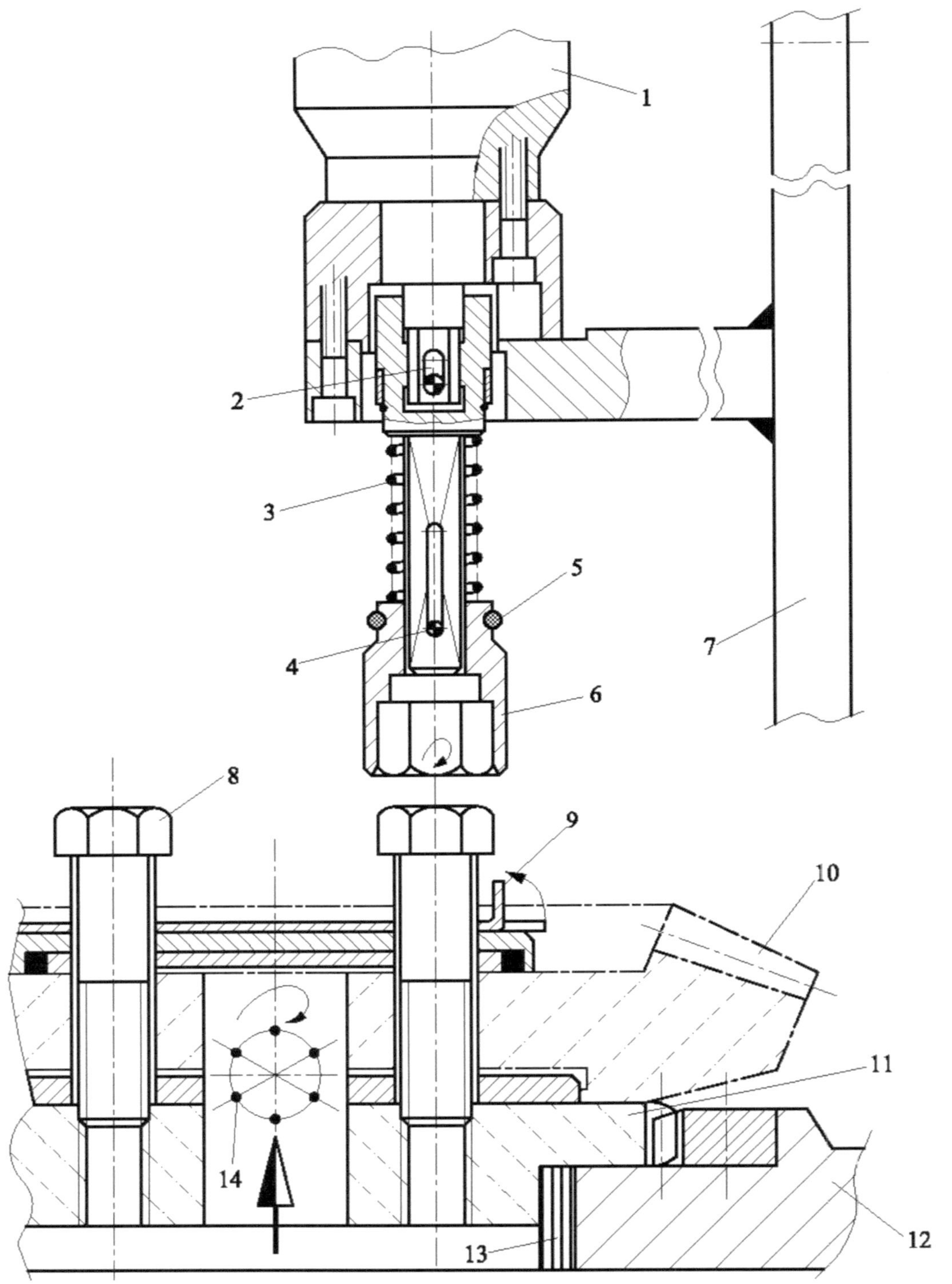

Bild 10-63 Schraubenanzieheinrichtung
1 Getriebemotor; 2 Verbindung; 3 Druckfeder; 4 Stift; 5 Federring; 6 Schraubennuss; 7 Vorschubeinheit; 8 Einschraubteil; 9 Sicherungsblech; 10 Fügeteil; 11 Basisteil; 12 Rundtakteinrichtung; 13 Kunststoffeinsatz; 14 Bohrbild

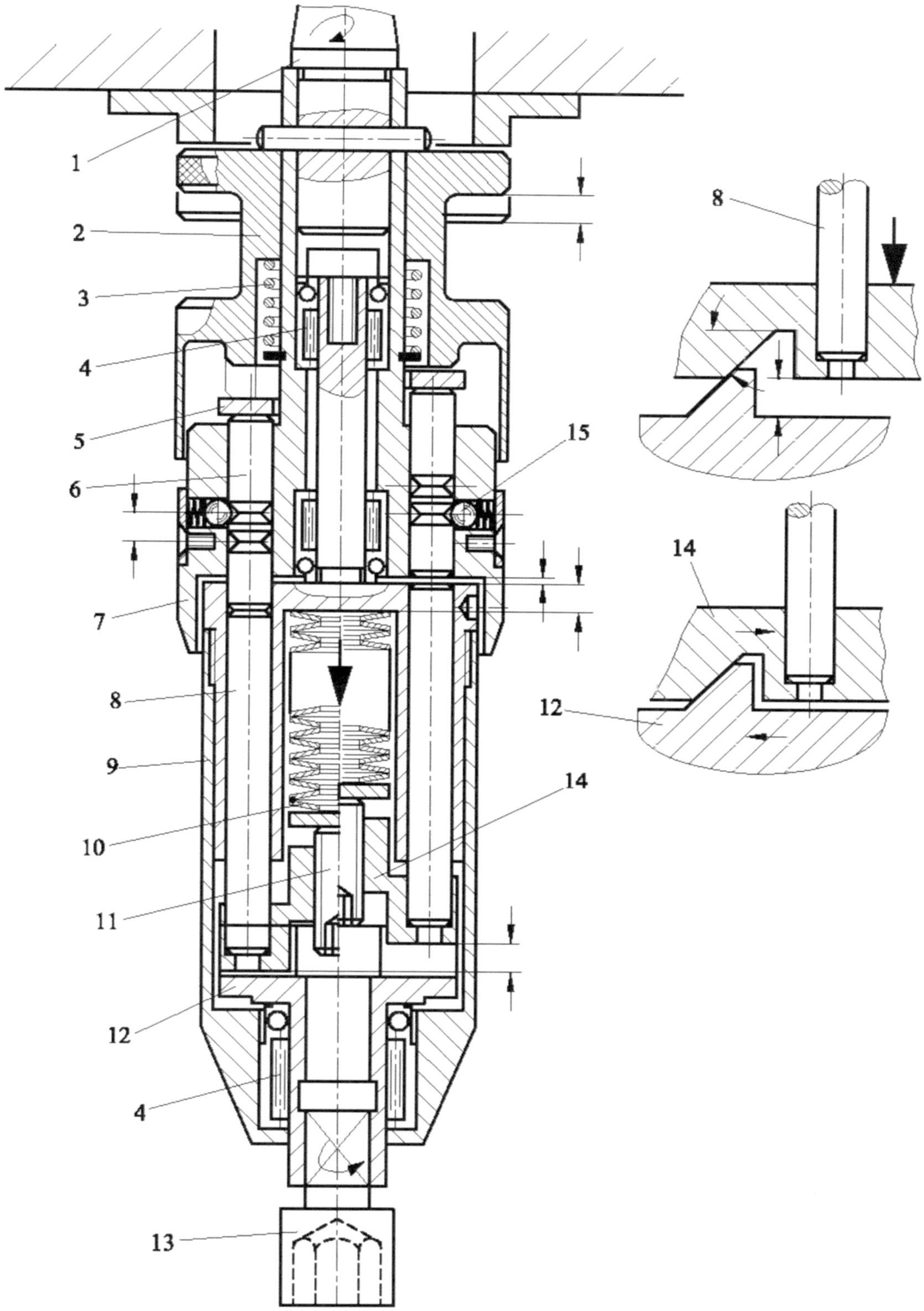

Bild 10-64 Schraubenanzieheinrichtung
1 Antriebsspindel: 2 Aufnahmekopf; 3 Druckfeder; 4 Wälzlager; 5 Druckscheibe; 6 Mitnehmerstößel; 7 Führung; 8 Hubstößel; 9 Gehäuse; 10 Tellerfederpaket; 11 Momenteneinstellschraube; 12 Zahnscheibenkörper; 13 Schraubennuss; 14 Mitnehmerscheibe; 15 Rastkugel

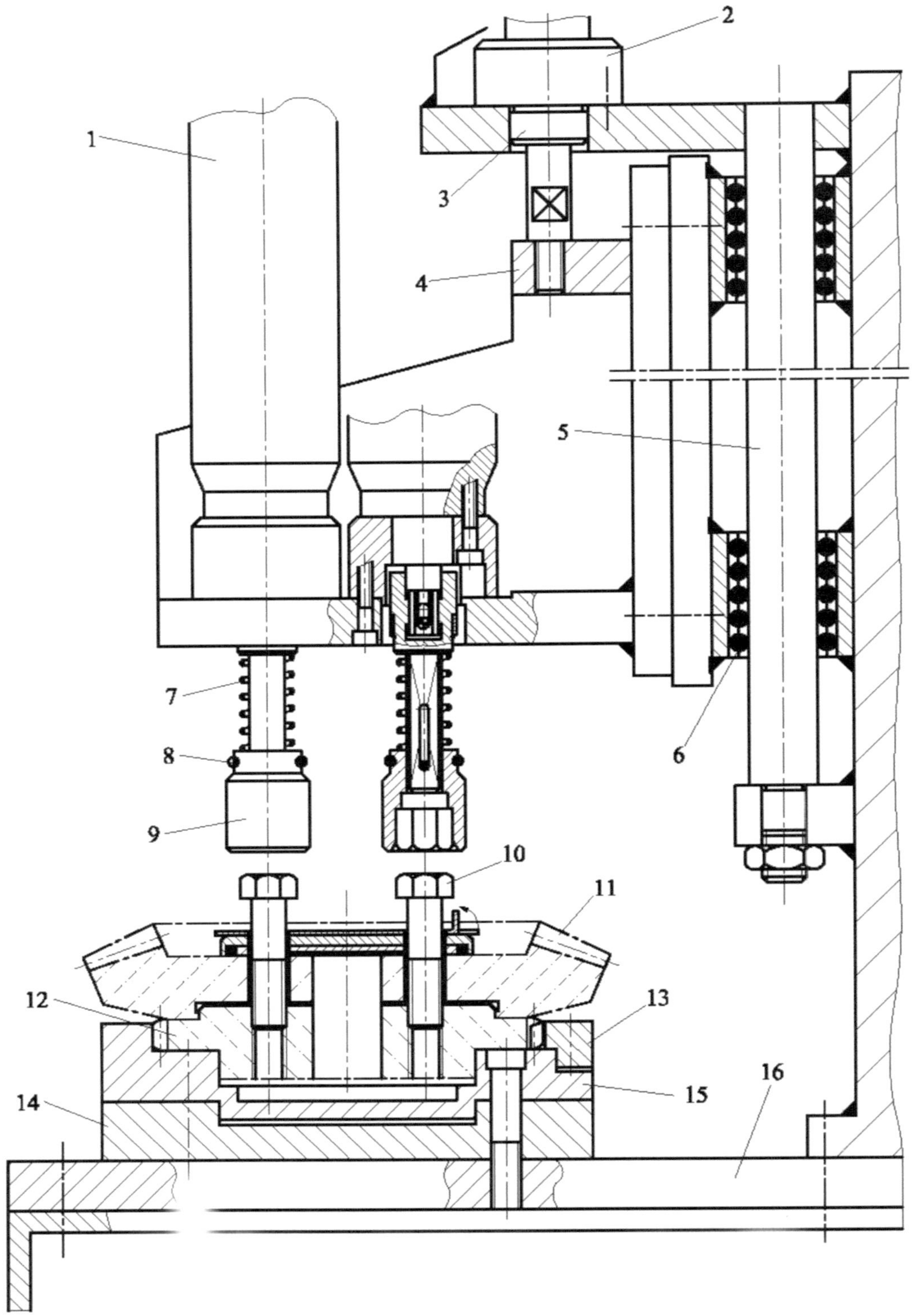

Bild 10-65 Mehrfachschraubvorrichtung
1 Schrauber; 2 Arbeitszylinder; 3 Überlastkupplung; 4 Anschlussflansch; 5 Schlittenführung; 6 Kugelbuchse; 7 Druckfeder; 8 Sicherungsring; 9 Schlüsselkopf; 10 Sechskantschraube; 11 Tellerrad; 12 Stirnrad; 13 Fixierstück; 14 Aufnahme; 15 Grundplatte; 16 Vorrichtungsgestell

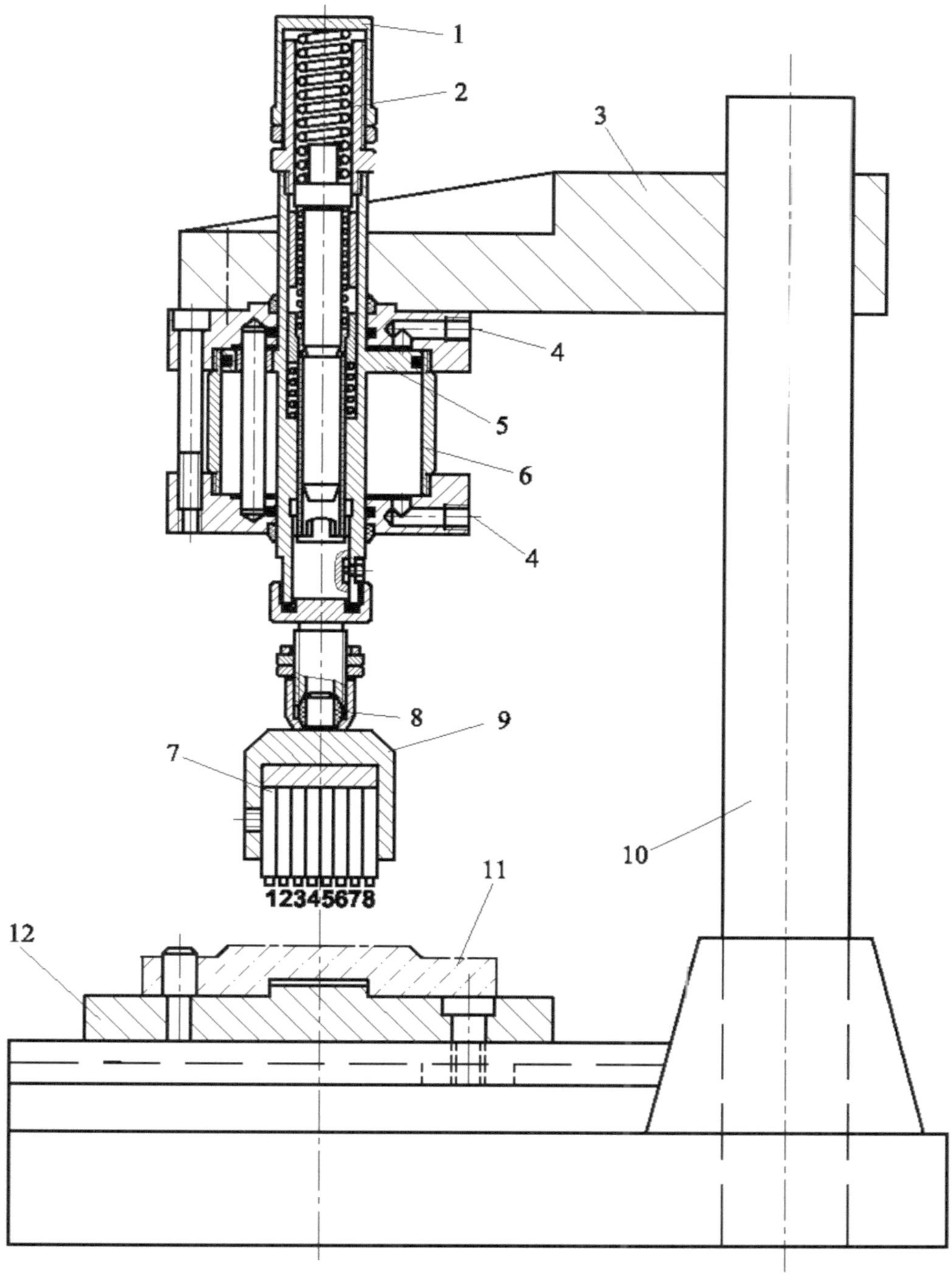

Bild 10-66 Beschriftungsvorrichtung
1 Abschlussdeckel; 2 Druckfeder; 3 Flansch; 4 Pneumatikanschluss; 5 Kolben; 6 Zylinder; 7 Buchstabenstempel; 8 Pendel; 9 Stempelaufnahme; 10 Vorrichtungsgestell; 11 Werkstück; 12 Werkstückaufnahme

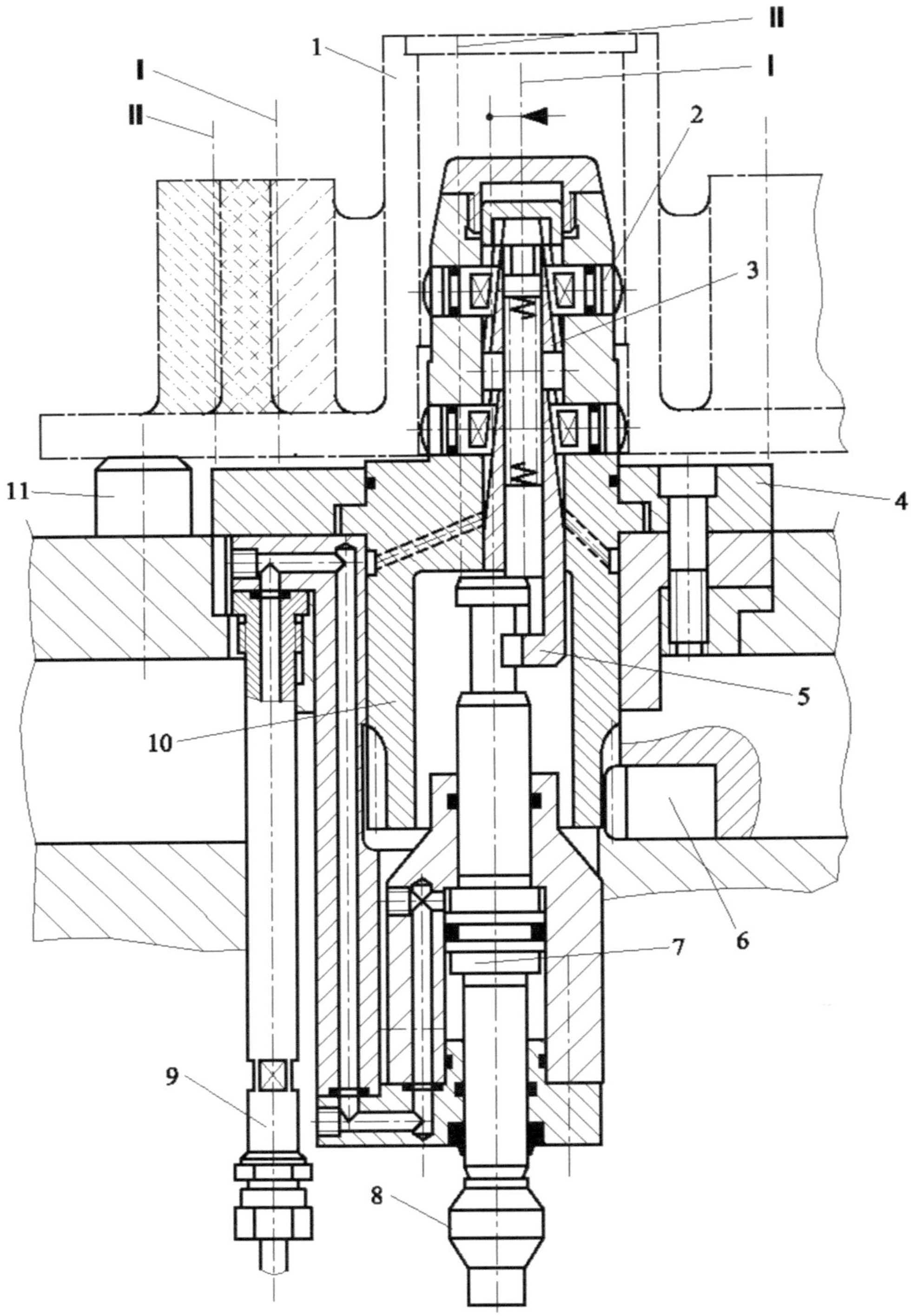

Bild 10-67 Spanndorn zur Aufnahme von zwei Montageteilen
1 Montageteil; 2 Spannbolzen; 3 Spannkeil; 4 Rundführung für Spanndorn; 5 Rückholkralle; 6 Zahnstange; 7 Kolben; 8 Nocken für Positionsabfrage; 9 Fluidzuführung; 10 Verzahnung zur Achsenverstellung der Spannposition; 11 Auflage für Montageteil

Getriebetechnik

11

3D-Zeichnungen und 28 Anwendungsbeispiele
2D-Zeichnungen und 26 Anwendungsbeispiele

3D-Konstruktionen im Überblick (Seiten 232–245)

2D-Konstruktionen im Überblick (Seiten 246–262)

Ein **Getriebe** ist ein komplexes Maschinenelement, mit dem die Bewegungsgrößen Weg, Geschwindigkeit und Beschleunigung geändert werden kann. Mitunter spielt die Änderung einer Kraft oder eines Drehmomentes die entscheidende Rolle. Die zu ändernde Bewegung ist oft eine Drehbewegung.

Beim aus dem Automobil bekannten Schalt-Getriebe oder beim Räderwerk einer Uhr handelt es sich vorwiegend um Zahnrad-Getriebe, die nur eine von mehreren Getriebearten sind.

Getriebearten

Getriebe mit ausschließlich festen Bauteilen (also Festkörpern) werden Mechanische Getriebe genannt. Bei Beteiligung von Flüssigkeiten (oder Gasen) handelt es sich um Strömungsgetriebe oder hydraulische Getriebe. Eine weitere Gruppe bilden Getriebe mit elektrotechnischen Bauteilen.

Mechanischen Getriebe lassen sich wie folgt einteilen:

- Zahnradgetriebe
- Reibradgetriebe
- Winkelgetriebe

- Zugmittelgetriebe
- Schraubgetriebe
- Koppelgetriebe
- Kurvengetriebe und Wälzkurven-Getriebe

Getriebe mit gleichmäßiger Übersetzung (für Drehbewegung)

Der Einsatz dieser Form von Getrieben erfolgt hauptsächlich

- zur Wandlung der Drehzahl
- zur Wandlung des Drehmoments
- zur Wandlung des Massenträgheitsmoments

Das Getriebe wird meist zwischen dem Antriebsaggregat (Motor) und dem zu treibenden Maschinenteil mittels Kupplungen eingebunden. Getriebe werden nach verschiedenen Kriterien unterteilt:

Nach Bauart

- Feste Getriebe – Drehzahlverhältnis und Drehmomentwandlung sind nicht veränderbar
- Verstellgetriebe können in gestufte und stufenlose Getriebe unterteilt werden.
- Schaltgetriebe: Drehzahl und Drehmoment können abgestuft geschaltet werden. Die Funktion kann auch in einer Drehrichtungsumkehr in Form eines Rückwärtsganges liegen (Verwendung in Kraftfahrzeugen).
- Zugmittelgetriebe, siehe Continuously variable transmission (CVT)
- Kettengetriebe
- Schubkettengetriebe mit Schubgliederband
- Reibgetriebe
- Wälzkörpergetriebe
- Riemengetriebe (Flachriemen, Keilriemen)
- Automatische Getriebe
- Leistungsteilungsgetriebe, beispielsweise Differentialgetriebe

Formschlüssige Getriebe

Getriebe mit Zahnrädern

- Stirnradgetriebe: Eingangs- und Ausgangswelle sind parallel.
- Planetengetriebe: An- und Abtriebswelle sind koaxial. Um das Innenrad kreisen Planetenräder, die ihrerseits wieder in ein Außenrad eingreifen. Sonderform der Stirnradgetriebe (z. B. in der Nabenschaltung von Fahrrädern).
- Kegelradgetriebe: An- und Abtriebswelle sind nicht parallel (meist 90°) angeordnet. Die äußere Form der Zahnräder (Hüllkurve) entspricht Kegeln, deren Mittelachsen sich schneiden.
- Kronenradgetriebe: Verwendung und Bauform wie Kegelradgetriebe; allerdings ist das Ritzel als Stirnrad ausgeführt, und das Gegenrad hat die Form einer Krone mit der Verzahnung an der Radseite. Daher nennt man es Kronenrad.
- Schraubenradgetriebe: Wellen kreuzen sich. Die Wellenachsen sind windschief, haben also keinen Schnittpunkt.
- Ausgleichsgetriebe (auch Differentialgetriebe): Spezialgetriebe, das vor allem im Kraftfahrzeugbau eingesetzt wird.
- Schieberadgetriebe: Bei Schieberadgetrieben werden die verschiedenen Übersetzungsstufen durch axiales Verschieben eines Räderblocks auf einer Getriebewelle hergestellt.

- Harmonic-Drive-Getriebe (auch Taumelradgetriebe): Es fällt unter die sogenannten Umlaufgetriebe. Beim Harmonic-Drive-Getriebe wird das Antriebselement durch einen elliptischen Kurvenkörper permanent verformt. Das Untersetzungsverhältnis von HD-Getrieben ist systembedingt hoch. Es wird unter anderem bei Robotern, Geräten und Maschinen, auch in Luft- und Raumfahrt eingesetzt, wenn dort eine Drehzahl stark reduziert oder ein Moment stark erhöht werden muss. Aus Aufbau und Wirkart ergibt sich eine nahezu spielfreie Verzahnung.

Kraftschlüssige Getriebe

Reibgetriebe

- Riemengetriebe (hierzu werden auch kraftschlüssige Kettengetriebe gezählt)
- Kegelringgetriebe: An- und Abtriebswelle sind in Form von Kegeln dargestellt, die über einen stufenlos verstellbaren Ring eine (nahezu) beliebige Übersetzung ermöglichen.
- Wälzkörpergetriebe (auch: Reibradgetriebe)
- Rollringgetriebe

Hydraulische Getriebe

Bei hydraulischen Getrieben (siehe Strömungsgetriebe) sind An- und Abtriebsseite nicht mechanisch miteinander verbunden (kraftschlüssiges Getriebe). Die Antriebsseite setzt eine Flüssigkeit im Inneren in Bewegung, die die Abtriebsseite antreibt. Es wird zwischen hydrostatischen und hydrodynamischen Getrieben unterschieden.

Pneumatische Getriebe

Pneumatische Getriebe sind nicht bekannt, jedoch werden Pneumatik-Motoren (linear oder drehend) häufig als Antrieb für Getriebe und Mechanismen verwendet.

Bekannt sind elektro-pneumatische Getriebe. Eine Steuerelektronik steuert über elektrisch schaltbare Ventile die Druckluft für Pneumatikzylinder an. Somit wird das Getriebe elektropneumatisch geschaltet.

Man könnte die Turbinenantriebe von Zahnarztbohrern als pneumatische Getriebe bezeichnen. Ein niedrig drehender Kompressor komprimiert Luft, die dann im Handstück eine hochdrehende winzige Turbinenwelle in Bewegung setzt.

Geschlossene Getriebegehäuse

Bei geschlossenen Getrieben kommt kein Sand bzw. Staub in das Getriebe, was wichtig für einen geringen Verschleiß ist. Die Schmierung erfolgt über Fett oder einen geschlossenen Ölkreislauf. Bei einfachen Getrieben reicht es zur Schmierung oftmals aus, wenn ein Zahnrad teilweise in ein Ölbad eintaucht und das beim Betrieb aufspritzende Öl die anderen Zahnräder mit schmiert. Das Gehäuse dient auch dem Lärmschutz und der Sicherheit. Beispiele: Kraftfahrzeuggetriebe, Differentialgetriebe

Kurvengetriebe

Als Kurvengetriebe werden Mechanismen bezeichnet, bei denen die Form einer bewegten Kurve von einem Abtaster abgegriffen und an andere Getriebeelemente (rotatorische oder translatorische) weitergeleitet wird. Die Abtastung erfolgt meist einseitig, das heißt, der Abtaster läuft auf der Kurve, an die er gedrückt wird.

Kurvenkörper können ihre Kurve durch Rotation oder Längsverschiebung auf den Abtaster übertragen. Oft werden Kurvenkörper eingesetzt, die nur als Kreissegment ausgebildet sind und zum Zweck der Abtastung darum hin und her schwingen, entsprechend der Hin- und Herbewegung ebener Kurvenkörper.

Kurvengetriebe werden sehr häufig in der Automation eingesetzt, um Schalter zu bedienen oder um komplizierte Bewegungsabläufe auszuführen. Am geläufigsten ist der Einsatz in Verbrennungsmotoren, wo Kurvengetriebe (Nockenwelle) das Öffnen und Schließen der Ventile steuern. Von dort ist auch das Problem des Abhebens des Abtasters bekannt (Ventilflattern). Die Synthese von Kurvengetrieben geht meistens einher mit der Synthese von Koppelgetrieben, die üblicherweise die abgetasteten Bewegungen weiterleiten und umformen. Es gibt spezielle Kurvenformen zur Optimierung des Abtastverhaltens:

- Geschwindigkeitsoptimal
- beschleunigungsoptimal
- kraftoptimal
- geräuschminimierend

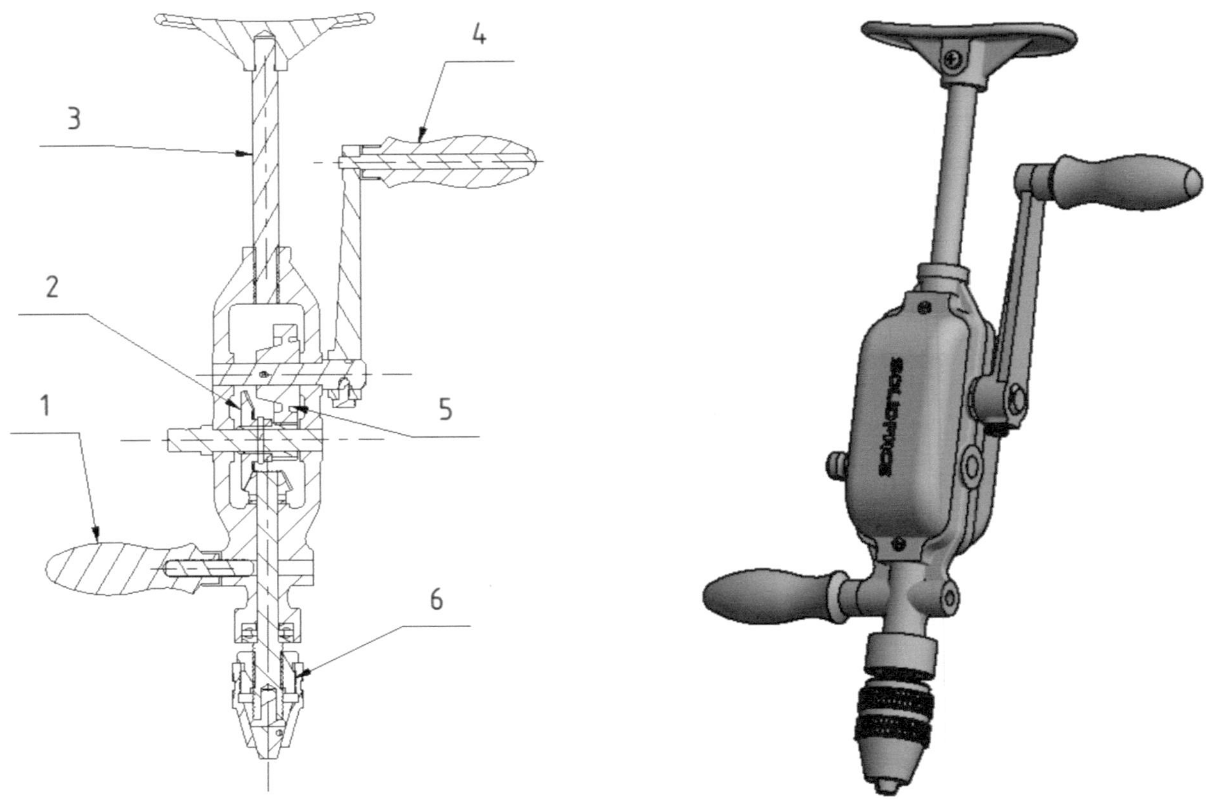

Bild 11-1 Handbohrmaschine
1 Haltegriff; 2 Kegelgetriebe; 3 Armhaltegriff; 4 Handkurbel; 5 Zahnradübersetzung; 6 Bohrfutteraufnahme

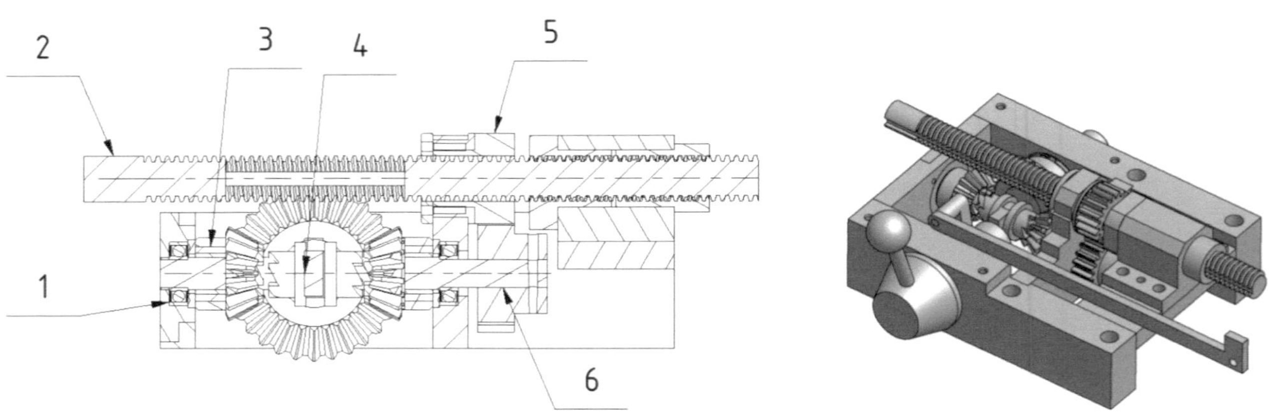

Bild 11-2 Schrägverzahntes Kegelschaltgetriebe
1 Kugellager; 2 Arbeitsspindel; 3 Kegelrad; 4 Schaltstellglied; 5 Zahnrad-Übersetzung; 6 Spindelwelle

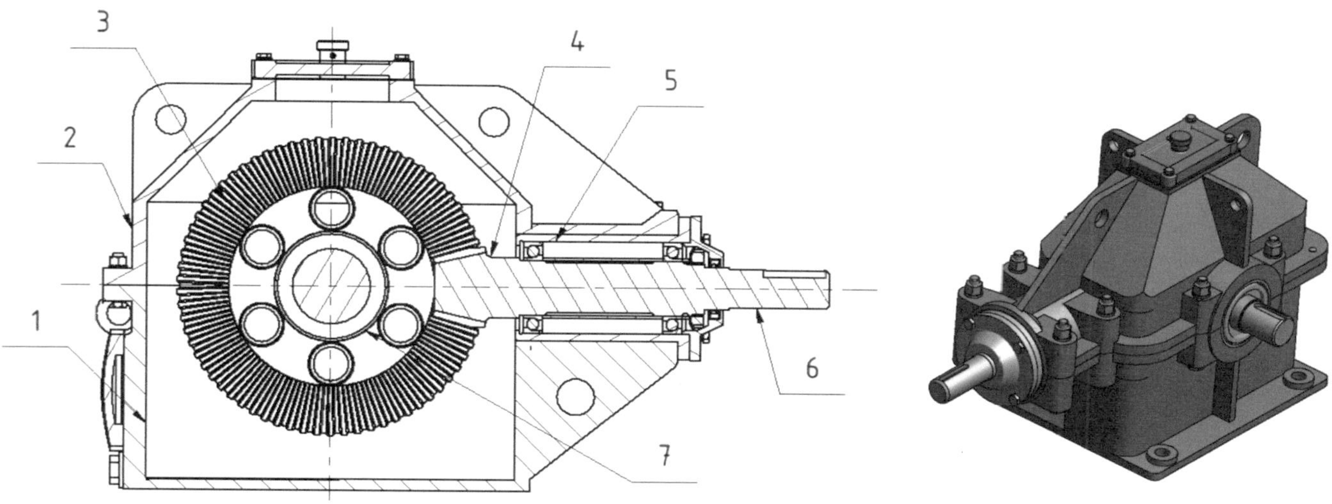

Bild 11-3 Schrägverzahntes Kegelgetriebe
1 Unterer Gehäusekasten; 2 Oberer Gehäusekasten; 3 Kegelrad;
4 Kegelrad mit Welle; 5 Welle – Kugellagerung; 6 Antriebswelle; 7 Abtriebswelle

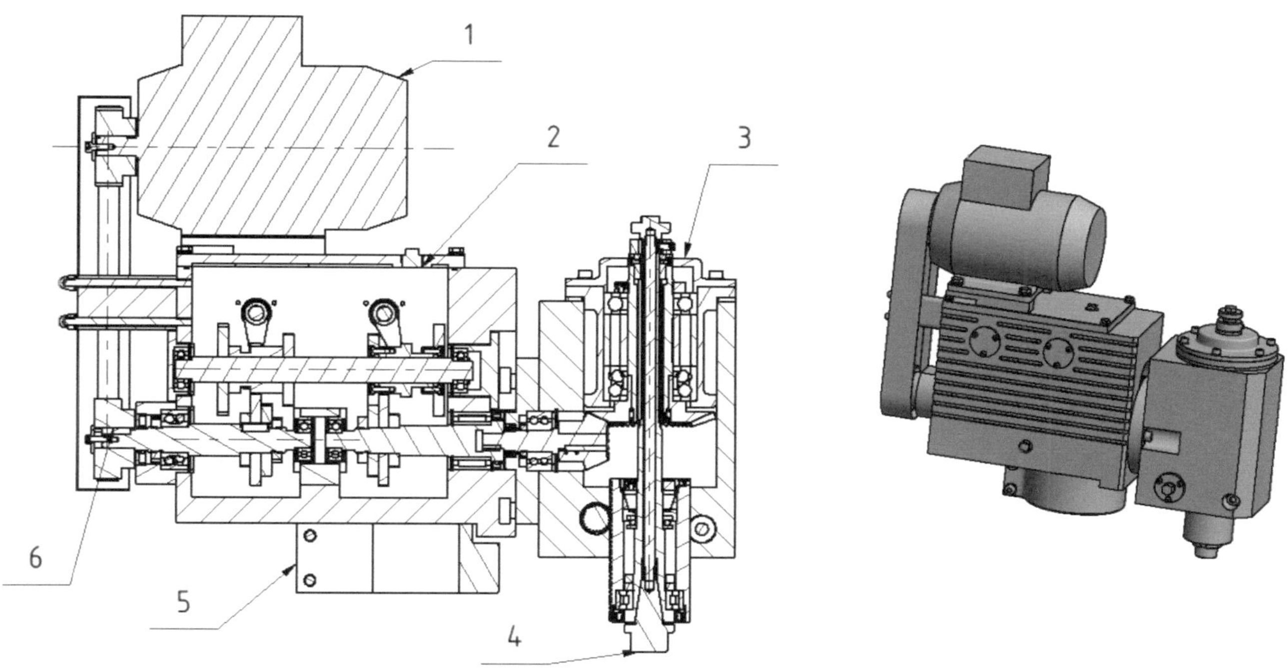

Bild 11-4 Fräsmaschinen – Spindelantrieb
1 Antriebsmotor; 2 Gehäuse; 3 Spindelgehäuse; 4 Spindelkopf;
5 Befestigung Spindelantrieb; 6 Antriebswelle

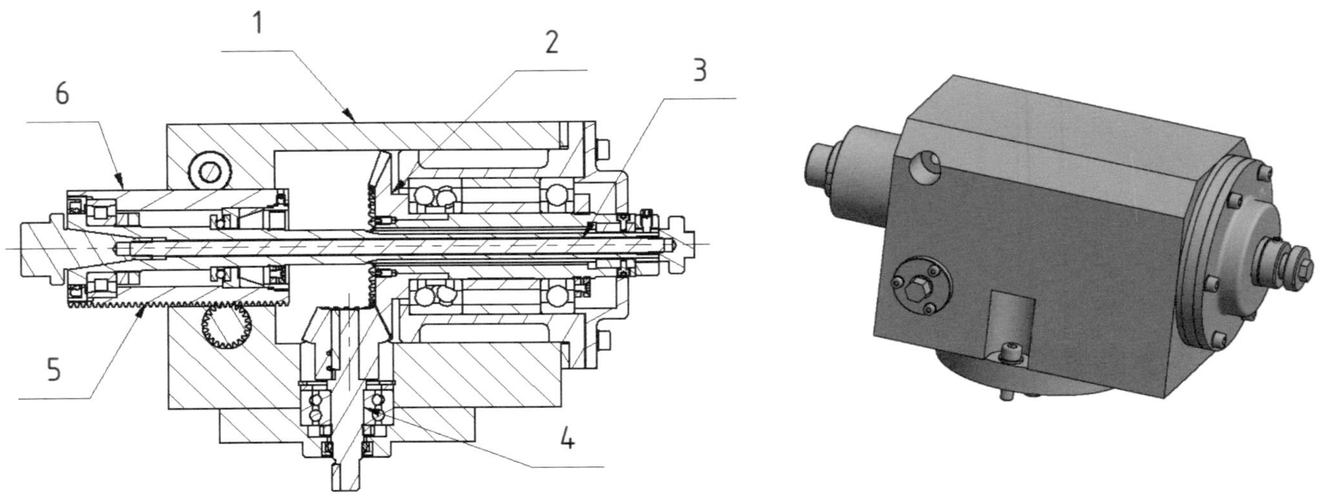

Bild 11-5 Bearbeitungsmaschinen – Spindelantrieb
1 Spindelgehäuse; 2 Kegelradverzahnung; 3 Spindel; 4 Antriebswelle mit Kegelrad; 5 Spindelverzahnung für Vorschub; 6 Pinole (Werkzeugaufnahme)

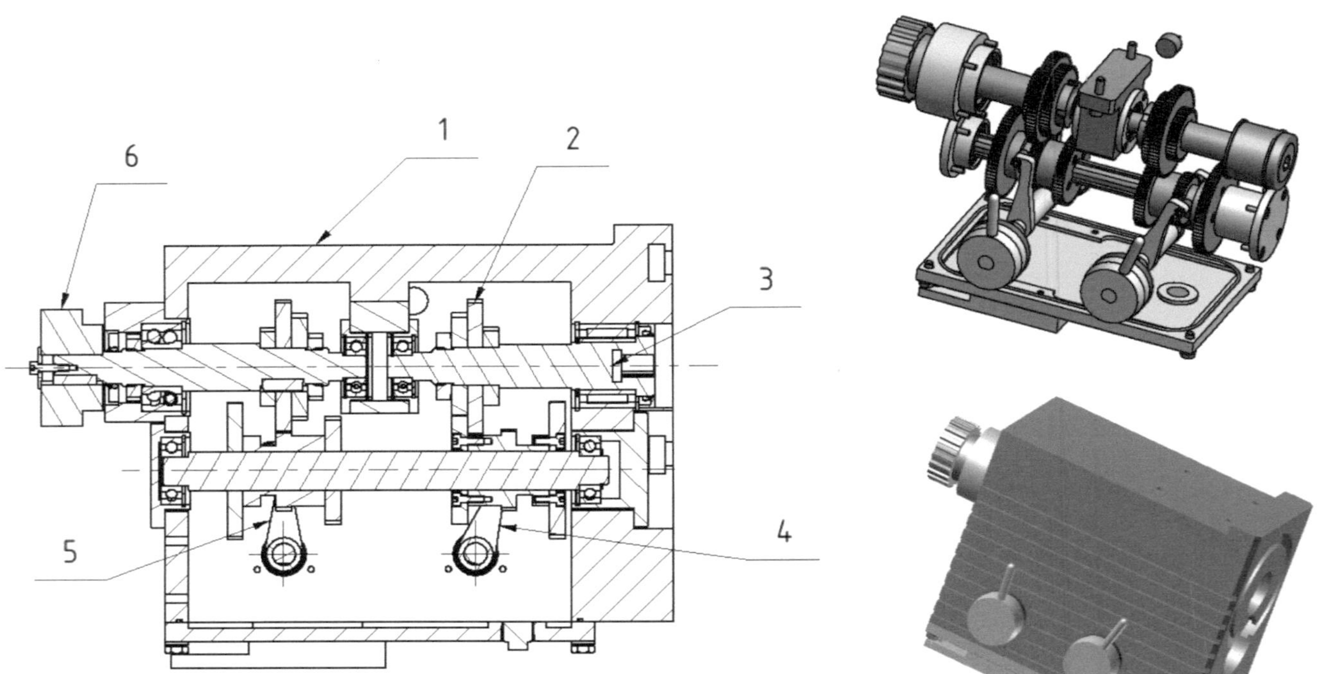

Bild 11-6 Bearbeitungsmaschinen – Spindelantrieb
1 Spindelgehäuse; 2 Zahnradanordnung; 3 Spindelantrieb; 4 Getriebeschaltung; 5 Getriebeschaltung; 6 Motorantrieb

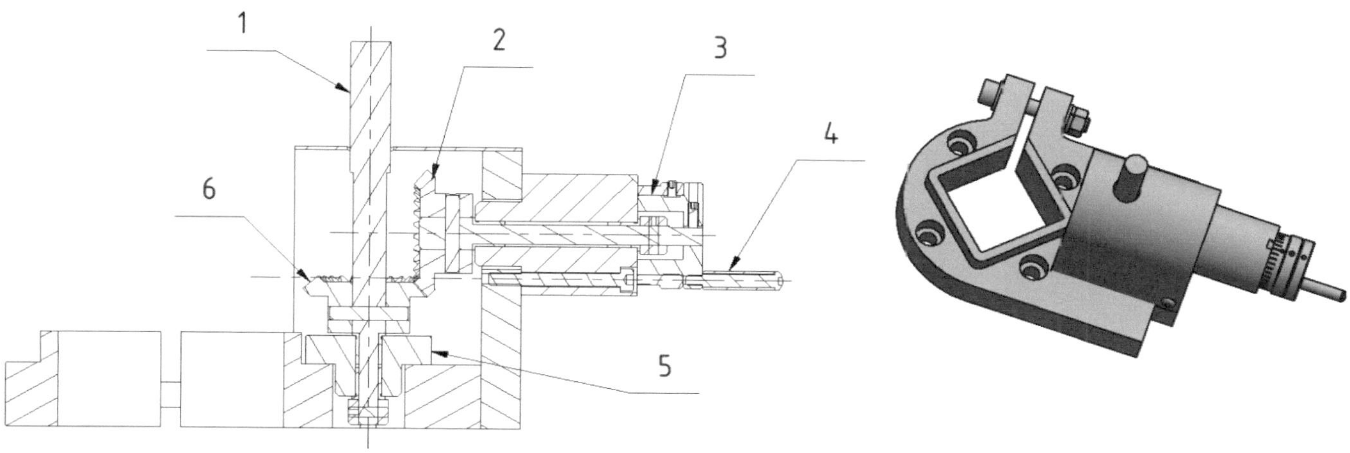

Bild 11-7 Kegelradantrieb für Spindel
1 Spindel; 2 Geradverzahntes Kegelrad; 3 Handrad; 4 Griff für Handrad; 5 Spindellagerung; 6 Mitnehmerstift für Spindel

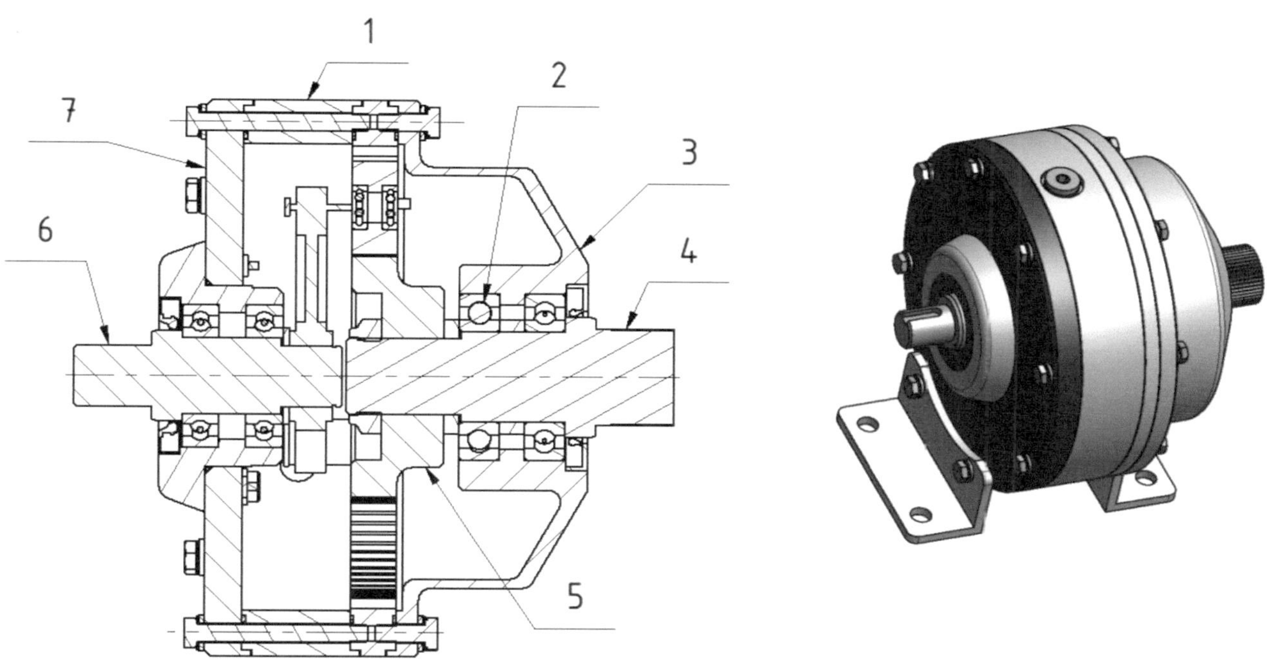

Bild 11-8 Planetengetriebe
1 Flansch; 2 Lagerung; 3 Gehäuse; 4 Antriebswelle; 5 Zahnrad; 6 Deckel; 7 Abtriebswelle

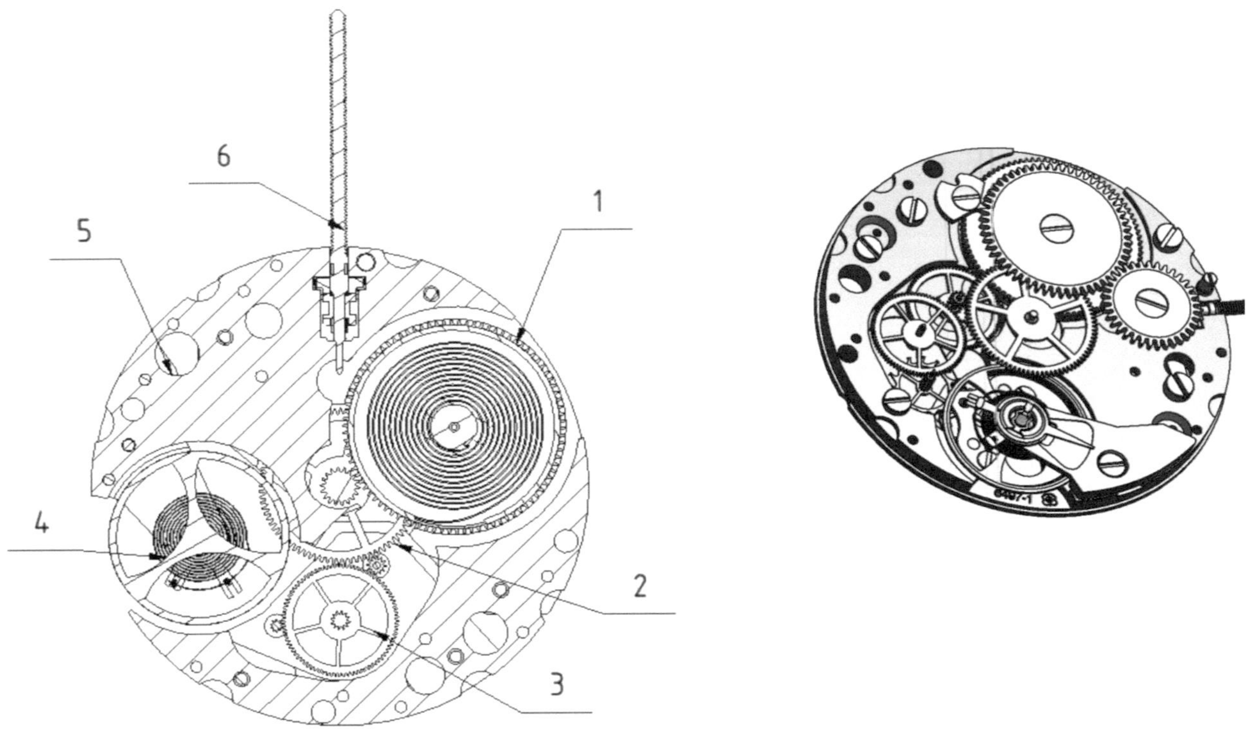

Bild 11-9 Uhrwerk Armbanduhr
1 Bewegliche Trommel; 2 Mittleres Zahnrad; 3 Zahnrad; 4 Unruhe, Balance; 5 Werkplatte; 6 Stellrad

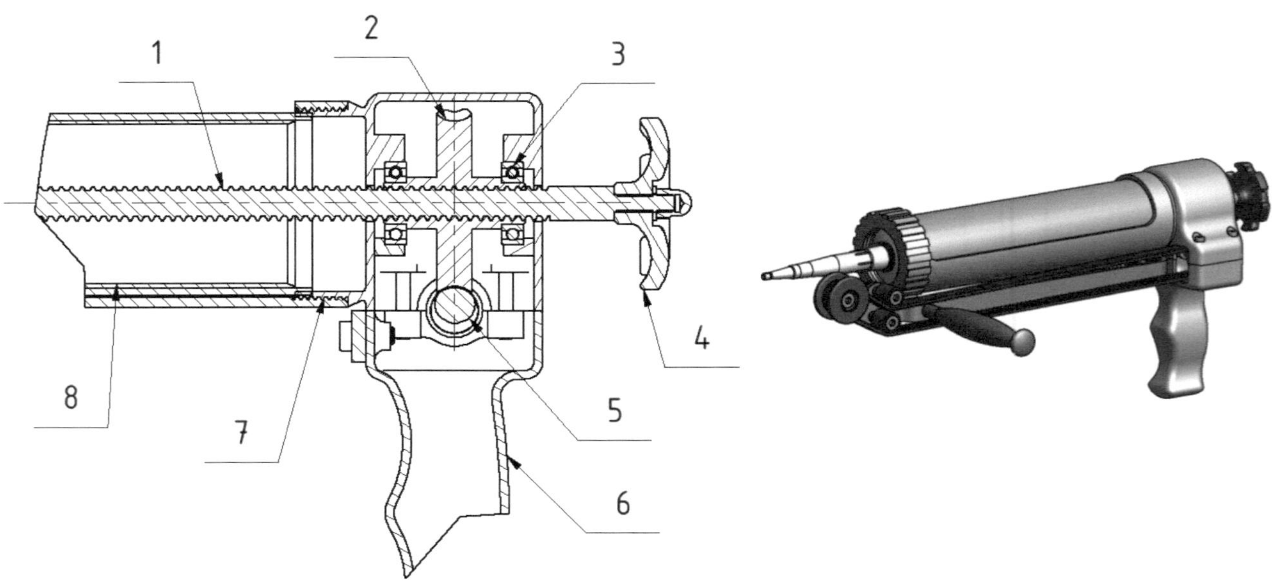

Bild 11-10 Schneckenrad – Antrieb für Dosierung
1 Spindel für Dosierung; 2 Zahnrad; 3 Kugellager; 4 Handrad; 5 Schneckenrad; 6 Handgriff; 7 Zahnriemen; 8 Tubus;

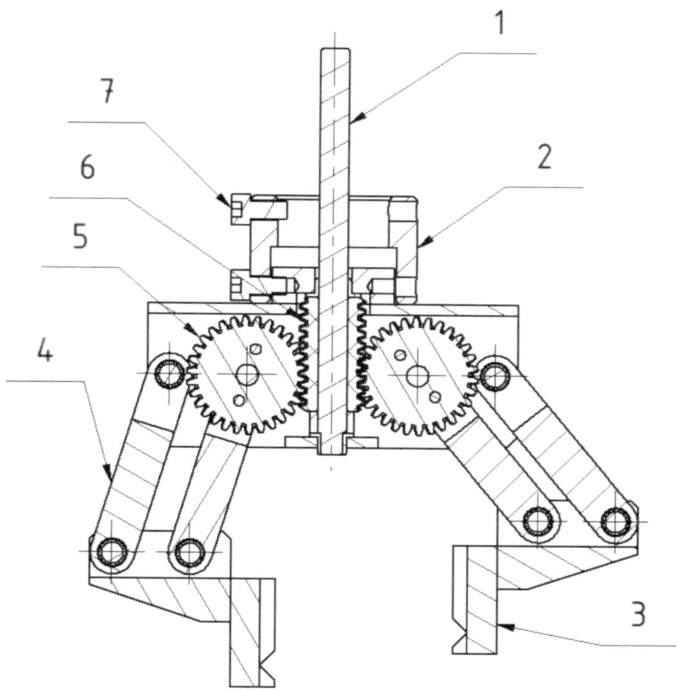

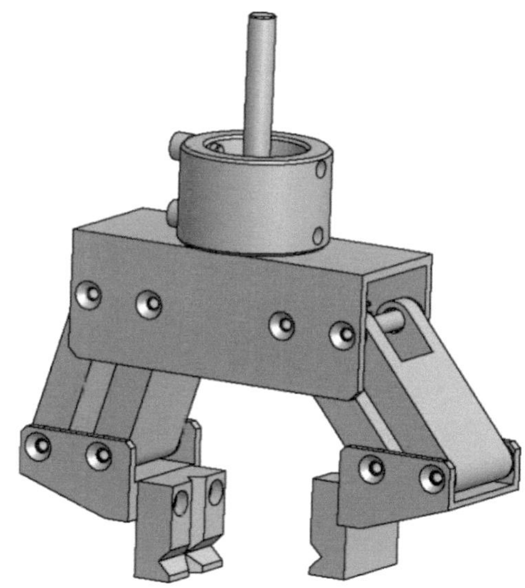

Bild 11-11 Greifer mit Schneckenrad-Antrieb
1 Sechskantschraube; 2 Schneckenrad; 3 Zahnrad; 4 Verbindungsglied; 5 Backenaufnahme; 6 Zentrierring; 7 Spindelwelle

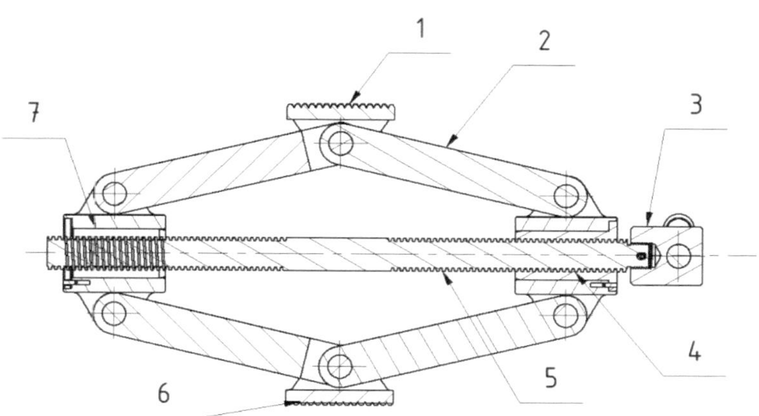

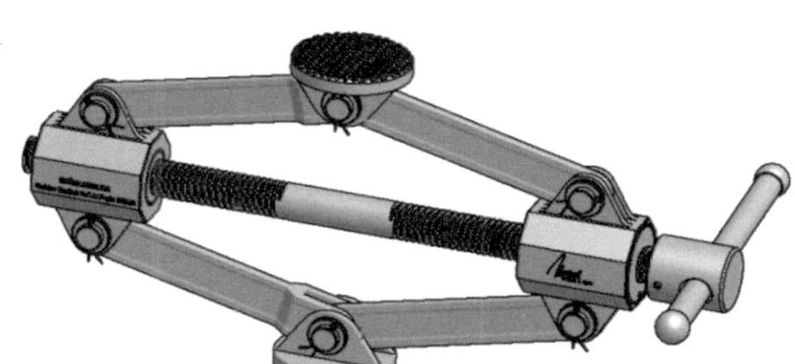

Bild 11-12 Wagenheber
1 Auflageplatte; 2 Umlenkhebel; 3 Handkurbel; 4 Schraube mit Linksgewinde; 5 Spindel mit Rechts- und Linksgewinde; 6 Bodenauflage; 7 Schraube mit Rechtsgewinde

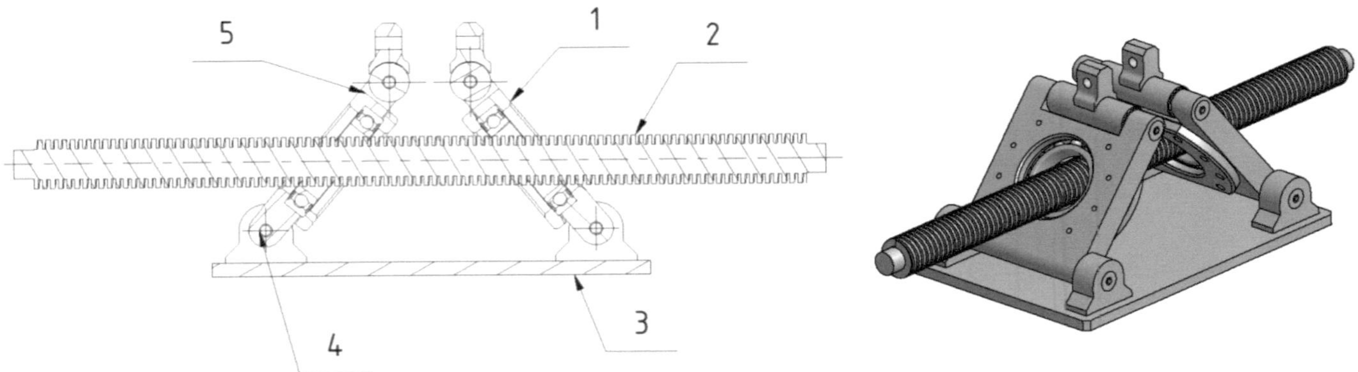

Bild 11-13 Spindelkonstellation
1 Kugellager; 2 Trapezspindel; 3 Grundplatte; 4 Lagerpunkt Kugellageraufnahme; 5 Kugellager

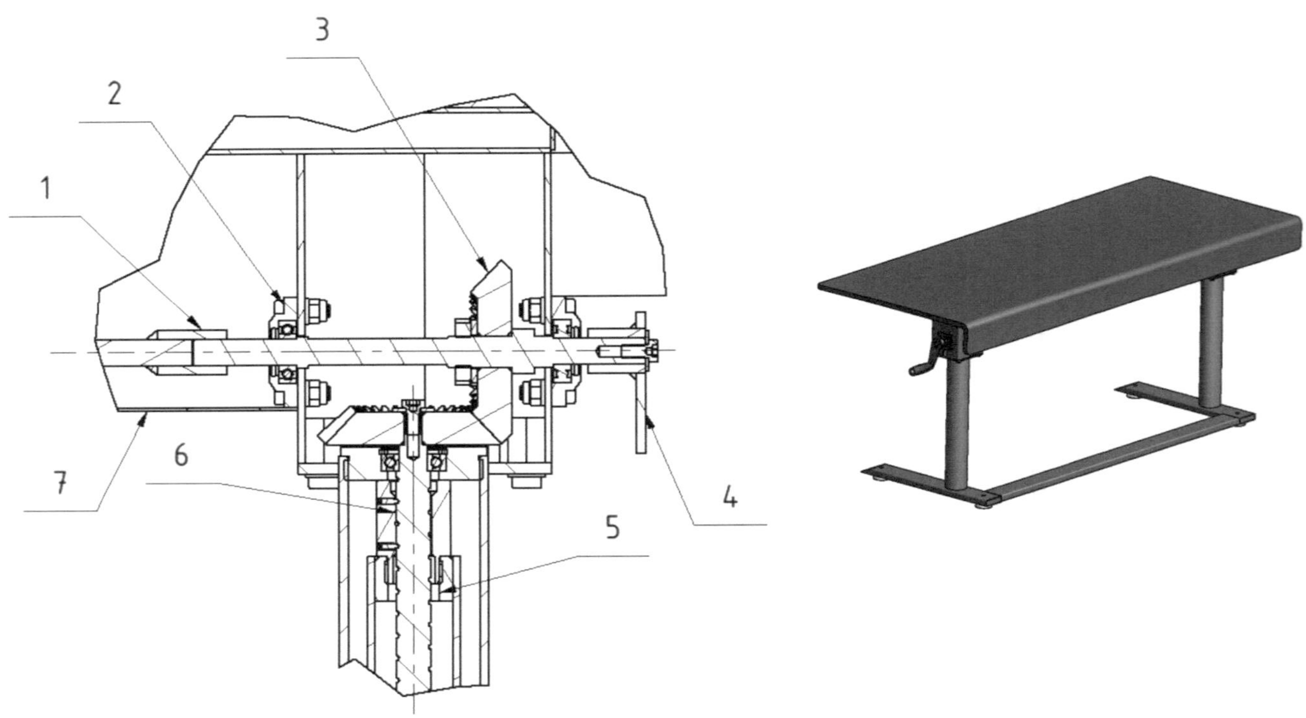

Bild 11-14 Höhenverstellbare Tischplatte
1 Kupplung Wellenverlängerung; 2 Wellenlagerung; 3 Kegelrad; 4 Hebel für Höhenverstellung; 5 Höhenverstellung (Spindelmutter); 6 Spindel; 7 Tischplatte

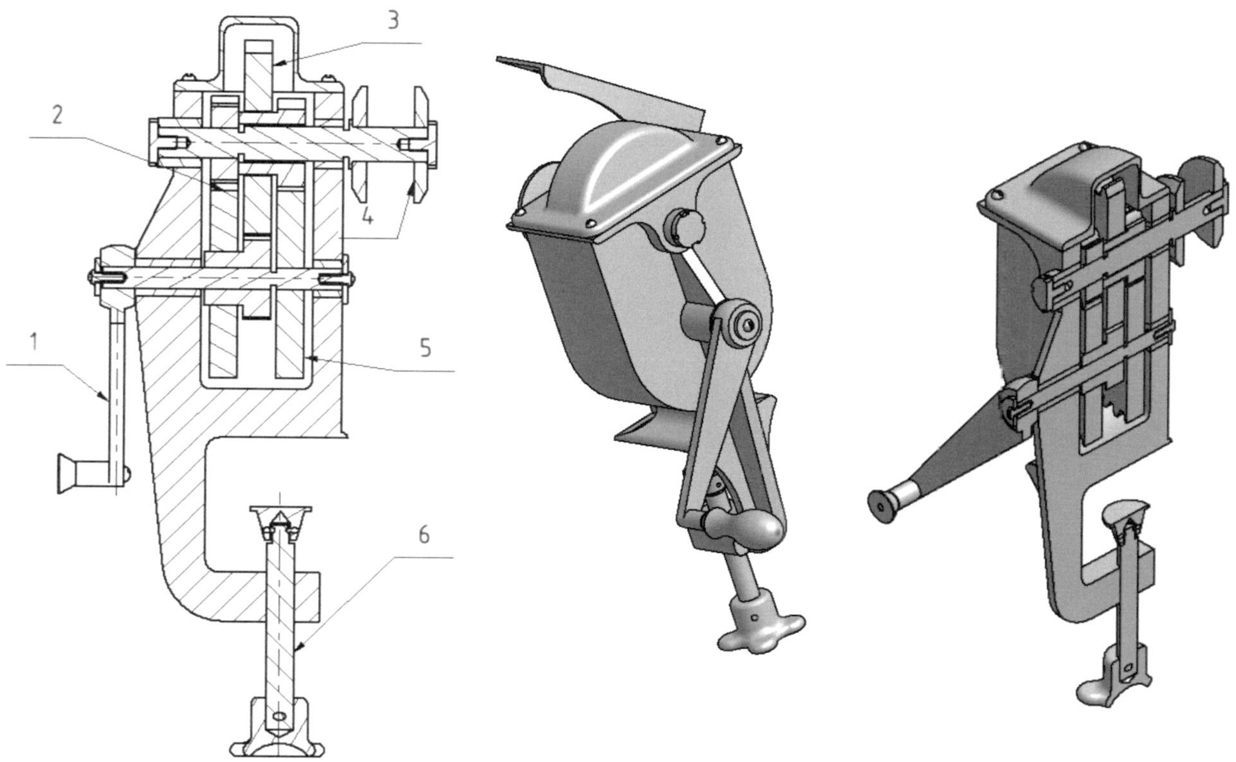

Bild 11-15 Manuelles handbetriebenes Getriebe
1 Handkurbel Antriebswelle; 2 Erste Übersetzungsstufe; 3 Zweite Übersetzungsstufe; 4 Abtriebswelle; 5 Dritte Übersetzungsstufe; 6 Befestigungsschraube

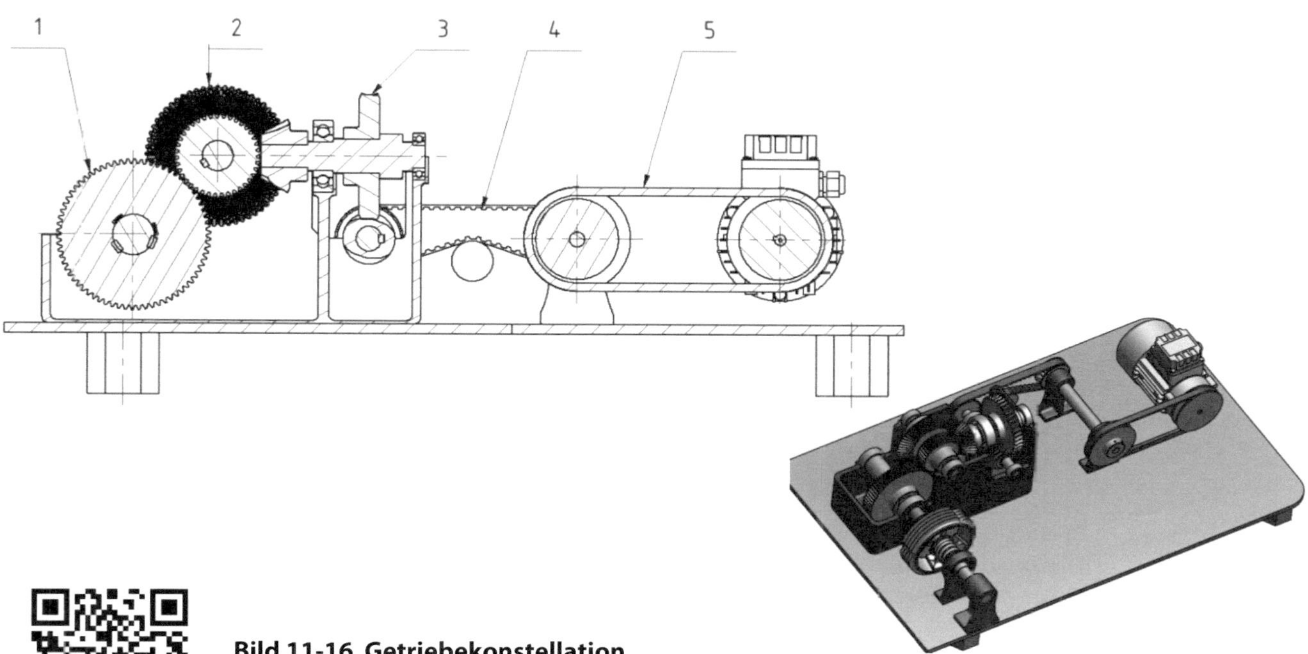

Bild 11-16 Getriebekonstellation
1 Zahnrad; 2 Kegelrad; 3 Schneckenrad; 4 Zahnriemen; 5 Keilriemen

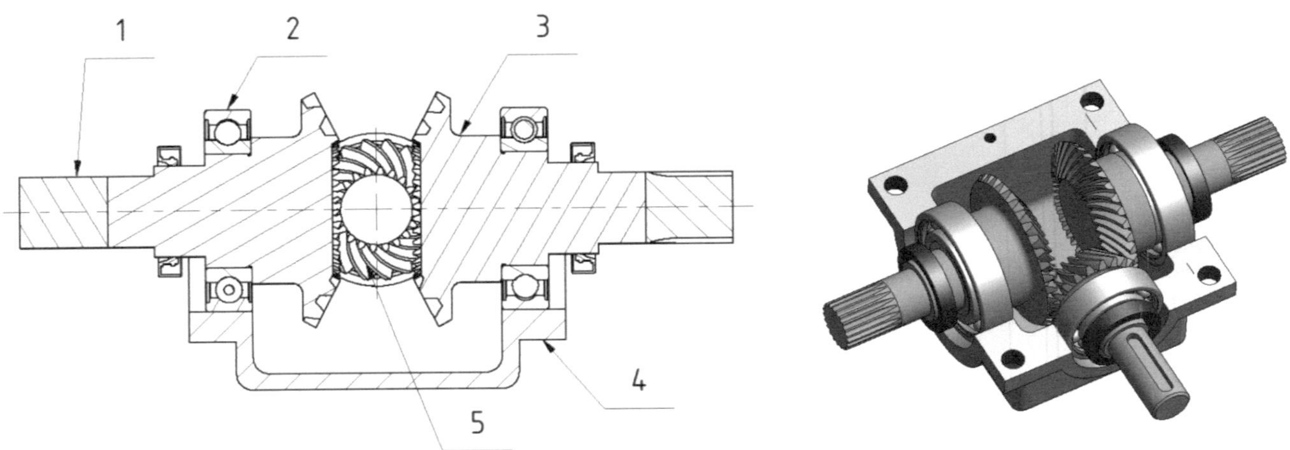

Bild 11-17 Kegelradgetriebe
1 Kegelrad; 2 Kugellager; 3 Kegelrad; 4 Gehäuse; 5 Antriebskegelrad

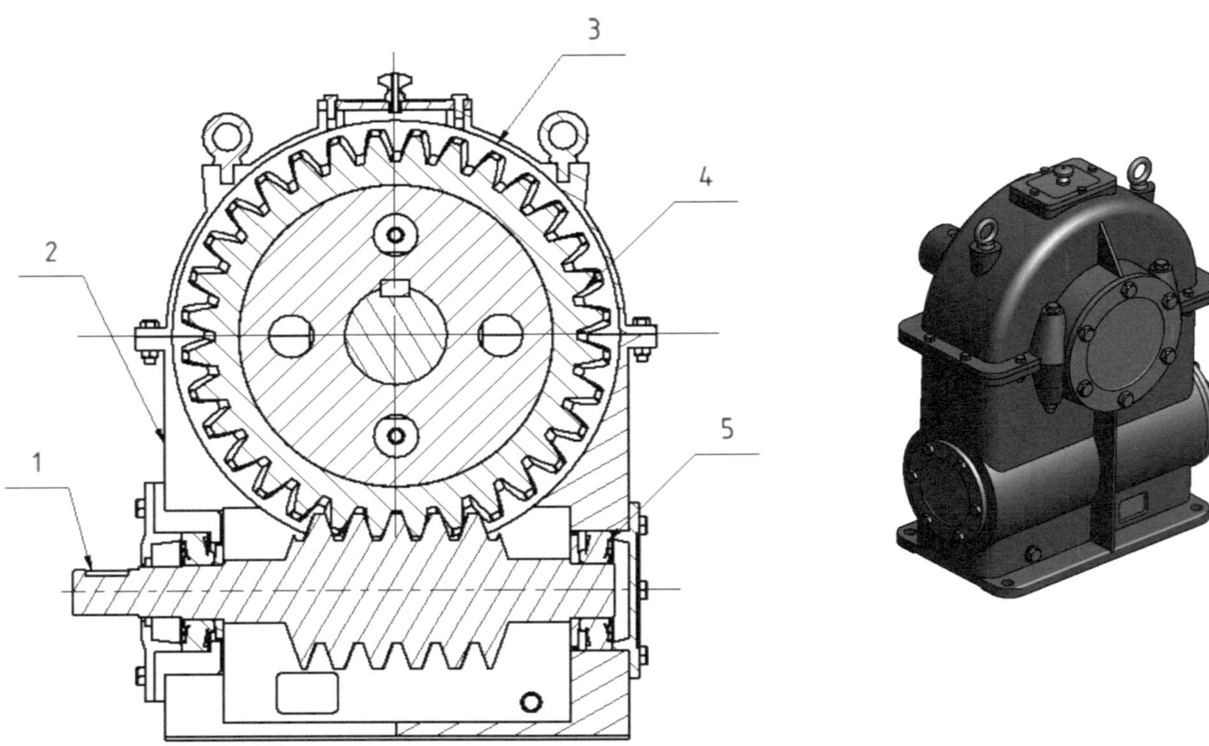

Bild 11-18 Schneckengetriebe
1 Schneckenwelle; 2 Untere Gehäusehälfte; 3 Obere Gehäusehälfte; 4 Schneckenrad; 5 Kugellager für Schneckenwelle

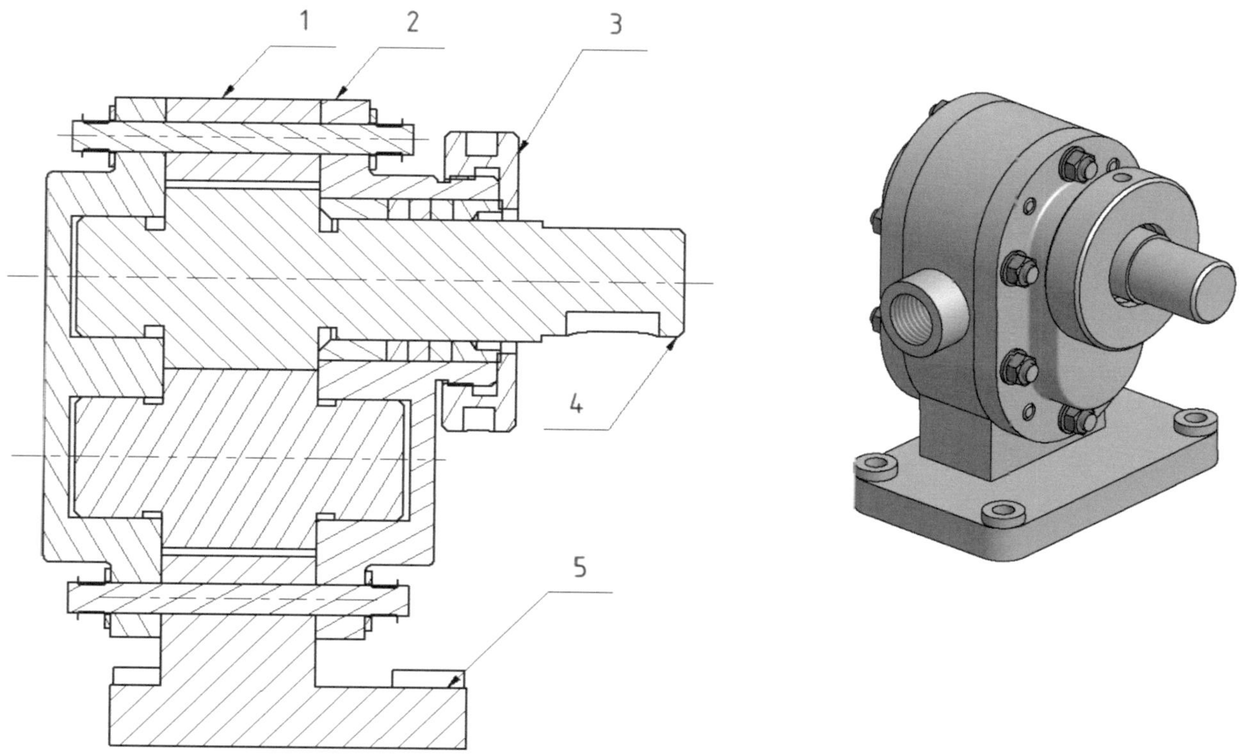

Bild 11-19 Getriebepumpe
1 Linke Gehäusehälfte; 2 Zwischenstück; 3 Rechte Gehäusehälfte; 4 Stellring; 5 Welle; 6 Befestigungssockel

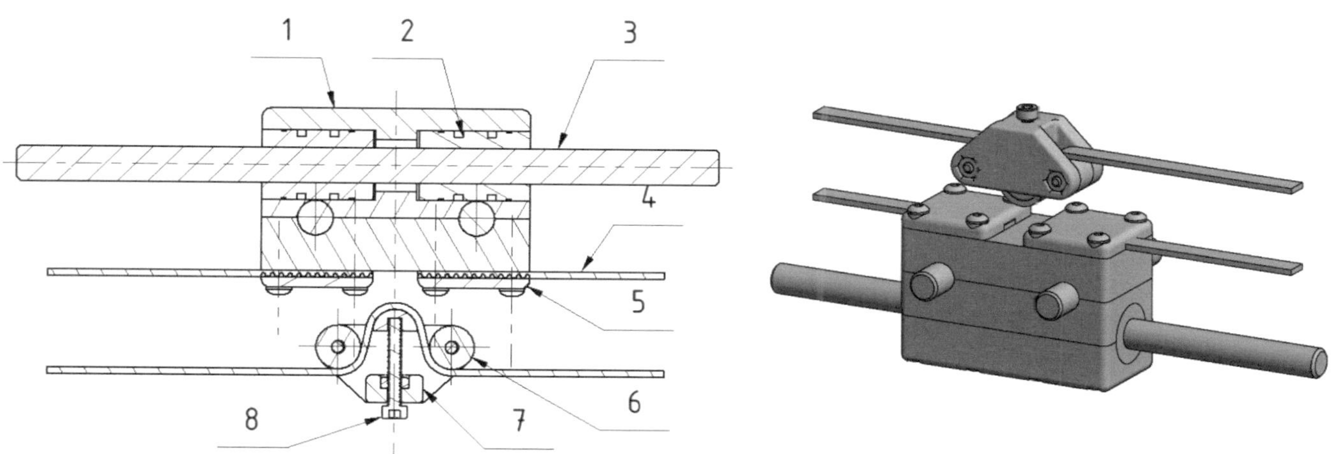

Bild 11-20 Zahnriemenantrieb
1 Gehäuse; 2 Kugelführung; 3 Führungswelle; 4 Zahnriemen; 5 Zahnriemenbefestigung; 6 Umlenkrolle; 7 Feststellelement; 8 Spannschraube

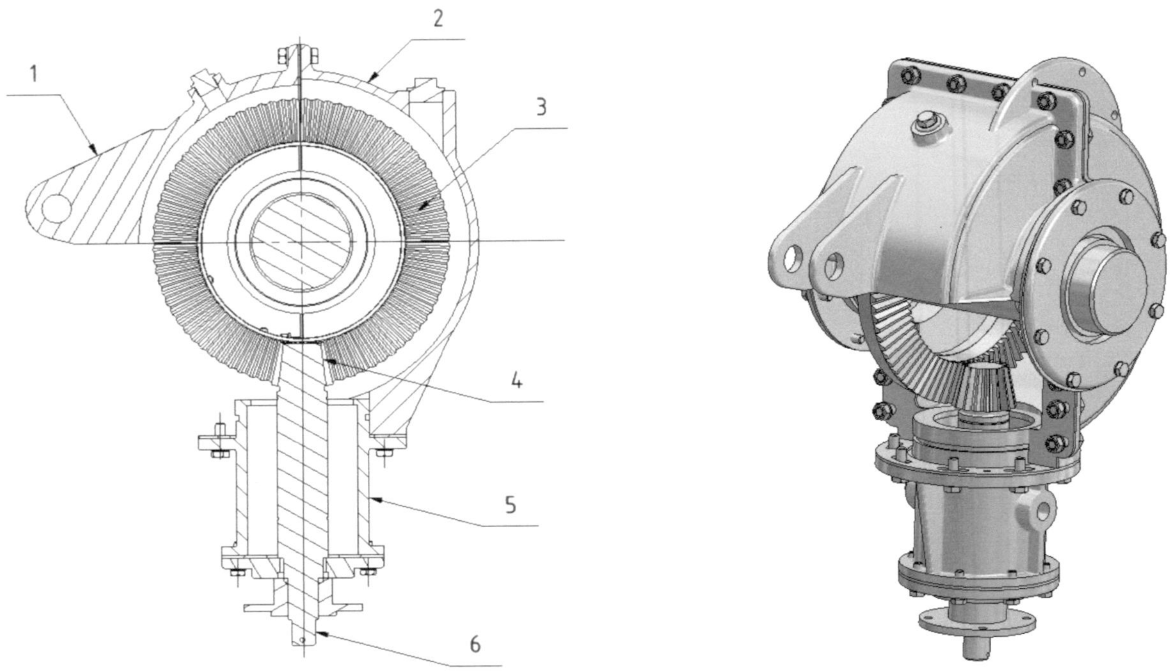

Bild 11-21 Untersetzungsgetriebe
1 Gehäusebefestigung; 2 Gehäuse; 3 Kegelzahnrad; 4 Kegelzahnrad;
5 Gehäuse für Wellenlagerung; 6 Welle

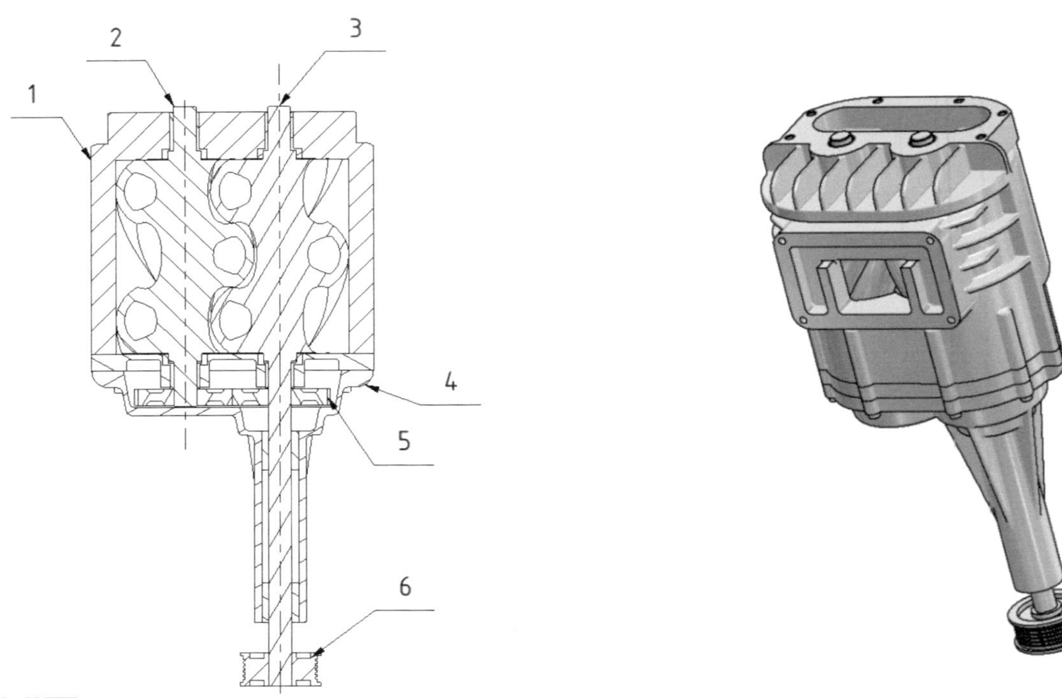

Bild 11-22 Kolbenkompressor
1 Gehäuse; 2 Wellenlagerung; 3 Wellenlagerung; 4 Deckel für das Gehäuse;
5 Zahnrad; 6 Zahnrad

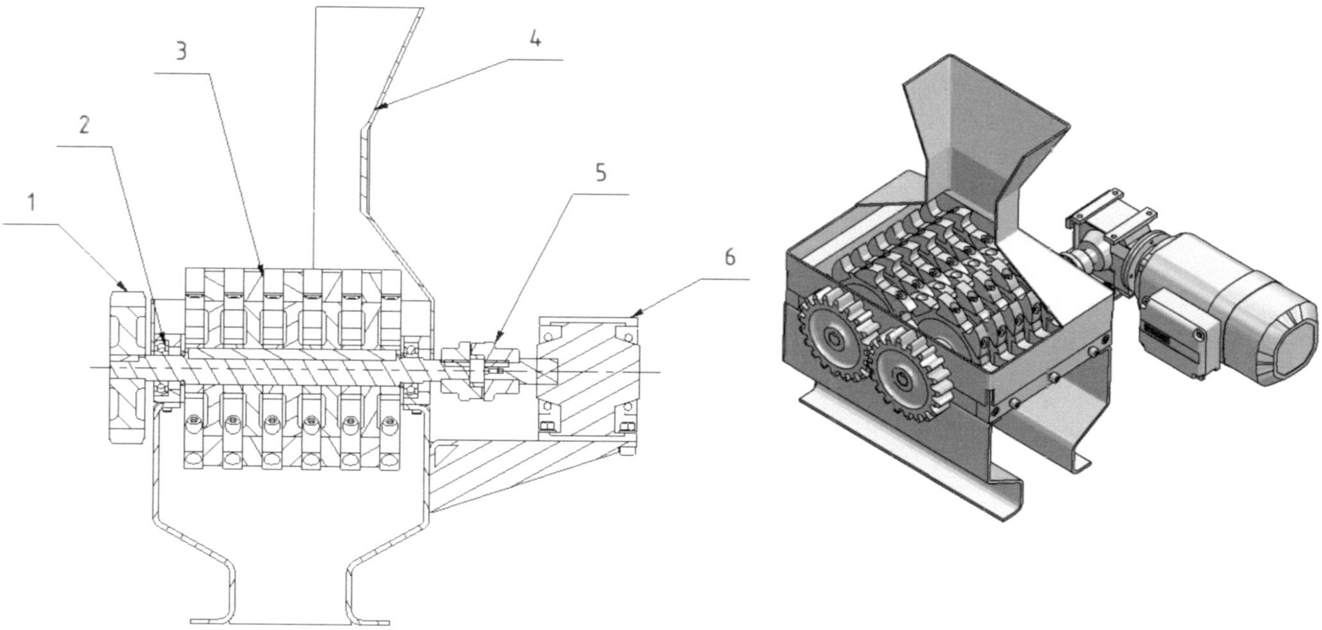

Bild 11-23 Schredderer Verkleinerungsvorrichtung
1 Getriebeübersetzung; 2 Wellenlagerung; 3 Zerkleinerungsmesser; 4 Fülltrichter; 5 Kupplung; 6 Antriebsmotor

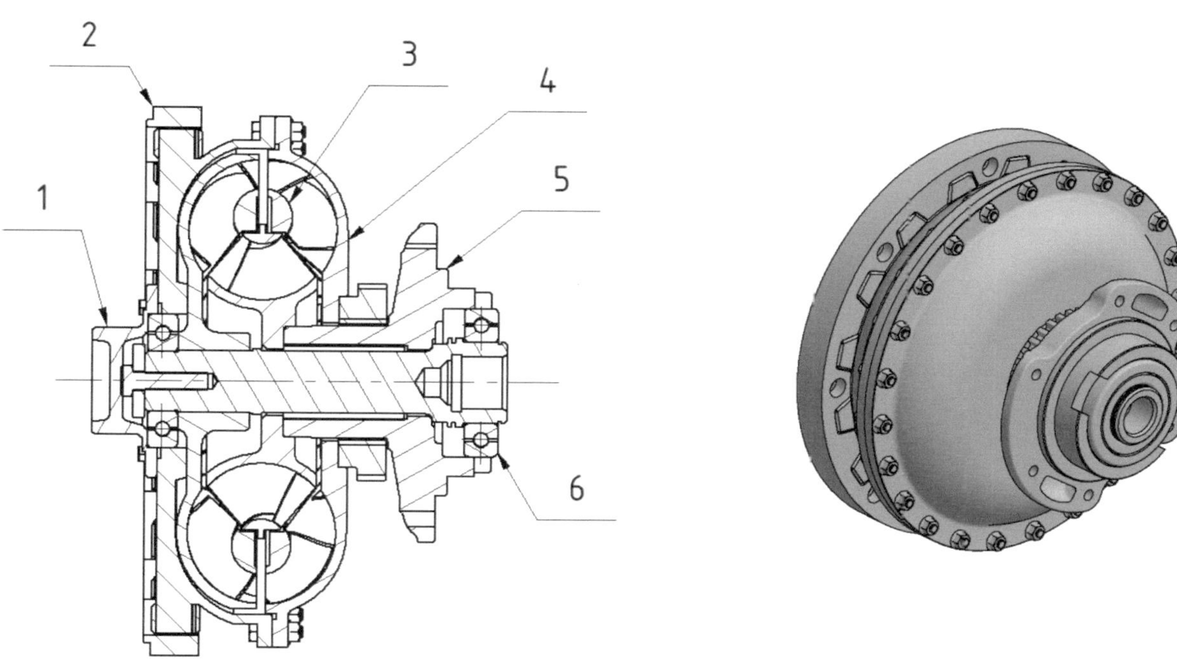

Bild 11-24 Drehmomentwandler
1 + 2 Gehäusedeckel; 3 Turbinenrad; 4 Linke Gehäusehälfte; 5 Befestigungsflansch; 6 Kugellager

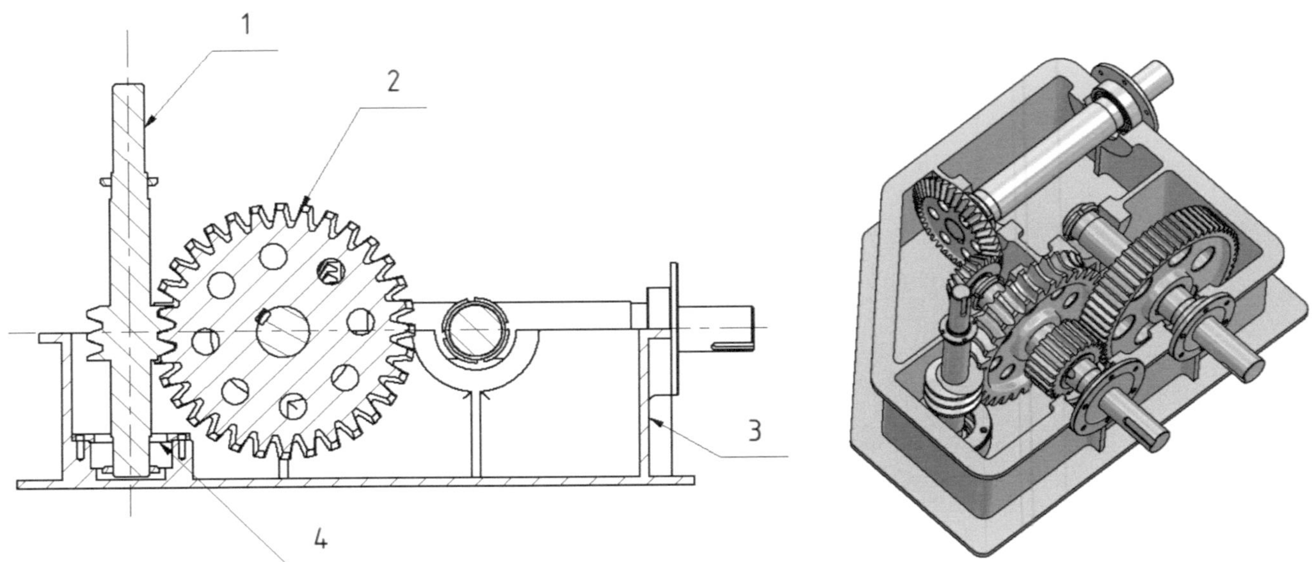

Bild 11-25 Tachometer-Untersetzungsgetriebe
1 Schneckenwelle; 2 Schneckenrad; 3 Gehäusewand; 4 Lagerung Schneckenwelle

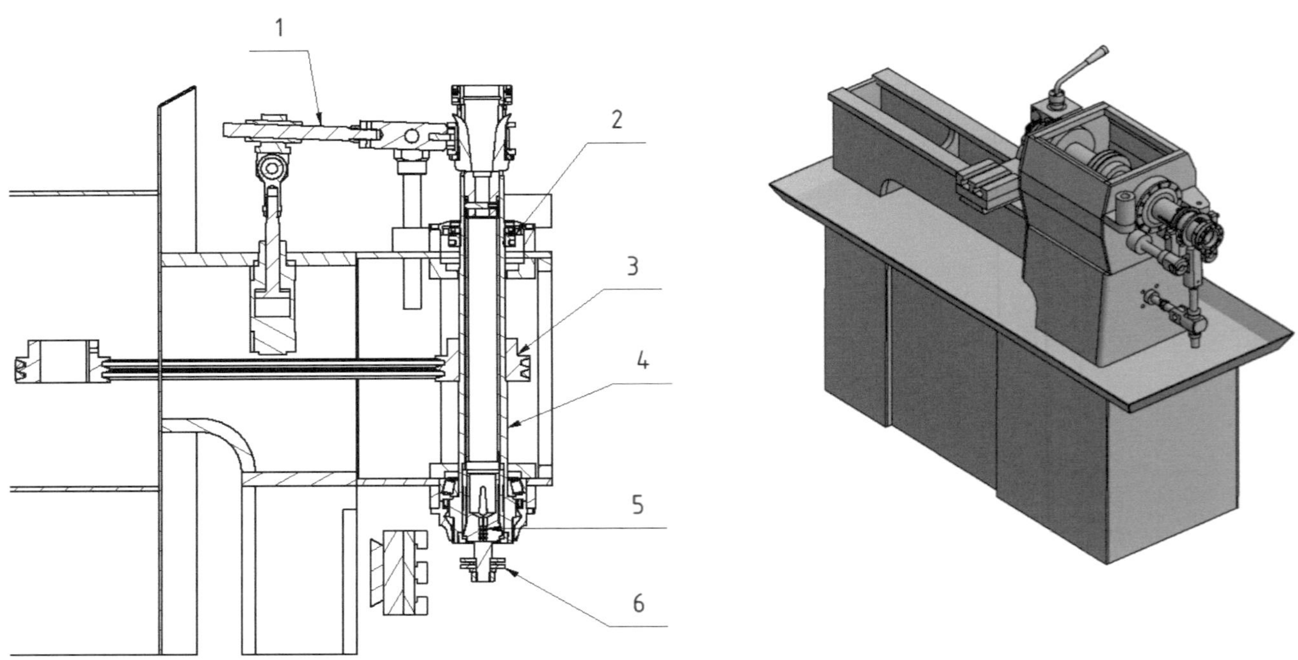

Bild 11-26 Spindellagerung von einer Drehbank
1 Spannhebel für Spannzange; 2 Spindellagerung; 3 Keilriemenscheibe; 4 Spindel;
5 Spannzangenaufnahme: Werkzeug Fräsersatz (2x)

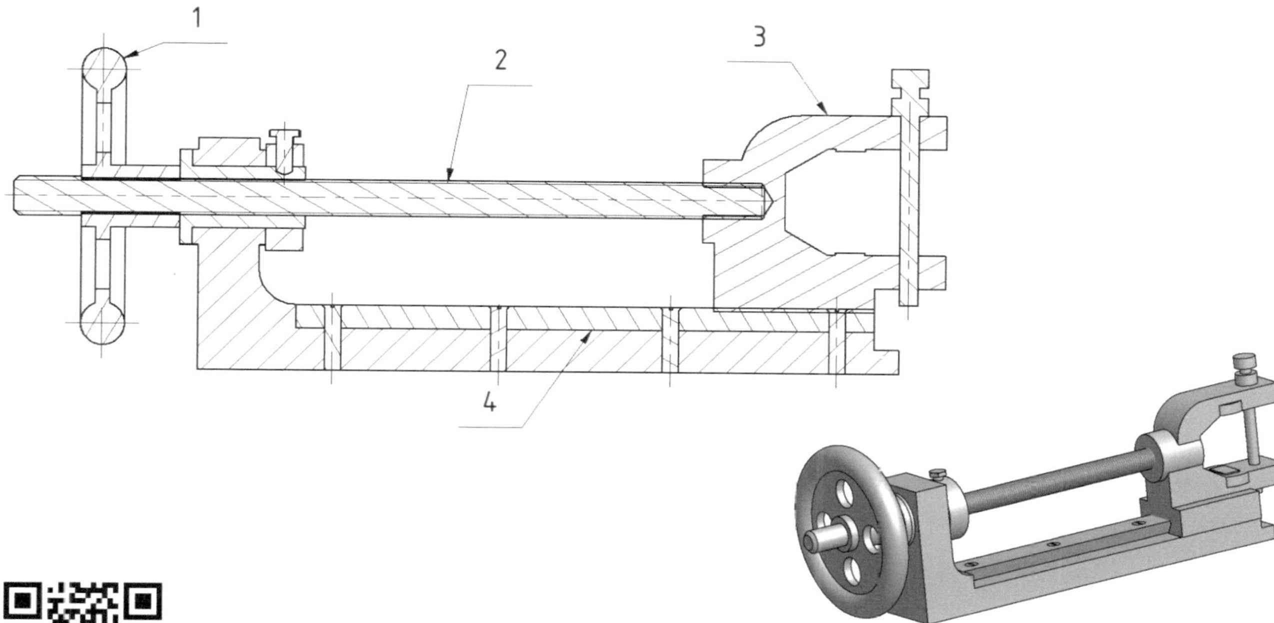

Bild 11-27 Spindel Transportschlitten
1 Spindelhandrad; 2 Spindel; 3 Klemmeinheit;
4 Grundplatte mit Klemmeinheit-Führung

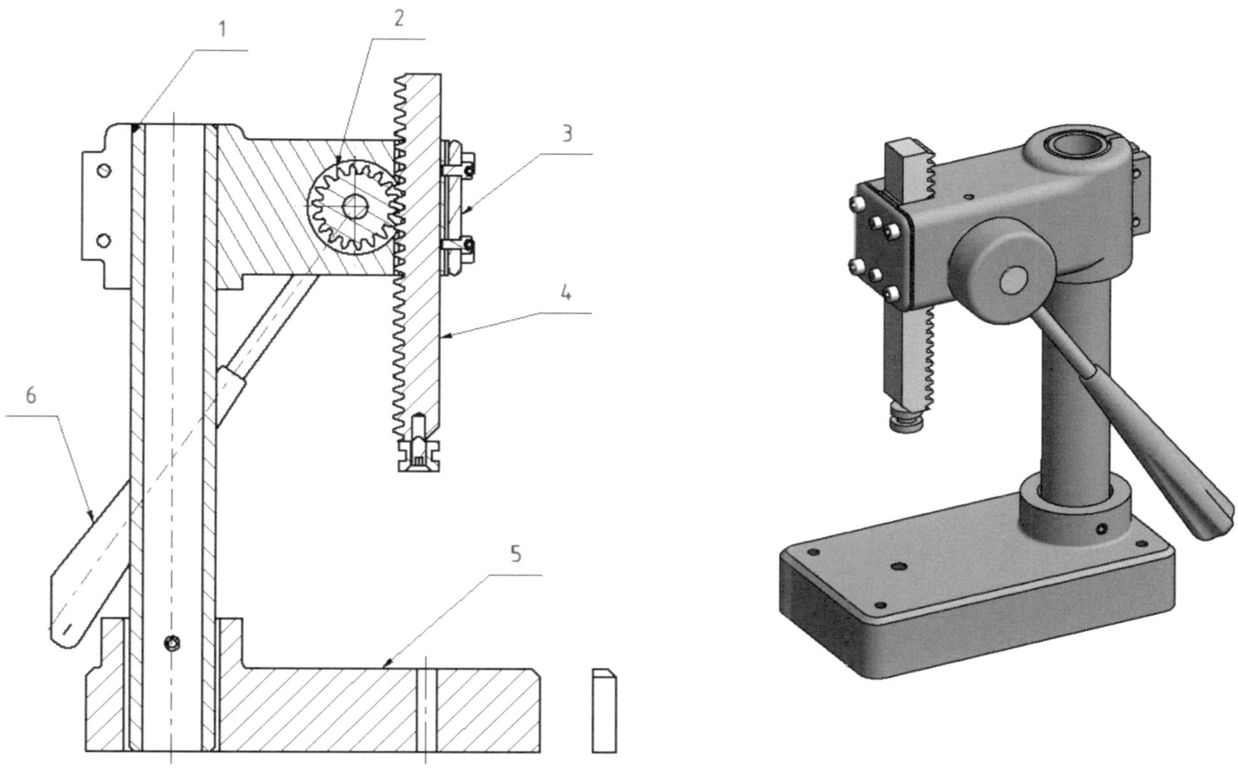

Bild 11-28 Hand-Zahnstangenpresse
1 Führungssäule; 2 Zahnrad; 3 Abschlussdeckel; 4 Zahnstange;
5 Grundgestell; 6 Handhebel

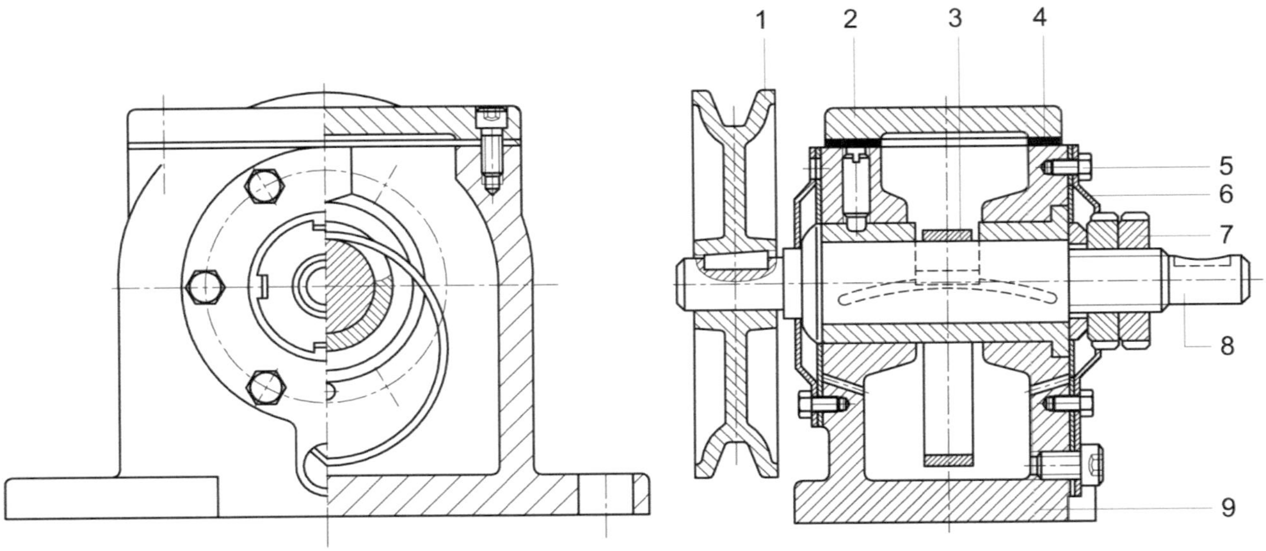

Bild 11-50 Getriebe mit Schmierring
1 Keilriemenscheibe; 2 Getriebedeckel; 3 Schmierring; 4 Dichtung; 5 Sechskantschraube; 6 Ölauffangblech; 7 Nutmutter; 8 Welle; 9 Gehäuse

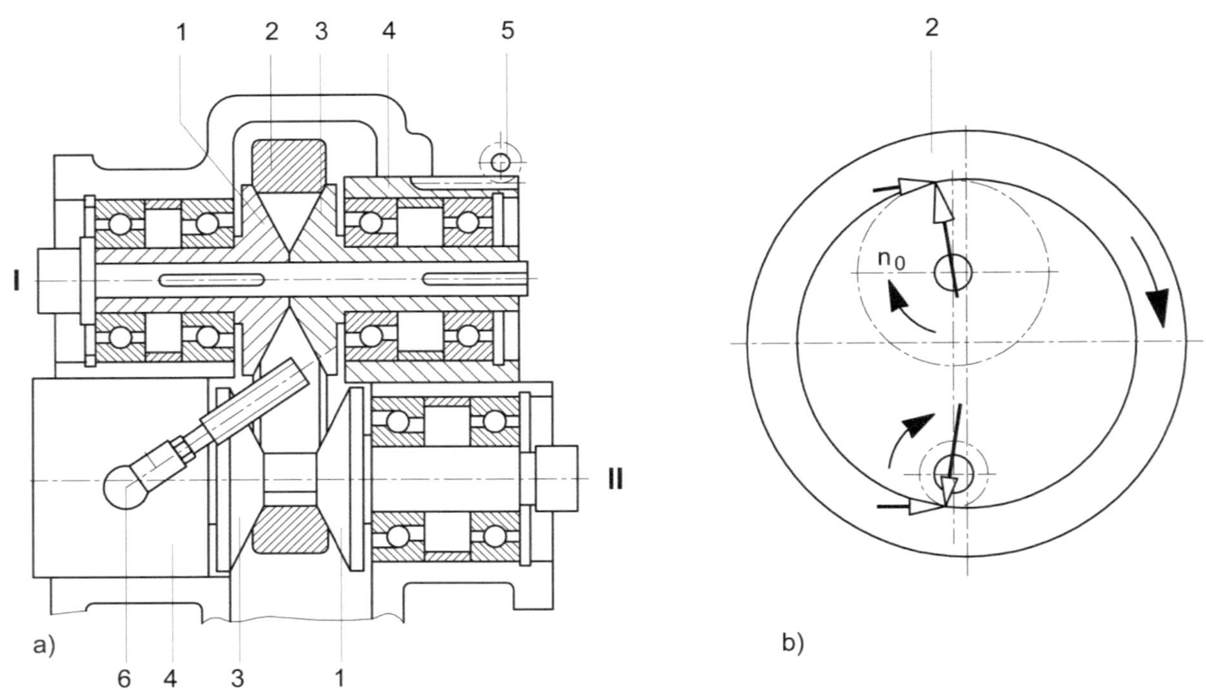

Bild 11-51 Reibradgetriebe
1 Fester Kegel; 2 Reibring; 3 Verschiebbarer Kegel; 4 Schiebehülse; 5 Verstellritzel; 6 Verspannvorrichtung

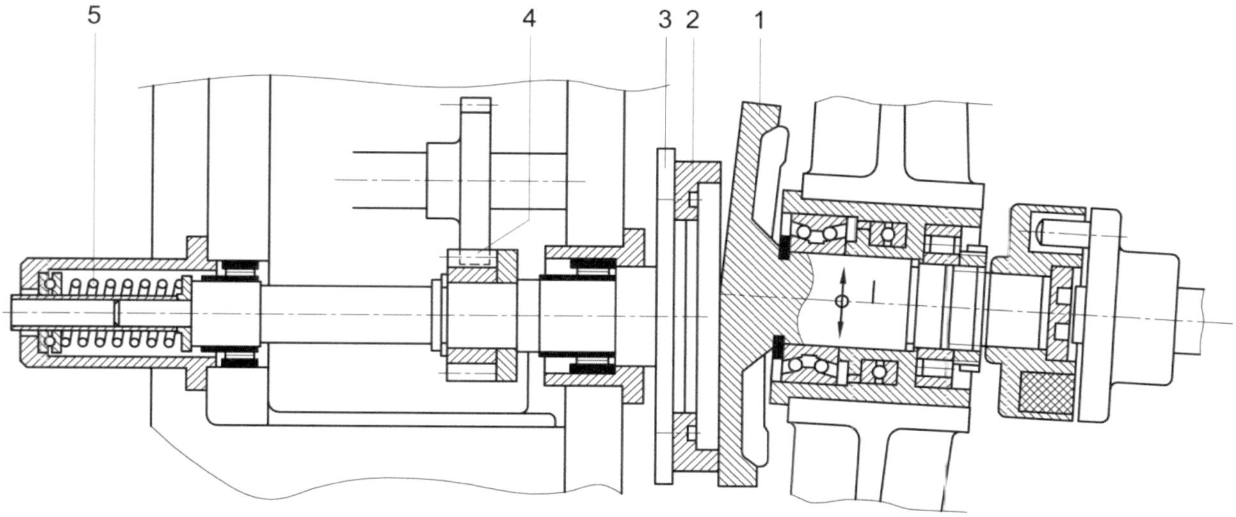

Bild 11-52 Reibradgetriebe mit Reibring
1 Antriebskegel; 2 Reibring mit ebener, elastischer Lauffläche;
3 Abtriebsscheibe; 4 Schrägverzahntes Stirnräderpaar; 5 Anpressfeder

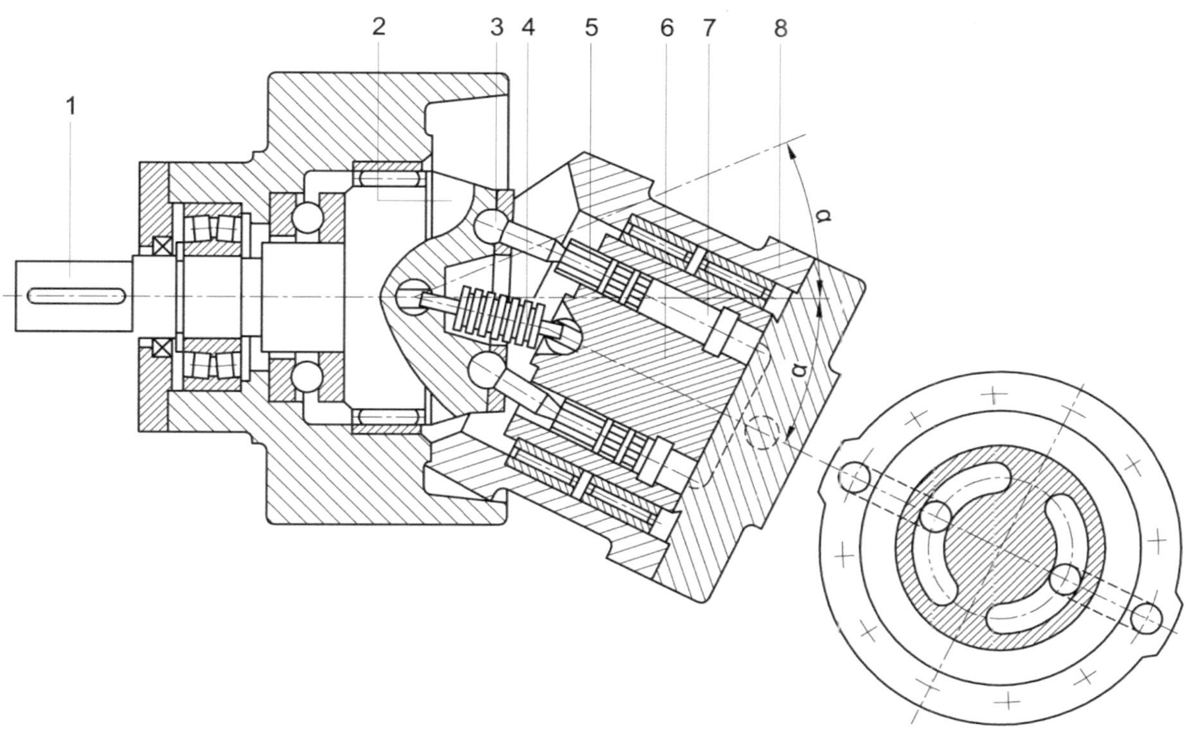

Bild 11-53 Axialkolbenpumpe
1 Antriebswelle; 2 Antriebsflansch; 3 Kolbenstange; 4 Kreuzgelenk zum Antrieb;
5 Kolben; 6 Zylinderkörper; 7 Zylinder; 8 Schwenkbarer Steuerkörper

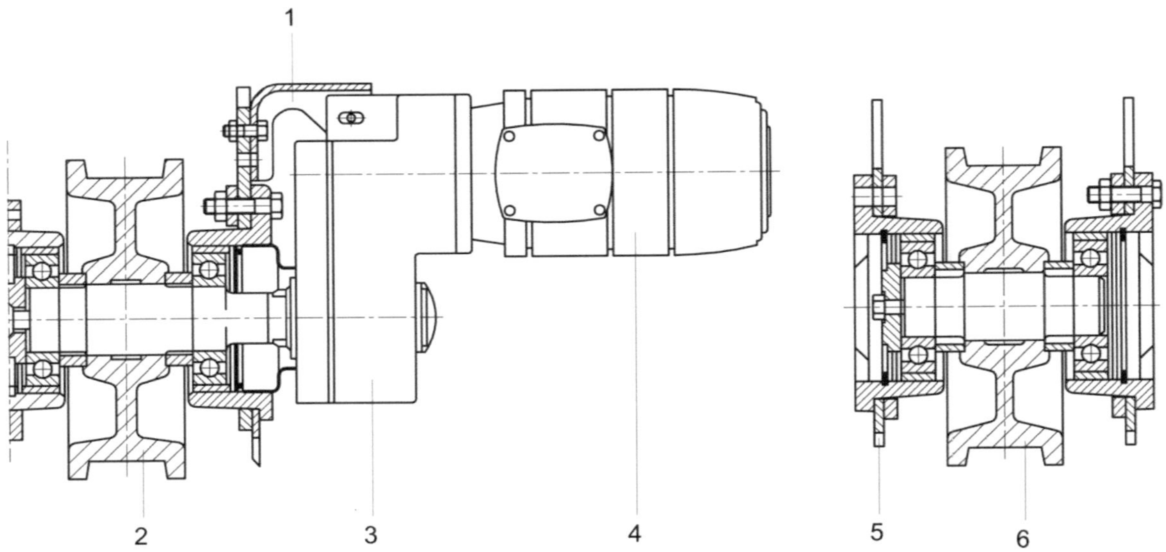

Bild 11-54 Komponenten der Fördertechnik
1 Drehmomentstütze; 2 Radsatz angetrieben; 3 Getriebe; 4 Motor; 5 Anschlusskonstruktion; 6 Radsatz nicht angetrieben

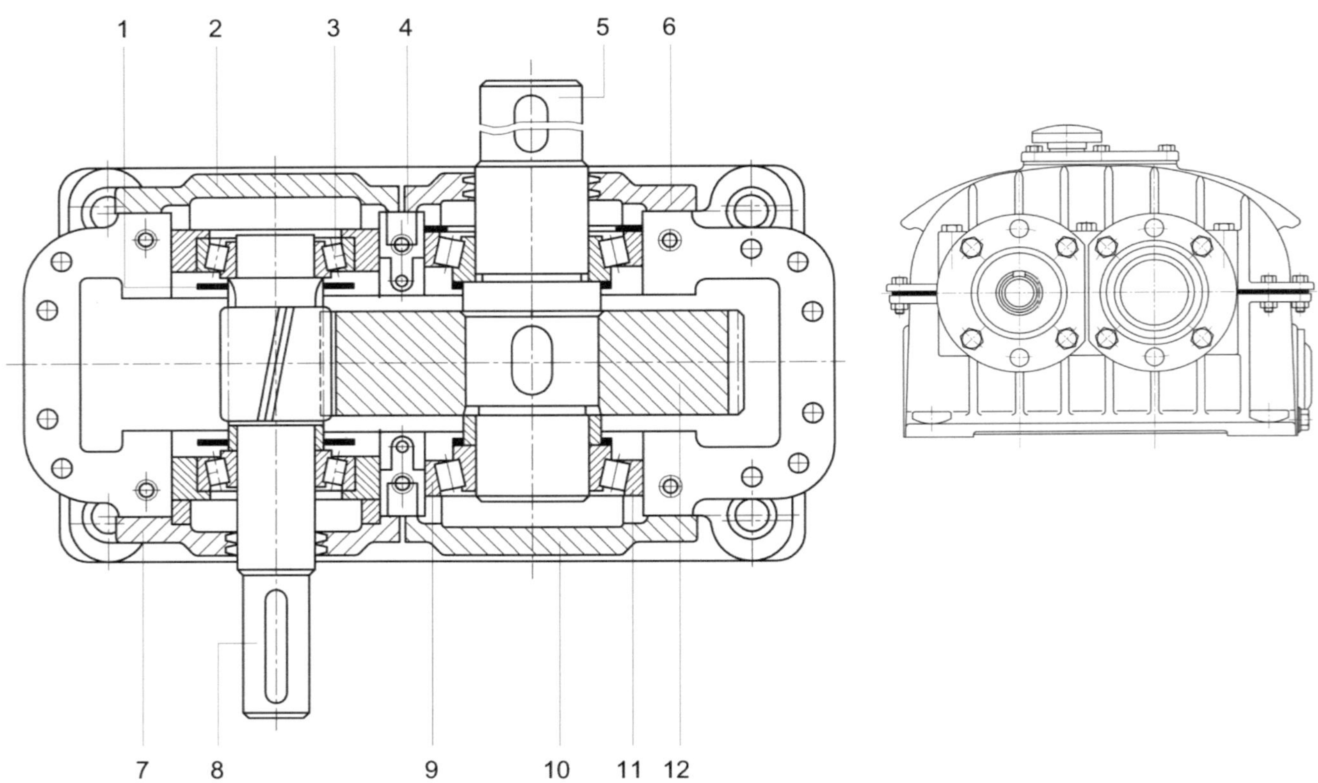

Bild 11-55 Stirnradgetriebe
1 Ölstaubblech; 2 Lagerabschlussdeckel; 3 Kegelrollenlager; 4 Ölabstreifer; 5 Welle; 6 Lagerabschlussdeckel; 7 Lagerabschlussdeckel; 8 Schrägstirnradwelle; 9 Kegelrollenlager; 10 Lagerabschlussdeckel; 11 Kegelrollenlager; 12 Schrägstirnrad

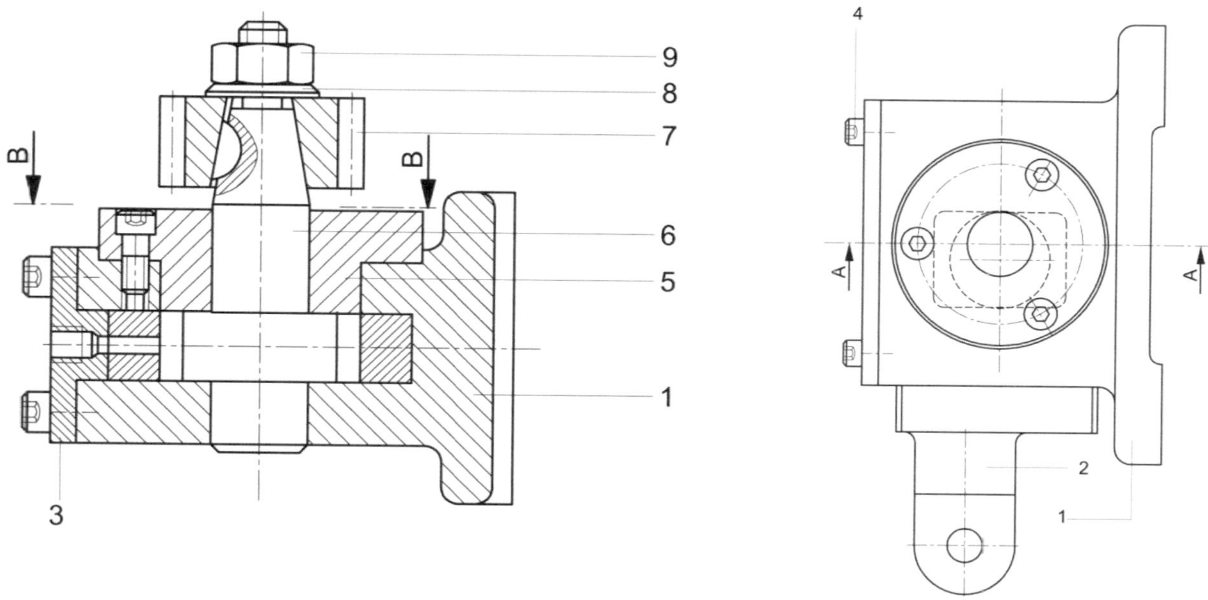

Bild 11-56 Exzentergetriebe
1 Getriebegehäuse; 2 Schieber; 3 Deckel; 4 Innensechskantschraube;
5 Flanschlager; 6 Exzenterwelle; 7 Ritzel; 8 Unterlegscheibe; 9 Sechskantmutter

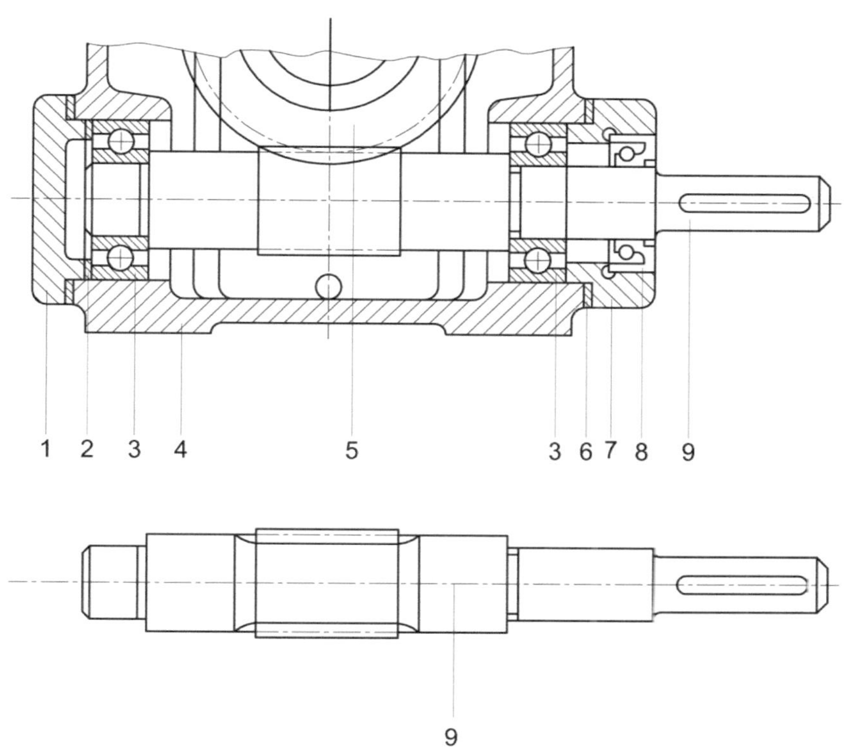

Bild 11-57 Schneckenradgetriebe
1 Rechter Deckel; 2 Distanzscheibe; 3 Kugellager; 4 Getriebegehäuse;
5 Schneckenrad; 6 Dichtungsscheibe; 7 Linker Deckel; 8 Dichtring; 9 Schneckenwelle

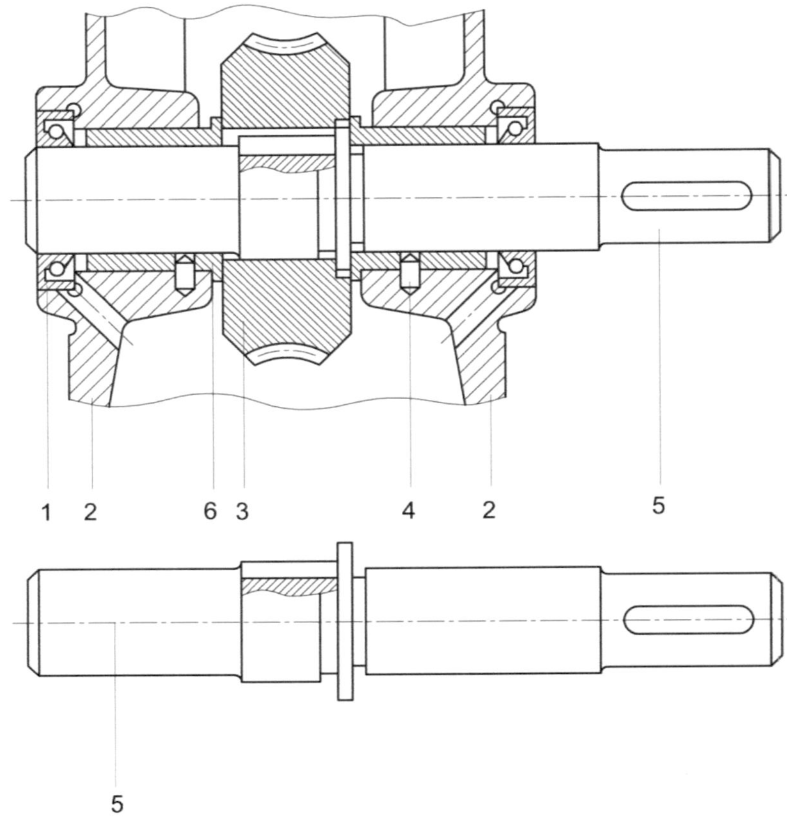

Bild 11-58 Schneckengetriebe
1 Dichtring; 2 Getriebegehäuse; 3 Schneckenrad; 4 Zylinderstift; 5 Antriebswelle; 6 Lagerbuchse

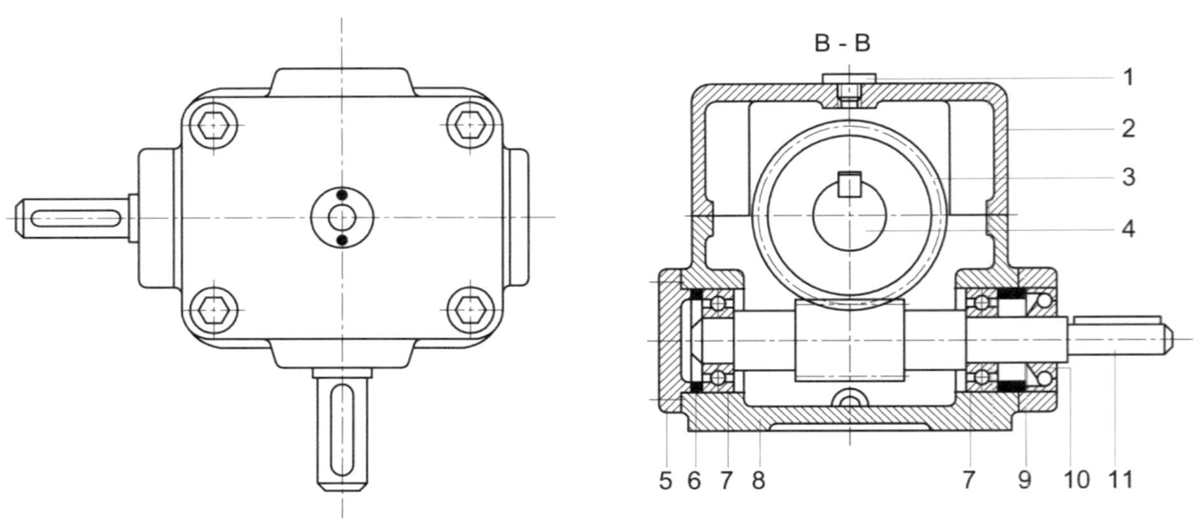

Bild 11-59 Schneckengetriebe
1 Ölstandsauge; 2 Gehäuse Oberteil; 3 Schneckenrad; 4 Schneckenradwelle; 5 Lagerdeckel; 6 Passscheibe; 7 Kugellager; 8 Gehäuse Unterteil; 9 Lagerdeckel; 10 Wellendichtring; 11 Schneckenritzelwelle

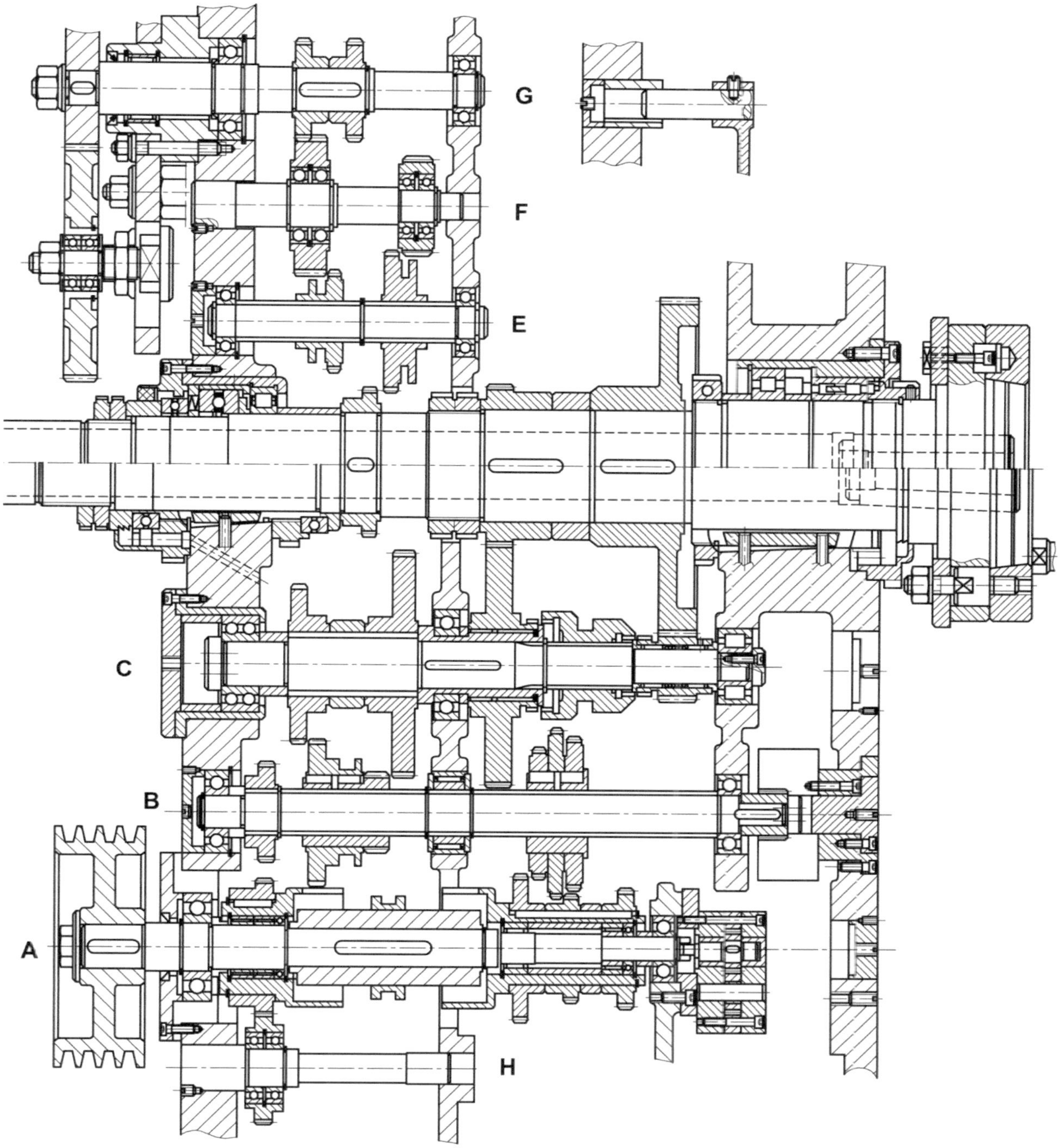

Bild 11-60 Spindelstock
A Antriebswelle; B Übersetzungswelle; C Schaltwelle;
D Hauptwelle; E Übersetzungswelle; F Mittelwelle; G Schaltwelle; H Abtriebswelle

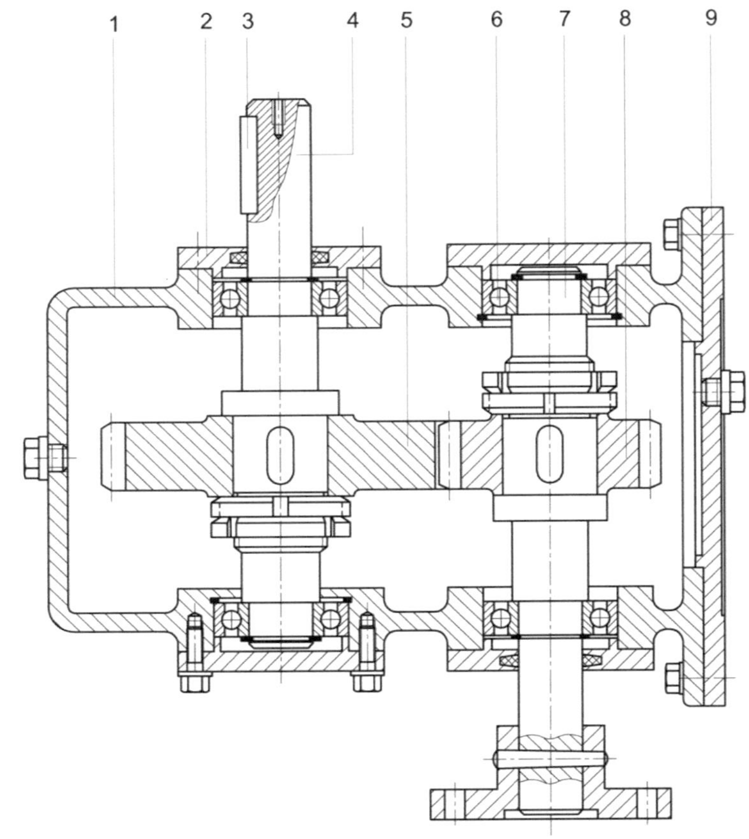

Bild 11-61 Stirnradgetriebe
1 Getriebegehäuse; 2 Deckel; 3 Passfeder; 4 Antriebswelle; 5 Stirnrad groß; 6 Rillenkugellager; 7 Abtriebswelle; 8 Stirnrad klein; 9 Bodendeckel

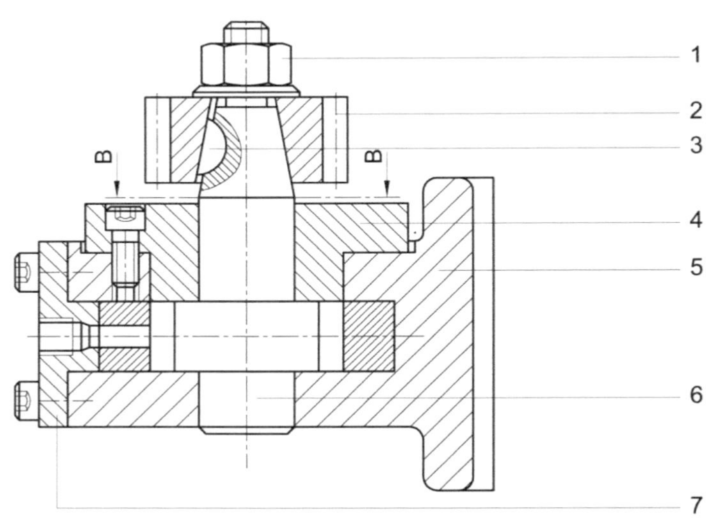

Bild 11-62 Exzentergetriebe
1 Sechskantmutter; 2 Ritzel; 3 Scheibenfeder; 4 Flanschlager; 5 Getriebegehäuse; 6 Exzenterwelle; 7 Deckel

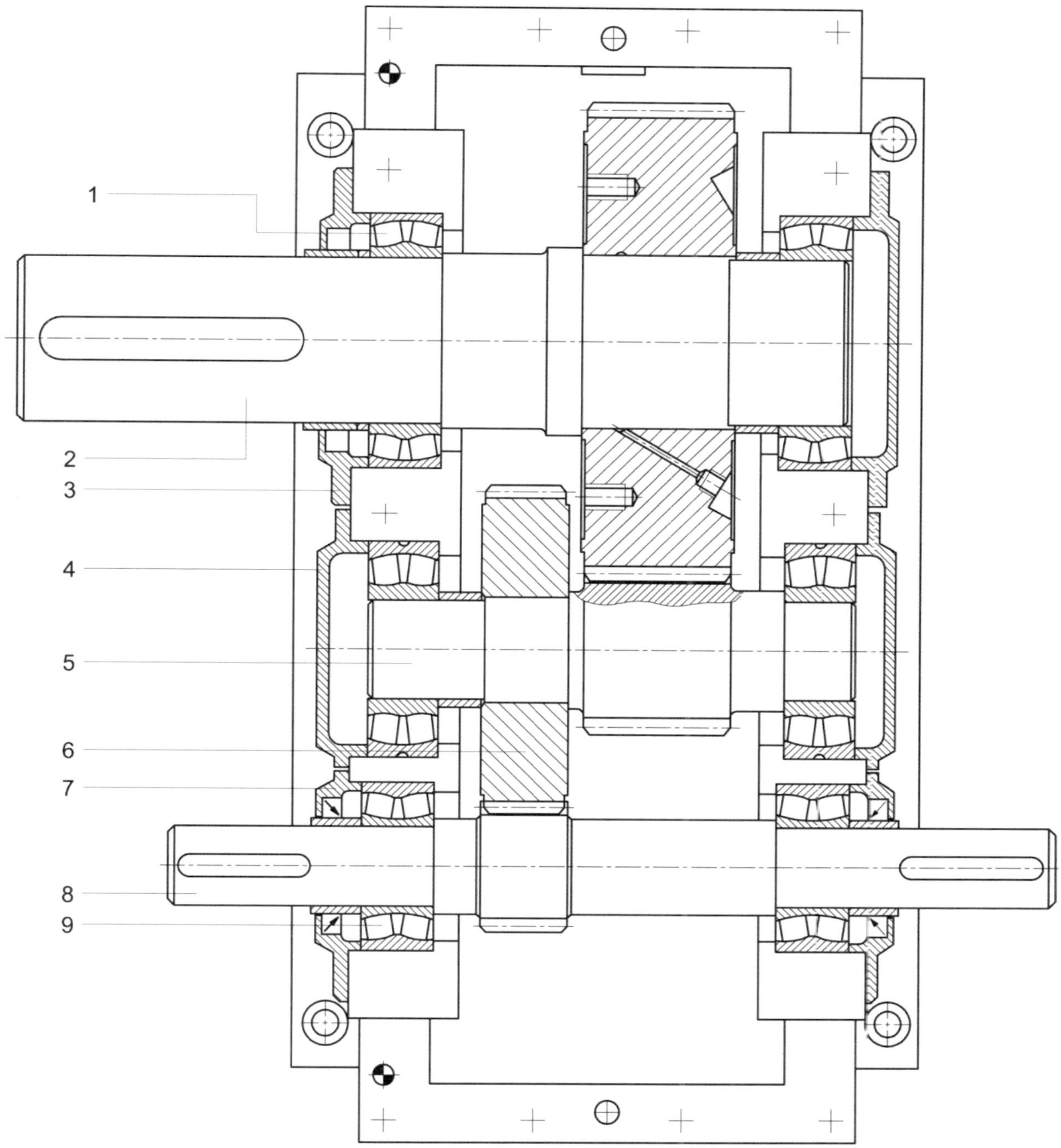

Bild 11-63 Zweistufiges Stirnradgetriebe
1 Rillenkugellager; 2 Antriebswelle; 3 Deckel; 4 Deckel; 5 Mittelwelle; 6 Stirnrad; 7 Deckel; 8 Abtriebswelle; 9 Rillenkugellager

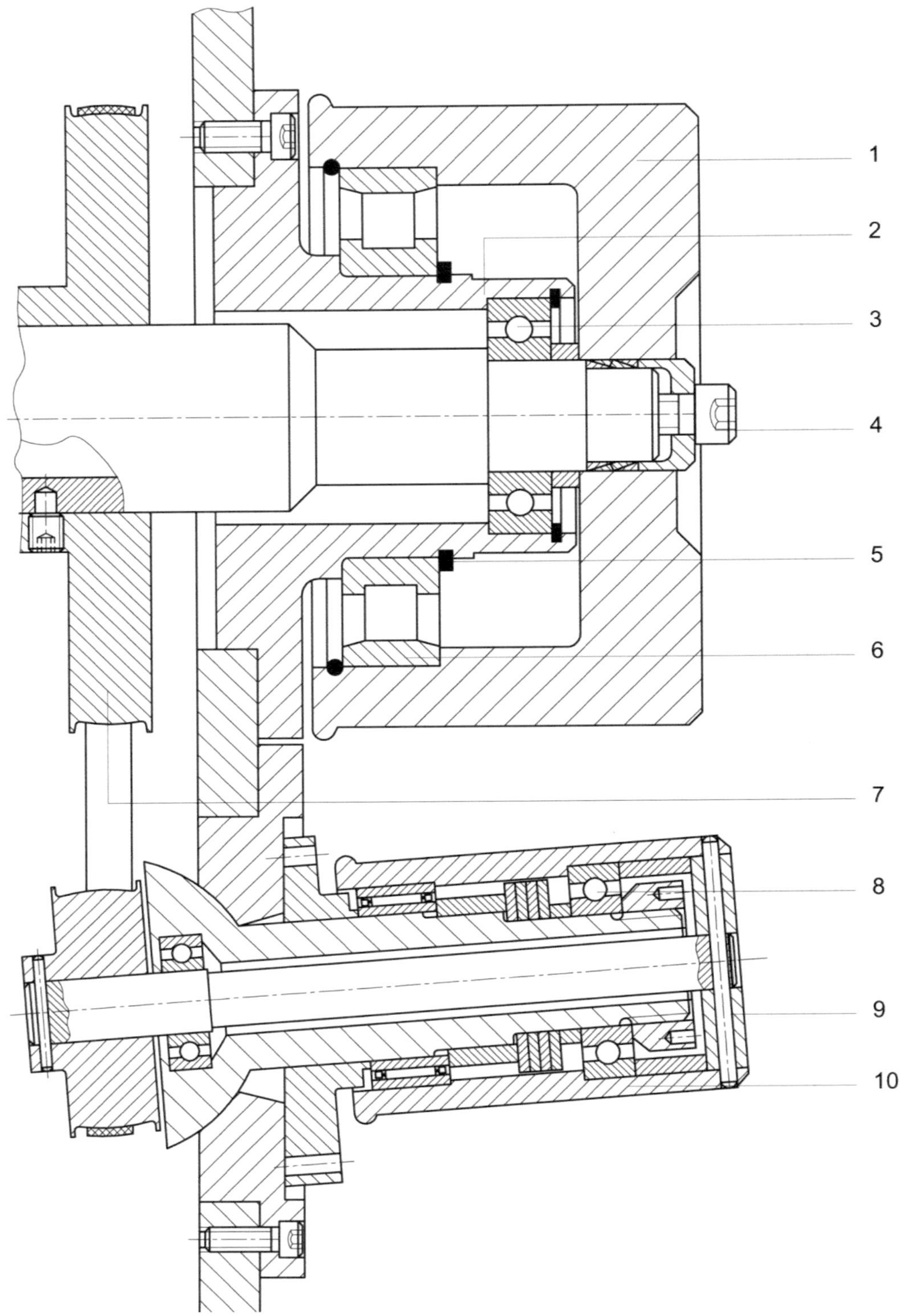

Bild 11-64 Riemengetriebe
1 Getriebegehäuse; 2 Flansch; 3 Rillenkugellager; 4 Innensechskantschraube; 5 Sicherungsring; 6 Distanzring; 7 Riemenscheibe; 8 Rillenkugellager; 9 Deckel; 10 Außenring

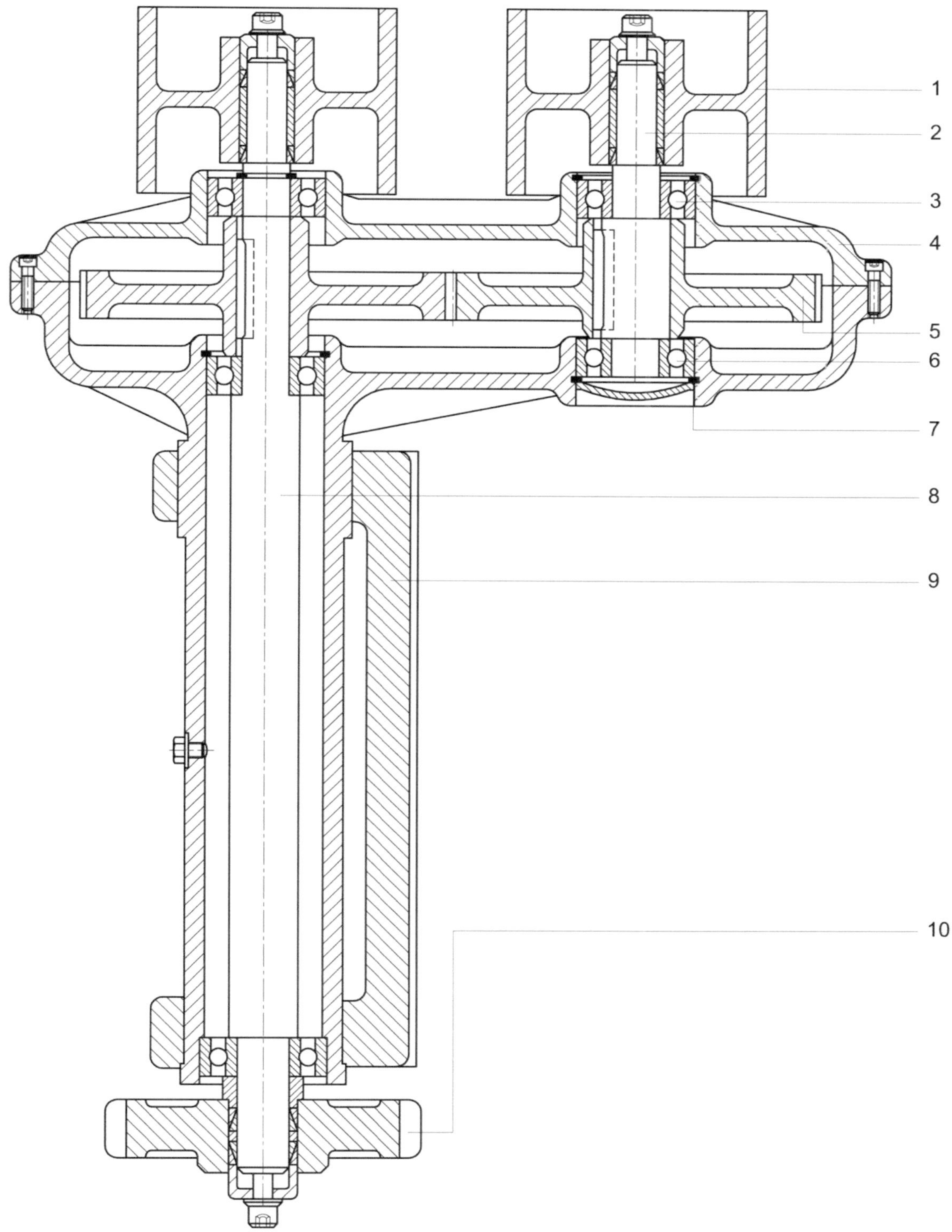

Bild 11-65 Stirnradgetriebe mit Verlängerung
1 Riemenscheibe; 2 Welle; 3 Rillenkugellager; 4 Getriebegehäuse; 5 Stirnrad; 6 Kugellager; 7 Sicherungsring; 8 Hauptwelle; 9 Getriebebefestigung; 10 Antriebsstirnrad

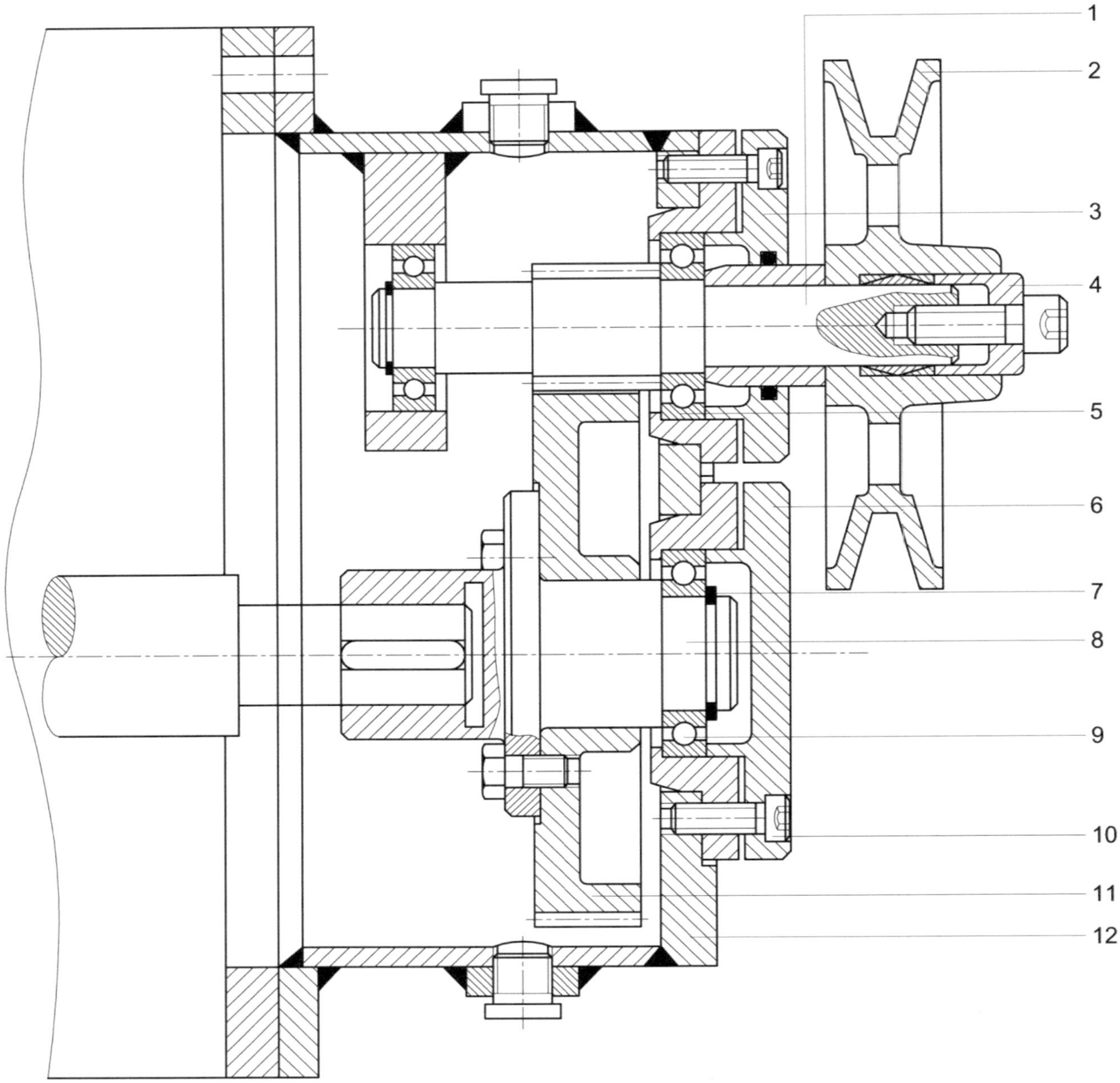

Bild 11-66 Stirnradflanschgetriebe
1 Antriebswelle; 2 Riemenscheibe; 3 Deckel; 4 Spannhülse; 5 Rillenkugellager; 6 Deckel; 7 Sicherungsring; 8 Abtriebswelle; 9 Rillenkugellager; 10 Innensechskantschraube; 11 Stirnrad; 12 Getriebegehäuse

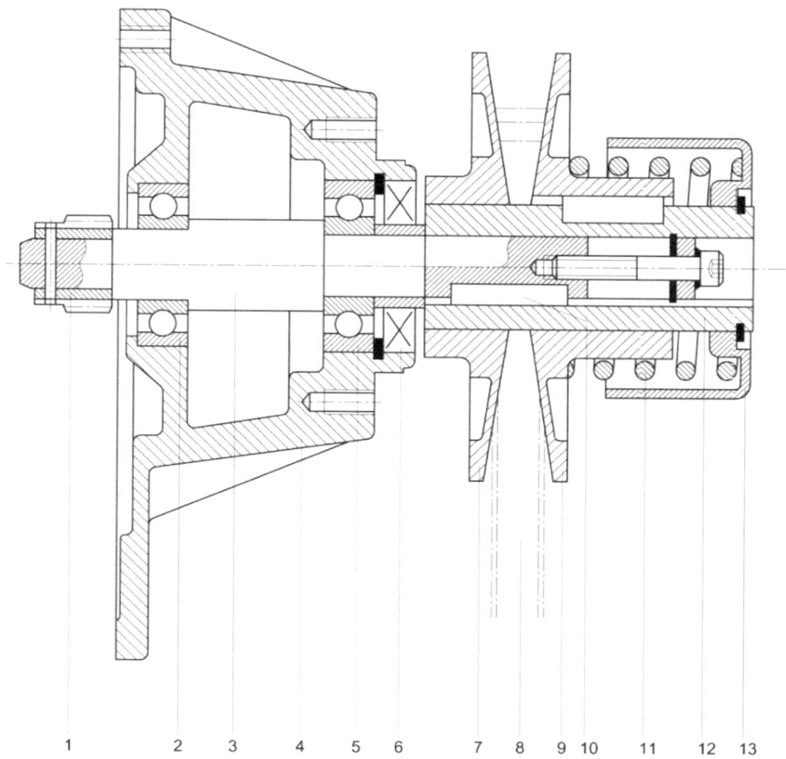

Bild 11-67 Keilriemengetriebe
1 Ritzel; 2 Rillenkugellager; 3 Antriebswelle; 4 Getriebegehäuse; 5 Rillenkugellager; 6 Wellendichtring; 7 Feste Kegelscheibe; 8 Keilriemen; 9 Bewegliche Kegelscheibe; 10 Passfeder; 11 Druckfeder; 12 Lagerbuchse; 13 Abschlussdeckel

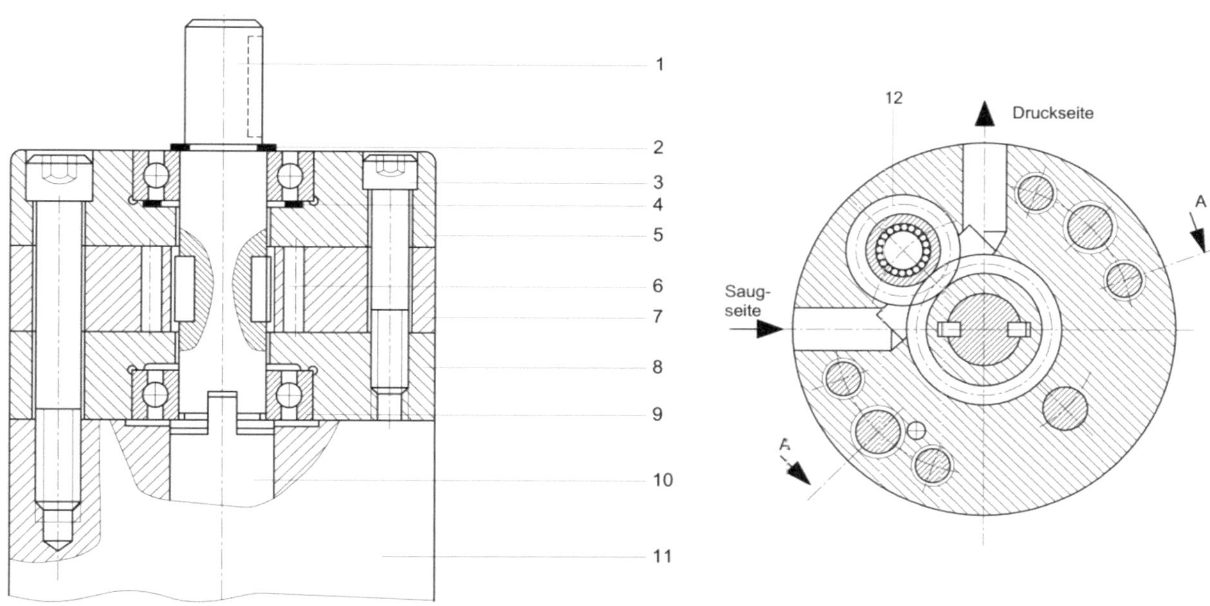

Bild 11-68 Zahnradpumpe
1 Antriebswelle; 2 Sicherungsring; 3 Innensechskantschraube; 4 Sicherungsring; 5 Kopfplatte; 6 Zahnrad innen; 7 Zahnradring; 8 Zwischenplatte; 9 Rillenkugellager; 10 Abtriebswelle; 11 Grundkörper; 12 Zahnrad außen

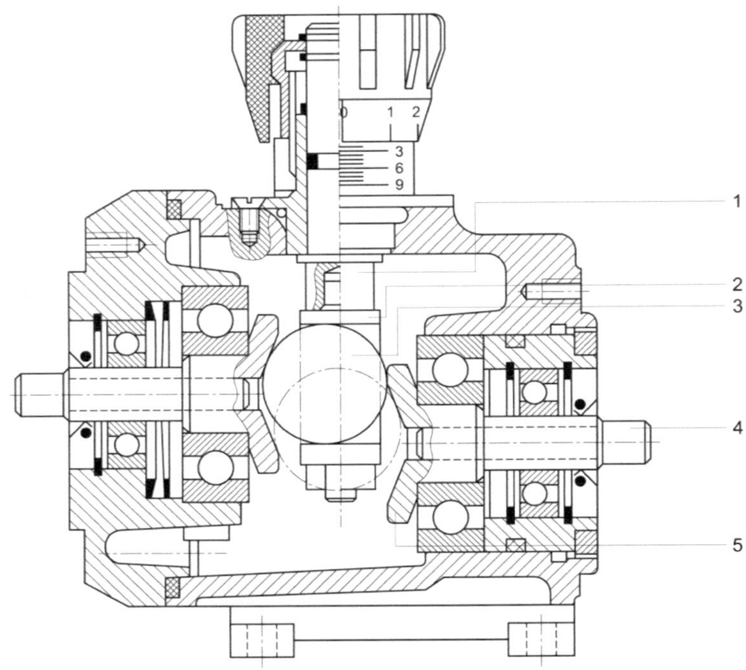

Bild 11-69 Stufenlos verstellbares Zugmittelgetriebe
1 Gabel; 2 Gleitstück; 3 Kugel; 4 Antrieb; 5 Hohlkegelscheibe

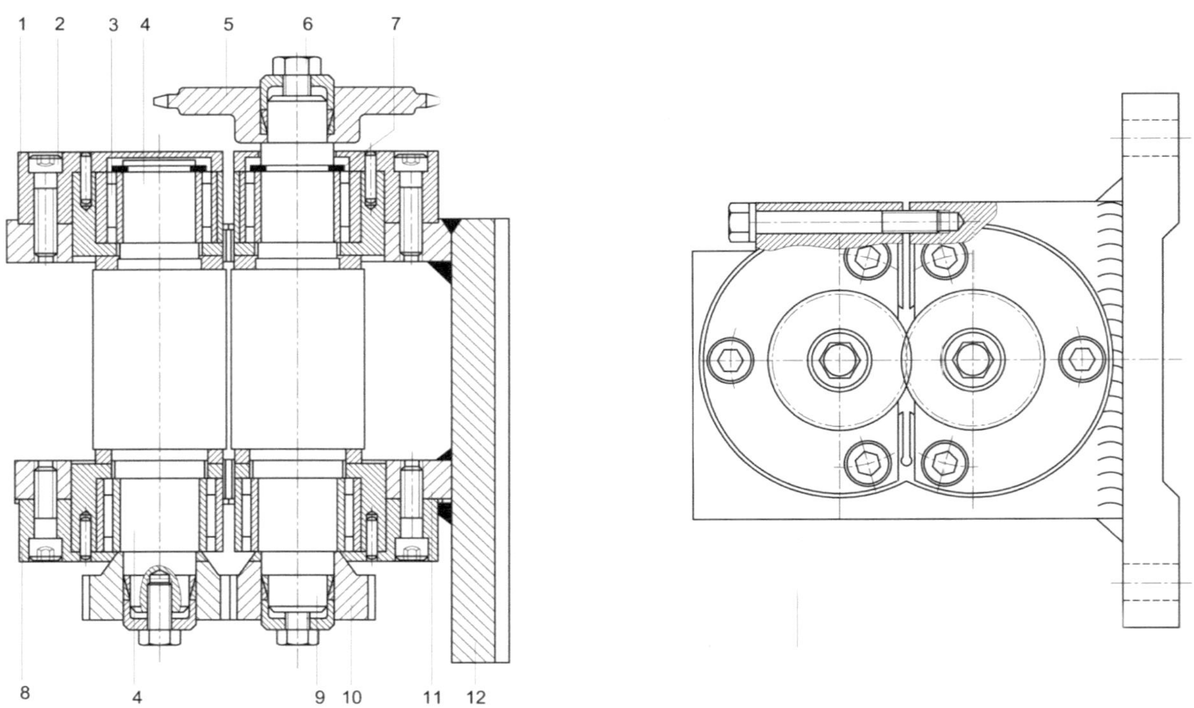

Bild 11-70 Walzengetriebe
1 Deckel; 2 Innensechskantschraube; 3 Nadellager; 4 Abtriebswelle; 5 Kettenrad; 6 Sechskantschraube; 7 Sicherrungsring; 8 Deckel; 9 Abtriebswelle; 10 Stirnzahnrad; 11 Gehäuse; 12 Grundplatte

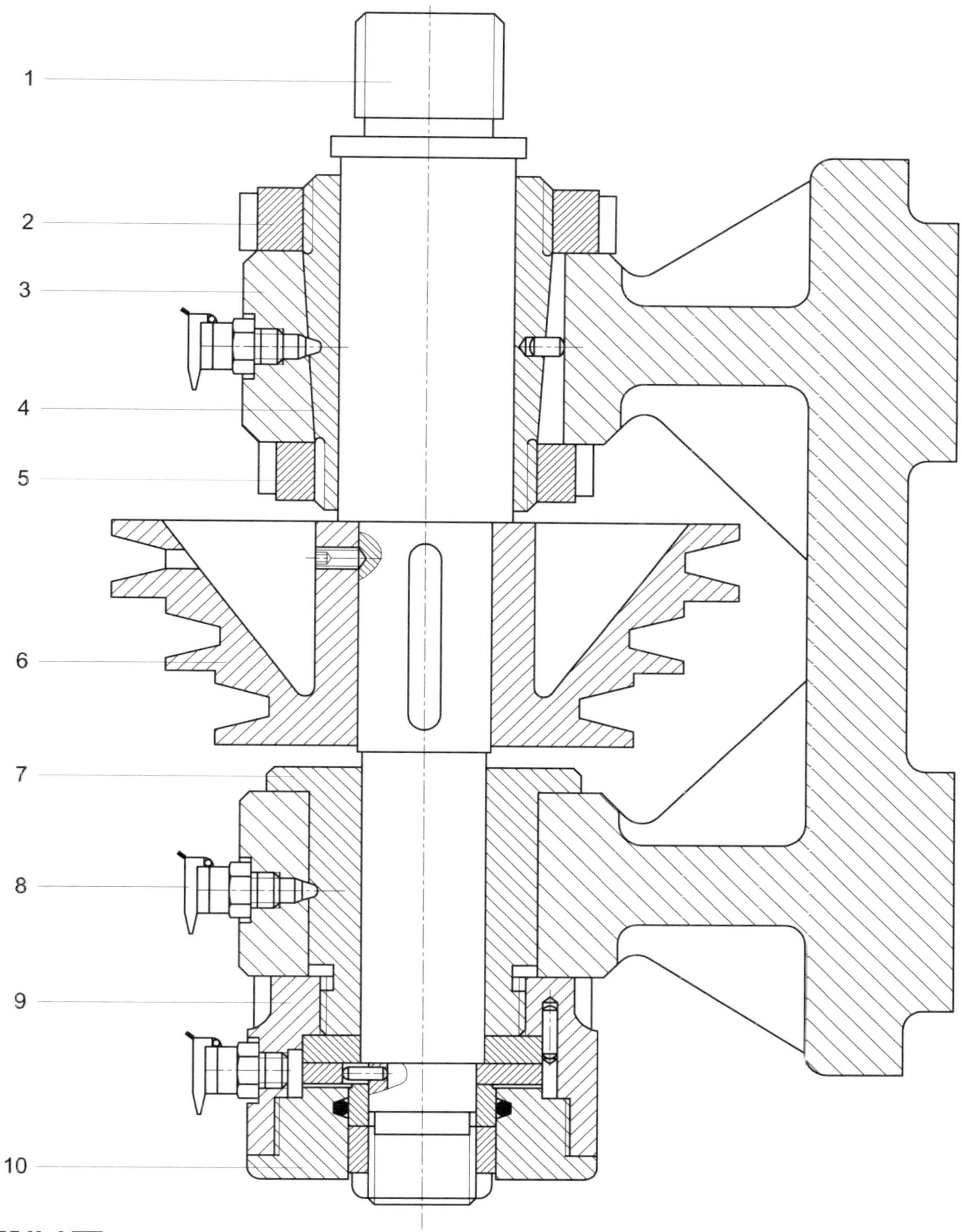

Bild 11-71 Spindellagerung
1 Spindel; 2 Nutmutter; 3 Spindelstockgehäuse; 4 Lagerbuchse; 5 Nutmutter; 6 Riemenscheibe; Lagerbuchse; Schmiernippel; 9 Zwischenstück; 10 Lochmutter

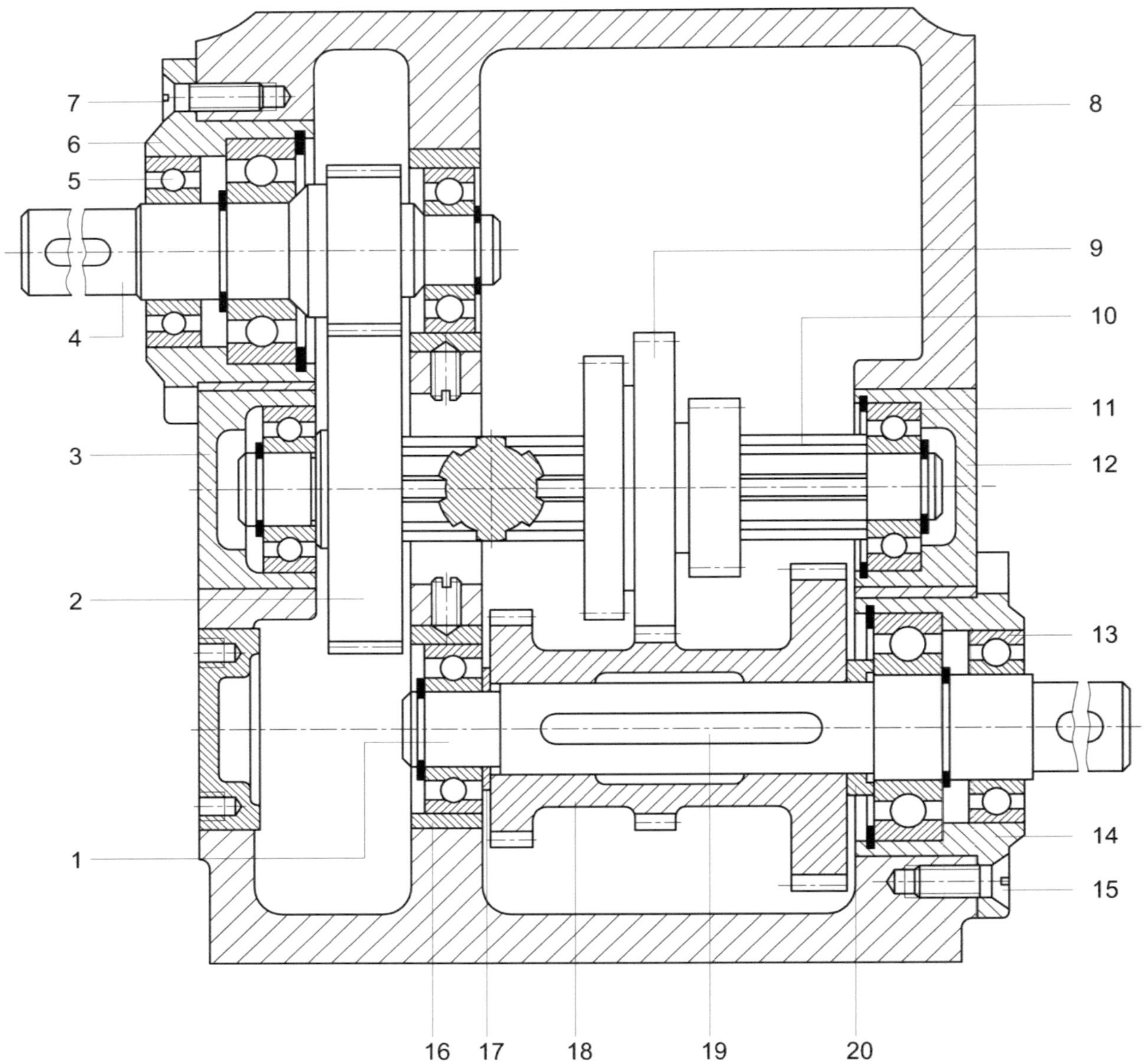

Bild 11-72 Dreiganggetriebe
1 Antriebswelle; 2 Stirnrad; 3 Gehäusedeckel; 4 Antriebswelle; 5 Rillenkugellager; 6 Gehäusedeckel; 7 Senkschraube; 8 Räderkasten; 9 Schieberradblock; 10 Keilwelle; 11 Rillenkugellager; 12 Gehäusedeckel; 13 Rillenkugellager; 14 Gehäusedeckel; 15 Senkschraube; 16 Buchse für Kugellager; 17 Scheibe; 18 Stirnradblock; 19 Passfeder; 20 Zwischenring

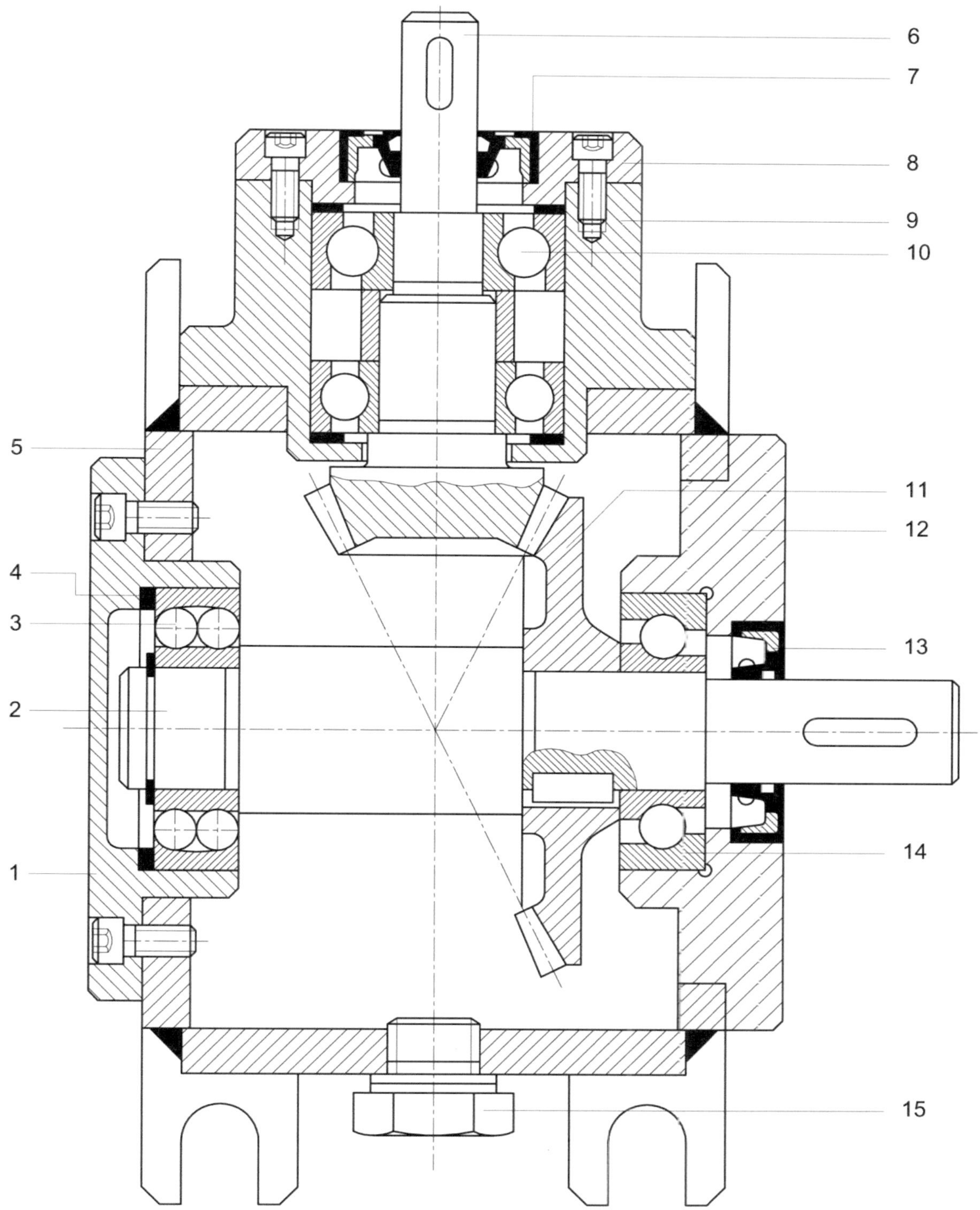

Bild 11-73 Kegelradgetriebe
1 Linker Abschlussdeckel; 2 Welle für Tellerrad; 3 Loslager; 4 Abstimmscheibe; 5 Gehäuse; 6 Triebling; 7 Wellen-Dichtring; 8 Oberer Abschlussdeckel; 9 Kugellager – Aufnahme; 10 Schrägrollenkugellager; 11 Tellerrad; 12 Rechter Abschlussdeckel; 13 Wellen-Dichtring; 14 Schrägrollenkugellager; 15 Verschlussschraube

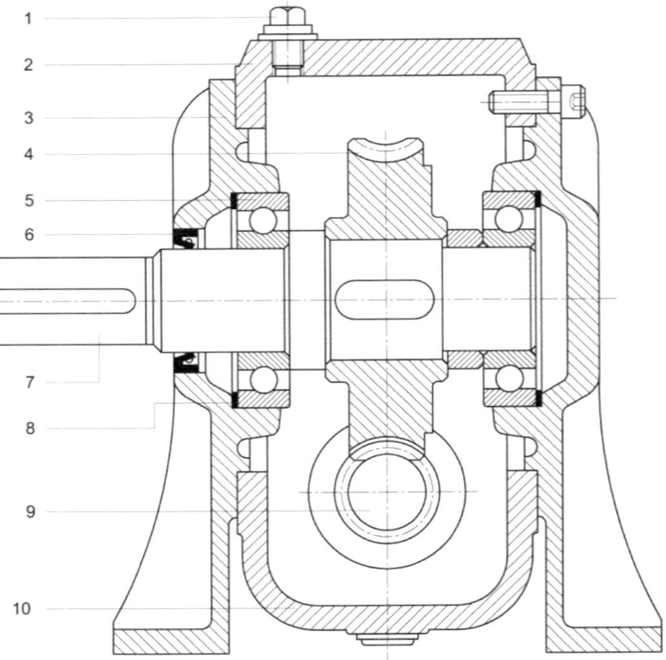

Bild 11-74 Schneckengetriebe
1 Öleinfüllschraube; 2 Oberer Deckel; 3 Gehäuse; 4 Schneckenrad; 5 Rillenkugellager; 6 Dichtring; 7 Abtriebswelle; 8 Sprengring; 9 Schnecke; 10 Unterer Deckel

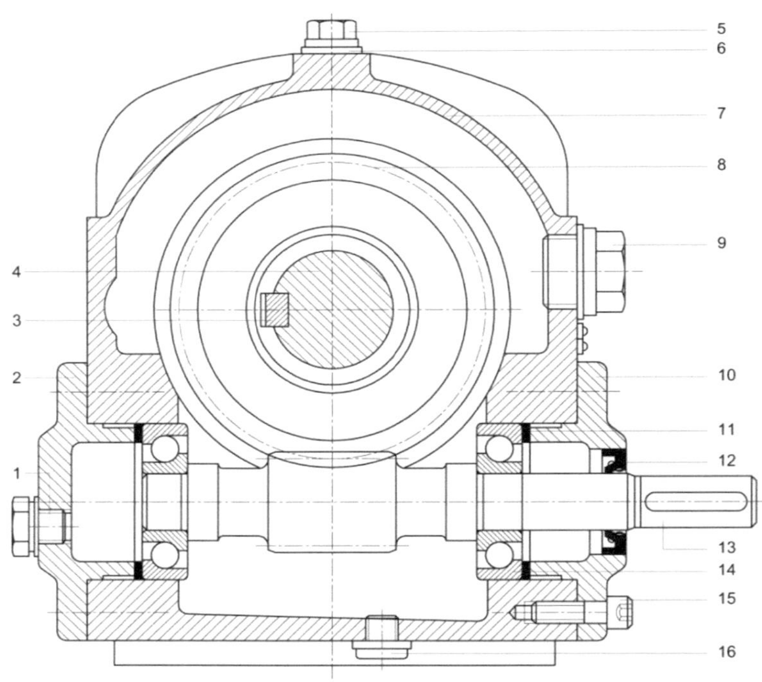

Bild 11-75 Schneckengetriebe
1 Verschlussschraube; 2 Lagerdeckel links; 3 Passfeder; 4 Schneckenradwelle; 5 Entlüftungsschraube; 6 Dichtring; 7 Gehäuse; 8 Schneckenrad; 9 Verschlussschraube; 10 Lagerdeckel rechts; 11 Passscheibe; 12 Dichtring; 13 Schneckenwelle; 14 Schrägkugellager; 15 Innensechskantschraube; 16 Verschlussschraube

Kupplungen 12

3D-Zeichnungen und 32 Anwendungsbeispiele
2D-Zeichnungen und 10 Anwendungsbeispiele

3D-Konstruktionen im Überblick (Seiten 267–281)

2D-Konstruktionen im Überblick (Seiten 282–286)

Nachfolgend werden einige wichtige Kupplungen mit ihren Eigenschaften beschrieben:

Klauenkupplung

- elektrische, mechanische und chemische Isolation
- Bei Überschreitung des max. Drehmomentes rutscht die Kupplung durch.

Bemerkungen

- überträgt kontaktfrei Drehmoment durch eine geschlossene Wand (z. B. Behälter)
- zwischen Wandung und Magnetscheibe Luftspalt vorsehen
- Drehmoment ist umgekehrt proportional zur Luftspaltbreite.

Kreuzgelenk (auch Kardangelenk)

Vorteile:

- drehstarr: winkelnachgiebig
- Ausgleich von Fluchtungsfehlern kein Radialversatz, kein Axialversatz, großer Winkelfehler: max. 20°)

Nachteile:

- hohe Reibungsverluste
- nur bei Winkel = 0° gleichmäßige Übertragung der Drehbewegung und des Drehmomentes (Kardanfehler)
- geeignet zur Übertragung kleinerer Drehmomente
- geeignet zur Übertragung niedriger Drehzahlen kleiner als 1000 min

Kreuzpaargelenk (auch Doppel-Wellengelenk)

Vorteile:

- drehstarr: winkelnachgiebig
- Ausgleich von Fluchtungsfehlern (kein Radialversatz, kein Axialversatz, großer Winkelfehler: ca. 20°)
- gleichmäßige Übertragung der Drehbewegung und des Drehmomentes (kein Kardanfehler)

Nachteile:

- hohe Reibungsverluste
- nur für niedrige Drehzahlen geeignet

Gelenkwelle mit Längenausgleich

Vorteile:

- drehstarr: winkel-, längsnachgiebig
- Ausgleich von Fluchtungsfehlern (kein Radialversatz, kein Axialversatz, großer Winkelfehler: ca. 20°)
- gleichmäßige Übertragung der Drehbewegung und des Drehmomentes (kein Kardanfehler)
- Längenausgleich

Nachteile:

- hohe Reibungsverluste
- nur für niedrige Drehzahlen geeignet
- Laufgeräusche

Schmidt-Kupplung

Vorteile:

- drehstarr: quernachgiebig
- variabler und sehr großer Radialversatz
- Ausgleich von Fluchtungsfehlern (großer Radialversatz, kein Axialversatz, kein Winkelfehler)
- absoluter Gleichlauf
- reaktionskräftefrei: keine zusätzliche Lagerbelastungen durch Radialversatz
- sehr große Auswahl möglich
- Übertragung hoher Drehmomente
- hoher Federsteife

Nachteil:

- hohe Reibungsverluste

Bolzenkupplung

Vorteile:

- drehelastisch: winkel-, quer-, längsnachgiebig
- Ausgleich von Fluchtungsfehlern (Radialversatz, Axialversatz, keine Winkelfehler)
- Dämpfung extremer Stoßbelastung und großer Drehschwingung
- hohe Drehmomentübertragung (Schwerlastantriebe)
- drehelastische Kupplung
- Verlängerung der System-Eigenfrequenz in unterkritische Bereiche
- austauschbare Puffer und Bolzen

Nachteil:

- großes Bauvolumen

Drehelastische Klauenkupplung

Vorteile:

- Drehelastisch: winkel-, quer-, längsnachgiebig
- Ausgleich von Fluchtungsfehlern (kleiner Radialversatz, kleiner Axialversatz, kleine Winkelfehler)
- stoß- und schwingungsdämpfend
- Bei einigen Modellen sind die elastischen Kupplungspakete austauschbar.

Power-Grip-Kupplung

(WK-PG. Hersteller Walter Flender)

Vorteile:

- drehelastisch: winkel-, quer-, längsnachgiebig
- Ausgleich von Fluchtungsfehlern (Radialversatz, Axialversatz, große Winkelfehler)
- schwingungsdämpfend
- Manschette aus PU oder Neopren
- kleiner bis mittlerer Drehmomentbereich
- unempfindlich gegen Feuchtigkeit, Öle und Schmierstoffe
- Überlastschutz durch Manschettenbruch
- preiswerte Kupplung

Kettenkupplung: (Duplex Kette)

Vorteile:

- drehelastisch: winkel-, quer-, längsnachgiebig
- Ausgleich von Fluchtungsfehlern (kleiner Radialversatz, kleiner Axialversatzt, kleiner Winkelfehler)
- elastische Übertragung des Drehmoments
- unempfindlich gegen Feuchtigkeit, Öle und Schmierstoffe
- Temperaturbereich: –30 bis +220 °C

Nachteil:

- Demontage geschieht durch Lösen eines Kettengliedes

Elastische Klauenkupplung

Vorteile:

- drehelastisch: winkel-, quer-, längsnachgiebig
- Ausgleich von Fluchtungsfehlern kleiner Radialversatz, Axialversatz, kleiner Winkelfehler)
- elastische Übertragung des Drehmoments
- stoß- und vibrationsdämpfend
- Puffer mit verschiedenen Shore-Härten
- ölfeste Puffer

Nachteil:

- aufwändige Montage

Hochelastische Kupplung

Vorteile:

- drehelastisch: winkel-, quer-, längsnachgiebig
- Ausgleich von Fluchtungsfehlern (kleiner Radialversatz, Axialversatz, kleiner Winkelfehler)
- elastische Übertragung des Drehmoments
- sehr gute chemische Resistent gegen Säuren, Laugen, Lösungsmittel, Schmierfette und Öle
- stoß- und vibrationsdämpfend

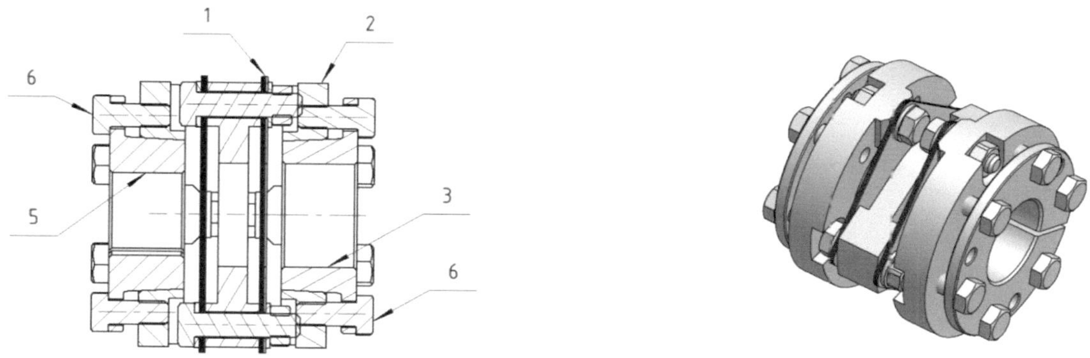

Bild 12-1 Hochelastische Lamellenkupplung
1 Stahllamellenpaket; 2 Spannscheibe; 3 Eingangswellenaufnahme; 4 Schraubpaket; 5 Ausgangswelle; 6 Passschrauben

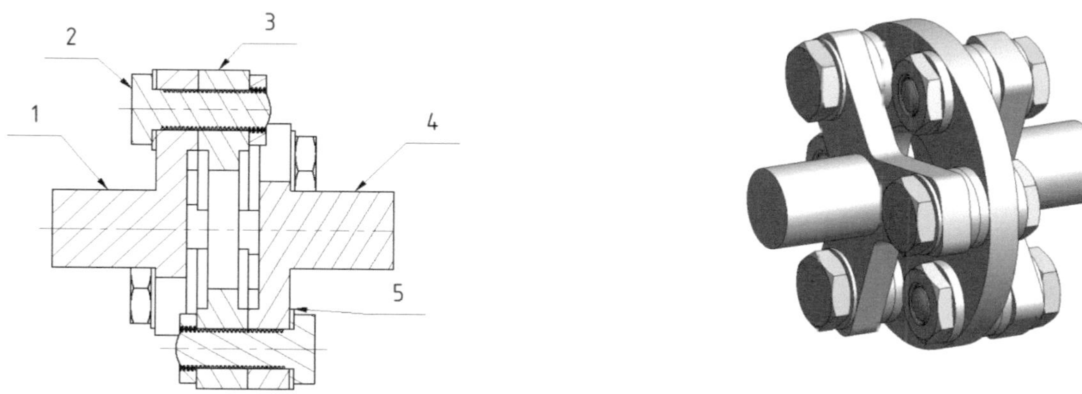

Bild 12-2 Flexible Kupplung
1 Eingangswellenaufnahme; 2 Schraubpaket; 3 Zwischenflansch; 4 Ausgangswelle; 5 Unterlegscheibe

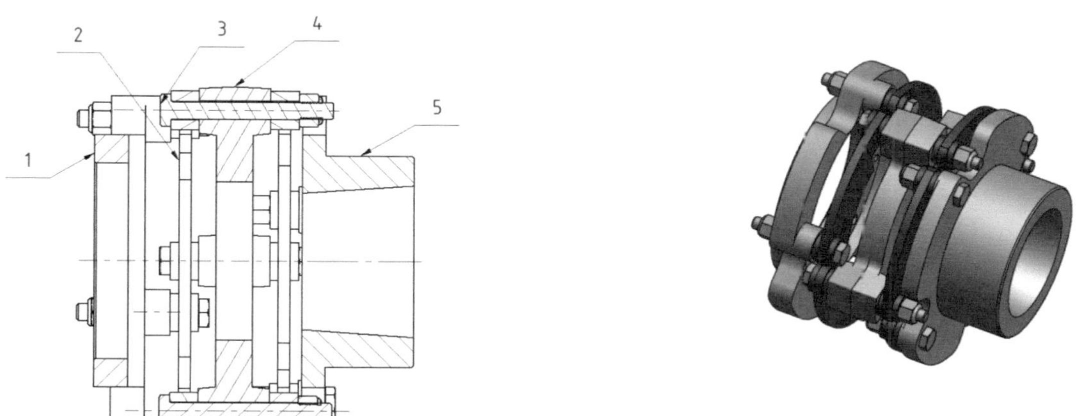

Bild 12-3 Doppelt flexible Kupplung
1 Außenflansch; 2 Zwischenstück; 3 Sechskantschraube; 4 Zwischenflansch; 5 Wellenaufnahme

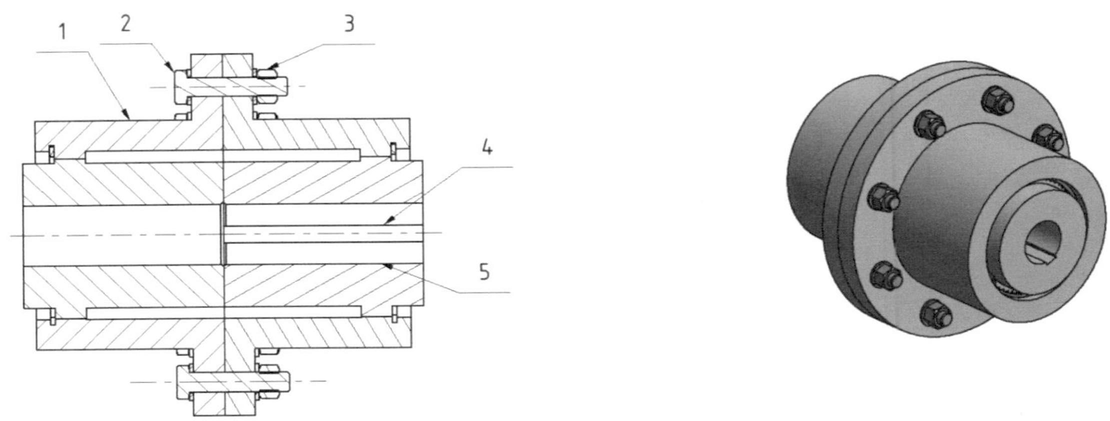

Bild 12-4 Bolzenkupplung
1 Wellenflansch; 2 Sechskantschraube; 3 Sechskantmutter; 4 Nut für Gleitstein; 5 Flansch

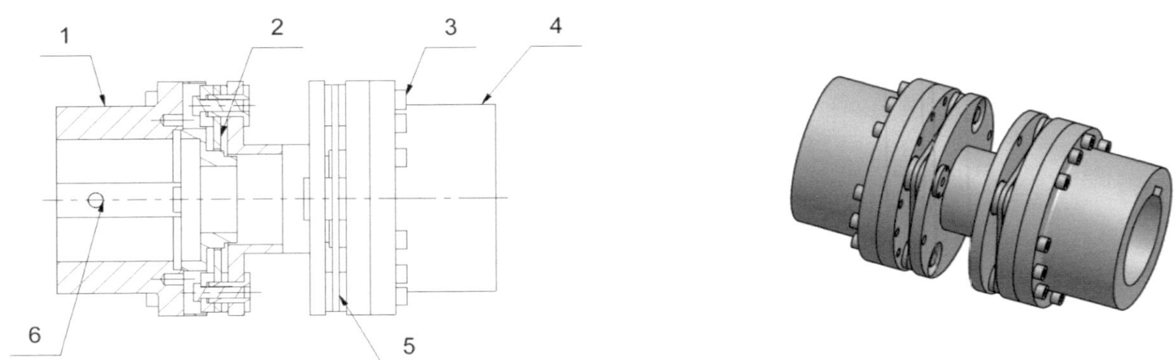

Bild 12-5 Stahl-Lamellenkupplung
1 Wellenflansch; 2 Lamellen aus rostfreiem Federstahl; 3 Zylinderschraube; 4 Flansch; 5 Zwischenring; 6 Passfedernut

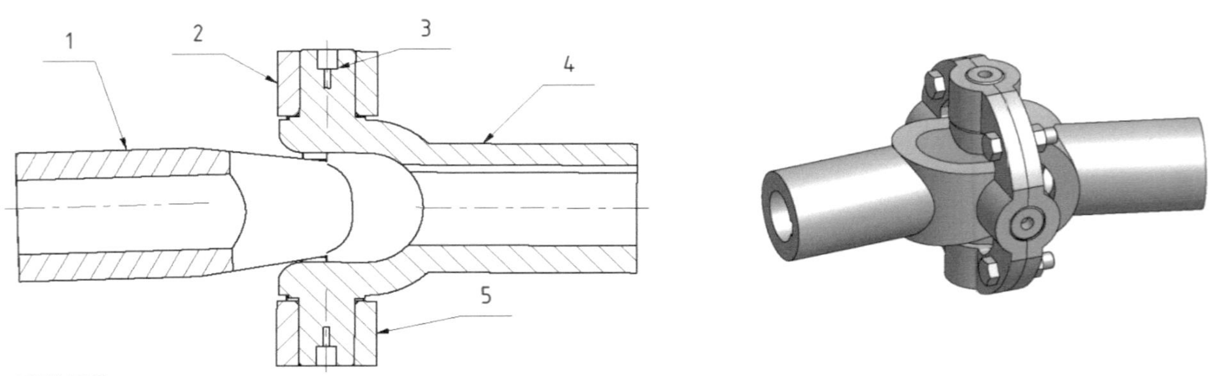

Bild 12-6 Gelenkkupplung
1 Antriebsseite mit Kardangelenk; 2 Befestigungsflansch; 3 Lagerstift; 4 Abtriebsseite; 5 Befestigungsflansch

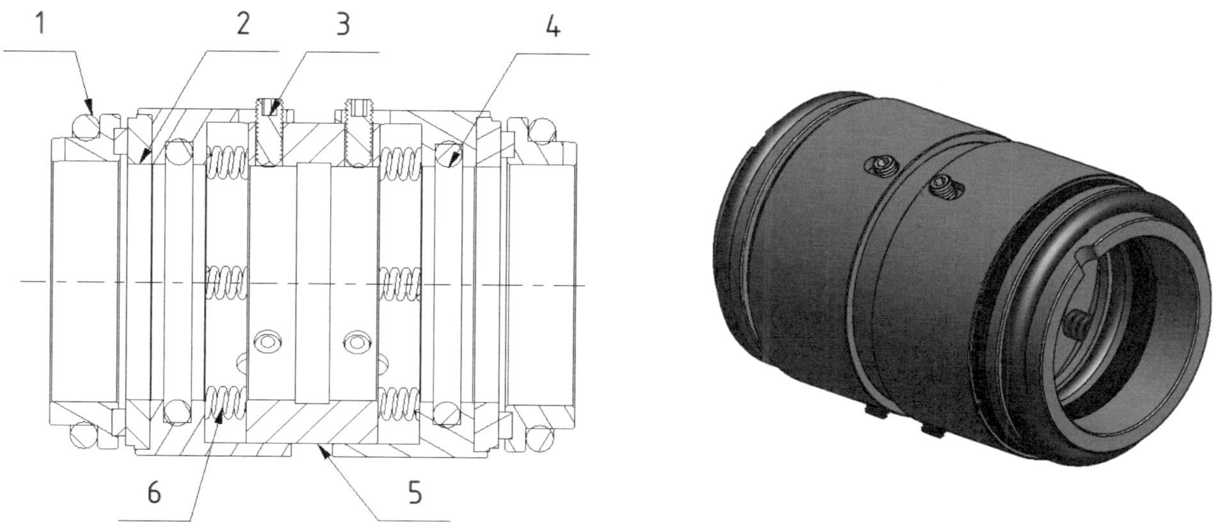

Bild 12-7 Mechanische Kupplung
1 O-Ring; 2 Dichtring; 3 Innensechskant-Stellschraube; 4 O-Ring;
5 Zwischenstück; 6 Druckfeder Packet

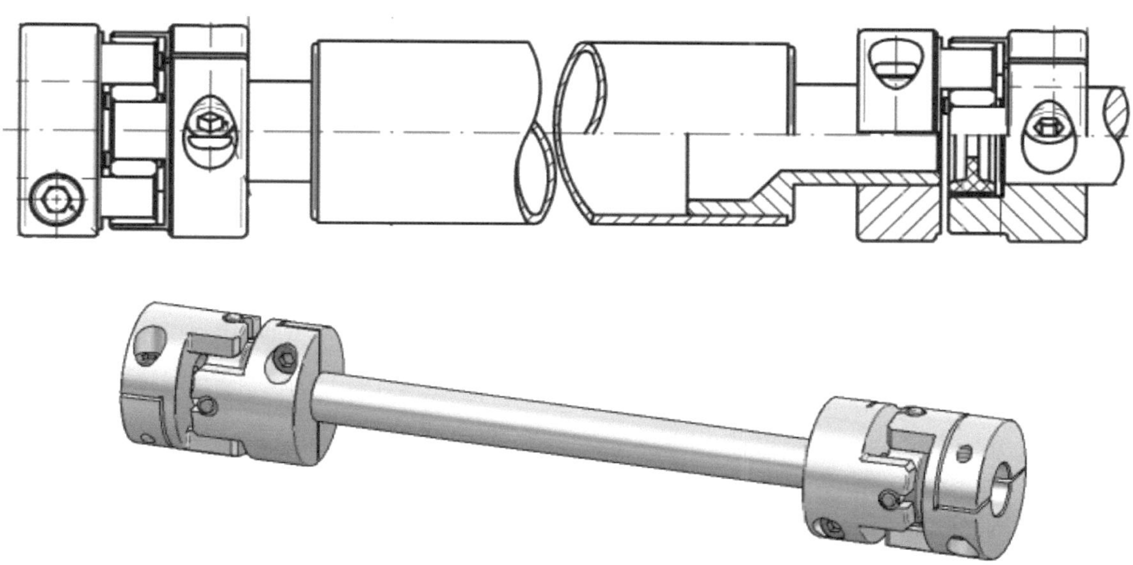

Bild 12-8 Anwendungsbeispiel für zweifache Gelenkkupplung
1 Gelenkkupplung; 2 Verbindungswelle; 3 Gelenkkupplung

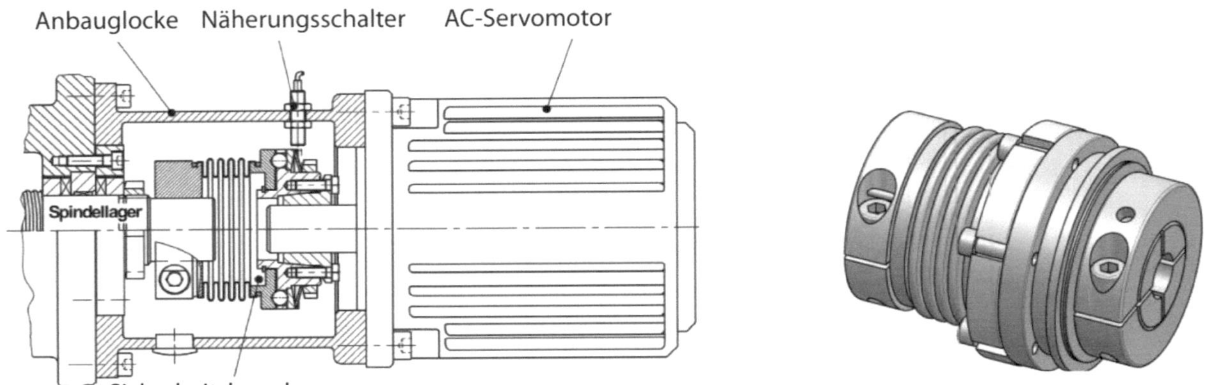

Bild 12-9 Anwendungsbeispiel für Sicherheitskupplung
1 Anbauglocke; 2 Näherungsschalter; 3 AC-Servomotor; 4 Sicherheitskupplung

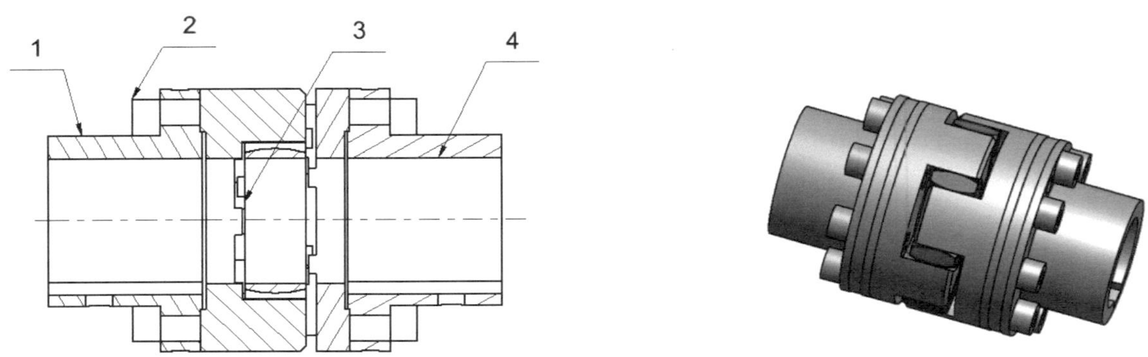

Bild 12-10 Drehelastische Kupplung
1 Flansch; 2 Schraubenpaket; 3 Elastomerzahnkranz; 4 Mitnehmerflansch

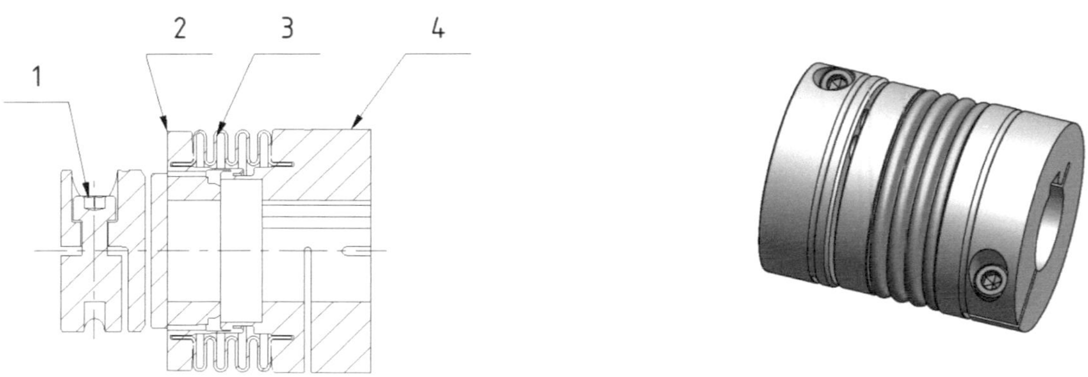

Bild 12-11 Elastische Kupplung
1 Befestigungsschraube; 2 Flansch; 3 Kunststoffzahnkranz; 4 Anbauflansch

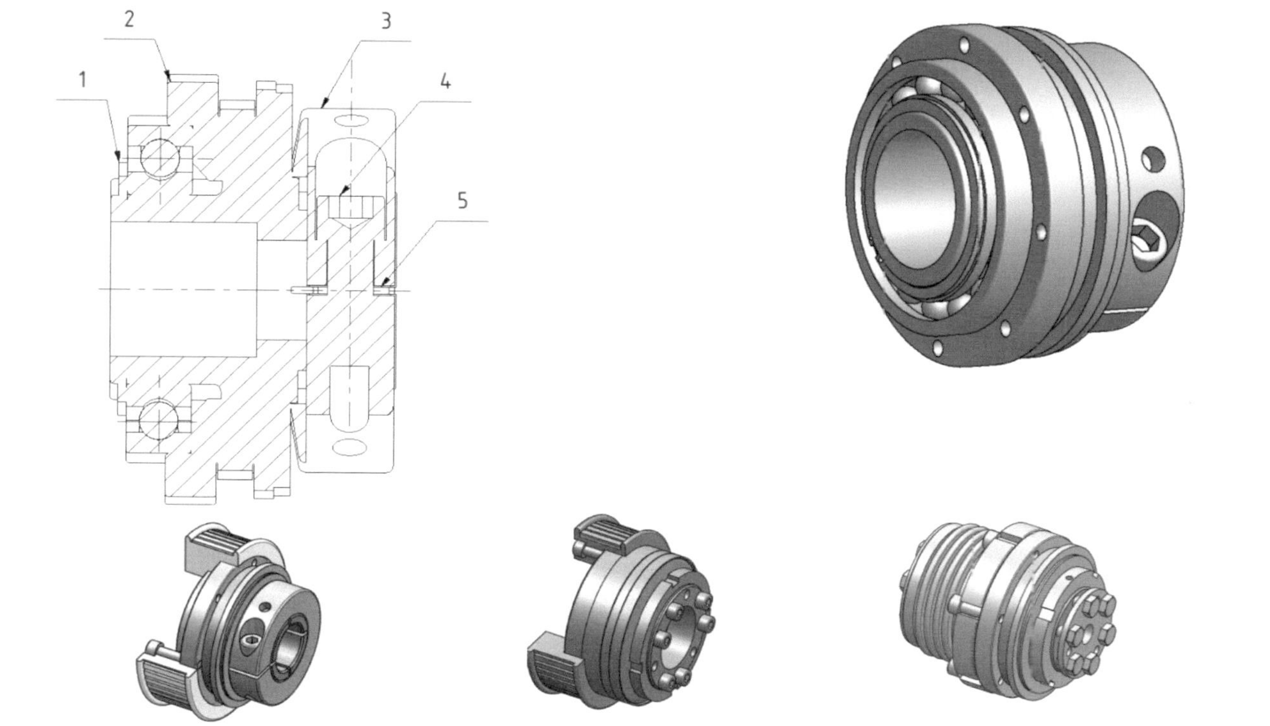

Bild 12-12 Sicherheitskupplung
1 Kugellager; 2 Flansch; 3 Anbauflansch; 4 Befestigungsschraube;
5 Nut zum Spannen

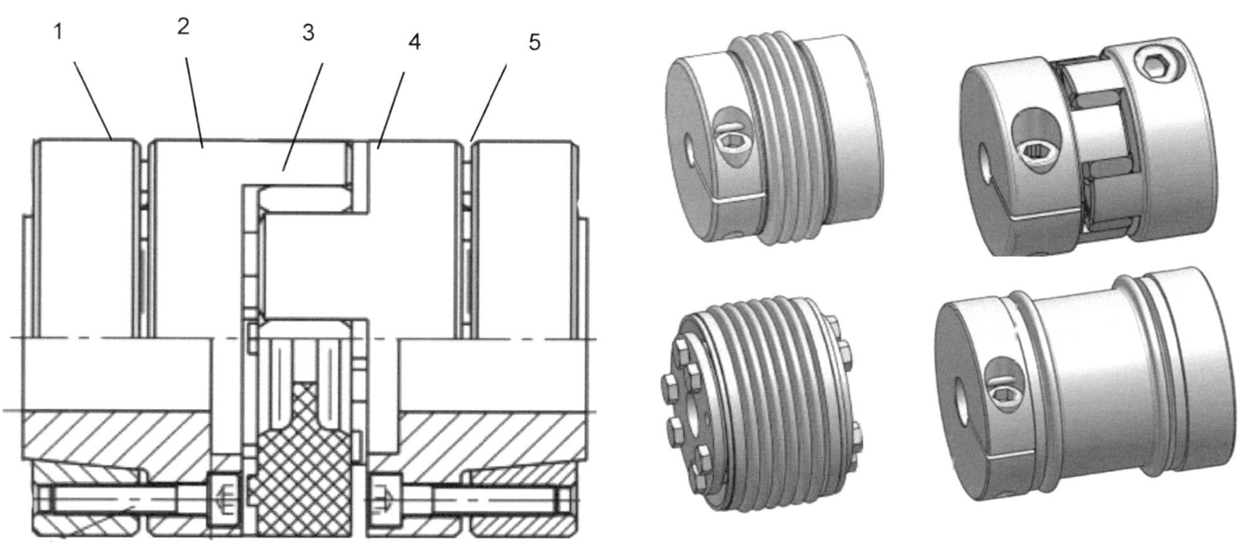

Bild 12-13 Servokupplung
1 Spannring; 2 Konusnabe; 3 Elastomerstern; 4 Konusnabe; 5 Spannring

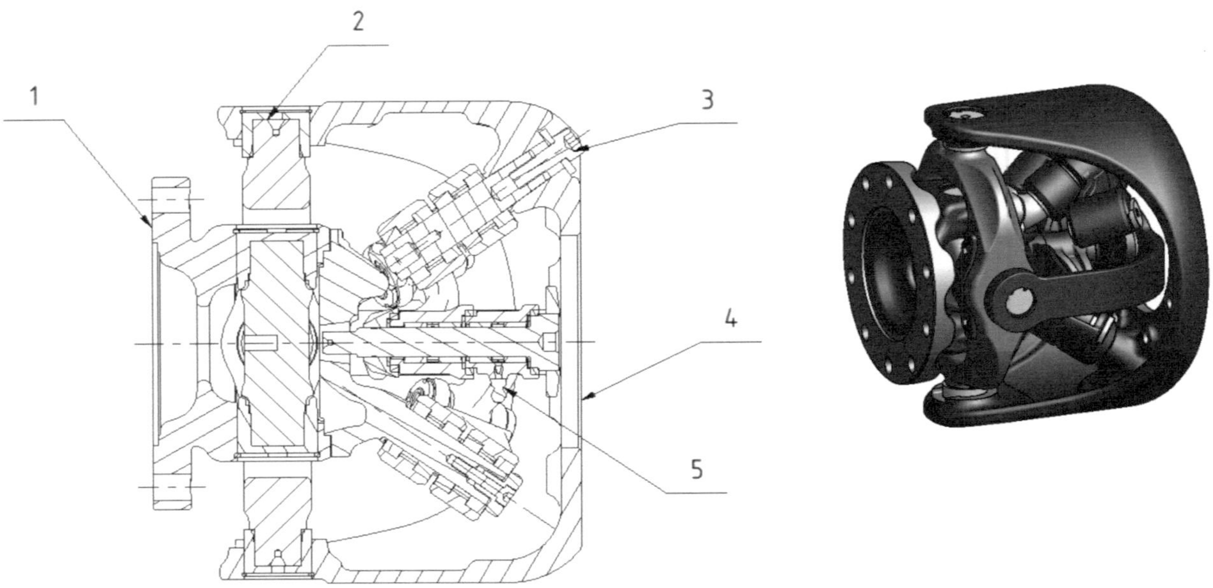

Bild 12-14 Wellenkupplung mit bis zu 15 Grad Gelenkwinkel
1 Aufnahmeflansch; 2 Zwischenflansch; 3 Schraubenpaket; 4 Gehäuse; 5 Schmiernippel

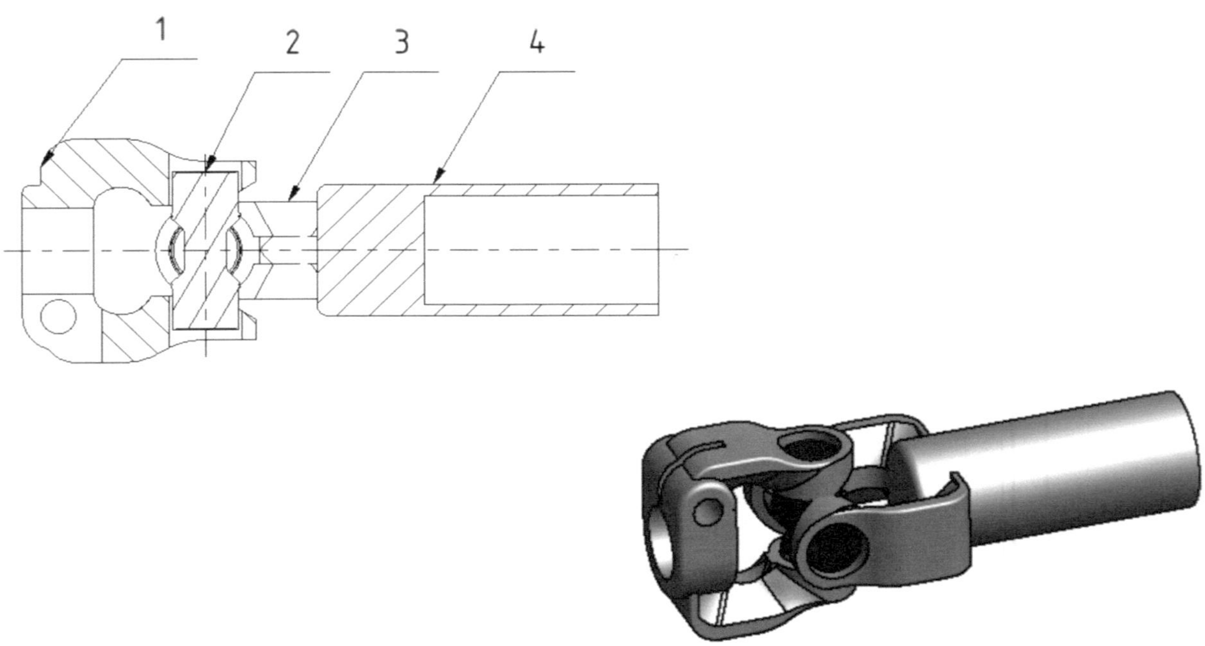

Bild 12-15 Gelenkkupplung
1 Gelenk mit Wellenaufnahme; 2 Gelenkkreuz; 3 Bügel Abtriebswelle; 4 Abtriebswelle

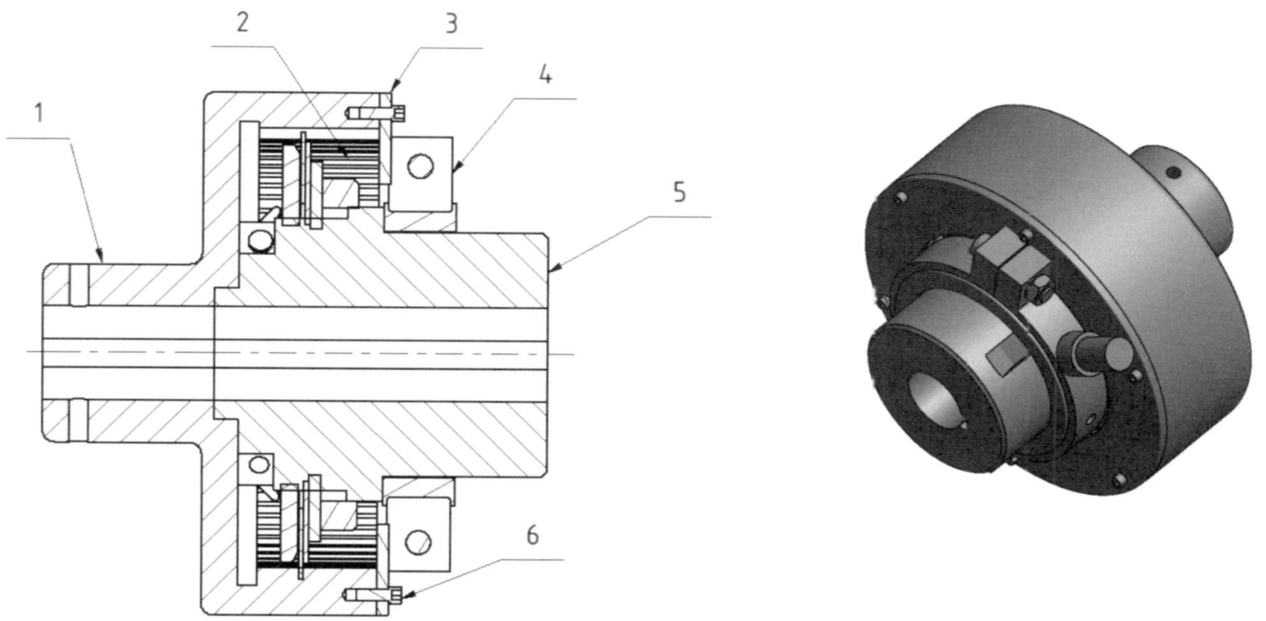

Bild 12-16 Lamellenkupplung
1 Wellenaufnahme mit Gehäuse; 2 Lamellenpaket; 3 Deckel;
4 Befestigungshalbschale; 5 Wellenaufnahme; 6 Schraubenpaket

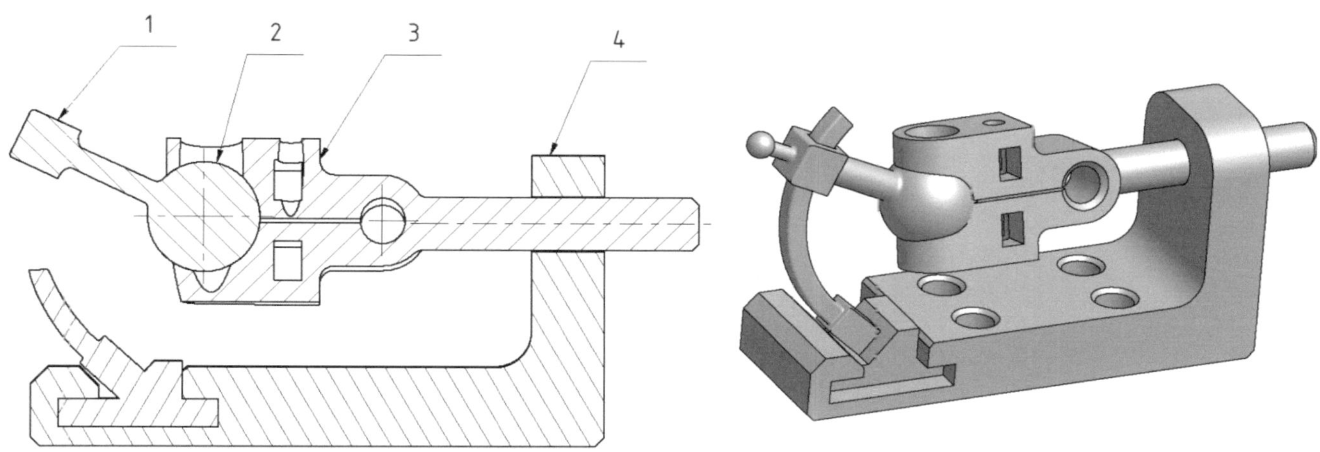

Bild 12-17 Modelaufbau für Gelenkkupplung
1 Gelenkhebel; 2 Kugelgelenk; 3 Aufnahme Kugelpfanne; 4 Gestell

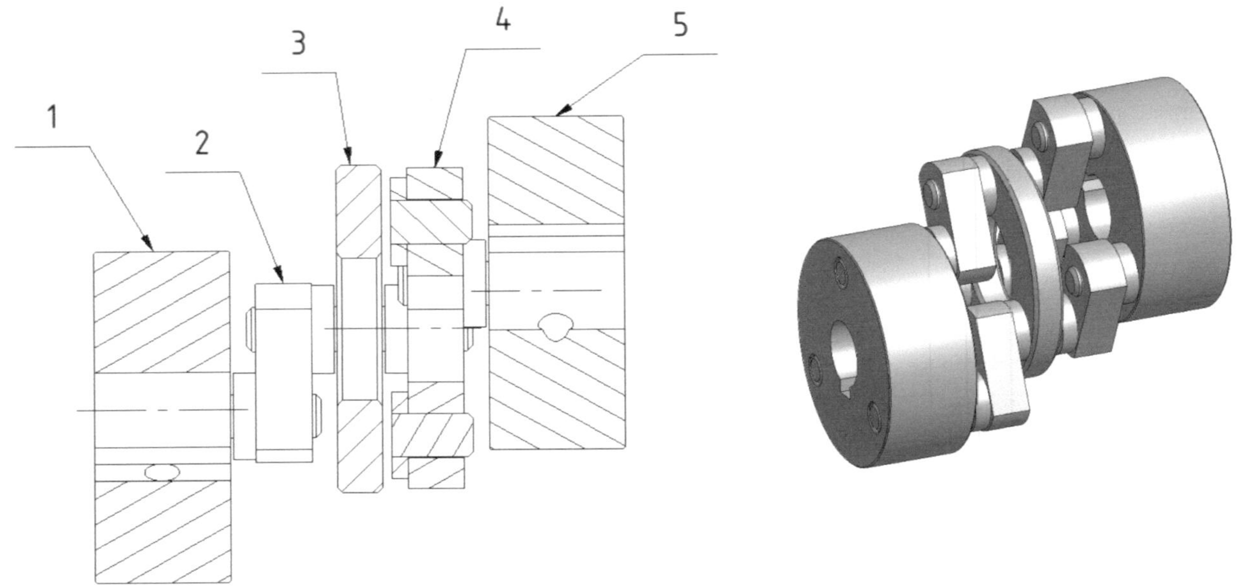

Bild 12-18 Parallelkurbel-Kupplung (Schmidt-Kupplung)
1 Aufnahmeflansch für Welle mit Nut; 2 Zwischenstück; 3 Anschraubflansch;
4 Spannnabe mit Passfeder

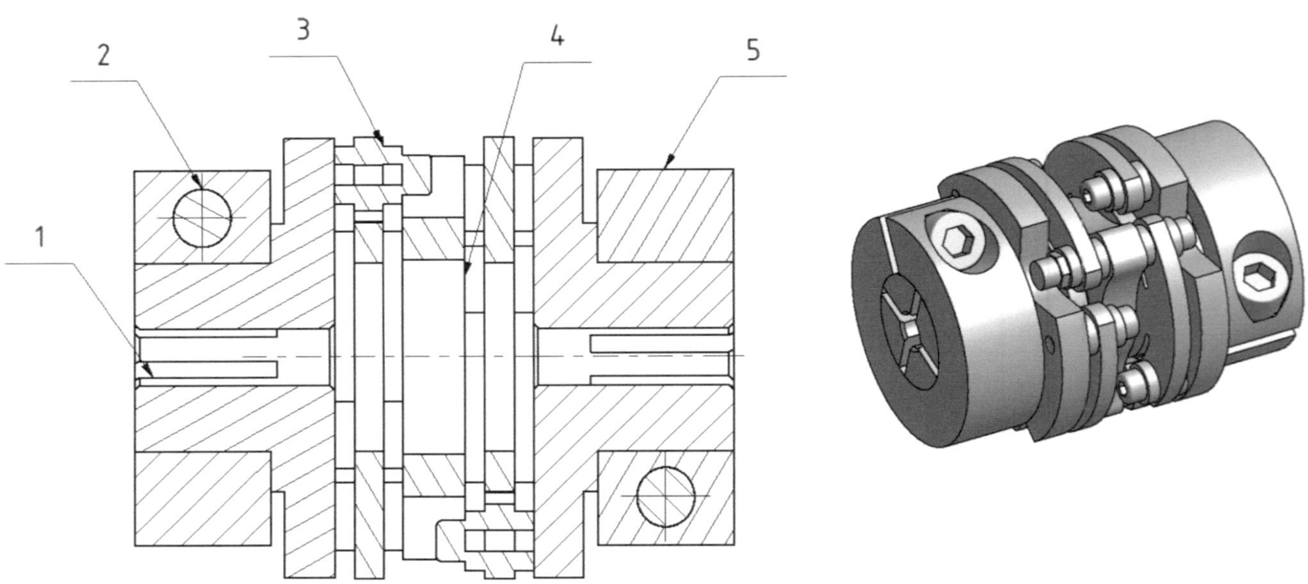

Bild 12-19 Flexible Kupplung
1 Wellenaufnahme mit Spannzange; 2 Feststellschraube; 3 Befestigungspaket;
4 Zwischenflansch; 5 Wellenaufnahme

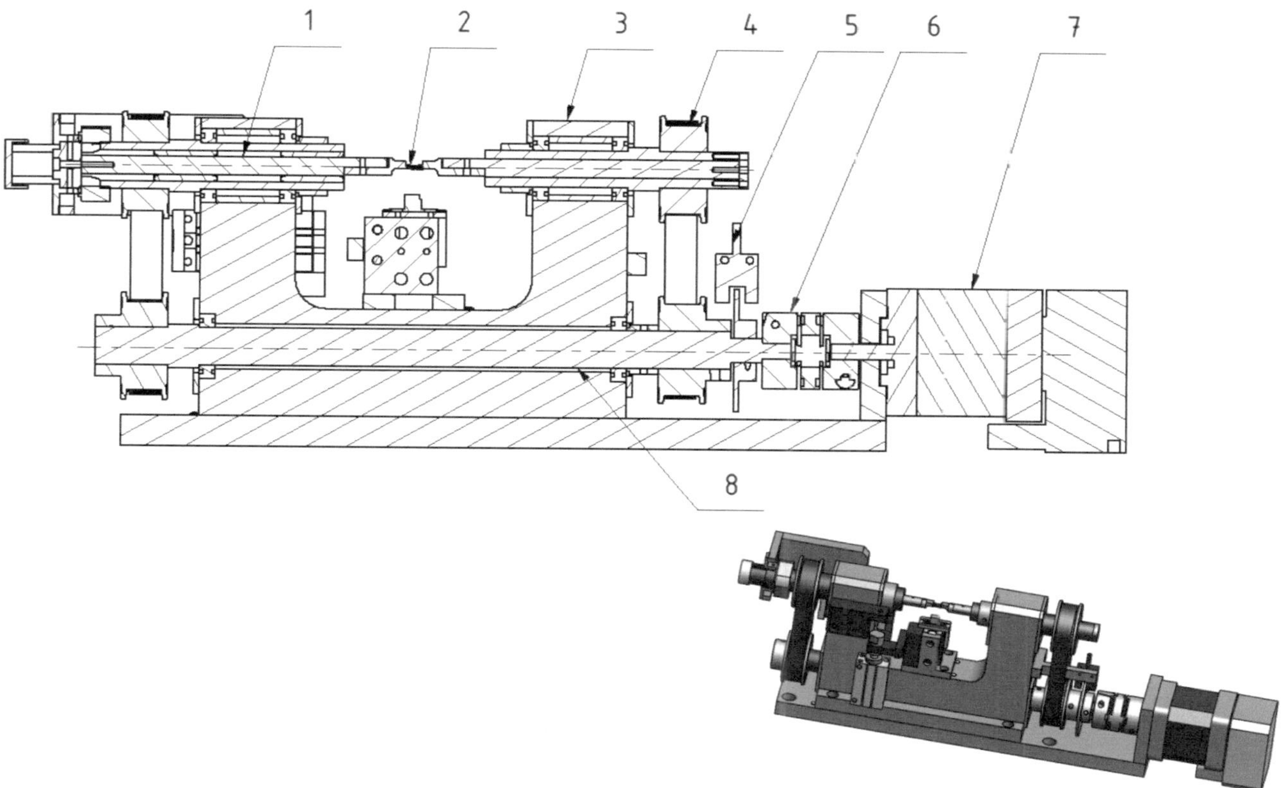

Bild 12-20 Anwendungsbeispiel Spindeleinheit
1 Reitstockspindel; 2 Werkstück; 3 Gehäuse für Antriebspindel; 4 Zahnriemenantrieb; 5 Sensor für Drehgeber; 6 Wellenkupplung; 7 Antriebsmotor; 8 Antriebswelle

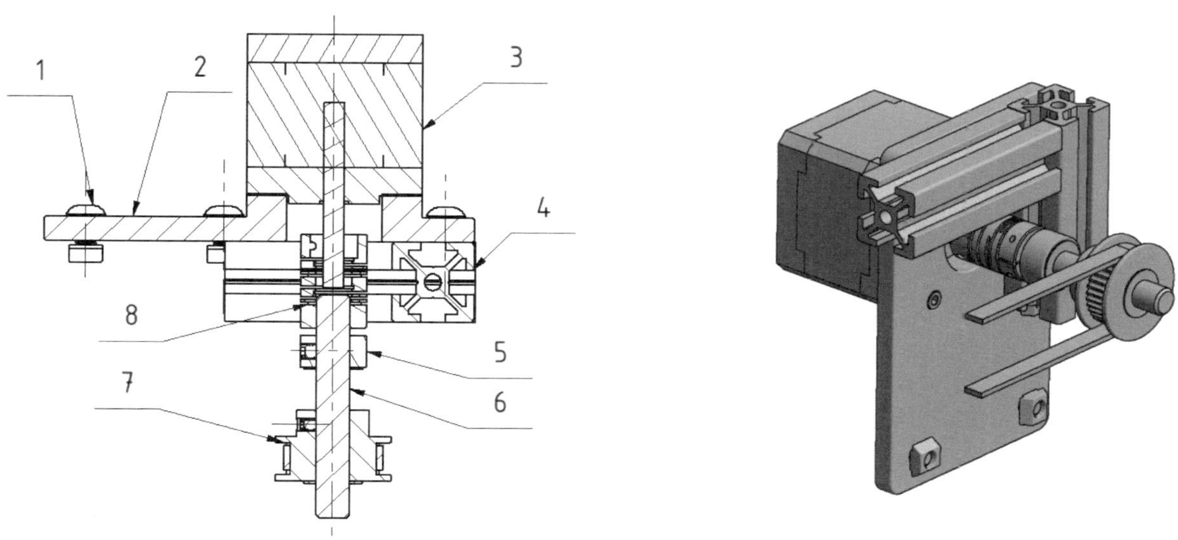

Bild 12-21 Anwendungsbeispiel Motorlagerung
1 Befestigungsschraube 2 Motorflansch; 3 Motor; 4 Aluprofil; 5 Feststellscheibe; 6 Antriebswelle; 7 Zahnscheibe; 8 Kupplung

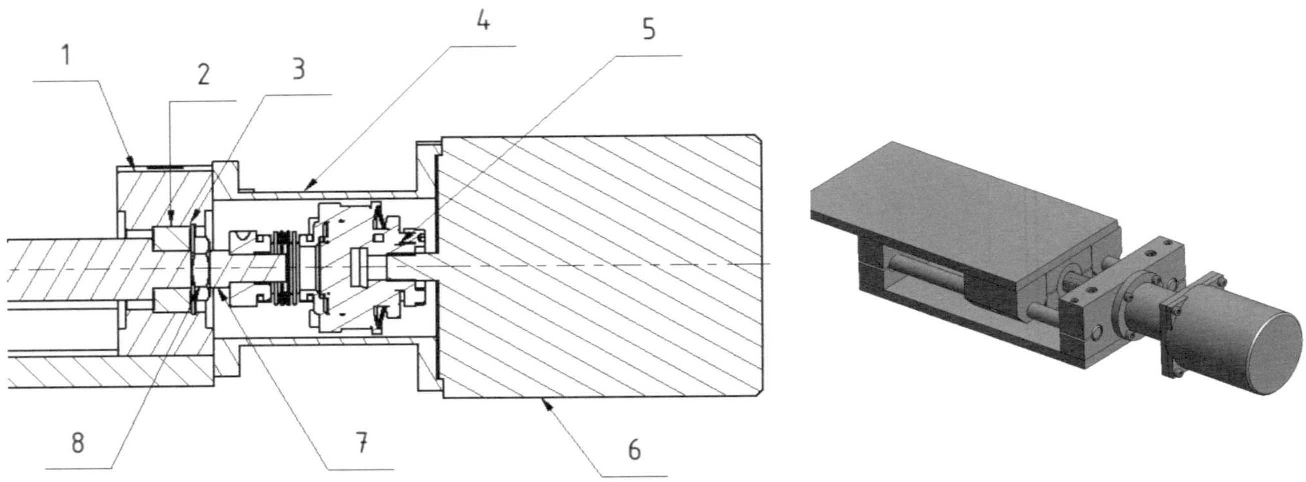

Bild 12-22 Anwendungsbeispiel Motorlagerung
1 Lagerbock; 2 Kugellager; 3 Sicherungsring; 4 Motorglocke; 5 Kupplung; 6 Motor; 7 Spindel; 8 Feststellschraube

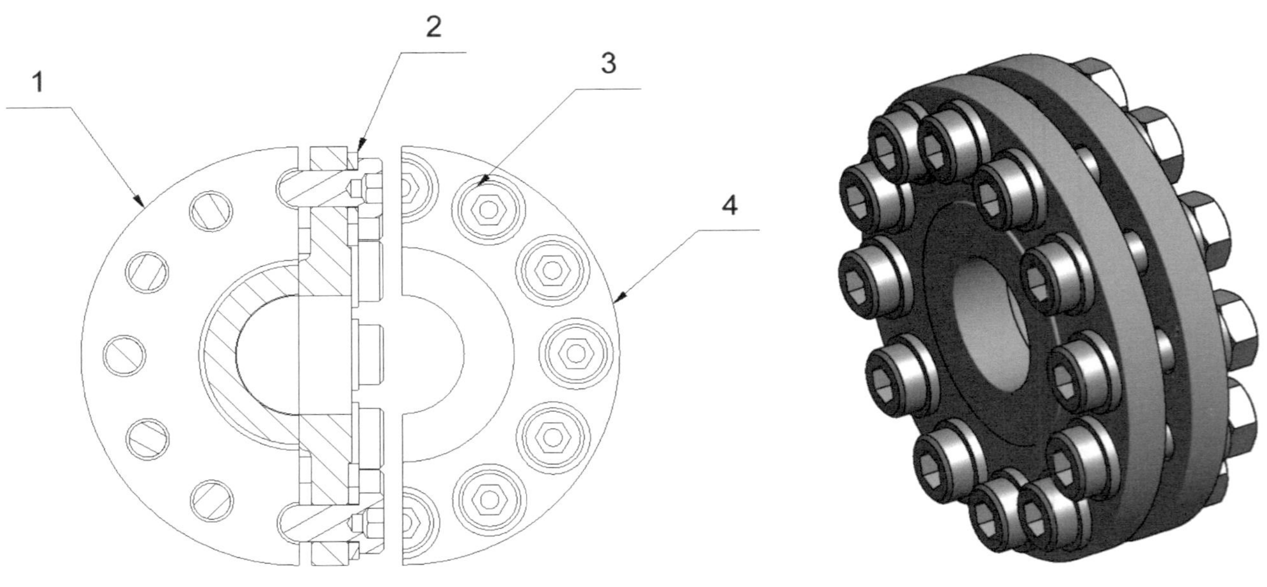

Bild 12-23 Scheibenkupplung
1 Planscheibe; 2 Unterlagscheibe; 3 Innensechskantschraube; 4 Planscheibe

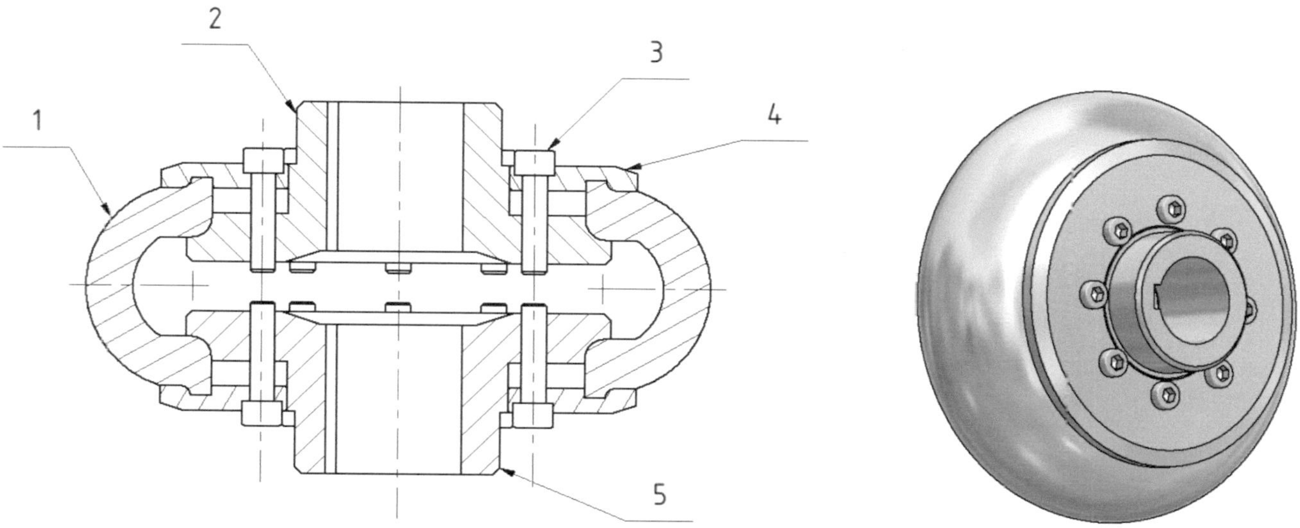

Bild 12-24 Periflexkupplung
1 Gummimantel; 2 Linker Wellenflansch; 3 Innensechskantschraube;
4 Gummifixierung; 5 Rechter Wellenflansch

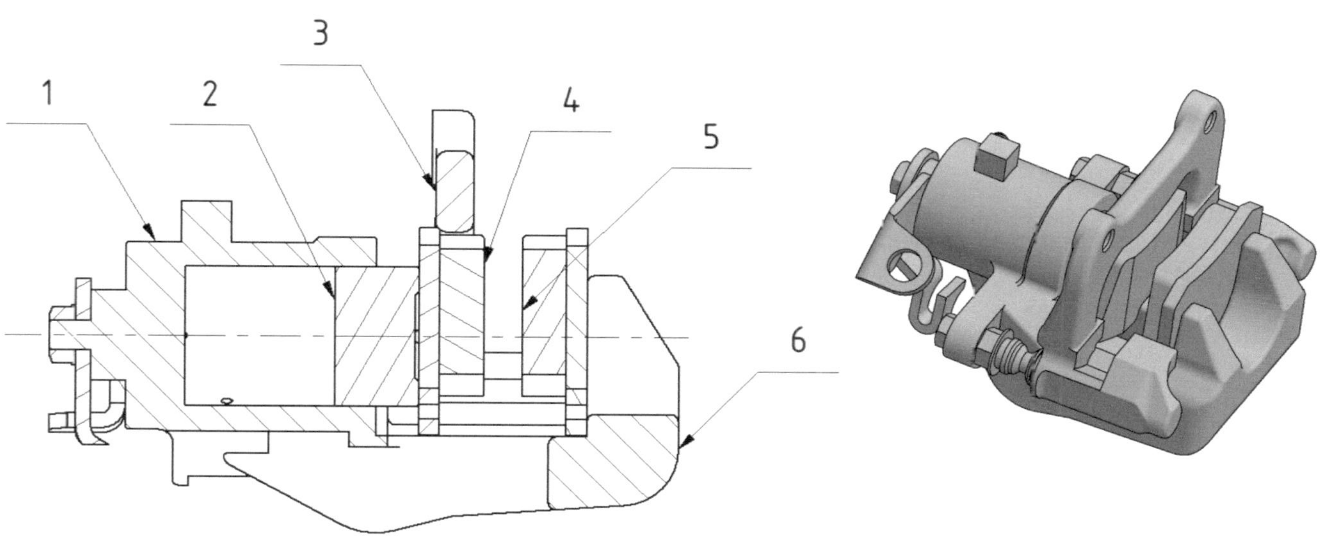

Bild 12-25 Bremscheibenzylinder
1 Zylindergehäuse; 2 Druckkolben; 3 Befestigungsflansch;
4 Bewegliche Bremsbacke; 5 Stehende Bremsbacke; 6 Gehäuse

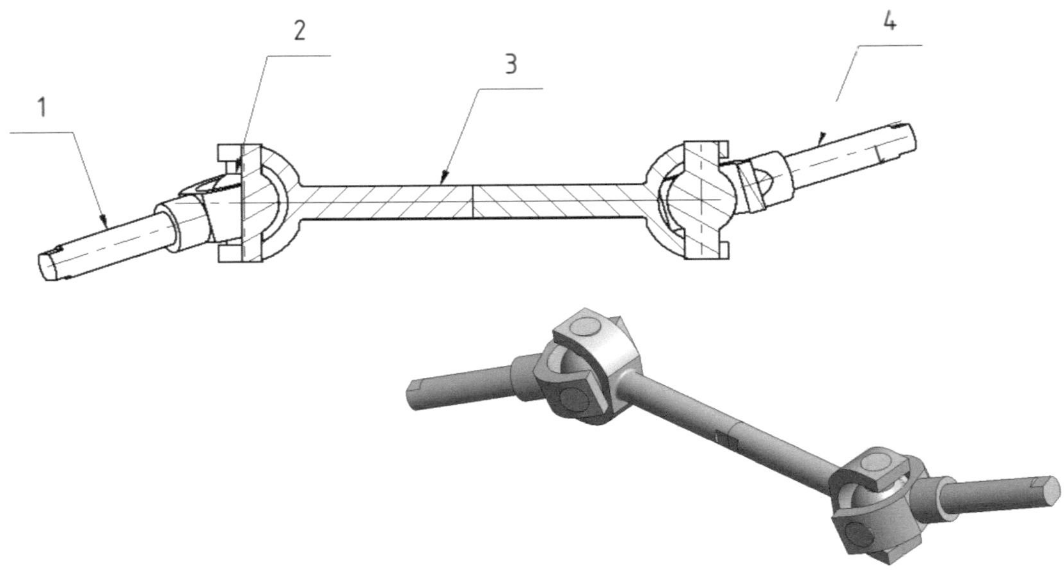

Bild 12-26 Doppelte Gelenkkupplung
1 Antriebswelle; 2 Gelenkhalbschale; 3 Gelenkwelle; 4 Abtriebswelle

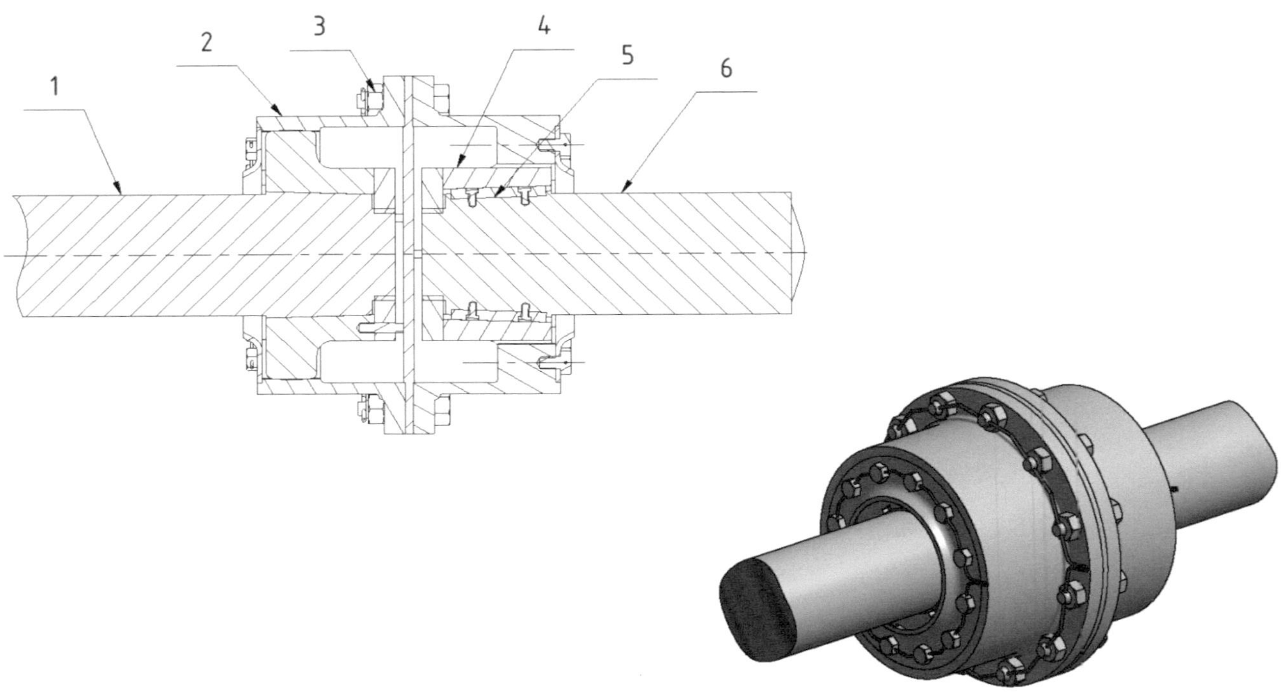

Bild 12-27 Flexible Rutschkupplung
1 Antriebswelle; 2 Befestigungsflansch; 3 Schraubenpaket; 4 Spannbuchse; 5 Spannkeil; 6 Abtriebswelle

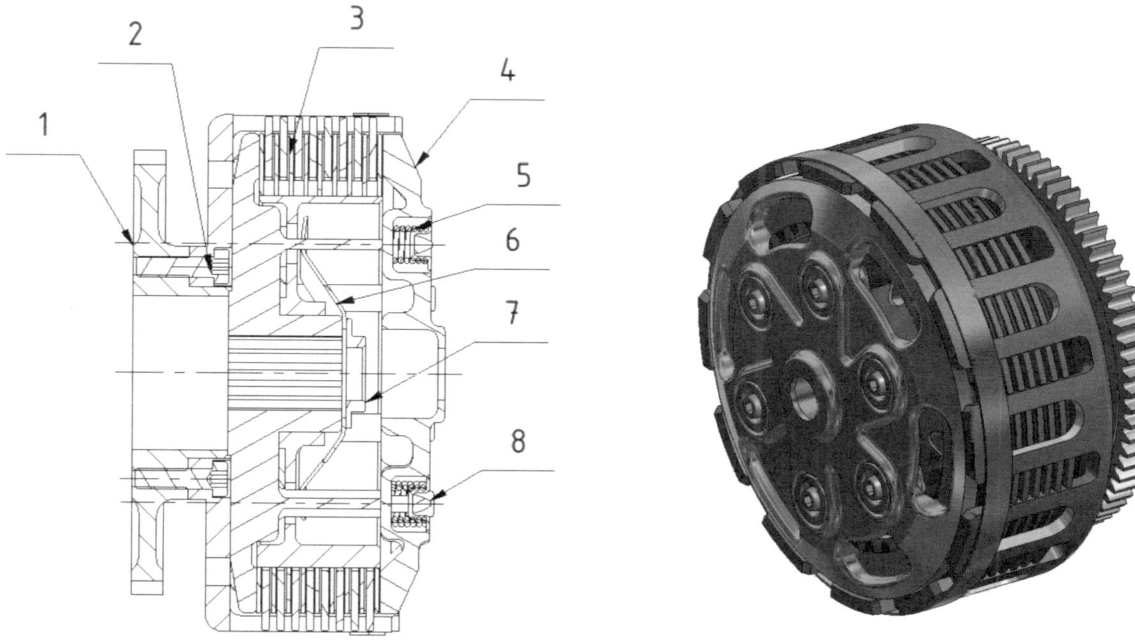

Bild 12-28 Motorradkupplung
1 Zahnradflansch; 2 Befestigungsschrauben; 3 Lamellenpaket; 4 Abdeckscheibe; 5 Druckfeder; 6 Tellerfeder; 7 Feststellschraube; 8 Befestigungsschraube

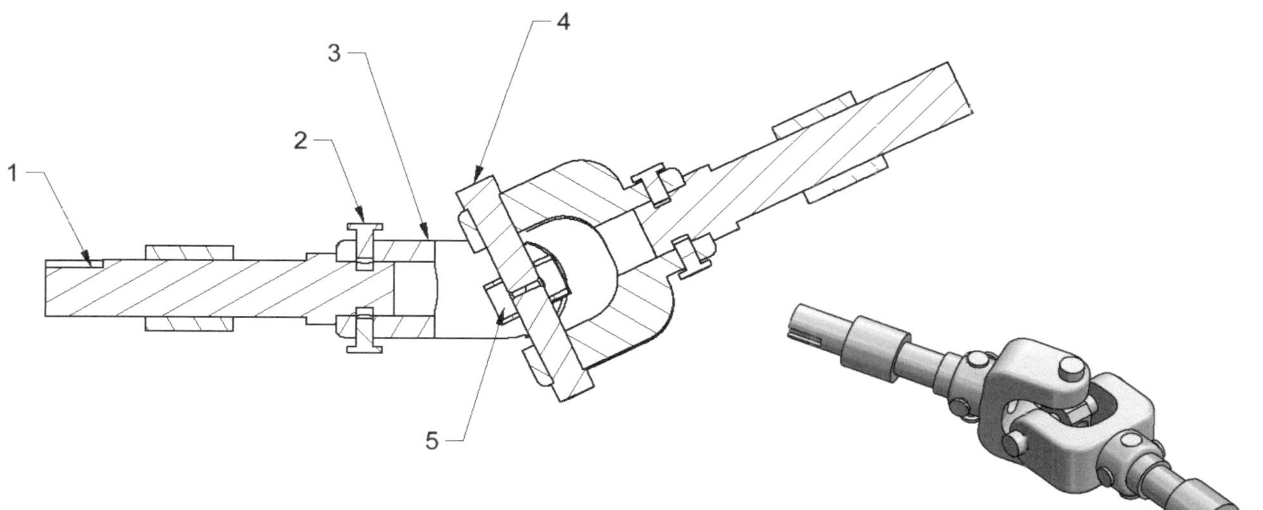

Bild 12-29 Universal-Gelenkkuplung
1 Antriebswelle; 2 Positionierstift; 3 Gelenkstück; 4 Verbindungsstift; 5 Gelenkwelle

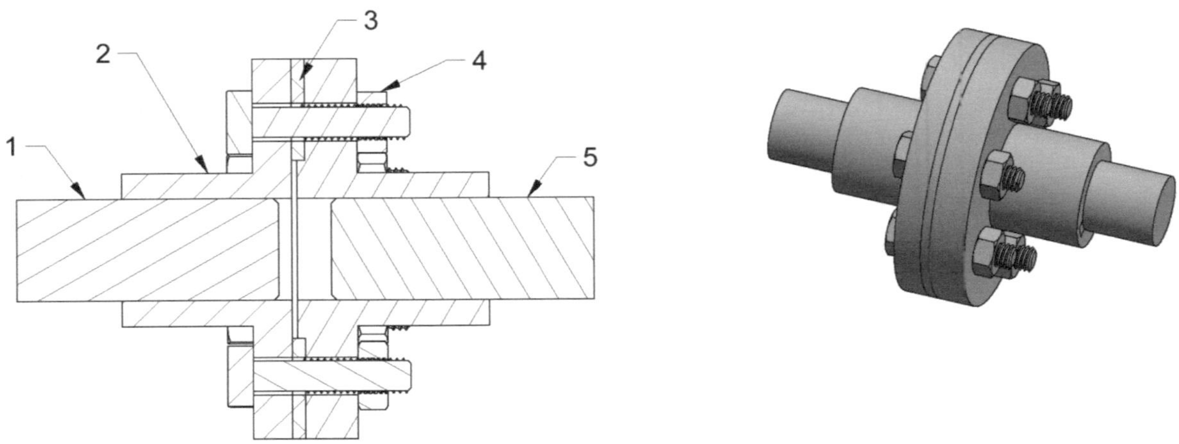

Bild 12-30 Verschraubkupplung
1 Antriebswelle; 2 Befestigungsflansch; 3 Zwischenscheibe; 4 Feststellmutter; 5 Abtriebswelle

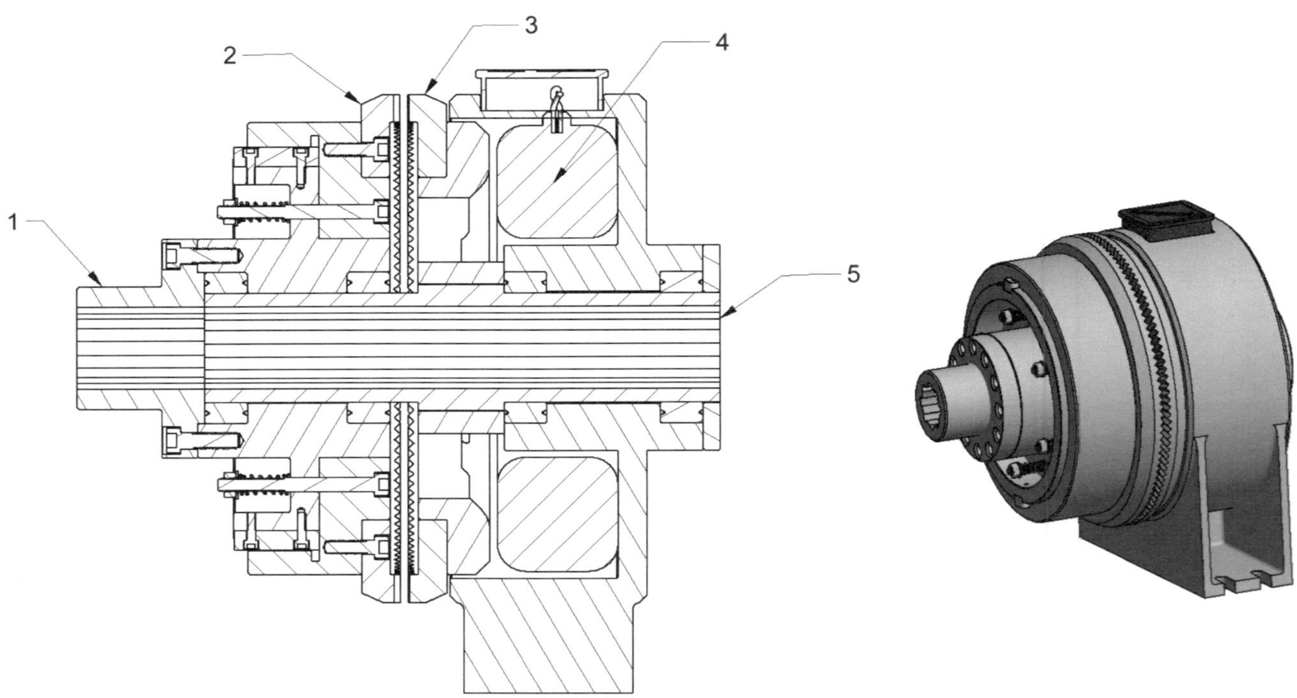

Bild 12-31 Elektromagnetische Kupplung
1 Antriebsflansch; 2 Mitnehmerscheibe links; 3 Mitnehmerscheibe rechts; 4 Elektromagnet; 5 Abtriebsflansch

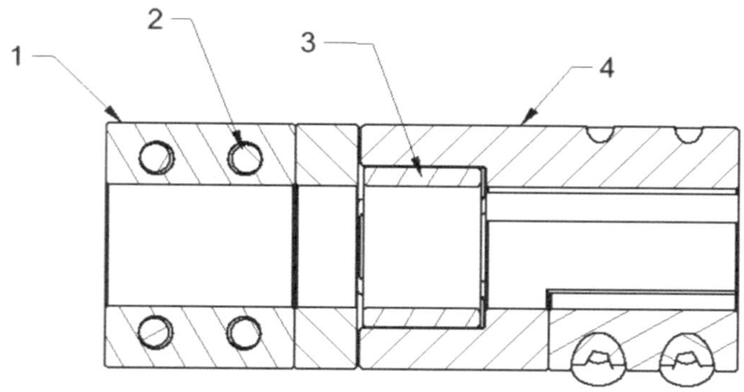

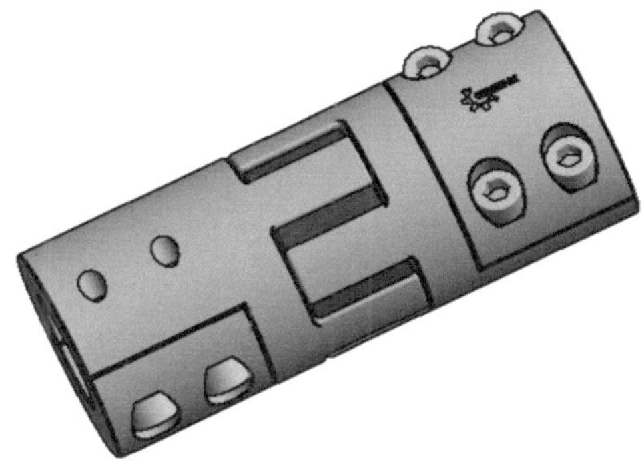

Bild 12-32 Gekrümmte Backenkupplung
1 Aufnahmeflansch für Welle; 2 Befestigungsschrauben; 3 Elastomer-Zahnkranz; 4 Aufnahmeflansch für Welle

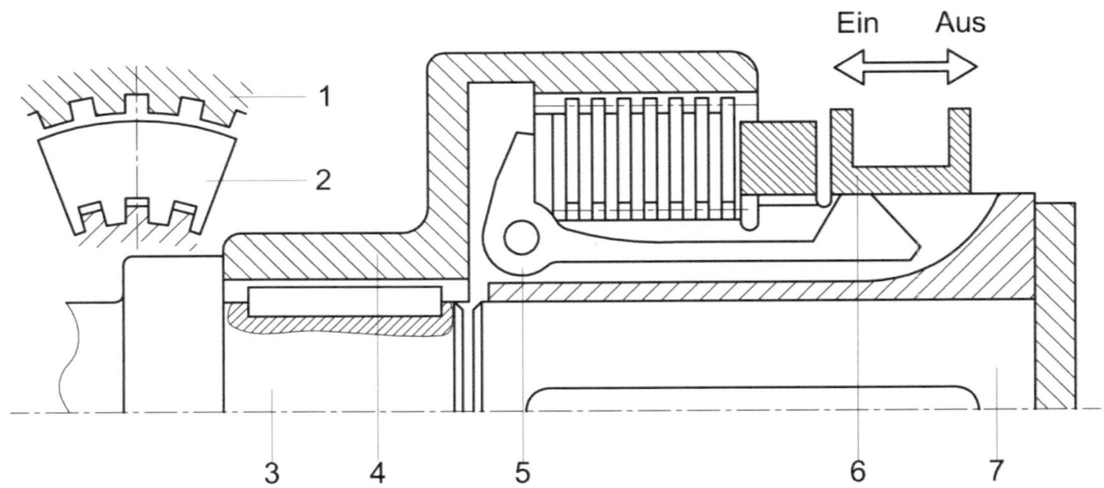

Bild 12-50 Mechanische Lamellenkupplung
1 Außenlamellen; 2 Innenlamellen; 3 Antriebswelle; 4 Kupplungsgehäuse; 5 Spannhebel; 6 Schiebemuffe; 7 Abtriebswelle

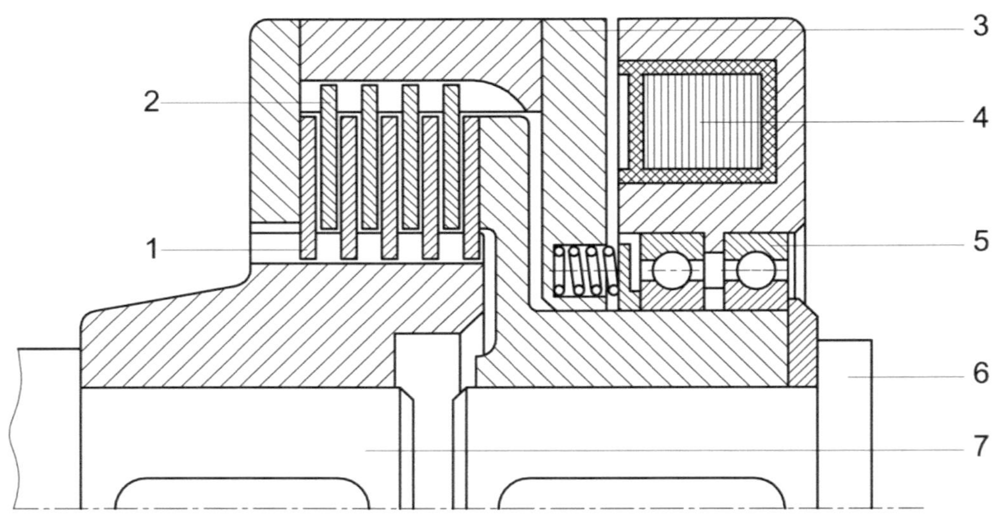

Bild 12-51 Elektromagnetische Lamellenkupplung
1 Innenlamellen; 2 Außenlamellen; 3 Ankerplatte; 4 Wicklung; 5 Rillenkugellager; 6 Abtriebswelle; 7 Antriebswelle

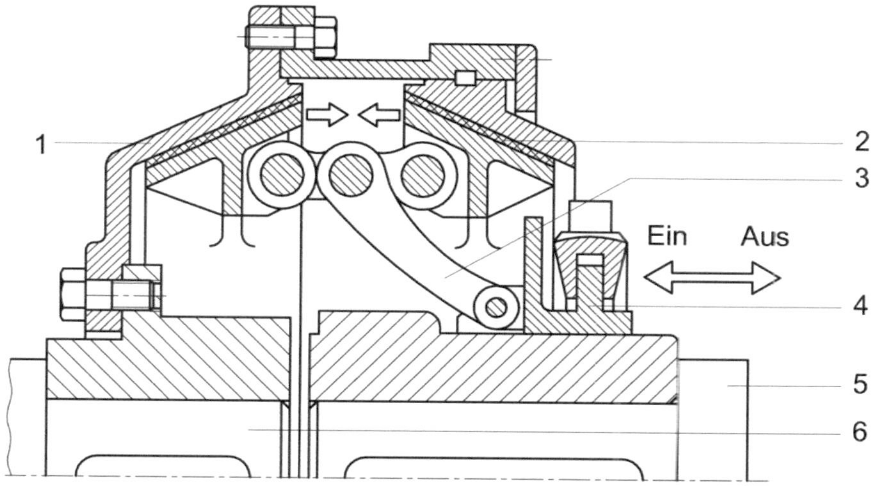

Bild 12-52 Kegelkupplung
1 Gehäusen; 2 Reibbeläge; 3 Kniehebel; 4 Schaltmuffe; 5 Abtriebswelle; 6 Antriebswelle

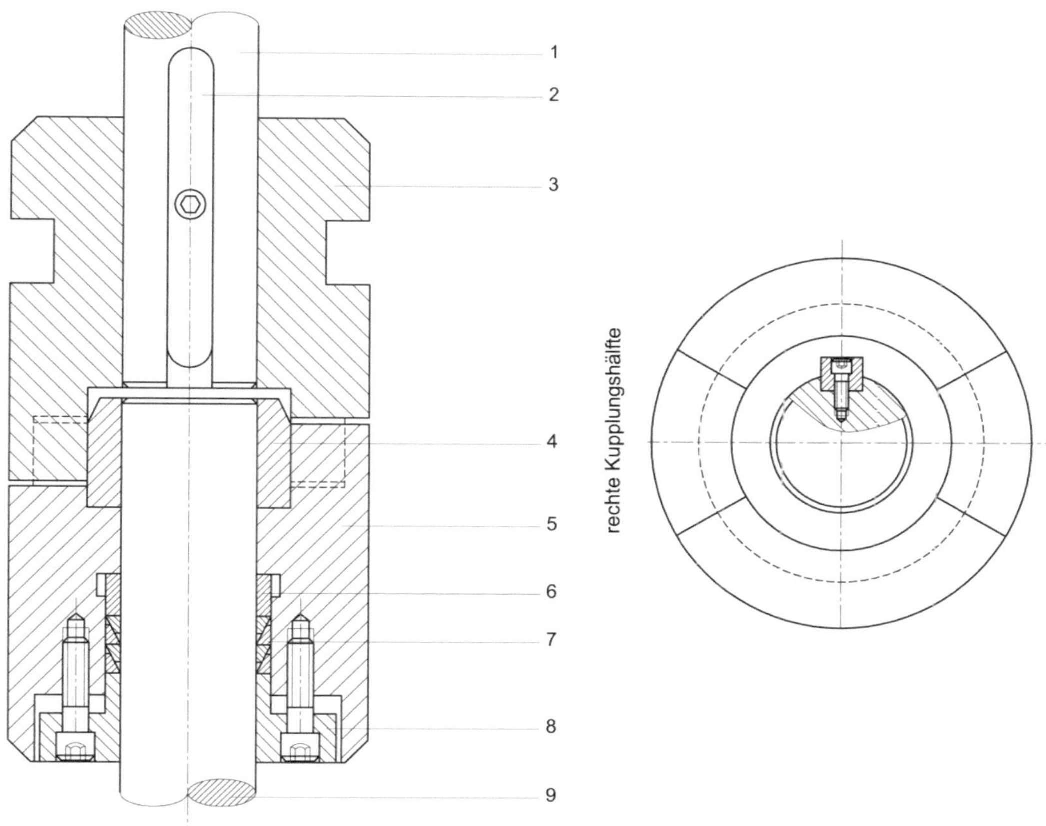

Bild 12-53 Klauenkupplung
1 Welle; 2 Passfeder; 3 Klauenkörper; 4 Zentriering; 5 Klauenkörper; 6 Distanzring; 7 Ringspannelement; 8 Druckstück; 9 Well

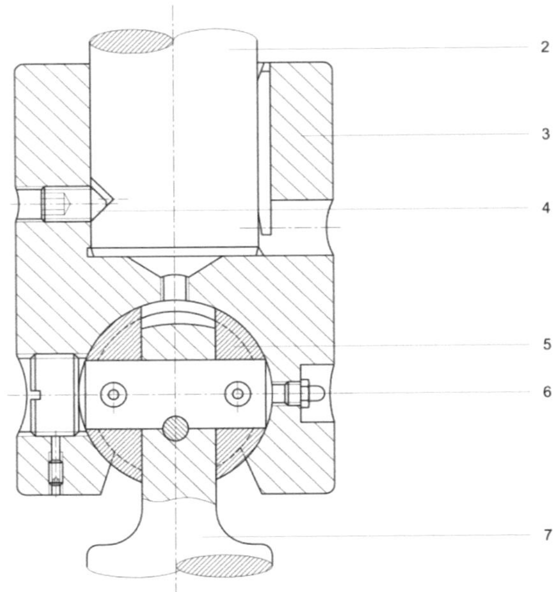

Bild 12-54 Gelenkkupplung
1 Passfeder; 2 Antriebswelle; 3 Gelenkgehäuse; 4 Stiftschraube; 5 Gelenk; 6 Schmiernippel; 7 Gelenkwelle

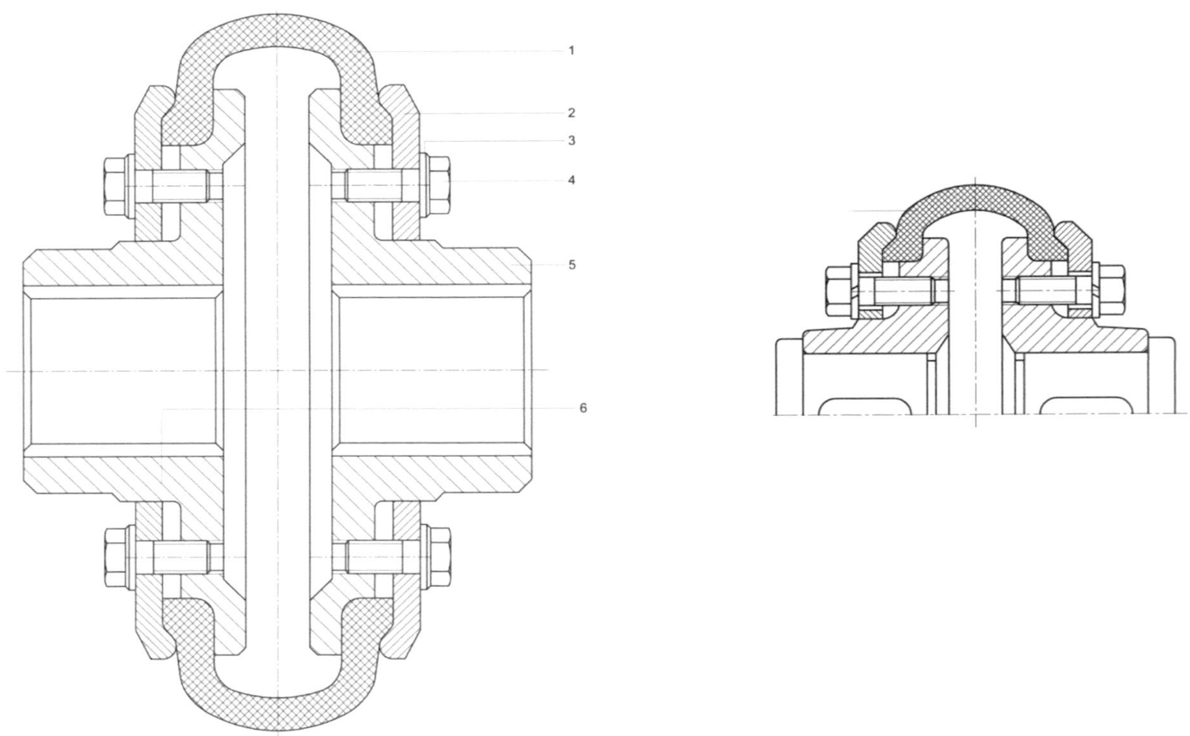

Bild 12-55 Elastische Kupplung
1 Gummireifen; 2 Druckring; 3 Scheibe; 4 Sechskantmutter; 5 Kupplungshälfte; 6 Kupplungshälfte

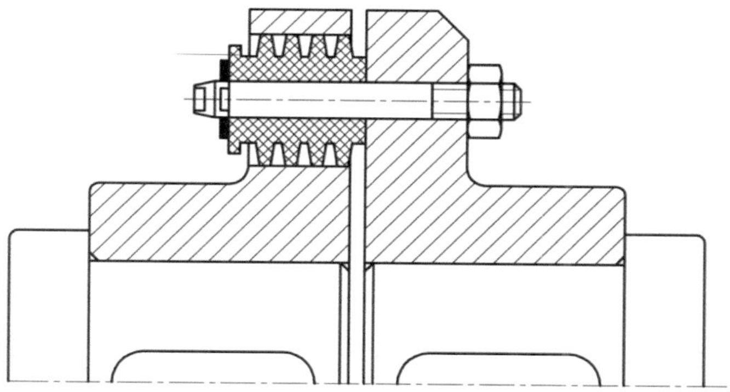

Bild 12-56 Gummihülsenkupplung

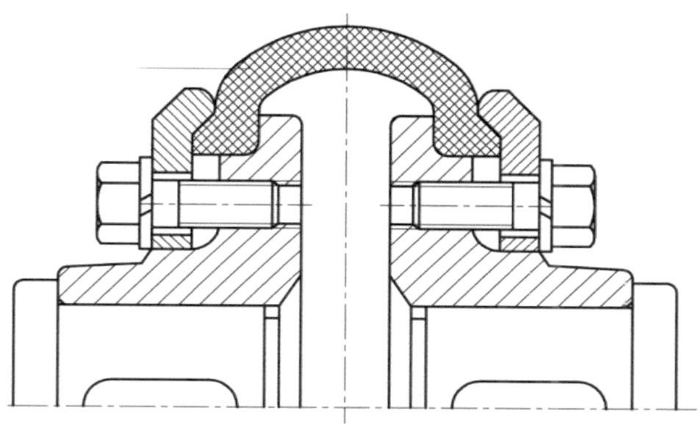

Bild 12-57 Gummiwulstkupplung

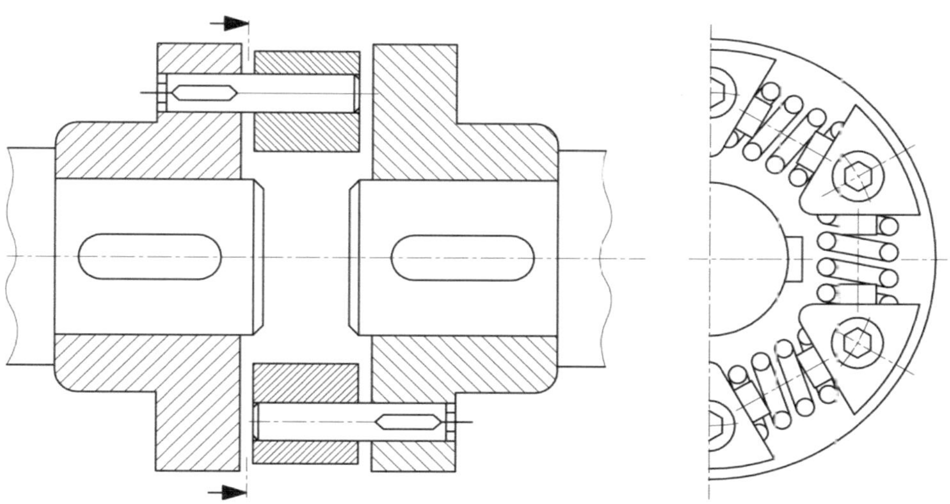

Bild 12-58 Metallfederkupplung

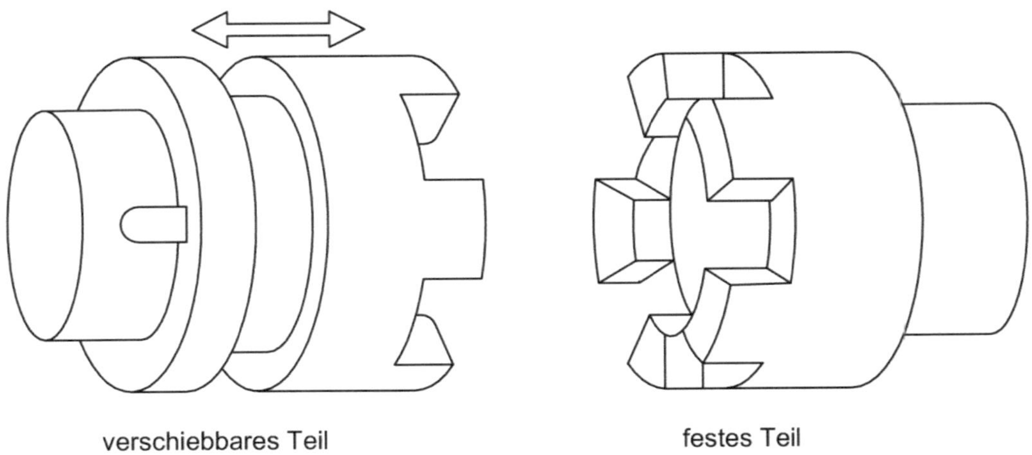

Bild 12-59 Klauenkupplung

Sonderkonstruktionen 13

3D-Zeichnungen und 43 Anwendungsbeispiele
2D-Zeichnungen und 15 Anwendungsbeispielen

3D-Konstruktionen im Überblick (Seiten 289–310)

2D-Konstruktionen im Überblick (Seiten 311–322)

Die beiliegenden Konstruktionen sollen dem Konstrukteur oder Anwender bei der anstehenden Konstruktion unterstützen, um Zeit und Kosten zu reduzieren. Am Anfang steht die Produktidee oder der Kundenwunsch. Danach muss das Produkt in allen Einzelheiten ausgearbeitet und entworfen werden. Dies ist ein langwieriger Prozess, bei dem von vielen Möglichkeiten zu guter Letzt eine Idee übrig bleibt.

Der Konstrukteur hat immer wieder neue Entscheidungen zu treffen, um die Kosten und die Gebrauchstauglichkeit des anstehenden Produkts auf lange Zeitdauer zu bestimmen. Damit wachsen nicht nur die Herausforderungen und Aufgaben an die Konstruktion, auch erweitern sich die Gestaltungsmöglichkeiten immer wieder von neuen. Die Konstruktionsarbeit ist im hohen Maße eine Zielentscheidung auf lange Dauer. Damit der Konstrukteur zu einer schnelleren Lösung kommt, sind die Sonderkonstruktionen für den Konstrukteur eine Hilfestellung. Dafür braucht ein Konstrukteur praktische Lösungen aus der Praxis.

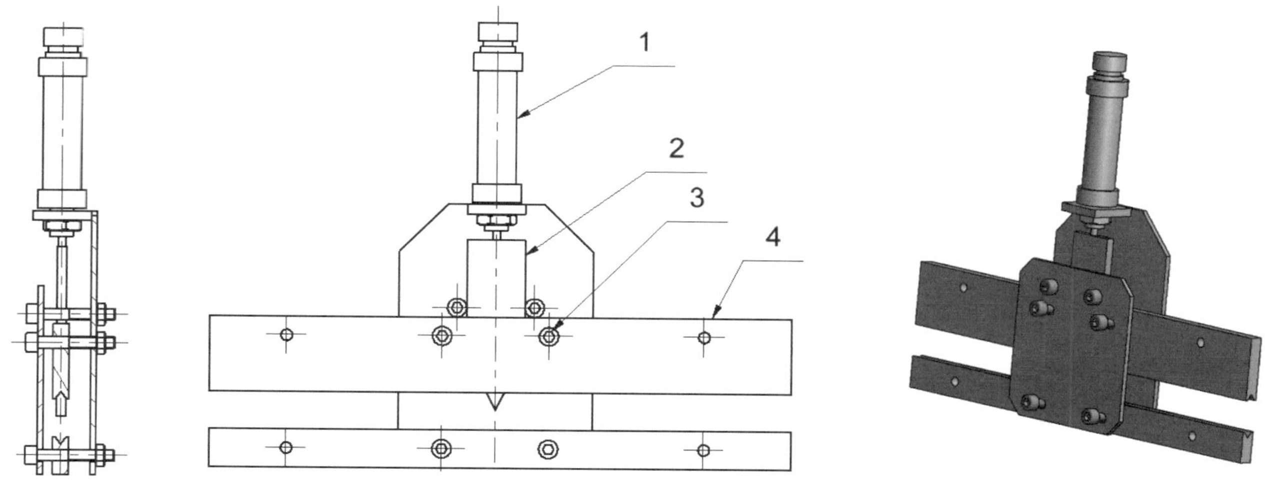

Bild 13-1 Zuteiler für rollfähige Werkstücke
1 Druckluftzylinder; 2 Zuteiler; 3 Sechskantschraube M6; 4 Rollbahn aus Federbandschienen

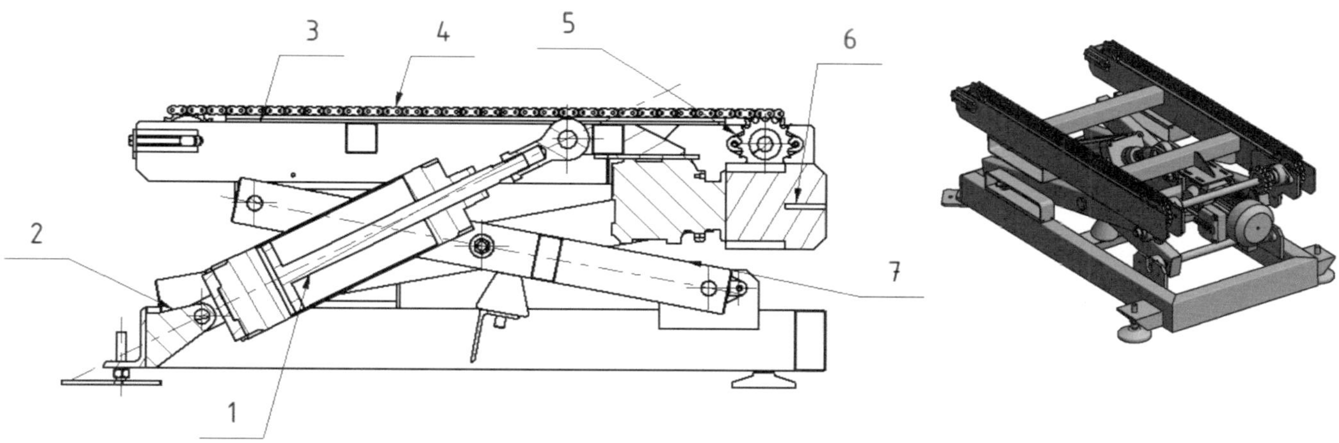

Bild 13-2 Hebebühne mit Kettentransport
1 Druckzylinder; 2 Befestigung Druckzylinder; 3 Tragebühne; 4 Kettenantrieb; 5 Zahnrad für Kettenantrieb; 6 Antriebsmotor; 7 Umlenkhebel

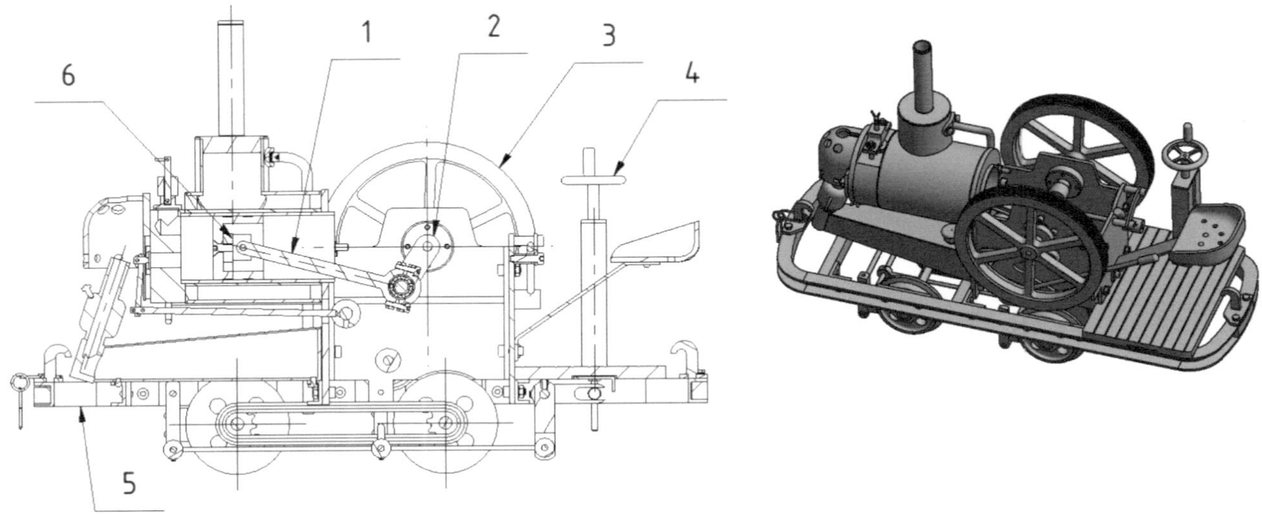

Bild 13-3 Miniatur-Dampflokomotive
1 Pleuelstange; 2 Lagerung; 3 Schwungrad; 4 Handrad für Feststellbremse; 5 Rahmen; 6 Zylinderkolben

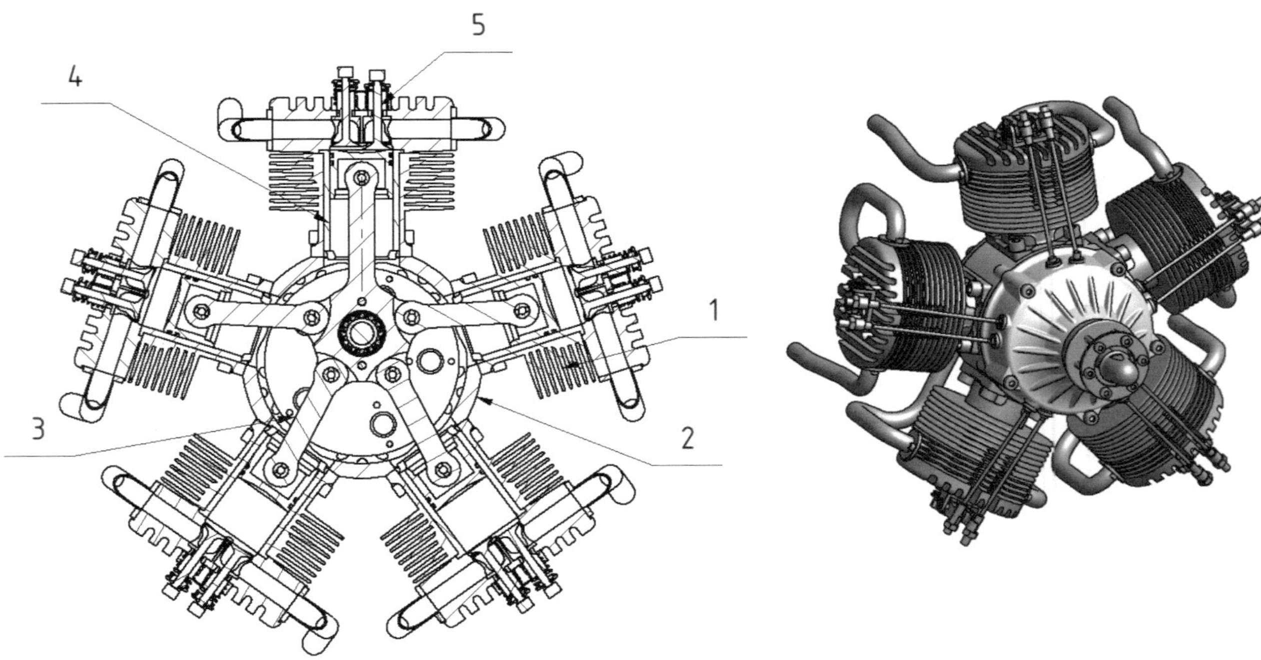

Bild 13-4 Fünf-Zylinder-Sternmotor
1 Kühlrippen; 2 Motorblock; 3 Pleuel; 4 Zylinder; 5 Ventil; 6 Kolben

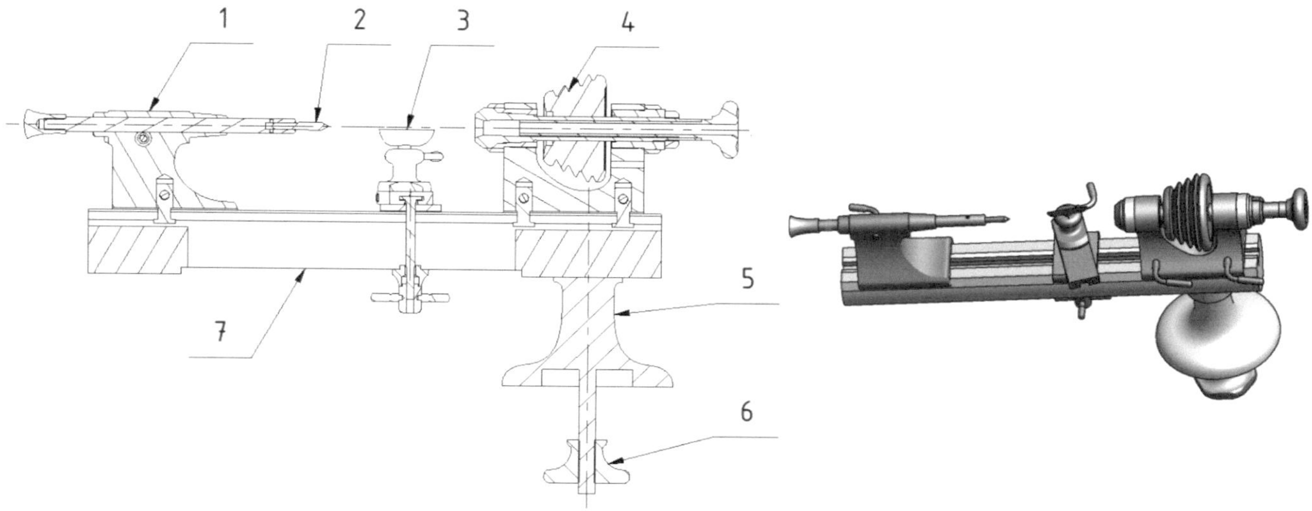

Bild 13-5 Drechselbank
1 Reitstock; 2 Zentrierspitze; 3 Support Werkzeuggegenlager; 4 Keilriemen Antriebsscheibe; 5 Befestigungsflansch; 6 Handrad; 7 Maschinenbett

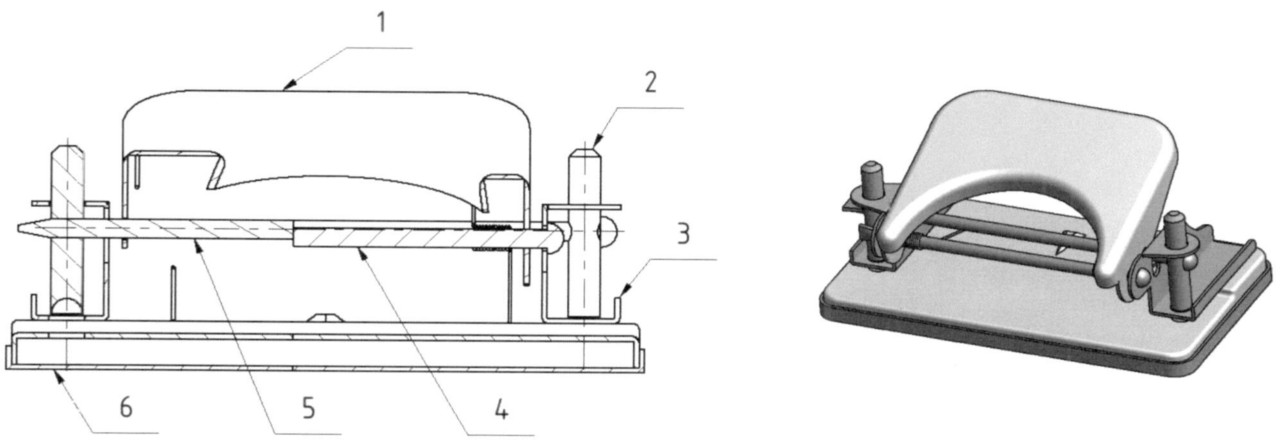

Bild 13-6 DIN-A4-Locher
1 Betätigungshebel; 2 Führungswelle; 3 Befestigungsblech rechts; 4 Spannwelle; 5 Umlenkwelle; 6 Lochmatrize

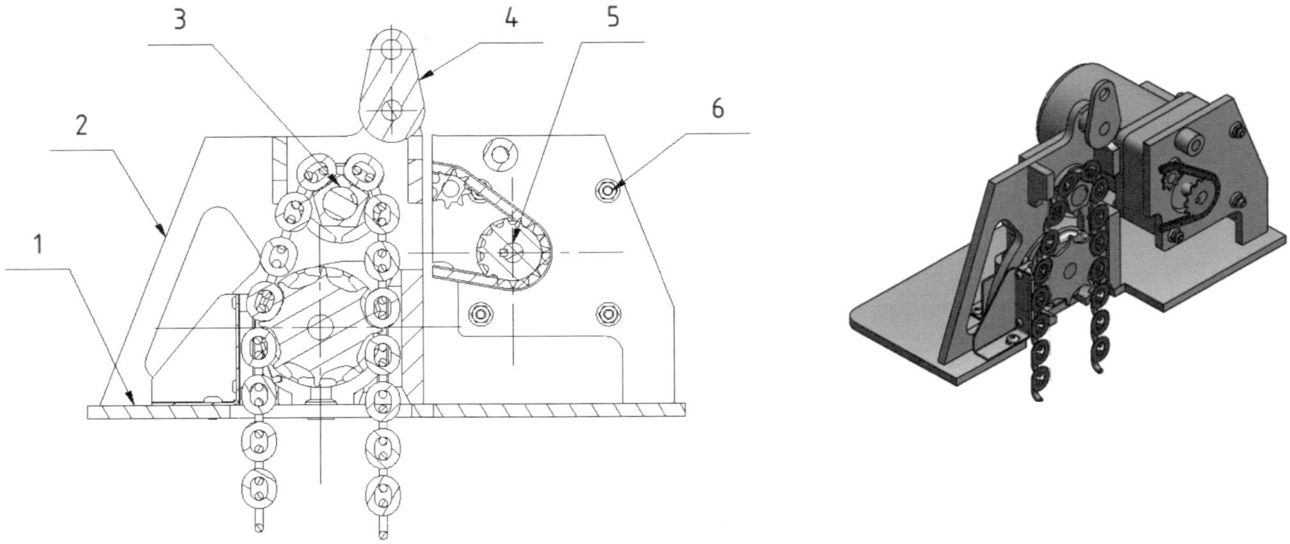

Bild 13-7 Kettenantrieb
1 Grundplatte; 2 Befestigungswinkel; 3 Transportrad für Kette; 4 Befestigungslasche; 5 Motorzahnrad-Kettenantrieb; 6 Motorbefestigung

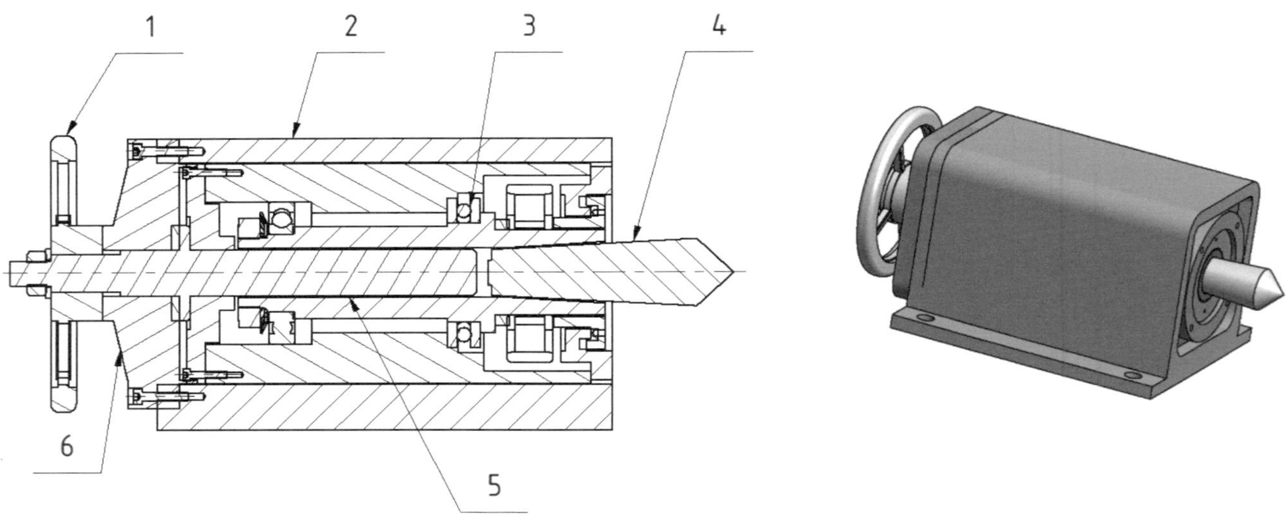

Bild 13-8 Reitstockspitze
1 Handrad; 2 Gehäuse; 3 Kugellager; 4 Zentrierspitze; 5 Spindel; 6 Abdeckflansch

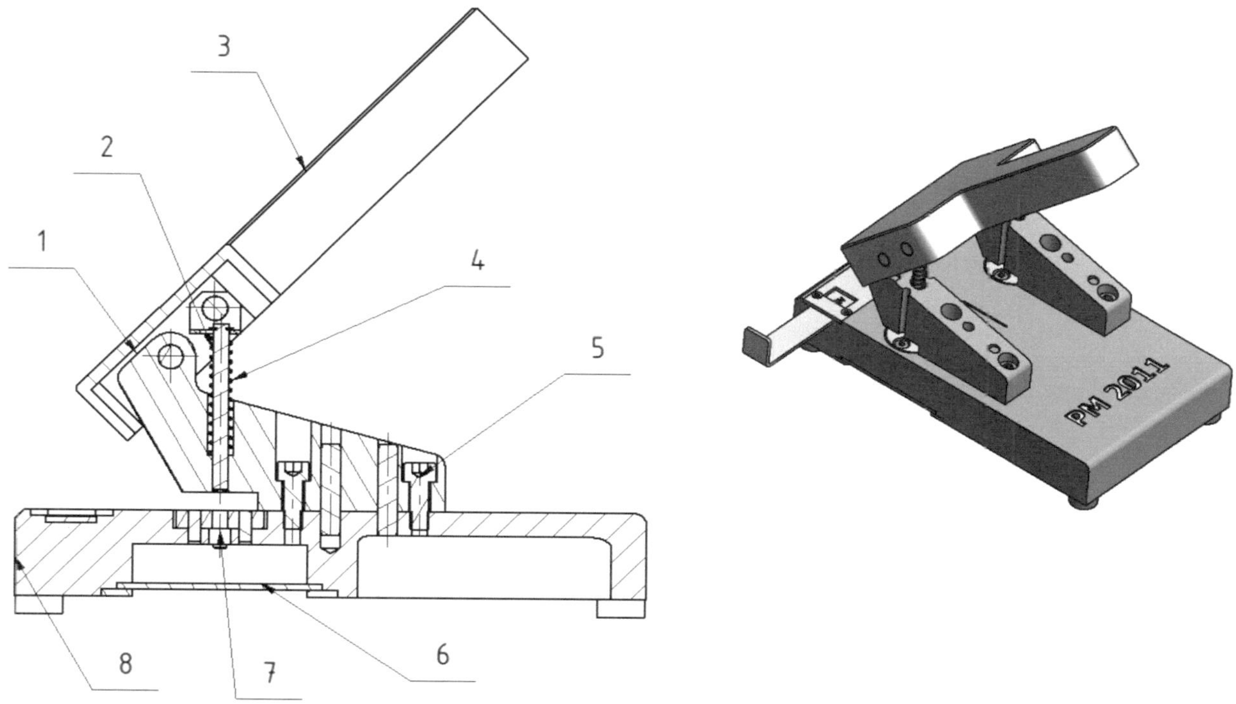

Bild 13-9 Einstellbarer DIN-A4-Locher
1 Aufnahmebacken; 2 Wellenführung; 3 Hand-Hebelbetätiger; 4 Rückstellfeder; 5 Befestigungsschraube; 6 Abfallbehälter; 7 Lochstempelmatrize; 8 Stellfuß

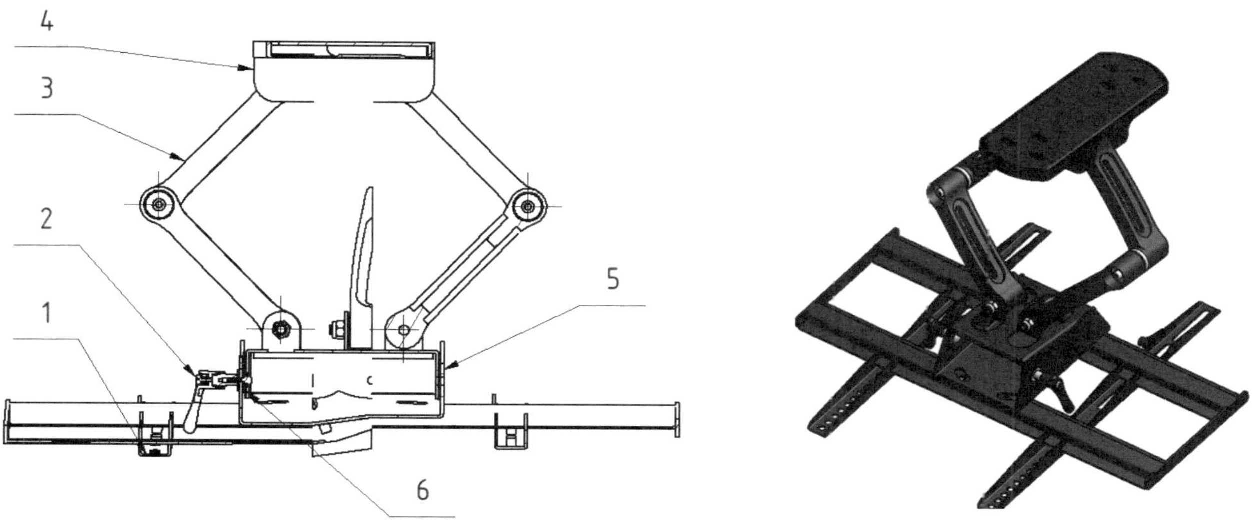

Bild 13-10 Mehrachsige Nivellierungsplattform
1 Führungsschiene; 2 Befestigungshebel; 3 Umlenkhebel;
4 Befestigungsplattform; 5 Befestigungsblech für Winkelnivellierung;
6 Winkelnivellierung

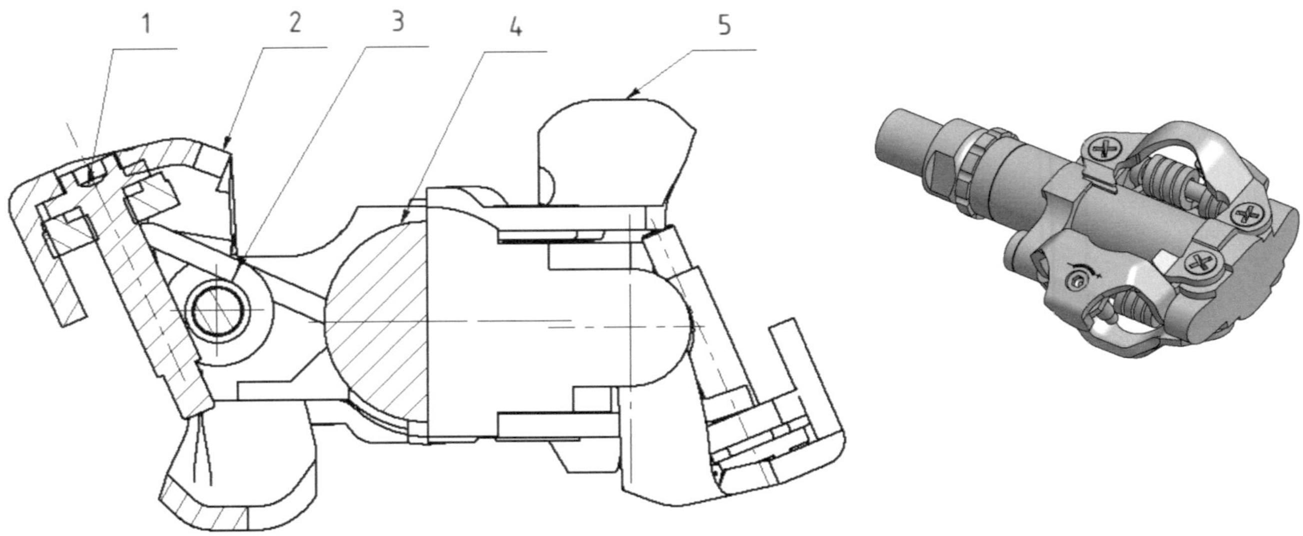

Bild 13-11 Fahrrad-Klickpedal
1 Spannschraube; 2 Beweglicher Spannbügel; 3 Spannschenkelfeder; 4 Lagerachse; 5 Befestigungsbügel

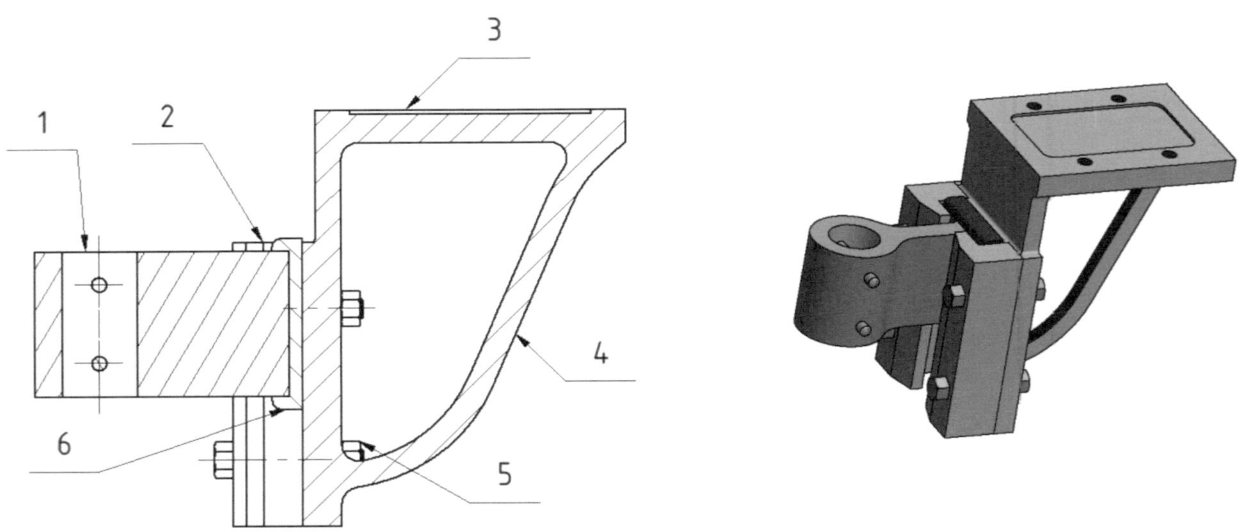

Bild 13-12 Verstellbarer Höhenwinkel
1 Rundmaterialaufnahme; 2 Klemmbacken; 3 Winkelträger; 4 Schweißbügel für Versteifung; 5 Befestigungsschraube für Klemmbacken; 6 Aufnahmefixierung

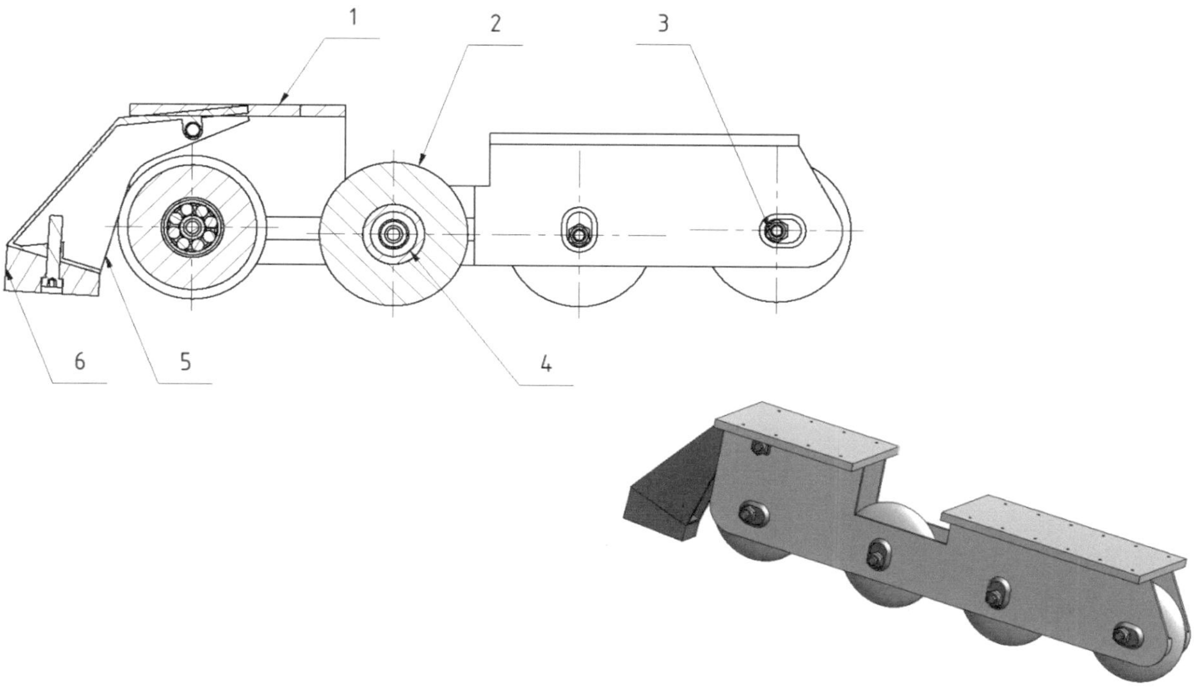

Bild 13-13 Inline-Skater
1 Trägerplatte; 2 Laufrolle; 3 Lagerung; 4 Kugellager; 5 Aufnahme für Stopper; 6 Stopper

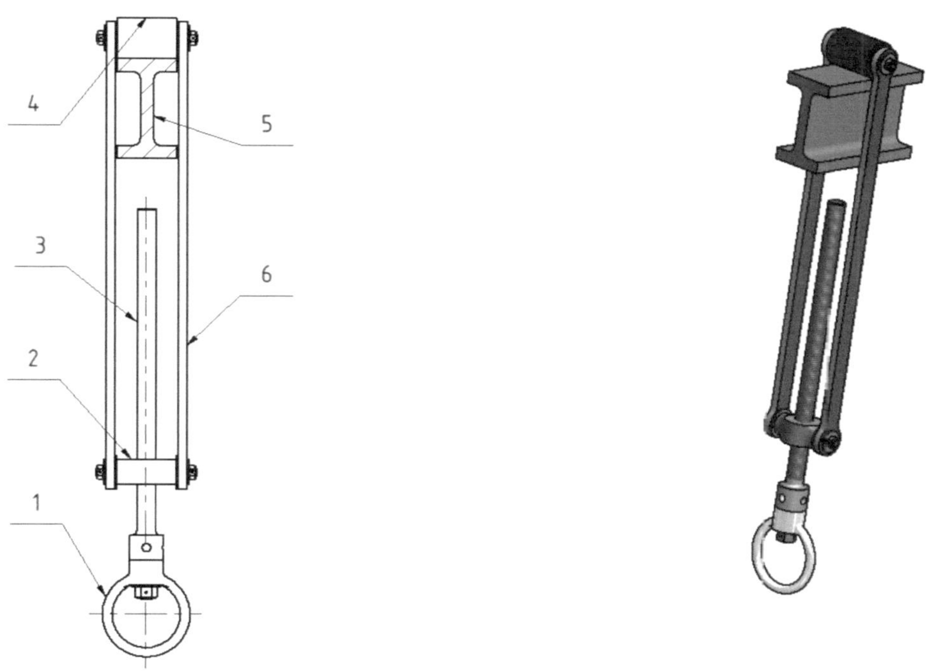

Bild 13-14 Mechanische Laufrolle mit Öse
1 Befestigungsöse; 2 Verstellmutter; 3 Stellgewinde; 4 Laufrolle; 5 Doppel-T-Träger; 6 Stützleiste

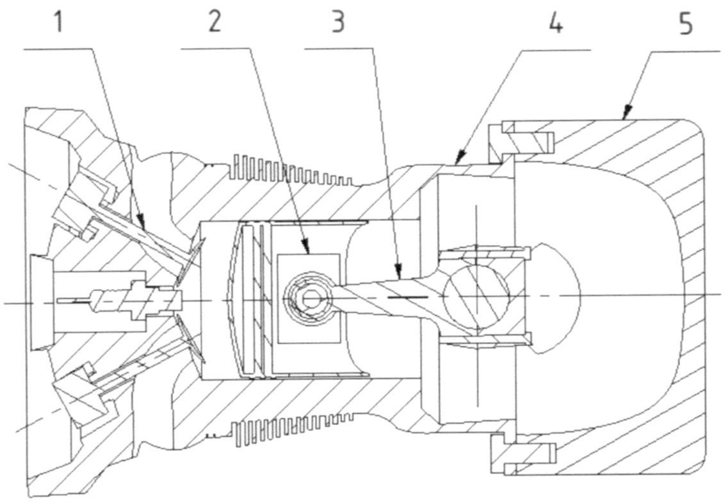

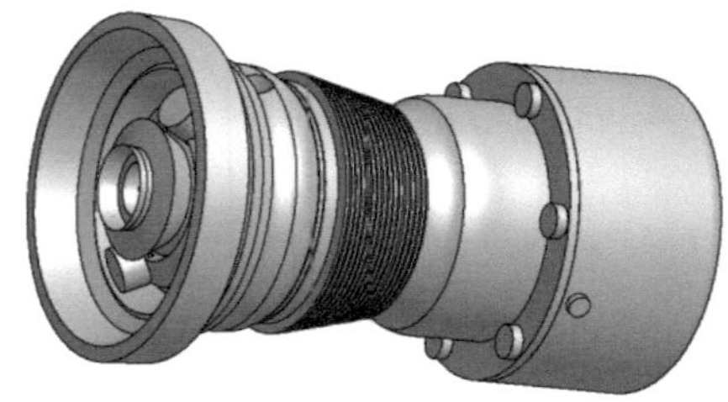

Bild 13-15 Einzylinder von Vier-Takt-Motor
1 Ventil; 2 Kolben; 3 Pleuel; 4 Zylinder; 5 Wanne

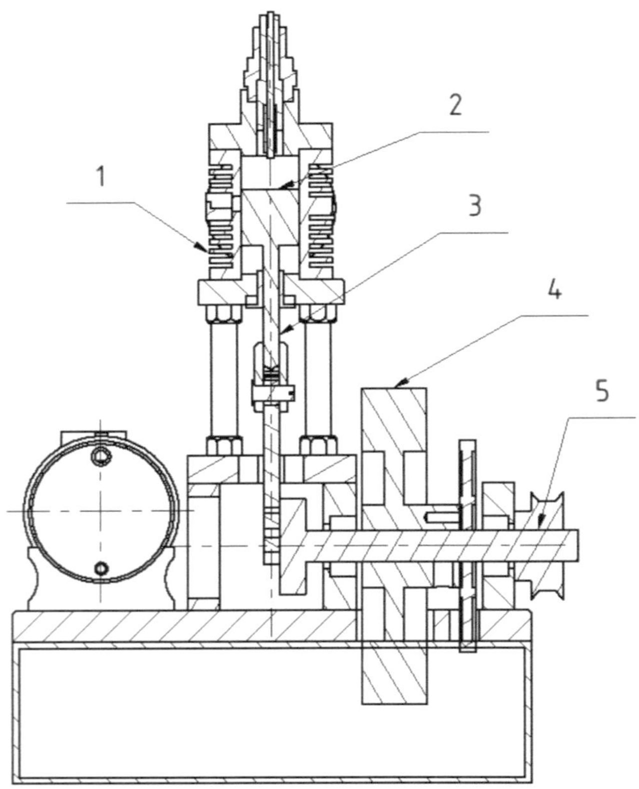

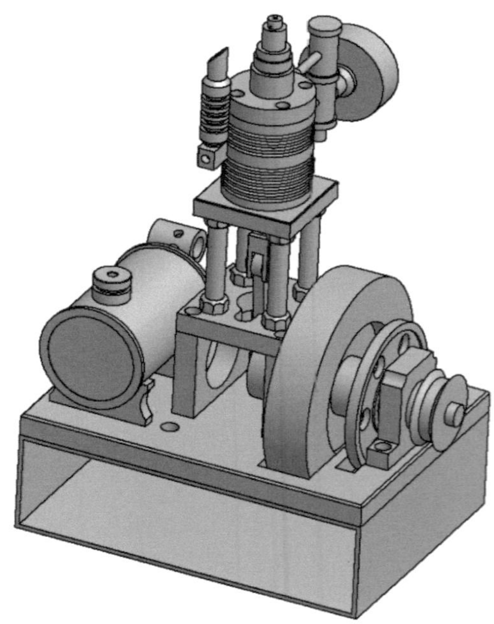

Bild 13-16 Zwei-Takt-Motor
1 Zylinder; 2 Kolben; 3 Pleuel; 4 Schwungscheibe; 5 Antriebswelle

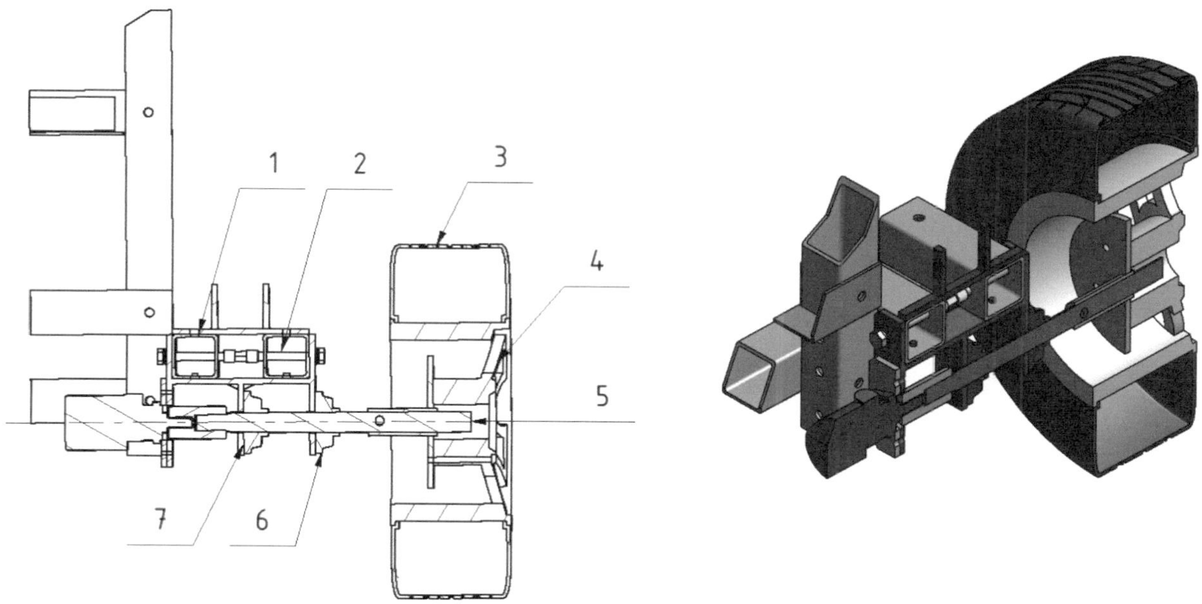

Bild 13-17 Radaufhängung für Transporter
1 Trägerprofil; 2 Befestigungsschraube; 3 Reifen; 4 Felge; 5 Achse;
6 Befestigungsflansch für Achse; 7 Grundprofil

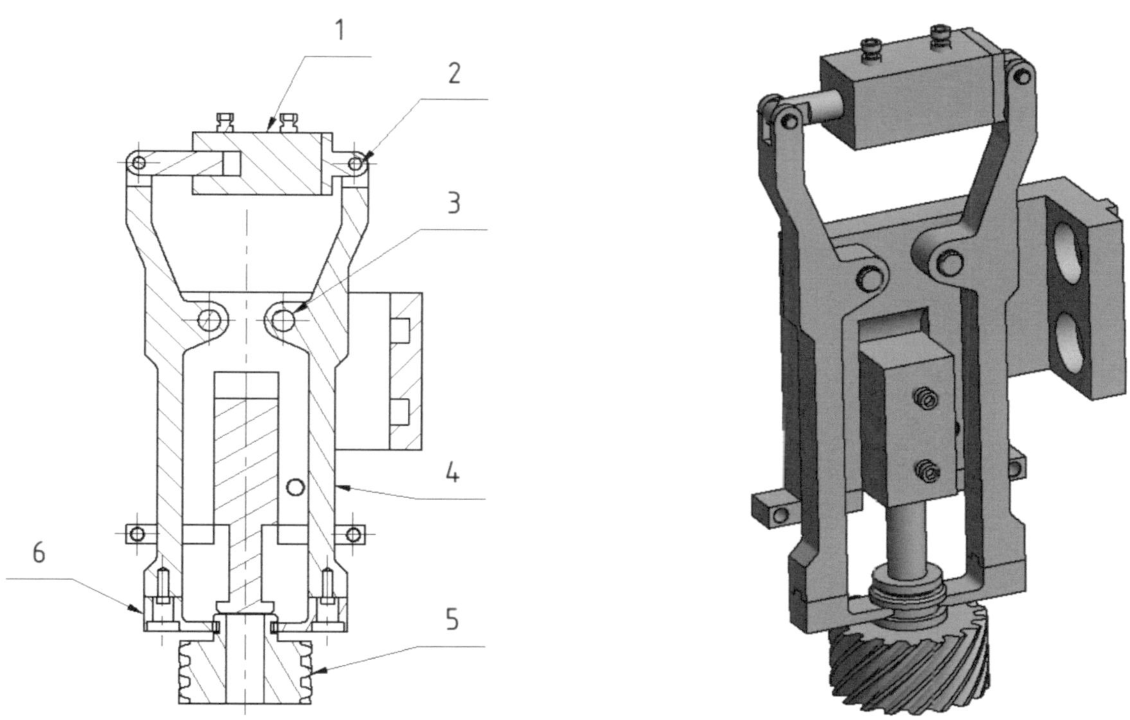

Bild 13-18 CNC-Greif- und Einpresseinheit
1 Schunk-Spanner; 2 Gelenkstück; 3 Bolzen für Greifarm; 4 Greifarm;
5 Zahnrad; 6 Finger; 7 Schunk-Einstoßer

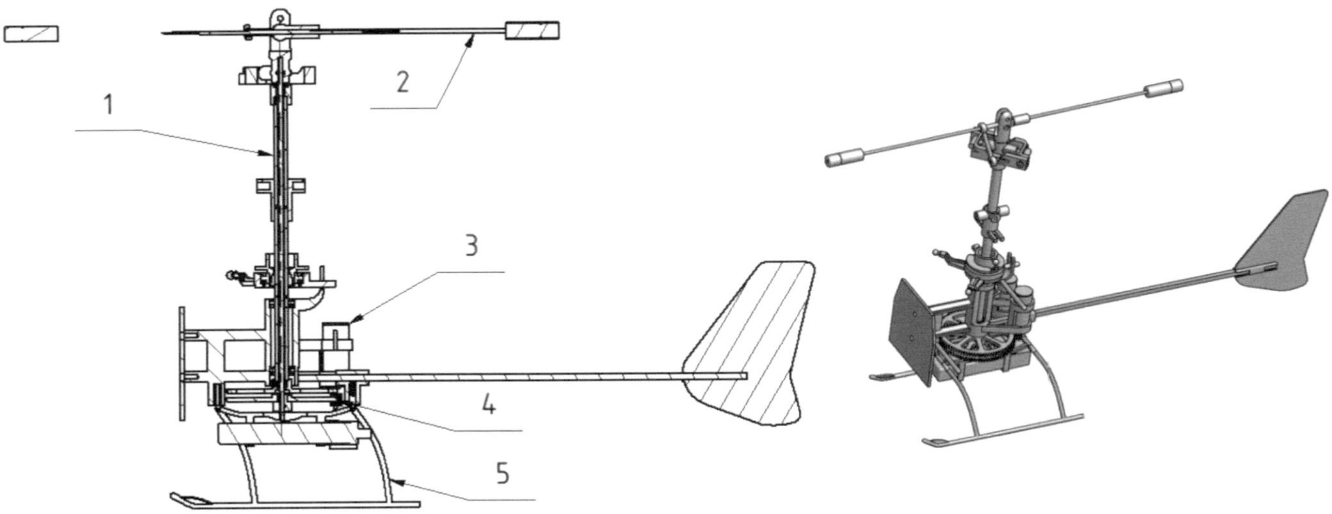

Bild 13-19 Hubschrauber-Rotorantrieb
1 Rotorwelle; 2 Rotorblatt; 3 Antriebsmotor; 4 Zahnradgetriebe; 5 Kufengestell

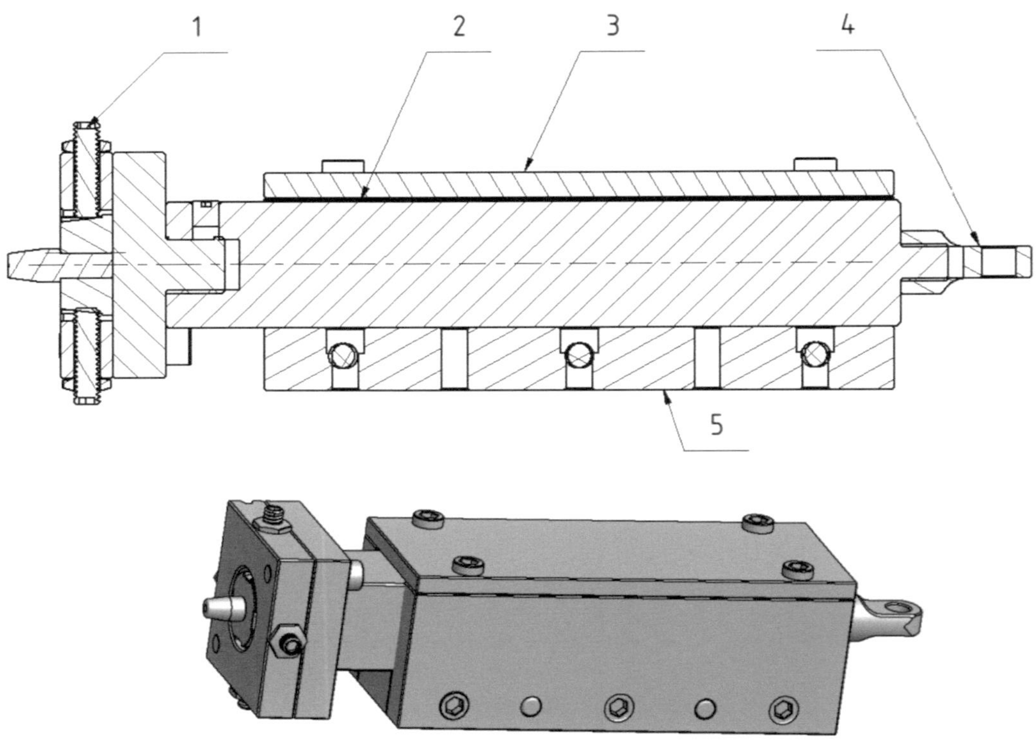

Bild 13-20 Hydraulikzylinder
1 Verstellschraube (4x); 2 Führungszylinder; 3 Obere Führungsplatte; 4 Befestigungsdorn; 5 Untere Führungsplatte

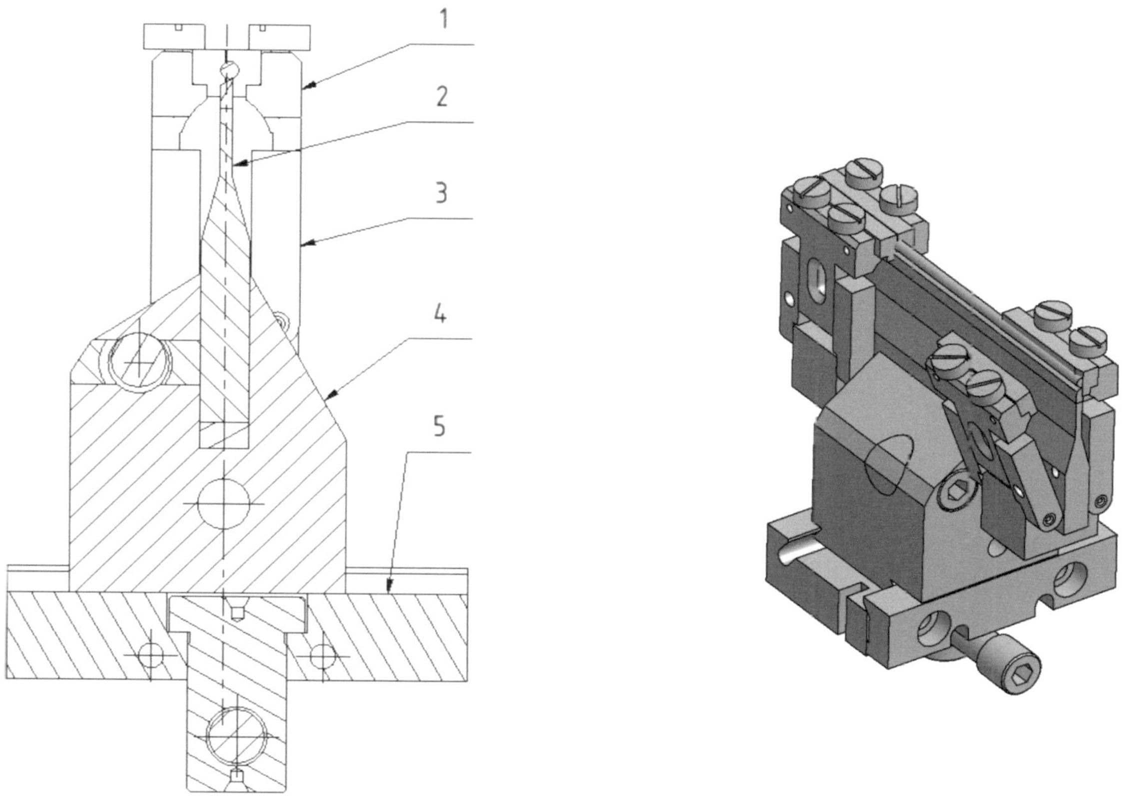

Bild 13-21 Leitschiene für Rundschleifmaschine
1 Linke Befestigungsplatte; 2 Leitschiene; 3 Rechte Befestigungsplatte; 4 Gehäuse; 5 Grundplatte

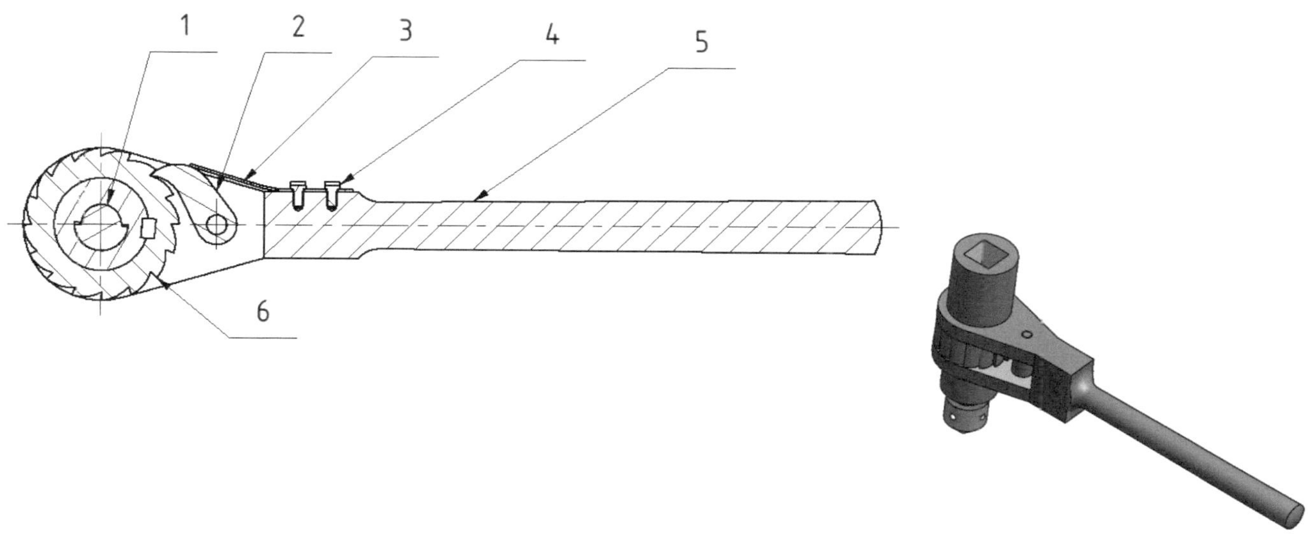

Bild 13-22 Schraubenschlüssel – Ratsche
1 Lagerung Zahnrad; 2 Sperrklinke, Raste; 3 Blattfeder; 4 Befestigung Blattfeder; 5 Handgriff; 6 Zahnrad-Verrastung

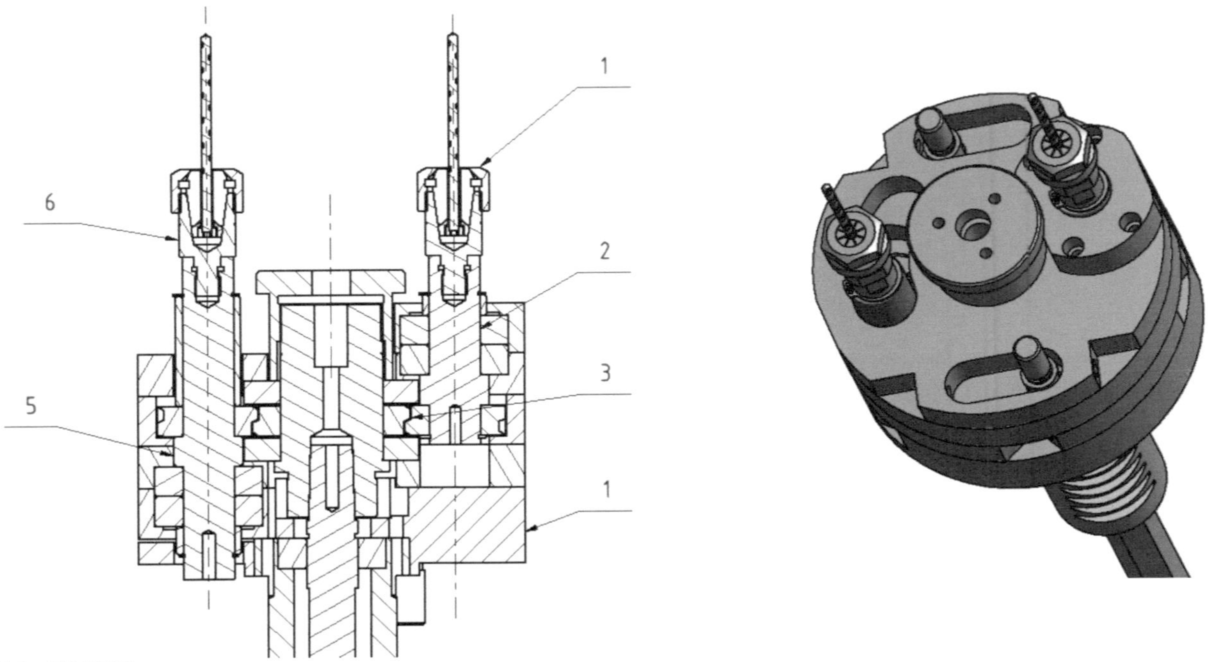

Bild 13-23 Bohrkopf mit Zweifachwerkzeug
1 Spannzange; 2 Spindel-Bohrkopf 1; 3 Zahnradpaarung Antrieb; 4 Bohrkopf; 5 Spindel-Bohrkopf 2; 6 Spannzangenführung

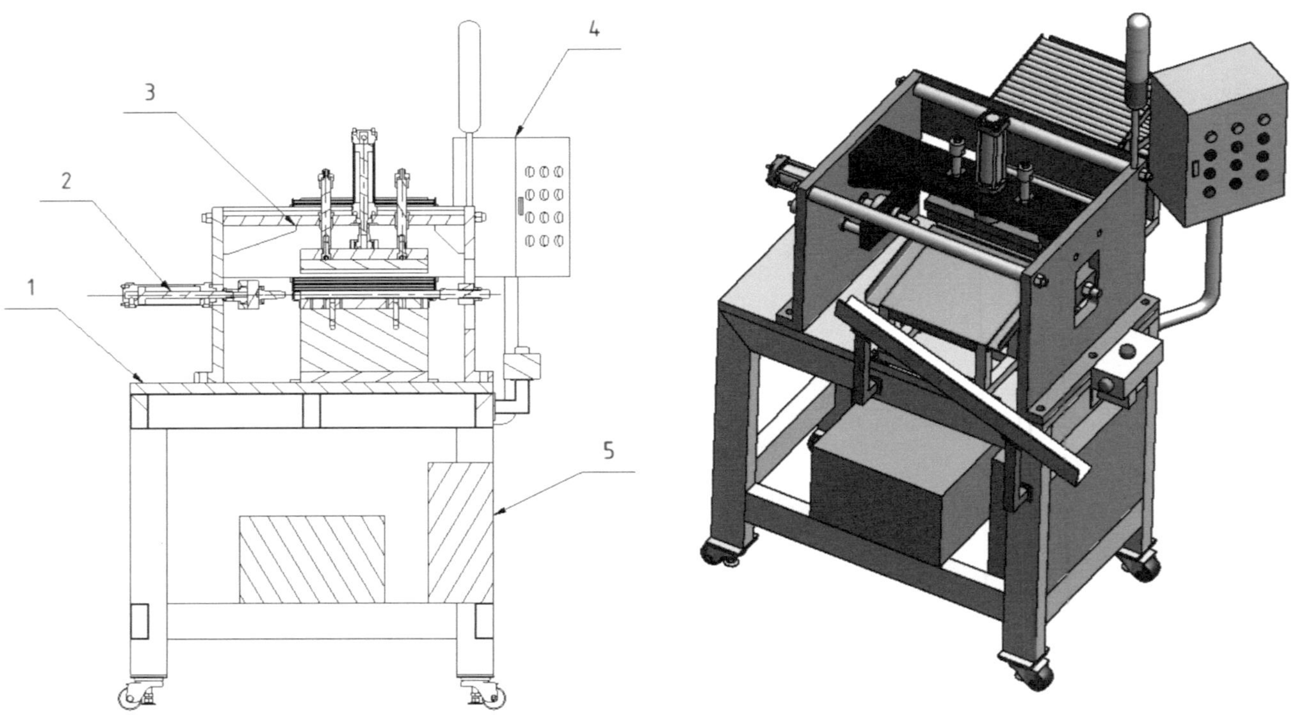

Bild 13-24 Rohr-Enden-Bearbeitungsmaschine
1 Grundplatte; 2 Zylinder für Rohrfixierung; 3 Rohr-Magazin; 4 Steuerung; 5 Tischgestell

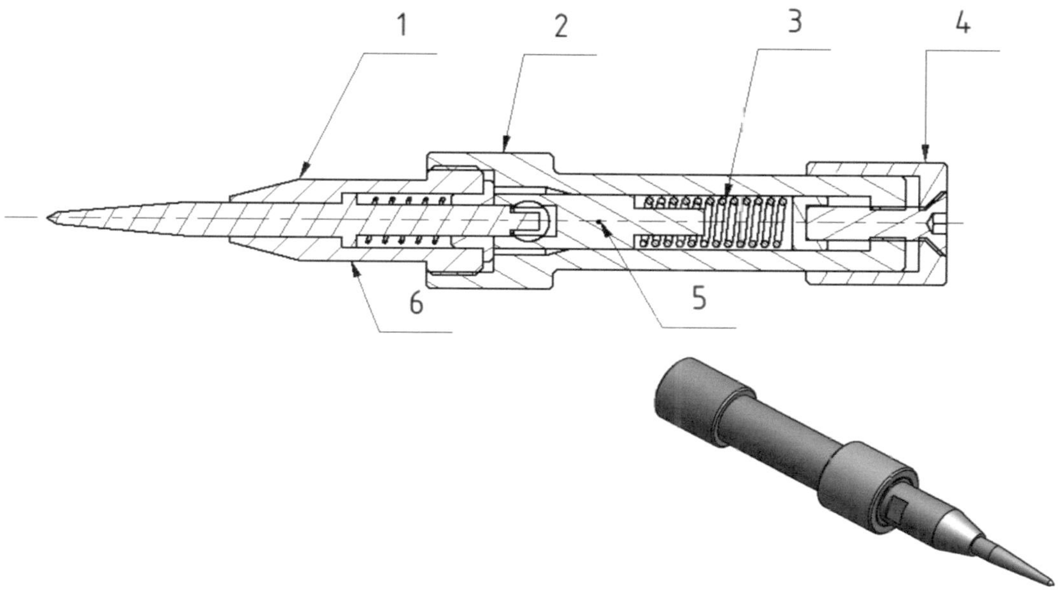

Bild 13-25 Stichel
1 Mantel; 2 Körper; Druckfeder; 4 Druckknopf; 5 Stürmer; 6 Spitze

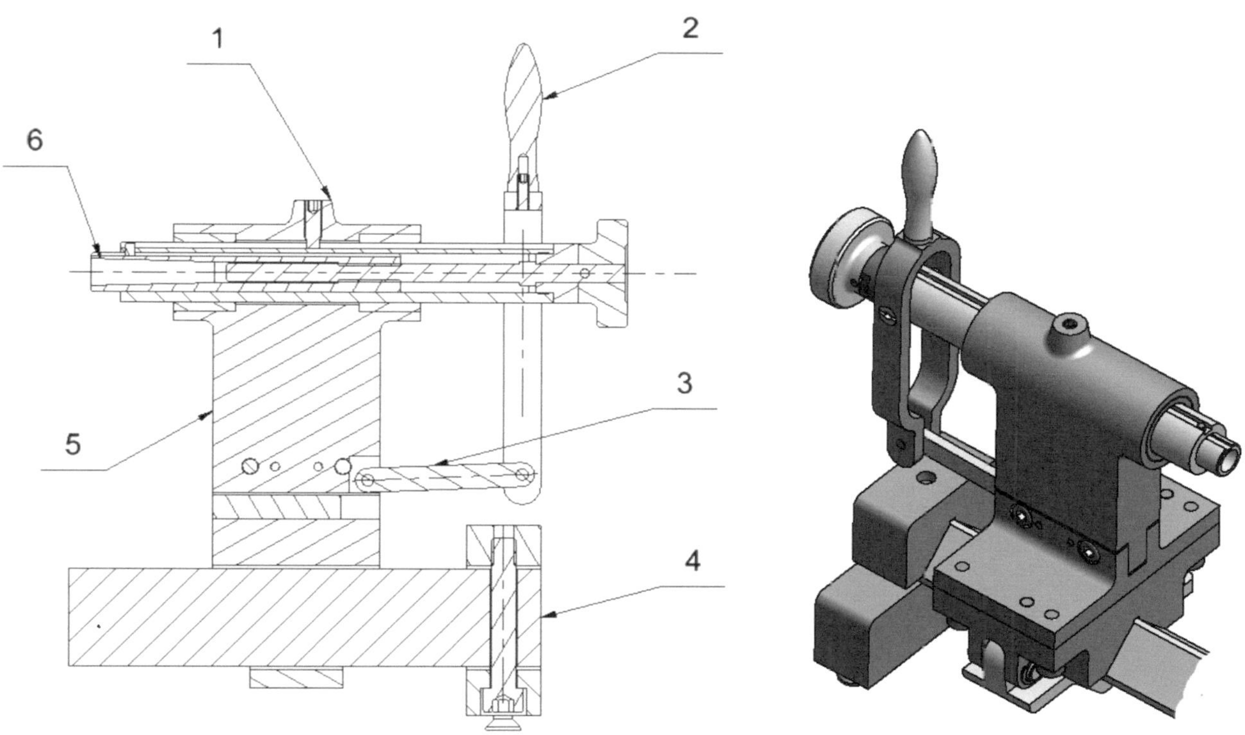

Bild 13-26 Reitstock für Drehbank
1 Führungsstift; 2 Handhebel für Linearführung; 3 Umlenkhebel; 4 Längsführung; 5 Grundkörper; 6 Reitstock-Spitzenaufnahme

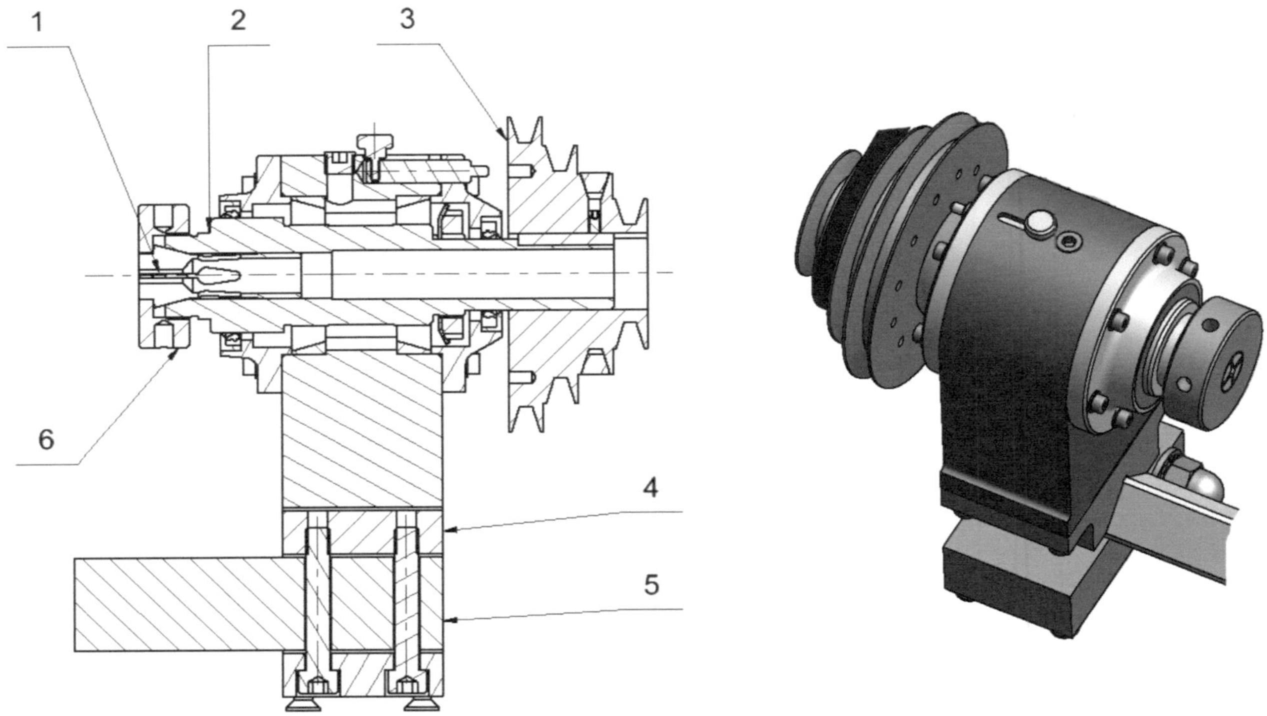

Bild 13-27 Spannzangenaufnahme
1 Spannzange; 2 Spannzangenführung; 3 Keilriemenscheibe; 4 Befestigungssockel; 5 Längsführung; 6 Spannzangenschraube

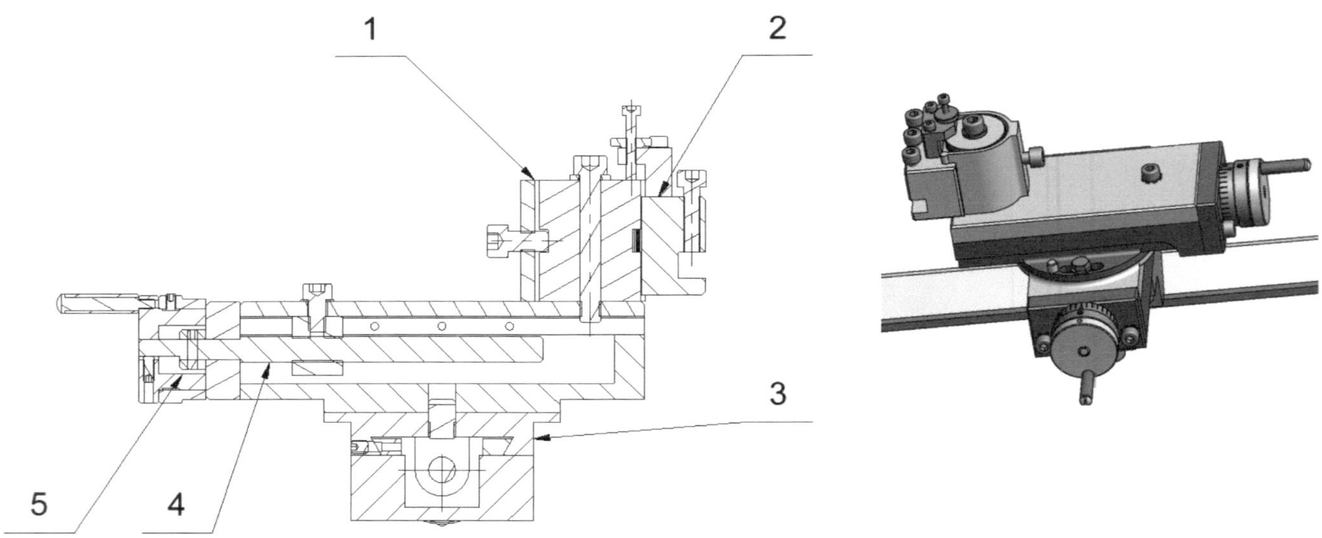

Bild 13-28 Drehbank-Support
1 Stahlhalterbefestigung; 2 Stahlhalter; 3 Querschlitten; 4 Spindel; 5 Handrad

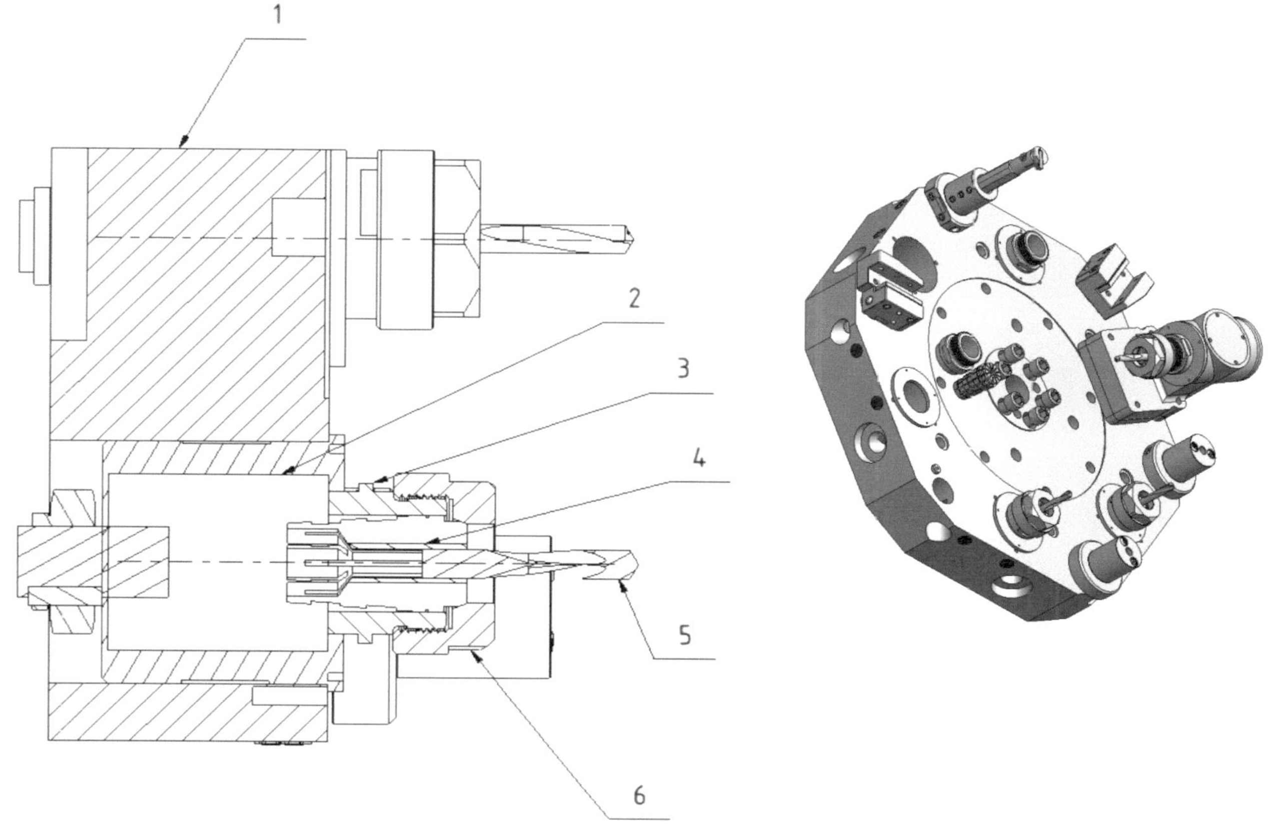

Bild 13-29 Werkstückaufnahme für CNC-Bearbeitungszentrum
1 Werkzeugblock; 2 Werkzeugaufnahme; 3 Spannzangenführung; 4 Spannzange; 5 Werkstückbohrer; 6 Feststellmutter Spannzange

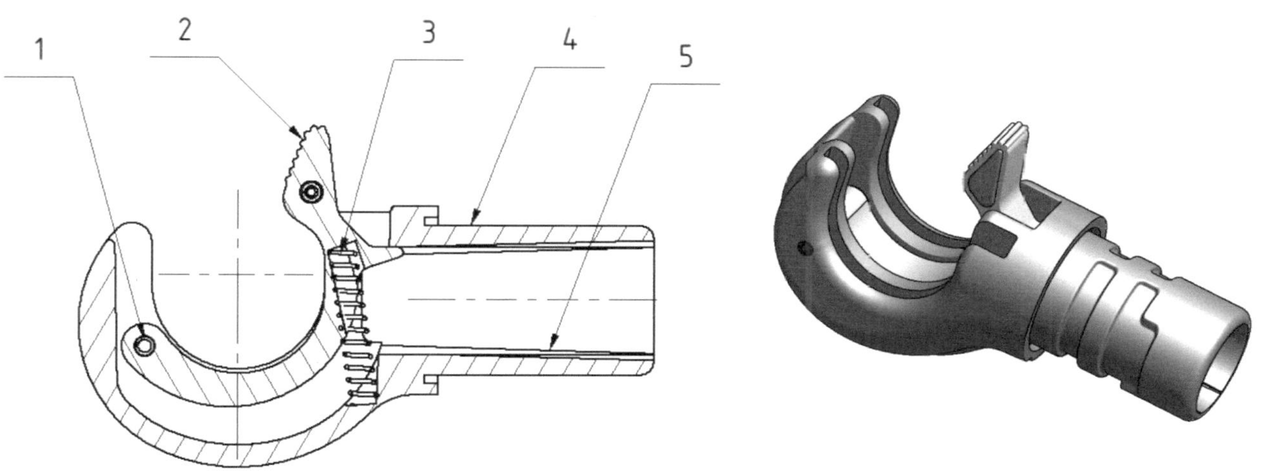

Bild 13-30 Universaldrehschlüssel
1 Lager; 2 Klemmschale; 3 Druckfeder; 4 Gehäuse; 5 Aufnahme für Verlängerungsgriff

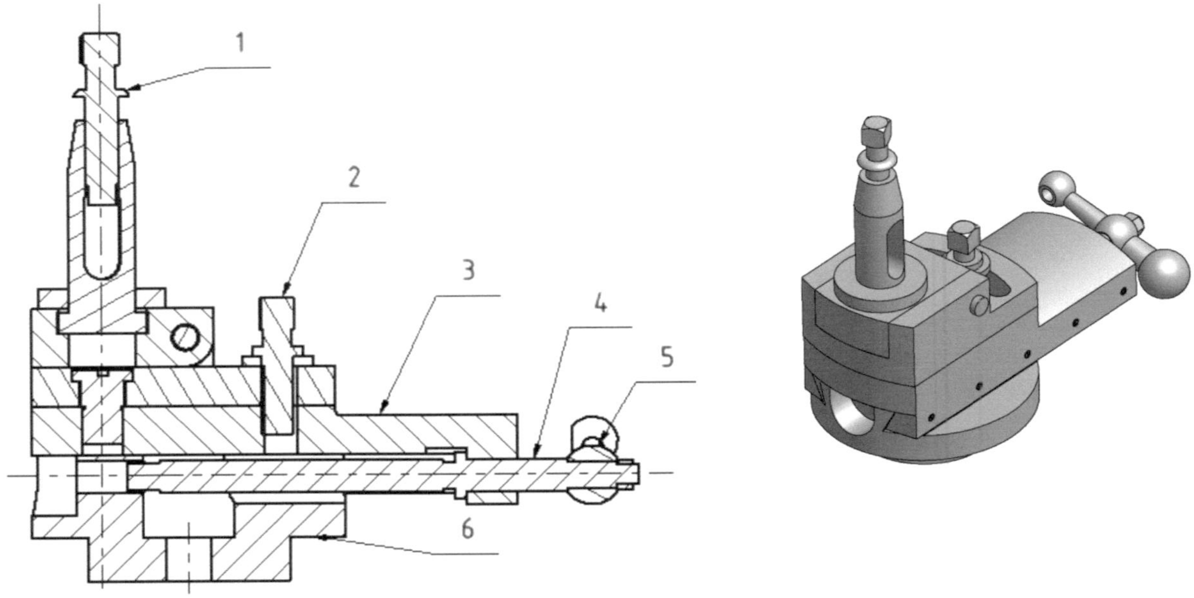

Bild 13-31 Support Stahlhalter
1 Feststellschraube Locheisen; 2 Feststellschraube Rundtisch; 3 Linearschlitten; 4 Spindel; 5 Handrad; 6 Befestigungsplatte

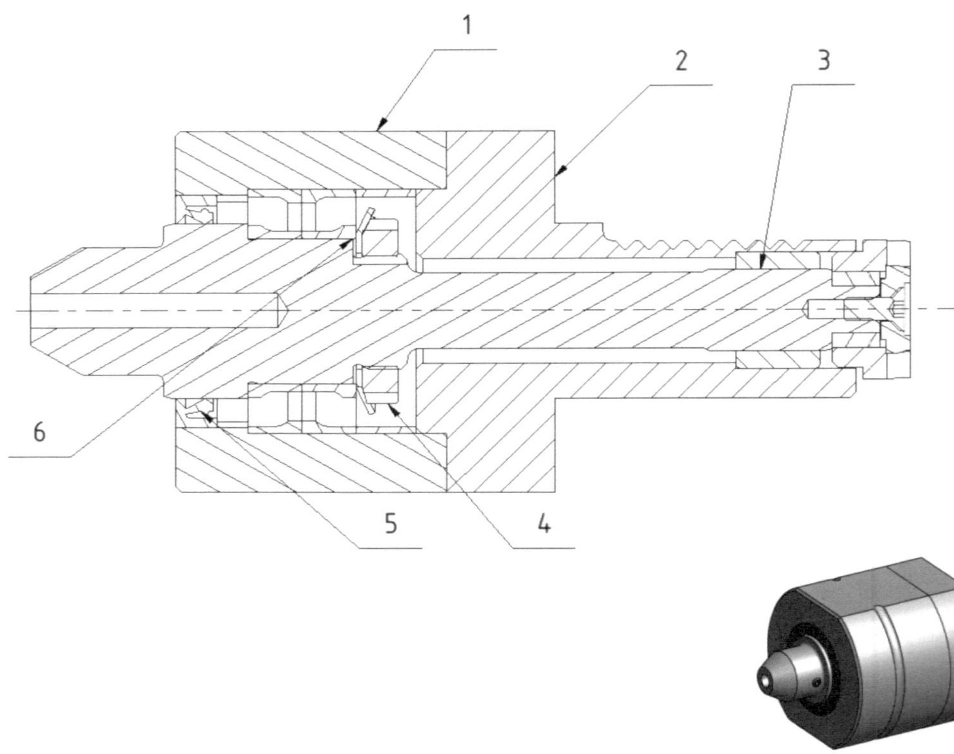

Bild 13-32 Bearbeitungswerkzeug für CNC-Maschine
1 Gehäuse; 2 Werkstückdorn; 3 Werkstücklagerung; 4 Spannschraube; 5 Dichtring; 6 Spannscheibe

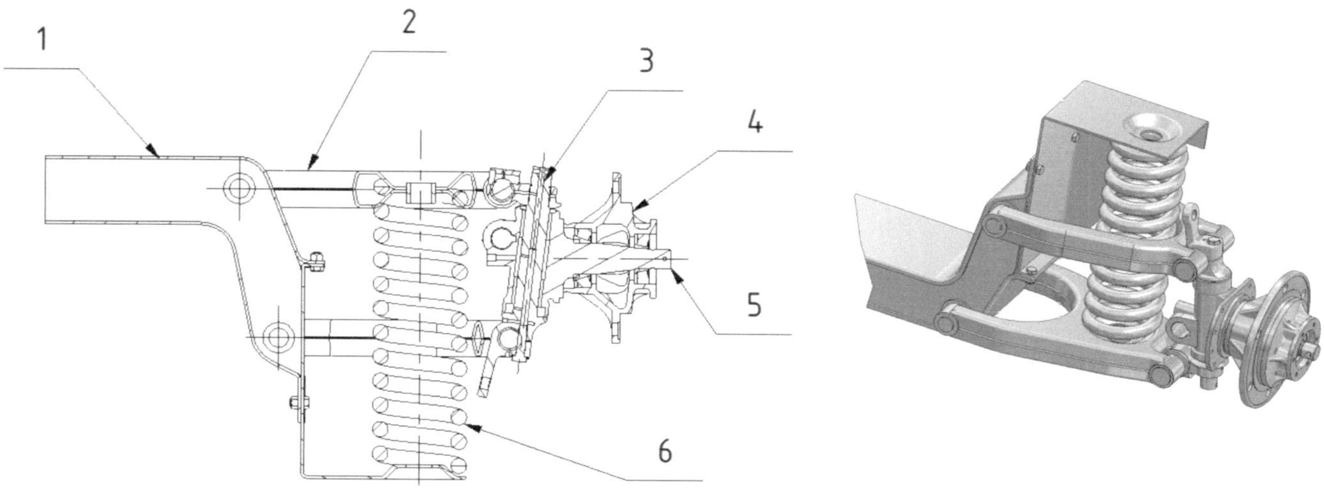

Bild 13-33 Fahrwerk-Radaufhängung
1 Trägerrahmen; 2 Verbindungsgelenk; 3 Werkstücklagerung; 4 Befestigungsscheibe; 5 Wellenlagerung; 6 Federsystem

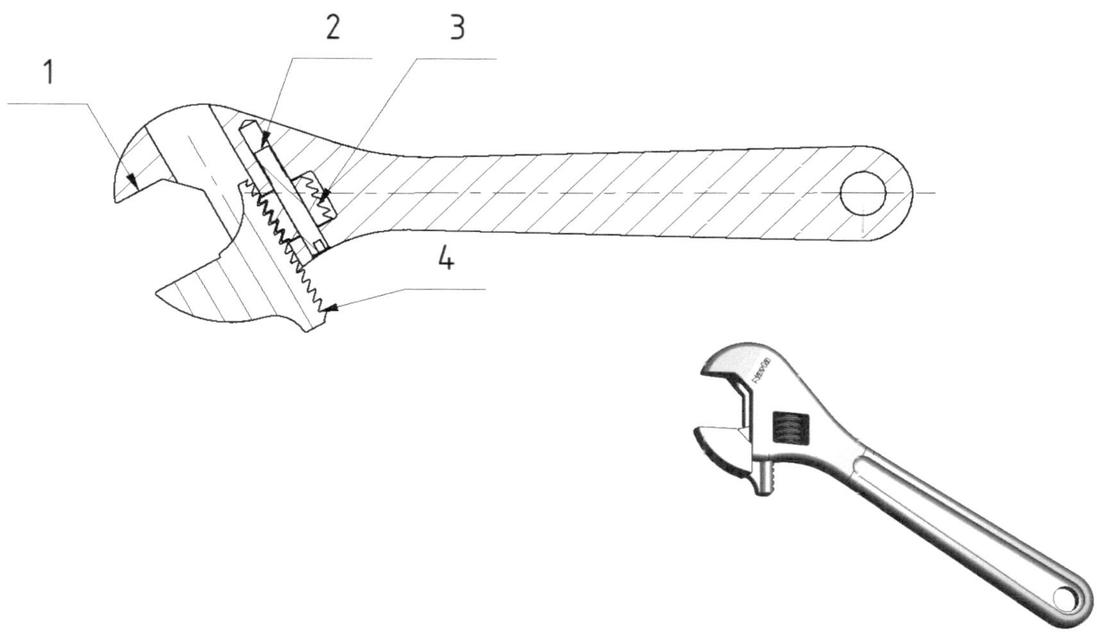

Bild 13-34 Engländer, Verstellbarer Schraubenschlüssel
1 Fester Klemmbacken; 2 Stiftlagerung; 3 Verstellschraube; 4 Verstellbarer Klemmbacken

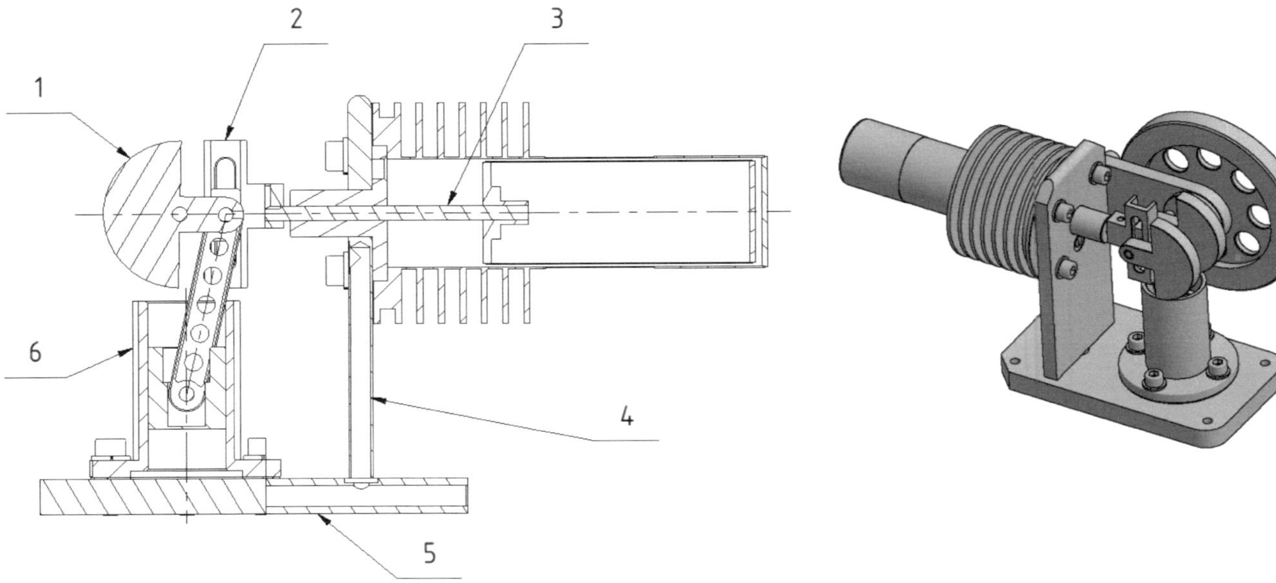

Bild 13-35 Horizontaler Stirling-Motor
1 Umlenkscheibe; 2 Scheibenlagerung; 3 Verdrängungskolben; 4 Befestigungswand; 5 Grundplatte; 6 Arbeitskolben

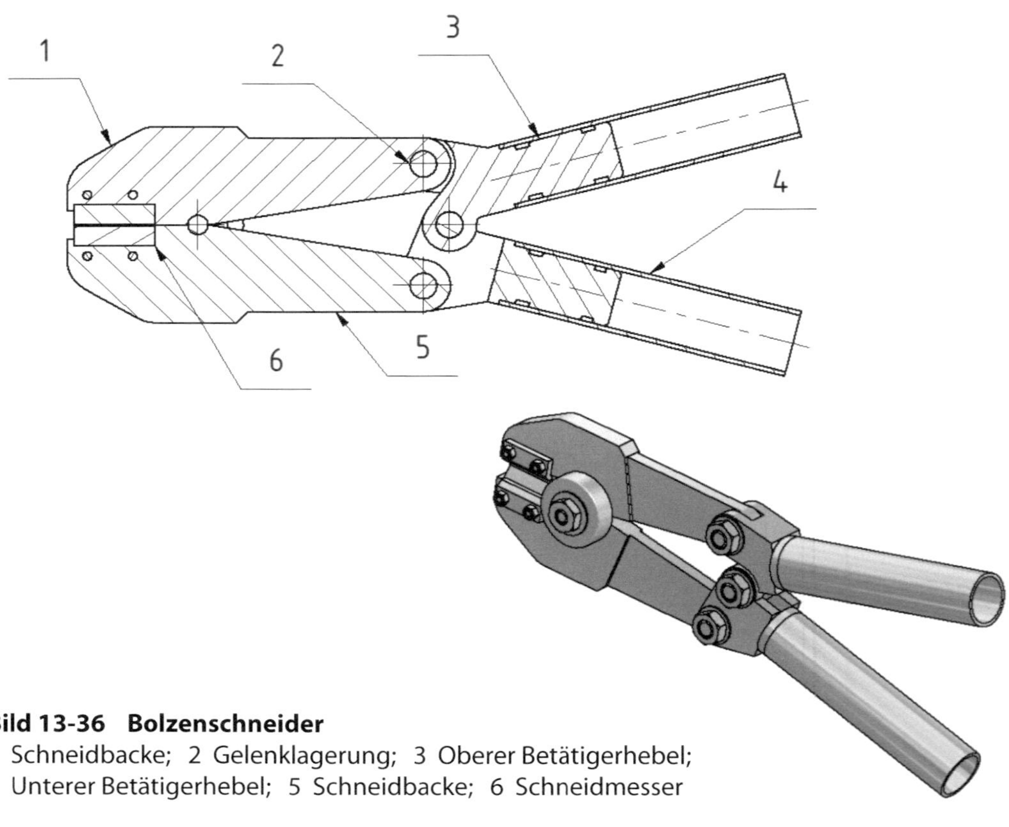

Bild 13-36 Bolzenschneider
1 Schneidbacke; 2 Gelenklagerung; 3 Oberer Betätigerhebel; 4 Unterer Betätigerhebel; 5 Schneidbacke; 6 Schneidmesser

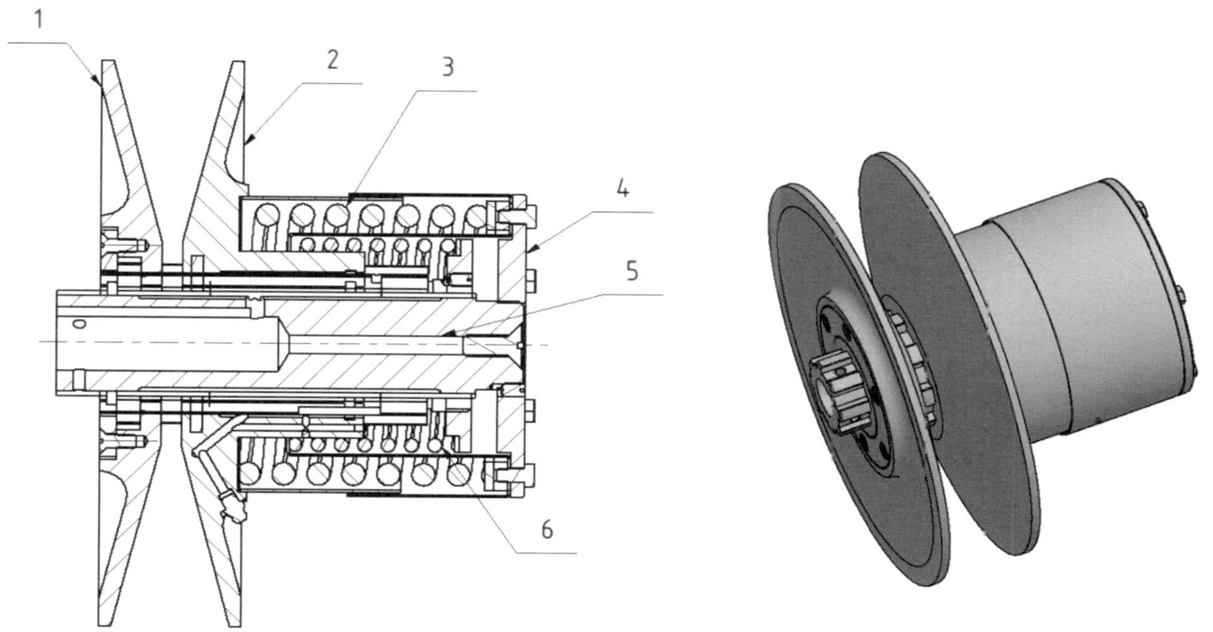

Bild 13-37 Fliehkraft-Scheibe
1 Feststehender Flansch; 2 Beweglicher Flansch; 3 Druckfeder; 4 Abschlussdeckel; 5 Welle; 6 Wellenlagerung

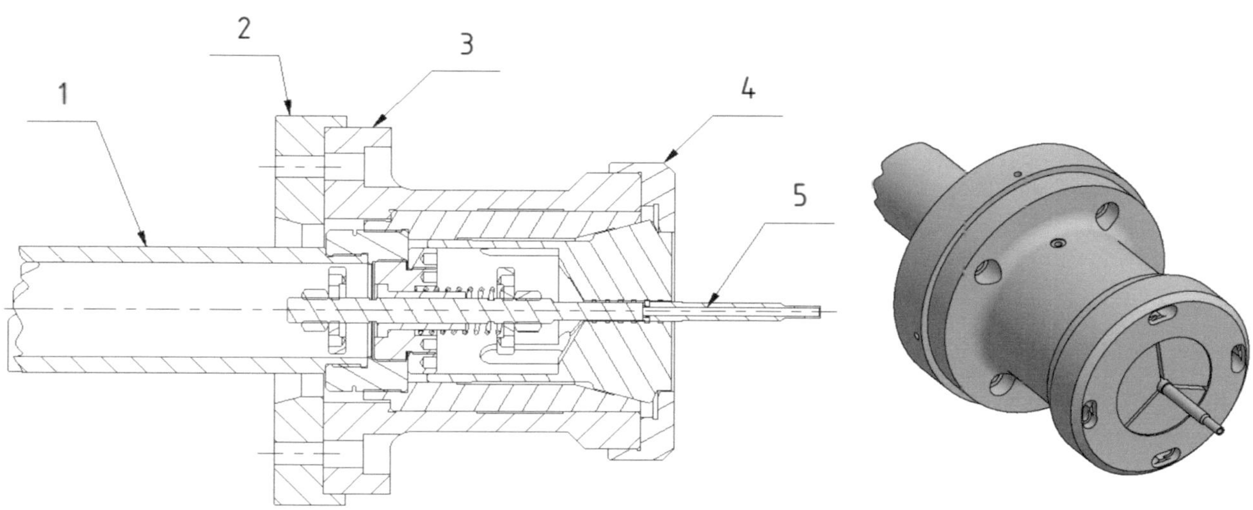

Bild 13-38 CNC-Spannzangenaufnahme
1 Zentrierwelle; 2 Befestigungsflansch; 3 Führungszylinder; 4 Abschlussdeckel; 5 Werkzeug

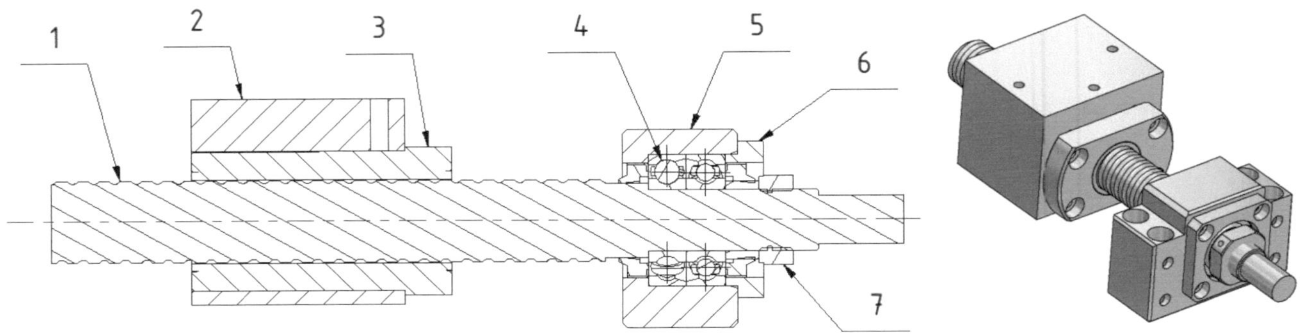

Bild 13-39 Spindelmutter-Lagerung
1 Spindelwelle; 2 Flansch für Spindelmutter; 3 Spindelmutter; 4 Kugellager; Befestigungsblock; 5 Distanzring; 6 Dichtung; 7 Feststellschraube

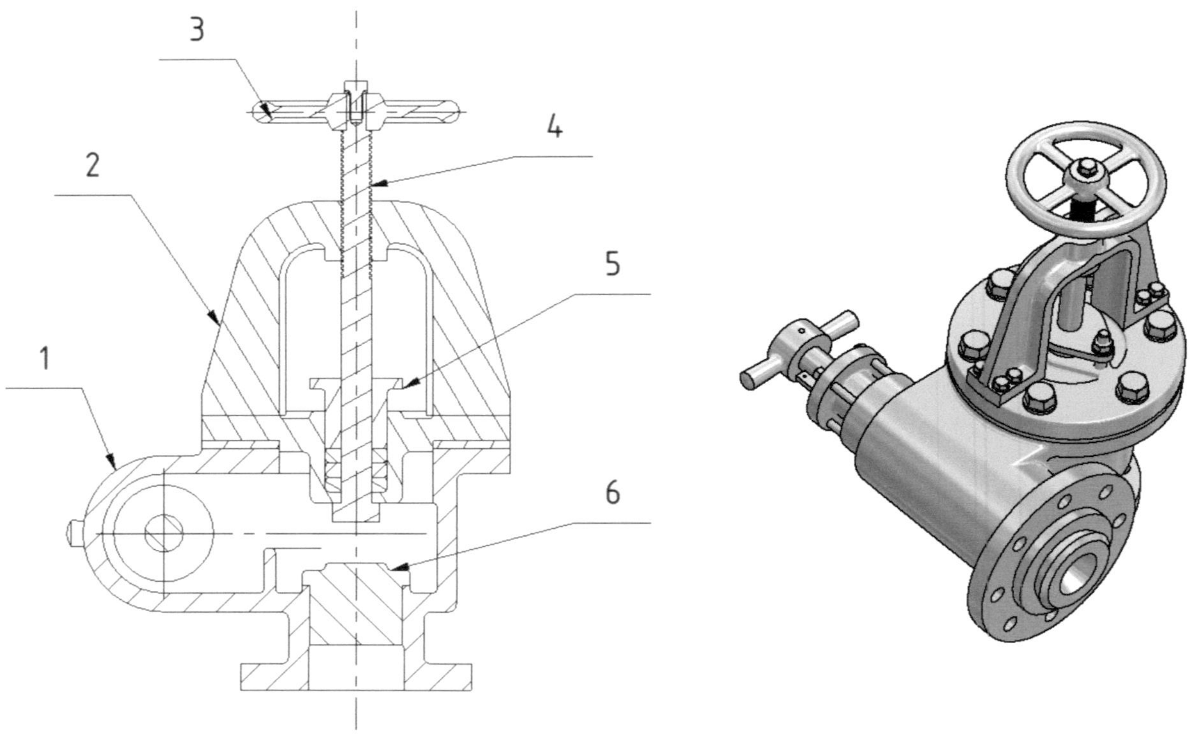

Bild 13-40 Rückschlagventil
1 Gehäuse; 2 Befestigung für Spindel; 3 Spannrad; 4 Spindel; 5 Spindelmutter; 6 Verschlussteil

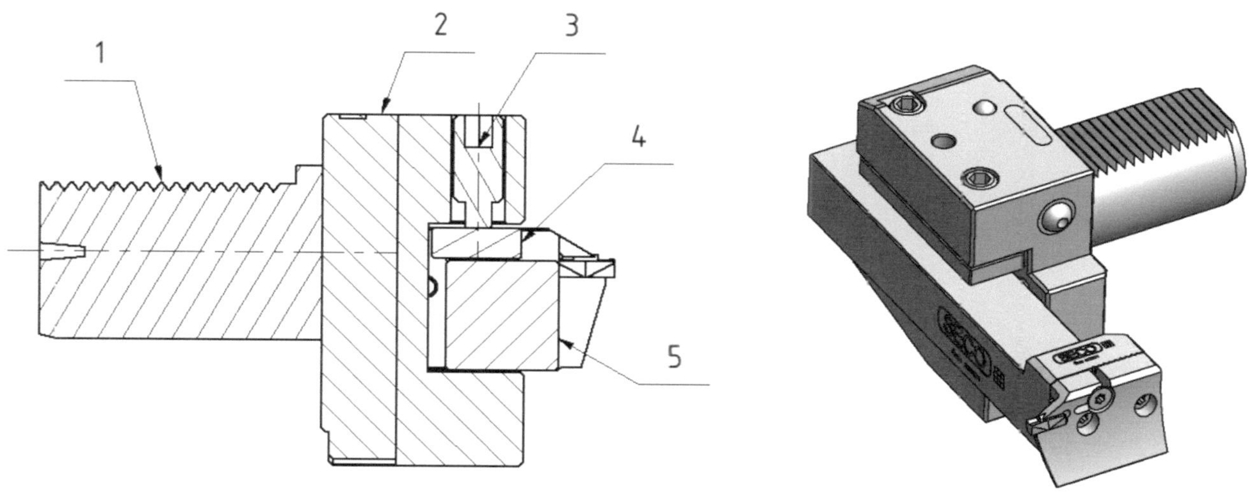

Bild 13-41 Stahlhalter für CNC-Zentrum
1 Fixier- und Befestigungswelle; 2 Halterahmen; 3 Feststellschraube; 4 Spannplatte; 5 Stahlhalter

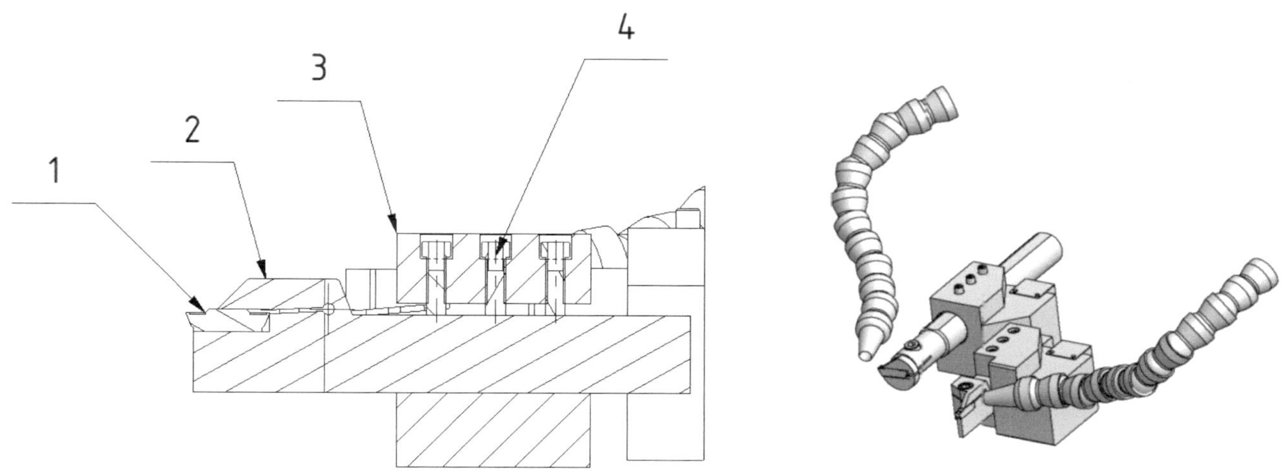

Bild 13-42 Ausdrehstahl-Halter
1 Schneidstahl Wendeplatte; 2 Klemmplatte; 3 Stahlhalter; 4 Klemmschraube

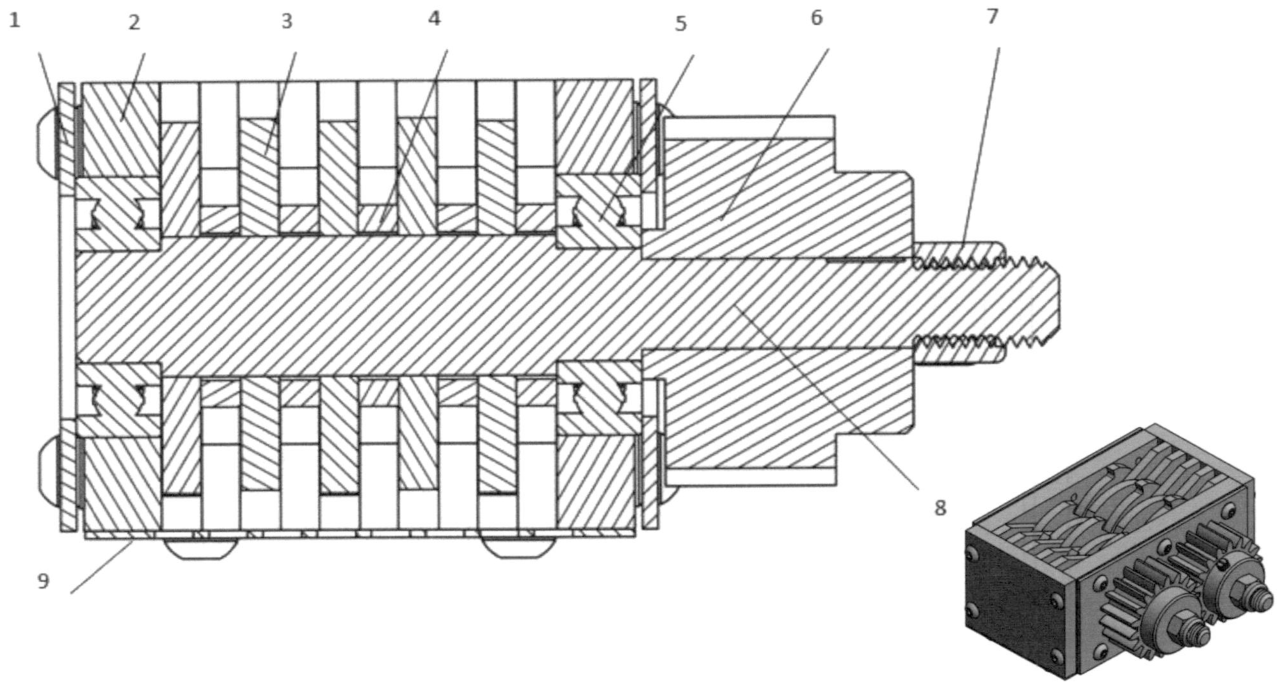

Bild 13-43 Mini-Schredderer
1 Deckel; 2 Lagerwand; 3 Schneidelement; 4 Zwischenscheibe; 5 Kugellager; 6 Zahnrad; 7 Feststellmutter; 8 Spindel; 9 Bodenplatte

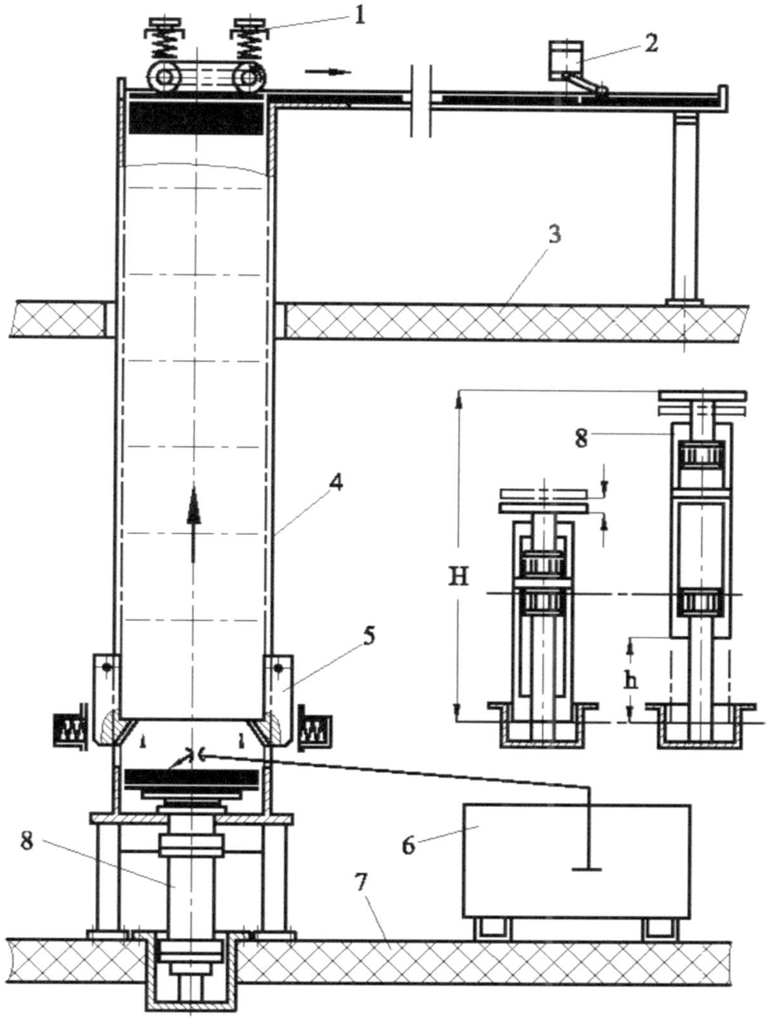

Bild 13-50 Überflurheber
1 Vereinzelungsvorrichtung; 2 Werkstückabfrage; 3 Obergeschossdecke;
4 Fahrstuhlschacht; 5 Haltevorrichtung; 6 Elevator; 7 Kellerdecke; 8 Doppelhubzylinder

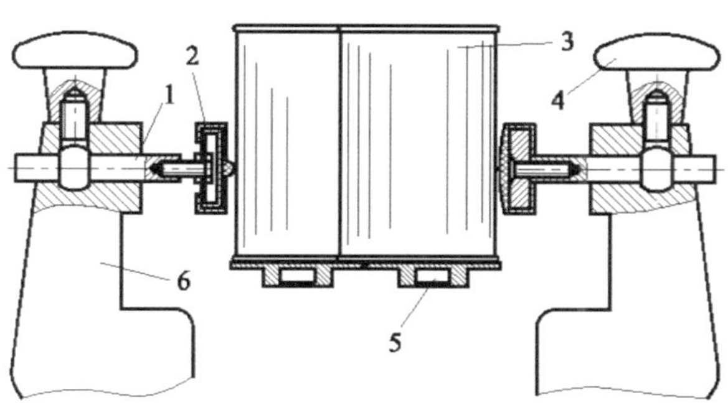

Bild 13-51 Förderbandseitenführung
1 Haltestange; 2 Seitenschiene mit Kunststoffumhüllung; 3 Transportgut;
4 Handgriff; 5 Förderband, Plattenkette; 6 Gestellwinkel

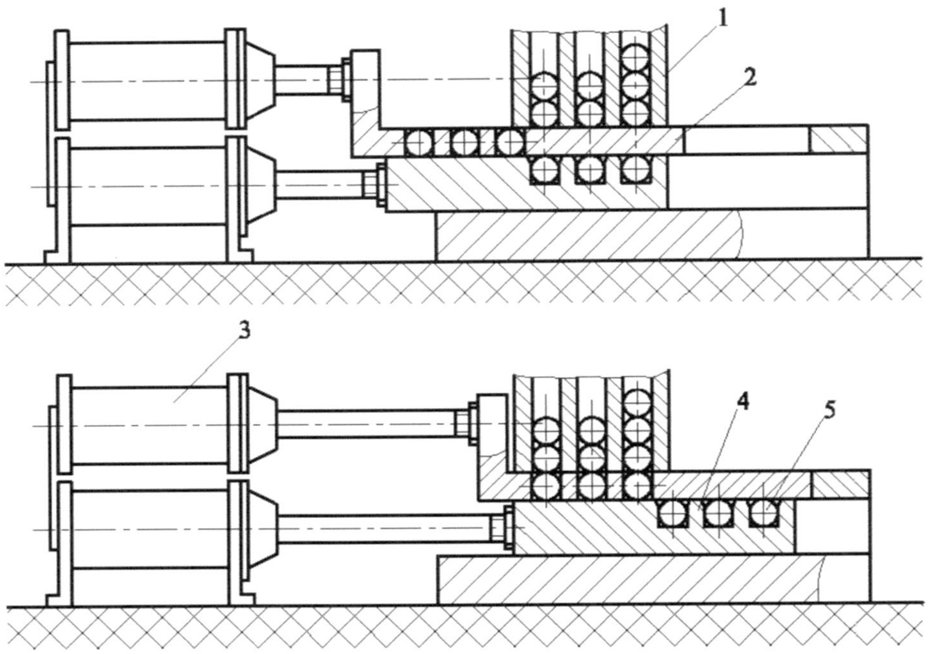

Bild 13-52 Mehrfachzuteiler
1 Schachtmagazin; 2 Abteilschieber; 3 Pneumatikzylinder; 4 Zuteilschieber; 5 Werkstück, z. B. Stiftschraube

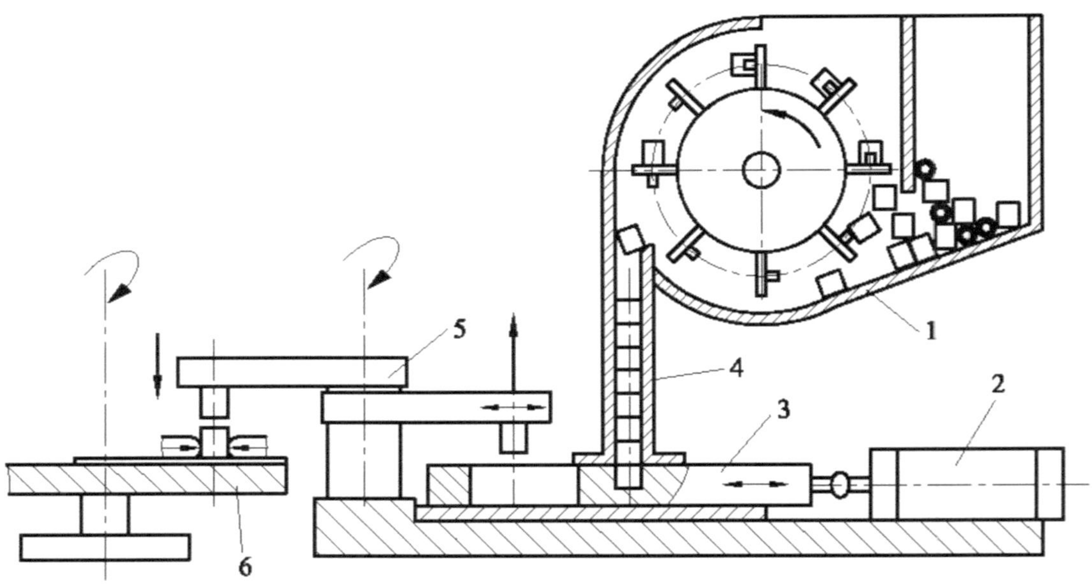

Bild 13-53 Vollautomatische Zuführung
1 Elevator; 2 Pneumatikzylinder; 3 Zuteilschieber; 4 Schachtmagazin; 5 Be- und Entladeeinrichtung; 6 Bearbeitungsmaschine

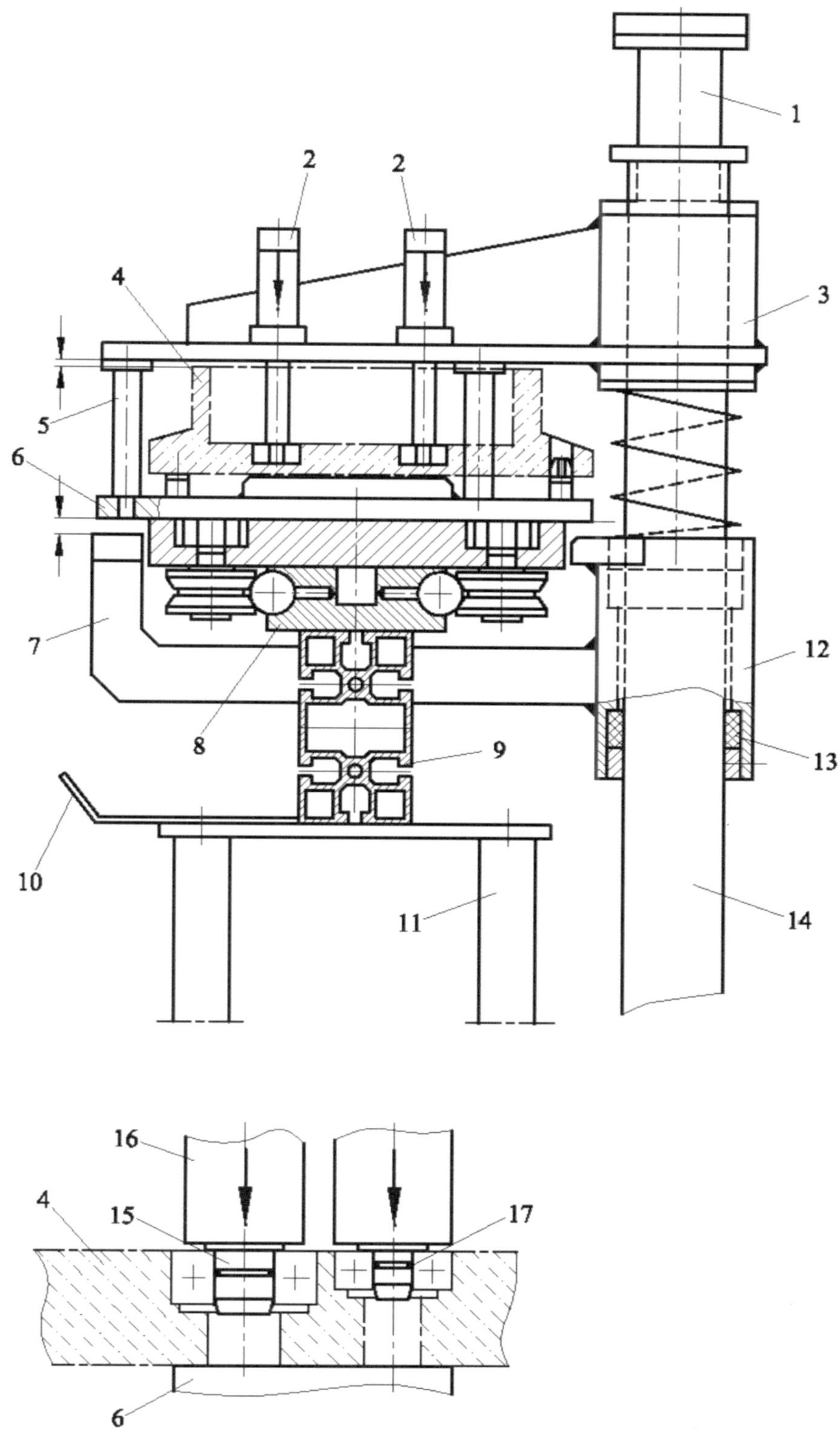

Bild 13-54 Transferstation für Kugellagermontage
1 Hubzylinder; 2 Presszylinder; 3 Rundführung; 4 Montagebasisteil; 5 Stütze; 6 Basisteilaufnahme; 7 Aushebearm; 8 Rollwagen; 9 Profilträger; 10 Fangblech; 11 Gestell; 12 Rundführung; 13 Dichtring; 14 Säule; 15 Fügeteilhaltung; 16 Pressstempel; 17 O-Ring

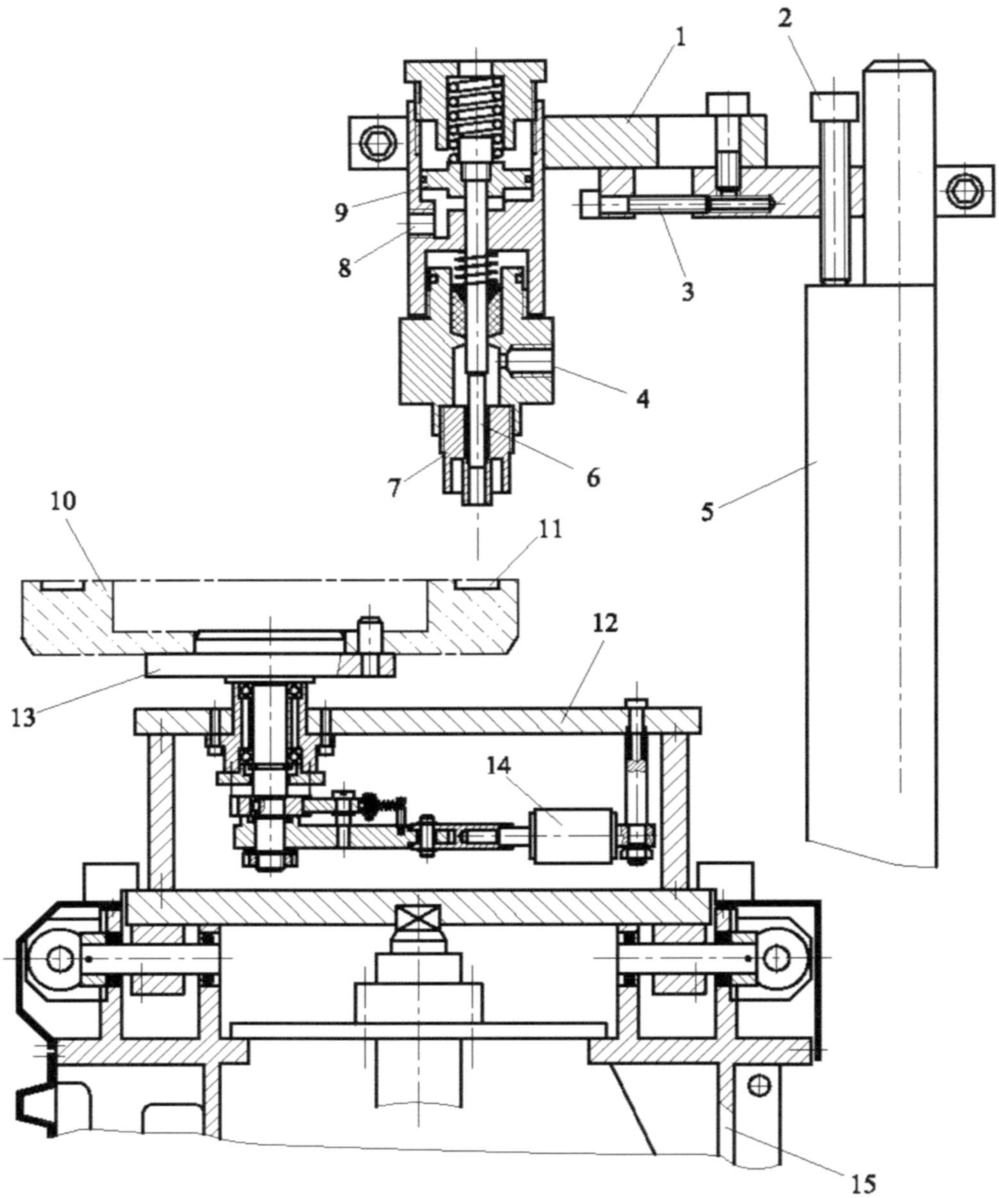

Bild 13-55 Transferstation mit Takteinrichtung
1 Jochplatte; 2 Höheneinstellung; 3 Radialeinstellung; 4 Klebstoffanschluss; 5 Säule; 6 Dosierstößel; 7 Dosierdüse; 8 Pneumatikanschluss; 9 Kolben; 10 Basisteil; 11 Klebstelle 6x auf dem Umfang; 12 Takteinrichtung; 13 Basisteilaufnahme; 14 Pneumatikzylinder; 15 Transferstrecke

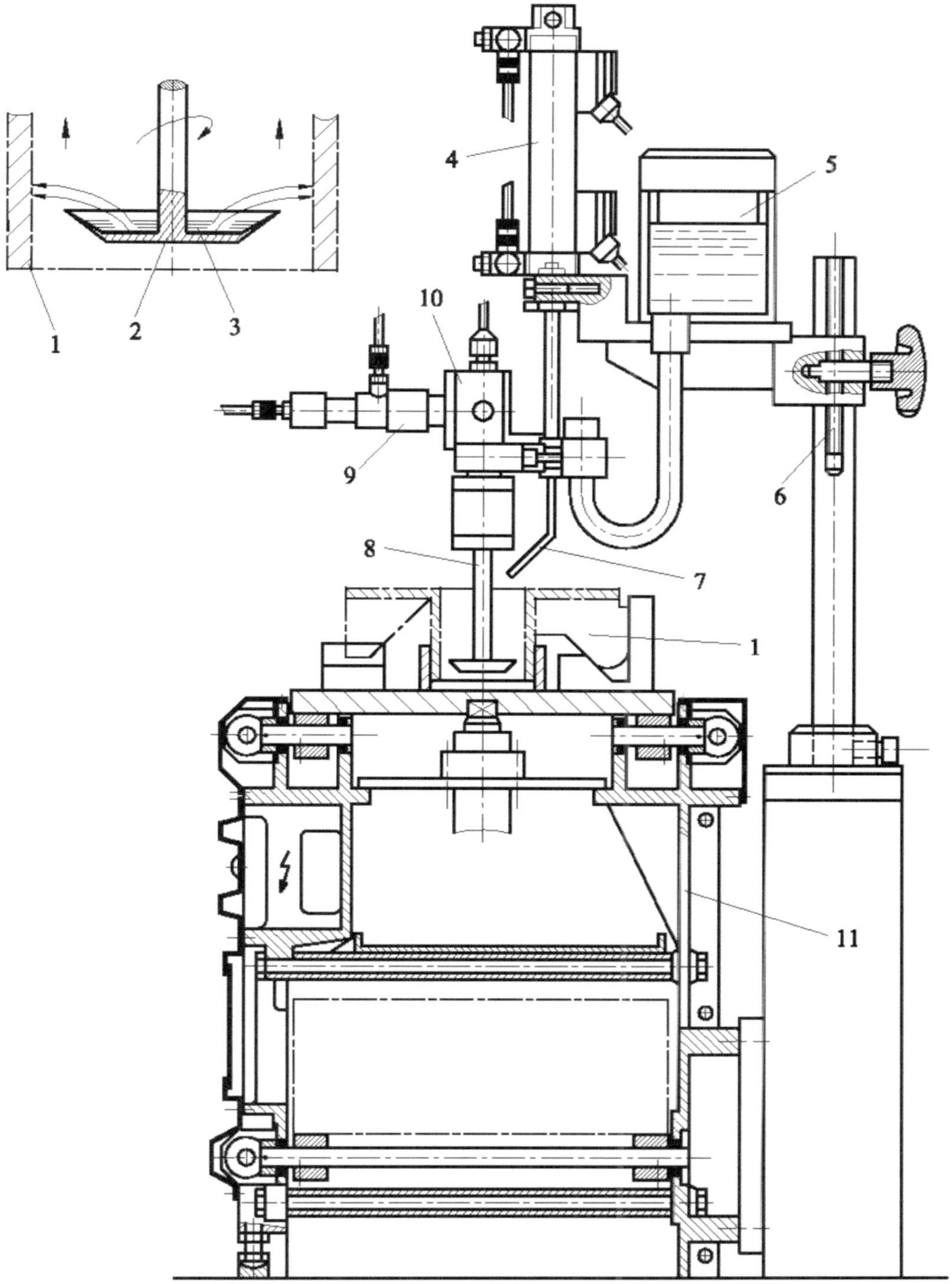

Bild 13-56 Beschichtungsstation
1 Werkstück; 2 Sprühscheibe; 3 Beschichtungsmittel; 4 Dosierkolbenzylinder; 5 Vorratsbehälter; 6 Höheneinstellung; 7 Nachfülldüse; 8 Sprühscheibe; 9 Sprühscheibenmotor; 10 Lineareinheit; 11 Transferstrecke mit Vorschub

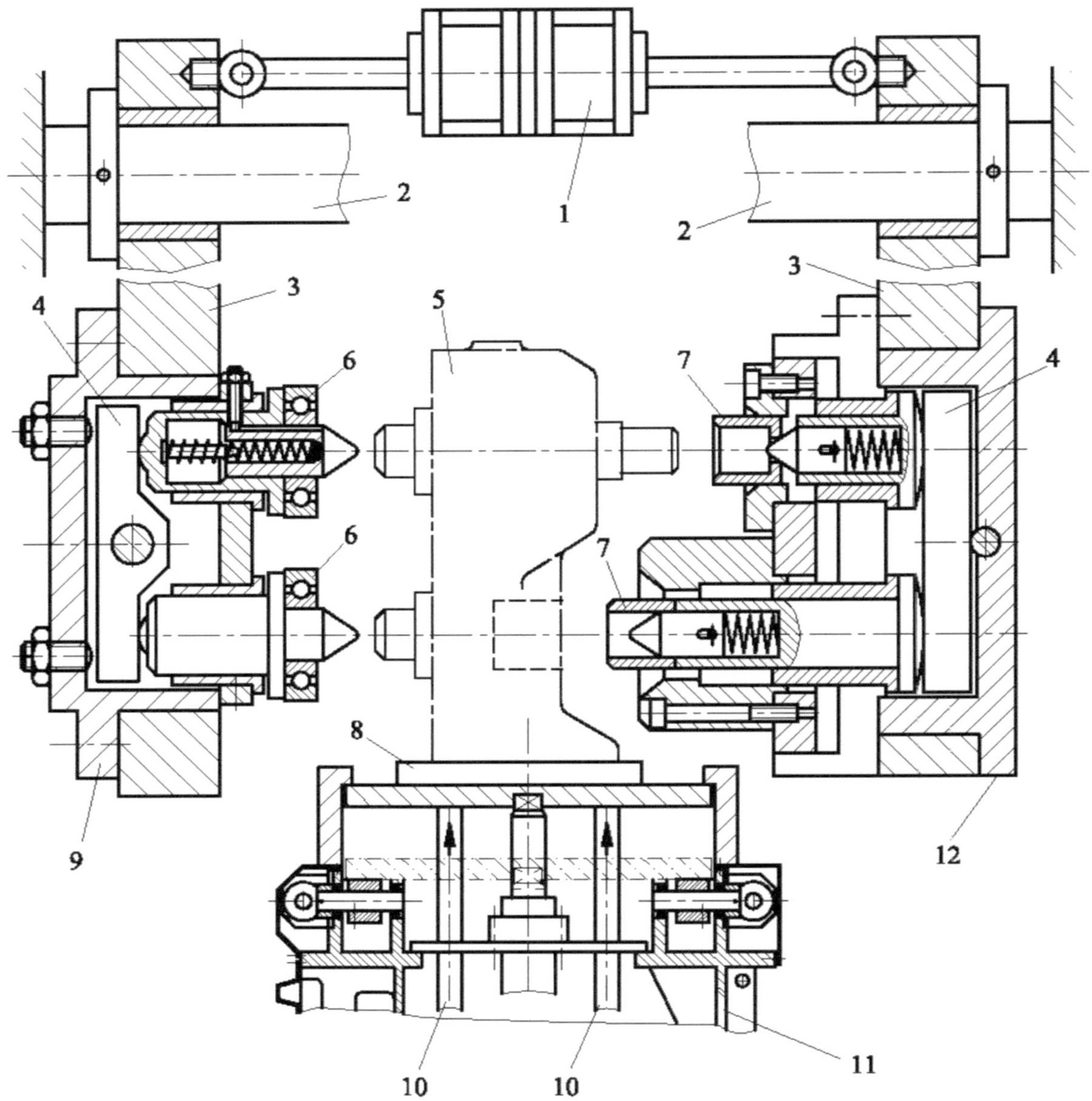

Bild 13-57 Transferstation zum Buchseneinpressen
1 Pneumatik-Doppelzugzylinder; 2 Gestell; 3 Jochplatte; 4 Ausgleichswippe;
5 Basisteil, Gehäuse; 6 Fügeteil, Kugellager; 7 Fügeteil, Lagerbuchse; 8 Basisteilaufnahme;
9 Aufnahmeflansch zur Aufnahme der Zentriereinrichtungen für die Kugellager;
10 Peumatische Hubeinrichtung; 12 Aufnahmeflansch zur Aufnahme der Zentriereinrichtungen für die Lagerbuchsen

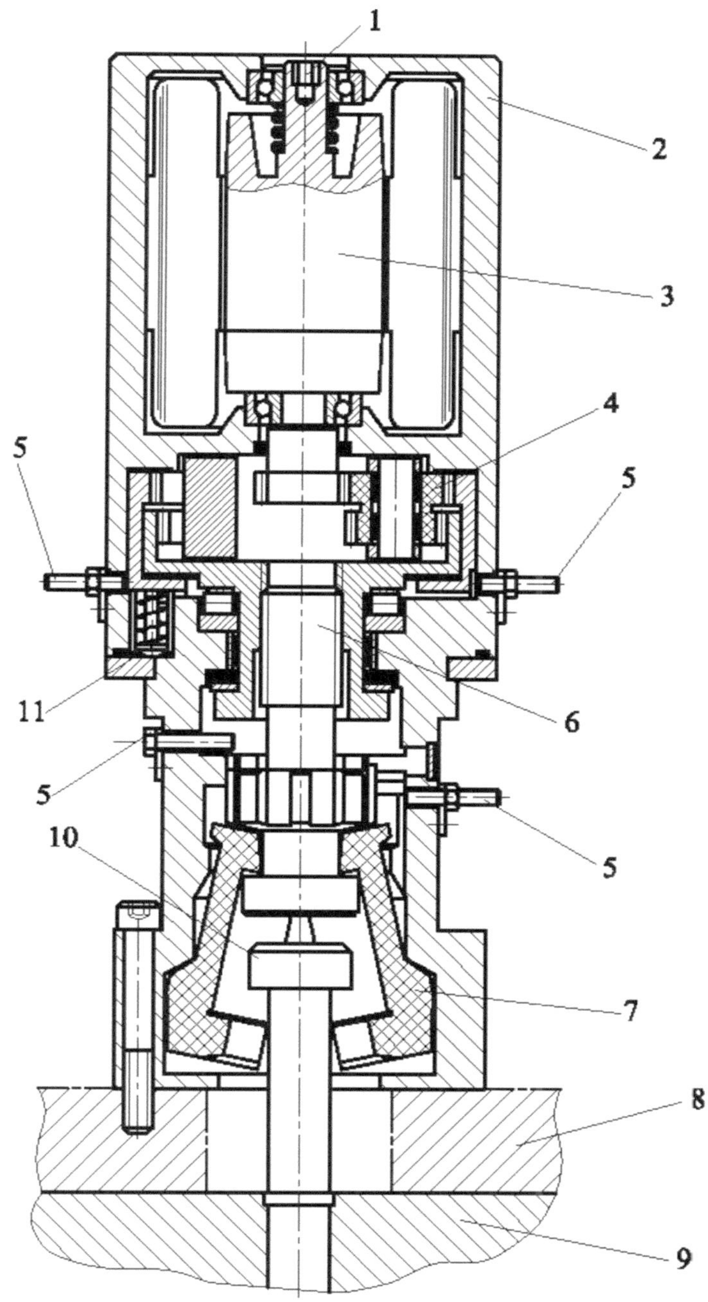

Bild 13-58 Elektromechanische Schnellspannsysteme
1 Not-Handbetätigung; 2 Gehäuse; 3 Spannmotor; 4 Untersetzungsgetriebe; 5 Berührungsloser Endschalter; 6 Schraubtrieb; 7 Spannklaue; 8 Stößel 9 Werkstück; 10 Montageteil; 11 Rastkupplung

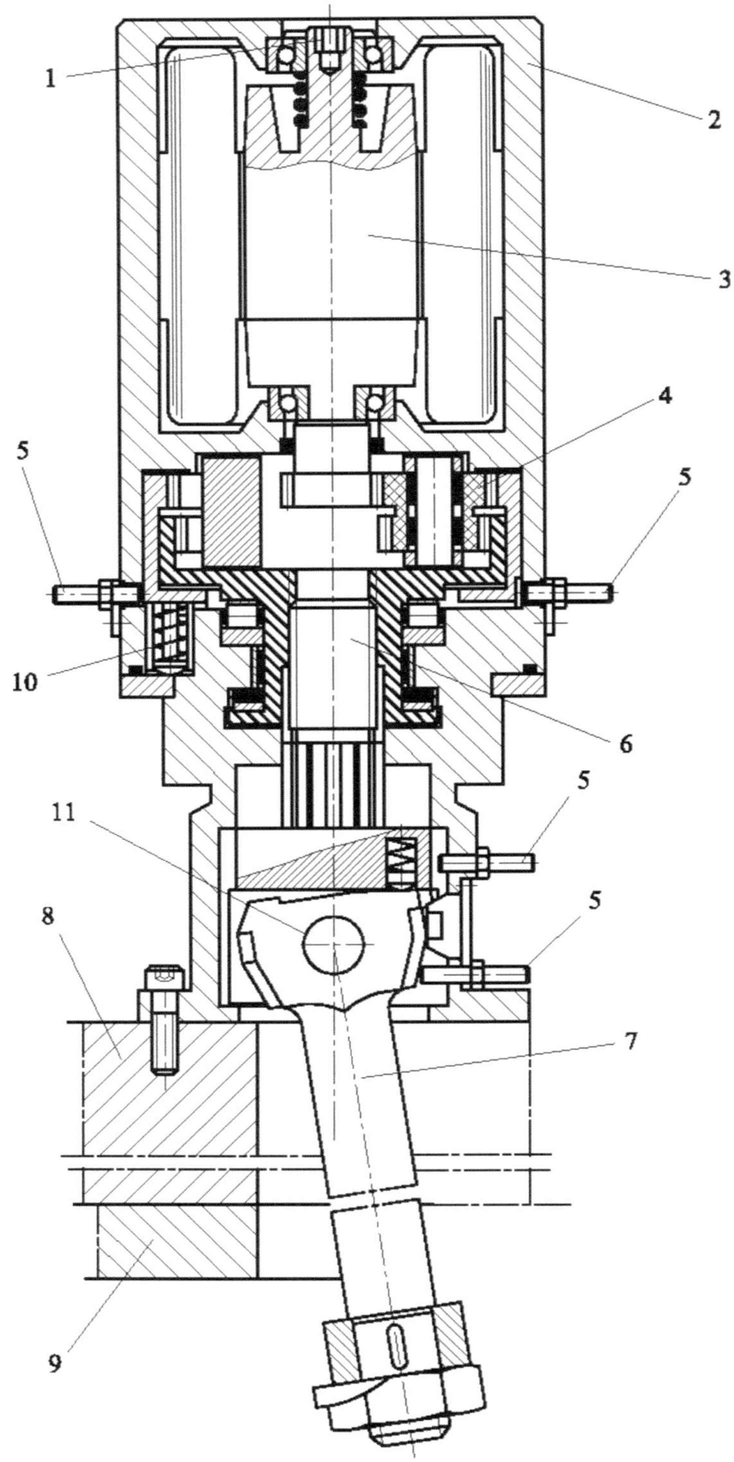

Bild 13-59 Elektromechanische Schnellspannsysteme mit ausschwenkbarem Zuganker
1 Not-Handbetätigung; 2 Gehäuse; 3 Spannmotor; 4 Untersetzungsgetriebe;
5 Berührungsloser Endschalter; 6 Schraubtrieb; 7 Zuganker; 8 Stößel;
9 Werkzeug; 10 Rastkupplung; 11 Schwenktrieb

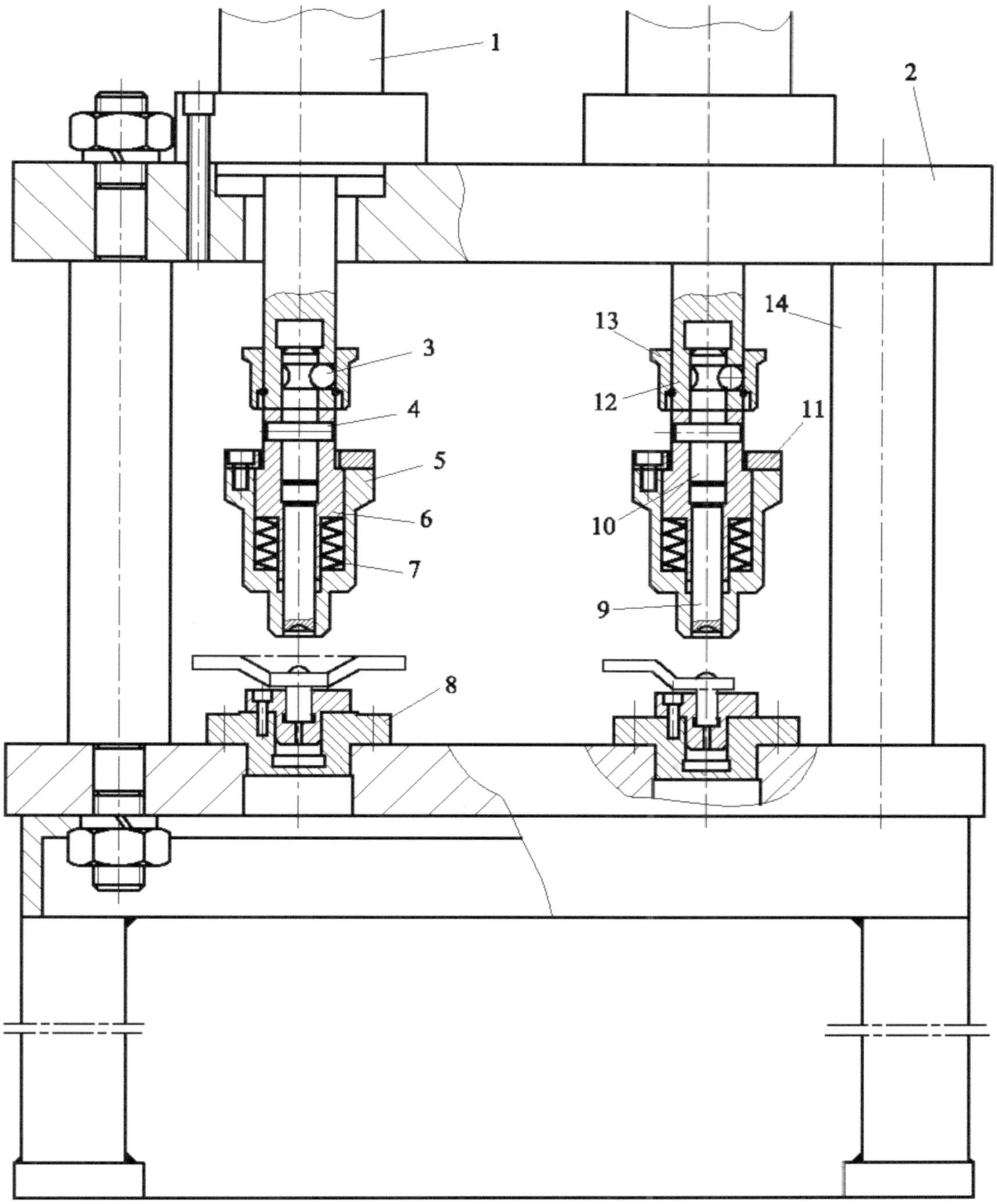

Bild 13-60 Nietvorrichtung
1 Hydraulikzylinder; 2 Jochplatte; 3 Schnellwechselkupplung; 4 Passstift; 5 Niederhalter; 6 Nietstempelaufnahme; 7 Tellerfedersatz; 8 Werkstückaufnahme; 9 Nietstempel; 10 Druckbolzen; 11 Anschlagscheibe; 12 Kupplungsaufnahme; 13 Scheibenhülse; 14 Säule

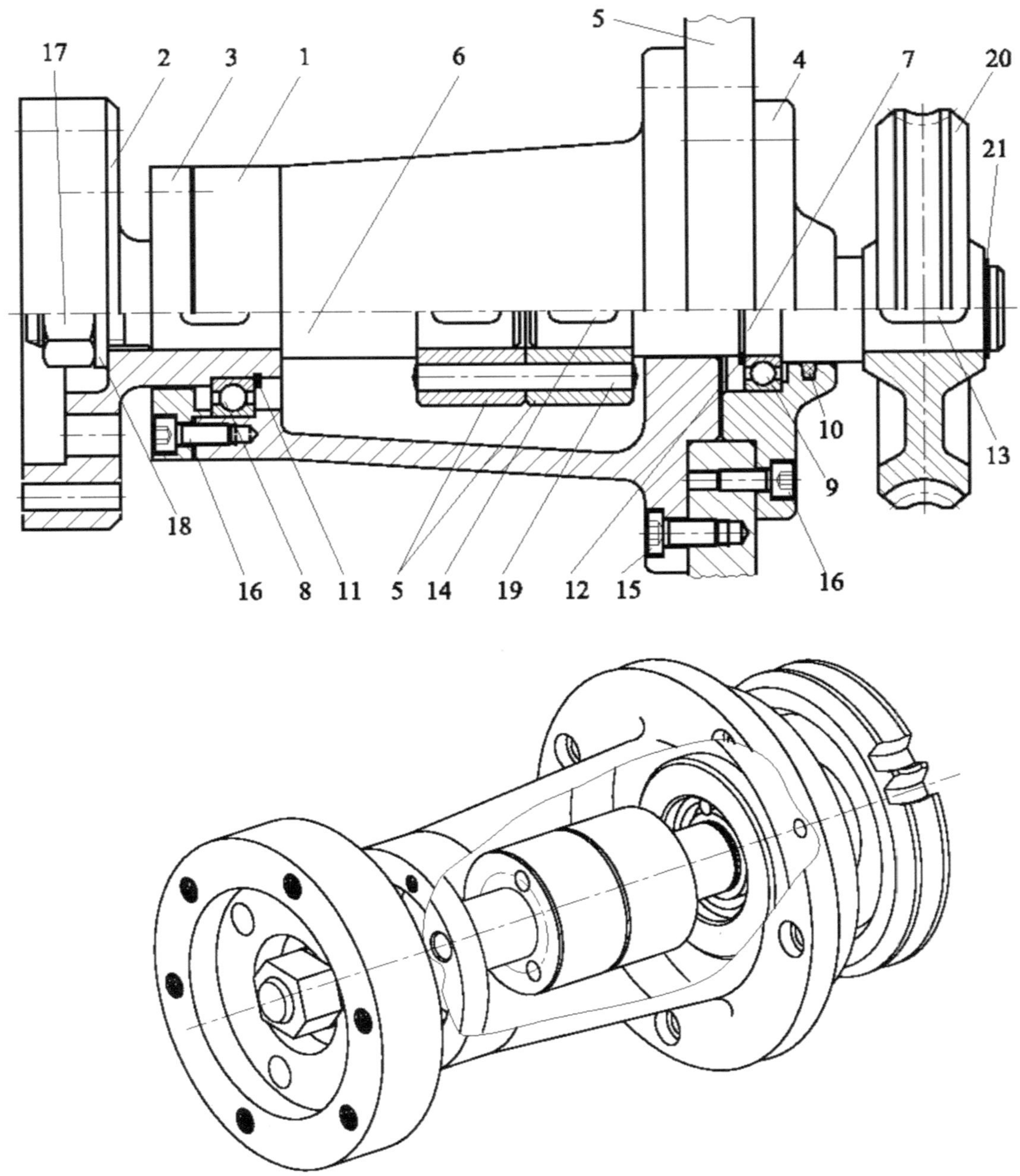

Bild 13-61 Lagerung
1 Gehäuse; 2 Flansch; 3 Deckel 1; 4 Deckel 2; 5 Montagewand; 6 Welle 1; 7 Welle 2; 8 Kugellager 1; 9 Kugellager 2; 10 Filzring; 11 Sicherungsring 1; 12 Sicherungsring 2; 13 Passfeder 1; 14 Passfeder 2; 15 Innensechskantschraube 1; 16 Innensechskantschraube 2; 17 Sechskantmutter; 18 Unterlagscheibe; 19 Zylinderstift; 20 Schneckenrad; 21 Sicherungsring

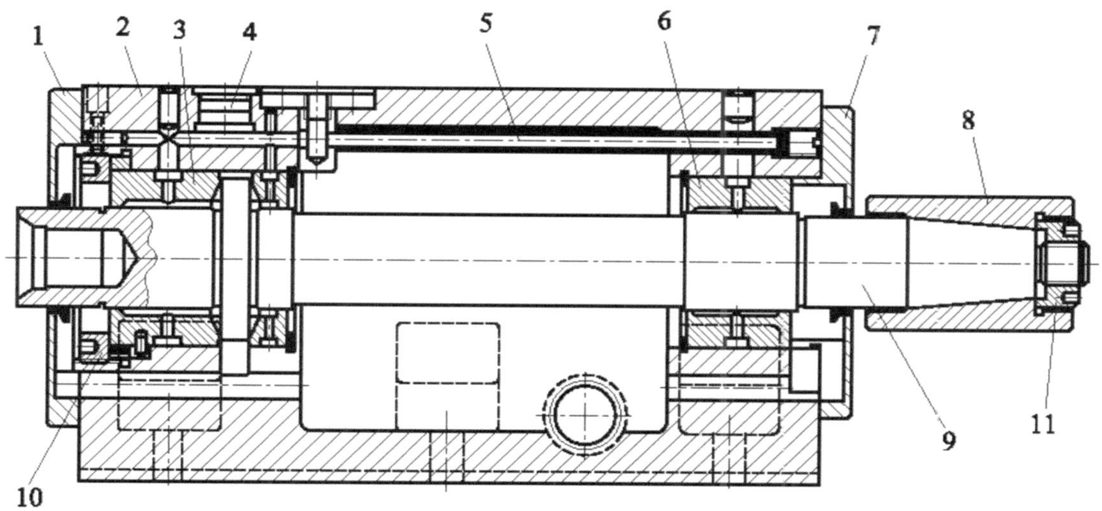

Bild 13-62 Spindellagerung
1 Deckel; 2 Gehäuse; 3 Radiallager; 4 Ölschauglas; 5 Rohr; 6 Radiallager; 7 Deckel; 8 Riemenscheibe; 9 Spindel; 10 Gewindering; 11 Lochmutter

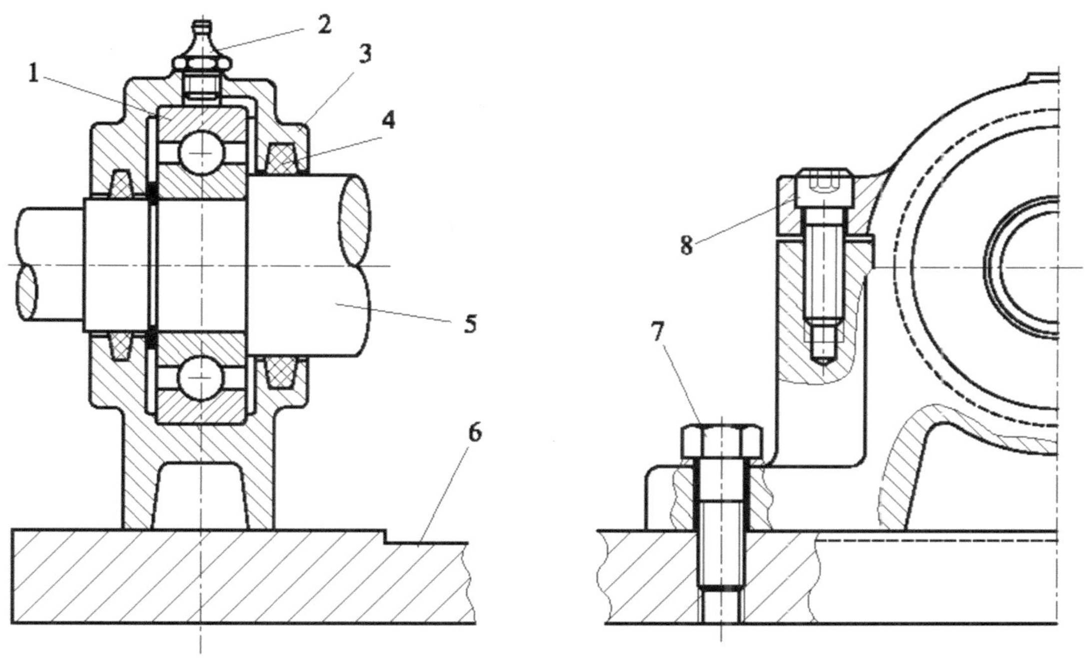

Bild 13-63 Wellenlagerung-Gehäuse
1 Kugellager; 2 Schmiernippel; 3 Gehäuse; 4 Filzring; 5 Welle; 6 Grundplatte; 7 Sechskantschraube; 8 Innensechskantschraube

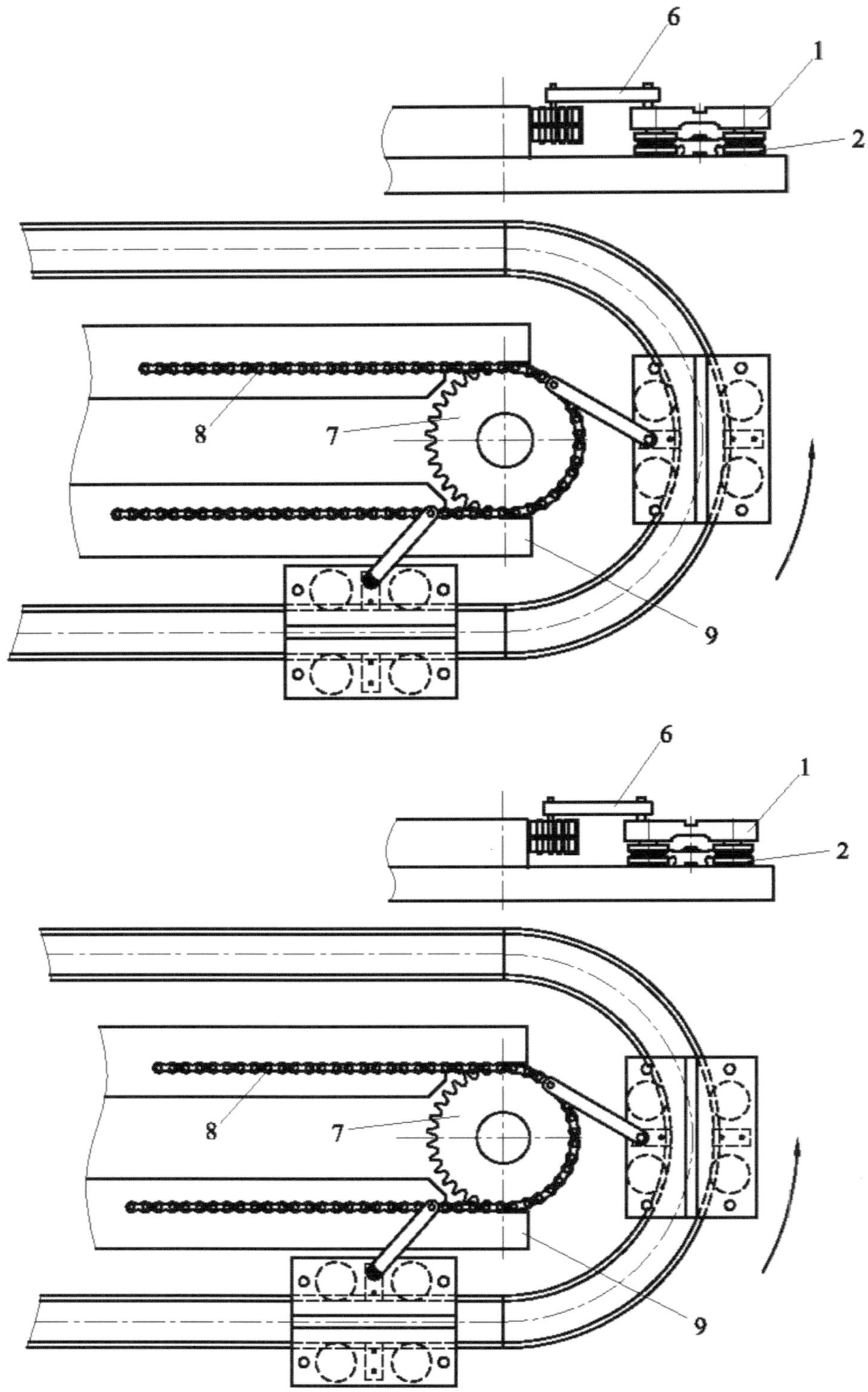

Bild 13-64 Laufwagenzuführung
1 Laufwagen; 2 Spurrolle; 3 Laufschiene; 4 Zahnscheibe; 5 Synchronriemen mit herausstehenden Anschlusszapfen (Ankopplung an Laufwagen über Langloch); 6 Zughebel; 7 Kettenrad; 8 Rollenkette; 9 Kettenführung

Anhang 14

Danksagung

Die Autoren danken den folgenden Personen für ihre engagierte Mitarbeit bei der Manuskripterstellung:

Palinkas Jozsef (Ungarn), Kedar Padalkar (Indien), Arifin Tea (Indonesien), Darren P. Simpson (Australien), Milovan Rankovic (Montenegro), Silvio Arcanjo (Brasilien), Saeid Mirshahidi (Iran), Cliff Behrend (USA), Eckhard Hofmann (Deutschland), Andjelic Zoran, Calle Svensson (Schweden), Inginer Bobby (Rumänien), Steen Winther (Australien), Vlad (China), Bozidar Sevic (Norwegen), Bagher Ahmadnejad (Iran), Eric Olds, Michael Noon (USA), Dinesh Raj (Indien), Jirka (Deutschland), Hisham Salah (Ägypten), Wong Kim Hui (Malaysia), Ward Petrus (Belgien), Virmantas Lukauskas, Kalyan Keesara (Indien), Arto Vuorinen (Finnland), Waleed Kahn (Südafrika), Nayla Miana (Brasilien), Mehdi Brahmand (Iran), Michael Mauldin (USA), Ivo Alberti (Italien), Branko Stokuca (Serbien), Maximir (Slovenien), Bent Christensen (Dänemark), Sannikov Pavel (Russland), Dejan Pcpair (Slovenien), Patrisius Kurniawan (Indonesien), Ahmed Abdel Azez (Ägypten), Tomasz (Polen), Martin Bartsch (Deutschland), Neil Louw (Südafrika), Andrey Jasiukaitis (USA), Matt Hlodder (USA), Yudhi Prasetyo (Indonesien), Dimitri Demidov (Russland), Hesam (Iran), Marton Buday (Ungarn), Tomek F (Polen), Zaldson (Brasilien), Antonio Auro Rabello (Brasilien), Cvetan Drageski (Macedonien), Andrew Butov (Russland), Siddarth (Indien), Dwi Ichsan Bramantya (Indonesien), Fidel Chirtes (Rumänien), Julien Schöpfer (Schweiz), Nasser Hodaei (Iran), Venice Hlario (Thailand), Guido De Angelis (USA), Fedotev Andy (Ukraine), Damjan Trzan (Slovenien), Luis Amaya (USA), Christian Hille (USA), Joseph Imad (Dubai), Jonathan Moller (Australien), Timmy Nguyen (Vietnam), Jonny P. Johnston (USA), Tim De Bock (Belgien), Matt Hendey (USA), Starnuti (Indonesien), Suraj Mal (Indien), Paul Mason (England), Rendizer (Ägypten), Abhijeet (Indien), Camka (Frankreich), Sergey Rabtsun (Russland), Mohammad Moosavian (Iran), Calvin Winther (Singapore), Jose L Bartolome (Spanien), Loyd de Guzman (Singapore), Dominic Notman (England), Verislav Mudrak (Serbien), Fabrizio Guarisco (Schweiz), Shinya Saeki (Japan), Henrique Anestesic (Brasilien), Bronislaw (England), Juliana da Silva (Brasilien), Tamas Cserto (Ungarn), Edimilson Zambaldi (Italien), Heriberto Maruzza (Argentinien), Steve Lagasse (USA), Eric Olds (USA), Fabrizio Franceschetti (Italien).

14.1 Literatur und Quellenverweise

[1] Fischer. R.: Entwicklung von Greif- und Spannvorrichtungen für die automatisierte Montage VDI Verlag, Düsseldorf, 1997

[2] Hesse, S.: Grundlagen der Handhabungstechnik. 2.Aufl., Carl Hanser Verlag, München/Wien, 2009

[3] Matzat, H.: Werkstückspannen ganzheitlich gesehen. Werkstatt und Betrieb 2004, Heft ½, S. 42-45

[4] Lotter, B.; Wiendahl, H-P. (Hrsg.): Montage in der industriellen Produktion. Springer Verlag, Berlin/Heidelberg, 2006

[5] Kurz, U.; Hintzen, H.; Laufenberg, H.: Konstruieren – Gestalten – Entwerfen. 4. Aufl. Vieweg+Teubner Verlag, Wiesbaden, 2009

[6] Awiszus, B.; Bast, J.; Dürr, H.; Matthes, K.-J. (Hrsg.): Grundlagen der Fertigungstechnik. Fachbuchverlag Leipzig im Carl Hanser Verlag. München/Wien, 2009

[7] Steinhilper, W.; Sauer, B. (Hrsg.): Konstruktionselemente des Maschinenbaus. 7. Aufl. Springer Verlag, Berlin/Heidelberg, 2008

[8] Hoenow, G.; Meißner, T.: Konstruktionspraxis im Maschinenbau. Fachbuchverlag Leipzig im Carl Hanser Verlag, München/Wien, 2007

[9] Hesse, S.; Schnell, Hrsg.: Sensoren für die Prozess- und Fabrikautomation. 5. Aufl. Vieweg+ Teubner Verlag, Wiesbaden, 2011

[10] Wyndorps, P.: 3D-Konstruktion mit Pro/Engineer Wildfire 5.0. Europa Lehrmittel, Haan Gruiten, 2010

[11] Rief, F.: Kaczmarek, M. (Hrsg.): Taschenbuch der Maschinenelemente. Fachbuchverlag Leipzig im Carl Hanser Verlag, München/Wien, 2006

[12] Werkstückspanner und Vorrichtungen. DIN-Taschenbuch Nr. 151,5. Aufl., Beuth Verlag, Berlin, 2011

[13] Hesse, S.: Greifertechnik – Effektoren für Roboter und Automaten. Carl Hanser Verlag, München/Wien, 2011

[14] Hesse S.; Malisa, V. (Hrsg.): Taschenbuch Robotik – Montage – Handhabung. Carl Hanser Verlag, München/Wien, 2010

[15] Eh, D.; Krahn, H.: Konstruktionsfibel SolidWorks 2008. Vieweg+Teubner, Wiesbaden, 2009

[16] Dietrich, J.; Tschätsch, H.: Praxis der Zerspantechnik. Springer Vieweg, Wiesbaden, 2014

[17] Dietrich, J.; Tschätsch, H.: Praxis der Umformtechnik. Springer Vieweg, Wiesbaden, 2013

[18] Labisch, S.; Weber, C.: Technisches Zeichnen. Springer Vieweg, Wiesbaden, 2013

[19] Kerle, H. et al.: Getriebelehre. Vieweg+Teubner, Wiesbaden, 2012

[20] Fritz, A. H.; Schulze, G.: Fertigungstechnik. Springer Vieweg, 2012

[21] Krahn, H.; Eh, D.; Vogel, H.: 1000 Konstruktionsbeispiele für den Werkzeug- und Formenbau beim Spritzgießen. Hanser Verlag, 2008

14.2 Fachbegriffe Maschinenbau Deutsch – Englisch

3D-CAD	3D-CAD
3d-Modell	3D-model
3D-Scanner	3D-scanner
4-Punkte-Schema	4 point scheme

A

Abdichtung, hermetische	hermetic packing, hermetic sealing
Abfall	waste product
Abfallrecycling	waste recycling
Ablaufplan	flow diagram
Absatz	step
Abstraktion	abstraction
Abstreifring	wiper ring
Achsabstand	center distance
Achse	axle
Achsversatz	axle offset
Alterung	ageing
Altstoffrecycling	used material recycling
Analyse	analysis
Anforderungsliste	requirements list
angestellte Lagerung	bearing fixed
Angusssystem	gate system
Anisotropie	anisotropy
A-Normen	A standards
Anpassungskonstruktion	adaptive design
Anschnitt	gate
Anschweißmutter	welding screw nut
Anthropometrie	anthropometry
Antriebswelle	motor shaft
Anziehfaktor	tightness factor
Anzugsmoment	tightness torque
Aramid	aramid
Assoziation	association
Ästhetik	aesthetics
Aufgabenstellung	task
Ausarbeiten	detail design
Ausnutzungsgrad	capacity factor
Ausschlagkraft	deflection force
Auswertetabelle	evaluation schedule
Auswuchten	balancing of wheels, wheel balancing
Automatikbetrieb	automatic mode
Automatikgetriebe	automatic transmission
Axiallager	thrust bearing

B

Barriere	barrier
Basisanforderungen	basic requirement
Baugruppe	subassembly

Bauteil	part
Bauteiloptimierung	component optimization
Bauteilversagen	component failure
Beanspruchung	stress
Beanspruchung, dynamische	stress, dynamic
Beanspruchung, schwingende	stress, oscillatory
Bediengerät	control panel
Befestigungsschraube	fastening screw
Begeisterungsanforderung	enthusiasm requirement
Belastung, dynamische	load, dynamic
Beleuchtung	lighting
Benutzerfunktion	users's funtion
Berechnung	calculation
Berufsgenossenschaftliche Vorschriften (BGV)	German Occupational Health and Safety Regulations of the trade associations
Berührdichtung	contacting gasket
Betriebsanleitung	operating instructions
Betriebsartenwahl	operating mode selection
Betriebskraft	operational force
Betriebsspiel	operational loss
Bewegungsschraube	screw drive
Bewerten	evaluation
Bewertungskriterium	rating criterion, evaluation criterion
Bewertungsverfahren	evaluation procedure
Biegebalken	bending girder
Biegebeanspruchung	bending stress
Biegemoment	bending torque
Biegespannung	bending stress
Biegewechselfestigkeit	alternating bending strength
biegsame Welle	flexible shaft
Biegung	flexion
Bionik	bionic
Blechschraube	sheet metal screw
Blechverschraubung	sheet metal screwing
Blindnietgewindebolzen	blind riveting stud
Blindnietmutter	blind riveting screw nut
B-Normen	B standards
Bolzenkupplung	bolt coupling
Bördelmutter	rivet nut
Bowdenzug	Bowden pull drive
Bremse	brake
Bruch	fracture
Buchsenkette	shell chain

C

CAD-Arbeitsplatz	CAD workplace
CE-Kennzeichnung	CE marking
CE-Symbol	CE symbol
C-Normen	C standards

D

Dachprisma	roof prism
Datenbank	data base
Dauerbruch	fatigue fracture
Dauerfestigkeitsschaubild	fatigue strength diagram
Dauerschwingfestigkeit	fatigue limit
Dehnschraube	antifatigue-shaft bolt
Demontage	disassembly
Denkprozess	thinking process
Designmodell	design model
Detaillierung	itemizing
Dichtsystem, berührungsloses	sealing system, contactless
Dichtung	sealing
Dichtung, dynamische	sealing, dynamic
Dichtung, statische	sealing, static
Dimensionieren	dimensioning
Drahtmodell	wire model
Drehlager	rotary bearing
Drossel	throttle valve
Druck	pressure
Druckbeanspruchung	compressive stress
Druckkraft	compressive force
Druckprobe	compressive trial
Druckversuch	compression test

E

E-Gewinde	E thread
Eigenspannung	internal stress
Eindeutigkeit	clarity
Einfachheit	simplicity
Eingriffsteilung	base pitch
Eingriffwinkel	pressure angle
Einpressgeschwindigkeit	force-fitting speed
Einrichtebetrieb	tool settling mode
Einscheibenkupplung	single-disk clutch
Einschraubtiefe	thread reach
Einstanzmutter	insert nut
Einstich	turned groove
Elastomerfeder	Elastomer spring
Elastomerkern	Elastomer core
Eltern-Kind-Beziehung	parent-child relationship
Energie	energy
Engstelle	narrow
Entdröhnen	antidrumming
Entformung	demoulding
Entformungsschräge	draft angle
Entlastungsbohrung	stress relief hole
Entsorgung	waste disposal
Entwerfen, Entwickeln	design
Entwicklung	engineering

Entwurf	embodiment design
Ergonomie	ergonomics
Ergonomie-Modell	ergonomic model
Ermüdung	fatigue
Ersatzquerschnitt	equivalent cross section
Erzeugnisgliederung	product structure
EU-Maschinenrichtlinien	machinery directive
Evolvente	involutes
Evolventenverzahnung	involute toothing
Extrudieren	extrusion
Exzenterwelle	excentric shaft

F

Fächerscheibe	serrated lock washer
Fahrradnabe	hub of bicycle wheel
Faltenbalg	folded sealing
Faltschachtel	folded box
Fangstelle	capture point
Faserverlauf	fiber orientation
FDM	FDM (Fused Deposition Modeling)
Feder	spring
Federelement	spring element
Federkraft	elastic force
Federring	lock washer
Federsteifigkeit	stiffness
Feingewinde	fine-pitch thread
Fertigung	manufacturing
Fertigungskosten	manufacturing costs
Fertigungsunterlage	production documents
Fertigungsverfahren	manufacturing methods
Festforderung	fixed demand
Festigkeitslehre	science of the strength of materials
Festlager	fixed bearing
Fettschmierung	grease lubrication
Feuchtigkeitsabhängigkeit	humidity function
Filmscharnier	film hinge, integral hinge
Flächeninhalt	area
Flächenmodell	surface model
Flächenpressung	surface pressure
Flächenträgheitsmoment	geometrical moment of inertia
Flachriemen	flat belt
Fleyerkette	Fleyer's chain
Fliehkraftbremse	centrifugal brake
Fliehkraftkupplung	centrifugal clutch
Fließkurve	flow curve
Flügelmutter	fly nut

G

Gabel	fork
Gabelkopf	fork joint

Gegenhalter	counter holder
Gegenklemmschraube	counter clamp screw
Gegenmutter	counter nut
Gehäuse	casing; housing
Gehäuseverschraubung	housing screw connection
Gelenk	hinge
Gelenkbolzen	hinge bolt
Gelenkschraube	pivot screw; swivel screw
Gelenkwelle	cardan shaft
Gelenkzapfen	hinge pivot
Gesenk	die
Gestell	rack
Gestell-Ständer	rack pedestal
Getriebe	gear
Getriebegehäuse	gear case; gear box
Getriebemotor	gear motor
Gewinde	thread
Gewindebolzen	threaded bolt
Gewindestift	threaded pin
Gewindeschneidwerkzeug	threading tool
Gewindespindel	threaded spindle
Gewindezapfen	threaded pivot
Gießbacke	casting jaw
Glatthautnietung	smooth-skinned riveting
Glattwalzwerkzeug	smooth roll crusher
Gleitfeder	sliding key
Gleitlager	plain bearing; slide bearing
Gleitringdichtung	slide ring seal; mechanical seal
Graugussbuchse	grey iron bush; grey cast iron bush
Greifbacke	gripping jaw
Greifer	gripper
Greifzange	gripping tongues
Griffmutter	gripping nut
Griffschraube	gripping screw
Grundbuchse	base bush
Grundkörper	base body
Grundplatte	base plate
Grundteller	base plate
Gummi	rubber
Gummifeder	rubber spring
Gummipuffer	rubber buffer
Gurtauflage	strap support
Gussgehäuse	cast casing

H

Hakenschraube	hook screw
Halbrundniet	half-round rivet; round head rivet
Haltevorrichtung	holding device
Handdrehtisch	hand rotary table
Handgriffbügel	hand grip; handle

Handhebel	hand lever
Handhebelpresse	hand lever press
Handkurbel, gekröpfte	crank handle
Handratsche	hand ratchet
Hartmetalleinsatz	hard metal insert
Hauptwelle	main shaft
Hebel	lever
Hebelauswerfer	lever ejector
Hebelpresse	lever press
Hemmschuh	skid
Höcker	hump
Höhenblock	vertical block
Hohlkeil	hollow key
Hohlzylinder	hollow cylinder
Hohlniet	hollow rivet; tubular rivet
Hub	stroke
Hubbegrenzung	stroke limiter
Hubstange	lifting rod
Hülse	sleeve
Hülsenkupplung	sleeve coupling

I

Imbusschraube	socket head screw
Innensechskantschraube	hexagon socket head screw
Isolierplatte	insulating plate

J

Joch	yoke
Jochplatte	yoke plate
Justierbolzen	adjusting bolt
Justiervorrichtung	adjusting device

K

Kalottenscheibe	spherical cap disk
Kasten	box
Kegel	taper
Kegelbuchse	tapered bush
Kegeldorn	tapered mandrel
Kegelgriff	tapered handle
Kegelhülse	tapered sleeve
Kegelkuppe	flat point
Kegelrad	bevel wheel
Kegelrollenlager	taper roller bearing
Kegelstift	tapered pin
Keil	wedge; key
Keilbolzen	wedge bolt
Keilklemmfläche	wedge clamp plane
Keilschraube	wedge screw
Keilstößel	wedge pestle
Keilwelle	spline shaft

Kerbstift	grooved dowel pin
Kette	chain
Kettentransportband	chain transport band
Kipphebel	tilting lever
Klappe	flap
Klappenschraubverschluss	flap screw lock
Klaue	claw
Klauenkupplung	claw coupling
Klebstoff	glue
Klemmbacke	clamp jaw
Klemmbuchse	clamp bush
Klinke	latch; pawl
Knebel	tommy, T-handle
Knebelmutter	tommy nut
Knebelnabe	tommy hub
Knebelschraube	tommy screw
Kniehebel	knee lever
Knopf	button
Kolben	piston
Kolbenstange	piston rod
Kopfniet	head rivet
Korbfutter	basket chuck
Körnerspitze	centre point
Kreuzgelenk	universal joint
Kreuzgelenkkupplung	universal joint coupling
Kreuzgriff	cross handle; star handle
Kreuzkopfindex	cross head index
Kreuzlochmutter	capstan nut
Kreuzstift	cross pin
Kugel	ball
Kugeleinstellbolzen	ball adjusting bolt
Kugelgelenkkupplung	ball joint coupling
Kugelgriff	ball handle
Kugelhalter	ball holder; ball bearing cage
Kugelknopf	ball knob
Kugellager	ball bearing
Kugelpfanne	ball pan
Kugelraster	ball catch; ball raster
Kugelscheibe	ball disk
Kunststoff	synthetic material
Kupfereinlage	copper insert
Kupplung	coupling
Kurbel	crank
Kurvenscheibe	cam disk
Kurzhubzylinder	lifting cylinder; short stroke cylinder

L

Lager	bearing
Lagerausziehvorrichtung	bearing extracting device
Lagerbock	pedestal

Lagerdeckel	bearing cover
Lagerflansch	bearing flange
Langlochschlitz	long hole slit
Lasche	strap
Laufrolle	runner
Laufschiene	running rail; guide rail
Laufwagen	track carriage; trolley
Lederlasche	leather strap
Lederlaschenkupplung	leather strap coupling
Lehre	gauge
Leichtmetall	light metal
Leiste	gib
Leitpatrone	leader
Lenker	conducting rod
Linksgewinde	lefthand thread
Linkslauf	lefthand running
Linsenkopfschraube	lens head screw
Linsenkuppe ,Schraube	rounded-off end screw cap
Lochmutter	capstan nut
Lochstempel	piercing punch
Loslager	loose bearing
Lunker	shrink hole
Lunkerbildung	shrink hole formation

M

Manschette	collar; sleeve
Maschinenbett	machine bed
Maschinengestell	machine pedestal
Matrizenhalter	matrix holder
Mehrfachfräsvorrichtung	multiple milling device
Mehrfrässpanndorn	multi-milling cutter mandrel
Mehrspindelkopf	multi-spindle head
Membran	diaphragm
Membrankupplung	diaphragm coupling
Messinghülse	brass sleeve
Mitnehmer	dog; catch
Möbelroller	furniture dolly
Montagewand	assembly wall
Mutter	nut

N

Nabe	hub
Nadellager	needle roller bearing
Nadelhülsenbord	needle sleeve rim
Näherungsschalter	proximity switch
Nasenkeil	nose key
Niederzugsspanner	down pulling clamp
Niet	rivet
Nietformstempel	rivet form punch
Nietstempelhalter	rivet punch holder

Nietzange	rivet collet
Nocke	cam
Nut	groove
Nutbolzen	groove bolt
Nutenstein	sliding block
Nutmutter	slotted round nut; grooved nut

O

Ölloch	oil hole
Ölschauglas	oil sight glass
Ölnut	oil groove
Ölwanne	oil pan

P

Passfeder	fitting key
Passschraube	fitting screw
Pendel	pendulum
Pendelkugellager	self-aligning ball bearing
Pendelmutter	pendulum nut
Pendelnietvorrichtung	pendulum rivet device
Pendelrollenlager	self-aligning roller bearing
Pendelschwinge	pendulum swinging beam
Pilzdorn	mushroom shaped mandrel
Planfläche	face
Platte	plate
Pleuelstange	connecting rod
Positioniereinrichtung	positioning installation
Prägestempel	forming punch
Prägevorrichtung	stamping device
Pressdorn	press mandrel
Presskraftausgleich	press power compensation
Pressluft	compressed air
Pressstößel	press ram
Prisma	prism
Profilleiste	molding
Prüfmagnet	test magnet

Q

Quadratlochplatte	square hole plate
Querjoch	cross yoke
Querkeil	cross key; cotter
Querschlitten	cross slide
Querspannschraube	cross clamping screw

R

Radiallager	radial bearing
Rändelmutter	knurled nut
Rändelschraube	knurled screw
Rastbolzen	index bolt; locking pin
Rasterscheibe	screen disk

Rasterklinke	catch pawl
Rastkupplung	catch coupling
Ratsche	ratchet
Räumnadel	reaming needle
Raupenzuführband	caterpillar feed band
Rechtsgewinde	right-hand thread
Rechtslauf	right-hand running
Reibahle	reamer
Reibkegel	friction taper
Reibkupplung	friction coupling
Reitstock	tailstock
Riegel	locking bolt
Riemen	belt
Riemenscheibe	pulley
Riffelverzahnung	riffle toothing
Rillenkugellager	grooved ball bearing
Ringmutter	ring nut
Ritzel	pinion
Ritzelwelle	pinion shaft
Rohr	pipe
Rohrschneider	pipe cutter
Rohrschraubstock	pipe vice
Rollenkette	roller chain
Rolliernadel	tumble needle
Rollschiene	runner
Rückholfeder	recuperating spring
Rückholkralle	retracting claw; recuperating claw
Rückschlagventil	return valve
Rücksprung	setback
Rückstellfederung	readjusting spring lever
Rückzugbegrenzung	return limitation
Rundschaltvorrichtung	round switch device
Rundstahlgriff	round steel handle
Rundtisch	rotary table; turntable

S

Sackbohrung	pocket hole
Sägeblatt	saw blade
Satzfräser	gang hob; milling cutter
Säule	pillar
Säulengestell	pillar rack
Säulenmutter (Kalotte)	pillar nut (spherical cap)
Schachtmagazin	shaft magazine
Schaftfräser	cylindrical cutter
Schalenkupplung	box coupling; sleeve coupling
Schaltgehäuse	switch housing
Schaltklinke	pawl
Schaltkupplung	clutch
Schaltnocke	switch cam
Scheibe	disk

Scheibenblock	disk block
Scheibenfeder	disk spring
Scheibenkupplung	disk coupling
Schenkelfeder	neck spring
Schiebekeil	shifting wedge
Schieber	slide
Schiene	rail
Schlag	eccentricity
Schlagstempel	impact stamp
Schlangenfederkupplung	spiral spring coupling
Schleifscheibe	grinding disk
Schleifvorrichtung	grinding device
Schlitten	slide
Schlitzmutter	slotted nut
Schlitzscheibe	slotted disk
Schlitzschraube	slotted screw
Schlüsselgriff	key bow
Schmiernippel	lubrication nipple
Schnappverschluss	snap plug
Schnecke	worm
Schneckengetriebe	worm gear
Schneidbuchse	cutting bush
Schneidrad	cutting wheel
Schnellspannelement	quick clamp element
Schnellwechselkupplung	quick change coupling
Schrägaufzug	inclined lift
Schrägkugellager	angular contact ball bearing
Schraube	screw
Schraubenbolzen	screw bolt
Schraubennuss	screw driver button die
Schraublehrenhalter	screw gauge holder
Schraubstock	vice
Schrumpfscheibe	shrink disk
Schubbolzen	thrust bolt
Schubstange	connection rod
Schulterkugellager	magneto -type ball bearing
Schwalbenschwanzführung	dovetail guide
Schweißbrenner	welding torch
Schwenkarm	swivel arm
Schwenkbock	swivel trestle
Schwenkgabel	swivel fork
Schwenkhebel	swivel lever
Schwenkhebelverschluss	swivel lever plug
Schwenkklappe	swivel flap
Schwenkriegel	swivel latch
Schwenkscheibe	swivel disk
Schwinger	rocker arm
Sechkantmutter	hexagon nut
Sechkantschraube	hexagon screw

Seiltrommel	rope drum
Seilwinde	rope winch
Seitendruckstück	lateral pressure piece
Seitenformat	lateral format
Senker	counter sinker
Senkschraube	counter sunk screw
Sicherheitsblech	locking plate
Sicherheitskupplung	safety coupling
Sicherheitsnase	safety nose
Sicherungsmutter	securing nut
Sicherungsscheibe	securing disk
Sollbruchstelle	desired location of fracture
Späne	chips
Spannbacke	clamp chuck
Spannbohrbuchse	clamp drill bush
Spannbrücke	clamp bridge
Spannbügel	clamp clip
Spanndorn	clamp mandrel
Spanneisen	clamp iron
Spannexzenter	clamp eccentric
Spannfläche	clamp surface
Spannfutter	clamp chuck
Spannglocke	clamp bell-type piece
Spannhaken	clamp hook
Spannhebel	clamp lever
Spannhülse	clamp sleeve
Spannkegel	clamp cone
Spannkeil	clamp wedge
Spannklaue	clamp claw
Spannkorb	clamp basket
Spannpinole	clamp spindle sleeve
Spannpratze	clamp law
Spannradius	clamp radius
Spannsatz	clamp set
Spannschlitz	clamp slit
Spannschraube	clamp screw
Spannteller	clamp plate
Spannvorrichtung	clamp device
Spannwippe	clamp rocker arm
Spannzange	clamp collet
Sperrbolzen	barring bolt
Sperrkörper	ratchet body safety coupling
Sperrkugel	barring ball
Sperrstift	locking pin
Spindel	spindle
Spindelkopf	spindle head
Spiralbohrer	twist drill
Spreiz-Blindniet	spreader blind rivet
Spreizdorn	spreader mandrel

Spreizhülse	spreader sleeve
Sprengring	snap ring
Spritzgußform	die-casting mould
Sprühscheibe	spray disk
Stabfederkupplung	torsion spring suspension coupling
Ständer	pillar
Stange	rod bar
Stanzwerkzeug	punching tool
Staubscheibe	dust disk
Stauchung	compression, upsetting deformation
Steckbohrbuchse	plug-in drill bush
Steckbolzen	plug-in bolt
Steckscheibe	plug-in washer
Steckschraube	plug-in screw
Steg	traverse
Steharbeitsplatz	standing workplace
Stehen	standing
Steifigkeit	stiffness
Stellklinke	adjusting ratchet
Stellleiste	adiusting gib
Stellmutter	adjusting nut
Stellraste	set catch
Stellteil	control pin
Stempel	punch; stamp
Sterngriff	star grip
Sternradgetriebe	star wheel gear
Sternscheibe	star washer
Steuerung	control unit
Stichelhans	tool-holder
Stick-Slip-Effekt	stick slip effect
Stift	pin
Stiftschraube	stud bolt, double-end stud
Stiftverbindung	stud connection
Stillsetzen	stopping
Stirnfräser	milling cutter
Stirnrad	spur-toothed wheel
Stofflichkeit	material character, materiality
Stopfbuchse	stuffing box
Stopfen	plug
Stößel	ran
Streckschraube	strech screw
Streckspannung	yield stress
Streifendruckplatte	strip presssure plate
Stribeck-Kurve	Stribecks's diagram
Stribeck'sche Pressung	Stribeck's squeeze
Strömung	flow
Strömungsgeräusch	flow noise
Strömungskupplung	fluid or turbo coupling
Stückliste	parts list

Stützbolzen	supporting bolt
Stütze	support
Stützring	suppporting ring
Stufenring	step ring
Symbol	symbol
Synthese	synthesis
Systematik	systematics, classification

T

Tastatur	key board
Teilfunktion	subfunction
Teilkreisdurchmesser	reference circle diameter
Teilung	pitch
Temperaturabhängigkeit	temperature-dependence
Termin	appointment, date
Toleranzanalyse	tolerance analysis
Toleranzbereich	range of tolerance
Tonnenlager	spherical roller bearing
Topologieoptimierung	topological optimizing
Torsion	torsion
Torsionsbeanspruchung	torsional stress
Torsionsmoment	torsional moment
Torsionsschwellfestigkeit	torsional cyclic stength
Torsionsspannung	torsional stress
Torsionwechselfestigkeit	torsional reversed strength
Torx-Schraube	torx screw
Tragfähigkeit	load-bearing capacity
Trägheitskraft	inertial force
Trägheitsmoment	moment of inertia
Tragzahl	ultimate load number
Transportmittel	means of transportation, means of conveyance
Transportwagen	transfer car, trolley
Trapezgewinde	trapezoidal thread
Trennebene	parting surface
Triebstock	lantern pinion
Trimmfunktion	trimming function
Trittfläche	stair surface
Trockenlaufgleitlager	dry running bearing
Trommelkupplung	drum clutch
Tröpfchenschmierung	drip feed lubricaton

U

Überwachung	observation
Umfangslast	peripheral load
Umzäunung	fence
Unterlegscheibe	plain washer
Unwucht	unbalanced mass

V

Variantenkonstruktion	variant design
Variation	variation
Verformung	deformation
Verlagerung	dislocation
Versagensverhalten	failure behaviour
Verschleiß	wear
Verschleißlenkung	wear guidance
Verschraubung	threaded joint
Vertrieb	distribution
Verzahnung	toothed wheel work
Verzahnungswirkungsgrad	tooth wheel efficiency
Verzug	distortion
V-Führung	V guideway
Vierpunktlager	four point bearing
Virtualisierung	virtualization
Volumenmodell	volume model
Vorrangmatrix	priority matrix
Volumenspindel	feed spindle
Vorspannkraft	preload
Vorspannungsschaubild	preload diagram
VRML	VRLM (Virtual Reality Modeling Language)

W

Wälzlager	rolling fiber
Wälzführung	rolling guideway
Wälzgetriebe	rolling bear
Wandler, hydrodynamischer	converter, hydrodynamic
Wandstärke	wall thickness
Wandstärke, konstante	wall thickness, uniform
Wärmeausdehnungskoeffizient	coefficient of thermal expansion
Wärmedehnung	thermal expansion
Wärmespannung	thermal stress
Weichstoffdichtung	soft material sealing
Weißmetall	white metal, white alloy
Weiterverwendung	reuse
Welle	shaft
Welle-Nabe-Verbindung (WNV)	shaft hub connection
Werkstoff	material
Werkstoff, spröder	material, brittle
Werkstoff, zäher	material, ductile
Werkstoff, klebbarer	material glueable
Werkstoffkennwert	material characteristic
Werkzeugkonstruktion	tool design
Wert	value
Wertbegriff	value term
Wertfunktion	value function
Wertigkeit, wirtschaftliche	rating, economical
Widerstandsmoment	section modulus

Wiederverwendung	reutilization
Wiegedruckstück-Kette	weighing press element chain
Wirbelsäule	spine, spinal column
Wirbelstromkupplung	eddy current clutch
Wirkungsgrad	efficiency
Withworth Gewinde	Withworth srew thread
WNV, Welle-Nabe-Verbindung	shaft-hub connection
Wöhlerkurve	stress number curve
Wöhlerlinie	stress-cycle diagram

Z

Zähnezahl	tooth number
Zahnform	tooth form
Zahnhöhe	tooth height
Zahnkette	tooth chain
Zahnkupplung	denture clutch
Zahnrad	gearwheel
Zahnradgetriebe	toothed gearing
Zahnradpumpe	gear pump
Zahnriemen	tooth belt
Zahnriementrieb	synchronous belt drive
Zahnscheibe	tooth lock washer
Zahnstangentrieb	rack gear
Zahnstangen-Ritzel-Trieb	rack and pinion gear
Zahnwelle	spline shaft
Zapfen	pivot
Zeichnung	drawing
Zeichnungsangaben	drawing specifications, drawing details
Zeitstandsversagen	creep rupture, creep damage
Zeitstandsversuch	creep test
Zentrierbohrung	creep test
Ziehkeilgetriebe	draw key transmission
Zug	tension
Zug-Druck-Wechselfestigkeit	compression-tension fatigue limit
Zugfestigkeit	tensile strength
Zugmittelgetriebe	traction belt gear
Zugmittelgetriebe, linear	linear traction belt gear
Zugprobe	tensile test specimen
Zugspannung	tensile stress
Zugversuch	tension test
Zykloidengetriebe	cycloidal gear
Zylinderkopfdichtung	cylinder hear gasket
Zylinderrollenlager	roller journal bearing, cylinder roller bearing
Zylinderschraube	cylinder head screw, cheese-head screw

MIX
Papier aus verantwortungsvollen Quellen
Paper from responsible sources
FSC® C105338

If you have any concerns about our products,
you can contact us on
ProductSafety@springernature.com

In case Publisher is established outside the EU,
the EU authorized representative is:
Springer Nature Customer Service Center GmbH
Europaplatz 3, 69115 Heidelberg, Germany

Printed by Libri Plureos GmbH
in Hamburg, Germany